U0958681

营造可持续地球家园的整体设计

（原著第五版）

［美］G·泰勒·米勒　著
李天骄　蒋丕彦　译
董务民　校

中国建筑工业出版社

著作权合同登记图字：01-2003-2630 号

图书在版编目(CIP)数据

营造可持续地球家园的整体设计(原著第五版)/[美]米勒著；李天骄，蒋丕彦译. 董务民校. —北京：中国建筑工业出版社，2006
ISBN 978-7-112-08266-7

Ⅰ. 营… Ⅱ. ①米…②李…③蒋…④董… Ⅲ. 环境科学 Ⅳ. X

中国版本图书馆 CIP 数据核字(2006)第 033363 号

Sustaining the Earth: An Integrated Approach, Fifth Edition/G. Tyler Miller, Jr.
Copyright © 2002 Thomson Learning, Inc.
Chinese Translation Copyright © 2007 China Architecture & Building Press
All Rights Reserved.
本书经 Thomson Learning 图书出版公司正式授权我社翻译、出版、发行

责任编辑：董苏华
责任设计：郑秋菊
责任校对：王雪竹 王金珠

营造可持续地球家园的整体设计(原著第五版)
[美]G·泰勒·米勒 著
李天骄 蒋丕彦 译
董务民 校

中国建筑工业出版社出版、发行(北京西郊百万庄)
新 华 书 店 经 销
北京金海中达技术开发公司排版
北京建筑工业印刷厂印刷

开本：880×1230 毫米 1/16 印张：29 字数：915 千字
2007 年 3 月第一版 2007 年 3 月第一次印刷
定价：**90.00** 元
ISBN 978-7-112-08266-7
(14220)

版权所有 翻印必究
如有印装质量问题，可寄本社退换
(邮政编码 100037)

本社网址：http://www.cabp.com.cn
网上书店：http://www.china-building.com.cn

前言

致老师和学生们

我是如何开始研究环境问题的? 在1966年，我听了一位科学家所作的关于人口过多和粗暴对待环境等问题的演讲。之后我拜访他时谈到：“如果你所讲的有任何一部分内容是真实的话，那么在道义上，我觉得我有义务放弃手中所进行的关于金属腐蚀方面的研究，而将我的后半生都投入到有关环境问题及其解决方法的研究和教学工作中来。但是，坦率地说，我并不试图相信你所说的任何一个字，而且我力图通过调查文献来证明你的讲述或者是不真实的，或者是进行了严重的歪曲。”

经过了6个月的研究，我终于认识了这些问题的严重性。从那之后，我一直在进行研究、讲授有关这些问题的工作，并撰写了与之相关的文章。本书总结了30多年来我对环境原则、环境问题、它们之间的联系和解决方法的理解中所学到的东西。

主要特点：本书是为环境科学的初级课程而设计编写的。它将环境科学视为一种跨学科的研究，将来自（1）自然科学（如生物学、化学和地质学）和（2）社会科学（如经济学、政治学和伦理学）的理念和知识结合在一起来阐述自然界是如何运作的，以及事物是如何相互关联的广义理念。这是一种对于自然界的各种联系所进行的研究。

本书

- **以科学为基础。** 共有96页（本书的25%）的内容使用了基础科学和生态学的概念、定律和原理，从而使从未受过科学训练的学生也可以对环境问题及其解决途径进行有意义的理解和思考。
- **均衡性。** 本书强调了：（1）对一些有争议的环境问题的相互对立的观点都进行了恰当的阐述；（2）帮助学生们进行批判性的思考，并自行解决这些问题。我们对在处理环境问题的过程中所收集到的“好消息”和“坏消息”都进行了阐述。
- **定位于解决问题的方法。** 共有147页的内容用于对环境问题的解决途径进行列举和评价。
- **以生动形象化的学习为重点。** 本书的285幅插图（其中有109幅是新图）都经过精心设计，以一种容易理解的方式表达复杂的理念，并将所学的知识与现实世界联系起来。本书还贯穿着各种特殊的专栏来促进学习。包括：（1）利与弊专栏，阐述一些有争议的环境问题的正反两个方面；（2）联系专栏，描述各种本质的联系，以及各种环境概念、问题和解决方法之间的联系；（3）解决途径专栏，对不同的分析家所设想的各种解决环境问题的途径进行总结；（4）聚焦专栏，对一些关键性的环境问题和概念进行强调和分析；（5）个体作为专栏，阐述人们为解决环境问题都做了些什么。
- **实时性与准确性。** 本书每两年更新一次。为了准备每一个新版本，我都会查阅大约10000份印制的参考文献和几千个网站。
- **与互联网相结合。** 这个图标 www. 用于将本书中的材料与我们的互动网站 http：//www.brookscole. com/product/0534385354s 联系在一起。这个网站会经常进行更新，你会找到“‘酷’事件”、“批判性的思考问题”、“浏览窍门”、为每一章准备的“互动式小测验”，还有更多的其他内容。学生与老师们还可以浏览“InfoTrac”学院版，一种在线搜寻来自700种期刊的最新文章数据库。

为了降低学生们的购买负担，本书以黑白印刷，以软皮做封面。本书还最大限度地采用了使用后的废物制成的无酸可回收纸张进行印刷，现在其价格也不高。

那些希望找到一些包含了与本书有相似内容但具有不同的侧重点、组织结构和篇幅长度的其他书籍的老师，可以使用我为各种不同的环境科学的课程所撰写的另外两本书：

- 《环境中的生存》，第12版（758页，Brooks/Cole出版公司，2002年）。
- 《环境科学》，第8版（549页，Brooks/Cole出版公司，2001年，《环境中的生存》的简略版。

第五版的主要变动：这一版是自第一版出版以来变动最大的一版，在本书的网站上和教师版的开始部分的注释材料中列出了各章节的详细修改内容。

本书内容

- 书中贯穿着最新修订的材料。

●25 位新的评论者改进了本书在内容和均衡性方面的质量。

●109 幅新增或改进后的插图。

●22 幅利与弊图表以一种均衡的、易于理解的方式对解决环境问题的各种方法的优点和缺点所包含的大量综合信息进行了总结。例如：图 4－28（第 121 页），图 4－41（第 131 页），图 4－46（第 135 页），图 7－21（第 226 页）和图 11－10（第 345 页）。

●125 个新增的论题。例如：（1）各国的生态脚印（图 1－8，第 7 页）；（2）由陆地和水体系统所形成的生态和经济服务体系，例如：图 2－39（第 56 页）和图 2－42（第 59 页）；（3）预防性的原则（第 71—72 页）；（4）基因改良食物（第 219—222 页）；（5）滴灌（第 309 页）；（6）将互联网用于节能和降低全球气候变暖（第 112 页）；（7）燃气-电能与燃料电池混合式的汽车发动机（第 109 页）；（8）小功率系统发电（第 139 页）；（9）销售服务取代产品购买（第 336 页）；（10）可持续生长的木材的认证（第 153 页）；（11）生物多样性重点地区（第 168 页）；（12）城市的合理生长（第 98—99 页），以及（13）生物圈 2 的失败（第 378—379 页）。

学习辅导

●使用大量的经过编排和加着重号的表格使本书更易阅读，并帮助同学们对基本材料进行理解和复习。

●以问题为各部分的标题从而激发读者的兴趣，同时又作为读者的一种学习目的的固有列表。

●按照页码分配的横向参考材料将贯穿于本书中的概念和材料连接在一起。这既强调了将万物联系在一起的基本生态概念，又作为一个与互联网相结合的教科书的版本。

●每一章的末尾都附有综合的复习问题。

帮助我改进本书

让我知道你认为可以怎样改进本书；如果你发现了任何的错误之处、有失偏颇之处、或者令人困惑的阐释，请将这些意见寄到 Jack Carey，生物出版社，Brooks/Cole，10 Davis Drive，Belmont，CA 94002（电子邮件地址：jack.carey@brookscole.com）。他会将这些意见转发给我的。大多数的错误可以在这一版以后所印刷的各册中得到纠正，而不是在下一版中再进行修改。

致谢

我要感谢那些对本书的前 4 版、《环境中的生存》的第 12 版和《环境科学》的第 8 版作出贡献的学生和老师们，以及那些纠正了许多书中的错误并对改进本书提出过有益建议的人们。我还要深深地感谢那些指出过这 3 本书中的错误并提出了重要的改进意见的 200 多位审阅者。所有遗留下来的错误和不足都是我的责任。

各位杰出的出版人员的名字都列在版权页上了，他们对本书也作出了极其重要的贡献。我还要感谢：（1）编辑 Carol Anne Peschke；（2）制作编辑 Brooks Ellis 和 Hal Humphrey；（3）Eileen Mitchell，Michael Gutch，以及其他为改进本书这一版的设计并减轻了我的工作量的电子出版服务有限公司的员工们；（4）Brooks/Cole 公司中辛勤工作的销售人员；（5）帕特·沃尔多（Pat Waldo）和她的制作了与本书相关的多媒体材料的优秀的同事们；（6）理查德·K·克莱门特（Richard K. Clements）在《教师手册》中所进行的优秀的工作。

我将最诚挚的感谢给予杰克·凯里（Jack Carey），Brooks/Cole 公司的生物学发行人，感谢他的鼓励、帮助、与我的 34 年的友谊，以及其优异的审阅体系。与院校教科书出版界中最优秀的、最富有经验的编辑们合作对我有着极大的帮助。

我将本书献给我们的地球以及我的研究助手，同时也是我的未婚妻，凯思琳·保罗（Kathleen Paul）。

G·泰勒·米勒

（G. Tyler Miller，Jr.）

目录

第 1 章　环境问题、问题的诱因与可持续性

在太空中绝无仅有，拥有独一无二的生命维持系统，由不可思议的能量支持推动着，将所有这些通过最微妙的调节传递给我们，如此的不稳定、如此的不可能、如此的不可预测，但在最大程度上又具有丰富的营养、充沛的活力和丰饶的资源——这难道不是我们所有生命的宝贵家园吗？这难道不值得我们去爱护吗？

——巴巴拉·沃德（Barbara Ward）和瑞恩·杜伯斯（Rene Dubos）

1.1　更加可持续地生存

环境、生态学和环境科学有什么区别呢？

环境是影响一种有机生命（任何独一无二的生命形式）的所有事物。生态学是研究有机生命体与其环境间的关系的一门生物科学。

本书是环境科学的一本引导性教科书。环境科学是一门多学科的交叉性科学，运用了来自生态学、生物学、化学和地质学等自然科学和经济学、政治学和伦理学等社会科学的一些概念和信息，这既有助于我们理解地球是如何运作的，又可以使我们了解人类活动是如何影响支持我们人类自身和其他生命形态的地球生命维持系统（环境）的，还可以提出解决我们所遇到的环境问题的方法并对其进行评估。很多不同的组织机构都在关注环境问题（聚焦专栏，第 2 页）。

什么是指数式增长？

在巴比伦曾经有两个喜欢下象棋的国王，他们商定胜者可以向负者提出一个要求作为奖励。在一次比赛之后，获胜的国王要求战败的国王在棋盘的第一个格子里放一粒小麦，在第二个格子里放两粒小麦，在第三个格子里放四粒小麦，以此类推，并将这所有的粮食都付给他。每个格子中小麦的数量都是前一个格子的 2 倍，直至将棋盘中所有的 64 个格子都摆满为止。

那个战败的国王觉得这很容易做到，就高兴地答应了。但这却成了他一生中所犯的最大的一个错误。他穷其国力仍旧不能偿付自己所答应的这笔如此巨大得不可思议的粮食的数量。事实上，这笔粮食的数量可能比他的国家曾经收获的所有小麦的数量还要多！

这就是一个指数式增长的例子，其中数量的增长是以整数的某一个固定百分数的倍数来进行的。正如那个战败的国王最终所领悟到的那样，指数式增长很有欺骗性。开始时它增长缓慢，但在翻过几倍

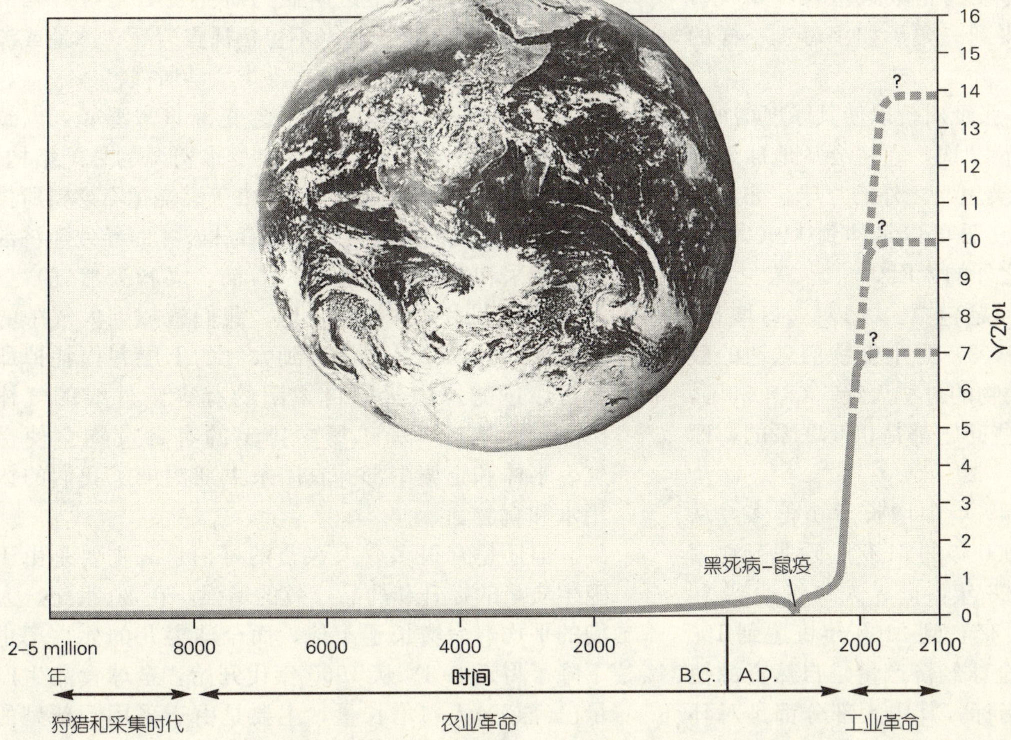

图 1-1　是过去地球上人口的指数式增长所形成的 J 形曲线，并对 2100 年之后的人口增长作出了预测。请注意，指数式增长开始时增长很缓慢，但随着时间的推移，该曲线变得越来越陡峭。在 21 世纪，现在 61 亿的世界人口将会增长到 80 亿至 150 亿［本图并非按比例绘制］（数据来自世界银行和联合国；照片来自美国航空航天局（NASA））

聚焦专栏

环境剧目中的演员表

你将在本书中遇到的主要演员，如下：

● 生态学家，研究有机生命体与其环境之间关系的生物科学家。

● 环境科学家，运用来自物理科学和社会科学中的信息来理解地球是如何运作的，了解人类是如何与地球相互作用的，并探求解决环境问题的途径的科学家。

● 生物保护学家，他们在 1970 年代创建了一门多学科互动的科学，来考察人类对地球上的生命多样性（生物多样性）所产生的影响，并探求保护这种生物多样性的可行性方案。

● 环境学家，他们关注环境质量并坚信某些人类活动正在损害地球的部分生命维持系统。他们的某些对付环境问题的信念和建议都是以科学的信息和理念为基础的，而有些则是基于他们所秉承的社会和伦理的环境信念（环境世界观）。环境学家是来自各种不同经济群体的一个宽泛的整体（富有的，中产阶级的，贫穷的），他们怀有不同的政治信仰（保守的或自由的）。

● 保存主义者，他们主要关注对未损害的自然物产进行保存和保护，使其免受有害的人类活动的破坏。

● 保护主义者，他们关注以一种可维持这一代和未来的人类和其他生命形式的生存的方式来运用自然区域和野生生物。

批判性思考

在这些组织中，你最认同哪一个或哪些？为什么？

之后就会变得异常巨大，因为每一次翻倍的结果都比前面所有数量之和都大。

任何以某一固定的百分数进行增长的数量，即使小到 0.001%或 0.1%，都是一种指数式增长。如果这种增长持续下去，随着基数的不断翻番，最终所得到的将是一个极其巨大的量。如果用一张图来表示的话，任何数量的持续的指数式增长，如人口规模的增加，最终都会得到一幅形如字母 J 一样的增长曲线（图 1-1）。

再举一个例子，将一张纸对折以使其厚度增加 1 倍。如果你可以这样对折 42 次，它将会从地球延伸到 386400 公里（240000 英里）之外的月球。如果你可以对折 50 次的话，它几乎可以延伸到 149000000 公里（93000000 英里）之外的太阳！

我们所遇到的环境问题包括：（1）人口增长；（2）资源消耗量的增加；（3）野生生物栖息地的破坏与侵蚀；（4）植物与动物的过早灭绝；（5）贫困，以及（6）污染。所有这些问题都是相互联系的，而且都是以指数式增长。

例如，世界人口在 49 年中增长了 1 倍多，从 1950 年的 25 亿增长到 2000 年的 61 亿。除非死亡率大幅度增长，否则到 2028 年，世界人口将达到 80 亿，到 2054 年将达到 90 亿，到 2100 年将达到 100 亿—150 亿（图 1-1）。全球经济产量是自然资源使用量的一个粗略的衡量指标，其中大部分都是对环境有害的。从 1950 年至今，几乎增长了 5 倍。

环境方面有着大量的坏消息。根据一些杰出的生态学家和环境科学家的信息，（1）森林面积正在缩减；（2）草地正因家畜的过度放牧而被毁坏；（3）土壤正在受到侵蚀；（4）动植物物种正在消失；（5）渔业正在走向崩溃；（6）河流正在干涸；（7）一些国家正在为共同的但十分有限的水资源的获取而发生冲突；（8）地下水正在以快于可补充的速度被开采使用；（9）湿地正在消失；（10）珊瑚礁正在死亡；（11）全球气温正在升高；（12）冰川正在消融。国际保护组织的研究者最近所做的研究表明大约 73%的可栖息的地球表面土地（不包括裸露岩石、冰地或流沙）已经部分地或严重地被人类活动所损害。

在本世纪，地球的气候会变得非常温暖，以致（1）损害农业生产率；（2）改变水资源的分配结构；（3）使大量的物种灭绝；（4）由于燃烧化石燃料所排放入低层大气的某些气体以及森林破坏而导致经济混乱。开采和燃烧化石燃料（石油、煤和天然气）会污染空气和水体并损害土地。我们施加到大气中的其他一些化学物品会漂移到大气的上层并损耗掉那些可以过滤掉大量源自太阳的有害紫外线的气体（臭氧）。从工厂和矿场中排出的有毒废物会使空气、水体和土壤中毒。农用杀虫剂污染了我们的饮用水和食物。

但还是有很多令人兴奋的好消息。主要是由于卫生质量的提升和药品疗效的增强，在 20 世纪，人们的平均寿命增长了 1 倍，而全球婴儿的死亡率也下降了将近 2/3。从 1960 年代开始，全球食品生产量已经超过人口增长量，主要是由于采用了新型的高产的农业形式缘故。

由于采矿技术的提高，从 1950 年代开始，已探明的地球上几乎所有的化石燃料和矿产资源的储量都有了大幅度的提高。由于新的污染控制法案的通

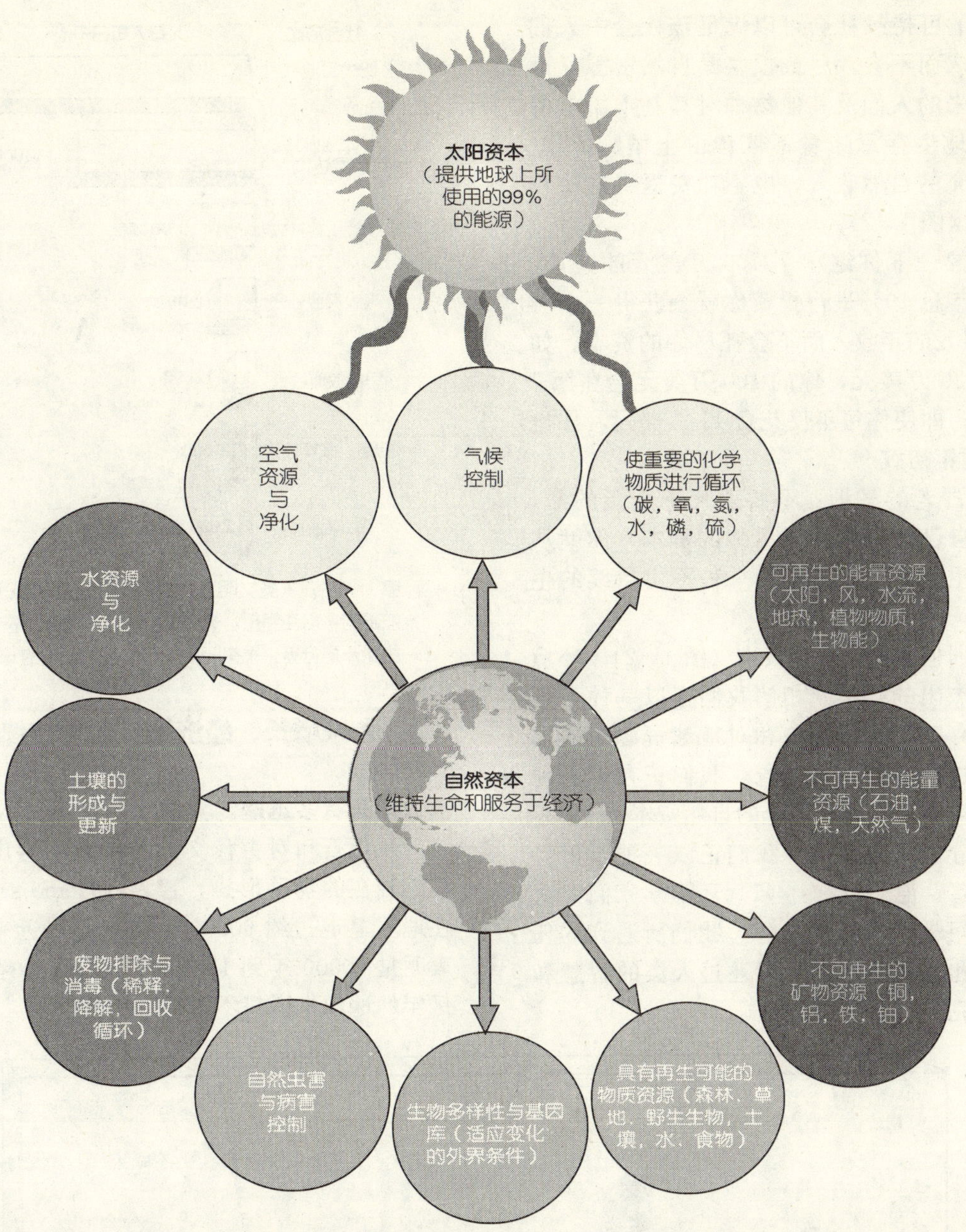

图 1-2 来自太阳的能量（太阳资本）和自然资源（自然资本）支撑并维持着地球上所有的生命和所有的经济体

过和新技术的采用，从 1970 年代开始，大多数工业化国家的空气和水污染的程度都有所下降。近年来，工业国家已经拓展了国际条约以逐步淘汰会损耗上层大气中的臭氧层的化学产品。

是什么维持我们生存？

我们的生存、生活方式和经济状况全部依赖于太阳和漆黑虚空的太空中蓝色和白色的小岛——地球。对于经济学家来说，资本就是用于维持一个企业并产生更多财富的财富。同样地，我们可以将来自太阳的能源视为太阳资本，而将地球这颗行星上的空气、水、土壤、野生生物、矿产和自然净化、回收和害虫控制过程等视为自然资源或自然资本（图 1-2）。太阳能源被宽泛地定义为既包括直接的日光，又包括间接的太阳能形式如（1）风能；（2）水能（水流产生的能量）；（3）生物能（转化为化学能并存储在生物资源中的直接的太阳能，如木材）。

什么是环境的可持续社会？

为了生存并维持良好的健康状况，所有的生命形式都必须获得充足的食物、清新的空气、洁净的水分，以及遮蔽所来满足基本需求。对于人类来讲还需要令人尊敬而且安全的工作、医疗护理、娱乐、文化契机、教育，以及免受身体损伤。你能再想出一些自己所需的其他基本需求吗？

一个环境的可持续社会可以满足该社会中人们的各种基本需求而不会耗尽或损害其自然资源从而妨碍现在和将来的人们及其他物种对其基本需求的满足。可持续地生存意味着不依赖由土壤、植物、空气和水所补充的自然收入，也不耗费提供这些收入的自然资本（图 1-2）。

例如，想像一下你继承了 100 万美元的遗产。将这笔资本以年息 10%进行投资你就会获得一个可持续的 10 万美元的年收入而不会耗尽你的资本。如果你每年花费 20 万美元，你的 100 万美元会在第 7 年初就用完了；即使你每年仅花费 11 万美元，你也会在第 18 年的年初破产。

这是一个古老的教训：不要杀死下金蛋的鹅，或者叫做保护自己的资本。耗尽你的资本，你就从一种可持续的生活方式堕落成为一种不可持续的生活方式了。

同样的教训也适用于自然资本（图 1-2）。环境学家们和一些杰出的科学家相信我们正以一种不可持续的方式生存着，随着人口和对地球资源的需求以及生命维持过程以指数式增长，我们正在以一种加速的速度消耗并损害着地球上的自然资本。

其他一些分析家并不认为我们正以一种不可持续的方式生存着。他们辩称：（1）环境学家们夸大了人口和环境问题的严重性；（2）我们所遇到的任何人口、资源和环境问题都可以通过人类的智慧和技术的进步来克服。

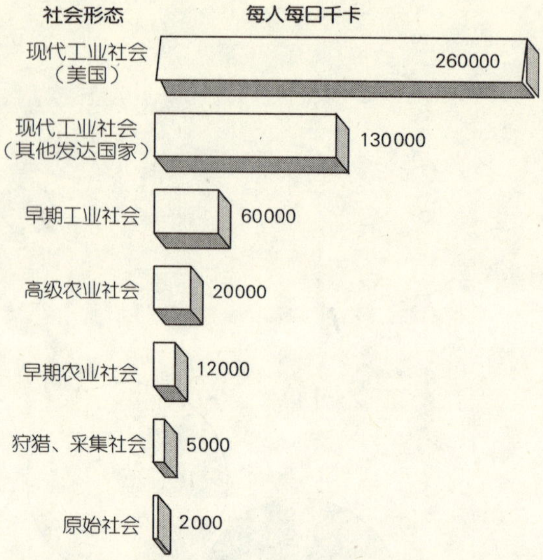

图 1-3 在人类文明发展的不同阶段人均每日直接及间接能源的平均使用量。现代工业社会中的一个普通人所消耗的能源是狩猎、采集时期人均消耗能源量的 65—130 倍

1.2 人口增长、经济增长与可持续的经济发展

人口增长有多迅速?

从化石和对古代文化的研究中得出的证据表明我们现在的物种形式，智人（Homo sapiens），仅仅在地球上走过约 60000 年的岁月（近来的一些证据表明是 90000 年到 17.6 万年），对于存在了大约 46 亿年的地球来说只不过是一瞬间罢了。

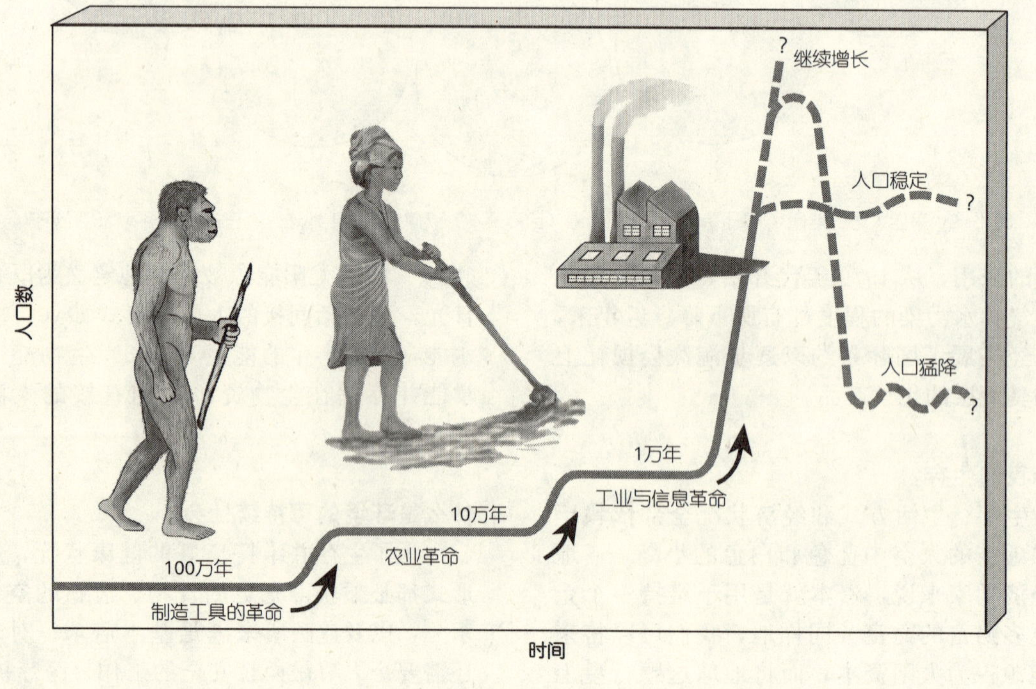

图 1-4 技术革新使人类对自然界的其他部分具有更强的控制力，并促进了人口增长。虚线表示出三种人口发展趋势：（1）继续增长（上面的虚线）；（2）保持稳定（中间的虚线），和（3）猛降并保持一个低水平的稳定

当今世界人口以指数式增长

世界人口正在以每年约 1.35%的速率呈指数式增长。这架人口时钟所发出的无情的滴答声意味着在2000年，61亿的世界人口将会增长8200万（61亿×0.0135＝8200万），日均增长量为225000人，或每小时9400人。

以这个每年1.35%的速率呈指数型增长的话，大约

- 5天就会增加相当于在美国参与的所有战争中死亡的总人数。
- 2个月就会增加相当于居住在洛杉矶盆地中的人口总量。
- 1.6年就会增加1.29亿人，相当于在过去的200年中的所有战争中死亡的人口总量。
- 3.4年就会增加2.81亿人（2000年美国的人口）。
- 15年就会增加12.6亿人（2000年中国的人口，世界上人口最多的国家）。

10亿是多少？如果你可以活10亿分钟的话，你就会有1902岁。要行走16亿公里（10亿英里）的话，你就会环绕地球40000次。

批判性思考

有些经济学家认为人口增长是一件好事情，因为这可以提供更多的工作者、消费者和解决问题的人以保持全球经济的增长。环境学家却认为人口增长会通过增加污染和环境破坏而对各国的经济和地球的生命维持系统产生威胁。你怎么认为？为什么？

世界人口达到		
10亿	1804年	
20亿	1927年	（123年后）
30亿	1960年	（33年后）
40亿	1974年	（14年后）
50亿	1987年	（13年后）
60亿	1999年	（12年后）
世界人口将会达到		
70亿	2013年	（14年后）
80亿	2028年	（15年后）
90亿	2054年	（26年后）

图1-5 世界人口里程碑（数据来自联合国人口机构，世界人口展望，1998年）

直到大约12000年前，我们人类主要以狩猎和采集的方式生存，根据寻找生存所需食物的需求而进行迁移。从那时起，经历了3次主要的文明变革：(1) 农业革命（开始于10000至12000年前）；(2) 工业革命（开始于约275年前），以及 (3) 信息与全球化革命（开始于约50年前）。

这些主要的文明变革：

- 给予了我们人类更多的能源（图1-3）和新技术，使我们可以更多地改变和控制我们的星球以满足我们的基本需求和不断增长的需要。
- 使人口得到增长，主要是因为食物供给的增加和寿命的延长（图1-4）。
- 加剧了我们对环境的影响，这是由于资源使用量的增加，污染，以及环境衰退。

持续增长的人口规模便是指数式增长的一个例子（图1-1，图1-4和图1-5，以及本页顶端的聚焦专栏）。如果这种指数式增长持续下去（即使是一个较低的年增长百分率），那么最终，人口增长曲线会弯一个弯并几乎以直线向上发展，形成一个J形的曲线（图1-1）。过去100年中人口迅速增长的一个主要原因是死亡率的降低程度大大高于出生率（主要是因为食物供应量的增加和更好的健康和卫生条件）。

什么是经济增长？

几乎所有国家都在追求经济增长：一种为人民的最终使用而提高的商品和服务的供应能力。这种

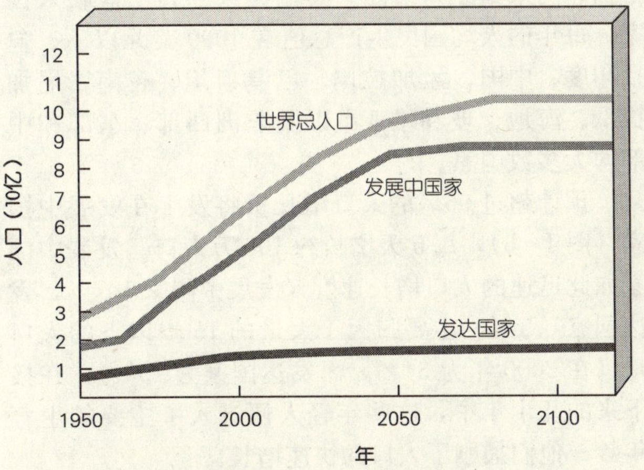

图1-6 发达国家、发展中国家和全世界在过去和未来的人口规模，1950—2120年。1990—2030年所增长的36亿人口中的95%将产生在发展中国家（数据来自联合国）

提高是通过人口增长（更多的消费者和生产者）、更多的人均消费，或者两者同时增长而实现的。

经济增长通常以几项指标的增长来衡量：

● 国民生产总值（GNP）：在一年之中，一个国家国内和国外的所有企业为最终的使用而生产的所有商品和服务的总和折合成美元的市场价值。

● 国内生产总值（GDP）：在一年之中，一个国家国内的所有企业为最终使用而生产的所有商品和服务的总和折合成美元的市场价值。

● 人均国民生产总值：国民生产总值被总人口除所得的结果。它给出了每个人的经济产量的平均值。

经济发展是通过经济增长而实现的生活水平的提高。联合国主要按照各国的工业化程度和人均国民生产总值将全世界在经济上划分为发达国家和发展中国家。

发达国家包括美国、加拿大、日本、澳大利亚、新西兰，以及欧洲的所有国家。它们大多都是高度工业化的国家并具有较高的人均国民生产总值（除了东欧的工业化国家和北欧和南欧的一些国家外，都高于每年10000美元）。这些国家的总人口为12亿（在2000年，占全球人口的20%），(1) 占有着全球85%的财富和收入；(2) 消耗着全球约88%的自然资源，而且 (3) 制造着全球约75%的污染和废物。

其他的所有国家都属于发展中国家，其中大多数在非洲、亚洲和拉丁美洲。他们拥有49亿人口（在2000年，占全世界人口的80%），(1) 却仅拥有大约15%的全球财富和收入；(2) 消耗着约12%的自然资源。一些国家属于中等收入的中等发达国家，每年的人均国民生产总值在1000美元至10000美元之间。例如南非、墨西哥、阿根廷、巴西、沙特阿拉伯、马来西亚和泰国。其他国家都属于低收入国家，每年的人均国民生产总值在1000美元以下。包括印度、中国、孟加拉国、巴基斯坦、越南、尼加拉瓜、海地、玻利维亚，以及非洲西部、东部和中部的大多数国家。

预计超过95%的人口增长量将发生在发展中国家（图1-6），每5天增长约100万人口。发展中国家如此迅速的人口增长速度（发展中国家1.7%，发达国家0.1%）主要归因于大量的15岁以下的人口量（在2000年为34%，而发达国家为19%）。在接下来的几十年中，这些年轻人便进入了主要的生育年龄，他们加剧了人口的快速增长。

什么是环境可持续的经济发展？

一些分析学家提倡以一种强调环境可持续的经济发展模式来取代传统上强调以各种基本形式的经济增长来促进的经济发展模式。这种发展模式 (1) 鼓励各种形式的环境可持续的经济增长来满足现今一代的人类和其他物种的各种基本需求而不妨碍未来各代的人类和其他物种满足他们的各种基本需求，(2) 限制对环境有危害的和不可持续的各种经济增长形式。换句话说，环境可持续的经济发展是环境可持续社会的一个经济组成部分。

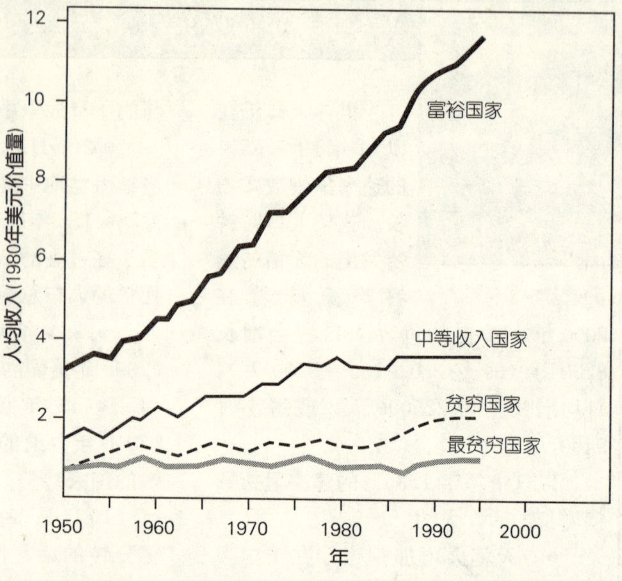

图1-7 财富差距：高收入、中等收入、低收入和极低收入国家人均国民生产总值的分配变化，1950—1996年。自1980年的经济恶化以来，大部分因经济增长而带来的收入都有所增加而不是减低。10多亿人却靠每天不足1美元来维持生活（数据来自联合国）

什么是财富差距？

从1960年开始，特别是1980年以来，富裕国家、中等收入国家和贫穷国家的人均国民生产总值之间的差距已经拉大了（图1-7）。根据联合国的数据，大约12亿人口——每5个人中就有1人——属于饥饿和营养不良，而且缺乏净水、适宜的房屋和充分的医疗护理。每3个人中就有一人缺乏足够的燃料用于取暖和烹煮食物，而且没有任何电源。大约2/3的人口缺乏卫生的厕所，每4个成年人（13亿人）中就有一人是文盲。

对于地球上大约1/2的人来说，每天的生活就是一种艰苦的挣扎，只能靠每日1—3美元的收入来生存。很多贫穷的父母靠多生孩子来作为生活的经济保证，(1) 可以帮助他们增加食物的收入；(2) 可以收集燃料（主要是木材和粪肥燃料）；(3) 可以帮他们搬运饮用水；(4) 可以帮他们照料牲口；(5) 可以工作挣钱；(6) 可以在街上乞讨；(7) 可以在自己年老的时候（大约50岁或60岁）赡养他们。贫穷的人们

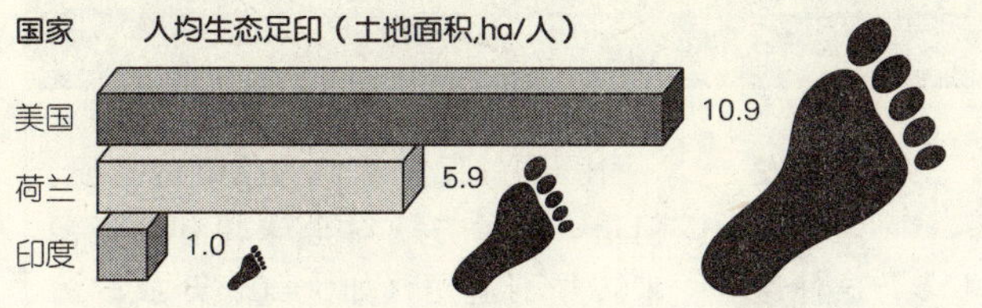

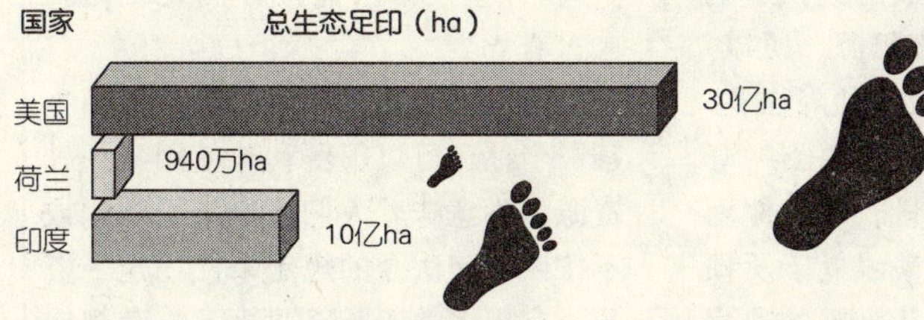

图 1-8 美国、荷兰和印度的生态脚印比较。生态脚印是指在一个国家中为满足一个普通人的需求所需的土地的量。荷兰 1600 万人的生态脚印是其国土面积的 15 倍。事实上，如果全球 61 亿人消耗与美国的 2.81 亿人同样数量的资源的话，则所需的土地面积为地球土地面积的 3 倍

- 会消耗和破坏本地的森林、土壤、草地、野生生物和水源供应以寻求短期的生存，即使他们知道从长远来讲，这会导致灾难。
- 通常不得不住在那些空气和水体污染严重的地区和那些很容易发生自然灾害的地区，这些灾害包括洪水、地震、飓风和火山爆发。

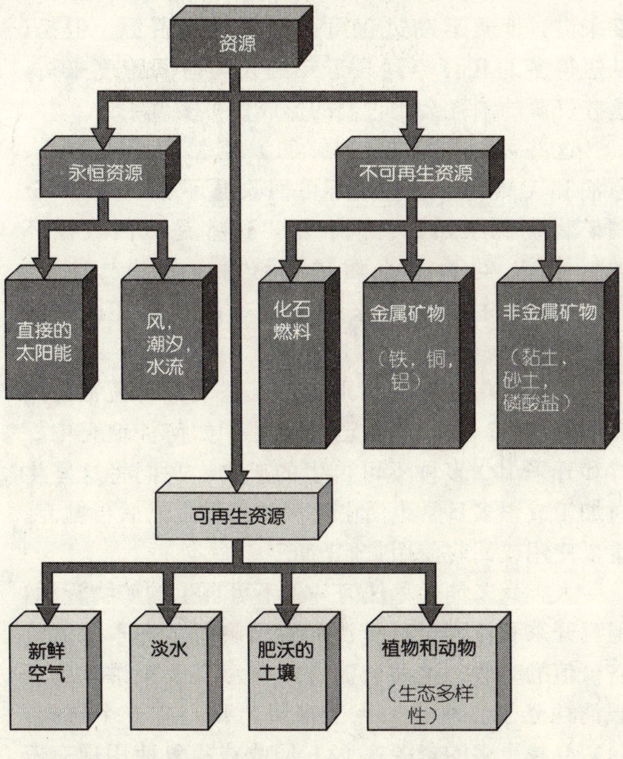

图 1-9 物质资源的主要类型。本图并非最终结果；如果以一个高于自然过程所能更新的速率来消耗一段延长了的时间的话，可持续资源也会变成不可持续资源

- 平均每天用 4—6 小时的时间来寻找和搬运燃料木材，平均每周用 4—6 小时的时间来提水和运水。
- 不得不在不健康也不安全的工作条件下从事一些报酬很低的工作（如果能够找到这类工作的话）。

根据世界卫生组织（WHO）的数据，每年至少 1000 万极其贫困的人过早地死亡，主要因为（1）营养不良（缺乏蛋白质和其他良好健康所需的营养成分）；（2）由于营养不良而导致的虚弱的抵抗力所引起的对传染病越来越低的抵抗力，以及（3）因为饮用了受污染的水而染上各种传染病。每天会有大约 27400 人过早的死亡，相当于每天坠毁 69 架满载着 400 人的大型喷气式客机而无一人生还。其中一半是不足 5 岁的儿童。

主要由于发达国家对自然资源的高使用量，与发展中国家相比，发达国家的人均环境危害或生态足印程度要大得多（图 1-8）。

1.3 资源

什么是资源?

从人类的视点来看，资源是指从环境中获得的可以满足人类需求和需要的任何事物。包括食物、水、掩蔽所、人类生产的各种产品、交通、通信和娱乐。从人类短暂的存在时间来讲，我们把从环境中获得的各种物质资源划分为（1）永恒资源；（2）可再生资源，或（3）不可再生资源（图 1-9）。

有些资源，如太阳能、新鲜空气、风、表层淡水、肥沃的土壤和可食用的野生植物，都是可以直接获得的。其他一些资源，如石油（原油）、铁、地下水（在地下发现的水体）和现代农业的谷物，是不可以直接获得的。只有通过一些人为的劳动和技术上的创造才能使它们造福于人类。例如，在人类懂得了如何探测、开采并将其转制（提炼）成汽油、采暖用石油和其他价格合理的产品之前，石油一直都是一种神秘的液体。

什么是永恒资源和可再生资源?

太阳能被称为一种永恒资源，因为从人类的时间跨度来看，它持续不断地进行着更新。由于太阳的生命可以维持至少 60 亿年，所以太阳能也可以持续相同的年限。

从人类的时间跨度来讲，一种可再生资源可以通过各种自然过程相当迅速地（从若干小时到几十年）进行补充，只要在获得替代资源前该资源未被耗尽。这些都是流动资源，流经各种植物体、经济

联系专栏

无限制资源与共有资源的灾劫

导致环境恶化的一个原因就是对共有资源和无限制资源的过度使用。这些资源并不是被某个人所占有（或被某个国家或地区的人们共同占有），而是对任何人来说都可以以一笔较小的费用或免费来使用。

例如包括（1）洁净的空气；（2）开放的海洋和其中各种鱼类；（3）候鸟；（4）野生生物物种；（5）公众拥有的土地（如国家森林，国家公园和野生生物保护地）；（6）低层大气，以及（7）太空。

在 1968 年，生物学家盖瑞特·哈迪恩（Garrett Hardin）将可再生无限制资源的恶化称为共有资源的灾劫。每个消耗者都辩称："如果我不消耗的话，也会有别人消耗的。我所消耗或污染的这一点点并不算什么，这种资源是可再生的。"灾劫便发生了。

如果消耗者的数量不多，这种逻辑还可能适用。但是，很多人对无限制资源的共同开发所造成的累积影响最终会耗尽或毁掉全部资源。所以，没有人能从中受益，而灾劫便降临了。

有两个解决这一问题的途径：

- 通过减少人口数量、规范使用方式，或两者同时采用来以低于所预计的可持续产出或超负荷极限的速率来使用无限制资源。这种禁止的方法几乎不被采纳，因为（1）这需要建立并强化各种法规以限制资源的使用和人口的增长；（2）确定一片森林、一片草地或一群动物的可持续产出是非常困难又非常昂贵的，因为这些产出随天气、气候和诸多不可预测的生物因素的影响。
- 将无限制资源转为私人占有。理由是土地和其他资源的拥有者具有一种强烈的保护他们的投资的意愿。但是，这种方法对全球共有的资源来讲并不适用（如大气、开放的海洋、大多数的野生生物物种，以及候鸟），它们都不能被分割或转为私人占有。

经验显示了另一种可能性。因为某一个社区可以很便利地使用某一种资源并不意味着人们可以不受限制或不按照任何法令的规定来使用这一资源。有很多关于社区建立了一套规定和制度来规范对一些共有资源的使用，如渔场、放牧地和森林，这样的例子有很多。

批判性思考

举出 3 个你如何引起环境恶化从而导致了共有资源的灾劫的例子。我们应如何处理这个问题？解释一下。

体和其他系统。它们仅以大自然所赋予的速率进行着无休无止的更新。例如（1）森林；（2）草地；（3）野生动物；（4）淡水；（5）新鲜空气和（6）肥沃的土壤。

然而，可再生资源也会被耗尽或损害。可持续资源可以被无限制地使用而不减低其有效供应力的最大使用率被称为可持续产出。

如果超出了资源本身的自然更新率，其有效的供应力就会开始下降，形成一种被称为环境恶化的过程。这种变化过程的例子包括：（1）耕地的城市化；（2）土壤的淹涝和盐碱化；（3）表层土的过度流失；（4）森林砍伐；（5）地下水的过度抽取；（6）牲畜对草地的过度啃食；（7）栖息地消失和物种灭绝而引起的地球野生生物种类（生物多样性）的减少，和（8）污染。

这些形式的环境恶化会将可用的、可再生资源转变为不可再生的或不可用的资源。可再生资源环境恶化的主要诱因是一种被认作共有资源的灾劫现象（联系专栏，第 8 页）。

什么是不可再生资源？

蕴藏在地壳中的数量或储量有限的资源就被称为不可再生资源。从几百万年到几十亿年的时间跨度来讲，地质运动过程可以更新这些资源。但是，从短得多的几百年到几千年的人类时间跨度来讲，这些资源的消耗会比它们的形成快得多。

这些可耗尽资源包括（1）能量资源（如煤、原油和天然气，这些是不可回收循环的）；（2）金属矿物资源（如铁、铜和铝，这些是可回收循环的），以及（3）非金属矿物资源（如盐、黏土、砂土和磷酸盐，通常来讲是很难回收循环的，且代价昂贵）。

矿物是指任何自然形成的、坚硬的、通常是结晶体的物质。我们现在已经懂得了如何从地壳中探寻和开采 100 多种不可再生的矿物。我们将这些生材加工成很多日常生活中使用的器物，然后再抛弃、重复使用或回收使用它们。

人类尚未消耗尽任何一种不可再生的矿物资源，但当开采和使用某种资源的费用超过了它本身的经济价值的时候，这种资源在经济意义上来讲就已经被消耗光了。从这一点上来讲，我们有 6 个选择：（1）寻找更多的资源；（2）回收或重复使用现有资源（除了不可再生的能量资源，这些是不能循环或重复使用的）；（3）减少浪费量；（4）减少使用量；

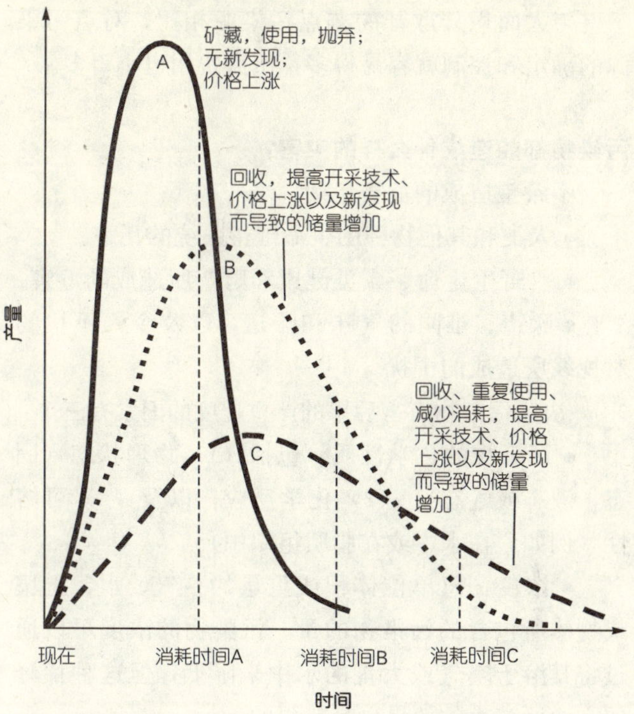

图 1－10　某种不可再生资源（如铝或铜）的消耗曲线使用了三种假设条件。纵向虚线表示消耗掉 80％的量所需要的时间

（5）尽力开发一种替代品；（6）再等几百万年以待更多资源的形成。

某些不可再生的矿物资源，如铜和铝，可以通过回收和重复使用来延长其使用寿命。回收包括将一种资源进行收集并将其再处理成一种新产品以供使用。例如，玻璃瓶子可以碾碎熔化以制作新的瓶子或其他玻璃器具。重复使用包括以同一种形式重复多次地使用同一种资源。例如，玻璃瓶子可以多次地进行收集、清洗，然后再盛装物品。

与开采新的金属资源相比，回收不可再生的金属资源消耗少得多的能量、水和其他资源，而且带来的污染和环境恶化也轻微得多。对这些资源进行重复使用所消耗的能量比其他资源要少得多，而与回收相比，造成的污染和环境恶化也少得多。

不可再生的能量资源，如煤、原油和天然气，是不能进行回收或重复使用的。一旦燃烧后，蕴藏在这些化石燃料中的有用能量就消失了，只留下废热和污染性的废气。

大多数对某种不可再生资源所宣布的估算量都以储量为标准：这是指已知的可用矿物资源以当今的价格进行盈利性开采的量。当又有新的储量发现时，或当价格上涨而使得对先前所探明的认为开采价格过于昂贵的矿物进行开采是有利可图的时候，储量也随之增加。

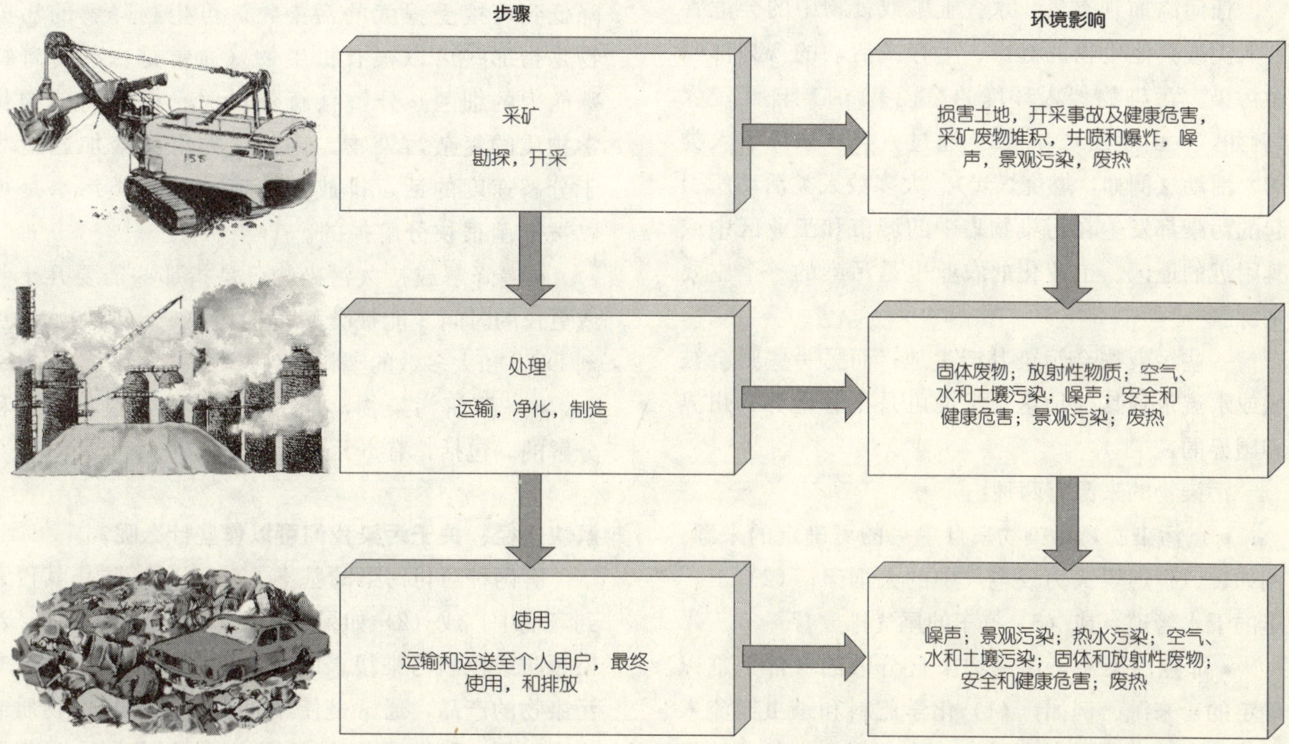

图 1－11　开采、处理以及使用不可再生的矿物资源和能量资源而造成的有害的环境影响。实现每一步所消耗的能量造成了附加的污染和环境恶化

消耗时间是指以某一固定速率消耗掉某种矿物的储量的某一个百分比（通常为80%）的量所花费的时间（图1-10）。对剩余的20%进行开采的费用通常比其价值量要大。最短消耗时间是以假设不进行回收和重复使用，以及不考虑储量增加为条件的（曲线A，图1-10）。较长的消耗时间则考虑到回收可以增加现有储量，且更先进的开采技术、更高的价格，以及新探明的储量都会增加原有储量（曲线B，图1-10）。更长的消耗时间则考虑到新探明的储量会更大地增加原有储量，而且回收、重复使用以及降低消耗都会增加储备量（曲线C，图1-10）。找到某种资源的替代物则意味着一套新资源的新消耗曲线的产生。

一些环境学家和资源专家相信最大的威胁并不是不可再生资源的耗尽而是对其进行开采、处理和将其转化为产品时对环境所造成的危害，这些危害的形式表现为能源使用、土地损害、土壤侵蚀、水体污染，以及空气污染（图1-11）。

1.4 污染

什么是污染以及污染来自何处?

任何添加到空气、水、土壤或食物中的会危害到人类或其他生物的健康、生存或活动的行为都叫做污染。污染物侵入环境的途径有（1）自然侵入（例如，火山喷发）和（2）通过人类（来源于人类的）活动（例如，燃烧煤炭）。大多数人类活动所引起的污染都发生在污染物集中的城市和工业区中或其附近的地区。工业化的农业也是污染的一个主要来源。

一些污染物会污染其产生地；而另一些则会被风或水流带到其他地区。污染可是不管地界、州界和国界的。

污染物的来源有两种：

- 点污染源，污染物来自单一的可确定的来源。例如，（1）燃煤火力发电厂中的大烟囱；（2）工厂里的下水管道，或（3）汽车的尾气排放管。
- 非点污染源，污染物来自分散的（常是难以确定的）来源。例如，（1）化学肥料和杀虫剂流入溪流和湖泊所形成的径流（来自农场、高尔夫球场和城市郊区的草场和花园中）；（2）喷洒到空气中或被风吹到大气中的杀虫剂。

与大面积分散开的非点污染源相比，对点污染源的确定和控制就容易得多，所需费用也小得多。

污染物都能造成什么样的灾害?

不希望造成的危害包括：

- 人类和其他物种的生命维持系统的瓦解。
- 对野生生命、人类健康和财产所造成的危害。
- 噪声、难闻的气味和味道，以及令人不快的对视线所造成的干扰。

决定污染物有害后果的严重程度的因素有三个：

- 污染物的化学性质，包括（1）物理状态（固态，液态或气态）；（2）化学反应，以及（3）可溶性（例如，在水中或在脂肪组织中）。
- 浓度：每单位体积或重量的空气、水、土壤或物体所包含的污染物的量。污染物的浓度可以通过将其溶于空气或大量的水中来降低，但这种稀释的方法所产生的效果也是有限的。
- 持久性：污染物可以在空气、水、土壤或物体中存在的时间长度。

根据其耐久性，污染物可以分为三种类型：

- 可降解的或不持久的污染物，是指那些通过自然的物理、化学和生物过程可以被完全分解或降低到可接受程度的污染物。可生物降解的污染物是指那些可以被有机生物（通常是一些有着特殊能力的细菌）分解（新陈代谢）成较简单的化学物质的复杂污染物。例如，如果其增加速度小于分解速度的话，排放到河流中的人类污水是可以被细菌很快分解掉的。
- 慢降解或持久污染物，是指那些需要几十年或更长的时间才能被分解掉的污染物。例如，杀虫剂DDT和大多数的塑料制品。
- 非降解污染物，是指那些不能通过自然过程分解的。包括，有毒元素铅和水银。

解决途径：关于污染我们可以作些什么呢?

有两种对付污染的基本方法：（1）防止其侵入到环境中，或（2）如果侵入了，将其清理干净。污染预防或控制污染侵入的方法可以减少或去除带有污染物的产品，通常是使用较少污染的化学物质或生产过程。我们可以通过以下四个“R”的方法来防止（至少是降低）污染：拒绝使用（不使用）（refuse），减少使用量（reduce），重复使用（reuse），和回收利用（recycle）。

污染清理或控制污染排放的方法包括在污染物产生后对其进行清理。环境学家已经发现了三个主要存在于污染清理方法中的问题：

● 在相应的污染控制技术缺乏改进提高的情况下，只要污染程度与消耗水平持续增加，这种方法就只是一种临时性的权宜之法。例如，为汽车的尾气排放系统加装催化转换器可以减轻空气污染。但是，汽车数量的增加以及总行驶里程的增长都降低了这种清理方法的效果。

● 通常，这仅仅是将一种污染物从一个环境中清楚掉，却转移到了另一个地方并造成污染。例如，我们可以收集垃圾，但这些垃圾随后就（1）被燃烧掉了（也许导致了空气污染或产生了不得不堆放在其他地方的有毒烟灰）；（2）倾倒入溪流、湖泊和海洋中（也许导致了水污染），或者（3）埋掉了（也许造成了土壤和地下水的污染）。

● 一旦污染物以一个有害的程度侵入并扩散到环境中，通常都要花费巨额资金来将其降低到可接受的程度。

污染预防和污染清理这两种方法需要同时使用。但是，环境学家和一些经济学家都推崇污染预防的方法，因为它比污染清理更高效也更廉价。很久以前，本杰明·富兰克林曾经说过："1盎司预防等于1磅的治疗。"越来越多的公司企业都已发现污染预防是更值得的。

各国政府可以通过一些手段来鼓励污染预防和污染清理这两种方法：

● 推行一些刺激政策，如各种资助金和免税政策。

● 推行立法和税收政策。

大多数的分析家都相信将这两种方法结合使用是最有效的，因为过多的立法和过量的税收都可能导致政治上的反抗。但达到恰当的平衡点是非常困难的。

1.5 环境问题与资源问题：诱因及联系

哪些是关键的环境问题以及它们的基本成因？

我们面对着大量相互联系的环境和资源问题（图1-12）。处理这些问题的第一步就是要确定它们的潜在成因（图1-13）。

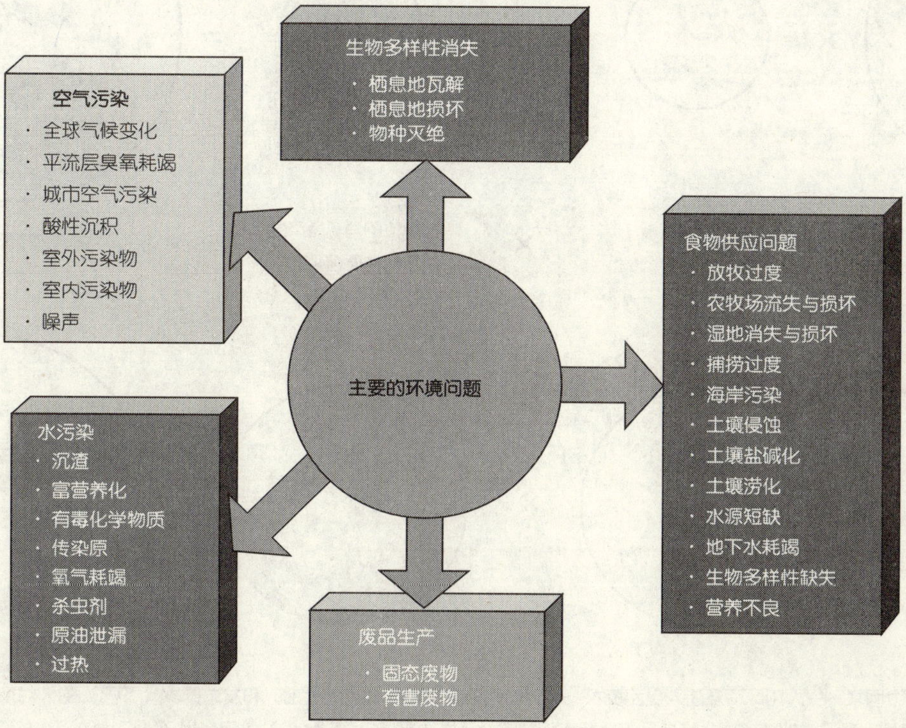

图1-12 主要的环境问题和资源问题

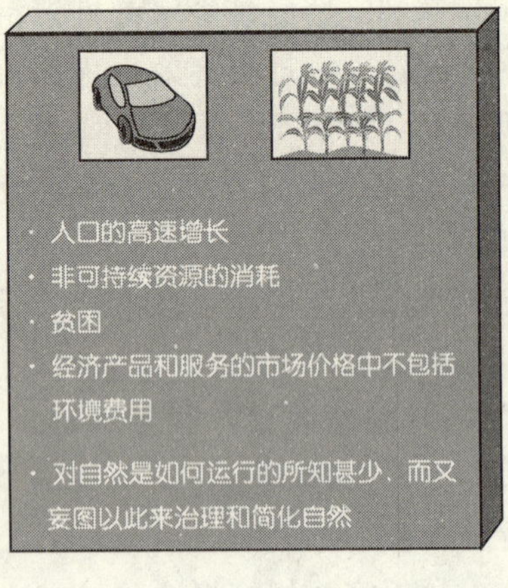

图 1-13 环境学家已经确认了我们所面对的环境问题的五个基本诱因

环境问题与它们的成因是如何联系在一起的?

一旦我们确定了环境问题及其起因，下一步就是了解它们是如何相互联系的。图 1-14 中所示的三因素模型是一个很好的起点。

根据这个简单的模型，人口对某个特定地区所造成的环境影响（I）取决于三个关键因素：（1）人口数量（P）；（2）平均每人的资源消耗量（资源注入，A）；（3）提供和消耗每单位资源所使用的技术所造成的环境影响（T）。

在发展中国家，人口规模及其所导致的潜在可再生资源的侵害（随着人们为了生存而进行的艰苦挣扎）成为所有环境危害中的关键因素（图 1-14，上部）。在这些国家中，人均资源消耗量是很低的。

在发达国家中，很高的人均资源消耗率及其导致的高污染水平和人均环境恶化程度通常成为决定总体环境影响的关键因素（图 1-14，下部）。例如，据估计，美国公民的平均消耗量是印度的 35 倍，是世界上最贫穷国家的 100 倍。因此，发展中国家中贫穷的父母一辈子需要 70—200 个孩子才能获得与一个典型的两个孩子的美国家庭同样的资源消耗量。

某些技术形式，如有污染的工厂以及机动车和耗能设备，通过增加等式中的 T 因素而导致了环境危害的增加。其他技术，如污染控制、太阳能电池，以及节能设备，通过降低等式中的 T 因素而降低了环境危害。换句话说，某些技术形式在环境上是有害的，而有些则在环境上是有益的。

举例来说，发展中国家对有益于环境的技术的较大注入和发展使得他们有可能将更多的资金和创

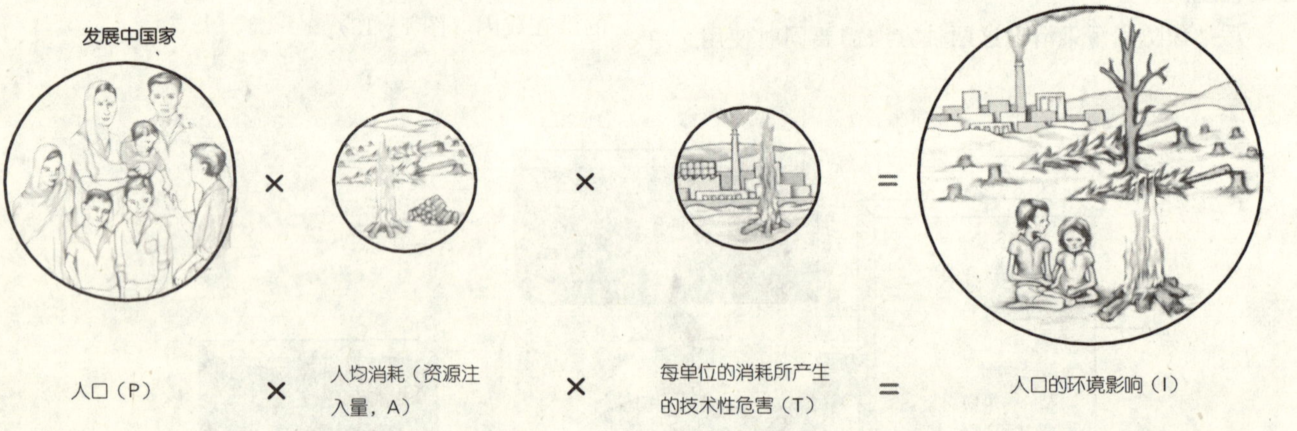

图 1-14 显示出三个因素——人口，资源注入量和技术——是如何影响发展中国家（上部）和发达国家（下部）的人口所导致的环境危害的简单模型。根据这个模型，我们对地球的生命维持系统所造成的危害（环境危害，I）等于（1）人口数量（人口，P）乘以（2）人均消耗的资源量（资源注入量，A）再乘以（3）用于提供和消耗每单位的资源所需的技术对环境造成的危害（技术，T）。圆圈的大小显示了每个因素的相对重要性。我们可以通过改进控制和防止污染、资源浪费和环境危害的技术来减小 T 因素的圆圈大小

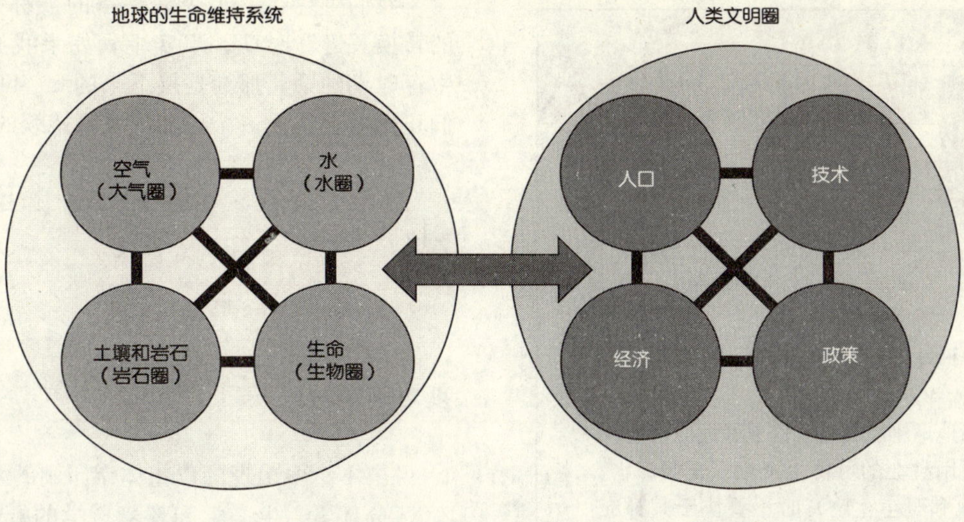

图 1-15　地球生命维持系统和人类社会结构体系（文明圈）的主要构成成分及其相互作用。环境科学的目的就是尽可能多地了解这些复杂的相互作用

造性资源投入到提高环境质量上来。另外，这些有益于环境的技术还可以转移到发达国家中来，以帮助人类减轻其对于世界的生态足印（图 1-8）。

图 1-14 中所示的三因素模型可以帮助我们理解关键性的环境问题及其某些成因是如何联系在一起的。然而，如图 1-15 所显示的，这些问题涉及大量的比这个简单的模型多得多的各种尚未了解清楚的因素。

1.6　我们现在的发展进程是否具有可持续性?

情况正在变得越来越好还是越来越坏?

对于我们现在的人口和环境问题到底有多严重以及我们应该采取什么措施，专家们的意见也很不统一。

一些分析家认为人类所具有的智慧以及技术进步会使我们（1）将污染清理到一个可接受的程度；（2）找到所有正在变得枯竭的资源的替代品；（3）就像过去一样，可以拓展地球对更多人口的维持能力。他们指责环境学家们夸大了我们所面临的环境问题的严重性，而且未能认识到人类在提高生活质量和保护环境方面所取得的进步。

另一方面，一些环境学家和杰出的科学家们却声称人类正在以越来越快的速度来摧毁人类自己以及其他物种的生命维持系统。他们被人类所取得的进步所激励。但他们指出我们为了将地球建设得对我们这一代和下一代更具有可持续性所需要付出的要多得多。

1992 年 11 月 18 日，来自世界上 70 多个国家的 1680 位资深科学家，包括 196 位仍然健在的诺贝尔奖获得者中的 102 人，签署并向全世界各国政府的领导人递呈了一份名为“世界科学家警告人类”的宣言。根据此份“警告”：

> 我们对这张相互依存的世界生命之网所进行的大规模破坏——以及森林砍伐、物种消失和气候变化耦合起来所导致的环境灾害——会引发广泛的负作用，包括无法预料的关键性生态系统的崩溃，我们对这些生态系统的相互作用和动力的了解还很不清晰……我们仅有十来年或几十年的时间来抓住这个改变我们人类所面对的各种威胁的机会，如果失去这个机会，人类的前途将变得极其渺茫。

也是在 1992 年，美国国家科学院和伦敦皇家科学学会，这两个世界上杰出的科学组织发表了一份名为“人口增长，资源消耗和一个可持续的世界”的联合宣言。根据这份宣言：

> 如果我们这个星球上现在这种人口增长和人类活动的方式保持不变的话，科学和技术既无法阻止这种不可逆转的环境崩溃也无力组织地球上的大部分地区陷入贫穷……可持续发展可以实现，但只有当不可逆转的环境崩溃被及时挽回时才可以。

这两份警告宣言并不是一小部分科学家的观点，而是主流科学界的共同认识，包括了世界上大多数环境问题的重要研究者。

我们怎样才能生活得更加可持续一点儿呢?

在解决途径专栏（第 14 页）里列出一些环境学家和其他分析家所提出的以一种更加可持续的方式来与地球协作的一些指导原则。

与地球协作的一些指导原则

解决途径专栏

- 使地球保持原来的本色或变得更好；
- 只取所需的；
- 尽量不要损害生命、空气、水和土壤；
- 维持地球上的各种生命形式（生物多样性）；
- 帮助地球维持其自我修复和适应能力；
- 在使用潜在的可再生资源（土壤、水、森林、草地和野生生物）时不要快于其补充速度；
- 不要浪费资源；
- 不要以快于地球自然稀释或再循环进程的速度向环境中排放污染物；
- 强调污染预防和减少废物；
- 降低人口增长率；
- 将所有商品和服务的所有有害环境的费用包含在其市场价格中；
- 减少贫困。

附录 4 中列出了你通过应用以上指导原则与地球协作的力所能及的一些具体事项。

批判性思考

你赞同或不赞同以上哪些原则？为什么？你还能增加其他指导原则吗？

本章已经展现了大多数环境学家和很多世界上杰出的科学家所认为的我们人类正在面对着的严重问题的概览以及它们的根源。还概括了有关环境问题严重性的争论。本书的其余部分将讨论一些对这些问题所进行的更详细的分析、它们所引发的争论，以及一些分析家所倡导的解决途径。

我们正在了解自然界是如何运作的以及它是如何维持这种运作的，我们也已经找到了很多对付我们所面临的各种环境问题的科学、技术和经济方法，这些你在本书中都会学到。关键问题是如何创造性地运用我们的经济和政治体系来应用这些解决方法。其中一个关键是要认识到大多数的经济和政治变革都是个人行为的结果，而大家的共同行为就会带来变革。人类学家 Margaret Mead 对人类进行变革的潜力进行了总结：“从不怀疑一小群有头脑的、皆献身投入的人能改变世界。事实上，这是惟一发生过的事。”

我们生存在一个令人兴奋的被称为“文明历史的转换关键”时期。事实上，如果我必须选择一个生存时期的话，那会是接下来的 50 年，因为那时我们正面对着建设一个更加环境可持续的社会的挑战。

如果没有一个合宜的地球，你还要房子干什么呢？

——Henry David Thoreau

复习问题

1. 说出本章中出现的以粗体字印刷的术语的概念。
2. 区分环境、生态学和环境科学的概念。区分生态学家、环境科学家、生物保护学家、环境学保护论者、保护主义者和自然资源保护论者的不同。
3. 什么是指数式增长？总结一下人口的指数型增长。
4. 区分太阳资本和自然资本（自然资源）。
5. 什么是环境可持续社会？区别按重要程度生活和按利益生活，并将其与地球生命维持系统的可持续性和你自己生活方式的可持续性联系起来。
6. 定义经济增长、国民生产总值、国内生产总值、人均国民生产总值和经济发展。区分发达国家和发展中国家。
7. 什么是环境可持续的经济发展？它与传统的经济增长和经济发展有什么不同？
8. 什么是财富差距？阐述一些从 1960 年以来财富差距的变化，并将其与环境灾害和贫穷人口的过早死亡联系起来。
9. 为什么对一个贫穷家庭来讲拥有许多的孩子会有意义？
10. 区分永久性资源、可再生资源和不可再生资源，并举出各自的例子。
11. 什么是可持续生长和环境退化？举出四个环境退化的例子。
12. 定义并举出三个例子说明什么是公共财产资源。什么是公共的灾难？举出三个全球范畴下的这种灾难，并且解释你的生活方式如何影响这些例子。列举出两种解决公共灾难的途径。
13. 什么是矿物？区分再利用和循环利用。绘制不可更新资源的损耗曲线，并解释循环利用和再利用如何影响损耗时间。
14. 什么是污染？区分点状污染源和非点状污染源。
15. 由污染而导致损害的三个因素是什么？区分可降解的（非持续性的）、生物降解的、缓慢降解的（持续性的）和不可降解的污染物，并就不同的类型举出例子。

16. 区分污染防止（对输入污染的控制）和污染治理（对输出污染的控制）。主要依赖污染治理的三个问题是什么？为什么污染防止比污染治理有利？
17. 对于环保主义者而言，我们所面对的是哪5个基本的环境问题？
18. 用一个简单的模型描述污染、人均使用资源、资源利用技术和全面环境影响的关系。这些因素在发达国家和发展中国家有何不同？
19. 列出环保主义者提倡的与地球协作12条指导原则。

批判性思考

1. 你是否认为你所生活的社会是以一种不可持续的状态存在的？并对此进行解释。你是否认为你所生活的社会在未来的50年内可能成为可持续的社会？也对此作出解释。
2. 你是否赞成制定政策减少污染并且（a）尽快地稳定世界人口；（b）尽快稳定美国的人口（或者你所居住国家的人口）？
3. 解释你为什么赞成或者反对下述主张：

   a. 美国和其他发达国家对资源的高效利用利大于弊。

   b. 发达国家通过对资源的高效利用取得的经济增长为发展中国家减少污染、环境退化和贫穷提供更多的经济援助。

   c. 稳定人口数量不是一个理想的措施，因为没有更多的消费者，经济增长将出现停滞。

   d. 世界上潜在的可再生资源和大部分当前不可再生资源永远不会耗尽，因为技术的革新将会生产出替代品，减少资源浪费，又或者可以容许稀缺的不可再生资源较低程度的消耗。
4. 财富差距对于（a）你；（b）穷人和（c）环境是利是弊？如果你相信财富差距的存在是不利的，哪三件事必须完成以便缩小这种差距？什么义务，如果存在的话，是一个富裕的人、公司和国家所必须做的（a）减少财富；（b）提高环境质量？并作出解释。
5. 你是否知道每天至少有27400个人（每分钟19人）过早地死于可以预防的营养不良和传染性疾病，你（a）是否怀疑它的真实性；（b）是否不愿意去思考这个问题；（c）感到绝望；（d）感到悲哀；（e）感到罪恶，或者（f）想去为这件事情做点什么？
6. 当知道如下情况，你有何种想法？（1）美国人均消耗的资源量超过中国人的50倍；（2）人类的活动至少每天导致了10个物种的过早消亡；（3）人类已经干扰了地球上73%可居住的土地；（4）人类策划的活动令地球的气候变暖，你是否（a）怀疑它的真实性；对此（b）冷漠；（c）悲哀；（d）绝望；（e）罪恶；（f）关心；（g）愤怒？哪一种感觉会使这些情况持续下去，哪一种有利于减缓这些问题？
7. 你是否认为你当前的生活方式是可持续性的？如果答案为是，解释为什么，并且解释当世界上其他61亿人采用你当前的生活方式时会造成什么影响。如果你的答案为否，解释为什么，并且列出5件你现在所必须做的事情以使你的生活方式更加可持续（参照附录4）。哪一些事情是你真正计划去做的？
8. 将你真正需要的资源列一个清单。接着再列一个单子说明仅仅因为你想要而每天消耗的资源。最后列出一个清单表明你将来想要并希望使用的资源。把你的单子与你们班上其他同学的进行比较，并且把总的结果与平民的悲惨遭遇相联系。
9. 在（a）你所居住的城市、乡镇，或者乡村地区和（b）你所在的国家，什么是主要资源和环境问题？哪一些问题直接地对你产生影响？这些问题在近10年来是变好了还是恶化了？
10. 写出两页的剧本来描述50年以后你以及你所选择的任何一个孩子的生活是什么样子的，前提是（a）我们继续当前的消费方式，或者（b）全世界的大部分地区朝一个可持续的社会转变。

国际互联网学习资源及深入阅读和研究的资源

本书包含了很多有助学习和进行深入阅读和研究的网站资源。登陆到：http：//www. brookscole. com/product/054385354s，并点击“一章接一章”（Chapter-by-Chapter）链接。选择第1章，并选定如下资源：

- “闪卡”可以测试你对本章中的术语和应该记住的概念的掌握。
- “测试指南”以一种多项选择的形式来对你进行实践测试。
- “学生信息渠道指导”将你引入“关键问题思考方案”，使用“信息渠道学院版”作为一种研究工具。
- “参考书目”列出了本章撰写过程中新参考的主要书籍和文章。

• “超链接内容”将你引入到与本章的各个部分相关的大量新闻、研究和图像的网站。

信息渠道学院版

以信息渠道学院版来提高你的技巧，这是一个在线文章搜索数据库，来自 700 多种期刊。登陆到：http：//www.infotrac-college.com，或者通过本书的网站进行链接。看一看下面的文章：

Nates，R. W. 2000. Population and consumption：what we know，what we need to know. *Environment*，vol. 42，no. 3，pp. 10-19（keywords：environmental problems）

Maniates，M. F.，and V. C. Whissel. 2000. Environmental studies：the sky is not falling. *Bioscience*，vol. 50，no. 6，pp. 509-517（keywords：environmental studies）.

第2章　科学、物质、能量与生态：自然界中的联系

当你试图单独地挑选出某一事物，你会发现它和宇宙中一切的事物都相互关联着。

——JOHN MUIR

2.1　科学与环境科学

什么是科学，科学家在做什么？

科学是一个关于世界是怎么运行的知识的研究。它试图发现自然界的规则，并运用这些知识对自然界可能发生什么作出预测。

就像物理学家艾伯特·爱因斯坦曾经说过的："整个科学不过是一切思考的提炼。"图2-1概括了科学家们每天思考过程更为系统化的形式。

科学家们所应该做的第一件事就是提出或者确定该被调查的问题。接着，科学家们选择科学的数据或者事实，通过观察和测量来研究这个问题。作为结果的科学数据或者事实必须经过反复的观察和测量，最好由不同的调查者来确定。

科学的主要目的并不是事实本身，而是一个新的概念、原理或者模型可以（1）联系和解释某些事实并（2）对自然界可能发生的事情作出一个有用的预测。科学家们致力于一个特殊问题的研究，试图对他们（或其他科学家）在自然界中所观察到的现象作出多种可能的或尝试性的解释，又或者是科学的假设。

公认的是，一个科学的假设不仅必须对科学数据和现象作出解释，而且还必须作出可以用来检验假设有效性的预测。一旦一个科学假设被提出，实验将被进行（并且重复以便确保它们具有复验性）以检验它的有效性和预测。科学家用来检验假设的一个方法就是逐步阐明一个模型、一个近似的陈述或者一个正在被研究的系统的模拟。存在着许多类型的模型，包括：精神上的、概念上的、图示的、物理的和数学的。

如果由不同的科学家所作出的许多实验都证实了一个特殊的假设，这个假设就成为一个科学理论：一个概念、原理或者模型通常相互配合用于解释许多原先看起来毫无关联的事情，并被大量的证据所证实。对于科学家而言，理论的得来并不轻松。这些概念和原理被广泛的证据所支持，因而它们具有高度的确定性。

当非科学家们打算提及一个科学假设，一个需要被进一步评价的尝试性解释时，通常不正确地使用"理论"这个词。每天在谈话里都出现的"哦，那就是一个理论"的陈述，意味着知识和认真检验的缺乏——这正是"理论"这个词的科学含义的对立面。

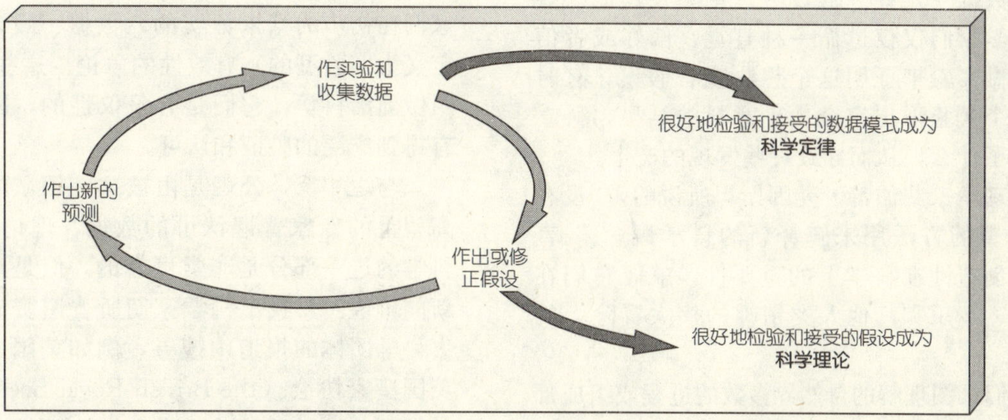

图2-1　科学家做了什么。在科学研究的进程中，一个关键性思考的模式是：（1）收集事实（数据），并经过反复的实验加以验证；（2）分析数据，观察是否有一种可以被概括成科学定律的一致的行为模式；（3）提出假设以便解释数据；（4）作出演绎或者预测并加以检验来评估每一个假设。一个被大量的证据所验证，并且为科学界所普遍接受的假设即成为一个科学理论

另一个重要的科学成果是科学的定律即自然界的定律：对自然界中以同样的方式反复，并且没有发现例外的一种现象的描述。例如，经过几十年数千次的观察和测量，科学家们发现了所谓的能量第二定律即热力学第二定律。对这条定律一个简单的陈述就是，热量总是自然而然地从热的地方传导至冷的地方——当你第一次触摸热的物体你就能够体会到这种情形。科学定律描述我们所发现的在自然界中以同样一种方式运行的现象，而理论则是被普遍接受的对于数据和定律的解释。

科学家们是如何认识自然的？

我们经常听到关于科学方法的概念。在现实中，存在着许多科学方法：科学家们收集数据，阐明并检验科学假设、模型、理论定律的方法（图 2-1)。和处方不同，每一个科学方法都涉及试图回答一系列的问题，但对回答它们本身没有特定的指导方针：

- 什么是要回答的自然界的问题？
- 已经知道了哪些相关的事实和数据？
- 什么新的（观察和测量）数据必须被收集，如何做到这一点？
- 数据收集完成后，它们是否被用于阐明一个科学定律或者模型？
- 一个可以用以解释数据和预测新的事实的假设是如何被提出来的？这是不是最简单并且是惟一合理的假设？
- 什么新的实验可以用来验证假设（如果需要的话还必须加以修正)，以便它可以成为一个科学理论？

新的发现以多种形式产生。其中一些以这样的序列进行：数据→定律→假设→理论。在其他一些情况下，科学家们仅仅遵循一种直觉、偏好或者信念，接着再做实验来证明这个想法或者假设。有时候，由于一个实验得出完全出乎意料的结果，科学家研究发生了什么，从而导致一些发现的产生。

正如物理学家艾伯特·爱因斯坦所说的，“没有一个完全逻辑的方法用来解释新的科学概念。”直觉、想像和创造性在科学上的重要性，就像它们在诗歌、艺术、音乐和其他人类精神的伟大冒险上的重要性一样。

科学家们试图理解的自然界多数的进程或组成部分都受到多种变量或因素的共同影响。科学家们检验与一个特殊变量效果相关的假设办法就是用一个作为参照物的实验去隔离和研究一个单独的变量的影响。这个单独变量的分析被分成两组进行：(1) 在实验组中，被选择的变量以一种已知的方式变化；(2) 在实验参照组里，被选择的变量是不变化的。

实验设计成令每一组里所有的因素都尽可能的一致并且处于相同的环境下，那个在实验组里变化着的单独因素是例外。如果实验被设计得适当，那么两组中任何的差异都将由那个在实验组中变化的变量产生。

最基本的难题是，许多由环境科学家调查研究的问题涉及众多相互关联的变量。在这样的案例中，要开展有意义的实验参照组通常是很困难的或者说是不可能的。

然而，这种限制被多变量分析的运用所克服，并由于计算机和通信技术的发展而成为可能。这一新的、令人振奋的研究科学的方法利用在高速计算机上运行的数学模型去分析大量变量的相互关系，而无需采用传统的参照组实验。

科学结果是如何变得有效的？

科学家们可以做两件主要的事情：(1) 反驳；(2) 建立一个有着高度有效性或者正确性的特殊模型、理论或者定律。可是，就像在其他领域的学者一样，科学家无法证明他们的理论、模型和定律是绝对正确的。

当人们说某事已经或者没有“被科学地证实”时，他们通过错误地暗示科学领域绝对的证据或确定性会误导我们。虽然可能性很低，但是总是有一定程度的不确定性卷入任何的科学理论、模型或者定律。

前沿科学如何与公理相区分？

新闻报道经常聚焦于新的科学“突破”和科学家们在初步的（未证实的）数据、假设和模型（被定义为实验型的）有效性的争论。这些初步的结果，叫做前沿科学，它们是有争议性的，因为它们还没有得到广泛的验证和认可。

与之相反，**公理**是由被这一领域的科学家和德高望重的专家普遍认可的数据、理论和规律构成。科学的这一部分是非常可靠的，但是几乎没有什么新闻价值。要找出科学家们所普遍赞成的东西必须去科学团体的报道中搜寻，例如美国国家科学院和英国皇家协会（the British Royal Society)，它们总是试图总结科学关键领域的专家们的一致意见。

科学的历史表明，有时候关于某一想法的科学**公理**会被新的信息或者更好的想法所修改或推翻。然而，在这样的事件发生之前，当前的科学**公理**仍然是我们最有用的指南。

什么是环境科学的一些局限?

正如前面（第1页）所提及的那样，环境科学从一些学科中将知识整合起来，以便帮助我们理解自然界系统和人类社会是如何运作和相互影响的。换而言之，这是一个着眼于在人类和自然界的其他部分间的相互关联和相互作用的学科间的研究（图1-15,第13页）。

由于环境科学所提供的一些知识存在着争议，因而它落入前沿科学的范畴。在初步的前沿阶段，这个领域中著名的科学家对于科学数据的意义和准确性以及不同的假设的合理性提出相互对立的观点是正常和有益的。

其中一个问题涉及关于数据有效性的争论。没有办法可以准确地计算每年在世界上有多少吨的土壤被侵蚀，有多少公顷的热带雨林被砍伐，有多少物种濒临灭绝，有多少吨污染物被排放到大气和水体中。

环境科学家应该做的关键在于指出这些现象的趋势有足够的重要性，应该受到评估和关注。这些环境数据不能够因为“仅仅是估计”（这是我们所能拥有的全部）而受到忽略。然而，这并不意味着可以减轻调查人员的责任，他们应该尽可能地取得最佳的评估，并且指出它们是估算的。

另一个局限是绝大部分的环境问题都涉及众多的变量和如此复杂的相互关联，我们往往并没有充分的信息或者足够精巧高级的数学模型来帮助人们很好地理解这些关系。在这个领域里德高望重的科学家们会对从实验（特别是来自前沿科学的结果）中得来的数据的意义和各种假设的有效性持针锋相对的观点。

因为环境问题并没有了结，在某种意义上，我们必须评估可利用的（但总是不充分的）信息并作出政治和经济上的决策。

2.2　物质与能量

什么是自然界的基本物质单元（building blocks)?

物质是指一切具有质量（在一个物体中材料的总含量）并占据空间的东西。科学家将物质归为多种组织层次的存在（图2-2)。

物质包括我们周围的固体、液体和气体以及：

● 元素：构成世界上任何物质实体的具有不同性质的基本物质单元。

● 化合物：两个或者更多不同的元素以一定的比例在吸引力（称为化学键）的作用下结合在一起。不同的元素、化合物，或者二者都可以存在于混合物中。

所有的物质都是由已知的115种化学元素构成的（其中92种是天然存在的，另外23种是在实验室中人工造成的)。为了简单起见，化学家将各种元素用一个或者两个字母的符号表示；氢（H)、碳（C)、氧（O)、氮（N)、磷（P)、硫（S)、氯（Cl)、氟（F)、溴（Br)、钠（Na)、钙（Ca)、铅（Pb)、汞（Hg）和铀（U）就是其中的一部分。

如果你以超级显微镜的能力观察单个的元素或者化合物，你可以发现它们是由三类基本物质单元组成的。

● 原子：物质的最小单位，对于一个特定的元素而言是独一无二的。

● 离子：带电荷的原子或者原子的化合物。正离子的例子有氢离子（H^+)、钠离子（Na^+)、钙离子（Ca^{2+}）和铵离子（NH_4^+)，负离子的例子有氯离子（Cl^-)、硝酸离子（NO_3^-)、硫酸离子（SO_4^{2-}）和磷酸离子（PO_4^{3-})。

● 化合物：由化学键连接两个或者更多的原子或者连接相同或不同元素的离子的合成物。化学家用一个简略的化学公式来说明在一个化合物里各种原子（或者离子）的数目。化合物及其公式的例子有：水（H_2O，读作H－2－O)，氧（O_2)，臭氧（O_3)，氮（N_2)，一氧化二氮（N_2O)，一氧化氮（NO)，硫化氢（H_2S)，一氧化碳（CO)，二氧化碳（CO_2)，二氧化氮（NO_2)，二氧化硫（SO_2)，氨（NH_3)，硫酸（H_2SO_4)，硝酸（HNO_3)，甲烷（CH_4)，葡萄糖（$C_6H_{12}O_6$)。

蔗糖、维他命、塑料、阿司匹林、青霉素和许多其他重要的物质都有着一个共同点：它们是有机化合物，包含着相互结合在一起的碳原子，以及其他一种或者更多的其他元素的原子，比如氢原子、氧原子、氮原子、硫原子、磷原子、氯原子和氟原子。其他所有的化合物都叫做无机化合物。

数以百万计已知的有机（以碳原子为基础）化合物包括：

● 碳氢化合物：碳原子和氢原子的化合物。甲烷（CH_4）就是其中一种，它是天然气的主要成分。

● 氯代烃类：碳原子、氢原子和氯原子的化合物。经常用于杀虫剂的二氯二苯三氯乙烷（$C_{14}H_9Cl_5$)（DDT）就是其中一例。

● 单碳水化合物（单糖)：碳原子、氢原子、和氧原子的某些化合物。其中一个例子就是葡萄糖（$C_6H_{12}O_6$)，大多数的动、植物在它们的细胞中分

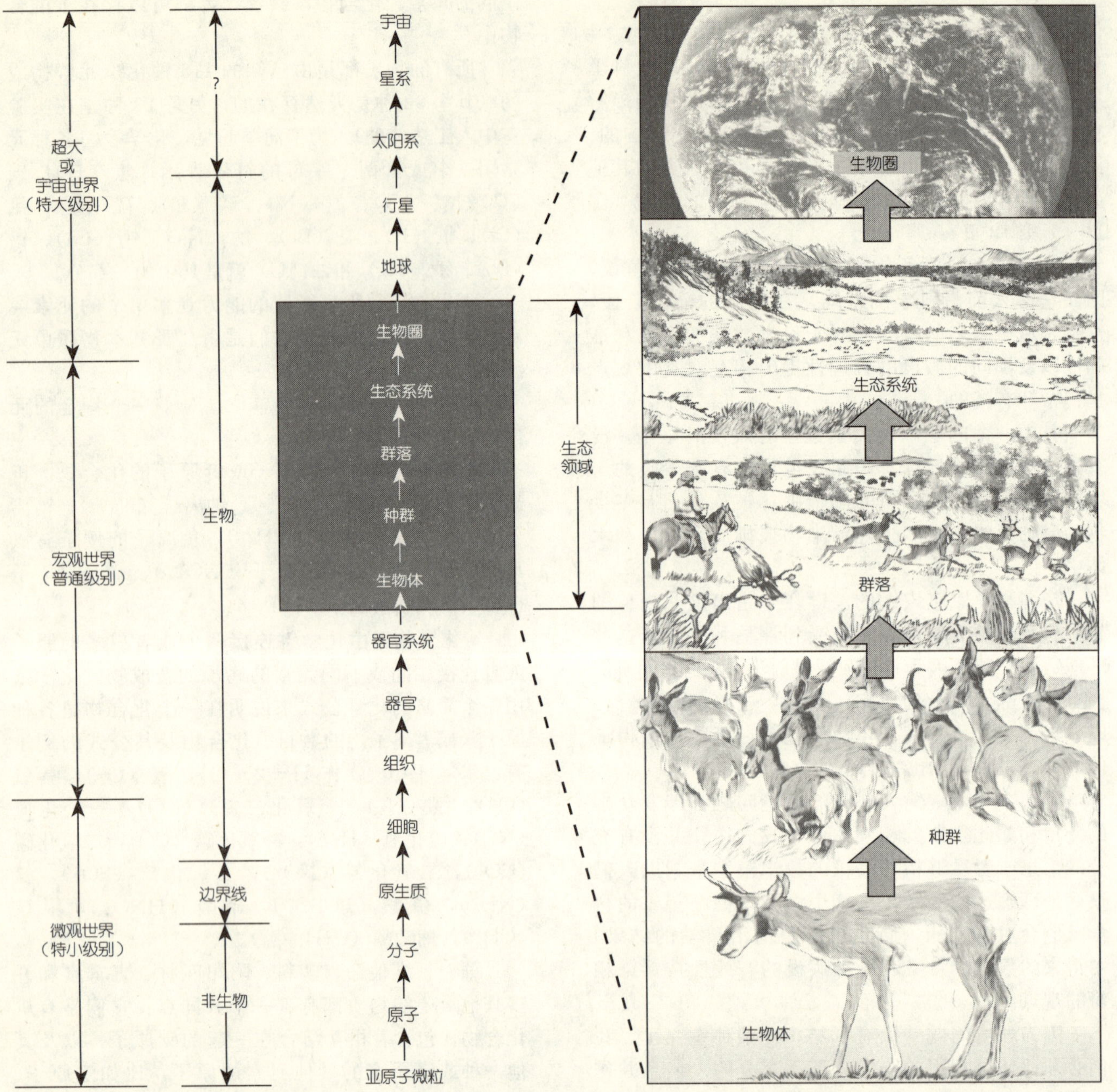

图 2-2 自然界中物质的组织层次图。表明了生态学集中于这个等级模型的 5 个层次中

解出此物以获得能量。

更大和更复杂的有机化合物叫做聚合物，它们由化合键链接一些基本的结构单元或者分子单元（单体）组成。三种主要的有机化合物是（1）由单糖单体构成的复合碳水化合物；（2）氨基酸链接而成的蛋白质，和（3）诸如 DNA、RNA 的核酸，它们是核苷酸单体序列的产物。

基因由一个 DNA 分子里的特定的核苷酸序列组成。这些与特性相关的基因信息的编码单元由父母在生殖时传递给下一代。染色体是基因的合成物，基因由单个的 DNA 分子和一些蛋白质构成。在你的染色体 DNA 中注明的基因信息使你区别于一片橡树叶子、一只美洲鳄鱼或者一只跳蚤，并且与你的父母有所不同。基因物质和细胞的关系在图 2-3 中表述。

物质同样也可以在 3 种物理状态下存在：固体、液体和气体。例如，水基于它所处的温度和压力，存在于冰、液态水或者水蒸气中。

原子由什么构成？

如果你提高你的超级显微镜的倍率，你可以发现每一种不同类型的原子里都含有一定数量的亚原子粒子。一个原子主要的物质单元包括（1）带正电荷的质子（p）；（2）不带电荷的中子（n）；（3）带负电荷的电子（e）。

每一个原子都有一个非常小的核心即原子核，由质子和中子组成，一个或者多个高速运动的电子环绕在原子核周围。各个原子所拥有的带正电荷的质子（在原子核里）和带负电荷的电子（在原子核之外）的数目是相同的。这些电荷相互抵消，因而，原子作为一个整体是不带电荷的。

每一种元素都有自己独特的原子序数，这一序数等于它的原子核中所含的质子数目。最简单的元素，氢（H），在原子核里只有1个质子，所以它的原子序数是1。碳（C）拥有6个质子，它的原子序数为6。而铀元素（U），是一个非常大的原子，有92个质子，它的原子序数为92。

由于电子与质子或者中子相比较几乎没有什么重量，因而一个原子绝大部分的质量都集中在它的原子核中。一个原子的质量用术语质量数来表示：即原子核中中子和质子的数量总和。例如，一个氢原子的原子核有1个质子，没有中子，因此它所含有的质量数是1；而铀原子的原子核里有92个质子和143个中子，它的质量数为235。

虽然一种元素所有的原子在它们原子核中都拥有相同数量的质子，但是它们所包含的中子数量并不相同，因而，它们有不同的质量数。同一种元素中，不同形式的原子具有相同的原子序数但却拥有不同的质量数，叫做这种元素的同位素。同位素通过将它们的质量数与元素的名称和符号相联系而得到确定。例如，氢有3种同位素：氢-1（H-1），氢-2（H-2，普通名称是氘），氢-3（H-3，普通名称是氚）。一种元素自然的样本是它的同位素按重量以固定的比例或者百分率构成的混合物（图2-4）。

什么是物质质量和物质效率？

物质质量是一度量标准，它基于物质的实用性和集中度，衡量一种物质形态作为资源对于我们的使用价值。高质量的物质是：（1）有序的；（2）集中的；（3）通常存在于地表附近和（4）作为一种物质资源有很大的使用潜力。低质量的物质是（1）无序的；（2）分散的；（3）通常埋于地底或者散落在海洋或大气中和（4）作为一种物质资源通常没有什么使用潜力（图2-5）。

一个铝质罐头比铝土矿含有更集中、更高质量的铝。这就是重复利用一个铝质罐头比从铝土矿里面提炼出一个新的罐头更加节省能量、水和金钱的原因。

物质效率即资源生产率是指生产每个单位量的商品或服务所需要的物质总量。虽然资源的生产率不断地提高，但是，从发达国家的经济实体（economies）流出的物质资源中，其中只有大约2%—6%的物质资源得到了利用。由于这种浪费，商业专家Paul Hawken和物理学家Amory Lovins认为使用现存的技术在20年内发达国家的资源生产率可以提高到75%—90%。

什么是能量的不同形式？

能量是一种可以做功和可以转化为热量的能力。当一个物体——可以是一粒沙，一本书，或者一块巨大的石头——移动某一距离时，功就产生了。功，或者说物体的运动，在以下的情况下是必不可少：（1）煮沸水（将水转化成水蒸气中更加分散而且运动更加迅速的水分子），或者（2）燃烧天然气以便加热房屋或者烹煮食物。当冷热程度不同的物体接

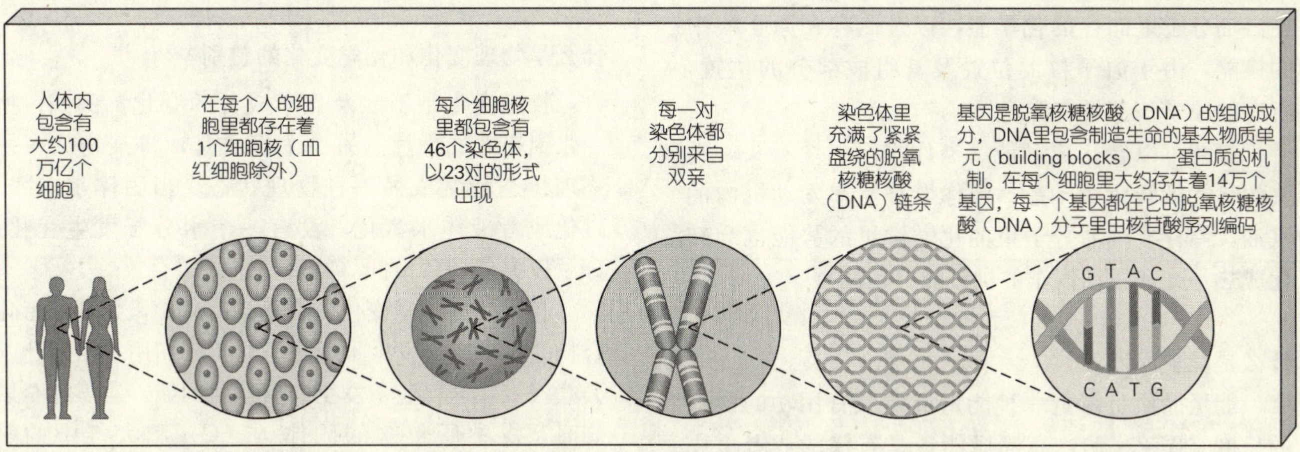

图2-3 细胞、细胞核、染色体、脱氧核糖核酸（DNA）和基因之间的关系

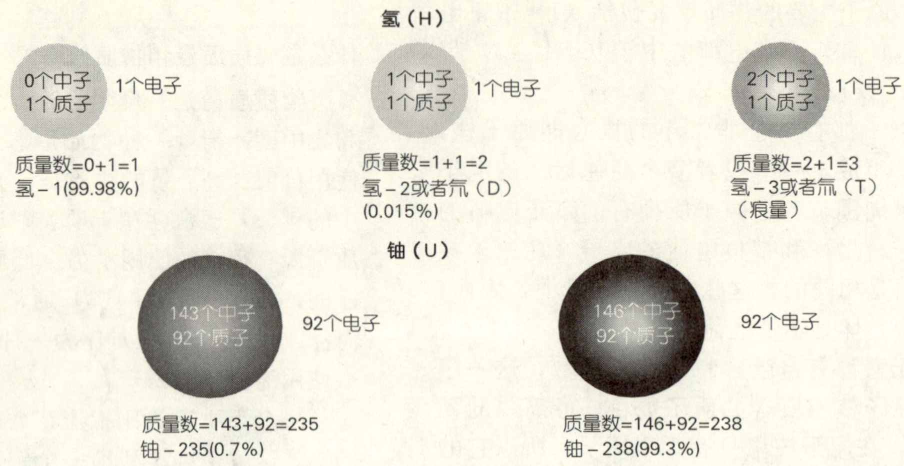

图 2－4　氢和铀的同位素。由于每一个氢原子核都含有 1 个质子，因而所有氢的同位素的原子序数都为 1；同样的，所有铀的同位素的原子序数都为 92。然而，因为这些元素的同位素的原子核里都含有不同的中子数，所以它们具有不同的质量数。括号里的数字表明了在一份天然的元素样品中，各个同位素所占有的百分比

触时，一种自动从热的物体流向冷的物体的热量同样也是能量。

科学家们将能量分成动能和势能两种。动能是指物质由于它的质量和速度或者速率所具有的能量。这是一种活动或者运动中的能量，具体的例子有（1）风（移动的一团空气）；（2）流动的溪流；（3）从高温物体流向低温物体的热量；（4）电流（流动的电子）；（5）电磁辐射（图 2－6）；（6）热量（在某一特定物质内所有运动着的原子、离子或者分子的动能的总和，不包括整个物体的总体运动）；（7）温度（在某一特定时刻，某一物质样本内原子、离子或者分子运动的平均速度）。

势能是指潜在的可以使用的储存能量。你手中的一块石头，未点燃的一捆炸药，水坝内静止的水，在汽油分子里储存的化学能，以及储存在原子核中的核能，由于原子核的位置及其组成部分的位置，所有的原子核都具有势能。

势能可以转化成动能。当你投下一块石头，石头的势能就转化成动能。当你燃烧汽车发动机内的汽油，储存在汽油分子里的化学键里的势能也会转化成热、光和驱动汽车的机械能（动能）。

什么是能量品质？

能量品质是衡量一种能量资源做有用功的能力的尺度（图 2－7）。高品质能量是有序的或者集中的，并且可以作大量的有用功。具体的例子有（1）电流；（2）储存在煤炭和汽油里的化学能；（3）集中的阳光；（4）在核电站里作为燃料使用的铀－235 原子核；（5）为了使物质的温度升高，集中在其中一小部分的热量。

相对而言，低品质能量是无序的或者分散的，并且无法有效地做功。一个具体的例子就是分散在一个大量的物质（例如大气或者大的水体）运动着的分子里的热量，这时这一物质的温度是低的。比如，储存在大西洋里的热量总和一定大于储存在沙特阿拉伯石油油田里的高品质化学能量总和。然而，海洋里的热量是如此广博地分散在四处，以至于无法移动物质或者无法加热物质到一个比较高的温度。将一种能量资源的品质同完成一项特定的任务所需要能量品质相联系是有意义的，因为这样做有利于节约能源，并且通常能够节省资金。

什么是物理变化和化学变化的差别？

物理变化是不涉及化学成分的变化。例如，把一张铝箔剪成小片。另一个例子是，将某物从一种物理状态转变成另一种物理状态。当固体水（冰）融化或者液体水汽化，没有一个水分子发生变化；分子以另外一种空间（物理）形式组合。

相反，在化学变化或者化学反应中，元素或者化合物的化学成分发生了变化。化学家们用缩略的化学公式代表化学反应中发生的变化。例如，当煤完全燃烧时，煤中所包含的固体碳（C）和大气中的氧（O_2）化合形成气态的化合物二氧化碳（CO_2）。我们可以用缩略的公式“$C+O_2 \rightarrow CO_2+$能量”来诠

释这一化学反应。

在这一反应过程中能量被释放出来，将煤转化成为有用的燃料。此反应还显示出煤（或木材、天然气、石油以及汽油等含有碳元素的化合物）是如何完全燃烧而释放出二氧化碳气体这一导致全球低层大气（对流层）变暖的主要诱因的。

物质守恒定律：为什么没有物质“消失”？

人们总是在谈论物质资源的消耗和使用，但事实上，我们并没有消耗物质本身；我们仅仅是暂时利用一下地球上的资源。我们从大地中开采出各种物质资源，将它们运送到地球上的其他地方，将它们加工成产品，然后使用这些产品，最后抛弃废弃物，将它们燃烧掉、掩埋掉，或再进行回收利用。

我们可以将各种元素或化合物从一种物理形式或化学形式改变成另一种形式，但我们却无法在物理变化或化学变化过程中创造出或消灭掉任何原子。我们所能做的只是将这些元素进行重组，改变其空间模式（物理变化）或结合形式（化学变化）。黑体字所述的规律就是以数千种方法为基础证实了的规律，被称为**“物质守恒定律”**。

物质守恒定律意味着事实上并没有任何物质被“抛弃掉”。所有我们认为已经被抛弃掉的物质其实都仍然以某种或另一种形式伴随着我们存在着。我们可以将环境变得更加洁净，或者将一些具有潜在危害的化学物质转变成较小危害的物理或化学形式。

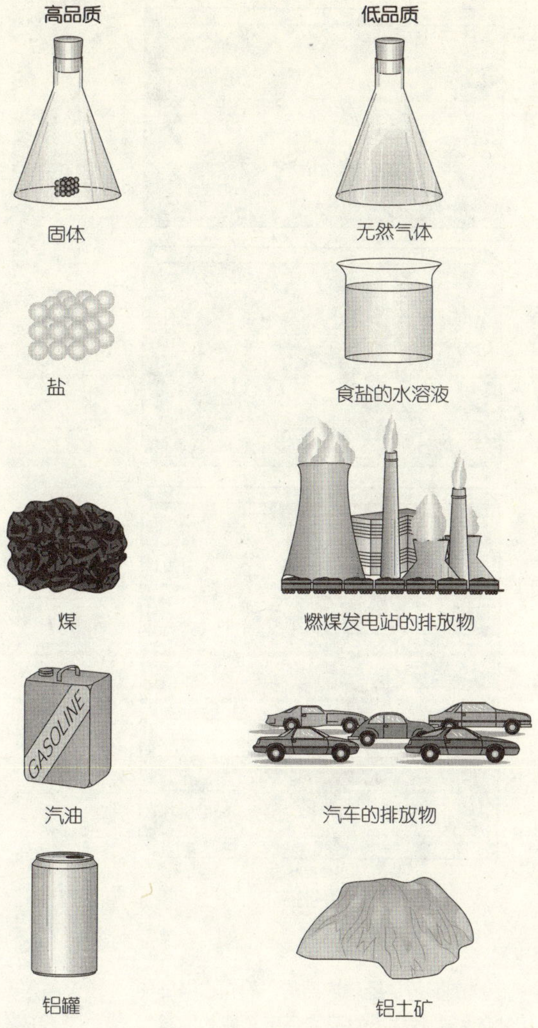

图 2-5 物质品质不同的实例。高品质物质（左栏）相当容易提炼，而且浓度高；低品质物质（右栏）提炼比较困难，比起高品质物质更加分散

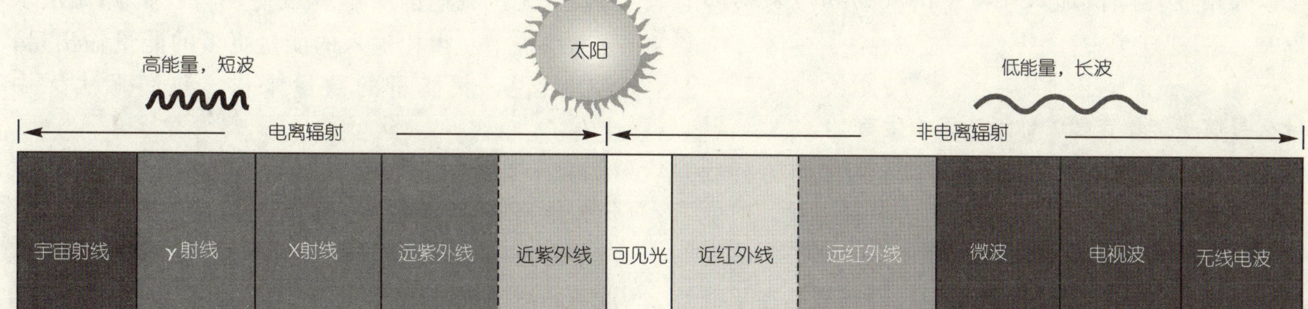

图 2-6 电磁波谱：电磁波的范围——以不同的波长（连续的两个波峰或者波谷之间的距离）和所含能量区分

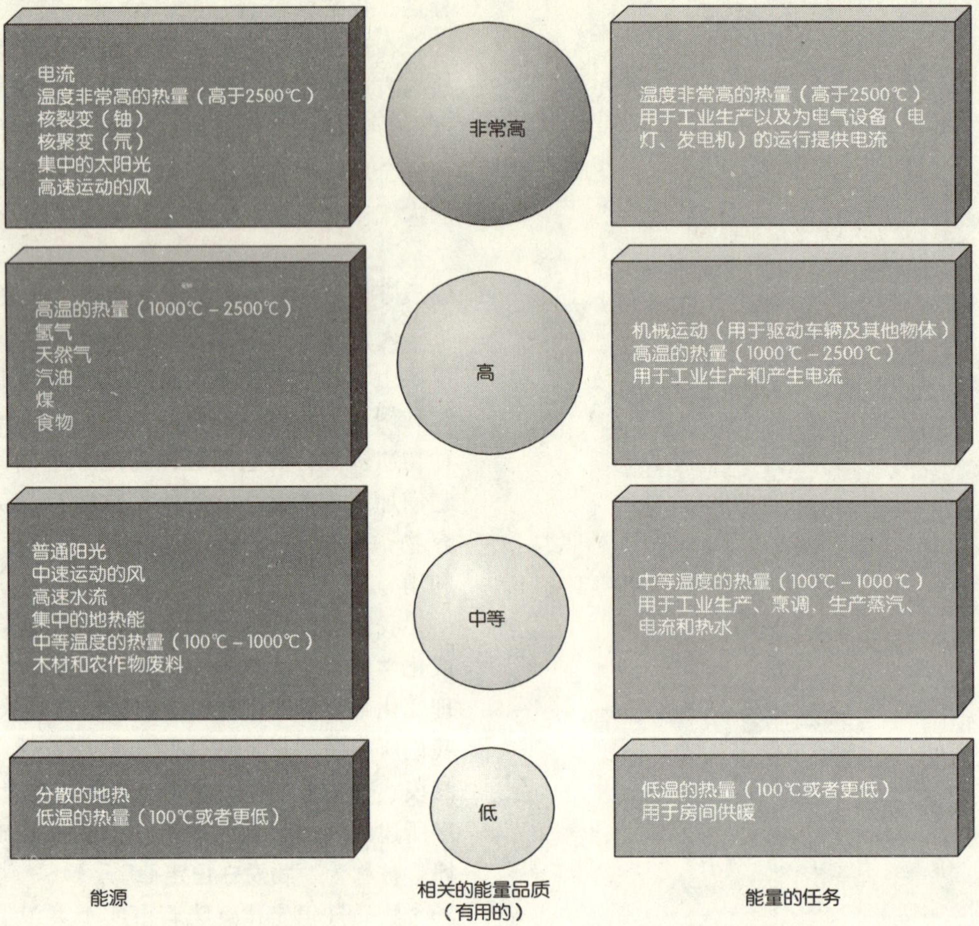

图 2-7　不同能源的能量品质分类（用于解决不同的能量任务）。高品质的能源是经过浓缩的，具有极强的能力来解决各种有用的任务；低品质的能源是分散的，其用于作有用功的能力很弱。为了避免不必要的能源浪费，最佳的方法就是将一种能源的能量品质与所需的能量品质等级相匹配来完成能量任务

但是，物质守恒定律意味着我们总会遇到如何处理一些废物和污染物的问题。通过大力强调污染预防、减低废物的产出以及更高效地使用能源，我们可以大幅度地降低加入环境中的废物和污染物的数量。

什么是第一能量定律？你无法无中生有

科学家早已观察到，能量可以通过千百万种物理或化学变化从一种形式转化为另一种形式，但他们却从未发现任何能量的产生和消失（除了在核变化过程中）。科学家们的实验结果已经被概括在了能量守恒定律之中，也被称为第一能量定律，即热力学第一定律：在所有物理和化学变化中，能量既不会产生，也不会消失，而是从一种形式转化成另一种形式。

这一科学定律告诉我们，当一种形式的能量以物理或化学变化方式转化成另一种形式的能量时，输入的能量总是与输出的能量相等。无论你多么努力，也无论我们的头脑多么聪明，我们都无法从一个系统中获得比输入的能量更多的能量输出量；换句话说，就能量的数量来讲，我们无法无中生有。

什么是第二能量定律？我们无法打破平衡

因为根据第一能量定律，能量既不能被创造，也不能被消灭，所以，人们会认为充足的能量会始终存在。但是，如果我们在汽车油箱中加满汽油然后开车行驶一段时间，或者使用一段时间的手电筒，直到电池消耗光，总是有一些东西失去了。如果失去的不是能量，那会是什么呢？答案是能

量品质（图 2-7），即可以用于完成有用功的能量的量。

无数的实验已经表明，当能量从一种形式转化成另一种形式时，总会产生能量品质的衰减。这些实验的结果被总结在了第二能量定律中，该定律也被称为热力学第二定律：当能量从一种形式转化为另一种形式时，某些可用能量总是衰减为低品质的、更加分散的低能效能量。这种衰减后的能量一般都以热的形式以较低的温度散发到周围的环境中去。能量被空气或水分子的随机运动分散掉，变得越发地无序，效能也更低。用另一种方式来叙述第二能量定律：热总是从热的物体（高品质的能量）转移到冷的物体（低品质的能量）。

从根本上来讲，该定律阐明了，在任何能量转化过程中，过程结束时的能量总是少于过程开始时的能量。所以，就能量的数量来讲，我们不但不能从无中获得任何能量，就能量的品质来讲，我们甚至不能打破平衡，因为能量总是从较高效的形式转化成较低效的形式。我们使用的能量越多，我们添加到环境中的低级能量（热）就越多。这条科学定律还没有被任何人推翻过。

下面举三个第二能量定律的例子：

- 当汽车在行驶过程中，汽油燃料中所含的高品质化学能中仅约 10%被转化为机械能（推动汽车）和电能（运行其他电力系统）。剩余的 90%的能量都被衰减成低品质的热，释放到了环境中，最终散失到太空中。
- 当电能流过白炽灯的灯丝时，其中约 5%被转化为光，95%被转化为低品质的热散发到环境中；这种被称为“电灯”的照明设施应该被称为“热灯”。
- 在生物系统中，太阳能被转化成化学能（食物分子），然后被转化成机械能（运动，思考，以及生存）。在所有这些转化过程中高品质的能量都发生了衰减，并散失到环境中，成为低品质的热（图 2-8）。

第二能量定律还意味着我们无法回收或重复利用高品质的能量来作有用功。一旦蕴含在一份食物、一升汽油、一块煤，或一块铀中的浓缩能量被释放出来，它就衰减成了低品质的热，最终散失到环境中去。我们可以加热温度较低的空气和水，并将其转化为高品质的能量，但第二能量定律告诉我们这会消耗掉比能够获得的更多数量的高品质能量。

能量效率即能量生产率是一种衡量一定量的输入能量能做多少有用功的指标。正如物质效率这一概念一样（第 21 页），这里存在着很大的提升潜力。例如，科学家估计美国全国总消耗能量中仅有约 16%最终成为有用功。其余的 84%或者由于第二能量定律而不可避免地被浪费掉了（41%），或者被不必要地浪费掉了（43%）。

2.3 地球的生命维持系统：从生物体到生物圈

什么是生态学？

生态学（来源于希腊语“oikos”，意为“住宅”或“居住的地方”，和“logos”，意为“研究”）是研究生物体相互之间以及与非生物环境之间如何相互作用的科学。实际上，它是对自然界内的相互联系的研究。

什么是生物体和物种？

生态学家的研究重点是努力理解生物体、种群、生物群落、生态系统，以及生物圈之间的相互作用（图 2-2）。

一个生物体是指任何形式的生命体。细胞是生物体的基本构成单元。生物体可能由单个细胞构成（例如细菌），也可能由多个细胞构成。

生物体可以分为物种，也称为生物体的组群，其组成个体在外表特征、行为、化学组成和基因组成上具有相似性。根据自然条件，如果生物体实际上可以相互繁殖生命、哺育后代，那么这些可以进行有性生殖的生物体便被分在同一物种之中。

我们尚不知道地球上究竟存在着多少物种。人们对它的估算也从 500 万到 1 亿种不等。其中大多数都是昆虫（见第 27 页的聚焦专栏）和肉眼无法看到的微生物（见第 27 页的联系专栏）。排除细菌物种的话，世界上的物种数量大概在 1000 万至 1400 万之间。

到目前为止，生物学家已经辨认并命名了大约 180 万种物种，其中不包括细菌物种。生物学家对已知物种的约 1/3 有比较详细的了解，但能够了解细节和它们之间的相互作用则很少。

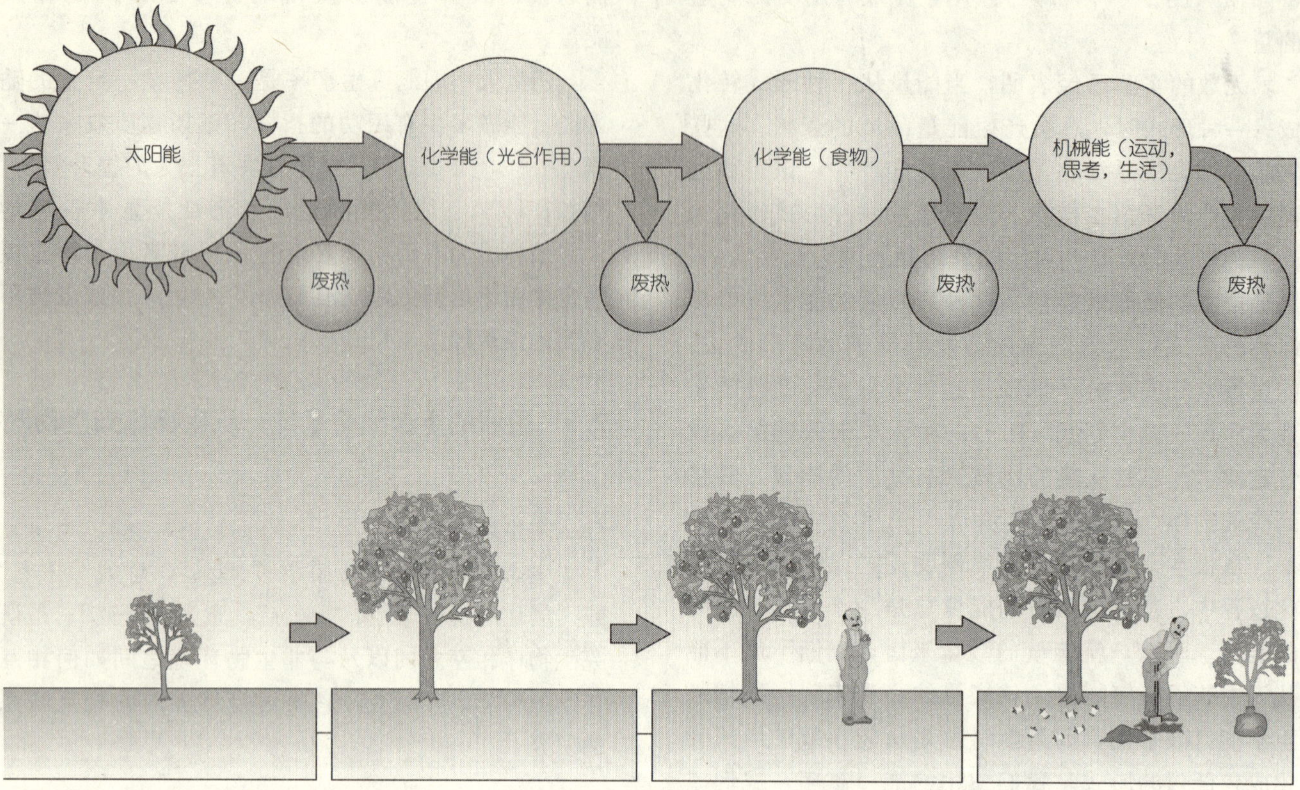

图 2-8 生命系统中的第二能量定律。每当能量从一种形式转化为另一种形式时，某些最初输入的高品质能量都会产生衰减，通常转化为低品质的热散失到环境中

什么是种群？

种群是由一群在同一时间内占有一个特定区域的、相互作用的同一物种的个体所组成的。例如，一个池塘中所有的翻车鱼，一片森林中所有的白橡树，以及一个国家内所有的人民。在大多数自然种群中，个体在基因构成上都有微小的差别，这就导致它们在行为和外表上也存在着差别，这种现象被称为基因多样性。所有种群都是动态的群体，它们在（1）规模；（2）年龄分布（每一年龄组所包含的个体数量）；（3）密度（单位空间内所包含的个体数量），以及（4）环境条件变化所导致的基因构成这四个方面都存在着变化。

一个种群（或某一单个生物体）经常栖息生活的地方被称为该种群的栖息地。它的面积大到整个海洋和整片草原，小到一块腐木的下表面或一只白蚁的肠道。

什么是群落、生态系统和生物圈？

占有某一特定地域的所有不同物种的种群共同构成了一个群落，或称生物群落。这是一个复杂的相互作用的网络，由植物、动物，以及微生物所组成。

生态系统是由相互作用并与由物质和能量所组成的非生物环境相互作用的不同物种所构成的一个群落。生态系统的规模可以小到一个池塘和溪流，大到一片树林，一整片森林，甚至一片沙漠。生态系统可以是天然的，也可以是人工的（人为创造的）。人工生态系统包括农田、池塘和水库等。地球上所有的生态系统共同构成了生物圈。

什么是地球生命维持系统的主要组成部分？

我们可以将地球想像成若干个球形层所构成（图 2-9）。大气圈是围绕在地球外部的一层薄薄的空气外罩层。它的最内层是对流层，包括海平面上空约 17 公里（11 英里）的范围，但它包含了整个地球的空气，大部分氮气（78%）和氧气（21%）。其上的一层的范围包括地球表面上空 17—48 公里（11—30 英里）的范围，称为同温层。它的较低部分包含着充足的臭氧（O_3），这些臭氧将来自太阳的大部分有害的紫外射线过滤掉，从而保护了地面上和水体表层里生命的生存。

聚焦专栏

今天你感谢昆虫了吗?

昆虫的名声很差。我们将很多昆虫物种都归类为害虫，因为它们与人类争夺食物、传播人类疾病（例如疟疾），还侵害我们的草地、花园以及住宅。一些人具有“恐虫症”，惧怕所有昆虫，认为惟一无害的昆虫就是死昆虫。但是，这种观点没有认识到昆虫在帮助维持地球上的生命中所扮演的重要角色。

地球上一大部分的植物物种都依靠昆虫来传送它们的花粉。植物还从昆虫疏松它们根部周围的土壤和将植物生长所需的死亡组织降解为养分中受益。从而，人类和其他生活在陆地上的动物都可以依赖植物摄取食物，或者直接采食，或者通过以植物为食的动物为食。如果没有为植物传粉的昆虫存在，则供人类和动物生存的水果和蔬菜的种类就会很少。

捕食其他昆虫的昆虫有助于控制至少一半被人类称为害虫的昆虫数量。这种免费的昆虫控制服务是一种重要的自然资源和生态服务性能（见图 1－2，第 3 页），有助于维持人类生存。

假设所有的昆虫今天都消失了。一年之内，地球上大部分动物都会灭绝，因为很多植物都消失了。地球表面上会被腐烂的植被和动物尸体所覆盖，这些覆盖物正在被令人无法想像的数量的细菌和真菌分解着。

幸运地是，这幅景象并不是真实的，因为昆虫的存在，它们已经存在了至少 4 亿年了，它们是令人惊叹的成功的生命形式。它们是侵入陆地并侵入天空的第一批动物。到目前为止，它们是地球上最具多样性的、最丰富的和最成功的动物。昆虫可以在没有新来者（例如人类）的情况下繁盛生长，但如果没有它们，人类和大多数其他陆地生物体都会很快灭绝。

批判性思考

你害怕大多数的昆虫吗？如果害怕的话，你努力去追溯一下这种恐惧的来源。

联系专栏

微生物：不可见的地球统治者

它们无处不在，它们的数量以数万亿计。在你的体内、你的体表、一杯土中，以及一杯河水中，就生存着数十亿个微生物。这些基本上不可见的地球统治者就是微生物，一个涵盖了千千万万种细菌、原生动物、真菌，以及酵母菌的术语，其中大部分都是微小得肉眼看不见的。

大多数微生物都没有受到应有的尊重。大多数人都认为它们对我们的健康产生威胁，包括（1）传染病细菌或“病菌”；（2）能导致运动员脚部和其他皮肤疾病的真菌，以及（3）能导致致命疾病的原生动物，例如疟疾。但是，这些具有潜在健康危害的微生物占的数量很少。

实际上，地球上大多数的微生物不仅对人类无害，还对生命有益。一些微生物在生产食物方面具有重要作用，例如面包、奶酪、酸奶、醋、豆腐、酱油、啤酒和葡萄酒。其他一些微生物则通过将大气层中的氮气转化成植物可以从土壤中作为养分吸收的形式来为我们供应食物。

土壤中的细菌和真菌将有机废物分解成可以被植物吸收的养分。肠道中的细菌分解你吃进的食物。某些生存在你鼻子中的微生物还可以防止有害细菌侵入你的肺部。还有些微生物是抵抗疾病的抗生素的来源，包括青霉素、红霉素以及链霉素。

某些微生物所具有的另一种重要的生态服务性能是对某些植物疾病和侵害农作物的有害昆虫物种的数量的控制能力。采用某些微生物对害虫进行控制可以降低具有潜在危害的化学杀虫剂的使用。

另外，基因工程正在用于开发微生物的一些功用，（1）从矿石中开采金属；（2）分解各种污染物，以及（3）帮助清理有毒废物处理场所。

哈佛大学的生物学家 Edward O. Wilson 曾经发展了很多重要的生态理论，他是一位世界级的蚁类专家，他曾经说过，如果他可以重新选择的话，他想研究微生物。

批判性思考

一个缓冲器胶棒上写着：“今天你感谢微生物了吗?”为这一行动找出一些理由，并解释一下为什么微生物是地球的真正统治者。

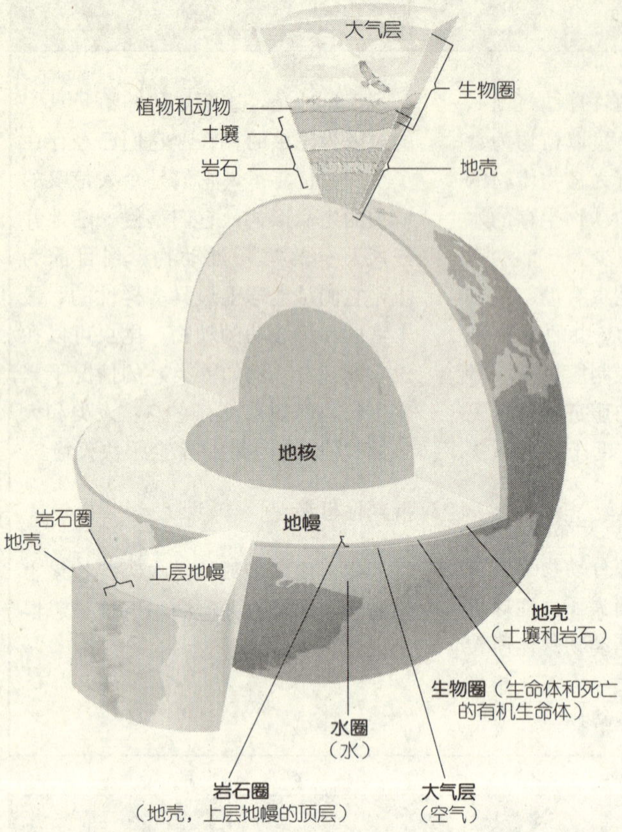

图 2-9 地球结构简图。大气层由若干层组成，包括对流层（最内层）和同温层（第二层）

水圈包含着地球上的（1）液态水（地表水和地下水）；（2）冰（两极处的冰，冰山，以及冻土层中的冰，或永久冻结带），以及（3）大气层中的水蒸气。岩石圈包括地壳和上层地幔；地壳包含了不可再生的化石燃料和矿物，以及植物生长所需的、具有可再生潜力的土壤化学物质（养料）。

生物圈是地球上生命体生存和相互作用以及它们与非生物环境相互作用的那一部分。生物圈包括大部分的水圈和部分的低层大气圈和上层岩石圈，从最深的海底，低于海平面 20 公里（12 英里），到最高的山峰的顶端。如果地球是一个苹果的话，则生物圈的厚度还不如苹果皮。生态学的目标就是了解这薄薄的一层中处在地球表层的、维持生命的空气、水、土壤，以及生物体之间的相互作用的科学。

是什么维持着地球上的生命？

地球上的生命依靠三种相互联系的因素而生存（图 2-10）。

- 来自太阳的高质量的能量的单向流动，（1）通过无机物质和有机生命的食物相互作用；（2）作为低质量的能量进入到环境中（基本上是以热的形式以较低的温度散发到空气和水分子中），以及（3）最终作为红外辐射进入到太空中。
- 通过部分生物圈进行物质循环（维持有机生物体生存所需的原子、离子或分子）。地球无法从太空中获得大量的物质输入。所以，基本上所有有机生物体所需的养分都已经在地球上存在了，而且必须一次又一次地进行循环利用，从而使生命得以延续。
- 地球的重力使地球能够维持住大气层的存在，并使化学物质在物质循环过程中可以向下做沉降运动。

到达地面的太阳能量都做了些什么？

因为在宇宙浩瀚的空间中地球只不过是个小小的星球，它仅能获得太阳散发出来的能量的十亿分之一。这些能量中的大部分还被反射到了太空中而散失掉了，或者被地球自身的大气层吸收掉了（图 2-11）。

大部分未被反射掉的太阳辐射在与地球相互作用的过程中都衰减成红外辐射（我们通常所感受到的热）。大气层中的温室气体（如水蒸气、二氧化碳、甲烷、一氧化二氮，以及臭氧）将降低这种热流流回太空中。这种类似于温室的玻璃或关严汽车上的玻璃窗的作用帮助了地球的变暖，从而使得热量增加。没有这种自然界的温室效应（图 2-12），地球就会像火星一样寒冷，我们所知道的生命也根本无法存在。

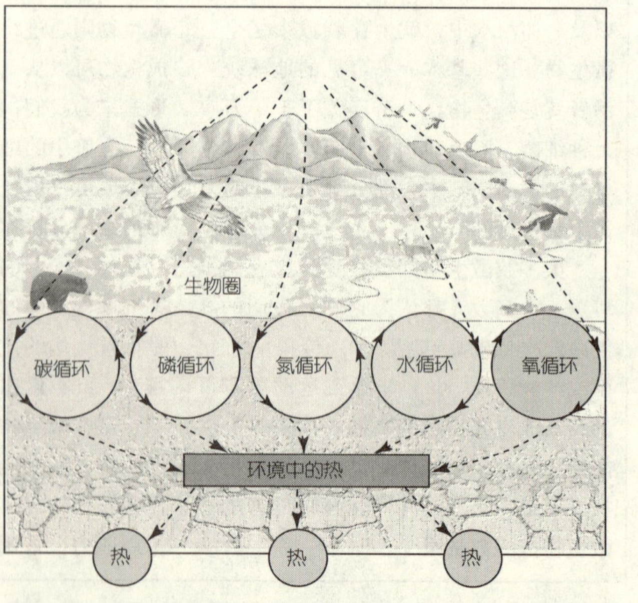

图 2-10 地球上的生命所依靠的生存因素：（1）来自太阳的能量单向传递到生物圈中（虚线）；（2）一些重要元素的循环（圆圈周围的实线），以及（3）重力，使大气层中的气体不能逃逸到外太空，并使化学物质向下运动。这一简图仅描述了众多循环元素中的一小部分

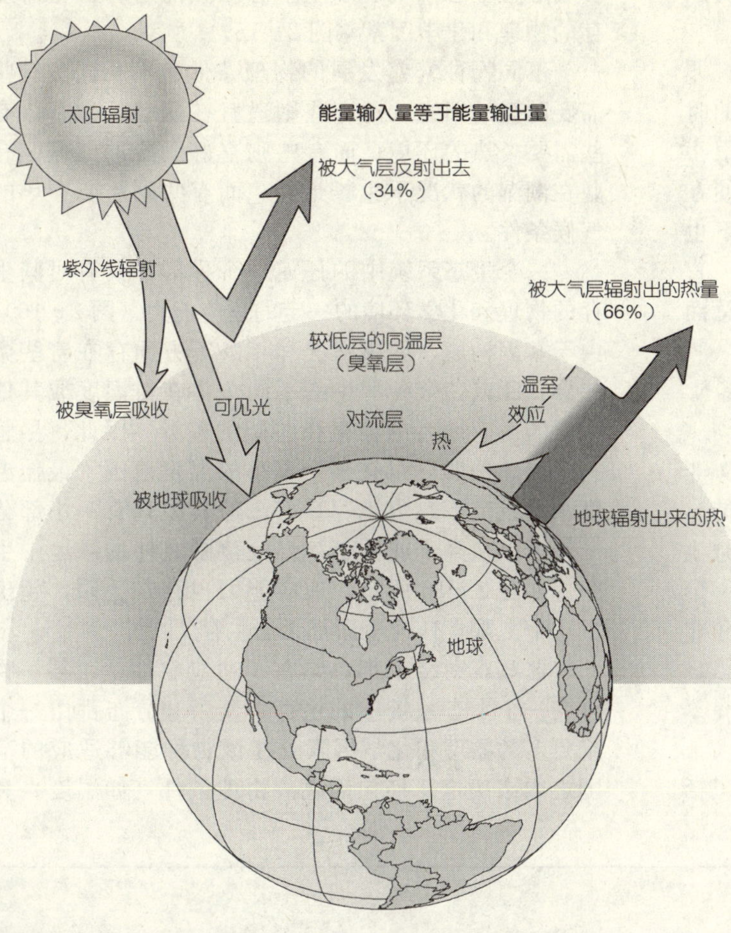

图 2-11　流入地球和流出地球的能量。在大多数生态系统中最终的能量来源都是太阳光线

为什么地球如此适合生命的存在？

就像 Goldilocks 在三熊屋中品尝麦片粥那样，地球上的生命需要某种特定的温度范围：金星太热，火星太冷，地球则刚刚好（否则，你就读不到这段文字了）。

正如我们所知的，生命的存在需要液态水。同样，温度也是一个关键因素；地球上的生命存在所需的平均温度应该维持在一个标准大气压下水的冰点和沸点之间，即 0 ℃—100 ℃之间（32℉至 212℉之间）。

地球的运行轨道与太阳的距离正好可以提供这些条件。如果地球离太阳过近，地球就会变得过热——像金星那样——水蒸气就无法凝结而形成雨水。如果距离太远，地球的表面就会过冷——就像火星那样——水仅能以冰的形式存在。地球还自转着；否则的话，面向太阳的一面就会过热，而另一面则会过冷，水生生物就无法生存。到目前为止，就像婴儿的麦片粥一样，地球的温度是刚刚好。

地球还具有刚好恰当的尺寸；也就是说，它拥有足够的引力质量来保证其铁-镍质的地核为熔融状态，也使大气层中的气体分子不能逃逸到太空中去。（如果地球的尺度过小的话，那么由轻的分子 N_2，O_2，CO_2，H_2O 等组成的大气就无法围绕在地球周围了。）

地球内部的热量（地热能）缓慢传递到地表，这也有助于保持整个地球有合适的温度供生命生存。同样，我们还要感谢 20 亿年前就存在了的具有光合作用的细菌，感谢保护着我们人类和地球上其他各

(a) 太阳光线穿透低层大气层，温暖着地球的表面

(b) 地球表面吸收了透入的太阳辐射的大部分，并使其衰减为波长较长的红外辐射（热），这些热会向上升入低层大气层中。这些热中的一部分散失到太空中。另一部分被温室气体的分子吸收掉，并作为红外辐射向外发射，温暖着低层大气层

(c) 随着温室气体的浓度增加，更多的红外辐射被温室气体分子吸收和发射，这就为低层大气提供了更多的热量

图 2-12　温室效应。如果没有由这一自然界的温室效应使大气变暖，地球就会变成一个寒冷的、基本上没有生命存在的行星。按照被广泛接受的温室效应理论，当大气层中的温室气体浓度增加时，对流层的平均温度也会随之升高（引自 Cecie Starr 的《生物学：概念与原则》（Biology: Concepts and Principles），第 4 版，Pacific Grove，Calif.：Brooks/Cole，2000 年）

种形式的生命的臭氧层免受过度的太阳紫外线的照射。

在以百万年为尺度的时间跨度内，地球具有非常强的弹性和适应性。在生命产生后的37亿年的时间段内，地球的平均表面温度一直维持在一个很小的范围内，大约10℃—20℃（50°F—68°F），即使在太阳的辐射输出能量增加了30%—40%的状况下也是如此。在这一时期内，地球的温度变化幅度一直都没有超过平均温度上下5℃（9°F）的范围。总而言之，地球是最适合生命生存的星球。

生态系统由哪些主要部分组成？

生物圈及其生态系统可以分为两个部分：(1) 非生物即非生命部分（水，空气，养分，以及太阳能），以及 (2) 生物即生命部分（植物，动物，以及微生物，有时也称为 biota）。图2-13和图2-14是一个淡水生态系统和一个陆上生态系统的一些生命和非生命组成部分的简图。

生态系统中包括哪些主要非生物因素？

一个生态系统的主要非生命即非生物系统包括影响陆上生态系统和水生生态区域内的有机生命生存的物理和化学因素（图2-15）。

不同物种繁盛发展的物理条件各不相同。有些需要明亮的阳光，而有些则适宜在阴暗处生存。有些需要炎热的环境，而有些则喜好阴冷的气候。有些在潮湿的状况下生长最佳，而有些则需要干旱的气候条件。

一个生态系统中的任何一个种群都具有对其生存的物理和化学环境的一定的适应能力（图2-16）。由于基因构成、健康状况和年龄等方面存在着些微差异，所以一个种群中的不同个体在对温度或其他因素的适应性上也会存在些微的差异。因此，尽管一个鳟鱼种群可以在某个窄小的温度范围（最佳温度水平或范围）内生存良好，但其中只有一小部分个体可以在高于或低于该温度范围之外的环境中生存。如图2-16所示，适应能力也存在上限，超出了这个上限，任何生命都无法生存。

这些观察结果都总结在了适应定律中：某一物种在一个生态系统中的生存、繁荣和分布都由一个或更多的物理和化学因素处在该物种能够适应的范围之内来决定。换句话说，物理条件（如温度）和

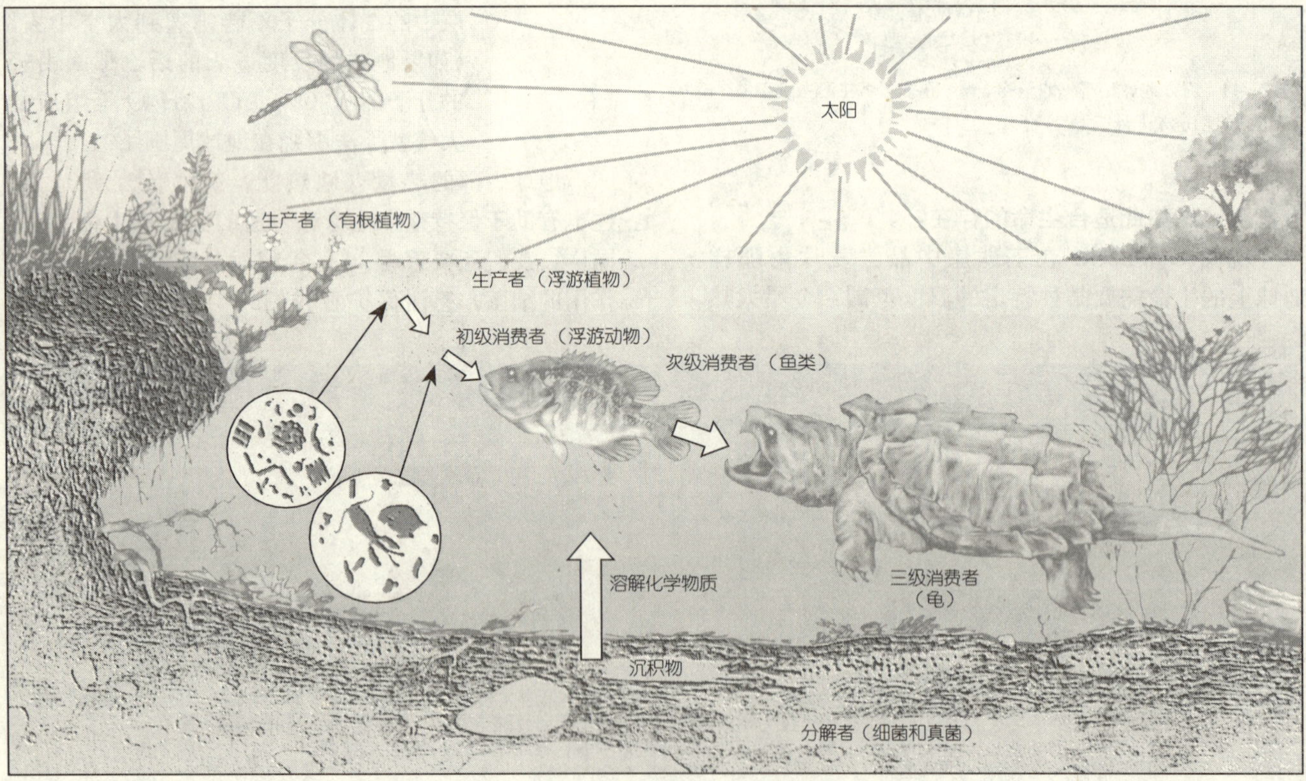

图2-13 淡水生态系统的主要组成部分

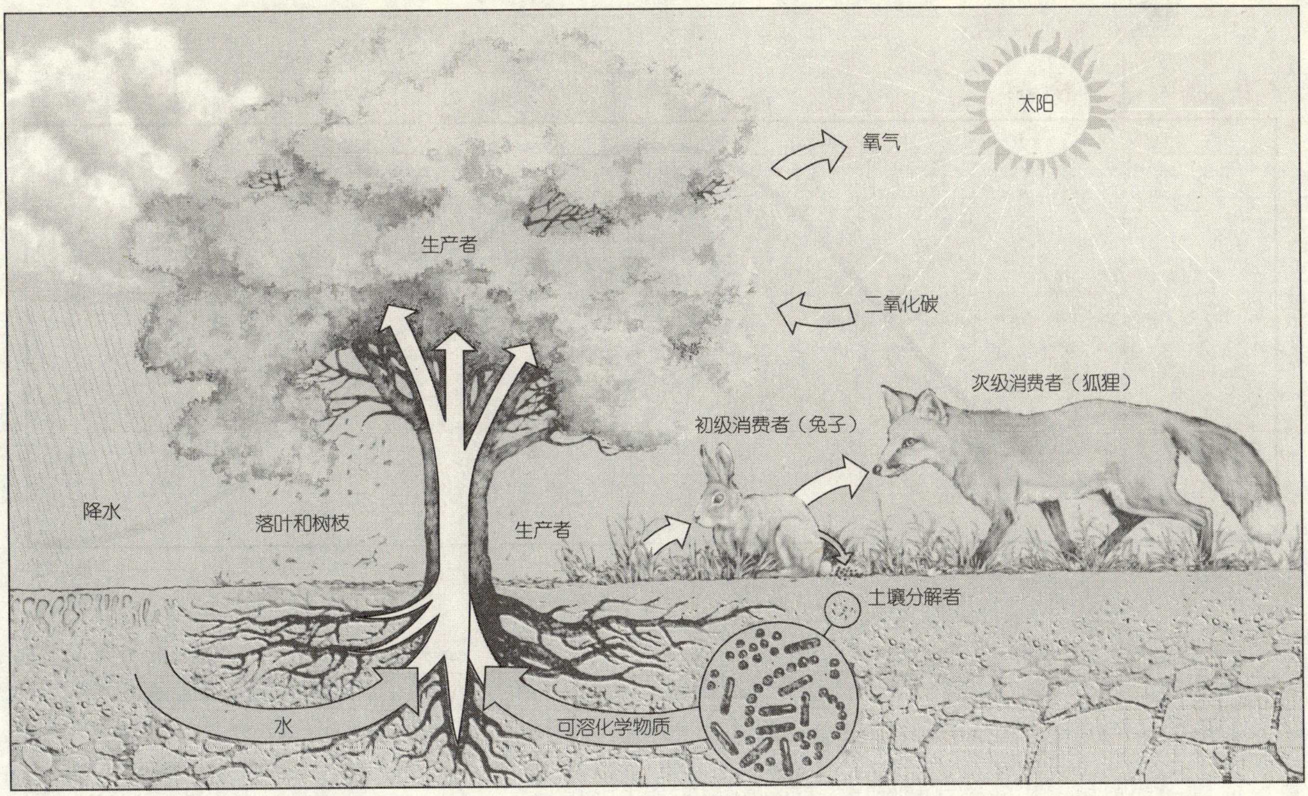

图 2-14　陆生生态系统的主要组成部分

化学物质的浓度都存在着上限和下限，称为适应限度，如果超出该限度则该物种中的任何个体都无法生存。

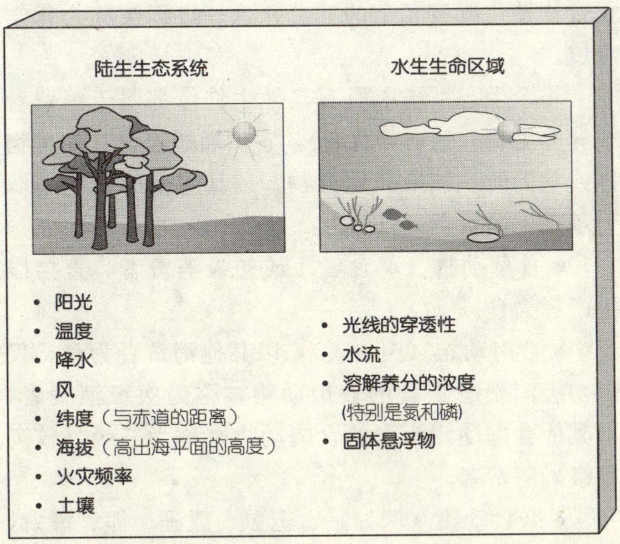

图 2-15　影响陆生生态系统（左栏）和水生生命区域（右栏）的关键性物理和化学或非生物因素

一个物种可能对某些因素具有较强的适应能力，而对其他一些因素的适应能力较差。对于大多数生物体来讲，其适应能力的最低阶段出现在青春期和繁殖期内。具有较强适应能力的物种可以在各种不同条件下生存。

很多因素都会对一个种群中的生物体数量产生影响。但是，有时某一个因素在控制种群的增长方面所起的作用要超过其他因素，该因素被称为限制因素。这一与适应定律相联系的生态法则被称为限制因素法则：过多量或过少量的任何非生物因素都可以限制或阻碍某一群落的增长，即使所有其他因素都处在或接近最佳适应范围之内。

在陆地上，限制因素通常是降水。沙漠的缺水限制着植物的生长。土壤养分也可以成为限制因素。假设一个农夫在贫磷土壤中种植玉米。即使水分、氮、钾，以及其他养分都处在最佳水平上，当所有磷都消耗光了，玉米也会停止生长。

过量的某种非生物因素也会形成限制。例如，过多的水或过多的肥料都会杀死植物，这是很多初

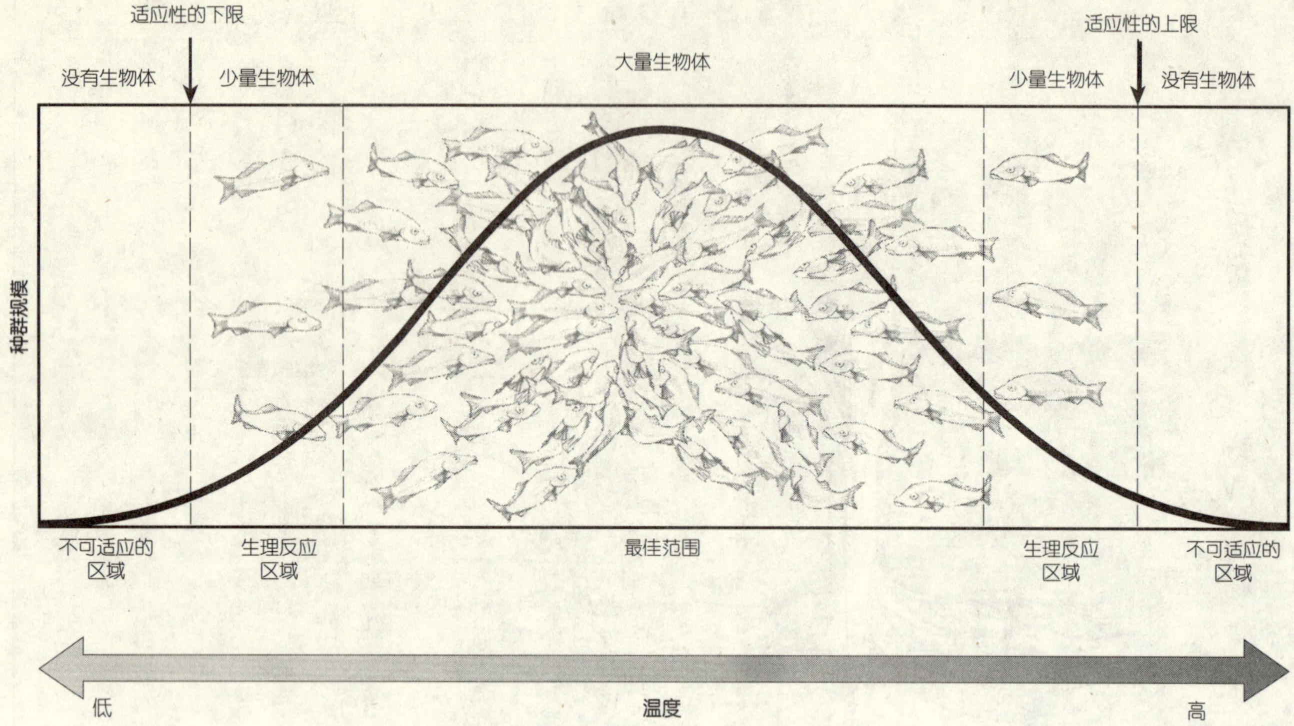

图 2-16 某一种群的生物体对某一非生命环境因素的适应范围——在本例中为温度

入门的园艺者普遍犯的一个错误。

水生生态系统的重要限制因素包括：(1) 温度；(2) 阳光；(3) 溶解氧含量（在某一特定温度和压力下溶解在一定量的水中的氧气的量），以及 (4) 有效的养分。水生生态系统的另一个限制因素是盐度（一定量的水中所溶解的各种无机矿物质或盐分的量）。

生态系统的主要生命组成成分是什么？

生态系统中的生物体通常被分为生产者和消费者两种，是以如何获取食物为基础进行划分的。生产者也被称为自养生物（自我供给者），从那些来自环境的化合物中获取食物。所有其他的生物体都被称为消费者，它们直接或间接地依靠生产者提供的食物来生存。

在陆地上，大多数的生产者都是绿色植物。在淡水和海洋生态系统中，藻类和植物是海岸线附近最主要的生产者；在开放水域，最主要的漂浮生产者是浮游植物，它们中的大部分都可以用显微镜观察到。

大多数的生产者都通过光合作用获取阳光，从而合成出复杂的化合物（例如葡萄糖，$C_6H_{12}O_6$）。虽然在光合作用过程中会发生几百种化学变化，但最主要的反应可以用下面的过程来总结：

二氧化碳＋水＋太阳能量⟶葡萄糖＋氧气

有一些生产者，主要是一些特殊的细菌，在没有阳光参与的情况下可以将其生存环境中的简单的化合物转化成较复杂的养分，这一过程被称为化学合成。

一个生态系统中所有其他生物体都属于消费者或异养生物（他物养育者），它们通过捕食其他生物体或它们的残骸来获得食物。以其主要的食物来源为基础，消费者可以分为：

- 食草动物（草食者）或初级消费者，直接以生产者为食。
- 食肉动物（肉食者），以其他消费者为食，仅以初级消费者为食的食肉动物被称为次级消费者，以其他食肉动物为食的食肉动物则称为三级（较高等级）消费者。
- 杂食动物（例如猪、老鼠、狐狸、熊、蟑螂，以及人类），既以植物为食也以动物为食。
- 食腐动物（例如秃鹰、苍蝇、鬣狗，以及某些鲨鱼和蚂蚁物种），以生物体的死尸为食。
- 食腐质动物（食碎屑者和生物分解者），以碎屑或死亡生物体的部分身体以及活的生物体的被丢弃的碎屑和废物为食（图2-17）。

● 食碎屑动物（例如蟹、木匠蚁、白蚁，以及蚯蚓），从腐叶、植物碎屑和动物粪便中所包含的部分分解掉的有机物质中获取养分。

● 分解者（基本上是某些种类的细菌和真菌），对生态系统中的有机物质进行回收利用。它们通过分解（生物降解）死亡的有机物质（碎屑）来获得养分并将剩余的较简单的无机化合物释放到土壤和水中，这些养分又可以被生产者吸收。

生产者和消费者都利用贮藏在葡萄糖和其他有机化合物中的化学能量来维持自身的生命过程。在大多数细胞中，这种能量是通过有氧呼吸作用来释放的，利用氧气将有机物养分转化回二氧化碳和水分。这一复杂过程中的几百个步骤所形成的净效应可以以下面的过程来表示：

葡萄糖＋氧气⟶二氧化碳＋水＋能量

虽然细节步骤会有所不同，但有氧呼吸作用的净化学变化基本上就是光合作用的反过程。

任何单个生物体的生存都依赖于物质和能量在其体内的流动来实现。但是，一个生态系统作为一个整体生存下来主要是通过一系列物质的由循环（而不是单向流动）和单向的能量流动相结合来实现的（图2-18）。

分解者通过将碎屑分解成可以被生产者利用的无机养分来完成物质循环的过程。没有分解者的话，整个世界会迅速被植物碎屑、动物尸体、动物废弃物，以及垃圾覆盖得深及膝盖。我们现在所知道的大多数生命都会不复存在了。

什么是生物多样性？它为何如此重要？

生物的多样性或生物多样性是一种重要的可再生资源，它是指：可以以最佳状态在目前地球上可以找到的各种条件下生存的生命形式（物种）和生命维持过程。生物多样性包括：

● 基因多样性：某一物种中的个体所具有的基因组成的多样性。

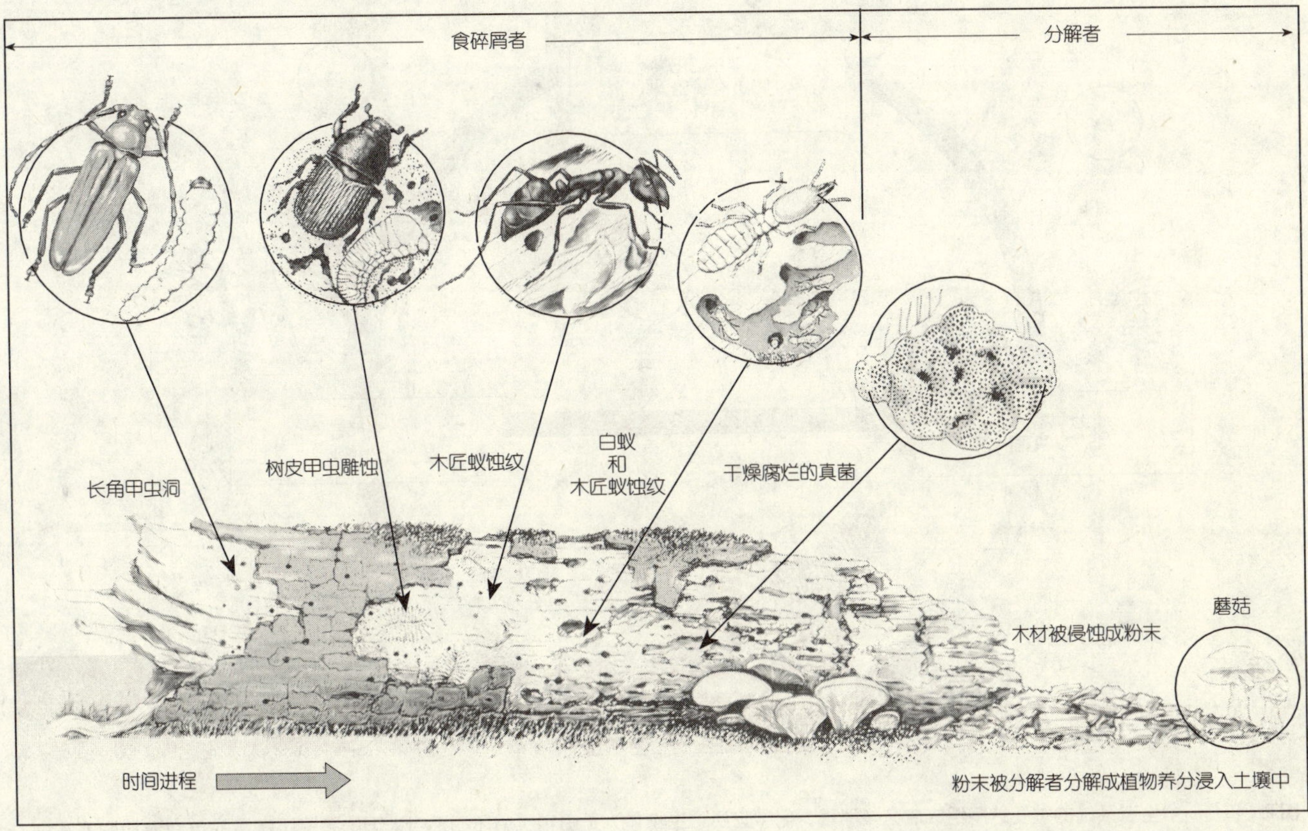

图2-17　一些食腐质动物被称为食腐者，直接以这一截断树木的小碎屑为食。其他一些食腐质动物被称为分解者（主要是真菌和细菌）将这截断树木碎屑的复杂有机化学物质消化成较简单的无机养分。如果不被冲刷掉或被其他系统消耗掉，这些养分可以被生产者再次利用

● 物种多样性：地球上不同栖息地内所存在的不同的物种或不同类型的活的生物体的多样性。

● 生态多样性：森林、沙漠、草地、溪流、湖泊、海洋、湿地，以及其他生物群落的多样性。

● 功能多样性：物种和生物群落的生存所需的生物和化学过程或功能，例如能量流和物质循环（图 2-18）。

这种丰富的基因、物种、生物群落，以及维持生命的生物过程和化学过程的多样性可以：

● 为我们人类提供食物、木材、纤维、能量、原材料、工业化学物质，以及药品等，所有这些每年为全世界注入几万亿美元的资本。

● 为我们人类提供免费的回收、净化和自然控制害虫的服务。

现在世界上的每一种物种：(1) 包含着体现了其对地球几十亿年持续变化的环境条件进行适应所需的基因信息，以及 (2) 构成了对未来进行适应的原材料。生物多样性的消失会降低生态系统服务性的能力（图 1-2，第 3 页），并削弱物种、群落以及生态系统对持续变化的环境条件的适应能力。生物多样性就是大自然抵抗灾害的保险单。

一些人还将人类文化多样性包括在地球的生物多样性之内。人类文化的多样性代表着对持续变化着的环境条件的大量的社会和技术适应方法。

2.4　联系：物种在生态系统中所扮演的角色

在一个生态系统中某一物种扮演什么样的角色？

生态小环境或简称为小生境，就是指物种在某一生态系统中的生存方式或功能角色。它包括：(1) 对各种物理和化学条件的适应性范围，例如温度或水（图 2-16，第 32 页）；(2) 它所使用的资源的类

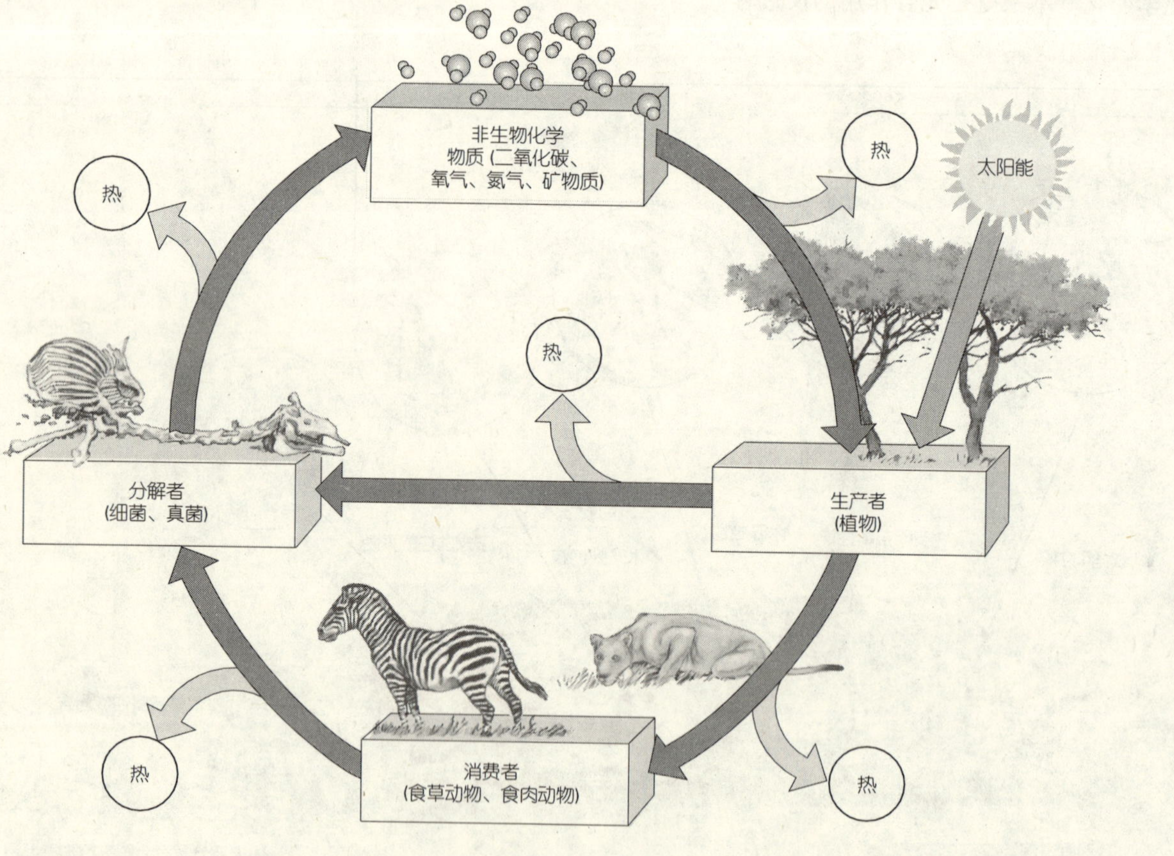

图 2-18　一个生态系统的主要结构组成成分（能量、化学物质、生物体）是由物质循环和来自太阳的高品质能量的单向流动联系在一起的，通过生物体，然后衰减为低品质的热进入环境中。一个生态系统中每一种类型的生物体在能量流和物质循环的过程中都扮演着独一无二的角色

型和数量，例如食物、养分、空间等；（3）在其自身所处的生态系统中与其他生命和非生命成分之间的相互作用，例如它如何捕食或如何被捕食，以及（4）其在该生态系统内的能量流和物质循环过程中所扮演的角色。

广泛型物种或专一型物种哪一个更好？

宽泛小生境和狭窄小生境

概括地讲，物种可以根据小生境的不同而分为广泛型和专一型两种类型。广泛型物种具有宽泛的小生境：它们可以在很多不同的地方生存，可以以多种食物为食，可以适应宽泛的环境条件。苍蝇、蟑螂（聚焦专栏，下侧）、老鼠、野鼠、白尾鹿、浣熊、山狗、铜斑蛇、海峡鲶鱼，以及人类，都属于广泛型物种。

专一型物种的小生境比较狭窄：它们（1）仅能在一种类型的栖息地中生存；（2）仅能适应小范围的气候和其他环境条件，或者（3）仅能食用一种或较少种类的食物。这使它们更容易受到环境条件变化的威胁。专一型物种的例子包括（1）虎蜥蜴，仅能在没有鱼类存在的池塘中生存，以保护其幼体不被吃掉；（2）红帽啄木鸟，几乎只在树龄达 75 年的老长叶松上啄孔做巢；（3）斑点猫头鹰，它的生存需要生长在太平洋西北岸的原生林为其提供食物和庇护所，以及（4）中国的高度濒危动物大熊猫，几乎只以某些种类竹子作食物。

在一片热带雨林中，物种所具有的多样性是惊人的，它们各自占有专一的生态小环境，这些小生境分布在不同日照等级的植被层面上（图 2－19）。这些雨林的大范围清除和衰败正在威胁着数百万这些专一型物种的生存。

广泛型物种和专一型物种哪一个更好呢？这要看情况。当环境条件比较稳定时，如热带雨林，专一型物种具有生存优势，因为它们的竞争者较少。但是，在环境条件改变较迅速的情况下，广泛型物种就比专一型物种更具有生存优势。

各种物种在生态系统中扮演什么不同的角色？

在考查生态系统时，生态学家通常给各种物种分配各自特有的标签——例如本地物种、非本地物种、指示物种，以及关键物种等——以区分其生态作用或小生境。在某一特定生态系统中，任何物种都会扮演这四种角色中的至少两种。

非本地物种是怎样造成麻烦的？

一般在某一特定的生态系统中正常生存和繁盛的物种被称为本地物种。迁徙到该生态系统中或被人类有意或无意地引入到该生态系统中的其他物种被称为非本地物种、外来物种，或外部物种。这些引入的物种中有些对人类有利（例如农作物物种和用于畋猎的物种），但有些物种的繁盛会排挤很多当地物种（例如火蚁和野葛）。

蟑螂：自然界的最终幸存者

蟑螂，很多人都很讨厌的一种虫子，已经存在了约 3.5 亿年了，它是地球上最成功的生存物种之一。它们能获得如此成功的主要原因就是因为它们是广泛型物种。地球上生存着约 4000 种蟑螂，它们（1）几乎以任何东西为食（包括藻类、昆虫尸体、手指甲碎屑、网球鞋中的盐分、电缆、胶水、纸张，以及肥皂）；（2）除了极地地区，它们几乎可以在任何地方生存和捕食。

有些蟑螂在不进食的情况下可以生存几个月之久，有些可以靠从洗碗布上获得的一滴水生存一个月，有些可以抵抗大剂量的辐射。有一种蟑螂在被冷冻 48 小时后仍然可以存活。

它们通常可以躲避天敌和人类的追捕，因为（1）大多数蟑螂的触角可以感知到细微的空气运动；（2）它们的膝关节上生有振动感应器官；（3）它们的反应速度迅捷无比（比你眨眼的速度还快）。有些蟑螂甚至长有翅膀。

它们的繁殖率也很高。在一年之内，一只亚洲蟑螂（在佛罗里达非常普遍）和它的幼虫可以繁衍 1000 万只蟑螂。这种高繁殖率也使它们迅速发展出抵抗人类用于对付它们的杀虫剂的基因抵抗性。大多数蟑螂懂得在进食前先尝试一下食物，而且懂得如何闪避味道不对的毒药。

寄居在人类家庭中的蟑螂仅有大约 25 种。但是，这些蟑螂可以（1）携带致病病毒和细菌，例如肝炎、大脑灰质炎、伤寒热、瘟疫和沙门氏菌等，以及（2）使人产生过敏反应，从水眼病到重喘。实际上，1200 万患有哮喘的美国公民中有 60%都对死的或活的蟑螂过敏。

批判性思考

如果可能的话，你会不会去消灭所有的蟑螂？这样做会产生哪些生态后果？

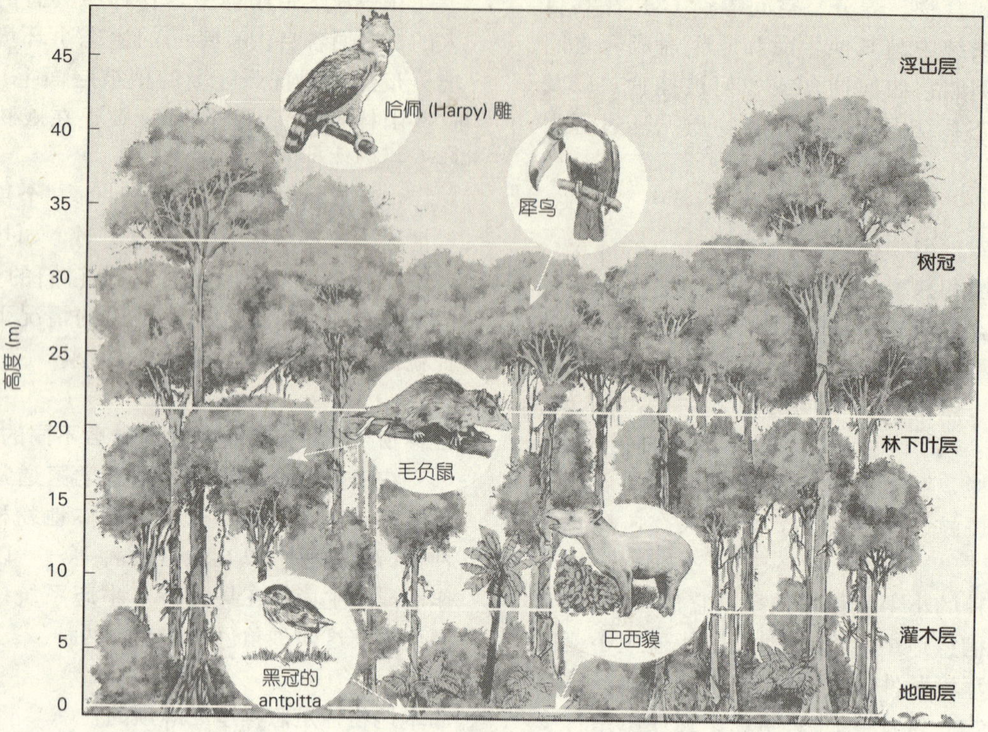

图 2－19　一片热带雨林中各层专一型植物物种和动物物种的小生境。这些专一型小生境的存在使物种可以避免或减少对资源的竞争，最终形成大量物种的共生（生物多样性）

什么是指示物种？

那些可以早期预示着某一群落或某一生态系统将要濒临灭绝的物种被称为指示物种。鸟类是极佳的生物指示物，因为几乎在任何地方都可以找到它们的踪迹，而且对环境变化的反应非常迅速。有研究表明，北美洲目前迁徙性的、以昆虫为食的鸣禽减少的一个主要原因就是栖息地的丧失或破裂成不相连续的地块。作为鸟类冬季栖息地的拉丁美洲和加勒比海沿岸的热带雨林正在迅速消失。鸟类在北美洲的夏季栖息地也在消失或破裂成小片地块，使鸟类更容易受到天敌和寄生虫的侵害。一些两栖动物（蛙、蟾蜍和蜥蜴）一段时间生活在水中，另一段时间生活在陆地上，它们也是指示物种（联系专栏，第 37 页）。

什么是关键性物种？

在一个生态系统中，某些物种的作用比它们繁盛的数量所表示的要重要得多。生态学家将这些物种称为关键性物种，虽然这种称呼还存在着争议*。在热带雨林中，各种蜂、蝙蝠、蚁，以及蜂鸟都扮演着关键性物种的角色，它们传播花粉，散布植物的种子。某些关键性物种——包括狼、美洲豹、狮子、美洲鳄、海獭，以及大白鲨（案例研究，第 38 页）——都是处在食肉动物顶端的动物，它们通过捕食和控制某些物种的数量对其所栖息的生态系统具有着稳定的影响。

关键物种的消失会导致依赖其所提供的服务性生存的其他物种种群的崩溃或灭绝，产生一种涟漪式的影响或多米诺效应，波及整个生态系统。生物学家 Edward O. Wilson 曾道："一个关键性物种的消失就像一把钻，无意地钻破了一根电线。这使所有的电灯都灭掉了。"

联系：我们为什么要关注美洲鳄？

美洲鳄是北美洲最大的爬行动物，它惟一的天敌就是人类。捕猎者一次杀死大量的美洲鳄以获取它们稀有的肉和细致的腹部皮，用来制作鞋子、腰带，以及钱包。

---

* 所有物种在其所栖息的生态系统中都扮演着特定的角色，所以它们都很重要。一些科学家认为所有物种具有同等重要性，另一些科学家则认为某些物种比其他物种更重要，它们有助于维持其自身所处的生态环境的结构和功能稳定。

联系专栏

为什么两栖动物正在灭绝？

两栖动物（蛙、蟾蜍、蜥蜴）出现在大约3.5亿年前。这些冷血生物的身体尺度小到可以坐在你的大拇指上的蛙，大到1.5 m（5英尺）长的日本蜥蜴。

在过去的20年中，遍布世界上几乎任何地方（甚至野生生物保护区内和公园中）的大约5100种两栖动物物种中有数百种（包括2700种蛙和蟾蜍物种）正在灭绝或其数量正在减少。根据世界保护联盟的统计，全世界已知的所有两栖动物物种中有25%已经灭绝、或处于濒危状况、或正在受到物种灭绝的威胁。

蛙类对环境破坏非常敏感。在蝌蚪时期，它们生活在水中并以植物为食，成年后它们几乎都生活在陆地上，并捕食昆虫（这会使它们受到杀虫剂的危害）。它们的卵没有卵壳，对辐射和污染物缺乏保护。成年蛙通过皮肤来摄取水分和呼吸空气，可渗透性的皮肤很容易吸收来自水中、空气中和土壤中的污染物。

由于任何一种蛙都生活在一片较小面积的、特定的栖息地中，所以它们在很多地方都成为了环境状况的敏感的指示者。

对于这些蛙类的数量的衰减，科学家们已经找到了几种可能的原因。包括：(1) 栖息地丧失；(2) 干旱期的延长，这使蛙类赖以生存、捕食的池塘干涸，导致蝌蚪无法生存；(3) 污染；(4) 同温层臭氧的减少所导致的紫外射线辐射的加剧；(5) 寄生虫害；(6) 过度捕杀，特别是在亚洲和法国，蛙类的腿是餐桌上的美味；(7) 病毒性和真菌性疾病，以及 (8) 非本地天敌物种和竞争者（例如鱼类）以及致病生物的自然迁入或人为引入。

在大多数情况下，两栖物种数量的衰减或消失都是由这些因素共同作用所引起的。科学家们对两栖动物的衰败非常关心，主要由于以下三个原因：

- 这意味着全球环境健康正在迅速衰退，因为两栖动物是一种长年的幸存者，是对环境状况的变化非常敏感的指示者。
- 在世界生态系统中，成年两栖动物扮演着非常重要的角色。例如，两栖动物捕食的昆虫（包括蚊子）量比鸟类还多。在一些栖息地中，某些两栖动物物种的灭绝还会导致其他物种的灭绝，例如爬行动物、鸟类、水生昆虫、鱼类、哺乳动物，以及其他以它们或它们的卵为食的两栖动物。
- 从人类自身的角度来讲，两栖动物代表着一个尚待开发的制药基因库。数百种两栖动物皮肤分泌物已经被分离出来，这些化合物中的一些已经被用作止痛剂和抗生素，并用于治疗烧伤和突发的心脏病。

作为可能的指示性物种，两栖动物可以向人类传达重要的信息。它们不需要我们，但我们和其他物种却需要它们。

批判性思考

有些人认为，世界范围上的两栖动物的消失是对持续变化的环境条件的一种自然的反应。另一些人则认为这些动物的消失主要是由人类活动导致的，而且这种衰减是对人类自身和其他物种所存在的潜在威胁的一种警告。你怎么认为？为什么？

有些人认为鳄鱼是一种没有用处的、危险的动物，并出于畋猎或憎恨的目的来捕杀它们。在1950年至1960年间，捕猎者捕杀了路易斯安那州全部鳄鱼的90%，在1960年代，佛罗里达大沼泽地的鳄鱼种群也濒临灭绝。

人们会问："那又怎么样?"这些人忽视了鳄鱼所起的重要的生态作用，或在亚热带湿地生态系统中的小生境意义。鳄鱼会挖很深的凹陷洼地或鳄鱼洞，这样可以：(1) 在干旱季节收集淡水；(2) 作为水生生物的庇护所；(3) 为很多哺乳动物提供淡水和食物。

另外，大型鳄鱼会筑巢堤栖息，这就为苍鹭和白鹭创造了栖息和捕食的场所。鳄鱼还捕食掉大量的雀鳝（一种肉食鱼类），从而有助于维持用于垂钓的鱼类的数量，例如鲈鱼和鲤鱼。

由于鳄鱼总是从洞穴中向巢堤上移动，所以它们也有助于保持这片开放的水域免遭外来植物的侵害。没有这些生态系统的作用，鳄鱼所栖息的淡水池塘和沿海岸的湿地就会被灌木和树木侵占，几十种物种也会随之消亡。

一些生态学家将北美洲的鳄鱼视为一种关键性物种，因为它在维持其所处的自然生态系统的结构、功能和可持续性方面具有重要的作用。

1967年，美国政府将美洲鳄鱼列入遭受危险物种的名单中。至1975年，由于受到免遭捕杀的保护，鳄鱼种群的数量有了大幅度的增长——增长幅度过大，有些人抱怨说他们的后院和游泳池中都发现了鳄鱼出没，还有些鸭子捕猎者也抱怨说他们的猎狗有时都会被鳄鱼吃掉。

案例研究

为什么鲨鱼是重要的物种？

全世界栖息着大约 350 种鲨鱼，其体型从仅与大金鱼仿佛的侏儒犬鲨，到长达 18m（60 英尺）全世界最大的鲸鲨。各种鲨鱼物种都高居于食物链的顶端，将受伤和生病的动物从海洋中剔除掉，所以，它们扮演着重要的生态角色。没有这些鲨鱼，海洋就会被死鱼和垂死的鱼所充斥。

很多人都受了电影和通俗小说的影响，认为鲨鱼是吃人的怪兽。但是，两种最大的鲨鱼——鲸鲨和姥鲨——通过过滤和吞食大量的浮游生物（微小的自由游动的海洋生物）来维持其巨大的体型。

每年，一些物种的鲨鱼——主要是大白鲨、公牛鲨、虎鲨、灰礁鲨、柠檬鲨，以及蓝鲨——会伤害大约 50 至 100 人，并杀死 5 至 12 人。鲨鱼的攻击行动大多数都是由大白鲨引起的，它们以海狮和其他海洋哺乳动物为食，有时也将潜水者和冲浪者误认为其平常的猎物加以捕杀。

每头鲨鱼每伤害一个人，我们人类就杀死至少 100 万头鲨鱼来报复，每年共 1 亿头。人们捕杀鲨鱼大多是为了它们的鳍，在亚洲，这是一种做汤羹的原料，而且还是一种包治百病的灵药，每千克的价格在 563 美元（每磅 256 美元）左右。在香港，一碗鲨鱼鳍羹的价格可以卖到 90 美元。

人们捕杀鲨鱼还为了获得它们的（1）肝脏；（2）肉（特别是灰鲭鲨和长尾鲨）；（3）皮（一种奇异的皮革）；（4）下颚（特别是大白鲨），或者（5）仅仅因为我们害怕它们。有些鲨鱼（特别是蓝鲨、灰鲭鲨以及海洋白尾尖峰鲨）在人们用围网捕捞旗鱼、金枪鱼、虾以及其他具有商业价值的鱼类时会作为副产品而陷入网中死亡。

鲨鱼还有助于挽救人类的生命。除了为人类提供食物以外，它们还帮助人们了解如何对抗癌症（鲨鱼几乎是不会患上癌症的）、细菌及病毒。人们正在研究它们高效的免疫系统，因为该系统可以在不被感染的情况下使伤口愈合。

鲨鱼具有几种自然特性，使它们很容易受到过度捕猎的伤害。它们（1）每一年或两年仅产很少量（2 至 10 只之间）的幼仔；（2）10 至 24 年才能性成熟并开始繁殖，且（3）妊娠期很长，有些鲨鱼种类甚至长达 24 个月。

鲨鱼的进化史长达 4 亿年，它们已经在如此悠长的时间里进化得面面俱到了。要保护这种基因的进化发展就要首先了解：鲨鱼并不需要人类，但人类和其他物种却需要鲨鱼。

批判性思考

在阅读了这段文字后，你对鲨鱼的态度有何变化？如果有变化的话，这些变化是如何产生的？

1977 年，美国渔业和野生生物服务组织将生活在佛罗里达州、路易斯安那州和得克萨斯州的美洲鳄鱼重新划分了等级，分为危险物种和受威胁物种，这里栖息着 90% 的鳄类动物。1987 年，这次重新划分的成果又推广到了其他七个州。

现存的鳄鱼大概有 300 万头，主要栖息在佛罗里达和路易斯安那两州。一般来讲，捕杀受威胁物种是非法的，但是持有许可证的猎人在佛罗里达、路易斯安那和南卡罗来纳州的某些特定区域内可以进行限制性捕猎，以对其数量进行控制。美洲鳄鱼的数量从由过度捕杀而濒临过早灭绝恢复了很多，这是野生生物保护活动的一大胜利。

对鳄鱼肉和鳄鱼皮的市场需求量越来越大，这也刺激了鳄鱼养殖业的发展，特别是在佛罗里达州。养殖业的成功也减少了人们对野生鳄鱼的捕杀。

物种之间如何相互影响？概览

当生存在同一生态系统中的不同物种具有相同的活动或资源需求时，它们会相互影响。这些物种的成员之间可能会相互伤害，相互补益，或者不受这些相互活动的任何影响。在这些物种之间存在着 5 种基本类型的相互作用：（1）物种间竞争；（2）捕食；（3）寄生；（4）互利，以及（5）共栖。

只要共用资源的数量仍然很丰富，不同的物种就可以共同享用。这就使每一物种都越来越接近其基本小生境，即在没有其他物种竞争的条件下，某一物种在理论上可以利用的最大限度的物理、化学和生物条件及资源的量。

但是，大多数物种都面临着与其他物种争夺一种或更多种有限的资源（例如食物、阳光、水、土壤养分、空间、筑巢场所，以及良好的隐蔽场所等）。由于存在着这种物种间的竞争（物种与物种之间的竞争），不同物种的部分基本小生境存在着叠盖现象。最终，某一物种在某一特定的群落或生态系统中只能占据其基本小生境的一部分——生态学家们称之为现实的小生境。通过类推，你就可以成为某一特定群体（你的基本专业小生境）的首脑，但与其他人存在着的竞争关系却意味着你仅能成为一个副首脑（你的现实小生境）。

两种物种的小生境叠盖的地方越多，它们之间的竞争也就越激烈。研究表明，具有相同基本小生境的两种物种在某一不具备充足的满足两种物种需求的某种特定资源的生态环境中是无法共生的。换句话说，这两种物种的小生境是不能完全叠盖或叠盖很长时间的。这一发现被称为竞争排斥原则。作为小生境大幅度叠盖的结果，两种竞争物种中的一种必须（1）迁移到另一区域（如果可能的话）；（2）转移其捕食地或捕食活动；（3）遭受一次物种数量的大降低，或者（4）在该地区灭绝。

某些物种是如何降低或避免竞争的？

在一个较长的时间尺度上，某些竞争相同资源的物种会具有适应性，可以降低或避免与其他物种的基本小生境的竞争或叠压。其中一个方法就是通过资源分配来实现，对稀有资源进行分配，从而使各种具有相同需求的物种在不同时间、以不同方式、或在不同场所使用资源（图 2-20）。实际上，它们进化出一些特征，可以使其自身分享这些资源，每一物种占有某一现实小生境，这一小生境仅是其基本小生境的一部分。

例如，当狮子和美洲虎生活在同一区域内时，狮子主要以较大的动物为食，而美洲虎则捕食较小的动物。鹰和枭的食物很相似，但鹰在白天捕食，而枭则在夜间出动。一些鸟类，例如小歌鸟和唐纳雀，通过资源分配的方式来降低竞争，它们在同一棵树的不同部分捕食昆虫。

捕食者和被捕食者之间是如何相互作用的？

在弱肉强食过程中，某一物种的生物（捕食者）直接以其他物种的生物（被捕食者）的整体或部分为食，但它们并不仅以它们为食。这两种生物，例如狮子（捕食者）和斑马（被捕食者），具有一种捕食者-被捕食者关系，如图 2-13 和图 2-14 所示。

有些人蔑视捕食者。当一只鹰在捕捉和取食兔子时，有些人就会同情兔子。但是，鹰（就像所有的捕食者）却很少能获得充足的食物来喂饱自己的肚子和自己的幼仔；在捕食过程中，鹰扮演了重要的控制兔子数量的生态角色。

什么是寄生虫？为什么它们具有重要意义？

当某一物种（寄生虫）在很长的时间段内通过寄居在另一物种（寄主）身体上、身体内或身体附

图 2-20 5种以昆虫为食的小歌鸟在缅因州的云杉林中的资源分配状况。每一物种都将其捕食活动的半数时间花费在云杉林中的某一独特部分（庇荫区域）中，它们通过这一方式来降低与其他物种对食物的竞争；每一物种也都以不同的类别的昆虫为食［引自 R. H. MacArthur 所著，“东北针叶林中的某些小歌鸟的生物数量生态学”（Population Ecology of Some Warblers in Northeastern Coniferous Forests），《生态学》，第 36 期（1958 年）：第 533—536 页］

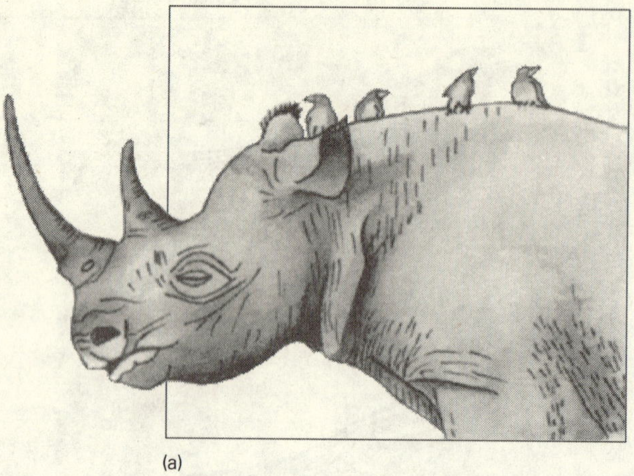

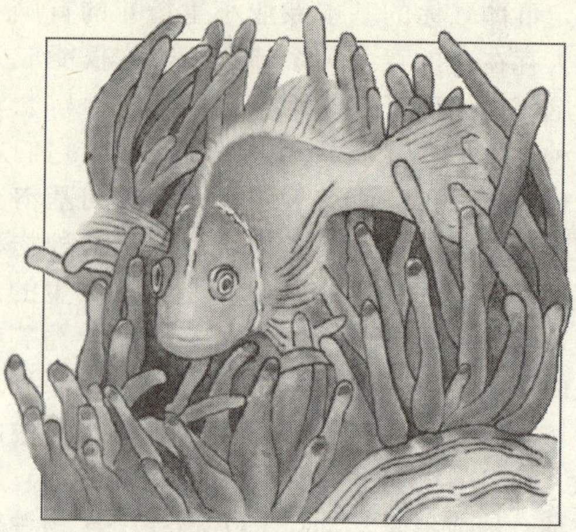

图 2-21　共栖关系的两个例子。(a) 牛京鸟（或食虱鸟）以寄生性扁虱为食，这些扁虱会在厚皮的大型动物例如黑犀牛等身体上滋生繁衍，以及 (b) 生活在可以致命叮咬其他动物的海葵体内的小丑鱼

近来获得养分时，寄生现象就产生了。寄生现象可以被视为一种特殊的捕食形式，但与一般的捕食方式不同，寄生虫（1）通常比寄主（被捕食者）要小；（2）在很长的时间内与寄主保持紧密关系，从其身上获取养分，并逐渐削弱寄主的体能，并（3）很少会杀死寄主。

绦虫是一种致病的寄生虫（病原体），它和其他寄生虫都寄生在寄主的体内。其他一些寄生虫，如扁虱、跳蚤、蚊子、槲寄生植物，以及真菌（会引发脚癣等疾病），将自己的身体贴附在寄主的体外。有些寄生虫从一个寄主转移到另一个寄主的身上，就像跳蚤和扁虱；其他一些，如绦虫，则在成年后一直寄生在同一寄主体内。

从寄主的角度来讲，寄生虫是有害的，但寄生虫却扮演着重要的生态角色。整体而言，某一生态系统中极度复杂的寄生关系之间的相互作用就像胶水一样将该生态系统中的各个物种粘合在一起。寄生虫也可以使某些物种避免数量过剩而侵害其他物种，从而促进生物多样性的发展。

物种之间如何相互作用从而达到双赢？

在互利关系中，两种物种以各种方式相互作用来达到双赢。这种双赢包括（1）散播花粉和种籽来繁殖后代；（2）获取食物，或者（3）获得保护。互利关系的例子如下：

- 蜜蜂以花儿的蜜汁为食，在此过程中采集花粉，然后当它们再以雌花为食时就为它们授粉。
- 栖息在大型动物如非洲水牛、大象以及犀牛等（图 2-21a）的背上的鸟类。鸟类从动物的身体上清除并吃掉寄生虫，并常常在发现天敌靠近时发出叫声来警告这些动物。
- 小丑鱼生活在海葵的体内，海葵的触须叮咬住大多数靠近它们的鱼类，并使其麻痹（图 2-21b）。小丑鱼不会被触须伤害到，从而可以获得保护免遭天敌捕杀，并以海葵捕食的残渣为食。海葵也可以从中获益，因为小丑鱼也可以保护它们免遭天敌的侵害。
- 生活在动物胃里和肠道里的大量细菌可以消化食物。细菌获得了一个能够为它们提供丰富食物的安全场所；而动物又可以获得大量的能量资源。

人们会认为互利是物种之间的一种协作关系，但实际上这是一种使每一物种都从利用其他物种中获益的关系。

物种如何相互作用从而使一种物种受益而另一种并不受害？

共栖关系是一种可以使一种物种受益但却不会

图 2-22　白兰花——拉丁美洲热带雨林中的一种附生植物或悬空植物——将自己的根扎在树木的枝杈处而不是土壤中，既不刺穿也不伤害树木，它们构成一种共栖关系。在这一关系中，附生植物可以获得水分、养分碎屑以及阳光；树木则显然不会受到白兰花的伤害，除非附生的白兰花数量太多

使另一物种受害或受益的相互关系。各种树木与将其自身攀附在热带雨林中大树的树干或树枝上的被称为附生植物（例如某些类型的兰花和凤梨科植物）的物种之间的关系就是一个例子（图 2-22）。这些所谓的悬空植物通过使自己处在一个较高的场所来获取更充足的阳光。它们附生在树木上的位置使其可以从潮湿的空气和通常杯状的叶片中收集到的雨水中获得更多的水分。它们还可以吸收从树木的顶部叶片和树枝上落下的得自雨水所带的尘埃中所含的营养盐。附生植物从空气或树皮表面获取水分和养分，但却不会刺穿或伤害树木。

2.5 联系：生态系统中的食物网与能量流

什么是食物链和食物网？

所有有机生物，无论生死，对其他生物来讲都是潜在的食物资源。毛毛虫吃树叶，知更鸟吃毛毛虫，鹰吃知更鸟。在它们死后，分解者消耗掉树叶、毛毛虫、知更鸟和鹰。最终，在自然界的生态系统中几乎没有什么废物可言。

生物的序列也就是每种生命都是其他生命的食物资源，这被称为食物链。它决定了能量和养分如何在生态系统中从一个生物体流动到另一个生物体（图 2-23）。

生态学家将生态系统中的每种生物都分配了捕食等级，或者称为营养等级（源自希腊语“trophos”，意为“营养”），这取决于该生物是生产者还是消费者，以及它们以何为食或分解什么生物。生产者属于第一营养等级，初级消费者属于第二营养等级，次级消费者属于第三营养等级，以此类推。食腐者和分解者将来自所有营养等级的碎屑处理掉。

真正的生态系统比这要复杂得多。大多数消费者都以一种以上的生物为食，大多数的生物都被一种以上的消费者所捕食。因为大多数物种都参与到几种不同的食物链中，所以大多数生态系统中的生物形成了一个相互连接在一起的复杂的食物链网，这被称为食物网（图 2-24）。

食物网中也可以划分营养等级，就像在食物链中一样。食物链或食物网中的每一营养等级都包含着特定数量的生物质（biomass），即其中所包含的所有有机物质的干重。在食物链和食物网中，储存在生物质中的化学能量从某一营养等级传递到另一营养等级，其中一些可用的能量被降级了，并在每次传递中作为低品质的热能散失到环境中。所以，（1）只有小部分被吃掉和消化掉的物质实际上被转化为生物体的身体物质即生物质；（2）每一营养等级的下级所获得的可用能量的数量都会减少。

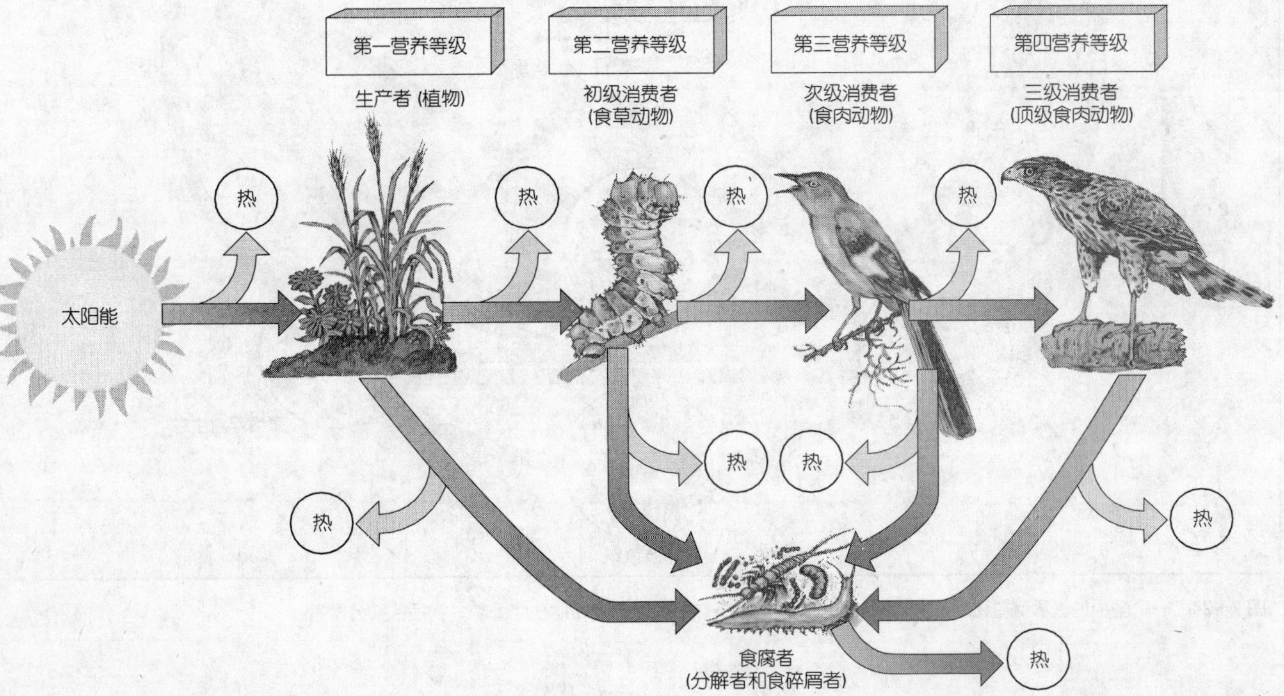

图 2-23 一条食物链。箭头表示食物中的化学能量在各营养等级内流动的情况；根据第二能量定律，大多数能量都会衰减成热能。食物链几乎很少有4级以上的营养等级。你能解释为什么吗？

图 2-24 一个南极地区极端简化后的食物网。食物网中更多的参与者都未被涵括在此图中，包括各种分解者

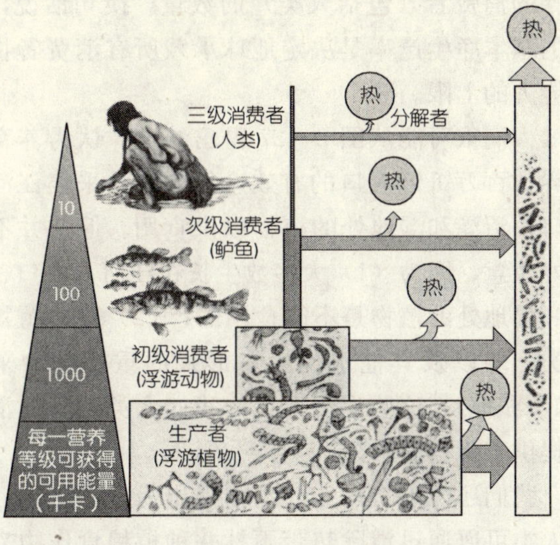

图 2-25　简括的能量流金字塔显示了在一个食物链或食物网中每一相继营养等级可以获得的可用能量的衰减。在自然界，生态效率的幅度从 5%—20% 不等，一般为 10% 左右。这一模型假设每两个营养等级之间传递的生态效率都是 10%（可用能量的 90% 都以低品质的热能的形式散失到环境中了）。根据第二能量定律，能量品质会发生衰减，所以这些模型总会呈现出一种金字塔的形式

作为生物质从一个营养等级传递到下一营养等级的可用能量的百分率被称为生态效率。其范围从 5%—20%（即能量损失达到 80%—95%），这取决于物种和所涉及的生态系统的类型，但一般都在 10%左右。

假设每一次营养传递的生态效率都为 10%（90%的损失），如果某一区域内的绿色植物要从太阳那里获得 10000 个单位的能量，那么仅有 1000 个单位的能量能够用于支持食草动物，仅有 100 个单位的能量能够支持食肉动物。

在一个食物链或食物网中的营养等级或层级越多，随着能量在各等级之间的传递，可用能量的累积损失也就越大。图 2-25 所示的能量流金字塔阐明了一个简单的食物链的能量损失状况，假设每次传递的能量损失都为 90%。图 2-26 显示了一个处在佛罗里达州银泉市的水生生态系统在一年中的能量流金字塔状况。

能量流金字塔阐释了为什么如果人们直接以较低营养等级的谷物、蔬菜及水果为食的话（例如，谷物→人类），地球就可以支持更多的人的生存而不是将这些谷物传递到另一营养等级并以食谷物者为食（谷物→食草动物→人类）。

在相继的营养等级之间能量的巨大损失也解释了为什么食物链和食物网的营养等级几乎没有超过四层或五层的。在大多数情况下，在第四或第五次传递之后所剩的能量就少得可怜了，无法再支持居于上层营养等级的生物生存了。这就解释了（1）为什么顶级食肉动物如鹰、隼、老虎及白鲨等的数量非常少；（2）为什么当支持它们生存的生态系统破裂后这些物种一般最先受到伤害，以及（3）为什么这些物种很容易受到灭绝的威胁。

在不同的生态系统中生产者生产生物质的速度有多快？

一个生态系统中的生产者将太阳能转化为生物质形式的化学能的速率就是该生态系统的基本总生产率（GPP）。但是，为了生存、生长和繁衍后代，一个生态系统中的生产者必须利用它们所生产的生物质的总量的一部分来进行呼吸作用。只有那些剩余的生物质［称为基本净生产率（NPP）］才能作为食物被该生态系统中的其他生物（消费者）所利用：

基本净生产率＝生产者以生物质（由光合作用产生）的形式储存化学能的速率－生产者使用以生物质的形式储存起来的化学能的速率（通过有氧呼吸作用实现）。

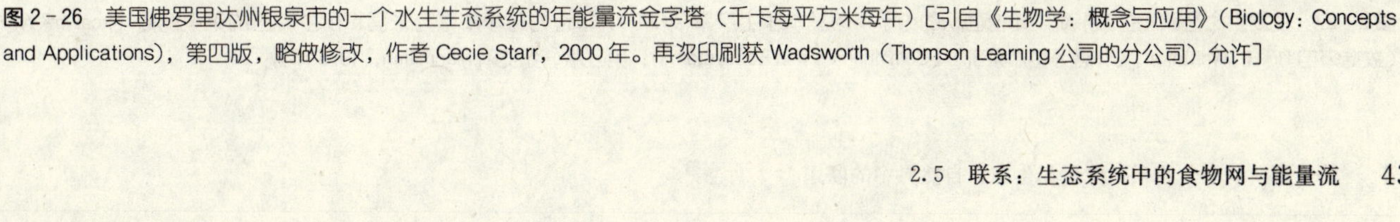

图 2-26　美国佛罗里达州银泉市的一个水生生态系统的年能量流金字塔（千卡每平方米每年）［引自《生物学：概念与应用》（Biology: Concepts and Applications），第四版，略做修改，作者 Cecie Starr，2000 年。再次印刷获 Wadsworth（Thomson Learning 公司的分公司）允许］

基本净生产率是指消费者所使用的能量被储存在新的生物质（细胞、叶子、根系以及茎部）内的速率。它是以某一特定时期内，在某一特定区域内消费者可获得的能量或生物质的单位量来计算的。一般来讲，它以如下方式来计算，（1）千卡每年每平方米（kcal/m²/yr），或者（2）克生物质每年每平方米（g/m²/yr）。

各个生态系统和生命区域的基本净生产率各不相同（图2-27）。生产率最高的是：（1）江河的入海口处；（2）沼泽和湿地，以及（3）热带雨林。生产率最低的是：（1）开阔的海洋；（2）冻土地带（北极和高山草原），以及（3）沙漠。尽管基本净生产率很低，但很多开放海洋所生产的生物质还是比陆地上的很多生态系统和生命区域所生产的要多得多，如图2-27所示。

农业用地是经过人工整理和管理的生态系统，以通过添加水分（灌溉）和养分（化肥，通常含有氮和磷，因为它们通常都是限制谷物生长的养分）提高其基本净生产率和某些特定谷物的生物质的量。尽管人类投入如此巨大，但与其他一些生态系统相比，农业用地的基本净生产率并不算很高（图2-27）。

世界范围内生物质的净生产率是如何限制消费者物种数量的？

最终，全球的基本净生产率会限制可在地球上生存的消费者（包括人类）的数量。换句话说，地球的基本净生产率是决定地球承载所有消费者物种的能力的上限。

人们很可能从图2-27得出结论，认为养育全世界数百万饥饿人口的有效途径应该是采集江河入海口、沼泽和湿地处的植物以供食用。但这并不是个好主意，因为（1）大多数生长在江河入海口、沼泽和湿地处的植物是不能食用的；（2）这些植物是鱼类、虾以及其他水生生命形式的重要食物来源（和产卵地），这些生命形式为我们人类和其他消费者提供着蛋白质。

我们还可以从图2-27中得出另一个结论，认为人类可以通过清除热带雨林并种植粮食作物来生产更多的食物供人类消费。根据大多数生态学家的说法，这也是个坏主意。最根本的问题是，在热带雨林中，大多数种植粮食作物所需的养分都储存在植物体内而不是土壤中。当树木被砍伐，养分贫瘠的土壤就会很快地因降雨和种植粮食作物而消耗殆尽。没有大量昂贵的商业化肥的支持，粮食作物只能生长很短一段时间。

因为大片的开阔海洋为地球提供了最大百分比的基本净生产率，我们为什么不捕捞其中的基本生产者（漂流和游动的浮游植物）来为人类快速增长的人口提供食物支持呢？在开阔的海洋中捕捞散布广泛、体型微小的漂移生产者会花费巨大的能量来

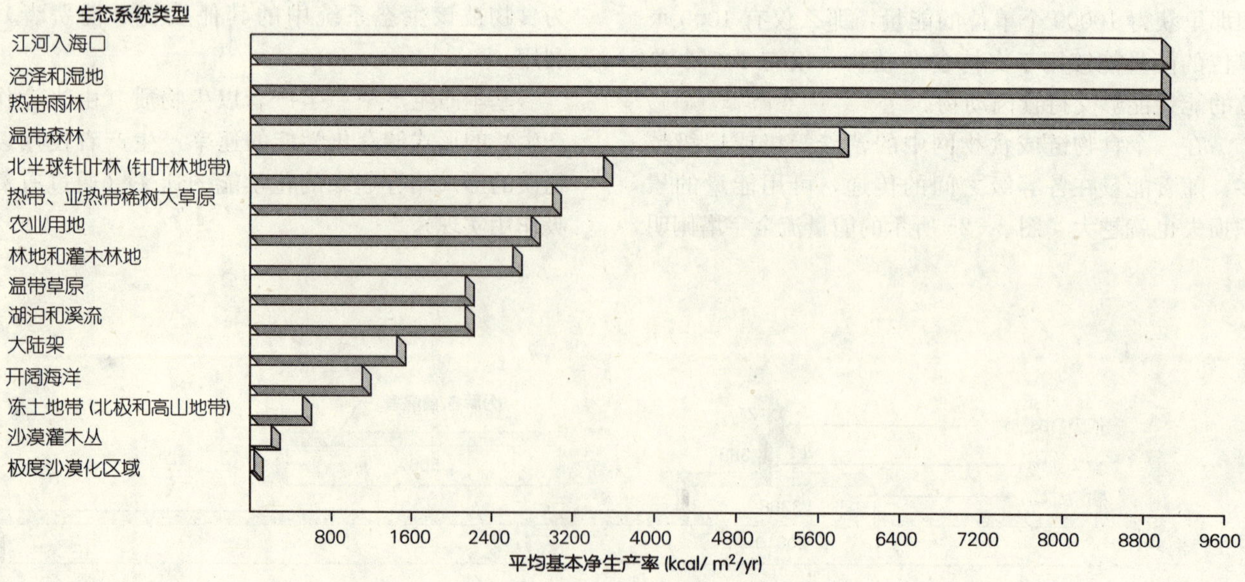

图2-27　主要生命区域和生态系统中单位面积的约年平均基本净生产率（NPP），单位为每年每平方米面积所生产出的千卡能量（kcal/m²/yr）（数据来自R. H. Whittaker，《群落与生态系统》（Communities and Ecosystems），第二版，纽约：Macmillan，1975年）

进行收集、泵取、过滤，以及加工。这将导致（1）消耗过多的化石燃料和其他类型的能源，这将比所获得的食物为我们提供的能量要多；（2）将破坏掉为人类和其他消费者提供重要的、来自鱼类和贝类的能量和蛋白质的开阔的海洋食物网（图2-24）。

我们利用了全世界生物质净生产率的量是多少？

除了不能居住的区域，包括岩石、冰原、沙漠以及陡峭的山地，人类已经占据、破坏或使地球表面土地面积的73%都产生衰退。Peter Vitousek和其他一些生态学家估计人类现在使用、浪费或毁坏了大约（1）地球基本净生产率潜力的27%，以及（2）地球上的陆生生态系统的基本净生产率的40%。

这就是为什么我们人类正在排挤和消除越来越多的物种的栖息地和食物来源的主要原因。如果在接下来的40—50年内，地球人口翻一番，而食物、木材、草场等人均资源消耗量急速增长的话，人类自身和其他消费者物种会面临什么样的命运呢？

2.6 联系：生态系统中的物质循环

什么是生物地球化学循环？

养分是指一个生物维持其自身的生存、生长或繁衍所需的任何原子、离子或分子。有些元素（例如碳、氧、氢、氮、磷、硫和钙）的需求量很大，而其他一些（如钠、锌、铜和碘）的需求量则较小，甚至微乎其微。

这些养分原子、离子和分子持续不断地从非生物环境（空气、水、土壤和岩石）向生物体（生物区）循环，然后又回归到我们所说的生物地球化学循环中（照字面上理解，就是生命-地球-化学循环）。这些循环过程是直接地或间接地由太阳能和重力驱动的，包括碳、氧、氮、磷和水循环（图2-10）。

地球的化学循环还将生命形式的过去、现在和未来联系到了一起。人类皮肤中的某些碳原子可能曾经是一片树叶、一只恐龙的皮肤或是一层石灰岩的一部分。某些你刚刚吸入的氧分子也许曾经是你祖母、柏拉图或者一个生活在25000年前的猎人曾经吸入体内的。

水是如何在生物圈中循环的？

水循环也称为水体循环，对地球上固定量的水体进行收集、净化和分配，在图2-28简图中进行了阐释。

在水循环和净化循环过程中的主要过程包括（1）蒸发（从水转化为水蒸气）；（2）蒸腾（树叶中所含有的由根系从土壤所吸收并传输到整个植物体

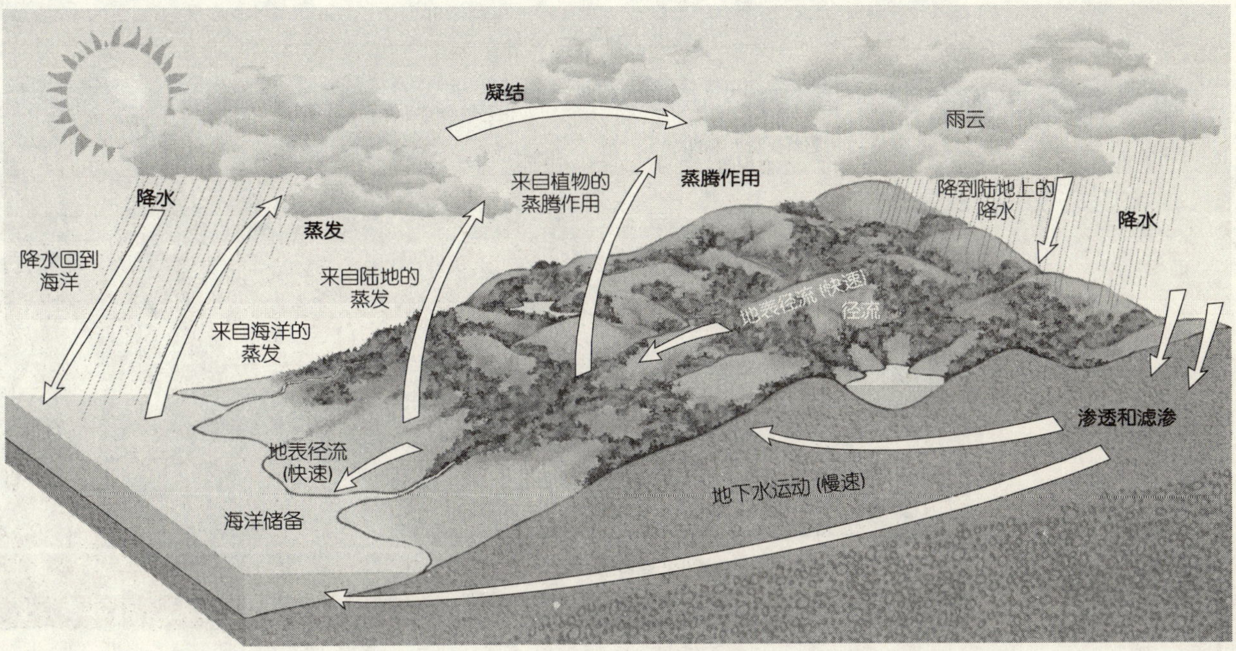

图2-28 简化的水循环模型

内的水分从叶片上蒸发掉）；（3）凝结（水蒸气转化成液态的水滴）；（4）降水（雨水、雨夹雪、冰雹、雪）；（5）渗透（水分进入到土壤中）；（6）滤渗（水分经过土壤和可渗透的岩石层向下进入到被称为含水层的地下储存区域内），以及（7）径流（向下倾斜的坡面使水流回归到大海中，从而完成循环过程）。

水循环是由来自太阳的能量和地球重力所驱动的。太阳能量将海洋、溪流、湖泊、土壤以及植被中的水蒸发出来。大气层中84％的水蒸气都来自海洋，海洋的面积覆盖了地球表面总面积的71％；其余面积则由陆地覆盖。

一部分淡水以降水的形式回归到地球表面，但被锁在冰川之中。大多数洒落到陆地生态系统内的降水都变成地表径流，流回到溪流和湖泊中，它们最终又流回到海洋中，又再次被蒸发，从而开始了又一次的水循环过程。

除了补充性的溪流和湖泊以外，地表径流也会导致土壤侵蚀，将土壤和被风化的岩石碎块从一个地方转移到另一个地方。于是水便是地球上山水风景的主要雕塑者。因为水可以溶解很多种养分化合物，它就成为了一种在各生态系统内部和相互之间运送养分的主要媒介。

人类活动是如何影响水循环的？

在过去的100年中，我们人类已经以以下几种方式干涉了地球上的液态水循环：

- 从溪流、湖泊和地下水中摄取大量的淡水。在人口稠密或灌溉程度高的区域内，摄取水分已经导致了地下水的枯竭或海洋咸水侵入到地下水区域内。
- 将植被从土地上清除掉，以供耕种、采矿、修筑道路和建筑物以及其他活动之用。这会（1）增加径流量；（2）降低补给地下水源的渗透水量；（3）增加发生洪水的危机；（4）加速土壤侵蚀和土地滑坡。
- 通过添加养分（如磷的物质）和其他污染物，以及改变水体自然净化生态过程来调节水体的质量。

碳是如何在生物圈中循环的？

碳循环（图2-29）是一种全球性气态循环，是以二氧化碳气体为基础的，二氧化碳气体构成了对流层气体总量的0.036％，它也可以溶解在水中。二氧化碳是自然界温度调节装置的关键组成部分。如果碳循环将过多的二氧化碳气体从大气层中清除掉，则地球就会变冷；如果碳循环生产出过多的二氧化碳气体，地球就会变热。所以，即使碳循环的微小变化也会影响气候的变化，并最终影响到以地球上各种植物为食的生命形式的生存。

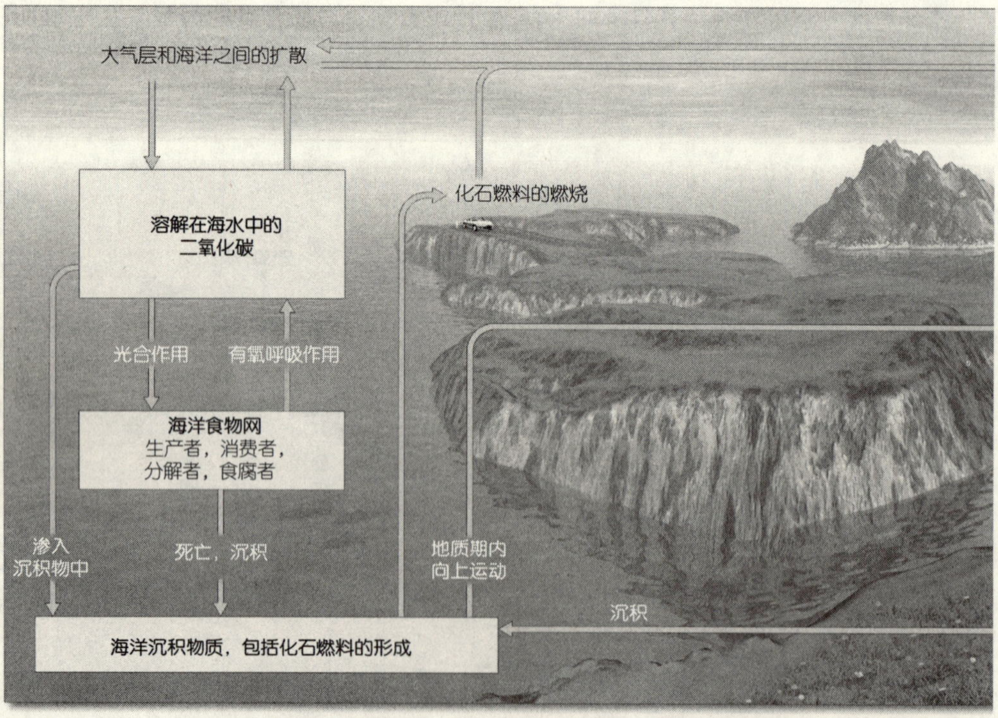

图2-29　地球碳循环简图。左侧部分阐释了碳在海洋生态系统中的运动，右侧部分则阐释了碳在陆地生态系统中的运动。碳储备以框格内的文字表示；将碳从一种形式转化成另一种形式的各个变化过程则以没有框格的文字表示（引自Cecie Starr，《生物学：概念与应用》，第四版，2000年）

陆地生产者将二氧化碳从大气层中清除出去，水生生产者又将其从水中清除出去。它们再通过光合作用将二氧化碳转化成复杂的碳水化合物，例如葡萄糖（$C_6H_{12}O_6$）。

在消耗氧气的生产者、消费者以及分解者体内的细胞再进行有氧呼吸作用，将葡萄糖和其他复杂的有机化合物分解，并将碳转化成大气和水中的二氧化碳，以待生产者再次使用。生产者的光合作用和生产者、消费者及分解者的有氧呼吸作用之间的这一联系使碳元素在生物圈内进行循环，这构成了全球碳循环的主要部分。氧和氢是碳水化合物的另一组成元素，其循环紧随在碳元素的循环之后。

在几百万年的过程中，被掩埋的死亡植物物质和细菌被积压在沉积物的各层之间，从而形成了含碳的化石燃料，如煤和原油（图 2－29）。这种碳不能作为二氧化碳气体释放到大气层中形成循环，除非它们被采掘和燃烧，或除非长期的地质变化过程将它们暴露在空气中。在短短几百年的时间中，我们人类已经采掘和燃烧了需要几百万年的时间才能形成的化石燃料。这就是为什么从人类的时间尺度上来讲化石燃料不是可再生资源的原因。

人类活动是如何影响碳循环的？

从公元 1800 年，特别是 1950 年开始，由于世界人口和资源使用量急剧增长，人类已经以两种方式干涉了地球的碳循环过程，还增加了大气层中的二氧化碳量：

- 清除树木和其他通过光合作用吸收二氧化碳的植物。
- 通过燃烧化石燃料和木材，极大地增加了二氧化碳的量。

地球气候系统的计算机模型表明，大气层中二氧化碳浓度的增加，和人类添加到大气中的其他气体，都增加了地球的自然界温室效应，使低层大气（对流层）和地球表面的温度增高（图 2－12）。最终，全球气候变暖会使地球上的食物生产和野生生物栖息地发生破坏，并增加海平面高度，如第 9.4 节（第 264 页）所详细阐述的。

氮是如何在大气层中循环的？

活动中的细菌

氮是大气层中最丰富的元素，它主要是以不活泼的氮气（N_2）的形式构成了对流层大气总量的 78%。但是，氮气 N_2 是不能被多细胞的植物或动物作为养分直接吸收和利用的（新陈代谢）。

幸运的是，大气中的放电现象，如闪电，和土壤和水生生态系统中的某些细菌可以将氮气转化成

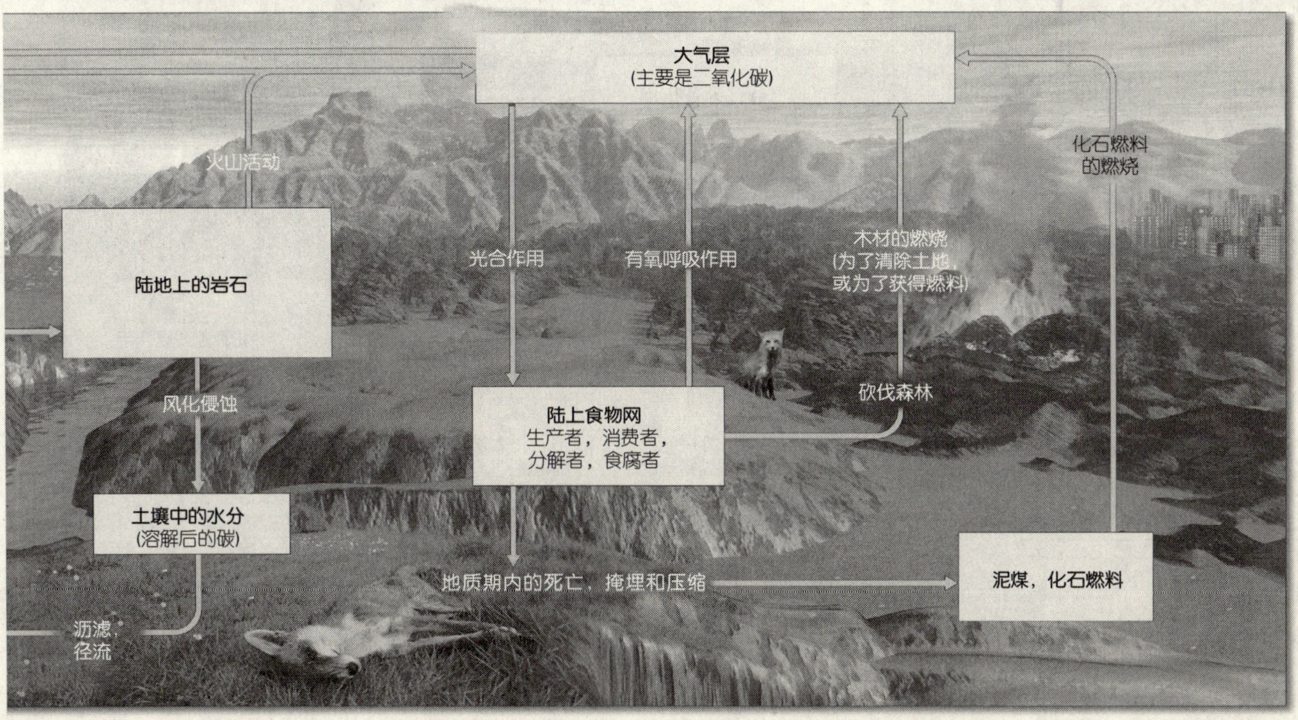

可以进入食物网的化合物，成为氮循环的一部分（图 2 - 30）。

氮循环的第一步称为固氮过程，某些特殊细菌将气态氮（N_2）转化成氨（NH_3），可以被植物所用。这主要是由（1）土壤和水中的藻青菌，以及（2）生存在多种植物物种包括大豆和紫花苜蓿的根系的小结节中的根瘤菌。

在由两个步骤组成的硝化过程中，大多数土壤中的氨被某些特殊有氧细菌转化成亚硝酸离子（NO_2^-），这对植物是有毒的，然后再转化成硝酸根离子（NO_3^-），这就很容易被植物作为养分来吸收了。

在氮完成了其存在于生物体内的作用后，大量的某种分解者细菌就将复杂的富含氮元素的化合物、废物、抛弃物粒子以及生物体的尸体转化成较简单的含氮化合物。这一过程被称为氨化作用。在一个称为脱氨作用的过程中，其他一些细菌又将这些形式的氮元素转化回氮气，又被释放到大气层中，开始了下一次氮循环过程。

人类活动是如何影响氮循环的？

人类以以下几种方式来干涉氮循环过程：

- 在燃烧任何燃料时向大气中添加大量的一氧化氮（NO）。在大气层中，这种一氧化氮可以与氧结合从而形成可以与水蒸气发生反应的二氧化氮气体（NO_2），并最终形成硝酸（HNO_3）。溶解在雨或雪中的硝酸滴是酸性沉积物的主要组成成分，一般人们称之为酸雨。硝酸与其他大气污染物一样，可以（1）毁坏和削弱树木；（2）扰乱水生生态系统；（3）腐蚀金属，并（4）毁坏大理石、石头，以及其他建筑材料。
- 通过牲畜废物内的无氧细菌和商用无机化肥的使用向大气中添加一氧化二氮（N_2O）。当一氧化二氮到达同温层时，就会（1）通过提高天然温室效应来增加大气的温度；（2）加剧过滤掉来自太阳的有害紫外线的地球臭氧层的消耗。

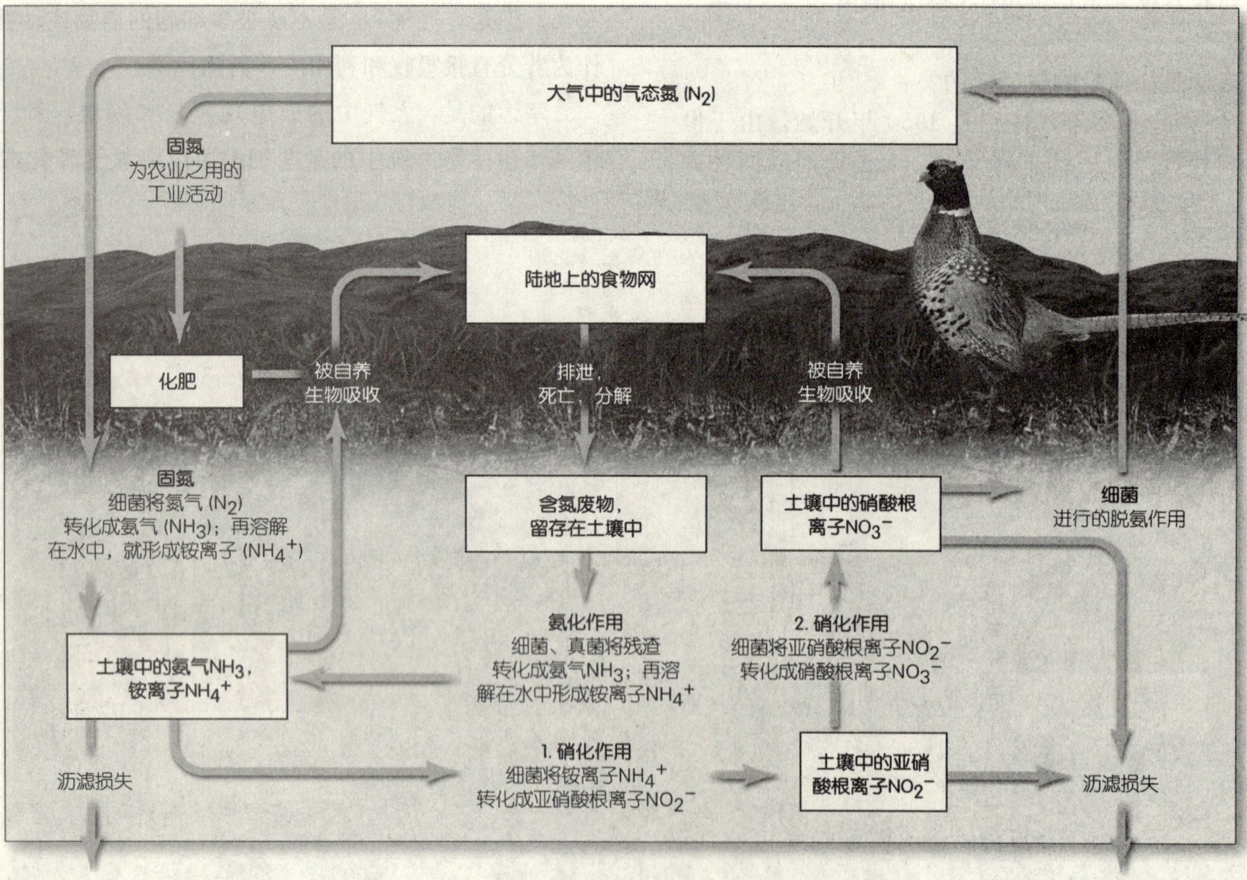

图 2 - 30　极度简化后的陆地生态系统中的氮循环模型。氮储备以框格中的文字表示；将一种形式的氮元素转化成另一种形式的各个过程以无框格的文字表示（引自 Cecie Starr 和 Ralph Taggart，《生物学：生命的一元性和多样性》(Biology: The Unity and Diversity of Life)，第九版，2001 年）

• 当人类开采含氮矿物沉积物时会将氮元素从地壳和土壤中清除掉。

• 当人类（1）收割含氮量丰富的谷物粮食时；（2）灌溉谷物时；（3）在种植粮食作物前燃烧或清除草场和森林时，就会将氮元素从表层土中清除掉。

• 通过农业用水径流和市政污水排放向水生生态系统中添加含氮化合物。这些过剩的植物养分会刺激能够进行光合作用的藻类和其他水生植物的迅速生长。之后，有氧分解者会使死亡藻类的尸体数量急剧增加，从而（1）消耗掉溶解在水中的氧；（2）通过杀死某些种类的鱼和其他需要氧的有机生物来破坏水生生态系统的平衡。

• 加速大气中酸性含氮化合物（如 NO_2 和 HNO_3）沉积到陆生生态系统中。这种过量的氮元素输入会刺激杂草的生长，从而会使其他植物物种因无法有效吸收氮元素而遭到排挤，甚至灭绝。

磷元素是如何在生物圈中循环的？

磷元素的循环是在水、地壳，以及有机生命体内完成的（图 2-31）。在这一循环中，磷元素从存在于土地中的含磷沉积物中和浅海的沉积物中缓慢地移动到有机生命体内，然后以缓慢得多的速度转移回大地和海洋中。

细菌在磷循环过程中的重要性比在氮循环中要小。不像碳元素和氮元素那样，磷元素循环在大气中的量很少，因为在地球的常温常压条件下，磷元素及其化合物不是气态的。与碳循环不同，磷循环速度比较缓慢，在较短的人类时间尺度内，大量的磷元素只能从陆地单向流向海洋。

磷元素一般在地球上是作为含有磷酸根离子（PO_4^{3-}）的磷酸盐的形式存在于陆地岩石中和海底沉积物中的。因为大多数的土壤都含有少量的磷酸盐，所以它通常是陆上植物生长的限制因素，除非将磷元素（采自地球的磷酸盐矿）作为肥料施放到土壤中。磷元素还会限制很多淡水溪流和湖泊中的生产者数量的增长，因为磷酸盐仅能微量地溶解在水中。

人类活动是如何影响磷循环的？

在过去的 100 年中，人类已经以如下方式干涉了地球上的磷循环过程：

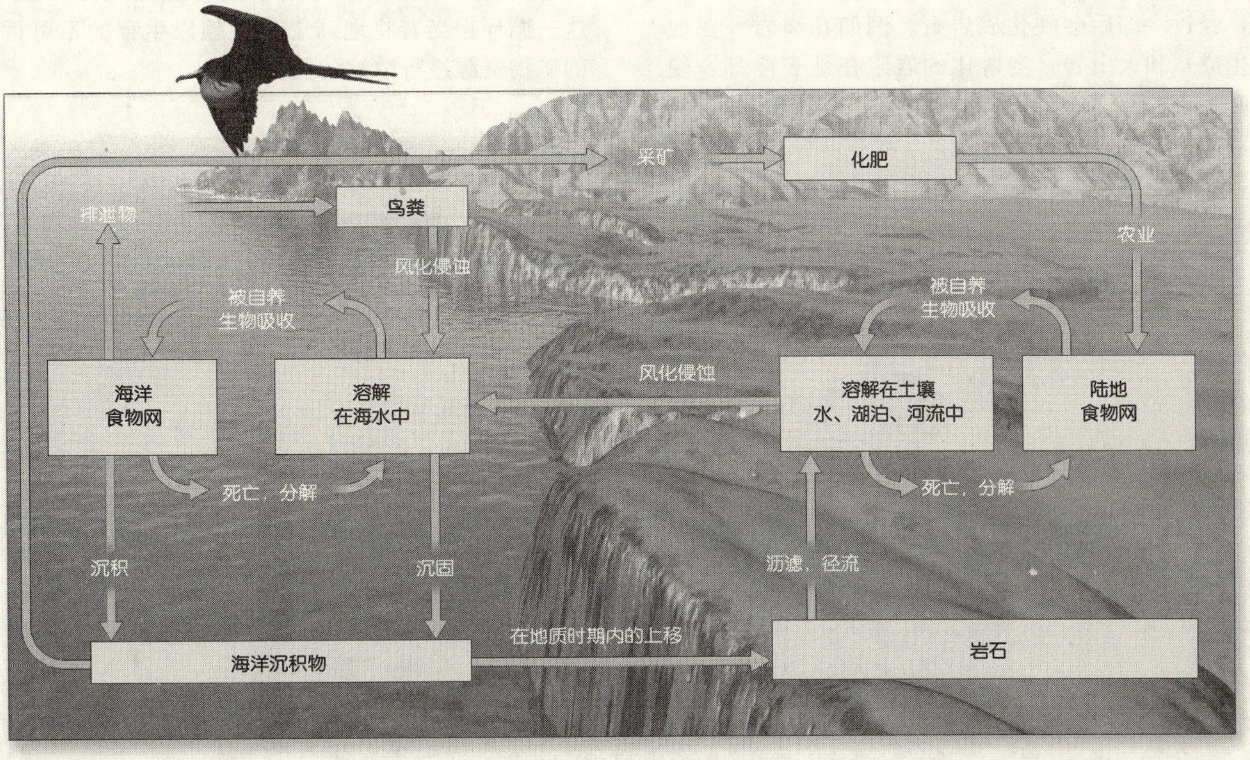

图 2-31　简化的磷循环模型。磷储备以框格内的文字表示；将磷元素从一种形式转化成另一种形式的各个过程则以无框格的文字阐释（引自 Cecie Starr 和 Ralph Taggart，《生物学：生命的一元性与多样性》，第九版，2001 年）

• 开采大量的含磷岩石以用于商业无机化肥和清洁剂的制造。

• 通过砍伐树木减少了热带雨林中的磷元素的含量。当这些森林被砍伐和焚烧时，大多数残留下来的磷元素和其他土壤养分都被雨水冲刷掉了，土地因此而变得贫瘠，缺乏生产力。

• 向水生生态系统中添加过量的磷酸盐，通过以下方式：

(1) 含有来自家畜饲养场的动物废弃物的径流；

(2) 含有来自种植粮食作物区域的商用磷酸盐化肥的径流；

(3) 市政污水排放。

这些过量养分会导致藻青菌、海藻以及水生植物的爆炸性生长，当它们死亡后或被分解掉时，会消耗掉溶解在水中的氧，并破坏水生生态系统的平衡。

什么是岩石循环？

岩石是指构成地壳的巨大、天然、连续的部分的任何物质。按照形成方式的不同，岩石可以划分为三大类：火成岩，沉积岩，以及变质岩。

火成岩可以在地球内部或地表形成，当熔化的岩石物质（岩浆）从地幔的顶部或深层地壳中涌出时，经过冷却后会硬化成岩石。例如花岗岩（在地下生成）和火山岩（当熔化的岩浆在地表冷却、硬化时生成）。

虽然一般来讲火成岩总被沉积岩和土壤所覆盖，但它却构成了地壳的主体。它还是很多非燃料矿物资源的主要来源。

沉积岩是由沉积物所生成的。大多数岩石都是当预先存在的岩石（1）被风化和侵蚀成小块时；（2）被从其起源处运输到其他地方，或者（3）沉积在表层水体处时，沉积岩就会生成。随着风化和侵蚀过程，沉积的各层都会被掩埋和积压，最终的压力致使其组成粒子结合在一起，从而形成了沉积岩，例如砂岩和页岩。

有些沉积岩，例如白云石和石灰石，是由变成紧密的贝壳、骨骼，以及其他死亡的生物体的残骸所形成的。有两种煤——褐煤和烟煤——都是由植物残骸生成的沉积岩。

变质岩是在预先生成的岩石受到高温（会使其部分熔融）、高压、具有化学活性的流体、或者这些因素相互结合的作用而形成的。例如无烟煤（一种煤）、板岩以及大理石等。

岩石会长期暴露在各种物理和化学条件下，这些可以使其产生变化。各种过程相互作用，可以使岩石从一种类型变成另一种类型，这就被称为岩石循环（图 2－32）。岩石循环是地球上最缓慢的循环过程，在几百万年的时间中使物质发生循环运动。这一循环担当着将地球上人类赖以生存的不可再生的矿物资源进行浓缩的任务。

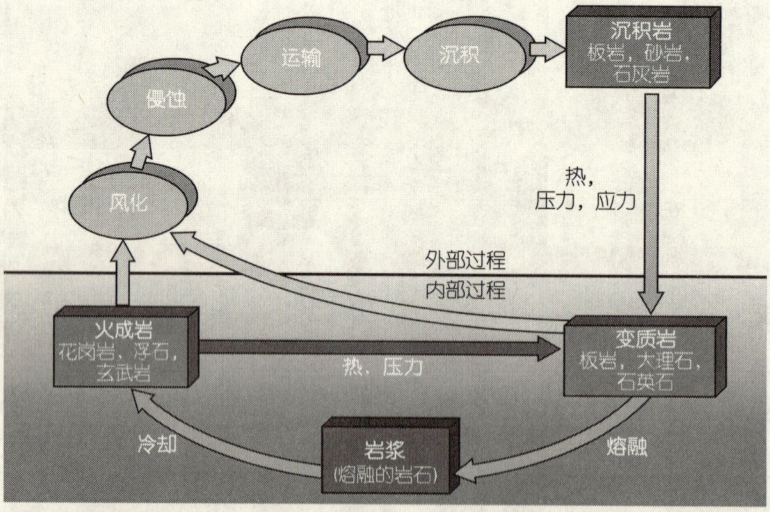

图 2－32 岩石循环是地球上最缓慢的循环过程。地球上的物质以三种过程在几百万年的时间跨度内循环着：熔融，侵蚀，以及变形变质，从而生成火成岩，沉积岩，以及变质岩。这三种岩石中的任何一种都可以转化成另外两种中的任何一种（甚至可以在其自己的种类内进行再循环）

2.7 陆地环境和水环境中的生命

什么是生物群系和水生生命体系？

生物学家已经将生物圈的陆上（陆地上）部分归类为生物群系。它们包括面积巨大的区域，如森林、沙漠及草原等具有独特气候特征和与之相适应的特殊生命形式，特别是植被。

气候——长期的天气类型——是确定哪种生命类型特别是植物可以在某一陆地区域内生存繁盛的主要因素。每一生物群系都包括由很多生态系统所组成的斑块构成，其中的各个群落已经适应了整个生物群系的气候、土壤及其他环境因素。

生物圈的海洋和淡水部分可以划分为不同的水生生命区域，每一区域都包含了大量的生态系统。水生生命区域与水生生物群系相对应。例如（1）淡水生命区域（例如湖泊和溪流）；（2）海洋或海生生命区域（例如江河入海口、海岸线、珊瑚礁及深海区域）。

为什么在不同地区会有不同的生物生存？

为什么地球陆地上的某个区域会成为沙漠，而另一个地方又会成为草原，还有的地方却又变成森林呢？为什么沙漠、草原及森林也有各种不同的类型？

这些问题的答案就是气候差异：一个地区的长期平均天气。这是一个地区的大气或天气的总体状况，包括季节性变化和较长时段内的极端天气情况（例如飓风或长期干旱或持续降雨）。平均温度和平均降水量是决定某地区气候的两个主要因素。图 2－33 显示了全球生物群系的分布状况。图 2－34 显示了沿 39°纬线穿越美国境内的不同气候区域所遇到的主要生物群系。

对于植物来讲，降水量一般是确定某一陆地区域是沙漠、草原或者森林的限制因素。沙漠是指蒸发量超过降水量的区域。该地区的年降水量一般少于 25 cm（10 英寸），而且通常在全年内各时段分布不均。沙漠中生长着分布稀疏、间隔较大、基本上都生长低矮的植被。

草原区域则具有充分的年平均降水量，以利于草（在某些区域内会有少量树木）的繁茂生长，但降水状况却不稳定，干旱和火灾使大片树木无法生长。如果不放牧过度的话，草（很多种草是多年生的）在这些生物群系内是可再生资源，因为草是从地下生长出来的；所以，它们的茎在被动物啃食后可以再次生长出来。年平均降水量在中等和高等之间的未受干扰区域就很容易被森林覆盖，其中生长着各种树木和较小型的植被。

总而言之，年平均降水量和温度（以及土壤类型）是产生热带、温带或极地沙漠、草原和森林的最重要因素（图 2－35，第 54 页）。

在如图 2－35 所示的地图上，生物群系以带有清晰边界的区域显示，并以相同的植被类型覆盖。实际上，生物群系并不是统一一致的。某一生物群系内的植物类型和数量从一个地方到另一个地方是会变化的，这都是由气候（小气候）、土壤类型，以及自然和人为干涉因素等的微小变化引起的。

气候和植被都会随纬度（与赤道的距离）和海拔（距离海平面的高度）的变化而变化。如果你从赤道向两极运动，就会遇到与这些气候条件相适应的较冷的气候和植被区域。同样，随着距离海平面的高度的增加，气候也会变得越来越冷。所以，如果你从山脚处向上攀登，就可以观察到与从赤道向极地运动相似的植物变化情景（图 2－36，第 54 页）。图 2－37（第 55 页）显示出某一温带沙漠生物群系中的一些主要组成成分和它们之间的相互作用关系。

水生生命区域包括哪两种主要类型？

水中对应于陆地上的生物群系的概念为水生生命区域。水生环境中主要的有机生命类型是由水的盐度（溶解在一定量的水中的各种盐分，如氯化钠 [NaCl] 的总量）决定的。最终，水生生命区域被划分为两种类型：（1）盐水或海水区域（特别是在江河入海口处、海岸线处、珊瑚礁、海沼、红树林沼泽、大陆架处的海洋部分以及深海处），以及（2）淡水区域（特别是湖泊和池沼、溪流和河流以及内陆湿地等）。

大多数水生生命区域可以被分为三个层次：（1）表面层；（2）中层，以及（3）底层。在这三层中决定有机生命的类型和数量的重要环境因素包括：（1）温度；（2）可获得阳光进行光合作用的程度；（3）溶解在水中的氧，以及（4）可以获得的养分的量，如碳（溶解的二氧化碳气体），氮（硝酸盐），以及磷（主要是磷酸盐）等，以供生产者之用。

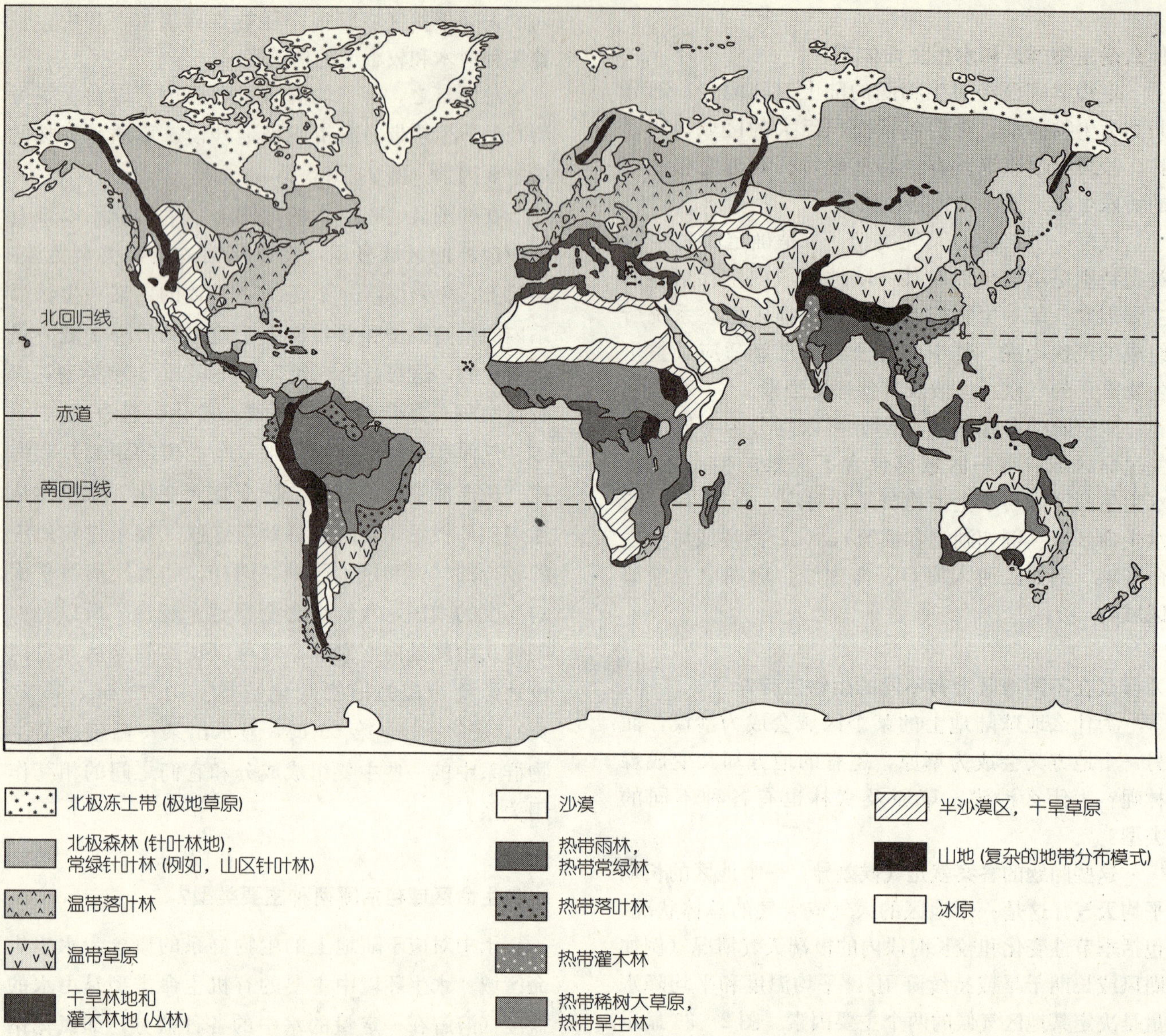

图 2-33 地球上主要的生物群系——不同的未受干扰的区域内的主要自然植被类型——主要是由气候的差异引起的。每个生物群系都含有众多生态系统，其群落已经与该地区的气候、土壤及其他环境因素的差异相适应了。实际上，人类已经清除或改变了这些自然植被的大多数以供种植粮食作物、放牧牛羊、获取木材和燃料木材、采掘矿物以及进行建设之用，从而也改变了生物群系的状况

为什么海洋具有重要意义？

对地球更准确的描述应该是海洋，因为盐水海洋覆盖了地球表面面积约 71%（图 2-38，第 56 页）。

图 2-39（第 56 页）列出了海洋体系所能提供的各种重要的生态和经济贡献。海洋生物学家估计在过去的几百年间，已经有 1200 多种海洋生物物种灭绝了，在 20 世纪还会有数千种海洋生物物种因以下人类活动而灭绝：（1）过度捕捞；（2）栖息地破坏或衰败，以及（3）污染。

根据联合国粮农组织的统计，全世界 200 种具有商业价值的鱼类中大约 60%已经被过度捕捞或已经被捕捞到极限了，主要是由于过多捕捞船捜捕过量的鱼类资源而致——庶民的悲剧的另一个例子。过度捕捞会导致某些鱼类物种的严重浩劫和灭绝，例如龟、海豚和其他海洋哺乳动物，它们被误捕在网中而死。

尽管海洋生态系统具有重要的生态和经济意义，而且它们正在受到人类活动的威胁，但对海洋科学的研究程度却很低。在美国，用于海洋科学研究的费用仅占联邦研究经费预算的不足 4%，从 1984 年时的 7%下降了。

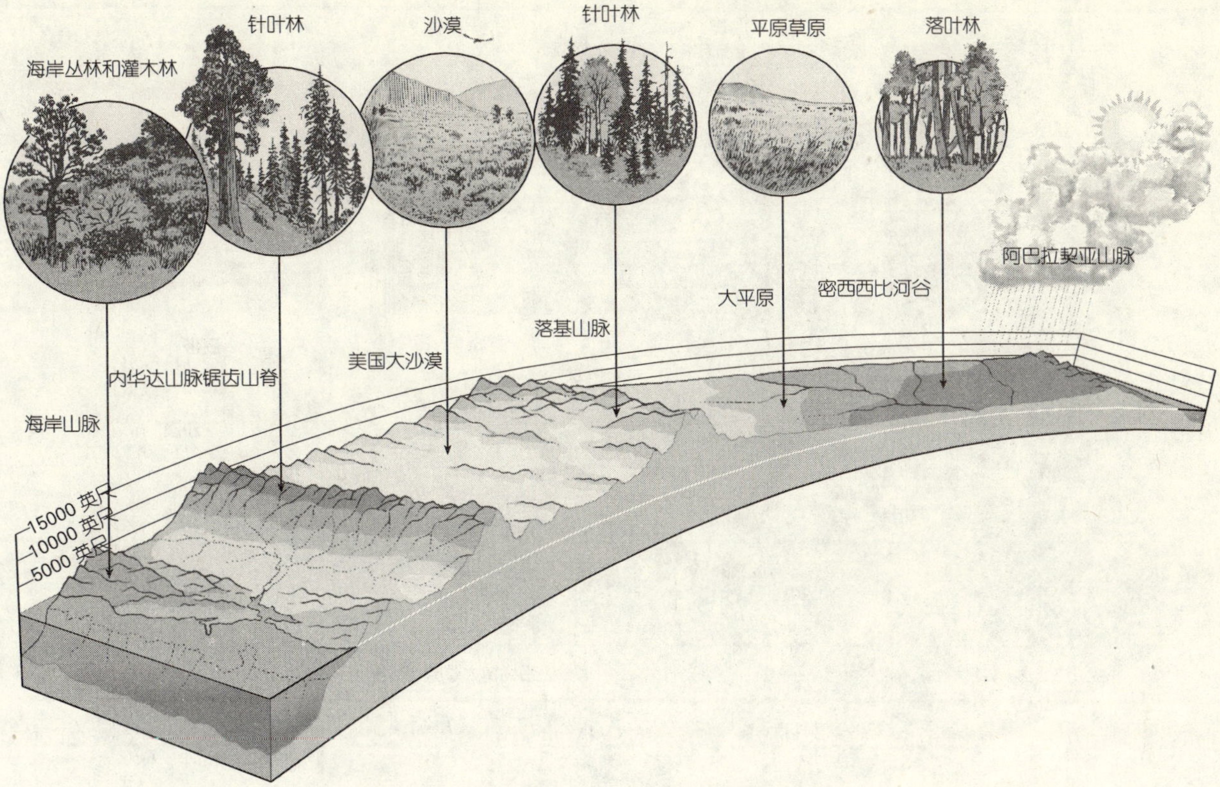

图 2-34 美国境内 39°纬线附近的主要生物群系。其差异包括气候变化，主要包括不同的年平均降水量和年平均温度（未标出）

主要的盐水生命区域是什么？

海洋包括两种主要的生命区域：海岸线区域和开阔海洋区域（图 2-40，第 57 页）。虽然海岸线区域仅占整个海洋面积的不足 10%，但它却包含了所有海洋物种中的 90%，而且还是大多数大型商业海洋渔场的所在地。海岸线区域内的大多数生态系统都具有很高的单位面积基本生产率和基本净生产率（图 2-27），因为这些区域可以获得丰富的日照和植物养分（沉积自陆地，并被风和洋流搅混在一起）。

在海岸线区域内有几种生产率较高的生态系统类型。江河入海口处就是其中的一个例子，它是一个部分封闭的海岸水域，此处海水与淡水混合在一起，来自河流、溪流以及陆地上的径流也在此处混合在一起。江河入海口和它们附属的海岸湿地（全年或一年中的部分时段被水体覆盖的陆地区域）包括（1）河口；（2）水湾；（3）海湾；（4）海峡；（5）热带水域的红树林沼泽，以及（6）温带区域的盐沼（图 2-41，第 58 页）。

除了具有较高的基本净生产率，江河入海口及其附属海岸湿地可以提供很多种其他生态和经济贡献：

- 作为很多种水禽和其他野生生物的繁衍地和栖息地。
- 通过稀释、过滤以及排除沉积物、过量的养分及污染物来帮助维持海岸水域的品质。
- 作为大众游乐活动的区域，如观察鸟类、自然摄影、划船游戏、钓鱼以及打猎。
- 在发生洪水时通过吸收和减缓水流以及缓冲海滨区域免受破坏和侵蚀来保护人们的生命和财产安全。

自 1900 年开始，全世界已经丧失了大约半数的海岸湿地，基本上都是由海岸开发活动导致的。

珊瑚礁通常都存在于温暖的热带和亚热带海洋的浅海海岸区域。这些美丽的自然奇迹是世界上最古老、最多样和具有生产效率的生态系统，它们是四分之一海洋物种的家。这些珊瑚礁是由大量微小的被称为珊瑚虫的动物聚集形成的，它们在自己柔软的身体周围分泌一种石灰质（碳酸钙）的保护性的壳。通过生成石灰质的壳，珊瑚虫将一定量的二氧化碳从空气中清除出去，成为碳循环的一部分（图 2-29）。珊瑚礁还可以构成自然保护物，保护着全世界海岸线的 15%免遭海浪和风暴的侵蚀。这些生态系统生长缓慢，而且很容易遭到侵害。尽管它们具有生态重要性，珊瑚礁正在以一种令人惊讶的

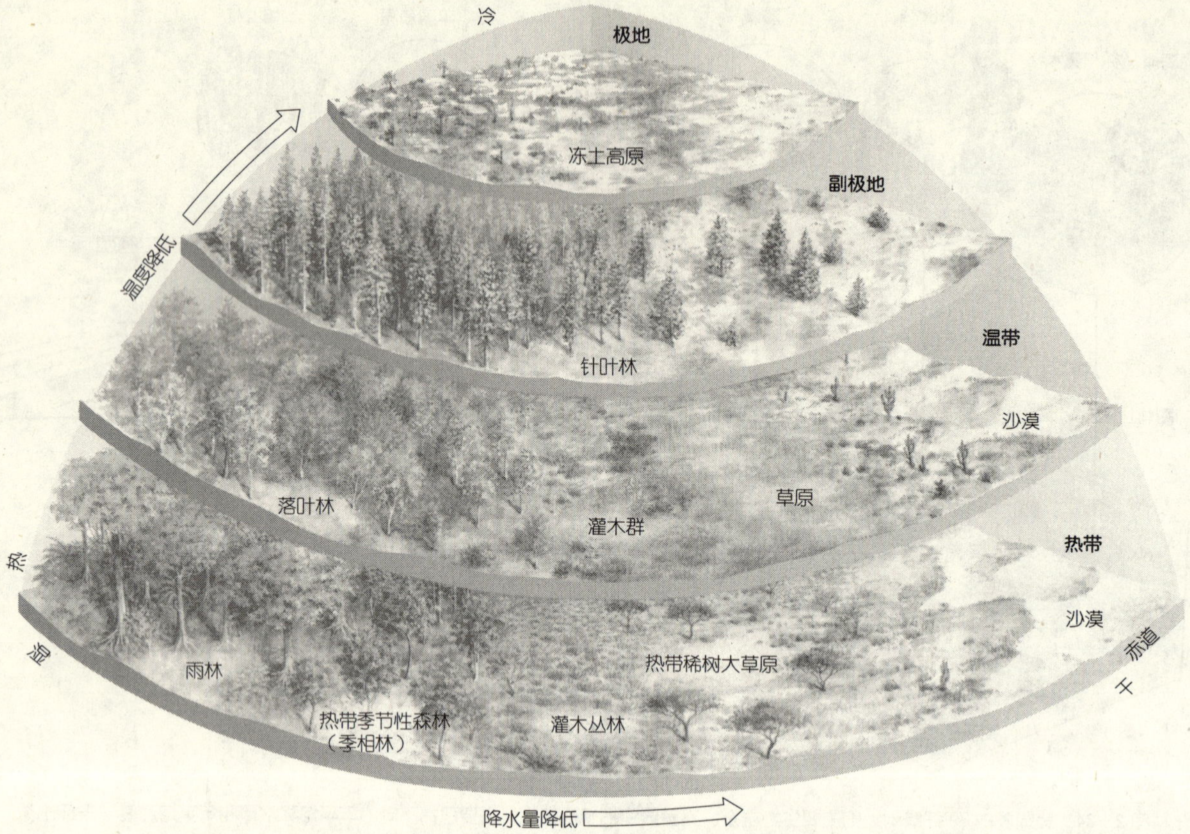

图 2-35 平均降水量和平均温度结合在一起作为 30 年或更长时间段内的限制因素，决定着某一区域的沙漠、草原或森林生物群系的类型。虽然实际情况复杂得多，但这张简图表明了气候是如何决定某个未被人类活动所侵扰的区域内的自然植被的类型和数量的［经 Macmillan 出版公司授予版权，引自 Derek Elsom，《地球》（The Earth），纽约：Macmillan，1992 年，Copyright © 1992 by Marshall Editions Developments Limited］

图 2-36 北美洲的纬度和海拔对湿度和生物群系的总体影响。当从赤道向两极或从低地向山顶移动时，植被类型也会随之变化。这些区域内的植物类型也会随着年平均空气温度和土壤类型而变化（引自 Cecie Starr 和 Ralph Taggart，《生物学：生命的一元性和多样性》，第九版，2001 年）

图 2-37 某一温带沙漠生物群系中的一些组成成分及其相互作用。当这些有机生物死亡时，分解者将其所含的有机物质分解成可供植物利用的矿物质。物质和能量在生产者、初级消费者（食草动物）以及次级（或更高等级的）消费者（食肉动物）之间的传递以箭头表示。有机生物并非按比例绘制

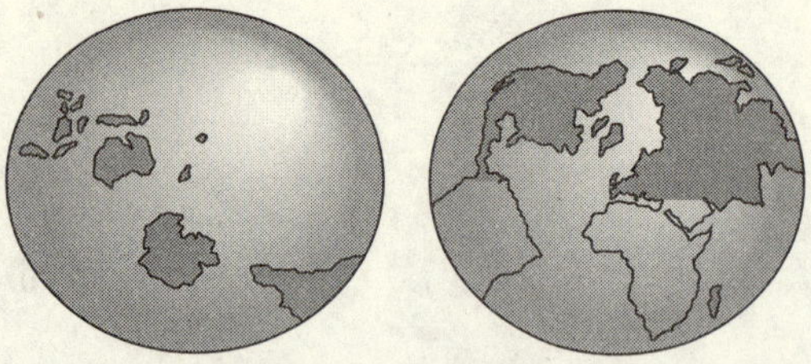

图 2-38　海洋星球。盐水海洋覆盖了地球表面 71%左右的面积。地球上的水有 97%都包含在相互连接在一起的各大海洋中，这些大洋覆盖了地球上主要由海洋构成的半球表面积的 90%（左图）和半陆地-半海洋半球表面积的 50%（右图）。全世界海洋的平均深度为 3.8 km（2.4 英里）

速度消失和毁坏，主要是由人类活动引发的，如海岸开发、过度捕捞、污染以及海洋温度升高等。

温暖的热带海岸附近拥有过多的淤泥阻碍了珊瑚礁的生长，但我们可以发现具有高生产率的红树林沼泽地，主要生长着 55 种耐盐的被称为红树的树种和灌木。这些沼泽（1）有助于保护海岸线免遭侵蚀；（2）降低来自台风和飓风的破坏；（3）加固被冲刷掉的陆地沉积物，以及（4）为将近 2000 种水生物种提供繁衍、育儿及觅食的场所。全世界至少一半的原生红树林已经消失无踪，主要是由人类进行海岸开发和建设养殖虾类的水产业所导致的，幸免于难的红树林中也有很多也正面临着灭绝的威胁。

在一些海岸（例如美国大西洋北部和海湾沿岸）存在着很多堤防岛：是一些长而窄，高度较低的离岸小岛，由沉积物构成，大致与海岸线平行排列。这些海岛通过将暴风雨引发的海浪所产生的能量予以分散，从而有助于保护主要的大陆、江河入海口、潟湖及海岸湿地。它们的海滩较低，而且经常变动，轻柔的海浪可以加固它们，而暴风雨则又会使其变得平缓和侵蚀它们。或早或晚，人类在这些较低的堤防岛上所建造的结构物，例如美国马里兰州的艾西洋城和佛罗里达州的迈阿密滩，都会被洪水，严重的海滩侵蚀，或者来自大风暴（包括飓风）的大风所毁坏，甚至毁灭。

尽管具有重要的生态重要性，所有这些海岸生态系统都受到来自人类活动的严重侵害。海岸区域是世界上生物生存最密集、使用程度最大、污染最严重的生态系统之一。目前，全世界大约 40%的人口都居住在海岸附近区域，或处在距离海岸线 160 km（100 英里）的范围内。至 2030 年，超过 63 亿地球人口——超过目前全球人口总量——都会居住在海岸区域之内或附近。

开阔海洋可以被划分为三种竖向区域——透光层，半深海层及深海层——主要是以透过阳光的程度为基础（图 2-40）。这一巨大的区域仅包含全部海洋生物物种的 10%左右。开阔海洋区域中单位面积的平均基本生产率和基本净生产率都很低（图 2-27），除了偶尔在一些赤道附近的海洋区域中，上升洋流会将一些养分从海底掀起。开阔海洋的总体生产率很低，因为（1）阳光无法穿透到较深的海洋层面，无法进行光合作用；（2）表面层内供浮游生物生存的养分等级一般都较低，而这些浮游生物是开阔海洋区域内可以进行光合作用的主要生产者。

我们为什么要关心淡水生态系统?

淡水生态系统可以提供重要的生态和经济贡献（图 2-42，第 59 页）。虽然湖泊、河流及湿地仅覆盖了地球表面面积的 1%，但它们所提供的生态和经济贡献的价值却达每年数万亿美元。

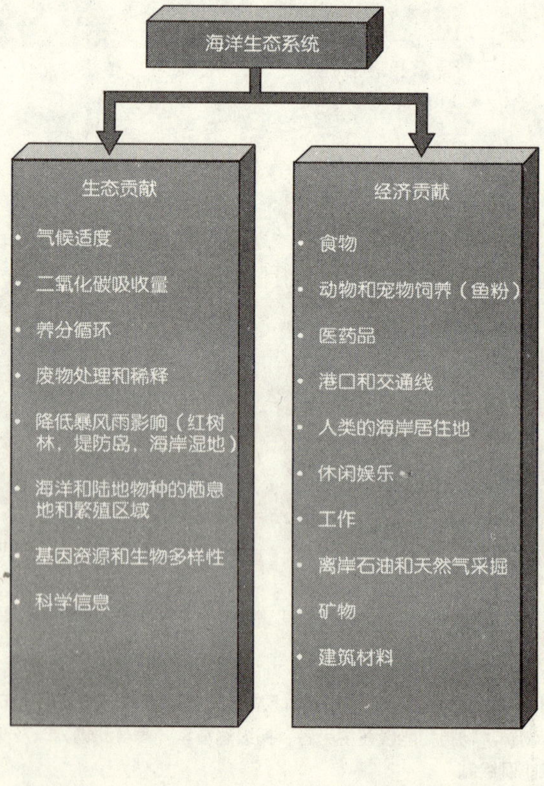

图 2-39　海洋生态系统所提供的主要生态和经济贡献

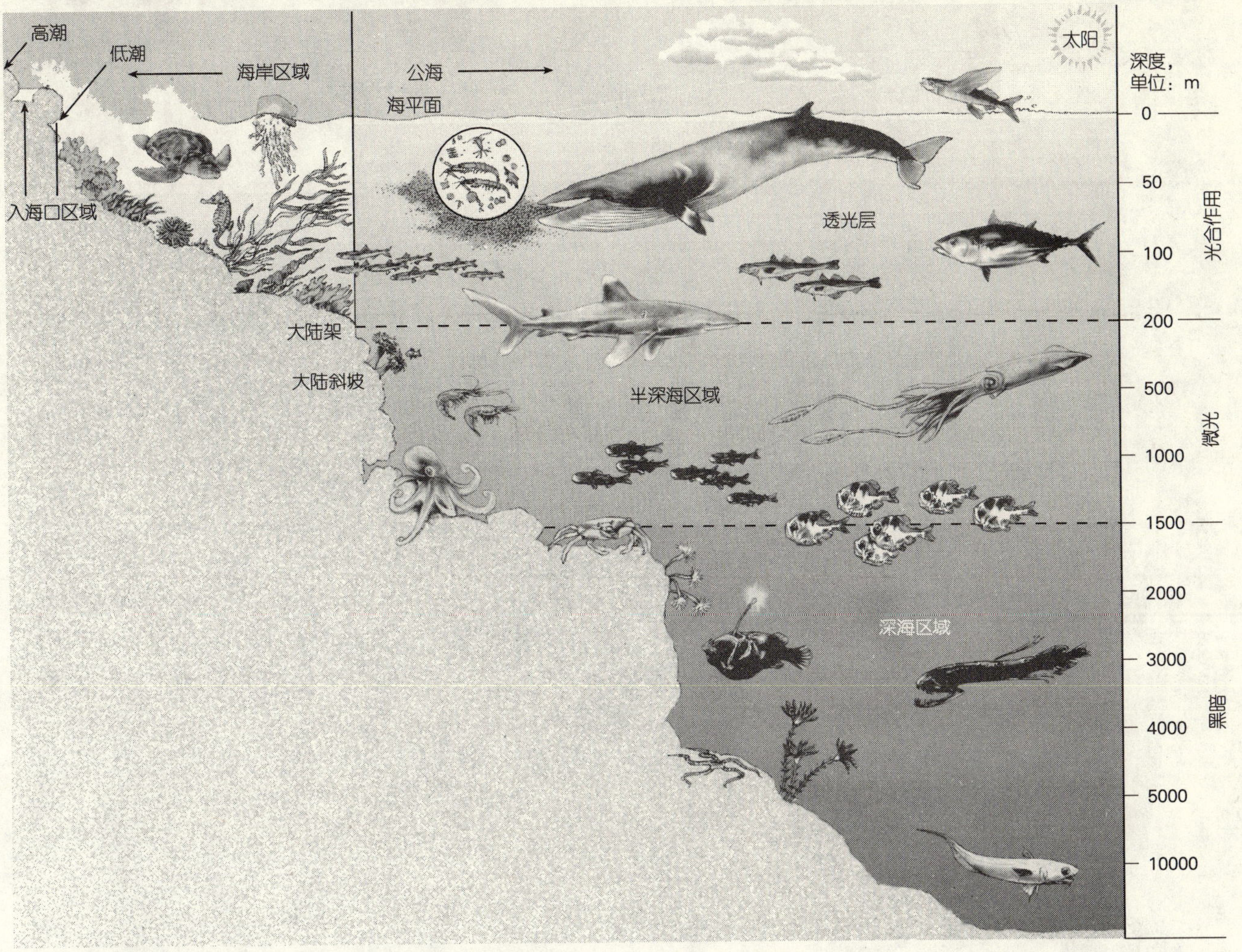

图 2-40 海洋中的主要生命区域。生态学家以光照等级、海洋深度及海底类型为基础对海洋栖息地及其有机生物进行了分类（并非按比例绘制。各个区域的实际深度会有所变化）

总体而言，淡水物种比陆地物种更容易受到灭绝的威胁。根据联合国粮农组织和世界野生生物基金组织的调查，全世界已知鱼类物种的三分之一和所有已知淡水物种的二分之一都在受到灭绝的威胁。

根据世界资源研究所在 2000 年所做的研究，全世界 237 条大河中的 60%都受到了大坝、河道引流或运河的强烈或中等程度的破坏。这些状况降低了水流的速度，改变和毁坏了河流附近、海岸三角洲及江河入海口处的野生生物栖息地。

淡水湖泊中有哪些生命区域存在？

湖泊是由降水、径流或地下水渗透到地表而形成的不流动的大型天然淡水水体。湖泊一般是由特定的区域（图 2-43）构成的，为不同的物种提供栖息地和小生境，是由其深度及与海岸的距离而决定的。

根据所含有的养分和基本生产率的不同，生态学家将湖泊进行了分类。新形成的湖泊一般所含的植物养分较少，被称为贫营养（缺乏营养的）湖（图 2-44 上图）。这种类型的湖泊一般较深，湖岸较陡。因为其基本净生产率较低，这样的湖泊的水一般都呈现透明似水晶状的蓝色或绿色。

随着时间的推移，沉积物都被冲刷到了贫营养湖中，植物开始生长和分解，形成了湖底沉积物。具

图 2-41 美国温带区域中的某盐水沼泽生态系统中的一些组成成分及其相互作用。当这些生物体死亡时，分解者就将它们所含的有机质分解成可以被植物吸收利用的矿物质。物质和能量在消费者（草食动物）和次级（或更高等级的）消费者（食肉动物）之间的传递由箭头表示。生物体并非按比例绘制

有生产者所需的大量或过度养分（主要是硝酸盐和磷酸盐）的湖泊被称为富营养（营养丰富的）湖（图 2-44 下图）。这些湖泊一般较浅，其水呈深褐色或深绿色，能见度很低。由于其营养等级较高，这些湖泊的基本净生产率都比较高。很多介于这两种极端类型之间的湖泊被称为中营养湖。

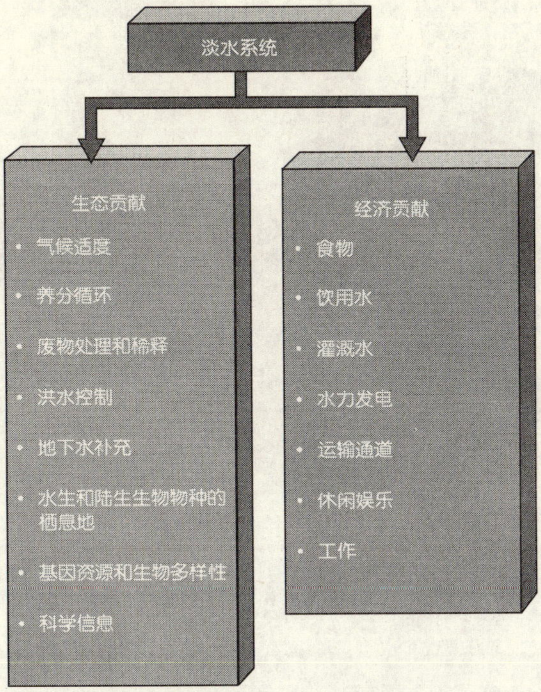

图 2-42　淡水系统所提供的主要生态和经济贡献

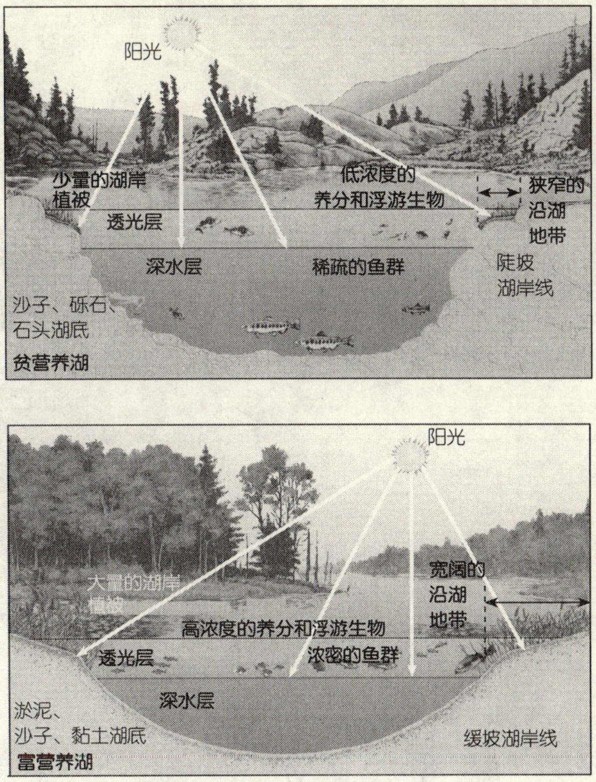

图 2-44　一个贫营养湖或缺乏营养的湖（上图）和一个富营养湖或营养丰富的湖（下图）。中营养湖在这两种极端的营养等级湖泊之间。人类活动所产生的营养输入会增加营养性

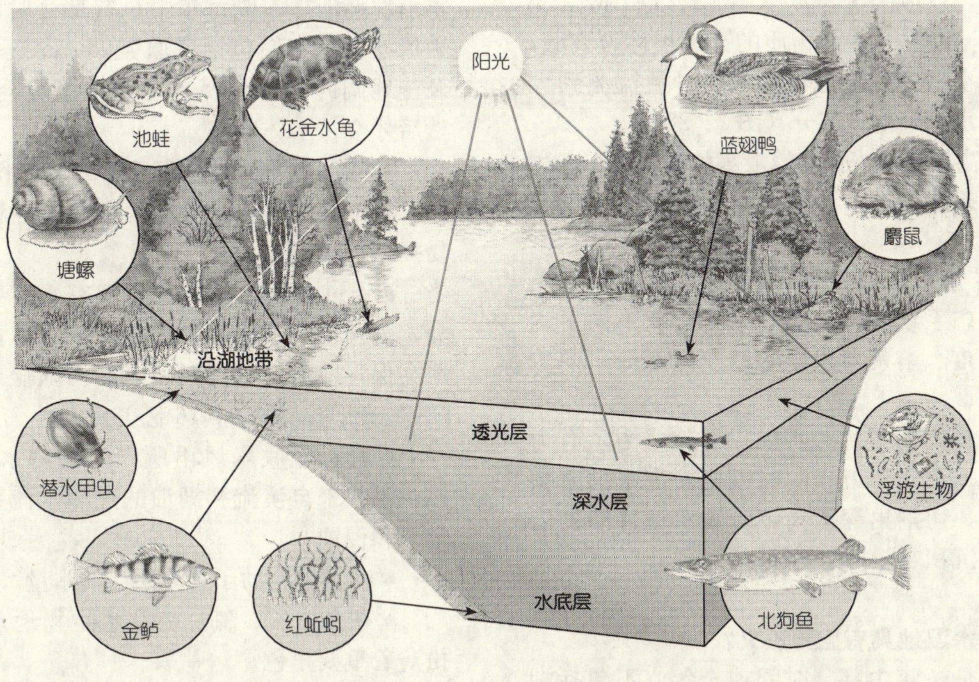

图 2-43　在一个较深的温带湖泊中的特殊生命区域

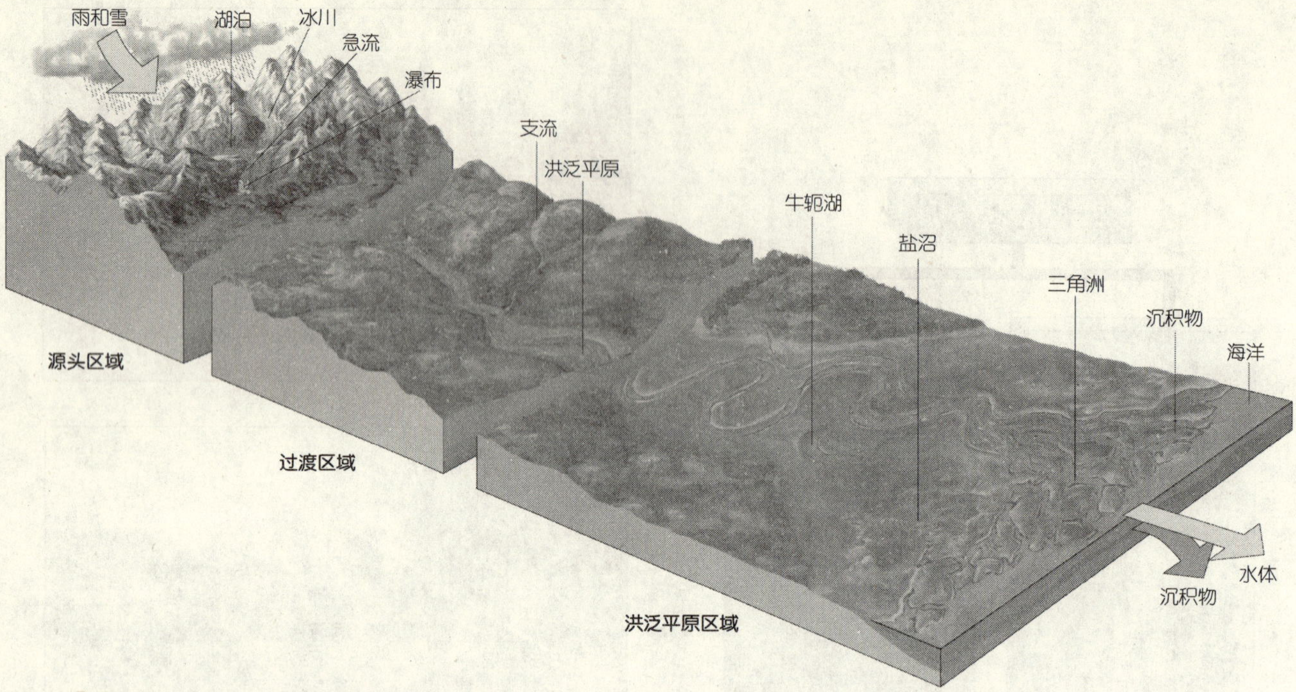

图 2-45 水从高处向低处流所经历的三个区域：（1）源头区域，包含山脉（上游源头）溪流；（2）过渡区域，包含较宽阔、海拔较低的溪流，以及（3）洪泛平原区域，包含河流，最终汇流入大海中

淡水溪流和江河有哪些主要特征？

那些不能渗入地下或蒸发掉的降水被称为表面水。当这些水流入溪流并最终流入大海，成为水循环的一部分时，就成为了径流（图 2-28）。传送径流、沉积物及溶解在水中的物质的土地被称为流域，或流域盆地。小型的溪流融合成河流，河流流到大海中，成为了水循环的一部分（图 2-28）。

来自山地高原流向海洋的地上水和地下水在三种具有不同环境条件的三种不同水生生命区域内产生：源头区域，过渡区域，以及洪泛平原区域（图 2-45）。由于每个区域内都具有不同的环境条件，一条河流形成的生态系统实际上是一系列具有不同平均深度、水流速度、溶解氧水平，以及温度的不同生态系统的集合。

由于溪流自高向低流，所以它们就成为了有力的地形塑造者。在几百万年的时间内，流水的摩擦力夷平了山川，切割出深沟高壑，被水流冲动的岩石和土壤都被沉积在较低的区域。

为什么内陆淡水湿地具有重要意义？

内陆湿地是一年中部分时间或全年（不包括湖泊、水库、以及溪流）都被淡水覆盖的远离海岸区域的土地。包括（1）沼泽；（2）草原壶穴，是被冰川切削出的洼地；（3）遍长树木和灌木的沼泽；（4）洪泛平原，在大雨或暴风雨后可以积蓄过量的水分，以及（5）夏季北极的潮湿冻土高原。

有些湿地是全年被水覆盖的。还有一些被称为季节性湿地，一般每年中只有部分时间被地下水覆盖或浸润。它们包括草原壶穴，洪泛平原湿地，以及洼地阔叶树林沼泽。还有些湿地会干旱若干年，然后才会被水体覆盖。

内陆湿地扮演着以下重要的生态和经济角色：

- 为鱼类、迁徙水禽、海鸟及各种其他野生生物提供食物。
- 通过过滤、稀释及降解有毒废物、过度的养分、沉积物及其他污染物来提高水体品质。奥特朋协会保守地估计，美国国内的内陆湿地所提供的水质保护价值至少每年 16 亿美元。
- 通过吸收暴风雨所产生的降水并缓慢释放，以及吸收来自溪流和湖泊的过多水流量来降低洪水危害和侵蚀。
- 在旱季有助于补充溪流的水量。
- 在全球碳、氮、硫及水生物地球化学循环中扮演着重要角色。
- 为鸟类观鸟者、自然摄影者、划船娱乐者、钓鱼者及水禽捕猎者提供娱乐休憩之所。

虽然全年性和季节性内陆湿地具有重要的生态

意义，但很多已经干涸、挖掘、填平或被覆盖了。在美国大陆上的48个州中，1600年代已存的所有内陆湿地中的53%已经干涸，并被转作他用。虽然从1975年来，湿地的流失率已经减低了80%，但美国国内每年还会有大约237km^2（91平方英里）面积的内陆湿地流失掉，其中大约80%用作农业用地，其他的则用于开采矿物、开发林业、开采石油和天然气、建设高速公路以及进行城市建设。其他国家也有同样的情况发生。

2.8 生物种群动态、演化与生物多样性

最主要的自然驱动力是什么？

大自然是由自然力和人为力量所推动的，持续变化着，与各种环境压力相适应。但是，尽管环境条件总在变化，但所有生命系统——从单细胞生物到整个生物圈——在其各自的生命阶段内都具有某种程度的稳定性或可持续性。

这种稳定性全是由持续不断的动态变化所维持的，这种动态变化是与变化的环境条件相呼应的。例如，在一片成熟的热带雨林中，一些树木死掉了，其他一些树木就取代了它们的位置。但是，除非这片森林被砍伐了、焚烧了或彻底毁灭了，从现在起的50或100年内，你还是会认为它是一片森林的。自然界的平衡是不存在的——只有生生不息的与环境条件变化相适应的变化是永恒的。

哪些因素限制了生物种群数量的增长？

四个变量——出生、死亡、迁入、迁出——控制着生物种群规模的变化。一个生物种群通过出生和迁入这两种途径来增加数量，而通过死亡和迁出这两种途径来减少数量：

生物种群的变化＝（出生＋迁入）－（死亡＋迁出）

这些变量的变化取决于可获得的资源或其他环境因素的变化。

生物种群的生长能力各有不同，也称为该种群的生物潜力。固有增长率（r）A是指一个生物种群如果能获得无限的资源量的条件下的增长速度。一般来讲，各个生物种群内具有较高固有增长率的生物个体（1）在生命的早期就开始繁衍后代；（2）每一代的生命期较短（连续两代生命之间的时间间隔）；（3）可以多次繁殖（生殖期较长），以及（4）每次繁殖都会产下很多幼仔。

有些物种的生物潜力极强。例如，在没有任何控制条件的情况下，一只雌性家蝇（生活在人类家庭中的苍蝇）可以在13个月内繁殖56000亿只后代，在几年之内，地球的全部表面就都会被苍蝇占满。

但是，实际上并不是这副景象，因为没有任何一个种群可以无限增长。在现实世界中，一个迅速增长的种群会达到某一上限，这一上限是由一个或多个限制因素的缺乏所决定的，例如阳光、水、空间、养分或竞争者或天敌过多。在自然界中，种群增长的限制是永远存在的。

环境抵抗力包括共同限制某一种群增长的所有因素。在某一地区某一时间，某一物种的种群规模是由其生物潜力和环境抵抗力之间的相互作用决定的。生物潜力和环境抵抗力决定了该种群的承载能力（K），这是指某一空间区域（平面或立体的）可以维持的某一种群的个体数量。

任何呈指数式增长的种群一开始时增长速度较慢，但随着数量的增加，其增长速度越来越快。如果按照生物个体的数量与时间绘制一幅曲线图，其结果将会呈现出一种J形的指数增长曲线（图1-1，第1页）。但是，由于环境抵抗力的作用，一旦该区域的承载力达到了上限，则该种群的增长会趋于平缓。（在大多数情况下，该种群的规模会在承载力上下轻微浮动。）按照种群数量与时间绘制的曲线图会产生出一条S形或S状的对数增长曲线。19世纪早期澳大利亚南部塔斯马尼亚岛上的羊群数量的增长就是对数增长的一个经典例子（图2-46）。

某些物种的种群并不形成从J形曲线到S形曲线的顺滑过渡。相反地，这样的种群短暂时间耗尽

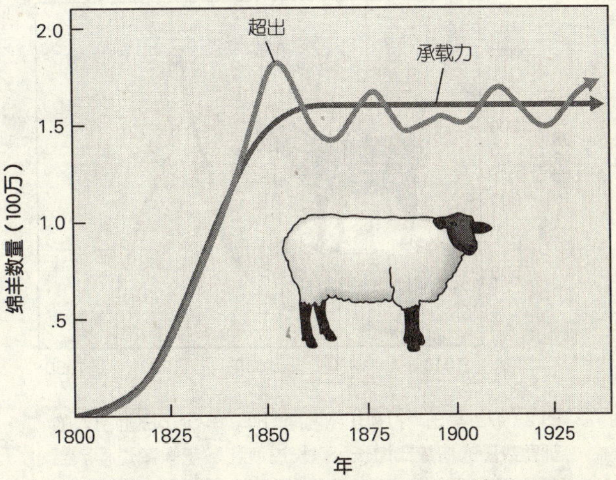

图2-46　1800—1925年塔斯马尼亚岛上的羊群种群数量的S形变化曲线。在1800年绵羊被引入该岛后，由于食物丰富，其数量呈指数式增长。至1855年，绵羊的数量超出了该片地区的承载力。之后，绵羊的数量保持稳定，并围绕大约160万只的承载力浮动

其资源基础（例如，捕食量比可更新的植物和动物数量多），同时超过其栖息地的承载能力。这种过度是因为繁殖时间滞后所致，这种繁殖时期滞后是指为了与资源过度消耗相适应的出生率降低和死亡率升高所需的时间。

在这些情况下，该种群会遭受数量下降或萎缩的威胁，除非过量的种群个体可以寻找到新的资源或转移到更具吸引力的区域内生存。当驯鹿在1910年被引入美国阿拉斯加州西南海岸旁边的一个小岛时，其数量的急剧萎缩就是一个经典的例子（图2-47）。

人类同样也无法避免过量发展和数量急剧下降的威胁。爱尔兰在1845年便有过一次从人口数量过剩到急剧下降的经历，主要是由真菌破坏了土豆的种植而导致的。在这次灾劫中，约有100万人死亡，300万人移往其他国家。

由于技术、社会及其他文化因素的变化，地球对人类的承载力有了不小的提高（图1-4，第4页）。人类提高了粮食产量，消耗了大量的能源和物质资源，将一些不能居住的区域改造成了人类的居住区。但是，人们越来越担心，在这样一个尺度和资源都有限的地球上，以指数式增长的人口数量和人均资源消耗量的条件下，人们还能支持多久。

承载力并不是一个简单、固定的数量，它会受很多因素的影响。例如：（1）物种间和物种内的竞争；（2）迁入移民和迁出移民；（3）自然界和人类引发的灾难，以及（4）食物、水、生活场所及栖息地的季节性波动。

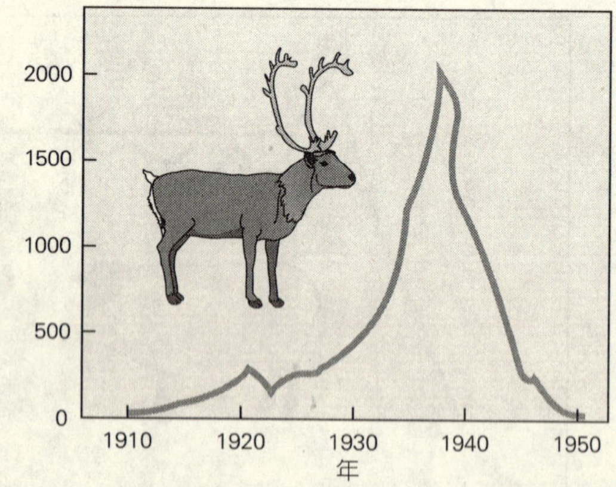

图2-47　美国阿拉斯加州西南海岸的一个小岛上引入的驯鹿数量的指数式增长、增长过度和数量骤减过程。当1910年26只驯鹿（其中有24只母驯鹿）被引入该岛后，地衣、苔藓以及其他食物资源很丰富。到1935年，鹿群的数量激增至2000只，超过了该岛的承载力。导致了之后的鹿群数量骤减，至1950年，该岛仅剩8只驯鹿

在自然界存在着哪些种群变化类型？

在自然界，我们发现了4种随时间变化的种群波动类型：稳定型、突出型、不规则型、以及循环型（图2-48）。物种的数量规模围绕其承载力而上下波动轻微的被称为稳定型种群尺度（图2-46和图2-48a）。在未受人类活动侵害的热带雨林中，平均温度和降水量的变化都很小，很多物种都具有这种稳定性。

有些物种，例如浣熊和野生家鼠，其种群数量一般都较稳定，但也会偶然发生突增，或称激增，达到一个很高的数量，然后又会急剧下降到一个较低的水平而稳定住，在某些情况下其水平会很低（图2-47和图2-48b）。这种种群数量的爆发性增长是由一些影响承载力的因素（如食物和天敌数量的增减）的临时激增而导致的。

有些种群的数量变化呈现出不规则的混乱特征，没有循环性（图2-48c）。有些科学家认为这种数量上的混乱是由这些系统中的混乱所致。而另一些科学家则认为这些行为也可能是由有序行为所致，而其细节和起因却尚未被人所知。

第四种类型则是某一种群的数量在某一时间段内呈现的循环性波动所引起的（图2-48d），而其原因则尚未为人所知。例如：（1）旅鼠，其数量每3—4年就会增长再衰减一次；（2）松鸡、猞猁及雪鞋野兔，其数量一般以10年为周期波动。

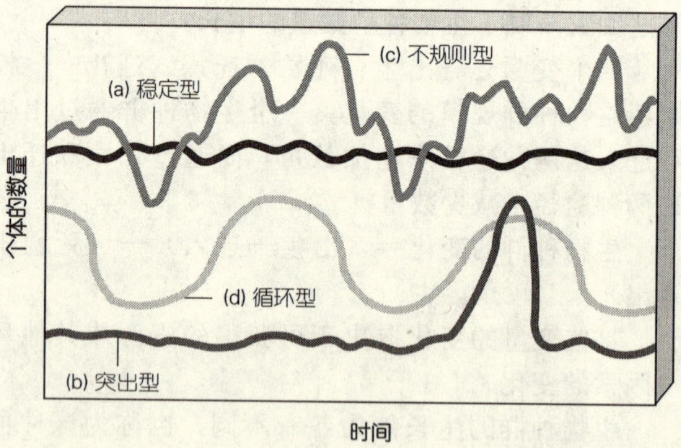

图2-48　自然界存在的4种类型的种群数量变化曲线。（a）某一具有稳定数量的种群数量会围绕其承载力轻微波动；（b）某些物种数量会偶尔发生爆炸性增长，或称激增，达到一个峰值，然后会回复到一个较低的稳定数量水平；（c）某些物种的数量呈不规则变化，其原因尚未被人所知；（d）还有一些物种的数量会急剧增加，然后在一段稳定的时间间隔内发生衰减。有时，天敌是主要影响因素，但实际上，这些增减循环的因素却尚未被人类考察明白

物种如何繁衍?

所有物种种群中的个体都在尽力通过尽可能多地繁衍携带它们的基因的后代来维持其基因的持续性。每个物种都有其独特的繁衍模式。

一种极端情况是某些物种在生命中很早的时期就开始繁衍后代，并将其生命能量的大部分都投入到繁衍活动中。它们（1）每次生产出数量很大（通常体型较小）的幼仔；（2）很快就发育成熟，达到生殖年龄；（3）生殖期较短；（4）对其幼仔给予很少的、甚至没有双亲的关爱和保护，以助其生存；（5）生命时间较短（一般都少于一年）。以这种模式繁衍的物种通过生产数量巨大的不受保护的后代来克服其低成活率的障碍，这些后代中能够存活下来的很少一部分又生产出大量后代，开始了又一次生殖循环过程。

海藻、细菌、啮齿动物、一年生植物（例如蒲公英）、很多海鲢、大多数昆虫都属于这种繁衍模式。这些物种可以说是一些机会主义者。当条件有利时，或它们找到了新的栖息地或小生境时，它们可以迅速进行繁殖，并分散开来。持续变化的或不合适的环境条件，或者另一更具竞争力的物种的入侵都会导致这些种群数量的锐减。所以，这些物种的种群数量盛衰循环是不规则的、不稳定的。

另一种极端情况是某些物种的生育年龄较晚，其后代数量较少，且生殖期较长。一般来讲，它们的后代（1）在母体内发育（安全）；（2）体型较大；（3）成熟得较晚；（4）在其达到生育成熟年龄前，会受到来自父母一方或双方的保护和照看。这种繁衍模式所产生的后代体型较大，较强壮，具有竞争资源的能力，它们繁殖的后代数量同样较少，形成新的繁衍循环。

这些物种会将其种群数量维持在其栖息地的承载力所能承受的范围内。它们种群内的个体数量一般都会形成一条S形的增长曲线（图2-46和图2-48a）。例如（1）大多数大型哺乳动物（如象、鲸和人类）；（2）食肉鸟，以及（3）大型的、寿命较长的植物（树型仙人掌、橡树、红杉以及大多数生长在热带雨林中的树种）。这些物种中的很多都在受到灭绝的威胁，特别是那些生殖期较长、繁殖率较低的物种（如象、犀牛和鲨；案例研究，第38页）。大多数其他物种的繁殖模式介于这两种极端状况之间。

某些物种的繁殖行为会为其带来短暂的益处，但某一区域内的种群个体能否获得恰当的栖息地供其生存则决定了该种群的最终数量。无论一个种群生育幼仔的速度有多快，在某一特定区域内，蒲公英和斑马的数量也不能超越其栖息地的限制。

什么是进化?

根据科学证明显示，适应环境条件变化的主要驱动力就是生物进化，或称进化：某一种群通过连续几代的进化而发生的基因组成（基因库）的变化。请注意，是种群，而不是个体，通过变得基因多样性而进行进化。

根据进化论的说法，所有物种都是早期的祖先物种的后裔。这一理论解释了生命在过去的37亿年的过程中的变化方式（图2-49）以及为什么现在的生命是如此多样。

生物学家用微进化这一概念来描述某一种群中的微小的基因变化。宏进化这一概念则用于描述发生在多种物种内的长期的、大规模的进化性变化，新物种从祖先物种中衍生出来，而其他物种则灭绝掉。

微进化是怎样的一个过程?

进化的第一步就是某一种群的基因可变性的发展。还记得吗，（1）染色体中的基因信息被以各种不同的序列包含在DNA分子的化学单元（被称为核苷）中；（2）染色体中的基因都是DNA片段，它们是表达某种特征的密码，可以传给后代（图2-3，第21页）。

某一种群的基因库是由该种群中的个体所含有的所有基因所组成的。微进化是指一个种群的基因库在较长时间内发生的变化。

虽然一般来讲，某一种群内的个体所包含的基因的数量和种类是相同的，但某些基因会呈现出两种或更多种不同的分子形式，这种现象被称为等位基因。这些等位基因所构成的不同组合被遗传给后代，从而使该种群内不同的个体具有了基因多样性。

某一种群的基因可变性源自基因突变：一个细胞内的DNA分子结构或数量所发生的随机变化。突变的发生方式有两种：

- 暴露于外界媒质下，如放射能、X射线以及自然和人为化学物质（称为突变诱导物）等。
- 当DNA分子被复制时，它们有时会发生随机性的基因引导错误（每当一个细胞进行分裂时，或一个有机生命体进行繁殖时）。

基因突变可以发生在任何细胞中，但只有那些具有生殖功能的细胞才会将其传递给后代。

有些基因突变是无害的，但大多数突变都是有害的，会改变生命特征，从而使生命个体无法存活

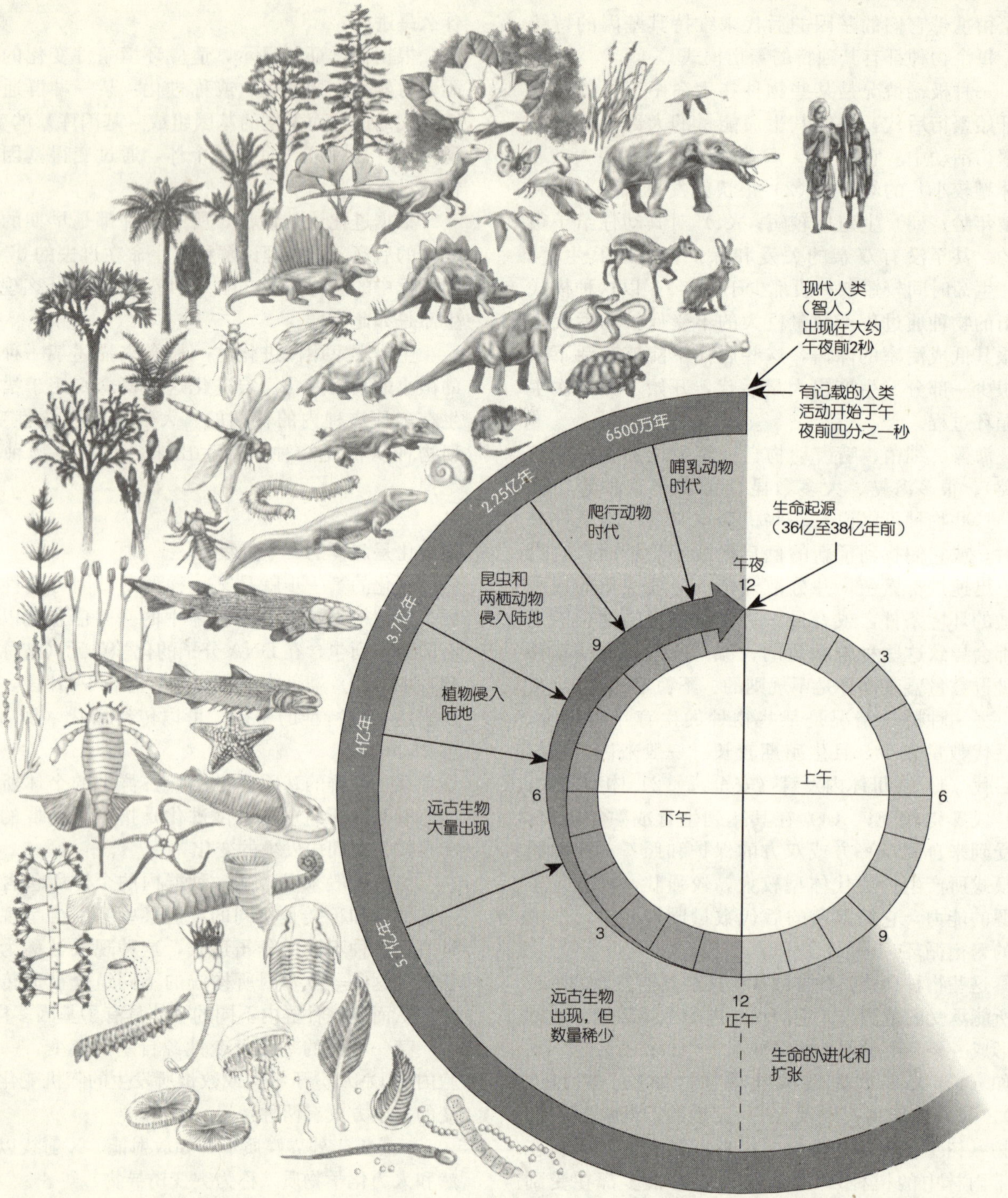

图 2-49 地球上生命的生物进化过程简图，之前为 5 亿至 10 亿年的化学进化过程。地球上的早期生物进化发生在大约 37 亿至 5.7 亿年前，主要是水中的微生物进行的（主要是细菌以及之后产生的原生生物）。植物和动物最早是从海洋中产生的，然后在大约 4 亿年前转移到陆地上。人类进入进化舞台发生在离现在非常近的一段时期。如果我们将地球上大约 37 亿年的生物进化历史压缩成 24 小时的话，第一种人类物种（Homo habilis）出现在午夜前大约 47—94 秒的时刻，而人类（智人）则出现在午夜前 2 秒左右的时刻。农业活动出现在午夜前仅 0.25 秒时，工业革命发生在午夜前仅 0.007 秒的时刻［引自 George Gaylord Simpson 和 William S. Beck，《生命：生物学入门》（Life：Ah Introduction to Biology），第二版，纽约：Harcourt Brace Jovanovich，1965 年］

(致命突变)。时常会有一种突变具有一些益处。结果是，新的基因特征赋予其携带者及其后代更好的生存机会和繁殖能力，无论是在现有环境条件下，还是当这些条件发生变化时。

很重要的一点就是要了解，基因突变是 (1) 随机的、不可预见的；(2) 全新基因原材料 (等位基因) 的惟一来源，以及 (3) 发生概率很小。一旦产生基因突变，新的等位基因就会混合在一起，或者进行随机结合，从而在具有繁殖能力物种的种群的个体中创造出新的基因组合方式。

自然选择在微进化过程中扮演着什么样的角色?

当某一种群中的一些个体具有可以增加其存活机会和繁殖后代的能力的基因特征时，自然选择过程就会起作用。自然选择的发生需要三个必不可少的条件：

- 某一种群必须具有某一特征的自然可变性。
- 这一特征必须是可以遗传给后代的，这意味着该特征必须具有某种基因基础，从而使其可以从一代传递给下一代。
- 该特征必须在某种程度上可以导致微差繁殖，这是指它必须使带有该特征的个体繁殖超过该种群内其他个体的后代数量。

自然选择会导致任何一种可以产生有益特征的等位基因或等位基因组在后代中变得更加普遍，而其他一些等位基因则会逐渐消失。一种可以使有机生物在某一特定环境条件下可以更好地生存或繁殖的可遗传特征被称为一种适应性，或适应特征。

结构适应性包括：(1) 染色 (使更多的个体可以躲避天敌的袭击，或突然袭击猎物)；(2) 拟态 (看上去像一种有毒的或危险的物种)；(3) 保护层 (壳、厚皮肤、树皮或刺棘)，以及 (4) 吸引机制 (带有可反向的拇指)。生理适应性包括在冬季进行冬眠，以及释放可以毒毙猎物或击退敌人的化学物质。行为适应性包括在冬季转移到另一个较温暖地区过冬的能力，小生境特征 (图 2-19 和 2-20)，以及物种间相互作用，例如寄生、共生 (图 2-21) 及共栖 (图 2-22)。

当面临环境条件变化时，某一物种的某一种群有三种选择：(1) 通过自然选择来适应新条件；(2) 迁徙 (如果可能的话) 到另一个更适宜生存的区域，或者 (3) 灭绝。

要懂得，环境条件自身是不会创造出任何有益的、可遗传的特征的。相反，自然选择总是通过对已经出现在某一种群的基因库中的、遗传后的基因变异 (等位基因) 而青睐某些个体。

微进化过程可以总结如下：基因突变、个体被选择、种群进化。

哪些条件对适应性有限制?

进化会不会最终产生出具有完美适应性的生物? 对新环境条件的适应性是否可以使我们的皮肤变得对紫外线的有害辐射具有更强的抵抗性，使我们的肺可以抵抗空气污染物，使我们的肝脏可以具有更强的解毒能力呢? 对这些问题的回答是：不会，因为以下条件限制了自然适应性：

- 环境条件的一点变化可以仅导致产生已经存在于某一种群的基因库中的特征的适应性。
- 即使某一有益的可遗传特征出现在某一种群中，该种群的适应能力也会受到其繁殖能力的限制。具有基因多样性并可以迅速繁殖的物种所构成的种群——例如杂草、蚊子、老鼠、细菌及蟑螂——通常可以在很短的时间内适应环境条件的一种变化。相反，那些无法迅速大量生育后代的物种，如象、老虎、鲨鱼以及人类，需要较长的时间 (一般要几千年甚至几百万年) 才能通过自然选择过程来适应环境的变化。
- 即使某种有利基因特征出现在了某一种群中，但其中大多数个体都将死去或变得数量稀少，从而使带有该种特征的个体可以占统治地位，并将这种特征传递下去。这不是一个解决人类所面临的环境问题的可选途径。

新物种如何进化?

在某些特定的环境下，自然选择过程可以导致一种全新的物种的出现。在这一被称为物种形成的过程中，两种物种从一种物种中衍生出来。

物种形成的最普遍机制 (特别是动物) 出现在两个阶段：地理隔离和繁殖隔离。当同一物种的两个种群或同一种群的两个不同集团在地理上相互隔离相当长的时间，各自生活在不同的环境条件下时，地理隔离就产生了。例如，一个种群中的一部分个体为了寻找食物而进行迁移，然后开始了在另一具有不同环境条件的地区内的生活 (图 2-50)。种群产生隔离的原因还有 (1) 由物理上的障碍所致 (如山脉、溪流、湖泊或道路)；(2) 由环境变化所致，例如火山喷发或地震；(3) 当一小部分个体被风或水等运送到另一个新的区域。

物种形成的第二个阶段是繁殖隔离。当基因突变和自然选择分别作用在两个在地理上相互隔离的种群，并以不同的方式改变了等位基因的频率时 (这一过程被称为分歧)，繁殖隔离就发生了。如果

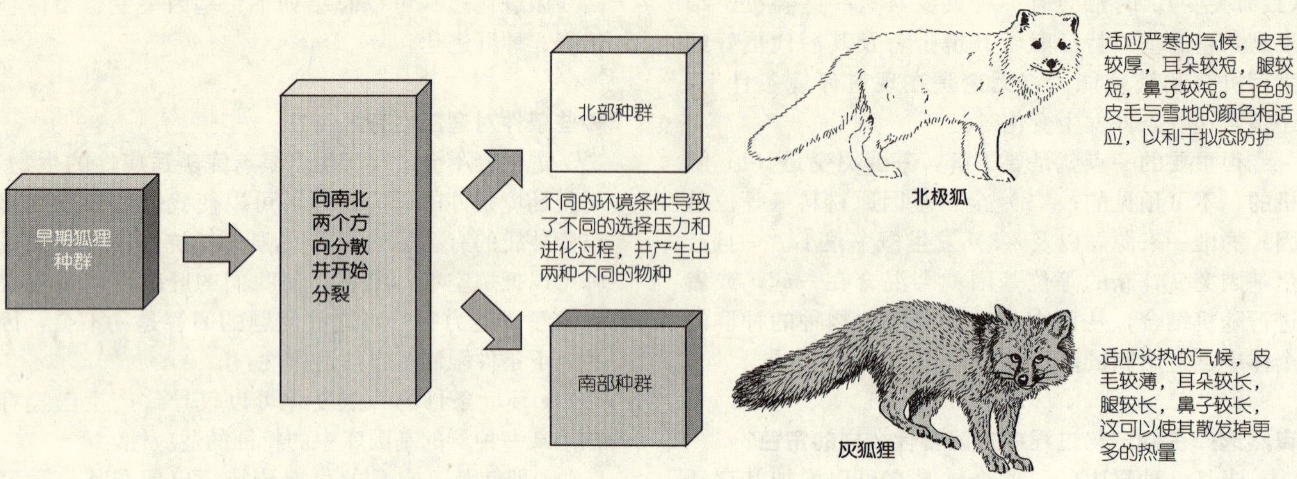

图 2-50　地理隔离如何导致繁殖隔离、分歧以及物种形成

分歧持续的时间足够长的话，受到地理和繁殖隔离的种群中的个体就会在基因组成上变得非常不同，它们之间不能进行交配，或者，如果可以交配的话，它们也不能繁殖具有生殖能力的后代。这样，一个物种就变成了两个物种，随着分歧进化过程，物种形成就完成了。

关于进化概念的三个错误理解是什么？

关于进化的第一个错误概念来自对“适者生存”一词的理解（生物学家几乎从没使用过这个词），有时被用于描述自然选择的过程是如何运作的。这个词总是被误解为“强者生存”。但是，对于生物学家来说，适应性是成功繁殖的一个衡量尺度，所以最具适应性的个体就是那些能产下最多数量后代的个体。不是“牙尖爪利”的竞争，自然选择总是青睐那些能够通过繁殖具有与其他物种不同的生态意义（小生境）的后代来避免直接竞争。

有些人误解了进化论，认为它宣称“人是从类人猿进化来的。”实际上，进化论并没有下过这样的论断。相反，它认为类人猿和人类都是从同一祖先进化来的。话句话说，在遥远的过去的某一时刻，某一种群的生物繁衍了后代，这些后代中的一些进化成了类人猿，而其他一些则进化成了人类。

第三个误解是，进化过程是受大自然支配的有计划运动，物种会变得越来越完美。这种说法忽略了一个事实，基因突变和其他推动微进化的过程是各种随机的、不可预见事件所造成的结果。从科学的角度来讲，在进化过程中并不存在任何计划性运动或完美进化的目标。但是，有些人（神创论者）认为在科学的进化论和他们的信仰之间存在着关于地球上的生命是如何起源的分歧。

物种如何灭绝？

除了进化，影响地球上物种的数量和类型的第二个过程就是物种灭绝。当环境条件发生变化时，某一物种或者会进行进化（变得更具有适应能力），或者会停止存在（灭绝）。灭绝是所有物种的最终命运，就像死亡是所有生命个体的终结一样。生物学家估计地球上曾经存在过的所有物种中的 99.9%现在都已经灭绝了。

随着本地环境条件的变化，某一数量的物种会以一种较慢的速度消失，这被称为背景灭绝。相反，大规模灭绝则是一种速度超过背景灭绝的爆炸式灭绝方式。这将会是灾难性的，波及范围较广（通常是全球性的），大量的现存生物物种（也许是 30%—90%）都会受到牵连而消亡。

大多数大规模灭绝都是全球气候变化所致，大量的物种被杀死，留下的则是能够适应新的环境条件的物种。化石和地质证据显示，在过去的 5 亿年间，地球上的物种曾经经历过 5 次大规模灭绝（距今 2000 万至 6000 万年前）（图 2-51）。

一个物种的灾难就是另一个物种的机会。今天，地球上仍然有数百万种物种存在，这就说明，平均来讲，物种形成的速度要快于灭绝的速度。有证据表明，地球所经历的大规模灭绝之后总会有恢复期出现，这被成为适应性辐射，在几百万年的时间内，大量新物种产生了，它们在变化后的环境中扮演着新的或缺失的生态角色或小生境。化石记录显示出在一次大规模灭绝之后，地球需要 1000 万年或更长的时间来产生适应性辐射，从而重建起生

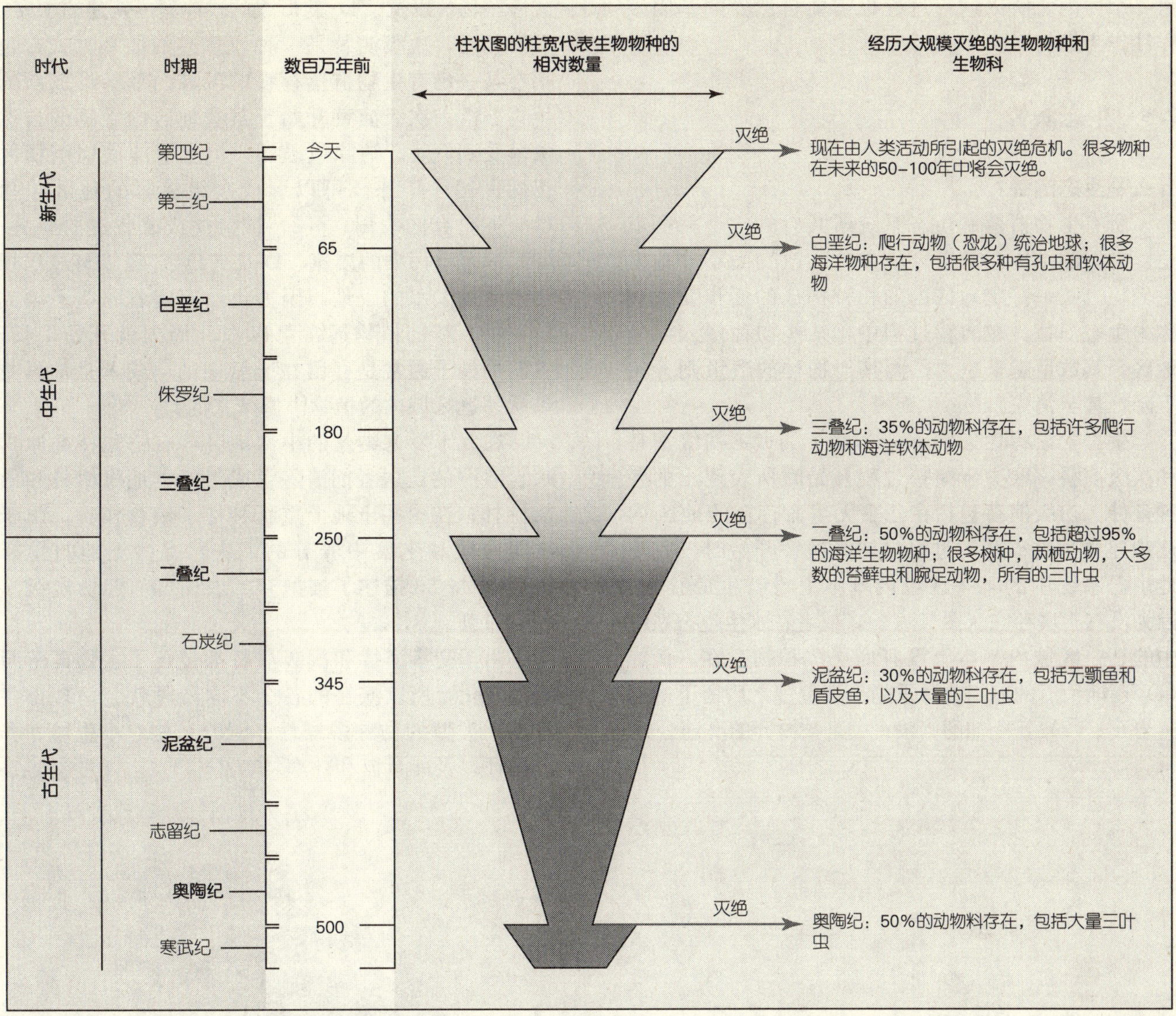

图 2-51 化石和放射性测年显示，5 次大规模物种灭绝发生在过去的 5 亿年内。大规模物种灭绝留下了大量的空余生物角色（小生境），同时又有新的生物角色被创造出来。最终，每次大规模物种灭绝后，都会有一段被称为适应性辐射的恢复期，持续大约 1000 万年左右的时间，使新的物种可以进行进化，来填补新的或缺失的生态角色（小生境）。很多科学家认为我们正处在第六次大规模物种灭绝的过程之中，而这次灭绝主要是由人类活动所导致的

物多样性。

物种形成和物种灭绝是如何影响生物多样性的?

物种生成减去物种灭绝等于生物多样性，这就是地球对变化的环境条件做出反应而进行的未来进化所需的基因原材料。在这一灭绝和物种形成之间长期的给与和获取的关系中，大规模灭绝可以临时性地降低生物多样性。但是，它们同时也为生存着的物种创造出了进化机会，使它们可以进行适应性辐射，从而填补那些尚未出现的或新形成的生物角色或小生境（图 2-51）。

虽然灭绝是自然过程，但有大量证据表明人类已经成为了导致生物过早灭绝的主要因素。在今后的 50 年中，随着人类人口和资源消耗量的增长，以及人类占据越来越多的地球表面以供居住，消耗着越来越多的地球基本净生产率（图 2-27），我们的活动会导致地球上将近四分之一现有物种的灭绝。如果这种灭绝真的发生了，它将成为由我们人类自己引起的第六次大规模物种灭绝。

从人类短暂的时间尺度上来看，这种灾难性的损失是无法以新物种的形成来补偿的；在前 5 次大规模灭绝之后的任何一次恢复过程都需要数千万年的时间，才能使生物多样性恢复到灭绝前的水平。基因工程是无法阻挡这种生物多样性的损失的，因为基因工程不能创造出新的基因类型。相反，它们只能将现有基因或基因片段从一个生物体中转移到

另一个体内，所以这一过程也需要自然界的基因多样性作为原材料。

2.9 生态演替

什么是生态演替？

所有生物群落和生态系统所共有的一个特征就是：它们的结构会随着环境条件的改变而不停地发生变化。某一特定地区内的物种构成的逐步变化被称为生态演替。在演替过程中，某些物种侵入某一地区，其数量越来越大，而其他物种的数量则开始下降，甚至消失。

生态学家将生态演替分为两个类型：初级演替和次级演替，取决于演替过程开始时所表现出的各种条件。初级演替包括在几乎无生命存在的地区内逐步建立生物群落的过程。初级演替开始时，在陆地生态系统中的某一区域内基本上没有生命存在，因为没有土壤存在（图 2-52），或者在水生生态系统中的某一区域内基本上没有底层沉积物存在。例如（1）逐渐消退的冰川或严重的土壤侵蚀之后留下的裸露岩石；（2）新冷却的岩浆；（3）被抛弃的高速公路或停车场，以及（4）新形成的浅池塘或新建的水库。

相反，次级演替是一种较普遍的演替方式，包括在某一已有生物群落存在的区域内重新形成新的生物群落。次级演替开始于某些地区内生物的自然群落受到侵扰、清除或破坏，但土壤或底层沉积物仍然保留了下来。可以形成次级演替的地区包括（1）被抛弃的农田；（2）被焚烧或砍伐过的森林；（3）被严重污染的溪流，以及（4）曾经修筑过水坝或遭受过洪水的土地。因为仍然存留着一些土壤或沉积物，新的植物通常可以在几周内就开始生长。它们的种子通常是存留在土壤中的，或者是被风或鸟从邻近区域内的植物中携带来的。

在北卡罗来纳州的中部地区（皮德蒙特高原），来自欧洲的定居者们清除了成熟的本地橡树林和山胡桃林，在这些土地上重新种植了粮食作物。由于土壤侵蚀和土壤中养分的流失，有些土地被抛弃了。图 2-53 描述了被抛弃的农田如何经历次级演替的过程。

由于初级演替和次级演替都包含了生物群落组成的变化，所以演替的各个不同阶段就会呈现出各种不同类型的物种多样性、营养结构、小生境、养分循环以及能量流和效率（表 2-1）。

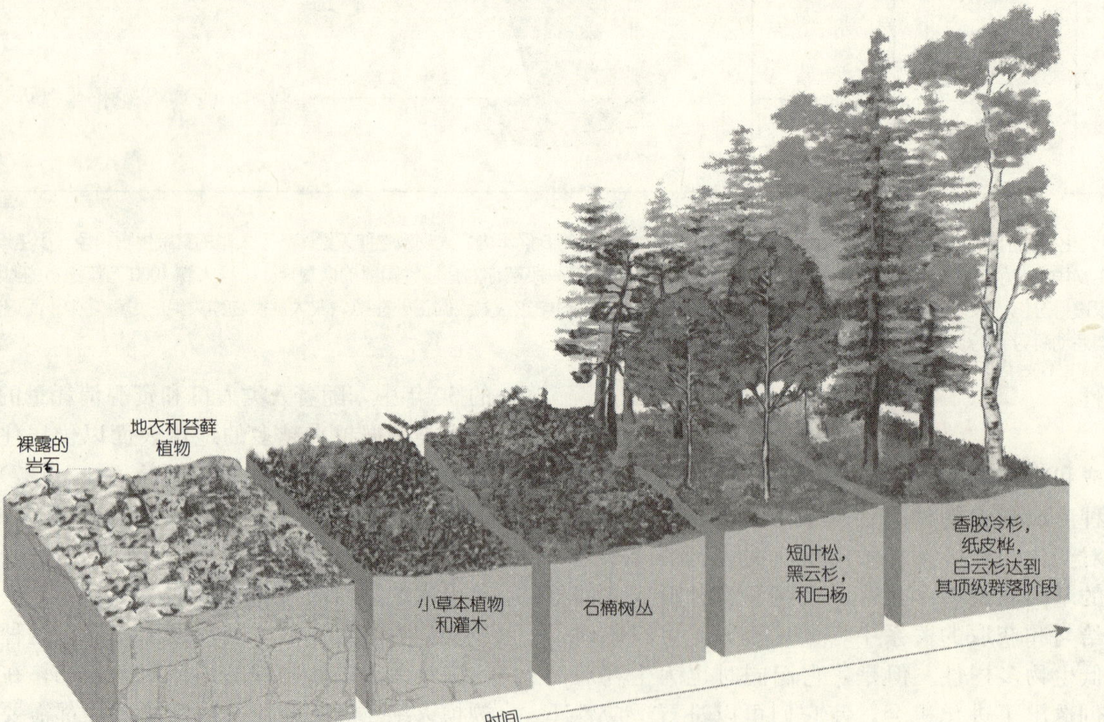

图 2-52 从地平线开始：在苏必利尔湖北部的罗亚尔（Royal）岛上的冰川消退后暴露出来的裸露岩石所形成的环境中一些植物群落在几百年间的初级演替过程

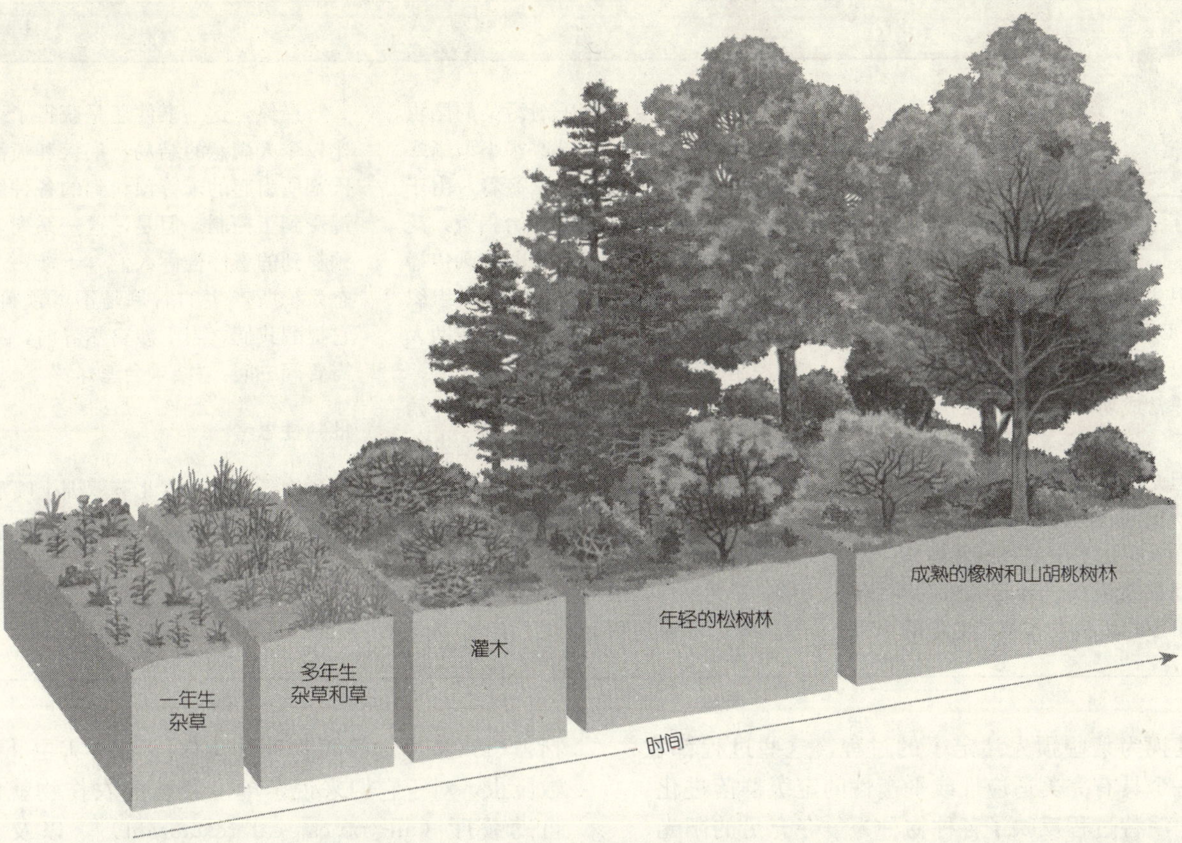

图 2-53　受侵扰的土地的自然恢复过程。北卡罗来纳州的一片被抛弃的农场区域中的植物群落所进行的次级生态演替过程。在该农田被抛弃后大约 150—200 年间，该地区被成熟的橡树和山胡桃树林所覆盖。新的侵扰，如森林砍伐或火灾，会创造出有利于先锋物种的条件，在没有新的侵扰的条件下，次级生物演替会再次发生，但也许不是以本图所示的次序进行

表 2-1　生态演替的不成熟阶段和成熟阶段所具有的生态系统特征

特征	不成熟的生态系统	成熟的生态系统
生态系统结构		
植物尺寸	小	大
物种多样性	低	高
营养结构	主要是生产者，少量分解者	生产者、消费者、分解者相互混合
生态小生境	少量，主要是无显著特征的	很多，主要是具有特征的
群落组织（相互间连接的数量）	低	高
生态系统功能		
食物链和食物网	简单，主要是植物→食草动物，少量的分解者	复杂，主要是分解者
养分循环的效率	低	高
能量利用的效率	低	高

在初级演替和次级演替过程中的任何时候，环境侵扰，如自然或人为导致的火灾或森林砍伐，都可以使演替的某一阶段回到较早的阶段。这些侵扰形成了新的条件，鼓励某些物种，但却压制或清除了其他一些物种。

生态演替有多少可预见性？自然平衡的预见性又如何呢？

人们很容易认为生态演替是一个有秩序的过程，每一阶段都会可预见性地导致下一个更稳定阶段的开始。根据这一经典理论，生态演替最终会使某一区域被一种基本可预见的稳定类型的顶级群落所控制，该群落由几种生命时间较长的植物物种组成，而且与其生存环境达到平衡状态。这种演替的平衡模式就是生态学家所称的自然平衡。

但是，研究表明，出现在初级和次级生态演替过程中的物种和群落类型的演替序列是高度变化的、不可预见的。我们无法预测某一演替过程的序列，

联系专栏

令人吃惊的生态事件

在现在改名为文莱的北婆罗洲，疟疾曾经感染了 90% 的人口。在 1955 年，世界卫生组织（WHO）开始以狄氏剂（DDT 的一种变种药物）喷洒全岛，以杀灭携带疟疾病毒的蚊子。该计划非常成功，这种可怕的疟疾几乎绝迹了。

但是，不曾预料到的事情发生了。狄氏剂还杀死了其他昆虫，包括生活在人类住宅中的苍蝇和蟑螂。该岛整岛都在庆祝该计划的成功实施，但接下来，生活在人类住宅中的小型蜥蜴在捕食了受到狄氏剂污染的昆虫后也死亡了。之后，以这些小型蜥蜴为食的猫也开始死亡。紧接着，由于猫的数量的减少，老鼠开始猖獗，泛滥各个村庄。当人们受到由鼠虱传播的森林瘟疫的威胁时，世界卫生组织又将健康的猫空投到该岛，以帮助人们控制老鼠的数量。

再接下来，各村住宅的屋顶开始塌落。狄氏剂杀死了以一种毛毛虫为食的各种黄蜂和其他昆虫，而这种毛毛虫不受这种杀虫剂威胁。随着大多数天敌的灭绝，这种毛毛虫的数量激增，肆无忌惮地啃食一种它们最喜欢的食物：茅草屋顶上最常用的树叶。

最终，这一事件还是获得了一个比较令人满意的结局：疟疾和喷洒狄氏剂所引起的未曾预料到的各种影响都受到了控制。但是，这一系列未曾预料到的事件告诉人们，干涉一个生态系统所产生的后果是不可预料的。它提醒我们，当干涉自然界时，我们需要问一问：“结果会怎样？”

批判性思考

你是否认为在北婆罗洲上喷洒狄氏剂这一计划造成的最终结果是否利大于弊呢？为什么？

或将其视为某些预先注定了的过程，这些过程都在向着一个具有完美适应性或平衡性的定级群落进化。相反，演替过程反映了各种物种为争夺充足的阳光、养分、食物、生存空间以及获得超出其他物种的繁衍特征而进行的无休无止的争斗。

2.10 人类对生态系统的影响：向自然学习

人类已经如何影响了自然生态系统？

为了使越来越多的人类能够生存下去，我们已经大量调整、开垦了地球上的自然生态系统所占领的区域，在其上建造各种设施，并使其产生衰落。我们利用各种技术来以各种方式改变了所遗留的自然的大部分：

• 分裂或使生物栖息地产生衰落。大量原本充满森林、草地或其他自然生态系统的美丽景观被改造成一块块的栖息地裂块，周围围裹着农田、城市建成区以及其他人类活动区域。剩余的生物栖息地，即使是连续的，也通常都衰落了，不再适于众多本地物种生存。

• 简化自然生态系统。当人类开垦草地、清除森林时，我们常常将数千种相互关联的植物和动物物种铲除掉，取而代之的是某种单一的农作物或树木，这被称为单一种植，或者用于建造建筑物、高速公路和停车场。然后，我们又消耗大量的时间、能量以及金钱来保护这些单一种植的物种免遭侵害，这些侵害包括：（1）植物的投机物种（杂草）；（2）害虫［大多数昆虫，对于它们来说，单一种植的农作物就像是自助餐厅（all-you-can-eat restaurant）］，以及（3）病原体（危害人类想要种植的农作物的真菌、病毒和细菌）。

• 通过加速自然选择过程和通过过量使用杀虫剂和抗生素而增强了基因抵抗性，加强了一些害虫种群和致害细菌的能力。

• 清除了某些食肉动物。一些牧场主想彻底清除野牛和草原狗这些与他们牧养的羊群和牛群竞争草场的动物。他们还想杀灭狼、山狗、鹰及其他偶尔会杀死他们的羊群的食肉动物。畋猎者则力图清除那些以其畋猎物种为食的食肉动物。

• 有意地或偶然地引入非本地物种，有些是对人类或其他物种有益的，有些是对人类或其他物种有害的。在 1800 年代后期，几棵中国栗子树被引入美国，这几棵树感染了一种真菌，它在美国泛滥传播，曾经遍布美国东部各州。在 1910 年至 1940 年之间，这种偶然引入的真菌才几乎被消灭殆尽。

• 过度采伐可再生资源。牧场主和流动放牧者有时放任其牲畜过度啃食草场，直到土壤侵蚀将这些生态系统转变成生产率较低的半沙漠或沙漠土壤。农民有时过度种植农作物，也会造成土壤养分的消耗殆尽。鱼类遭到过度捕捞。带有经济价值部分（如象牙、犀牛角及虎皮）的野生物种也因非法捕猎（偷猎）而受到威胁。

可持续发展的原则：向自然学习

解决途径专栏

从大自然中人们可以学到四条基本生态教训或可持续发展的原则：

● 大多数生态系统利用太阳能作为其初级能量来源。所以，一个可持续发展的社会应该主要以太阳光为能量源泉，而不是以古时候储存在污染的化石燃料中的太阳能量为来源。

● 生态系统通过化学物质循环来更新养分和处理废物。在自然界几乎是没有废物可言的，也没有“抛弃”这个概念。一个生物所输出的废物或被降解的残余物会成为其他生物的输入来源。

● 生物多样性有助于维持生态系统的可持续性和生态功能，并作为一种对变化的环境条件的适应性的来源。

● 在大自然中，种群数量总是有上限的。所有物种的数量规模和增加速度都是受其与其他物种和非生物环境之间的相互关系所控制的。从大自然中我们可以获得具有革命性的教训：没有任何物种可以达到“超出限制的数量”，至少不能维持较长的时间。

批判性思考

列出两种人类活动会侵害这四条可持续发展原则的每一条的途径。你的生活方式属于哪种侵害方式？你打算改变哪些具有侵害性的活动？这些改变会对你的生活方式产生哪些有益或有害的影响？

● 干涉生态系统中正常的化学循环和能量流动（图 2-10）。土壤中的养分会因单一种植农作物、林场、施工建造及其他生态系统被人为简化而流失掉，还会使其他生态系统超负荷或产生破裂，如湖泊和海岸生态系统。化学物质，如释放到大气中的氯氟化碳（CFCs），会通过降低平流层内的臭氧层厚度来增加到达地球表面的有害紫外线能量的数量。二氧化碳废气和其他温室气体——由燃烧化学燃料以及清除或焚烧森林和草场而引起的——会通过使大气中的能量流动破裂而导致全球气候变化。

为了生存，人类对大自然的一些部分进行开发和调整。但是，我们正在开始了解，任何人类对自然的侵犯都具有多重效应，其中大多数都是不可预料的（联系专栏，第 70 页）。

人们现在面临的挑战是：（1）在被简化的、人为调整后的生态系统及其附近更加复杂的生态系统之间维持一种平衡，我们和其他生物都依赖它们来生存；（2）减缓出于自身原因而对自然进行调整的速度。如果人类使这个星球上过多的部分都发生简化和衰败，以达到我们自己的目的，那么面临威胁的并不是地球，而是我们人类自己。

解决途径：我们可以从大自然中学到哪些关于更加可持续地生存的途径？

很多生物学家认为人类降低自己对生物、种群和生态系统的影响，从而以更加可持续的方式生存的最佳途径就是学习大自然用以维持自身的各种过程和适应性（解决途径专栏，本页上部），并仿效这些过程。

生物学家已经利用这些从大自然中获得的教训，总结出几条原则来指导人类探索更加可持续的生活方式：

● 人类的生命、生活方式及经济结构全都依靠太阳和地球才能维系。

● 任何事物都是与其他事物相联系的。生态学的首要目的就是发现自然界的哪些联系是最强烈的，哪些是最重要的，哪些又是最易于破裂的。

● 我们不可能只做一件事。人类对自然的任何侵害通常都会有不可预见的副作用。当我们对自然进行调整时，我们应该问一问，“结果是什么？”

● 人类应该降低并尽量减小自己对自然的损害——采取一种预防性的策略——并尽力医治好人类加之于自然的各种生态伤害。

● 在调节生物圈以满足自身需求的同时，人类应该关爱自然，应该克制自身活动，对自然采取一种谦恭、合作的态度。

环境科学家和生态学家越来越强烈地呼吁，人类应该以“预防性原则”作为自己保护地球这一维持生命活动的系统的基本原则：当有大量证据表明某一活动会增加对人类健康和环境的威胁性的话，人类应该采取预防性的措施来避免危害的发生，即使有些因果关系还没有获得完全的科学证实。这是以很多格言中所隐含着的常识性理念为基础的，例如：“防患于未然”，“三思而后行”，“无患而为”，以及“缓行以避患”。

利用这些原则，我们可以创造出一种在生态上和经济上都更加可持续的社会，（1）按需而取；（2）以慢于自然再生的速度来利用可再生资源；（3）保护生物多样性和人类文化多样性，以及（4）不将自然资本消耗殆尽（图1-2，第3页）。

解决途径：我们如何才能建立更加可持续发展的经济体系？

根据物质守恒定律和第二能量定律，个体资源利用会自动地向环境中添加废热和废物。今天，大多数先进工业国家都建立起了高通过性经济体系，力图通过增加物质和能量资源在经济体系内的流动而维持其高速的经济增长（图2-54）。这些资源从这些社会的经济体系中流过，流到地球的深渊中（空气、水、土壤、生物），污染物和废物在这里终结，并积累到具有危害性的水平。

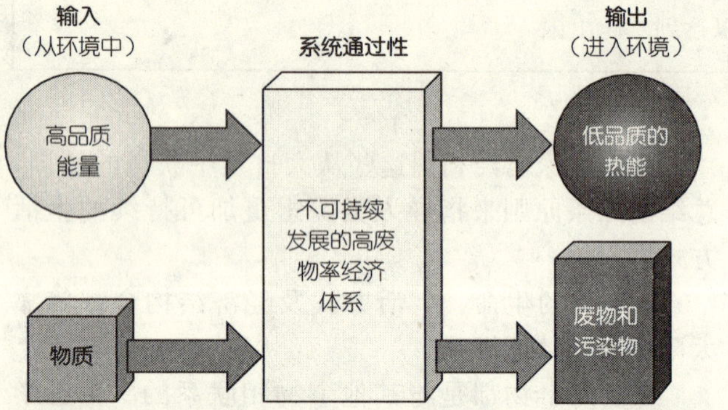

图2-54　大多数发达国家所采用的高通过性经济体系是以增加能量流和物质流的速度为基础的。这一过程快速地将高品质的物质和能量资源转变成废物、污染物和低品质的热

但是，从物质和能量的科学定律以及这里所讨论的生态概念和原则中可以获得一个来自大自然的重要教训（解决途径专栏，第71页）。它们告诉我们，如果越来越多的人继续以越来越快的速度消耗和废弃越来越多的能量和物质资源的话，最终，环境的稀释和降解废物和吸收废热的能力将会超负荷。所以，在某种程度上，高废物或高通过性社会是一种不可持续发展的社会。

解决这个问题的一个权宜之计就是将高通过性经济体系转变成物质回收经济体系。这一转变的目的是为了在不消耗大量物质资源的情况下或不生产出过量的污染物和环境影响物的条件下使经济持续增长。

虽然物质回收可以节省能源，但两条能量定律告诉我们，回收物质资源总是需要利用高品质的能量（也是无法回收的），并向环境中添加废热。

很多物质在变为不可再利用之前的可回收次数是有限的，例如纸张纤维。转变成物质回收社会是一种重要的缓兵之计，但是，这并不意味着可以让越来越多的人来无限制地消耗越来越多的资源，即使所有资源都是可以达到完全回收状态的。

控制物质和能量变化的各种科学定律以及本章中所讨论过的生态概念显示，人类所面临的各种环境和资源问题的最佳长期解决途径是以增加物质和能量流（通过性）以达到一种更加可持续发展的低通过性经济体系。该社会的最主要特征总结在图2-55中。

根据很多科学家的说法，本章中所讨论的科学定律和原则揭示出人类的生存是相互依赖的，并有赖于大自然的其他组成部分，我们必须学习如何与大自然合作，而不是与之相对抗。

我们不能向大自然发号施令，只能遵从于它。

——Francis Bacon 爵士

复习问题

1. 解释本章中以黑体字标出的各个术语。
2. 说出“科学”的定义，并解释一下它是如何运作的。分辨科学数据、科学假设、科学模式、科学理论，以及科学定律之间的区别。解释一下为什么要严肃对待一种科学理论。
3. 什么是科学方法？在研究自然的某些方面的时候，科学家们力图回答的五个问题是什么？什么是控制性实验？什么是多变量分析？
4. 某些事情已经被科学证明了，这句话意味着什么？如果科学家们无法获得绝对证据，那么他们能获得什么呢？
5. 区分前沿科学和普遍科学。
6. 环境科学的两个主要限制是什么？
7. 区分物质、元素、化合物以及混合物的区别。
8. 区分原子、离子和分子，并对它们各给出一个例子。在原子中存在哪三种主要亚原子粒子？这三种粒子中的哪两种是存在于原子核中的，哪种是存在于原子核之外的？
9. 区分原子量和物质的量的概念。什么是原子的同位素？
10. 区分高品质物质和低品质物质，并各举一例。什么是物质效率？
11. 什么是能量？区分动能和势能的概念，并各举一例。
12. 区分高品质能量和低品质能量，并各举一例。什么叫能量效率？
13. 区分物理变化和化学变化，并各举一例。
14. 什么是物质守恒定律？它具有哪些环境意义？

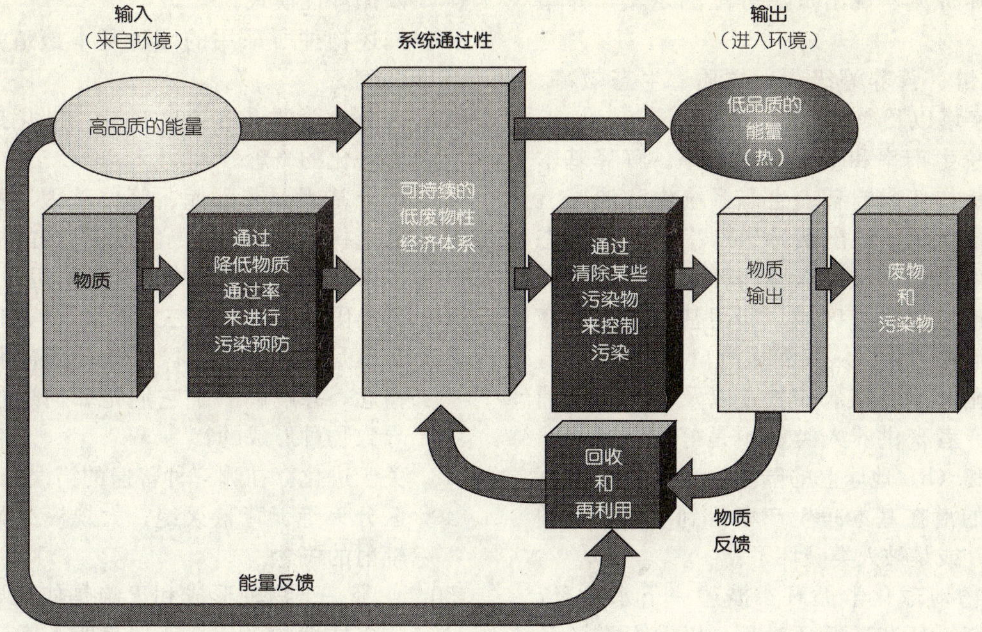

图 2-55 来自大自然的教训。低通过性的经济体系是以能量流动和物质回收为基础的，它以自然协调运作，从而降低通过性。这是通过（1）对不可再生的物质资源的再利用和回收利用；（2）以低于其再生速度的速度来利用潜在的可再生资源；（3）高效利用物质和能量资源；（4）降低不必要的消耗；（5）强调污染预防和降低废物生产量，以及（6）控制污染增长

解释一下为什么污染物不会最终“消失”？

15. 区分第一能量定律（热力学第一定律）和第二能量定律（热力学第二定律），并各举一例。利用热力学第二定律来解释一下为什么能量是不可以回收的。
16. 什么是生态学？生态学焦点的五个主要的组织层次是什么？区分生物、细胞、物种、种群、基因多样性、栖息地、群落、生态系统及生物圈的概念。
17. 为什么对于很多生命形式、对于你自己以及对于你的生命形式来讲，为什么昆虫非常重要？
18. 解释一下为什么微生物具有重要意义？
19. 区分大气圈、对流层、平流层、水圈、岩石圈以及生物圈的概念。
20. 维持地球上生命的三种过程是什么？什么是自然温室效应？
21. 描述一下我们所知的使地球上的生命能够形成的条件有哪些？
22. 区分生态系统的非生命成分和生命成分，并各举三例。
23. 区分一个生态系统中某一种群的适应性范围、适应性定律以及适应性限制。这些因素中的任何一个是如何影响生态系统组成（结构）的？什么是限制性因素？这些因素是如何影响生态系统的组成的？陆生生态系统和水生生态系统的两个最主要限制因素是什么？
24. 区分生态系统中的生产者和消费者，并各举三例。什么是光合作用？为什么它对生产者和消费者都非常重要？什么是化合作用？什么是有氧呼吸作用？
25. 区分初级消费者（食草动物），次级消费者（食肉动物），三级消费者，杂食动物，食腐动物，食碎屑动物，以碎屑为食的动物，以及分解者。为什么分解者十分重要？如果没有它们，世界会变成什么样子？
26. 生物多样性的四个组成因素是什么？为什么生物多样性对（a）地球的生命维持系统，以及（b）经济体系都具有很重要的意义？
27. 什么是物种的生态小生境？区分通用物种和专一物种？并各举一例。
28. 区别本地物种、非本地物种、指示性物种以及关键性物种，并各举一例。解释一下为什么我们应该关注对（1）鳄鱼；（2）鲨鱼；（3）两栖动物的保护。
29. 区分物种间竞争、掠夺、寄生、共生以及共栖，并各举一例。
30. 区分某一物种的基本小生境和现实小生境，并解释为什么它们受到物种间竞争的影响。当同一区域中的两个相互竞争的物种的小生境存在较大程度的叠盖时，有哪四种选择情况？什么

是竞争排斥原则？说出资源分配的定义，并举出两例。

31. 区分食物链、营养等级、生物质、生态效率、能量流金字塔以及食物网。

32. 区分基本总生产率和基本净生产率。解释基本净生产率是如何影响某一生态系统中和地球上的消费者数量的。说出两种生产率最高的生态系统或水生生命区域，以及两种生产率最低的生态系统或水生生命区域。利用基本净生产率的概念来解释为什么从江河入海口处收获植物，清除热带雨林来种植农作物，以及从海洋中捕捞初级生产者来供养人类都不是好方法。（a）整个地球和（b）地球上的陆生生态系统中有百分之多少的潜在基本净生产率得到了利用，被浪费掉了，或是被人类破坏了？

33. 什么是生物地球化学循环？描述一下水循环、碳循环、氮循环和磷循环过程，以及人类活动是如何影响这些循环的。区分火成岩、沉积岩和变质岩，并描述一下它们是如何与岩石循环相联系的。

34. 什么是生物群系？它们是如何与气候相联系的？区分沙漠、草场和森林。描述一下气候和植被是如何随纬度和海拔而变化的。

35. 水生生命区域的两种主要类型是什么？说出世界海洋所扮演的三个重要生态角色。区分海岸区域和开放海洋区域。区分江河入海口和海岸湿地，并说出它们所提供的四个重要生态和经济贡献。区分珊瑚礁，红树林沼泽及堤防岛的概念。

36. 什么是湖泊？区分贫营养湖、富营养湖及中营养湖的概念。

37. 区分地表水、径流及流域的概念。描述一下一条河从山脉高地流向大海所经历的三个区域。

38. 说出内陆湿地和季节性内陆湿地的概念，并举出两个例子，说出内陆湿地所提供的六种重要的生态和经济贡献。人类对内陆湿地的主要影响有哪些？

39. 写出描述人口变化是如何与出生率、死亡率、移出率及移入率相关联的？

40. 某一种群的生物潜力是指什么？具有较高固有增长率的种群具有哪四个特征？

41. 环境抵抗性和环境承载力是什么？生物潜力和环境抵抗性是如何相互作用来决定其承载力的？某一种群是如何超出其承载力范围的？这一过程有哪几个过程？

42. 区分种群变化的稳定性、突出性、不规则性以及循环性模式。

43. 描述物种所采用的两种基本繁殖类型，并各举两例。

44. 区分化学进化、生物进化、进化论、微进化和宏进化的概念。

45. 区分基因、基因库、等位基因、基因突变、自然选择、区分性繁殖和适应性的概念，并描述一下它们在微进化中所起的作用。

46. 举出限制适应性的三个因素。

47. 什么是物种形成？区分地质隔离和繁衍隔离的概念，并解释一下它们是如何通过分歧进化来导致物种形成的？

48. 关于进化存在哪三种普遍的错误概念？

49. 区分灭绝、背景灭绝、大规模灭绝以及适应性辐射的概念。

50. 解释一下物种形成和灭绝是如何导致地球的生物多样性的。什么证据表明人类活动会导致第六次大规模灭绝？这一灭绝对地球上将来的进化潜力会造成哪些后果？

51. 区分初级演替和次级演替的概念。解释一下为什么大多数生态学家都认为（a）生态演替的细节是不可预测的；（b）并不存在自然平衡。

52. 人类调整自然生态系统的方式具有哪七种潜在危害？

53. 说出从观察自然系统是如何维系的而得出的四条可持续原则。说出以这些原则为基础的五条更加可持续的生存的指导原则。

54. 预防性原则是指什么？为什么很多科学家认为这一原则对于处理人类所面临的环境问题是非常有用的？

55. 区分高通过性经济体系、物质回收性经济体系以及低通过性经济体系。利用物质守恒定律和热力学第一和第二定律来解释一下从高通过性经济体系转变为物质回收经济体系并最终转变为低通过性经济体系的需求。

批判性思考

1. 谈一谈对以下各陈述的看法：

   a. 尚没有任何科学证据表明有任何人是死于吸烟的。

   b. 温室理论——某些气体（如水蒸气和二氧化碳气）将热量辐射入底层大气，并对地球的平均温度和气候产生影响——并不是一种可靠的理论，因为它仅是一种科学理论。

2. 你能否找到一条广告或一篇文章描述科学的某些

方面，如（a）科学证据被误用了；（b）“假设”一词被误用为“理论”一词了，以及（c）普遍一致的科学发现被忽略了或其意义未受到重视，因为它仅是一种“理论”。

3. 如果不存在“废弃”，那为什么地球上还有那么多废物存在？
4. 利用第二能量定律来解释为什么作为燃料，一桶油仅能利用一次。
5. （a）假设你有能力违反能量守恒定律（第一能量定律）一天。你将利用这种能力来做哪三件重要的事呢？（b）重复一下这一过程，假设你具有违反第二能量定律的能力一天。
6. （a）一张条幅上问：“你今天感谢绿色植物了吗？”说出两个感谢绿色植物的原因；（b）找出制造条幅的材料的来源，并确定条幅自身是不是这句话的一个有效应用结果？（c）解释一下分解者是如何帮助你生存的。
7. 利用第二能量定律来解释一下为什么（a）随着能量流过食物链或食物网，可利用能量会发生锐减；（b）发展中国家的很多穷人以素食为食。
8. 描述一下（a）你自己的基本生态小生境和（b）现实小生境的主要组成部分。
9. 哪种生态群系最适宜（a）种植农作物和（b）放牧家畜？
10. 你自己生活在哪种类型的生态群系之中或附近？在过去的50年中，人类活动对你所生活的生态群系内的植物和动物都产生了哪些影响？你自己的生活方式是如何影响该生态群系的？
11. 你的生活方式中的哪些因素对内陆湿地和海岸湿地产生破坏和衰败影响？
12. 你是一名辩护律师，正在法庭上进行辩护，为了使一片未开发的原生热带雨林和珊瑚礁免遭开发所造成的严重衰败和破坏。写出你对这两种生态系统的最终辩护陈述。如果法官决定你只能保护其中一个生态系统的话，你会如何选择？为什么？
13. 你会对如下陈述做出什么反应：（a）他或她并不相信进化论，因为那只是一个“理论”；（b）不担心空气污染，因为通过自然选择过程，人类将进化自己的肺部，从而可以对污染物进行解毒，以及（c）因为灭绝是自然过程，所以我们不应该担心生物多样性的丧失吗？
14. 解释一下为什么简化的生态系统，如玉米地，通常比较复杂的、自然的生态系统，如草地，更容易受到昆虫和植物疾病的威胁。
15. 你将如何回答某些人的以下问题：（a）我们不应该担心自己对自然系统的影响，因为生态演替会治愈人类活动所产生的危害，并恢复自然平衡；（b）如果自然是不可预测的，我们就不应该费心地去保护任何自然系统，以及（c）因为自然界并不存在平衡，物种多样性也不稳定，所以我们应该砍伐具有多样性的原生林，并以林场取而代之？
16. 一张条幅上写着：“大自然总是打最后一棒并拥有整个体育场。”在生态学意义上，这句话意味着什么？对人类来讲，这一教训意味着什么？

国际互联网学习资源及深入阅读和研究的资源

本书包含了很多有助学习和进行深入阅读和研究的网站资源。登陆到：http://www.hrookscole.com/product/0534385354s，并点击“一章接一章”链接。选择第2章，并选择如下资源：

• “闪卡”可以测试你对本章中的术语和应该记住的概念的掌握。

• “测试指南”以一种多项选择的形式来对你进行实践测试。

• “学生信息渠道指导”将你引入“关键问题思考方案”，使用“信息渠道学院版”作为一种研究工具。

• “参考书目”列出了本章撰写过程中所参考的主要书籍和文章。

• “超链接内容”将你引入到与本章的各个部分相关的大量新闻、研究和图像的网站。

信息渠道学院版

以信息渠道学院版来提高你的技巧，这是一个在线文章搜索数据库，来自700多种期刊。登陆到：http://www.infotrac-college.com，或者通过本书的网站进行链接。看一看下面的文章：

M. Gato, G. A. Deleo. 2000. Pricing biodiversity and ecosystem services: the never ending story. *Bioscience*, vol. 50, no. 4, pp. 347-356 (Keywords: ecosystem services).

Hayden, T. 2000. A growing coral crisis: overfishing and global warming are killing the reefs around the world. Is it too late to save them? *Newsweek*, Oct 30, 200, p. 79 (Keywords: coral reefs).

第 3 章 人口：数量与分布

我们面对的问题是巨大而又复杂的，但是可以归结为：61 亿人口正在以指数式增长。满足如此众多的人口的需求和需要的过程正在使地球丧失其形成生命的生物承载力；某一单一物种的最高消费水平正在漫及天空、大地、水以及动物群系。

——Paul Hawken

3.1 影响人口数量的诸因素

出生率和死亡率是如何影响人口数量的？

人口的增加和减少取决于三个因素的相互作用：出生、死亡和移民。人口变化是通过某一特定时期（一般是一年）内增加的人口数（通过出生和移入）减去减少的人口数（通过死亡和移出）来计算的：

人口数量变化＝（出生人口数＋移入人口数）－（死亡人口数＋移出人口数）

当出生人口数加上移入的人口数大于死亡人口数与移出人口数之和时，人口总量就会增长；当相反时，人口总数就会降低。当这些因素相互平衡时，人口总量就会保持稳定，称为人口零增长（ZPG）。

除了采用每年的总出生人口数和死亡人口数这两个数据之外，人口统计学家们还利用（1）出生率，或毛出生率（某年每一千人出生的人口数），和（2）死亡率，或毛死亡率（某年每 1000 人中死亡的人口数）这两个数据。图 3－1 显示了 2000 年各个不同国家的人群的毛出生率和毛死亡率。

从世界范围来讲，出生率和死亡率正在下降，但死亡率的下降速度要超过出生率。结果，出生人口超过了死亡人口；你的心脏每博动一次，就有 2.6 个婴儿降临到了这个世界。以这种速度计算，每天这个地球上就会增加约 22.5 万人（其中有 95%是出生在发展中国家）。

全世界的年人口变化率（除了移民）一般是以百分率来表示的：

年自然人口变化率（%）＝［（出生率－死亡率）/1000 人］×100

＝（出生率－死亡率）/10

从 1963 年至 2000 年，全球年人口增长率下降了 39%，从 2.2%降到了 1.35%。这是个好消息，但同时，人口基数却增加了大约 91%，从 32 亿人增加到了 61 亿人。人口增长率的降低可以进行以下类比，大概相当于一辆直冲向你的卡车将速度从 100 公里每小时（kph）降低到了 61 公里每小时（kph），但它的重量却增加了 91%。指数式人口增长现象仍然存在；仅仅是它的速度放缓了。但是，放缓并不意味着真地变慢了：世界人口仍然以足够快的速度增长着，在 52 年间就会翻一番。年自然增长率为 1%—3%，这看起来好像挺慢，但目前的指数式增长率为 1.35%，这会使每年人口增长量达到 820 万。这基本上相当于每个月增加一个纽约市的人口，每年增加一个德国的人口，每 3.4 年增加一个美国的人口。虽然人口增长率在下降，但越来越大的人口基数意味着 2000 年的人口增长量为 820

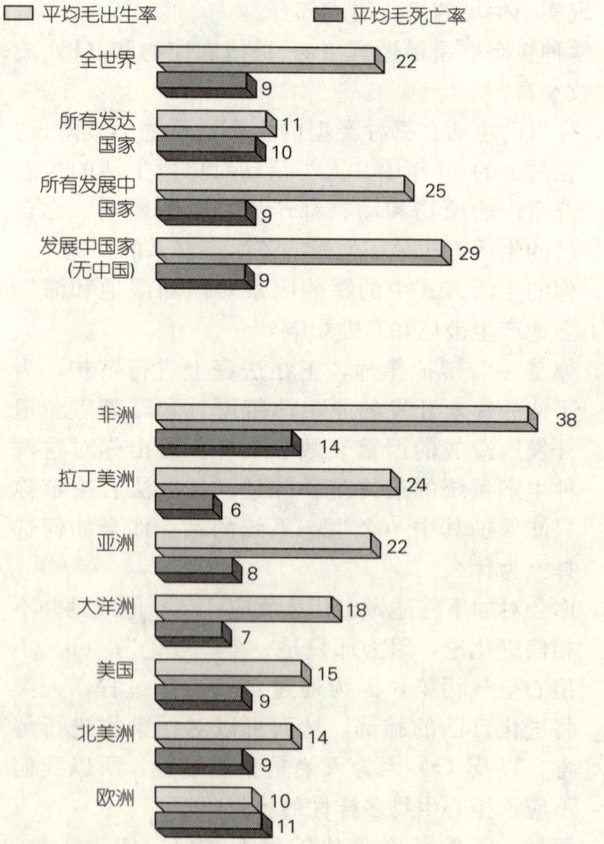

图 3－1 2000 年世界各国不同人群的年平均毛出生率和死亡率（数据来自人口参考局）

万，而1963年是全球人口增长率最大的一年，其人口增长量也仅为690万。图3-2显示了世界人口从1950年至2000年的年平均增长率，并对2050年作出了预测。

在人口数量上，中国（2000年人口达到12.6亿，大约占全世界的五分之一）和印度（人口大约为10亿）使所有其他国家相形见绌。这两个国家加起来，总人口占到了全世界人口的37%。美国总人口在2000年时为2亿8100万，是全世界人口第三大的国家，但仅占世界人口的4.6%。

全球人口生育率是如何变化的？

两种生育率会影响一个国家的人口总量和增长率。第一种是替代层次生育率，是指一对夫妇必须生产的婴儿数量，用以替代他们自己。其数量比每对夫妇两个孩子略高一点儿（2000年，在发达国家为2.1，在一些发展中国家为2.5），主要是因为一些女婴在达到其生育年龄前就死亡了。

达到替代层次生育率是否意味着人口增长会突然停止（零增长率）呢？不是的，因为很多人将来都会为人父母，如果平均每对都会生育2.1个孩子，而他们的孩子又会每对再生育2.1个孩子的话，人口总量会继续增长50年甚至更长的时间（假设死亡率不增加的话）。

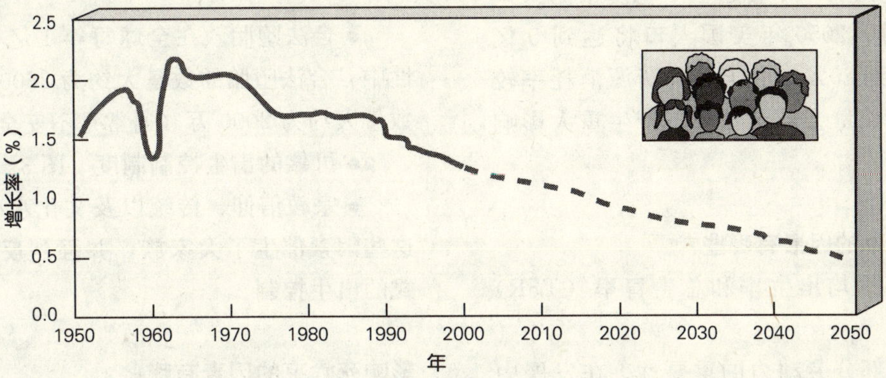

图3-2 全球人口的年平均增长率，1950—2000年，以及对2000—2050年人口增长的预测（虚线）（数据来自联合国）

第二种生育率是总生育率（TFR）：在15至49岁之间，如果以与该年女性相同的出生率来计算，一个女性在其生育期内将生育的孩子的数量。2000年，全球平均总生育率是每个女性2.9个孩子。在发达国家为1.3（比1950年的2.5有所降低），在发展中国家为3.2（比1950年的6.5也有所降低）。发展中国家女性生育的孩子的平均数量的降低是很有意义的，但这一生育率水平仍然远高于2.1的替代层次生育率。

取决于各个国家对平均总生育率的不同估算，联合国对2050年全球人口所进行的预测也呈现出不同的结果（图3-3）。这一增长量中有95%将发生在发展中国家（图1-6，第5页），在这些国家中，还有15亿人口生活在极度贫穷的状况下。

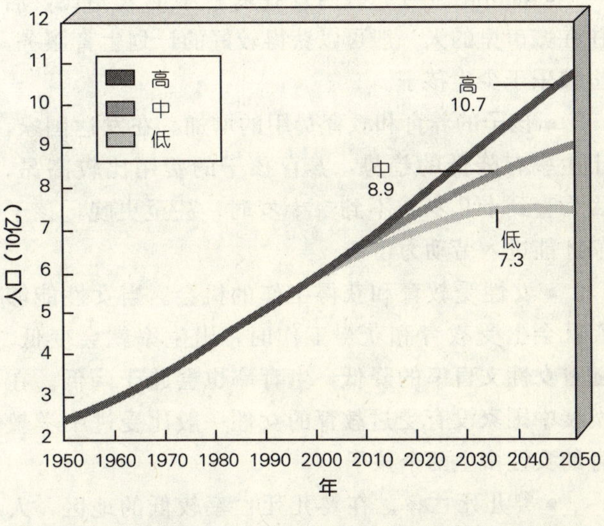

图3-3 联合国对2050年之前的全球人口预测，假设全球总生育率为每位女性2.5（较高），2.0（中等），或1.6（较低）（数据来自联合国）

案例研究：美国的生育率是如何变化的？

美国的人口从1900年的760万增加到2000年的2亿8100万，即使如此，美国全国的总生育率（TFR）的波动幅度很大（图3-4）。1957年是二战后的生育高峰，总生育率达到了3.7个孩子每个女性。之后，总生育率总体呈现下降趋势，在1972年之前，保持在替代层次生育率的水平，或低于该水平。

总生育率的降低导致了美国总人口增长率的下降。但是，全国人口增长率仍然高于其他发达国家，甚至离零增长率也很远。包括移人人口在内，2000年美国2亿8100万人口的增长率为1%——比全球工业国家的平均增长率高出了一倍。这一增长率增加了大约276万人口：(1) 出生人口超出死亡人口160万（大约占人口增长量的60%）；(2) 80万合法移民和难民，以及 (3) 大约30万的非法移民。

根据美国人口统计局的保守估算，美国人口将从2000年的2亿8100万增长到2050年的4亿400万——增长率为44%——不会趋于平稳。根据人口统计局的较高估计，2050年美国人口将达到5亿100万，增长率达到80%。由于人均资源消耗率较高，美国人口的增长量会对全球环境产生重大影响（图1-8，第7页）。

影响出生率和生育率的因素有哪些？

影响一个国家平均出生率和总生育率（TFR）的因素主要有：

● 孩子作为一部分劳动力的重要性。在发展中国家，出生率还有可能增高（特别是在农村地区，孩子在很小的年龄就开始帮助家里干农活）。

● 城市化。与那些居住在农村中的人相比，居住在城市里的人一般可以获得较好的计划生育服务，也较乐于少生孩子。

● 孩子的养育和教育费用的增加。在发达国家，出生率有降低的趋势，养育孩子的费用比较高昂，因为直到十几岁或不到二十岁时，甚至更晚，孩子们才能进入劳动力市场。

● 女性受教育和获得工作的机会。当女性能够在社会上受教育和获得工作时，出生率就会变低。随着女性文盲率的降低，生育率也会趋于降低。在发展中国家没有受过教育的女性一般比受过中学教育的女性多生两个孩子。

● 婴儿死亡率。在婴儿死亡率较低的地区，人们总是不想要太多的孩子，因为这样夭折的孩子就会少一些。

● 平均结婚年龄（或者，更确切地说，女性生育第一个孩子的平均年龄）。当女性的平均结婚年龄达到25岁或更大时，她们一般生育的孩子数量都比较少。

● 民营及社会养老金体系的有效性。养老金消除了父母多生孩子以度晚年的需求。

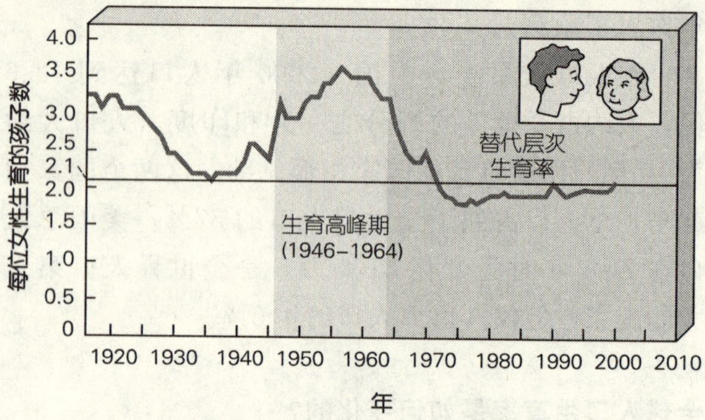

图3-4　1917—2000年间美国的总生育率变化（数据来自人口参考局和美国人口统计局）

● 合法堕胎。在全球每年1亿9000万的怀孕女性中，合法堕胎的数量大约为2600万，非法堕胎的数量大约为2000万（通常是不安全的）。

● 可靠的出生控制制度（图3-5）。

● 宗教信仰、传统以及文化水准。在一些国家，这些因素催生了大家族，并强烈反对堕胎和任何形式的出生控制。

影响死亡率的因素有哪些？

在过去100年间全世界人口的迅速增长并不是毛出生率增加的单一结果。相反，它主要是毛死亡率降低引起的，特别是在发展中国家（图3-6）。

人类的寿命越来越长（婴儿死亡率降低），因为：(1) 食物供给和分配的提高；(2) 营养物质的优化；(3) 医疗与公众健康技术的提高（例如免疫治疗和抗生素的使用）；(4) 公共卫生设施和个人卫生水平的提高，以及 (5) 更安全的水资源供应（降低了众多传染性疾病的传播）。

一个国家或地区人口的总体健康状况常用的两个指标是：寿命（一个新生婴儿可以生存的平均年数）和婴儿死亡率（每1000个婴儿中在出生后一年内就死亡的数量）。2000年，发达国家的平均寿命是75岁，而发展中国家的平均寿命为64岁（图3-7）。

有一个好消息，从1955—2000年，全球寿命从48岁增加到66岁（发达国家为75岁，发展中国家为64岁），至2025年，将会达到73岁。从1900—2000年，美国男性公民的平均寿命从46岁增加到74岁，女性公民的寿命从48岁增加到79岁。还有

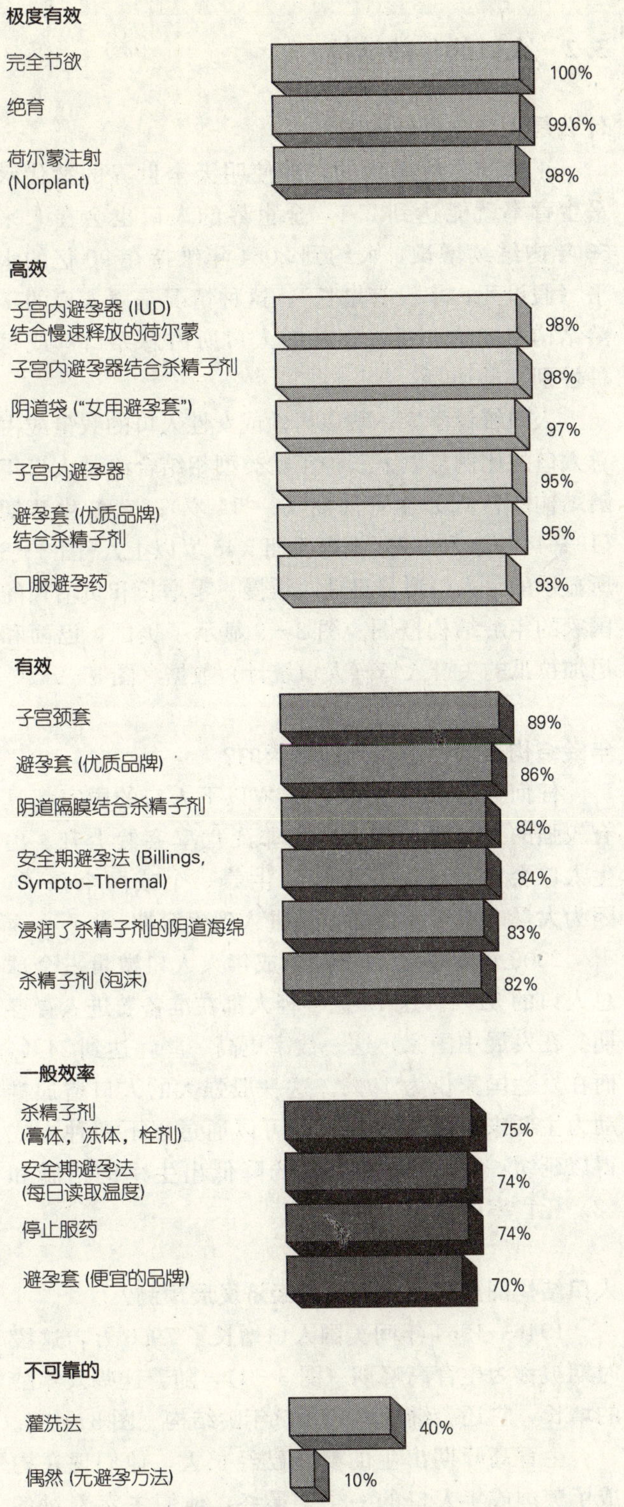

图 3－5　美国典型的出生控制方式的有效率。所得出的百分比是以每 100 对夫妇的怀孕女性中不希望怀孕者的数量为基础来计算的，在一年的时间内采用了某种方式作为他们惟一的出生控制手段。例如，口服避孕药的有效率为 94%，这意味着每 100 名按时服用避孕药达一年的女性中，其中 6 名最终仍然会怀孕。在发展中国家，这一有效率会比较低，主要是因为缺乏教育的缘故（数据来自 Alan Guttmacher 研究所）

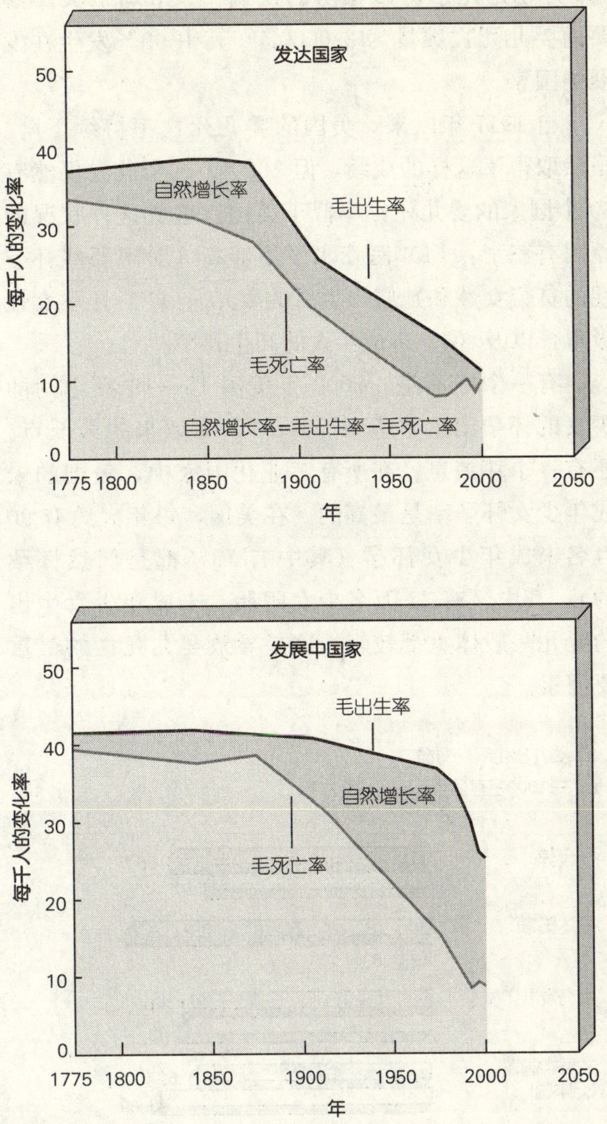

图 3－6　1775—2000 年间发达国家和发展中国家的毛出生率和死亡率的变化情况（数据来自人口参考局和联合国）

一个坏消息，在全球最贫困的 38 个国家中，平均寿命仅为 50 岁左右，这些国家大都集中在非洲。

因为可以反映出营养和健康的总体水平，所以婴儿死亡率大概可以成为衡量一个社会人民生活质量的最重要的单一指标了。高婴儿死亡率一般意味着：(1) 食物供给不足（营养缺乏）；(2) 营养水平不高（营养不良），以及 (3) 高疾病传染率（一般是通过被污染的饮用水传播的）。图 3－7 显示出 2000 年全球各个地区的婴儿死亡率状况。

从 1965—2000 年，发达国家的婴儿死亡率从千分之 20 下降到了千分之 8，发展中国家的婴儿死亡率从千分之 118 下降到千分之 63。这个成绩非常令人振奋，但是它意味着在其第一年的生命中仍然有

800万婴儿死于可以预防的疾病——平均每天不必要的婴儿死亡数量为22000名。其中99%发生在发展中国家。

自1917年以来，美国的婴儿死亡率持续下降。虽然取得了这样的成绩，但2000年，全世界仍然有30个国家的婴儿死亡率低于美国。造成这种状况的原因有三个：（1）医疗水平不够高（对于那些怀孕期的贫穷女性和她们出生后的婴儿）；（2）怀孕女性吸毒，以及（3）未成年人的高生育率。

有一个好消息，2000年美国15—19岁之间的少女的怀孕出生率达到了自1940年以来的最低点。还有一个坏消息，在所有工业化国家中，美国的未成年少女怀孕率是最高的。在美国，每年大约有90万名未成年少女怀孕（其中有78%都是偶然怀孕的），其中又有27万名少女堕胎。未成年少女生出的婴儿一般体重都较轻，这是导致婴儿死亡的最重要因素。

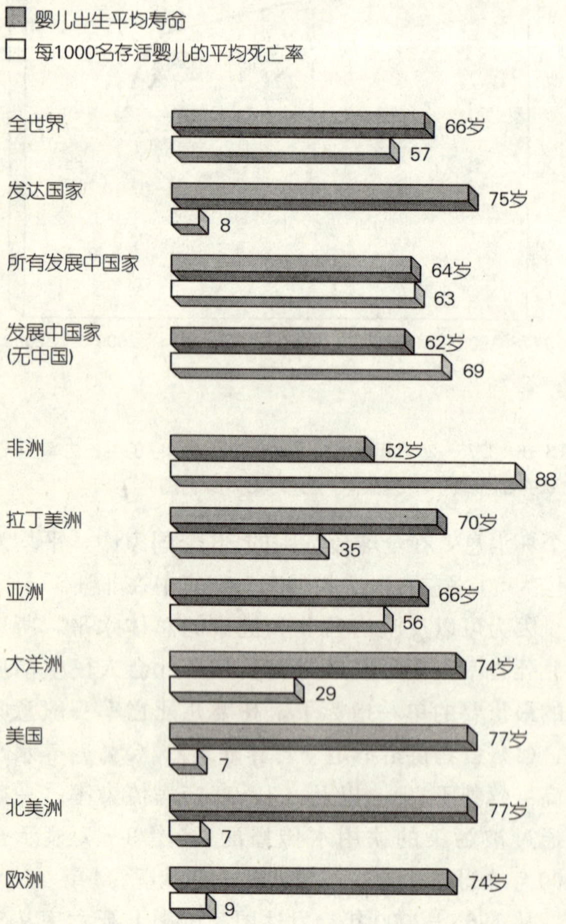

图3-7　2000年各国的平均寿命和婴儿平均死亡率（数据来自人口参考局）

3.2　人口的年龄结构

什么是人口年龄结构图？

正如前文所提到的，即使明天全世界的替代水平生育率就能达到2.1，全世界的人口也会在未来50年内继续增长，大约到2054年维持在90亿的水平（假设死亡率没有增长）。这种情况是由人口的年龄结构造成的：每一年龄的人口所占总人口（或每种性别）的比例。

人口统计学家一般以男性或女性人口的数量或占总人口的比例与以下三种年龄类型相结合绘制人口年龄结构图：（1）生育前期（0—14岁）；（2）生育期（15—44岁）和（3）生育后期（45岁以上）。图3-8所显示的是人口增长迅速、缓慢、零增长和负增长的国家的年龄结构概图。图3-9显示了美国、巴西和尼加拉瓜的关键人口（人口统计）数据（图3-9）。

年龄结构是如何影响人口增长的？

任何拥有大量年龄在15岁以下人口的国家都具有较强的人口增长潜力，除非死亡率突然上升。出生人口会增长，即使女性仅生养一个或两个孩子，因为大量未成年女性会很快进入到生育期。

2000年，15岁以下的未成年人人口数量占全球总人口的31%。这19亿年轻人都在准备着进入青春期。在发展中国家，这一数字更高一些，达到34%，而在发达国家仅为19%。这一股强大的人口增加推动力主要来自发展中国家，可以通过以下两种方式得以延缓：（1）一种有效的降低出生率的措施和（2）死亡率的急速上升。

人口结构图如何用于人口和经济发展预测？

1946—1964年间美国人口增长了7900万，这段时期被称为生育高峰期（图3-4），随着这些人年龄的增长，它还会继续影响人口年龄结构（图3-10）。

生育高峰期出生的婴儿已经长大，他们现在构成了美国成年人口的一半。最终，他们主宰着对各种消费品和服务的需求，在选举和立法过程中起着越来越重要的作用。当初的生育高峰期创造了一个为十几二十岁的青年人服务的大市场，现在又在创造着一个为50几岁的中年人服务的大市场，而且很快这个市场又会转变为为60几岁的老年人服务的大市场。

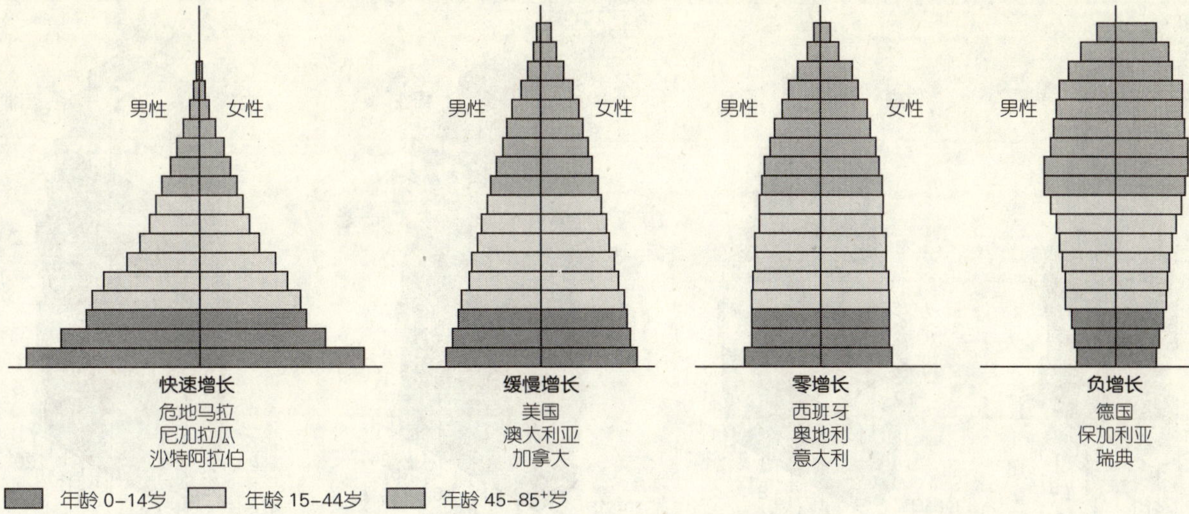

图 3-8 人口增长迅速、缓慢、零增长以及负增长的各国的人口年龄结构概图（数据来自人口参考局）

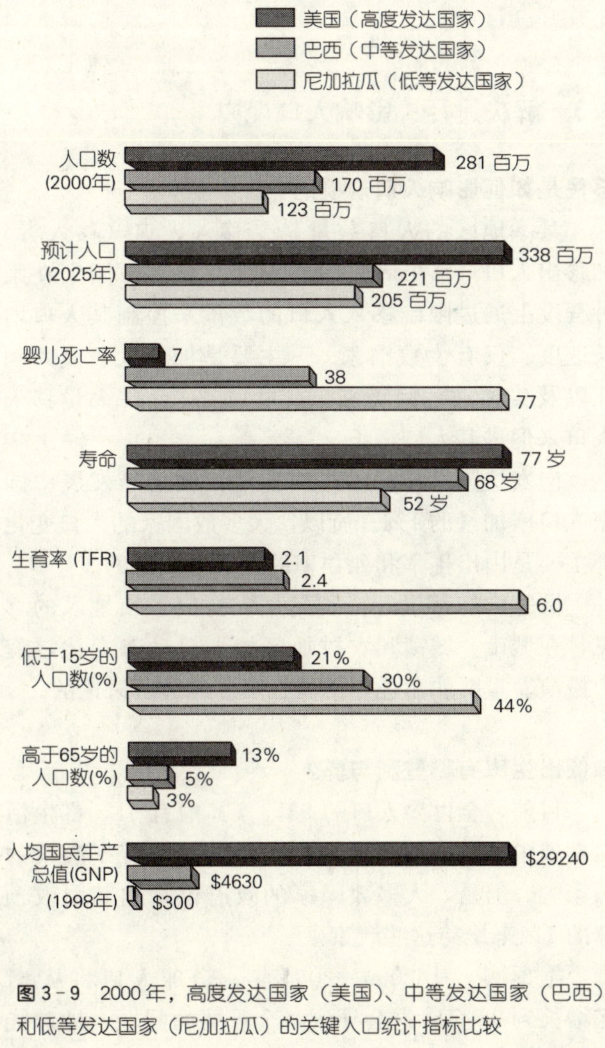

图 3-9 2000 年，高度发达国家（美国）、中等发达国家（巴西）和低等发达国家（尼加拉瓜）的关键人口统计指标比较

原本由大量已退休的高峰期生育者承担的经济负担现在落到了生育低谷一代人的肩上：1965—1976 年间出生的那 4400 万人（从 1970 年以来，生育率骤降，维持在低于 2.1 的水平；图 3-4）。那些已退休的高峰期生育者正在开始利用自己的政治影响力来强迫处于生育低谷的一代人交纳更多的税收、医疗保健费用以及社会保险税。这会在两代人之间沉积起怨恨，并激起冲突。

在生育低谷的一代人之后出现了反弹高峰生育的一代，从 1977—2000 年，新出生人口达到了 8200 万。这一代人是人数最多的一代人群，应该帮助维持那一代高峰生育者。这一代人已经成长起来了，他们懂得新的数字经济时代的到来。有调查表明，总体来讲，他们关心贫困问题、环境问题以及全球问题。

在某些方面，处于生育低谷的一代人与生育高峰的那一代生育者相比负担应该比较轻一些。为了获得教育机会、工作机会、各项服务以及劳动力短缺等使这一代人之间的竞争比较缓和，使他们的收入较高，至少对于那些需要高中以上的教育或技术训练的工作的竞争没那么激烈了。另一方面，处于生育低谷的一代人会发现，随着他们步入中年，他们获得工作提升的机会比较困难，因为比他们年长的那一代高峰生育期出生的人会占据大部分高层职位。很多高峰期生育者会延迟其退休的年龄，因为 (1) 健康状况有所提高；(2) 需要积累较大数量的退休金，以及 (3) 为了积累社会保险金而需要推迟退休年龄。

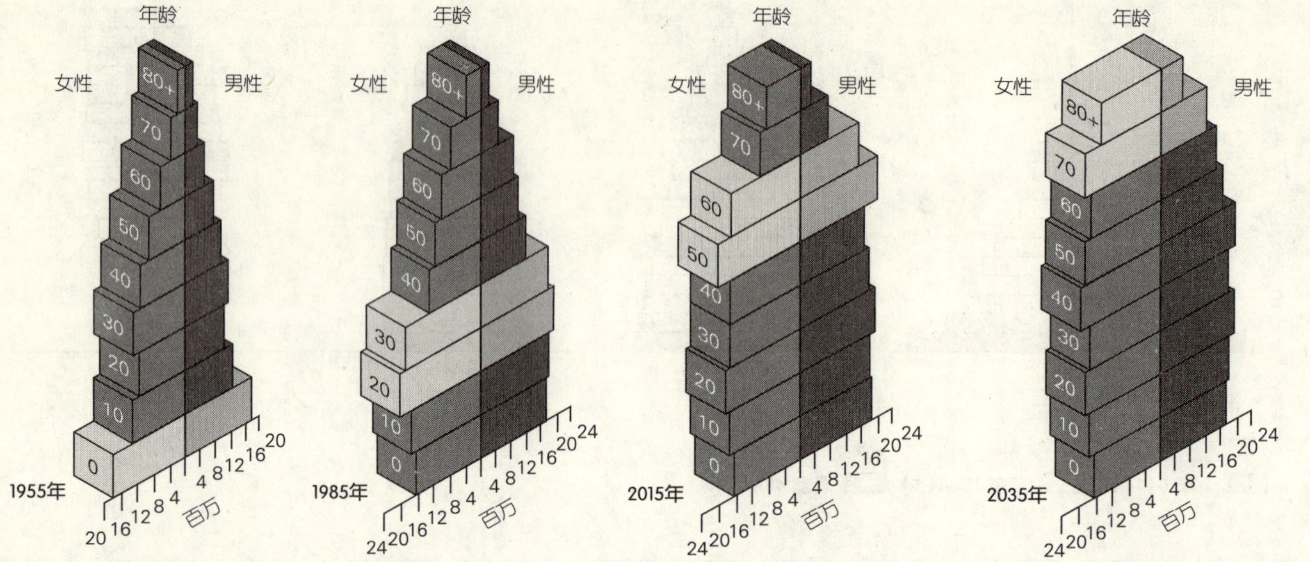

图 3－10　追踪美国生育高峰的一代人（数据来自人口参考局和美国人口统计局）

从这些少量的预测可以发现，某一社会人口的年龄结构的高峰或低谷造成了各种社会和经济变化，波及整个社会达数十年之久。

人口衰减会造成什么影响？

据预测显示，在 21 世纪的多数年份内，全世界大多数的国家中人口数量都会有所增长。但是，截止到 2000 年，30 个国家（大多数都在欧洲）中大约 7 亿 6600 万人口基本上都保持稳定（年增长率低于 0.3％），或有所减少。换句话说，工业化的欧洲国家人口的 13％再加上日本的人口都已经达到一个稳定的水平，而且很快就会经历一个人口减少的时期。

随着世界人口年龄结构的变化以及 65 岁以上的人口所占比例的增加，更多的国家都将经历人口减少。由于这种全球老龄化现象的出现，2000 年，发达国家中 60 岁以上年龄的人口数量第一次超过了 15 岁以下的未成年人数量。如果人口减少是一个逐渐的过程，它所产生的负面影响通常是可以控制的。但是，快速的人口减少就像快速人口增长一样，会导致严重的经济和社会问题。一个经历快速人口减少的国家会（1）老年人所占的比例会迅速增长，他们消耗一大部分的医疗保健、社会保险以及其他高额的公共服务设施，而这些都是由仍在工作的纳税人所维持的；（2）会遇到劳动力短缺的问题，除非该社会要依赖大量的外国劳动力的移入或流动。

3.3　解决途径：影响人口规模

移民是如何影响人口规模的？

某一地区的人口数量是受移入人口（移入者）和移出人口（移出者）的影响的。大多数国家在某种程度上通过限制移入人口的数量来控制其人口增长速度。仅有少数国家——主要是加拿大、澳大利亚以及美国（案例研究，右页）——允许大量移入人口来促进其人口增长。

向发达国家移民的人口数量仅占每年发展中国家人口增加量的 1％。所以，大多数国家的人口变化都主要是由出生率和死亡率的差额来决定的。

国家内的移民，特别是从农村向城市地区的移民，在城市、城镇和农村地区的人口动态变化过程中扮演着重要的角色，就像在第 3.5 节所讨论的。

降低出生率有哪些利与弊？

目前，全世界人口的 93％（其中有 91％都生活在发展中国家）都生活在推行了控制生育率政策的国家中。但是，大多数国家的政府仅拿出其财政预算的 1％来维持这些政策。

据预测，从 2000—2054 年，全球人口将从 61 亿增长到 90 亿，这会导致一个重要的问题：地球能否使这新增的 28 亿人享受到充分的生存标准而不对环境产生广泛的影响呢？

美国的外来移民

案例研究

从 1820—1999 年间，美国所接纳的外来移民和难民总量相当于其他所有国家总和的 2 倍。但是，在不同时期，合法移民的数量却不尽相同，因为移民法和经济增长率都会发生变化（图 3－11）。

1820—1960 年间，大多数合法的美国移民都来自欧洲；之后，大多数移民则来自拉丁美洲（53%）和亚洲（30%）。从 2000—2050 年，美国的西班牙裔移民所占的比例将会翻一番，从 12%增长到 24%。

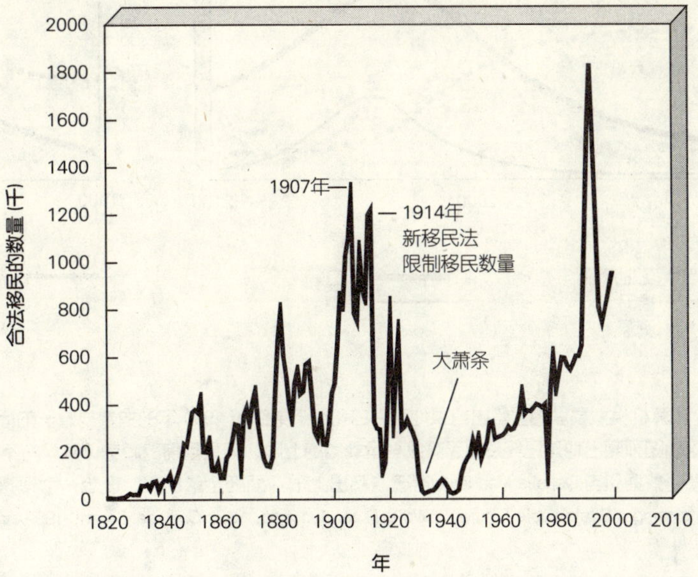

图 3－11　移入美国的合法外来移民数量，1820—1999 年。从 1989 年开始，外来移民数量的迅速增长主要是由 1986 年通过的移民改革和控制法案所引起的，该法案允许那些可以证明已经在美国居住若干年的非法移民者将身份转变为合法移民（数据来自美国移民和自然化服务处）

1995 年，美国移民改革委员会建议作为一个过渡时期将合法移民和难民的数量降低到每年大约 70 万人，然后再降低到每年 55 万人。一些人口统计学家和环境学家甚至呼吁将每年进入美国的合法移民和难民的上限控制在 30 万至 45 万人，或将合法移民的数量控制在年人口增长量的 20%。他们将仅允许那些可以维持自己生活的移民入境，他们认为为移民提供公共服务会使美国变为一个吸引全世界穷人的大磁铁。

这些分析者中的大多数人还认为应该努力降低非法移民的数量。但是，一些人担心对非法移民的限制又会导致对合法移民的歧视。

这一建议的支持者们认为降低移民数量将会使美国的人口更快地保持在一个稳定的水平上，并有助于降低全国巨大的环境压力。其他一些人则反对降低当前的合法移民水平，因为（1）这会削弱美国作为为全世界的穷人和受压迫者提供生存机会的场所的历史角色；（2）移民们同样要交税，他们的工作收入很低，其他美国人都不愿意去做；（3）很少有移民能受到公共资助；（4）很多移民经营自己的生意，创造了工作机会，以及（5）根据美国人口统计局的数字，2020 年后，随着生育高峰期的生育者们进入退休年龄，美国需要更多的移民来提供充足的劳动力。

批判性思考

美国是否应该降低其现在的合法移民水平，并严格控制非法移民的数量？为什么？

在以下三个方面存在着激烈的争论：（1）这个问题本身；（2）地球是否已经达到了人口超饱和的状态，以及（3）如果可以的话，人们应该采取哪些措施来减缓人口增长速度。对某些人来说，地球已经达到了人口过饱和的状态（图 3－12），但其他一些人则不这么认为。有些分析家，主要是些经济学家，认为我们应该鼓励人口增长以促进经济增长。

那些不相信地球人口已经过饱和的人指出现在地球上 61 亿人口的平均寿命比以往任何时候都要长。他们说地球可以支持更多几十亿人的生存，人类是地球最具价值的资源，可以解决我们所面对的各种问题，并通过消费活动来刺激全球经济的增长。

有些人认为任何形式的出生控制政策都是对其宗教信仰的侵犯，而其他一些人则认为这些政策是对其隐私和个人自由的侵犯。他们相信所有人都应该具有生养任意数量的孩子的自由。一些发展中国家和发达国家中的一些少数民族将人口控制政策视为一种有计划的种族灭绝，以控制其数量和所拥有的权力的增长。

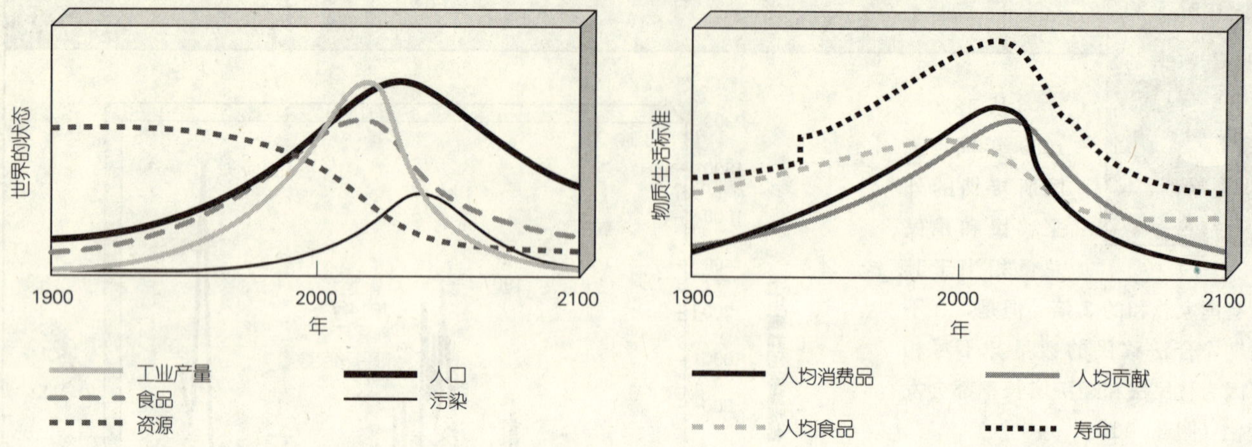

图 3-12 计算机模拟预测图显示出如果地球人口和经济继续以 1990 年的指数式增长的话，结果将会如何，假设不进行任何重大的政策变革或技术革新。这幅图预测出地球已经超出了其某些承载力的上限，如果目前的趋势仍然保持不变的话，在下个世纪的某一时刻，我们将面临全球经济和环境崩溃［数据引自 Donella Meadows 等著《超出上限：面临全球崩溃，设想一个可持续的未来》(Beyond the Limits: Confronting Global Collapse, Envisioning a Sustainable Future), White River Junction, Vt.: Chelsea Green, 1992 年］

延缓并最终停止人口增长的支持者们指出地球现在已无法为每 6 个人中的 1 个提供基本生活必需品了。如果我们现在不能（或将来无法）做到，我们又如何能够为 2054 年所增加的那 28 亿人提供生活必需品呢？很多分析家将发达国家和发展中国家的人口增长视为一种对地球的生命维持系统和人类自身的威胁。他们认为如果我们不能迅速降低出生率，那么我们就是在默许提高死亡率并极大地增加环境危害。例如，1992 年，具有很高声誉的美国科学院和伦敦皇家学会出版了一条联合声明："如果目前的人口增长趋势和人类活动模式维持不变的话，科学和技术将无法防止不可逆转的环境衰败和世界大多数地区的持续贫困。"

减缓人口增长速度的支持者们认识到人口增长并不是环境和资源问题的惟一诱因。但是，他们认为发达国家和发展中国家的人口再增加几十亿的话，只会加剧目前的环境和社会问题。一些人呼吁进行激烈的改革，以防止加剧环境衰退和死亡率的增长（图 3-13）。

这些分析家认为人们应该拥有随意生养许多孩子的自由。但是，这种自由只有在不会降低其他当代人和未来的后代们的生活质量的条件下才应该获得，无论是削弱地球维持生命的能力还是导致社会动荡，都是不应该获得的。他们指出，限制个人为所欲为的自由是为了保护其他个人的自由，这是现代社会中大多数法律制订的基础。你的意见如何？

经济发展如何有助于降低出生率？

人口统计学家已经对 19 世纪就已经实现工业化的西欧国家的出生率和死亡率进行了调查。从这些数据他们推出了一个人口变化的假设，被称为人口统计的转变：随着国家实现工业化，首先它们的死亡率会下降，然后其出生率也会下降。

根据这一假设，这一转变阶段出现在 4 个互不相干的阶段（图 3-14）。在前工业化阶段，艰难的生活条件导致了高出生率（以补偿高婴儿死亡率）和高死亡率。所以，人口增长较缓。

在转变阶段，工业化开始，食品生产量有所增加，医疗保健水平有所提高。死亡率下降，而出生率则保持在较高的水平，所以人口增长迅速（一般在每年 2.5%—3%）。

在工业化阶段，工业化已经普及。出生率降低并最终接近死亡率。形成这两种出生率接近的原因包括：(1) 更好的出生控制手段；(2) 婴儿死亡率的降低；(3) 女性可以获得更多的工作机会，以及 (4) 养育孩子所需的高昂费用，这些孩子只有在高中或大学毕业之后才能进入劳动力市场而获得工作机会。人口持续增长，但速度较缓慢，而且还会发生波动，这取决于该国的经济状况。大多数发达国家现在都处在这个第三阶段（图 3-14），还有少量发展中国家正在进入这个第三阶段。

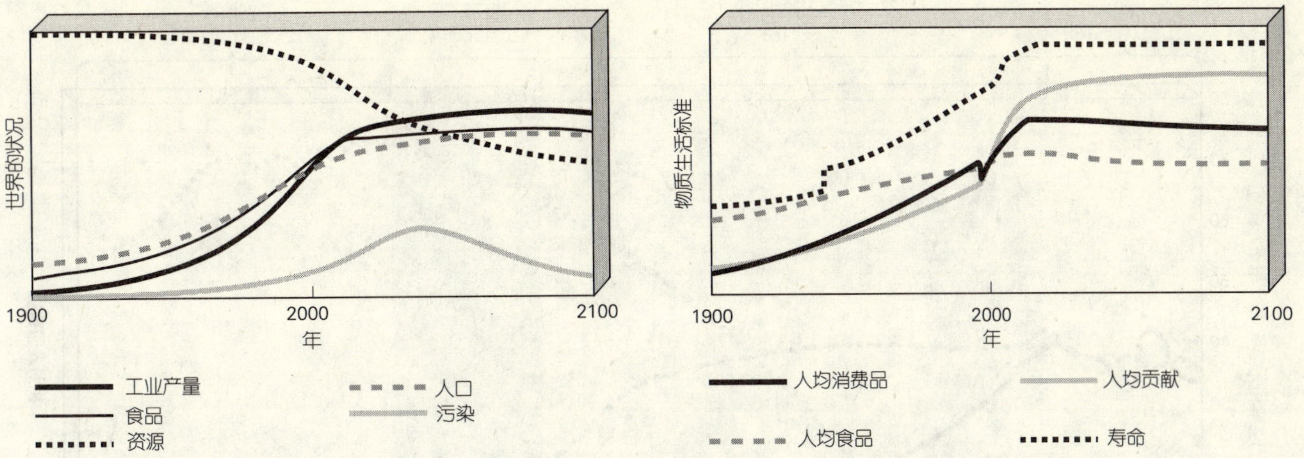

图 3-13 计算机生成的图表预测出我们如何能够避免人口过量和崩溃，并向可持续社会顺利过渡。该图表假设：（1）在未来的 20 年内，技术允许我们将不可再生资源的量和农作物和木材产量增加 1 倍，将土壤侵蚀程度降低一半，并将资源使用率增加 1 倍；（2）在 1995 年，100%高效的出生控制政策对每个人都行之有效；（3）从 1995 年开始，没有一对夫妇再生养两个以上的孩子，以及（4）人均工业生产成果稳定在 1990 年的水平。另一台计算机所运行的是直到 2015 年才应用这些变化的话，就会导致 2075 年时发生人口过量和经济崩溃，然后才能在 2100 年左右转变到可持续发展社会（数据引自 Donella Meadows 等著《超出上限：面对全球崩溃，设想一个可持续的未来》，White River Junction，Vt.：Chelsea Green，1992 年）

在后工业化阶段，出生率降低，甚至与死亡率持平，从而达到了人口的零增长。然后，出生率降低到低于死亡率的水平，这导致总人口数量的缓慢减少。30 个国家已经进入了这个阶段（主要是欧洲国家），它们的人口综合占全球总人口的 13%。对大多数人口学家来说，现在面临的挑战是帮助其余 87%的世界人口也达到这个阶段。

今天，大多数发展中国家的死亡率都已经远低于出生率。换句话说，这些发展中国家——主要集中在东南亚、非洲和拉丁美洲——仍然处在转变阶段，正爬行到经济阶梯的中间部分，人口增长率也很高。一些经济学家认为，如果不提高计划生育的政策力度的话，发展中国家将在将来的几十年中渡过人口统计的转变阶段。

尽管鼓励降低生育率，但一些人口学家仍然害怕很多发展中国家居高不下的人口增长率将超过经济增长速度和各地的生活维持系统的承载力。这会导致很多国家陷入一个人口陷阱中，这种现象正在很多发展中国家中发生着，特别是非洲。

分析家们还指出，一些促进发达国家社会进步的因素并不一定同样适用于今天的众多发展中国家。即使人口数量巨大，而且增长速度也很快，很多发展中国家（1）缺乏充分的掌握技术的熟练工人来生产高技术的产品，这些产品是参与全球经济竞争所必须的；（2）缺乏快速经济增长所需的资金和资源，以及（3）从 1980 年开始，这些国家接受发达国家提供的经济援助的数量减少了，而欠这些发达国家的债务开始增加。事实上，从 1980 年代中期开始，发展中国家已经向发达国家每年支付了超过它们从发达国家获得的援助 400 亿至 500 亿美元的资金（主要是债务利息）。

计划生育政策是如何有助于降低出生率和堕胎率，并挽救生命的？

计划生育可以提供教育和医疗服务，帮助夫妇选择其养育的孩子的数量，以及什么时候生养这些孩子。这些计划随着各国文化背景的不同而有所变化，但是大多数计划都提供了有关出生间隔、出生控制、母乳喂养以及出生前看护等服务。

实行计划生育的益处包括：

- 发展中国家采用现代避孕方式者所占已婚育龄女性总量的比例从 1960 年代的 10%上升到 2000 年的 52%，其中计划生育的实施是一个重要因素（如果不包括中国的话，这一比例为 39%）。
- 研究显示，计划生育使发展中国家的总生育率（TFR）至少降低了 55%，从 1960 年的 6%下降到了 2000 年的 3.2%（如果不包括中国的话为 3.7%）。
- 孩子的社会服务费用有所降低。
- 每年的合法或非法堕胎的个数大幅度下降。
- 由怀孕而导致的死亡危险率有所降低。每年至少有 60 万女性因怀孕而导致的各种状况而死亡（平均每天 1600 例），其中 99%都是发生在发展中国家。

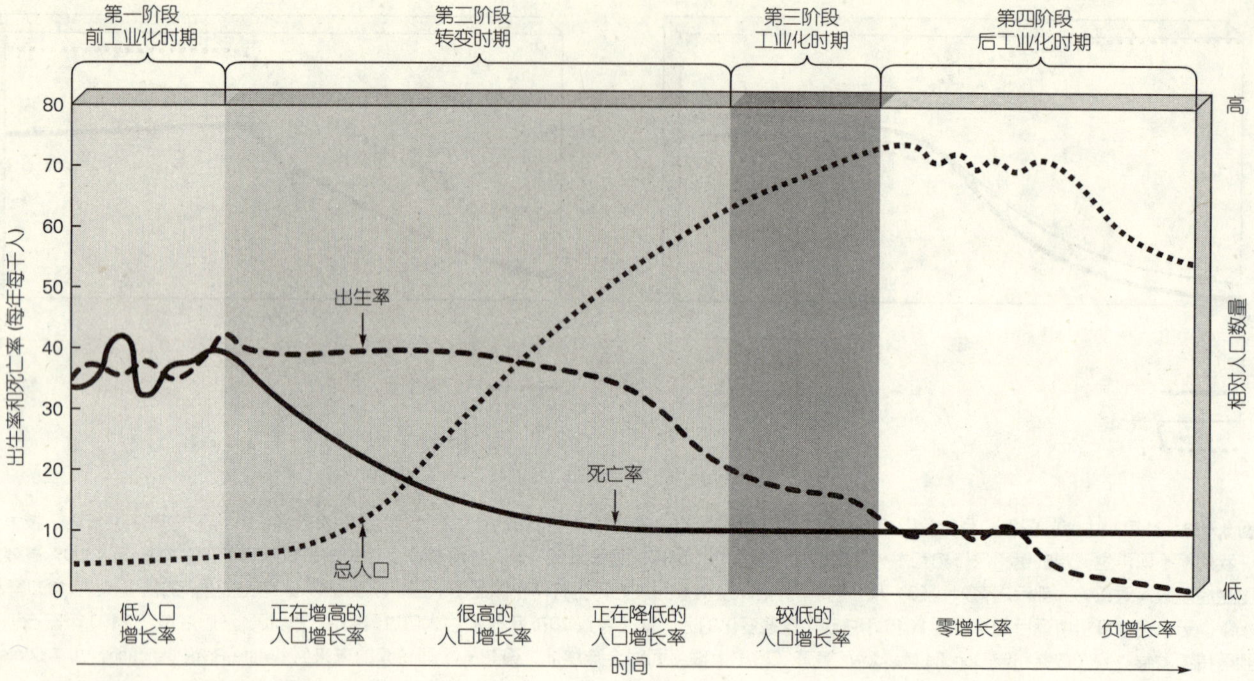

图 3-14 人口统计转变阶段的概括性模型

在人口大国，如中国（第 88 页）、印度尼西亚、巴西和孟加拉国，计划生育已经成为降低出生率和生育率的一个重要手段。计划生育在降低人口增长方面也起到了重要的作用，如日本、泰国（第 88 页）、墨西哥、韩国、中国台湾、伊朗以及其他几个人口数量中等或较少的国家和地区。这些成功的计划生育政策证明了人口增长率是可以在 15—30 年的时间内得到有力控制的。

尽管取得了这些成功，但计划生育政策在拥有更多人口的发展中国家内却收效甚微，如印度（右侧）、埃及、巴基斯坦和尼日利亚。在 79 个人口较少的发展中国家中，计划生育政策的成果也不明显，特别是在非洲和拉丁美洲的国家，它们的人口增长率仍然很高或处于中等速度。

根据联合国所做的研究，发展中国家中大约有 3 亿女性想要控制和确定她们生育孩子的数量和时间间隔，但却缺乏相应的服务。向这些女性和那些即将进入生育年龄的女性提供计划生育服务可以避免每年 580 万的出生量和超过 500 万的堕胎案例。

还有一些分析家则呼吁：

- 将现行的计划生育政策推广到未成年人以及具有性能力的未婚者，他们总是被排除在考虑范围之外。
- 鼓励选择性组织和生命组织，以增强促使非计划出生和堕胎的数量，特别是未成年人。
- 推行教育计划，使男性懂得少生孩子和多担负养育他们的责任的重要性。
- 在针对男性开发新的、更有效的、更易于接受的出生控制手段方面取得了进展。

根据联合国的资料，发展中国家可以每年向所有需要的家庭提供 170 亿美元的费用，大概比一个星期全球军费开支的总和略低一点儿。如果发达国家可以负担其中的三分之一的话，发达国家中的每个公民仅需负担每年 4.80 美元的费用。这将使全球生育率从 2.9 降低到 2.1，并使全世界减少大约 29 亿人口。

提高女性的社会能力对降低出生率有何帮助？

研究表明，女性会在以下情况下生育较少较健康的孩子，且生存时间较长：（1）获得受教育的机会和工作的机会；（2）生活在女性权利不受压制的社会中。

女性构成了全球人口的近一半的比例，她们（1）担负着全球几乎所有的家务劳动和照顾孩子的负担；（2）她们所提供的医疗保健服务所获的回报很少，甚至全无回报，比全世界所有有组织的健康服务的总和还要多；（3）她们承担着超过一半的与生产食物、收集燃料木材以及运送水等相关的工作，其中80％是在非洲、拉丁美洲和亚洲的农村地区。正如一位巴西妇女所说的：“对于贫穷的妇女来说，她们惟一的假日就是睡着了的时候。”

女性工作时间达到总工作时间的三分之二，但（1）获得的收入仅为全世界的10％；（2）拥有的财产总量仅占全世界的0.01％。在大多数发展中国家，女性是没有获得合法土地的权力的，她们也不能借款以提高其农业生产的效率。女性占全球贫困人口的70％，在全球超过8亿5500万没有读写能力的人口中，女性占三分之二。

大多数分析家认为，无论世界任何地方的女性都应该获得受教育和工作的全部权利和机会。这不仅可以降低人口增长速度，还可以促进人权和自由。但是，通过寻求性别平等来提高女性的社会能力会引起一些重大的社会变化，在当今男性主导的社会中是很难实现的。

经济奖励和惩罚政策如何有利于降低出生率？

一些人口专家认为计划生育政策即使与经济发展结合在一起，也无法迅速降低出生率和生育率，从而避免很多发展中国家的死亡率的上升，就像现在非洲的一些国家正在发生的情景那样。他们援引了一些研究，这些研究表明发展中国家的大多数夫妇都希望生育3或4个孩子。这比实现最终的人口稳定所需的替代水平生育率的指标要高出很多。

这些分析家相信，我们必须超出计划生育政策，实行经济奖励和惩罚政策，以降低人口增长率。全世界大约有20个国家向同意使用避孕药或进行绝育手术的人提供金钱奖励。但是，这些钱一般最能吸引的人是那些已经生养了足够量的孩子的人们。

一些国家，包括中国，对那些生育了超过1个或2个孩子的夫妇实行惩罚政策，（1）提高他们所缴纳的税收；（2）收缴其他费用；（3）取消该家庭的第三个孩子的收入减税福利（就像新加坡、中国香港和加纳一样）。生养了超过限制数量的孩子的家庭还会失去医疗福利、食品配给以及工作选择等各种福利。

为降低出生率而设计的经济奖励和惩罚政策将会达到良好效果，条件是（1）鼓励（而不是强迫）人们少生孩子；（2）强化当今社会的传统，并鼓励向小型化家庭发展的趋势；（3）对那些在计划生育政策实施之前就已经拥有很多孩子的家庭免于惩罚，以及（4）提高贫困家庭的经济状况。一旦一个国家的人口增长速度失去控制，则该国很可能采取强制手段来防止大规模的饥饿和贫困的产生，就像中国曾经经历的那样。

3.4　案例研究：降低印度、中国和泰国的人口增长速度

印度取得了哪些控制人口方面的成绩？

全世界最先实行计划生育的国家是印度，开始于1952年，当时其人口大约为4亿。在48年后的2000年，印度成为了世界上人口第二大的国家，人口为10亿人。

1952年，印度人口增加了500万，而在2000年，其人口增长量为1800万——相当于每天49300人。图3-15对印度和中国的人口数据进行了比较。

印度是全世界最贫困的国家之一，年人均收入大约为440美元；其中30％的人口年平均收入在150美元以下，或者每天不足41美分。印度的劳动力仅有一半能够找到工作或只能找到临时性的工作。虽然目前印度的谷类粮食是半自给的，但其人口中的40％都处在营养不良的状况下，主要是由贫困引起的。

一些分析家担心随着人口继续高速增长，印度严重的营养不良和健康问题会发生恶化。印度人口占全世界的16％，但其土地资源仅占全世界的2.3％，森林资源仅占全世界的1.7％。印度耕地中有一半已经发生了衰败，主要是由土壤侵蚀、涝灾、盐碱化和森林砍伐所引起的。印度的水资源中有70％都被严重污染了，而卫生服务水平又较低。

如果不是长期推行计划生育政策，印度的人口和环境问题会恶化得更快。但是，对于计划生育政策的支持者来说，这样的结果仍然不令人满意，因为（1）政策本身水平不高；（2）官僚体制效率低下；（3）女性的地位低下（尽管女性的平等地位受到宪法的保护）；（4）极度贫困，以及（5）缺乏行政和资金的支持。

虽然印度政府多年以来一直在向社会大众提供小型家庭的益处，印度的妇女平均每人都拥有3.3个孩子，因为大多数夫妇都相信他们需要很多孩子参加工作和养老。由于强烈的重男轻女的传统观念的影响，一些夫妇会一直生养孩子，直到他们得到了一个或更多的男孩为止。这些因素可以部分解释为什么90％的印度夫妇懂得至少一种现代避孕方法，但只有43％真正应用这些方法来进行避孕。

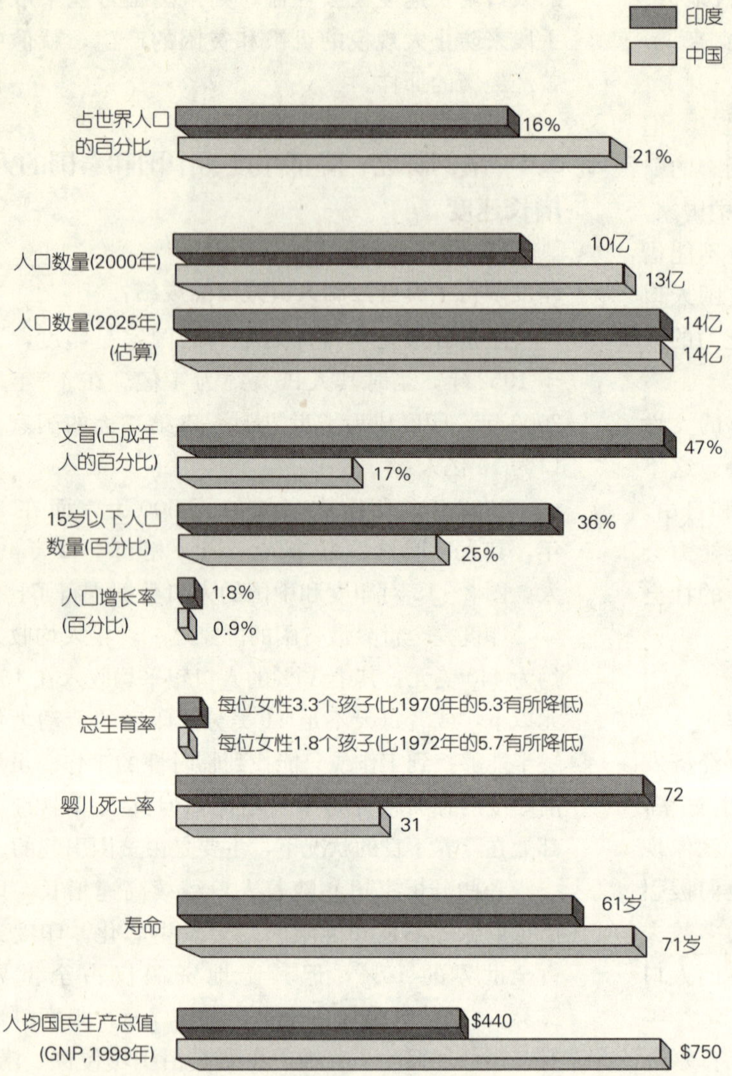

图 3－15　印度和中国的基本人口数据比较（数据来自联合国和人口参考局）

中国在控制人口增长方面都取得了哪些成绩？

从 1970 年开始，中国进行了艰苦卓绝的努力来解决人民的温饱问题，并对人口增长进行控制。从 1972 至 2000 年，中国将人口的毛出生率降低了一半，将生育率从每个女性 5.7 降低到了 1.8（图 3－15）。

为了迅速降低生育率，中国推行了全世界最有力的、最具有强制性的、最严格的人口控制政策。政府极力建议中国公民推迟结婚年龄，而且结婚后只生一个孩子。已婚夫妇可以很方便地获得免费的绝育、避孕和堕胎服务。医护人员和流动服务设施保证了农村地区也可以获得相应的服务。

保证只生一个孩子的夫妇可以获得：（1）食品奖励；（2）较高额的退休金；（3）更好的住宅条件；（4）免费医疗服务；（5）奖金奖励；（6）他们惟一的孩子可以获得免费教育的机会，以及（7）当他们的孩子找工作时，可以获得优先考虑。如果夫妇违反了他们的保证，则会失去所有这些待遇。现在，中国已婚夫妇中有 81％都在使用现代避孕方法。

中国政府官员在 1960 年代就意识到，能替代严格的人口控制手段的惟一方法就是大规模的饥荒。中国是个中央集权国家，与印度不一样，所以，它可以在全国强制推行一项长期的人口政策。

中国已经具有了巨大的人口数量，而且还在继续增长，这会造成巨大的环境危害，降低其生产食品的能力，对全国人口的健康状况产生威胁。中国人口占全世界的 21％，但其淡水资源和耕地资源仅占全世界的 7％，森林资源仅占 3％，石油资源仅占 2％。中国的土壤侵蚀问题非常严重，而且还在继续恶化。

大多数国家都避免采用中国推行的强制政策来控制人口。但是，中国的计划生育政策中的一部分可以被很多发展中国家借鉴。特别有效的是实现政策的本地化而不是要求居民到较远的计划生育中心接受服务。也许对其他国家来讲，最值得借鉴的就是在它们不得不在大规模饥荒和严重限制人权自由的强制性人口政策之间做出选择之前就推行人口控制政策。

泰国在人口控制方面取得了哪些成绩？

一个国家能否在 15 年的时间内就大幅度降低其人口增长速度呢？泰国就做到了。

1971 年，泰国实行了一项降低人口增长速度的政策。当该政策开始实施时，泰国的人口增长率为每年 3.2％，泰国家庭平均有 6.4 个孩子。

15 年后的 1986 年，泰国的人口增长率降低了一半，变为 1.6％。到 2000 年，人口增长率又降低到 1.0％，每个家庭的平均孩子数量也降低到了 1.9。

这一人口控制的巨大成功主要归功于以下几个原因：（1）政府支持的计划生育政策具有创造性；

(2) 女性的非文盲率很高（90%）；(3) 女性经济地位的升高以及妇女权益的提升；(4) 母亲和孩子所获得的医疗服务水平有所提高；(5) 泰国人民对新思想具有较强的开放性；(6) 政府对计划生育的鼓励和经济支持，以及与私人组成的非赢利性的组织人口与社区发展协会（PCDA）的协作，以及(7) 泰国宗教领袖对计划生育政策的支持（95%的泰国人都信奉佛教）。

这一变化与具有领导才能的 Mechai Viravidaiya 的工作是分不开的，他是一位出色的公共关系专家，被泰国前政府聘用为政府经济学家，在 1974 年创建了人口与社区发展协会（PCDA）来帮助实施计划生育政策。他帮助推行的具有创造性的、高姿态的计划生育政策说服了泰国家庭少生孩子。

事无十全十美。虽然泰国在降低人口增长速度和提高人均收入方面取得了巨大的成就，但在降低污染危害和提高公众健康状况方面却收效甚微，特别是母亲的健康状况和对艾滋病的控制以及以性为渠道传播的疾病方面。

泰国首都曼谷仍然是世界上污染最严重和最拥挤的城市之一。曼谷恶劣的交通状况和空气污染都是出名的差。乘坐汽车的人一般每年要在车上花费 44 天的时间，工作时间的流失所造成的经济损失高达 23 亿美元。

如何降低人口增长速度？

1994 年，联合国在埃及首都开罗召开了每 20 年一次的人口与发展大会。大会的主题之一就是鼓励世界各国行动起来，将全球人口在 2054 年稳定在 78 亿而不是预测的 90 亿（图 3-3）。

有一个好消息，日本、泰国、韩国、中国台湾和中国的经验显示出一个国家和地区是可以在 15—30 年的时间内达到将人口增长速度控制在替代水平生育率的。这些经验还表明，降低人口增长速度的最佳途径是综合利用以下政策：(1) 投资推行计划生育政策；(2) 减少贫困，以及 (3) 提高女性的社会地位。

3.5 人口分布：城市化与城市交通系统

城市面积增长的速度有多快？

一座城市或大城市区通常是指一座城镇或城市及其周边人口超过 2500 的郊区地带（有些县的最低人口为 10000 至 50000 人）。农村区域一般是指人口数量少于 2500 的区域。

城市是获得新工作、高收入、教育机会、创造革新、文化活动、更高的医疗水平和进行各种贸易的中心。所有这些因素促使人们从四面八方涌向城市区域，为了获得工作机会、食品、住宅、更好的生活条件以及远离乡村文化生活的限制和宗教、种族以及政治冲突等的烦扰。而乡村的各种低水平的生活因素也将农村人口推向城市，这些因素包括贫困、土地缺乏、农业劳动的低收入、饥饿以及战争。

在地球上的快速城市化所遇到的问题和挑战中，存在着五个重要的趋势。

- 全球城市人口数量在增长。从 1850—2000 年，居住在城市的人口数量从占全球总人口的 2%升高到 50%（34 亿；图 3-16）。如果联合国所做的预测是准确的话，到 2025 年，全世界人口中有 63%（55 亿）将居住在城市中，其中有 90%的城市增长发生在发展中国家。
- 大城市的数量迅速增加。1900 年，全世界人口超过 100 万的城市仅有 19 座，全球人口中超过 95%都居住在农村地区。现在，全世界超过 100 万人口的大城市已经超过 400 座，超过 1000 万人口的巨型城市也达到了 19 座（其中 13 座在亚洲；案例研究，第 91 页）。随着它们的生长和扩张，原本不相连接的城市区域会连成一片，形成巨型城市带。例如，美国马萨诸塞州的波士顿和华盛顿特区正在迅速城市化并相互连接。这一 800 公里（500 英里）长的城市区域有时也被称为波-华（图 3-17），居住人口达到 6000 万，大概相当于加拿大全国人口的 2 倍。
- 发展中国家的城市化速度正在加快。目前，发展中国家中 38%的人口都居住在城市区域中。而南美洲的城市化程度达到了 74%，主要集中在海岸线附近（图 3-16）。到 2025 年，发展中国家的城市化程度将达到至少 54%，其中发展最迅速的是非洲和亚洲的国家。这些城市中有很多将面临用水短缺、废物堆积以及污染等问题的困扰。
- 发达国家的城市生长速度（城市化程度为 75%）比发展中国家要缓慢得多。但是，到 2025 年，发达国家的城市化程度将达到 84%。
- 随着更多的贫穷人口从农村进入城市区域，贫困也同样被城市化了。联合国作出的估算显示，生活在发展中国家的条件恶劣的内城以及大量非法搭建居住区内的人口达到了 10 亿（聚焦专栏，第 92 页）。

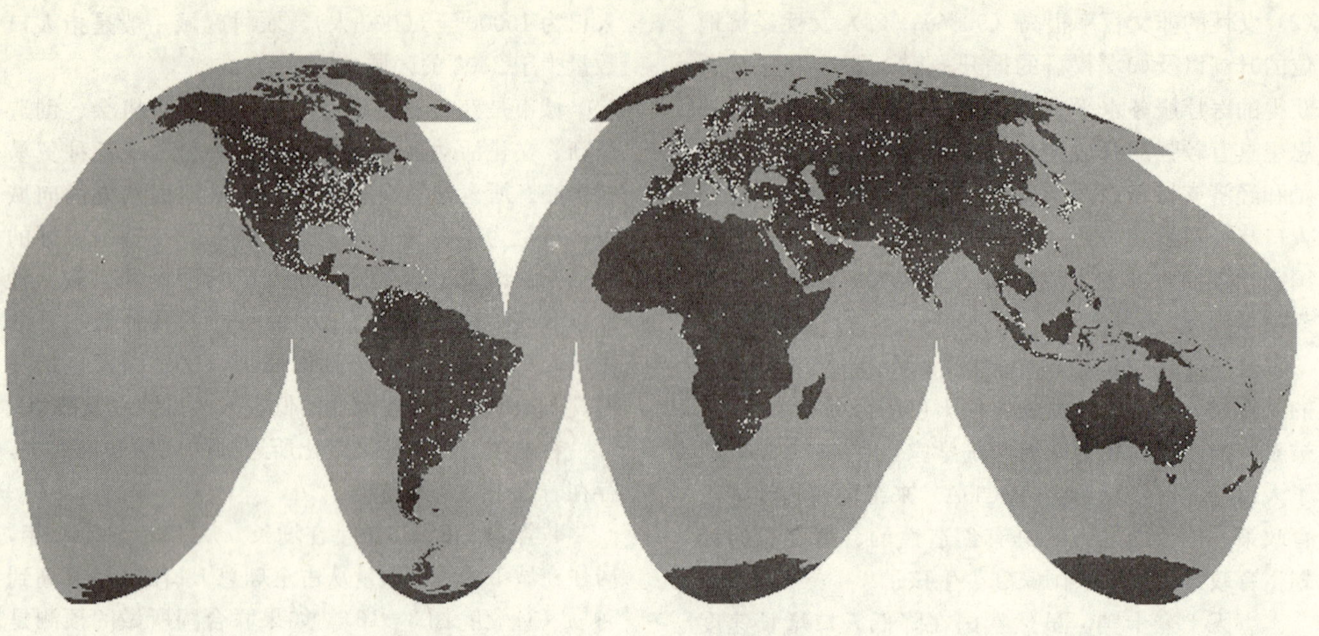

图 3-16　全世界主要城市区域，以夜晚所拍摄到的卫星图像所显示的城市灯光为基础。目前，全世界一半的人口都生活在城市区域内，但所占的地球表面积仅为 4%。请注意：(1) 世界上的城市区域大多数都集中在海岸线附近；(2) 非洲的大部分，南美洲、亚洲和澳大利亚的大部分内陆地区在夜晚一片黑暗（美国国家地球物理数据中心，美国国家海洋和大气管理局）

美国的城市化程度是多少?

从 1800 至 2000 年，美国居住在城市中的人口占全国人口的比例从 5%增加到了 75%。这一乡村向城市的人口流动倾向可以分为四个阶段。

● 向大型的中心城市流动。目前，居住在 350 个大城市区域内的美国人口的比例达到了 75%（城市及其附属的人口超过 5 万的村镇），居住在超过 100 万的大都市区内的人口比例也几乎达到了 50%（图 3-18）。

● 从大型中心城市向郊区和小型城市流动。1999 年，居住在郊区的美国人口比例达到了 51%。

● 从北向东，再向南，最后向西流动。从 1980 年开始，美国的人口增长主要发生在南部和西部，特别是海岸地带。这一趋势还会继续。

● 从城市区域向乡村区域回流，这一趋势从 1970 年代开始，特别是从 1990 年代开始更为明显。

美国所面临的最主要的城市问题有哪些?

有一些好消息。

● 从 1920 年开始，美国很多最严重的城市环境问题已经得到了巨大的缓解。

● 大多数人都获得了更好的工作和居住条件，空气和水的品质也有所改善。

● 经过改善的卫生、公共供水系统和医疗保健水平使死亡率大大降低，营养不良所导致的流行病和一些传染病，如麻疹、白喉、伤寒症、肺炎以及肺结核等，其传播都大幅度减少。

● 将全国大多数人口聚集在城市区域中，有助于通过降低对野生生物栖息地的侵害而保护生物多样性。

图 3-17　两个巨型城市带：波-华，由波士顿和华盛顿特区的城市蔓延和联结所组成；芝-匹，由芝加哥至匹兹堡的城市扩张所导致

墨西哥城

案例研究

墨西哥城的人口达到了1810万——每5个墨西哥人中就有一个是住在墨西哥城的，它是全球人口第二大城市。每天都有2000个赤贫的农村人涌入墨西哥城，希望可以获得更好的生活。墨西哥城的年增加人口数量大约为75万人。

墨西哥城（1）空气污染严重；（2）失业率很高（接近50%）；（3）噪声污染令人耳聋；（4）犯罪率节节高升。城中居住在贫民窟（称为barrios）中的人口超过城市居民总量的三分之一，缺乏供水和供电。

至少800万人无法获得下水道设施。这意味着每天有大量的生活垃圾被堆放在贫民区和空地上，吸引了大量的老鼠和苍蝇肆虐其间。当风吹起风干的粪便，排泄物像雪片一样飘及城市中的某些地区，使沙门氏菌和肝炎大量传播，特别是在儿童身上。

400万辆机动车和3万座工厂向空气中排放出大量的污染物。因为墨西哥城坐落在四周被山脉环抱的盆地中，所以空气污染十分严重，经常性的逆温将污染物固定在地表附近。自1982年以来，墨西哥城的空气污染量增加了2倍多。实际上，呼吸该市的空气基本上相当于每天抽3包烟。

墨西哥城的空气和水污染导致每年10万人过早死亡。作家Carlos Fuentes给这个巨型城市起了个绰号："错乱的城市"。

墨西哥政府正在努力使墨西哥的其他地区能够实行工业化，从而降低向墨西哥城的移民趋势。墨西哥政府还采取了其他一些措施：（1）50个街区的市中心区域禁止汽车通行；（2）禁止1985年以前生产的汽车在街道上行驶；（3）公共汽车和卡车只能使用液化石油气（LPG）；（4）种植了2500万棵树；（5）购买一些土地用于修建绿地；（6）逐步淘汰含铅汽油的使用。

如果墨西哥城的居民数量继续如预期那样增长的话，这些已经到了危机水平的问题还会继续恶化。

批判性思考

如果让你来管理墨西哥城，你会怎么做？

也有一些坏消息。美国的很多城市（特别是老城）：（1）服务设施在退化；（2）基础设施在老化（街道、学校、桥梁、住宅和下水道系统）；（3）随着一些商业设施和居民转移到郊区或乡村地区，成本的增高导致了预算收缩，同时，财产税的收入也降低了；（4）很多城市中心区内的贫困状况恶化了，那里的失业率一般都超过50%。

美国的另一个重大问题是城市蔓延：在城市和城镇边沿地区的低密度开发和生长。图3-19揭示了城市蔓延所造成的一些不希望发生的后果。

交通系统如何影响城市发展?

如果一个城市不能向外扩张，它就得竖向扩张——向上或向下（地下）——从而可以以一种占用较小的土地面积的高密度方式进行生长。大多数居住在这种紧凑城市中的居民依靠步行、骑自行车或搭乘高能效的公共交通系统来出行。很多欧洲的城市和城市区域，以及香港和东京，都是紧凑的模式，它们的能效要比美国、加拿大和澳大利亚这些拥有大量的土地以供城市向外扩张的国家的分散式城市模式更高效。

便宜的石油价格、充足的土地以及高速公路网等因素相互结合在一起，形成了一种蔓生的、以汽车为导向的城市形态，人口密度很低。这种城市蔓延具有很多不利的影响（图3-19）。

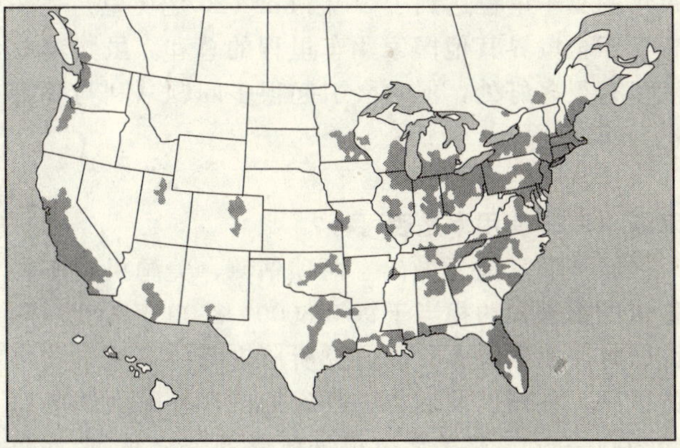

图3-18 美国的主要城市区域。约75%的美国人生活在城市区域，占有约3%的全美陆地区域。近一半（48%）美国人（超过1亿人）生活在大都市区域（引自美国人中调查局）

聚焦专栏

城市贫民

发展中国家的贫民窟和临时搭建的低劣住宅区一般都缺乏洁净水、下水道系统、电力供应以及相应的道路。一般来讲，这些贫民窟所选择的场所都不适合居住，因为空气和水污染都很严重，附近工厂还会排放有害废物，特别是这些地区很容易受到滑坡、洪水、地震以及火山喷发的危害。

发展中国家中年龄低于 15 岁的儿童中有半数生活在极度贫困的环境中，其中约五分之一是生活在贫民窟中的，缺乏家庭的照看。在埃及首都开罗，很多正值上幼儿园年龄的儿童在大街上四处挖掘土块，寻找未经处理的谷粒来充饥。

很多城市的贫民窟都没有任何饮用水供应、缺乏卫生设施、缺乏电力供应、缺乏食物、缺乏医疗保健服务、缺乏住宅、缺乏学校、也没有工作可寻。这些城市不仅缺乏所需的建设资金，而城市官员们也担心提高贫民窟的生活水平会吸引更多的农村人口涌入这些地区。很多城市定期清理贫民窟，派警察去驱散里面的非法居住者。这些居住者于是又回到旧的贫民窟中，或又重建新的贫民窟。

尽管缺乏工作，卫生条件很差，拥挤过度，充满各种环境危害，而且疾病蔓生，但是大多数贫民窟的居住者的经济状况还是比农村贫困人口要强一些。由于可以获得更好的计划生育服务，这些人一般倾向于少生孩子，这样就可以让孩子们受教育。大多数居住者的适应能力较强，而且很有韧性，他们对未来充满希望。很多居住在贫民窟里的人共同塑造了一种社区感，与邻里、朋友和亲戚创造出一种安全的环境。

批判性思考

为了降低 (a) 城市贫困人口，和 (b) 农村贫困人口的数量并提高他们的生活条件，你认为应该做哪三件事呢？

机动车有哪些利与弊?

陆地交通主要有两种方式。(1) 个人交通方式（例如小汽车、摩托车、自行车和步行），以及 (2) 公共交通方式（主要是公共汽车和轨道交通系统）。全世界只有大约 10%的人（发展中国家仅占 1%）能负担得起小汽车。所以，全世界有 90%的人口是以步行、骑自行车或骑摩托车为交通方式的。

美国人口虽然仅占全世界的 4.6%，但其小汽车和卡车拥有量则占全世界 5 亿 5000 万辆的 35%。在美国，小汽车构成了城市交通总量的 98%，上下班交通的 91%（80%的美国人单独开车上下班）。美国每年的驱车里程达到了 30 亿 km（20 亿英里）——相当于全世界其他国家驱车里程的总和。虽然驾驶汽车有很多好处，但它会引起很多问题（利与弊专栏，第 95 页）。

降低小汽车使用率是否可行?

经济学家最近做出了两项估测，美国机动车所造成的损害大约相当于每年 3000—3500 亿美元。除此以外，根据世界资源研究所所进行的研究，美国的联邦、各州以及地方的政府的汽车补贴大约为每年 3000—6000 亿美元（根据所需的资金），平均每辆机动车 1400—2800 美元。如果驱车者必须以汽油税的方式来偿付这些隐藏的费用的话（就像大多数欧洲国家和日本那样），则每加仑汽油的税收将达到 5—7 美元。

环境学家和很多经济学家建议，降低汽车所造成的危害的一个途径就是让驱车者来负担所有相关费用。这可以通过以下几种措施来实现：(1) 将预测的危害效应折合成汽油税；(2) 逐渐取消政府对机动车拥有者的补贴；(3) 将降低补贴和汽油税所得的收入用于降低收入税，并资助公共交通方式的发展，修建自行车道及人行道。

降低机动车使用量和交通拥堵的其他方法还有：(1) 收取养路费、隧道费及过桥费（特别是在高峰时段）；(2) 提高泊车费，以及 (3) 鼓励雇主将上班时间交叉开来，并鼓励雇员利用远程办公设施在家里办公。

将前文所述及的隐含在汽车、卡车和汽油的市场价格中的费用添加到各种税收中，这在经济上和环境上都是很有利的，而且在很多国家中已经实施，并取得了成效。但是，大多数分析家认为在美国，这样的政策不可行，因为：

- 它会受到社会大众（主要因为他们没有意识到自己已经在支付这笔巨大的隐藏价格）和具有政治影响力的交通工业业主们的强烈反对。但是，纳税人很可能会接受汽油税的大幅度提高，条件是这些附加的费用能够通过收入税和所得税的降低来补偿的话。
- 快捷、高效、可靠、可承受的公共交通方式和修建自行车道的方法并不是替代汽车的有效方法。

图 3-19　城市蔓延所造成的一些有害后果

●大多数美国城市区域的蔓生现状使人们非常依赖汽车。公共交通方式所占全部交通量的比例在美国仅为3%，德国为15%，日本为47%，它们的城市形态更加紧凑。

●多数能够负担私家车的人实际上对汽车有一种偏爱，而多数不能负担私家车的人则渴望将来能够拥有自己的私家车。

私家车交通的取代方式有哪些？

私家车是一种重要的交通方式，但一些国家正在鼓励其他方式来取代它，这些方式包括：

●摩托车，特别是发展中国家中不能负担私家车的人。这些摩托车大多数以汽油和煤油的混合物为燃料，发动机较小，效率也不高，而且噪声较大，造成的空气污染比较严重。但是，这可以通过开发电力摩托来解决，其空气污染很小，惟一较大的污染源就是来自为电池充电的发电厂。

●自行车，其对私家车的全球销售量超过2比1。它们在中国（占城市交通量的50%）和荷兰（占城市交通量的30%）得到广泛使用，但在美国则仅占1%。除了价格便宜，维修费用低廉以外，自行车还具有以下优点：（1）清洁无污染；（2）对行人和其他骑自行车的人几乎不会造成什么严重的伤害；(3) 生产所消耗的资源很少，以及 (4) 是能效最高的交通方式（包括步行）。利用分开的自行车道沿路骑行，人们在 8km（5 英里）的距离内速度可以超过汽车。一些公司还开发了电力自行车，有小型的电池来提供动力。

● 城市区域内的公共轨道交通。这种交通方式：(1) 能效较高；(2) 空气污染较轻；(3) 造成的伤害和死亡事件较少；(4) 比私家车所占用的路面空间要少。但是，只有当很多人居住在一条较窄的廊道附近，而且能够较容易地到达车站时（如香港），这种交通方式才能显现出高效和价格低廉的优势。

● 城市间的快速轨道交通系统。城市间的高速火车可以大幅度降低对私家车和飞机的依赖。在西欧和日本，高速火车可以在新的升级后的轨道上行驶，其速度可以达到每小时 330km（200 英里）。这种火车 (1) 是进行距离 200—1000km（120—620 英里）的旅行的理想方式；(2) 与商用飞机或仅承载一个人的私家车相比，每位乘坐者在相同的出行距离内的能效更高。高速火车网络可以替代飞机、公共汽车和私家车来进行美国主要大城市之间中等距离的旅行（图 3-20）。但是，这种系统 (1) 运行和维护费用较高昂；(2) 必须沿客源很大的交通线运行，否则无法赢利；(3) 会对附近的居民造成噪声和振动污染；(4) 如果缺乏良好的维护和管理的话，会造成重大交通事故。

● 公共汽车。公共汽车系统：(1) 比轨道交通系统具有更大的灵活性，它们可以在蔓延生长的整个大城市区域内运行，如果交通模式发生了变化，它们还可以根据需要来修改线路；(2) 所需的资金和运行成本都比重轨交通系统要低，以及 (3) 可以大幅度降低私家车的使用量（解决途径专栏，第 97 页）。但是，公共汽车系统 (1) 所消耗的资金比投入的资金要高，因为它们必须提供低廉的票价以吸引乘客；(2) 除非能够拥有单独的快速道，否则会被交通拥堵所阻。

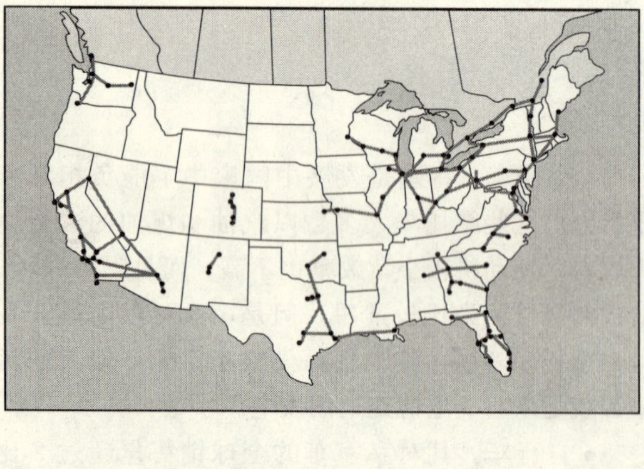

图 3-20 美国和加拿大部分地区所具有的发展高速火车的潜力。这一系统在一个地区的大城市之间建立起快捷、舒适、安全、可承受的旅行成为可能。它还可以大幅度降低对私家车、公共汽车和飞机的依赖性（数据来自高速轨道交通协会）

3.6 城市环境与资源问题

城市化有哪些环境益处呢？

城市化具有一些重要的健康和环境益处。

● 总体来讲，与农村居民相比，城市居民可以获得更高水平的医疗保健、计划生育、教育、社会服务以及环境信息。

● 人口增长所造成的环境压力较低，因为城市地区的出生率一般都是农村地区的四分之一到三分之一。

● 物品的回收利用在经济上更具可行性，因为可回收的物质的密度更高。

● 目前全世界居住在城市区域内的人口占全球总人口的 50%，但所占用的土地面积仅为全球土地面积的 4%（图 3-16）。

● 城市区域内人口居住密度较高，有助于通过降低对野生生物栖息地所造成的压力来保护生物多样性。

城市化有哪些环境危害呢？

城市化还有一些严重的环境危害：

● 虽然城市居民仅占用地球表面 4%的土地面积，但他们却消耗着 75%的地球资源。

● 为了向城市居民提供食物、水、能源、矿物质以及其他资源，大面积的地球表面土地必须被清理出来，从而产生衰败（图 3-21）。这会导致地球生物多样性的衰退。

● 由于资源消耗量较大，空气污染、水污染及固体废物和有害废物主要来自城市居民。

● 城市区域内的污染水平一般较高，因为污染物会在较小的范围内生成，而且无法像在农村中那么快地向周围扩张和稀释。

利与弊专栏

有关机动车的好消息与坏消息

机动车为人们带来便利和较高的机动性。对很多人来说，私家车还是权力、性感、刺激、社会地位和成功的标志。而且，世界经济的一大部分都是建立在汽车制造和修建道路、相关服务和汽车修理行业上的。在美国，每消费 4 美元就有 1 美元是与汽车工业相关的，每 6 个非农业生产工作中就有一个是与汽车工业相关的，美国最大的 7 个工业公司中有 5 家都是生产汽车或汽车用燃油的。

虽然机动车拥有很多重要的优点，但它们对人类和环境的破坏也是巨大的。从 1885 年卡尔·奔驰制造了全世界第一辆汽车开始，死于交通事故的人数达到了 1800 万。根据世界卫生组织的统计，全世界每年发生的交通事故（1）所导致的死亡人数大概为 88 万 5 千人（平均每天死亡 2400 人，相当于每天 8 架大型喷汽式客机失事）；（2）还使 1500 万人受到伤害或永久致残。

仅在美国，每年就会发生 1600 万起交通事故（比 1970 年的 700 万起有所增加），相关费用达到 900 亿美元，（1）致死 4 万多人；（2）致伤 500 万人，其中至少有 30 万是重伤。死于交通事故的美国人的数量比美国历史上历次战争死亡人数的总和还要多。每星期，美国国内的机动车还会杀死 100 万只野生动物和数万只宠物。

机动车还是空气污染的主要诱因。在美国，虽然实行与其他国家同样严格的空气排放标准，但机动车所产生的空气污染量仍然至少占全部污染量的 50%。美国消耗着全世界石油总量的三分之二，全世界总油耗的三分之一都是与交通有关的。

由于能够实现较长的通勤距离，且使长途购物变为可能，所以机动车和高速公路又加剧了城市蔓延现象，并降低了其他更高效能的交通形式的使用量。从全球范围来讲，至少三分之一的城市用地都用于修建道路、停车场、加油站以及其他与机动车相关的设施。在美国，一个普通城市用地的一半都是为了机动车而建设的，这促使城市专家刘易斯·芒福德建议将美国的国花定为混凝土立交桥所采用的四叶苜蓿。

燃料浪费和消耗在道路上的时间给美国经济造成的损失为每年 740 亿美元。如果继续目前的这种趋势的话，美国的机动车驾驶者平均每人要消耗两年的生命在交通拥堵上。即使建设资金不成问题，修建更多高速公路也不是一个有效的解决途径，因为正如经济学家 Robert Sanuelson 所言："私家车的膨胀会铺满所有的混凝土路面。"

批判性思考

如果你拥有一辆小汽车（或希望拥有一辆小汽车），哪些条件（如果可能的话）会促使你较少的使用这辆车，而改为骑自行车、步行、乘坐公共交通工具或与他人合用汽车或上下班公车来上下学和上下班？

● 城市区域内人口的高密度会增加（1）传染病的传播范围和速度（特别是当缺乏充足的饮用水和下水道系统时）；（2）人体伤害问题（主要是工业和交通事故所导致的）；（3）犯罪率，以及（4）过度的噪声污染（图 3－22）。

● 大多数城市中种植的树木、灌木和其他植物的数量都较少，（1）这些植物可以吸收空气中污染物；（2）可以释放出氧气；（3）有助于降低空气温度；（4）降低土壤侵蚀的危害；（5）缓冲屏蔽噪声；（6）为野生生物提供栖息地，以及（7）创造美学愉悦性。正如某位观察家所言："大多数城市都是砍伐树木然后以树木的名字来命名街道的场所。"

● 大多数城市仅能自己生产很少量的食物。但是，人们可以通过一些途径来生产食物：（1）在没有用的地块上建设社区公园；（2）用窗台上的花盆箱和阳台来种植植物；（3）在集合住宅的屋顶和天井中建设花园和温室。

● 与郊区和农村区域相比，城市一般温度都较高，较多雨，较多雾，较多云。汽车、工厂、锅炉、电灯、空调以及吸热的暗色屋顶和路面所产生的大量的热量形成了城市热岛（图 3－23，第 98 页），周围则是较凉爽的郊区和乡村地带。随着城市区域的生长和合并，单个热岛也会随之结合在一起。这会影响较大区域的气候状况，并会使受污染的空气无法稀释和净化。

● 很多城市都存在着供水问题。随着城市的扩张及其供水需求的增加，人们必须建造费用高昂的水库和水道，并打更深的井来采水。这会消耗掉野生环境中的地表水，并以高于其补充能力的速度消耗地下水。

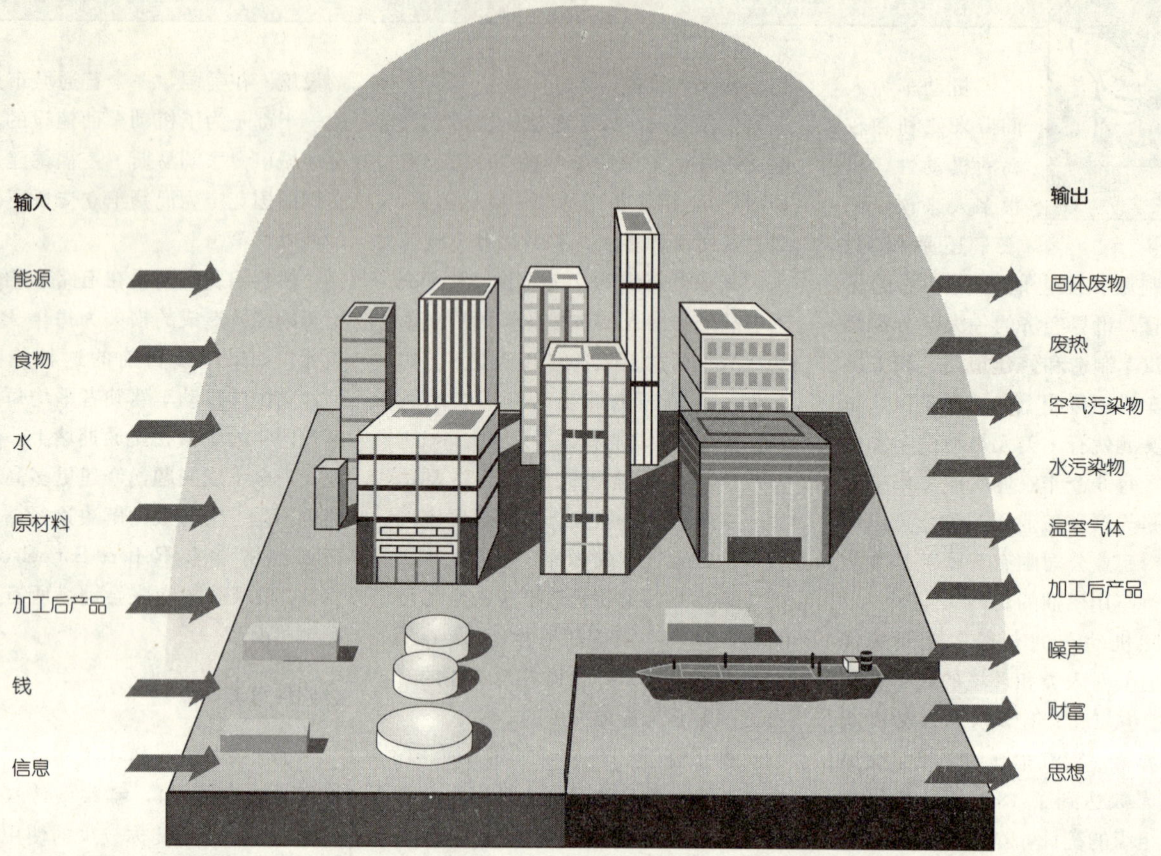

图 3-21 几乎没有一个城市区域能够形成可持续的体系。一般的城市都是一个开放的系统，必须依赖其他区域为其提供大量的物质和能量资源的输入，并处理大量输出的废物和废热。大面积的非城市土地必须被用于为城市区域供应资源。例如，根据 Mathis Wackernage 和 William Rees 所做的一项分析，伦敦居民所需要的资源需要相当于其土地面积 58 倍的区域为其进行供应。如果以相同的比例来满足全世界人口的资源需求的话，则我们至少还需要 3 个地球才行

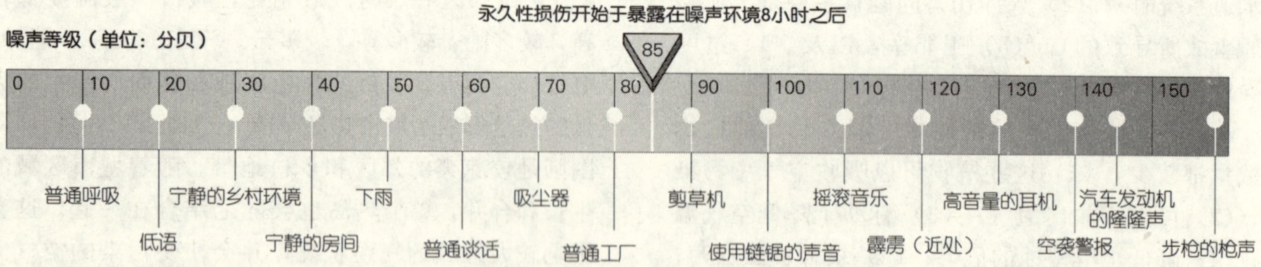

图 3-22 一些常见声音的噪声等级［以分贝（dbA）表示，一个单位的声压］。以下情况会使你暴露在可以导致永久性听力伤害的噪声等级的声音的危害之下：（1）你需要提高你的噪音以盖过周围嘈杂的声音，从而才能让别人听到你的声音；（2）一种可以导致你耳鸣的噪声；（3）周围人的谈话好像被蒙了一层膜。长期暴露于低噪声等级，偶然会听到较大的声音并不会对你的听力有所损伤，但是却会大幅度增加内耳的压力。噪声污染可以通过以下方法来降低：（1）调节产生噪声的活动或设备来降低噪声；（2）对发出噪声的设施或活动进行屏蔽；（3）对工作者或其他受到噪声污染的人进行屏蔽；（4）使产生噪声的活动或事物远离人群，以及（5）利用新的反噪声技术，用一种噪声来抵消另一种噪声。

解决途径专栏

巴西库里蒂巴市

巴西的库里蒂巴市人口为220万，是拉丁美洲最适宜居住的城市之一，它富有创造性的城市规划和环境保护措施享有世界声誉。

该市的市政官员们鼓励在任何地方种植树木。没有得到批准，该市的任何一棵树都不能被砍伐，而且每砍伐一棵树就必须重新种植两棵树来进行补偿。

该市的空气非常洁净，因为整个城市不是建立在私家车的基础上的，而且该市的官员将土地使用和交通规划有机的结合在了一起。该市拥有160km（100英里）长的自行车道，而且还在继续修建更多的自行车道。由于获得了很多店主的支持，该市中心区内的很多街道都开辟为步行街，汽车是不可以进入的。

库里蒂巴的公共汽车系统也许是全世界最优秀的。平时的每一天，清洁高效的公共汽车搭载的乘客量超过190万——占全市通勤乘客量的75%——车票价格低廉［每次20—40分（巴西货币），可以任意转乘］，而且还开设了公共汽车专用线。从1974年开始，虽然该市的人口增加了一倍，但私车使用量却降低了30%。

在主要汽车路线附近仅允许建造高层住宅，而且每栋住宅必须将最底下的两层用于商业，从而降低了居民的出行需求。

该市（1）在位于城市中心区的下风位购买了一块土地用于建造工业园；（2）在工业园内规划了街道、服务设施、住宅以及学校等公用设施；（3）为该工业园开设了上下班的专车，以及（4）颁布了极其严格的空气和水污染控制法。这些措施吸引了很多清洁的国内和国外公司前来投资建厂，还有500家无污染工业公司也落户该工业园，为该市创造了五分之一的就业岗位。这些工人中的大多数都可以步行或骑自行车上下班。

为了给需要工作的人提供基本技术训练服务，该市将一些老旧的公共汽车改造为流动技术训练学校。每辆汽车都教授特定的课程，费用相当于普通公共汽车票价的2倍（不到1元），在某个地区内流动3个月，然后再流动到其他地区。其他一些被淘汰的公共汽车被改造为教室、健康诊所、食品市场、流动厨房以及遍布该市的200多个日间托儿所中的一部分，每天开放11个小时，对低收入家庭免费。该市70万最贫困的人口可以进行垃圾的分类整理工作，以换取本地生产的蔬菜和水果或公共汽车车票，还可以获得免费的医疗、牙医和儿童照看等服务。

在库里蒂巴市，（1）99.5%的家庭都能够获得电力和饮用水水供应，98%的家庭都可以获得垃圾清理服务；（2）非文盲率达到了95%；（3）83%的成年人至少具有高中教育水平，以及（4）人均国民生产总值达到了大约8000美元（巴西的平均水平为4630美元）。

虽然库里蒂巴市的人口增长速度很快，从1950年的30万增加到2000年的220万，主要是农村的贫困人口涌入城市区域，但所有这些措施都行之有效。至2020年，该市预计人口还将再增长100万。民意调查显示，该市99%的居民不想搬到其他城市居住。

该市所实施的整套方案都是建筑师兼大学教师Jaime Lerner的创造，他是一个精力充沛、富有领导才能的人，从1970年代开始，他被三次选为该市的市长。在他的领导之下，该市政府把自己投入到了寻找解决各种问题的途径的工作中，这些途径简单、富有创造性、快速、成本低廉、而且富有趣味性，并将该市政府塑造成了一个广泛接受公众批评的、诚实的、有责任心的政府。世界银行将库里蒂巴作为一个通过创造性的领导和社区大众的共同努力而将城市建造得更加可持续、更加适宜居住的范例。

批判性思考

与发达国家和发展中国家的大多数不可持续的城市相比，你认为哪些措施使库里蒂巴市成为这样一个更加具有环境可持续性的城市？

- 洪水对城市造成的灾害较大，因为：（1）很多城市都是建立在洪泛平原上的，很容易受到洪水的威胁；（2）在地面上建造大量的建筑物，铺上大面积的沥青和混凝土路面会使降水很快流失掉，并导致过量的暴风雨径流。

- 随着城市的扩张，农田、富有营养的土地、森林、湿地以及野生生物栖息地都会流失掉。一旦主要农业用地或森林被覆盖或用于建造各种人工设施，它们就丧失了生产食物的能力，也不再成为大多数以前生活在其中的野生生物的栖息地了。在海岸区域，城市扩张毁坏或污染了湿地所具有的生态价值。

3.7 解决途径：将城市区域变得更加适于居住和更具有可持续性

精明增长如何用于控制城市生长和蔓延？

精明增长的概念得到了越来越广泛的应用。该理论认识到城市增长是不可避免的，但可以利用区划法规（各个地块被指定了用地性质）和其他一系

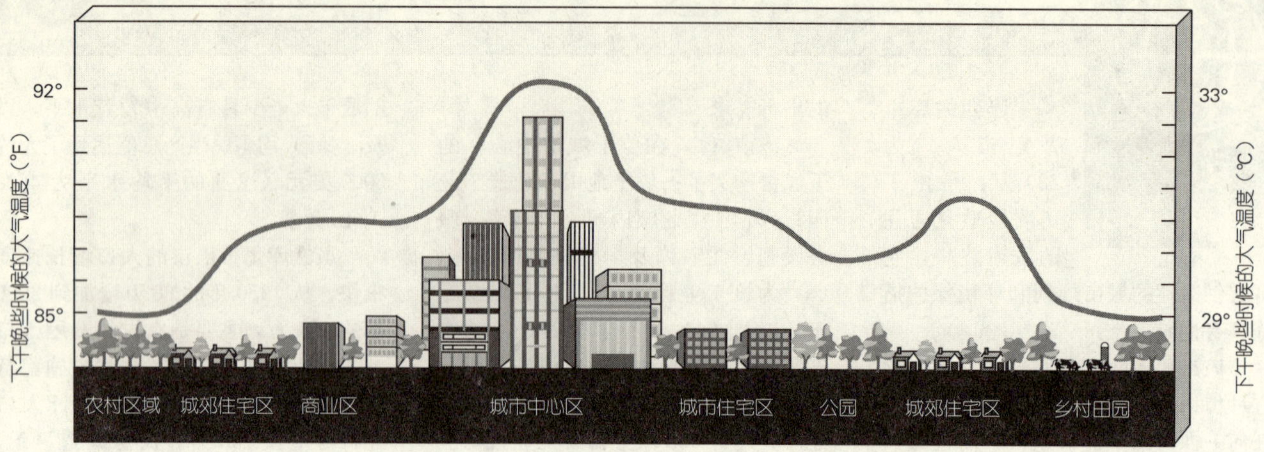

图 3-23 城市热岛纵剖面图，显示出随着开发密度和树木密度的变化，城市内的空气温度是如何变化的。与周围种植了大量树木、较少吸热地面的郊区和乡村区域相比，树木较少、能够吸收热量的道路铺地、屋顶和其他能够吸收和释放热量的深色表面较多的城市区域的温度较高。城市可以通过以下途径来节约资金并部分抵消掉城市热岛效应：（1）实施种植树木的计划；（2）采用浅色的铺地、建筑表面以及屋顶来反射热量；（3）通过建立机动车、建筑物和电器的高能效标准来降低输入大气内的废热的量，以及（4）在大型建筑的屋顶上设置花园

列手段：（1）避免城市蔓延；（2）使城市的生长倾向于某一特定区域；（3）对具有生态敏感性和重要性的土地以及水道进行保护；（4）对具有更高的环境可持续性和更宜人的区域进行开发。图 3-24 列出了用于避免和控制城市生长和蔓延的精明增长理论手段。

解决途径：我们如何将城市建设得更加具有可持续性和更适宜居住？

根据大多数环境学家和城市规划师的想法，增加城市化和城市密度比低密度侵占乡村土地要好一些，这会毁坏更多的生物多样性。对这些分析家来讲，最主要的问题并不是城市化，而是无法使大多数城市变得更具有可持续性，更加适宜生活。

在未来的几十年内，一个重要的目标就是使城市区域变得更加具有独立性，可持续性和适宜生活。一个具有环境可持续性的城市，一般被称为生态城市或绿色城市，它对地球资源的需求可以通过模仿自然界的新陈代谢过程来降低（图 2-55，第 73 页）。这样的生态城市所强调的重点是（1）防止污染和降低废物的生产量；（2）高效利用能源和物质资源；（3）对 60%的城市固体垃圾进行回收、再利用，并利用其来进行有机肥生产；（4）利用太阳能和其他本地可再生能源，以及（5）维护生物多样性。

生态城市可以高效利用本地能源，并要求所有建筑物、机动车以及电器必须满足高能效标准。与本地气候和土壤相适应的树木和植物遍布城市各处，（1）提供遮阳之所，并塑造城市美感；（2）降低污染、噪声和土壤侵蚀，以及（3）为野生生物提供栖息地。单一种植的草场一般应以小型的有机花园和各种与本地气候条件相适应的植物来替代。

废弃的停车场和工业用地（灰色用地）和受污染的小溪和河流应该进行清理和恢复。邻近的森林、草地、湿地和牧场应该受到保护，而不应被城市用地蔓延覆盖。生态城市的大部分食品都来自（1）附近的有机农场；（2）太阳能温室；（3）社区自植的花园，以及（4）屋顶、庭院上的小型花园和窗台花盆中的植物。

生态城市是以人为本的城市，而不是为汽车服务的城市。该市的居民可以步行或骑自行车达到大部分场所，包括工作场所，还可以乘坐低污染的公共交通系统。在巴西，库里蒂巴市已经在成为一座更加可持续的城市方面取得了重大进步（解决途径专栏，第 97 页）。

案例研究：美国加利福尼亚州戴维斯市

生态城市并不是遥远的未来之梦。有不少城市正在为成为更加具有环境可持续性的城市而努力，包括：（1）巴西的库里蒂巴市（解决途径专栏，第 97 页）；（2）新西兰的怀坦吉市；（3）美国田纳西州的查塔努加市，以及（4）美国加利福尼亚州的戴维斯市。

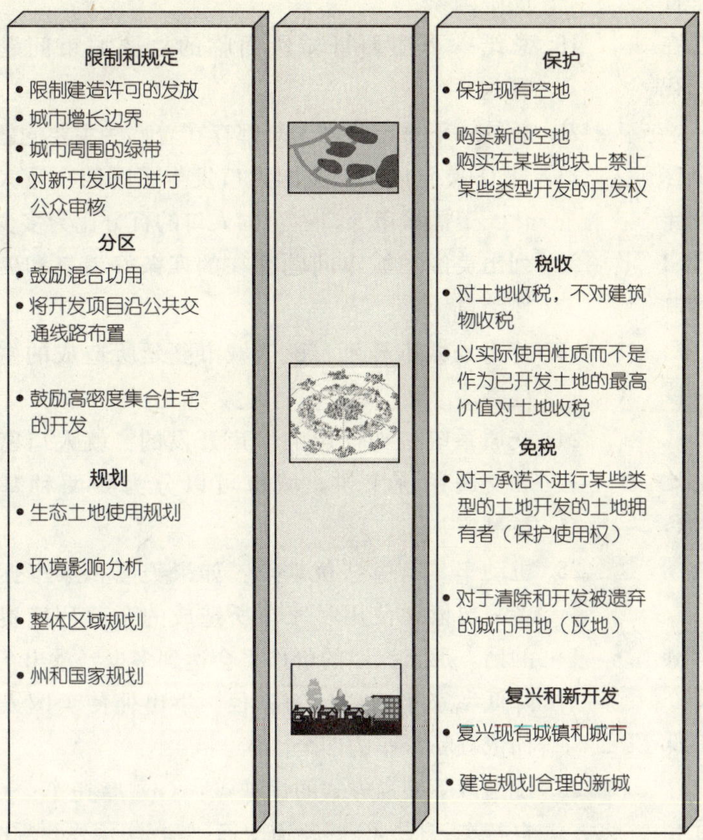

图 3-24　用于防止和控制城市生长和蔓延的精明增长政策

美国加利福尼亚州戴维斯市的人口约为 54000 人，位于旧金山市东北部大约 130km（80 英里）处，该市的市民和政府官员从 1970 年代早期开始就致力于将这座城市建造成一座具有生态可持续性的城市。

该市的建筑规范应该鼓励采用太阳能作为加热水和室内空间的能源。所有新建的住宅必须满足高标准的能效要求，而且当现有住宅易主时，购买方必须将该住宅提高到与建造新住宅相同的节能标准方可使用。从 1975 年至今，该市已经将用于采暖和制冷的能量减低了一半。该市建设了一座太阳能发电厂，并计划利用可再生能源来生产该市所需的所有电能。

戴维斯村住宅开发计划是美国第一个太阳能社区，共修建了 240 座被动式太阳能和高能效的住宅，面向一个公共开放空间，主要供行人和自行车使用。该社区丰富的开放空间中种植了供公众欣赏的（1）果园；（2）葡萄园；（3）有机花园（出售一些蔬菜来为社区开放空间的维护提供资金）；（4）操场和游乐场，以及（5）以太阳能采暖的社区中心，用于日间托儿服务、会议以及社会活动等。虽然该社区建于 1970 年代，但它被视为戴维斯市最适宜居住的场所。

戴维斯市不鼓励私家车的使用而鼓励自行车的使用，主要采取以下一些措施：（1）关闭一些街道，不允许私家车通行；（2）在主要街道上开设自行车道，以及（3）建立了一整套自行车道网络。最终，自行车构成了该市所有市内交通量的 40%，因为泊车所需空间减少了很多。该市温暖的气候和平坦的地形也为其发展自行车交通提供了巨大的便利。

戴维斯市对其自身的增长类型和速度进行一定的限制，维持着一种低、中、高收入家庭混合居住的模式。城市周围肥沃的耕地是禁止用于住宅和商业开发的。该市还对购物中心的规模进行了限定，以鼓励小型的邻里商业店面的发展，因为它们更便于居民步行或骑自行车达到。

戴维斯市并不是一个生态畸形物。相反，它是现代技术文明所造成的各种问题和提供的各种机会最强有力地张显出来的场所。

——Peter Self

复习问题

1. 说出本章中以黑体字表示的各个概念。
2. 人口变化是如何计算的？什么是人口零增长？什么是毛出生率和毛死亡率？年人口变化率是如何计算的？每年和每天地球上增加了多少人口？哪三个国家的人口数量是全世界最多的？
3. 区分替代水平生育率和总生育率的概念。解释一下为什么替代水平生育率要大于 2。解释一下为什么达到了替代水平生育率并不意味着人口会立即停止增长。
4. 美国 1910 年以来的生育率和出生率是如何变化的？美国人口增长速度有多快？
5. 列出 9 个影响出生率的因素。列出 5 个地球的死亡率在近 100 年间有所降低的原因。区分寿命和婴儿死亡率的概念。为什么婴儿死亡率是一个社会生活质量的最佳衡量标准？每年有多少婴儿在其出生第一年内就夭折了？说出导致美国婴儿死亡率比其可以达到的水平要高的三个因素。

6. 什么是人口年龄结构？解释一下为什么目前全球人口年龄结构表明全世界人口至少在今后的50年内将持续增长，即使明天全世界都可以达到2.1的替代水平生育率。为处于以下状态的国家绘制一张年龄结构概图：（a）人口增长迅速的国家；（b）人口增长中速的国家；（c）人口增长缓慢或零增长的国家。
7. 在以下范围内，年龄在15岁以下的人口所占的比例大概为多少：（a）全球范围；（b）发达国家；（c）发展中国家？解释一下如何利用年龄结构图表来对人口和经济发展作出预测。
8. 人口减少过快会具有哪些益处和潜在的不利影响？
9. 阐述一下美国移入人口的数量状况，并列出降低移民限制的利与弊。
10. 在降低全球人口出生率方面存在着哪两种互相对立的观点？它们的主要矛盾是什么？
11. 什么是人口统计转变？它由哪四个阶段组成？哪些因素会妨碍广大发展中国家实现人口统计转变？
12. 什么是计划生育？采用这一政策来降低人口出生率存在着哪些优点？
13. 解释一下赋予女性更高的社会地位如何有助于降低出生率。哪两个因素会促使女性生养较少、较健康的孩子？
14. 一些国家采用了哪些经济奖励和惩罚手段来降低出生率？哪四个因素促进了采用这些经济奖惩办法的成功？
15. 概括描述一下印度和中国在降低出生率方面都取得了哪些成功。中国的人口控制政策的主要组成部分是什么？泰国是如何降低其人口出生率的？
16. 人口专家们认为的三种减缓人口增长的最佳途径是什么？
17. 区分城市区域和乡村区域的概念。
18. 全球城市化和城市生长过程中存在哪5个主要趋势？以下范围内，城市人口所占百分比为多少：（a）全球范围内；（b）发达国家，以及（c）发展中国家？
19. 总结一下墨西哥城所面临的主要城市问题有哪些？
20. 总结一下城市贫困人口都存在着哪些主要问题？
21. 自1800年以来，美国人口发生了哪四次重大变化？美国城市人口占全国人口的百分比为多少？
22. 列出美国的城市问题存在的四条好消息和四条坏消息。
23. 什么是城市蔓延？说出城市蔓延所造成的主要危害。
24. 交通系统是如何影响城市开发的？就人口密度和交通系统来讲，城市可以分为哪两种基本类型？
25. 机动车具有哪些优缺点？如果美国私家车拥有者需要偿付使用私家车所造成的全部环境费用的话，那么汽油的价格将会达到多少？举出7种降低私家车使用量的途径。举出促使美国人更加依赖私家车的四个因素。
26. 说出以下交通方式的优缺点：（a）摩托车；（b）自行车；（c）公共轨道交通，和（d）公共汽车。
27. 描述一下巴西的库里蒂巴市是如何成为一个更加具有环境可持续性和适宜生活的全球典范的。
28. 举出城市化所带来的5点益处。举出城市化带来的9种有害影响。
29. 什么是精明增长？举出10种可供城市采用的促进精明增长的措施。
30. 具有环境可持续性和适宜生活的城市（生态城市）具有哪些主要特征。
31. 美国加利福尼亚州的戴维斯市是如何被设计成一座更具有环境可持续性和适宜生活的城市的。

批判性思考

1. 对于印度的一对穷苦夫妇来说，生养5—6个孩子具有哪些合理性？哪些变化会促使这对夫妇考虑他们行为上的不合理性？
2. 举出你所认为的地方、国家和全球环境面临的最主要问题，并阐述人口增长在其中的作用。
3. 假设现在全世界的女性都以2.1的替代水平生育率来生育孩子，解释一下为什么这样无法立即停止全世界的人口增长。需要多长时间才能使全球人口保持稳定？

4. 解释一下，为什么你同意或不同意以下各种说法：

a. 每年允许进入美国的合法移民和难民数量应该大幅度减少。

b. 美国的非法移民数量应该大幅度减少。如果你同意的话，你觉得应该采用哪些措施来实现呢？

c. 美国的家庭应该获得经济鼓励来生养更多的孩子，以避免人口减少。

d. 美国应该尽快实施一种官方政策来稳定其人口数量，并降低不必要的资源浪费和消耗。

e. 每个人都应该拥有想生多少孩子就生多少孩子的权利。

5. 什么在降低人口增长速度方面，中国比印度取得的成功要大？你赞同中国目前所推行的人口控制政策吗？解释一下为什么。你觉得存在哪些替代方法来控制人口增长？

6. 发展中国家城市中的贫民区是否应该拥有该地的使用权呢？解释一下为什么。有没有什么替代方法存在？

7. 你所生活的地区内达到了什么样的环境可持续性水平？举出使其可以更加具有环境可持续性的5种措施。

8. 祝贺你——你已经在管理整个世界了。举出你的（a）人口政策和（b）城市政策所具有的5个最重要的因素。

国际互联网学习资源及深入阅读和研究的资源

本书包含了很多有助学习和进行深入阅读和研究的网站资源。登陆到：http://www.hrookscole.com/product/0534385354s，并点击“一章接一章”链接。选择第3章，并选择如下资源：

- “闪卡”可以测试你对本章中的术语和应该记住的概念的掌握。
- “测试指南”以一种多项选择的形式来对你进行实践测试。
- “学生信息渠道指导”将你引入“关键问题思考方案”，使用“信息渠道学院版”作为一种研究工具。
- “参考书目”列出了本章撰写过程中所参考的主要书籍和文章。
- “超链接内容”将你引入到与本章的各个部分相关的大量新闻、研究和图像的网站。

信息渠道学院版

以信息渠道学院版来提高你的技巧，这是一个在线文章搜索数据库，来自700多种期刊。登陆到：http://www.infotrac-college.com，或者通过本书的网站进行链接。看一看下面的文章：

Barrett，G. W.，and E. P. Odum. 2000. The twenty-first century：the world at carrying capacity. *Bioscience*，vol. 50，no. 4，pp. 363—368（keywords：carrying capacity）.

Michael，A. J. 2000. The urban environment and health in a world of increasing globalization：issues for developing countries. *Buffeting of the World Heath Organization*，vol. 78，no. 9，pp. 117—112b（keywords：urban development，technology）.

第 4 章　能源

如果美国想要节约大量的石油和资金，并提高国家安全，则可以通过两种简单的方法来达到：停止使用燃油机（Petropig）并停止依靠能源来生活。

——Amory B. Lovins

4.1　对能源资源进行评估

我们在使用哪些类型的能源？

用于使大地和全部建筑物温暖的能源中有 99%都直接来自太阳。没有这种直接的、无穷无尽的太阳能源，地球的平均温度将会降到零下 240 ℃（零下 400 ℉），而我们所知道的生命也将不复存在。这一直接的太阳能源输入还产生了其他几种间接的可再生的能源形式：（1）风能；（2）瀑布和水流能源（水力发电），以及（3）生物质能（太阳能转化成化学能储存在树木和其他植物内所包含的有机化合物的化学键中）。

市场上出售的商用能源构成了余下的 1%的能源。大多数商用能源都来自开采和燃烧地壳中蕴涵的含碳化学燃料（原油、天然气和煤；图 4-1）等不可再生的矿物资源获得的。地球上消耗的商用能源的 81%都来自不可再生能源的消耗（75%来自化石燃料，6%来自核能；图 4-2 左图）。

在发展中国家，可再生能源的大多数重要的替代能源都来自生物质能（主要是燃料木材和及其燃烧后产生的木炭）。这种能源构成了地球上一半人口采暖和作饭所需的主要能量来源。在几十年间，发达国家中四分之一的人口将面临石油短缺的危机。但是，地球上发展中国家人口中的一半已经受到了燃料木材短缺的危机，他们无法负担燃料木材的费用。

能源资源变化不定，这都是能源缺乏、能源价格以及新技术等因素共同作用的结果。例如，在 20 世纪，世界主要能源类型发生了几次变化。特别地，（1）煤的使用从 55%降低到 22%；（2）原油的消耗从 2%上升到 33%；（3）天然气的使用量从 1%增加到 23%；（4）核能的利用从 0%上升到 6%，以及（5）可再生能源（主要是木材和水能）的利用从 42%降低到 19%。

美国是世界上最大的能源消耗国。美国人口仅占世界的 4.4%，但其消耗的能源量则占全世界商用能源总量的 24%。相反，印度人口占全世界的 17%，但其商用能源消耗量则仅为全世界的 3%。

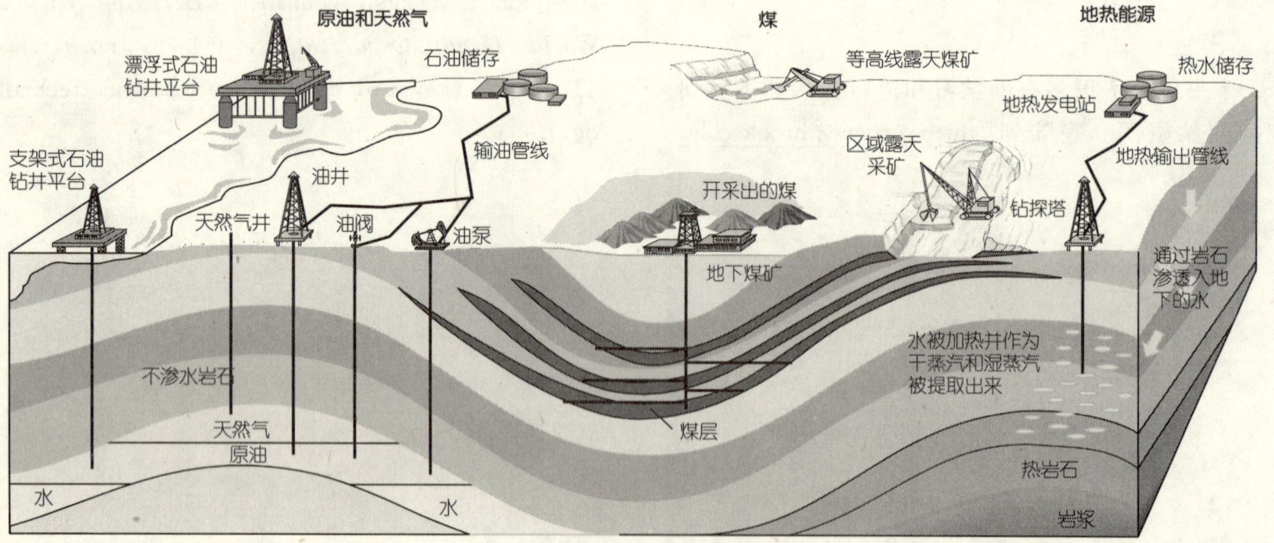

图 4-1　可以采自地壳的重要的不可再生能源包括煤、原油、天然气和其他形式的地热能。地壳中还可以开采出不可再生的铀矿，然后对其进行加工，从而可以提高其中所含的铀 235 的浓度，可以作为一种核反应堆的燃料来生产核电

美国所消耗的商用能源的91%都来自不可再生的能源资源（84%来自化石燃料，7%来自核能，图4-2右图）。美国和加拿大的人均能源消耗量是日本、德国、法国和英国的2倍，至少是中国和印度的100倍。

我们应该如何对能源资源进行评估?

目前全世界对不可再生的化石燃料（图4-2）的依赖是导致空气和水污染、土地破裂以及温室气体排放的主要原因。不仅如此，人们可以负担得起的石油（是发达国家广泛使用的能源来源），在42—93年内就会面临经济枯竭的危险，并逐步被其他能源形式所取代。

那么，现在我们最佳的能源替代物是什么呢？大家一致认同的方法是通过提高能效来抑制不必要的能源浪费。但对于下一个最佳的能源方式，人们的意见还未达成一致。有些人认为我们应该从可再生的资源中获得我们所需的能源，例如（1）太阳；（2）风；（3）水流（水力发电）；（4）生物质能；（5）氢，以及（6）地球内部所贮存的热能（地热能）。

还有一些人则认为我们应该燃烧更多的煤和通过煤制成的人工合成液体和气体燃料，因为这是人类所能获得的最丰富的能源资源。有人认为我们还可以发现更多石油。有人认为储量丰富、燃烧清洁的天然气是最佳选择，特别是作为一种向新的太阳能-氢气这种具有高能效和更多使用可再生能源的时代过渡燃料的中间阶段。还有些人则认为核能应该大有希望。

经验表明，一般来讲，人们需要花费至少50年的时间和大量的资金投入才能将一种新能源逐步达到总能量消耗量的10%—20%（图4-3）。那么在未来的20—50年间，我们将使用什么能源呢？对此作出预测就必须回答下面的问题：

- 在不远的将来（15—20年间）和较长的时间段落内（25—50年）人类可以获得多少该能源？
- 该能源的净能量产出是多少？
- 开发、逐步取代旧能源，并最终使用这种能源的费用将会是多少？
- 开采、运输以及使用该能源对环境、人类健康以及地球的气候会产生什么样的影响呢？

什么是净能量?

净能量是指真正起作用的能量。要获得能量必须投入能量。例如，石油必须经历（1）发现油田；（2）从地下或海底采掘出来；（3）运送到炼油厂并转化为可用的燃料（例如汽油、柴油以及民用燃料油）；（4）运送到使用者手中，以及（5）在燃炉和汽车发动机中燃烧。每一个步骤都要消耗能量，第二能量定律（第25页）告诉我们，我们每次消耗能量来完成一项工作时，这些能量中总会有一部分被浪费掉，并衰减为低品质的能量。

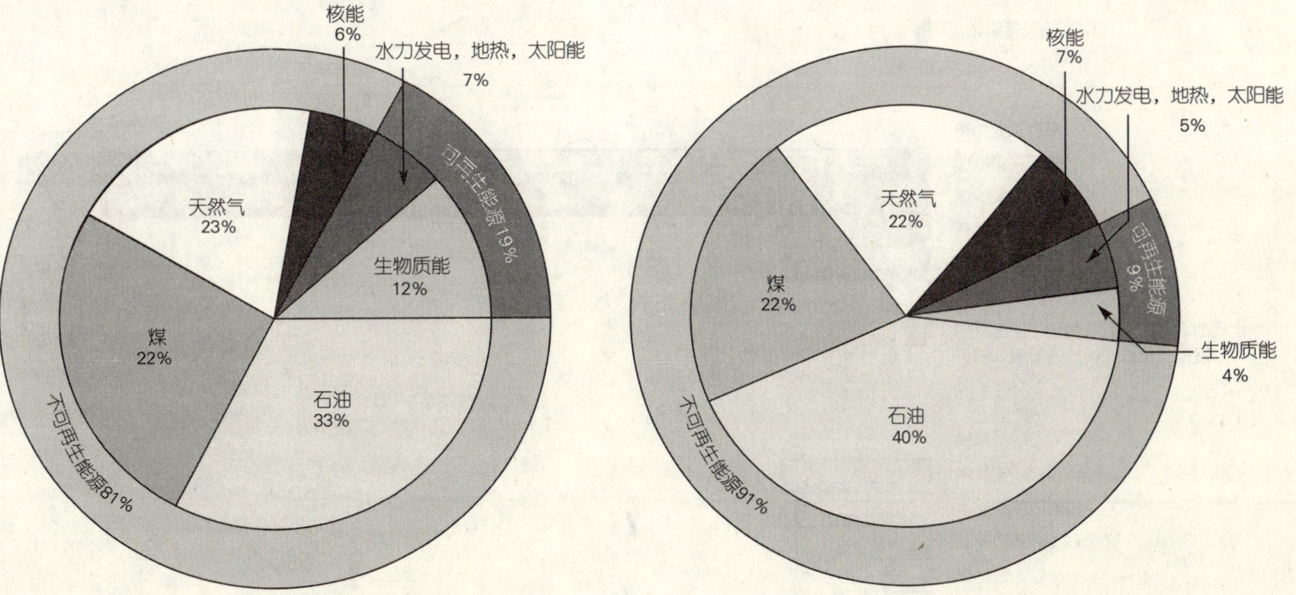

图4-2　1999年，根据来源划分的全球和美国的商用能源状况。商用能源仅构成了全球能源消耗量的1%；其余99%都是直接来自太阳的太阳能，这些是无法在市场上出售的（数据来自美国能源部、英国石油部和世界观察研究所）

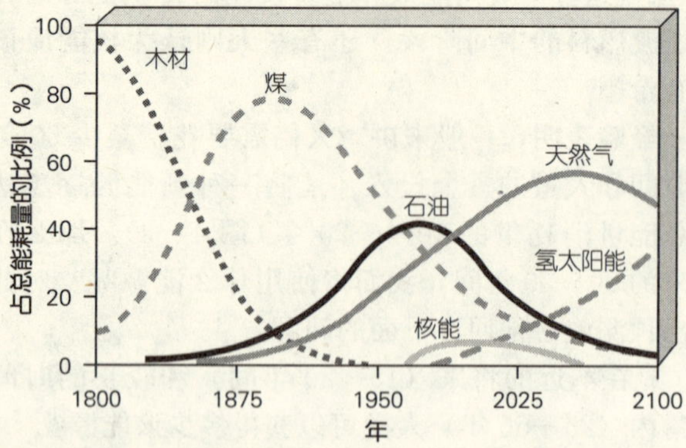

图 4-3 美国自 1800 年以来商用能源使用状况的几次变化，并对 2100 年进行了预测。从木材到煤，再到石油和天然气，每一次转变都需要花费 50 年的时间。人们可以负担的石油在未来的 42—93 年间就会消耗殆尽，而燃烧化石燃料会构成空气污染和全球气候变暖的主要原因。出于这些原因，大多数分析家认为人类必须在未来的 50 年间进行一次新的能源转变。有些人认为这一转变应该包括提高能效和大幅度增加太阳能和氢能的使用（数据来自美国能源部）

一定数量的高品质能源的可用能量的数量就是该能源的净能量：从某一能源中可获得的能量的总量减去勘探、开采、加工以及将其运送到消费者手中所需的能量的结果就是净能量。这一结果是通过对在其整个使用寿命内可以从某一能源中获得的能量总量所进行的估算的量减去用于以下用途所消耗的能量的量：（1）使用（第一能量定律）；（2）无意识的浪费（第二能量定律），以及（3）在勘探、加工、浓缩和运输过程中产生的不必要的浪费。

净能量的概念就像是你的可支配收入一样（你的薪水减去税收和其他费用）。例如，假设为了获得地球石油中每 10 个单位的能量我们必须使用和浪费 8 个单位的能量来勘探、开采、加工并运送到消费者手中。那么从这 10 个单位的能量中我们仅能获得 2 个单位的可用能量。

净能量的概念还可以表示为能够生产出的总能量与生产这些能量所需耗费的能量的比。在刚才的例子中，净能量率就是 10/8，也就是 1.25。这一比例越高，净能量产出量就越大。当这一比例小于 1 时，就表示最终的结果会造成净能量损失。

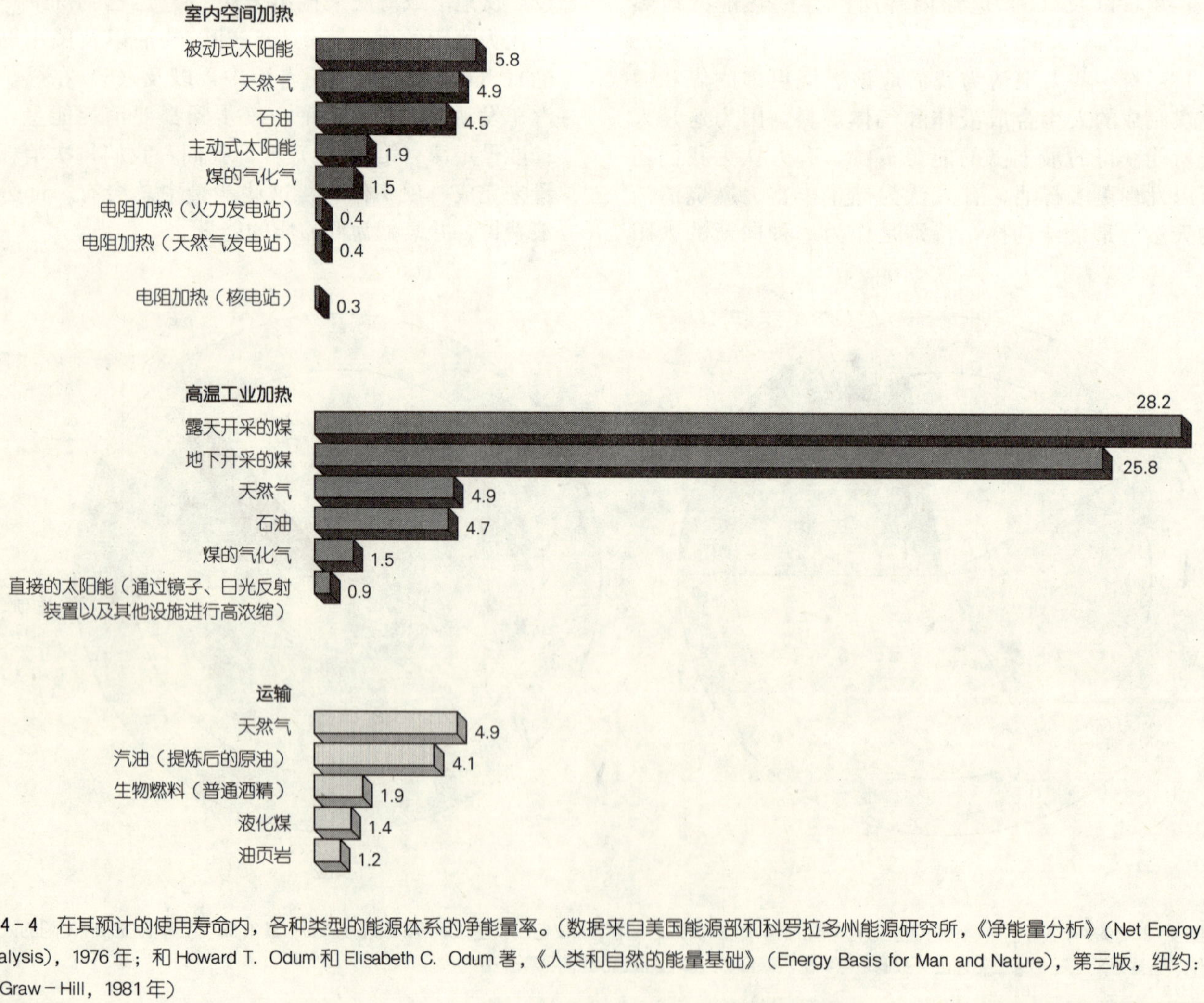

图 4-4 在其预计的使用寿命内，各种类型的能源体系的净能量率。（数据来自美国能源部和科罗拉多州能源研究所，《净能量分析》（Net Energy Analysis），1976 年；和 Howard T. Odum 和 Elisabeth C. Odum 著，《人类和自然的能量基础》（Energy Basis for Man and Nature），第三版，纽约：McGraw-Hill，1981 年）

图 4-4 对各种类型的室内空间采暖、工业加工所需的高温加热以及运输的净能量率进行了估算。目前，石油的净能量率较高，因为大部分原油都采自巨大的、容易获得的油田，例如中东地区。当这些资源枯竭时，石油的净能量率也会随之下降，价格会相应增高。之后，勘探、加工和运送新的石油将会需要更多的资金和高品质的化石能源输入，这些新石油来自（1）零散分布的小型油田；（2）深埋在地壳中的油田，或（3）偏远地区中所蕴藏的油田。

传统核能的净能量率比较低，因为需要大量的能量输入进行（1）开采和加工铀矿；（2）将铀矿转化成可用的核燃料；（3）建造和运行核电站；（4）在 15—40 年的使用寿命结束后，对高放射性的核电站进行处理，以及（5）将最终产生的高放射性核废料储存几千年，以免发生危害。

4.2 提高能源效率

什么是能效？以较低的能效来获得更多的能量

能效是指输入到某一能量转化设施或系统内，并能做有用功的总能量，而且不会被转化成低品质的、几乎没有任何用处的热能的能量。提高汽车发动机、家用加热器或其他能量转化设备的能效就应该利用较低的能量来做更多的有用功。

全美国所消耗的商用能源中有 84%都被浪费掉了，你听了也许会感到惊讶（图 4-5）。其中 41%是无意识浪费掉的，因为由第二能量定律决定了高品质的能量会发生衰减（第 25 页）。但是，其他 43%的能量则是可以挽回的，它们主要是通过以下方式浪费掉的：（1）采用燃料消耗较大的发动机、燃炉以及其他设备；（2）在不严密的、隔热工作不足、设计上也存在问题的建筑物内生活和工作。

根据美国能源部（DOE）的资料显示，美国非必要浪费掉的能量相当于全世界人口所消耗能量的三分之二。自从 1973 年石油输出国组织开始实施石油禁运以来，美国所推行的提高能效的政策已经为其每年节约 2750 亿美元的费用了。但是，非必要性能量浪费给美国造成的损失仍达到每年 3000 亿美元（平均每分钟 57 万美元）——比 2000 年美国 2710 亿美元的军费预算还要多。减少这些浪费的能量具有极大的经济和环境益处（图 4-6）。

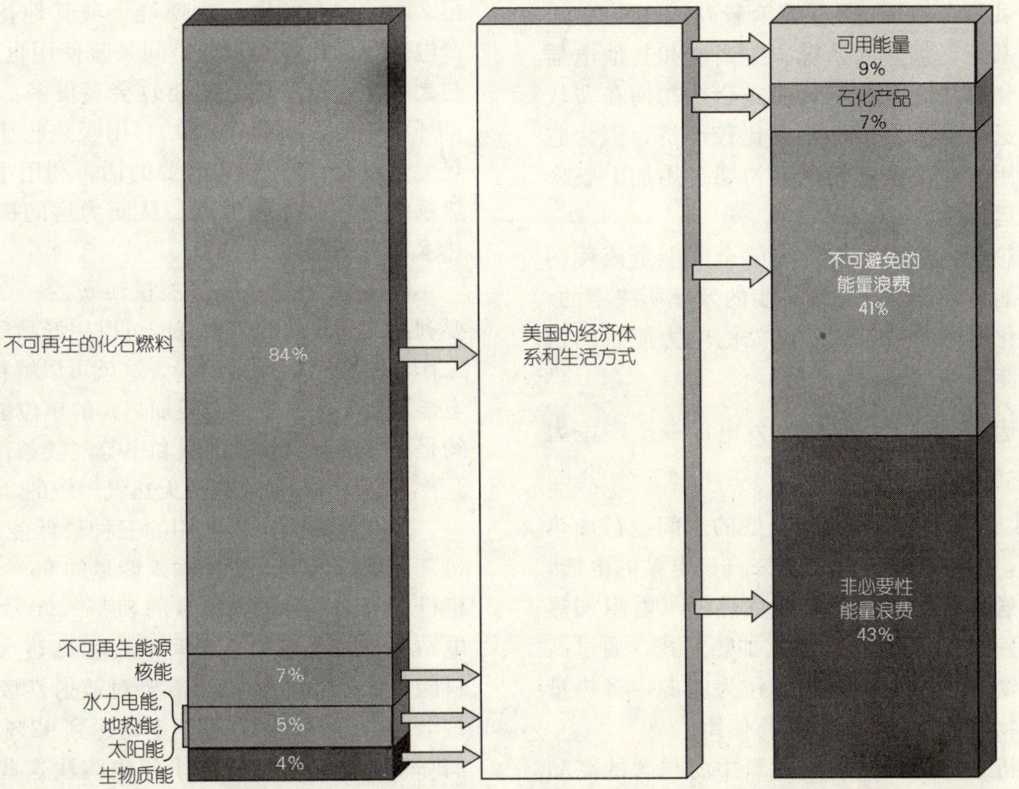

图 4-5 商用能量在美国经济结构中的流程。请注意，美国所消耗的所有商用能量中仅有 16%最终能够产生有用功或被转化成石化产品；其余的 84%或者被无意识地浪费掉了（根据第二能量定律，41%），或者被非必要性地浪费掉了（43%）

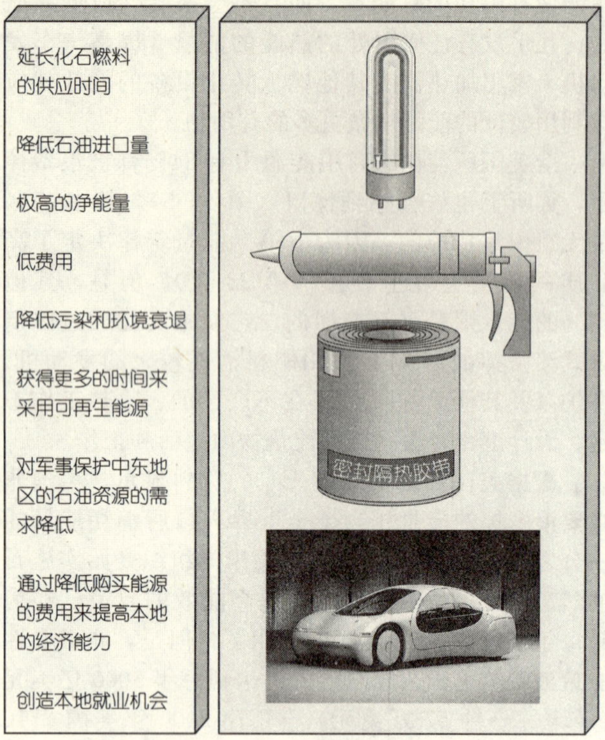

图 4-6 降低能源浪费的益处。全球能效的提高可以使全世界每年节省 10000 亿美元的费用

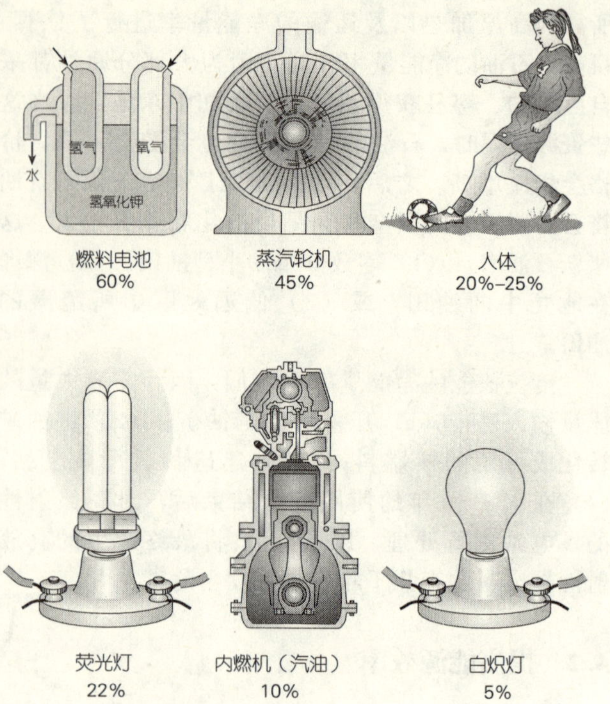

图 4-7 一些普通能量转换设备的能效

我们所使用的能量转换设备的能效各不相同（图 4-7）。我们可以通过购买具有较高能效的汽车、电灯、采暖系统、加热水系统、空调器和其他电器来节省能量和费用。某些能效模式会在初期花费较高，但从长远来看，它们一般都比较经济，因为它们的整个使用寿命的消耗较低：初期费用加上整个使用寿命的运行费用。

空间加热器、热水器或汽车的全部能量流程的净效率是由能量转化过程中每一步的效率所决定的。例如，来自化石燃料或核能发电站的电力能量的消耗过程（和能量浪费过程）包括：

开采→运输→加工→运送到发电厂→生产电力→电力传输→最终使用

图 4-8 显示了为两间密封良好的房间进行加热时的净能效，（1）其中一间使用来自核电站的电能，通过电缆输送到房间内，并转化成热能（电阻加热器）；（2）另一间房间采用被动式加热方式，通过高能效的向阳窗户直接收集太阳能作为能源，将热量储存在吸热物质中，缓慢释放进行使用。

这一分析表明，（1）将核燃料中所包含的高品质的能源在发电站中转化成几千摄氏度高温的高品质的热能；（2）再将这些热能转化成高品质的电能；（3）将这些电能输送给消费者，以及（4）利用这些电能提供低品质的热能以供房间采暖，维持在 20 ℃（68 ℉）的温度是非常浪费高品质能源的（图 2-7，第 24 页）。在发电厂中燃烧煤或其他化石燃料来生产电能，以供加热水或空间采暖使用也是很低效的。与之相比，这些方法的能效会高很多：（1）收集来自环境中的太阳能；（2）利用吸热物质来储存这些热能，以及（3）如果必要的话，利用小型的补充加热系统来轻微提高温度，从而为房间提供采暖和烧热水所需的热能。

图 4-8 表明，降低能量浪费的一个途径是，不要利用高品质的能源来完成可以用低品质能源完成的工作（图 2-7，第 24 页）。这就可以解释为什么利用电能进行室内采暖（电阻加热）的单位能量的费用大约是利用热泵（仅在温暖和中等气候条件下适用）的 4 倍，是利用石油或高效天然气燃炉的 2 倍。

现在，得到广泛使用的三种最低能效的设备是：（1）白炽灯泡（浪费掉输入能量的 95%）；（2）内燃机机车（浪费掉输入能量的 86%—90%）和（3）核电站生产的电能用于房间采暖和烧热水（浪费核燃料能量输入的 86%，当需要对放射性废物和老化的核电站进行处理时，浪费率将达到 92%）。能源专家们呼吁大家在未来的几十年内淘汰这些设备，或大幅度提高它们的能效。

以煤为燃料的发电站也是巨大的能源浪费者。在一般的火力发电站中燃烧的煤所产生的能量中只

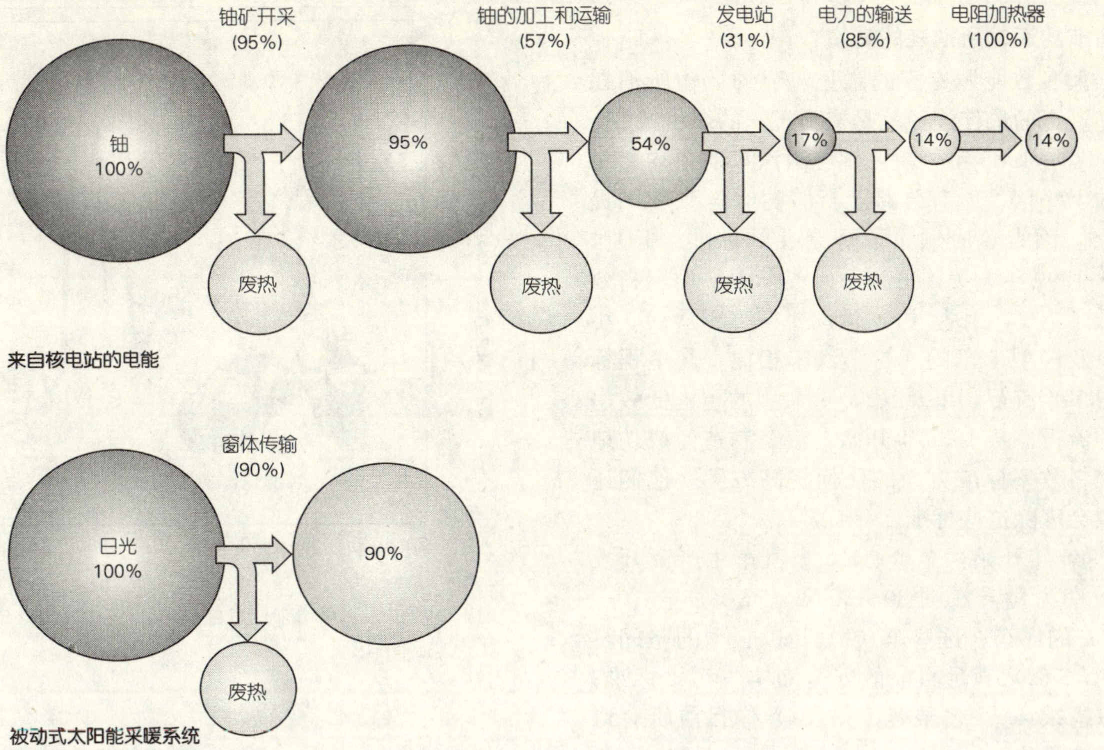

图 4-8 两种类型的室内空间采暖系统的净能效比较。最终积累起来的净能效是通过用每一步圆圈中的百分比数字来乘以该步骤的能效（括号中）而获得的。由于受热力学第二定律的约束，在大多数情况下，在一个能量转化过程中，所需的步骤越多，其净能效就越低。用于房间采暖的从核电站中生产出的电能中有86%都被浪费掉了。如果再加上处理核废料和在达到使用寿命后报废高放射性的核电站所用的附加能量的话，则一座核电站的净能源输出率仅能达到8%（或92%都浪费掉了）。通过与被动式太阳能采暖系统的对比，我们可以了解到，所获得的太阳能中仅约10%被浪费掉了

有34%用于生产电能，其余的66%都作为废热流失到环境中了。美国燃煤发电厂所排放出的废热的量相当于日本这一全球第二大经济国所消耗的所有能量的总和。

我们如何利用废热?

我们能不能通过对能源进行回收来节约能源呢？不能。第二能量定律告诉我们，我们无法回收能源。但是，当高品质的能源衰减时，我们可以降低废热排放入环境的速度。

对于一所住宅来讲，最佳方法就是：（1）将其全部进行热密闭处理；（2）堵住所有空气泄露孔，并（3）安装一台空气对空气式的热交换机，以防止室内空气污染。

我们如何节省工业能耗?

节约工业耗能和费用的方法有三个：

● 集成发电，或热电联合系统（CHP）。两种有用的能量（蒸汽和电能）可以同时从燃料资源中获得。这种系统的能效高达80%（燃煤的锅炉和核电站的能效仅为30%—40%），单位能量所排放的二氧化碳气体也比传统的燃煤锅炉少三分之二。集成发电已经在西欧国家采用多年了，而且美国和中国也正在提高其使用幅度。在德国，以天然气或液化石油气（LPG）为燃料的小型集成发电单元为宾馆、单元住宅和居家住户提供着所需的能量。在4—5年的时间内，这种方式就能以节约的燃料和电能补偿投资费用。

● 替换掉能源浪费量大的电力机车。美国生产的全部电能中有一半是用于电动机车（主要是用于工业用途）的运行上的。这些机车的大多数都是低效的，因为它们仅以全速运行，其输出能量被进行了节流处理，以与所需完成的任务相配合。每年，一台使用频繁的电力机车所消耗的能量价格相当于其用于购买电能的价格的10倍——相当于每年一辆价格为20000美元的汽车消耗掉价值20万美元的汽油。以可调节速度的新型驱动机车来替换这种电力机车所需的费用将会在一年内就收回成本，并可以节约相当于150个大型发电厂（1000兆瓦）所生产的电量。

● 采用高能效的照明设备。

我们如何节约运输所消耗的能量?

根据大多数能源专家的意见，节约运输所消耗的能源和资金的最佳途径就是提高机车的燃料效率。

从1973—1985年，新一代美国汽车的平均燃料效率增加了一倍，所有公路上行驶的客运汽车则提高了37%，因为政府颁布了强制性的标准。但是，从1985—1999年，美国更新一代汽车的平均燃料效率则降低了5%，因为（1）运动机车（SUVs）、小型货车以及轻型卡车的（与小汽车相比，其里程标准要低得多）流行，以及（2）更大型的、更低效率的机车的流行。从1985年开始，汽车制造商成功地抵制了燃料效率标准方面的任何提高方案，他们还在说服国会废除这些标准。

从1985年开始，至少有10家汽车生产商开发了燃料效率为每升汽油30—60km（或每加仑70—140英里）的样车。这些车（1）是以轻型的坚固材料制造的，（2）满足目前的安全和空气污染标准；（3）可以搭乘4—5名乘客，并（4）像目前所有汽车那样提速很快。

如果这些汽车可以投入大规模生产，它们稍高的成本是完全可以以其节能性能来补偿的。但是，问题是，很少有消费者问津这样高燃料能效的车，主要因为（1）虽然汽油价格最近有微小的升高，但美国今天油价受通货膨胀的影响，仍然很低（图4-9）；（2）三分之二的消费者都喜欢购买运动型汽车和其他大型的、低能效的汽车。

另一种节约能源的方法是以另一种更加高能效的方式来运送乘客（图4-10）和货物。更多的货物可以从卡车和飞机上转运到能效较高的火车和轮船上。新型货运卡车可以比传统卡车节能50%，这可以通过提高空气动力学设计、涡轮增压柴油机和辐射型轮胎来实现。

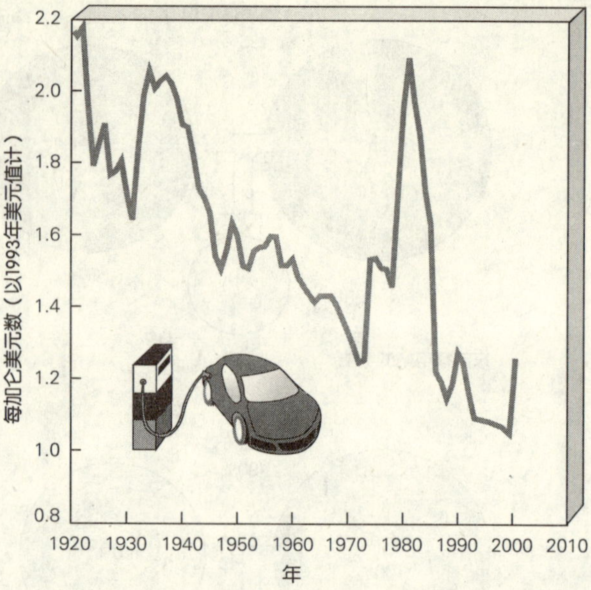

图4-9　1920—2000年美国汽油的实际价格（以1993年的美元值计）（美国能源部）

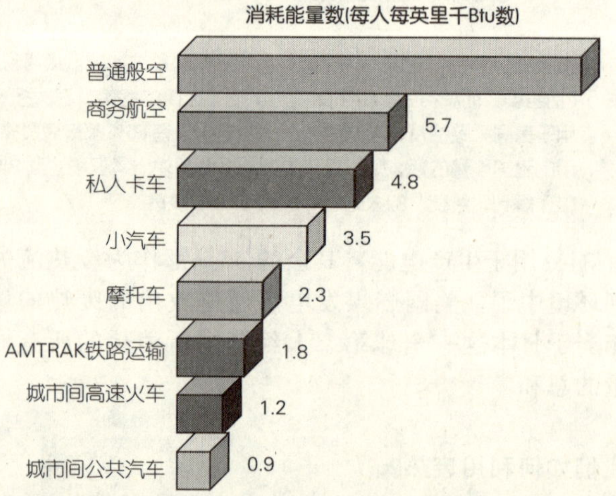

图4-10　各种类型运输工具消耗的能量；消耗能量越少，效率越高（美国能源部）

电力汽车是否可行呢?

传统的以电池为动力的汽车非常安静，维护费用低，而且提速很快。汽车本身不会产生空气污染，但其所使用的电池却需要以煤和核能生产的电力来充电，这就会产生空气污染和核废料——有时被称为它处污染。如果太阳能电池或风力涡轮机可以用于对电力汽车的电池充电的话，则二氧化碳和其他空气污染物的排放就会基本清除。

从负面来讲，现在的电力汽车（1）在充电3—8小时（虽然新型设备可以降低充电时间到10—20分钟）之后只能行驶81—161km（50—100英里），而且（2）每行驶48000km（30000英里）电池就得更换一次，其价格大约为2000美元。这就会增加每日汽车充电和购买充电器（700—3500美元）的费用，意味着今天的电力汽车比汽油为燃料的汽车的运行费用高出1倍。由于价格较高，而且消费者大多对此没什么兴趣，所以1999年，主要的汽车生产商都放弃了生产电力汽车的计划。

混合电池或燃料电池汽车是否可行呢?

人们对开发超高效能的汽车越来越有兴趣，这种汽车的效能可以达到每升汽油行驶 34—128km (80—300 英里)。其中一种高效能汽车使用（1）小型混合型的电力内燃机，可以以汽油或其他一些液体燃料为动力；（2）一种小型电池（通过内燃机来充电）来为加速和爬坡提供能量（图 4-11）。1999 年，日本的丰田和本田汽车公司开始销售第一代高能效混合发动机汽车。

另一种超高效能的汽车是一种电力汽车，以燃料电池为动力（图 4-12）。这种汽车的效能可以达到 50%—60%（以汽油为燃料的汽车的效能为 10%—14%）。这样，以氢为动力的燃料电池汽车的效能应该可以达到每升汽油行驶 37—47km（每加仑 87—108 英里）。

大多数主要汽车生产商都开发了燃料电池汽车的样车，并希望在 2004 年以两种不同的方式将其投放市场。一些车将以甲醇为燃料，这是一种产自天然气的液体燃料。发动机中的液体重组系统将氢气从甲烷中提取出来，用于燃料电池中。驾驶者可以在一般加油站为这种汽车添加甲烷燃料。2000 年开发的一种新程式可以使燃料电池直接从碳氢化合物中提取出氢来，包括天然气、汽油或煤油。除了使用复杂的液体燃料重组系统之外，美国的通用汽车公司和日本的本田汽车公司采用了一种化学过程来将氢燃料作为一种固体金属氢化物储存起来，可以根据需要加热产生氢气。

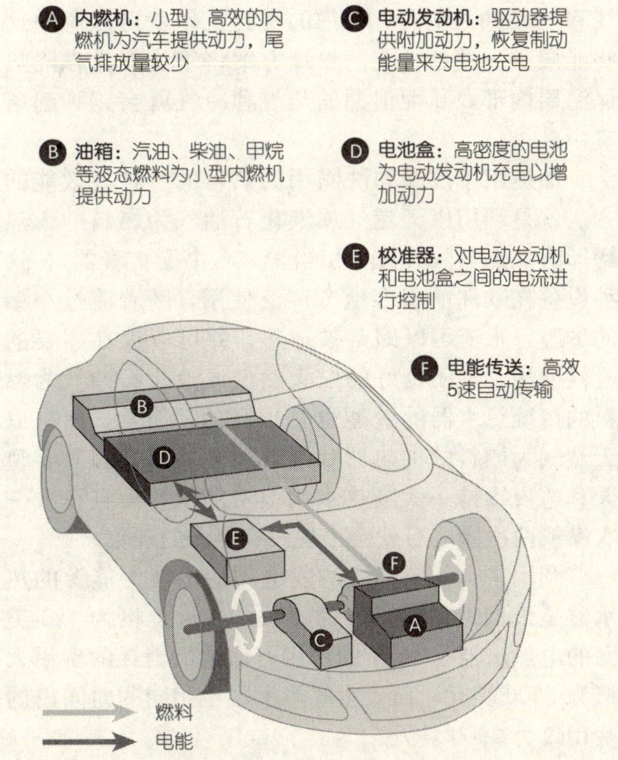

图 4-11　以汽油-电力混合发动机为动力的汽车的一般特征。一台小型内燃机为电池充电，从而降低了对重量很大的蓄电池的需要，并解决了传统电力汽车行驶里程有限的问题。这种未来汽车的车身也许会用重量较轻的复合塑料来制造，可以在发生事故时提供更强的保护性能，而且不需要喷漆，不会生锈，可以回收使用，而且零部件也比传统汽车要少（概念信息来自戴姆勒·克莱斯勒汽车公司、福特汽车公司、本田汽车公司和丰田汽车公司）

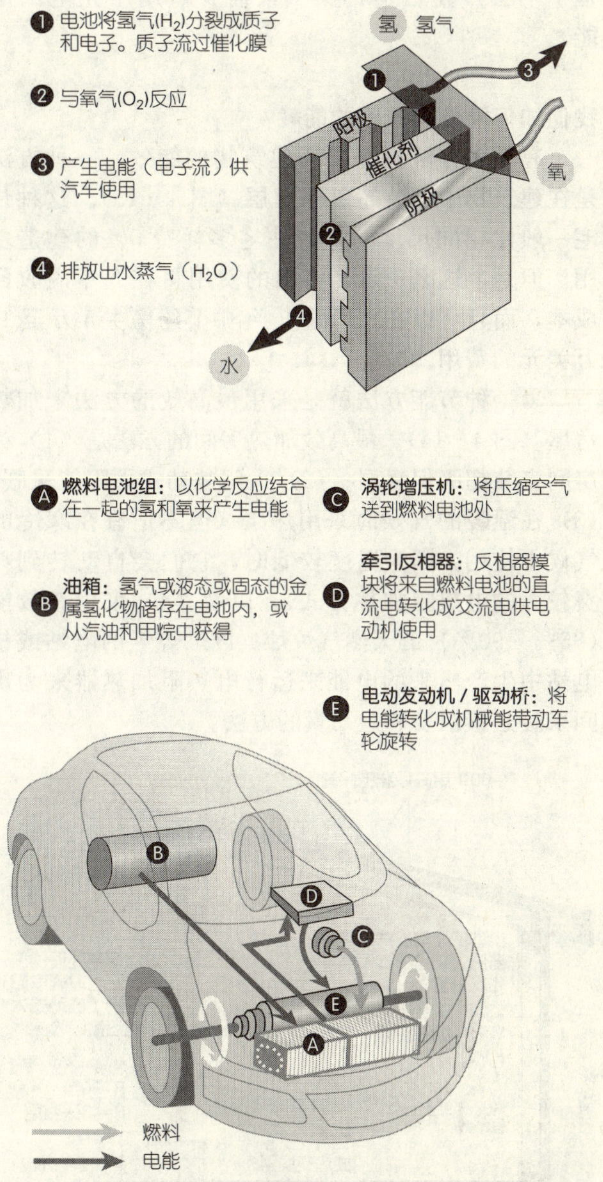

图 4-12　以燃烧氢气的燃料电池为动力的电动汽车的一般特征。这种车（1）几乎没有污染，所排放的仅是水蒸气和少量的二氧化氮，没有二氧化碳排出；（2）应该至少是同类以汽油为燃料的汽车行驶里程的 2 倍。一些汽车公司已经开发了样车，并正在努力将其成本降低下来，同时提高氢燃料存储系统的性能。早期产品可以在 2004 年投放市场（概念信息来自戴姆勒·克莱斯勒汽车公司、福特汽车公司、博拉德汽车公司、丰田汽车公司和本田汽车公司）

电动自行车如何降低能耗和能源浪费量?

对于在城市中的出行来讲，某些人也许已经开始使用电动自行车了，现在有几家公司都在出售这种自行车。这种自行车是以小型电动发动机驱动的，价格大概为1100美元左右。它们（1）最高时速大约为30km（18英里）；（2）不踩踏板，全靠电动的话，可以行驶48km（30英里）；（3）在骑行过程中不会产生任何污染（仅需少量用于充电的电能）。

我们如何降低建筑物的能耗?

有很多方法可以提高建筑物的能效。一种方法是在建筑物中安装超级保温层（图4-13)。这种住宅一般比相同尺度的传统住宅多耗费5%的建造费用。但是，这么一点儿多出的费用将在5年内收回成本，而且可以在之后的40年中节约房主5万至10万美元的费用。

另一种节能方法就是采用最高效的方法来加热房屋（图4-14)。最高效加热房间的方法是（1）为房间安装超级保温层；（2）采用被动式太阳能采暖；（3）在温暖的气候时采用热泵（但不适宜在寒冷的气候中使用，因为温度较低时，它们会自动转到耗费较大的电热阻加热方式)，以及（4）采用高效能（85%—90%）的天然气炉灶。以燃烧煤的电站或核电站中生产出来的电能来运行电热阻加热器来为房间采暖是最浪费和最昂贵的方法。

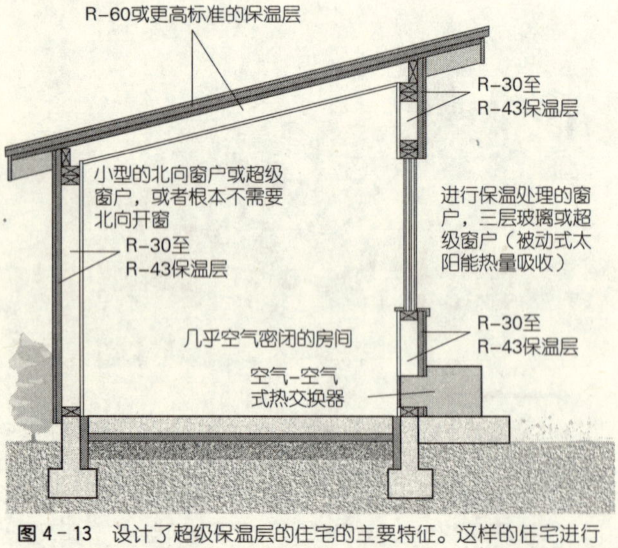

图4-13 设计了超级保温层的住宅的主要特征。这样的住宅进行了严格的保温处理，它的空气密闭性也非常好，整个房间可以直接利用太阳光、电热器、甚至人体本身来加热，几乎不需要附加的采暖系统。一台空气-空气式的热交换器可以防止室内空气污染的产生

已建住宅和建筑物的能效可以通过以下方法来提高：（1）增加保温层；（2）堵塞漏气孔；（3）安装节能窗和节能灯。美国住宅和建筑物中被加热的空气有三分之二都是通过关闭的窗户和空洞及裂缝泄露到室外的——相当于每年流过阿拉斯加的所有输油管线中的石油所蕴涵的能量。在炎热的季节里，这些窗户还会使室外的热空气渗入室内，从而增加了空调的使用量和时间。

将美国国内所有的窗体都换成低发射率的窗户，这可以将损失降低发射率三分之二，并减少二氧化碳的排放量。现在很容易购买到的超级保温窗户可以为8—12片玻璃提供保温性能。虽然比双层玻璃的费用高10%—15%，但这些高出的费用很快就会因其节约的能量而收回成本。性能更好的窗户很快也将出现在市场上。

用价格为20美元的保温套包裹一个热水器就能每年节约房主45美元，并降低二氧化碳的排放量。有漏洞的管线会使采暖和制冷用的能量中的20%—30%泄漏到室外，并将不希望产生的潮湿空气和热气进入室内。仔细的密封工作就可以避免这些泄漏。一些新住宅的设计方案将管线安排在隔热保温层内部，从而泄漏的热气和冷气就会跑到起居室中。

加热用于洗涤和洗澡用的热水的一种高效能的方法就是利用以天然气或液化石油气为燃料的无热罐即时加热器（其大小相当于一台书橱扩音器)。这种设备在欧洲的很多地方广泛使用，随着流过小型的炉膛，水流可以即刻被加热，并可以仅在需要的时候使用。密闭良好的以天然气或液化石油气为燃料的传统热水器的效能也是很高的。但是，所有以天然气为燃料的加热器和电阻加热器都会因需要整天和整夜维持一大桶热水而浪费能量，而且在洗一次澡或两次澡之后就会出现没有热水的现象。

利用来自任何形式的发电站的电能为能源的热水器是最低效、最昂贵的方法。一台价格为425美元的电热水器在15年的使用寿命内所消耗的费用大概为5900美元，而天然气热水器在相同的时间内的费用仅为2900美元。

为新建建筑物设定较高的能效标准同样也可以节约能源。可以利用建筑规范来要求所有新建建筑物比相同规模的传统住宅降低能耗60%—80%，正如美国加利福尼亚州戴维斯市所做的那样（第98页)。由于实行了严格的能效标准，瑞典住宅的平均能耗仅是同规模的美国住宅平均能耗的三分之一。

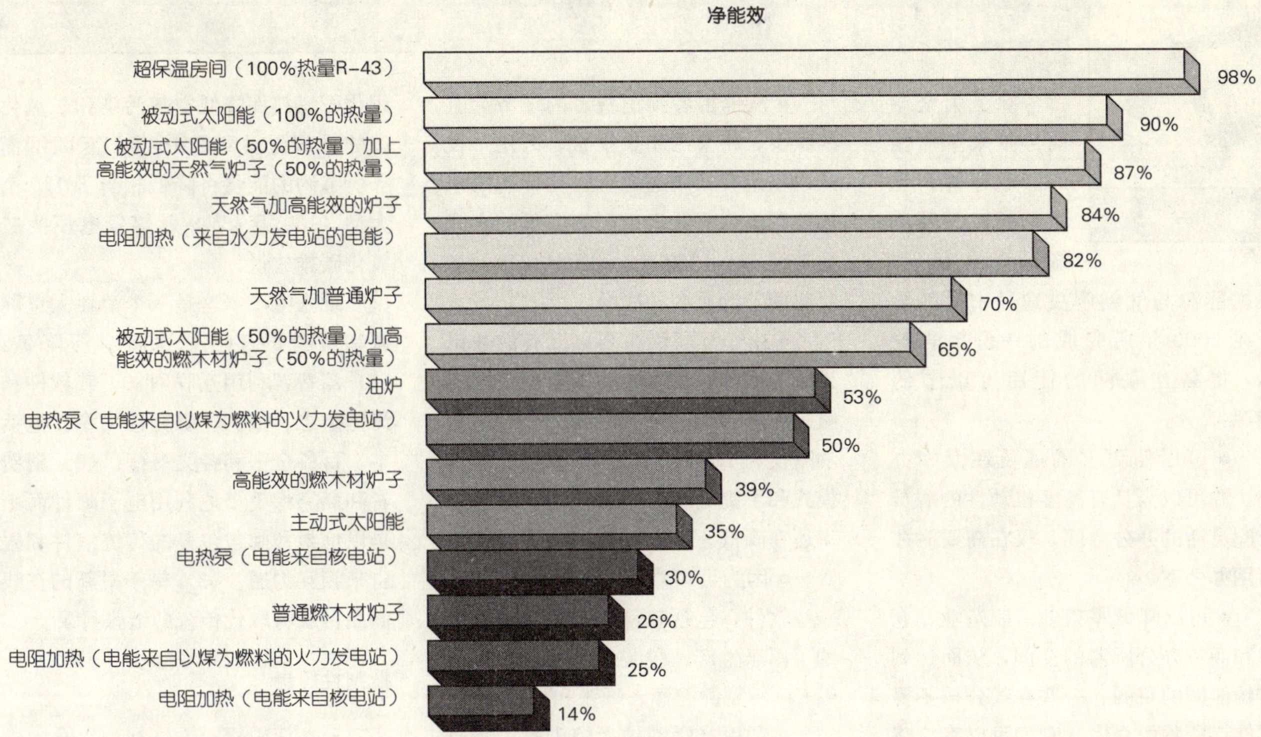

图 4-14　各种为密闭房间加热的途径的净能效（数据来自 Howard T. Odum）

另一种节能方式就是购买能效最高的电器和电灯（图 4-15）*。高能效照明可以为美国的商业和家用电力每年节省 3000 亿美元的费用。用高能效的紧凑荧光灯泡（图 4-15）来取代标准白炽灯泡可以在 10 年的使用寿命内节约每只灯泡 48—70 美元。所以，用荧光灯泡来替换一座住宅中的 25 个白炽灯泡一共可以节约 1250—1750 美元。布朗大学环境研究专业的学生证明了如学校用紧凑的荧光灯泡来替换各个出口处的标志灯所用的白炽灯泡就可以每年节约 4 万美元的费用。

尽管具有很多好处，使用这种高效节能的荧光灯的美国家庭不足 10%，这种灯泡可以在 2—4 年内收回成本。研究显示，如此低的使用率主要是由以下原因造成的：(1) 灯泡的初期投资较大；(2) 对灯泡整个使用寿命的总费用的概念缺乏相关信息的了解和相关教育；(3) 缺乏相应的装置来安装这种较大的灯泡（现在可以买到灯座和较小的灯泡），以及 (4) 与白炽灯泡相比，荧光灯的颜色和照明强度不令人满意（可以采用新型灯泡来弥补）。

如果美国的所有家庭都采用目前就可以买到的最高效的无霜冰箱的话，就可以关闭 18 座大型发电

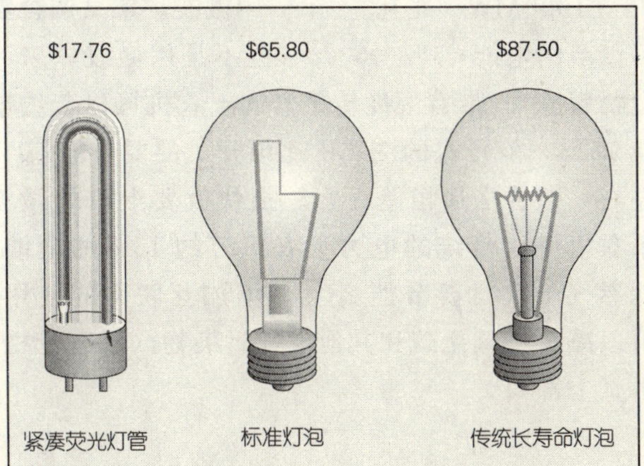

图 4-15　几种电灯泡使用 10000 小时所消耗的电能的价格比较。因为传统的白炽灯泡的效率仅为 5%，而且只能使用 1500 小时，所以它们会造成能源和资金的巨大浪费，并会在温度较高的气候中增加住宅的热负荷。插拔式荧光灯的用电量仅为传统灯泡的四分之一。虽然这些灯泡的价格为 6—15 美元一个，但它们可以使用 10 万小时（比传统的白炽灯泡的使用寿命要长 60—70 倍，比卤素灯泡要长 25 倍），在整个使用寿命中可以节约大量资金（与低能效的白炽灯和卤素灯相比）。最近，可以与普通灯座兼容的较小型的紧凑荧光灯泡（价格为 6 美元左右）已经开发出来了，这种灯泡还可以调节亮度（数据来自电能研究所）

* 每年，美国高能效经济委员会（ACEEE）都会出版美国市场上出售的最高效能的电器的简介。您可以从该委员会获得该简介，地址为：华盛顿特区 801 楼，康涅狄格大街 1001 号，纽约州，20036（1001 Connecticut Ave. NW，Suite 801，Washington，DC 20036）。该委员会每年还出版一本《家用节能消费者手册》（A Consumer Guide to Home Energy Savings），可以在书店买到，也可以向该委员会索取。

联系专栏

利用互联网来节约能源和纸张并降低全球气候变暖

除了为全球商务带来革命性的影响以外，互联网的正面环境影响正在显现。根据能源与气候解决途径中心的学者在 2000 年所完成的一份报告显示，提高互联网的使用可以节约能源：

- 可以使更多的雇员在家中办公，并可以为具有高度机动性的雇员分配灵活的办公空间，仅在需要时才使用办公室。
- 可以降低零售业、制造业、仓库和商务办公所需的空间，从而达到节约能源的目的。一些在线公司不需要储存货物的仓库，它们可以直接将货物从制造商手中发到消费者手中。很多生产商都在利用互联网来将货物直接销售给消费者和其他商家。
- 从销售者到消费者的环节会有所减少，将节约不少能量。采用一夜式的空运方式来运送货物比传统的来回旅程式将货物运送到超市里的方式要节约 40%的能量。利用铁路来运送货物能节约更多的能量。
- 由于互联网主要以已有的通讯设施为载体，所以它不需要较大的能量投入。普通的个人电脑和显示器的功率仅为 150W（瓦），随着更高能效模式和手提电脑的广泛使用，这一功率还在降低。
- 因为可以直接从互联网上下载一些软件，包括软件和音乐，这就节约了用于生产、包装、并在市场上营销 CD 所需的能源、纸张和材料。
- 利用互联网拍卖掉卡车、飞机及火车上空余的货位，这样可以节约运输货品的能量。

这些节约的能源还将通过降低使用化石燃料而降低空气污染和二氧化碳的排放量。到 2010 年，互联网商务所节约的能量将降低相当于 170 个大型（100 万 kW）燃煤发电厂的二氧化碳排放量。

纸张生产（这是一个消耗大量能源和资源的工业）也将有所降低：(1) 消费者利用互联网来下载软件和浏览杂志、报刊、研究性文章、电话本、百科全书和各类书籍；(2) 消费者和商家将更多地利用电子邮件而不是以信封和邮包包裹的传统信件和报告来相互沟通；(3) 易于更新的在线商品目录将取代传统的纸张目录。

批判性思考

在全球市场上大量利用互联网来进行销售活动将会造成哪些环境危害？

厂［1000MW（兆瓦）］了。用微波炉来烹调食物可以节约电能 25%—50%（但不是用微波炉来为食物解冻）。带有湿度传感器的干衣机可以节约电能 15%，前开式的洗衣机比顶开式的要节能 50%左右，但价格却相差无几。很快就要上市的微波干衣机将比传统的电力干衣机节约 15%的电能，比燃气干衣机要节能 28%。增加互联网的使用，可以减少二氧化碳和其他空气污染物（联系专栏，本页上部）。

我们为什么不在减少能源浪费方面做更多努力呢？

既然有那么多好处（图 4-6），我们为什么不致力于提高各种设备的能效呢？主要原因如下：

- 现在低成本的化石燃料的供应量还很大。只要能源的价格保持低廉，人们就会不自觉地浪费，也不会在提高能效方面进行投资。
- 缺乏充足的免税和其他经济政策来鼓励消费者和商家对提高能效进行投资。
- 消费者缺乏节能设备的相关信息，包括这样的设备在整个使用寿命中可以节约多少使用资金。

4.3 利用太阳能来提供热量和电力

太阳能的主要优缺点都有哪些？

1994 年，伦敦的壳牌国际石油公司预测可再生能源（特别是利用风能和太阳能电池来生产电能并为燃料电池生产氢）在 2050 年之前能够承担全世界能源产品总量的 50%。图 4-16 列出了直接利用太阳能或间接地利用某种形式的太阳能，例如风能，所具有的优缺点。就像化石燃料和核能一样，每一种可再生能源都有优点和缺点存在，本章将在后面的部分对此进行讨论。

我们如何利用太阳能来加热房间和烧热水？

建筑物采暖和烧热水所需的能量都可以利用两种方式的太阳能来获得：被动式和主动式（图 4-17）。被动式太阳能供暖系统可以利用某种结构直接将来自太阳的热量吸收并储存起来（图 4-17 左图，图 4-18）。高能效的窗体、温室以及面向太阳方向的太阳房都可以直接吸收太阳热量。混凝土、土坯、砖、石材、盐化处理过的木材以及 55 加仑桶装的水所建造的墙体和地板都可以储存大量的来自太阳的热量，并在白天和夜晚缓慢释放出来。也可以利用一套小型的附加供热系统，如有孔天然气或丙烷加热器，但在很多气候状况下并不一定需要。

工程师和建筑商 Michael Sykes 已经设计和建造了几种类型的带有太阳能外墙表面住宅，可以以被动式的方式利用太阳能采暖或制冷，利用大量的木材和房屋下面的土壤来储存太阳能量并缓慢释放来实现（图 4-19）。该住宅的前面和后面都是质量较重的木材建造的双层墙体，中间灌注了盐，以提高木材的蓄热性能。两层墙体之间的空间和地下室部分在房屋的内侧构成了一圈对流环。夏季，屋顶的通风孔在白天可以将热空气通过对流环排出室外；夜晚，这些屋顶通风孔与风扇结合在一起，将空气抽入室内，以被动的方式为房间降温。房屋的室内温度一般全年都可以维持在 21 ℃（70 ℉）±2 ℃的水平而不需任何传统的降温或采暖系统。在寒冷多云的季节里，在地下室中安装一架小木炉或孔式天然气加热器就可以作为附加系统来加热对流环内的空气。

从整个使用寿命期成本的角度来讲，良好的被动式太阳能和进行了良好的保温隔热处理的设计就是为位于阳光充足的地区内的住宅或小型建筑物供暖的最经济的方式。这样的供暖系统的建造价格比普通系统要高 5%—10%左右，但从整个使用寿命期成本的角度来讲，这样的建筑物可以节约 30%—40%的能耗。被动式太阳能系统一般可以在安装后 3—7 年的时间内收回成本。

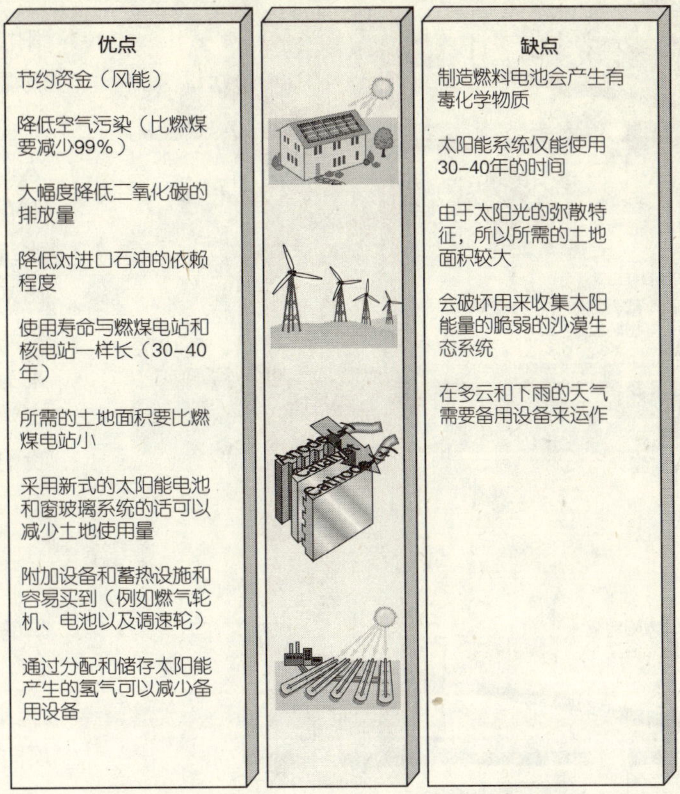

图 4-16 利用直接和间接太阳能系统来生产热能和电能所具有的主要优缺点。本章将对不同的直接和间接太阳能系统及其他可再生能量系统所具有的优缺点进行具体讨论

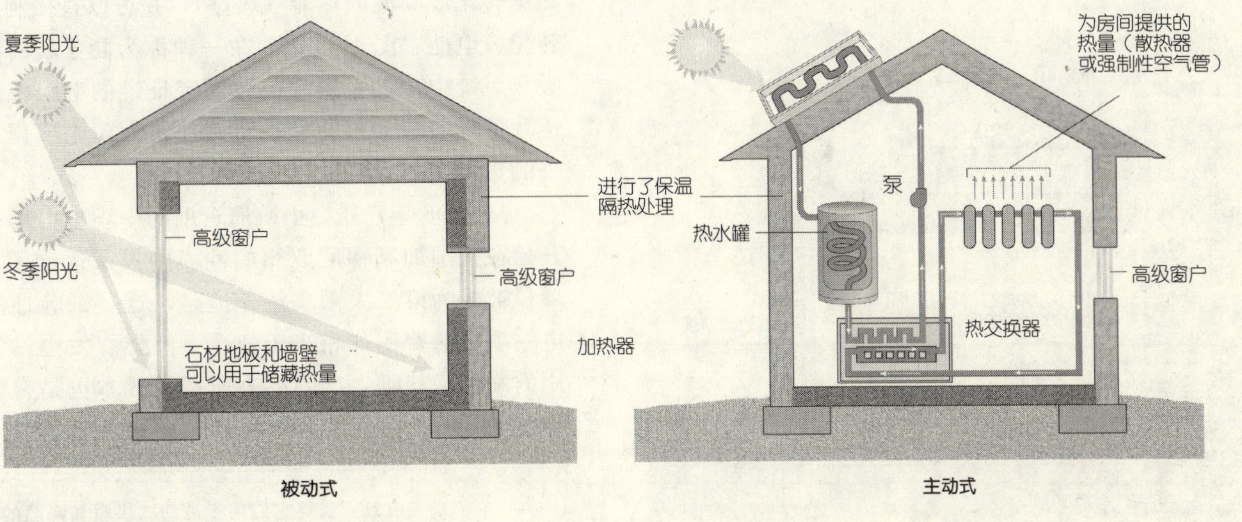

图 4-17 住宅的被动式和主动式太阳能供暖系统

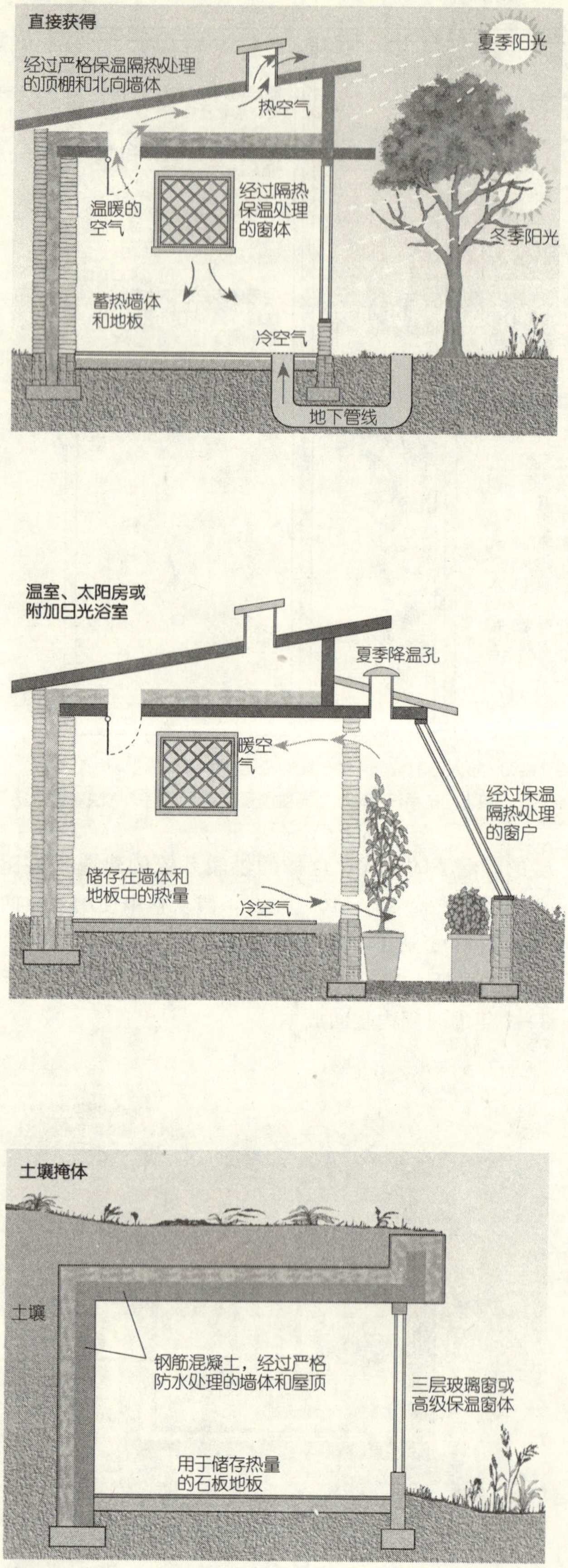

图 4-18　三种用于住宅的被动式太阳能设计

在主动式太阳能供暖系统中，集热器可以吸收太阳能，风扇或泵可以为房间加热和烧热水提供部分的热需求（图 4-17 右图）。房屋的屋顶上一般会安装若干个连接在一起的集热器，从而可以尽可能多地吸收太阳热量。一些热能可以直接利用，其他热能则可以储存在经过保温处理的蓄热罐中，里面安放了石头、水或吸热的化学物质，从而可以在需要的时候再释放出来。主动式太阳能集热器还可以用于烧热水。

图 4-20 列出了采用被动式和主动式太阳能系统来为房屋供暖所具有的主要优缺点。

我们如何为房屋进行自然降温？

为建筑物降温的方式包括：

- 安装良好的保温层或采用保温良好的窗体。
- 利用落叶树、窗户的挑檐或遮阳篷来阻挡夏季的骄阳（图 4-18 顶图）。
- 以窗户和风扇来控制微风，并使空气流动。
- 在阁楼上悬挂反射性隔热板来阻挡热量从屋顶向室内辐射。
- 在土地全年温度较低的地下 3—6m（10—20 英尺）处安装聚氯乙烯地管，并利用安装在管线上的小型风扇来为空气降温和部分除湿，并将空气摄入经过高能效处理的房间（图 4-18 顶图*）。
- 使用太阳能蒸发作用空调器（只在干旱的气候中工作良好，对住宅来讲费用也过于昂贵）。

我们如何利用太阳能来生产高温的热能和电能？

一些所谓的太阳能加热系统可以将太阳辐射的热量转化成高温的热能（热量），并可以直接利用或转化成电能（图 4-21）。在一种称为能量塔的中央吸热系统中，大面积的被称为定日镜的电脑控制的镜片可以追踪太阳的移动轨迹并将太阳光聚焦在中央的集热塔上（图 4-21a）。

从 1996 年开始，由政府资助的一项电力塔系统开始在美国加利福尼亚州的沙漠中投入运行了，该项目被成为第二太阳系统。但是，这一试验性的发电站项目的费用却相当于建造一座燃煤发电站的费用的 9 倍，其所生产的电力所需的成本也是普通燃煤发电站的 2 倍，并最终在 1999 年被关闭了。

---

* 它们确实有效。我将它们用于被动式供暖和降温的办公室和住宅中达 15 年之久。对花粉和霉菌有过敏反应的人应该加装一套空气净化系统，但传统的降温系统也需要这样一套系统。

图 4-19 带有太阳能外维护结构的住宅可以通过被动式太阳能系统或土壤热能系统来为房间供热或降温。这一系统是由 Michael Sykes 开发的，获得了 Enertia 设计专利，在大多数区域内，它不需要传统的加热或制冷系统。它可以按照购买者的设计要求利用预先订制好的材料订做而成。Sykes 每在他的住宅中采用一个组件就种植 50 棵树来进行补偿，他的这一设计不但获得了能源部创新奖，还获得了北卡罗来纳州政府能源成就奖（Enertia 建造系统，Rt. 1，Box 67，Wake Forest，NC 27587；网址：http：//www. enertia. com）

在一座太阳能供热站或分布式热接受系统中，阳光被收集起来并被聚焦在充满燃油的管道中，这些管道安排在弯曲的太阳能集热器的内部（图 4-21b）。这些被集中起来的日光可以产生出足以用于工业生产的高温，或用于推动涡轮机和生产电力的高温蒸汽。在夜晚或多云的气候中，联合循环的高效天然气燃气轮机可以根据需要来提供附加电力。在美国加利福尼亚州的莫哈韦（Mojave）沙漠中，这种带有附加天然气燃气轮机的太阳能供热系统所生产的电力比核电站要便宜很多。但是，该公司最终破产了，部分原因是缺乏像化石燃料发电站和核电站所获得的免税政策的支持。

另一种分布式热接受系统采用了抛物线式的集热盘（看上去有点像电视卫星天线的接收器）来代替抛物线式的集热槽。这些集热盘可以沿两条轴线追踪太阳的运行轨迹，一般比集热槽的效率要高。在澳大利亚北部地区已经有一座试验性供热站被建造了起来。能源部进行了一项预测，在 10—20 年的时间内，带有天然气燃气轮机附加系统的抛物线式集热盘将可以以与燃煤发电站相同的成本来生产电能。

另一种可以增强太阳能获得量 8 万倍的方法就是采用一种非成像光学太阳能集热器（图 4-21c）。由于具有高效和生产超高温度热能的能力，在未来 10—20 年的时间内，非成像集热器有可能使太阳能成为广泛使用的工业和商业能源。

廉价的太阳能炉灶可以将太阳光聚焦在炉灶上来加热食物，特别是在广泛发展中国家阳光充沛的农村地区。这种炉灶可以通过将一个经过保温隔热处理的足够大的盒子来盛放 3—4 个带有透明顶盖的锅来制造（图 4-21d）。太阳能炉灶可以降低（1）为获取燃料木材而砍伐森林；（2）收集燃料木材所需的时间和劳动力，以及（3）来自有烟炉灶的空气污染。

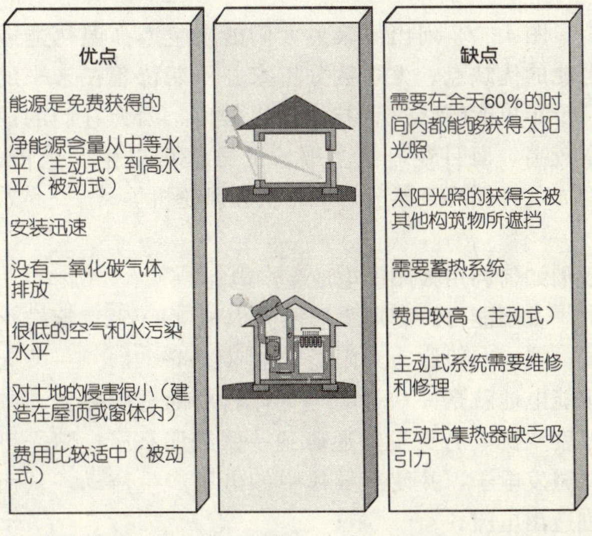

图 4-20 利用被动式和主动式太阳能系统来为住宅采暖的一些优缺点

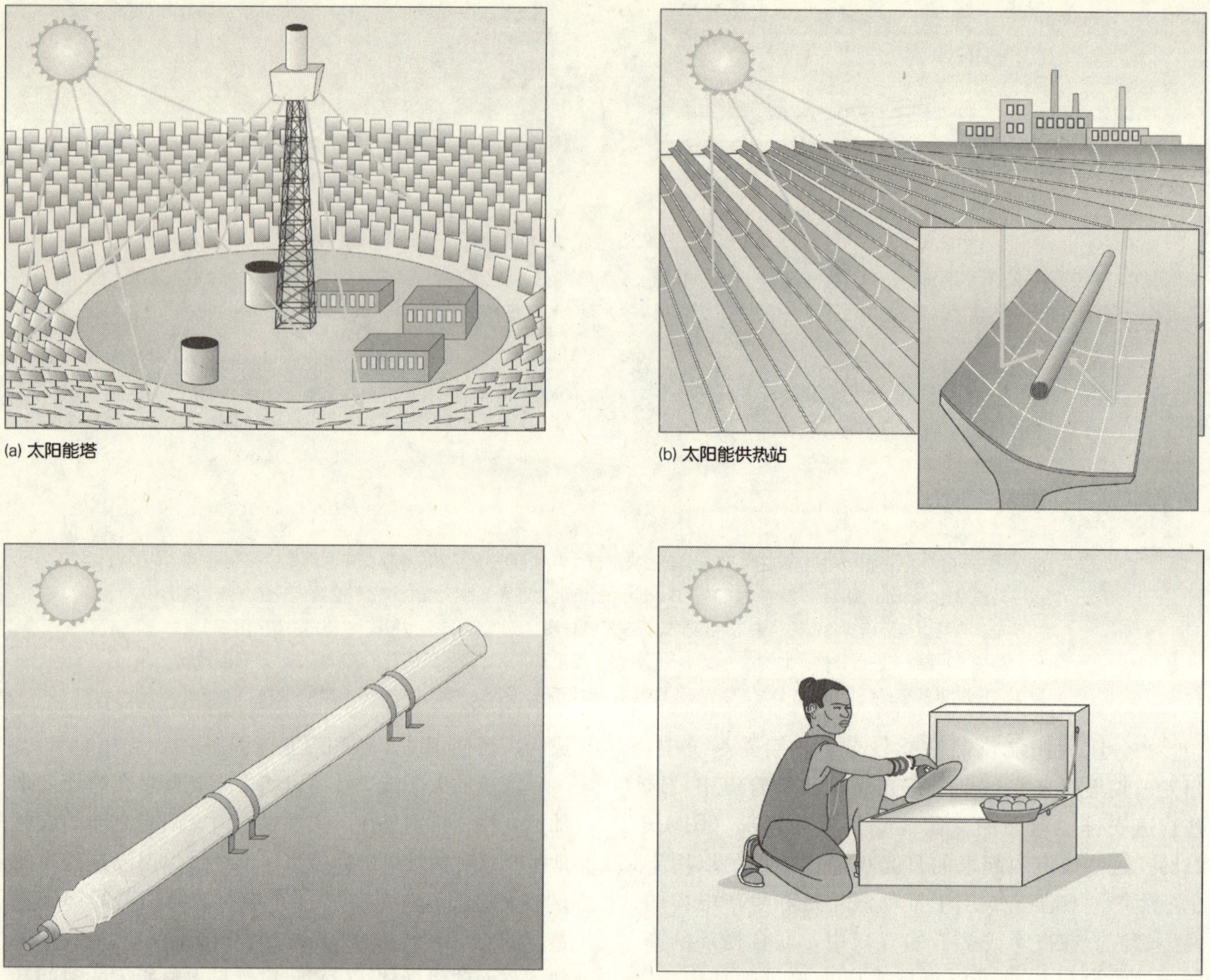

(a) 太阳能塔

(b) 太阳能供热站

(c) 非成像光学太阳能集热器

(d) 太阳能炉灶

图 4-21 收集和聚焦太阳能来生产高温热能和电能的途径。由于成本较高（除了太阳能炉灶），所以这样的系统并不会为人类提供太多的能源

图 4-22 列出了聚焦太阳能来生产高温热能或电能的优缺点。大多数分析家并不期待着在未来的几十年里能够将这种技术加以推广，因为它们的成本较高，而且还有很多廉价的方法可以生产电能，例如联合循环天然气燃气轮机和风轮机等。

我们如何利用太阳能电池生产电能？

太阳能可以利用太阳能光电池（PV）直接转化成电能，一般称为太阳能电池（图 4-23）。一节太阳能电池就是一块含有半导体材料的透明晶片，其厚度从比人的头发丝还薄到一张纸那么厚。阳光可以激发电子，并使半导体中的电子产生流动，从而创造出电流。

因为一块太阳能电池只能生产很少电量的电能，所以安装在模板上的很多电池用导线连接在一起就可以生产出所需电量的电能了。太阳能电池生产出的直流电（DC）可以（1）储存在电池中并可以直接使用；（2）通过另一个单独的转换器或与电池连接在一起的转化器转化成传统的交流电（AC）。

传统外观的太阳能电池屋面瓦和看起来类似于金属板的太阳能光电板现在都可以在市场上买到，由于节省了屋面材料的费用，它们降低了太阳能电池的安装费用（图 4-23）。利用这种技术，屋面就可以成为一种建筑发电站。一家德国公司正在试验一种太阳能电窗，将太阳能电池与半透明的窗玻璃整合在一起，可以在白天透过阳光的同时生产电能。

易于伸展的太阳能电池板可以用于（1）为发展中国家的乡村地区提供电能；（2）在一个小型发电站中生产电能，当缺乏太阳光时就利用联合循环天然气燃气轮机来提供备用能源，以及（3）将水转化

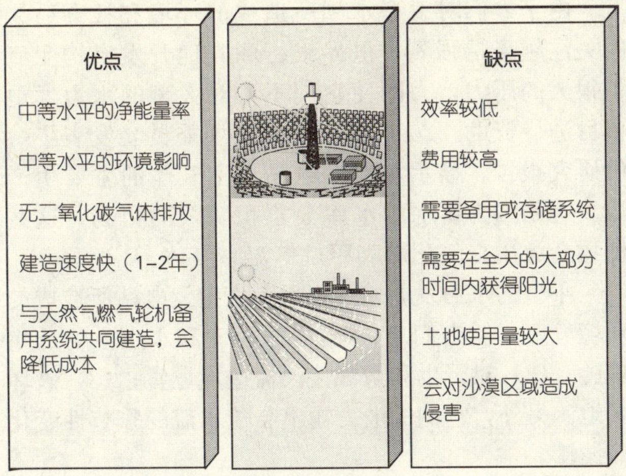

图 4-22 利用太阳能来生产高温热能和电能的优缺点

成氢气，可以通过管道输送到用户手中，就像输送天然气那样。一些研究者正在开发调速轮，升级了的深层循环电池，以及超级电容器，用它们来储存太阳能（或风能），以在需要的时候使用电能。有一种具有开发前景的系统，它（1）在阳光充足时可以利用屋面太阳能电池来生产氢；（2）可以储存氢，并（3）在燃料电池中使用的话，可以根据需要生产出电能和热能。

坐落在美国纽约市时代广场4号的 Durst 大厦就将绿色设计理念应用到了一个较大的尺度上。这座48层的摩天大楼利用了（1）低能耗的保温隔热窗体；（2）高能效的照明设备；（3）沿南侧和东侧墙壁安装的太阳能光电板；（4）地下室中安装了两个大型的燃料电池，可以提供热水、为建筑物补充白天所需的电力、并为建筑物提供夜晚所有需要的电能；（5）回收使用的建筑材料，以及（6）独立的垃圾道，有助于租户进行物品回收。

太阳能电池是一种可以为生活在缺乏电能的大多数发展中国家的农村地区内的20亿人提供电力的理想技术。借助于世界银行的资助，印度（世界上最大的太阳能电池市场）正在全国38000个村庄中安装太阳能电池系统，津巴布韦也在其2500个村庄中引入太阳能电力系统。

图4-24列出了太阳能电池的优缺点。由于发展迅速，一些分析家预测，到2020年，太阳能电池将供应全世界17%的电能——相当于今天核电站所提供的电能——但其成本较低，风险也较低。随着各国政府和私人投资者的大力推广，到2050年，太阳能电池将可以供应全球电能的25%，在美国，至少达到全国电能的35%。如果这些预测正确的话，太阳能电池的生产、销售及安装（现在已经达到每

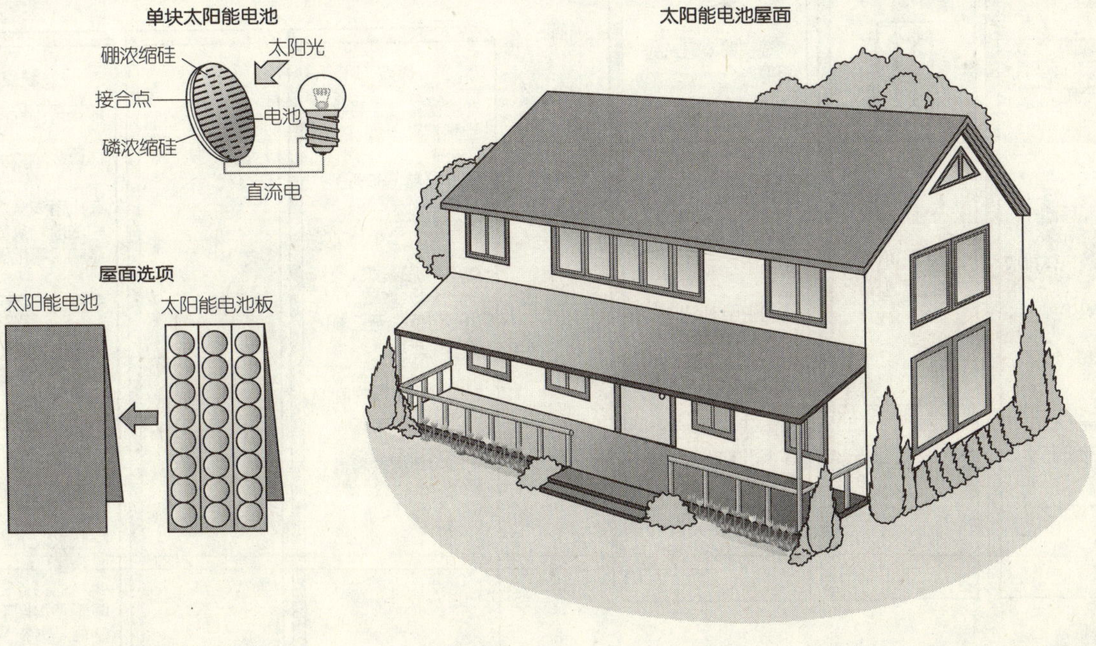

图 4-23 太阳能光电板电池可以利用新型的太阳能电池屋面瓦或看起来像金属屋面板的太阳能光电板系统为住宅或建筑物提供电能。小型的和易于伸展的这种太阳能电池阵板可以为全世界缺乏大型发电站和电缆的乡村地区提供电力。安装在小型发电站的大型太阳能板也可以生产电能，这些电能可以直接使用，也可以将其用于将水转化为氢燃料来使用。随着以这种方法生产出来的电能的价格的降低，其电能的使用也会有大幅度的提高

年 250 亿美元的交易额）都会成为一种全球最大和发展最快的工业。

我们如何利用水流生产电能？

电能可以利用流水产生

- 大规模的水力发电厂，在一条大河上筑一座大坝，形成一个水库。一些储存在水库里的水可以以人为控制的速度流过大型的管道，推动涡轮机运转从而产生电力。
- 小规模的水力发电厂，在一条小河上筑一座低坝，不形成水库（或仅形成一个小水库），利用小河中的水流来推动涡轮机和生产电力。

水力发电所生产的能源占（1）全球商用能源总量的 6%（占美国的 3.5%）；（2）占全球总电能的 20%（占美国的 10%，但其中有 63%都用在西海岸）。水力发电生产的电能占挪威全国总电能的 99%，占新西兰的 75%，在发展中国家占 50%，占中国的 25%。

图 4－25 列出了利用大型水力发电厂来生产电力所具有的一些优缺点。根据联合国的数据，全球可技术性开发的水力资源仅被开发了 13%，大部分的潜力都蕴藏在南亚（特别是中国*），南美洲，以及前苏联的部分地区。

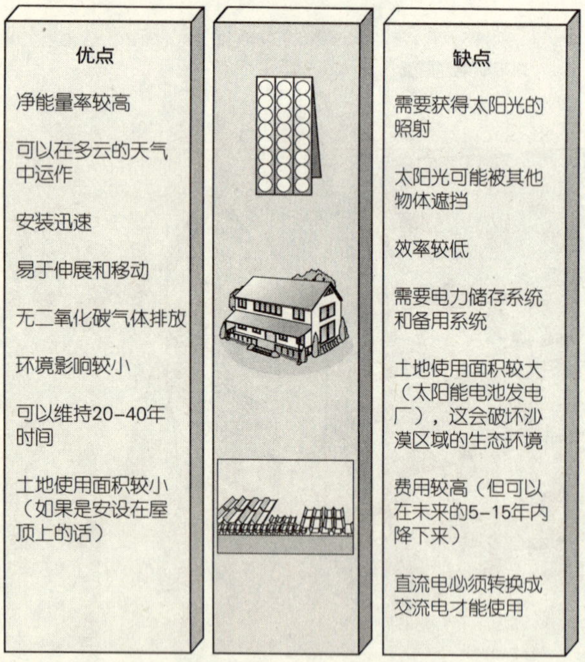

图 4－24 利用太阳能电池发电的优缺点。从理论上来讲，美国全国所有的电能需求都可以通过在美国大陆 0.6% 的面积上铺设太阳能电池来供应（如果太阳能电池的效率像预测的那样从 12% 上升到 21% 的话，则所需的陆地面积将会减小一半）

由于人们对大型水坝所造成的环境和社会后果的关注越来越强烈，世界银行和其他开发机构受到了很大的压力，力图使它们不再对大型的水力发电项目进行资助。2000 年，世界筑坝委员会发表了一份研究报告，显示水力发电是温室气体的主要生产源。这是因为蓄水的水库会累积腐败的植物，这些植物会放出二氧化碳和甲烷等温室气体。

小型的水力发电站可以避免大型发电站所造成的环境危害，但它们（1）对游乐活动和水生生物产生威胁；（2）对野生和景观性河流造成危害；（3）破坏湿地。另外，它们的电力输出会随水流的季节性变化而波动。

利用潮汐和海浪发电是不是一种较好的选择呢？

潮涨潮落，每天两次，海水流入又流出海滩和河口，它们可以推动涡轮机发电（图 4－26a）。但是，大多数分析家都认为潮汐能只能提供全球能耗的一小部分。适合建造发电厂的地方很少，而且建造费用也很高昂。

海浪所蕴涵的动能主要是由风引起的，它是另一种潜在的电能的来源（图 4－26b）。大多数分析家都不认为海浪可以对世界电能需求做出什么重大贡

* 原文如此。——编者注

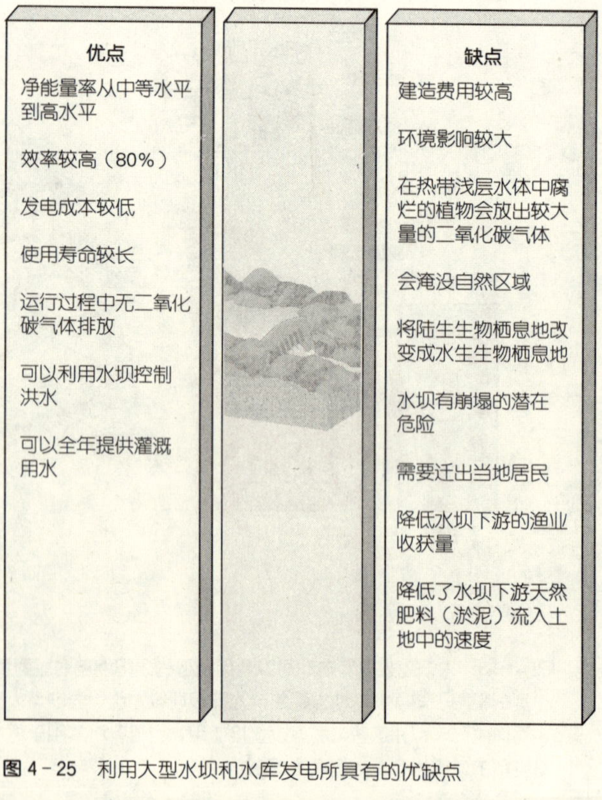

图 4－25 利用大型水坝和水库发电所具有的优缺点

献，除了在一些条件非常合适的海岸地区（例如英格兰的西岸）。海浪发电站的建造费用从中等到昂贵，而其净能量产出也属于中等水平，但是，各种所需的设备会因海水的侵蚀和暴风雨而损坏报废。

我们如何利用储藏在水中的热量来生产电能？

日本和美国一直在对利用热带海洋巨大的温差（在寒冷的深海海域和表面被太阳加热的浅层海水）来发电进行评估。如果在经济上具有可行性，这将会利用锚固在热带海洋底部恰当位置处的海洋热能转换（OTEC）发电站来实现（图 4－26c）。但是，大多数能源分析家认为，从海洋中大规模的摄取能量在经济上无法与其他能源生产方式相抗衡。

盐水太阳能池沼一般位于海洋的内陆部分或内陆咸水湖附近，那里阳光充足，可以用来生产电能（图 4－26d）。白天在其密度较高的底层部分蓄积的热量可以用于生产蒸汽来推动涡轮机，从而生产出电能。死海的以色列一侧上建立了一座试验性的太阳能盐沼发电站，它运行了若干年，但在 1989 年被关闭了，因为运行费用太高了。

淡水太阳能池沼可以用于生产热能来烧热水和为房间加热（图 4－26e）。在地上钻一个浅洞，并用混凝土加固。将大量装有几厘米深的水的巨大黑色塑料袋放置在洞中，然后以玻璃纤维隔热板覆盖。白天，这些隔热板可以透过阳光，但将大部分热量储存在袋中的水里。当袋中的水温在下午达到最高时，计算机就会打开水泵将热水从袋中输送到经过保温隔热处理的水罐中，再分发出去。

盐水和淡水太阳能池沼不需要能量储备和备用系统，清洁无污染，而且净能量产出也可以达到中等水平。淡水太阳能池沼可以在几乎任何阳光充沛的地方修建，其建造和运行费用也都是中等水平的。

如何利用风力生产电能？

风能是世界上增长最快的能源形式（在 1990 年代，其年平均增长速度达到了 30％，2000 年，风轮机的销售额超过了 40 亿美元）。2000 年，全世界所有单独的风轮机和风力发电场（聚集了 20—100 台风轮机；图 4－27）所生产的电能达到 15000MW，足够满足 520 万户家庭的用电需求。现在风能发电所生产的电能是 1995 年的 3 倍多，是 1980 年的 1300 倍。

虽然发展迅速，但是在 2000 年，风能所生产的电力仅占美国全国能源生产量的 1％，因为它仍然处在起步阶段。但是，能源部已经开始推行一项计划，到 2020 年，美国全国能源生产量的 5％将由风力来生产。2000 年，美国风力发电所生产的电能的价格已经与新型的燃气和燃煤的发电厂相当了。在几年内，风力发电就可能成为美国最廉价的电能生产方式。

能源部将美国的中西部地区称为“风中的沙特阿拉伯”。单只南、北达科他州和得克萨斯州所蕴涵的风力资源就足以满足美国全国的电力需求了。美国的 12 个州也正在开发大型的风力发电厂计划。

丹麦（全国电能中有 13％是由风力生产的）是全世界最大的风能使用国，也是全世界最大的风轮机的生产国。风力发电在德国（全世界第三大风能使用国）、西班牙和印度（全世界第二大风能市场）也得到迅速开发。

从长远来看，从建在遥远地区的大型风力发电厂中生产的电能可以用于在非高峰时期从水中提取氢气。这样生产出来的氢气可以利用管道运输，或储存起来。图 4－28 列出了利用风能发电的优缺点。

燃烧固体生物质有哪些益处呢？

生物质是指可以作为能源的植物和动物废物。生物质有很多种形式，可以直接作为固体燃料来燃烧，也可以被转化成气体或固体生物燃料（图 4－29，第 122 页）。

大多数生物质（1）可以直接燃烧来为采暖、烹调和工业生产提供能量，或者（2）间接燃烧来推动涡轮机，从而生产出电能。燃烧木材和动物排泄物进行采暖和烹调，其所生产的能量占全世界能源总量的 12％左右，占发展中国家的 30％左右。

发展中国家中 70％的人口依靠燃烧木材或木炭来加热房间，或烹饪食物。但是，这些国家中 27 亿人无法获得（或者太穷以至于无法购买）足够的燃料木材来满足其能源需求。在美国，生物质提供着全国商用能源的 3％左右，全国电能的 2％。壳牌石油公司预测，至 2010 年，生物质可以提供全世界电能的 5％（价值 200 亿美元）。

生产生物质燃料的方法之一就是在生物质种植场中种植、收获、燃烧大量的生长迅速的树木（特别是棉白杨、白杨、小无花果树、柳树，以及银合欢属树木）、灌木、多年生草种（例如柳枝稷），以及水葫芦。

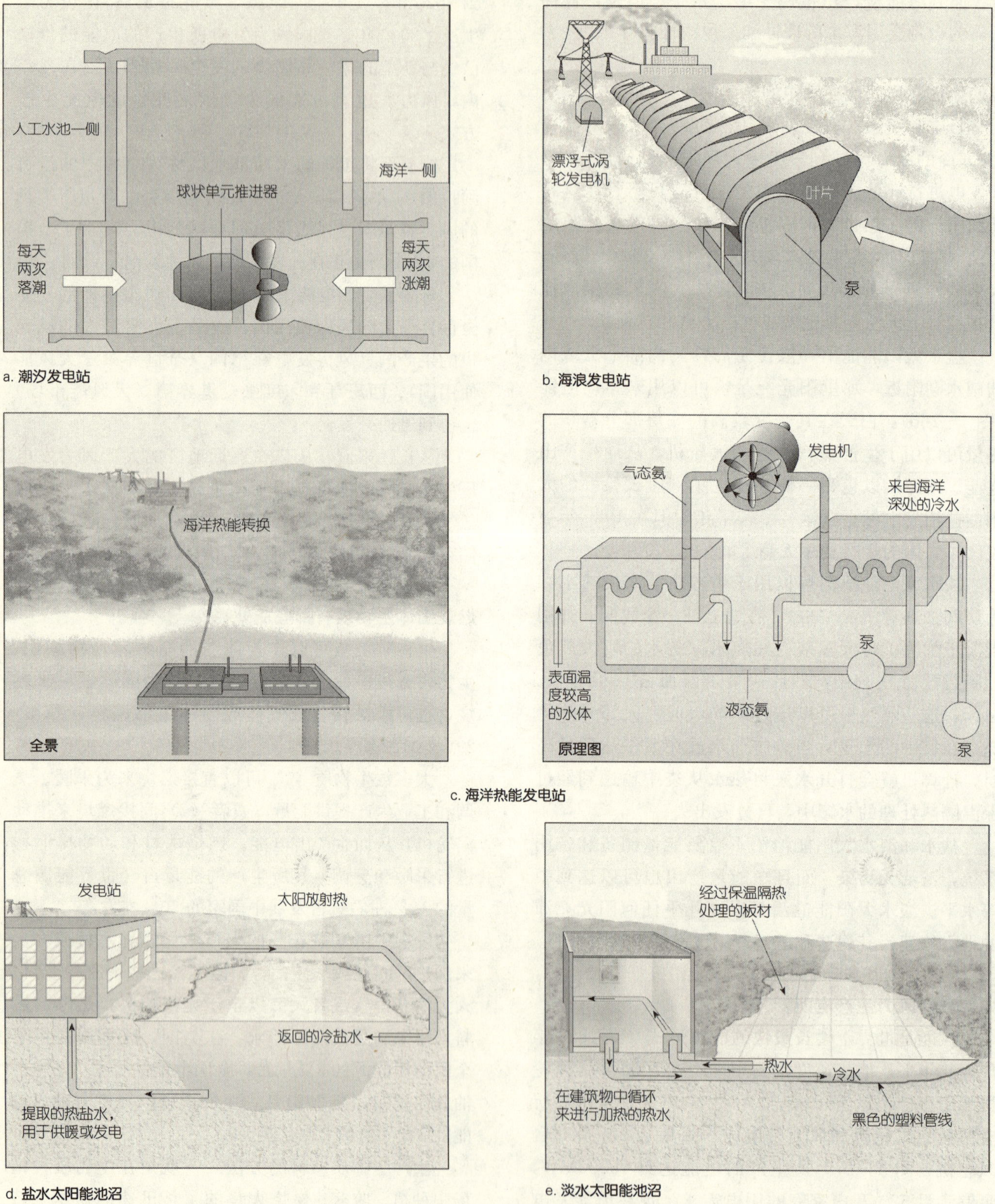

图 4-26 利用水流来生产电能并接入储存在水中作为热能储存起来的太阳能的各种方法。在不远的将来，这些方法都无法作为主要的能量来源来利用

图 4-27 风轮机可以单独使用来生产电能，或集合使用，称为风力发电场

在农业地区，作物收获残余物（例如甘蔗残余物、谷壳、棉花节杆和椰子壳）和动物排泄物都可以收集起来进行燃烧，或转化成生物燃料。

一些生态学家认为，将动物排泄物作为肥料，用农作物收获残余物来饲养牲畜、延缓土壤侵蚀、并为土地增加肥力，可以起到更好的效果。图 4-30 列出了将固态生物质作为一种燃料进行燃烧的优缺点。这里存在着一个问题，就是燃烧这些生物质会产生二氧化碳气体。但是，如果燃烧生物物质的速度没有超过新植物的生长速度（可以吸收二氧化碳）的话，最终就不会有二氧化碳增加。

从固态生物物种中生产气态和液态燃料是一种好的选择吗？

细菌和各种化学过程可以将一些形式的生物质转化成气态或液态的生物燃料（图 4-29）。例如（1）沼气，一种按甲烷 60%、二氧化碳 40%的比例混合的气体；（2）液态乙醇（乙醛，或酒精），以及（3）液态甲基乙醇（甲烷或木精）。

在中国，600 万多个沼气消化器中的厌氧细菌将植物和动物废物转化成甲烷燃料，用于采暖和做饭。这些简单的设备的建造费用仅为 50 美元，包括人工在内。在沼气被分离之后，固态残余物可以用做农作物的肥料，或者，如果受到了污染，则可以成为树木的肥料。但它们发生作用时，沼气消化器是一种非常高效的设备。但是，它们反应比较缓慢，而且会产生很多不可预见的问题，但这些问题都可以随着更加可靠的模式的开发而解决。

一些分析家认为，当石油成为稀缺资源，而且价格高涨时，由生物质生产出的液态乙醇和甲烷可以替代汽油和柴油。乙醇可以由糖和谷物（甘蔗、甜菜、高粱、向日葵及玉米）等通过发酵和蒸馏来生产。在汽油中混合 10%—23%的纯乙醇就可以制成酒精-汽油混合燃料，可以在传统的汽油机中燃烧，还可以作为超无铅汽油或富乙醇汽油来出售。

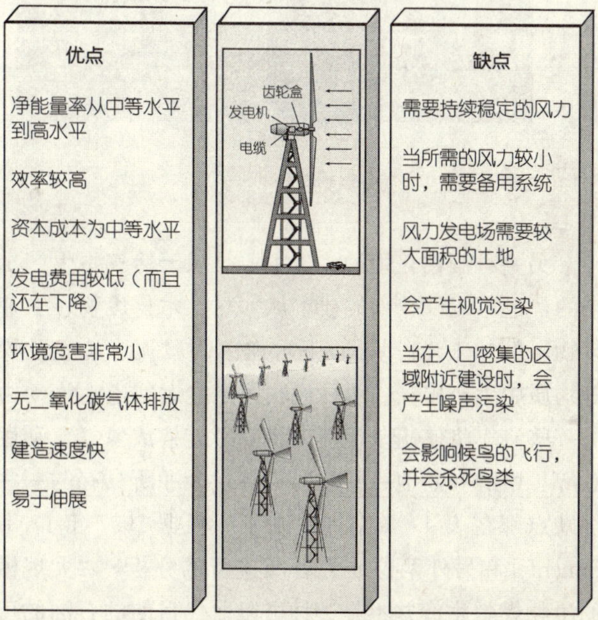

图 4-28 利用风力发电所具有的一些优缺点。风能专家预测，到 2050 年，风能在全球范围内提供的电能将超过 10%，在美国将占到 10%—25%

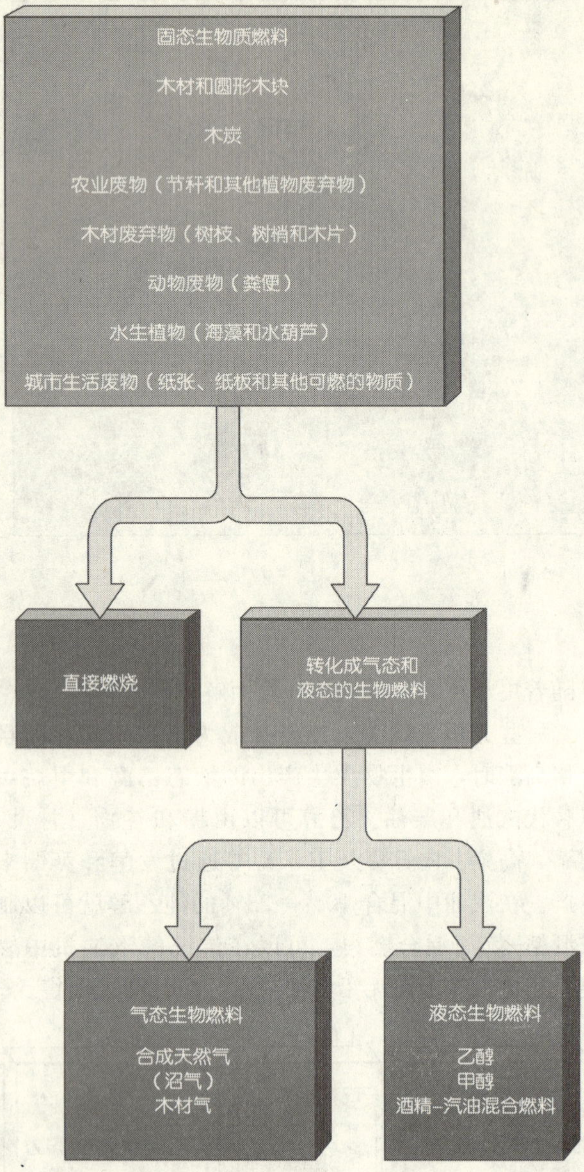

图 4-29　主要的生物质燃料类型

另一种酒精，甲醇，也主要是从天然气中生产出来的，还可以以较高的成本从木材、木材废物、农业废物（例如玉米碎块）、下水道中的淤泥、垃圾及煤等物质中生产出来。第一代利用氢能燃料电池为动力的一些汽车将使用改进器来将甲醇转换成氢气。利用乙醇、甲醇和其他一些燃料来替代汽油所具有的一些优缺点都在表 4-1 中列出来了。根据 1997 年 David Pimentel 和另外两位研究者所进行的分析，“大规模的生物燃料生产并不是一种可以取代目前的石油的可行方法，甚至不是一个可取的选择。”

人们对生物质能源在未来所起的作用的预测众说不一，根据以下假设，这种能源至 2050 年可以供应

图 4-30　将固态生物质作为燃料燃烧所具有的优缺点

全世界能源的 14%—40%：（1）生物质气化；（2）用于高效的燃料电池中，以及（3）在退化的森林和空闲的耕地上建立生物质种植园。

4.4　太阳能-氢能革命

我们可以用什么来代替石油？再见了石油和烟雾，你好，氢能

当石油都消耗光了（或当剩下的石油价格极其昂贵时），我们用什么来作为汽车、工业和建筑物的能源呢？很多科学家和大石油公司和大汽车生产公司的管理人员认为，未来的燃料是氢气（H_2）（表 4-1，第 123 页）。

当氢气在空气中燃烧时，它会与空气中的氧气结合，产生出无污染的水蒸气* 和一些二氧化氮（因为空气中的氮气占到了 78%）。这就会避免我们今天所面对的大部分空气污染问题，并大幅度降低因排放过多的温室气体而导致的全球气候变暖对人类产生的威胁。

* 水蒸气是一种较强力的温室气体。但是，由于大气层中已经含有很多水蒸气了，人类活动所增加的量也几乎不会产生什么影响。

地球上的氢气的量很少，但我们可以从一些含量丰富的物质中获取氢气：水。水可以通过电解或高温处理成氢气和氧气（图 4－31）。氢气还可以通过以下方法获得：（1）重组，利用化学过程来将氢从有机化合物中的碳原子中分离出来，例如甲烷（CH_4）或甲醇（CH_3OH）；（2）通过对煤或生物质的气化来获得，以及（3）通过一些类型的藻类和细菌来获得（聚焦专栏，第 125 页）。

什么是捕获（点燃）？

如果你认为利用氢作为能源是一种过于理想的念头的话，你就想对了。为了能够使氢成为一种为我们服务的主要能源形式，我们必须先解决一些问题，但科学家们正在加快寻找解决方法的脚步。

其中一个问题是，生产这种氢燃料需要耗费能源（从而需要资金）。我们可以通过燃烧煤来获得高温热能，或者从燃煤电站或核电站中获得电能。但是，这就会引起与之相关的一些环境危害（第 4.6 节和第 4.7 节），而其成本将超过所生产出来的氢的价值。

大多数支持利用氢气的人都认为，如果我们要将污染危害降到一个很低的程度，那么用于从水中提取氢的能量就必须来自太阳，可以通过以下途径（1）通过水力发电、太阳能电池、太阳能供热站（图 4－21b）、以及风力发电场等方式生产出的电力能源，以及（2）也许最终可以利用细菌和藻类来获得能源（聚焦专栏，第 125 页）。

如果科学家们和工程师们能够了解如何利用太阳光来以足够低廉的价格分解水的话，他们就能在未来 50 年中开始一次太阳能-氢能的革命，它的意义可以与农业革命和工业革命相媲美。目前，利用太阳能来生产氢能的成本太高，但利用太阳能来生产电能的成本正在下降。能源部的目标是到 2030 年，将氢气的生产成本降低到天然气的水平。

表 4－1　对各种石油的替代能源进行的评估

优点	缺点
压缩天然气	
畜量非常丰富，国内市场和国际市场的价格都比较低廉	需要巨大的油箱；行驶里程仅为普通汽油的四分之一
碳水化合物、一氧化碳和二氧化碳的排放量都较小	发动机改造费用非常昂贵（2000 美元）
相关机车已经开发到了比较先进的水平；非常适合快速机车使用	需要建造新的加油站
降低了发动机的维护需求	是一种不可持续的资源
电能	
如果不是从燃烧化石燃料的发电站和核电站中生产出来的，就是一种可再生的资源	行驶里程和电能维持时间都有限
无汽车尾气排放	电池价格较贵
可以利用现有电网供电	充电时间较长（6—8 小时）
高效，安静	如果是从燃煤或燃油的发电站中生产出的电能，则会有有害气体排放
再生汽油（氧化燃料）	
不需要建设新的加油站	是一种不可再生的资源
一氧化碳降低量为低到中等水平	依靠永久性的石油进口
不需要改造发动机	不会降低二氧化碳的排放量
	成本较高
	渗漏和喷溅会造成地下水污染（特别是 MTBE，一种致癌物质）
	如果气体排放控制标准提高了的话，这种方法就不可行了
A－55（55％的水加 45％的石脑油）	
可以在传统加油站中销售	还没有推广开来
与柴油相比，二氧化氮和其他一些气体颗粒的排放量要低得多	需要进行单独测试，以确定其真的降低了污染排放量
不会爆炸或引燃	炼油厂会限制利润较低的石脑油的供应量，或提高其价格
成本较低（25％—50％）	需要大量的水进行生产
与汽油或柴油相比，在提炼厂中加工石脑油所产生的污染会少 90％	
改造发动机的成本较低（小汽车 300 美元，卡车和公共汽车 1000 美元）	
改造后的发动机可以以 A－55、汽油或柴油为动力	
甲醇	
辛烷含量较高	需要较大的油箱；行驶里程仅为传统汽油的一半
降低二氧化碳排放量（总量取决于生产方式）	对金属、橡胶和塑料等物质有腐蚀性
降低了空气污染程度（30％—40％）	会增加具有致癌性的甲醛的排放量
	如果以燃煤的方式生产的话，会增加二氧化碳的排放量
	生产成本较高
	在寒冷的空气中很难发动

续表

表 4-1 对各种石油的替代能源进行的评估

优点	缺点
乙醇	
辛烷含量较高	需要大容量的油箱；行驶里程较短
降低二氧化碳气体排放量（总量取决于蒸馏过程和农作物种植效率）	成本高很多
降低一氧化碳气体排放量	谷物的生产供应量有限
是一种潜在的可再生能源	会与粮食作物的生产争夺耕地
	可能有烟雾产生
	有腐蚀性
	在寒冷季节中较难启动
太阳能-氢能	
如果利用太阳能来生产的话，就是一种可再生资源	如果从燃烧化石燃料的发电站或核电站中生产的话，则是一种不可再生的资源
比汽油的易燃性要低	需要大容量的油箱
实际上没有什么尾气排出	现在还没有建立起该能源的分配体系
无二氧化碳气体排出	需要重新设计发动机
无毒	目前价格较昂贵

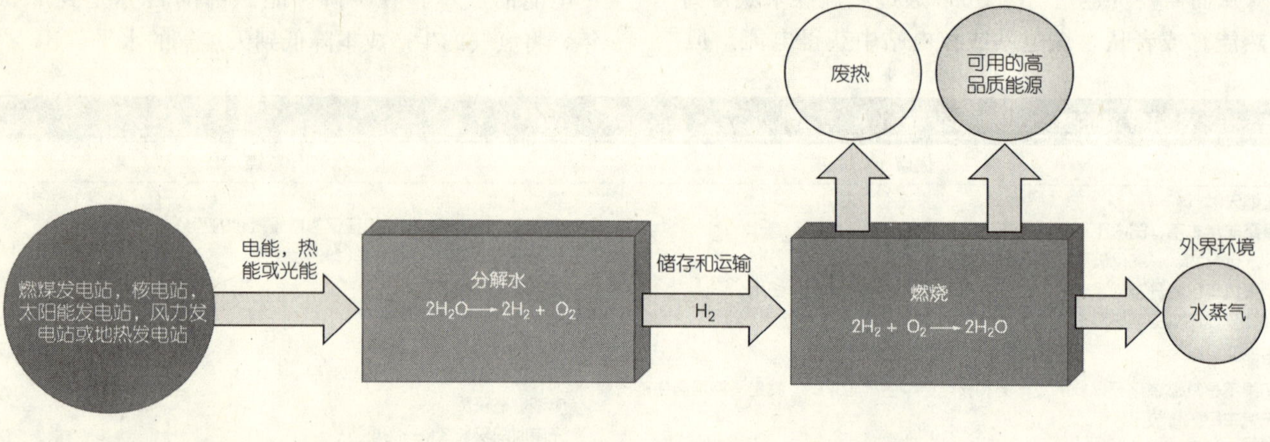

图 4-31 氢气作为一种能源。生产氢气需要消耗电能、热能或太阳能来分解水，从而会导致负净能量产出。但是，氢是一种清洁燃烧的燃料，可以取代石油和其他化石燃料，甚至核能。利用太阳能（例如太阳能电池和风轮机发电机）从水中提取氢还可以避免大部分空气污染的产生，并大幅度降低全球气候变暖的威胁

氢气可以储存在高压桶、金属粉和活性木炭中，它们可以吸收氢气，然后在需要的时候在将其释放出来，作为燃料使用。与汽油不同，当汽车油箱在交通事故中破裂时，含有被吸收了的氢的化合物和粉末是不会爆炸或燃烧的。但是，在一辆车中是很难以压缩氢气或金属粉的形式来储备足够量的氢气行驶较长的里程的——这与目前电力汽车所遇到的是同样的问题。

另一种方法就是以燃料电池来为汽车提供动力（图 4-7 和图 4-12），这种电池中含有氢和氧，它们发生化合反应时就可以产生电流。燃料电池不会产生任何空气污染，其能量效率也可以达到 65%—95%，是传统汽油发动机和电力汽车的好几倍。

大量供小汽车、公共汽车、家用和建筑用的燃料电池系统的样品正在进行测试和评估。世界上所有主要的汽车制造商都已经开发了燃料电池汽车（图 4-12），并希望能够在 2004 年将其投放市场。1999 年，戴姆勒·克莱斯勒汽车公司和荷兰皇家壳牌石油公司宣布了一系列计划，要将国土面积狭小的冰岛变成世界上最大的“氢经济国”。该国富含可再生的地热资源和氢能，这些都将用于从海水中生产氢，利用生产出来的氢气来推动工厂、渔船和汽车发动机的运转。

图 4-32 列出了利用氢能作为能源的优缺点。能源部有一项计划，到 2050 年，要使氢能占到美国全国能源消费量的 10%。

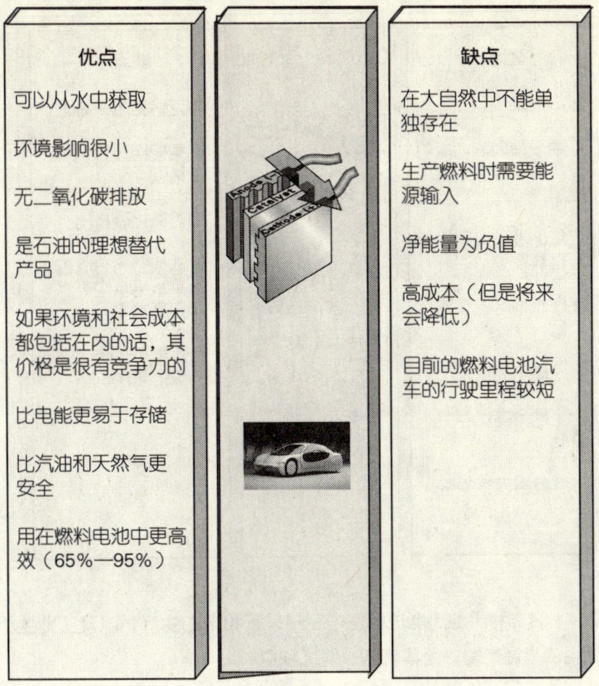

图 4-32 利用氢能作为能源来推动汽车和供热、供电的优缺点

4.5 地热能源

我们如何获取地球内部的热能呢？到地下去

岩石和岩浆下面所蕴藏的热能是一种重要的能源。在数百万年的过程中，这种来自地幔（图 2-9，第 28 页）的地热能源已经转化成了地下资源库，里面充满了（1）干蒸汽（没有水滴的蒸汽）；（2）湿蒸汽（蒸汽和水滴的混合物），以及（3）热水，它们蕴藏在地壳的裂缝和带孔的岩石中。

如果这些地热蕴藏点与地表距离很近的话，人们就可以通过钻井来提取干蒸汽、湿蒸汽（图 4-33）和热水。这种地热能源可以用于为房间和建筑物供热，还可以用于生产电能。目前，全世界 22 个国家（主要是发展中国家）正在提取地下的热能来生产着全世界 1%的电能。

但是，如果提取速度超过自然恢复过程的话，这些地热库也会枯竭的。所以，地热资源在人类的时间尺度上，可以是一种不可再生的资源，但其蕴藏量十分巨大，所以通常被归类为可再生资源。

全世界最大的地热系统被称为盖娅系统，在美国加利福尼亚州旧金山北部建立了一个干蒸汽的采掘点。这里从 1960 年开始生产电能。现在该地区包含 26 个发电厂，生产的电能足够一座 130 万人的城市使用的。但是，这里的热能采掘速度比其自然恢复的速度快了 80 倍，将这种潜在的可再生资源变成了一种不可再生的资源。1999 年，美国加利福尼亚州的圣莫尼卡（Santa Monica）市成为了世界上第一个所有电能都从地热资源中获得的城市。

利用池塘浮渣的绿藻生产氢气

在未来的几十年中，人类就有可能利用大型的绿藻种植场来生产氢气了。这种简单的植物的足迹遍布全世界，一般多生长在池塘的浮渣中。

当生活在普通的空气和阳光中时，绿藻可以像其他植物一样进行光合作用，并产生出碳水化合物和氧气。但是，在 2000 年，美国加利福尼亚大学伯克利分校的研究者 Tasios Melis 发现了一种利用这些绿藻生产氢气气泡而不是氧气气泡的方法。

首先，他以常规的方法在阳光、养分和水都很充足的种植场中养殖了数以千亿计的绿藻。然后他断绝了维持这种绿藻生存的两种重要养分：硫和氧。在 20 个小时之后，这些植物的细胞经历了一次新陈代谢过程，从原本的产氧代谢变成了产氢代谢，从而可以获得氢气气泡。

Melis 认为他可以将这种氢气生产过程的效率提高 10 倍。如果是这样的话，在未来的某一天，一种生物氢气工场就有可能利用绿藻和水的混合物在一套暴露在阳光下的洁净管道中循环，从而生产出氢气。这种生产氢气的基因方法还可以施用于其他植物，同样也能生产出氢气。

批判性思考

广泛使用这种氢气的生产方法会造成哪些生态问题？

三种几乎不可能枯竭的地热资源是：（1）熔岩（岩浆）；（2）热干岩石区域，在这些地方岩浆穿透地壳，将地面下的岩石加热到很高的温度，以及（3）低温到高温的热岩石库沉淀物，可以用于预热水体和推动热泵用于室内空间采暖和空调设备。很多国家正在进行研究，来证明热干岩石区域这种可以在全世界任何地方的地表以下 8—10km（5—6 英里）的地方发现的能源可以提供较廉价的地热能源。

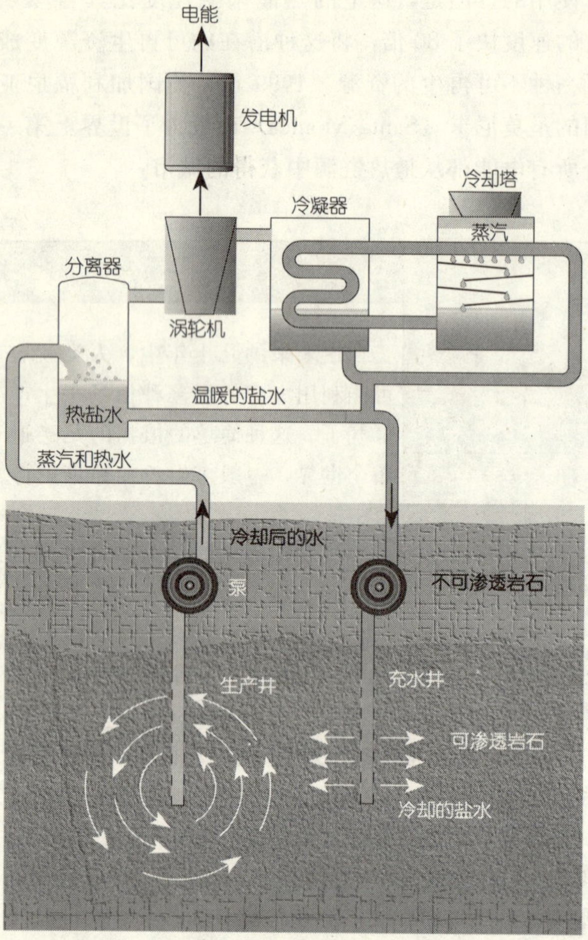

图 4-33　以湿蒸汽的形式提取地热或地热能来生产电能

图 4-34 列出了利用地热能源的优缺点。目前，提取地热能源的成本比较高昂，除了一些浓度很高和很易于获得的地方以外。根据美国热能协会的资料显示，如果理想的话，在未来的几十年中，地热能源可以满足美国全国 5%的能量需求。

4.6　不可再生的化石燃料

传统的石油具有哪些优缺点呢？

石油，或原油（从地下采掘出的未经加工的石油），是一种含有数百种可燃的碳氢化合物（由氢和氧组成的有机化合物）的黏稠液体，还有少量的硫、氧和氮等杂质。这种化石燃料通过分解埋藏在地下的有机植物和动物物质而产生的，经历了几百万年的高温和高压的过程。

虽然原油和天然气通常是在同一地点形成的，在地壳下很深的地方或海床下（图 4-1）。原油渗透在地下岩石层的孔隙和裂缝中，就像渗透在海面里的水一样。人们可以钻探油井，那些渗透在岩石孔隙中的原油会因为重力的作用而流到油井的底部，从而被抽取出来。

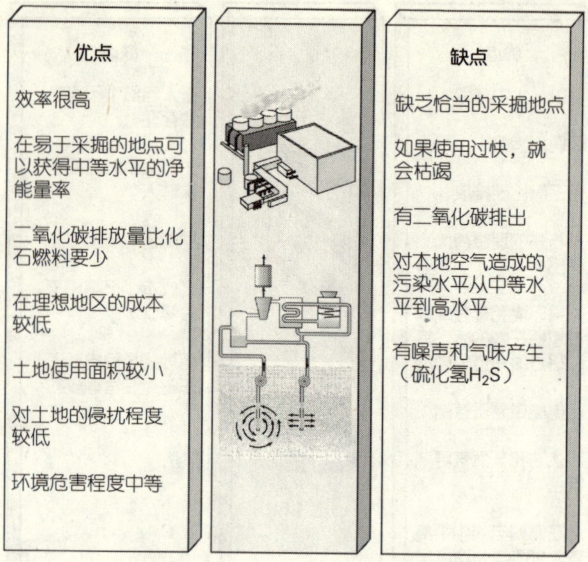

图 4-34　利用地热能进行室内空间采暖和电力生产，以及工业生产用的高温热能，所具有的一些优缺点

虽然人们在运行过程中十分小心，但在钻探和提取海床中的原油的过程中仍然会有事故发生，使大量的原油流入海洋中，对海洋生物形成危害，甚至杀死它们，并破坏了海洋生态系统的健康。海洋区域和海岸线都已经被运送石油的油轮所造成的事故污染了（案例研究，右页）。

一旦原油被采掘出来，它们就会通过管线、卡车或轮船（油轮）运送到炼油厂中。在炼油厂中，原油被大量加热和蒸馏，根据不同的沸点对其成分进行分离（图 4-35）。一些被称为石化产品的石油蒸馏产物作为原材料，生产出各种有机化学物质、杀虫剂、塑料、合成纤维、涂料、药物和很多其他产品。

石油储备是被确定的石油储藏处，从中可以以当前的技术手段提取石油，并以当前的价格出售。组成石油输出国组织*的 11 个国家所拥有的石油储备占全世界总储备量的 67%，这就可以解释为什么石油输出国组织可以对全世界的石油供应和价格进行长期控制了。沙特阿拉伯的石油储备占全世界的

* 石油输出国组织是 1960 年建立的，从而使拥有大量已知和预测石油储备的发展中国家可以给这种资源制订较高的价格。现在，它的成员国包括阿尔及利亚、印度尼西亚、伊朗、伊拉克、科威特、利比亚、尼日利亚、卡塔尔、沙特阿拉伯、阿拉伯联合酋长国和委内瑞拉。

案例研究

埃克森公司瓦尔迪兹号石油泄漏事件

从美国阿拉斯加州普拉德霍（Prudhoe）海滩的北坡油田开采出来的石油被输油管道运送到瓦尔迪兹港，然后在通过油轮运送到美国的西海岸。在1989年3月24日，埃克森公司的瓦尔迪兹号，一艘长度超过3个足球场的油轮，从阿拉斯加州瓦尔迪兹附近16km（12英里）宽的威廉王子湾（Prince William Sound）海峡起航。它触到了海底的暗礁，造成了美国海域中最严重的一起石油泄露事故。

迅速扩散的石油覆盖了超过1600km（1000英里）长的海岸线，几乎是美国新泽西州和南加利福尼亚州的全部海岸长度。造成的野生生物损失是无法估量的，因为大多数死亡的动物都沉到了海底，在未被查明时就分解掉了。至1999年，该事故发生后的第10年，22个受害的生物种群中仅有2个（秃鹰和海獭）恢复了当初的状况，12个正在逐步恢复，其他8个（包括逆戟鲸和斑海豹）则永远无法恢复了。

为了清除这些泄漏的石油，埃克森公司花费了22亿美元，但所采用的一些方法所造成的危害更大。1991年，埃克森公司接受了联邦法院的判决和罚款，并同意赔偿联邦政府和阿拉斯加州政府10亿美元的罚金和市民损失。1994年，一个陪审团判罚向渔业、土地主和其他阿拉斯加居民赔偿5亿美元作为惩罚性赔偿和罚金，该判罚最终在2000年被美国最高法院支持并判决。

这一总价值为85亿美元的事故（其中四分之一都是美国纳税人偿付的，因为埃克森公司拥有免税权）本可以避免的，只要埃克森公司花费2250万美元来为该油轮安装双层船体就可以了。现在，大多数的货轮都安装了双层船体，但安装双层船体的油轮只有15%。自从这次油轮泄漏事件之后，美国通过了立法，要求所有新造油轮都必须安装双层船体，所有现有的大型单船体油轮必须在2015年之前淘汰掉。但是，石油业主们正在努力削弱这些要求。

这次石油泄漏事件再一次向人们警示了污染预防的重要性以及提高能源效率和利用可再生资源来降低对石油的依赖的重要性。即使利用最先进的技术和最快速的反应，拥有训练良好的人员，科学家们估计，重大事故所泄漏出的石油中能被恢复的不会超过12%—15%。

批判性思考

祝贺你：你刚刚已经开始进行预防全球范围的油轮石油泄漏事故了。为了完成你的任务，你需要做哪三件最重要的事情？

26%，它拥有到目前为止全球最大比例的原油储备量，然后是伊拉克、科威特和伊朗，每个国家的储备量都占全世界总量的9%—10%。

目前，美国的石油储备量仅占全球总储备量的2.3%，但其消费量则占到了全球年总采掘量的30%（其中68%都是用于运输），主要是因为汽油的价格比较便宜（图4-9）。虽然勘探和试钻方面美国都经历了高潮，但从1985年以来，石油采掘量一直都在下降，而国内市场的供应量也不会有大幅度增加。

2000年，美国所进口的石油量占其消费总量的57%（1973年石油输出国组织实行石油禁运时为36%），主要是因为国内石油储备量下降，而石油消费量又增加的缘故。根据能源部的统计，美国到2020年的石油消费量中有64%都要依靠进口，甚至更多。

对进口石油（其中一半都是来自石油输出国组织的成员国）的依赖以及在未来10—20年内石油价格的增长会使美国、日本和其他主要石油进口国耗费掉大量的金钱。经济学家提出警告，这会导致严重的通货膨胀和广泛的经济衰退，甚至会导致大规模的经济危机。

以目前的消费速度来计算的话，已探明的全球石油储备量应该可以维持53年的时间，如果消耗速度如预测的每年增加2%的话，则仅能维持42年的时间。那些未探明但被认为存在的石油储备还可以延长20—40年的石油供应时间，但价格很可能会高涨。所以，已知的和预测的石油供应将在42—93年的时间内被消耗掉80%，这取决于石油的年消费速度。

以当前的消费速度，美国的石油储备仅能维持15—24年的时间，如果消费速度如预测的有所增加的话，则只能维持10—15年的时间。但是，潜在的石油储备还可以延续24年的石油供应期。所以，总而言之，美国在15—48年的时间内，其石油供应中80%将会枯竭，取决于年消耗速度。

一些分析家认为，提高石油价格（当石油消耗量超过石油生产量时）将刺激石油采掘，并会发现新的石油储备，从而可以满足21世纪甚至更长时间的需求。还有些分析家则认为这种乐观的预测忽略了石油消耗的指数式增长（每年2%—5%）所可能造成的后果。

但是，即使是假设我们仍以现在的速度消耗石油，(1) 沙特阿拉伯这个拥有全世界最大的已知石油储备的国家也仅能维持世界石油需求 10 年的时间；(2) 美国阿拉斯加北坡（在北美洲发现的最大的油田）的石油储备只能供应全球石油需求 6 个月的时间，只能供应美国石油需求 3 年的时间。简而言之，即使以目前的速度消耗石油，我们也必须每 10 年就发现一个相当于沙特阿拉伯石油储备那么大的油田才能满足全球石油需求。

根据美国地质调查组织的数据，全球大规模油田的发现在 1962 年达到了顶峰，之后便一直呈衰退的趋势。美国阿拉斯加的石油产量在 1988 年达到了顶峰，之后也一直有所下降。一直以来，对于是否应该允许在阿拉斯加的北极国家野生生物保护区内进行新的石油和天然气的勘测和开发存在着很大的争议（利与弊专栏，右页）。

燃烧任何形式的化石燃料都会向大气中排放二氧化碳，从而加剧了全球气候变暖的趋势。图 4-36 对每个单位的主要化石燃料和核能所排放二氧化碳的数量进行了比较。图 4-37 列出了以传统的原油作为能源所具有的优缺点。

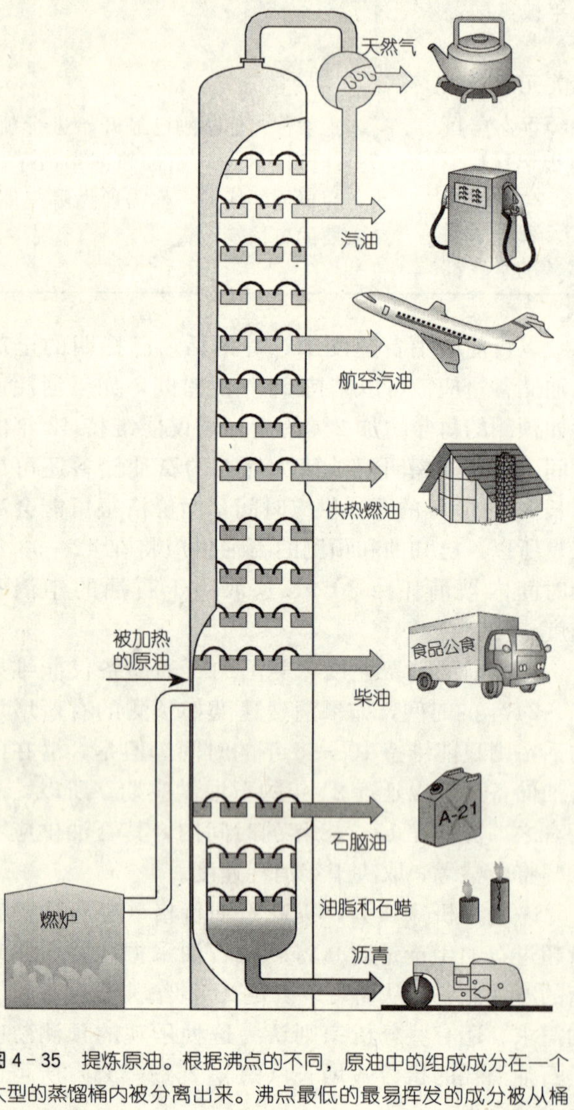

图 4-35　提炼原油。根据沸点的不同，原油中的组成成分在一个大型的蒸馏桶内被分离出来。沸点最低的最易挥发的成分被从桶的顶端分离掉了

从油页岩和沥青砂中提取的重油有多大的用处呢？

油页岩是一种细致的沉积岩，含有被称为油母岩（kerogen）的可燃性固体有机物质。这种物质可以通过在大型的油罐中加热而从油页岩中蒸馏获得，其产物称为页岩油。在粘稠的页岩油被管道输送到炼油厂之前，还必须对其进行加热来提高它的流动性，并进行处理来清除掉硫、氮和其他杂质。据估算，全球蕴藏的页岩油的量超过传统石油 200 倍。但是，大多数油页岩沉积层都是低档次的，开采和将油母岩转化成原油所需的能量和金钱都要超过其最后产物的价值。

沥青砂（或石油砂）是一种由黏土、砂、水和一种被称为沥青（一种黏稠的、硫含量很高的重油）的可燃性物质组成的混合物。沥青经过分离、提纯、然后再经过化学升级才能形成适于提炼的原油。

图 4-38 列出了以来自油页岩和沥青砂的重油作为能源的优缺点。由于其净能源产出量较低，而且开发和加工成本都较高，这两种资源在可预见的未来都不会成为世界能源的主要供应者。

什么是天然气？在哪里可以找到天然气？

在地下以气态存在的天然气是一种混合物，含有 (1) 占体积 50%—90% 的甲烷（CH_4），它是最简单的碳氢化合物；(2) 少量的重量较大的气态碳氢化合物，如乙烷（C_2H_6），丙烷（C_3H_8）和丁烷（C_4H_{10}），以及 (3) 少量的高毒性的硫化氢（H_2S），一种地球上天然生成的硫的副产品。

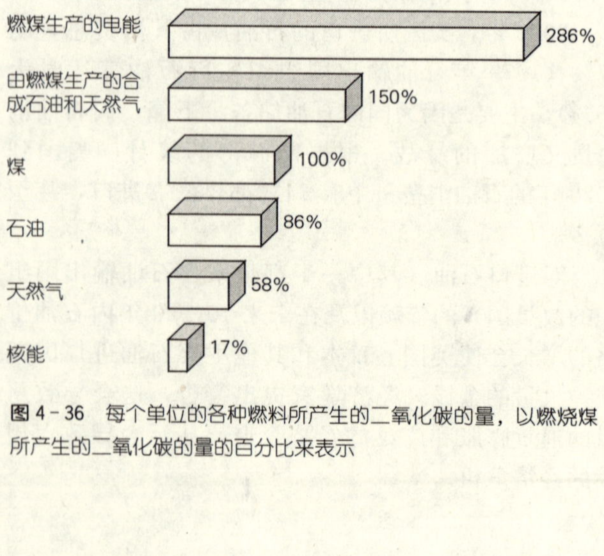

图 4-36　每个单位的各种燃料所产生的二氧化碳的量，以燃烧煤所产生的二氧化碳的量的百分比来表示

北极国家野生生物保护区内是否应该允许进行石油与天然气的开发呢？

位于阿拉斯加州北坡的北极国家野生生物保护区所覆盖的土地面积占美国国家野生生物保护区体系所包含土地面积的五分之一，被称为该体系皇冠上的明珠。该保护区的海岸平原是它最具生物生产率的部分，是阿拉斯加的北极海岸线中惟一不允许进行石油和天然气开发的部分。

1989年通过的《阿拉斯加国家利益土地保护法》规定，在这片土地上进行钻探和其他开发项目之前，必须获得议会的特别授权。若干年来，美国的各大石油公司一直在游说国会给予他们在这块土地上进行开发的许可，因为他们相信，这片区域中蕴涵着石油和天然气资源。

石油公司的官员们认为，对他们发现的任何石油和天然气所进行的勘探和开发都是为了（1）提高美国的石油和天然气供应量；（2）降低美国对石油进口的依赖。他们还指出，（1）他们已经在附近的普拉德霍海湾建立了由道路、输油管线、储存罐和其他设施组成的巨大的工业复合系统来支持保护区中的石油生产；（2）在没有严重危害野生生物的情况下，已经对阿拉斯加普拉德霍海湾进行了石油开发；（3）他们只要求能够开放该平原地区总面积的1.5%用于石油和天然气开发；（4）可以以一种对环境负责的态度、以几乎不造成持续环境污染的方法来对该地区进行开发。

环境学家们和很多生物学家都反对这种意见，而且呼吁国会将整个海岸平原地区指定为野生生物保护区。他们认为：（1）内政部估算，在该地区找到供美国消费6—30年的石油储备量的几率只有19%；（2）提高能效能够以低得多的成本来节约多得多的石油消耗量；（3）这一不可替代的地区中任何部分所可能造成的衰退都不值得去冒这个险，（4）发生在阿拉斯加威廉王子湾（Prince William Sound）的埃克森公司瓦尔迪兹号油轮泄漏事件已经给那些以对环境负责的态度进行开发的宣称投下了阴影；（5）1988年，美国渔业与野生生物服务处所进行的一项研究表明，在普拉德霍海湾进行的石油钻探所造成的空气和水污染已经比1972年钻探开始前所预期的要严重得多了；（6）1995年美国内政部所进行的一项研究表明，在该保护区内脆弱的冻土生态系统中进行的石油钻探会造成长期的生态危害，而且（7）使北极地区受破坏的地区恢复到当初的自然状态，在经济上是不可行的（这大概是环境学家和石油公司的官员共同承认的惟一的一点）。

批判性思考

你是否认为应该允许石油公司在野生生物保护区内进行石油钻探和采掘？为什么？

传统的天然气一般都蕴藏在原油油田的上部（图4-1）。非传统天然气则可以单独存在于其他一些地方。到目前为止，从这些非传统地区开采天然气的成本非常高昂，但开采技术也在迅速发展。

当天然气田被钻探时，丙烷和丁烷气体就会被液化，并作为液化石油气（LPG）被开采出来。液化石油气被储存在高压罐中，主要是在无法铺设天然气管线的农村地区使用。其余的气体（主要是甲烷）则（1）被进行干燥处理，然后清除水蒸气；（2）清除掉有毒的硫化氢和其他杂质，以及（3）用泵输送到高压管线中进行分配。在很低温零下184℃（零下300℉）的状态时，天然气可以被制成液化天然气（LNG）。这种高度可燃的液体可以用冷冻油轮输送到其他国家。

俄罗斯和哈萨克斯坦共和国拥有全球天然气储备量的42%。其他拥有大量已知天然气储备的国家还包括伊朗（15%）、卡塔尔（5%）、沙特阿拉伯（4%）、阿尔及利亚（4%）、美国（3%）、尼日利亚（3%）、委内瑞拉（3%）。

地质学家期望可以发现更多的天然气资源，特别是在未经勘测的发展中国家。大多数美国天然气储备都位于原油储备的相同位置（图4-1）。

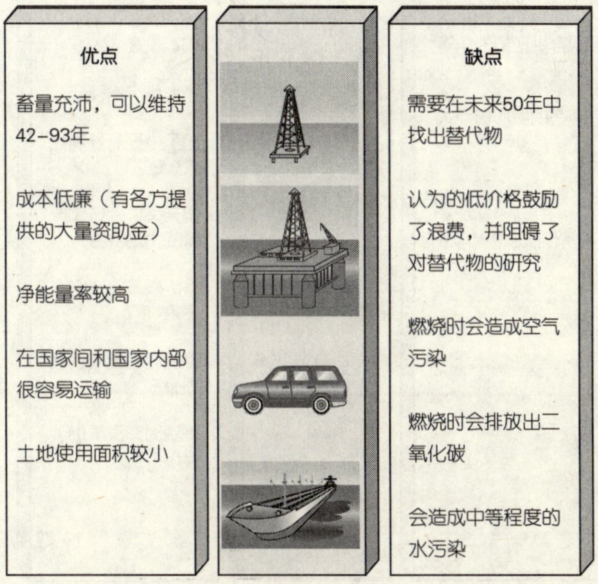

图4-37 以传统的石油作为能源的优缺点

天然气供应可以维持多久呢？

天然气供应的前景比石油要乐观得多。以现在的消耗速度来计算，已知的和未发现的、潜在的传统天然气储备将可以满足全世界 125 年的需求，可以供应美国需求 65—80 年。

据估计，如果以当前的消耗速度来计算，传统的天然气储备，加上非传统的高价天然气储备可以维持整个世界 200 年之用，如果按照每年 2%的速度增加的话，则可以维持 80 年左右。所以，全球传统和非传统天然气的储备量应该可以维持 205—325 年的时间，取决于其消耗速度。

天然气的未来会怎样？

图 4 - 39 列出了以天然气为能源的优缺点。在非常新型的联合循环天然气系统中，天然气可以在燃气轮机中燃烧，这是一种锚固在地上的大型喷气发动机。这种系统生产电能的效率比燃煤或燃油或利用核能来发电的效率要高。

一些公用事业公司计划将他们老化的燃煤发电站改造成联合循环天然气发电站。这种系统还可以为太阳能和风力发电系统提供备用能源。正处在开发阶段的小型联合循环燃气单元可以为一座住宅楼或办公楼提供所需的全部热量和电力。

根据能源部的数据，美国 2000—2015 年间即将新建的 200 多座发电站中的大部分都将采用燃气轮机系统。这种系统还可以为太阳能和风力发电系统提供备用能源。

由于天然气的优点超过了石油、煤和核能，所以一些分析家将其视为在未来的 50 年内提高能效和向更加可再生的能源转变的最佳过渡燃料。

图 4 - 38　以来自油页岩和沥青砂中的重油为能源所具有的优缺点

煤具有哪些优缺点呢？

煤是一种固态的化石燃料，它是由被掩埋在地下的植物残骸在数百万年的高温高压作用下分若干个阶段形成的（图 4 - 40）。煤所提供的能量占全世界商用能量总量的 22%（占美国的 22%）。它被用于生产全球 62%的电能，生产全球钢铁的 75%。

全世界约 66%的已探明的煤炭储备量和 85%预测的未发现的煤炭储备主要分布在美国、俄罗斯、中国和印度等几个国家。中国是全世界最大的煤炭消耗国，美国排在第二位。在美国，全国电力生产量的约 52%都是倚靠煤来生产的。

煤是全世界储量最丰富的化石燃料。以目前的消耗速度来计算，已探明的世界煤炭储备量应该可以维持至少 225 年的时间，如果以每年 2%的速度增加的话，也可以维持 65 年的时间。如果以目前的消耗速度计算，全世界未探明的煤炭储备量也可以维持大约 900 年的时间，如以每年 2%的速度递增的

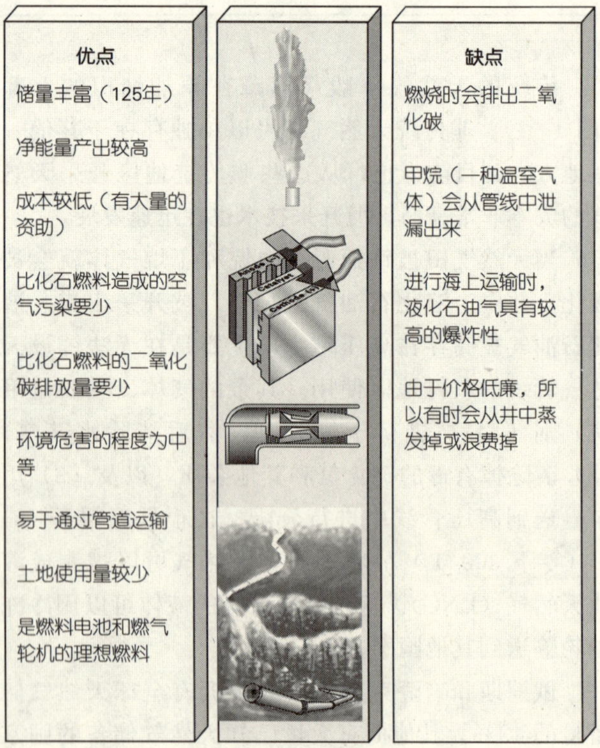

图 4 - 39　以传统的天然气作为能源所具有的优缺点。尽管天然气的价格最近在美国有所增高，但与其巨大的环境益处相比，它的价格还算比较低

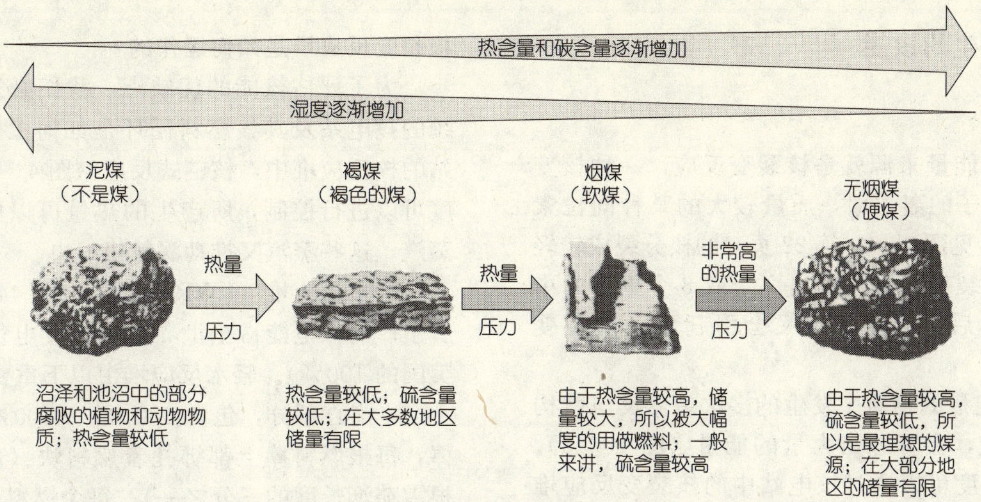

图 4-40 煤在数百万年的时间内的各个形成阶段。三种类型的越来越坚硬的煤被形成了：褐煤、烟煤及无烟煤。泥煤是一种由潮湿的、部分分解的有机物质所构成的土壤物质，但它不是一种煤。它可以燃烧，但热含量很低。褐煤和烟煤都是沉积岩，而无烟煤则是一种变质岩（图 2-32，第 50 页）。低硫煤（褐煤和无烟煤）在燃烧时所产生的二氧化硫的量比高硫煤（烟煤）要少。无烟煤是最佳的煤源，因为它的热含量较高，硫含量则较低

话，也可以维持 149 年的时间。所以，已探明的和未探明的煤炭储备总量可以维持 965—1125 年的时间，取决于消耗速度的不同。以目前的消耗速度计算，已探明的美国煤炭储备量应该可以维持 300 年的时间，未探明的煤炭储备量还可以再增加 100 年的时间，但价格就会增高。

图 4-41 列出了煤作为能源所具有的优缺点。煤的储量非常丰富，但在所有化石燃料中，它的环境影响最严重，(1) 会破坏土地；(2) 造成空气污染；(3) 排出二氧化碳（图 4-36，由燃煤所排放的二氧化碳量占全球年排放量的 43%）；(4) 在燃烧时会放出水银粒子；(5) 比普通的核电站中每单位能源所释放出的放射性粒子的量要高出几千倍，以及 (6) 造成水污染。

每年，仅在美国，由燃煤所引起的空气污染 (1) 就会杀死数以千计的人（大约为 65000—200000）；(2) 引发至少 50000 例呼吸道疾病，以及 (3) 会造成数十亿美元的财产损失。但是，一些新的使用方法，例如流化床燃烧，已经开发出来了，可以更加清洁和高效地燃烧煤，有可能在未来的几十年中被逐步采用。

很多分析家都预测，在未来的 40—50 年中，煤的使用量会有所下降，因为 (1) 其二氧化碳排放量和对人类健康的危害都很大（图 4-36）；(2) 还存在着更安全和一般更廉价的生产电能的方法，例如以天然气为燃料的联合循环燃气轮机发电厂和风力发电厂。

将固态煤转化成气态和液态燃料具有哪些优缺点呢？

固态的煤可以通过煤的气化手段转化成人工合成天然气（SNG），或通过煤的液化手段来转化成液态燃料，如甲醇或合成汽油。图 4-42 列出了以这些由煤生产的合成燃料为能源所具有的优缺点。大多数分析家都认为在未来的 30—50 年间，这些合成燃料不会成为主要能源。

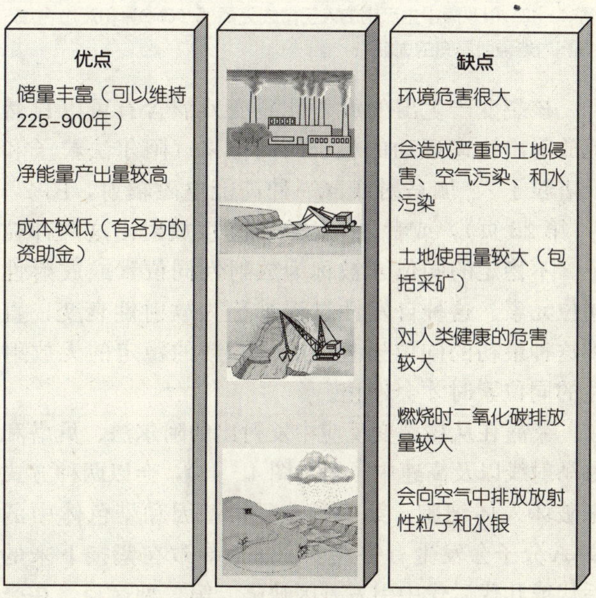

图 4-41 以煤为能源所具有的优缺点

4.7 不可再生的核能

什么是核裂变？

核电站的能量来源就是核裂变反应，一种核变化，当受到中子的轰击时，质量较大的某种同位素（例如铀 235；见图 2－4，第 22 页）的核分裂成较轻的核；每一次裂变都会释放出 2 个或 3 个更多的中子和能量。然后，这些中子又会引起下一次裂变反应。

在某一定量的物质中发生的多次裂变反应就构成了链式反应，会释放出大量的能量（图 4－43）。这一反应的速度可以通过核电站中的核裂变反应堆来控制，所产生的热能可以用于生产高压蒸汽，蒸汽又可以推动涡轮机来生产电能。

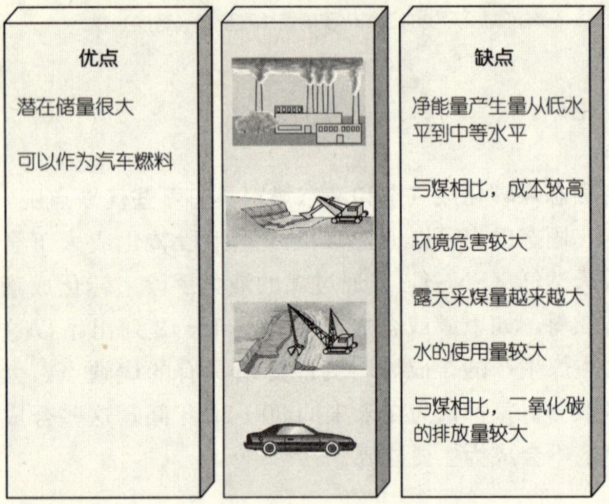

图 4－42　以从煤中生产出的人工合成天然气（SNG）和液态合成燃料为能源所具有的优缺点

核裂变产生出的放射性裂变残骸含有可以自然地放射出快速运动的粒子的同位素（阿尔法粒子和贝塔粒子）、伽马射线（一种高能电磁辐射，图 2－6，第 23 页），或者以一固定的速度放射出这两种粒子。不稳定的同位素被称为放射性同位素或放射性同位元素。这种自发性过程被称为放射性衰变，直到这种最初的同位素衰变成一种新的稳定的无放射性的同位素时才会停止。

暴露在从核裂变反应中发射出的阿尔法、贝塔和伽马射线以及高速中子时（图 4－43），会以两种方式来破坏人体细胞。第一种途径，基因和染色体中的 DNA 分子会发生有害突变，从而导致在紧接下来的后代或几代后代中引发基因缺陷。第二种途径，在受害者的一生中会造成组织损伤，如灼烧、流产、白内障和癌症（骨癌、甲状腺癌、乳癌、皮肤癌和肺癌）。

核裂变反应堆是如何运作的？

为了评估核能的优缺点，我们必须首先了解传统的核电站及其核燃料循环是如何工作的。在核电站的核反应堆中，核链式反应（图 4－43）的裂变速度可以进行控制，所产生的热量可以用于生产高压蒸汽，这些蒸汽又推动涡轮机发电。

轻水反应堆（LWRs），如图 4－44 中所显示的，所生产的核电能占全世界总核能发电量的 85%（占美国的 100%）。轻水反应堆由以下重要部分组成：

● 核心部分，包含 35000—70000 根细长的燃料棒，每根燃料棒上都绑扎着燃料块（长度相当于一根雪茄烟长度的三分之一）。每个燃料块都含有相当于 0.9t（公吨）（1 英吨）的煤的能量。

● 氧化铀燃料，包含了大约 97%的不可裂变的铀 238 和 3%的可裂变的铀 235。为了创造一种合适的燃料，铀矿中的铀 235 的浓度被人工地从 0.7%（天然铀矿中的初始浓度）增加（丰富）到 3%，主要是通过去除一些铀 238 来实现的。

● 控制棒，它们位于反应堆的核心部分，而且频繁更换，以吸收中子，从而对核裂变的速度和反应堆所生产的能源的量进行控制。

● 缓和剂，降低裂变反应中生成的中子的速度，从而使链式反应可以持续进行。这种物质可以包括（1）液态水（全球 75%的反应堆都在使用，被称为压水反应堆，图 4－44）；（2）固态石墨（全球 20%

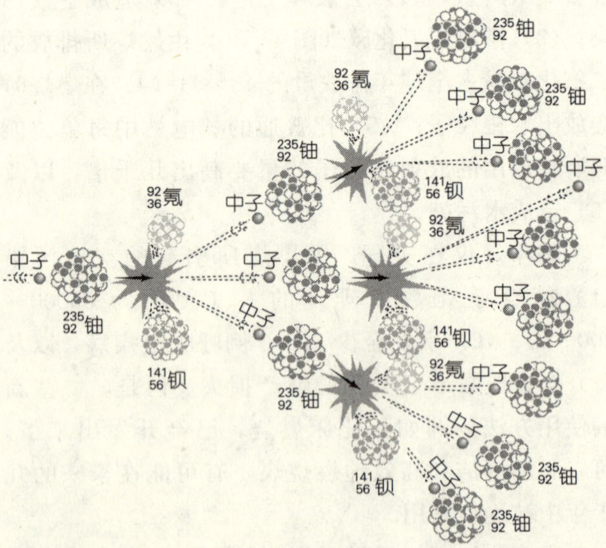

图 4－43　肇始于一个铀 235 原子核中，由一个中子引起的链式核反应。本图仅阐释了一定数量的铀 235 原子核中的一个所引发的数以万亿计的裂变反应中的一小部分。这里所显示的氪元素（Kr）和钡元素（Ba）是作为裂变反应的碎片生成的，仅是众多可能中的两种

的反应堆应用），或（3）重水（D_2O，全球5%反应堆采用）。石墨缓和剂反应堆还可以生产可裂变的钚239，用于制造核武器。

● 冷却剂，一般是水，在反应堆的核心部分循环，以去除热量（使燃料棒和其他物质不会被熔化）并生产发电用的蒸汽。

每个核电站中包含一座或多座反应堆，它们仅是核燃料循环的一个环节（图4-45）。在对核能的安全性和经济可行性进行评估时，我们需要对整个循环进行考察，而不仅是核电站自己。

核能发生了什么问题？

在1950年代，研究者们预测，到2000年，全世界至少1800座核电站能够提供全球商用能源的21%（25%在美国），以及全球大部分的电能。

但是，经过了将近50年的发展，大量的政府资金的投入，以及约2万亿美元的投资，最终，这些目标并没有实现。相反地，

● 到2000年，32个国家中的436座核电站所生产的电能仅占全球商业能源总量的6%，仅占全球总电能的16%。

● 从1989年以来，核电站所生产的电能总量基本保持稳定，随着现有核电站的淘汰和报废，或运行费用过于昂贵，核电生产量在2003—2020年之间将会有所下降。

● 从1978年以来，美国没有建造任何新的核电站，而且1973年以来所订购的120座核电站全部都取消了。1999年，美国105座拥有执照的商用核电站所生产的电能占全国总电能生产量的20%。在未来的20年间，随着现有核电站的淘汰和报废（退役），或运行费用变得过于昂贵，这一比例将会有所下降。

核能之所以未能如预测的那样发展的原因包括：（1）实际建设资金超出预算达几十亿美元之多；（2）政府所颁布的严格的安全法规；（3）运行成本高昂；（4）功能故障比预期的要多；（5）管理水平低；（6）从1986年乌克兰切尔诺贝利核电站事故和1979年美国三英里岛核电站事故之后，社会大众对其安全性十分关注，以及（7）投资者担心核电站的经济可行性。

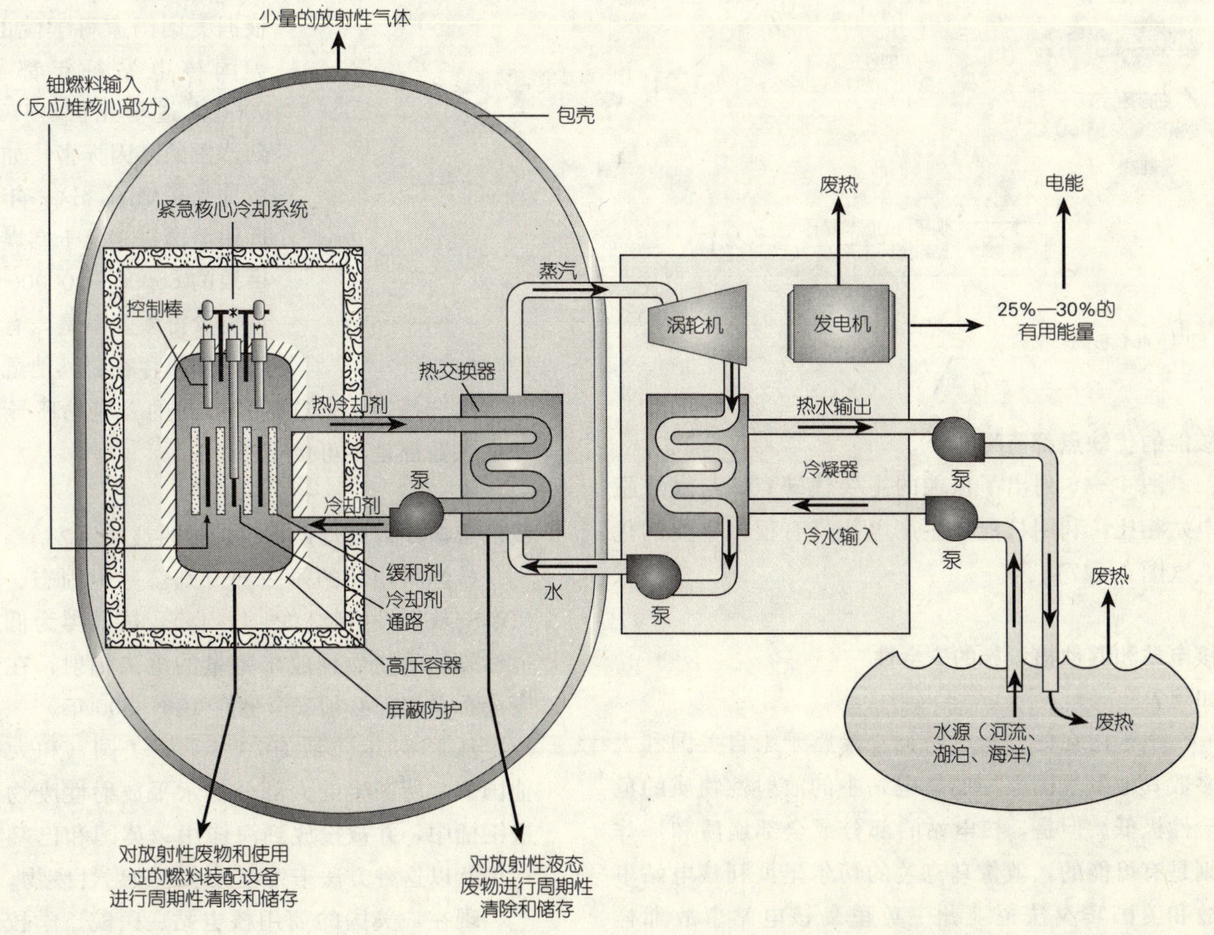

图4-44 压水反应堆中经过轻水缓和和冷却后的核能发电站

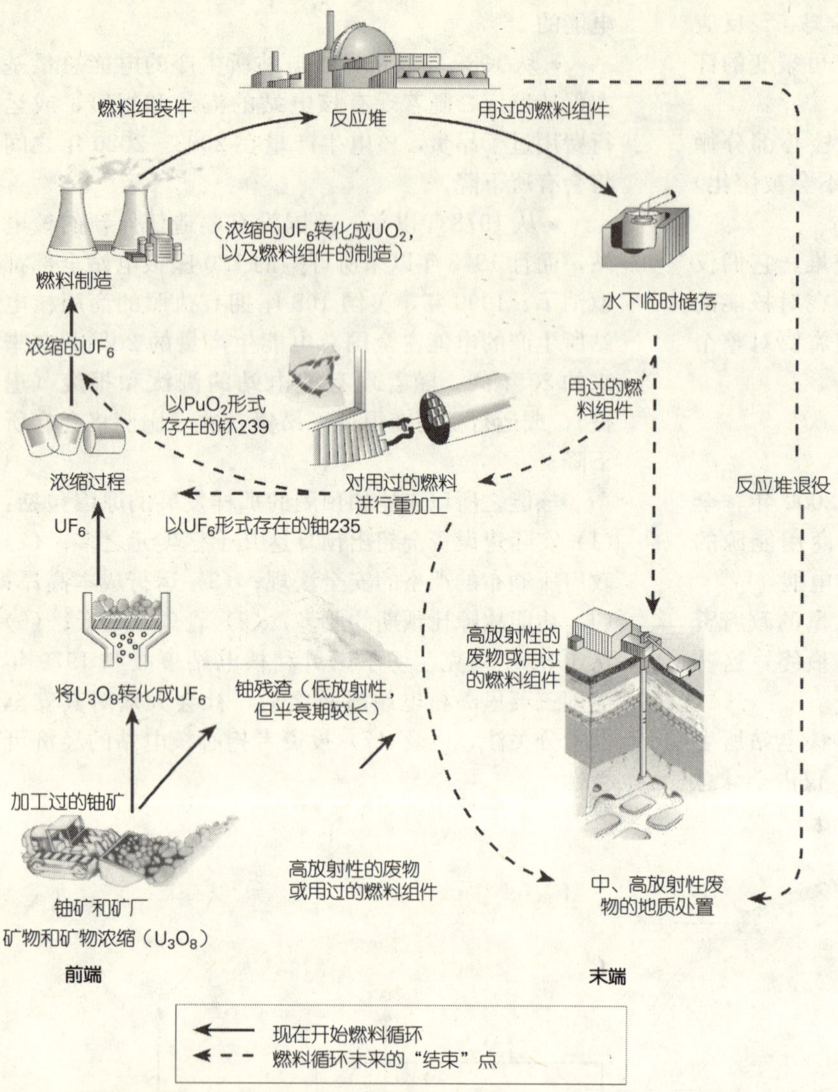

图 4-45　核燃料循环

核能的优缺点都有哪些？

图 4-46 列出了核能的主要优缺点。与燃煤发电站相比，利用核能来生产电能具有很多重要的优点（图 4-47）。

核电站和其他核设施的安全性如何？

由于内在的安全性特征，暴露于来自美国和大多数其他发达国家中的核电站中的放射性物质的危险性极低。但是，核电站的部分或全部崩溃和爆炸则是有可能的，就像乌克兰的切尔诺贝利核电站事故和美国宾夕法尼亚州三英里岛核电站事故那样（案例研究，第 136 页）。

美国核能控制委员会（NRC）估计，在未来的 20 年中，美国的核反应堆发生全部核心部分崩溃的可能性为 15%—45%。该委员会还发现，美国 39 座核反应堆都具有 80% 的包壳崩溃或容器结构内的气体爆炸的危险性。

全球的核科学家和政府官员都在催促关闭 35 座位于前苏联和东欧国家境内的设计和运行水平都很低的核电站。但是，没有来自发达国家的经济援助，这些具有潜在威胁的核电站是不可能被关闭或以比较安全的核电站或非核电站来取代的。

核能工业界宣称，美国的核电站没有杀死任何人，所造成的环境危害远比燃煤发电站要小得多（图 4-47）。但是，根据美国国家科学院的数据，美国核电站每年都会导致 6000 人过早死亡，3700 人受到严重的基因损害。如果这些数据是正确的，这一年死亡率远比美国每年死于燃煤发电站事故的 65000—200000 人的数量要少得多。但是，有评论指出，如果存在着其他危害要小得多的选择的话，这两种形式的发电站所导致的年死亡人数都是不可接受的。

我们应该如何处理低水平放射性废物呢？

核燃料循环的每一部分都会产生固态、液态和气态的放射性废物（图 4-45）。被归类为低水平放射性废物的物质释放出少量的电离辐射，在衰变到安全水平之前必须安全储存 100—500 年。

从 1940 年代到 1970 年代，美国（和大多数其他国家）所产生的大部分低水平放射性废物都被倒进钢桶中，并被投放到海洋中；英国和巴基斯坦现在仍然以这种方法来处理低水平放射性废物。

现在，美国的商用核电站、医院、学校、工厂以及其他生产者中生产出来的低放射性水平的废物都被装进钢桶中，并运送到两个仅剩的有联邦政府

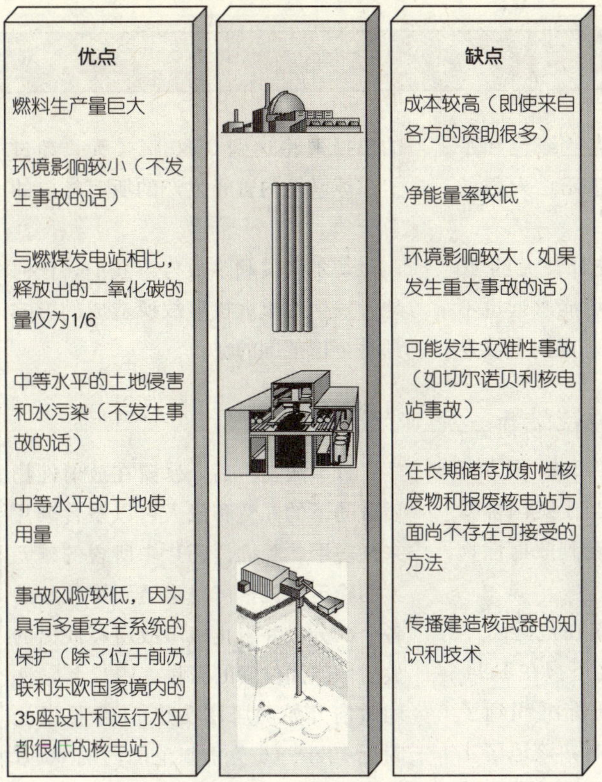

图 4-46　利用核能生产电能的优缺点。这一评价包括整个核燃料循环过程（见图 4-45）

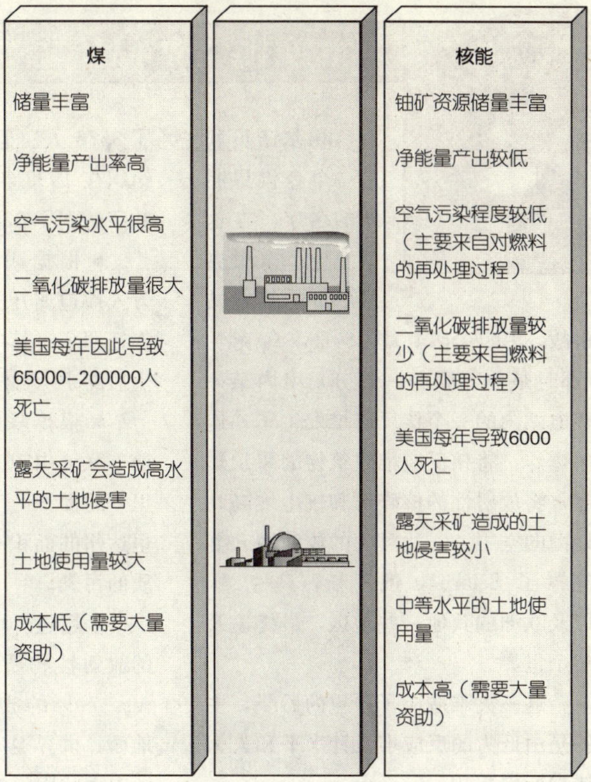

图 4-47　利用核能和燃煤发电的风险比较

和州政府共同管理的区域性土地填埋处。利用改进的技术来建造新的区域性低放射性水平废物填埋处的企图遭到了社会大众的激烈反对。

我们应该如何处理高水平的放射性废物呢？

高水平放射性废物会在短期内释放出大量的电离辐射，并在较长的时间内放射出少量的电离辐射。这些废物必须被安全储藏至少 1000 年，如果在处理过程中没有将钚 239 清除出去的话，则必须安全储藏 24 万年。大多数高水平放射性废物都是来自商用核电站（现在被储藏在核电站的水池中）中用过的燃料棒，以及来自各类为制造核武器而生产钚和氚的工厂。

在进行了 50 年的研究后，科学家们对于是否存在任何安全储藏核废物的方法依然存在着分歧。一些科学家认为在技术上是有可能长期储存或处理这些高水平放射性废物的。但其他一些科学家则反对这种说法，他们指出，根本无法证明任何方法能够一直维持 1 万—24 万年的时间，能够保证不出现任何故障。

这里列出了人们建议的一些方法及其可能存在的弊端：

● 深埋地下（案例研究，第 136 页）。所有生产核废物的国家都在研究这种受到青睐的方法。但是，根据美国国家科学院在 1990 年所做的一份报告显示，“利用地质信息，自称可以对长期的场地行为进行精确预测，这在科学上是不正确的。”

● 将核废物抛到外太空或射向太阳。这种方法的成本将会非常高昂，万一发生了一次投放事故，就像挑战者号航天飞机爆炸事故，就可能使地球上大面积的区域布满高水平的放射性核废物。这种方法现在已经被放弃了。

● 埋在南极冰原或格陵兰岛的冰帽下面。冰层是否能够长期保持稳定状态，这一点谁也无法保证。冰有可能被来自核废物的热量所融化，从而变得不稳定，而这时再回收这些核废物就会非常困难，甚至几乎不可能。这种方法已被国际法所禁止。

● 将其填埋在深海的下沉区域中。但是，(1) 这些核废物也许最终会随着火山喷发而在某个地方喷洒出来；(2) 盛装核废物的容器会发生泄漏，在沉入下沉区域之前会造成海洋污染，以及 (3) 如果这种方法失败的话，对核废物进行回收将会是不可能的事。这一方法已经被国际法所禁止。

切尔诺贝利核电站事故

案例研究

切尔诺贝利是一个令世界胆寒的名字，在这里发生了全世界最严重的核电站事故。1986 年 4 月 26 日，乌克兰（那时是前苏联的一部分）境内某一核电站内的一个核反应堆发生了一连串爆炸，将核反应堆建筑物的屋顶炸起，将放射性的核碎屑和核尘埃高高地抛向空中。一片巨大的放射性云雾笼罩了 Belarus，俄罗斯，乌克兰，以及欧洲的其他一些地区，最终遍及整个世界。

这一灾难造成了严重的后果，主要是由低劣的反应堆设计水平和人为错误所引起的：

- 1998 年，乌克兰卫生部公布了官方统计的死亡数字，死亡人数达到了 3576 人。但是，乌克兰绿色和平组织在 1995 年所公布总死亡人数的数字达到了 32000 人。
- 根据联合国的统计，大约 40 万人被迫离开家园，很可能永远也不能迁回了。其中大多数人直到事故发生后的 10 天才被疏散。
- 根据联合国所做的一份研究，前苏联境内 16 万 km2（62000 平方英里）的面积——大概相当于美国佛罗里达州的面积——仍然受到放射性物质的污染。
- 超过 50 万人暴露在危险水平的放射性物质的威胁之下。在 Belarus，70%的放射性物质都沉积到了地面，世界卫生组织公布，该地区儿童中甲状腺癌的致病率比事故发生前高出了 100 倍。
- 政府官员公布，该事故所造成的总损失将达到 3580 亿美元，超过了前苏联境内曾经生产的所有核电的总价值。

切尔诺贝利事故告诉我们，任何地方发生的重大核事故所造成的影响都是全球范围的。

批判性思考

核事故发生后，暴露在放射性物质威胁下的儿童和成人可以服食碘片来预防甲状腺癌。药片中所含的碘元素的稳定同位素可以渗透到甲状腺的各个部分，并阻止核事故所释放出的放射性碘同位素的吸收。1997 年，法国政府开始向居住在其 24 个核设施附近 10km（6 英里）范围内的 60 万居民分发碘化钾药片。你所居住的国家是否采取了这样的措施？如果没有，为什么？

- 将其填埋在已经证实了在 650 万年的时间内一直都保持稳定的深海海床区域中的厚厚的淤泥沉淀层中。盛装核废物的容器最终会被侵蚀从而造成放射性物质泄漏。这一方法已被国际法所禁止。
- 将其转化成无害的、或危害较小的同位素。目前，尚无方法可以完成这一任务。即使能够开发出一种方法，（1）其成本将会非常高昂；（2）最终产生的有毒物质和低水平（但放射时间很长）放射性废物仍需要进行安全的处理。

受污染的放射性区域有多广？

1992 年，美国环境保护局（EPA）估计，美国境内 45000 个地区受到了放射性物质的污染，其中 20000 个地区属于能源部和国防部。根据能源部的数据，在未来 75 年的时间内清除这些核设施将最少花费纳税人 2300 亿美元的费用（一些分析家估计所需费用在 4000 亿—9000 亿美元之间）。根据能源部在 2000 年所做的一份报告显示，144 个用于制造核武器的高度污染的区域中的三分之二都永远无法完全清除了，必须在未来的几个世纪内受到保护和监控。一些批评家质疑这一被美国环境保护局的科学顾问们归类为低危险性的生态问题上花费如此巨大的经费，而不是花费在高危险性的人类健康问题上的做法。

与冷战后前苏联的各加盟共和国内的核废物和核污染状况相比，美国的放射性污染程度就相形见绌了。前苏联境内的很多地方（1）都是受到核事故严重污染的区域；（2）拥有 26 个正在运行的、在设计上存在漏洞的不安全核电站；（3）核废物倾泻处；（4）放射性核废物加工厂；（5）受污染的核试验区，以及（6）倾泻核废物和抛弃退役的核动力潜艇的海岸水域。

1957 年，位于俄罗斯南部地区马亚克（Mayak）的一个钚生产厂发生了核废物储存罐爆炸事故，抛洒入大气中的放射性核废物的数量是切尔诺贝利事故的 2.5 倍。由于放射性污染，（1）在方圆 2600km^2（1000 平方英里）的范围内无人可以居住，以及（2）Karachay 湖（在 1949—1967 年间一直作为倾泻放射性核废物的地点）附近的区域受污染程度很高，在该地区的海滨停留一个小时就会导致死亡。

案例研究

存放在美国地下的高水平放射性核废物

1985年，美国能源部（DOE）宣布了在内华达州拉斯韦加斯市西北160公里（100英里）处的亚卡（Yucca）山沙漠区域中建造一个存放来自商用核反应堆的高水平放射性废物的地下储藏处。该设施的建造成本约为430亿美元（由生产核能所获得的税收来资助），计划于2010年投入使用。

但这一设施可能永远也不能投入使用了，主要是因为（1）岩石破裂会使水渗入该设施，并会侵蚀放射性核废物的储存罐，（2）附近有一座活火山，以及（3）该地区存在着36个地震断层。1998年，前能源部亚卡山首席地质学家 Jerry Szymanski 宣称，如果水渗入该地区的话，就会导致一次使“切尔诺贝利核电站事故相形见绌的”大爆炸，他现在直率的反对该计划。

但是，1999年，在该地区工作的科学家们发布了一份初步报告，（1）到目前为止，尚未发现任何否决该计划的信息；（2）该计划可以安全地将高水平放射性核废物储存几百年的时间。

无论采用怎样的储存方法，大多数国民都强烈地反对在他们居住的地方周围的任何地点建造低水平或高水平放射性核废物处理设施。即使这个问题可以在技术上得到解决，在政治上，它也无法被接受。

批判性思考

即使明天所有核电站都可以立即关闭，人类也仍然必须处理它们所产生的高水平放射性核废物，在几千年的时间内使其得到安全的处理。你认为应该如何处理高水平放射性核废物？为什么。

我们如何处理报废的核电站呢？

在运行了大约15—40年后，一座核反应堆就会被放射性物质严重污染到危险的程度，其中的一些部分也会被老化淘汰。这时，一座核电站就必须报废了，或退役了（和核燃料循环的最后一个环节，图4-45），主要通过以下方法来完成：（1）将其拆除，将大量高放射性物质储存在即将建造好的高水平核废物储存设备中；（2）建起一道隔离墙，在核电站被拆除的30—100年之前安排全天24小时的守卫看守，或者（3）将整座核电站掩埋起来，必须维持几千年的时间。

在2000—2012年间，全世界至少有228座（美国20座）商用大核反应堆必须退役。至2030年，以现在的运行执照来看，美国所有的核反应堆都要退役，而出于安全性或经济原因的考虑，很多反应堆还必须提早退役。

一些公用事业公司已经建议将现在运行的核反应堆的寿命延长50—60年。但是，反对者们认为，这会提高老化的核反应堆发生事故的危险程度。

核反应堆与核武器扩散之间存在着什么样的关系？

目前，60个国家——全世界大约三分之一的国家——都拥有核武器或制造核武器的知识和能力。建造这些核武器所需的信息和燃料大多都是来自各方面的研究，以及美国和其他14个国家数十年的时间在国际市场上进行销售而传播出去的商用核反应堆。

随着最近美国和俄罗斯协议削减数千枚核弹头的数量，爆发核战争的危险已经有所降低。但是，这大大增加了从这些核武器上拆除下来的炸弹级钚239的数量，必须防止它们被用于制造核武器。

我们是否能够承担得起核能呢？

经验已经显示，核能是一种燃烧水来生产电能的极其昂贵的方式，虽然来自政府的大量资助使它可以部分地免遭与其他能源的生产方式进行市场竞争的威胁。1995年，世界银行表示，核能的成本极其高昂，而且危险性很大，《经济学家》杂志认为，核电站“在世界上任何地方都没有商用价值”。

《福布斯》商业杂志将美国失败的核能计划称为“美国商务历史上最大的管理灾难，投资浪费达1万亿美元，投资者的直接经济损失达到1000亿美元”。对于大多数国家的金融分析家和公用事业公司的领导者们来说，这已不再是建造和运行核电站是否具有经济性的问题，而变成了继续运行已经建成的这些核电站是否具有经济意义的问题了。

美国的核工业界企图说服联邦政府和各公用事业公司来建造数百座小型的第二代核电站，它们采用了标准的设计方法，被认为更安全，而且建造也更迅速（3—6 年的时间就可建造完成）。这些高级轻水反应堆（ALWRs）具有内在的被动式安全特征，经过专门设计，从而100％地避免爆炸或放射性物质的泄漏事故的发生。但是，《核子学周刊》这一重要的核工业出版物指出，“专家们都不认为这种新的设计就可以获得安全性——甚至怀疑它是否能够大幅度提高安全性。”

增殖核裂变是不是一种可行的替代方式呢？

一些利用核能的支持者呼吁促进增殖核反应堆的开发和广泛使用，它可以通过将不可裂变的铀 238 转变成可裂变的钚 239 来生产出多于其所消耗数量的能量。由于增殖反应堆将利用矿床中超过 99％的铀资源，所以现在全世界已知的铀储备量至少可以维持 1000 年的时间，也许是几千年的时间。

但是，如果增殖反应堆的安全性问题无法解决，这种反应堆会泄漏出部分作为冷却剂使用的液态钠，当暴露于空气时会发生燃烧，当与水接触时，会发生剧烈爆炸。这会导致一系列失控的链式核裂变反应，甚至是一场足以炸开储存设施并释放出高放射性气体和粒子物质的核爆炸。可燃性液态钠的泄漏还会导致火灾，到目前为止，所有已建成的试验性增殖反应堆几乎都会发生这种事故。

另外，现在已经建成的试验性增殖反应堆生产钚的速度太慢，生产出作为其他增殖反应堆所需的大量燃料就要耗费 100—200 年的时间。1994 年，美国终止了政府支持的增殖反应堆的技术研究，此前，美国政府共投资了 90 亿美元。

1986 年 12 月，法国投入使用了一座商业化的增殖反应堆。其建造和运行费用极其高昂，在投入了 130 亿美元的资金之后，法国政府在 1998 年将其永久性关闭了。由于这次的经验，其他各国政府都放弃了它们建造标准商用增殖反应堆的计划。

核聚变是不是一种可行的替代方法呢？

核聚变是一种以高温将两种较轻的同位素聚合在一起的核反应，例如氢（图 2－4，第 22 页），直到它们融合成一种较重的核子，在此过程中会释放出能量。科学家们希望在未来的某一天，人工控制的核聚变反应可以生产几乎无穷无尽的高温热能和电能。现在的研究主要集中在 D-T 核聚变反应，两种氢元素的同位素——氘（D）和氚（T）——在 1 亿℃的高温下融合在一起（图 4－48）。

在进行了 50 年、依靠主要来自政府的大量资金进行研究后，现在人工控制的核聚变反应仍然处于实验室阶段。到目前为止，还没有一种所试验过的方法能够生产出比其消耗的数量更大的能量。1989 年，两位化学家宣称，他们在室温环境下，利用一套简单的仪器，完成了 D-D（氘-氘）核聚变反应，但是之后的实验并未证明他们的说法。

如果研究者最终能够从核聚变反应中获得比其消耗的要多的能量的话，下一步就将是建造小型的核聚变反应堆，然后将其放大到商用规模，这将是一个极其困难的工程问题。一座商用核聚变反应堆的成本将是同等规模的核裂变反应堆的几倍。

支持者们认为，如果大幅度提高联邦政府的资助的话，2030 年就有可能建造出商用核聚变发电站。但是，很多能源专家都不认为在 2100 年之前，核聚变能够成为一种重要的能源生产方式。

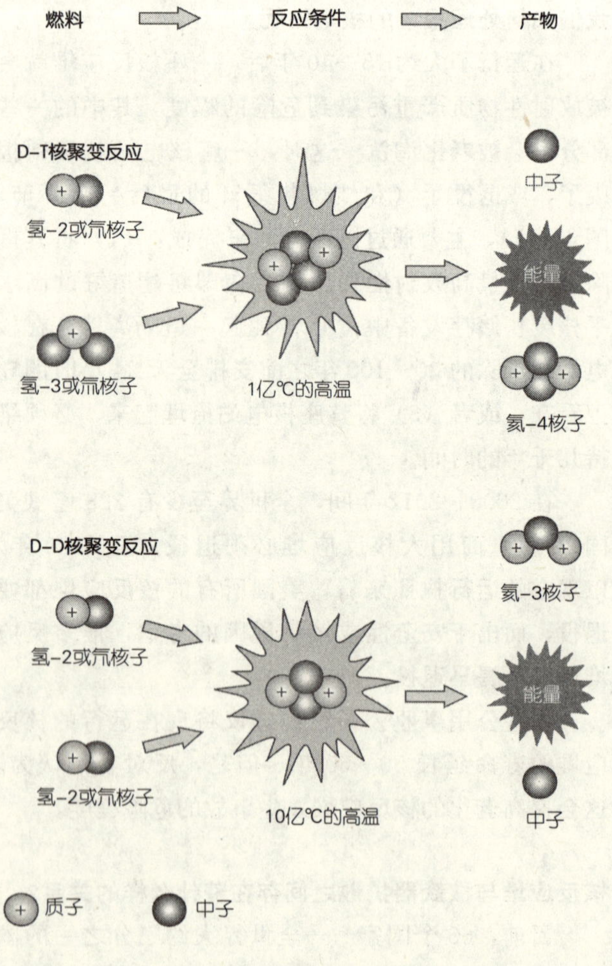

图 4－48　氘-氚（D-T）核聚变反应和氘-氘（D-D）核聚变反应，将在极高的温度环境下发生

4.8 解决途径：一种可持续的能源策略

最佳的能源生产替代方式是什么？

人类可以利用很多种不可再生的和可再生的能源，每一种都有其自身的优缺点。很多对这些能源渠道进行过评估的科学家和能源专家都得出了以下结论：

● 人类将从大型的、中央集中式的大功率系统（例如可以生产 50 万—100 万 kW 电能的燃煤发电站和核电站）向小型的、分散式的小功率系统（可以生产 1—20 万 kW 电能的发电站）转变。小功率系统包括：（1）天然气燃气轮机发电站（2 万—10 万 kW）；（2）用于商务和家用的小型天然气燃气轮机（25—300kW）；（3）燃料电池（1—10000kW），和（4）太阳能电池板和太阳能屋面板（1—1000kW，图 4-23）。图 4-49 列出了与传统的大功率系统相比，分散式小功率系统所具有的一些优点。

● 最佳的能源替代方式就是将提高能效和利用天然气作为一种能源来向大量采用各种小规模的、分散式的、本地化的可再生能源方式过渡。

● 因为开发所有能源生产方式存在资金方面的问题，所以各国政府和私人企业必须谨慎选择要支持的能源生产方法。

● 在未来的 50 年中，人们并不是要在利用不可再生的化石燃料或利用各种可再生的能源形式之间做出选择。由于目前供应量大，而且价格便宜，所以人们仍然会大量采用化石燃料。关键问题是：（1）我们如何减低化石燃料的广泛使用而造成的环境危害（特别是降低空气污染和减缓全球气候变暖），以及（2）在达到这些目的所采取的措施中，提高能效和更多地依赖各种形式的可再生能源会扮演什么样的角色。

经济在能源利用方面扮演什么样的角色？

对于大多数的分析家来讲，向一种更加可持续的能源和社会转化的关键问题不是技术问题，而是经济和政治问题。各国政府所采用的促进和延缓对某种能源的短期和长期的利用的基本经济和政治策略包括三种。

● 允许所有能源在一个没有任何政府干预的状况下参与市场竞争。这在政治上几乎是不可行的，因为政府通过各种形式的资助、税收以及规章制度等对市场的干预是由来已久的。另外，自由市场策略强调的是短期利益，会抑制新能源的开发，这种新能源在初期阶段如果没有政府的支持的话，将很难具有竞争力。

● 人为地将能源价格控制在低水平以鼓励人们选用某些能源。这主要是通过以下方法来实现的：（1）提供研究和开发资助及免税政策；（2）制订规章制度，促进某些能源的开发和利用。几十年来，这种措施在促进发达国家的化石燃料和核能的开发和采用方面被广泛采用。它创造了一种不平衡的经济竞争环境，鼓励不可再生能源的浪费和迅速枯竭，阻碍了对替代能源的开发，这些新能源无法获得与之相当的资助水平和免税政策的支持。

● 人为地提高某种能源的价格以阻止其使用。各国政府提高某种能源价格的措施包括：（1）撤消已有的免税政策及其他资助；（2）制订限制性法律，

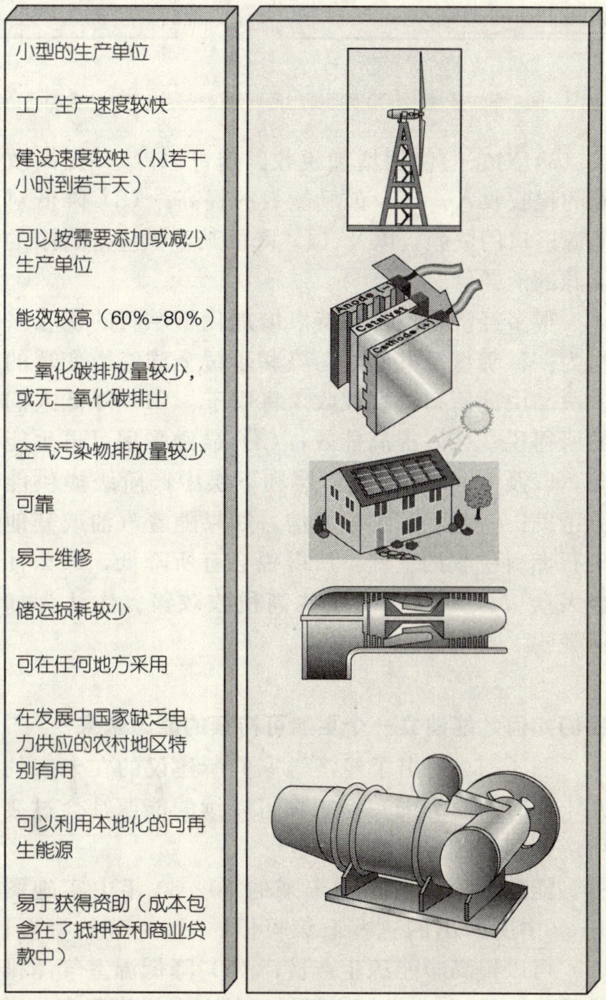

图 4-49 小功率系统的一些优点

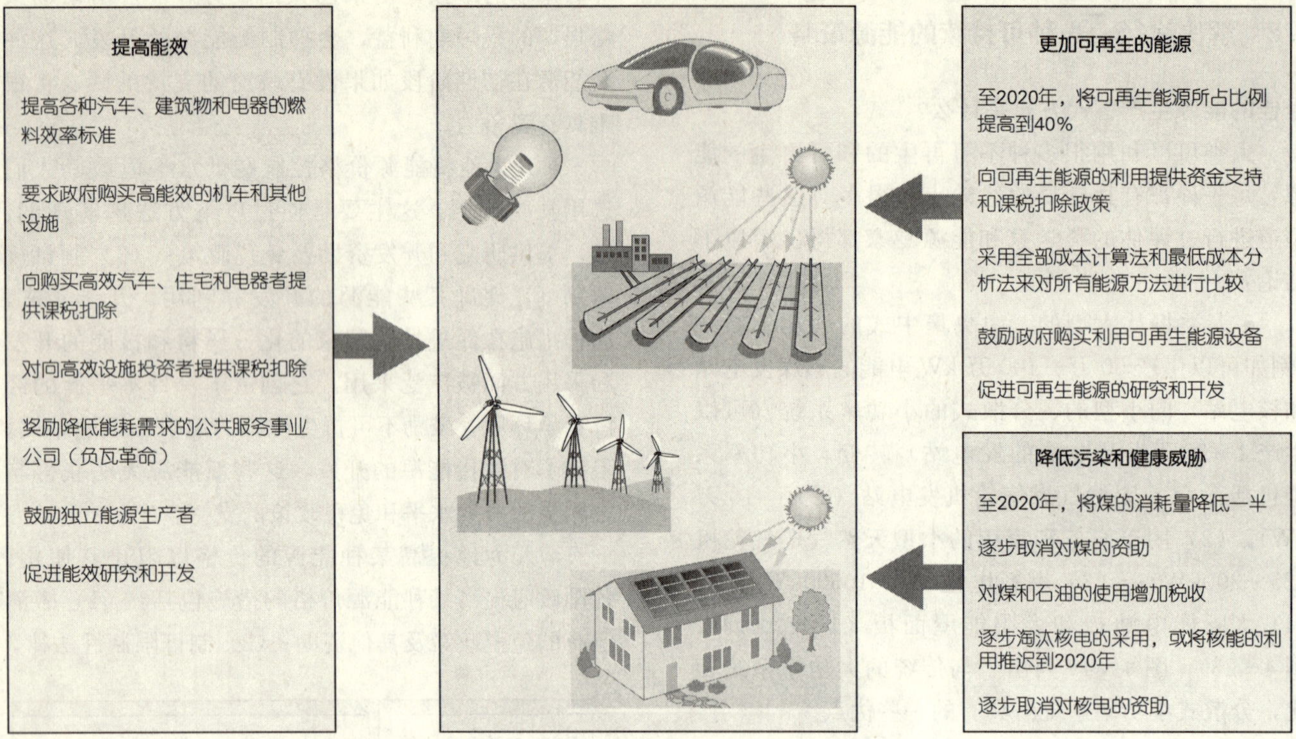

图 4－50　解决途径。分析家所提出各种建议来促进向一个更加可持续的未来能源社会过渡

或（3）对它的使用增加税收。这可以（1）提高政府的税收收入；（2）鼓励能效的提高；（3）降低对能源进口的依赖，以及（4）降低某种供应量有限的能源的消耗量。

很多经济学家都支持以增加化石燃料的税收来作为一种降低空气和水污染和延缓全球气候变暖的手段。由此所得的税收收入将用于：（1）降低人们的所得税；（2）提高能效；（3）鼓励采用可再生能源，以及（4）对穷困阶层和下层中产阶级提供能源帮助。一些经济学家相信，如果随着汽油或其他化石燃料税收的上涨，所得税会有所降低，那么社会大众应该可以接受这些高税收政策。你认为如何呢？

我们如何才能建立一个更加可持续的能源未来？

图 4－50 列出了经济学家们所建议的在未来的几十年时间内为向一个更加可持续的能源社会过渡所应采用的各种策略。

能源专家估计，在未来的 20—30 年中实施图 4－50中所列出的这些政策可以：（1）节约资金；（2）可以提高净能源生产量；（3）降低温室气体排放量，以及（4）大幅度降低空气和水污染程度。附录 4 中列出了你个人可以做到的一些实现可持续的能源社会的行动。

随着越来越广泛采用的燃料电池所形成的对氢这种能源载体的需求越来越大，向小功率方法转变也会加快向无碳的氢结构进行发展的速度。

——Seth Dunn & Christopher Flavin

复习问题

1. 说出本章中黑体字所表示的概念。
2. 我们所采用的大多数能源是来自何处的？我们所采用的来自不可再生能源和可再生能源的能量在（a）全球范围内，和（b）美国，所占的比例各是多少？
3. 逐步采用某一新的能源，使其使用量可以达到全部能源使用量的 10%—20%一般需要多长的时间？对于每一种能源，我们应该尽力回答哪四个问题？
4. 什么是净能量？为什么它对评估某种能源具有重要意义？
5. 什么是能效？美国所消耗的能源中有多少被浪费掉了？其中有多大比例是由于第二能量定律造成的？有多少是非必要性浪费？什么是生命周期成本？三种能效最低的设备是什么？
6. 解释一下，我们为什么不能对能源进行回收。列出三种减低热流从（a）住宅中，和（b）办公建筑中流失速度的方法。

7. 节约能源有哪些益处？列出三种解决工业节能的主要方法。

8. 大多数专家所认为的节约交通能耗的最佳途径是什么？说出利用（a）电池供电的电力汽车；（b）混合汽车；（c）燃料电池汽车，以及（d）电动自行车所具有的优缺点。

9. 什么是经过严格保温隔热处理的住宅？为住宅供暖的四种最高效途径是什么？烧热水用于洗涤和淋浴的最高效和最低效方法各是什么？阐述一下，如何利用互联网节约能源和降低二氧化碳排放量？

10. 列出美国不强调节约能源的三个原因，虽然节能有着重要的利益。

11. 更多地直接或间接依赖来自太阳的可再生能源都有哪些主要优缺点呢？

12. 区分被动式太阳能加热系统和主动式太阳能加热系统，并列出它们各自的优缺点。描述一下使住宅自然降温的三种方法。

13. 聚焦太阳能来生产高温热能和电能的优缺点是什么？

14. 什么是太阳能电池？列出利用太阳能电池来生产电能的优缺点有哪些？

15. 列出水力发电所具有的优缺点。

16. 列出利用以下系统来储存水中的热能来生产电能的优缺点：（a）海洋热能转化（OTEC）；（b）盐水太阳能池沼，和（c）淡水太阳能池沼。

17. 列出利用风力发电所具有的优缺点。

18. 列出以下措施的优缺点：（a）将固态生物质作为一种能源进行燃烧；（b）利用固态生物质来生产气态和液态燃料。

19. 什么是太阳能-氢能革命？列出以氢作为一种能源所具有的优缺点。

20. 什么是地热能？描述一下三种类型的地热储备方式。列出利用地热能源来生产热能和电能的优缺点。

21. 什么是石油或原油？描述一下埃克森瓦尔迪兹油轮泄漏事故所造成的环境危害。炼油厂中是如何加工原油的？什么是石化产品？

22. 哪个国家的石油储备量最大？美国的石油储备量占全世界总储备量的百分之多少？美国的石油消耗量占全球总消耗量的百分之多少？美国消耗的石油有百分之多少是进口的？在（a）全球范围内，和（b）美国国内，已探明的和预测的传统的石油供应可以维持多久？

23. 以石油作为能源的优缺点有哪些？利用从页岩油和沥青砂中提取的重油作为能源有哪些优缺点？

24. 什么是天然气？哪个国家的天然气储备量最大？在（a）全球范围内，和（b）美国国内，已探明的和预测的天然气资源可以维持多久？以天然气作为一种能源所具有的优缺点有哪些？

25. 什么是煤？煤是如何形成的？煤如何利用？世界上煤储备量最多的是哪四个国家？已知的和预测的煤储备在（a）全球范围内，和（b）美国国内，能够维持多久？以煤作为能源所具有的优缺点有哪些？将固态煤转化成气态和液态燃料具有哪些优缺点？

26. 描述一下核裂变反应堆是如何运作的。轻水核反应堆的5个重要组成部分是什么？每个部分都有哪些功用？什么是核燃料循环？

27. 哪5个因素会促使核电站成为生产电能的稳定源泉？采用传统的核裂变反应来生产电能都具有哪些优缺点？比较一下利用核能和燃煤来发电所具有的优缺点。

28. 描述一下前苏联境内发生的切尔诺贝利核电站事故。

29. 人们如何处理核燃料循环过程中产生的低水平放射性废物？高水平放射性核废物都有哪些处理方法？在（a）美国境内，和（b）前苏联境内，受污染的放射性核废物处理点的散布程度有多广泛？淘汰（退役）核电站有哪三种选择？

30. 商业核能和核武器在全球大部分地区的传播之间有什么关系？

31. 核能的经济未来如何？

32. 利用（a）增殖核裂变反应，和（b）核聚变反应，作为能源有哪些优缺点？

33. 对未来可能的几种能源替代途径，能源专家做出了哪四个结论？什么是微能源？与宏能源系统相比，它具有哪些优点？描述一下4种类型的微能源系统。

34. 简述一下三种可以用于鼓励或降低某种能源使用量的经济方法。说出每种方法的优缺点。你比较推崇哪种方法？

35. 向一个更加可持续的未来能源社会过渡有哪些重要的途径？

批判性思考

1. 一个住宅建造商在房间中安装了电力护墙板加热器，并宣称："这是最廉价、最清洁的方法。"利用你对第二能量定律（热力学第二定律）的理解来对这一说法进行评估。

2. 一个人在节约家用和交通能源方面应该做的5件最重要的事是什么（见附录4）？你现在做到了哪几点？你打算做到哪几点？

3. 列出5件你可以做到的事来降低对石油和汽油以及以石油为原料生产的大多数塑料制品的依赖（见附录4）。你打算做到几件呢？

4. 你认同或不认同能源分析家所提出的以下建议吗？解释一下为什么：（a）为了解决美国当前和未来的能源问题，我们所有人应该做的就是寻找并开发更多的国内石油、天然气和煤炭资源，并提高对核能的依赖；（b）联邦政府应该对美国（或你所在的国家）的汽油和进口石油资源征收重税，以及（c）至2020年，美国应该逐步淘汰所有的核电站。

5. 你认同或不认同美国核能工业界所提出的以下建议，解释一下为什么：（a）利用政府资助来建造大量新型的、设计更好的核裂变发电站来降低对进口石油的依赖，并减缓全球气候变暖的趋势；（b）恢复政府对开发增殖核裂变反应堆计划的资助，以及（c）大幅度提高政府对开发核聚变反应的资助。

6. 解释一下，为什么你认同或不认同以下能源学家所提出的建议：（a）应该取消联邦政府对所有能源生产形式所提供的资助，从而使所有能源都可以在一种自由市场的条件下相互竞争；（b）对传统燃料（石油、天然气、煤）、合成天然气和合成石油以及核能（裂变和聚变）所提供的所有免税政策和其他资助形式都应该停止，并将这些资助和免税政策施加在提高能效和开发太阳能、风能、地热和生物质能量生产形式上，以及（c）太阳能和风能的开发应该由私人企业来承担，联邦政府不应该进行任何支持，或仅给予少量支持，但核能和化石燃料应该继续受到大量联邦资金的资助。

7. 祝贺你。你刚才已经在管理世界了。列出你的能源政策中最重要的5个特征。

国际互联网学习资源及深入阅读和研究的资源

本书包含了很多有助学习和进行深入阅读和研究的网站资源。登陆到：http://www.hrookscole.com/product/0534385354s，并点击“一章接一章”链接。选择第4章，并选择如下资源：

- “闪卡”可以测试你对本章中的术语和应该记住的概念的掌握。
- “测试指南”以一种多项选择的形式来对你进行实践测试。
- “学生信息渠道指导”将你引入“关键问题思考方案”，使用“信息渠道学院版”作为一种研究工具。
- “参考书目”列出了本章撰写过程中所参考的主要书籍和文章。
- “超链接内容”将你引入到与本章的各个部分相关的大量新闻、研究和图像的网站。

信息渠道学院版

以信息渠道学院版来提高你的技巧，这是一个在线文章搜索数据库，来自700多种期刊。登陆到：http://www.infotrac-college.com，或者通过本书的网站进行连接。看一看下面的文章：

Bond，M. 2000. Solar energy：seeing the light（industry overview）. *Geographical* vol. 72，no. 11，pp. 28—31（subject guide：solar energy）

Campell，C. J. 2000. Depletion and denial：the final years of oil supplies. *USA Today*（*Magazine*），vol. 179，no. 2666，pp. 18—20（subject guide：petroleum conservation）

第 5 章　维持陆生与水生的生物多样性：生态系统途径

森林走在文明前面，沙漠则紧随其后。

——Francois-Auguste-Rene De Chateaubriand

5.1　生物多样性与生物保护学

什么是生物多样性?

每个国家或地区都拥有三种财富形式：物质财富、文化财富和生物财富（生物多样性）。生物的多样性或生物多样性包含了各种能够以最佳方式维持着目前地球上所发现的各种生存条件的生命形式和生命维持过程。

从第 2 章你已经了解到地球上的生物多样性（参见第 33 页）包含着四个组成部分：（1）基因多样性（某个物种中的个体所具有的多种基因）；（2）物种多样性（地球上的不同栖息环境中所存在的各种物种）；（3）生态多样性（地球上的各种森林、沙漠、草地、溪流、湖泊、湿地、海洋以及其他各种生物群落），以及（4）功能多样性（生物和化学过程或功能，例如，维持各种物种和生物群落的生存所需的能量流和物质循环；图 2-18，第 34 页）。

人类活动是如何影响全球生物多样性的?

图 5-1 对人类活动和地球上的生物多样性之间的主要联系进行了概括。越来越多的有力证据表明，地球上各种形式的生物多样性都受到了人口增长和经济发展所带来的越来越大的影响。这里举出了一些例子来说明人类活动是如何使地球上的生物多样性产生衰退和恶化的。

- 人类占据、扰乱或使地球上 40%—50% 的陆地表面产生了恶化，特别是填埋湿地和将草地和森林转为农田和城市用地。在未来的 100 年内，这些活动会继续扰乱或使地球上另外三分之一的土地表面发生恶化。
- 人类使用、浪费或毁坏着（1）地球上维持各种生命的可用初级产品净总量的 27%（图 2-27，第 44 页），以及（2）地球上陆地生态系统初级产品净总量的 40%，而且对这种资源的使用还会继续增加。
- 1999 年由世界野生自然基金组织和其他几个组织共同发表的一份报告指出，在 1970 年至 1995 年间，地球上总共丧失了三分之一的自然资本(图 1-2，

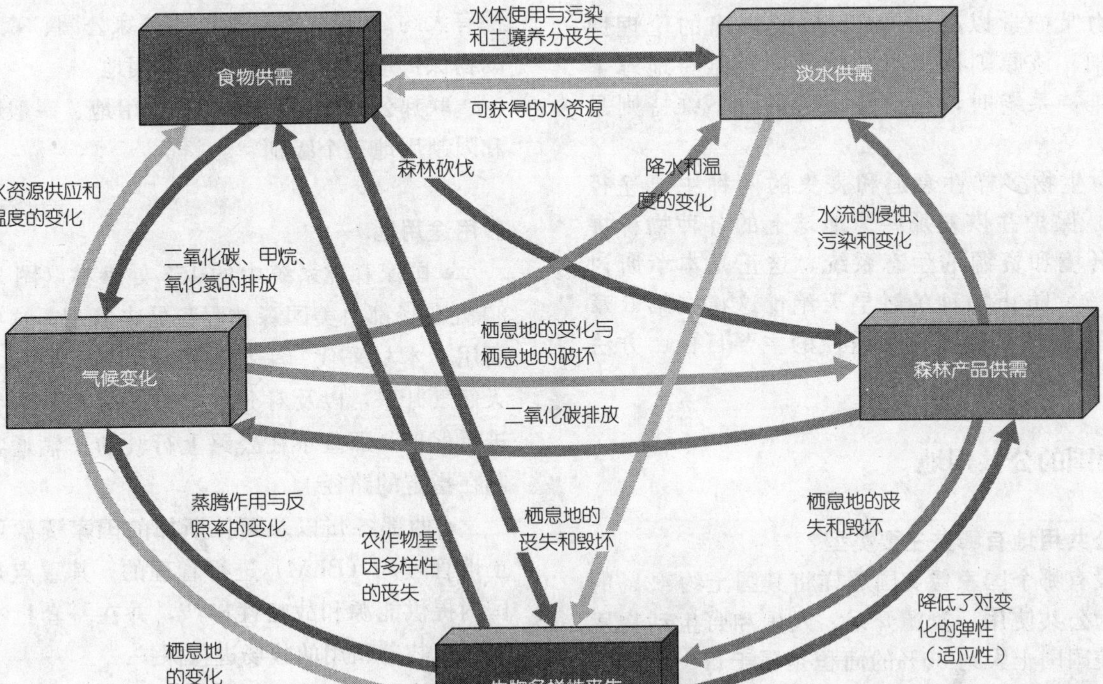

图 5-1　人类活动和地球的生物多样性之间的主要联系（联合国环境计划委员会和美国国家航空航天管理局）

第 3 页），这一结果是通过计量地球上的森林、淡水和水生生态系统的健康状况获得的。

● 据生物学家估计，目前全球的物种灭绝率是无人为活动影响状况的 100 至 1000 倍，在第 6.1 节进行了详细的讨论。

大多数的生态学家和环境科学家都认为生物多样性的丧失是四大最严重的环境问题之一，因为它为维持地球上所有生命的生存提供了重要的自然资源和生态系统贡献（图 1-2，第 3 页）。

什么是生物保护学？

以科学为基础的生物多样性研究导致了生物保护学的发展。这是一门多学科的交叉科学，创立于 1970 年代晚期，采用最佳的数据和方法来对物种和生态系统进行保护。它的基本目标是（1）调查人类活动对生物多样性的影响；（2）寻找保护重要的生态系统和生物多样性丰富地区的方法，并防止物种的过早灭绝。

生物保护学以三个原则为基础：

● 对地球上的所有生命来讲，生物多样性都是非常必要的因素，它不应受到人类活动的损害。

● 人类不应导致或加速野生生命种群或物种的灭绝，或破坏重要的生态过程。

● 保护地球上的生物多样性和生态功能的最佳途径就是保护尚未被人类触及到的生态系统，它们为维持自然物种的种群提供了充分的栖息环境。

生物保护学以 Aldo Leopold 所提出的伦理原则为基础，该原则认为当某物趋向于维持地球上的生命维持系统时，它就是正确的，不维持则是错误的。

对付生物多样性衰退和丧失的两种主要途径是：（1）保护并恢复那些为地球上的各种物种提供栖息环境和资源的生态系统，这正是本章所讨论的；（2）防止物种的过早灭绝，这将在第 6 章讨论。图 5-2 概括了每种途径的主要目标、方法和策略。

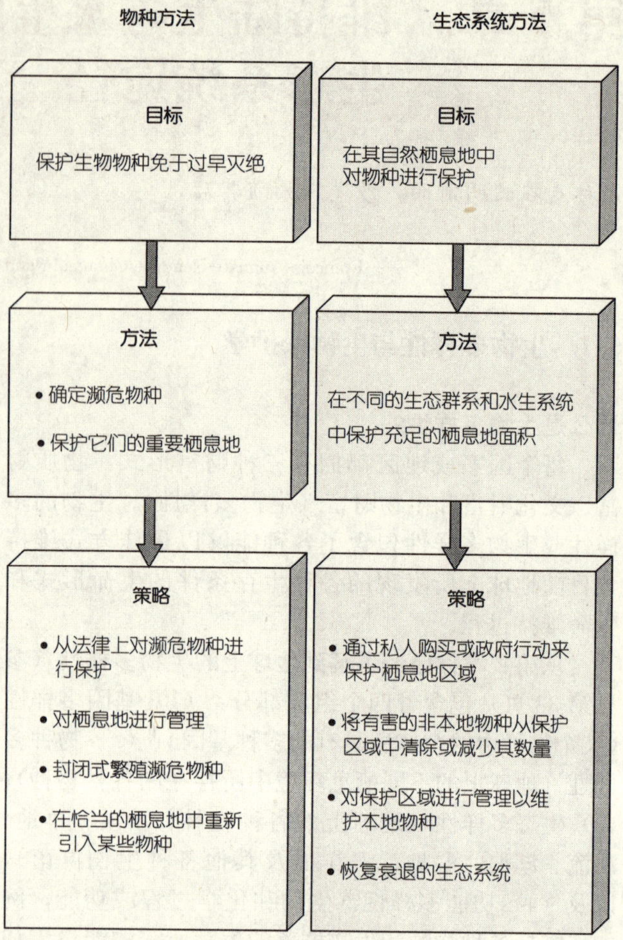

图 5-2　保护生物多样性的目标、方法和策略

5.2　美国的公共用地

美国的公共用地有哪些主要类型？

还没有哪个国家像美国那样将其国土约 42%的面积定为公共使用、资源开采、娱乐和野生动物用地的。美国国土大约 35%的面积是属于每一个美国公民的，并由联邦政府为他们进行管理。这些联邦公共用地的 73%在阿拉斯加，另外的 22%在西部各州（在这几个州，60%的土地都是公共用地）。每年都有大约 20 亿人来参观这些国家公园、森林、野生动物保护地，以及其他的公共用地。

联邦公共用地分为多用途用地、一般限制用地和限制用地三个级别。

多用途用地

● 国家森林系统中的 155 处森林（图 5-3）和 20 处草场都由美国森林服务处来管理。这些森林主要用于木材采伐、采矿、畜牧养殖、农场、石油和天然气开采，以及对分水岭、土壤和野生生物资源进行保护。那些不在公路上行驶的车辆通常都被限制在指定的路径上。

● 西部各州以及阿拉斯加的国家资源用地是由土地管理局（BLM）进行管理的。其重点是为美国国内提供能源和战略性矿产，并在一套批准的系统下对畜牧养殖用的牧场进行保护。

一般限制用地

● 522 处国家野生生物保护地（图 5-3）都由美

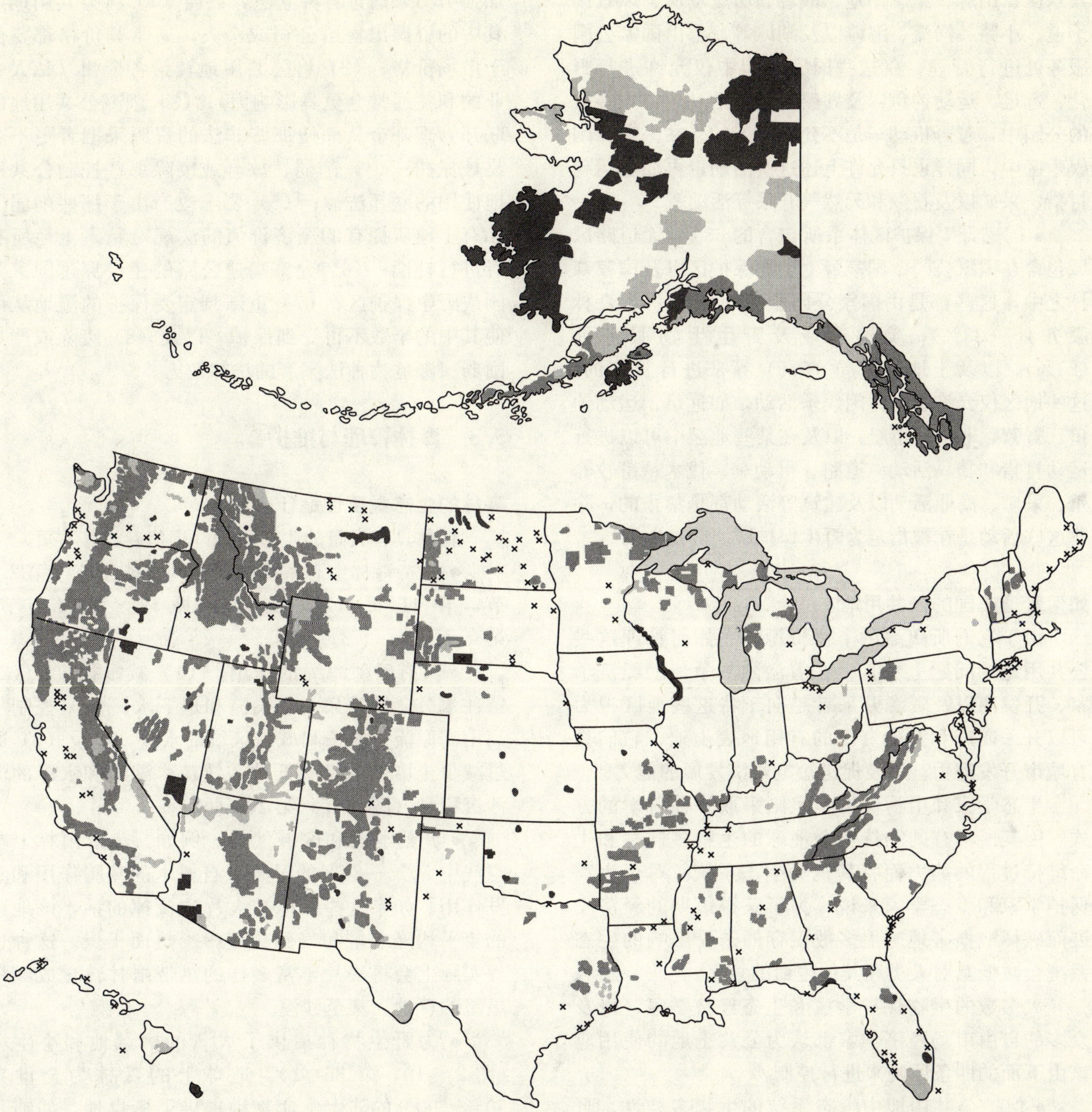

图 5-3　由美国联邦政府管理的国家森林、国家公园和野生生物保护区。这些地区和其他公共用地都由所有美国公民共同拥有（数据来自美国地质勘测）

国渔业与野生生物服务处（USFWS）进行管理。大多数的保护地都是为了保护水禽和大的猎物的栖息地和产卵地，为捕猎者提供丰富的猎场；少部分是为了保护濒危物种免于灭绝。只要得到了内政部的批准，体育运动捕猎、诱捕、体育运动及商业捕鱼，石油和天然气开发、采矿、木材采伐、放牧、某些军事活动以及农牧这些与各处用地的目标相容的活动都是可以进行的。

限制用地

● 国家公园体系中的 379 处用地包括了 55 座主要公园（主要在西部地区；图 5-3）和 324 处国家休闲

娱乐区、山脉、纪念用地、战场、历史场所、风景区干道、小路、河流、海滩以及湖滩等，都由国家公园服务处进行管理。在这些国家公园中仅允许进行野营、远足、运动钓鱼以及划船游玩等活动。在大多数的公园中，越野机动车是不允许进入的。在国家休闲娱乐区中，同样也只允许上述这些活动，再加上运动打猎、采矿以及石油和天然气开采等活动。

● 国家野生保护区体系所包含的 630 处无道路区域包含在国家公园、国家野生生物保护区以及国家森林之中，这些都是由国家公园服务处（42%），森林服务处（33%），美国渔业及野生生物服务处（20%），以及土地管理局（5%）等来进行管理的。这些地区仅允许进行休闲娱乐活动，如远足、运动钓鱼、野营、非机动游艇，以及在某些地区中可以进行运动打猎和骑马活动。道路、机动车、伐木、畜牧养殖、采矿、商业活动以及建筑等活动都是禁止的，除非这些活动是在被指定为野生保护区之前发生的。

如何管理美国的公共用地?

由于它们所蕴藏的丰富资源，在如何管理这些公共用地的问题上一直存在着激烈的争论。经济学家、开发商以及资源开采者趋向于将这些地区视为可以开采矿产和其他资源的有用地表土地，它们具有城市开发潜力，以及促进短期经济发展的能力。

生态学家和生物保护学家则采取一种科学的方式，因其所具有的维持整个地球的生物多样性和生命维持过程的能力而将其视为生态系统。对于生物保护学家和生态学家来说，为了获得短期的经济发展而破坏或损害地球上多数仅存的未受影响的生态系统会减低其对人类和其他生命的意义。

大多数的生物保护学家和生态经济学家，以及众多的自由市场经济学家都认为公共土地的使用应该由下面的四条原则来进行控制：

● 保护公共用地中生态系统的生物多样性、野生动物栖息地以及生态功能性是首要目标。

● 任何人都不应该获得在公共用地上使用或开采资源的资助或减免税收的允许。近年来，政府每年共为在美国公共用地上进行的采矿、伐木和畜牧养殖等活动提供了超过 10 亿美元的资助。

● 美国公民应该为使用他们的土地财产而获得公平的补偿。

● 公共土地上的资源使用者和资源开采者应该对他们所造成的任何环境破坏负全责。

这些观点也存在着很多强烈的反对意见。从 1980 年代中期以来，很多美国国会的议员们（受到了牧场、木材、采矿以及发展利益的影响）一直在加强努力来通过各种立法，以便（1）将公共用地或其中的资源出售给公司或个人，通常其价格都要低于市场价格；（2）将公共用地转给各个州（私人企业的利益通常会更具影响力）；（3）削减公共用地的联邦管理基金从而使那些非法的资源采掘者更不容易被抓捕；（4）削弱、放弃或废除那些控制公共用地使用的联邦法律；（5）要求政府由于那些削弱了私有土地所拥有的经济价值的法规对私人土地所有者进行补偿；（6）允许高速公路的建设穿过国家公园或野生保护区；（7）重新划定受保护的湿地从而使其中的半数不再受到保护，以及（8）废除或严重削弱《濒危物种法案》的法律效力。

5.3 森林管理与维护

森林的生态重要性是什么?

森林具有大量的生态贡献（聚焦专栏，右页）

● 维持森林生态系统的食物网和能量流（第 2.5 节，第 41 页），以及营养循环（第 2.6 节，第45 页）。

● 具有巨型海绵的作用，（1）减慢径流；（2）留住水分，填补泉水、溪流和地下水；（3）控制从高山高原流入农田和城市区域的水流，以及（4）通过减少土壤侵蚀来降低冲入溪流、湖泊和水库的泥沙沉积量（图 7-9，第 209 页）。

● 调整本地和区域气候。例如，热带雨林上空空气中 50%—80%的湿度来自树木的蒸腾作用和蒸发作用。如果这些森林被大片砍伐掉的话，该地区的年平均降水量和气候会变得炎热而干燥。这种过程实际上会将一片丰富多样的热带雨林转化成零零星星的草地，甚至沙漠。

● 为野生物种提供了大量的栖息地和小生境（图 2-19，第 36 页）。地球上的森林为全世界 50%—90%的陆生生命物种提供了栖息地，如哺乳动物、鸟类、两栖动物，以及爬行动物等。这些森林栖息物种中很多都受到了绝种的威胁，主要是由于栖息地的丧失和损害，这种生物多样性的丧失在未来的 50 年中还会猛烈加剧。

● 净化空气。

森林的经济重要性是什么?

人类为了很多目的来使用采伐自森林的木材，每年的采伐量相当于超过 3000 亿美元的价值。

森林的经济用途包括：

● 用于燃料的木材，大约占森林采伐总量的 50%。

聚焦专栏

地球的生态贡献所具有的经济价值是多少？

在 1997 年，一组由 13 位生态学家、经济学家和地理学家组成的研究小组要对地球的自然生态贡献所具有的经济价值进行评估（图 1－2，第 3 页）。根据这一由马里兰大学的生态经济学家 Robert Costanza 所领导的小组所做的粗略评估，地球的自然资本所具有的经济价值大约为至少每年 36 万亿美元——接近全球国民生产总值的 39 万亿美元。

为了进行此项评估，研究者们将地球表面分成了 16 个生态群系（图 2－33，第 52 页）和水生生物区（他们略去了沙漠和冻土地带，因为缺乏那些地区的数据）。然后，研究者们达成了共识，整理出17项大自然界提供的收益和贡献，并对 100 多个研究案例进行了详细审查，力图给予 16 种不同类型的生态系统所拥有的每一项贡献一美元的经济价值。

某些分析家认为，这种评估具有误导性，而且很危险，因为他们仅给予具有无限价值的生态系统所拥有的贡献一美元，其价值是无法等同的。在 1970 年代，经济学家 E. F. Schumacher 就警告道：“对无价之物进行评估是荒谬的”，且“认为每种事物都是有价的想法是一种欺骗。”

研究者们承认他们的评估依赖于一些假设，并将某些因素排除在外，这使得他们很容易因为某个因素就给出一个很低的价格，从 10 美元至 100 万美元之间浮动，甚至更多。例如，他们的计算仅包含了对生态系统贡献自身的评估，而排除了产生它们的自然资本，而且忽略了不可再生的矿物和燃料的所具有的价值。他们还认识到，随着生态系统所提供的贡献的降低，它们所具有的价值也会迅速升高，这些贡献就可视为具有了无限价值。

但是，这些研究者辩称，他们所做的评估比经济市场通常赋予这些生态系统贡献的零价值要准确得多。他们希望这种评估可以唤起人们关注地球生态系统贡献是全人类及其经济体系所具有的根本意义这一事实，而且其经济价值是无限的。

批判性思考

我们是否应该给自然界的贡献估价？为什么？有没有其他方法？

- 工业木材和原木（未加工的木材），用于制作可用木材、多层板、粒状板材、硬纸板及胶合板。这些木材大约占森林采伐总量的 30%。
- 纸浆用于制作纸张，大约占森林年采伐总量的 20%。
- 植物、树皮和某些动物的提取物，用于制造药物。
- 采矿、畜牧养殖和休闲娱乐。

森林具有哪些主要类型？

主要按照气候地区划分，森林可分为三大类：热带森林、温带森林和极地森林（北极）（图 2－33，第 52 页）。目前，树木覆盖率超过 50% 的森林占地球陆地总面积的大约 32%。

原生林（有时也称为前沿林）是指未经砍伐或再植的森林，它们应该至少在几百年来一直没有受到人类活动或自然灾害的剧烈影响。原生林为大量的野生物种提供了生态栖息环境（图 2－19，第 36 页，和图 5－4）。这类森林还含有大量直立死亡树木（残株）和倒地原木，成为各种物种的栖息之所。这些死亡植物的腐败将自身所含有的植物养分还回到土壤之中（图 2－17，第33 页）。

次生林是指那些由次级生态演替过程（图 2－53，第 69 页）所形成的森林，一般是在某个地区的树木由于以下途径而被砍伐掉了之后形成的，（1）人类活动，如为获得木材或转化为农田而进行的灭绝性砍伐，或者（2）火灾、飓风和火山喷发等自然力的毁坏结果。

一些原生林和次生林都被灭绝性砍伐掉并被转作林场或木材场了：这些人工管理的区域都种植了单一树种的同树龄的树木（单一栽培），一旦长成，可用于商业用途了，就会被灭绝性地砍伐掉。然后又进行再植并再次砍伐光，周而复始（图 5－5）。

林场或木材场是为了通过破坏次生生态演替过程（图2－53，第 69 页）来创造极其简单的生态系统，从而更高效地生产木材、纸浆木材，以及种植经济作物（如香蕉、橡胶、可可豆及咖啡）。虽然林场降低了所处地区的生物多样性，但它可以通过缓解对原生林和次生林的砍伐压力来保护这些地区的生物多样性。

世界上的森林正在发生什么？

只要砍伐和衰败过程不超过再植过程，森林就是一种可再生资源。但是，根据世界资源研究所的研究，在过去的 8000 年中，人类活动已经使地球最初的森林覆盖面积减少了大约 46%，其中大部分都是在最近 30 年中造成的。

图 5-4 太平洋西北岸地区的花旗松原生林中层状的生物多样性。对于是否应该将这些存在于美国和加拿大的公共用地之中的森林砍伐干净以获取其具有很高价值的木材，还是应该对其所拥有的生物多样性和重要的生态贡献进行保护这一问题上存在着很大的争论

北美和欧洲的很多温带森林的面积正在缓慢增加，这些都是在被砍伐的是森林区域中的次生生态演替过程所产生的恢复力以及放弃了少量的农田的结果（图 5-6）。然而，在世界上很多地区，森林正在以比其再植速度更快的速度被砍伐掉，损坏掉，破坏掉，特别是在拉丁美洲、非洲和亚洲的热带地区（图 5-6）。

森林管理都有哪些主要类型？

某一特定森林所能生产的木材总量随着其所处的生长阶段和生态演替过程的不同而有所不同（图 5-7）。如果为了在最短的时间内生产燃料木材或者制造纸张的纤维木材，则该森林通常会以一种比较短的循环周期进行采伐（图 5-5），一般都在木材生长总量的最高峰时期之前（图 5-7 中的 A 点）。

在图 5-7 中的 B 点进行采伐则可以在单位时间内获得最大的木材产量。如果是为了获得制作精致家具或板材的高质量木材的话，管理者们会以较长的循环周期为基础来培植更大、生长期更长的树木（图 5-7 中的 C 点），此时其生长速率已经趋于稳定，且比年轻树木要慢得多。

森林管理存在两种体系：均匀树龄管理体系和非均匀树龄管理体系。对于均匀树龄管理体系来讲，某一片森林中的树木将被维持在大体相同的树龄和生长尺寸水平上。这种方法也被称为工业林学方法，它使具有生物多样性的自然森林被由一种或两种生长迅速而又具有经济期待性的树种所构成的简化林场所取代，取决于所植树种的不同，这种森林可以每 10—100 年砍伐一轮（图 5-5）。杂交和基因工程的方法可以提高这种林场木材的质量和数量。

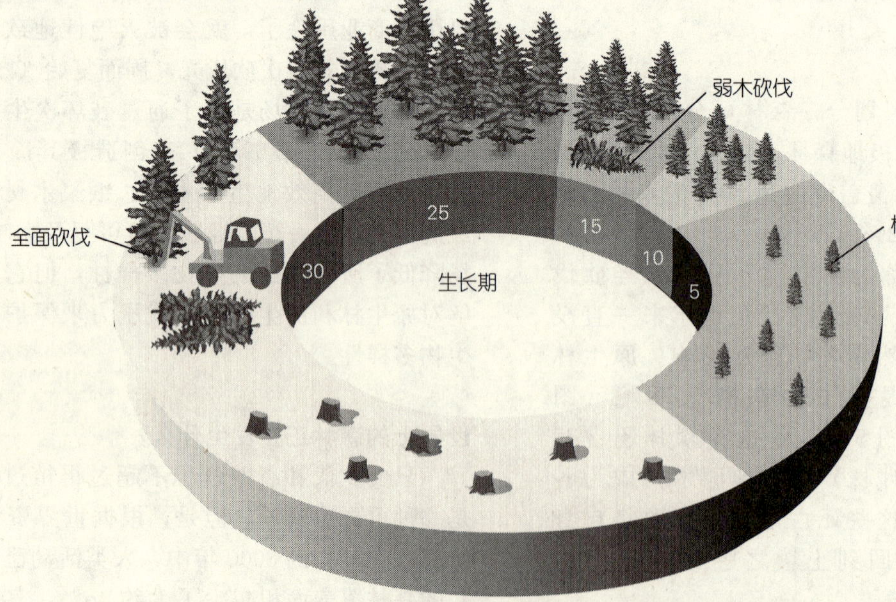

图 5-5 现代工业植林方法种植的单一树种林场中的短期（25 年）砍伐与再生循环周期。在热带国家中，每年树木生长速度很快，该循环周期可能仅为 6—10 年

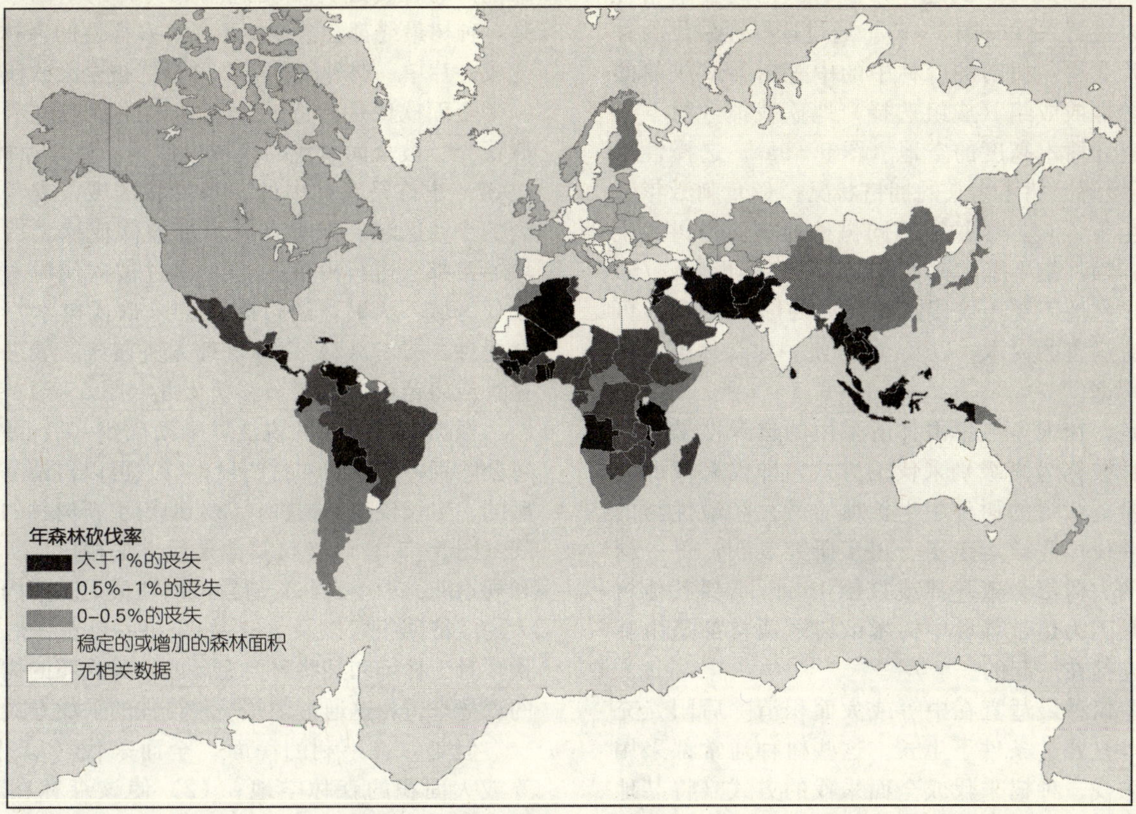

图5-6 从1990—1995年间，森林面积的估计年变化量。除了北美洲和欧洲的一部分地区以外，其他大多数国家中都有森林大面积砍伐的情况（联合国粮农组织）

然而，几十年来，从大范围采用均匀树龄管理方式的德国森林所获得的经验显示，在那些几乎所有树木都被重复砍伐和采伐的林地中，土壤的肥力也损失殆尽了。树木对于某些灾害的抵抗力也随之减弱，如干旱、疾病、虫害及空气污染等。

对于非均匀树龄管理体系来讲，某一特定林地中树种的多样性可以维持其多样的树龄和生长尺寸，从而孕育了自然更新的过程。这种方法的目的是（1）生物多样性；（2）长期地、可持续地生产高质量的木材（图5-7，C点）；（3）一种中等水平的经济收益回报，以及（4）森林的多种用途，包括木材生产、野生动物保护、流域保护及休闲娱乐等。选择性地采伐生长成熟的树木，整体采伐的方法仅用于可以从中受益的小面积树种。

树木是如何被采伐的?

在大面积采伐木材之前，必须先修建供通达和运送木材的道路。即使是经过细心的设计，这些道路仍然存在着很多有害影响（图5-8），如（1）排水沟加剧了土壤侵蚀和水土流失；（2）生物栖息地的损害和生物多样性的丧失；（3）使森林暴露在有害的非本地虫害、病害和野生生物侵害的面前，以及（4）使这些原本封闭保护的森林向畜牧者、采矿者、农场主、畋猎者以及越野车辆的使用者打开了缺口。另外，修建在美国公共用地中的伐木道路是不符合该用地作为野生保护区的要求的。

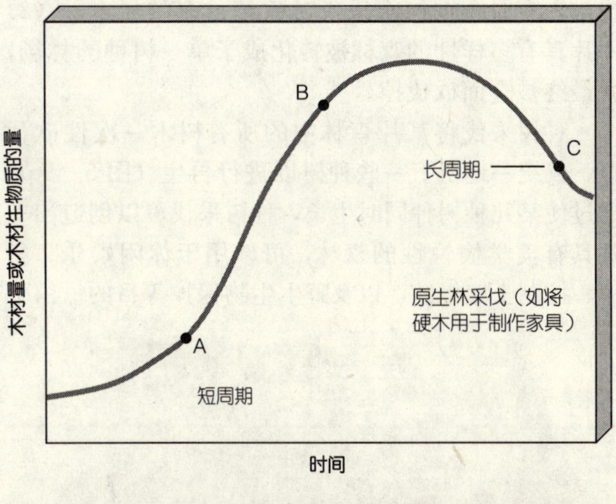

图5-7 森林管理的生长和采伐周期中不同阶段的木材量变化。森林管理包括一个决策和实施的循环，称为一个周期（图5-5）。一个周期中最主要的几个阶段包括：（1）对该场地进行清查；（2）拟订一份森林管理方案；（3）建造通达林场的道路；（4）准备进行森林采伐；（5）采伐木材；（6）直至下一次采伐之前，对该场地进行再植和管理

一旦伐木人可以到达一片森林，他们会采用各种方法来进行采伐（图 5-9）。通过选择性采伐的方式，一片非均匀树龄的森林中的中等树龄或成熟的树木被单棵或成组（成组选择）地砍伐掉，留下了不大于直立树木高度的空地（图 5-9a）。选择性采伐（1）缓解了树木生长的拥挤状况；（2）刺激年轻树木的生长；（3）维护了不同树种的非均匀树龄生长状态；（4）使周围的树木可以进行自然再生；（5）可以保护林地不受土壤侵蚀和风灾的影响；（6）可以清除有病害的树木，以及（7）使一片森林可以具有多种用途。

但是，在很多热带雨林所采用的选择性采伐方式是一种被称为高级别采伐的方式，即仅采伐那些人们最希望获得的树种中生长尺寸最大和最优秀的树种被砍伐掉并被运走了。很多研究表明，每一棵被砍倒的大树都会毁坏掉或拉倒 16 或 17 棵其他树木，这是因为热带森林中树木的树冠通常都是由藤类植物连接在一起的。

某些树种最适宜在中等或大面积清除后阳光充足或中等光照的条件下生长。这些树种通常都采用择伐式采伐、种树采伐或全面采伐的方式（将某地的所有树木一次性采伐掉）。择伐式采伐在 10 年中分 2 次，或者一般是 3 次，将所有成熟的树木砍伐掉（图 5-9b）。这种方法（1）可以使最优的种树进行自然播种；（2）防止树苗被挤开；（3）在最终砍伐前可以维持一种自然的森林外观，从而满足多种用途；（4）缓解土壤侵蚀，以及（5）为某些野生物种提供良好的栖息地。但也存在着两个问题，（1）伐木者有时会在初次采伐时砍掉过多的树木；（2）一片具有多样性的森林被转化成了单一树种的林场，并最终被全面砍伐掉。

种树采伐将某片森林中的所有树木一次性砍伐掉，仅统一地留下一些种树以进行再生（图 5-9c）。通过使某几种树种同时生长，种树采伐可以创造出一片具有美学愉悦性的森林，可以用于休闲娱乐、猎鹿、控制土壤侵蚀，以及野生生物保护等目的。留下最优秀的种树还可以促进新成树林的基因改良。但是，种树最终都会被砍掉，具有多样性的森林也会转变成一片单一树种的林场，并最终被全面砍伐掉。

全面砍伐是指将一片森林中的所有树木一次性砍伐光。被全面砍伐的区域也许是一整片森林（图 5-9d），也许是森林中的一条带状区域，或者是一系列的小片区域。当所有树木都被砍伐掉之后，该区域通常都会进行再植，（1）通过被砍伐树木（或当砍伐区域不大时，通过附近的未砍伐树木）进行自然播种，或者（2）森林管理人员在该区域进行人工播种或将苗圃中的树苗移植于此（图 5-5）。

根据木材公司的说法，全面砍伐（1）可以提高每公顷森林面积的木材产量；（2）可以再植基因改良后的、生长快速的树种；（3）缩短了新树林的成林时间（图 5-5）；（4）与其他采伐方法相比，所需技巧和规划能力较小；（5）通常可以在最短时间内获得最大的经济回报，以及（6）如果小心负责任地进行采伐，对于林场和某些需要充足或中等光照的树种构成的森林来讲，这通常都是一种最佳的采伐方式。

但是，在不利的一面，全面采伐（1）留下中等或大面积的森林空地；（2）使该森林在几十年内丧失掉了最大的休闲娱乐价值；（3）降低了生物多样性，破坏了生态系统的循环过程，还毁掉或毁坏了某些野生生物的栖息地；（4）使周围的树木更易受到风暴的侵害，以及（5）导致严重的土壤侵蚀、沉降水污染，当处在陡坡时，还会导致洪灾。

带状采伐是一种对全面采伐进行调整后的采伐方式，该方法可以保证木材的可持续产出而不会导致大范围的毁坏作用，沿等高线生长的树木将被全面砍伐掉，留下的空地非常窄，可以在几年之内完成自然更新（图 5-9e）。更新之后，高于这一高度的另一片带状树木又被砍伐掉，依次类推。这种方法以最小的损害代价，一条一条的在几十年中对一片森林进行采伐。通常，每一带状区域在 30—40 年内不再进行采伐。

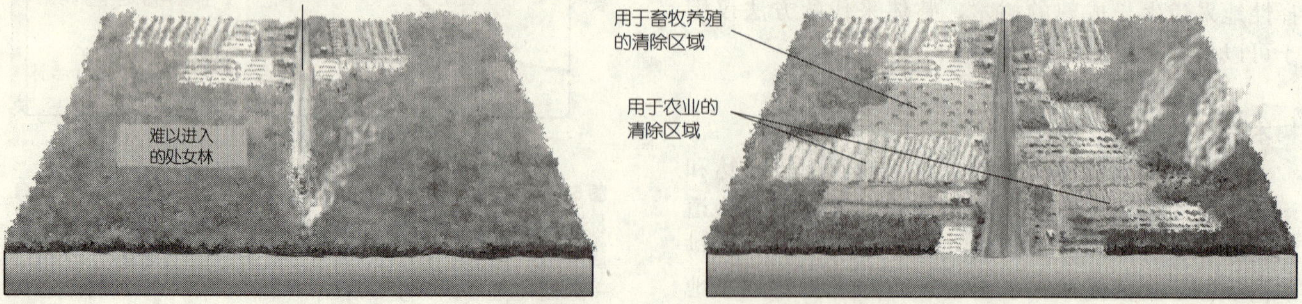

图 5-8 建造通到以前无法到达的森林的道路为森林的破坏、毁坏和衰退铺平了道路

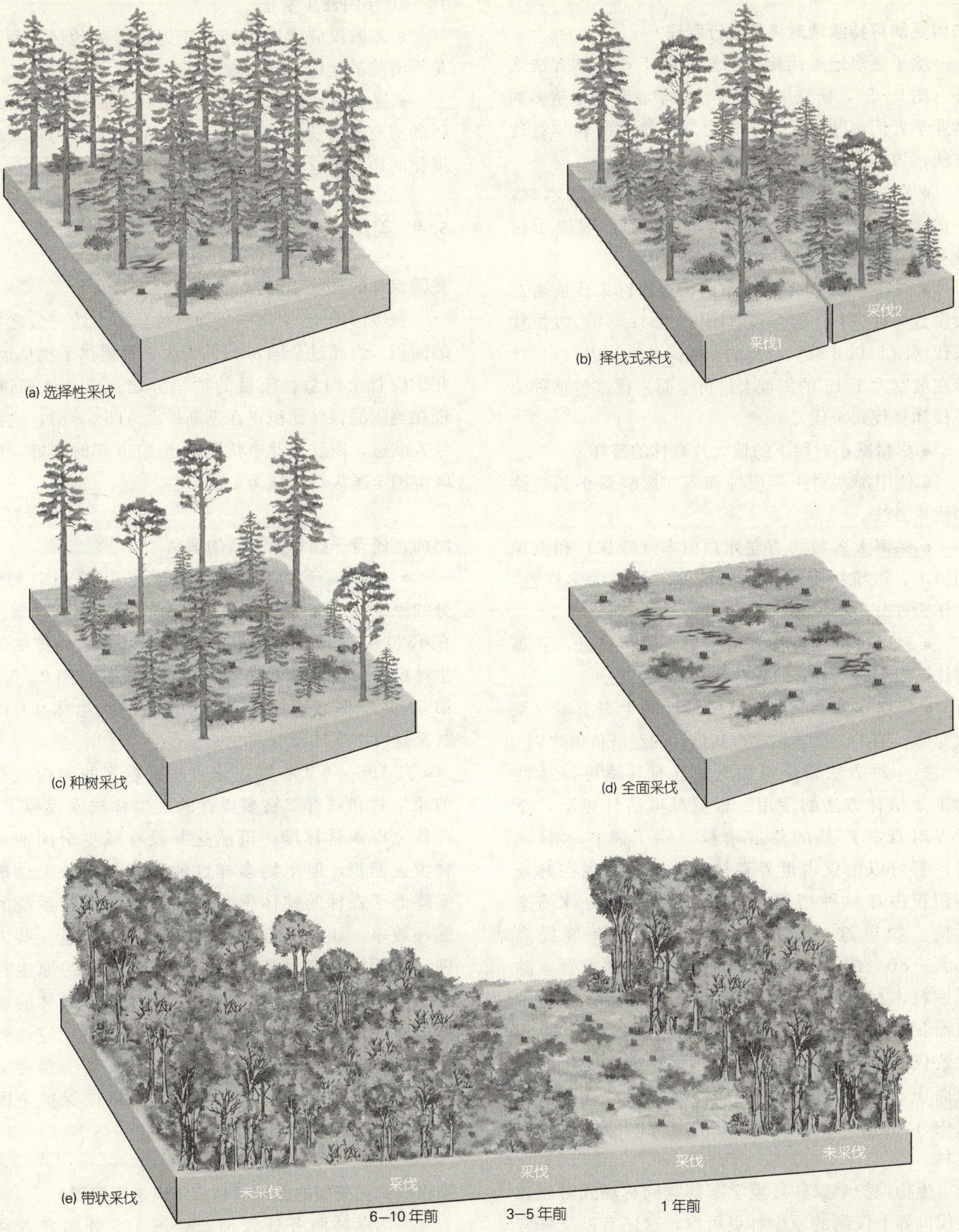

图 5-9　三种采伐方式。另一种选择是对生物多样性进行保护，并通过禁止采伐具有丰富生物多样性的原生林来增强其可持续能力

如何更加可持续地对森林进行管理?

除了更多地采用传统的短周期工业植林方法之外（图 5-5），研究生物多样性的学者和越来越多的林业学者们都呼吁采取一种更加可持续的森林管理方法，该方法可以：

● 在一个较长的周期内生产出更大量的木材，一般是 100—200 年（图 5-7，C 点），取决于树种和土壤品质。

● 强调（a）对单棵树木进行选择性采伐或者对大多数树种进行小组采伐（图 5-9a）；（b）以带状采伐（图 5.9e）取代传统的全面采伐，以及（c）严禁在坡度大于 15°的斜坡上进行全面采伐（包括种树采伐和择伐式采伐）。

● 尽量减小对留下的较大片森林的破坏。

● 使用那些对土壤侵蚀和压实影响最小的筑路和伐木方法。

● 保留大多数的直立死亡树木（残株）和倒掉的树木，以维持野生生物栖息地所具有的多样性，并作为养分进行循环（图 5-4）。

● 对以可持续方法种植的树木进行认证，并聘请认证组织进行标记（解决途径专栏，右页）。

● 将树木和森林所具有的估计的生态贡献（聚焦专栏，第 147 页）包含在其估计的经济价值之内

另一种方法就是增加更加具有环境可持续性的工业植林方法的使用。根据某项估计显示，全世界对森林产品的总需求量（除了燃料木材之外）都可以由仅占世界森林种植面积（现在林场面积仅占森林种植面积的 0.5%）5%的林场来供应。如果这些林场的木材采伐效率再提高 60%—80%的话，则全世界的木材总需求量（除了燃料木材之外）都可以由仅占现在世界森林种植面积 0.1%—0.3%的土地来供应。这一面积大致仅相当于美国路易斯安那州或艾奥瓦州的土地面积。现在，新西兰的林场可以满足其全部的国内木材需求，而且保护了其 30%的原生自然林。

生物保护学家和环境学家都赞同林场式种植比采伐世界上仅剩的原生林更可取，这还有助于恢复退化的土地并提高二氧化碳的吸收量。但，他们也指出，这种方法仅应在以下情况下采用：

● 禁止采伐仅剩的原生林。

● 随着林场的逐渐成熟，对次生林的采伐应在 10—20 年内逐步禁止。

● 林场仅应建在已经真正退化了的地区，而不是新清除的地区或已有农田区。

● 逐步取消在原生林和次生林中采伐木材所获得的所有政府资助和减税政策，并代之以为在真正退化的地区建立林场进行资助的政策。

5.4 美国的森林资源与管理

美国森林的现状如何?

在美国的 48 个州中，森林覆盖了大约三分之一的面积，为超过全国 80%的野生物种提供了栖息地，并供应着全国总径流量的约三分之二。总体来讲，现在美国的森林面积正在逐渐扩大（图 5-6），这很令人欣慰，而且其健康状况也比 1920 年时要好，那时美国全国人口大概为 1 亿左右。

然而，还有一些令人气馁的消息

● 在 1620 年至 1998 年间，美国 48 个州中大部分的原生林都被砍伐掉了（图 5-10）。但是，很多在 1620 年至 1960 年间被砍伐掉或部分砍伐掉的原生林已经自然恢复了次生生态演替过程（图 2-53，第 69 页），长成了具有丰富多样性的次生林（有时甚至是再次生林）。

● 自 1960 年代中期以来，越来越多的国内仅存的原生林和具有丰富多样性的次生林被砍伐掉了，并代之以木材林场。虽然这并没有减少全国的森林覆盖面积，但生物多样性的研究学者认为这确实降低了森林的整体生物多样性以及生态系统的循环效率，如能量流和化学循环等。其他一些人则认为通过减轻对具有更丰富的多样性的原生林和次生林的砍伐压力，木材林场对保护森林的整体多样性是有帮助的。一个根本问题是：“应该将全国森林的百分之几转化为林场以满足消费者对木材和纸浆木材的需求，而同时又可以保护全国森林的整体生物多样性?”

案例研究：美国的国家森林应如何进行管理?

美国森林服务处管理着全国 156 处国家森林（图 5-3），这些森林：

● 占全国森林总面积的约 19%，占全国软木材总量的约 3%（1980 年代时为 15%）。

● 每年为超过 300 万只牛和羊提供着放牧之所。

认证可持续生长的木材

解决途径专栏

Collins Pine 公司在加利福尼亚州的东北部拥有并管理着一大片林地。该公司的目的是采用选择性采伐（从 1940 年代开始）的方式来维护其生态、经济和社会的可持续性，从而（1）通过种植多种树种形成一种木材的收益性采伐；（2）维持其加利福尼亚州切斯特（Chester）市最大的雇主地位，并（3）照管这片土地及其生态系统。

科学认证体系（SCS）将该公司每年所采伐的木材认证为可持续生长的木材。SCS 是非盈利性组织森林服务委员会（FSC）的一个组成部分，建立于 1993 年，其目的是为了酝酿一系列环境健康的惯例，以这些惯例来认证木材及由这些木材制成的产品。

每年，SCS 都对 Collins 公司所拥有的土地进行评估，以保证（1）其采伐活动没有超出树木再生的长周期；（2）道路和采伐体系未导致生态破坏；（3）对土壤、倒下的树木和直立的残株的管理可以提供充足的营养循环和野生生物栖息地，而且（4）该公司是一个良好的雇主，而且对其土地和水资源进行了良好的管理。

在该公司的土地上没有安设大门或“离开”字样的标志。周围社区的人们可以在其土地上进行捕鱼、捕猎和野营等活动，而且该公司还拥有几项租赁业务，可以进行有限的畜牧养殖活动。该公司的拥有者将认证视为（1）对其对土地管理的投入性给予的承认；（2）一种为他们的生态目标赋予市场价值的方法。

虽然目前受到认证的木材仅占所有木材产品的很小一部分，但是，对这些认证产品的需求却增长迅速。例如：

● 在 2000 年，美国最大的两家木材产品的采购商和零售商 Home Depot 和 Lowe's 公司宣布至 2002 年底，他们将（1）不再购买来自濒危生态地区的木材；（2）优先考虑购买来自经过认证的森林的木材，并（3）促进高效的木材使用方法和环境有益的木材产品的使用方法。

● 在英国，受到 FSC 认证的木材占全英木材销售总量的四分之一。

● 在 1998 年，世界银行和世界野生生物基金组织也参与到一项在 2005 年之前将森林的认证区域提高到现在的 10 倍的行动中来。

批判性思考

假设你继承了一个与刚才提到的木材公司采用相似的可持续操作方法的木材公司。如果你采用全面采伐的方式，你可以（1）在很短的时间内获利数百万；（2）出售清除后的土地，并（3）将这笔资金投资于比可持续的长期木材采伐具有高得多的回报率的其他地方。你会怎么处理这份遗产呢？为什么？

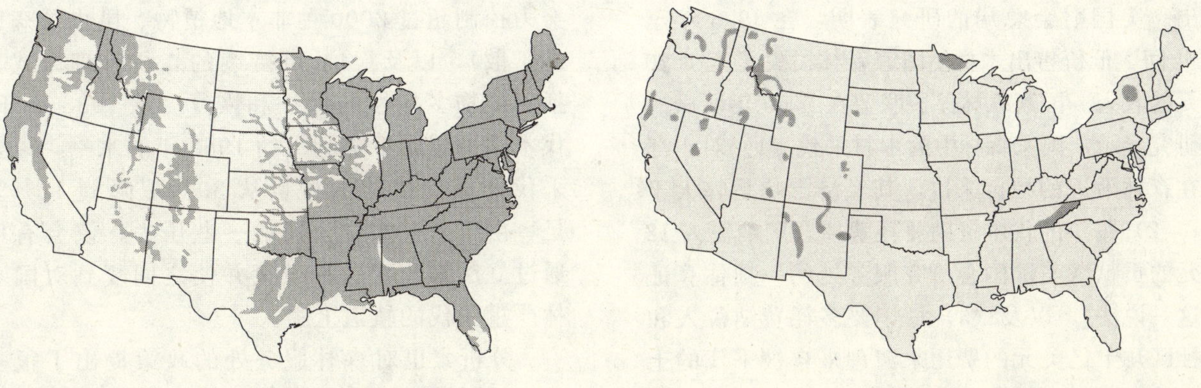

原生林，1620年　　　　原生林，1998年

图 5-10　正在消失的美国原生林，1620—1998 年。从 1960 年开始，某些原生林已经被次生林和林场所取代（数据来自自然土地协会和美国森林服务处）

● 每年供应着大约价值 40 亿美元的矿物、石油和天然气。

● 包含着超过 612000km（380000 英里）的道路里程，道路总面积大约相当于美国全国的州际高速公路的总面积。其中大多数都是狭窄的土路，用纳税人的贡献建造，用于私人企业的木材采伐活动。

● 为美国超过 3400 个社区的超过 6000 万公民供应着一部分全国最洁净的饮用水。这些饮用水的估价大约为每年 37 亿美元。

● 包含着美国大约三分之一的野生保护区。

● 它们所接待的出于休闲娱乐、畋猎和钓鱼等目的的游客比其他任何联邦公共用地都多，以休闲娱乐为目的的游客从1930年就急剧增长。

按照法律要求，森林服务处以如下原则对国家森林进行管理：（1）维持产出（禁止砍伐具有可再生潜力的树木资源，或者以快于其更新的速度对其进行使用），以及（2）多种用途（这些森林中的任何一处都要以同时进行各种用途来进行管理，包括可持续式的木材采伐，休闲娱乐，畜牧养殖，流域水土保持，以及野生生物保护等）。

从1930年至1988年间，国家森林的木材采伐总量急剧增加，这主要是因为（1）出于木材公司的利益而对议会进行的猛烈游说；（2）法律允许森林服务处保留其通过出售木材而获得的大部分收入（从而提高了预算额度），以及（3）1908年的法律允许处在国家森林边界之内的各个县可以获得其木材出售收入的25%。

法律规定，森林服务处所出售的木材价格不得低于对其采伐区域进行再植所需的费用。但是，伐木道路的建造费用并不包含在该价格之中，而是作为一种对伐木公司的资助费用。一般来讲，伐木公司可以以低于在私人林场中采伐相同数量的木材的价格从国家林场中获得木材。

由于这种资助，在过去的100年中，从美国联邦土地中售出的木材利润仅有3年可以返还纳税人的付出。美国财会总局的研究表明，在1978年至1998年间，低价售出木材使国家森林损失了至少70亿美元的收入。国家森林保护联盟在2000年所做的一份研究显示，国家森林中的木材采伐（1）对于那些处在森林附近的社区来讲，其经济影响是弊大于利的；（2）每年的伐木资助要耗费掉全国纳税人12亿美元的贡献（美国国会研究服务处的一项估算证实了这一说法），以及（3）每年要多耗费纳税人和附近社区几十亿美元的费用来清理来自被采伐的土地的沉积所造成的河流污染和渔业损失，加剧的洪水灾害，丧失的休闲娱乐潜力，以及退化的景观资源。

木材公司的官员们却认为在国家森林中采伐木材：

● 有助于满足全国的木材需求；

● 通过保持木材和纸张的低价格可以使消费者们受益；

● 通过砍伐掉有病害的树木，可以提高森林的健康程度，并有助于防止森林火灾；

● 为邻近的社区提供工作机会并刺激其经济的增长。

环境学家们反驳道：

● 从国家森林中采伐到的木材仅负担全国木材需求量的3%，还有大量的私人林场可以满足国家的木材需求量。

● 从国家森林中采伐的木材所具有的低于成本价的木材价格增加了国家森林和州森林的采伐压力，而且对于木材和纸张的消费负担几乎没有什么影响。

● 随着木材公司将一地的树木砍伐殆尽而后移往它处，那些对国家森林的木材销售具有极大依赖性的社区就要经历严重的经济衰退。

● 国家森林的休闲娱乐效应可以为地方社区提供比木材采伐更多的工作机会和收益。例如，每年国家森林中的休闲娱乐、畋猎和捕鱼业创造了290万个工作机会并使国家经济增收至少1110亿美元。相反，在这些地区所进行的木材采伐则仅创造了76000个工作机会和35亿美元的收益。

1998年，森林服务处的主管Mike Dombeck宣布了一项政策，将各个分支机构的工作重点从增加木材采伐量转移到（1）增强休闲娱乐用途；（2）流域健康和恢复；（3）野生生物保护（包括努力控制超过2000种非本地植物、昆虫及病原种的扩散），以及（4）可持续的森林管理方式，包括对生物多样性的保护和恢复。从1988年开始，伐木水平急剧下降到大约1955年的水平，以全面采伐方式砍伐的木材量从39%下降到12%。但是，由于来自木材公司的一些压力，议会有可能通过立法来改变这种政策并使之回复到对国家森林严重采伐的轨道上去。

分析家也对森林服务处的政策提出了很多改革建议，力图使其对国家森林采取一种更加可持续的使用和管理方法（解决途径专栏，右页）。另外，可以通过以下途径来减轻国家森林和私人森林的采伐压力：

● 减少木材浪费量。根据世界观察研究所和林业分析家们的研究，在建筑、过度包装、垃圾邮件、不充分的纸张回收以及无法进行木制集装箱回收利用等方面，美国全国所消耗木材总量的60%都没有获得充分利用，或被浪费掉了。

解决途径专栏

如何提高美国联邦森林管理质量?

林业人员和生物多样性的研究者们已经提出了大量的改革方案来促使美国的国家森林采用更加可持续的管理方法而对森林所具有的重要的生态功能不产生严重破坏。这些建议包括:

- 使国家森林的首要用途转变为休闲娱乐和对流域和野生生物栖息地的保护。
- 禁止对所有或大部分公共土地内仅存的原生林进行采伐。
- 在国家森林内大幅度减少或禁止所有新修道路方案，并封闭某些使用率很低的现存道路。
- 允许个人或组织购买保护权，从而防止在某些指定区域内的公共原生林中进行采伐。购买者可以以这种保（护）换税的方法来获得对其投入的基金的减税政策。
- 要求从国家森林中采伐的木材的售价中要包含道路的修筑费用、场地的准备费用，以及林场的再生费用等，所有这些投资都要使纳税人有所收益。
- 不要将国家森林中采伐的木材的销售收益用于森林服务处的预算之中，因为这会刺激对木材资源的过度采伐。
- 将从国家森林获得的毛收入的25%返还到那些包含森林区域但仅将其用于休闲娱乐用途的各个县中。
- 在衰退的各公共用地上实施由联邦政府资助的森林再植和生态恢复计划。除了生态收益之外，这还为因此而失业的森林采伐和木材产品从业者提供了工作机会。
- 要求采用可持续的林业方法（第152页）。

批判性思考

实施这些政策会产生哪些不利因素?

- 以非树木纤维来进行纸张制造，包括（1）作为农业废物而剩下的稻子和小麦的麦秆，以及（2）生长迅速的植物，如洋麻和非用于毒品制造的大麻等。

5.5　热带森林采伐与燃料木材危机

什么是热带森林？我们为什么要关心它们?

热带森林覆盖着地球土地面积的大约6%左右（大概相当于美国48个州的总面积），它们主要生长在拉丁美洲、非洲和亚洲的热带地区（图2-33，第52页）。热带森林包括很多种类型（图2-35，第54页），(1) 热带雨林（几乎每天都会获得降水）；(2) 一年一次或两次旱季的落叶林；(3) 干旱落叶林，以及 (4) 山地林。

生物学家认为对大多数现存的热带原生林进行采伐及其衰退是一个非常严重的全球性环境问题，因为它们:

- 为地球上50%—90%的陆生物种提供着栖息之所，很多物种的栖息地极其特殊（图2-19，第36页），这使它们很容易受到灭种的威胁。
- 在清除人类排入空气中的过量的二氧化碳这一主要的全球气候变暖的诱因方面扮演着重要的角色，它可以影响食品生产、水源供应以及增加海平面高度（第9.3节）。
- 提供了几百种食物品种，包括咖啡、茶叶、可可豆、辣椒（香料）、坚果、巧克力豆以及热带水果。
- 是天然橡胶、树脂、染料和香精油等材料的来源。
- 包含了可以用于全世界至少25%的处方药材植物，其全球价值大约为每年1000亿美元，在美国大约为每年155亿美元（图6-4）。国家癌症研究所确认的3000种抗癌药品植物中的70%来自热带森林。某些热带树种可以用于多种用途（解决途径专栏，第156页）。

热带森林的清除和衰退速度有多快?

气候和生物数据显示，曾经被砍伐掉的成熟的热带森林面积相当于现有热带森林面积的至少2倍，其中大多数都是在1950年之后砍伐掉的。卫星照片和地面调查显示，当今世界森林丧失总量的90%发生在南美洲（特别是在巴西，已经丧失了超过其原有森林面积的40%），非洲，以及亚洲的热带国家（图5-6）。海地丧失了其原有森林覆盖面积的99%，菲律宾丧失了97%，马达加斯加丧失了84%。

据估计，全球每年的热带森林丧失量是不同的。但是，最广泛接受的一种估计是由世界资源研究所在2000年所做的，该估算指出每年至少有14万km^2（54000平方英里）面积的森林被砍伐光了。据

解决途径专栏

不可思议的楝树

如果有一种树可以（1）迅速覆盖贫瘠的土地；（2）在干旱区域中提供燃料木材和木材；（3）取代有毒的杀虫剂；（4）用于治疗大量的病害，并（5）有助于控制人口增长，这难道不是很好吗？确实有这样一种树：楝树，一种常绿阔叶树，属于桃花心木科植物。

这种非凡的热带物种主要生长于印度和缅甸，是一种理想的再植树种，因为它可以在5—7年间就生长成熟。它在半干旱的贫瘠土地上生长良好，如非洲的土地，可以生产出大量的燃料木材、木材和灯油。

它还含有各种天然杀虫剂。从它的叶子和种子中提取出的化学药品可以驱除或杀死200多种害虫，包括白蚁、舞毒蛾、蝗虫、棉籽象鼻虫以及蟑螂等。

从楝树的种子和叶子中提取出的物质可以用于抵抗细菌、滤过性毒菌和真菌传染。实际上，据称该树木的提取物可以缓解很多种疼痛症状，这使得该树木被称为一种"乡村药店"。它的树枝可用于制作防腐牙刷，从它的种子中提炼出的油脂可用于制作牙膏和肥皂。

还不仅如此。楝树籽油显然还可以作为一种强力的杀精子剂，可用于制造急需的控制出生率的男用药丸。由美国国家科学院所进行的一项研究显示，楝树"最终会使地球上的每一个人从中获益"。

尽管具有这么多的益处，但生态学家也对在其原产地之外大面积种植楝树提出了警告。如果将其作为一种非本地物种引进到其他生态系统之中，则有可能使其压倒本地物种的生长并取而代之，因为它的生长非常迅速，且对虫害有较强的抵抗力。

批判性思考

假设你是一位民选的县行政官员。有些人建议在你所居住的县内的某些废弃的农田中广泛种植楝树。你会赞同这一建议吗？为什么？在批准该方案之前，你会进行哪些测试呢？

估计，每年还有与其面积相当的森林被严重毁坏或损害掉了。如果保持现在的这种热带森林的砍伐、毁坏速度，森林衰退也继续维持现状的话，生物学家Edward O. Wilson估计，（1）世界上至少20%的热带森林物种将会在2022年之前消失；（2）到2042年为止，这些物种的大概50%将会灭绝。

然而，一些批评家，如生物地理学家Philip Stott，宣称（1）热带森林的丧失速度正在增加；（2）许多被砍伐地区正在更新为次生林（图2-53，第69页）；（3）曾经覆盖欧洲和北美洲东部的原生林的丧失比热带森林的丧失更具有生态重要性（图5-10），以及（4）对热带森林丧失的过度关注会转移人们对更重要的世界海洋所面临的生态威胁的关注。

热带森林丧失的诱因是什么？

热带森林的丧失是由很多相互关联的因素引起的（图5-11）。所有这些因素都与以下问题相关：（1）人口增长；（2）贫困，以及（3）鼓励森林采伐的政府政策。人口增长和贫困因素结合在一起，使大量的农业劳动者和无地的贫困人口涌向热带森林地区，他们从中可以获得生存所需的食物。

政府的资助也会加速对热带森林的采伐，这些政策（1）使木材和其他资源低于它们所具有的整体生态价值，（2）通过给予他们可以获得其清除的土地的权利来鼓励贫困人口向热带森林地区移民，如印度尼西亚、墨西哥和巴西。国际信贷机构鼓励发展中国家向发达国家借贷数额巨大的资金来资助如道路修建、矿物开采、木材采伐、石油采掘以及在热带森林地区建筑水坝等工程项目。

一片热带森林或其他类型的森林的衰退过程往往肇始于修筑道路（图5-8），而采伐工作则通常由伐木公司来进行。一旦可以进入该森林进行采伐，则它会因很多因素而被采伐光，这些因素包括：

- 不可持续的小规模耕种形式。很多移居到热带森林地区的贫苦人口都采用不可持续的耕种方法而非一些传统的、具有可持续发展潜力的轮换耕种方法（图5-12），这种方法既消耗了土壤又毁坏了大片的森林地带。
- 牧牛场。牧牛场有时是由政府资助的，通常都会选择那些被小规模组织的农民收割完的农田为场地，然后这些农田被抛弃或出售给牧场主。当暴雨和过度放牧将通常都很贫瘠而缺乏营养的热带森林土壤销蚀入废弃土地中时，牧场主就会转移到另一地区，并重复着这一破坏过程。

图5-11 热带森林破坏和衰败的相互联系的主要原因。这些因素最终关系到（1）人口增长；（2）贫困，以及（3）政府鼓励森林采伐的政策

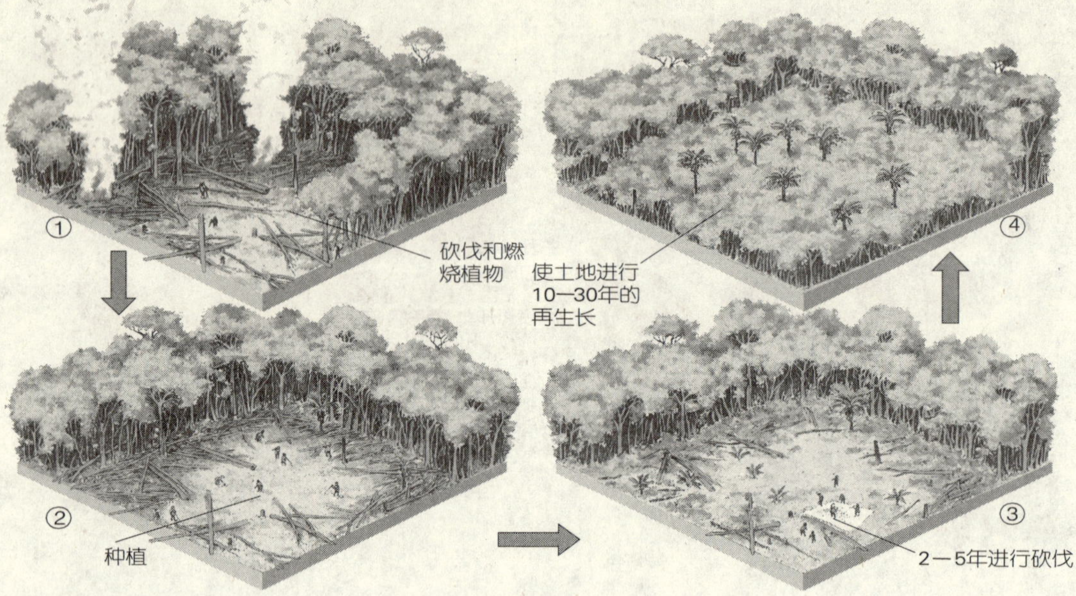

图 5-12　初级的农作物种植技术将热带森林的砍伐和燃烧和阶段性种植结合在一起。这种方法仅在小面积的森林（1）被砍伐时；（2）被进行少于5年的耕作时；（3）然后进行10～30年的再生以更新土壤肥力时，才会是一种可持续的方法。乡土文化已经创造了众多的此类方法，而且已经找到了在进行再生时非破坏性的使用以前的土地的很多种方法

• 大面积清除热带森林以种植经济作物。在大型种植园中种植甘蔗、香蕉、菠萝、胡椒、草莓、棉花、茶叶以及咖啡等作物，这些作物主要出口到发达国家。

• 矿物开采和石油采掘。

• 在那些灌溉了大面积热带森林的河流上建筑水坝。

• 商业伐木。从1950年开始，热带森林木材的消耗量增长到了15倍。仅日本一个国家就承担了全球热带森林木材进口量的53%，欧洲（32%）和美国（15%）紧随其后。在亚洲的热带森林木材被消耗殆尽之后，现在的采伐重点又转移到了拉丁美洲和非洲（图5-6）。出口到发达国家的木材要为热带森林的浩劫和衰败负极大的责任，但在发展中国家砍伐的木材中有80%是用于采伐国自己的。

• 加剧了森林火灾。从1997年至1999年间，印度尼西亚、马来西亚、巴西、危地马拉、尼加拉瓜以及墨西哥的大面积的森林都遭遇了大火，大多数都是农民以火来开辟出种植场地或放牧牛群的场地，以及很多公司以火来清除出场地来建立木材纸浆、棕榈油以及橡胶的种植园。所导致的强烈污染的空气（1）给几千万的人民带来了病患；（2）导致了数百人死亡；（3）造成了几十亿美元的损失，并（4）向空气中释放了大量的二氧化碳。

解决途径：我们如何才能减轻对热带森林的砍伐和破坏？

分析家们已经对如何更加可持续地对热带森林进行保护和使用提出了很多建议：

• 确认并迅速行动，保护那些具有丰富的独一无二的动物和植物物种的以及极度濒危的热带森林区域，这些地区被称为"热点"或"危急生态系统"。到目前为止，国际保护组织已经确定了25处热点地区，在这些地区保护行动可以收到最佳效果，包括马达加斯加岛以及巴西东部的大西洋森林区域。

• 全球共同努力，来减轻贫困（第12.3节），从而减轻贫困人口出于短期生存目的而对森林（以及其他资源）进行不可持续性的使用。

• 通过减缓人口增长速度来降低向热带森林移居的无地的贫困人口数量。

• 建立起帮助新移居到热带森林地区的人们学习以小规模的可持续的农业和林业方式进行生产的计划。例如，墨西哥Chipas的玛雅印第安人拉坎敦族（Lacandon，墨西哥尤卡坦和恰帕斯的一种印第安人——编者注）已经发展出了一套多层的农林体系，可以使他们连续7年内在1ha（2.5英亩）的土地上种植将近75种粮食作物品种。之后，又开始在一块新的土地上进行种植活动，从而使原来的种植

土地中的土壤有机会进行再生。在秘鲁，Yanesha印第安人采用带状采伐方式（图5-9e）来对热带森林进行采伐以获得木材。他们用牛来将木材拖出森林，运送到公路上，在下一次砍伐前，被砍伐的带状区域有30—40年的时间来进行再生。

● 逐步取消鼓励不可持续性森林使用的政府资助，逐步引入征税、收费等政策，并资助那些更加可持续的森林和对生物多样性进行保护的活动。

● 鼓励政府对大面积的热带森林进行保护。目前，世界上热带森林总面积的仅5%被设定为公园或保护区，其中的很多也只是徒有保护之名。

● 采用债务换自然的方法和自然保护缓解的方法来鼓励各国对热带森林进行保护。在债务换自然方法中，参与国以受保护的森林保护区的监督人的身份换取国际援助或债务减免（图5-13）；在自然保护缓解的方法中，私人组织、国家或几个国家为其他国家对指定森林区域的保护活动进行补偿。

● 建立一套国际体系来对以可持续方法（解决途径专栏，第153页）生产出的木材进行评估和标定。

● 通过并加强一些法律来降低非法采伐活动。例如，在柬埔寨，非法采伐给国家财政带来的损失大约相当于整个国家的预算总和。虽然巴西政府已经意识到非法采伐的木材相当于亚马逊热带雨林全部木材产量的80%，但1999年，他们还是废除了一项制裁非法采伐的新法律。

● 使用更加柔和的方法来采伐森林。例如，在伐倒一棵树之前先清除树冠上的藤条植物（蔓藤植物），这样可以使周围树木受到的损害减少20%—40%，利用对森林损害最小的道路来运送木材可以将其对其他树木的损害减少一半。

● 将农场、木材与农作物种植园以及牧业活动集中在已经清除的、处于次生生态演替过程的各个阶段的热带森林区域中，而不是在原生林区域中。

● 全球共同努力，使已经衰退的热带森林和水流区域获得再生（个体作为专栏，第160页）。在1998年，中国政府实施了一项10年规划，（1）减少自然林的木材采伐量；（2）在生态敏感地区恢复自然林生长；（3）将边缘的农田转为林地；（4）在衰退的森林区域中恢复自然林生长，以及（5）提高林场中的木材产量。

● 将对森林的控制从中央政府转移到社区，印度的部分地区已经成功地应用了这种方法。

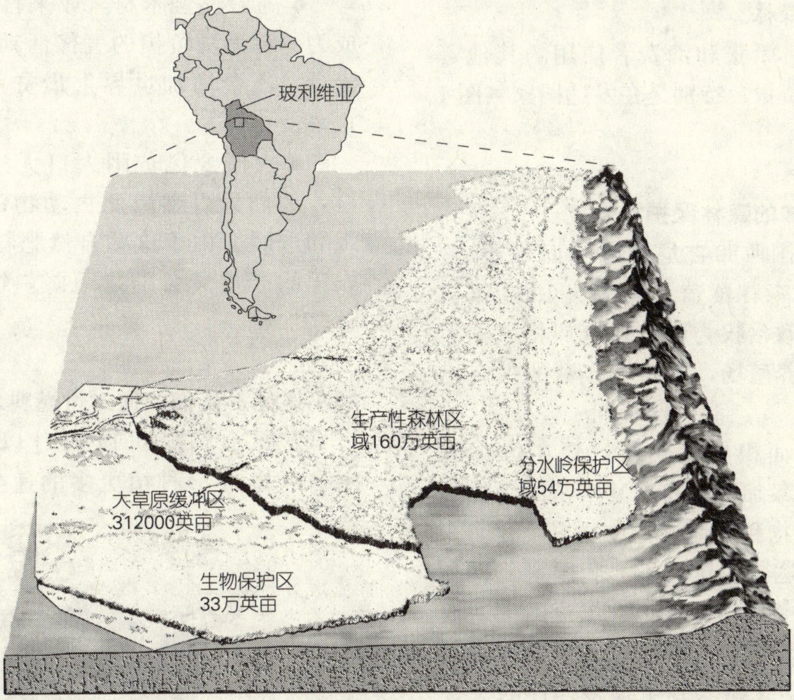

图5-13　在玻利维亚的一块150万ha（370万英亩）的土地上将经济发展与保护结合在一起。一个美国的保护组织以一种债务换自然的方法来保护这块土地免受破坏性开发之害

肯尼亚的绿带运动

Wangari Maathai 是肯尼亚首位获得哲学博士（解剖学）的女性，还担任内罗毕大学某个系（兽医学）的主任，她在 1977 年组织了受到国际赞扬的绿带运动。

这位受人尊敬的女性所领导的自助组织的目的是为了建立树木照管机构、养植树苗，并为肯尼亚 3000 万国民每人种植一棵树。至 2000 年，该群众组织的 10 万名成员已经种植并保护了 1000 多万棵树木。

该行动的成功也促使非洲 30 多个国家开展类似的运动。这位令人鼓舞的领导者曾经说过：

"我真的不知道为什么我这么在意。只是我思想中的某些东西告诉我有这样一个问题存在，而我必须去为此做些什么。我敢肯定地球上的每个人都会听到同样的声音在对他们诉说着，至少是那些对世界的命运非常关注的人们，那些关注地球命运的人们。"

- 鼓励公众参与到保护热带森林的活动中来。在巴西，500 个保护组织共同组建了一个大联盟来保护全国仅存的热带森林。
- 降低工业木材、纸张和消费者使用的其他资源的浪费量和过度消费量，特别是在发达国家（图 1-8，第 7 页）。

案例研究：哥斯达黎加的森林保护和恢复

哥斯达黎加比美国西弗吉尼亚州的面积还小，曾经几乎全部被热带森林覆盖。但是从 1963 年至 1983 年间，拥有强大政治权力的牧业家族将该国大量的森林开辟为牛群养殖场，并将大多数的牛肉出口到美国和西欧国家。

虽然其森林损失面积如此广泛（现在仍在继续），但狭小的哥斯达黎加却具有极其丰富的生物多样性，大约 50 万种植物和动物物种在这里生存。在 1970 年代中期，哥斯达黎加建立了一套国家公园和保护区体系，至 2000 年，该体系包含了全国土地面积的 12%（其中的 6%建立在原住民的保留区中）。现在，哥斯达黎加将国土纳入到生物多样性的保护中所占的比例比世界上任何其他国家都要大。该国还进行了大量的努力来恢复一些衰退了的土地（个体作为专栏，右页）。

这种生物多样性的保护措施已经开始获益。今天，旅游业所带来的财政收入（几乎三分之二来自生态旅游）已经成为了该国的第一大经济支柱。

但是，由于人口增长、贫困（影响到该国人口的 10%）以及缺乏政府法规，致使合法的和非法的森林采伐对这项计划产生了威胁。目前，这个小小的国家每年仍然丧失着大约 400km²（150 平方英里）的主要森林面积——该速度是巴西的 4 倍。

发展中国家的燃料木材危机有多严重？

根据联合国粮农组织的调查，在 2000 年，77 个发展中国家中的大约 27 亿人口，(1) 无法获得足够的燃料木材来满足其基本需求，或者 (2) 被迫以比其再生速度快得多的速度使用木材来满足需求（图5-14）。

除了地方木材采伐和越发严重的土壤侵蚀以外，燃料木材的缺少还有其他一些影响：

- 给农村的贫困人口特别是妇女和儿童，造成了压力，他们通常必须走很远的路来寻找燃料木材。
- 购买燃料木材或木炭会耗费掉一个贫困家庭 40%的收入。
- 随着燃烧木材（或来自木材的木炭）来烧水成为一种无法负担的奢侈活动，水生传染病会开始流行，还会增加世界上最贫困人口的未成年人死亡率。
- 大概 8 亿贫困人口无法获得充分的燃料木材，他们只得燃烧死亡动物的粪便和麦秆等来做饭和取暖。由于这些自然肥料无法返还到土壤中，农田的产量又会随之下降，饥饿和营养不良也会随之加剧。

解决途径：我们如何对付燃料木材危机呢？

发展中国家可以通过以下方法来缓解燃料木材危机，(1) 种植更多的速生燃料木材树木或灌

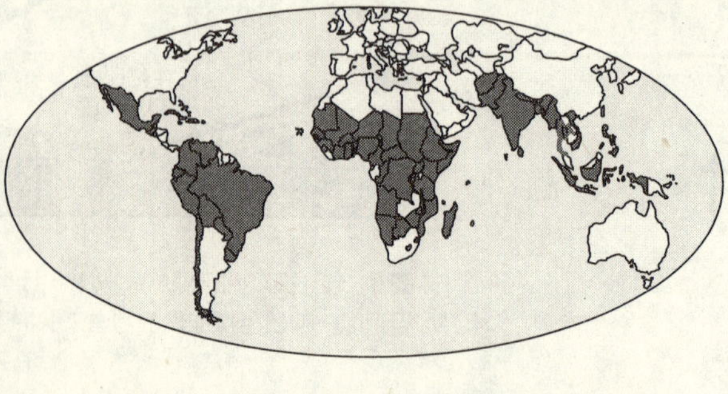

图 5-14 燃料木材的短缺，2000 年（数据来自联合国粮农组织）

个体作为专栏

哥斯达黎加热带干旱森林的生态恢复

哥斯达黎加是全球最大的生态恢复计划地区之一。在该国的瓜纳卡斯特（Guanacaste）国家公园中的低地区域中，有一片热带干旱落叶森林曾经被烧掉，从而衰败掉了，并被大规模地用作牛群的饲养场和农场，现在这片土地正在进行恢复工作，并将其与附近山坡地区的雨林地区连成一片。

将现在的草场恢复成热带干旱森林的关键因素是：（1）注意防火，禁止在该公园内的大部分土地上进行牛群养殖活动；（2）提高现有小面积本地树林的种子分散面积。

防火方法包括：（1）对某些非本地草种进行经常性的剪除或将其用于牛群喂养，这些草种对火灾有助燃作用，还会阻止本地树种和其他植物物种的再生；（2）关闭那些不需要的公路；（3）对野营、捕猎和其他可以导致火灾事故的活动进行限制，将这些活动限制在那些可以迅速控制火情的公园区域内。

本地树木的恢复是通过以下方法进行的：（1）以含有某些重要树种的种子的食物来喂养马匹，并让马匹在周围的草场上四处游荡，并将未消化的树种储存在养料丰富的肥堆中；（2）雇佣本地居民来将树苗移植到远离自然树林遗迹的区域。一旦这些树苗生长成熟，它们就会变成吸引鸟类的食料和筑巢之所，这又可以通过它们的粪便播撒更多的树籽。

Daniel Janzen 是宾夕法尼亚大学的生物学教授，他还是生态恢复领域的一位专家，他曾经促成该恢复计划的国际支持并筹备到了 1000 多万美元的资金。

Janzen 的观点是将居住在公园附近的 40000 多名居民成为恢复衰败掉的森林的基本力量，他称之为一种“生态文化恢复”的概念。通过积极地投身到该计划当中，本地居民可以收获到巨大的教育、经济和环境收益。Janzen 雇佣本地农民对大面积区域中播种树籽并种植在他的实验室中养植的树苗。

本地小学、中学、大学的学生们和一些公民组织对该公园的生态进行了研究，并对该公园进行了实地考察。该公园的位置靠近泛美（Pan American）高速公路，这使它成为了一个进行生态旅游的理想地点，可以刺激本地经济的发展。为公民组织和游客设计的教育计划也会刺激本地经济的发展。

该方案还作为热带森林恢复研究领域的一个训练基地为来自世界各国的科学家提供服务。参与该项目研究的科学家们会进行客座演讲并主持一些实地考察活动。

Janzen 认识到今天的孩子们在未来的几十年中就会管理该公园和本地的政治体系。如果他们懂得了环境的重要性，他们就更有可能对这些生态资源进行保护和维护。他相信教育、意识和参与——不是守卫和防护——是恢复衰退的生态系统和保护大面积的为受破坏的生态系统免受不可持续的利用之害的最佳方法。

木；（2）更高效地燃烧木材，以及（3）采用其他燃料。但是，用于建立燃料木材林场的速生树木和灌木树种必须进行仔细挑选以避免危及当地的生态系统。

经验显示，最成功的木材种植计划（1）要让当地居民参与到计划及其实施过程之中；（2）给予村镇农民某些刺激，如土地拥有或可以拥有所有他们所种植的树木等，以及（3）将重点放在社区林场上而不是远离木材需求地的大面积的燃料木材林场上，这样更易于管理和采伐。

另一种有希望的方法是鼓励村镇居民使用晒干的各种葫芦和南瓜的根部作为做饭用的燃料。这些根部燃料植物自己每年都可以再生，它们可以在每单位面积的干旱的、已经砍伐掉森林的土地上产生出大量的可燃生物质。它们还有助于减缓土壤侵蚀，并生产出蛋白质含量很高的可食用种子。

采用传统的三石灶燃烧木材一般会损失掉其所含能量的 94%。采用更廉价、更高效、更少污染的新式炉灶可以在降低室内空气污染这一健康的大敌的同时既获得了热量又获得了照明。该炉灶必须易于安装且价格便宜，其制造材料必须易于从当地获得。

廉价且易于制造的太阳能灶（图 4-21d，第 116 页）可以捕捉太阳光并将其用于取暖，还可以用于降低阳光充足而温暖的地区的木材使用量和空气污染量。但是，对于那些具有在夜晚以火来获得照明和热量并以之为社会活动的中心的文化传统的国家来讲，使用太阳能灶就没有什么用处了。

尽管在某些国家中获得了成功（如中国、尼泊尔、塞内加尔和韩国），但是，大多数深受燃料木材短缺之苦的发展中国家都没有充分的森林政策和预算，而且缺乏受过训练的林业人员。在这些国家中，燃料木材和森林产品的砍伐速度是新树的种植速度的10—20倍。

5.6 牧场的管理与可持续发展

什么是牧场？它们为什么这么重要？

地球上几乎一半的无冰土地都是可以提供草料或植物来喂养（喂草）或牧养（喂灌木）动物的牧场。大多数的牧场是没有围栏的、开放式的草地和林地，它们处在干旱、半干旱地区，那里过于干旱，不进行人工灌溉的话就无法种植粮食作物。

全世界42%的牧场中放养着大约33亿只牛和羊。其他大部分牧场则非常干旱、寒冷，或者过于远离人类聚居区，而无法维持大量的畜牧放养。美国国土面积的大约29%都是牧场，其中大部分是处在干旱或半干旱的西部地区的矮草草原。

大多数牧场中的草类的根系都很深，而且很复杂，(1) 这有助于它们牢固地扎根在地里；(2) 可以吸收地下水以抵御干旱，以及 (3) 储备养料，使植物自身可以在旱灾或火灾之后再生。

牧场具有很多重要的生态功能。(1) 它为大量的野生食草动物提供草料（以草为食物形式）；(2) 为各种野生生物和植物物种提供了栖息地，以及 (3) 作为分水岭，通过吸收和缓慢释放降水来补充地表水和地下水资源。

什么是过度放牧？它会导致哪些后果？

当过多的动物进行过长时间放牧，并超出了牧场区域的承载力时，便形成了过度放牧。在漫长的干旱季节，大量的野生反刍动物可以造成一片牧场的过度放牧。然而，过多的家畜在某一牧场长期放养则是造成过度放牧的主要原因。

严重放牧过度会 (1) 降低草场植物的净基本生产率（图2-27，第44页）；(2) 降低草地覆盖面积，并将土壤暴露在水和风的侵蚀之中；(3) 使土壤变得密实（降低了土壤对水分的保持力）；(4) 加剧了豆科灌木和仙人掌等木本灌木对裸露土地的侵害度，以及 (5) 是土壤沙漠化的一个主要诱因（图5-15）。

全世界现有牧场的状况如何？

通常，牧场分为 (1) 优质牧场（含有超过75%的草料产出潜力）；(2) 优良牧场（51%—75%）；(3) 一般牧场（26%—50%），以及 (4) 贫瘠牧场（0—25%）。从各国所做调查中收集到的有限数据表明，家畜的过度放牧已经导致了全球牧场大约20%的面积丧失了生产力，大多是以沙漠化的形式表现出来的（图5-15）。

在1990年（最近的有效数字），BLM和财会总局将美国的非极地公共牧场中的68%确定为非满意状态（一般牧场或贫瘠牧场），而1936年的比例则为84%。这是一项重大的进步，但还有很长的路要走。生物保护学家和一些牧业专家也指出对美国牧场状况所做的调查忽略了家畜对重要的滨水区域的破坏状况（聚焦专栏，本页上部）。

聚焦专栏

濒危的滨水地带

根据某些野生生物和牧场专家的说法，对牧场状况所进行的评估并未考虑到对被称为“滨水区域”的一些沿河流分布的植被丰富的大量放牧的狭长地带的严重破坏。因为牛群需要大量饮水，所以它们一般都会聚集在靠近水流的滨水区域并在此觅食，直至它们的践踏和觅食过度将这片滨水区域破坏掉。

这些具有重要生态意义的区域 (1) 有助于防洪；(2) 在干旱季节中通过蓄水和缓慢释放从春季径流和夏季暴雨中蓄积的水流来防止水流干涸；(3) 为干旱和半干旱的西部土地上的野生生物提供栖息地、食物、水和庇护所。有研究显示，美国西部地区65%—75%的野生生物全都要依靠滨水栖息地生存。

滨水区域可以通过设置隔离栅栏来限制人们进入衰退的区域和为牲畜提供远离水流的供水区域的方法来进行恢复。有时，受保护的区域会在几年之中就恢复如初了。

批判性思考

你是否认为美国公共牧场中的滨水区域应该受到严格保护？为什么？如果你认为应该保护的话，你如何提供这些保护措施？

如何更加可持续地管理牧场？

可持续牧场管理的主要目标是在不使牧场的植物在过度放牧或放牧不充分的条件下提高家畜的生产率。最广泛采用的可持续牧场管理方法是控制某一区域中放牧的动物数量及其放牧持续时间从而不超过该区域的承载力。但是，确定某一牧场区域的承载力是很困难的，而且代价很高，而承载力又会随着以下因素而有所不同，(1) 气候条件（特别是干旱）；(2) 过去的放牧状况；(3) 土壤类型；(4) 新物种的侵入；(5) 放牧的动物种类，以及 (6) 放牧程度。

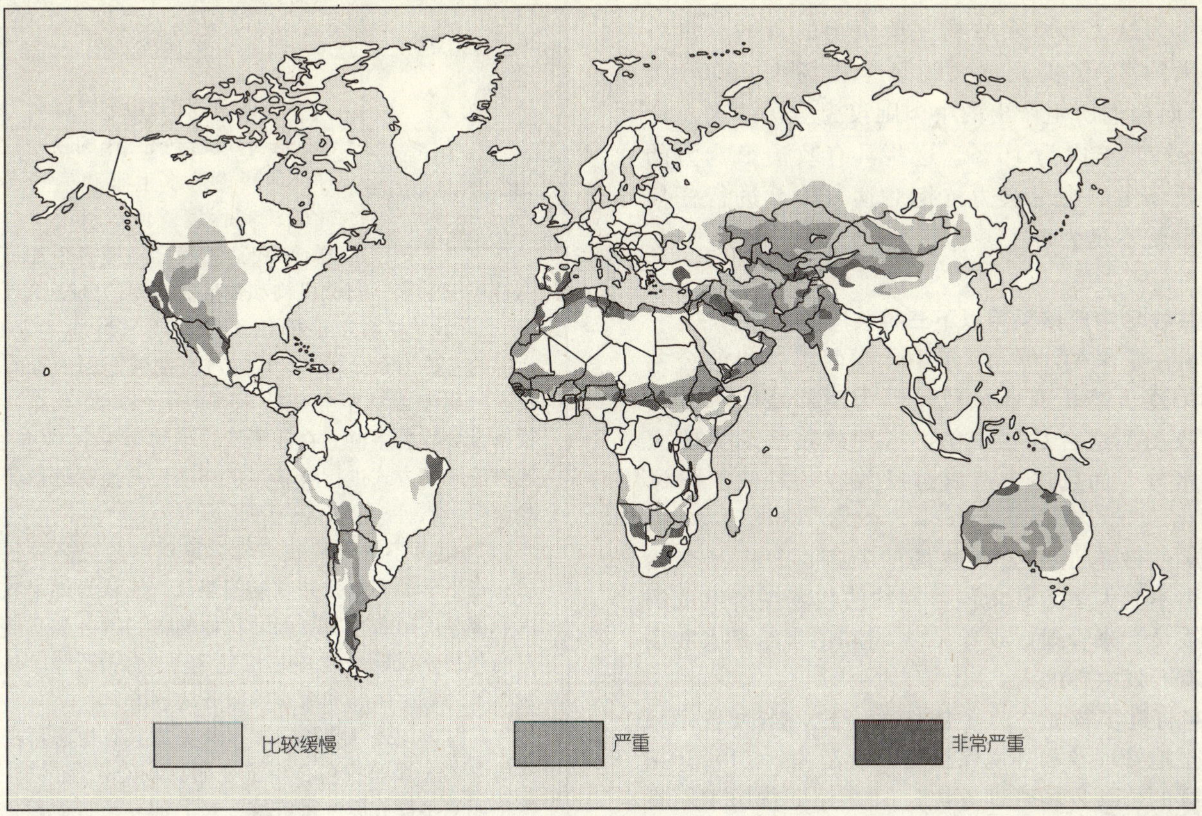

图 5-15　干旱和半干旱地区的沙漠化。沙漠化是指由于人类活动和气候变化的因素使得干旱或半干旱地区的生产潜力下降 10% 的过程。沙漠化可以（1）比较缓慢（生产力下降 10%—25%）；（2）严重（生产力下降 25%—50%）；和（3）非常严重（生产力下降 50% 或更多，通常形成巨大的冲沟和沙丘）。将表层土暴露在沙漠化的威胁之下的活动包括（1）在脆弱的干旱和半干旱牧场中过度放牧；（2）砍伐森林而不进行再植；（3）露天开矿而不进行土地修整；（4）采用会导致增大侵蚀的灌溉技术；（5）灌溉造成的盐分累积；（6）在含有不恰当的地形或土壤的土地上进行农业生产；（7）农机和牛群造成的土壤压实（数据来自联合国环境计划委员会和 Harold E. Drengue）

防止某一牧场区域的放牧过度既要控制家畜的数量，还要控制其分布状况。放牧人可以通过以下方法来控制分布状况，（1）将被毁坏的牧场和河滨区域用围栏圈护起来；（2）将家畜从一个区域驱赶到另一个区域；（3）在某些区域中提供补充饲料，以及（4）在战略区域中开挖水坑并安放盐块。

一种更昂贵且采用不广泛的牧场管理方法包括抑制某些不必要的植物的生长（大多是侵入的非本地物种），可以采用喷洒除草剂、机械剪除或者控制性焚烧等方法。一种更廉价的抑制不必要的植物的方法是控制性地、短期地驱赶大量家畜来对该区域进行践踏。

用本地草籽对荒地进行再植并施用肥料可以促进某些需要的植物的生长，并缓解土壤侵蚀。再植是一种恢复严重退化的牧场的极佳方法，但费用却很昂贵。

牧场管理的另一方面是控制食肉动物的数量，例如狼、熊和山狗等。几十年来，在美国，牧场主、农民和食肉动物联邦控制官员们已经猎杀、捕杀和毒杀可数以千计的食肉动物。

案例研究：家畜和美国的公共牧场

在美国，大约 23000 名牧场主获得允许，可以在 BLM 和森林服务处所管理的西部地区的 16 个州的牧场中放养牛和羊，这些牛和羊占全国总牧牛量的 2%，总牧羊量的 10%。获得批准的牧场主要向联邦政府交纳一定数量的费用。

自 1981 年以来，议会将放养费用确定在同等级的私人牧场放养费用的四分之一至十分之一的水平。这意味着，每年纳税人们为全美国大约 1% 的牧场主们提供着相当于 2000 万—15000 万美元的资助，其具体数量取决于联邦牧场管理部门如何对其费用进行计算。

公共资助不仅仅停留在较低的放牧费用上。政府还需要花费其他一些费用，包括供水管线、蓄水池、杂草清除、控制食肉动物、清除不需要的植被、牧草种植、土壤侵蚀以及生物多样性的丧失等问题。当考虑到这些附加费用时，纳税人们每年为这 23000 名牧场主所负担的资助总量将达到大约 20 亿美元（大约每个牧场主 69000 美元），而他们所生产出的牛肉则仅为全国牛肉总产量的 2%，羊肉为 10%。这些具有政治影响力的特权牧场主们会尽全力抗拒对这一体系进行任何修改也就不足为奇了。

在公共牧场中应该采用以下三种共同的管理方法：

● 在未来的 10—15 年中，在西部各州的公共牧场中逐步禁止商业放牧，因为西部地区水分贫乏的牧场不适合放牧牛羊，这种放牧活动需要大量的水分，而且还会造成过度放牧，并使滨水区域退化。

● 使政府退出公共牧场的管理，并将其交给（1）由不受大多数环境法律制约的牧场主所组成的放牧委员会来管理，或者（2）将其出售给私人牧场主或有开发兴趣的人。

● 将进步牧场主（个体作为专栏，本页右侧）、联邦土地管理者和环境保护者联合起来，（1）开拓可持续的公共牧场管理方法；（2）保证牧场主们将公共和私人用地用于商业用途，从而避免牧场被转为居住、公寓、小型农场的用地或作为旅游资源进行开发。

虽然现在他们的数量还不多，但一些由环境保护者、联邦牧场管理者和牧场主们组成的联盟已经联合起来探索更加可持续的公共牧场管理方法，例如：

● 禁止或严格限制在滨水区域进行放牧。

● 禁止或严格限制在可能危及到受到威胁的或濒危物种的栖息地的牧场中、会导致沙漠化或者不具有生态可持续性的牧场中放牧。

● 允许私人或环境组织购买放牧执照而不将该土地用于放牧。

美国最高法院在 2000 年的裁决对这一实践方法提出了支持。

个体作为专栏

生态牧场主

怀俄明州的牧场主 Jack Turnell 是与环境学家合作的新一代牛仔。他谈论滨水生态和生物多样性的流利程度就像在谈论牛群一样：“我猜想我已经懂得了如何去弥补环境学家、官僚机构和牧场业之间的分歧。”

Turnell 在属于他的位于怀俄明州科迪（Cody）南部的 32000ha（80000 英亩）的牧场上和他拥有放牧权的属于森林服务处的 16000ha（40000 英亩）的牧场上放牧着牛群。在他掌管牧场的第一个 10 年中，他以传统的方式进行喂养。从那之后，他就进行了一些调整。

Turnell 不赞成某些环境学家提出的提高放牧费用和将牛羊驱逐出公共牧场的建议。他认为如果牧场主们被驱逐出公共牧场的话，他的牧场就会被卖给开发商并被砍伐成空地并建成住宅（“小农场”）。从而毁坏了为野生生物和家畜等服务的牧场。

同时，他还认为可以以一种更加具有生态可持续性的方式来管理牧场。为了证明这一点，他（1）开始将他的牛群赶离滨水区域；（2）放弃大量使用化肥和杀虫剂，并（3）将他所牧养的赫勒福德（Hereford）和安格斯（Angus）牛种与一种法国牛种混杂放养，从而使其较少地聚集于滨水地带。在作出大多数决定时，他咨询了牧场和野生生物科学家，并用拍照的方法来监控牧场状况的变化。

结果给人的印象非常深刻。牧场和森林服务处的土地中的滨水区域周边都种植了柳树和其他植物，为大量的野生生物提供了繁茂的栖息地，包括叉角羚羊、鹿、驼鹿、麋鹿、熊和美洲狮。另外，这位生态牧场主还因其高质量的草种使牛生长出更多的牛肉而赚了更多的钱。

5.7 国家公园的管理与可持续发展

国家公园概念的采纳程度有多广泛？

现在，在世界上 120 多个国家中共设有面积超过 10km^2（4 平方英里）的国家公园 1100 多座。这些国家公园的总面积比美国阿拉斯加、得克萨斯和加利福尼亚 3 个州的面积加起来还要大。

美国国家公园体系建立于 1912 年，主要包括 55 个国家公园，其中大部分位于西部各州（图 5－3），也被称为“美利坚王冠上的宝石”。除了这些国家公园以外，还有州立、县立和市立公园作为补充。大多数的州立公园都坐落于城市区域的旁边，每年的游客人数大概相当于国家公园的 2 倍。

这些公园受到了何种威胁？

各处的公园都受到了来自外部因素和内部因素的威胁。1999 年由世界银行和世界野生动物基金组织所做的一项研究表明，发展中国家中大多数的公园和野生生物保护区的管理都很差，仅有 1%受到真正的保护。其他的 99%基本上都是

"纸面公园"，只是徒有虚名而几乎没有进行任何保护。它们中的大多数都受到各种侵害，包括（1）本地居民的日常生活对木材、农田、狩猎动物和其他自然产品的需求；（2）伐木者、采矿者和野生生物偷猎者们杀死动物来获取和贩卖动物产品，如犀牛角、象牙和各种动物皮毛。一般来讲，发展中国家的公园服务机构所拥有的资金和人员非常少，无论是从力量上还是从教育水平上来讲，他们都无法防止各种侵害的发生。

另外，世界上大多数的国家公园面积都太小，以至于无法维持很多大型动物物种的生存。有些公园受到了非本地物种的侵害，这会导致本地物种数量的减少并造成生态破坏。

在美国、加拿大和大多数的发达国家中，很多公园都变成了被越来越大面积的土地开发和越来越多的人口数量所包围着和威胁着的孤岛。美国（和其他发达国家）的国家公园和州立公园所面临的最严重的问题是公园旅游的流行。由于越来越多的道路、汽车和富有的人们的参观，各主要国家公园每年所接纳的游客量从1950年至1999年增长了3倍（州立公园的游客量增长了6倍）。

很多公园都为游客提供了秀丽的景致和愉悦的休闲体验。但是，由于资金不足，在一些参观率很高的公园中已经关闭了部分露营场地，而且出现了随地乱丢的垃圾，道路和海滩上也发现了废弃物，厕所变得肮脏，护林员所进行的自然讲座也越来越少。

在夏季，大多数美国最受欢迎的国家公园和州立公园总是人满为患，汽车和拖车不绝于路，入口处也排起了需要等待一个小时左右的长队。有些公园，特别是距离市区很近的那些，还会受到噪声、交通堵塞、废气、破坏公物、偷猎、道路和设施耗损、水污染以及犯罪等情况的困扰。很多到这些受欢迎的国家公园和州立公园中休闲的游客是为了逃避城市中喧嚣而来到这里的，但他们所找到的却是与城市中一样，到处充满了噪声、拥挤和各种压力。

美国公园服务处的护林员们现在将越来越多的时间花费在维护法律上，而花费在公园的保护、管理和教育等活动上的时间却越来越少。目前，每个主要公园中的护林员要负责84200个游客。很多工作过度和收入得不到相应提高的护林员都在寻找其他收入更高的工作。

由于牧场主和联邦官员的过度捕猎和毒杀，以及公园有限的面积，各个公园中和附近的狼、熊和其他大型食肉动物都绝迹了。而它们所控制的物种数量也产生了爆炸性的增长，毁坏了植物，并排挤其他物种。美国渔业和野生生物服务处实施了一项有争议的计划，在黄石国家公园区域中重新引入灰狼（案例研究专栏，第166页）。

很多国家公园开始移入或引入非本地物种。野猪（在1912年以狩猎为目的而引入到北卡罗来纳州）正在威胁着大雾山（Great Smoky Mountains）国家公园中部分地区的植被生长。巴西胡椒树已经侵入到了佛罗里达州的大沼泽地（Everglades）国家公园中。华盛顿的奥林匹克国家公园中的山羊正在肆意践踏着本地的植被并加剧着土壤侵蚀。虽然一些非本地物种引入到了一些公园中，但美国国家公园中几乎一半的某些本地的动植物物种（包括很多受到威胁的和濒危物种）正在被杀死或非法铲除。

很多国家公园周围的人类活动也威胁着这些公园的生态健康。采矿、伐木、畜牧养殖、以煤炭为燃料的发电厂、分水设施以及城市开发等活动都威胁着公园中的野生生物价值和休闲娱乐价值。被污染的空气飘散到几百公里以外，杀死了加利福尼亚州红杉国家公园（Sequoia National Park）中的古老树种，并污染了亚利桑那大峡谷的优美景致。在参观频繁的大雾山国家公园中，汽车尾气正在毁坏着大量的植物物种。根据国家公园服务处的信息，在超过90%的时间中，空气污染影响了国家公园中的优美景致。

不仅如此。得克萨斯州的帕德里岛（Padre Island）国家海滨每天都有堆积如山的垃圾冲到海滩上。拉斯韦加斯的用水对死谷国家山林中的间歇泉受到了枯水的威胁。红杉国家公园的游客抱怨说某个停车场中流淌着未经处理的污水；多年以来，肯塔基州的马默斯山洞（Mammoth Cave）也存在着类似的污染问题。除非一项大规模的生态恢复计划能够取得成功，否则的话，佛罗里达州的大沼泽地国家公园将会面临枯竭的厄运，成为美国最濒危的国家公园。

解决途径：如何改善美国国家公园的管理方式？

美国最主要的55处国家公园是以"自然调节"为原则进行管理的，将其视为野生生态系统，如果不进行人为干涉的话，它们可以调节并维持其自身的生存。但很多生态学家却认为这是一种被误导的管理政策。大多数的公园面积非常小，无法接近自行维持的状态。即使最大的几处，如黄石国家公园，也无法避免周围地区的人类活动

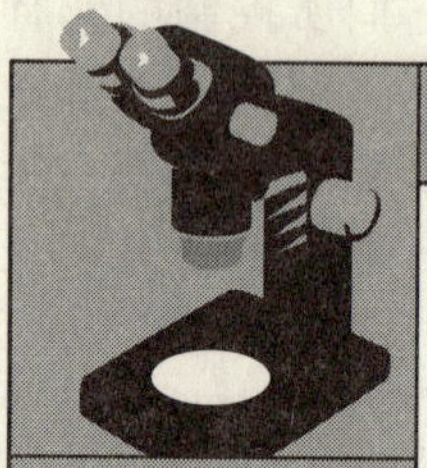

案例研究

谁害怕大灰狼?

灰狼曾经出没于北美的大部分土地上。但是，在1850年至1900年间，大约200万只灰狼被牧场主、猎人和政府雇员所射杀、诱捕和毒杀。这些行动是为了维护西部地区和大平原地区中牲畜和大型狩猎动物的安全。

该方法生效了。当1973年通过濒危物种法案时，在美国的48个州中仅存有400—500只灰狼了，主要集中在明尼苏达州和密歇根州。

生态学家们现在认识到了这种曾经在西部地区和大平原地区扮演了重要的角色的食肉物种的意义。这些灰狼（1）精选了美洲野牛、麋鹿、北美驯鹿和长耳鹿等动物；（2）控制了北美山狗的数量，并（3）为食腐动物提供了未被吃掉的剩肉，如大乌鸦、秃鹰、貂和狐狸。近些年来，麋鹿、驼鹿和羚羊群已经开始繁衍，毁坏了该地区中的某些植物，加剧了突然侵蚀，并威胁着其他野生生物物种的栖息地。

1987年，美国渔业和野生生物服务处建议在黄石公园生态系统中重新引入灰狼，该建议招致了强烈的反对。某些反对者是牧场主，他们害怕灰狼会袭击牛群和羊群；一位愤怒的牧场主认为这一建议“就像引入天花一样”。其他反对则来自（1）害怕灰狼会杀死过多的大型捕猎动物的猎人；（2）担心政府会禁止他们在灰狼聚集的联邦土地上活动的采矿者和伐木者。

从1995年开始，联邦政府的野生生物官员已经在加拿大捕捉了一些灰狼并将其重新放养到了黄石国家公园和北爱达荷州北部。到2000年，这些灰狼的数量已经自然增长到300只左右。

国家公园服务处的官员们对在公园范围之外杀死牲畜的灰狼进行诱杀和射杀。另外，由野生动物保护者组织所建立起来的一个私人基金对那些经确认是被逡巡于黄石生态系统之外的灰狼杀死的牛羊进行赔偿。

尽管有这些措施，但牧场主和捕猎者们仍然反对这一计划。有些人说他们会以一种安静的方法来照管灰狼——他们称之为“射、铲、关闭”的方法。同时，议会中也有人力图废除这一计划及其资金，并阻止USFWS将一批实验数量的灰熊这一北美洲最大型的食肉动物重新引入到两个位于蒙大拿州和爱达荷州的比特鲁特（Bitterroot）山脉的大型的自然土地保护区中的计划。

批判性思考

你是否赞同在黄石生态系统中重新引入一定数量的灰狼？为什么？这一计划的主要弊端是什么？

以及由公园内部的某些食草动物，如麋鹿等，和非本地物种的爆炸性增长所造成的破坏对公园的不利影响。

美国国家公园服务处的两个服务目标产生了越来越大的冲突：（1）保护公园中的自然生态，和（2）使自然环境对大众更开放。该服务处曾尝试以每年15亿美元的预算来满足这两个目标，并在对公园的外部威胁加剧时，再追加35亿美元的费用用于维护、维修和优先建设项目等活动。

在1988年，野生环境协会和国家公园与保护协会提出了很多建议来维护和拓展国家公园体系：

- 要求对公园和附近的其他联邦用地提出整体的管理方案。
- 提高预算，用于增购受到最严重威胁的公园附近的新公园区域，以及购买国家公园中的私人土地。
- 将所有的新建和已有商业设施以及供游客参观的公园区域安排在公园地域之外，并为进入和游览公园的游客提供游览专车，就如2000年在犹他州的宰恩（Zion）国家公园中所采取的方法一样。在约塞米蒂（Yosemite）、大峡谷和迪纳利（Denali）国家公园中都有游览专车的服务。
- 要求为公园的游客提供露营场地、旅馆、汽车旅馆以及其他一些服务设施的拥有特许权的私人业主（1）展开项目竞争；（2）缴纳相当于其毛收入（非纯收入）22%的特权费，并（3）将其收入的一部分投入到公园建设中。现在，国家公园中的私人业主付给政府的特权费仅为其毛收入的6%—7%，而一些拥有较长合同期限的较大规模产业的业主所付的特权费则仅为0.75%。
- 允许这些业主对公园内的设施进行租赁，但禁止对其占有。
- 为公园体系的维护和修缮提供更多的资金。
- 对公园中各种野生物种的状况和类型进行勘察。
- 提高公园游客的门票费用，并将收入投入到公园建设中。
- 限制某些拥挤的公园区域的游客数量。

● 增加公园管理员的人数并提高其薪水。

● 鼓励志愿者来承担导游和讲解员的工作。

● 鼓励私人和公司组织捐献公园的维护和修缮费用。

5.8 自然保护区的保护与管理

多大部分的生物圈应该避免人类破坏性开发的损害？

大多数的生态学家和生物保护学家都认为保护生物多样性的最佳途径就是建立一种全球性的保护区、公园、野生生物保护园、自然土地保护区以及其他各种保护区域所构成的网络。

目前，在20000多个自然保护区、公园、野生生物庇护所以及其他各种保护区域中全世界有大约8%的陆地面积未受到严格保护或部分保护。瑞士、非洲的一些国家和哥斯达黎加（第160页）已经将其国土面积的10%或更多开辟为保护区域。加拿大也计划对其陆地面积的12%进行保护。

这是一个重要的开端，但生物保护学家认为为了保护生物多样性免遭灭绝和毁坏，全球陆地面积中至少10%应该受到严格保护。而且，很多已建的保护区：（1）面积太小，无法对栖息其中的各种野生物种进行真正的保护；（2）保护程度不足，其资源经常被非法或不可持续地开发掉。

建立并管理一个涵盖全球各种生物群系的广泛的全球生物多样性保护体系需要获得以下机构的资助并开展行动：（1）各国政府；（2）私人组织（解决途径专栏，本页右侧），以及（3）涉及到政府、商业机构和私人保护组织的协作性机构。

大多数的开发商、资源开采者以及某些生态学家甚至不同意对目前仅存的8%的未受到破坏的生态系统进行保护。他们宣称这些区域中蕴藏着极有价值的资源，可以促进经济增长。生态学家和生物保护学家则反对他们的意见，并将这些区域视为生物多样性的孤岛，它们（1）是维持所有生命和经济体的地球自然资源中至关重要的组成部分（图1-2，第3页）；（2）是发展中心。

由于缺乏足够的资金和政治支持来保护世界上大多数的生物多样性，生态学家建议采用以下两种途径：

● 将国际努力的主要方向定位于在世界上生态多样性最丰富的国家和这些国家中濒危物种最丰富的地区中建立各种形式的保护区（图5-16）。这是一种保护式的方法，目的是为了降低将来的生物多样性损失。

解决途径专栏　自然保护区

在建立野生生物保护区和其他保护区来保护生物多样性方面，私人组织扮演着非常重要的角色。例如，自然保护区建立于1951年，一批专业生态学家希望利用自己所掌握的科学知识来对自然区域进行保护。

这一保护区组织拥有100万名成员：

● 用由成员单独和集体捐助所维持的基金来购买并保护受到开发威胁的具有生态重要性的土地或湿地。

● 通过以下方法帮助土地所有者获得税收收益，（1）以建立法律规定来防止在具有重要的生态意义的区域中进行开发的方法进行交换，或（2）通过将其土地捐献给自然保护组织来换取终生拥有权。

通过这些努力，该组织已经组建了全世界最大的私人自然区域和野生生物保护地，他们所奉行的指导原则是以私人行动来进行土地保护。

批判性思考

与政府保护公共土地和濒危物种相比，你是否更赞同这种私人保护生物多样性的途径？为什么？你是否赞同出售或出让部分公共土地给类似自然保护组织这样的私人组织呢？为什么？

● 建立一种紧急行动策略来确定和迅速保护生物多样性的热点地区（图5-17）。这些区域具有绝无仅有的丰富的动植物物种（地域性物种），而且受到物种灭绝或生态破坏的极大威胁。根据某些对这些区域进行确定工作的研究者的信息，5年的时间中每年投入大约5亿美元足够对这些热点地区进行保护并至少可以保护全球三分之一的濒危物种。

建立、管理和保护这些保护区应采取两个重要原则：

● 将本地居民融入到保护区的规划和设计之中。

● 开辟一种“友好用户”保护区域，允许本地居民使用该保护区中的部分资源，或者在某个保护区的周边地区开辟出缓冲区域，在其中可以进行木材采伐、畜牧养殖、农业种植、捕猎以及渔业等活动（图5-13）。这就可以使本地居民从对该区域进行保护从而避免不可持续的使用中获得个人利益。

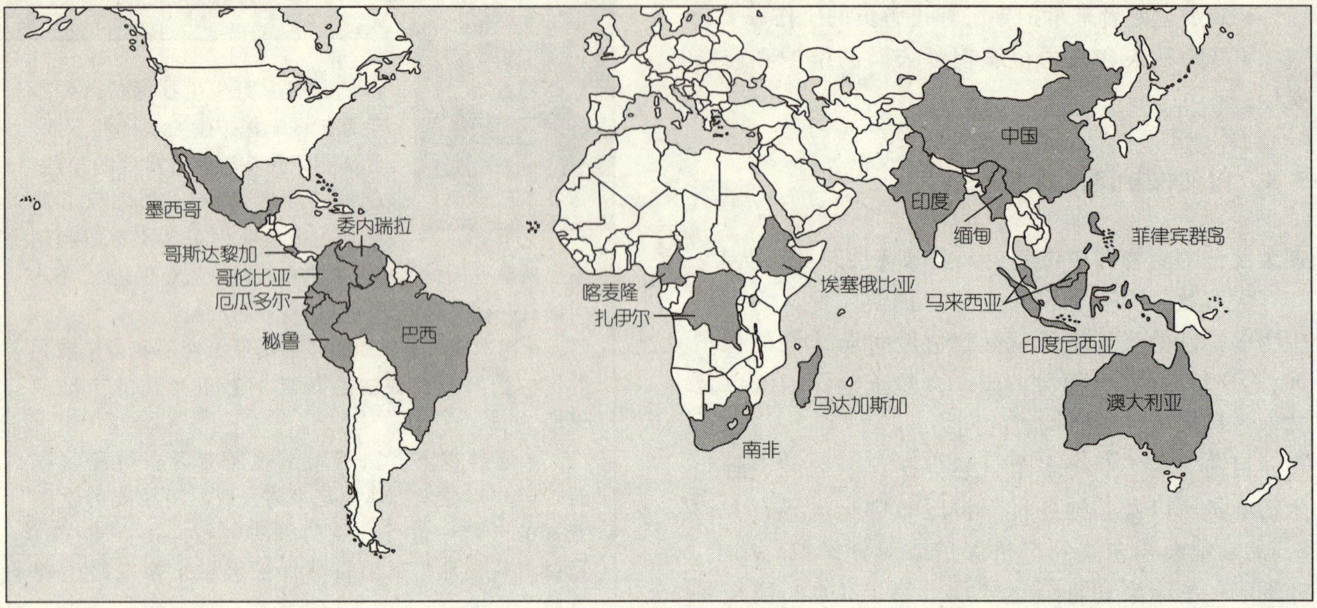

图 5－16　全球 17 个最具生物多样性的国家。生物保护学家们认为以自然土地保护区和其他自然保护区的形式来保护生物多样性聚居区的努力应该集中于这 17 个国家中，它们至少包含了全世界已知的陆生物种数量的 60%。保护世界的生物多样性需要发达国家的资金和科学上的帮助（数据来自国际保护组织和世界野生生物基金组织）

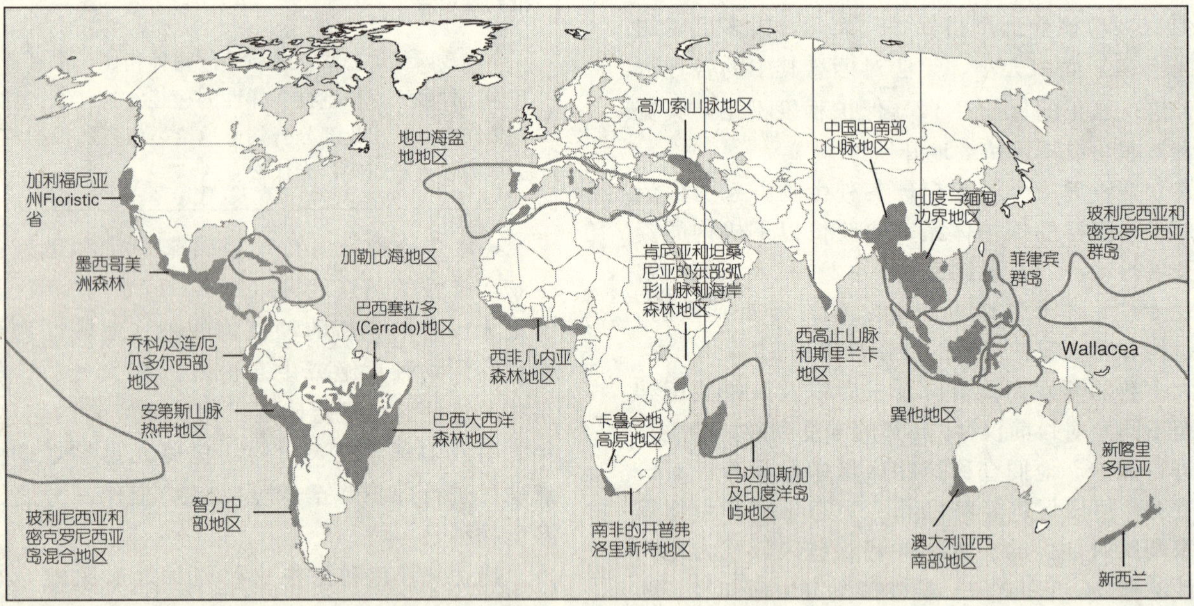

图 5－17　生态学家所确定的 25 个重要的热点地区（主要是热带森林），它们是濒危的生物多样性中心，包含了大量的在其他地方无法找到的动植物物种（数据来自国际保护组织）

如何设计自然保护区？

只要可以获得大面积的保护区域，则通常应该尽可能地对其进行保护，因为：（1）它们可以保护更大数量的物种；（2）可以提供各种生物栖息地和小生境，特别是为那些具有较大生存范围需求的物种提供保护；（3）它们是维持那些具有较大生存范围需求物种的最低生存数量的惟一方法，例如豹、象和灰熊。

但是，在某些特定地区，一些位置选择较好、尺度中等、隔离开来的保护区（1）也可以包含更加多样的各种栖息地，与以同样面积设置一个较大面积的保护区相比，这样可以保护更多的生物多样性；（2）与一个较大面积的保护区相比，可以以一系列小面积的保护区更好地保护更多的地域性生物物种，以及（3）可以降低某一灾害同时对各保护区的破坏力，如洪灾、火灾、病害或者非本地物种的侵害等。

对于是否应将保护区与受保护的栖息地走廊连接在一起的问题还存在着一些反对意见。这样的栖息地走廊（1）有助于维护更多的物种；（2）可以使那些需要大面积栖息地的物种，或当某一保护区中的环境条件衰退时需要进行迁移的物种能够进行迁徙，以及（3）如果全球变暖使某些物种当前的栖息地域不再适合栖居，还可以使某些物种改变其栖息领域。另一方面，栖息地走廊会（1）因允许各种害虫物种、病害、火灾或外来物种在栖息地之间迁移而对曾经被隔离开的某些物种的数量产生威胁；（2）使迁徙物种更易受到其天敌和人类捕杀者以及污染的威胁，以及（3）获得、保护和管理栖息地走廊的费用会很昂贵。

尽可能地采用缓冲区域的概念，一个核心保护区受到两个缓冲区域的保护，本地居民可以以可持续的且不伤害核心区域的各种方法来获取缓冲区域中的资源，正如联合国所倡导的建立一个全球的生物圈保护网络（解决途径专栏，第170页）。

什么是自然土地保护区?

对生物多样性进行保护的另一种方法是通过立法来将尚未受到人类开发活动影响的土地设置为自然土地保护区。根据1964年美国自然土地保护区法案的规定，自然土地保护区是由“主要受自然力影响的未开发土地，人类仅是参观者而不停留在其中”的土地组成的。美国总统西奥多·罗斯福对人类应如何对待自然土地保护区进行了概括：“任其自然。你是无法改良它们的。”

据美国自然土地保护区协会的估计，一块自然土地保护区的面积至少应为4000km^2（1500平方英里）；否则，它就会受到来自周边地区人类活动所产生的空气、水、噪声等污染的影响。

为什么要保护自然土地区域?

根据自然土地保护区的支持者们的说法，我们需要这些地区，人类可以在其中（1）感受大自然的美丽，观察自然生物的多样性，（2）通过远离噪声、压力、开发和拥挤的人群来改善人们的精神和身体的健康状况。自然土地保护主义者 John Muir 建议：

“爬上山顶，享受自然的壮美。随着阳光射入树林，自然的宁静也会沁入你的心中。风把清新带给你，雨则将能量展现在你面前，而忧愁则如秋日的落叶般挥洒而去。”

即使那些从未到过自然土地保护区的人们也会想要去了解那种由小说家 Wallace Stegner 所描绘的感受：

“保护一块土地……即使每年只有很少的参观者到来这里也无所谓。这就是它的价值……我们就需要这样的土地，即使我们仅仅驱车到它的边界然后看一看它。这是一种让我们作为生物来保持自身健康的方法，充满希望的大地的一部分。”

近来，某些批评家认为为一小部分人所谓的科学和休闲价值来保护自然土地是一种过时的概念，这会导致地球上的一部分土地无法承担经济作用。

科学家们也认为这种概念是过时的，因为它未对揭示了自然土地对全人类和全部生命的生态重要性的研究进行考虑。对于大多数的生物学家来说，对自然土地和其他区域进行保护，使其免受开发和衰退的破坏的最重要原因是它们所拥有的生物多样性这一全球自然资本的关键组成部分（图1-2，第3页），以及作为发展中心来适应大多数不可预见的环境条件的变化。

自然土地（1）为野生动植物提供了主要的未受侵害的栖息地，特别是那些需要较大生存面积的动植物；（2）有助于保护各种生物群系免受破坏，以及（3）提供了一个自然实验室，我们可以从中发现更多关于自然是如何在仅存的几块未受人类活动的严重侵害的区域中运作的。换句话说，自然土地是生物多样性和野性的储备库，也是一种生态保险政策。

一些分析家也认为自然土地应该受到保护，因为它所蕴涵的野生物种（1）享有生存（或者为生存而战）的伦理权利；（2）在地球正在由不断进行着的无人类搅扰的生物进化和生态演替过程所书写的地球传奇中扮演着重要角色。

大多数的生态学家和动物保护学家都认为人类需要（1）对世界上所有现存的自然土地区域进行保护，首先是受威胁最严重的、存在于物种丰富的国家中的热点地区（图5-16和5-17）；（2）强调对现在的系统中大面积缺乏的草场、低地森林和湿地的保护，以及（3）将某些衰退的区域恢复到一种更加自然的野生状态。自然土地支持者们还提倡在美国建立更多的自然土地保护区（案例研究专栏，第171页）。

如何管理自然土地?

为了保护最受欢迎的区域免受毁坏，自然土地的管理者们将越来越多的允许进行野营活动的区域

解决途径专栏　生物圈保护区

1971 年，联合国教科文组织（UNESCO）创建了人类与生物圈（MAB）计划来改善人类与环境之间的关系。该计划建议在地球上的 193 个生物地理区域的每一个中建立至少一个（5 个或 5 个以上较为理想）生物圈保护区。

每个生物圈保护区（图 5－18）包含三个区域：

● 一个核心区域，包含了一个重要的生态系统，通过政府立法进行保护，除了非破坏性的研究可监控活动以外，禁止所有其他人类活动。

● 一个缓冲区，围护和保护核心区域。在该缓冲区内，重点是（1）非破坏性研究、教育和休闲娱乐活动；（2）由当地居民进行的可持续的木材采伐、农业、畜牧养殖、狩猎以及捕鱼，只要这些活动不伤害到核心区域即可。

● 第二缓冲区或过渡区，将保护和由本地居民和生态旅游者进行的更大程度但是可持续性的林业、畜牧养殖、狩猎、捕鱼、农业和休闲娱乐等活动结合在一起。

今天在90个国家中已经建立了350 多个生物圈保护区。但是，大多数的保护区并不理想（图 5－18），且缺乏保护和管理的资金。每年用于各国保护和管理生物圈保护区的资金大约为 1 亿美元——大约相当于世界各国每 90 分钟用于武器上的资金。

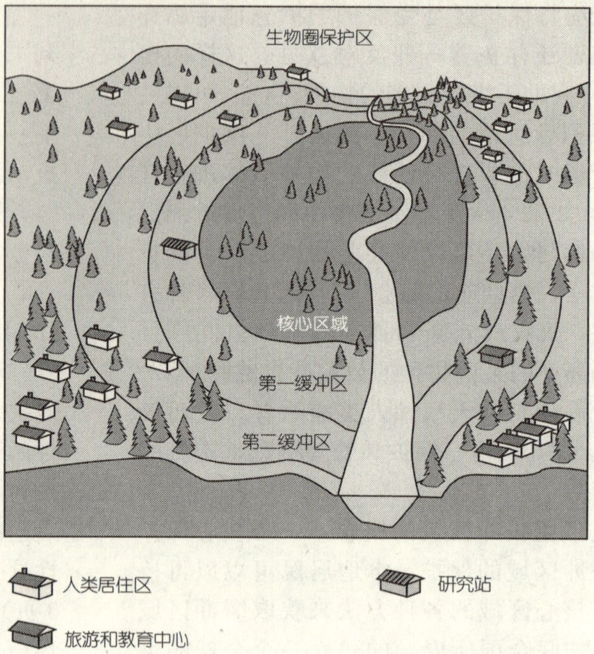

图 5－18　一个示范性生物圈保护区设计。在传统的公园和野生生物保护区中，明确限定的边界将人类限制在外而野生生物限制在内。相反地，生物圈保护区认识到人类对可持续的利用保护区中各个部分所蕴涵的各种资源的需求

批判性思考

你是否愿意每年花 10 美元来帮助建立并维护一个全球的生物圈保护区网络？你能否想出该体系所具有的任何缺点吗？

指定为保护区，并限定对这些区域的单次使用人数。管理者们还增加了在易受侵害的自然土地中的看护人数量，并雇佣志愿者来清理被那些不遵守“人过不留痕”的自然土地使用法则的人们所丢弃的垃圾。

根据环境历史学家和自然土地专家 Roderick Nash 的说法，自然土地区域应该分为三种类型：

● 易到达、受欢迎的区域，应该受到严格管理，并含有道路、桥梁、徒步旅行者的小屋、厕所、指定的露营场地等，而且要安排大量的看护巡逻人员。

● 面积较大的、距离较远的自然土地区域仅允许那些通过显示其所具有的自然土地使用技能来获得批准的人们使用。

● 具有独一无二的生物性的区域要作为动植物物种的基因库而加以保护，不允许任何人类活动侵入。

什么是适应性生态系统管理？

在世界上，建立并保护自然土地和自然保护区是非常困难的，因为它们的尺度和条件要受到各种无法预见的生物、文化、经济和政治因素的变化和冲突的影响。

处理这些不确定因素和冲突的一种方法就是采用适应性生态系统管理的方法：

● 寻找各种方法将政府部门、私人保护组织、科学家、商业利益集团和私人土地所有者联合起来，并在如何获得共同的保护目标方面达成共识。

案例研究

美国国家自然土地保护体系

在美国，从1900年开始，保护主义者就一直在努力挽救自然区域免受开发之害。总体上讲，他们是在打一场失败的战争。直到1964年国会才通过了自然土地法案，允许政府对未开发的公共用地作为国家自然土地保护体系的一部分进行保护，使其免受开发之害。

对保护主义者来讲，好消息是，从1970年至2000年，美国受保护的自然土地面积已经增长了9倍。坏消息是，(1)美国土地的仅4.6%作为自然土地进行保护，其中几乎四分之三都在阿拉斯加州；(2)美国48个州中仅有1.8%的土地面积受到保护，其中主要在西部地区。根据世界保护联盟(IUCN)在1999年进行的研究，在陆地区域作为自然土地进行保护方面，美国在全世界排名第42位，加拿大位居第36。

在美国48个州的413个自然土地区域中，仅有4个面积超过4000km²。而且，目前仅包含了全国233个独特的生态系统中的81个。

保护主义者和生物保护学家呼吁

● 将现有的所有公共土地上未修筑道路的区域都开辟为自然土地保护区。

● 实施荒地计划(TWP)，建立一个尽可能遍布美国国内的相互联系的保护荒地和生态系统的网络。

● 通过以下方法建立荒地恢复区：(1)在大面积的公共用地中关闭或清除非基本道路；(2)恢复野生生物栖息地；(3)允许天火焚烧；(4)重新引入被驱赶到该地区之外的物种。

所有这些建议都遭到木材、采矿、放牧、能源和其他利益集团的强烈反对，他们(1)要从这些和大多数其他公共土地中开采资源；(2)将这些用地变为私人所有。

批判性思考

解释一下你支持或反对扩展美国自然保护区的三条建议中的每一条的原因。

● 将所有的决定和策略视为科学和社会实验，并以失败为学习和提高的契机。当管理方法失败时，管理者们应该(1)尽力找出失败的原因；(2)在抛弃该方法前尽力进行调整，并(3)考虑将预防原则作为一种管理手段，因为复杂的自然系统本身就具有不可预见性。

● 面对不确定性和通常不可预见的变化，强调持续的信息收集、监控、重新评估、灵活性、适应性以及创新性。

5.9 维护水生生物多样性

人类对水生生物多样性最大的影响是什么？

就如陆生生态系统和物种一样，水生生态系统和物种也提供了各种重要的生态贡献和益处(图2-39，第56页和图2-42，第59页)。尽管具有下面这些益处：

● 根据联合国粮农组织和世界野生动物基金组织的研究，已知鱼类物种的大约三分之一和已知淡水物种的二分之一都面临着灭绝的危险。

● 自1800年以来，世界原先的海岸湿地的二分之一和美国48个州海岸湿地的二分之一已经消失，大多是被填埋用于农业或海岸开发了。

● 世界资源研究所1999年所做的一项研究表明，世界珊瑚礁的60%正在受到诸如海岸开发、过分捕鱼、污染和海洋温度变暖等人类活动的威胁。

● 海底栖息地正因受到捞网作业和拖船的影响而衰退和破坏，这些活动将大张鱼网用重物链条沉入海底以获取底层的鱼类和贝类。

● 根据世界资源研究所在2000年所做的一项研究，水坝、分水设施或运河隔断了世界上237条大河的大约60%。这导致了水流量减少，从而改变并破坏了河流两岸以及海岸三角洲地区和入海口地区的野生生物栖息地。

● 根据世界粮农组织的研究，世界上200种具有商业价值的鱼类物种的60%或者受到捕捞过度的威胁，或者已经被捕捞到了极限数量，这主要是由于大量的渔船捕捞过少的鱼类所致——一个大众造成的悲剧的例子(联系专栏，第8页)。

● 捕捞过度会导致某些物种的严重浩劫和灭绝，如海龟、海豚和其他海洋哺乳动物，它们会成为非目的性捕捞的副产品。

● 数百种非本地物种已经被有意无意地引入到了世界各地的海岸水域、湖泊和湿地中。这些生态侵入者置换了本地物种(美国从1900年至2000年间68%的鱼类物种灭绝都是由此所致)，并导致其灭绝，还破坏了生态系统的功能。

为什么保护海洋生物多样性是如此困难?

保护海洋生物多样性是非常困难的，原因有以下几条：

● 海岸开发及其附带的来自陆地的大规模泥沙和其他废物的输入伤害了喜于生存在海岸边的物种。这对生物多样性和多产的海岸生态系统构成了极大的威胁，如珊瑚礁、沼泽和红树林沼泽等。

● 对大多数人来讲，这些危害是不可见的。

● 很多人都将海洋视为一种不会枯竭的资源，认为它可以吸收几乎无限数量的废物和污染物。

● 世界上大多数的海洋区域都处在任何国家的司法控制权之外，从而成为了一种开放式的资源，暴露在过度开发的威胁之下，成为了一种大众悲剧(联系专栏，第8页)。

我们如何保护并维护海洋生物多样性呢?

保护和维护海洋生物多样性的方法包括：

● 如第6章所讨论的，对濒危的和受到威胁的物种进行保护。

● 建立海洋保护区。从1986年以来，世界保护联盟（IUCN）已经帮助建立了一个全球海洋保护区体系（MPAs），主要是在国家的等级上。但是，这些保护区以及其他一些保护区（1）仅保护了世界海洋总面积的不足0.2%的区域；（2）面积太小，以至于无法保护其中的大多数物种，且（3）无法提供充分的防污染保护，这些污染会作为陆地使用的结果流入海岸水域之中。

● 采用一种整体海岸管理方法，将渔业组织、科学家、保护主义者、普通公民、商业利益集团、开发商、社会大众以及政客们联合起来，从而（1）确定共同面临的问题和目标；（2）协商出一种有效的、费用合理的方法，在满足经济和社会需求的同时保护生物多样性和环境质量。目前，全世界已经有100多个整体海岸管理方案正在进行中，包括美国的俄勒冈州和切萨皮克湾（Chesapeake Bay）。

● 采用适应性管理方法（第170页）和预防原则(第71页)。

● 控制和防止水体污染，这将在第10.6节进行讨论。

● 对海洋渔业进行可持续的管理，将在第6.6节进行讨论。

附录4列出了你可以采取的某些行动来维持地球上的生物多样性。

我们滥用土地，因为我们将其视为一种属于自己的日用品。当将土地视为一种包容我们的社区时，我们才会开始用爱和尊重来使用它。

——*Aldo Leopold*

复习问题

1. 给出本章中用黑体字印刷的术语的定义。
2. 说出地球生物多样性的4个主要组成部分。
3. 说出人类对地球的生物多样性造成破坏和导致其衰退的4种主要活动。
4. 对地球上的生态贡献所具有的经济价值进行评估具有哪些优缺点?
5. 说出生物保护学的定义，并列出它的3个基本原则。
6. 美国的5种主要公共用地类型是什么？每种用地的主要使用方式是什么?
7. 说出大多数生物学家和某些经济学家所认为的应该对美国的公共用地进行管理的四项原则。将这些原则与矿物和其他资源的使用者们所认为的这些公共用地的使用、拥有和管理方法进行一下比较。
8. 说出（a）森林所具有的5种重要的生态贡献；（b）森林所具有的5种重要的经济益处。
9. 对原生林、次生林和林场进行区分。
10. 简述一下世界上温带森林和热带森林的生长和丧失状况。
11. 描述一下森林砍伐和管理的循环周期。对森林的均匀树龄管理方法和非均匀树龄管理方法进行区分，并说出各自的优缺点。
12. 描述出5种主要的森林采伐方式，并说出各自的优缺点。
13. 说出7种生物多样性研究者和某些林业人员所建议的更加可持续的使用森林的方法。描述一下以林场种植为基础的工业植林方法是如何更加可持续地利用森林的，并说出四种如果采用这种方法，环境学家所认为的四个条件。
14. 简述一下关于目前美国森林的总体程度和状况方面的好消息和令人不安的消息。
15. 美国的国家森林是如何使用的？将用于指导美国国家森林管理的可持续性产出和多目的使用的原则是什么？政府为在国家森林中进行采伐的公司提供资助的优缺点是什么?
16. 说出9种生物多样性保护的支持者和某些林业人员提倡的会促使对美国的国家森林进行更加可持续的利用的美国森林服务处所进行的改革政策。说出三种降低树木的采伐压力的方法。

17. 为什么生物学家认为对世界上的多数仅存的热带森林进行砍伐并造成其衰退是一个严重的全球环境问题？说出两种原因。说出热带森林所具有的5种经济和生态贡献。描述出热带楝树所具有的一些用途，并说出广泛种植楝树的利与弊。
18. 热带森林被砍伐和衰退的速度有多快？说出三种导致热带森林大面积砍伐和衰败的间接原因和7种直接原因。
19. 说出14种减缓森林砍伐和衰退的方法。描述一下（a）肯尼亚的绿带运动，和（b）哥斯达黎加的森林保护和恢复状况。
20. 什么是燃料木材危机？该问题有多严重？说出三种应付燃料木材危机的方法。
21. 说出牧场的定义，并说出三种牧场所具有的生态贡献。说出过度放牧的定义，并（a）说出它的主要诱因；（b）说出它所造成的5种环境危害；（c）说出6种避免方法。
22. 说出政府为持有特别许可的牧场主提供资助，允许其在美国的公共土地上进行畜牧养殖的优缺点。说出公共牧场使用的三种意见。简述三种某些牧场主、环境学家和联邦牧场管理人员所提出的更加可持续地使用公共牧场的方法。
23. 美国和世界其他国家的国家公园所面临的最大威胁是什么？在黄石公园的生态系统中再次引入灰狼具有哪些优缺点？
24. 说出12种改善美国国家公园管理方式的方法。
25. 说出将全世界至少10%的陆地面积设置为自然保护区进行保护所具有的优缺点。描述一下自然保护组织在建立美国的自然保护区和世界其他地区的自然保护区中所扮演的角色。描述一下在具有极丰富的生物多样性国家中和生物多样性的热点地区建立自然保护区的需求。
26. 说出两种建立、管理和保护自然保护区的方法。
27. （a）说出大面积自然保护区的优缺点；（b）说出自然保护区之间的生态走廊的优缺点。什么是生物圈保护区？
28. 什么是自然土地？它为什么这么重要？说出对更多的自然土地进行保护的优缺点。
29. 什么是适应性生态管理方法？
30. 说出8种破坏并导致水生生物多样性衰退的人类活动。
31. 说出造成保护海洋生物多样性困难的四个原因。
32. 说出6种保护和维护海洋生态多样性的方法。

批判性思考

1. 生物多样性是如何受到（a）污染增长；（b）贫困，和（c）气候变化的影响的？
2. 解释一下你赞同、反对或不赞同第146页所阐述的生物学家和某些环境学家所建议的使用美国的公共用地的四点原则的原因。
3. 从环境和生态的角度上来讲，如果可以的话，你会对使用者如何使用私人土地施加哪些限制条件？
4. 解释一下你赞同或不赞同第152页中更加可持续林业的建议中的每一条建议的原因。
5. 美国（或你所居住的国家）是否应该在仔细管理的林场中种植基因改良后的树木来满足其大部分的木材和木材产品的需要？解释以下原因。如果你赞同，你将制订哪些法规和安全措施来保证这种方法成为一种可持续的、对环境具有较小影响的方法？
6. 在第155页中所提出的更加可持续的使用美国的国家森林的建议中你赞同或不赞同哪条？为什么？实施这些建议有哪些弊端？
7. 在第158页中所提出的保护世界上的热带森林的建议中，你赞同或不赞同哪条？为什么？发达国家是否应该承担保护发展中国家仅存的热带森林所需费用的大部分呢？为什么？
8. 在第164页中所提出的更加可持续地使用美国的公共牧场的建议中，你赞同或不赞同哪条？为什么？实施这些建议有哪些弊端呢？
9. 在第166页中所提出的关于美国国家公园体系的建议中，你赞同或不赞同那条？为什么？
10. 你是否赞同在黄石国家公园中重新引入灰狼的计划呢？为什么？是否应该在黄石公园或那些曾经有灰熊出没的美国西部其他各州的生态系统中重新引入灰熊呢？为什么？
11. 美国是否应该保护更大面积的自然土地呢？特别是在美国的48个州中（或者在你所居住的国家中）？为什么？是否应该通过将美国森林服务处和土地管理处所管辖土地的大部分重新划分为自然土地，将其与使用者隔绝开来，并使其自行恢复成野生生物的栖息地的方法来实现呢？为什么？
12. 祝贺你。你已经在管理世界了。说出5种你使用和管理（a）森林；（b）公园和（c）自然土地和其他受保护的陆生和水生生物多样性保护区的政策的最重要特征。

国际互联网学习资源及深入阅读和研究的资源

本书包含了很多有助学习和进行深入阅读和研究的网站资源。登陆到：http：//www.hrookscole.com/product/0534385354s，并点击“一章接一章”链接。选择第5章，并选择如下资源：

- “闪卡”可以测试你对本章中的术语和应该记住的概念的掌握。
- “测试指南”以一种多项选择的形式来对你进行实践测试。
- “学生信息渠道指导”将你引入“关键问题思考方案”，使用“信息渠道学院版”作为一种研究工具。
- “参考书目”列出了本章撰写过程中所参考的主要书籍和文章。
- “超链接内容”将你引入到与本章的各个部分相关的大量新闻、研究和图像的网站。

信息渠道学院版

以信息渠道学院版来提高你的技巧，这是一个在线文章搜索数据库，来自700多种期刊。登陆到：http：//www.infotrac-college.com，或者通过本书的网站进行连接。看一看下面的文章：

Fordney，C. 2000. Combatting the aliens：national parks control of invasive plant species. *National Parks*，Jan. 2000，pp. 24—27.（keywords：National parks，invasive species）

Wilder，R. J.，M. J. Tegner，P. K. Dayton. 2000. Saving marine biodiversity. *Issues in Science and Technology*，vol. 15，no. 3，pp. 57—64（keywords：marine biodiversity）

第6章　维护生物多样性：物种方法

无知的最后一个词汇就是一个人对动植物的看法："有什么好处?"……如果大地的机能作为一个整体是良好的，那么其中的每一个部分也会是良好的，无论我们是否理解……与大地保持和谐就像与朋友保持和谐一样；你不能在珍爱他的右手的同时却砍掉他的左手。

——Aldo Leopold

6.1　物种灭绝

物种灭绝有哪三种类型?

生物学家对三种层次的物种灭绝进行了区分：

● 本地灭绝：某一物种不再存在于它过去曾经栖息过的地方，但仍可以在其他地方找到。大多数的本地灭绝都涉及到一种或多种物种的数量丧失。

● 生态灭绝：某种物种的仅存数量极少，以至于它无法再在其所处的生物范围中发挥自己的生态作用。

● 生物灭绝：某一物种在地球上的任何地方都无法找到了。生物灭绝是一种无法挽回的丧失，丧失掉了经过几百万年进化而来的某些独一无二的基因和生物个体（图6-1和案例研究，第178页）。

某些生物学家认为某些关键物种数量的本地灭绝是一种比物种灭绝更好的生物多样性指标，因为这些本地物种支持着某个区域中的大部分生态贡献。由生物学家Jennifer Hughes和她的同事们于1997年在斯坦福大学所进行的一项研究表明，物种种群的丧失速度是物种丧失速度的几万倍。

什么是濒危物种和危险物种?

正在走向生物灭绝的物种被确定为濒危物种或危险物种（图6-2）。濒危物种的仅存个体数量非常少，该物种很可能在极短的时间内就全部灭绝或从其大部分自然栖息地中消失。危险物种或薄弱物种在其自然栖息地中的存在数量仍然很多，但正在大量消失，而且很可能在很近的将来就成为濒危物种。濒危物种和危险物种都是生态警报。

某些物种具有比其他物种更易受到生物灭绝的威胁的特点（图6-3，第178页）。1996年由国际保护联盟和保护国际组织所进行的一项联合研究以及1999年由世界野生生物基金组织所进行的研究表明，(1) 地球上34%的鱼类物种（51%的淡水鱼类物种）；(2) 25%的两栖动物物种（联系专栏，第37页）；(3) 25%的哺乳动物物种（案例研究，第179页）；(4) 20%的爬行动物物种；(5) 14%的植物物种，以及(6) 11%的鸟类物种都受到了灭绝的威胁。

图6-1　一些由于人类活动而导致大量过早灭绝的动物物种，主要是栖息地破坏和过度捕杀所致

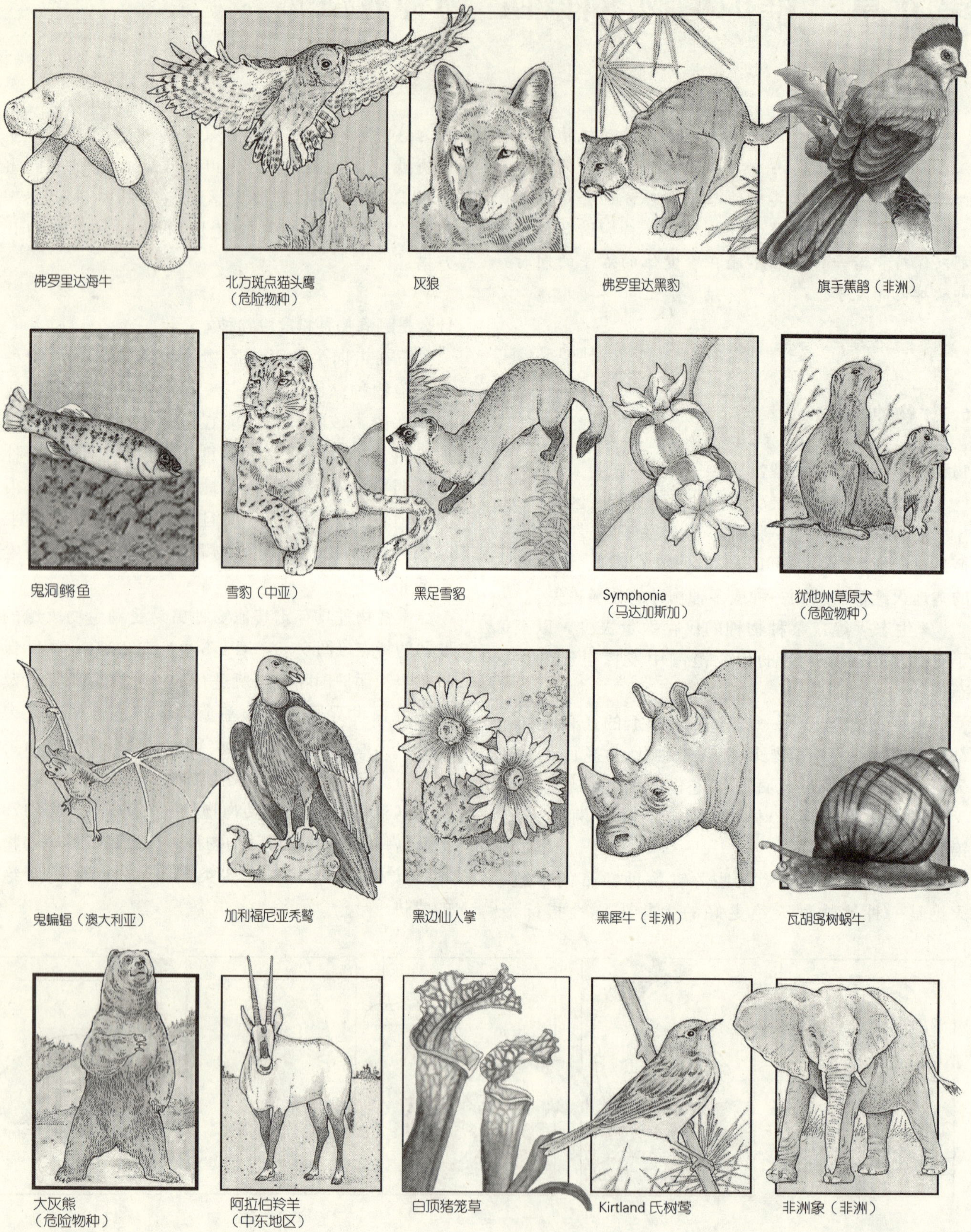

图 6-2 由人类活动所导致的大量受到过早灭绝威胁的濒危和危险物种。全世界几乎 30000 种物种以及其中生存在美国的 1200 种都被列入受到灭绝威胁的官方名单之中。大多数生物学家认为受到威胁的实际物种的数量比这还要多很多

图6-2 （续）

根据2000年由自然保护组织和生物多样性信息协会进行的一项调查，美国（1）自1600年以来，至少539种物种已经灭绝了（主要是因为栖息地丧失所致）；（2）21000种动植物物种中的33%正在受到过早灭绝的威胁，主要是因为人类活动所致。

背景灭绝与大规模灭绝有什么区别?

生物进化学家预测曾经存在的所有物种中超过99.9%都已经灭绝了，是由背景灭绝与大规模灭绝联合所致。

每年都会有少量物种缓慢地自然灭绝掉，这是一种被称为背景灭绝或自然速率灭绝的现象。根据化石记录的信息，如果假设地球上拥有1400万种物种的话，地球的背景灭绝速率大概是每年3—14种物种，如果假设地球上拥有500万种物种的话，则地球的背景灭绝速率大概是每年1—5种。

与此相反，大规模灭绝则使灭绝速率提高到背景水平之上。这是一种灾难性的、广泛的（通常都是全球性的）现象，大批现存物种（也许是其中的25%—70%）都会消失。大多数的大规模灭绝都是由一种或几种全球气候变化所引起的，这会杀死大量的物种，留下的则是那些能够适应新的气候状况的物种。

化石与地质发现表明，在过去的5亿年中，地球上的物种曾经经历过5次大规模灭绝（相隔2000万年至6000万年），在几万年至几百万年的过程中，每年都会有大批的物种灭绝（图2-51，第67页）。还有证据表明这些大规模灭绝之后会经历另一些时期，称为适应性放射期，在这1000万年或更多的时间内，生物的多样性开始增加并蔓延（图2-51，第67页）。最后一次大规模灭绝发生在大约6500万年前，恐龙在兴盛了大约1.4亿年之后灭绝了。

案例研究

旅鸽：永远消失了

在1800年代早期，鸟类专家Alexander Wilson曾经目睹了一群迁徙的旅鸽遮天蔽日达4个小时的奇景，大约有200万只之多。至1914年，旅鸽(图6-1)已经永远绝迹了。

曾经在北美如此风行的一种鸟类是如何在短短几十年间就绝迹的呢?答案是：人类。这种物种灭绝的主要原因是：(1) 不受任何控制的商业捕杀，以及 (2) 随着森林被砍伐殆尽来获取建造农场和城市的空间，鸟类栖息地和食物供应也随之丧失了。

旅鸽是一种美味的食物，它们的羽毛可以制作优良的枕头，它们的骨头可以广泛用于肥料制造。它们很容易被捕杀，因为它们大群大群地结队飞翔，而且栖息在狭长的栖息地中。

自1858年开始，旅鸽捕杀就成为了一项有大利可图的商业活动。鸟枪、罗网、火炮，甚至炸药都被用于对其进行捕猎。燃烧草场或用硫磺对其栖息地进行处理有时也可以使这些鸟窒息而死。被活捉的鸟被放养在射击场中当靶子。在1878年，一个专业的网罗捕鸽者在密歇根州佩托斯基(Petoskey) 附近的筑巢地中捕杀了300万只信鸽而赚取了60000美元。

至1880年代初期，仅有几千只旅鸽生存下来。这样的数量使这一物种的恢复成为不可能，因为雌旅鸽一窝只孵一个卵。1900年3月24日，一个小男孩在俄亥俄州杀死了最后一只已知的野生旅鸽。1914年，地球上最后一只为纪念Martha Washington而命名为Martha的旅鸽死在了辛辛那提动物园中。它的剥制标本现正在华盛顿国家自然历史博物馆中展览着。

批判性思考

旅鸽灭绝会造成什么后果?

物种灭绝的速度有多快?

生物学家估计，每天都有3—200种物种过早地灭绝了，主要是由于人类活动导致的 (图5-1，第143页)。这种对物种灭绝速度的估计是以以下因素为基础的：(1) 对物种的数量是如何随着某一区域面积的增加而增加的现象进行观察；(2) 以数量的变化趋势和适宜栖息地的变化为基础建立一个模型来预测某一物种所面对的在某一特定时期中成为濒危物种或最终灭绝的危险性；(3) 在不同纬度地区物种的多样性变化；(4) 统计样本 (主要是在热带森林中)，以及 (5) 对 (a) 地球的物种总量 (500万至1亿种，最恰当的估计为1200万至1400万种)；(b) 热带森林中发现的物种占物种总量的比例 (50%—90%)，以及 (c) 热带森林被砍伐的速度 (每年0.8%—2%) 这三种因素进行的不同假设。

特征	例子
低繁殖率	蓝鲸，大熊猫，犀牛
特殊的小生境	蓝鲸，大熊猫，泽鹭
分布区域窄小	众多的岛生物种，海象，沙漠鳉鱼
高营养捕食等级	孟加拉虎，秃鹰，大灰熊
固定的迁徙模式	蓝鲸，美洲鹤，海龟
稀有	众多的岛生物种，非洲紫罗兰，一些兰花
具有商业价值	雪豹，虎，象，犀牛，稀有植物和鸟类
较大的栖息地面积	加利福尼亚秃鹫，大灰熊，佛罗里达黑豹

图6-3 濒于灭绝的物种的特征

生物学家意识到他们对物种灭绝速度的预测是以不充分的数据和样本为基础的，而且他们一直在努力获得更好的数据并建立更好的模型。这种建立在模型、假设和数据基础上的不确定性就是为什么目前对全球物种灭绝速度的预测会从每年1000至73000种之间浮动的原因。假设地球上有500万种至1400万种物种，则其灭绝速度是每年3—30种物种的自然背景灭绝速度的几千倍，是地球自然物种形成速度的100万倍。

这些科学家指出：

- 尽管具有不确定性，但目前的预测也可以让我们对物种丧失的总趋势有一个大概的了解。
- 即使对物种灭绝速度最有效的预测多达1000倍是过高了，目前的灭绝速度也是预测背景灭绝速度的很多倍。

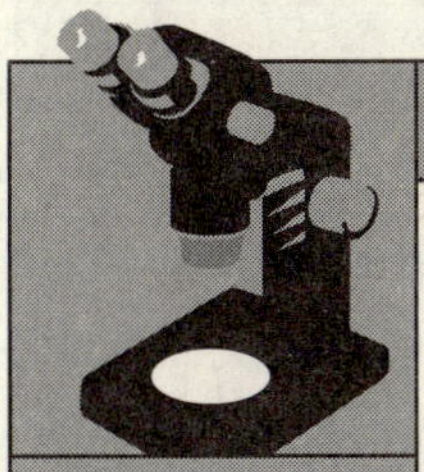

案例研究

蝙蝠正在受到严厉的谴责

虽然蝙蝠有很多种变种（已知变种有950种），而且其世界性分布范围很广泛，但蝙蝠这种惟一会飞的哺乳动物具有某些使其容易受到灭绝威胁的特征。它们（1）繁殖缓慢；（2）很多大群生活在洞穴和废弃的矿井中的蝙蝠物种很容易在人类填塞其通路或扰乱其冬眠时受到威胁。

蝙蝠具有非常重要的生态意义。大约70%的蝙蝠种类都以毁坏农作物的夜间害虫和其他害虫为食，如蚊子等，这使它们成为了这些昆虫的首要控制物。

在一些热带森林和热带岛屿中，（1）传粉蝙蝠可以为花卉传粉；（2）食果蝙蝠通过排泄出未消化的植物种子将植物传播到整个森林。作为一种重点物种，它们对维持生物多样性和更新被人类活动所清除的大面积森林具有重要作用。如果你喜欢香蕉、腰果、枣椰子、无花果、鳄梨和芒果的话，你就应该感谢蝙蝠。

很多人错误地将蝙蝠视为恐惧、污秽、好斗的象征，甚至是携带狂犬病病菌的吸血鬼。但是，大多数蝙蝠种类都是对人类、牲畜和农作物无害的。在美国，在50年的记录中，仅有10人因蝙蝠传播的疾病而死亡；每年被成熟下落的椰子砸死的人数都比这还多。

由于这种毫无根据的对蝙蝠的恐惧和缺乏对其所具有的重要生态意义的了解，几种蝙蝠种类已经被灭绝了。目前，世界上26%的蝙蝠种类都被列入了濒危和危险物种的名单之中，包括鬼蝙蝠（图6-2）。生物保护学家呼吁我们将蝙蝠视为一种有价值的盟友，而不是敌人。

批判性思考

你对蝙蝠感觉如何？如果在夜晚有蝙蝠在你家的院子中盘旋，你会做些什么？

● 研究和模型表明，随着人口增长以及对地球上更多的野生生物栖息地和初级净生产力的侵占，生物多样性的丧失速度还有可能加快（图2-27，第44页）。

根据1998年所进行的一项调查，70%的生物学家都认为我们现在正处在一次新的大规模物种灭绝的中期，这次物种大丧失将会给21世纪的人类健康和经济造成严重威胁。对于这些生物学家来讲，我们并没有注意 Aldo Leopold 所提出的关于保护物种来小修小补地球的警告："明智的修补方法中最重要的就是要保存每一个齿轮牙和轮子。"

物种的大规模灭绝早在人类起源之前很久就已经发生过了（图2-49，第64页）。但是，生物学家们指出，现在所发生的由人类所导致的大规模灭绝与以前的多次大规模灭绝存在着两点重要的不同：

● 目前的大规模灭绝仅发生在短短的数十年时间中，而不是经历一个几千年至几百万年的过程。

● 人类正在毁灭或毁坏具有生物多样性的环境（例如热带森林、热带珊瑚礁、湿地以及江河的入海口），这些环境在过去的几次物种的大规模灭绝之后的500万年至1000万年的生物多样性恢复过程中都扮演着进化中心的角色（图2-51，第67页）。但是，还有一些分析家对是否正在发生着一场物种灭绝的危机的说法提出疑义（聚焦专栏，第180页）。

6.2 为什么要保护物种？

物种都具有哪些益处和贡献呢？

如果所有物种最终都要灭绝，那么我们为什么还要担心由于人类自己的活动而导致稍微多一些的物种灭绝呢？如果（1）旅鸽（图6-1）；（2）灰海雀（图6-1）；（3）绿海龟；（4）仅存的30—50只佛罗里达黑豹，或者（5）热带森林中的一些未知的植物或昆虫由于人类活动而过早灭绝了，会有什么关系？

生物保护学家和生态学家认为，对这些问题的回答是"有关系"，因为野生物种具有重要的经济、医药、生态、科学和休闲娱乐价值，包括：

经济益处

● 各种物种提供着食物、燃料、纤维、木材、纸张、药品以及很多其他的有益产品。

● 现在的粮食作物中有90%是由野生热带植物培育而来，而应对将来可能发生的粮食紧张问题也需要现存野生植物物种所具有的基因多样性。

● 从世界范围来讲，人类从野生鱼类物种中获得了自身6%的蛋白质。

聚焦专栏

是否真的存在灭绝危机？

一些社会学家和少数的生物学家对由人类导致的灭绝危机的说法提出质疑。一些批评者指出，生物学家认为我们正处在一次由人类导致的灭绝危机的中期的说法是在做一种有问题的臆想，这种臆想认为任何栖息地的丧失都单纯地意味着物种的丧失，通常是与栖息地的丧失数量成比例的。

例如，当一片原生林被砍伐掉时，大量的物种（其中的很多都需要特殊的小生境）也消失了。但是，该区域又可以由次生生态演替过程所恢复成为次生林（图 2-53，第 69 页），仍然可以维持某些初始物种的生存。也许会有一些物种消失了，但并非如某些人所估计的那么多。

生物学家利用模型和现场数据来对当前和未来的灭绝率进行预测。利用这些方法，他们预测热带森林栖息地的年丧失率为大约 1.8%。Edward O. Wilson 和其他几位曾经对生存在热带森林被破坏和衰退之前和之后的栖息地中的物种进行了计算的生物学家预计 1.8% 的栖息地丧失率会导致大约 0.5% 的物种丧失率。

这一估算是否会导致灭绝危机的结论呢？让我们来假设一下，如 Wilson 和其他生物学家所言，50—150 年（在地球进化史中是非常短暂的）中丧失掉 100 万种物种就代表着一次灭绝危机的话，其灭绝率可以与 6500 万年前的最后一次大规模灭绝相比拟（图 2-51，第 67 页）。

如果我们假设全球物种的减少率为每年 0.5% 的话，那么如果总物种数量为 500 万，则我们会每年丧失 25000 种；如果总物种数量为 1400 万种，则我们会每年丧失 70000 种。如果这一假设正确的话，如果总物种为 500 万种，我们将在 40 年中丧失掉 100 万种物种；如果总物种为 1 亿种，我们将在 14 年中丧失掉 100 万种。

但是，如果我们假设由于生态演替过程或其他因素使某些物种代替了其他物种的话，每年 0.5% 的丧失率对于地球整体而言就过高了。如果年丧失率为 0.25%，总物种数量为 500 万种，那么我们将在 80 年中丧失 100 万种物种；如果总物种数量为 1400 万，则我们将在 29 年中丧失 100 万种。即使我们再将物种丧失率的预计降低一半，假设每年为 0.125%，我们仍然将在 57—160 年中丧失 100 万种，这也足以承认一次灭绝危机的说法。根据生物多样性专家 Edward O. Wilson 的说法：“很清楚，我们正处在生态历史的一次大灭绝的中期。”

最近由生态学家所开发的数学模型表明在栖息地丧失和生物灭绝之间存在着几代生物的时间滞后，主要因为栖息地丧失还会导致供新物种出现的潜在栖息地点的丧失。如果这些模型是正确的，则生物学家可能大大地低估了目前和将来所要发生的生物困乏的程度。

生物学家并未认为他们所预计的灭绝速率足以精确到可以作出严格的预测的程度。相反地，他们认为有大量的证据表明人类正在以越来越快的速度毁坏着和破坏着野生生物栖息地，即使世界各地的消失数量和速度并不一样，这些行为也必定要导致大量物种的丧失。

批判性思考

说出你使物种产生浩劫和过早灭绝的 5 种行为。

- 在发展中国家中，大约 350 万人依靠以植物为基础的药品来进行基本的健康护理。
- 美国所应用的所有药品的至少 40% 和 150 种顶级处方药品中的 80% 都是从有机生物中提取出来的，其中 74% 是来源于植物，大多数都是来自热带地区的发展中国家（图 6-4）。世界上已知植物物种的不足 0.1% 已经被药剂师进行了筛选，可以用于制造抵抗人类疾病的化合物。

生态贡献

- 野生物种和生态系统所具有的生态贡献是维持地球的生物多样性和生态功能的关键因素，这支撑着人类的经济发展和身体健康。
- 这些生态贡献的例子包括：(1) 进行光合作用；(2) 对农作物和其他植物进行授粉；(3) 土壤构成与维护；(4) 营养循环；(5) 控制害虫；(6) 调节气候；(7) 缓解极端天气状况；(8) 控制洪水；(9) 提供饮用水和灌溉用水；(10) 分解废物；(11) 对污染物进行吸收和消毒，以及 (12) 净化空气和水体（图 1-2，第 3 页）。

信息

- 物种所包含的基因信息可以使它们对变化的环境条件进行适应，并形成为我们人类提供新的生态贡献和益处的新物种。
- 对物种进行的研究有助于科学家们理解生物是如何进化的及其功能，及其在地球上会如何继续进化。

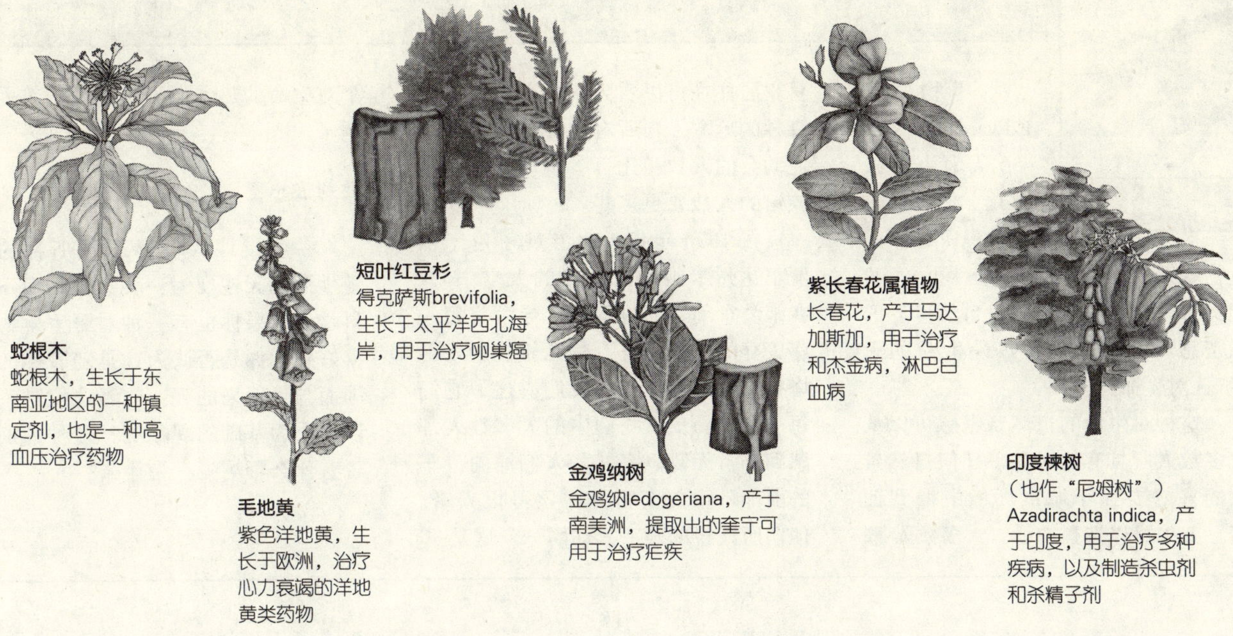

图 6-4 天然药物。这些植物中的一部分和大量其他的植物和动物（其中很多都生长于热带森林中）可以用来制造医治各种人类病痛和疾病的药物。被国家癌症研究所所认定的 3000 种可用于抗癌药物的植物中约 70% 都来自热带森林。尽管具有如此高的经济价值和健康潜力，但生长在热带森林（全世界已知的 365000 种植物物种中仅有 1100 种）中的大约 125000 种开花植物物种中仅有不足 1% 进行了检测以确定其医药性质。热带森林中众多的植物物种将会在我们对其进行研究之前就灭绝了

休闲娱乐

● 对很多人来说，野生动植物是美与愉悦的源泉。例如，每年，美国人消耗在观赏野生生物上的时间是其看电影或职业体育比赛的时间的 3 倍多。

● 野生生物旅游，也称为生态旅游，是全球旅游业发展最快的一个分支。据生物保护学家 Michael Soule 估计，在肯尼亚，一只可以生长到 7 岁的雄狮所创造的旅游价值大概为 515000 美元，但如果在幼年时就被杀掉了的话，它的价值仅为 1000 美元。同样地，在一只肯尼亚大象的 60 年的一生中，它能创造大约 100 万美元的生态旅游价值——比非法出售象牙所得的要多出好几倍。理想的生态旅游（1）不应该导致生态灾害；（2）应该使当地人民获得收益从而鼓励他们对野生生物进行保护，而且（3）应该为购买野生生物和维持保护计划的实施提供资金。但是，很多自然旅游活动并不满足这些要求。

保护野生生物是否具有伦理意义呢？

有些人认为任何野生物种都具有一种固有的生存权，这与它是否对人类有用是无关的。根据这种看法，人类就具有一种伦理责任来保护物种避免因人类活动而过早灭绝。生物学家 Edward O. Wilson 认为大多数人都认为自己有责任来保护其他物种以及地球的生物多样性，因为大多数人似乎都具有一种亲自然性（联系专栏，第 182 页）。

有些人对植物的生存权与动物的生存权进行了区别，主要是基于实用性的原因。诗人 Alan Watts 曾经言道，他是一个素食者，因为“牛比胡萝卜叫得要响”。其他人也对各种不同的物种进行了区分。例如，他们会对杀死一只蚊子、一只蟑螂（聚焦专栏，第 35 页），或一只老鼠，或者消灭世界上所有的致病细菌不以为意。

某些生物权利的支持者甚至认为每个生物个体而不是每个物种都拥有不受人类干扰的生存权。其他一些人将这种看法应用到某些物种的个体上，而不是全部物种的每个个体。例如，除非他们是严格的素食者，有些人会认为屠宰场中一些人杀死某些驯养的动物来为他们供应肉类、皮毛和其他制品并没有什么害处。但是，同样是这些人却会对杀死诸如鹿、松鼠或野兔等野生动物表示悲痛。

还有一些人强调通过保护整体生态系统而不是单体物种或有机物来保护生物多样性的整体性所具有的重要意义，如第 5 章所讨论的。

热爱生命的天性

联系专栏

生物学家 Edward O. Wilson 认为由于人类几十亿年的进化过程所导致的生物联系（图 2－49，第 64 页），我们具有一种与生俱来的对自然世界的亲密感，他称之为"热爱生命的天性"（对生命的爱）。

这种对生命的自然亲密感可以从大多数人所具有的对几乎任何自然景致的喜好要强于城市环境中得到证实。如果可以选择的话，大多数人都喜欢居住在可以看到水、草地，或是森林的地方。与所有观赏专业性体育运动会的人数相比，参观动物园和水族馆的人数要更多些。

在 1970 年代，我参观了位于佛罗里达州卡纳维拉尔角的太空中心。在乘公车前往的过程中，导游将每一座废弃的耗资几百万美元修建的发射塔指给我们看，并为我们讲述了它们每一个的历史。我们中的大多数人都感到非常无聊。突然，人们涌向汽车的前部，望向车窗外，显得很兴奋。他们所注视的是一只幼鳄——这是一个对生命的热爱强于对技术的热爱的例子。

批判性思考

一些批评者将 Wilson 所称的热爱生命的天性视为一种意见，而不是科学。如果你也有一种对野生生物的喜好感，你是否认为这是随着你的基因而与生俱来的呢？或者这仅是一种以文化为基础的现象呢？这种区别是否有什么影响呢？为什么？

6.3 野生物种耗竭与过早灭绝的原因

野生物种耗竭与过早灭绝的原因是什么？

野生生物数量减少与过早灭绝的基本潜在诱因是：

- 人类人口增长（图 1－1，第 1 页和图 1－6，第5 页）。
- 经济体系和政策缺乏对环境及其生态贡献的重视（第 12－1 节，第 354 页），从而促进了不可持续的开发。
- 财富增长和经济增长所导致的越来越多的人均资源使用量（图 1－7，第 6 页和图 1－14，第12 页）。
- 对支撑所有生命的地球初级净生产力的越来越多的占有（图 2－27，第 44 页），用之为人类活动服务。

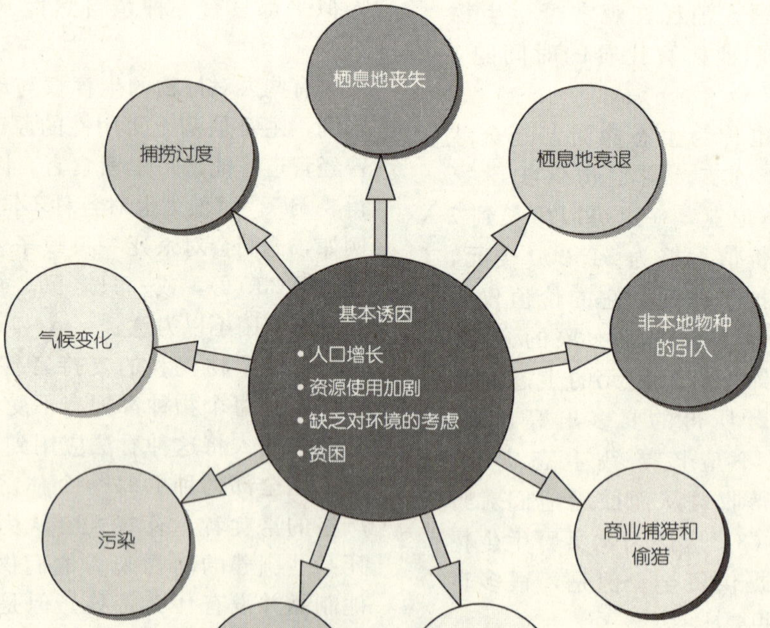

图 6－5 野生物种耗竭和过早灭绝的基本诱因和直接诱因。野生生物耗竭和过早灭绝的两个最严重的直接诱因是：(1) 栖息地丧失、破裂和衰退；(2) 非本地物种的有意或偶然引入

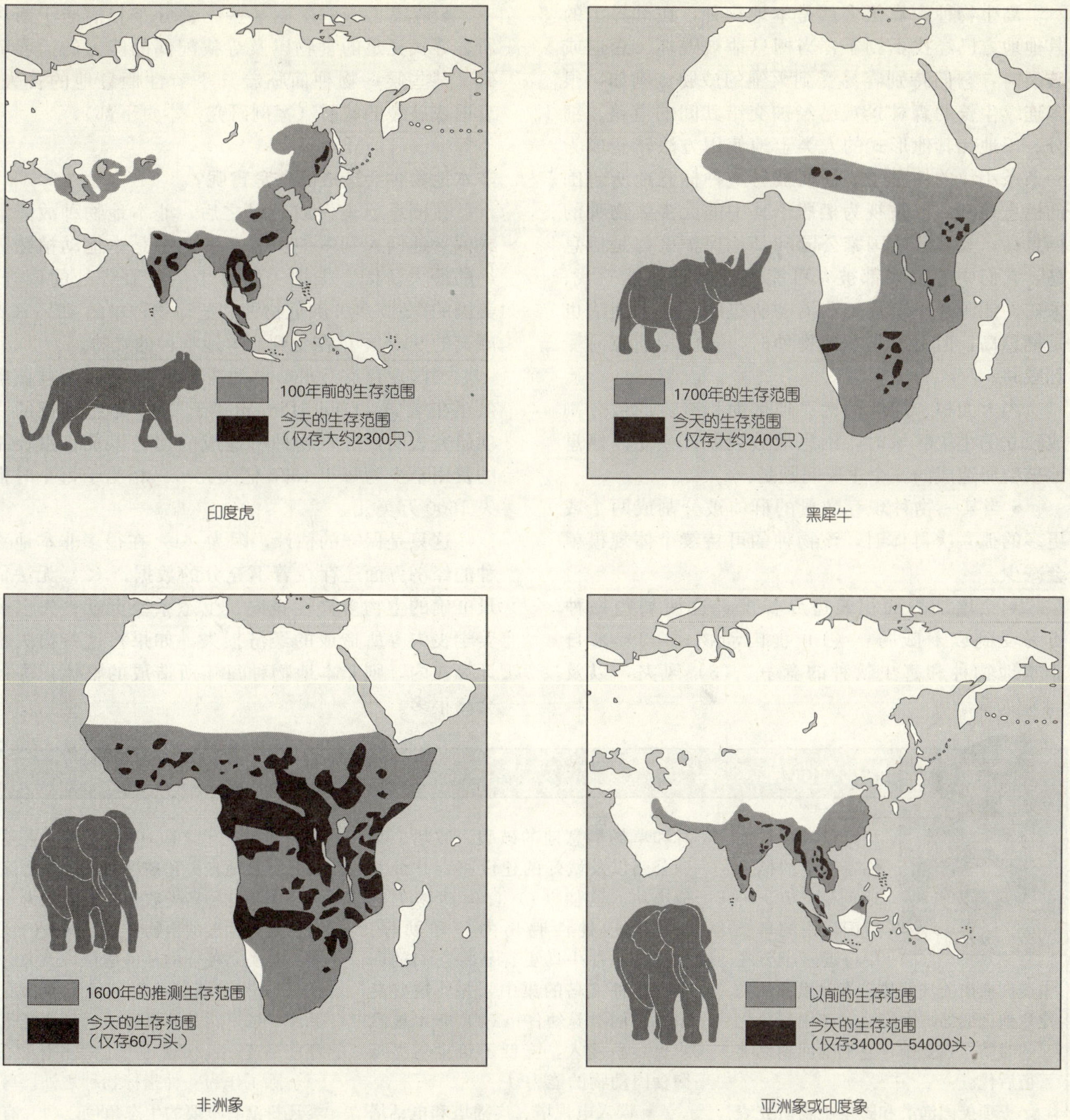

图6-6 四种野生生物物种生存区域面积的减少，主要是栖息地丧失和捕杀的结果。在未来的几十年中，当世界人口再增长一倍，人均资源消耗量急剧增加时，这些和其他几百万种生物物种会怎样呢？（数据来自国际自然保护联盟和世界野生生物基金组织）

• 贫困驱使很多发展中国家的人们采伐森林、在边缘土地上种植农作物、在草场上过度放牧、耗尽了鱼类物种，并杀死濒危动物以获得它们高价的皮毛、象牙或其他部分。

这些潜在诱因导致了其他更直接的野生物种的濒危和过早灭绝原因（图6-5）。

栖息地丧失、衰退和破裂的危害是什么？

生物学家们一致认为对野生生物物种的最大危害就是栖息地丧失（图6-6）、衰退和破裂。根据生物多样性的研究者的说法，热带森林砍伐（第5.5节，第155页）是物种的最大杀手，其次为（1）珊瑚礁和湿地的破坏；（2）草场的人为开垦，以及（3）淡水和海洋栖息地的污染（第10.7节，第311页和第10.8节，第318页）。在美国的48个州中，85%—90%的原生林已经被砍伐光了（图5-10，第153页），98%的长草草场已经被人类所开垦，50%的湿地也已经干涸。

岛生物种中有很多都是本地物种，在世界上的其他地方已经找不到了，当栖息地被毁坏、衰退或破裂时，它们特别容易受到灭绝的威胁。例如，很多连续生长的森林景观已经被交错其间的道路、细分、田地和其他形式的人类土地使用方法转变成为一条条小块的树林了。任何被另一种栖息地所包围的栖息地都可以被视为栖居于其中的大多数物种的栖息岛，大多数的国家公园和其他保护区都是栖息岛，它们中的很多都被有可能进行的破坏性砍伐、采矿、能源开采以及工业活动所包围。淡水湖泊也是栖息岛，但引入非本地物种时，它们特别容易受到威胁。

当大面积、连续的栖息地区面积减少或被分割成独立的小块区域时，栖息地破裂就产生了。栖息地破裂所造成的三个主要问题是：

- 当某一物种现存数量的群体被分割成两个或更多的孤立次群体时，该物种的可持续个体规模就会减少。
- 会增加表面积或边界长度，这使某些物种更易受到以下威胁：（1）食肉动物；（2）来自非本地物种和害虫物种的竞争；（3）风灾，以及（4）火灾。
- 造成了一些限制某些物种分布和栖居于新场所、寻找充足的食物以及寻找配偶的能力的边界障碍。某些候鸟物种面临着其季节性栖息地的丧失、衰退或破裂的威胁（案例研究，本页下部）。

非本地物种会造成哪些危害呢?

在栖息地丧失或衰退之后，非本地物种故意地或偶然地侵入到本地生态系统之中是本地动植物灭绝的最大诱因。根据美国野生生物服务处的调查，美国的1200多种濒危物种和危险物种中的49%（夏威夷的95%）正在受到非本地物种的威胁。

美国现存有50000多种非本地物种，而且该数量正在增加。David Pimentel于2000年所进行的一项研究表明，有害物种所造成的损害以及害虫控制的费用至少为每年1370亿美元——相当于每小时损失1600万美元。

这只是保守的估计，因为（1）在很多非本地物种的经济方面还存在着不充分的数据；（2）无法估量准确的生物多样性丧失、生态系统贡献丧失以及美学丧失等所造成的经济损失。如果将这些损失也计算在内，则非本地物种每年所造成的整体损失还会高很多。

候鸟的困境

案例研究

候鸟物种面临着双重的栖息地问题。700种美国境内的鸟类中将近一半要在中美洲或南美洲的热带森林里和加勒比海地区的岛屿中度过一年中三分之二的时间。在夏季，它们返回到北美繁衍后代。

一项美国渔类和野生生物研究表明，在1978年至1987年间，所调查的北美洲62种以昆虫为食的迁徙性鸣鸟中有44种的数量都有所下降；有20种的下降幅度在25%－45%之间。

研究者已经确定了几个可能的肇事元凶：

- 鸟类赖以过冬的热带森林栖息地的砍伐。
- 它们用于度过夏季的北美森林和草场栖息地的破裂。牧场、高速公路以及城郊的建设将森林分割成小块。这使（1）食肉动物更容易捕食迁徙性鸣鸟的卵和幼仔；（2）寄生性牛鸟更容易将它们的卵产在各种鸣鸟的巢中，并使这些鸟来替它们喂养幼仔；（3）非本地灌木更容易侵入，降低了筑巢鸟类抵御食肉动物的能力。
- 误入电视塔、广播塔和电话塔导致了每年至少400万只迁徙性鸣鸟的死亡。

但是，北美鸣鸟数量的变化趋势并不一致。有证据表明，某些鸟类的数量总体下降了，但其他一些鸟类在某些地区内的数量减少了，但在其他一些地区内的数量却有所增加。

全世界已知的9600种鸟种中大约68%的数量都在减少（占58%）或者面临灭绝之险（占11%），主要都是栖息地丧失和破裂所致。生物保护学家将这种鸟类数量的减少视为一种对更大程度的生物多样性丧失的预警。鸟类是极佳的环境指标，因为它们（1）生存于每一种气候和生物群系中；（2）对其栖息地中的环境变化反应迅速，且（3）易于追踪和计数。

除了作为一种指标物种之外，鸟类还扮演着重要的生态角色，（1）有助于控制害虫和啮齿动物的数量；（2）为大量的花卉种类传粉，并（3）通过采食植物的种子并将其排出体外来将植物传播到整个栖息地区域之中。

批判性思考

你应该采取哪三种措施来防止候鸟数量的减少呢?

被有意引入的非本地物种有哪些后果呢？

有意地引入非本地物种的结果有益有害，这取决于所引进的物种以及被引进的地方。我们对非本地生物的依赖主要在于其生态系统贡献、食物、庇护所、医药和美学娱乐等方面。

2000 年由 David Pimentel 所做的研究表明，引进物种，如玉米、小麦、稻子以及其他一些粮食作物、牛类、家禽和其他的家畜，供应着美国食物总量的超过 98%，其价值为每年大约 8000 亿美元。与此类似，工业林场所应用的物种的 85% 都是非本地物种。某些有意引入的物种还具有控制害虫的功用。

但是，某些引入物种没有肉食性天敌、竞争者、寄生虫、病原体来控制其在新栖息地中的数量。这会导致很多本地物种数量的减少或被排挤掉，并引发生态破坏（表 6-1）。野葛（“CUD 动物园”）藤在美国的东南部的四处蔓生就是有意引入的物种所造成的危害的一个例子（联系专栏，第 186 页）。

还有一个有意引入非本地物种的例子就是非洲野蜂，是在 1957 年引入巴西的，其目的是为了增加蜂蜜产量。但是，这些野蜂却取代了本地蜜蜂的位置，并降低了其蜂蜜产量。

从那时起，这些俗称为“杀人蜂”的非本地蜂种就开始向北部的中美洲地区进犯（从 1986 年至今，已经在墨西哥杀死了 150 人）。它们已经在美国的得克萨斯州、亚利桑那州、新墨西哥州、波多黎各以及加利福尼亚州繁衍，并每年向北推进 240km（150 英里）。除非它们可以从基因上适应寒冷的气候，否则它们最终会被美国中部的寒冷气候所阻。虽然它们并不是某些恐怖电影中所渲染的那种杀人蜂，但是这些野蜂具有攻击性而且很难预知。在西半球，它们已经杀死了数以千计的家畜，并导致了大约 1000 人死亡。

表 6-1　由进口到美国的物种所导致的灾害

名称	原产地	传入方式	灾害类型
哺乳动物			
欧洲野猪	俄罗斯	国际进口（1912 年），笼中脱逃	随着其在本地生根而对栖息地形成破坏；毁坏庄稼
海狸鼠（一种与猫的体形相似的啮齿动物）	阿根廷	国际进口（1940 年），笼中脱逃	改变了沼泽地区的生态系统；破坏堤坝和土坝；毁坏庄稼
鸟类			
欧洲椋鸟	欧洲	国际放生（1890 年）	与本地鸣鸟竞争；毁坏庄稼；传播猪病；引发机场损坏
家麻雀	英格兰	布鲁克林学院的国际放生（1853 年）	毁坏庄稼；取代本地鸣鸟
鱼类			
鲤鱼	德国	国际放生（1877 年）	取代本地鱼类；根除水生植物；降低水禽的数量
海洋七鳃鳗	北大西洋海区	通过韦兰运河进入五大湖（1829 年）	消灭了五大湖中的淡水鲑鱼，淡水白鲑鱼和鲟鱼
蟾胡子鲇鱼	泰国	进口到佛罗里达州	损害鲈鱼，太阳鱼和其他鱼类
昆虫			
阿根廷火蚁	阿根廷	推测是随巴西的咖啡货船进口传入（1918 年）	毁坏庄稼；损害本地蚁种
樟圆介壳虫	日本	通过苗木偶然进口（1920 年代）	毁坏了路易斯安那州、得克萨斯州和亚拉巴马州的将近 200 种植物
日本甲虫	日本	随鸢尾植物或杜鹃花传入（1911 年）	使 250 多种树木和其他植物落叶，包括多种具有商业价值的植物
植物			
水葫芦	中美洲	偶然引入（1882 年）	阻塞水道；使其他水生植物无法获得阳光
栗子树枯萎病（一种真菌）	亚洲	随苗木偶然进口（1900 年）	杀死了美国东部几乎所有的栗子树；扰乱了森林生态
荷兰榆树枯萎病（一种真菌）	欧洲	随用于制作木板的受感染榆树木材偶然进口（1930 年）	杀死了数百万棵榆树；扰乱了森林生态

* 资料来源：由 David W. Ehrenfeld 所著的《生物保护》（Biological Conservation）。Copyright © 1970 年，Holt，Rinehart & Winston，Inc. 受权修正和重印。

有意引入的野葛藤

联系专栏

在1930年代，野葛藤被从日本进口入美国，并在美国东南部进行种植，以控制土壤侵蚀。这确实控制住了土壤侵蚀，但它的繁殖速度很快，而且很难杀死，野葛藤最终满布山丘，遍缠树木，覆盖了房屋和汽车，长满了河岸，在森林中成片生长，覆盖了任何阻碍它的东西。

这种藤有时也称为“吞噬南方之藤”，已经遍布美国南部的各州，由于全球气候变暖的影响，它还会在2040年之前蔓延至五大湖地区。

虽然野葛在美国被视为一种灾难，但亚洲人却将野葛粉用在饮料、美味蜜饯和治疗各种疾病的草药中。一家日本公司已经在亚拉巴马州建立了一个大型的野葛农场并开始对其进行加工，将制出的野葛粉销往日本。

说起来很讽刺，野葛这一吞噬和杀死树木的植物最终可以帮助树木免遭砍伐。佐治亚州理工学院所做的研究表明，野葛可以作为一种不需要树木纤维的造纸原料来使用。

批判性思考

总而言之，你认为野葛藤的有用之处是否大于其生态危害性？为什么？

被偶然引入的非本地物种有哪些后果呢？

在1930年代后期，非常具有攻击性的火蚁被偶然地引入到了美国亚拉巴马州的莫比尔（Mobile）市。它们也许是通过从南美洲进口木材的货船或通过含有土壤的货船压仓物中顺便搭载过来的。

由于缺乏天敌，这些火蚁通过陆地和水道（它们会游水）在美国南部迅速蔓延开来，从得克萨斯到佛罗里达，甚至远至北部的田纳西和弗吉尼亚（图6-7），在波多黎各也有发现。最近它们又侵入了加利福尼亚和新墨西哥。

火蚁所过之处，超过90%的本地蚁种的数量都锐减或者被排挤掉了。它们的叮咬十分疼痛，可以杀死幼鹿、鸟类、家畜、宠物，而且其毒液已经造成了80人产生过敏反应。它们还（1）侵犯汽车，并通过攻击司机而造成交通事故；（2）使庄稼失收；（3）破坏电话线路和电力系统；（4）通过啃咬埋于地下的电缆造成火灾，而且（5）使美国每年损失大约6亿美元。

1950年和1960年代曾经广泛采用喷洒杀虫剂的办法，这一度降低了火蚁的数量。但最终这场化学战争加速了这种繁殖迅速的火蚁的进化，因为这（1）减少了很多本地蚁种的数量；（2）促进了这些火蚁对所用杀虫剂的基因抵抗力的发展。

美国农业部的研究人员正在对以生态物种来降低火蚁数量的方法进行实验。但是，在广泛采用这种生态物种之前研究者必须确保它不会导致本地蚁种出现什么问题，或者其自身又成为一种害虫。还有一种有害入侵者就是台湾白蚁（案例研究，第187页）。

我们如何减少非本地物种所造成的威胁呢？

某种非本地物种一旦在某一生态系统中落户，对其进行整体灭除几乎是不可能的——就像将烟收回到烟囱里或将打碎的鸡蛋重新补好一样。所以，控制非本地物种的有害入侵的最佳途径就是防止将其引入或防止其落户。这可以通过以下方法做到：

- 确定使某物种成为成功入侵者的主要特点，以及容易受到这些入侵者威胁的生物群落的类型，并利用这些信息筛选出可能有害的入侵者（图6-8）。
- 加强进口检疫。
- 要求船舶在入港之前排放掉仓底水并代之以海中的盐水，并对这些水进行消毒。

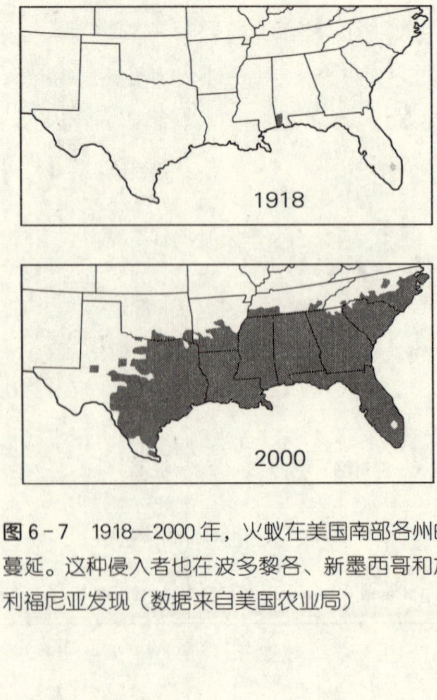

图6-7　1918—2000年，火蚁在美国南部各州的蔓延。这种侵入者也在波多黎各、新墨西哥和加利福尼亚发现（数据来自美国农业局）

案例研究 来自地狱的白蚁

让我们忘掉杀人蜂和火蚁吧。台湾白蚁才是屋主们的噩梦。它是2000多种已知白蚁物种中最贪婪、最具有攻击性、繁殖力最强的一种。

这些白蚁在1900年就侵入了夏威夷岛，可能在第二次世界大战之中或刚刚结束时通过军用货船中以木材包装的物资在南部港口卸货时登陆到美国本土的，如路易斯安那州的新奥尔良港和得克萨斯州的休斯敦港。

它们可以迅速地嚼食掉木梁和多层板，甚至可以嚼穿砖头。它们的群体巨大，可以包含1000万只个体（是本地一窝白蚁的10倍），可以在房屋的下部和阁楼中发现。

在过去的10年中，台湾白蚁在新奥尔良所造成的灾害比飓风、洪水和龙卷风加起来所造成的破坏还要严重。在新奥尔良，几乎每个邻里中的每幢建筑都遭到了白蚁的攻击，著名的法国区是全世界白蚁聚居最多的场所之一。

当蔓延至路易斯安那时，它们已经侵入了其他至少12个州，包括亚拉巴马、佛罗里达、密西西比、北卡罗来纳和南卡罗来纳州、得克萨斯州以及加利福尼亚州。它们每年至少造成10亿美元的损失。

大多数的杀虫剂对这些白蚁都不奏效。在新奥尔良，美国农业部正在同时使用各种技术来尽力控制聚集于法国区的15个街区中的白蚁。他们希望可以找到在其他地方对付这些入侵者的其他技术。

批判性思考

自然界的白蚁具有什么重要的生态作用？如果台湾白蚁和其他白蚁可以被消灭（可能性极小），你是否支持消灭它们呢？为什么？

商业捕猎和偷猎行为有哪些后果？

野生动植物的国际贸易每年的交易额为大约100亿至200亿美元。据估计，年交易额中至少四分之一涉及到濒危物种和危险物种的非法销售。由于获利极高，所以有组织犯罪已经染指野生动物的非法走私（仅次于毒品走私）。全世界活的动物走私中，至少有三分之二是在运送过程中死亡的。

全世界622种动植物物种面临灭绝的威胁，主要是由于非法贸易。对于偷猎者来说，一只活的山猩猩价值大约为15万美元，一只矛隼价值大约为12万美元，一只黑猩猩价值大约为5万美元，一只亚马逊金刚鹦鹉价值大约为3万美元，一支犀牛角的价格大约为每公斤28600美元（每磅13000美元）。

成功的入侵物种的特征

- 繁殖率高，生殖时间短
- 先锋物种
- 存活时间长
- 散布率高
- 向土壤中释放阻碍生长的化学物质
- 杂食
- 基因可变性强

易受入侵物种影响的生态系统的特征

- 与入侵者的栖息环境具有相似的气候状况
- 缺乏以入侵物种为食的食肉动物
- 早期连续演替物种
- 本地物种的多样性较低
- 缺乏火灾
- 受到人类活动的搅扰

图6-8 成功的入侵物种和容易受到物种入侵的群落所具有的一些一般特征

在1950年，世界上还生存着大约10万只老虎。尽管采取了国际保护措施，但现在仅存有6000只（其中大约有4000只在印度境内），主要是由于栖息地丧失和以获取虎皮和虎骨为目的的偷猎造成的（图6-6，第183页）。一张孟加拉虎皮在东京可以卖到10万美元的价格，这是其面临灭绝的原因之一。由于一只老虎的身体部分可以卖到1万多美元的价格，所以非法捕猎行为甚嚣尘上也就不足为怪了，特别是在印度。如果没有紧急措施的话，在20年内，世界上可能就几乎没有老虎存在了。

由于越来越多的物种面临着灭绝的危险，黑市上对其需求也就水涨船高，加速了这些物种因偷猎而过早灭绝。大多数的偷猎者都逃脱了法网，而偷猎所带来的高额利润远远大于被捕时所交的罚款数额，也促使偷猎者铤而走险，以身试法，甘冒牢狱之险。

案例研究：我们如何保护大象免遭灭绝？

栖息地丧失（图6-6）和象牙的合法或非法贸易致使野生非洲大象的数量从1970年的250万只减少到了现在的50万只（动物园中饲养的还有300只）。

从1989年开始，由于禁止非洲象牙的国际贸易，大象数量的减少开始变缓，但事情却并不是这么简单。首先，禁止象牙贸易却加剧了对其他带有类象牙物的物种的捕杀，如海象（海象牙，价值为一对500至1000美元）和河马（河马牙，价值为每公斤70美元）。其次，生存在面积日趋减小的栖息地中的大象数量的增加导致了其对该地区内植物的破坏。这又减少了其他野生物种的栖息地面积。

某些野生生物保护者和一些南美洲国家的领导者们呼吁在那些大象数量不再受到灭绝威胁的地区内部分解除象牙贸易禁令。从这些区域中以可持续的方法挑选出来的象牙将获得认证以使其获得合法贸易的权利。销售利润的大部分将用于本地居民和野生生物的保护。

在1997年，国际濒危动物贸易大会（CITES）投票决定在严格的监控条件下给予津巴布韦、博茨瓦纳和纳米比亚限制性的一次性将来自精选象群和自然死亡的大象的象牙销往日本的权利。销售所获的500万美元正在用于野生生物保护和农村发展计划。这三个国家和南非已经提出了每年挑选和销售象牙的申请。

一些野生生物保护者反对这种贸易。他们认为保护非洲象免遭灭绝的最佳途径就是继续禁止象牙贸易，这会通过压低象牙价格的方法来打消偷猎者的积极性。他们指出，现在还没有建立起国际监控手段来侦测愈演愈烈的偷猎活动，从1999年开始，在这三个非洲国家获得了销售经过挑选的象牙的权利的同时，大象偷猎的活动也开始与日俱增。你认为应该怎么办呢？

过度捕捞对水生生物多样性的降低有哪些影响呢？

以商业捕捞为目的，将某些水生物种聚集在某一海洋区域内或内陆的水体之中的活动称为水产养殖业。大多数的商业渔业养殖都会使用各种方法来捕捉或捕捞具有商业价值的鱼种（图6-9）。

现在，商业性渔业养殖主要是采用了卫星定位装置、声纳定位设备、大型渔网、探测飞机以及可以处理并冷冻捞取物的捕鲸船等。某些渔船被称为拖网渔船，可以通过沿海底部分拖拽一张漏斗形的颈部张开的渔网来捕捞栖息在水体底层的鱼类和贝壳类生物（特别是小虾），将栖居在海洋底层的生物一网打尽，这通常都会破坏海洋底层的栖息地。更先进的拖网渔船网的面积大到可以一口吞下12架大型喷气式客机，还有更大面积的渔网正在研制之中。渔网的大网眼可以让大多数较小的鱼逃脱，但可以捕获并杀死其他一些物种，例如海豹和濒危物种及受威胁物种海龟。捕捞后，只有大鱼被保留，而大多数死亡或濒于死亡的其他鱼类和水生物种（称为捕捞副产品）又被扔回海中。

在海洋表面部分或较浅处生存的上层物种，例如金枪鱼，通常以钱包式大围网捕捞法来捕捞（图6-9）。一旦确定了鱼群的位置，一张大围网就会将鱼群团团围住，就像收紧一个袋口有拉绳的钱包那样来进行捕捞。用于在太平洋东部的热带地区捕捉黄鳍金枪鱼的大网已经杀死了大量游弋于金枪鱼群上方的海豚。

另一种广泛使用的捕捉开阔海洋中的鱼类的方法被称为多钩长绳法，如箭鱼、金枪鱼和鲨鱼等（案例研究，第38页），捕鱼船撒下大约130km长的鱼绳（80英里），绳上挂有数千个带有诱饵的鱼钩（图6-9）。多钩长绳法还会捕捞到巨头鲸、海豚、濒危的海龟，以及以鱼类为食的信天翁。

漂网捕鱼法对海洋生物多样性是一个严重威胁（图6-9）。每张网都悬在海面以下大约15m（50英尺）的地方，长达55km（34英里）。几乎任何触碰到这张近乎不可见的“死亡之幕”的生物都会被它缠住。这种方法会导致对某些鱼种的过度捕捞，同时会杀死大量的不需要的鱼类或海洋哺乳动物（如海豚、鼠海豚和海豹），海生龟类和海鸟。

根据水生生物学家的研究，污染和对越来越多的鱼类的捕捞所造成的经济压力对淡水和水生生物多样性产生了严重的威胁。目前，世界上已知鱼类物种的34%都面临着灭绝的威胁，世界上70%的商业鱼类资源被过度捕捞。

食肉动物控制和害虫控制有哪些作用呢？

人们力图消灭掉那些与他们争夺食物和畋猎动物的物种。例如，美国的果农在1914年消灭了卡罗来纳长尾小鹦鹉，因为它们以水果作物为食。这种物种很容易被猎杀，因为当其中的一只被射死后，同群的其他各只会在其尸体上空盘旋，这使它们很容易成为猎杀的目标。

非洲的农民杀死了大量的大象以避免它们践踏和啃食粮食作物。美国的很多牧场主、农民和狩猎者都赞同杀死草原狼、狼和其他以家畜和畋猎者的猎物为食的物种。

从1929年开始，美国的牧场主和政府部门已经毒杀了北美洲草原犬数量的99%，因为马

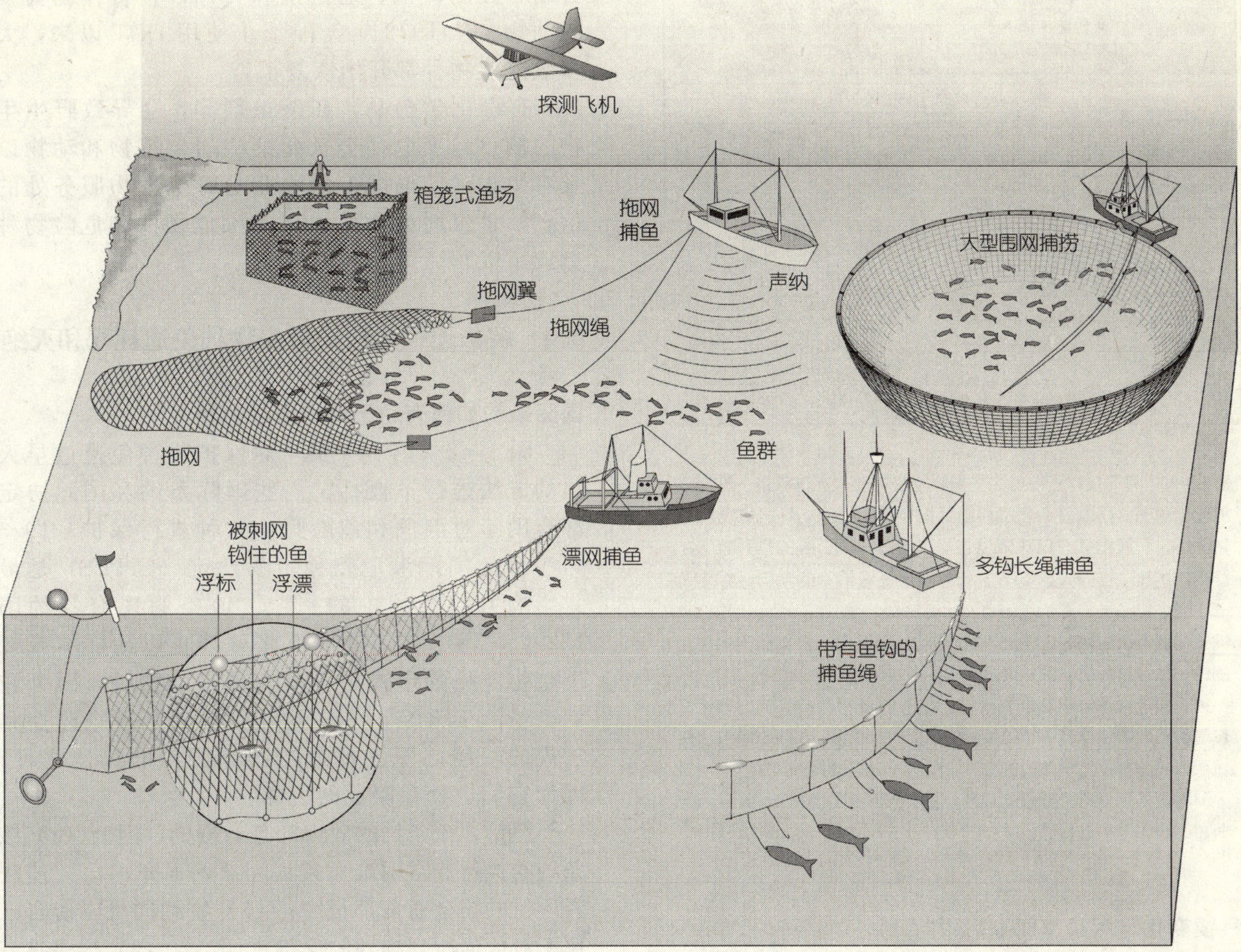

图 6-9 用于捕捞海洋物种的主要商业捕鱼方法

匹和牛有时会陷入到这些草原犬的洞穴中而扭断腿。这也几乎导致了以草原犬为食的濒危的黑足雪貂（图 6-2，野生雪貂仅存有 600 只左右）的灭绝。

异国宠物和装饰性植物市场有哪些后果？

合法的与非法的全球性野生物种宠物贸易范围巨大，而且利润很高。但是，在宠物市场上，每 50 只被杀死的动物中才有一只被捕获和被贩卖的动物能存活下来。

美国大约 2500 万个家庭都养有异国鸟类宠物，其中 85%是进口而来的。由于这种野生鸟类贸易，大约导致了 60 种鸟类物种成为濒危物种或危险物种，主要是各种鹦鹉。根据美国渔业与野生生物服务处的信息，异国鸟类的收集者为一只从巴西走私来的风信子金刚鹦鹉付出 10000 美元的代价；但是，在其存活期中，野生的金刚鹦鹉可以创造出 16.5 万美元的旅游收入。1992 年的一项调查表明在室内饲养一只宠物鸟达 10 年以上的人患上肺癌的概率是普通人的 2 倍，因为他们吸入了鸟的头皮屑的微小颗粒。

其他由于宠物贸易而数量丧失殆尽的野生物种还包括两栖动物、爬行动物、哺乳动物以及热带鱼（主要采自印度尼西亚和菲律宾的热带珊瑚礁）。潜泳者使用装有氰化物的挤压式塑料瓶来麻痹热带鱼类而将其捕获。每一只被活捉的鱼都会造成更多的鱼死亡。另外，氰化物溶液还会杀死制造珊瑚这一海洋生物多样性中心的珊瑚动物。

某些异国植物也因作为家庭、办公室和景观之用被采集（通常都是非法的）和销售而面临濒危之险，特别是兰花和仙人掌。一支稀有的单枝兰花会耗费采集者 5000 美元，一支稀有的单枝成熟带冠树状仙人掌可以让仙人掌采集者获利 15000 美元。

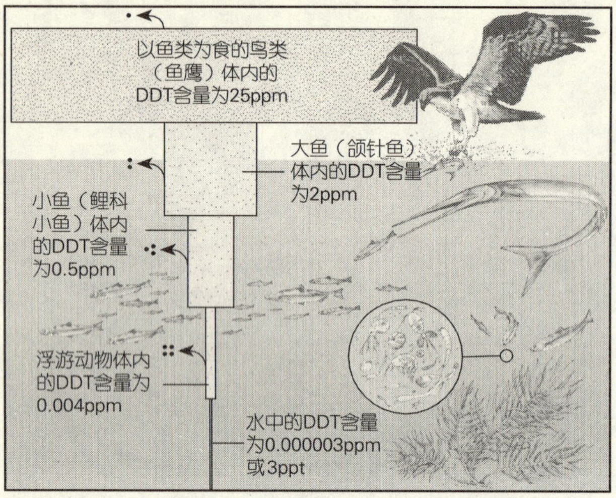

图 6－10　有毒化学药品的生物积累与生物放大。DDT 是一种脂溶的化学药品，可以在动物的脂肪组织中积累下来。在食物链或食物网中，积累起来的 DDT 浓缩物可以在每一个更高的营养等级的动物体内被生物放大。本图显示了积累在有机物的脂肪组织中的 DDT 浓缩物在长岛海峡（Long Island Sound）附近的河流入海口处的食物链中被生物放大了近 1000 万倍。如果这一食物链中所包含的每一个浮游有机物都从该水域中获取并保留一个单位的 DDT，则一条吃掉了几千个浮游动物（它们以浮游植物为食）的小鱼将在其脂肪组织中储存几千个单位的 DDT。一条吃掉 10 条小鱼的大鱼将摄入并储存几万个单位的 DDT，而每一只吃掉几条大鱼的鸟（或人）将摄入几十万个单位的 DDT。图中的黑点表示 DDT，箭头表示通过呼吸作用和排泄而损失掉的 DDT

气候变化与污染有哪些后果？

很多人都对诸如温室气体排放和森林砍伐等人类活动深表忧虑，这些活动会导致气候在几十年中迅速发生变化（第 9.2 节，第 258 页）。如果这种预测的气候变化真的发生了，则（1）很多野生物种都无法获得充分的时间来进行适应和迁徙（第 9.4 节，第 264 页），而且（2）即使在某些受到良好保护和管理的陆上保护区和海洋保护区中的野生生物也会在几十年中灭绝。

世界野生生物基金组织在 2000 年所进行的研究表明，至 2100 年，全球气候变暖会因改变全世界三分之一的野生生物栖息地的状况而加速其灭绝速度。这包括高纬度的北极地区和北半球生物群系中 70％的栖息地。

在 1950 年代和 1960 年代，以鱼类为食的鸟类的数量直线下降，如鱼鹰、鸬鹚、灰鹈鹕以及秃鹰。有研究表明一种来自 DDT 的化学药品当通过食物网而被生物性扩大时（图 6－10），会导致鸟类的卵的外壳变得非常易碎，从而使其无法成功繁衍。受到沉重打击的还有那些肉食性鸟类，如草原猎鹰、食雀鹰以及隼猎鹰等，它们的存在有助于控制田鼠、地松鼠和其他以粮食作物为食的动物。从 1972 年美国禁止使用 DDT 以来，大多数这些物种都开始恢复了。

有毒化学药品，如杀虫剂等，会导致野生生物的栖息地衰退并会杀死某些陆生植物和动物以及水生物种。根据美国渔业与野生生物服务处的信息，杀虫剂对美国 20％的濒危物种和危险物种造成了威胁。

6.4　解决途径：保护野生物种免遭耗竭和灭绝

国际条约如何有助于保护濒危物种？

图 5－2（第 144 页）对保护物种免遭过早灭绝的方法进行了概括。一些国际条约和国际协定都有助于对濒危和危险野生物种进行保护。1975 年签订的国际濒危物种贸易协定（CITES）是最具影响力的条约中的一个。该条约现有签约国 152 个，列出了（1）800 多种禁止以活标本或野生生物产品的形式用于商业贸易的物种，因为它们已经濒于灭绝；（2）29000 多种必须在监控和法规的限制之下才可进行国际贸易的其他物种，因为它们也处在濒危的边缘。

但是，该条约的效力却是有限的，因为（1）该条约的执行非常困难而且程度参差不齐；（2）违法者所付的罚金通常都很少；（3）签约国可以使自己免于对任何所列物种的保护责任，且（4）很多具有高额利润的非法野生生物和野生生物产品贸易仍然在非签约国中大行其事。

生物多样性协定（CBD）产生于 1992 年的里约热内卢地球峰会。该条约被全球 172 个国家共同批准（但不包括美国），从法律上对签约国政府保护全球生物多样性衰退进行了规定。但是，该条约的执行却进度缓慢，因为某些关键国家，如美国，并未批准该条约。而且，将其相应的目标转化成切实可行的计划还有一定的困难，而且该条约并未包含任何严厉的惩罚手段或建立其他执行机构。

国家法律如何为保护濒危物种提供帮助？

美国通过两个重要的法律来控制濒危野生物种和野生物种产品的进出口。1900 年的 Lacey 法案在未获联邦批准的情况下禁止运输活的或死的野生动物或其部分身体进出边境。1973 年的濒危物种法案（于 1982 年和 1988 年进行了修改）判定除非用于获得批准的科学目的或用于促进物种的生存，进口或进行任何源自濒危物种或危险物种的产品贸易的行为都是违法的。

濒危物种法案（ESA）授权国家海洋渔业服务处（NMFS）对濒危和危险海洋物种进行确认并列出名单；授权美国渔业与野生生物服务处（USFWS）对所有其他的濒危和危险物种进行确认并列出名单。在美国禁止对这些物种进行捕猎、猎杀、采集或伤害。

这两个机构的任何一个决定在名单中增加或删除任何一种物种都必须仅以生物学因素为基础，而不是以经济或政治因素为基础。但是，经济因素却可以用于确定是否以及如何对濒危栖息地进行保护以及对名单中的物种开展新的恢复计划。该法案还禁止联邦机构执行、资助或授权任何伤及某种濒危物种或危险物种，或毁坏或改变其所需的生存栖息地的任何计划。在私人土地上可以采取罚款甚至判处徒刑的法律手段来保证对濒危物种栖息地的保护。

从1973年至2000年间，美国官方的濒危物种和危险物种的名单中的物种数量从92种增加到1200种（其中60%为植物物种，40%为动物物种）。每年都有大约50—85种物种被添加到名单中。

2000年由自然保护组织所进行的一项研究表明，美国全国约33%的物种正处在濒危的边缘，其中15%为极度危险。这一比例意味着30000种物种的濒危，而目前受到ESA保护的物种则仅为1200种。

总体上来讲，ESA要求内政部长对名单中所列出的每一种物种生存和恢复所需的关键栖息地进行指定和保护。但是，至2000年6月，仅有124处指定的关键栖息地被建立起来。

建立名单仅仅是这场战役的一半。下一步，USFWS或NMFS应该准备一份计划来帮助物种进行恢复。至2000年，美国约75%的濒危和危险物种的最终恢复计划已经建立并获得批准，但这些计划中的一半还仅仅停留在纸面上。

ESA要求所有运送野生生物或野生生物制品的商业船舶运输都要经过指定的9个港口之一来进出。少数非法的船舶运输的货品将被没收，因为60位USFWS的检查员每年只能检查进出美国的90000多船次中的四分之一。即使被逮捕，很多违法者也不会被起诉，而且被判罪的违法者通常仅需交纳很少量的罚款。

在1982年，国会修改了ESA，允许内政部长利用栖息地保护计划（HCPs）来对在私人土地所有者的利益和濒危物种和危险物种之间所做出的让步进行打击，目的是为了不再减少对受保护物种进行恢复的机会。根据HCP，土地所有者、开发商或伐木者可以毁坏掉私人土地上的一些关键栖息地或杀死全部或部分数量的濒危或危险物种，交换条件是他们必须采取行动来对该物种进行保护。

这些保护措施包括（1）将某物种的栖息地的一部分建立为保护区；（2）偿付将该物种迁移到另一个适宜的栖息地中的所有费用，或者（3）为政府在其他地方购买适宜的栖息地付款。一旦该方案获得批准就不能再改变，即使有新的数据表明该方案在保护某一物种和帮助其进行恢复方面并不充分。至2000年6月，几乎300个HCP已经获得了批准，还有几百个正在进行当中。

一些野生动物保护者支持这种方法，因为这可以防止各种逃避责任的行为发生，还可以减轻严重危害或取消ESA的政治压力。但是，越来越多的人顾虑到，这种计划建立得太快了，没有对其对物种的恢复所产生的影响进行充分的科学评估。

是否应该减弱濒危物种法案的效力呢？

ESA的反对者们认为这一方案并未产生任何效果，而且已经通过阻碍在私人土地上进行开发而导致了严重的经济损失。从1995年起，很多人都力图减弱ESA的效力，通过以下方法：（1）使对私人土地上的濒危动物保护成为一种自愿行为；（2）如政府强制私人土地所有者停止使用其土地中的一部分来保护濒危动物的话，政府应该偿付这些费用；（3）通过要求政府的野生生物官员以一系列听证会和审查委员会的方法来确定新的濒危物种，从而增大该工作的困难程度和费用；（4）授权内政部长可以将名单中的一部分物种列为濒危物种而取消对其的保护努力；（5）允许内政部长在不需要任何公共通告或评论的基础上给予任何州、县或私人土地所有者永久性的法律豁免权，以及（6）禁止社会大众对不完善的HCP进行评论或以法案来对其进行修改。

是否应该加强濒危物种法案的效力呢？

大多数的生物保护者和野生生物学家认为，ESA并未失败（聚焦专栏，第192页）。他们还对ESA导致了严重的经济损失的说法进行了反驳。

- 从1979年至1992年间，由USFWS所评估的145000多个计划中仅有69个（占0.05%）因ESA的原因而受到阻碍或被放弃了。

聚焦专栏

濒危物种法案的胜利通过

对ESA提出批评的人将这称为一次代价惨重的失败，因为仅有少量的物种被从濒危物种名单中除掉了。大多数的生物学家强烈反对该法案是一个失败，原因有以下几点：

第一，仅当物种处于严重的灭绝危险之中时才会被列入名单。这就像是在一家资金短缺的医院中建立一个紧急救护室一样，仅能照顾到最严重的情况，通常这些情况都是几乎缺乏恢复希望的，而它之后被关闭的原因却是因为它无法充分救治病人。

第二，大多数物种都要经历几十年的时间才会濒临灭绝，或者成为危险物种。所以，将某一情况严重的物种恢复到可以从名单中删除的状态通常也需要几十年的时间，这并不奇怪。期望着ESA（1973年才刚刚成立）在很短的时间内就将几十年形成的生物浩劫修复是不实际的。

该法案意义最重大的成功措施就是名单中大约40%的物种生存条件都趋于稳定或有所改善。一家医院中如果有一间仅救治病情最严重的病人的急救室能够稳定住或改善40%的病人状况，这应该算是一种极大的成功了。

第三，1999年的联邦濒危物种预算仅为9300万美元（已经比1993年的2300万美元有所提高了）——仅是一架C-17运输机造价的三分之一。联邦政府花费在保护濒危物种方面的资金仅为每年每个美国公民34美分，而这已经比1993年提高了2倍了。

对于大多数的生物学家来讲，用这么少的资金成功地稳定住或改善了名单中40%的物种的生存条件已经很让人惊讶了。

批判性思考

对于第191页所提出的（1）减弱ESA的效力，和（2）加强法案的效力中的各种措施，你赞成还是不赞成？为什么？

● 该法案确实进行了经济方面的考虑。根据法律，将某一物种加入到名单中仅应以科学因素为基础。但是，一旦该物种被列入名单中，在保护关键栖息地和设计以及实施恢复计划时，经济因素就成为比物种保护更重要的因素。

● 如果经济代价过高的话，该法案还允许一个特别的内阁等级的委员会，称为“自愿兼职机构”(God Squad)，来批准任何一项联邦方案可以免于遵守该法案。

● 该法案允许政府授予那些土地上有名单所列出的物种栖息的土地所有者某种许可或豁免权，并利用HCP来与私人土地所有者进行协商。

美国国家科学院所做的一项研究建议对ESA进行一些调整来使其在科学上更健全也更有效，（1）大量增加实施该法案的资金；（2）更快地拟订恢复方案；（3）建立一些指导原则以避免那些在科学上和经济上不健全的供应，并阐明哪些行动会对恢复计划有损害；（4）建立一个“生存栖息地”的核心作为一种临时的紧急方案，当某一物种第一次被包含在名单中时，可以使该物种支持25—50年的时间。

大多数的生物学家和野生生物保护者都认为我们应该建立一个新的体系来保护和维持多样性以及生态系统的功能性，基于以下3个原则：（1）找出我们所拥有的物种和生态系统；（2）确定最危险的濒危生态系统和物种，并对其进行保护；（3）给予私人土地所有者资金上的刺激（减税或免税）、技术帮助以及保证今后不再要求其帮助保护濒危物种和生态系统。

我们是否应该保护所有的濒危物种和危险物种呢？

由于资金、信息和受过训练的人员有限，所以仅有少数的濒危和危险物种可以得到挽救。一些分析家建议用于保护危险物种和濒危物种的有限资金应该集中于以下物种：（1）有最大机会生存下来的物种；（2）对某一生态系统有最大生态价值的物种，以及（3）对农业、医药或工业具有潜在利用价值的物种。

一些新的研究也建议某一生态系统的健康不应以该物种全部数量的个体为基础，而应以那些具有以下性质的物种为基础：（1）具有关键作用的物种；（2）可以忍受环境变化的物种，例如酸沉积、气候变化以及毒素等。一些研究者认为保护某一生态系统中的10种具有适应性的关键物种会比保护10000种脆弱物种更有效。

基于伦理基础，其他一些人则对这种选择式物种保护方法提出了反对，这些反对者还认为我们并没有获得充足的信息来对物种进行这种关键与否的评估。支持者则反驳道：（1）实际上，我们已经默认了对某些物种进行保护；（2）尽管知识有限，但选择式保护方法是一种更有效的方式，它可以比现行的方法更好地利用有限的资金。你怎么认为呢？

野生生物保护区和其他的保护区如何有助于保护濒危物种呢？

从1903年开始，当美国总统西奥多·罗斯福在佛罗里达州的佩利肯（Pelican）岛建立了美国第一个联邦野生生物保护区时，至今，国家野生生物保护区体系已经发展到了522个保护区了。每年有3400万名美国公民参观这些保护区，在里面打猎、钓鱼、远足或观赏鸟类和其他野生生物。

这些保护区中超过四分之三都是湿地，用于保护迁徙水禽。美国濒危和危险物种中约20%都在这些保护区中建立了栖息地，其中的一些保护区是专门为某种濒危物种而设立的。这些保护区帮助佛罗里达的礁鹿、褐鹈鹕和号手天鹅等物种进行了恢复。

生物保护学家呼吁建立更多的保护区来保护濒危植物。他们还呼吁国会和各州的立法机构允许将包含重要野生生物栖息地的废弃军事用地转变为国家或州的野生生物保护区。

根据财会总局所做的研究，在全美国几乎60%的国家野生生物保护区中都存在着对野生生物有危险的活动。对于是否应该允许在阿拉斯加的北极国家野生生物保护区中进行石油和天然气的开发活动方面，仍然存在着很大的争议（利与弊专栏，第129页）。

基因库、植物园和农场是否有助于保护大多数的濒危物种呢？

基因库或种子库通过将种子储存在冷冻室和低湿度的环境当中来保护基因信息和濒危植物物种。科学家们呼吁建立更多的基因库，特别是在发展中国家。但是，某些物种是无法以基因库的方式来保存的，而且维持基因库的费用也很昂贵。

世界上1600多座植物公园或植物园包含了大约400万株活的植物，大概80000多种物种，占世界已知植物物种数量的30%左右。在美国，植物保护中心已经建立起了28座植物园的协作网来保存美国近600种濒危植物物种，并将其中的一些在荒野地区进行了繁殖。另外，植物园每年对前来参观的大约1.5亿名游客进行了宣传教育，告诉他们对植物保护的需要。但是，这些保护地的储藏能力很小，而且资金也很少，不足以对世界上大多数的稀有植物和危险植物物种进行保护。

通过增加农场中用于商业销售的个体数量，我们可以减轻一些濒危物种的压力。举两个例子：(1) 佛罗里达的农场用于喂养鳄鱼以获取鳄鱼肉及鳄鱼皮；(2) 巴布亚新几内亚的蝴蝶农场中养殖了很多种栖息地受到破坏和破裂、过度的商业开发以及环境衰退的威胁的蝴蝶物种。

动物园是否有助于保护大多数濒危物种呢？

动物园、猎场以及动物研究中心可以保护某些极度濒危的动物物种的个体，其长期目的是将这些物种重新引入到受保护的栖息地中。

保护濒危物种所使用的两种技术包括收集卵和俘获繁殖。收集卵要将极度濒危的野生鸟类所产出的卵收集起来并在动物园或研究中心中将其孵化。在俘获繁殖过程中，极度濒危物种中的一些或全部个体被俘获并进行繁殖，其目的是将其后代重新引入到野生环境中去。

增加俘获物种个体数量的其他方法还包括：(1) 人工授精；(2) 将某一物种的卵子手术移植到另一物种的替代母体之中（胚胎移植）；(3) 使用培养器；(4) 杂育，将某一稀有物种的幼仔交由另一相似物种的父母来养育；(5) 利用动物园中的生物物种族谱所建立起的计算机数据库和DNA分析的方法来为动植物配对，以防止近亲交配所引起的基因损害，以及 (6) 基因克隆。

俘获繁殖计划已经在亚利桑那州的菲尼克斯、加利福尼亚州的圣迭戈和洛杉矶建立了起来，临时性地挽救了几近灭绝的阿拉伯羚羊（图6-2），和曾经遍布中东地区的大羚羊。至1960年，人们驾驶着吉普车和直升机，用来复枪和机关枪将野生大羚羊几乎猎杀光了（仅存约48只）。在1980年至1996年间，俘获式繁殖的羚羊又回到了中东地区的保护区中，使其数量增长到大约400只。但是，从1996年开始，偷猎者又开始猎杀这些羚羊，并将其卖给私人动物园。最终，从1996年开始，野生羚羊的数量减少到100只左右，该物种又一次面对着灭绝的威胁。

在美国，俘获繁殖并返归自然的濒危物种包括了游隼（在1999年从濒危物种名单中删除）和黑足雪貂（图6-2）。但是，大多数的返归自然计划都失败了，因为 (1) 缺乏适宜的栖息地；(2) 俘获繁殖的动物个体缺乏野外生存的能力；(3) 再次兴起的对某些返归物种的过度猎取和捕获（如阿拉伯羚羊）。

由于缺乏空间和经费，在动物园和研究中心中维持濒危物种的努力所取得的效果是很有限的。每一物种的个体俘获数量必须达到100至500只，以避免由于事故、疾病或由近亲繁殖而导致的基因多样性丧失而导致的灭绝。最近的基因研究表明维持某一濒危物种的生物进化能力需要10000个或更多数量的个体。

预计，目前的动物园和研究中心具有的空间只能保护即将从地球上消失的2000种大型脊椎动物物种中的925种。根据一项预计，如果将美国全国的动物园中的所有空间都用于俘获繁殖的话，也仅能维持其中100种大型动物物种的长期生存。

某些城市将动物园视为曾经野外生存的动物的监狱。他们还认为动物园培养了一种我们不需要保护生存在自然栖息地中的大量野生物种观念。

动物保护学家指出，无论人们同意或不同意这种观点，对于大多数世界上现存的濒危物种以及更大数量的将在未来的几十年内面临濒危之险的物种来讲，动物园和植物园在生物上和经济上来讲都不是恰当的解决途径。

6.5 野生生物的管理

如何管理野生生物数量?

野生生物管理包含对野生生物的数量（特别是畋猎物种）及其栖息地进行控制以使其健康发展并为人类服务。野生生物管理方法通过以下方法来对畋猎物种进行管理，以获得可持续的产出：（1）以法律来对打猎和捕鱼活动进行管理；（2）建立收获配额；（3）制订生物数量管理计划；（4）改进野生生物栖息地的状况；（5）利用国际条约来保护迁徙性畋猎物种，如水禽等。

在美国，各州的畋猎管理计划所需的资金来自出售打猎和捕鱼许可证所得的收入，以及联邦政府对打猎和捕鱼设备所征收的税收。美国三分之二的州还运用州财政收入税务返回的方法，从而允许个人为州野生生物计划作出贡献。

政府野生生物资金中仅有10%是用于对非畋猎物种进行研究或对其进行投资，而这些非畋猎物种却占全国野生物种总量的将近90%。自1937年野生生物恢复法案通过之后，体育狩猎者所期望的畋猎动物的数量获得了大幅度的提高（如白尾鹿、野生火鸡、落基山麋鹿以及叉角羚羊）。

野生生物管理的第一步是确定在某一区域中应该对哪些物种进行管理。生态学家和生物保护学家强调对生态多样性进行保护，野生生物保护者则关心濒危物种，鸟类关注者则希望获得鸟类物种的最大多样性，狩猎者希望的是获得大量的畋猎动物。在美国和其他发达国家，大多数野生生物管理所关注的是创造更多的畋猎动物和鸟类以供打猎之用。

目标确定之后，野生生物管理者必须制订一份管理方案。比较理想地讲，这应该以以下原则为基础：（1）生态演替（图2-52，第68页，和图2-53，第69页）；（2）野生生物数量的动态性（图2-48，第62页）；（3）对每种管理物种所需的栖息地面积、食物、水、空间和其他需求的了解；（4）某一物种的最大可持续性产出数量（MSY），指某一物种的被捕获个体的减少速度不快于其繁殖速度。管理者还必须考虑：（1）潜在狩猎者的数量；（2）他们狩猎的成功概率；（3）防止过度狩猎的管理法规。

获得这种信息很困难，而且很昂贵，且需要很多的时间。这涉及到大量的受过训练的猜测，以及反复试验摸索，这就是为什么说野生生物管理是一种科学性的艺术的原因。管理方案还必须对来自各种相互冲突的团体和预算约束所带来的政治压力非常敏感。

对最大可持续产出数量的估算是很困难的，因为：（1）在数量规模和繁殖潜力方面所必需的数据通常都是难以获得的；（2）随着环境因素的变化，如气候变化、干旱以及充分的栖息地和其他资源的获得等，所预计的产出数量也会发生变化；（3）在预测时，必须考虑到特定的捕猎水平对其他物种或生态系统属性所产生的影响。

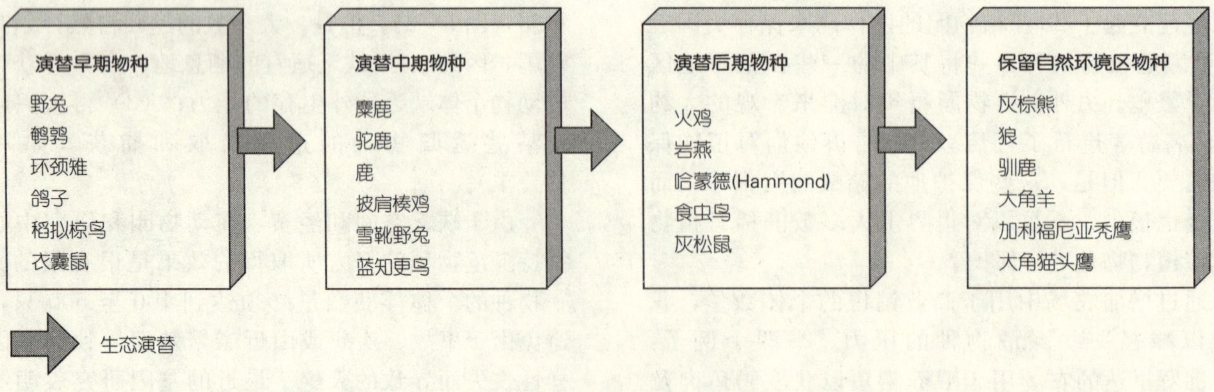

图6-11 在美国温带气候条件的地区中的不同生态演替阶段中存在的典型野生生物物种

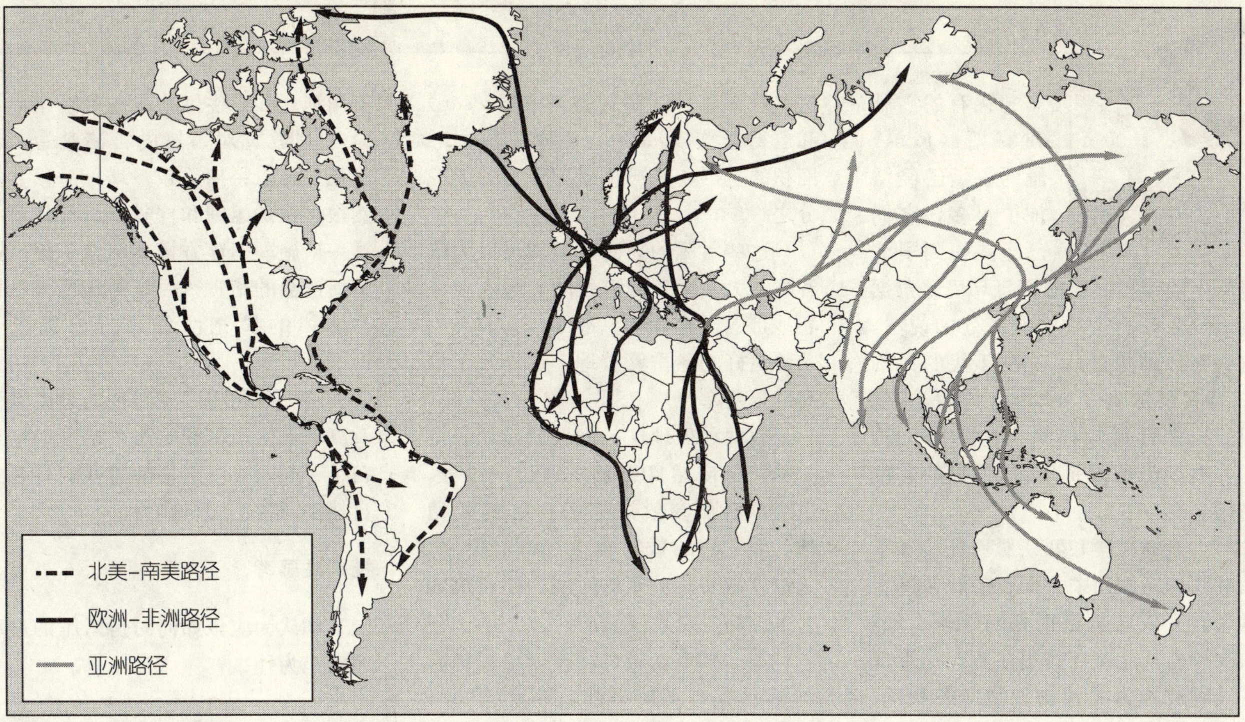

图 6－12　候鸟，主要是水禽，所采用的主要迁徙路径。每一条路径都包含着大量的次路径

如何对植被和水源供应进行控制，从而对野生生物进行管理？

野生生物管理者可以通过控制某一地区植被的生态演替来增强某种动物物种所喜好的食物和土地覆盖植物物种的生长（图 6－11）。

可以利用各种类型的栖息地管理来吸引所期待的物种并刺激其数量的增长。例如：（1）播撒种子；（2）移植某些类型的植物；（3）构筑人工巢穴；（4）有意地采用控制性的近地面燃火的方法来控制植物的生长。野生生物管理者通常都会在野生生物保护地中挖掘或改善池塘和湖泊的状况以为水禽和其他野生动物提供水源、食物和栖息地。

体育狩猎在野生生物数量管理中具有什么作用？

大多数发达国家都以立法的方式来对畋猎动物的数量进行管理。持有执照的狩猎者仅可以在一年中的某一时段内进行狩猎活动，从而对处于交配期的动物进行保护。某一区域中可以猎杀的动物的大小、数量和雌雄，以及狩猎者的数量是受到限制的。

对体育狩猎进行严密的控制是很困难的。有关畋猎动物数量的精确数据是不存在的，如果要进行统计则必须耗费巨大。居住在狩猎区附近社区中的人们从狩猎者的花费中获得了收益，他们也会寻找机会使狩猎配额增加的。

如何对迁徙水禽的数量进行管理？

候鸟——包括鸭子、鹅、天鹅以及很多种鸣禽（案例研究，第 184 页）——每年都要从某一栖息地开始进行南北迁徙，通常是为了寻找食物、适宜的气候以及繁衍所需的其他条件。这些鸟物种会采取很多不同的南北迁徙路线，称为迁徙路径，但其中只有 15 条被视为主要路线（图 6－12）。

这些迁徙路径所经过的一些国家已经加入了一些协议和条约来对这些鸟类所需的关键栖息地进行保护，既包括迁徙路径沿途的栖息地，也包括路径两端的栖息地。但是，迁徙性雪雁的数量却增加到了会导致严重的生态破坏的程度（联系专栏，第 196 页）。

野生生物官员通过管理狩猎、现存栖息地的保护和建立新栖息地，包括人工筑巢地点、池塘以及筑巢岛等活动进行管理来管理水禽。美国联邦野生生物保护区中超过 75％都是用于栖息候鸟的湿地。地方和各州的机构和私人保护组织也建立了一些水禽保护区，如鸭子无限组织，Audubon 协会，以及自然保护组织（解决途径专栏，第 167 页）。

从 1934 年开始，美国候鸟捕猎与保护印花税法案的制订就要求水禽狩猎者必须在每个狩猎季中购买一枚鸭子印花。销售印花所得的收入将建立一个基金来为水禽购买土地并建立舒适的环境。

联系专栏

我们应该对雪雁做些什么?

稀有的雪雁和罗斯（Ross）雁的数量已经增加了很多，它们已经威胁到了北极冻土地带和湿地的栖息环境。根据美国渔业和野生生物服务处的说法，这些物种的数量从1960年代的大约80万只增加到了1999年的约50亿只。狩猎者每年捕杀大约50万只，但其数量仍然以每年25万只的速度递增。

大量的雪雁和罗斯雁已经将加拿大和阿拉斯加州中大面积的北极冻土地带转变成含盐量很高的裸露土地，很少有植物能够在这里生存。这形成了一种被称为“植物沙漠”的景况。这些雁还破坏了哈得孙湾（Hudson）和詹姆斯湾（James）两岸三分之一面积的盐沼，并严重损坏了另外的三分之一。

这些雪雁的兴盛是因其可以大量吞吃从大平原到海滩处的美国农业核心地带的丰盛谷物。最终，它们飞到条件更好的冬季繁殖地，这导致了更高的繁殖率。

有两种处理这一问题的建议。第一种，让自然自身来处理这一过程。最终，雪雁会毁掉它们自己的繁殖地，而它们的数量也会锐减。但是，这也许需要几十年的时间，还会造成大范围的生态系统衰退。

另一种方法是允许并鼓励狩猎者每年猎杀更多的雪雁。在1999年，美国渔业和野生生物服务处宣布允许24个州放宽对雪雁的狩猎禁令，希望至少可以将捕杀数量增加一倍。虽然很多保护组织和狩猎组织都认可了这一措施，但该方案却招致了美国人道促进会的指责，对这种违反候鸟保护法律的扩充性猎杀行为提起了诉讼。

这个问题将某一物种的过度繁殖及高农业生产率和生态系统衰退结合在了一起，又一次提醒着我们，在大自然中，我们无所作为。

批判性思考

你认为应该如何对付雪雁的过度繁殖？为什么？

6.6 渔业管理

如何管理和维持淡水渔业?

管理淡水鱼类包括鼓励商业鱼类和体育鱼类数量的增长，并减少或消灭不希望获得的鱼类数量。这通常都是采用对捕鱼季节的时间和季节长度，以及允许的捕鱼数量和鱼的大小进行管理的手段。

其他管理技术包括：(1) 构筑水库和鱼塘来蓄养鱼群；(2) 为养分贫乏的湖泊和池塘输入养分；(3) 保护并创造产卵地；(4) 保护鱼类栖息地免遭沉积和其他形式的污染的破坏；(5) 清除垃圾；(6) 防止水生植物的过度生长（由人类活动所产生的过度的植物养分所致），以及 (7) 构筑小型水坝来控制水流。

食肉动物、寄生虫以及病害可以通过以下方法来控制：(1) 改良栖息地；(2) 培养具有抵抗性基因的鱼种；(3) 合理使用抗生素和消毒剂。可以利用孵卵所的方法来重新储备池塘、湖泊以及溪流中的珍贵鱼种，如鲑鱼和大马哈鱼，而且整个河流流域都可以用来对这些珍贵鱼种进行保护。

如何管理和维护海洋渔业?

减少海洋过度捕捞的方法包括控制捕鱼方法及控制捕鱼路径。世界各地控制捕鱼路径的3种主要途径包括：(1) 国际和国家法律；(2) 以社区为基础的共同管理方法；(3) 个人转让配额（ITQs）。

根据国际法律，一个国家的近海捕鱼区域扩展到了距离海岸线370km的范围内（200海里，或者230法定英里）。在这一区域内，外国捕鱼者可以获得一定数量的捕鱼配额，称为专属经济区，但必须要获得该国政府的允许。

超出各国领海范围之外的海洋区域称为公海。所有对公海中的生物和矿产等公共资源进行的利用都受国际海洋法和国际条约的制约，这些法令在监督和保证行使上具有一定的困难。

共同管理是使海岸团体和各国政府共同协作来对渔业进行管理的一种体系。一个国家的中央政府一般具有三种责任：(1) 制定各种鱼种的捕捞配额；(2) 将该配额分配给各个团体；(3) 限定捕捞季节并对用于某一特定鱼种的捕捞设施进行管理。每个团体再根据其自己的规章来将配额分配给各个成员并进行管理。一般来讲，各个团体的主要工作是对近岸渔业进行管理，而中央政府则要管理某一区域的近海渔业。

目前存在的一个主要问题是全世界捕鱼船队的数量比维持可持续性捕捞所要求的船队数量多了约2.5倍。在1999年，世界上13个主要的渔业国家达成协议来共同建立一项计划，最迟至2005年，各国都要减少远海捕鱼船队的数量。这将主要通过减少政府的渔业捕捞资助来实现，这是捕鱼船队过量和鱼类捕捞过度的主要驱动力之一。

个人转让配额（ITQs）也以减少捕鱼船只的方法来减少过度捕捞。在这一体系中，政府对渔船主在某年中任何一次捕捞活动的捕捞量占允许捕捞总量（TAC）的比例进行了限定。船主可以像对待私人财产一样购买、出售或租赁其配额。目前，全世界大约有 50 家渔场都以该体系来进行管理。新西兰和冰岛全国的渔场几乎都采用了这种管理体系。

一些环境学家反对以这种自由市场式的环境方法来管理商业捕鱼活动，或者建议对其进行改进。他们认为这种个人转让配额体系：

- 会挤垮小型的捕鱼船只和渔业公司，因为他们缺乏向他人购买配额的能力。例如，个人转让配额体系在新西兰实行 5 年之后，总配额的半数被 3 家公司所垄断。为了解决这种不公平，改革者建议禁止任何个人或公司累积拥有某一渔场总配额的 20%以上。
- 无法获得配额的小规模捕鱼者或只能获得非常小配额而无法维系生计的捕鱼者，以及一些有意超出其配额允许量的大型捕捞者会导致黑市上非法捕获鱼类交易的增加，正如在新西兰所发生的那样。改革者建议通过实施严格的记录保存方法和在每艘鱼船上雇佣受过良好训练的检查员的方法来减少欺骗行为。
- 通常都将配额定得过高了。

分析家建议采用以下措施来更加可持续地管理全球渔业：

- 建立更好的测量手段和模型来反映鱼类数量。
- 制订、监控和加强配额制，使其低于预计的最大可持续产出数量。
- 改善监控手段并加强捕鱼管理。
- 大幅度降低，甚至取消政府的渔业捕捞资助。
- 对从公共近海水域和受管理水域捕捞的鱼类和贝类征收捕捞费，并将这一收入用于政府的渔业管理，如澳大利亚所采用的方法。
- 降低捕捞副产品的水平。
- 建立禁捕海区、季节性渔场关闭区以及海洋保护区，以使数量殆尽的鱼种可以进行恢复。
- 使用标签使消费者可以辨认以可持续方法捕捞的鱼类。

6.7 案例研究：是否应该恢复商业捕鲸？

为什么商业捕鲸是公共资源的一个悲剧？

鲸是一目动物的总称，包括大多数海洋哺乳动物，从 0.9m（3 英尺）的海豚至 15—30m（50—100 英尺）的蓝鲸都包括在内。它们分为两个大组：齿鲸和须鲸。

齿鲸，如海豚、抹香鲸和虎鲸（逆戟鲸），可以撕咬和咀嚼食物，大多以鱿鱼、章鱼和其他海洋动物为食。须鲸，如蓝鲸、灰鲸、驼背鲸和长须鲸，以过滤的方式捕食。它们长有几百块由须子构成的角质板或者鲸须，从上颚垂下。这些角质板将浮游生物从海水中滤出，特别是小型的磷虾（图 2-24，第 42 页）。须鲸是鲸目中数量最多的一组。

鲸很容易捕杀，因为它们体形巨大，而且它们需要浮出水面呼吸。利用快船、鱼叉枪和膨胀捕鲸枪（可以在死亡的鲸的体内充入气体以使其浮出水面）等进行大规模猎杀是一种很有效的捕鲸手段。

捕鲸活动主要在国际海域内进行，已经成为了共有资源的一幕经典悲剧（联系专栏，第 8 页），捕鲸者从 1925 年至 1975 年间已经捕杀了大约 1500 万只鲸了。这种过度捕杀：(1) 使 11 种主要鲸种中的 8 种濒临商业灭绝，其仅存数量使其失去了商业捕杀的价值；(2) 使某些具有商业利润的鲸种濒临生物灭绝的边沿，如大型的蓝鲸（聚焦专栏，第 198 页）。

鲸的数量是如何进行管理的？

在 1946 年，捕鲸管理国际大会组建了国际捕鲸委员会（IWC）来管理捕鲸业，采取的方法包括制订每年的捕鲸配额来防止过度捕杀和商业灭绝。但是，IWC 所制订的配额通常是以不充分的数据为基础的，或者被一些捕鲸国家所忽略。由于缺乏实施能力，IWC 一直无法控制大多数商业捕杀鲸种的数量降低到商业灭绝的数量。

在 1970 年，美国停止了所有商业捕鲸活动并禁止进口所有鲸制品。在环境学家和 IWC 中众多非捕鲸国政府的强大压力下，有联合国领导，IWC 已经对自 1986 年以来的商业捕鲸活动施加了延期偿付的要求。最终，全世界商业捕鲸数量从 1970 年的大约 42480 头下降到 1999 年的大约 1200 头（由日本和挪威捕杀的）。

日本将其每年所捕杀的 440 头小须鲸分类为“科学捕鲸”，从而绕开了 IWC 的禁令。批评者认为这种研究捕鲸的称呼不过是商业捕鲸活动的一件外衣罢了，这些鲸肉最终都出现在了日本消费市场上。2000 年，日本通过将抹香鲸和 Bryde 鲸包括在每年的捕鲸活动之中，进一步无视 IWC 的禁令，并声称他们的数据表明这两种鲸的数量已经得到了充分恢复，可以进行商业捕杀了。这两种鲸在美国都是受法律保护的，抹香鲸更是一种濒危物种。

聚焦专栏

濒于灭绝的蓝鲸

面临生物灭绝的蓝鲸是世界上体型最大的动物。一只发育完全的蓝鲸有 30 多米长（100 英尺）——比 3 节火车车厢还要长——重量超过 25 只大象。成年蓝鲸的心脏尺寸与一辆大众甲克虫汽车差不多大小，它的部分动脉甚至大到可以让小孩子在里面游泳。

蓝鲸每年中有 8 个月都生活在南极海域。它们在这里可以获得充足的磷虾为食（图 2-24，第 42 页），它们每天都要从海水中滤食掉几万亿只。在冬季，它们迁徙到温暖的海域，在这里生育后代。

在商业捕鲸活动开始之前，大约 20 万只蓝鲸游弋于南极海。现在，为获取鲸油、鲸肉和鲸骨为目的的商业捕杀已经将其数量逼至了生物灭绝的边缘。

长期的过度捕杀和蓝鲸自身的一些特征导致了它的衰亡。它们巨大的体型使自己很容易被侦测到。它们总是成群地游集于南极的捕食海域，这使它们大量被捕杀。它们需要 25 年才能生长成熟，每 2—5 年才产下一个幼仔，当其数量减少到特定的门槛值时，这种低繁殖率使它们很难恢复过来。

从 1964 年以来，严禁再对蓝鲸进行商业捕猎，并从 1975 年开始，蓝鲸被列入濒危物种的名单之中。尽管采取了这些保护措施，但一些海洋生物学家认为蓝鲸的仅存数量过少——大约为 1000 至 3000 之间——使该物种无法恢复，灭绝已不可避免。

批判性思考

商业捕鲸活动的反对者认为恢复对某些鲸种的商业捕杀，如小须鲸、巨头鲸以及灰鲸，会导致对蓝鲸的非法捕杀。日本则反驳道，南极水域中大量的小须鲸正在威胁着蓝鲸的生存数量，因为它们消耗掉了大量蓝鲸生存所需的磷虾（图 2-24，第 42 页）。为了解决这个问题，你需要获得哪些科学数据呢？

挪威也忽视 IWC 的禁令，并每年在北大西洋海域捕杀将近 753 头小须鲸，因为当第一次颁布该禁令时，挪威就提出了反对。冰岛也拒绝加入 IWC，并声称它具有按其意愿捕杀鲸的权利。土著居民捕杀少量的鲸以供食物和生存材料之用，这种生存捕杀仍然是允许的，例如生活在美国阿拉斯加的因纽特人，以及生存在格陵兰岛和汤加的土著居民。

国际商业捕鲸禁令是否应该废除？

日本、挪威、冰岛、俄罗斯和越来越多的热带岛国（日本将其引入 IWC 以支持自己的立场）仍然（1）蔑视 IWC 的商业捕鲸禁令；（2）对抗 CITES（第 190 页）的购买和销售鲸产品的国际禁令。除非 CITES 的指派被取消，否则的话，任何 IWC 作出的关于恢复部分商业捕鲸的决议都基本上是无意义的，因为捕鲸国无法建立合法的鲸肉（在日本是一种美食，价格为每磅将近 90 美元）和其他鲸产品市场。

这些和其他一些捕鲸国认为对大多数鲸种实施的国际商业捕鲸禁令以及 CITES 的国际鲸肉和鲸产品贸易禁令应该废除，因为：

- 应该允许捕鲸活动，因为这是某些国家长期形成的经济传统和文化的一部分，如日本、冰岛和挪威。
- 这一禁令是以感情为基础的，而不是以对鲸的数量的及时的科学估算为基础的。根据 IWC 的估计，小须鲸的数量（日本和挪威都在继续捕杀）现在为大约 100 万头（其中大约有 76 万头生存在北冰洋海域），巨头鲸的数量为大约 140 万头。他们认为不恢复对这些鲸种的捕杀禁令的科学理由是不存在的。
- 可以采用 DNA 鉴定方法对来自禁捕鲸种的鲸肉进行侦测。

大多数的环境学家都反对这几个理由。

- 一些人认为鲸是一种温和的哺乳动物，聪明、敏感、又具有高度的社会性，对人类无害，而且处于伦理原因也应该对其进行保护。
- 某些人质疑对小须鲸和巨头鲸数量的估计，指出过去 IWC 对这些鲸种数量的估计是不准确的。
- 大多数人都担心打开任何商业捕鲸活动之门最终会导致对大多数鲸种的大量捕杀，会减弱由 IWC 和 CITES 所实施的对商业捕鲸活动的国际反对和法律制裁的效力。
- 对所有鲸肉进行 DNA 测试是很困难的，难以实施和监控，因为（1）大量的鲸肉在测试之前，非法鲸肉在被没收之前就会被消费掉，而且（2）罚款数额太小，难以产生效力。
- 如果对某些鲸种撤消禁令，这将使藏匿捕杀到的受保护鲸种变得更容易。例如，最近的 DNA 检测在日本的市场上就发现了来自几种禁捕鲸种的鲸肉。

在美国，商业捕鲸活动的反对者们呼吁美国国会对蔑视 IWC 所颁布的商业捕鲸禁令的国家实施制裁。他们还呼吁消费者（1）支持对所有来自蔑视禁令国家的鲸产品的进口进行联合抵制；（2）不使用这些国家的空中和海上交通工具，并（3）停止到这些国家旅游。至1994年，英国和德国对挪威鱼产品的联合抵制已经使挪威损失了超过3000万美元的合同。

在本章中，我们看到了保护那些构成地球生物多样性的物种免遭过早灭绝是很困难的，而且存在着争议，是一项具有挑战性的责任。附录4列出了一些你可以参与的行动来帮助你保护野生生物和生物多样性。

绿色思维就是一个人要懂得关注、挽救和分享。这些是保护生物多样性的基本要素——现在，永远。

——M. S. Swaminathan

复习问题

1. 说出本章中黑体字印刷的概念。
2. 区分某一物种的本地灭绝、生态灭绝和生物灭绝三个概念。解释一下，为什么本地种群的丧失是一个比濒危物种和危险物种数量更好的标志生物多样性丧失和衰退的指标。
3. 是什么原因导致美国的旅鸽灭绝的？
4. 区分濒危物种和危险物种的概念。说出使物种容易受到生物灭绝之险的8个特征。
5. 阐述一下蝙蝠的生态和经济重要性，并解释为什么它们容易受到灭绝的威胁。
6. 区分背景灭绝与大规模灭绝的概念。主要由人类活动所引起的物种过早灭绝的速度有多快？是如何对其进行估计的？为什么大多数的生物学家认为我们正处在由人类活动引发的第六次大规模灭绝的中期？说出两种原因。
7. 举出野生生物具有（a）经济益处；（b）生态贡献；（c）信息；（d）休闲娱乐的例子。为什么有些人认为保护野生物种免遭由人类活动而导致的过早灭绝具有伦理上的重要意义？什么叫做“热爱生命的天性”？
8. 5种野生生物种数量减少和灭绝的潜在原因是什么？阐述一下，下列各因素是如何导致物种的过早生物灭绝的，并举出一个受该因素影响的物种：（a）栖息地丧失和衰退；（b）栖息地破裂；（c）有意地引入非本地物种；（d）偶然引入非本地物种；（e）商业捕猎和非法捕猎（偷猎）；（f）过度捕鱼；（g）食肉动物和害虫控制；（h）异国宠物和装饰性植物的合法与非法市场，以及（i）气候变化和污染。
9. 说出3种减少非本地物种危害的方法。说出使物种成为成功的侵入者的主要特征。
10. 说出采用以下方法来保护物种所具有的益处和限制：（a）国际濒危物种公约（CITES）；（b）美国的濒危物种法案（ESA）。
11. 说出会加强和减弱美国ESA的效力的措施。什么是栖息地保护计划？
12. 说出三个可用于确定受保护物种种类的指导原则。对所有濒危物种和危险物种进行保护具有哪些优缺点呢？
13. 概括一下采用以下方法来保护濒危动物存在的优缺点：（a）野生生物保护地；（b）基因库、植物园和培养濒危物种的农场，以及（c）动物园和动物研究中心。区分收集卵法和俘获繁殖法。
14. 什么是野生生物管理？野生生物管理的主要步骤是什么？野生生物管理的主要限制是什么？
15. 描述一下下列各方法是如何用于野生生物管理的：（a）控制植被和水源的供应；（b）体育狩猎，以及（c）控制迁徙水禽的数量。
16. 说出管理和维持淡水渔业的主要方法。
17. 说出通过以下方法对海洋渔业进行管理存在的优缺点：（a）国际和国家法律；（b）以团体为基础的共同管理，以及（c）个人转让配额法。
18. 说出8种更加可持续地管理海洋渔业的方法。
19. 区分齿鲸和须鲸。解释一下，为什么商业捕鲸已经成为了公共资源悲剧的一个经典例子，并说出恢复商业捕鲸的利与弊。
20. 阐述一下导致蓝鲸近乎灭绝的各种因素。

批判性思考

1. “最终所有的物种都会灭绝。所以，人类活动会导致旅鸽灭绝，导致蓝鲸、美州鹤、加利福尼亚秃鹰以及世界上仅存的犀牛和老虎等物种都濒于灭绝也无所谓。”你对这种看法有什么发自肺腑的反应？以真情实感为基础，为你的立场进行辩护。
2. 记录下你自己某一天中所消费的所有产品。将这些产品的水平和类型与美国、热带森林中以及水生生态系统之中野生生物数量减少和野生生物栖息地破坏和衰退的加剧联系起来。
3. （a）你是否支持任何物种都具有与生俱来的生存权而不受人类活动的侵害，无论其是否对人类具有益处这种说法？解释一下原因。你是否会将这种权利扩展到疟蚊这种可以传播疟疾的物种呢？传染性细菌又如何呢？（b）你是否认为每种动物物种的个体都具有与生俱来的生存权呢？解释一下原因。你是否会将这种权利拓展到（a）植物个体和微生物呢？（b）老虎这一会杀人的动物呢？解释一下原因。

4. 科学家所认为的当前正在发生的大规模灭绝一定是一件很糟糕的事吗？解释一下原因。

5. 以下各种陈述中，哪一种最好地表达了你对野生生物的看法：（a）只要它待在自己的栖息地中就行；（b）只要我不需要它的生存空间就行；（c）我拥有使用野生生物栖息地来满足我的需求的权利；（d）当你看过一棵红杉、一只狐狸、一头大象或者一些其他种类的野生生物时，你实际上就看到了该物种的全部，所有将一少部分物种驯养在动物园或野生生物公园中，其余的就不用保护了；（e）野生生物应该受到保护。

6. 说出三种你最喜欢的物种。想一想为什么它们是你的最爱。是不是因为它们很可爱，让人一看就想去抱一抱，就像大熊猫和树袋熊？它们是否具有人类的特征呢，就像直立行走的猿或者企鹅？它们是不是体形巨大呢，就像大象或蓝鲸？它们是不是很漂亮呢，就像老虎和王斑蝶？它们之中包含植物吗？包含那些大多数人比较害怕的物种吗，例如蝙蝠、鲨鱼、蛇或蜘蛛？它们之中包含有助于你生存的微生物吗？想一想，你所喜爱的物种说明了你对大多数野生生物具有什么样的态度呢？

7. 某一森林覆盖率很高的国家中的一些环境组织呼吁对某些区域内的森林采伐行为进行严格控制以保护生活在其中的一种濒危松鼠的栖息地。木材公司的官员认为与由这种严格控制而使几百名工人事业所引起的众多家庭的不幸来讲，某一种松鼠的良好生存的重要性要低一些。如果你拥有这一问题的决定权的话，你会怎么做呢？为什么？你是否能提出一种折中的办法呢？

8. 你赞成还是反对采用个人转让配额法（ITQs）作为管理渔业的主要方法呢？为什么？有没有其他方法呢？

9. 是否应该恢复某些数量众多的鲸种的商业捕杀活动呢？为什么？你如何对年度捕鲸配额进行监控和执行呢？

10. 最近，科学家们已经在使用转基因技术来克隆某些濒危物种，以此作为一种帮助其免遭灭绝的方法。但是，一些保护主义者则对此感到忧虑，因为这会将资金和注意力从濒危物种最需要的事项转移开，如保护栖息地和禁止偷猎。在这一问题上，你的意见是什么呢？为什么？

11. 祝贺你。你已经在对防止世界上现存物种免遭人类活动而导致的过早灭绝进行管理了。为达此目的，你所制订的计划中最主要的三个部分是什么？

国际互联网学习资源及深入阅读和研究的资源

本书包含了很多有助学习和进行深入阅读和研究的网站资源。登陆到：http：//www. brookscole. com/product/0534385354s，并点击“一章接一章”链接。选择第 6 章，并选择如下资源：

- “闪卡”可以测试你对本章中的术语和应该记住的概念的掌握。
- “测试指南”以一种多项选择的形式来对你进行实践测试。
- “学生信息渠道指导”将你引入“关键问题思考方案”，使用“信息渠道学院版”作为一种研究工具。
- “参考书目”列出了本章撰写过程中所参考的主要书籍和文章。
- “超链接内容”将你引入到与本章的各个部分相关的大量新闻、研究和图像的网站。

信息渠道学院版

以信息渠道学院版来提高你的技巧，这是一个在线文章搜索数据库，来自 700 多种期刊。登陆到：http：//www. infotrac-college. com，或者通过本书的网站进行连接。看一看下面的文章：

Matton，A. 2000. Amphiafading. *Worldwatch*，vol. 13，no. 3，pp. 12—23.（Keywords：endangered. species，amphibia）

Wilson，E. O. 2000. Vanishing before your eyes，*Time*，vol. 155，no. 17，p. 28.（Keywords：extinction）

第 7 章　生物多样性：土壤维护与食物生产

在那层薄薄的由脆弱的有机物构成的土壤之下是一个像月亮一样毫无生气的行星。

——Y. Jacks & R. O. Whyte

7.1　土壤与土壤侵蚀

成熟土壤中都有哪些主要层状结构?

土壤是由被侵蚀的岩石、营养矿物质、腐败的有机物质、水分、空气和数十亿有机生命体所构成的复杂混合物，其中大多数成分都是微生物分解体。虽然土壤具有再生潜力，但它的再生是一个非常缓慢的过程，要通过以下途径完成：（1）岩石的风化；(2)以侵蚀的方式将沉积物沉淀起来；(3)死亡的有机生命体中有机物质的分解。

人类的生命和其他大多数有机生命的生存都要依靠土壤，特别是表层土。在很大程度上，所有的肉体都是土壤养分。土壤（1）维持着地球为我们供应着食物、木材、纸张、纤维以及各种药材（图6－4，第180页）；（2）帮助净化供人类饮用的水；（3）帮助分解和回收可生物降解的废物。但是，随着人类农业活动的兴起，土壤侵蚀的速度加快，这会将这种可再生资源变为一种不可再生资源。人类文明会因为对支持人口生存的表层土的处置失当而瓦解。

成熟土壤可以分为不同的层区，被称为“土层”，每一层都由具有与众不同的肌理和构成的土壤类型所组成。土层的纵剖式视图被称为“土壤剖面”。大多数的成熟土壤都至少含有三个土层（图7－1）。

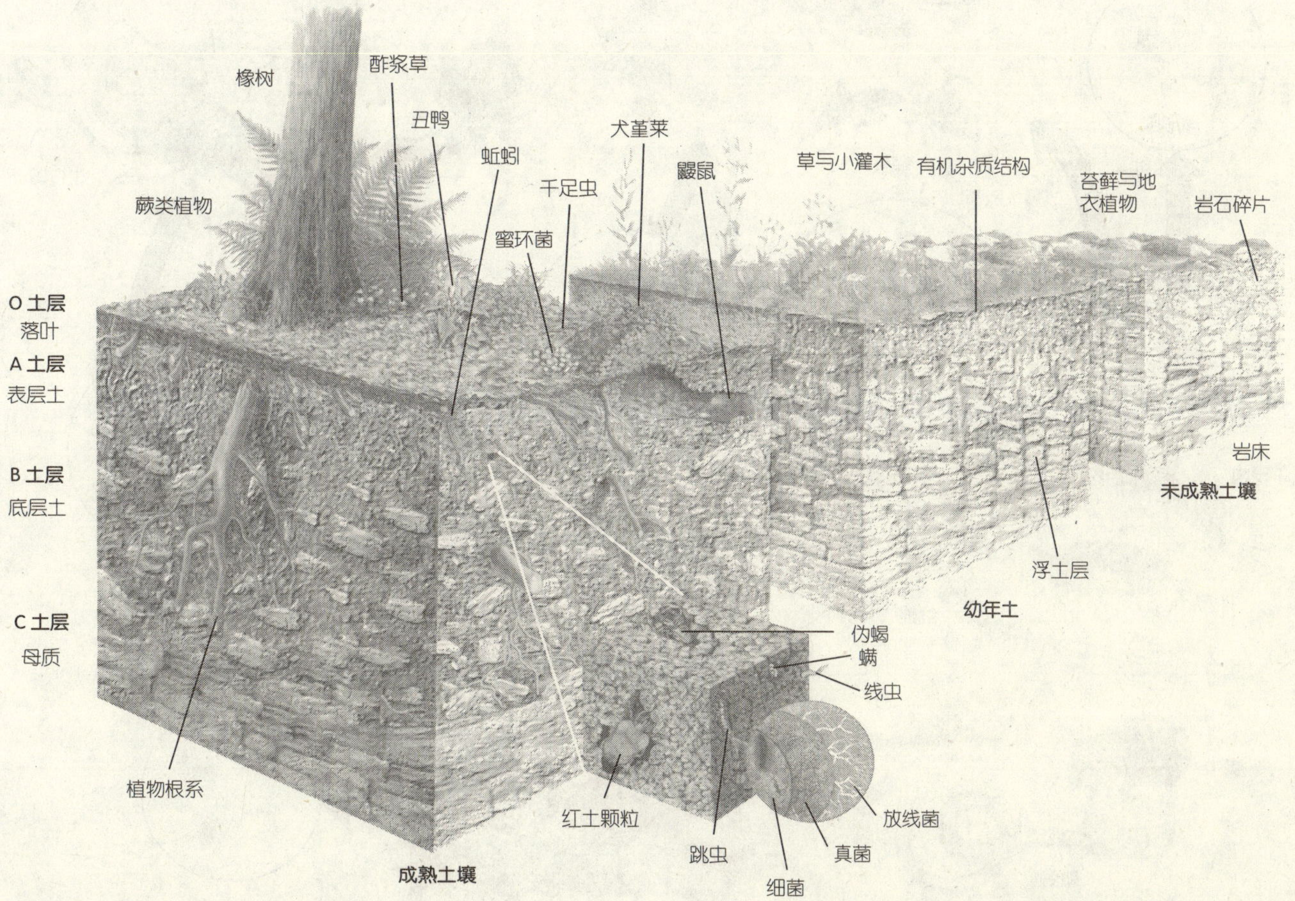

图7－1　土壤构成和土层的一般剖面。土层也称为土壤层，取决于土壤类型的不同，其数量、构成和厚度也会有所不同（所使用的数据获得了Derek Elsom的Macmillan出版公司的授权，《地球》，纽约：Macmillan，1992年。Copyright ©1992年，Marshall编辑发展有限公司）

土壤表层是表面落叶层，也称为O层，主要由肉质落败物和部分降解的树叶、树枝、动物废物、菌类以及其他有机物质组成。一般来讲，其颜色为褐色或黑色。表层土也称为A层，是一层由被称为腐殖质的部分分解的有机物质和一些无机矿物颗粒所构成的多孔渗水的混合物。它通常比深层土色泽暗一些，也疏松一些。大多数植物的根系和土壤中的有机物质都集中在这两层上层的土层中。只要这两层土层被植物稳固住，土壤就可以储存水分并缓慢释放，而不会造成洪水灾害。

这两层发育最完善的表面土层中充满了细菌、真菌、蚯蚓和小昆虫，它们与复杂的食物网形成了互动（图7-2）。每一抔表层土中所包含的几十万个细菌和其他微生物分解体将人类和其他有机体所需的养分进行回收。它们将一些复杂的有机化合物分解成简单的可溶于水的无机化合物。土壤中包含了这些溶解于水中的养分的水分又被植物的根系所吸收并通过植物的茎部输送到叶子中。

这两层土层中的一些有机物质被分解为一种被部分分解的具有黏性的褐色的有机质渣滓，称为“腐殖质”。由于这种腐殖质仅具有微弱的水溶性，所以它们中的大部分都留存在表层土中。一片肥沃高产的土地一般都含有一层厚厚的具有丰富腐殖质的表层土。这有助于表层土锁住水分和养分，以供植物的根来吸收。

表层土的颜色显示出很多信息，可以告诉我们这些土壤对于种植粮食作物有何用途。例如，深褐色或黑色的表层土富含氮元素和有机物质。灰色、浅黄色或红色的表层土中有机物的含量则较低，而且需要添加氮肥以支持大多数的粮食作物生长。

B土层（底层土）和C土层（母质）包含了土壤中大部分的无机物质，主要是由各种沙砾、淤泥、黏土和碎石所组成的碎石层。C土层位于被称为“岩床”的未受风雨侵蚀的母岩层之上。

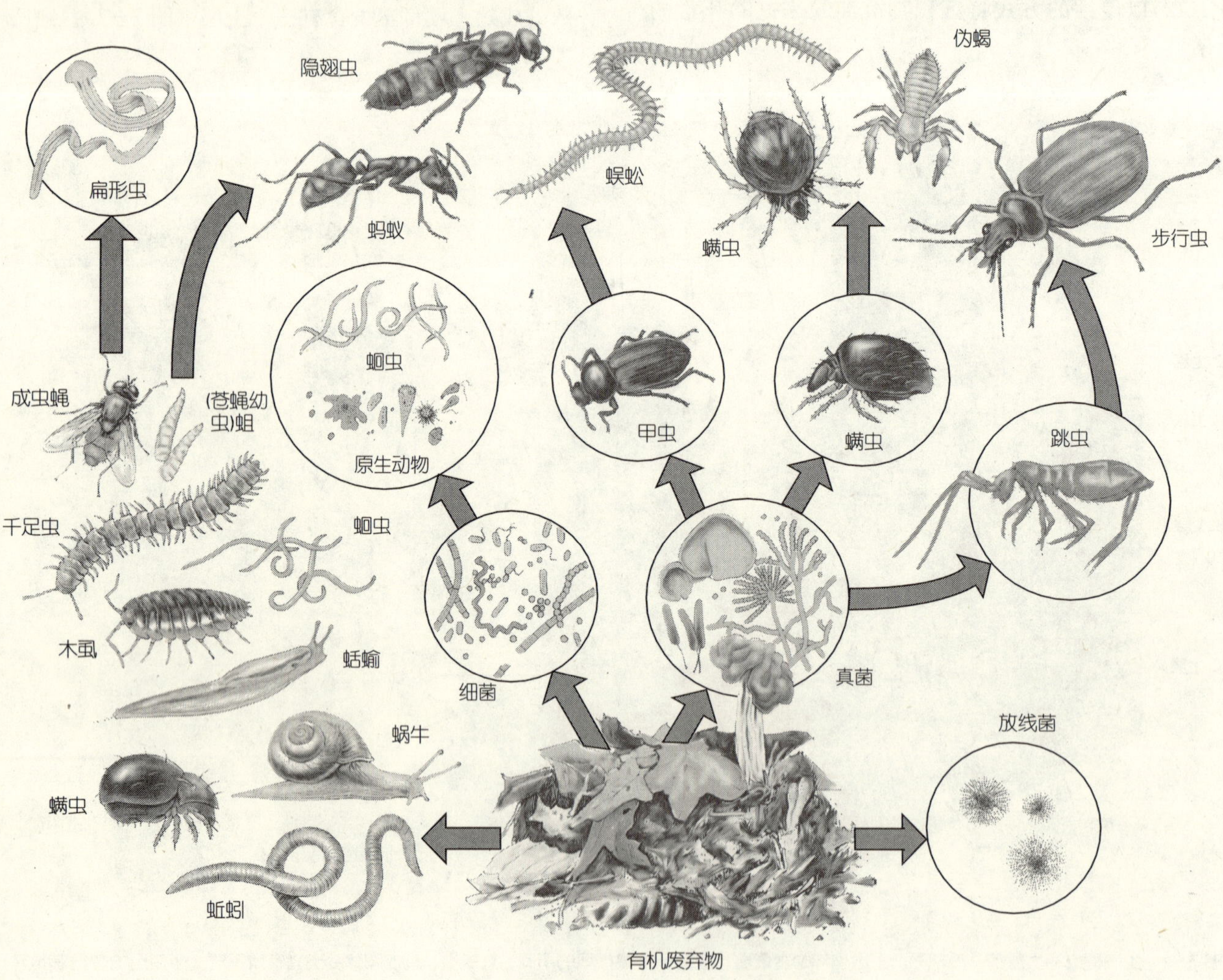

图7-2 简化了的由生存于土壤中的有机生命体所构成的食物网

上层土层和下层土层中的固体有机物和无机物颗粒之间所包含的空间，或称为孔洞，其中含有不同数量的空气（主要是氮气和氧气）和水分。植物的根需要氧气来维持细胞的呼吸作用。

落到土壤上的天然降水滤过各个土层并充满了土壤中的空间或孔洞。水的这种通过土壤的向下运动被称为“渗透”。随着水分的渗透，它可以溶解上层土中所含的各种土壤成分并将其输送到下层的土壤中，这一过程被称为“滤取”。

土壤的生长和成熟是个缓慢的过程。表层土（A土层）生长1英寸（2.5cm）的厚度大概需要200至1000年的时间。图7-3中显示了5种重要的土壤类型，每种都具有与众不同的剖面。世界上大多数的粮食作物都生长在裸露的土壤中，当草场和落叶林被清除之后就会暴露出来。

土壤的质地、多孔性和酸性是如何相互区分的？

土壤的组成成分各有不同，主要在以下几个方

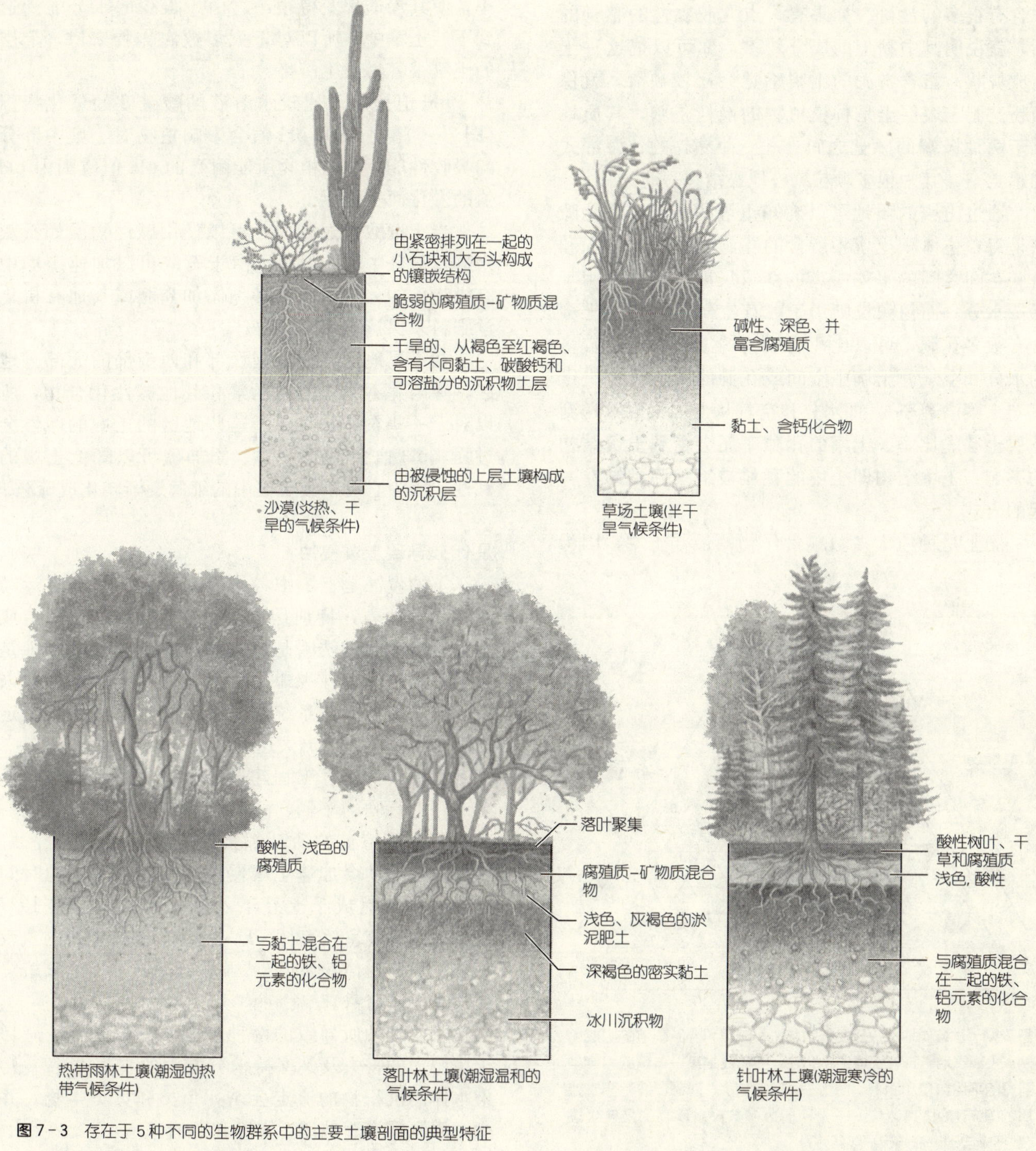

图7-3 存在于5种不同的生物群系中的主要土壤剖面的典型特征

面：(1) 黏土（非常细的颗粒）；(2) 淤泥（细颗粒）；(3) 沙砾（中等大小的颗粒），和 (4) 砾石（粗糙和非常粗糙的颗粒）。不同大小和类型的矿物质颗粒之间的相对数量决定了土壤的质地，如图 7-4 中所显示的。含有大致相等的黏土、沙砾、淤泥和腐殖质比例的土壤称为“肥土”。

如果想了解土壤的结构，你可以取少量的表层土，将其浸湿，然后在你的大拇指和其他手指间进行摩擦。如果有一种沙砾般的感觉的话，就说明土中含有很多的沙砾。如果有一点儿胶黏性的感觉的话，就说明其中黏土的成分较多，你可以把这种土压成块状。富含淤泥的土壤感觉会比较顺滑，就像面粉。肥土表层土是种植植物的最佳土壤，其质地介于两种极端的感觉之间——一种易碎的、海绵式的感觉——其中很多颗粒疏松地黏结在一起。

通过土壤的质地可以确知土壤的孔隙率，孔隙率是每单位体积土壤中所含的孔洞或空间的体积和这些空间之间的平均距离的衡量尺度。细颗粒用于保持水分，而粗颗粒则用于贮存空气。多孔的土壤含有很多孔洞，可以比孔洞较少的土壤保留住较多的水分和空气。土壤中空间或孔洞的平均尺寸决定着“土壤渗透率”，即水分和空气从上层土层输送到下层土层的比率。土壤的孔隙率还会受到土壤结构的影响：土壤结构即土壤的颗粒被组织和黏结在一起的方式。

肥土是种植大多数粮食作物的最佳土壤，因为

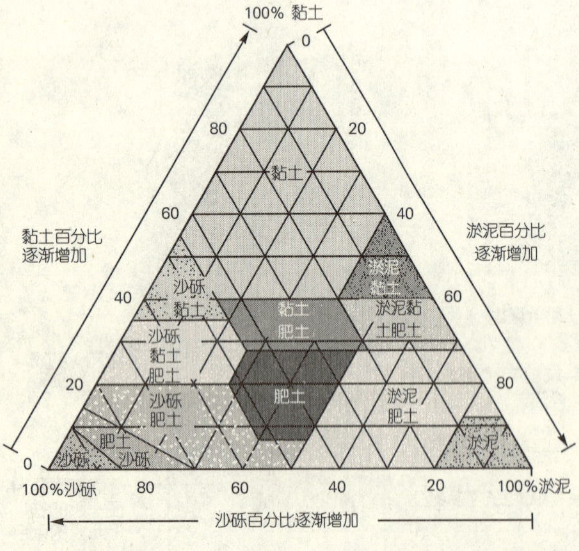

图 7-4　土壤质地取决于土壤中黏土、淤泥和沙砾颗粒的组成比例。土壤质地影响着土壤的多孔性，多孔性是某一体积的土壤中孔洞的平均数量和距离。肥土——其中黏土、沙砾、淤泥和腐殖质的构成比例基本相等——是种植大多数粮食作物的最佳土壤（数据来自国家资源保护服务处）

它们保有大量的水分，但又不十分紧密到植物的根系无法进行吸收。沙砾土壤很容易耕作，但水分会很快地流失掉。它们可用于种植灌溉作物，或者那些需水量少的作物，例如花生和草莓。

黏土中的颗粒非常细小，而且很容易压实。当这种土壤被润湿后，它们就可以形成大块的、密实的土块，这就是为什么湿黏土可以用于模制砖材和陶器的原因。与沙砾土相比，黏土含有更多的孔洞，其保持水分的能力比沙砾土强，但其孔洞的尺寸很小，使其渗透率变得很小。由于很少的水分能渗透到下层土壤中，所以对于大多数农作物来讲，上层的土壤很容易发生涝害。

pH 值是用于比较水溶液的酸碱度的量化指标（图 7-5）。土壤的 pH 值会影响植物对土壤中养分的吸收性能，会随植物所能耐受的 pH 值范围内 pH 值的变化而变化。

当土壤酸性过强时，可以使用碱性物质如石灰来进行部分中和。但是，由于石灰可以加速土壤中有机物质的分解，所以必须添加粪肥或其他有机化学肥料来保持土壤的肥力。

在干旱地区，如美国西部和西南部的大部分地区，降雨并不能滤去钙元素和其他碱性化合物，所以对于一些农作物来讲，这些地区的土壤的碱性会过强（pH 值会超过 7.5）。添加硫可以降低土壤的碱性，因为它可以被土壤中的细菌逐渐转化成硫酸。

是什么导致土壤侵蚀?

土壤侵蚀是土壤中各组成部分从一个地方运动到另一个地方，特别是表层叶、草和表层土。造成土壤侵蚀的两种诱因是流水和风。某些土壤侵蚀是自然形成的，但有些却是由人类活动引起的。在未受影响的植物生态系统中，植物的根系有助于固定土壤，通常土壤的流失速度都会小于其形成速度。

耕种、伐木、工程建造、家畜的过度放牧、不在道路上行驶的车辆、故意燃烧某些植物和其他一些毁坏覆盖植被的活动都会使土壤容易受到侵蚀。这些人类活动会加速土壤侵蚀，并在几十年的时间里毁掉大自然成千上万年才形成的土壤。在 1937 年，美国总统富兰克林·D·罗斯福给各个州的执政官员写了一封信，说道：“毁坏自己土壤的国家最终会毁灭国家自身。”

土壤侵蚀所导致的两种最主要的危害是：(1) 土壤肥力的丧失及其保持水分能力的丧失；(2) 污染水体的沉积物的流走会杀死鱼类和贝类生物，并壅塞灌溉渠道、航道、水库和湖泊。

由于自然过程可以使土壤再生，所以土壤（特

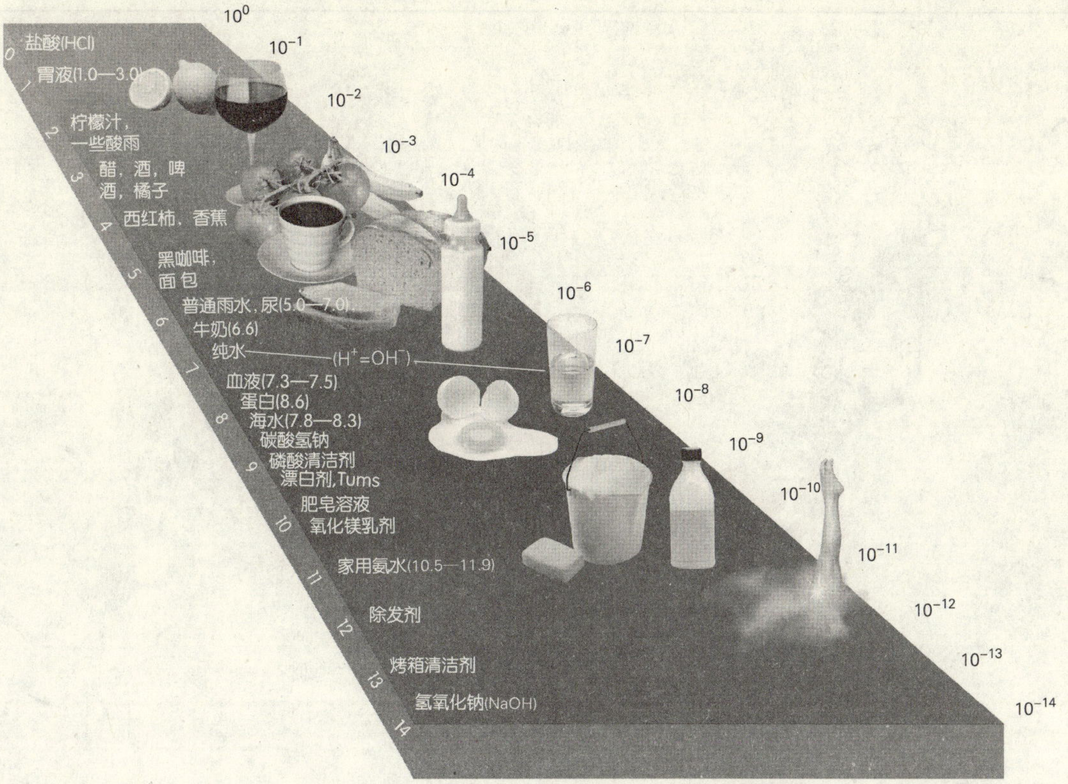

图 7-5 pH 值指标，用于测量水溶液的酸碱度。所显示的指标是约数。pH 值小于 7 为酸性，中性溶液的 pH 值等于 7，pH 值大于 7 的溶液为碱性。pH 值减小一个数量就意味着酸性增强了 9 倍（经过 Cecie Starr 授权，《生物学：概念与应用》，第四版，Pacific Grove，加利福尼亚：Brooks/Cole，2000 年）

别是表层土）被归类为可再生资源。但是，在热带和温带地区，2.54cm（1 英寸）厚的表层土的形成却要花费 200 至 1000 年的时间（取决于气候和土壤类型）。如果某地表层土的侵蚀速度比其形成速度要快的话，土壤就会变成一种不可再生的资源。

全球土壤侵蚀状况有多严重?

几项研究显示出土壤侵蚀的严重性：

- 联合国环境计划署的一项调查发现，全世界耕地的大约三分之一面积的表层土的侵蚀速度比形成速度要快，人类活动导致了大约 85%面积的全球土地的衰退。
- 世界资源研究所和联合国环境计划署发现，自 1945 年以来，全球土地中相当于中国和印度版图面积之和的土地面积受到了严重侵蚀（图 7-6）。该研究还发现散布在全球 15%的土地已经过度侵蚀而无法再种植粮食作物，因为：(1) 过度放牧（35%）；(2) 森林砍伐（30%），以及 (3) 不可持续的农业耕作（28%）。这些严重衰退的土地中的三分之二在亚洲和非洲。
- 国际农业研究顾问集团在 2000 年所进行的一项研究表明，(1) 全世界用于农业耕作的土地中大约 40%（中美洲的 75%）已经因土壤侵蚀、盐分积累（盐化）和受涝而严重衰退了；(2) 土壤衰退已经降低了全世界耕地中食物产出的 16%。

根据农业专家 Lester R. Brown 的说法，全世界每年被冲刷和流入河流、湖泊和海洋中的表层土可以装满绕地球 150 圈的长度的火车车厢。按照这种速度计算，全世界每 10 年就丧失掉实际耕地和潜在耕地中 7%的表层土。

土壤专家 David Pimentel 估计全球土壤侵蚀每年至少导致了 3750 亿美元的损失（平均每小时损失 4200 万美元），包括 (1) 直接的耕地损失，和 (2) 对水道、基础设施和人类健康的间接灾害。

美国的土壤侵蚀状况有多严重?

根据美国资源保护服务处所进行的研究，美国大约三分之一的本初表层土已经被冲刷或流入河流、湖泊和海洋中了，主要是由过度耕作、过度放牧和森林砍伐所引起的（案例研究，第 207 页）。

根据美国农业部（USDA）的统计，美国境内耕地土壤正在以比其生长快大约 16 倍的速度侵蚀着。在深度农耕地区，土壤的侵蚀率更快，包括大平原地区，从首次对其进行开垦的 150 年来，已经有三分之一的表层土损失掉了。美国最高产的农业土地中，有些已经丧失掉了表层土的约二分之一，

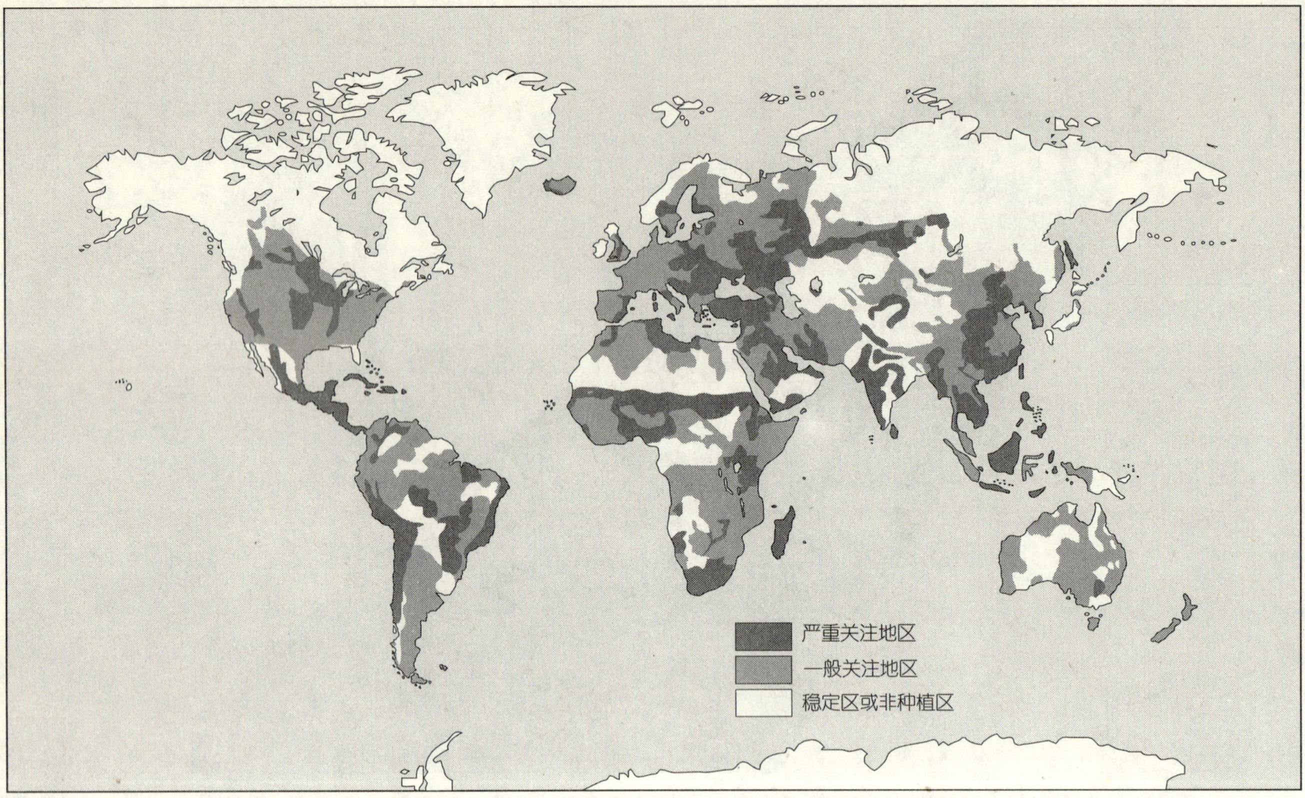

图 7-6　全球土壤侵蚀状况（数据来自联合国环境计划署和世界资源研究所）

如艾奥瓦州。

由于采取了保护措施，美国农业部估计从 1985 年至 1997 年来，美国的土壤侵蚀程度已经降低了大约 40%。根据这一数据，美国农业部的研究者们估计，1997 年美国全年的土壤侵蚀损失了大约 300 亿美元，平均每小时损失 340 万美元。

某些批评者，如 Pierre Crosson，认为这些土壤侵蚀和损失的估算被夸大了，而且是以不精确的模型为基础的，而不是以水体附近的土壤侵蚀和沉积率的现场测量为基础的。根据 Crosson 的说法，如果目前美国的农业耕地侵蚀率再这样继续 100 年的话，则农业产出只能达到未受侵蚀时的 3%—10%的水平。

但是，David Pimentel 和其他一些学者指出，目前根据模型和一些现场测量作出的估算并不包括土壤侵蚀所导致的全部生态影响。这些影响包括（1）土壤厚度的减少；（2）土壤所含的用于农业耕作所需的水分的减少，以及（3）土壤中有机物质和养分的减少。当这些损害都被包含进去时，一些土壤科学家和生态学家估计，土壤侵蚀会导致 15%—30%的农作物生产率的降低。

耕地土壤受到侵蚀后，需要使用高昂的无机化肥来补充土壤中损失掉的养分。但是，因为化肥无法取代肥沃的土壤，所以在农作物产出量趋于平稳之前，化肥的使用量是有数量限制的，而且之后农作物产出量又会开始下降。

过度的盐分和水分是如何导致土壤衰退的?

大约 17%的全球人工灌溉耕地中所生产的食物占全世界食物生产量的将近 40%。人工灌溉耕地的农作物生产量是自然灌溉耕地的 3 至 4 倍。

但是，灌溉耕地面积也呈现出下降趋势。大多数的灌溉用水都是各种盐分的稀释溶液，随着水流流经或流过土壤和岩石而形成。少量的盐分是作物生长的基本养分，但数量过大时，就会产生毒害效果。

未被土壤吸收的灌溉用水会蒸发掉，在表层土中留下一层薄薄的盐层（如氯化钠）。这种盐分积累称为“盐碱化”（图 7-8），会阻碍农作物的生长发育、降低产量，并最终杀死农作物、毁坏农田。1995 年的一项研究表明，严重的盐碱化问题已经降低了全世界人工灌溉耕地中 21%的面积的产量，还有 30%的耕地面积处于一般盐碱化的状况。最严重的土壤盐碱化问题产生在亚洲，特别是中国、印度

尘碗

案例研究

在 1930 年代，美国经受了一次严重的环境教训，那时中西部一些干旱和多风的各州中大量的表层土因为低水平的耕种活动和延长的干旱状况而损失掉了。

在 1870 年代定居者开始放牧牲畜和种植农作物之前，本地草原草种的根系深厚且相互缠结（图 7-3，上右），将肥沃的表层土牢牢地固定住。对草原的开垦将这些根系铲除掉了，而每年这些定居者所种植的农作物的根系则较不发达。

在每次收割之后，耕地被犁过，连续几个月裸露着，暴露在疾风的侵蚀之下。过度放牧也毁坏了大面积的草地，使土地暴露无疑。这为严重的风蚀和农作物失败准备了条件；所需的只是一次长时间的旱灾了。

这一旱灾终于在 1926 年至 1934 年发生了。在 1930 年代，由炎热、干燥的风暴形成的尘雾在某些地区的正午甚至让太阳都失去了光辉；野兔和鸟类因尘雾而窒息而死。

在 1934 年的 5 月间，一片起自大平原的表层土构成的尘雾飘移了 2400km（1500 英里），将美国的整个东部地区覆盖了一层尘土。记者们给大平原起了个新的名字：尘碗（图 7-7）。

在“尘土的 30 年代”，大面积的耕地表层土被剥蚀或受到严重侵蚀。来自俄克拉何马州、得克萨斯州、堪萨斯州和科罗拉多州的数千个失去农场的家庭涌入了加利福尼亚州或美国中西部和东部的工业城市中。他们大多数人都无法找到工作，因为美国正处在经济大萧条的中期。

在 1934 年 5 月，美国农业部的 Hugh Bennett 在国会举行的一次听证会之前提出了建立新计划来保护全国的表层土的请求。当大平原的尘雾渗入听证厅前，立法者们终于采取了行动。

在 1935 年，美国通过了《土壤侵蚀法案》，并建立了土壤保护服务处（SCS），作为美国农业部的一个分支机构。Bennett 担任该机构的第一位负责人，土壤保护服务处（现在更名为自然资源保护服务处）开始推行健全的保护工作，首先在大平原各州，然后在其他地方。美国全国也建立了多处土壤保护地区，并向农民和牧场主们提供关于建立土壤保护计划方面的技术帮助。

气候研究者们又发现了尘碗时期恢复的迹象，因为一次将会持续 20—40 年的超级干旱就要发生。通过考察树木的年轮、考古发现、湖泊沉积以及沙丘等，科学家们已经发现，作为一个复杂的干旱循环的一部分，长期的超级干旱一般每个世纪要发生两次。他们还发现，较小规模的 2 年期干旱每 20 年左右发生一次。如果全球气候变暖已不可避免，则这些干旱地区会变得更加干燥，而农业活动则不得不被放弃。

批判性思考

你认为美国人是否认为保护土壤是 1930 年代的尘碗现象的一个结果所产生的教训？为什么？

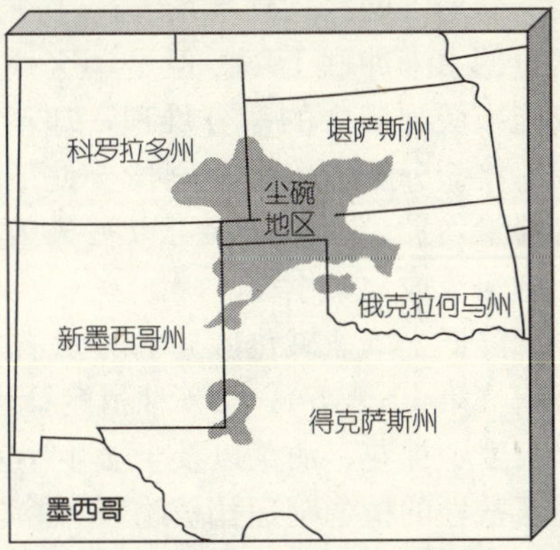

图 7-7 大平原尘碗，由 1930 年代的极度干旱和低水平的土壤保护行动造成了严重的表层土侵蚀所致。请注意该地区与图 10-17（第 305 页）中的奥加拉拉（Ogallala）含水层之间的联系

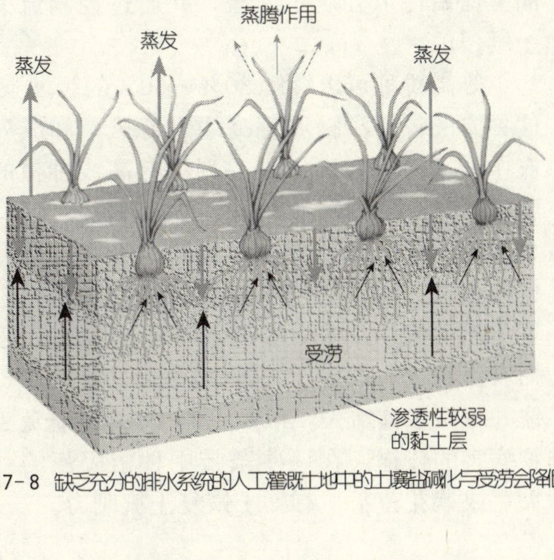

图 7-8 缺乏充分的排水系统的人工灌溉土地中的土壤盐碱化与受涝会降低农作物的产量

和巴基斯坦。

在美国，土壤盐碱化影响了全部人工灌溉耕地的23%。但是，在西部各州的一些严重依赖人工灌溉的地区这一比例要高得多。其中，在较低的科罗拉多盆地中人工灌溉土地面积的66%，以及加利福尼亚州的类似土地中的35%。

降水可以缓解土壤盐碱化，但在采用人工灌溉方式的干旱和半干旱地区，这一过程需要几千年的时间。盐分可以通过向土地中注入比农作物生长所需的量大得多的水分的方法来冲刷掉。但是，这种方法会增加泵水和农作物产品的成本，还会浪费大量的水源。

严重盐碱化的土壤还可以通过以下方法来进行更新：(1) 闲置土地2—5年而不进行耕作；(2) 安装一套地下网孔式排水系统，以及 (3) 以大量低含盐量的水来冲刷土壤。但是，这种代价高昂的方法仅能减缓土壤中的盐分堆积，却不能制止盐碱化过程。将盐分从土壤中冲刷掉会使下游的灌溉用水的含盐量增加，除非盐水可以被排入蒸发池而不是又回到河流或水渠中。

降低土壤盐碱化威胁的方法有：(1) 提高灌溉效率（第10.5节）；(2) 种植耐盐性更强的农作物，如大麦、棉花、甜菜以及半矮生小麦，以及 (3) 种植喜盐性的植物（适盐植物），如滨藜，将严重盐碱化的耕地转化成畜牧用地。

与灌溉有关的另一个问题是受涝（图7-8）。农民们通常灌入大量的灌溉用水，这使盐分更深入到土层之中。但是，由于缺乏充分的排水系统，灌溉用水会积聚在地下，并逐渐抬高地下水的水位。然后，盐水将包围植物的深根，降低其生产率，并在长期浸泡后将其杀死。全世界至少十分之一的人工灌溉土地受到水涝的威胁，而且问题也日趋严重。

7.2 解决途径：土壤保护

耕地保护法如何缓解土壤侵蚀？

土壤保护包括缓解土壤侵蚀和恢复土壤肥力。几百年来，农民们运用了各种方法来缓解土壤侵蚀，主要都是以植被来覆盖土壤。

在传统农业耕种活动中，要先对土地进行扒犁，然后再将土壤打碎并使其平滑顺畅，以适于耕种。在美国中西部地区，严寒的冬季使土地扒犁只能在春耕开始前进行。所以，种植农作物的土地通常都是在秋季进行扒犁的。这使土地整个冬季和早春都暴露在寒冬之下，很容易受到侵蚀。

为了缓解侵蚀，很多美国农民采用了耕地保护法（或者是最小耕作法，或者是免耕法）。该方法是指在播种农作物时尽可能少量的翻弄土壤。最小耕作法是一些专业耕作者在不翻弄表层土、先前的农作物残留物和所有覆盖植物的基础上打碎并疏松下层土壤。免耕法是采用一些特殊的农机将种子、化肥和除杂草剂（除草剂）注入未经扒犁的土壤中。

除了缓解土壤侵蚀之外，耕地保护法还可以：(1) 节省燃料；(2) 降低成本；(3) 使土壤保留住较多的水分；(4) 避免土壤被压实；(5) 在一季中可以耕种更多的农作物（多耕法）；(6) 农作物产量至少相当于传统耕作法的产量，且 (7) 降低从土壤向空气的二氧化碳释放量，这有助于缓解全球气候变暖的威胁。

起先，人们认为耕地保护法需要较多的除草剂，但美国农业部在1999年对全美玉米产量进行的一项研究表明，在传统耕作法和耕地保护耕作体系之间不存在除草剂使用水平的差异。但是，采用免耕法耕种的玉米却会留下梗柄。它们会成为玉米螟的栖息地，这会增加杀虫剂的需求量。农作物残留物还是一种被称为“小麦疤”的真菌病害的温床，会毁坏单一种植的小麦。

至1998年，耕地保护法已经在美国耕地的40%中获得了使用，而且预计至2005年，该方法的使用率将超过耕地总量的一半。美国农业部预计如果美国耕地的80%面积都采用了耕地保护法的话，土壤的侵蚀状况将会降低至少一半左右。到目前为止，世界上其他地区还没有广泛采用这种方法。

梯田、等高耕种、条植，以及垄植如何缓解土壤侵蚀？

梯田可以缓解陡坡的土壤侵蚀，这可以将每一片陡坡都转变为一系列宽阔的、几乎平坦的、沿等高线分布的田地（图7-9a）。梯田可以在每一水平面上保留住水分用于灌溉，并通过控制流失来缓解土壤侵蚀。

等高耕种可以缓解30%—50%的缓坡土壤侵蚀。这种方法包括沿缓坡等高线进行扒犁和成列的种植农作物（图7-9b）。每一列沿等高线种植的植物都可以作为小型的水坝来固定土壤和延缓水体流失。

在条植中，一列农作物，如玉米，与另一列农作物相间种植（如与草或草-豆荚混合种植），将土壤全部覆盖住，从而缓解土壤侵蚀（图7-9b）。各列农作物 (1) 可以固定住被侵蚀的土壤；(2) 保留住并减缓水体流失，以及 (3) 有助于避免害虫和植物病害的传播。在一些条带中种植固氮的豆类（如大豆或紫花苜蓿）有助于恢复土壤肥力。

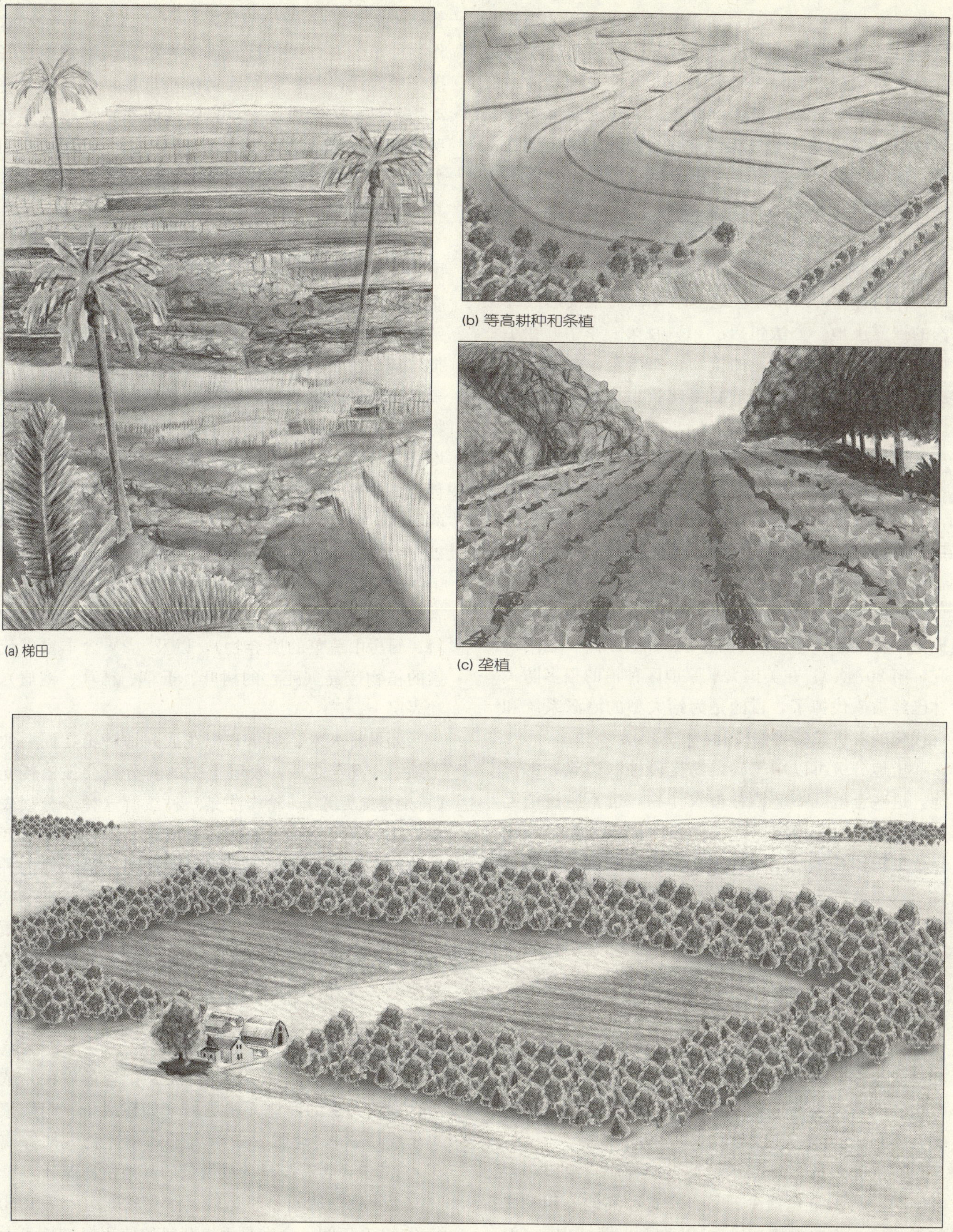

(a) 梯田

(b) 等高耕种和条植

(c) 垄植

(d) 防风林

图 7-9 土壤保护方法：(a) 梯田；(b) 等高耕种和条植；(c) 垄植，以及 (d) 防风林

土壤侵蚀还可以通过垄植或农林方法来缓解。这是一种混杂种植的方法，几种农作物按条状或垄状在树木和灌木之间相间种植，可以生产水果或燃料木材（图 7－9c）。树木可以遮阳（减少通过蒸发而损失水分），还有助于保持和缓慢释放土壤中的水分。树木和灌木修剪下来的废弃物还可以作为农作物的护根物（绿肥）和家畜的饲料。

冲沟开垦、防风林以及土地分级如何缓解土壤侵蚀？

冲沟开垦可以恢复坡地上水体流失很快形成冲沟的裸露土地。方法包括：（1）在第一季中，在小型冲沟中种植生长迅速的植物，如燕麦、大麦和小麦，（2）在较深的冲沟的底部建造小型的坝体以积聚淤泥，并逐渐填充水沟，（3）种植生长迅速的灌木、藤类和树木来固定土壤，以及（4）建造沟渠来将冲沟中的水分流掉，避免进一步的侵蚀。

长列种植的树木可以形成防风林，或者防风林带，以缓解风蚀（图 7－9d）。防风林还：（1）有助于保持土壤中的水分；（2）供应燃料木材；（3）为鸟类、以害虫为食的昆虫和传粉昆虫以及其他动物提供栖息地。1930 年代的尘碗灾害之后（案例研究，第 207 页），在美国大平原地区种植的很多防风林已经被砍伐掉了，目的是为给大型的灌溉系统和现代化的农机设备提供便利。

土地分级可以用于确定易受侵蚀（边缘）的土地，这些土地既不应该种植农作物，也不应该清除掉任何植物。在美国，国家资源保护服务处已经建立了分级体系来确定土地的类型，以确定其是否适合于或不适合进行耕作。这些努力和最近的农田立法已经使美国的土壤侵蚀有所缓解（案例研究，右页）。

我们如何维持和恢复土壤肥力？

化肥可以部分地恢复因土壤侵蚀、农作物收割和沥滤而丧失掉的植物养分。农民们既可以使用由植物和动物材料制成的有机肥，也可以采用由各种矿物质制成的商业无机肥。

有机肥包括三种基本类型：动物肥、绿肥和混合堆肥。动物肥包括牛、马、家禽和其他农用动物的粪和尿。这种肥料（1）可以改善土壤结构；（2）可以添加有机氮肥，并（3）刺激有益的土壤细菌和真菌的生长。

尽管这种肥料很有效，动物肥料在美国的采用量已经减少了。原因有：（1）大多数动物养殖和农作物种植的混合操作被农作物种植和动物饲养分开操作所取代；（2）从城市区域附近的动物饲养地将动物肥料运送到遥远的乡村中的农作物种植区要花费高昂的代价，以及（3）以马匹和其他动物为牵引力的、可以为土壤添加肥料的耕作方式被拖拉机和其他机械化农机所取代。

绿肥是犁入土壤中的新鲜的或正在生长的绿色植物，增加下一次的农作物耕种的有机物质和腐殖质。混合堆肥是一种芳香的、深褐色的、类似于腐殖质的物质，它们在有机物质和土壤养分中的含量很丰富。在氧气的作用下，当土壤中的微生物（主要是真菌和需氧细菌）将有机物质如树叶、食品废物、纸张和木材分解时，就会产生这种肥料。混合堆肥是一种丰富的天然肥料和土壤调节剂，（1）改善土壤的通气状况；（2）改善土壤保持水分和养分的能力；（3）有助于防止侵蚀，并（4）防止养分因被作为垃圾处理掉而被浪费。但是，农民们和各种组织却通过相间堆积各种物质来制造混合堆肥：（1）含丰富氮元素的废物（如剪草废物、杂草、动物肥料、厨房中蔬菜的废弃物），以及（2）含丰富碳元素的植物废品（死亡的树叶、干草、稻草、锯屑），和表层土。

如果将玉米、烟草和棉花成列地种植在同一块土地上，几年之后，表层土中的养分就会被消耗光（特别是氮元素）。轮作法是一种缓解这种养分损失的方法。农民们第一年成片或成条状的种植会消耗养分的农作物。下一年，他们则在同一块土地上种植豆类（其根瘤可以增加土壤的氮）。除了有助于恢复土壤养分之外，这种方法（1）可以通过以植物覆盖土壤表面来缓解侵蚀；（2）通过变化农作物种类来降低害虫对农作物的侵害。

无机肥料是否可以挽救土壤呢？

今天，很多农民（特别是发达国家的农民）依靠含有氮元素的商业无机肥料（如铵离子、硝酸根离子或尿素）、磷肥（如磷离子）和钾肥（如钾离子）。其中还含有少量的或微量的其他植物养分。

无机商业肥料易于运输、储存和施用。在 1950 年至 1989 年间，全世界无机肥料的使用量增长了大约 7 倍，但从 1990 年至 1999 年间却降低了大约 12％。今天，施用了这些肥料所生产出的食物供养着全世界三分之一的人口；没有它们，全世界的食

案例研究

减缓美国的土壤侵蚀

在全世界主要的食品生产国中，美国是惟一一个通过耕地保护法和政府资助的土地保护计划大幅度降低了土壤损失的国家。

1985 年通过的《农田法》建立了一种缓解美国土壤侵蚀状况的策略。在该方案的第一阶段，农民们可以将一定数量的资助用于将受到严重侵蚀的土地闲置起来，并在 10—15 年的时间内种植可以保存土壤的草类或树木。这种保护区中的土地不允许进行耕种、放牧或干草采集活动。违反了这一法规的农民们必须付还所有政府资助以及附加的利息。

根据美国农业部的信息，从 1985 年开始，该计划已经降低了美国耕地 65%的土壤损失——“好消息”的一个漂亮的例子——最终可以降低耕地损失的 80%。在 1996 年，国会再次授权保护区计划持续到 2002 年。

该方案的第二阶段要求所有拥有受到严重侵蚀土地的农民在 1990 年之前制订一项经政府批准的 5 年期的土壤保护方案。《农田法》的第三次修正案授权政府，在农民同意在 50 年内不在受到严重侵蚀的耕地或湿地上进行耕作后，可以全部或部分取消农民所欠农宅管理处的债务。农民必须在这些土地上种植树木或草类或将其恢复为湿地。

1985 年通过的《农田法》使美国成为主要食物生产国中第一个将土壤保护视为国家的主要国策的国家。虽然这些缓解土壤侵蚀的努力迈出了重要的一步，但全美农业用地中仅有大约一半面积、严重侵蚀的耕地中仅有不到一半的面积有效实施了这一计划。

批判性思考

你是否认为美国的税收应该用于为农民偿付将受到严重侵蚀的土地闲置起来的费用？为什么？有没有其他方法？

物产量将会下降大约 40%。

但是，商业无机肥料也有一些弊端。包括：(1) 不会给土壤增加腐殖质；(2) 降低了土壤中有机物质的含量，从而降低了其保持水分的能力（除非动物肥料和绿肥也一起施用）；(3) 降低了土壤中的氧含量，使肥料无法被植物高效吸收；(4) 仅提供植物所需的 20 多种养分中的 2—3 种；(5) 其生产、运输和施用过程需要耗费大量的能量；(6) 会使土壤释放出氧化氮（N_2O），一种会加剧全球气候变暖的温室气体。

商业无机化肥的广泛施用，特别是在近河流和湖泊的坡地上，还会导致水体污染，因为硝酸根离子（NO_3^-）和磷酸根离子（PO_4^{3-}）肥料养分会被冲刷入附近的水体之中。植物养分的增加（耕作性富营养化）会导致藻类的繁盛，从而将溶解在水中的氧消耗殆尽，最终杀死鱼类，在第 313—314 页将进行详细讨论。渗入到土壤中的雨水还会将商业肥料中所含的硝酸盐渗滤入地下水中。取自井中的硝酸根离子含量很高的饮用水是有毒的，特别是对于婴儿。

根据土壤科学家的说法，缓解土壤侵蚀的责任不应仅由农民来承担。木材砍伐、过度放牧、采矿以及城市开发这些没有恰当考虑土壤保护的活动也会导致土壤的侵蚀。附录 4 中列出了一些你力所能及的事情来缓解土壤侵蚀。

7.3　食物是如何生产出来的?

食物生产所用的三个体系是什么？

一些好消息和坏消息

从历史上来讲，人类一直依靠三种体系来进行食物供给：(1) 耕地（主要是生产谷物）；(2) 牧场（放牧牲畜来生产肉类），和 (3) 海洋渔场。

好消息：从 1950 年以来，全世界这三种体系所生产的食物总量有所增加，主要是由于技术进步所致，表现在以下几方面：(1) 拖拉机和农机以及高技术的捕捞船和捕捞设施的广泛采用；(2) 无机化学肥料的使用；(3) 灌溉改良；(4) 杀虫剂的改良；(5) 高产的小麦、大米和玉米的变种的采用；(6) 养殖牛、猪和鸡的高密度的饲养厂和封闭式的围栏采用，以及 (7) 养殖某些种类的鱼类和贝类的水产养殖池塘的采用。

为了供养 2054 年全世界将达到的 90 亿人口，我们必须生产和公平分配比农业生产开始以来的 10000 多年时间所生产的食物总量还要多的食品，并以一种环境可持续的方法来进行生产。一些分析家认为我们可以继续发展工业化农业以生产所需的食物。

坏消息：其他一些分析家反驳道，未来的食物生产会受到限制，原因有：(1) 环境衰退；(2) 污染；(3) 缺乏灌溉用水；(4) 牲畜的过度放牧；(5) 鱼类的过度捕捞，以及 (6) 随着人类活动继续毁坏支持所有生命生存的地球初级净生产力（图 2－27，第 44 页），一些至关重要的生态贡献会丧失掉。

植物和动物是如何养育整个世界的？

虽然全世界有 30000 多种人类可食的植物物种，但仅有 15 种植物和 8 种陆生动物为人类提供了全部食物的 90%。三种谷物——小麦、大米和玉米——提供了人类所消耗的全部热量的一半以上。这三种谷物和其他大多数粮食作物都是一年生的，每年都要重新进行种植。

全世界三分之二的人们主要以传统谷物为食（主要是大米、小麦和玉米），主要因为他们无法负担得起肉类消费。随着收入的增长，人们消费的谷物越来越多，但是间接地表现为肉类（主要是牛肉、猪肉和鸡肉）、蛋类、奶类、奶酪以及其他以谷物为食的家畜产品。

鱼类和贝类是一种重要的食物资源，大约维持着 10 亿人的生存，主要在亚洲和发展中国家的沿海地区。但是，从全球的角度来讲，鱼类和贝类所供应的能量仅为不足 1%，所供应的蛋白质还不足 6%。

食物产品的主要类型是什么？

农业体系存在着 2 种主要类型：工业化类型和传统类型。工业化农业也称为高投入农业，要投入大量的化石燃料能源、水、商业化肥和杀虫剂来生产大量的单一农作物（单一农业种植）或家畜。全球耕地面积的 25% 都采用高投入工业化农业，主要集中在发达国家（图 7－10），自 1960 年代中期以来，也已经在一些发展中国家中得到了广泛采用。

种植园农业是一种主要在热带的发展中国家采用的工业化农业。它包括在大面积的种植园内单

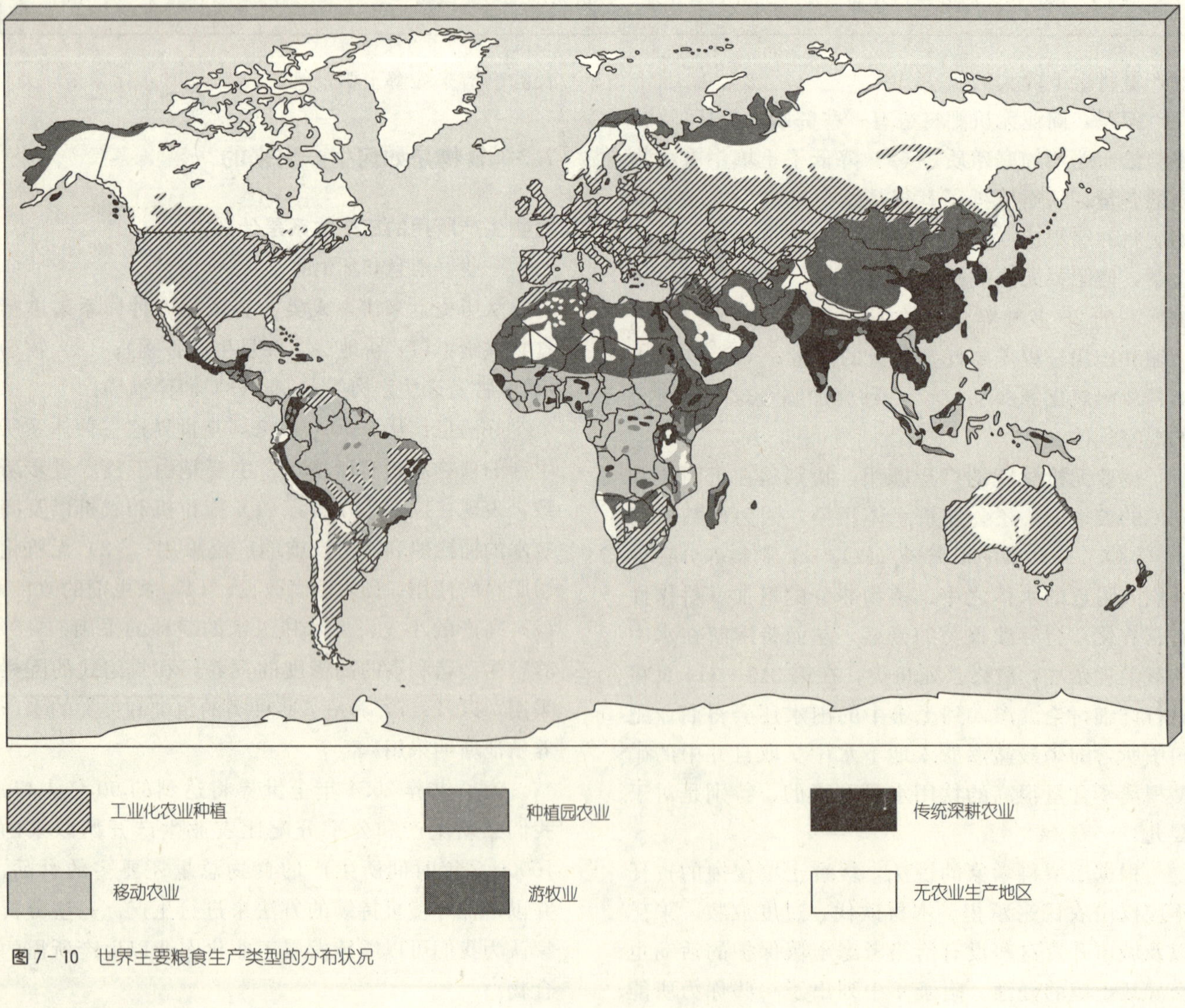

图 7－10　世界主要粮食生产类型的分布状况

一种植经济作物（如香蕉、咖啡豆、大豆以及甘蔗、可可豆和蔬菜等），产品主要销往发达国家。

发达国家的畜牧产品数量有所增加，所采用的也是工业化方法。大量的牛被圈养在高密度的饲养场中，在屠宰前的4个月中迅速催肥。发达国家中所饲养的大多数的猪和鸡的一生都在高密度的棚舍里度过，主要以耕地中生产出的谷物作为饲料。

传统农业包括两种主要类型，被发展中国家的27亿人口所采用（全世界人口的44%），并供应着全世界食物总产量的20%。传统生存农业一般主要采用人力劳动和牲畜来生产仅够一户农民生存的粮食和家畜产品。这种低投入类型的农业生产包括热带森林中所采用的大量的各种形式的移动耕作（图7-10）。在传统深耕农业中，农民增加了人力和牲畜劳力的投入、化肥的投入以及灌溉水的投入，以获得较高的单位面积产量来维持全家的生活并出售余粮获得额外收益。

绿色革命是如何提高食物产量的？

高投入单一耕种农业

农民可以通过以下方法来生产更多的食物：(1) 对更多的土地进行耕种；(2) 获得现有耕地的更高的单位面积产量。自1950年开始，全球食物产品的大多数增长都是通过提高单位面积产量获得的，这种新的耕作方式称为“绿色革命”。

这一过程包括三个阶段：(1) 开发和种植经过选种的或基因改良的高产出单一农作物，如大米、小麦和玉米；(2) 投入大量的化肥、杀虫剂和水以获得高产，以及 (3) 增加耕作程度和频率。这种高投入的方法极大地提高了大多数发达国家自1950至1970年间的粮食产量，被称为“第一次绿色革命”（图7-11）。

第二次绿色革命发生在1967年（图7-11），速生的大米和小麦的低矮变种，特别是为热带和亚热

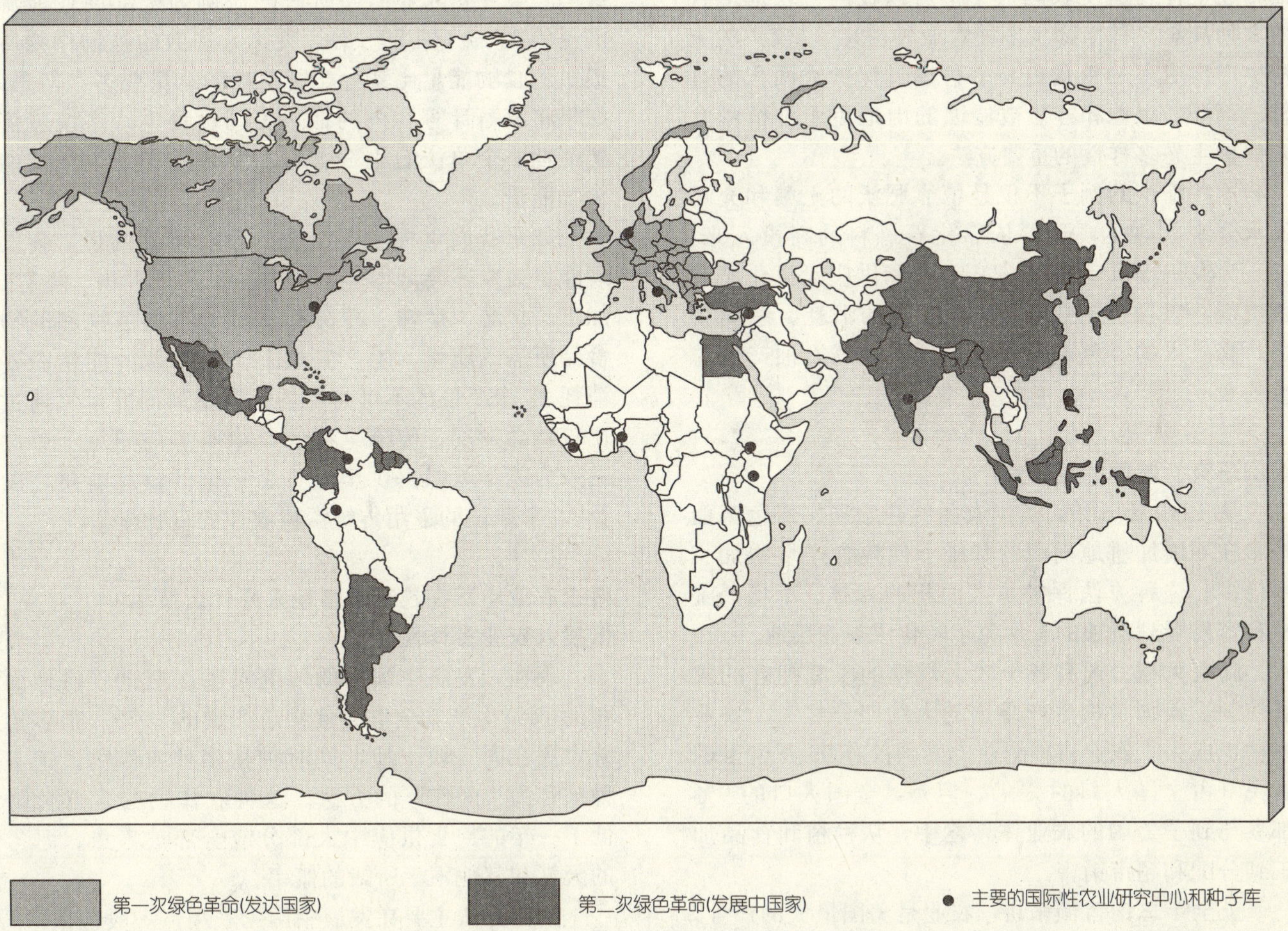

图7-11 在两次绿色革命期间单位面积的耕地产量有所增加的国家。第一次绿色革命发生在1950—1970年间的发达国家；第二次绿色革命发生在1967年之后能够获得充分的降水或具有充足的灌溉能力的发展中国家。一些农业研究中心和基因库或种子库在开发高产的农作物品种方面发挥了重要的作用

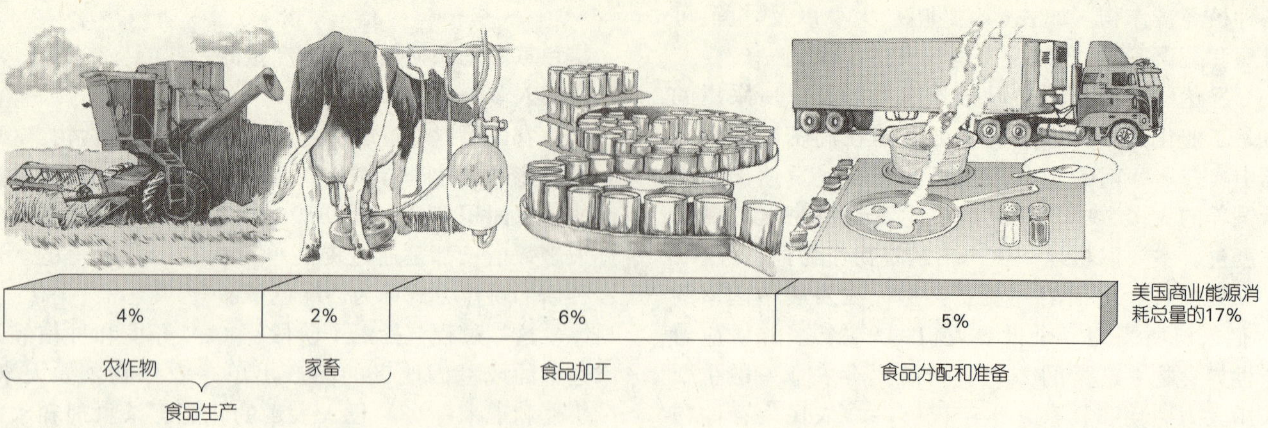

图7-12 在美国，工业化农业所消耗的能源占全部商业能源消耗总量的17%。平均来讲，美国人所食用的每一块食物都经历了2100km（1300英里）的运送路途

带气候所培育的变种被几个发展中国家所采用。在充分的肥沃土壤、化肥、水和杀虫剂的投入的基础上，这些新作物的产量是传统的小麦、大米的2至5倍。速生作物还使农民一年中可以在同一块地上种植2种甚至3种作物（多种农业种植）。以较少的土地生产出更多的粮食也是一种通过保护大面积的森林、草场、湿地和容易被侵蚀的山地免于种植粮食来保护生态多样性的重要方法。

这些增产的例子不仅是依靠肥沃的土壤和充足的水分来实现的，还要依靠化石燃料的高投入来：(1) 为农机提供动力；(2) 生产和供应无机化肥和杀虫剂，以及 (3) 供应泵水灌溉的消耗。总而言之，高投入的绿色革命农业消耗了全球石油产出总量的8%。

案例研究：美国的食物生产

从1940年开始，美国农民就开始采用绿色革命技术在不增加耕地面积的基础上使粮食产量增加了一倍多。这种方法保护了大面积的森林、草场、湿地和容易受到侵蚀的土地免于转化成农业用地。

随着大型公司和各个较大规模的家庭拥有的农场控制了美国食物生产总量的大约四分之三，农业耕种也成为了农业耕种企业。美国仅有65万名专职农民（占全国人口的2%）。但是，全国人口的9%都参与到了美国的农业体系之中，从种植和食品加工到分配和超市销售。

就全年总销售额来讲，农业是美国最大的产业，比汽车、钢铁以及房屋产业加起来还要大。它的产出占美国年国民生产总值的18%，占私人产业总工作数量的19%，雇佣着比任何其他产业都要多的劳动力。

美国的农业体系是很高产的。以仅占全世界0.3%的农业劳动力生产着占全世界食物产量的大约25%，占全世界谷物出口量的将近一半。

因为主要由石油价格下降导致的能源价格走低的原因，这种农业生产的工业化已经成为可能。在美国，每年，农业消耗所占的比例为全部商业能源消耗的17%（图7-12）。美国大多数的植物作物所提供的食物能量比其生产所消耗的能量要多。但是，如果将家畜计算在内的话，美国食物生产系统就需要消耗3个单位的化石燃料能量来生产1个单位的食物能量。

如果我们审视一下全美的食物体系的话，会发现能量效率还会低得多。考虑一下用于种植、储存、加工、包装、运输、冷冻和烹调所有的植物和动物食品所需的能量，生产餐桌上1个单位的能量需要消耗10个单位的不可再生的化石燃料的能量。通过比较就会发现，传统生存农业中所消耗的每个单位的人力能量可以提供至少1个单位的食品能量，以及10个单位的采用传统深耕农业的食物能量。

传统农业中正在越来越多地采用什么技术？

低投入农业多样性

现在，发展中国家的传统农民以全世界耕地面积的75%生产着全世界食物总产量的20%。很多传统农民在同一块土地上同时种植多种农作物，这一种被称为“间作”的方法。这种农作物的多样化降低了一年的粮食供应中大部分或全部被害虫、恶劣的天气和其他不幸所毁的概率。

间作方法主要在发展中国家采用，一般包括：

● 多品种耕作，一块土地中种植了同一农作物的几种不同品种。

● 间混作，在一块土地上同时种植两种或更多种不同的农作物（例如，一种消耗土壤中的氮元素的富含糖分的谷物与一种可以恢复土壤中的氮元素

个体作为专栏

堪萨斯大草原上的多年生农作物

当你想像堪萨斯州的农民时，你的眼前也许会展现出一块一望无际的麦田或玉米田，年复一年的耕作种植。到2040年，这种景象就会发生变化，这都要感谢堪萨斯州萨莱纳（Salina）附近的非盈利性机构土地研究所所进行的前驱性研究。

该研究所由植物基因学家 Wes Jackson 领导，正在以一种生态学的方法来对美国中西部草原上的农业种植方法进行试验，该方法依靠一种在同一块土地上混合种植多种不同的农作物，这是一种被称为“多种农业种植”的方法。其目的是通过混合种植以下农作物来进行粮食生产：（1）多年生草类；（2）豆类（一种氮肥的来源）；（3）向日葵；（4）谷类作物，以及（5）在同一块田地中可以提供天然杀虫剂的植物。

该研究所的目标是通过模仿众多的草原自然条件而不损失肥沃的草场土壤来种植粮食（图 7－3，上右）。该研究所的研究者们认为多年生多种农业种植方法可以与现代单一种植农业相混合，以降低其有害的环境影响。

因为这些植物都是多年生的，所以就不必每年都对土壤进行扒犁来进行种植。这比传统的单一种植农业方法或种植一年生农作物的多样化有机农业方法要节省劳力。这种方法还可以（1）缓解土壤侵蚀，因为未进行扒犁的土地不会受到风雨的侵蚀；（2）降低由化学肥料和杀虫剂所引起的污染程度；（3）减少了灌溉需求量，因为这些多年生植物的深根可以比一年生植物保留住更多的水分。

该研究所进行了 30 年的研究，最终结果显示在中西部草原地区种植各种混合种植的多年生植物可以作为重要的粮食生产源。这些发现可以帮助日趋增长的世界人口生产并分配充分的粮食来满足每个人的基本营养需求而不会使维持所有粮食生产的土壤、水、空气和生物多样性产生衰退。

批判性思考

更多的依赖多年生农作物会有哪些不利因素？为什么传统的粮食生产公司反对更多依赖多年生农作物品种？如何克服这些反对意见？

的富含蛋白质的豆类混作）。

- 农业植林，或垄条状种植，农作物和树木混种在一起（图 7－9c）。
- 多种农业，一种更复杂的间混作方式，多种具有不同成熟期的不同植物混种在一起。这种低投入的方法具有以下优点：（1）需肥和需水量较少，因为不同深度的根系可以高效地吸收养分和水分；（2）可以免遭风和水的侵蚀，因为土壤全年都被农作物所覆盖；（3）仅需要少量，甚至不需要施用杀虫剂，因为其间可以形成多种以农作物为食的昆虫的天敌的栖息地；（4）仅需要少量，甚至不需要施用除草剂，因为杂草无法与多种农作物竞争；（5）拥有了可以抵抗恶劣天气的保证，因为所种植的农作物具有多样性。Wes Jackson 正在使用这种技术在美国的草原农场上种植多年生农作物（个体作为专栏，本页上部）。

最近对 14 个人工生态系统中的农作物产量所进行的生态研究表明，低投入多种农业（4 种或 5 种不同的农作物种类）的每公顷平均产量要比高投入单一种植农业要高。这一发现对在发展中国家以传统高产间作法和增加有机化肥和灌溉用水的投入的方法相结合来开发高产的可持续农业具有重要的意义（个体作为，本页上部）。

7.4 食物生产、营养与环境影响

食物产量增加了多少？

图 7－13 说明了采用高投入单一种植农业方法在生产食物和避免饥饿和营养不良的激增方面所取得的成功。还有一些好消息。从 1950 年至 1990 年间，（1）世界谷物产量几乎增长了 2 倍（图 7－13 左图）；（2）人均产量几乎增长了 36%（图 7－13 右图）；（3）排除通货膨胀因素，食物的平均价格下降了 25%，以及（4）世界市场的食品贸易增加了 3 倍。

尽管在食品生产上取得了如此辉煌的成绩，但仍然存在着一些令人烦扰的但又具有挑战性的消息：

- 在维持着约 20 亿人口生存的地区中，人口增长速度已经超过了食品生产和分配速度，特别是在非洲的次撒哈拉地区*，那里是一个极度贫困的地方，也是世界上人口增长速度最快的地区之一。
- 从 1985 年起，全球谷物总产量已经趋于平稳（图 7－13 左图），而人均谷物生产量却有所下降（图7－13右图）。根据一些分析家的说法，这是因

* 非洲的次撒哈拉地区包括除了南非和撒哈拉沙漠以北的 6 个非洲国家以外的所有非洲国家。

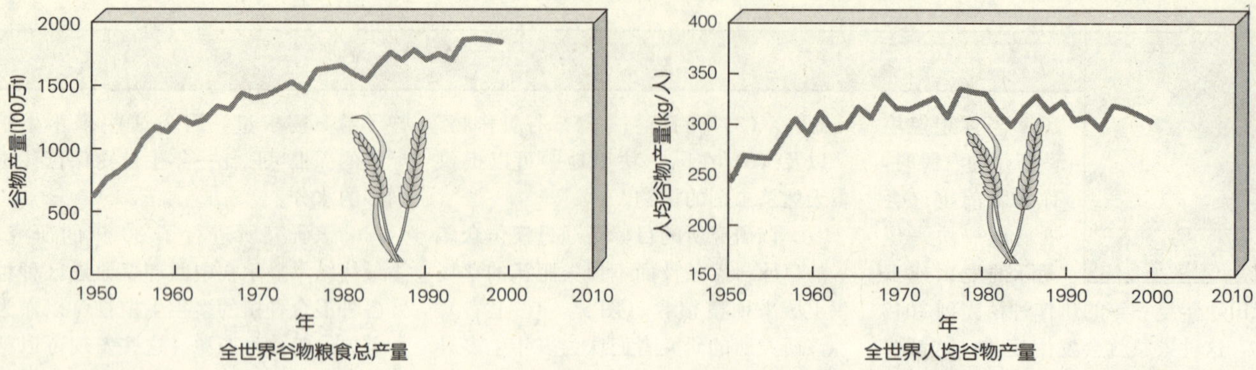

图 7-13 1950—2000 年，预计至 2010 年，全世界的小麦、玉米和大米等粮食作物的总产量，以及人均谷物产量（数据来自美国农业部，世界观察研究所，以及联合国粮农组织）

为更高效的食物生产已经降低了农民出售谷物的价格以及他们种植更多农作物的积极性。其他一些分析家认为这种谷物生产的趋于平稳还有以下几个原因：(1) 绿色革命农作物所能承受的水、化肥以及杀虫剂等的数量限制；(2) 土壤的侵蚀和盐碱化以及灌溉用水的缺乏所造成的生产力的降低。

- 人类食物中两种传统的动物蛋白来源——牧场（生产着全世界的大部分的牛肉和羊肉产品）和渔场——几乎已经达到了其生产能力的极限了。
- 如果全世界每个人都消费着与发达国家的普通人同样的食物的话，其中 30%—40%的热量来自动物产品，则全世界现在的农业系统仅能支持 25 亿人口的生存。

营养不良和营养失调状况有多严重？

根据联合国和世界银行的研究，现在全球发展中国家中每 6 个人中就有一个无法获得充足的食物，发达国家中每 7 个人中就有一个营养过剩。那些食物和体重不足的人和食物和体重过剩的人面临着相似的健康问题：(1) 短命；(2) 容易生病；(3) 生产力和生命质量都较低。

为了维持良好的健康状态和抵抗疾病，人们需要：(1) 大量的常量营养素，如蛋白质、糖类以及脂肪；(2) 较少量的各种维生素（如维生素 A、C 和 E）组成的微量营养素和矿物质（如铁、碘和钙）。

那些无法自己生产或购买充足的食品以满足其基本能量需求的人们会产生营养不良的状况。严重营养不足的人所获得的热量还不足最小热量获取标准的 80%。

不得不依靠仅由小麦、大米或玉米等谷物构成的低蛋白质、高糖分食物生存的人通常都会产生营养失调状况：一种缺乏蛋白质和其他关键营养元素的现象。全世界极端贫困的人口中有很多遭受到营养不良和营养失调的双重折磨，特别是儿童。

还有一些好消息。尽管人口增长迅速，营养失调的人口数量从 1970 年的 9.18 亿人降低到 1999 年的 8.26 亿人（其中 96%生活在亚洲和非洲）。但是，根据联合国的信息，令人烦扰的是，发展中国家中每 6 个人就会有一个（其中包括每 3 个 5 岁以下的儿童中就有一个）出现营养失调。

这些人很容易患病，成年人也会很衰弱而无法进行生产工作或进行清晰思考。最终，他们的后代也会很容易产生食物不足、营养失调，并很容易患病。当这些儿童长大成人之后，很多都会陷入营养失调——贫困的恶性循环之中（图 7-14），甚至会延续几代人之久。

根据世界卫生组织（WHO）的信息，每年至少有 1000 万名儿童过早夭折，其中一半是 5 岁以下的幼儿，其原因有：(1) 营养不良；(2) 营养失调，或 (3) 一般性非致命性疾病，如由营养失调导致的麻疹和痢疾。但是，由营养不良和营养失调而导致的过早夭折是可以避免的（解决途径专栏，第 218 页）。

发展中国家中最广泛的微量营养素缺乏包括维生素 A、铁和碘元素的缺乏。根据世界卫生组织的数据，发展中国家中大约 1.24 亿儿童都患有维生素 A 缺乏症状。这使他们具有失明（每年大约有 50 万个病例）和过早夭折的危险，因为即使轻度的维生素 A 缺乏也会降低儿童对传染病的抵抗力，如痢疾和麻疹。根据联合国儿童基金组织（UNICEF）的调查，通过广泛使用新型的维生素 A 增强大米来增加维生素 A 的摄入量每年可以防止 100—200 万名年龄小于 5 岁的儿童过早夭折。

缺乏矿物质也会导致其他营养素缺乏疾病。铁（是一种在血液中运送氧气的血色素的组成成分）摄

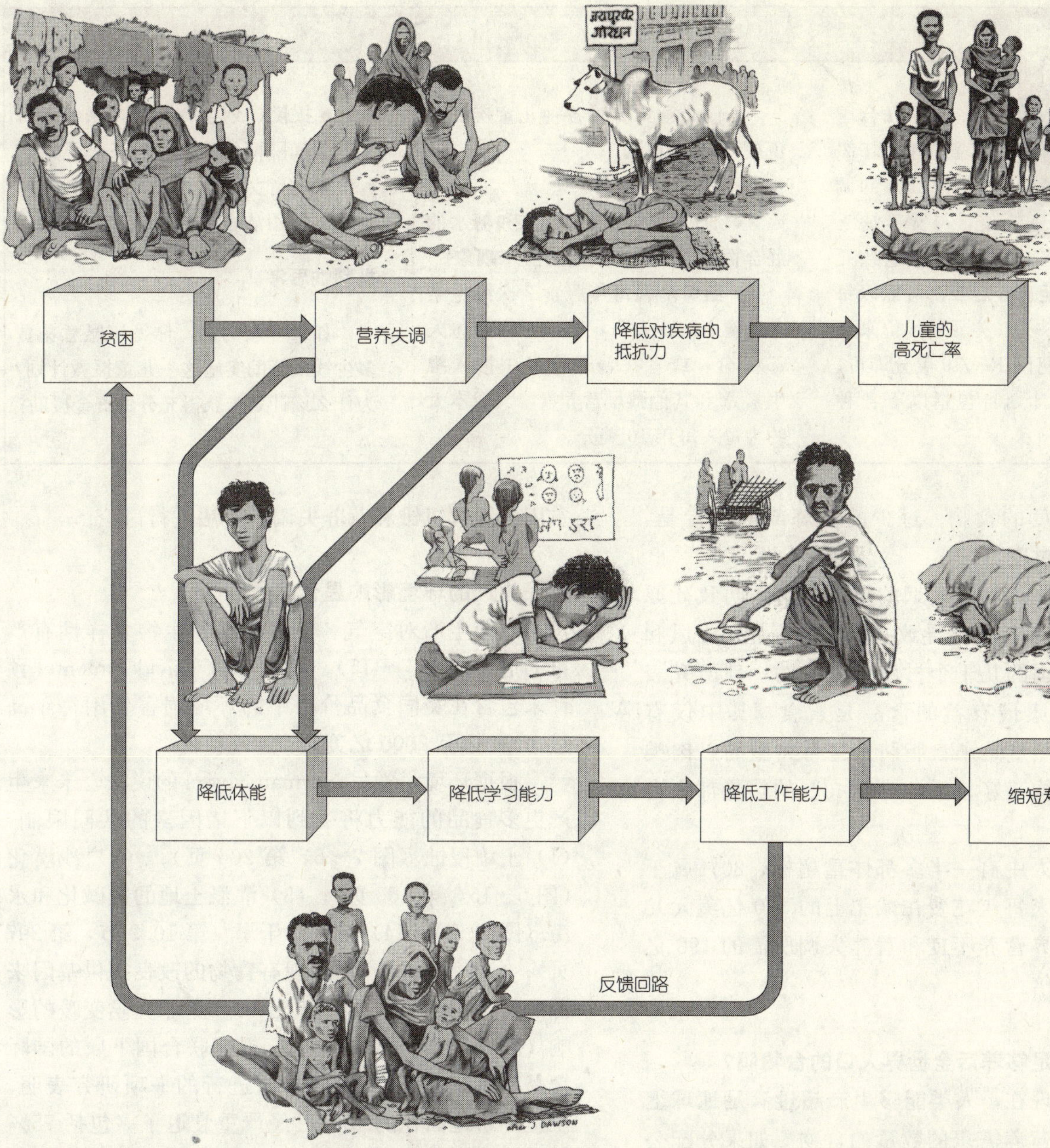

图 7-14　贫困、营养失调和疾病之间的相互影响关系形成了一个悲剧性的循环，这一循环会在家庭的后代中继续下去

入量过少会导致贫血症。矿物质缺乏（1）会引起疲劳；（2）更容易染上传染病；（3）增加了女性在生育时的死亡危险性；（4）会增加婴儿生命的最初几年中患传染病死亡的危险性，以及（5）削弱了提高小学教育的努力，因为正在生长的大脑需要充分的铁元素来进行学习。根据世界卫生组织在 1999 年所做的一项调查，全世界每 3 个人中就有一个患有铁元素缺乏症，主要是热带的发展中国家的妇女和儿童。

基本元素碘存在于海产品和生长在含碘丰富的土壤中的农作物中，这是一种甲状腺正常运作的基本元素，它会产生出一种控制身体新陈代谢速度的荷尔蒙。碘元素缺乏会（1）妨碍身体生长；（2）导致智力缺陷，以及（3）导致甲状腺肿大（甲状腺的不正常肿大，会导致失聪）。根据联合国卫生组织的调查，发展中国家中至少有 7.4 亿人的碘元素摄入量过少。

营养过度状况有多严重？

发达国家中每 7 个成年人（其中在美国每 5 个人中就会有一个）就会有一个营养过度，这是一种食物能量的摄入量超过消耗量，并导致身体的发胖

解决途径专栏

救救孩子

根据联合国儿童基金组织（UNICEF）的调查，与营养缺乏有关的儿童致死案例中的一半至三分之二都可以以每年每个儿童仅 5—10 美元的代价来避免，或者每星期仅 10—19 美分即可。这个生命救助计划将包括以下各种措施：

- 使儿童具有对各种儿童疾病的免疫力，如麻疹。
- 鼓励母乳喂养。
- 通过给婴儿喂食盐水和糖水的混合物来避免痢疾引起的脱水现象。
- 给每个人每年服食 2 次维生素 A 胶囊来防止失明，其成本仅为每人 75 美分，或者在普通食品中掺入维生素 A 和其他微量营养素，其成本大约为每人每年 10 美分。
- 提供计划生育服务，来帮助母亲至少间隔两年再生育下一个子女。
- 提高女性的受教育程度，强调营养、饮用洁净水以及儿童看护。

批判性思考

如果可以的话，你每年愿意花费多少钱来帮助实施这一儿童援救计划？为什么该计划未获得充分的资金援助？

（肥胖症）。过度的食物、过少的锻炼或两者皆是，都会导致营养过度。

营养过度是仅次于吸烟的第二大可预防致死原因（第 239 页），主要会导致心脏病、癌症、中风和糖尿病。对中国的几千个村庄所进行的一项研究表明，对人类健康最有益的食品是素食，其中仅有 10%—15%的热量是来自脂肪。这与典型的以肉类为主的饮食结构正好相反，其中 40%的热量都来自脂肪。

美国成年人中有一半多都体重超标，20%属于肥胖症。美国人每年花费在减肥上的 360 亿美元几乎是消灭全世界营养不良和营养失调所需的 190 亿美元资金的 2 倍。

我们能够生产足够养活全世界人口的食物吗？

好消息：现在，人类能够生产超过满足地球上所有人的基本营养需求的数量的食物。如果分配公平的话，则目前全世界所生产的谷物足够给每个人提供一种无肉类食品的生存饮食。

坏消息：对于那些无法获得充分的食品的人们来讲，食品在全球各地的分配并不公平，因为：（1）土壤的不同；（2）气候的不同；（3）政治和经济力量的不同，以及（4）人均收入的不平衡（图1-7，第 6 页）。

大多数的农业专家都认为饥饿和营养失调的主要诱因是而且将来依然是贫困，这使贫穷人口无法生产或购买充分的食物，尽管有那么多食品存在着足供购买。例如，根据联合国的调查，在 1990 年代，所有营养失调儿童中有近 80%生活在食品过剩的国家中。在第 12.3 节（第 364 页）将对通过降低贫困来缓解饥饿和营养失调的方法进行讨论。

食品生产的环境影响是什么？

农业生产对空气、土壤、水和生物多样性有严重的危害（图 7 - 15）。生物学家 David Pimentel 预计未包含在美国食品价格中的环境损害费用每年高达 1500 亿至 2000 亿美元。

根据环境科学家 Norman Myers 的说法，未来生产更多食品的能力将受到以下诸因素的共同限制：（1）土壤侵蚀（图 7 - 6，第 206 页）；（2）沙漠化（图 5 - 15，第 163 页）；（3）灌溉土地的盐碱化和水涝（图 7 - 8）；（4）缺水和干旱（第 10.3 节，第 297 页）；（5）为新的食物和现有食物的改良提供基因来源的野生物种的丧失，以及（6）全球气候变暖的影响（第 9.4 节，第 264 页）。根据联合国下属的国际食品政策研究所在 2000 年所进行的一项研究表明，全世界耕地面积的 40%已经严重衰退了（包括 75%在中美洲，20%在非洲，11%在亚洲）。人们越来越关注环境因素对印度和中国这两个全世界人口最多的国家的食品生产所造成的限制（案例研究，第220 页）。

7.5 世界食物问题的解决途径

提高农作物产量是否有效？

农业专家预计未来的每公顷面积的农作物产量的增加主要来自（1）改良了的杂交系植物的种植，和（2）绿色革命技术推广到世界上新的地区。例如，新的玉米和大米品种会提高这两种农作物的产量。

但是，（1）传统的杂交方法过程缓慢，一般需

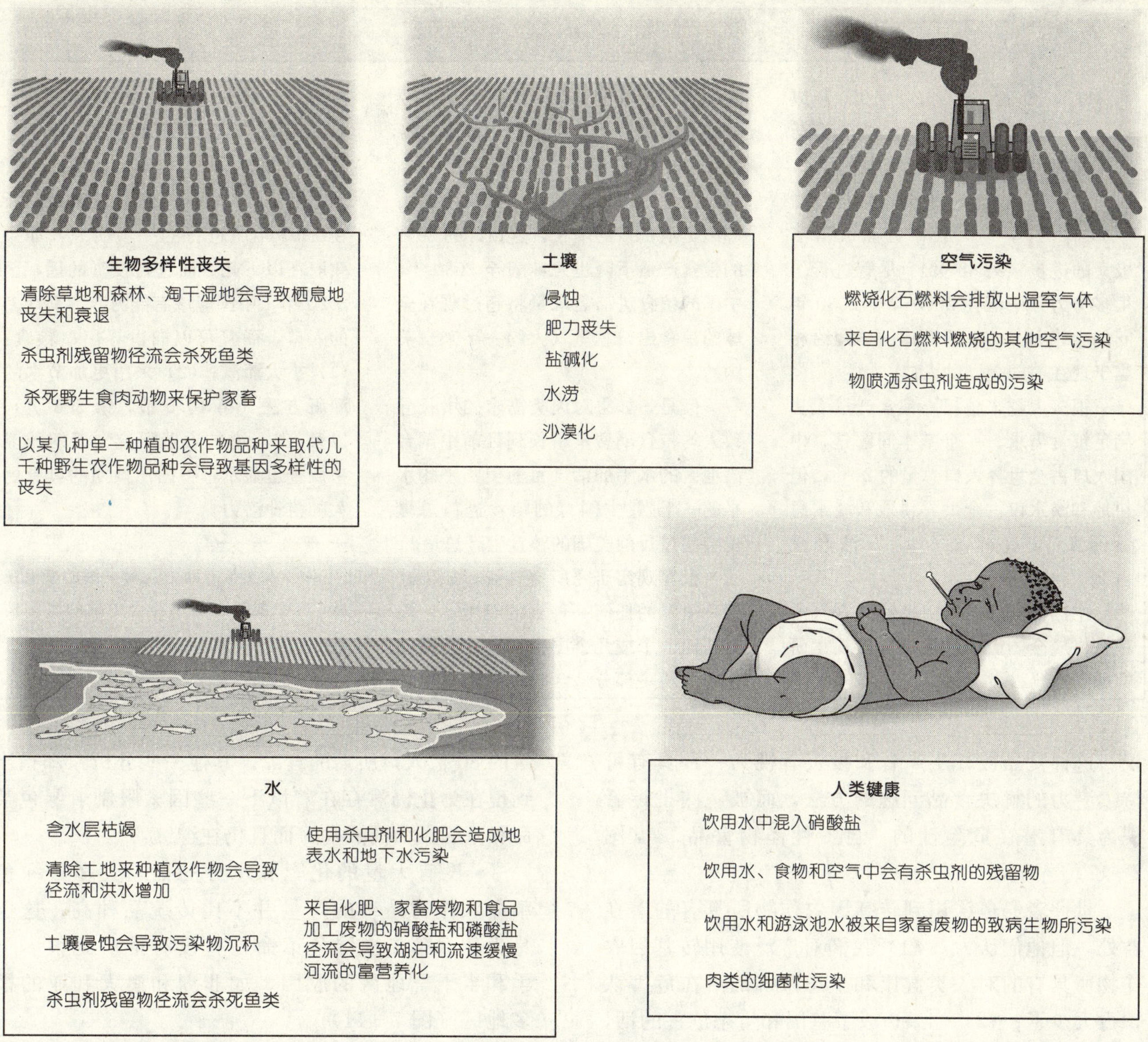

图 7-15 粮食生产的主要环境危害

要花费 15 年或更长的时间来生长出一种具有商业价值的新品种；(2) 这种方法仅能结合在基因上相互封闭的品种的各自特性，以及 (3) 杂交品种在其效力因虫害和病害而减弱之前仅能维持 5—10 年的时期。

基因工程是否有效？

科学家正在努力进行新的绿色革命——实际上是基因革命——通过采用基因工程和其他形式的生物技术来开发基因改良的新品种农作物。粮食作物的基因工程或基因拼接是将一种相异基因插入到一种具有商业价值的植物（或动物）中，从而为它赋予一种新的有益的基因特征。这样的有机物称为“转基因生物”(GMOs)。

与传统的杂交相比，基因拼接 (1) 开发新的农作物或动物品种所需的时间仅为原来的一半；(2) 节省费用；(3) 可以在一种农作物或动物的细胞内插入其他任何生物的基因。图 7-16 列出了开发转基因或基因转移植物的几个步骤。科学家还在使用高级组织培养技术来仅对某一植物中所需的部分，如油脂或果实进行开发。

无论是否准备好了，世界现在正进入一个基因工程的时代。美国超市中几乎三分之二的食品都包含经过基因转化的农作物，而且这一比例正在迅速增长。

对于转基因食品 (GMF) 存在着越来越多的争

案例研究

中国能否养活自己众多的人口？*

自1970年以来，中国在养活自己众多的人口和减缓其人口增长率方面取得了极大的进步（第88页）。尽管进行了很多努力，中国在2000年至2030年间仍会增加2.75亿人口——大约相当于现在美国全国的人口。

很多人越来越担心粮食产量无法满足粮食需求。一个基本问题是，中国人口占全世界人口总量的21%，但耕地和淡水仅占全世界耕地和淡水总量的7%，森林占3%，石油产量占2%。

中国依靠灌溉农田来生产70%的粮食供应全国需求。根据世界观察研究所的预测，在1990—2030年间，中国的粮食产量至少会降低20%，主要是因为水源短缺、耕地退化以及水源从农田转向城市。

即使中国目前的经济繁荣不会引起肉类消费量的增长，这预计的20%的粮食产量下降也意味着至2030年，中国的粮食进口需求量将超过现在全球的粮食出口总量（大约一半来自美国）。

但是，如果对肉类需求的增长导致人均粮食消费量增长到目前中国台湾地区的水平的话（目前美国平均水平的一半），中国总的粮食进口总量也会超过目前美国的粮食生产总量。

世界观察研究所警告说，如果这两种情况的任何一种真的发生了，没有任何一个或几个国家具有支持即使是中国的一部分地区的粮食需求量的能力。这还未考虑到2030年时，世界其他地区的粮食需求赤字，特别是非洲和印度。

但是，根据国际粮食政策研究所在1997年所进行的一项研究，如果政府在以下几方面进行投资的话，至2020年，中国应该有能力养活其众多的人口，而且可以向世界出口粮食：（1）扩大灌溉；（2）采用更加节水的灌溉方法（第10.5节，第306页），以及（3）增加农业研究。近期的卫星调查也显示，中国比预期的具有更大的耕地潜力。

---

* 本文带有西方人对中国的偏见观点，文中数据也都不符合中国的实际情况。——编者注

议。这种食品被其生产者和投资者视为一种具有可持续潜力的解决食品问题的方法，而被一些批评者视为具有潜在危险性的“自毁性怪物食品”（图7-17）。

批评者们也认识到转基因农作物所具有的潜在益处，但他们认为：（1）我们对广泛使用转基因农作物所具有的对人类健康和生态系统的潜在危害认识得太少了；（2）如果造成了基因和生态危害的话，转基因生物是无法回收。这些批评者呼吁（1）多进行控制性的现场试验；（2）进行更多的研究和长期的安全测试以提高对潜在危害的了解；（3）对这种迅速发展的技术制订更严格的立法，以及（4）对这些食品进行强制性标记以使消费者具有选择力（如日本、欧洲国家、韩国、加拿大、澳大利亚和新西兰所做的那样）。

越来越多的食品生产商和零售商，首先是在欧洲，之后在美国，已经停止销售转基因食品了。最终，一些主要的食品生物技术公司已经降低了生物技术农作物运作的重要性，或从该产业中撤了出来。

我们如何继续推进绿色革命？

很多分析家认为有可能通过基因接合技术和对新的和现有的高产的绿色技术的推广来生产出2025年的80亿人口所需的食品。其他一些分析家却指出到现在为止仍然存在着以下一些因素限制着绿色革命和基因革命的成功，而且仍在继续：

- 没有大量的化肥和水分的话，大多数绿色革命农作物品种的产量并不比传统品种高；这也是为什么第二次绿色革命一直没有推广到很多干旱和半干旱地区的原因，如非洲和澳大利亚的很多地区（图7-11）。
- 绿色革命和基因工程生产的农作物品种及其所需的水、化肥和杀虫剂的投入代价过于昂贵，对于大多数发展中国家的农民来讲是无法承受的。
- 继续增加化肥、水和杀虫剂的投入最终无法提高农作物产量。
- 每公顷面积的谷物产量在世界上的一些地方仍然在增加，但是增长速度却非常缓慢。例如，谷物产量从1950年至1990年间增长了2.1%，但是这一增长速度在1990年至2000年间却每年下降了大约1%。
- 根据印度经济学家Vandana Shiva的说法，绿色革命和基因革命的新品种农作物的实际总产量可能比所公布的数字要低得多。原因是粮食产量是以单一种植的每公顷土地的旧有品种的产量与新品种的产量的比较为基础的，而不是以每公顷土地面积

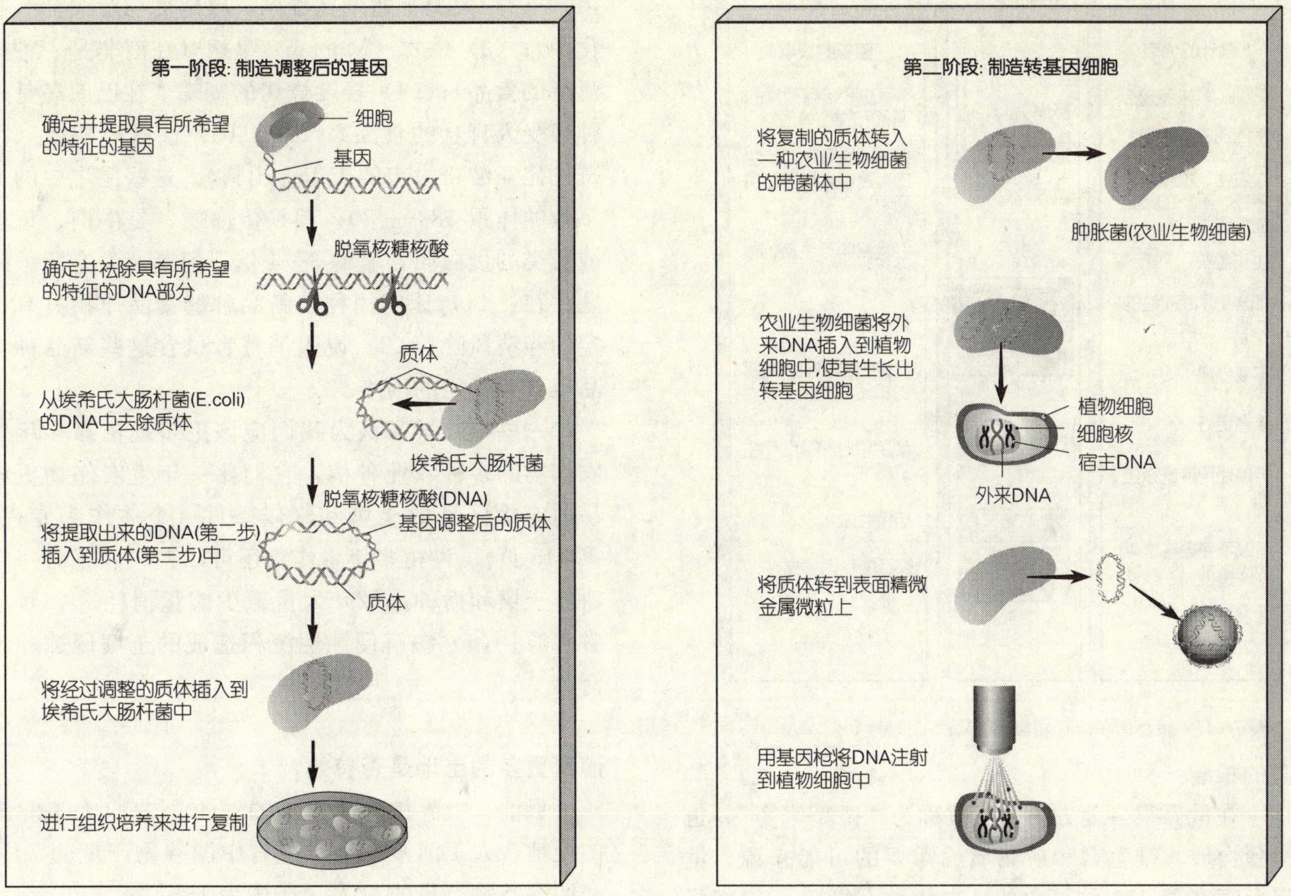

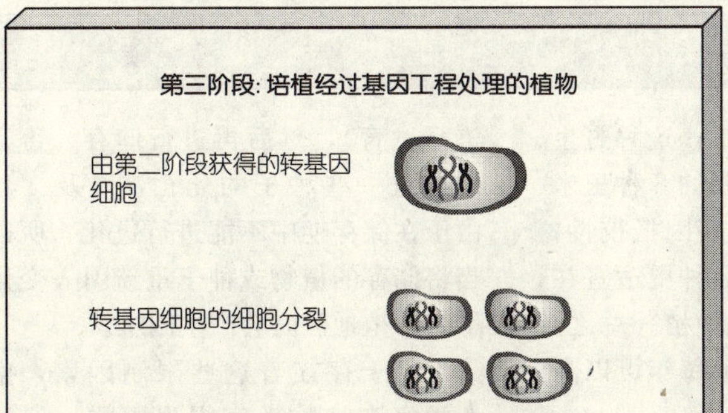

图 7-16　对一种植物进行基因调整的几个步骤

的多种农业种植体系的较高平均产量与通常作为替代方法的单一种植的新品种产量之间的比较为基础的。

● 产量会因以下多种原因而减少：(1) 土壤侵蚀，肥力丧失，以及盐碱化和水涝（图 7-8）；(2) 杀虫剂和化肥中的硝酸盐造成的地下水和地表水的枯竭和污染，以及 (3) 繁殖迅速的害虫对广泛使用的杀虫剂产生了基因抗药性。

● 生物多样性丧失的加剧会对将来的绿色革命和基因革命所需的基因原材料产生限制（聚焦专栏，第 222 页）。

人们会尝试新的食品吗？

一些分析家强烈建议加强那些较少被认识到的植物的耕作以补充或替代小麦、大米和玉米等主要粮食作物。翅豆便是一种可能的替代品，这是一种蛋白质含量丰富的豆类作物，目前仅在新几内亚岛和东南亚地区广泛种植。这种速生的植物可以生长出很多不同的可食部分，它被称为“超市之茎”。它对化肥的需求量也很少，因为其根部含有固定氮元

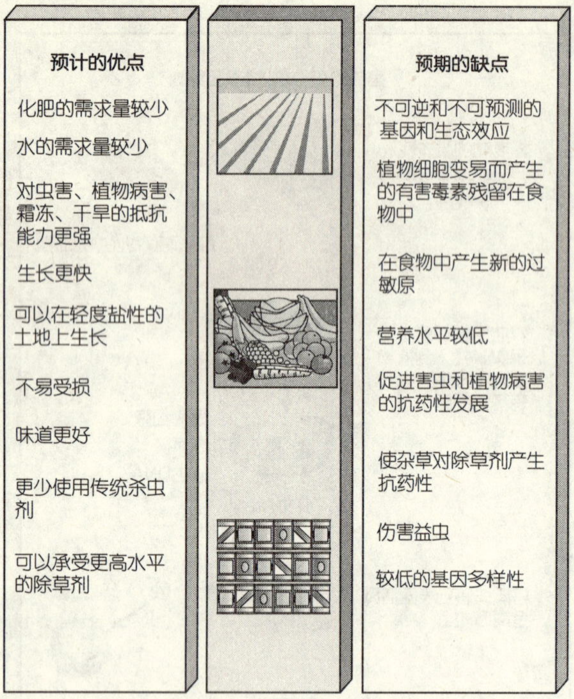

图 7－17　转基因农作物和食品的预计的优缺点

素的根瘤。

在世界很多地方，昆虫被称为“微型家畜”，也是蛋白质、维生素和矿物质的重要的可能来源。世界上存在着 450 种可食的昆虫物种，包括：（1）黑蚂蚁幼虫（在墨西哥，被裹在玉米面豆卷中一起食用）；（2）大型水蝽（在泰国，碾碎后与蔬菜汁一起食用）；（3）铁木（Mopani）皇蛾（在南非是一种很流行的食品）；（4）轻度烧烤的蝴蝶（在巴厘岛是一种很受人喜欢的食品），以及（5）法式炒蚂蚁（在哥伦比亚波哥大市的街市上出售）。这些昆虫中的大多数的体重 58%—80%都是蛋白质，是牛肉、鱼类或蛋类的蛋白质含量的 3—4 倍。但是，尚有两个问题存在：（1）让农民种植新品种的食品作物具有一定的经济风险；（2）说服消费者试食这些新品种食品也具有一定的困难。

一些植物学家认为我们应该更多地依靠多年生农作物的多种农业种植，它们比一年生农作物更容易适应地区性的土壤和气候条件（个体作为专栏，第 215 页）。种植多年生作物还可以：（1）不必每年耕作土壤和播种；（2）大量减少能量消耗；（3）节省水源；（4）缓解侵蚀性沉积造成的土壤侵蚀和水污染。

灌溉更多的土地是否有效？

目前，世界粮食总产量的约 40%来自人工灌溉的土地。人工灌溉土地供应着中国谷物产量的 70%和印度谷物产量的 50%（美国为 15%）。

但是，从 1978 年以来，人均人工灌溉土地面积

聚焦专栏

缩减世界的植物基因库

联合国粮农组织估计目前在发展中国家种植的所有农作物种子中的三分之二都是统一的品种。这种基因同一性增加了粮食作物受到虫害、病害和恶劣天气侵害的危险程度。许多生物学家认为这种多样性的降低，以及植物物种越来越快的灭绝速度，会对支持未来的绿色和基因革命的有效基因原材料产生限制。

例如，在 1970 年代中期，一种颇有价值的野生玉米品种几乎不能避免惨遭灭绝的命运，这是惟一一种已知的多年生玉米品种。以商业品种与之进行杂交育种会降低每年的扒犁和播种需求，从而缓解土壤侵蚀并节约水源和能量。更重要的是，这种野生玉米品种具有一种对主要的 8 种玉米病毒中的 4 种的天生的基因抵抗性，而且比现有的商业玉米品种更适宜在较凉和较潮湿的地区中种植。总之，种植这种品种的经济价值每年可以高达几十亿美元。

可以对全世界各种最重要的植物的野生品种进行收集和储藏，（1）以基因库或种子库的形式；（2）储存在农业研究中心，以及（3）储存在植物园中。但是，空间和资金问题严重限制了可以受到保护的物种的数量。

其他一些限制因素还包括：（1）无法成功地储存很多植物的种子（例如马铃薯）；（2）由电力问题、火灾、或无意处理等因素造成的不可挽回的损失；（3）除非进行定期种植（使其进行发育），然后再进行储存，否则会导致一些种子的死亡，以及（4）由于在储存期中不能进行进化，所以当将储存的植物或种子重新引入变化了的种植地区时会产生困难。

由于存在着这些限制因素，生态学家和植物学家提出警告，保护大多数植物和动物物种的基因多样性的惟一有效方法就是保护遍布世界的各种典型的生态系统免受农业和其他形式的开发的影响（第 5.8 节，第 167 页）。

批判性思考

依赖一个数量正在减少的农作物品种具有哪些主要优缺点？为什么种子生产公司推崇这种方法？

有所下降，而且预计在2000—2050年间会下降更多。造成这一趋势的原因包括：

- 自1978年以来，世界人口增长速度比灌溉农业增长速度要快。
- 至2025年，慢性水缺乏会影响全球28亿人口（第10.3节，第297页）。
- 在世界上很多粮食种植地区，地下水被提取的速度过快（案例研究，第305页）。
- 灌溉用水的使用效率很低（第10.5节，第306页）。
- 灌溉耕地的土壤盐碱化降低了农作物的生产力（图7-8）。
- 城市化进程加剧使城市人口与农民争夺有限的水资源。
- 全球气候变暖（第9.4节，第264页）会使很多粮食生产地区的水供应中断。

全世界大部分的农民无法负担灌溉用水的费用。所以，雨水是全世界83%的耕地的灌溉水源。

在农作物生产中更加可持续地利用水资源的关键方法包括：（1）提高灌溉效率（第10.5节，第306页）；（2）换种需水量少的农作物（例如，减少需水量大的大米和甘蔗的种植量，改种小麦和高粱），以及（3）降低提取地下水的速度，使其慢于补充速度。

对更多的土地进行耕作是否有效?

从理论上来讲，可以通过清除热带森林和对干旱土地进行灌溉的方法来将全世界的耕地面积提高一倍（图7-18）。但是，其中大部分都是边缘土地，在这些土地中不大可能进行可持续性耕作。

由热带雨林清除而得的土地中的土壤营养贫瘠（图7-3，下左图），而且无法支持农作物的多年生长。另外，非洲的热带草原和其他半干旱地区的土地是无法进行农业生产或畜牧养殖的，因为22种舌蝇会传播一种原生动物的寄生虫，从而导致人类被传染上无法治愈的昏睡病，牲畜传染上致命疾病。

一些研究者希望开发出热带地区的新的深耕方法。但是，其他一些科学家则认为将古老的移动耕作法（图5-12，第158页）与各种形式的多种农业种植法结合起来会更有效。

全世界大部分具有耕作潜力的土地都在干旱地区，特别是澳大利亚和非洲。在这些地区进行大规模灌溉会（1）需要建造巨大、昂贵的水坝，而且其结果有利也有弊（图4-25，第118页）；（2）需要大量的化石燃料的投入来从远地输送水源；（3）以快于补充速度的速度开采地下水会导致地下水源的枯竭，以及（4）防止侵蚀、地下水污染、盐碱化和水涝等会减少农作物生产力的因素需要昂贵的投入。

所以，世界上可以开发的新耕地中的大部分只能是在种植农作物的边缘地区，而且需要昂贵的化肥、水和能量的投入。而且，这些耕地的潜在增加数量无法弥补目前由于侵蚀、过度放牧、水涝、盐碱化和城市化所导致的将近三分之一总面积的土地丧失。

这种耕地的拓展还会减少野生生物栖息地，从而降低全球生物多样性。根据联合国粮农组织的调查，对发展中国家所有可能耕地进行耕作会减少森林、林地和永久性草原的面积的47%。清除这些森林还会向大气中释放大量的二氧化碳并加剧全球气候变暖，这会导致农作物生长地区的变迁。

所以，很多分析家都认为在未来的几十年里，大规模的耕地扩充是不可能实现的。如果这种判断是正确的话，从1950年至1998年间已经减少了一半（因为人口增长速度耕地增长速度快7倍）的全世界人均耕地面积还会进一步减少（图7-19）。

生产更多的肉类是否有效?

肉类和肉类产品是高质量蛋白质的良好来源。在1950年至1998年间，全世界肉类产量增加了3倍，人均肉类产品消费量增加了29%。根据世界观察研究所的估算，随着中等收入的发展中国家的财

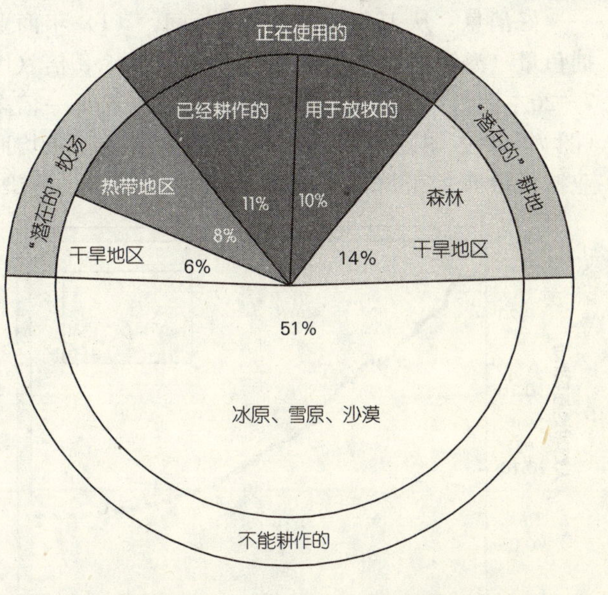

图7-18　全球土地分类。从理论上讲，人类可以通过清除热带森林和灌溉干旱地区的土地来将全球的耕地总量增加一倍。但是，将这些土地转变成耕地会（1）毁坏重要的森林资源；（2）降低地球的生物多样性；（3）影响水体质量和数量，以及（4）导致其他严重的环境问题，通常都是缺乏成本效率的

富增长，全世界肉类产量从2000—2050年将会增长一倍多，人们会消费更多的肉类食品。

全世界大部分的牛、羊和其他养殖牲畜都是以开放养殖或游牧放养的方式养殖的（第5.6节，第162页）。分析家认为将来大部分肉类产品的增加都来自密集式的棚圈养殖，动物在屠宰前被喂以谷物粮食或鱼类产品所制成的饲料来催肥。这将对以下几个方面造成压力：（1）全球粮食供应，因为棚圈牲畜消耗产于耕地上的粮食而不是天然牧草；（2）鱼类供应，因为鱼类被用于饲养牲畜而不是直接被人消费。

牲畜产品会受到以下因素的限制：（1）过度放牧（第162页）；（2）自身的环境影响（联系专栏，右页）。

我们能够捕捞更多的鱼类和贝类吗？

每年鱼类和贝类的商业捕捞量约65%来自采用图6-9（第189页）的方法进行捕捞的海洋地区。约占总捕捞量的99%都来自浮游生物丰富的近海水域，但是这些具有关键意义的近海区域正受到被破坏和污染的威胁。

年捕捞量的其余部分来自：（1）采用池塘养殖和水下箱笼养殖的渔业捕捞量（25%），以及（2）在湖泊、河流、水库和池塘养殖的淡水渔业捕捞量（10%）。全世界渔业捕捞量的三分之一用来生产动物饲料、鱼肉产品和鱼油产品。

好消息：从1950年至1998年间，（1）年商业捕鱼量（海洋捕捞加淡水捕捞）增加了3.8倍（图7-20左图）；（2）人均海产品捕捞量增长了一倍多（图7-20右图）。坏消息：从1994年开始，人均商业捕鱼量开始下降，而且还会因过度捕捞、污染、栖息地丧失和人口增长而继续下降。

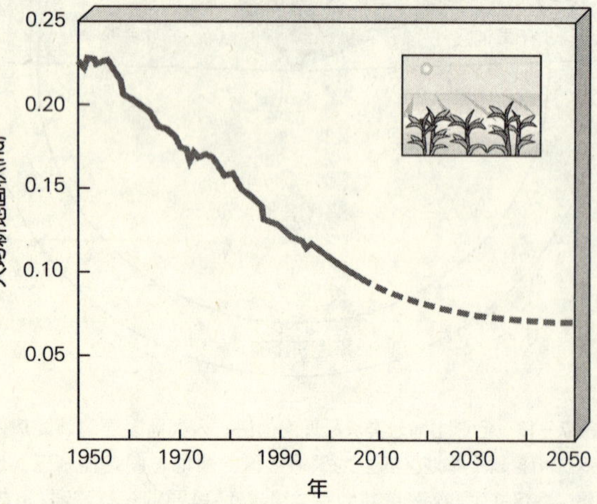

图7-19 全世界人均耕地面积，1950—2000年，并预测至2030年（数据来自美国农业部和世界观察研究所）

链接：过度捕捞和栖息地衰退是如何影响鱼类捕捞量的？

鱼类是有可能再生的资源，只要每年的捕捞量能为鱼类留出足够的余量在次年进行繁殖。理想地讲，应该为每一种鱼制定一种可持续的年产量来避免鱼类资源的枯竭，这种可持续的年产量是指一种可以无限捕捞而不会导致鱼类数量下降的年捕捞量。但是，确定可持续产量是非常困难的，而且这种产量每年都会因气候变化、污染和其他因素而发生变化。

过度捕捞是指捕捞了过多数量的鱼，导致其无法维持生存数量；这意味着，过度捕捞是一种超过某一物种的可持续产量的捕捞状态。持续的过度捕捞会导致商业灭绝，这是指某一鱼种的数量下降到不再具有商业价值的数量。捕鱼船队就会开始去捕捞另一鱼种或开赴另一个区域进行捕捞，寄希望于这种捕捞过度的鱼种最终能够恢复数量。

捕捞副产品是指被非目的性捕捞的鱼类，捕捞后又被抛回海中，通常都无法存活，或者已经死亡，或者将要死亡。高水平的捕捞副产品也会使渔场枯萎。全球每年的捕捞活动所捕获的鱼类中有将近四分之一是捕捞副产品，既毁坏了海洋生物多样性，又无法为人类提供食品。

根据联合国粮农组织的调查，全世界15个最重要的海洋捕捞区已经有11个或者达到或者已经超过各自的可持续生产下限了。最终，全世界海洋商业捕捞储备的75%都在下降（28%），或者已经接近了其生物下限了。这可以解释为什么各国间存在着100处关于海洋捕捞权的冲突。

根据美国全国渔业与野生生物基金组织的调查，美国水域内的14种主要商业捕捞鱼种的数量（占全世界年捕捞量的五分之一，占全美渔业储备量的一半）都已经相当枯竭了，即使现在立即停止所有的捕捞活动，也需要将近20年的时间来恢复其储备量。

未来50—100年内全球气候的可能变化（第9.4节，第264页）也是对全球渔业捕捞的严重威胁。变暖的海水会破坏或使具有高度繁殖能力的珊瑚礁（第53页）衰败掉，还会加剧栖息地衰败和污染对鱼类的有害影响。臭氧层变薄（第9.6节，第269页）也会因有害的紫外线射入海水的量的增加而损害栖息在海洋表层的鱼种。

联系专栏

肉类生产所导致的一些环境后果

发达国家和发展中国家中的富裕人口以肉食为基础，这会导致以下环境危害：

● 全世界耕地面积的一半以上（在美国为19%）用于生产牲畜饲料的谷物（主要是田玉米、高粱和大豆）。

● 为商品生产而进行的家畜和鱼类养殖消耗着全世界粮食产品的大约37%（在美国为70%）。

● 家畜每年要消耗掉从河流和地下水中提取的水源总量的一半以上，主要是（1）灌溉喂养家畜的农作物，以及（2）冲洗畜舍和畜栏。

● 冲刷掉地上的或从储存动物废物的潟湖中漏出的家畜粪便会形成水体的污染源，会通过消耗掉溶解在水中的氧气而杀死鱼类（第10.6节，第310页）。

● 美国全国表层土损失约14%都是直接与家畜养殖有关的。

● 稀疏植被地区的过度放牧和众多家畜对土壤的践踏是干旱和半干旱地区土壤沙漠化的主要诱因（图5-15，第163页）。

● 牛所喷出的甲烷气体占释放入大气中的甲烷气体（一种温室气体）总量的12%—15%。

● 用于种植作为家畜饲料的农作物的商业无机肥料中的部分氮气会转化成一氧化二氮，这也是一种温室气体。

● 在美国，家畜所生产的废物（粪便）比全国人口所生产出的废物多20倍。这些富含养分的家畜废物中仅有一半被回收到土壤中。

一些环境学家已经呼吁减少家畜产品（特别是牛）的生产量，以降低其环境危害和养育更多的人口。这可以减少家畜产品的环境危害，但是这并不能腾出大量的土地和粮食来喂养全世界的饥饿人口。

饲养在牧场上的牛和羊所食用的资源（草）是人类无法食用的，而且这些土地中的大部分都不适于种植粮食作物。不仅如此，由于贫困、缺乏经济援助以及全球经济和食品分配体系的性质，在饲养家畜的土地上种植出的或从家畜饲料节省出的多余粮食几乎无法到达饥饿人口的手中。

批判性思考

你愿意少吃肉或根本不吃肉吗？为什么？

渔业养殖是否有效？

渔业养殖是指为了食品生产而养殖鱼类和贝类，其产量占全球商业捕捞量的25%。渔业养殖的产量在1984—1998年间提高了2.3倍，至2005年将占到全球渔业捕捞量的三分之一。中国的渔业养殖是世界领先的（占全世界渔业养殖产量的62%），其次是印度和日本。

渔业养殖存在着两种基本类型。渔场养殖是指在一个受到控制的环境中养殖鱼类，通常是池塘或水池中，当鱼类生长到期望的大小时就进行捕捞。牧鱼养殖包括：（1）将溯河产卵的鱼类，如鲑鱼（一部分时间生活在淡水中，一部分时间生活在海水中），在幼年期进行封闭养殖（通常是放养在海边的潟湖或入海口处以围栏封闭的区域中或漂浮的箱笼中）；（2）将其释放，然后（3）当其回游产卵时捕捞成年的鱼。

发展中国家养殖的鱼种（主要是内陆渔业养殖）包括鲤鱼、罗非鱼、遮目鱼、蛤和牡蛎，全部都是以浮游植物和其他水生植物为食的鱼种，所以它们

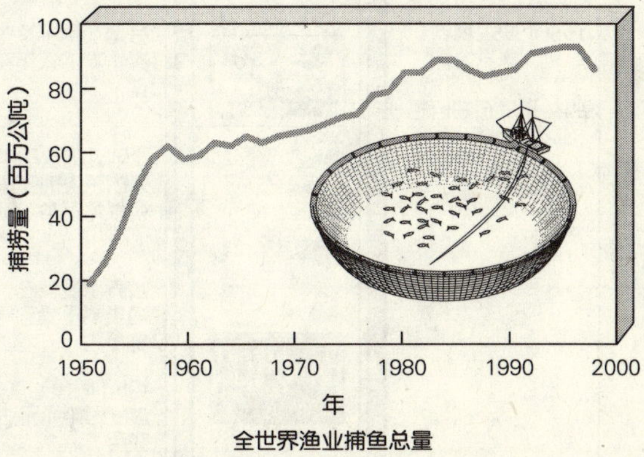

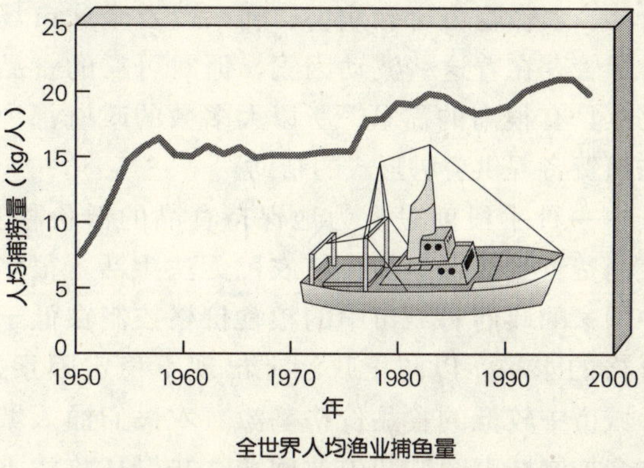

图7-20　全世界渔业捕鱼总量和人均渔业捕鱼量，1950—1998年。在1968—1995年间，全球人均渔业捕鱼量并未增加很多，而且之后开始下降（数据来自联合国粮农组织和世界观察研究所）

在食物链中处在底层。在发达国家和一些发展迅速的亚洲发展中国家，渔业养殖主要是：（1）在湖泊和溪流中养殖供垂钓的鱼类；（2）养殖昂贵鱼种和贝类，如牡蛎、鲇鱼、小龙虾、虹鳟鱼、小虾和鲑鱼。渔业养殖现在占（1）牡蛎捕捞量的90%；（2）占鲑鱼总产量的40%（在美国占75%）；（3）占小虾和对虾捕捞量的30%（在美国占50%），以及（4）占在全球市场上销售的淡水鱼类的65%。这些鱼种中很多都是以谷物和鱼粉养殖的。

图7-21列出了渔业养殖的主要优缺点。一些分析家预测淡水和海水渔业养殖的产量在未来10年间将会增长一倍。其他一些分析家则警告说，渔业养殖所产生的环境危害（图7-21）会对未来的产量产生限制。

渔业养殖已经成为一种促进全球海产品收获、降低海洋渔场的过度捕捞的方法进行推广。但是，斯坦福大学的研究者 Rosamond Taylor 在2000年所进行的一项研究却发现大量采用渔业养殖方法已经给海洋渔场养殖带来了压力，原因有以下几点：（1）增加了对某些海洋鱼类的需求，如凤尾鱼等供应养殖鱼类的食物的基本组成原料；（2）造成了大量的动物废物污染了作为鱼类和贝类的重要来源的近海区域。

进行更加可持续的渔业管理的方法在第6.6节（第196页）进行了讨论。但是，即使最乐观的估计，捕捞和养殖更多的鱼类和贝类也不会大幅度提高世界食品供应量，因为鱼类和贝类供应仅占人类饮食中能量摄入量的1%，蛋白质摄入量的6%。

政府的农业政策是如何影响食品生产的？

农业是一种具有财政风险的产业。农民们是否能丰收取决于他们不能控制的因素：天气状况、农作物价格、农作物虫害和病害、利率以及全球市场状况。尽管存在着这些波动因素，但对可靠的食品供应仍然具有很高的需求，所以大多数的政府都为农民和消费者提供各种形式的帮助。

其中一种手段就是人为地保持食品的低价格。这会使消费者受益，但却会使农民无法生活。很多发展中国家的政府将城市中的粮食价格控制在低于农村价格的水平，以防止政治上出现不稳定因素。但是，城市中较低的食品价格刺激着农民们涌入城市。这会加剧城市问题和失业问题，并提高政治不稳定的可能性。

另一种方法是为农民提供资助以使其能够进行农作物贸易，并鼓励他们提高粮食产量。在发达国家，政府对农业的补贴和其他资助每年的总额超过3000亿美元（其中美国为每年1000亿美元）。如果政府资助数额很大，而且年景很好的话，农民们所收获的粮食除了用于销售的以外，还会有节余。这些节余会压低粮食价格，从而降低发展中国家农民提高国内粮食产量的积极性。而且，发达国家的公民所交纳的用于资助农业生产的税款除了对较低的粮食价格进行弥补之外，还会有所节余。

第三种方法是大部分或全部取消对粮食价格的控制和资助。这使自由市场竞争成为确定粮食价格的主导因素，并最终确定粮食产量。一些分析家呼吁逐步取消所有政府对价格的控制和资助，并让农民和渔业者们自己与市场需求挂钩。但是，这些分析家强烈建议，逐步取消任何对农民和渔业者的资助应该与提高对贫穷人口和低收入的中产阶级的资助同时进行，这些人是任何粮食价格增长的最大受害者。

很多环境学家认为我们应该用政府资助对那些保护土壤、保护水源、在衰退的土地上种植林木、保护并恢复湿地、保护野生生物以及采取可持续性的渔业养殖方法的人们进行奖励。你认为应该如何呢？

另一种政府和私人组织对付粮食短缺和饥饿的

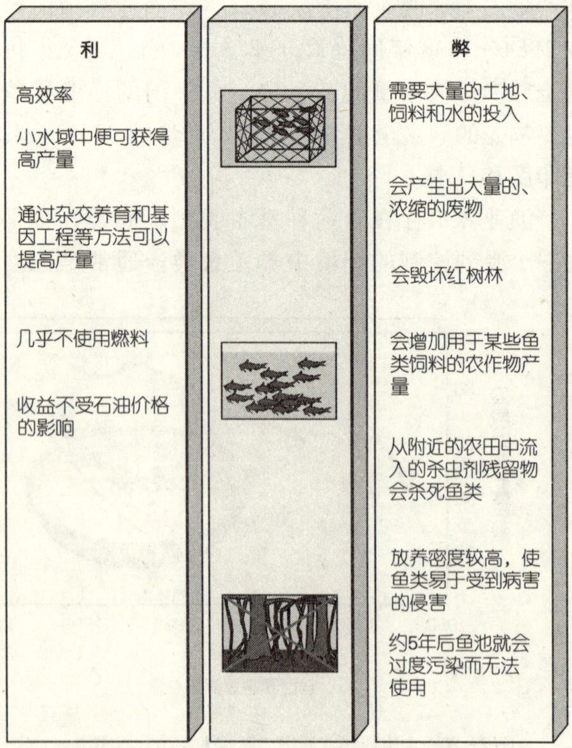

图7-21 水产养殖的利与弊

聚焦专栏

国际食品援助有何意义？

大多数人将国际食品援助视为一种人道主义行动，以此来使人们免遭过早死亡的命运。但是，一些分析家却认为，从长远来看，为饥饿的人们提供食品援助是弊大于利的。如果不使一个国家建立起自己生产食品的能力，食品援助会使更多的人在将来因饥饿和疾病而过早死亡。

生物学家 Garrett Hardin 建议，我们应该以“救生艇伦理”的概念来确定哪些国家应该获得食品援助。他的基本假设是，地球这个救生艇上已经容纳了过多的人口。

所以，如果向人口并未减少的国家的人民提供食品援助的话，其结果就会是向一艘已经超载的救生艇上再增加人口。根据 Hardin 的说法，这艘超载的救生艇迟早会沉没，而救生艇上的大多数人都会被淹死。

大量的食品援助还会：(1) 压低本地的食品价格，降低本地的食品产量；(2) 刺激大量居民从乡村迁往已经过度饱和的城市，以及 (3) 使政府不再向农业发展方面投资，使农民无法生产充分的食物来维持人们的生存。

另一个问题是，很多食品援助计划根本无法到达饥饿者的手中，因为有些食物：(1) 在被分发到饥民手中之前就因不完善的存储体系而已经腐烂了或被害虫毁坏了；(2) 被一些官员盗取并出售掉了，以及 (3) 有时会作为贿赂手段而送给一些官员了。

大多数批评者并不反对提供食品援助。但是，他们认为这些援助应该帮助政府来控制人口增长，并通过采用更加可持续的农业方法生产充足的食品来维持人口生存（第 7.7 节，第 234 页）。他们认为，临时性的食品援助仅应该当某地区受到了自然灾害而致使其食品供应体系完全崩溃了的时候再进行援助。

批判性思考

(a) 从短期来讲和 (b) 从长期来讲，向饥民发放粮食是有益的还是有害的？为什么？你认为应该在哪些情况下才应该提供这些援助呢？为什么？

方法是粮食援助（聚焦专栏，本页上部）。

7.6 保护粮食资源：杀虫剂与害虫控制

什么是杀虫剂？它们是如何应用的？

害虫是指：(1) 与人类争夺食物；(2) 侵犯草场和园地；(3) 毁坏房屋木材；(4) 传播疾病，或者 (5) 十分令人讨厌的任何物种。在自然生态系统和很多多种农业种植的农业生态系统中（第 215 页），天敌（食肉动物、寄生虫和致病生物）控制着害虫种类总量的 50%—90%，它们作为地球自然资本的一部分，使任何一种物种都不能统治过长的时间。

当我们以单一种植农业来取代多种种植农业并以大量的杀虫剂来喷洒田地时，我们就会搅乱很多这种自然控制者及其数量平衡。之后，我们必须找到保护单一农业种植的农作物、林场和草场免遭昆虫和其他害虫的侵害，而它们原本是被大自然无偿地控制着的。

为了控制有害生物，人类已经开发出了各种杀虫剂（或生物杀灭剂）：杀死我们认为不需要的生物的化学药品。普通的杀虫剂包括以下类型：(1) 杀虫剂（昆虫杀手）；(2) 除草剂（杂草杀手）；(3) 杀真菌剂（真菌杀手）；(4) 杀线虫剂（蛔虫杀手），以及 (5) 灭鼠剂（老鼠和耗子杀手）。

从 1950 年以来，杀虫剂的使用量增加了 50 多倍，而且我们今天所使用的杀虫剂的毒效比 1950 年代所使用的要强过 10 倍。全世界每年所使用的这种第二代杀虫剂的数量达到了 230 万 t（250 万英吨）。其中 75%都是在发达国家中采用，但发展中国家的使用量正在增加。

在美国，约 25%的杀虫剂是为了消灭住宅、园地、草场、公园、游乐场、游泳池和高尔夫球场的害虫。根据美国环境保护处（EPA）的调查，在美国，草场的杀虫剂的平均使用量是耕地中使用量的 10 倍多。每年，美国国内有超过 25 万人因为家庭中使用的杀虫剂而导致疾病，而且这些杀虫剂也是 5 岁以下儿童偶然性中毒和致死的主要原因。

一些杀虫剂被称为“广谱试剂”，对很多害虫种类都有效；而其他一些被称为“选择性试剂”或“窄谱试剂”的则针对某些生物有效。杀虫剂的持续效力各不相同，持续效力是指它们在环境中具有致命性的时间长度（表 7-1）。在 1962 年，生物学家 Rachel Carson 对杀死昆虫和其他一些人类认为有害的昆虫的人工合成有机化学药物的使用提出了警告（个体作为专栏，第 229 页）。

杀虫剂的有利现状是什么？

传统化学杀虫剂的支持者们认为杀虫剂的利大

于弊。以下是传统杀虫剂的主要益处：

● 可以挽救人类生命。从1945年以来，DDT和其他氯代烃和有机磷酸杀虫剂大概防止了大约700万人因患上昆虫传播的致命疫病而死亡，如（1）疟疾（疟蚊传播，第245页）；（2）黑死病（鼠虱传播）；（3）斑疹伤寒（体虱和跳蚤传播），以及（4）昏睡病（舌蝇传播）。

● 可以提高粮食产量并降低粮食成本。全世界人类可食的潜在食品供应总量的大约55%都在收割前（35%）或收割后（20%）损失给了害虫。在美国，害虫在收割前后所毁坏的潜在粮食总量达到37%；其中昆虫占13%，植物病原体占12%，杂草占12%。没有杀虫剂，这种损失还会加剧，而食品价格也会随之上涨。图7-22显示了美国最普遍的有害昆虫中的5种，及其侵害范围。

● 增加了农民的收益。杀虫剂公司估计，花费在杀虫剂上的每1美元都会创造出大约4美元的农作物产量价值（但是，有研究表明，如果将有害杀虫剂也包含在内的话，这种收益就会降低到2美元）。

● 比其他方法更速效也更高效。杀虫剂可以：（1）迅速控制大多数的害虫，而且价格合理；（2）保存期限很长；（3）便于运输和使用，以及（4）只要正确使用，一般对人无害。当害虫产生抗药性基因时，农民可以增加剂量或选用其他杀虫剂。

● 与其发挥的效力相比，当正确使用时，它们的健康危险性很低。美国科学与健康委员会（ACSH）的负责人Elizabeth Whelan的研究表达了杀虫剂工业界的立场："事实是，当以受到认可的调节方式使用时，杀虫剂对农民和消费者是无害的。"杀虫剂公司的官员和科学家认为媒体关于杀虫剂危害健康的报道是伪科学，是不负责任的报道。

● 新一代杀虫剂比原先的杀虫剂更安全也更高效。杀虫剂的制造更多的采用了植物性药物和微植物性药物（图7-1），来自植物体内，对使用者更安全，对环境的危害也更小。基因工程也用于开发可以用于制造杀虫剂的抗害虫的农作物品种和基因变易的农作物（图7-16）。

● 与旧产品相比，许多新型杀虫剂每单位面积的使用率较低。例如，很多新型杀虫剂的每公顷使用量仅为旧产品的1%，而且基因工程创造的农作物

表7-1　主要的杀虫剂类型

类型	例子	持续时间	是否会被生物扩大?
杀虫剂			
氯代烃类杀虫剂	DDT，艾氏剂，狄氏剂，毒杀芬，林丹剂，强力杀虫剂，甲氧氯，灭蚁灵	高（2—15年）	是（图6-10，第190页）
有机磷酸酯类杀虫剂	Malathion，硝苯硫磷酯，二嗪农，焦磷酸四乙酯，敌敌畏，mevingphos	低到中（1—12周），但有些可以持续几年	不
氨基甲酸盐类杀虫剂	Aldicarb，胺甲萘（西维因），残杀威，代森锰，代森锌	低（几天至几周）	不
植物性杀虫剂	鱼藤酮，除虫菊杀虫剂，从植物中提取的樟脑，合成除虫菊酯（除虫菊杀虫剂的变种），以及rotenoids（鱼藤酮的变种）	低（几天至几周）	不
微植物性杀虫剂	各种细菌、真菌、原生动物	低（几天至几周）	不
除草剂			
接触性化学药剂	莠去津，西玛津，百草枯	低（几天至几周）	不
系统性化学药剂	2，4-D，2，4，5-T，涕丙酸，丁酰肼（阿拉铝硅系合金），alachlor（Lasso），草甘膦（将牲畜聚集在一起施用）	大多数较低（几天至几周）	不
土壤消毒剂	trifualin，diphenamid，茅草枯，丁基药剂	低（几天）	不
杀真菌剂			
各种化学药剂	克菌丹，pentachorphenol，zeneb，溴化甲烷，二硫化碳	大多数较低（几天）	不
熏剂			
各种化学药剂	四氯化碳，二溴化乙烯，溴化甲烷	大多数较高	是（大多数都是）

也会减小有毒杀虫剂的使用量（图 7 - 17）。

科学家们仍在继续寻找理想的杀死有害昆虫的化学药品，使它们可以：

- 仅杀死目标害虫。
- 对其他物种无害。
- 在发挥效力之后，可以消失得无踪或分解成无害物质。
- 不会引起目标害虫的基因抗药性。
- 具有更高的成本效率。

研究仍在继续，但是，到目前为止，还没有已知的天然或人工合成杀虫剂符合以上标准的全部，甚至大部分。

杀虫剂的不利现状是什么？

反对广泛使用杀虫剂的人认为它们的弊大于利。以下是一些传统杀虫剂的主要问题：

- 它们加速了害虫形成抗药性基因。昆虫繁殖迅速，而且在 5—10 年之内（在热带地区还要快得多）就可以通过方向性自然选择产生对杀虫剂的免疫力，而且破坏力也会增强。杂草和植物致病生物也会产生基因抗药性，但是速度却比较缓慢。从 1945 年以来，150 种植物病害和 10 种啮齿类物种（主要是鼠类）已经形成了对一种或更多种杀虫剂的基因抗药性。由于基因抗药性的原因，很多广泛使用的杀虫剂（如 DDT）在世界上的某些地方已经不再能保护人类免受昆虫传播的疾病的感染。这已经导致了某些疾病的复发，如疟疾。基因抗药性还会使农民们陷入“杀虫剂陷阱”之中，他们在杀虫剂上的花费越来越多，但效果却越来越差。
- 广谱杀虫剂会杀死有助于控制害虫物种数量的食肉动物天敌和寄生虫。清除食肉动物天敌还会将原本数量受其控制的新的害虫解放出来，导致其他未曾预料到的问题（联系专栏，第 70 页）。目前，美国的 300 种最具破坏性的害虫中的 100 种是由次级害虫在大范围使用杀虫剂之后成为主要害虫种类的。主要由于基因抗药性和天敌的减少，杀虫剂的使用并未降低美国因害虫引起的粮食损失（聚焦专栏，第 231 页）。

个体作为专栏

Rachel Carson（雷切尔·卡森）

Rachel Carson（雷切尔·卡森）是作为美国渔业管理局（后来更名为美国渔业和野生生物服务处）的生物学家来开始她的职业生涯的。在工作期间她（1）对海洋学和海洋生物学进行了研究；（2）撰写了很多与海洋和环境有关的文章；（3）在 1949 年成为了渔业管理局所出版的杂志的总编辑。

在 1951 年，她撰写了《我们周围的海洋》一书，以容易理解的术语描述了海洋的发展历史以及人类活动对海洋造成的危害。该书高居最畅销书榜首达 86 周之久，销售量超过 200 万册，被翻译成 32 种语言，并获得了美国国家图书奖。

在 1940 年代后期和 1950 年代，DDT 和相关化合物的采用——杀死以粮食作物为食、侵害树木、骚扰人类、传播疟疾等疾病的害虫——迅速扩大。

在 1958 年，Carson 的一个好朋友 Olga Huckins 开始采用 DDT 来控制家庭住宅和其私人饲鸟场周围的蚊子。在喷洒后，Huckins 痛苦地目睹了她所养的几只鸟的死亡，她悲痛地问 Carson 能否找人对杀虫剂对鸟类和其他野生生物所造成的危害进行调查。

Carson 决定自己来调查这个问题，而且她很快发现，当时还没有人对杀虫剂对环境造成的危害进行独立研究。作为一名受过良好训练的科学家，Carson（1）对科学文献进行了查阅；（2）逐步相信杀虫剂对野生生物和人类都有伤害，以及（3）反对大范围采用杀虫剂。

在 1962 年，她以通俗读物的形式出版了她的发现——《寂静的春天》，一本因接触杀虫剂而导致“知更鸟、猫声鸟、鸽子、唠叨鸟、鹪鹩和很多其他鸟类的寂静之声”的书。她指出“在世界历史上全人类的每一分子第一次遭受到杀虫剂的危害，从有意识的那一刻开始，直至死亡。”

很多科学家、政治家和政策制订者都读过 Carson 的书，而且该书还广受大众的欢迎。但是，化学工业界却将该书视为促进杀虫剂销售的极大威胁，并组成联盟来诋毁 Carson。一些批评者和工业科学家宣称她的书中（1）充满了错误；（2）选择性地利用了研究结果，并（3）未对杀虫剂所具有的益处进行公平的阐述。

一些批评者甚至宣称，作为一个女人，她是无法理解杀虫剂所具有的高深的科学和技术因素的。还有其他一些人宣称，她是一个歇斯底里的女人，一个激进的自然热爱者，力图通过恐吓美国大众来推销她的书。

在大争论期间，Carson 受到晚期癌症的困扰，但她仍然为自己的研究辩护，对这些批评者进行了强烈反击。她死于 1964 年，在她的《寂静的春天》出版后的第 18 个月，她已无法获悉很多历史学家将她的书视为美国现代环境运动诞生的一个重要里程碑。

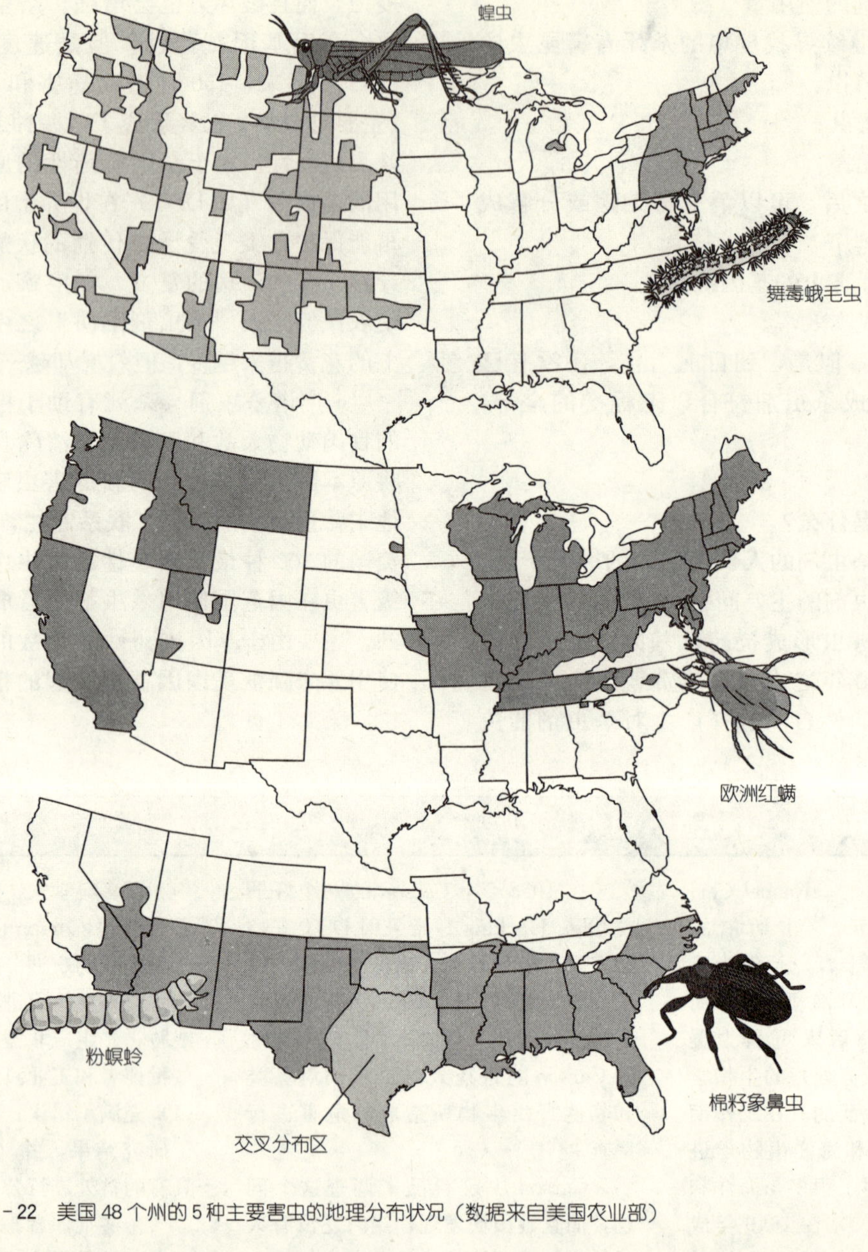

图 7-22　美国 48 个州的 5 种主要害虫的地理分布状况（数据来自美国农业部）

● 杀虫剂不会止于当地。根据美国农业部的调查：(1) 通过飞机喷洒或地面喷洒到达目标害虫的杀虫剂不超过其总施用量的 2%（通常都低于 0.1%）；(2) 到达目标杂草的除草剂不超过其总施用量的 5%。未到达其目标的杀虫剂会停留在空气中、水体表面、地下水中、底层沉积物、食品以及非目标生物上，包括人类和野生生物。经过基因改造而可以直接释放少量的杀虫剂到害虫身上的农作物可以克服这种问题，但是也会促进对这些杀虫剂的基因抗药性。

● 某些杀虫剂对野生生物有害。根据美国农业部和美国渔业与野生生物服务处的调查，在美国，每年施用于农田上的杀虫剂会：(1) 消灭美国蜜蜂群落的 20%，并损害另外的 15%，每年因减少关键农作物的授粉而导致至少 2 亿美元的损失；(2) 杀死 6700 多万只鸟和 600 万至 1400 万条鱼，并 (3) 威胁到美国 20%的濒危物种和危险物种总量的生存。

● 会威胁到人类健康。根据世界卫生组织和世界环境计划委员会的估计，大约 300 万名发展中国家的农业工作者（在美国至少有 30 万名）每年都会受到杀虫剂的毒害，并导致其中大约 18000 人死亡（在美国大约为 25 人），平均每天死亡 490 人。卫生官员认为全世界由杀虫剂引发的疾病和死亡的数量很可能被大大地低估了，因为 (1) 记录缺乏；(2) 在农村地区缺乏医生和疾病报告，以及 (3) 不正确

聚焦专栏

人工合成杀虫剂在减少农作物损失方面具有怎样的功效?

研究显示，在美国杀虫剂在减少粮食损失方面的效果并没有农业专家们所预期的那样好。昆虫生态学专家 David Pimentel 曾经对来自 300 多位农业科学家和经济学家的数据进行了评估，得出了如下结论：

● 虽然人工合成杀虫剂的使用量自 1942 年以来增加了 32 倍，但据估计，现在美国因害虫引起的粮食损失比例（37%）比 1940 年代（31%）还要大。尽管人工合成杀虫剂的使用量提高了 9 倍，但昆虫引起的粮食损失比例却增加了 1 倍（从 7%增加到 13%）。

● 在美国，使用杀虫剂所造成的环境、健康和社会损失每年大约 40 亿至 100 亿美元。国际粮食政策研究所所做的估计还要高很多，大约为每年 1000 亿至 2000 亿美元，或者说，花费在杀虫剂上的每 1 美元都会引起 5 至 10 美元的损失。

● 其他害虫控制措施（第 232 页）可以在不降低粮食产量的条件下降低针对美国 40 种主要农作物的杀虫剂的使用量的一半。

大量的研究和经验表明，杀虫剂的使用量可以大幅度降低，而不影响粮食产量，而且在某些情况下，甚至可以增产。在过去的几年中，瑞典已经减少了杀虫剂使用量的一半而未影响其粮食产量。Campbell Soup 公司在墨西哥种植的番茄田地中未使用杀虫剂，但产量也并未下降。印度尼西亚减少了在种植大米的田地中使用的杀虫剂的总量的 65%，而产量却增加了 15%。

批判性思考

使用杀虫剂的支持者们认为虽然现在因害虫引起的粮食损失比过去要大，如果不广泛使用杀虫剂的话，这一损失还会更大。解释一下为什么你同意或不同意这种说法。

的诊断。另外，每年还有 11 万名美国人，主要是儿童，因在家中误用或不安全地存放杀虫剂而致病，大约 20 人致死。

美国公众是否充分避免了与杀虫剂的接触?

对于美国公众是否充分避免了杀虫剂的危害这一问题还存在着一些争论。根据美国科学院的研究，(1) 控制杀虫剂使用的联邦法律是不充分的，而且 EPA、粮食与药品管理处以及美国农业部对这些法律的实施也是不充分的；(2) 残留在食品中的杀虫剂残渣每年会导致 4000 至 20000 名美国人患上癌症，2000 至 10000 人死亡。

来自杀虫剂公司的代表们对这种发现提出反驳。实际上，食品工业界否认在过去 50 年中食用使用了杀虫剂的食品会对任何一个美国人造成伤害。

一些科学家对可能出现的以下情况越来越表示关切，包括 (1) 基因变易；(2) 出生缺陷；(3) 神经系统紊乱（特别是行为紊乱），以及 (4) 长期接触各种低质量的杀虫剂而对免疫系统和内分泌系统产生的影响，如在第 8.3 节所讨论的（联系专栏，第 243 页）。

在 1972 年至 2000 年间，EPA 禁止或严格限制 56 种活性杀虫剂成分的使用。禁用的化学成分包括 (1) 大多数的氯代烃类杀虫剂；(2) 几种氨基甲酸盐和有机磷酸酯，以及 (3) 内吸性除草剂 2，4，5-T和三氯苯氧丙酸（表 7-1）。但是，禁止使用的和为未注册的杀虫剂还是可以在美国制造再出口到国外（联系专栏，第 232 页）。

其他控制害虫的方法还有哪些?

很多科学家认为我们应该大幅度提高控制危害农作物和人类健康的虫害和病害的生物的、生态的和其他替代的方法的使用。这些方法包括：

● 一些耕作方法，如 (1) 每年轮换农田中的农作物耕种种类；(2) 调整耕种时间，以使主要的害虫或者被饿死，或者被其天敌捕杀；(3) 在其主要害虫尚未侵害到的地区种植农作物；(4) 种植引诱性农作物将害虫从主要农作物的种植地中引开，以及 (5) 增加多种农业种植法的采用，利用植物的生物多样性来减小虫害损失。

● 利用基因工程来加速抗虫害和抗病害的农作物品种的开发。但是，对于提高转基因植物和食品的采用量是否利大于弊仍然存在着争论（图 7-17）。

● 可以引入天敌食肉动物、寄生虫和致病细菌及病毒等从生物上控制害虫的方法来控制害虫数量。这种生物的方法 (1) 着重对付选择的目标物种；(2) 对其他物种无害；(3) 可以节省大量开支（在美国，用于控制 70 种害虫的每 1 美元就可节省 25 美元，用寄生性黄蜂来控制木薯粉水蜡虫的每 1 美元可以节省尼日利亚农民 178 美元），以及 (4) 降低基因抗药性。但是，生物控制物 (1) 并不是总能获得大量生产；(2) 通常生效缓慢而且比传统杀虫剂更难施用；（3）必须避免受到周围地区喷洒的杀虫剂的侵害，以及（4）有时会大量繁殖，使其自身变成一种害虫。

• 害虫出生控制是指，在实验室中对雄性害虫进行放射线或药物处理，然后将其释放到受到害虫侵害的地区，使其与野生雌性害虫不能成功交配。这种方法已经用于对以下害虫进行控制：（1）苍蝇的幼虫，一种来自美国东南部的主要的家畜害虫；（2）1990年代在加利福尼亚爆发的地中海果蝇（地中海蝇）。存在的问题包括：（1）成本高昂；（2）在确知每种目标昆虫的交配时间和行为方面还存在困难；（3）需要大量受过处理的雄性昆虫；（4）这种方法仅对很少的昆虫种类起作用，以及（5）需要持续释放受过处理的雄性昆虫，以免反弹。

• 性引诱剂。性引诱剂（也称为“信息素”）可以将害虫引诱到陷阱中或将其天敌引诱到田地中（通常更有效）。这些化学品（1）仅吸引一种物种；（2）极少量即可以起作用；（3）几乎没有引起基因抗药性的可能性，以及（4）对非目标昆虫无害。但是，确认、分离以及制造某一害虫或其天敌的性引诱剂的成本很高昂，而且需要耗费较长的时间。

• 导致某一昆虫物种的生命循环断裂并导致该昆虫无法发育成熟和繁殖的荷尔蒙（图7-23）。昆虫荷尔蒙与性引诱剂具有相同的优点。但是，它们（1）需要几周的时间才能杀死某一种昆虫；（2）通常对大批昆虫无法发挥良好效力；（3）有时在发挥效力之前就分解掉了；（4）必须在该目标害虫生命周期的精确时机施用；（5）有时会影响目标害虫的天敌和其他无害昆虫，以及（6）制造困难且成本高昂。

• 以热水喷洒害虫。到目前为止，这一方法对棉花、紫花苜蓿和土豆田地，以及佛罗里达的柑橘林等发明了喷洒系统的地区施用效果良好。其成本与使用化学杀虫剂的成本大致相当。

• 对食品进行高能伽马射线照射。这种对食品进行射线照射的方法可以增长其保存期限，还可以杀死（1）昆虫；（2）寄生性蠕虫（如猪肉中的旋毛虫），以及（3）细菌（如沙门氏菌，每年至少感染51000名美国人，并致死2000人；及埃希氏大肠杆菌(E. coli)，每年感染20000多名美国人并致死大约250人）。根据美国FDA和世界卫生组织30年来对2000多名大学生所进行的调查，对食品进行低量的电离射线照射对人类是安全的。这种食品照射方法的批评者们却认为（1）对商品进行放射性照射会形成微量的某种化学物质，称为自由基，其中一些在实验室中证明可以使动物致癌；（2）我们还不了解食用经过放射性照射的食品所具有的长期健康影响；（3）目前的照射等级无法杀死肉毒菌孢子，但它们可以杀死散发出腐烂气味警告人们这种细菌孢子存在的细菌，以及（4）消费者们所需要的是新鲜的健康食品，而不是经过放射性照射而显得新鲜健康的、实际不新鲜的、有可能缺乏营养的食品，而且希望在所有经过放射性照射的食品上清晰地进行标注以使消费者们可以进行选择。

综合性害虫管理是否有效呢？

越来越多的害虫控制专家和农民都认为控制

联系专栏

种瓜得瓜，种豆得豆

美国的杀虫剂生产公司可以制造并向其他国家出口在美国禁止生产或生产受到严格限制的——甚至是从未受获得批准的——杀虫剂。在1992—1999年间，美国平均每天出口（主要是销往发展中国家）超过27t（30英吨）的这种杀虫剂。其他一些工业国家也向外出口禁止或未获批准的杀虫剂。

但是，种瓜得瓜，种豆得豆。在环境学家称之为“毒素循环”的过程中，这些禁止生产和未获批准的出口到其他国家的化学杀虫剂的残余物又会以进口食品的形式回到出口国。一些持久性较强的杀虫剂，如DDT等，还可以通过风从其他国家带到美国境内。

环境学家已经呼吁国会来禁止这种出口行为，但未获成功。杀虫剂出口的支持者们认为：（1）这种贸易可以增加经济收入并创造就业岗位；（2）即使美国不出口这些杀虫剂，其他国家也会照样出口的；（3）禁止生产的杀虫剂的出口是获得进口国的许可的。

在1998年，50多个国家举行会议，并最终达成了一项协议，要求这种杀虫剂的出口国必须获得进口国对22种杀虫剂和5种工业化学药剂的进口批准。在2000年，100多个国家共同制订了一项国际条约来禁止并逐步淘汰12种特别有害的、持久力较强的有机污染物（其中9种是持久力强的氯代烃类杀虫剂）。

批判性思考

美国的杀虫剂公司是否应该获得生产在美国禁止的、受到严格限制的和未获批准的杀虫剂出口的许可？为什么？

农作物害虫的最佳途径是经过仔细设计的综合性害虫管理方法（IPM）。这种方法将每一种农作物及其害虫都作为一个生态系统中的一部分来进行评估。然后制订一项控制计划，包括恰当顺序和恰当时机的施行耕作、采取生物和化学方法等。

综合性害虫管理方法的总体目标不是消灭害虫，而是将农作物损失减少到一种在经济上可以承受的水平。农田被仔细地监控着，当害虫的经济损害水平达到一定程度时，农民们先采用生物方法（天敌、寄生虫以及致病生物）和耕作控制方法，包括清除害虫等。施用少量的杀虫剂（主要是植物性或微植物性的杀虫剂，表 7-1）仅作为最后的手段，同时施用各种不同的化学药品来减缓害虫的基因抗药性，并避免杀死这些害虫的天敌物种。

在 1986 年，印度尼西亚政府（1）禁止了 66 种用于大米的杀虫剂中的 55 种的使用；（2）在两年之内取消了对杀虫剂的资助，以及（3）用这些资金来建立了一个全国性的综合性害虫管理计划，包括一项主要的农民教育计划。这一行动的成果是巨大的：从 1987—1992 年间，（1）杀虫剂使用量下降了 65%；（2）大米产量上升了 15%，以及（3）25 万多名农民接受了综合性害虫管理技术的训练。至 1993 年，该计划节省了印度尼西亚政府超过 12 亿美元的开支（主要来自每年 1.2 亿美元的杀虫剂资助开支），比用于资助综合性害虫管理计划所需的资金要绰绰有余。

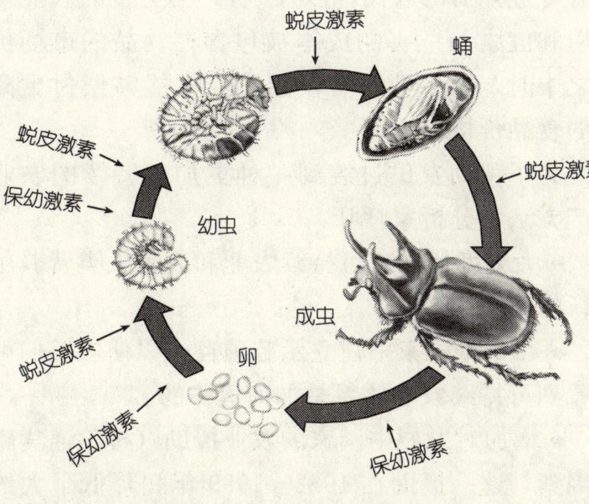

图 7-23 为了维持昆虫正常的生长、发育和繁殖，在昆虫寿命周期的某些具有决定性的基因生长阶段中，必须出现某些特定的保幼激素（JH）和蜕皮激素（MH）。如果在恰当的时机施用的话，人工合成的激素会破坏害虫的寿命周期，有助于对其数量进行控制

来自中国、巴西、印度尼西亚、澳大利亚、孟加拉国、菲律宾、墨西哥以及美国的经验显示，精心设计的综合性害虫管理计划可以（1）减低杀虫剂和害虫控制费用的 50%—90%；（2）降低害虫导致的农作物收割前损失的 50%；（3）提高农作物产量；（4）降低化肥和灌溉水的投入，以及（5）延缓了害虫的基因抗药性的形成，因为害虫受杀虫剂攻击的频率和剂量都减低了。所以，综合性害虫管理方法是一种重要的避免污染的方法，降低了对野生生物和人类健康的危害风险。消费者联合会估计，如果美国的所有农民在 2020 年之前都采用综合性害虫管理方法的话，公众健康受到杀虫剂危害的程度将会降低 75%。

尽管具有美好的前景，综合性害虫管理方法就像其他任何形式的害虫控制方法一样，也存在着一些缺点。它需要对每种害虫的状况进行专业性了解，它比传统杀虫剂见效缓慢，针对某一地区的某种农作物制订的计划未必同样适用于即使存在微小的生长条件差别的其他地区。虽然其长期成本一般都低于采用传统杀虫剂的方法，但最初成本却会高于使用传统杀虫剂。

对综合性害虫管理方法的广泛采用还受到政府对传统化学杀虫剂的资助和来自一些杀虫剂销售会受到严重影响的农业化学公司的反对的阻碍。另外，农民们获得有关杀虫剂控制的信息的主要渠道是销售人员（在美国，来自农业部下属的各县的农业机构）。这些指导者中的大部分人自己尚未获得有关综合性害虫管理方法的充分培训。

美国科学院在 1996 年所进行的一项研究建议，美国应该从以化学为基础的方法转为以生态为基础的害虫管理方法。越来越多的科学家呼吁美国农业部推进综合性害虫管理方法在美国的施用进程，方法包括：（1）对杀虫剂的销售增加 2% 的销售税，并将这笔收入用于建立对综合性害虫管理方法的研究和教育的基金；（2）在每个县至少建立一个联邦政府支持的综合性害虫管理方法的示范项目；（3）对美国农业部下属的参与综合性害虫管理方法的田地管理人员和各个县的农业机构中的管理人员进行培训，以使他们可以帮助农民采用这种杀虫剂的替代方法；（4）对那些采用综合性害虫管理方法和其他受到批准的非杀虫剂方法的农民提供联邦和各州的资助，甚至是政府支持的农作物保险，以及（5）随着综合性害虫管理方法开发出对大多数害虫种类的抵御方法，

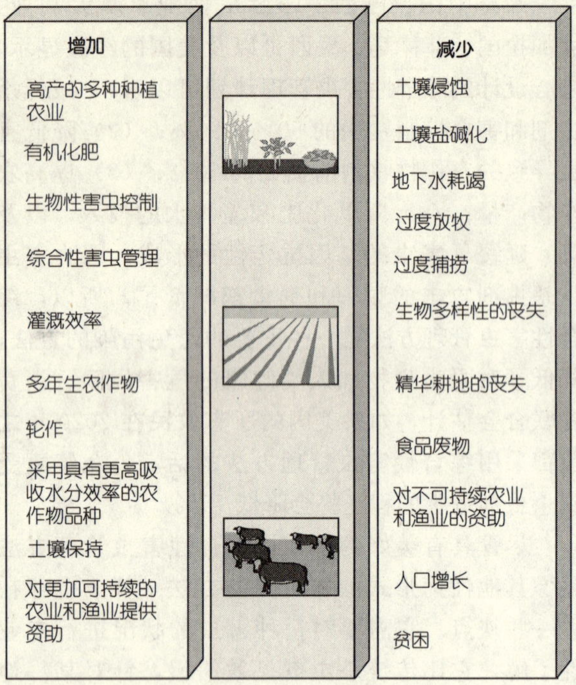

图 7-24　更加可持续的、低投入量的农业的组成部分

逐步取消对那些几乎全部依赖杀虫剂的农民的资助。附录 4 中列出了一些你可以采取的用于降低杀虫剂的使用和对杀虫剂的接触的行动。

7.7　解决途径：可持续发展的农业

什么是可持续发展的农业？

有证据显示，全世界两大主要的食品生产体系——牧场和海洋渔场——已经达到或几乎达到其生产极限了。如果这种趋势继续下去的话，未来商品生产的大部分都将来自提高可用于农作物耕种的土地的数量或提高现有耕地的产量这两种途径。

但是，耕地的总面积是无法增加的，因为缺乏可承受得起的和具有环境可持续性的土地。另外，增加现有耕地的单位面积产量也很有限，因为（1）缺乏灌溉水源；（2）基因多样性的降低（聚焦专栏，第 222 页）；（3）每公顷耕地产量趋于稳定，以及（4）食物生产的环境影响会使现有耕地产生衰退（图 7-15）。

如果这些估计正确的话，则降低饥饿、营养失调、贫困以及农业对环境的危害等的两种主要工具将会是：（1）减缓人口增长（第 3.3 节，第 82 页），以及（2）在未来的 30 年中开发并逐步采用可持续农业或低投入农业（也称为有机农业）。洛克菲勒基金会的主席 Gordon Conway 将其称为一种新的“双重绿色革命”，这将（1）以一种环境可持续的方法来提高农作物产量；（2）比前两种绿色革命更直接地使贫困人口受益。

图 7-24 列出了更加可持续的、低投入的农业的主要组成部分。研究表明，低投入的有机农业（1）生产相同量的农作物，但排放出的二氧化碳较少；（2）比传统农业节省约 50%的能量；（3）提高土壤肥力，以及（4）总体上讲，农民可以获得比高投入农业更多的收益。

更加可持续农业的大多数支持者都不反对高产农业。相反地，他们将其视为通过降低对新的、通常是边缘土地的耕作来保护土地多样性的一种关键途径。他们呼吁采用更加具有环境可持续性形式的高产多种种植农业和高产单一种植农业方法来种植农作物。

我们能够过渡到可持续农业吗？

越来越多的农业分析家认为在未来的 30 年中，我们必须从不可持续的、具有环境危害性的农业（图 7-15）过渡到具有更加可持续形式的农业（图 7-24）。

在发达国家中，即使部分过渡到更加可持续的食品生产方式也是不容易的。这会遭到来自以下方面的反对：（1）农业综合企业；（2）对不可持续性工业化农业投入了大量资金的成功农民；（3）不愿意学习更加苛刻的可持续性农业艺术的具有专业知识的农民，以及（4）当更多的农业对环境和健康的危害的成本被包含在食品的市场价格之中时，很多消费者不愿意或不能够偿付更高昂的食品价格。

为了帮助农民过渡到一种更加可持续的农业生产方法，分析家呼吁：

- 大幅度增加对可持续农业和改善人类营养所进行的研究。
- 在每个国家中建立示范项目，以使农民们可以看到可持续农业体系是如何运作的。
- 增加对发展中国家的农业援助（排除通货膨胀因素，这一援助在 1982—1999 年间降低了大约 50%），将重点放在开发可持续的、低投入农业上。
- 建立对农民和政府农业部门的官员的有关可持续农业的培训计划，并鼓励在大学中设立可持续农业和人类营养方面的课程。

可持续农业包括采用可持续性的 4 种原则来生产食品。其目标是在维持和储备地球的自然资本的同时维持全世界人口的生存（图 1－2，第 3 页）。附录 4 中列出了你可以采取的一些促进更加可持续的农业的行动。

将出生率控制在死亡率以下的需求，在保护环境的同时提高粮食产量的，以及将食品分配给所有需要的人，是我们人类所面对的最大挑战。

——Paul & Anne Ehrlich

复习问题

1. 说出本章中用黑体字印刷的概念。
2. 什么是土壤？区分水平土层和土壤剖面的概念。什么是腐殖质？它有什么重要性？表层土的颜色可以告诉你哪些关于该土壤对于种植农作物的用处？
3. 区分土壤渗透和沥滤的概念。区分土壤质地、土壤多孔性、土壤渗透性和土壤结构的概念。什么是肥土？为什么它们是种植大多数农作物的最佳土壤？
4. 什么是 pH 值？它是如何影响土壤性质的？如何调整土壤的 pH 值？
5. 什么是土壤侵蚀？其自然诱因和人为诱因各是什么？它的两种主要危害是什么？
6. (a) 全球土壤侵蚀和 (b) 美国土壤侵蚀的严重程度如何？
7. 描述一下美国的“尘碗”事件。阐述一下美国政府是如何缓解土壤侵蚀的。
8. 区分土壤的盐碱化和水涝的概念。这两个问题的严重性如何？说出 6 种缓解土壤盐碱化威胁的方法。
9. 什么是土壤保护？区分传统耕作农业和保护式耕作农业的概念。说出 8 种保护式耕作农业所具有的优点。
10. 区分梯田、等高耕种、等高条植、垄条状耕种、冲沟开垦和防风林等缓解土壤侵蚀的方法。
11. 区分有机化肥和商业无机化肥的不同，并说出每一种维持或恢复土壤肥力的方法所具有的优点。区分动物肥料、绿色肥料以及混合堆肥作为为土壤施肥的手段的不同特点。什么是轮作？该方法为什么有助于保持土壤的肥力？
12. 列举采用商业无机化肥来维持和恢复土壤肥力所具有的优缺点。
13. 为人类提供食物的三种主要体系是什么？哪三种农作物构成了全世界主要的食物来源？说出会降低未来粮食产量的 6 个因素？
14. 区分工业化农业、种植园农业、传统生存农业以及传统深耕农业的不同。
15. 什么是绿色革命？它包括哪三个步骤？区分第一代和第二代绿色革命？
16. 描述一下美国的农业产业的本质和重要意义。美国的工业化农业具有什么程度的高效性？如果全球石油价格急剧上涨，美国（和其他地区）的工业化农业会受到什么影响？
17. 区分间作、多品种耕种、间混作、农业化林业和多种农业种植的区别。多种农业种植法存在哪些优缺点？
18. 说出自 1950 年以来有关全球粮食产量的四条好消息？说出有关目前和未来粮食生产的四条令人烦扰的和具有挑战性的消息。
19. 区分营养不良、营养失调和营养过剩的不同。(a) 缺乏维生素 A；(b) 缺乏铁元素；(c) 缺乏碘元素，会造成什么后果？
20. 全世界有多少营养失调的人口？全世界每年大约有多少人因营养不良、营养失调或由营养失调而恶化的疾病而导致死亡的？在缓解营养失调方面已经取得了哪些进展？说出降低儿童因营养失调而致病或过早夭折的 5 种主要方法。营养过剩问题有多严重？
21. 全世界饥饿和营养失调问题的主要诱因是什么？
22. 说出粮食生产的主要环境危害。
23. 中国主要的粮食问题是什么？中国的粮食缺乏问题会对世界其他地区产生什么影响？
24. 说出通过以下手段来生产更多的粮食所具有的优缺点：(a) 转基因农作物和食品；(b) 通过绿色革命来提高粮食产量；(c) 让人们接受新的食品类型；(d) 更多地依靠多年生农作物；(e) 灌溉更多的耕地，(f) 对更多的土地进行耕作，以及 (g) 生产更多的肉类。我们为什么要担心农作物品种的基因多样性的丧失？说出三种在粮食生产中更加可持续地利用水源的方法。
25. 描述一下自 1950 年以来全世界渔业捕捞总量

和人均捕捞量的变化趋势，并解释一下为什么人均捕捞量将会下降？

26. 区分某一鱼种的过度捕捞和商业性灭绝的不同。全世界渔业储备的百分之多少正在因为过度捕捞和污染而下降？区分鱼池养殖和渔场养殖的不同。水产养殖具有哪些优缺点？
27. 说出三种政府所采用的用于影响粮食产量的政策类型。说出各自的优缺点。
28. 国际食品援助具有哪些优缺点？
29. 区分广谱杀虫剂和窄谱杀虫剂的不同。概括一下 Rachel Carson 在警告人们广泛采用杀虫剂所具有的潜在危险方面所起的作用。
30. 说出：(a) 7 种依靠化学杀虫剂的原因；(b) 理想的杀虫化学药品的 5 个特征，以及 (c) 减少对化学杀虫剂的依赖的 5 个原因。
31. 说出四种可以用于控制害虫的耕作方法。说出采用以下害虫控制方法的优缺点：(a) 利用基因工程来加速对抗虫害和抗病害的农作物品种的开发；(b) 生物控制方法；(c) 通过绝育方法来控制害虫的出生率；(d) 采用害虫性引诱剂方法；(e) 采用害虫荷尔蒙方法（信息素）；(f) 食品放射线照射处理，以及 (g) 综合性害虫管理方法（IPM）。
32. 什么是可持续农业？该方法为什么那么重要？它的主要构成因素是什么？说出帮助农民过渡到一种更加可持续的农业生产方法的四种途径。

批判性思考

1. 为什么每个人都应该关注土壤保护问题，而不仅仅是农民？
2. 解释一下 1930 年代美国的尘碗现象在什么情况下还会再次发生。它会对你的生活产生什么影响？你如何尽力防止这种现象的再次发生？
3. 采用商业无机化肥来恢复或提高土壤肥力的方法具有哪些优缺点？为什么无机化肥和有机化肥都应该获得使用？
4. 概括一下在未来 30 年中以下每种提高世界粮食供应和缓解饥饿的方法所具有的主要经济和生态优点和限制性：(a) 通过清除热带森林和灌溉干旱地区的土地的方法来获得更多的耕地；(b) 在公海中捕捞更多的鱼类；(c) 采取渔业养殖的方法来生产更多的鱼类和贝类，以及 (d) 提高单位面积耕地的农作物产量。
5. 你认为在 (a) 你所居住的国家中，和 (b) 全世界，为了缓解饥饿状况而最应该做的三件事是什么？
6. (a) 所有为农民提供的价格支持和政府资助都应该取消吗？(b) 政府是否应该逐步取消农业减税和资助等方法来鼓励农民采用更加可持续的农业种植方法呢？为什么？为了回答这些问题，请对一名或多名农民进行咨询。
7. 你支持还是反对大范围推广已经过基因工程改造的农作物生产出来的转基因食品？为什么？其他的替代方式有哪些？如果应该的话，你认为政府应该采取哪些政策来控制基因工程生物的开发和采用？
8. 更多地依靠多年生农作物所具有的主要经济和生态优缺点是什么（个体作为专栏，第 215 页）？为什么传统的粮食种植公司反对更多地依靠多年生农作物品种？
9. 为什么大多数的生物学家认为控制害虫数量的首要方法应该是生态方法而不是化学方法？
10. 祝贺你。你刚刚已经在管理地球了。说出你认为最重要的进行 (a) 土壤保护，和 (b) 农业生产的三种方法。

国际互联网学习资源及深入阅读和研究的资源

本书包含了很多有助学习和进行深入阅读和研究的网站资源。登陆到：http://www.brookscole.com/product/0534385354s，并点击“一章接一章”链接。选择第 7 章，并选择如下资源：

● “闪卡”可以测试你对本章中的术语和应该记住的概念的掌握。

● “测试指南”以一种多项选择的形式来对你进行实践测试。

● “学生信息渠道指导”将你引入“关键问题思考方案”，使用“信息渠道学院版”作为一种研究工具。

● “参考书目”列出了本章撰写过程中所参考的主要书籍和文章。

● “超链接内容”将你引入到与本章的各个部分相关的大量新闻、研究和图像的网站。

信息渠道学院版

以信息渠道学院版来提高你的技巧，这是一个在线文章搜索数据库，来自700多种期刊。登陆到：http://www.infotrac-college.com，或者通过本书的网站进行连接。看一看下面的文章：

Compton, J. E, and R. D. Boone. 2000. Long-term impacts of agriculture on soil carbon and nitrogen in New England forests. *Ecology*, vol. 81, no-8, pp. 2314-2325. (Keywords: soil carbon)

Shepherd, V. 2000. Down on the farm the times they are a-changin'(organic farming). *Smithsonian*, July 2000, p. 64. (Keywords: organic farming)

Blindauer, K. M., R. J. Jakson, M. McGeehin, C. Pertowski, C. Rubin. 1999. Environmental pesticide illness and injury: the need for national surveillance system. *Journal of Environmental Health*, vol. 61, no. 10, pp. 9-14. (Keywords: pesticide, surveillance)

第 8 章　风险、毒物学与人类健康

是药都有毒。

——Paracelsus，1540 年

8.1　风险与危害

什么是风险和风险评估？

风险是指由会导致伤害、疾病、经济损失或环境危害等所引起的伤害的可能性。风险是以可能性来表述的：一种会发生某一事件或产生某种效果的可能性的数学表述。

可能性通常会以某种方式来表达，如“在人的一生中，由接触某种化学药品而导致患上癌症的可能性为 100 万分之一。”这意味着平均每 100 万个具有典型生命长度的（通常为 70 年）、每天接触正常剂量的化学药品的人中会有一个人患上癌症。

风险评估包括：（1）确定某一确实的或潜在的危害（“危害是什么?”）；（2）确定其发生的可能性（“该事件发生的可能性有多大?”），以及（3）对其产生的健康、环境、经济和社会影响进行评估（“会产生多么严重的危害后果?”；图 8-1 左栏）。

在对某一危机进行评估之后，下一步就是进行风险管理，对以下事项作出决定：（1）与其他风险相比，该事件有多严重呢（比较性风险分析）？（2）风险损失应该被减少多少？（3）如何降低这种风险损失？以及（4）需要多少资金来将风险危害降低到一个可以接受的水平（图 8-1 右栏）？

危害的主要类型有哪些？

我们所面对的危害的主要类型有：

- 文化危害，如不安全的工作条件、吸烟（聚焦，右侧）、饮食不良、毒品、酗酒、超速驾驶、故意伤害、不安全的性行为，以及贫困等。
- 化学危害，是指由空气中（第 9 章）、水中（第 10 章）、土壤中和食品中所包含的有害化学物质所导致的危害。
- 物理危害，如电离辐射、火灾、地震、火山喷发、洪水、龙卷风，以及飓风等。
- 生物危害，是指由病原体（细菌、病毒和寄生虫）、花粉和其他过敏原，以及蜜蜂和毒蛇等动物所引起的危害。

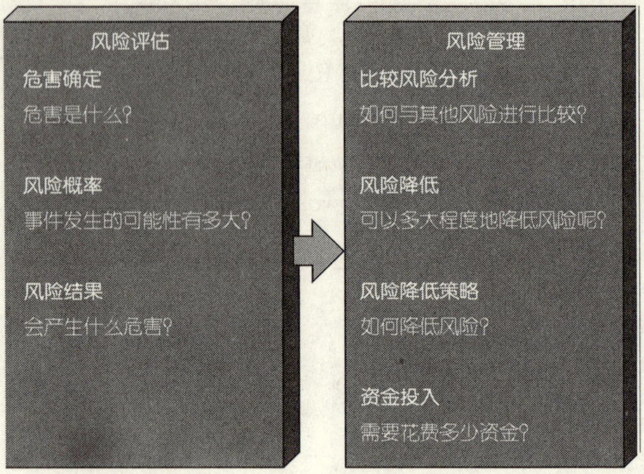

图 8-1　风险评估和风险管理。这些程序是很重要、很困难的，同时也是很有争议的

8.2　毒物学

决定某一化学物质是否有害的因素是什么？剂量与反应

毒性是对某一有害物质的危害程度的测量标准。一种化学物质（或其他物质，如电离辐射）是否有害取决于很多因素。其中一个因素是剂量，是指一个人所摄入的、吸入的或通过皮肤吸收的具有危害性的某一物质的数量。某一化学物质是否有害取决于（1）在某一特定时间内所摄入的剂量的大小；（2）接触该物质的频繁程度；（3）接触该物质的人（成人还是儿童）；（4）某人自身的解毒系统的良好程度（肝脏、肺脏和肾脏），以及（5）决定某人对某一毒素的敏感程度的基因构成。

由接触某一化学物质或其他化学试剂而导致的健康危害的类型和数量被称为“反应”。急性反应是一种立即的或迅速的对接触某一有害物质所引起的反应；包括从头昏眼花或皮疹等症状到死亡。慢性反应是一种持久的或长久的对接触某一有害物质的反应（如，肾脏或肝脏损伤）。

实际上，如果摄入过量的话，任何人工合成的或天然的化学物质，甚至包括水，都是有害的。关键问题是接触多大量的某种化学毒素会引起有害反应。

什么是最严重的人类杀手？

30 口径枪的子弹，可以在几乎任何地方买到，很令人上瘾，每天要杀死大约11000人，即平均每小时460人。这是什么呢？这就是香烟。吸烟是可以预防的最严重的死亡危害因素，危害着成人的健康。

世界卫生组织估计每年烟草会导致至少400万人过早地死于心脏病、肺癌、其他癌症、支气管炎、肺气肿和中风。至2030年，每年与吸烟有关的疾病所导致的死亡人数大约为1000万（其中有70%都来自发展中国家），平均每天约27400人死亡，而这些死亡都是可以防止的。

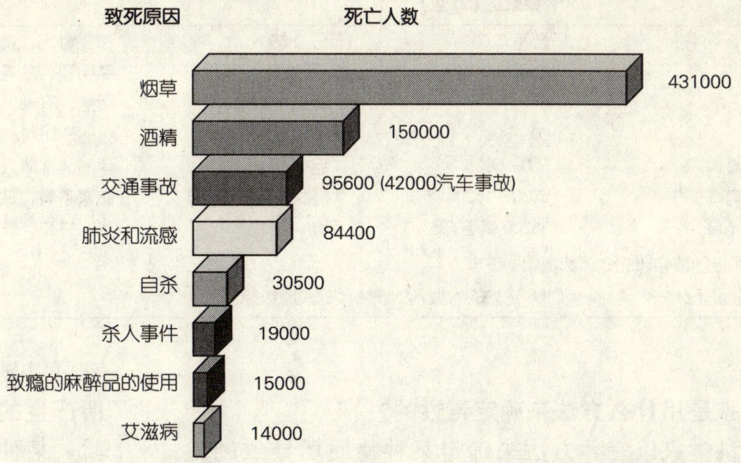

图8-2　在美国每年因烟草和其他原因而死亡的人数。到目前为止，吸烟是美国最严重的可防止的死亡原因，每年所导致的过早死亡的人数比其他所有因素的总和还要多（数据来自美国国家健康统计中心）

在美国，吸烟每年会杀死大约431000人，平均每天1180人（图8-2）。这一死亡人数大概相当于每天有3架满载的大型喷气式客机（每架搭乘400名乘客）失事而乘客无一生还。在美国，吸烟所导致的死亡人数比非法吸食毒品、酗酒、交通事故、自杀以及杀人案件所导致的死亡人数的总和还要多（图8-2）。根据1998年所进行的一项研究，在美国，二手烟（非吸烟者所吸入的烟）所导致的死亡人数为30000—60000人。

科学界具有一项共识，吸烟过程中所吸入的尼古丁（很可能是乙醛）是非常令人上瘾的。在力图戒烟者中，每10人才有1人能成功，其复发率与酗酒和吸食海洛因或可卡因的复发率相同。英国政府所进行的一项研究表明，在曾经吸过一支香烟的青年人当中，85%都会成为吸烟者。

全世界每年用于治疗与吸烟有关的疾病所花费的资金为大约2000亿美元，在美国每年有700亿—1000亿美元用于（1）药丸；（2）高额的保险费；（3）残疾；（4）因疾病而丧失工作和生产能力，以及（5）因吸烟引起的火灾而导致的财产损失。在美国，这一数字意味着平均每包香烟的代价为3—4美元。

许多健康专家呼吁，在美国应该对每包香烟增加2—4美元的销售税。这一销售税将意味着香烟（和其他烟草产品）的消费者而不是其他人要为与其吸烟行为有关的健康、经济和社会花费承担更多的责任：一种“谁消费谁负担”的方式。

在美国，一些降低死亡人数和健康危害的其他方法包括：（1）禁止所有烟草广告；（2）禁止向年龄低于21岁的公民出售香烟和任何其他烟草产品（对违犯者予以重罚）；（3）禁止所有自动烟草售货机；（4）将尼古丁列为一种令人上瘾的危险药物（并授权食品和药物管理处来对烟草和其他烟草制品的使用进行管理）；（5）取消所有对美国烟草种植者和烟草公司的联邦资助和减税政策，以及（6）将烟草税所得的收入用于资助建立一项反烟草宣传和教育计划。

批判性思考

解释一下为什么你赞同或反对对烟草制品征以重税，以及采用这里列出的6项降低因吸烟而导致的死亡人数和健康危害的建议。

一些人错误的认为所有天然化学物质都是安全无害的，而所有人工合成的化学物质都是有害的。实际上，如果使用得当的话，很多人工合成的化学物质都是非常安全的，而很多天然化学物质却是致命的。

什么是毒药？

从法律上讲，毒药是指每kg重量中含有低于50mg的LD_{50}的任何化学物质。LD_{50}是致命剂量标准：可以在14天内杀死某一数量（实验室动物数量通常为60—200只）的动物（通常是老鼠或野鼠）中的一半数量的单位剂量中某一化学物质的含量。

各种不同化学物质的毒性变化很大（表8-1）。某些毒药可以在急性接触到很少剂量时导致严重伤害甚至致死。而其他一些则仅在摄入几乎不可能获得的大剂量时才会产生同样的危害。大多数毒药介于这两种极端状况之间。

表 8-1 毒性级别和平均致命剂量

毒性级别	LD_{50}（每 kg 重量所含毒素的 mg 数）*	平均致命剂量+	例子
极毒	低于 0.01	低于 1 滴	神经毒气、波特淋菌毒素、蘑菇毒素、二氧（杂）芑（TCDD）
剧毒	低于 5	低于 7 滴	氰化钾、海洛因、阿托品、硝苯硫磷酯、尼古丁
很毒	5—50	7 滴至 1 茶匀	汞盐、吗啡、可待因
有毒	50—500	1 茶匀至 1 盎司	铅盐、DDT、氢氧化钠、氟化物、硫酸、咖啡因、四氯化碳
一般毒	500—5000	1 盎司至 1 品脱	甲醇（木精）、醚、苯巴比通、安非他明、煤油、阿斯匹林
轻度有毒	5000—15000	1 品脱至 1 夸脱	普通酒精、来苏水、肥皂
基本无毒	15000 或更高	超过 1 夸脱	水、甘油、蔗糖

* 杀死接触该物质的个体数量中的一半。

+ 在室温下让一个 70.4kg（155 磅）的人摄入的该物质的液态数量。

科学家是用什么方法来确定毒性的？

科学家以三种方法来确定某种物质所导致的健康危害程度：

- 案例报告（通常是由医师来进行的）会提供有关人们接触了某一化学物质后所产生的不良健康反应，甚至是死亡的信息。这些信息一般包括偶然中毒、用药过度、故意毒杀或自杀等状况。大多数的案例报告都不是确定毒性的可靠信息来源，因为有毒物质的实际剂量和受害者的健康状况通常都是无法获知的。但是，这些报告可以提供有关环境危害的线索，并显示出进行实验室研究的需要。
- 实验室研究（通常是以实验动物为对象）用于确定（1）毒性；（2）有毒化学物质在体内存留的时间；（3）身体的哪些部分会受到危害，以及（4）有时可以获知伤害是如何发生的。
- 流行病学包括对接触了某种化学物质或疾病的人群进行研究以找出为什么某些人会受到影响而其他人则不会。

如何利用实验室试验来确定毒性？

急性毒性或慢性毒性通常是通过在受到控制的条件下使一些活的实验动物（特别是老鼠和野鼠）接触一定剂量的某一特定物质来确定的。对每一种物质进行的动物实验需要 2—5 年的时间，并花费 20 万至 200 万美元的资金。

一些动物保护组织想要限制甚至禁止使用动物作为实验对象（或者保证以最人道的方式来对待这些实验动物）。科学家们也已经开发了其他一些方法来利用细菌、细胞和组织培养，以及鸡蛋膜来进行实验的方法。但是他们指出仍然需要进行一些动物实验，因为目前替代方法还不能充分模拟活体动物的生物化学作用。

急性毒性实验是为了获得一条剂量反应曲线，它可以显示出某一毒素的不同剂量对一组实验生物所产生的影响（图 8-3）。这种实验是一种受控制实验，某种化学物质对一组生物所产生的反应将与未与该化学物质接触的一组控制生物反应进行比较。所要注意的是必须保证两组生物的年龄、健康状况、基因构成尽可能相同，并保证它们在相同的环境条件下接触该物质。

采用较高剂量是为了减少所需的实验动物的数量、较迅速地获得实验结果以及降低实验成本。否则的话，实验将不得不持续若干年，对几百万只实验动物进行实验，而生产商也无力支持对大多数的化学物质进行实验。出于同样的原因，高剂量接触实验所获得的结果通常以数学模型的方式外推到低剂量的水平。然后再将外推所获得的低剂量结果再外推至人类身上，从而对急性毒性的 LD_{50} 标准进行估计（表 8-1）。

根据无临界剂量反应模型（图 8-3 左图），任何剂量的某种化学物质或电离辐射线所引起的危害都会随着剂量的增加而增强。而根据有临界剂量反应模型（图 8-3 右图），在任何可察觉的危害产生之前，有害物质必须达到临界剂量，大概是因为人体自身可以恢复因低剂量有害物质而导致的某些损害。当剂量很低时，确定哪种模型比较适用是一件极其困难的事情。出于比较安全的考虑，通常是采用无临界剂量反应模型。

一些科学家对将从实验动物身上所获得的数据外推到人体上的做法提出了质疑，因为人类的生理机能和新陈代谢机能与实验动物的不同。其他一些分析家反驳道，当选择了正确的实验动物或当某一化学物质对几种不同的实验动物物种都呈现出有毒状态时，这些实验和模型都很有效（特别是对发现癌症危机）。

流行病学是如何用于确定毒性的？

在一项流行病学研究中，一些接触了某种有毒

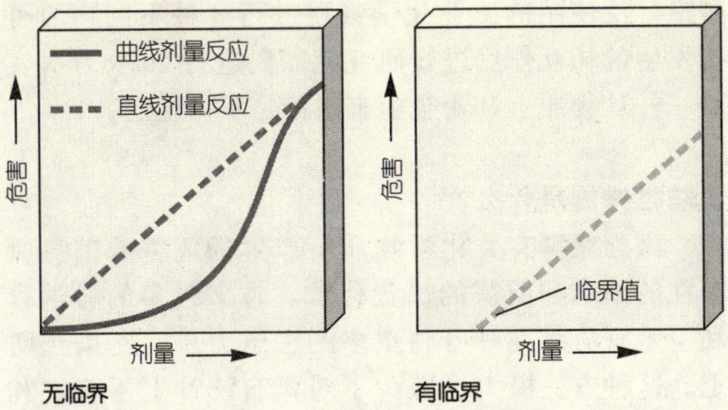

图 8-3　假想的剂量反应曲线。左图的直线和曲线显示了接触任何剂量的某一化学物质或电离辐射线所具有的危害会随剂量的增加而增加。右图的曲线显示了仅当剂量超过某一临界值时才会对人体产生危害。但是，对于哪条曲线应该应用于各种不同的有害物质这一方面还存在着很大的不确定性，因为估测对低剂量的物质所产生的反应方面还存在着困难

物质或致病生物（实验组）的人的健康状况与其他一些具有相似统计数据但未接触这些物质的人们（控制组）的健康状况进行了比较。该研究的目的是为了在危害和健康问题之间建立一组强、中、弱或无的统计关系。

流行病学存在着三个主要限制：（1）密切接触各种高强度有毒物质以发现具有统计意义的区别的人太少；（2）最终将观察到的效应与某种危害建立联系是非常困难的，因为人们在一生中会接触到很多种不同的有毒物质和致病因素，以及（3）很难对人们以前从未接触过的新的技术、物质或疾病所造成的危害进行评估。

毒性估计的有效程度如何？

如我们所看到的，所有对毒性水平和风险进行估计的方法都存在着严重的限制。但是，这就是我们所能利用的所有方法。由于存在着这种不确定性，对有毒物质和电离辐射线的接触标准一般被定为估计的有害水平的1/100甚至1/1000。

尽管存在着这些限制，仔细操作和评估的毒性研究依然是重要的信息来源，它使我们可以理解剂量反应效应，并估计和制订接触标准。但是，社会大众、立法者以及执法官员必须认识到所有这些研究中所包含的巨大的不确定因素和猜测因素。

8.3　化学危害

什么是有毒化学物质？什么是有害化学物质？

有毒化学物质一般是指在某种浓度下可以杀死实验动物数量（LD_{50}）的一半以上的物质。有害化学物质是指因以下因素而造成危害的物质：（1）可燃烧或可爆炸；（2）刺激或伤害皮肤或肺脏（强酸或强碱性物质，如烤箱清洁剂）；（3）扰乱或阻止氧气吸收和分配（会引起窒息的物质，如一氧化碳和硫化氢），或者（4）会引起免疫系统的过敏反应（过敏原）。

什么是有机体突变诱导物？什么是致畸剂？什么是致癌物质？

有机体突变诱导物是可以引起细胞中的DNA分子产生无序突变或变化的物质，如化学物质或电离辐射。精子或卵细胞的突变会遗传给下一代并导致疾病，如两极神经细胞紊乱、胰纤维性囊肿病、血友病、镰状细胞性贫血、唐氏（Down's）综合征，以及多种类型的癌症。其他细胞的突变是非遗传性的，但也会导致有害结果。

大多数突变都是无害的，大概是因为所有生物都具有生物化学修复机制，可以矫正或改变DNA密码中的错误变化。

致畸剂是人类胚胎在发育过程中或怀孕期中，特别是在前3个月中会导致出生缺陷的化学物质、辐射或病毒。会导致实验室动物出生缺陷的已知化学物质包括聚氯联苯（PCBs）、反应停（一种镇静剂）、甾类激素和重金属，如砷、镉、铅和汞。

致癌物质是可以引起或促进含有能够不可控制地繁殖的某种细胞的恶性（癌症）肿瘤生长的化学物质、辐射或病毒。很多癌症肿瘤是通过转移来传播的，恶性细胞从肿瘤中分离出来并通过体液传播到人体的其他部分。在这些新的停留处，它们开始制造新的肿瘤，使治疗更加困难。

因为癌症的种类有100多种（取决于发生癌变的细胞的类型），所以致癌的渠道也有很多种。包括基因易感染素质、滤过性病毒传染，以及接触到各种有机体突变诱导物质和致癌物质。

根据世界卫生组织的研究，在导致或促使全部癌症病例的80%的因素为环境因素和生活方式的因素。致癌物质的主要来源是吸烟（全部癌症病例30%—40%），饮食（20%—40%），职业性接触（5%—15%）和环境污染（1%—10%）。遗传因素和特定病毒因素仅占全部癌症病例的大约10%—20%。

一般来讲，在最初接触致癌物质和出现可察觉到的症状之间会存在着10—40年的潜伏期。部分因为这种时间滞后性，很多健康的青年人和年轻的成年人都不相信他们今天的吸烟（聚焦专栏，第239页）、酗酒、饮食以及其他生活习惯会导致其50岁后出现各种癌症症状。

化学物质是如何损害免疫系统、神经系统和内分泌系统的？

从 1970 年代开始，越来越多的野生生物和实验室动物的研究机构和人类流行病学研究机构所进行的研究都显示，长期（通常都是低水平的）接触环境中的各种有毒化学物质会破坏人体的免疫系统、神经系统和内分泌系统。

免疫系统由通过形成抗体来侵袭病原体并将其转变成无害物质来保护人体免遭疾病和有害物质侵害的特殊细胞组成。削弱或压制人体的免疫系统会使人体容易受到过敏原、传染性细菌和病毒的侵害。

环境中的人工合成化学物质会危害到人类神经系统（大脑、脊髓以及末梢神经）的健康。很多毒物都是神经毒素，会侵害神经细胞（神经元）。例如：(1) 氯化烃类［DDT，PCBs，二氧（杂）芑］；(2) 有机磷酸酯杀虫剂（表 7-1，第 228 页）；(3) 各种砷、汞、铅和镉的化合物，以及 (4) 广泛使用的工业溶剂，如三氯乙烯（TCE）。

内分泌系统是由腺体和激素体构成的复杂网络，调节着众多的人体机能。内分泌腺向血流中分泌很少量的激素，作为天然的化学信息传递者来控制人类和其他动物的身体机能，如有性生殖、生长、发育以及行为等。人类接触被称为“活性激素物质（HAAs）”的低水平人工合成化学物质会模仿和破坏自然激素的效果（联系专栏，右页）。

我们为什么对化学物质的有害后果了解得如此之少？

根据危机评估专家 Joseph V. Rodricks 的说法，“毒物学家对有些化学物质了解很多，对很多化学物质了解很少，对大多数化学物质几乎一无所知。”美国科学院估计用于商业用途的至少 75000 种化学物质中仅有大约 10%进行了彻底的毒性审查，仅有 2%进行了充分的试验来确定它们是不是致癌物质、致畸剂、或有机体突变诱导物。用于商业用途的所有化学物质几乎都没有进行过导致神经系统、内分泌系统和免疫系统危害的审查。

缺乏信息和法规的主要原因有三个：

- 在现行法律体制下，大多数的化学物质都被视为无害的，除非被证明为有害。
- 缺乏充分的资金、人员、设施和实验动物来提供所需信息，而仅能对日常生活中所遇到的众多化学物质中的一小部分进行了解。
- 对接触多种化学物质所产生的综合后果以及由这些化学物质可能引起的相互作用进行分析是极其困难且昂贵的，以至于无法进行。例如，对 500 种最广泛使用的工业化学物质进行 3 种不同物质可能发生的相互作用进行研究就需要进行 2070 万次实验——从物质上和资金上来讲都是不可能的。

预防性措施是什么？

因为获得有关化学物质所产生的危害的信息所存在的困难和所需的昂贵代价，越来越多的科学家和卫生官员都在呼吁将更多的注意力放在污染预防上。这种方法极大地减少了对具有统计上不确定和争议性毒性的研究接触标准的需要。这还降低了由具有潜在危害的化学物质和产品，以及它们之间可能发生的、但我们对其知之甚少的多重相互作用所导致的危害。

这种方法是以预防原则为基础的。根据这一概念，当对某些化学物质和技术具有潜在的严重危害产生科学不确定性时，决策者应该采取使人类和环境避免受到伤害的措施。这是以人们熟知的如下公理为基础的：“深思熟虑而后行（三思而后行）”，“宁可安全也勿遗憾”，以及“一点预防胜过大量治疗”。

根据这种方法，那些想要采用新化学物质或新技术的人必须承担确定其安全性的义务。换句话说，新的化学物质和技术将被视为有害的，除非被证明为无害。生产商和销售商反驳道，这种方法将使采用新化学物质或新技术产生高昂的成本，而且几乎变成不可能的事。

8.4 生物危害：发达国家和发展中国家的疾病

疾病的主要类型有哪些？

非传染性疾病是指不能被活的生物引起或不能从一个人传染给其他人的疾病。例如心血管（心脏和血管）病、大多数癌症、糖尿病、哮喘、肺气肿，以及营养不良。一般来讲，这些疾病 (1) 具有多种致病原（而且通常是未知的）；(2) 发展缓慢且迁延甚久。

可传染性疾病是由活性生物（如细菌、病毒、原生动物或寄生虫）引起的，而且可以从一个人传染给别人。这些传染性的病原被称为“病原体”，可以通过空气、水、食物、体液、某些昆虫以及其他被称为“带菌者”的非人类携带者来传播。

一般来讲，细菌是指单细胞的微生物，具有通过简单的细胞分裂来进行自我繁殖的能力。病毒是指无细胞的微生物传染元。它的 DNA 含有制造更多病毒的指令，但却缺乏繁殖器官。为了进行繁殖，一种病毒必须侵入到某一宿主细胞中并控制该细胞的 DNA，从而形成了一个繁殖更多病毒的场所。

联系专栏

荷尔蒙分裂剂和荷尔蒙模拟剂是否具有健康危害呢?

在过去的25年中，来自各个领域的专家们一直在将对野生生物、实验室动物以及人类的流行病学研究的各种现场研究进行拼合。该分析表明被称为“荷尔蒙活性物质（HAAs）”的各种人工化学制品，都可以作为荷尔蒙或内分泌分裂剂来使用。

大量研究表明，很低浓度的荷尔蒙活性物质可以通过对天然荷尔蒙进行阻碍、停止、减缓或加速等方式来使内分泌系统造成分裂，特别是生殖系统和身体的生长和发育过程。而且人们对可以作为甲状腺分裂剂，并导致生长、体重、大脑发育和行为紊乱的污染物也越来越重视。

大多数的天然荷尔蒙都会被分解或排出体外。但是，很多人工合成的荷尔蒙替代剂化合物都很稳定，而且可以溶解于脂肪中，随着它们在食物链和食物网中的传递，其浓度可以发生生物扩大（图6-10，第190页）。所以，它们对高居食物网顶层的人类和其他肉食动物具有特殊的危害。

大量的野生生物和实验室研究揭示出雌激素模拟剂和荷尔蒙阻断剂（HAAs）所具有的各种可能危害。下面是其中的一些例子：

- 以密歇根湖中受到DDT和PCBs等内分泌分裂剂污染的鱼类为食的农场貂无法进行繁殖。
- 接触PCBs会减小某些实验动物的阴茎大小和台湾地区的母亲在1979年接触了PCB喷剂后所生的118个男孩的阴茎大小。
- 1999年由密歇根州立大学的动物学家所进行的一项研究发现接触了PCBs的雌性老鼠很不愿意进行交配，增加了该污染物可以降低女性性冲动的可能性。
- 在1973年，被称为PBBs的雌激素模拟剂偶然被密歇根州内饲养的牛所摄入，从而污染了牛肉产品。误食了这种牛肉的怀孕妇女（以及母乳中含有大量PBBs的母亲）所生的男孩的阴茎都较小，且睾丸畸形。
- 在过去的50年中，全世界所有地区的睾丸癌和前列腺癌的发病率都急剧增加。
- 在过去的60年中，美国和欧洲的男性平均精子数量减少了50%。

1999年美国科学院的专家组所进行的一项研究（1）得出结论，人们对这些化学物质所造成的危害所得出的确定性结论所知甚少；（2）呼吁增大研究力度来确定环境中低剂量的各种HAAs是否对人类存在威胁。

一些卫生科学家认为我们现在应该开始大量减少潜在的荷尔蒙分裂剂的使用，因为它们已经符合两项“预防原则”的要求：极大的科学不确定性，以及有理由怀疑它们是有害的。

批判性思考

你是否认为荷尔蒙分裂剂所具有的潜在威胁已经构成了健康问题，会影响你或者任何你的下一代？为什么？如果是这样的话，应该对这一潜在问题做些什么呢？

根据世界卫生组织和联合国儿童基金组织的研究，发展中国家每年都会有至少200万名年龄小于5岁的儿童死于可预防的传染性疾病，平均每天死亡5500名。以水为媒介传播的传染病（如腹泻、肝炎、伤寒和霍乱）占发展中国家病例总量的80%，主要是由不安全的饮用水和不充分的卫生设备系统所导致的。

抗生素可以极大地降低由细菌引起的传染病的发病率。但是，抗生素的广泛使用和误用也增强了很多致病细菌的基因抗药性，使它们繁殖速度加快（聚焦专栏，第244页）。

从世界范围来讲，每年，每4个死亡病例中就有1个是由传染病引起的。根据世界卫生组织的研究，全世界8种最具死亡威胁的传染病为：（1）急性呼吸系统传染病，主要包括肺炎和流感（由细菌和病毒引起，每年有370万人死于该病）；（2）获得性免疫缺陷综合征（艾滋病，一种病毒疾病，每年死亡260万人）；（3）腹泻（由细菌和病毒引起，每年死亡250万人）；（4）肺结核病（TB，一种细菌疾病，每年死亡200万人）；（5）疟疾（由寄生性原生动物引起，每年死亡150万人）；（6）麻疹（一种病毒性疾病，每年死亡100万人）；（7）B型肝炎（一种病毒性疾病，每年死亡100万人），以及（8）流感（一种病毒性疾病，每年死亡100万人）。

案例研究：全球结核流行病

从1990年开始，全世界被最严重低估了的事件之一就是结核病（TB）的迅速传播，这是一种具有极强传染性的细菌性疾病，每年会杀死大约200万人，并感染大约800万人。目前全球结核流行病的状况已经非常严重，在1993年，世界卫生组织宣布进入全球紧急状态。

近些年来结核病例增加的主要原因有：（1）缺乏结核病的普查检诊和控制体系（特别是在发展中国家，大约95%的新病例都来自这些国家）；（2）多种对几乎所有有效抗生素都具有基因抗药性的结核

聚焦专栏

我们是否在与传染性细菌进行的战争中失败了？

越来越多的令人担忧的证据表明我们在对抗传染性细菌所导致的疾病的战争中正在走向失败，因为细菌是地球最后的幸存者。当以某一剂量的抗生素来杀死某种细菌时，如盘尼西林，大多数的细菌会被杀死。

但是，仍有少量细菌会产生基因突变，使它们对该药物产生抗药性。通过自然选择（第 65 页），某种突变异种会将这种抗药性传递给其大多数的后代，其数量会在 24 小时内达到 16777216 个。

这种细菌菌株每次接触到盘尼西林或其他抗生素时，其后代中的大部分都对该药物产生基因抗药性。这种抗药性细菌在受害者体内的快速繁殖也变得更加容易，因为抗生素还将它们的竞争者都杀死了。

更糟糕的是，细菌可以产生出对它们从未接触过的抗生素的基因抗药性。当一个具有抗药性和一个不具有抗药性的细菌相互接触时（比如说，在医院的床单上或在人的胃中），它们可以交换一被称为“质体”的 DNA 小环，从而将基因抗药性从一个细菌传递给另一个细菌。

细菌具有令人惊讶的基因适应性，这是全世界所面对的一些曾经被抗生素控制住的细菌性传染病具有再次大量复发的潜在威胁的原因之一。其他因素也会产生作用，包括：（1）细菌（有些是有益的，有些是有害的）通过人们旅行和货物贸易在全球传播；（2）医生过量使用抗生素，通常都是病人坚持要求的结果；（3）很多病人未按医生所开的处方的抗生素，这会提高细菌的抵抗力；（4）在很多国家可以不通过医院处方而买到抗生素；（5）杀虫剂的过量使用，增加了对杀虫剂具有抗药性的害虫的数量，以及其他细菌性疾病的携带者的数量，以及（6）在畜牧业和奶制品业中广泛采用抗生素来控制动物疾病（其使用量的 20%）和促进动物生长（其使用量的 80%）。

这些因素综合作用的结果就是每一种主要的致病细菌都产生出了可以抵抗人类所使用的用于治疗细菌性传染病的 160 种抗生素中的至少一种的细菌变种。2000 年，美国疾病控制和预防中心的官员估计在美国，每年有大约 220 万人（大多数人的免疫系统较弱）患病，在医院、疗养院或家庭卫生保健环境中至少 88000 人因传染性疾病而死亡。病人可以通过问一问来到家里的医生或卫生保健人员，“你洗手了吗?”，或者“你换手套了吗?”，而减少这些传染病。

批判性思考

如果有的话，在细菌增强了对广泛使用抗生素导致的基因抗药性方面，你起了什么作用？说出三种降低这一威胁的方法。

细菌菌株的进化（导致该疾病的死亡率超过 50%）；（3）人口增长和城市化加剧（增加了人群之间的接触）；（4）贫困，以及（5）艾滋病的传播大大减弱了人体的免疫系统机能，并导致结核病菌快速繁殖。

减缓结核病的传播速度包括及早发现携带活性结核病菌的人并及早进行治疗，通常这些人都会伴有慢性咳嗽的状况。采用 4 种廉价的药物进行联合治疗可以治愈这些携带活性结核菌病人中的 90%。但是，为了保证这些药物治疗成功，病人必须每天服药，坚持 6—8 个月。由于疾病症状会在几个星期后消失，很多病人都以为他们已经被治愈了，所以就停止了继续服药。这会导致疾病再次复发，而且更难治愈。然后，疾病又会传播到其他人身上，并发展成为具有抗药性的结核病菌菌株。

根据世界卫生组织的研究，在未来的 10 年间，全球性结核病防治运动需要大约 3.6 亿美元的资金来挽救至少 2000 万名患者的生命。

病毒性疾病的传播速度有多快？

病毒性疾病包括（1）流行性感冒即流感（通过受感染人的体液和飞沫传染）；（2）埃博拉（Ebola）病毒（通过受感染人的血液或其他体液传染）；（3）狂犬病（通过犬、草原狼、浣熊、臭鼬和蝙蝠传染），以及（4）艾滋病。

虽然卫生官员对新型病毒性疾病种类的出现（如埃博拉病毒）表示担心，但他们认为对人类健康构成最严重威胁的是新型的、非常致命的流感病毒的出现。流感病毒通过空气传播，而且传染性极强。从 1918 年至 1919 年，全世界超过一半的人口都传染上流感，而且导致 2000 万至 3000 万人死亡（其中美国死亡约 50 万人）。现在，流感每年还要夺去 100 万人（其中美国为 20000 人）的生命。

获得性免疫缺陷综合征（艾滋病）的威胁越来越大，它是由人类免疫缺陷病毒（HIV）所引起的。该病毒本身并不致命，但它可以杀死免疫系统细胞，使人体失去对传染病菌和其他病毒的抵抗力。人类免疫缺陷病毒可以通过以下方式传播：（1）未受到保护的性行为；（2）与静脉注射吸毒者共用注射针头；（3）在分娩时从受感染的母亲传给婴儿，以及（4）接触到受感染的血液。

根据世界卫生组织的研究，在2000年12月，全世界人类免疫缺陷病毒感染人数为3610万（非洲的次撒哈拉地区为2200万，其中15岁以下的儿童有1200万)。在2000年，新感染人类免疫缺陷病毒的人数为540万（其中80%在非洲和亚洲)，平均每天新增14800人。

在7—10年中，这些感染了人类免疫缺陷病毒的人中有95%都会发展成艾滋病。这一漫长的潜伏期意味着受到感染的病人在不知不觉中又继续将病毒传播了很多年。到目前为止，虽然某些药物可以延长患者的生命（如果他们可以支付得起医药费的话)，但尚未找到治疗艾滋病的方法。

至1999年12月，因与艾滋病有关的疾病而死亡的人数达到1900万（其中360万为15岁以下的儿童，美国的死亡人数为42万人)。在非洲的29个受艾滋病威胁最严重的国家中，人们的平均寿命比未受艾滋病感染的状况下短7年。根据世界卫生组织的调查，从2000—2010年间，艾滋病可能杀死的人数相当于在20世纪所发生的所有战争中死亡人数的总和。

一旦开始病毒性感染，治疗的困难程度要比细菌性和原生动物感染大得多。仅有少数几种抗病毒药物可以采用，因为其他大多数药物在杀死病毒的同时也会伤害其宿主细胞。以抗生素治疗病毒性感染（如感冒、流感和大多数轻度咳嗽和喉咙痛）不是一种有效的手段，而且还会增加致病细菌的基因抗药性。

医药方面对付病毒的仅有的有效武器就是疫苗，它们可以刺激人体自身的免疫系统来产生抗体，从而抵抗住病毒的传染。以接种疫苗的方法来使人体获得免疫性可以驯服某些病毒性疾病，如天花、脊髓灰质炎、狂犬病、流感和麻疹。

案例研究：疟疾，一种原生动物性疾病

全世界人口中约有45%生活在疟疾出没的热带和亚热带地区（图8-4)。目前，全世界有3亿到5亿人感染了疟原虫，而且这一数量还在以每年2.7亿至4.8亿人的速度增长。

疟疾的症状时急时缓，包括发烧、发寒、贫血、脾脏扩大、严重的腹痛和头痛、极度虚弱，而且极容易感染上其他疾病。死于该疾病的人数约为每年150万，其中有一半以上都是未满5岁的儿童。

疟疾是由四种疟原虫原生动物所引起的。大多数病例都是在60种按蚊属蚊子中的任何一种的某个未受传染的雌性蚊子（1）叮咬了受到传染的人体；(2）摄取了含有该疟原虫的血液，之后（3）又叮咬了另一个未受传染的人体（图8-5)，而传染上的。在这种情况下，疟原虫从蚊子体内转移到人体的血管中，在肝脏中进行繁殖，然后又进入到血细胞中继续进行繁殖。疟疾还可以通过输血或共用注射针头来传播。

疟疾的繁殖循环持续不已，直到人体的免疫力增强了，或者进行了治疗，或者患者死去为止。在人类发展史上，疟原虫所杀死的人数可能比人类所经历的所有战争所死的人数还要多。

在1950年代和1960年代，疟疾的传播被有效地控制住了，主要是通过以下手段：（1）排干沼泽地和湿地；（2）在蚊子的繁殖区域内喷洒杀虫剂，以及（3）采用药物来杀死血管中的疟原虫。但是，从1970年开始，疟疾的发病率又有所回升。大多数种类的携带疟疾的按蚊都对大多数杀虫剂产生了基因抗药性。更糟糕的是，疟原虫已经产生了对普通的抗疟疾药物的基因抗药性。

研究者们正在开发新的抗疟疾药物、疫苗以及一些生物控制按蚊的方法。但是，这些方法所需的资金都无法获得满足，而且开发工作比原先想像中的要更困难。

根据卫生专家的说法，预防是减低疟疾传播的最佳方法。预防方法包括：（1）提高灌溉体系中的水流速度以防止疟蚊幼虫生长（这样做既成本高昂，又会造成水资源的浪费)；(2）在窗户和门上张挂用无毒杀虫剂（permethrin）浸泡过的蚊帐；(3）养殖以蚊子幼虫为食的鱼类（生物控制方法)；(4）清除种植在房屋周围的植物；（5）在蚊子生长繁盛的低洼沼泽地区种植大量吸收水分的树种（这是一种可以毁坏或使对蚊子具有重要生态意义的湿地衰退的方法)，以及（6）用锌元素和维生素A来增强儿童对疟疾的抵抗力。

我们如何减少传染病病例?

世界卫生组织估计，全球研究与开发基金中仅有2%投入到发展中国家的传染病研究中，即使这样，全世界因传染病而受害和死亡的人数比受其他任何疾病侵害和死亡人数的总和还要多。图8-6列出了卫生专家和公共卫生官员所建议的预防和减少传染病发病率的方法。他们还呼吁加强发展中国家的卫生预防措施（解决途径专栏，第247页下部)。

8.5 风险分析

我们如何对风险进行评估?

风险分析包括：(1）确定危害，并评估其产生的相关风险（风险评估，图8-1左栏)；(2）风险分级

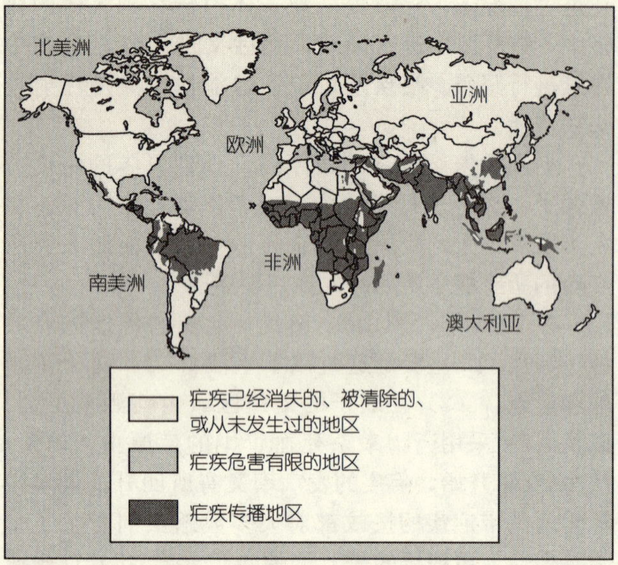

图 8-4 全球疟疾分布图。目前，全世界人口约 45%生活在有疟疾发病的地区内，每年死于该病的人数至少 150 万人。如果全球气候变暖得如现在的气候模型所预测的那样，则至 2046 年，疟疾会影响到全世界人口的 60%（数据来自世界卫生组织）

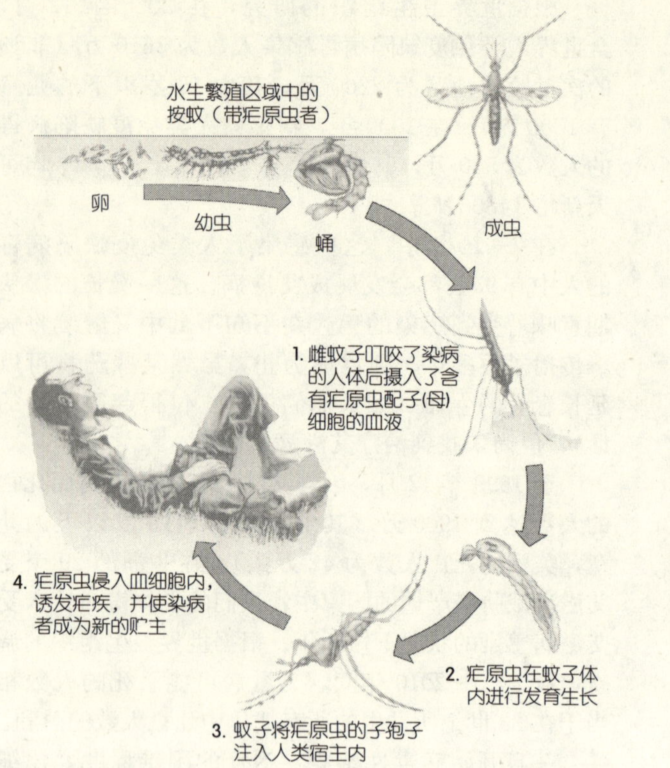

图 8-5 疟疾的生命周期。疟原虫的生命周期始于蚊子，经过人体再回到蚊子。虽然各种蚊子都会传播疾病（如传播疟疾、黄热病、脑炎、登革热给人，传播犬恶丝虫病给狗），但它们仍然起着重要的生态作用。它们的卵是鱼类、各种昆虫、青蛙以及其他两栖动物的重要食物来源，蚊子的成虫还是蝙蝠、蜘蛛和其他很多昆虫和鸟类的重要食物来源

（风险比较分析）；(3) 确定关于降低或消除风险的选项并作出决定（风险管理，图 8-1 右栏），以及 (4) 向决策者和社会大众进行风险传达（风险传达）。

以过往的经验、动物实验和其他实验以及流行病学研究为基础的统计概率可以用来对来自原有技术和化学物质的风险进行评估（第 8.1 节）。为了对新技术和产品进行评估，风险评估者会采用以模型而不是真实经验为基础的不确定的统计概率来进行。

图 8-7 的左栏是风险比较分析的一个例子，概括了由一组作为美国环境保护处顾问的科学家所确定的最大的生态和健康风险。请注意，科学家（图 8-7左栏）和社会大众（图 8-7 右栏）对相对风险所做比较之间的区别。这些区别主要来自专业的风险评估者未能成功地向社会大众传达风险的性质及其对社会大众、教师和媒体的相对重要性。一些风险专家辩称我们大部分的风险教育通常都是以媒体对最近发生的风险恐慌（主要以前沿科学为基础）所进行的误导性的，而不是正确的报道为基础的。

一旦完成风险评估，决策者必须确定可接受的风险水平。图 8-8 显示了用于确定风险的可接受性的四种方法。最广泛采用的方法是成本-收益分析，该方法力图确定使用某一特定的技术或化学物质的预估短期和长期风险或成本是否会超过其预估的短期和长期收益。

人类面临的最严重的风险是什么？

今天，很多人所面对的最大风险都没有严重到成为每日关注的新闻焦点的程度。就人类寿命因营养失调，接触致病生物和危险化学物质，以及缺乏基本的卫生看护条件等而减低来讲，到目前为止，最严重的风险就是贫困（图 8-9）。

在与贫困相关的健康风险之后，最严重的风险就是过早死亡，主要是由人们随意选择其生活方式而导致的（图 8-2 和图 8-9）。大量的研究表明，降低一个人过早死亡和严重的健康风险的最佳途径就是：(1) 不吸烟；(2) 避免接触过度阳光的照射（会导致皮肤老化并引发皮肤癌）；(3) 不喝酒，或适量饮酒（一天最多喝两次）；(4) 减少含有胆固醇和饱和脂肪的食物的摄入量；(5) 食用各种水果和蔬菜；(6) 坚持锻炼身体；(7) 减去多余的脂肪，以及 (8) 对那些有车族来讲，尽可能安全驾驶，并配备良好的安全设施。

我们如何评估技术系统所具有的风险？

一套技术系统的构成越复杂，所需的设计和操作人员越多，对其进行风险评估的难度也就越大。任何技术系统的可靠性（以百分比来表达）都是由

两个因子的乘积所确定的：

系统可靠性（%）＝技术可靠性×人的因素的可靠性×100

通过精心的设计、高质量的控制、维护和监测，一套高度复杂的系统如核电站或航天飞机可以获得一个较高水平的技术可靠性。但是，人的因素的可靠性通常要比技术可靠性低很多，而且几乎不可能作出预测；人非圣贤，孰能无过。

假设一座核电站的技术可靠性为95%（0.95），而人的因素的可靠性为75%（0.75），则该系统的总体可靠性为71%（0.95×0.75＝0.71＝71%）。即使我们可以使技术可靠性达到100%（1.0），该系统的总体可靠性也仅为75%（1.0×0.75＝0.75＝75%）。即使最精心设计的系统也对不可预见的人的因素的可靠性具有强烈的依赖性，这可以从基本上解释一些“不可能”的灾难，如切尔诺贝利核电站（第136页）事件和挑战者号航天飞机爆炸事件。

使某一系统变得更加简单坚固或不易发生故障的一种方法是将具有潜在错误危险的因素从人的因素的方面转移到技术因素的方面。但是，（1）一些偶然事故会破坏掉整个自动控制系统，如闪电阀（lightning bolt）等；（2）没有任何机器或计算机程序可以完全取代人为的判断；（3）任何自动控制系

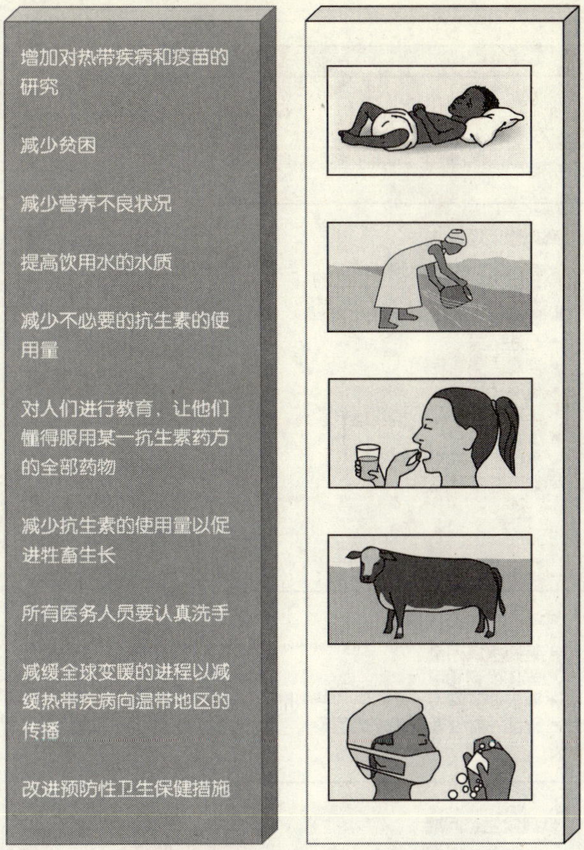

图8-6 解决途径。预防或减少传染病的发病率

提高发展中国家的卫生保健措施

解决途径专栏

只要资金充足，发展中国家的人们和发达国家中的贫困者的卫生保健状况都可以得到极大的、迅速的、廉价的改善，可以通过提供以下各种形式的以预防为主的卫生保健措施：

- 为孕妇提供更充足的营养、产前保健以及分娩帮助。在发展中国家每年至少有585000位孕妇死亡，主要是由于与怀孕和分娩有关的可预防的原因所导致的，而在发达国家这一数字仅为6000。
- 为儿童提供更充分的营养。
- 大幅度提高产后保健水平（包括鼓励母乳喂养）以降低婴儿的死亡率。以母乳喂养的婴儿可以从母乳中的抗体获得很多种疾病的自然免疫力。
- 使儿童具有对世界上最严重的5种可预防传染病的免疫力：破伤风、麻疹、白喉、伤寒以及脊髓灰质炎。从1971年开始，发展中国家的儿童对这些疾病具有免疫力的比例大大提高了，从10%增加到了84%，每年可以挽救大约1000万名儿童的生命。
- 对腹泻病这种导致全部5岁以下儿童死亡总数的将近四分之一的疾病患者进行口头再水化治疗。简单的将开水、盐和糖或大米制成溶液，每人所花费的费用仅为几美分，可以预防脱水而导致的死亡。根据英国医学杂志《手术刀》的报道，这种简单的治疗方法是“20世纪最重要的医学进步”。
- 谨慎选择治疗传染病的抗生素（聚焦专栏，第244页）。
- 为全世界三分之一的人口提供洁净的饮用水和卫生设施。

根据世界卫生组织的研究，将这些基本的卫生保健措施推广到全世界人口每年所需的资金为100亿美元，仅为全世界每年消耗在香烟上或每4天消耗在军费上的费用的约4%。该计划的花费为每个儿童仅约1美元。

批判性思考

1. 你是否认为发达国家应该至少负担实施这些建议所需的总费用的一半？这对发达国家来讲具有哪些经济和环境益处呢？
2. 你愿意自己每年所交纳的税费中有多少用于在发展中国家建立这些预防性的卫生保健计划呢？

科学家 （并非按风险严重程度排列）	社会大众 （按风险严重程度排列）
高风险卫生问题 • 室内空气污染 • 室外空气污染 • 工作者接触到工业或农业化学物质 • 饮用水中的污染物 • 食品中残留的杀虫剂 • 消费者所购买的商品中所含有的有毒化学物质 **高风险生态问题** • 全球气候变化 • 同温层臭氧耗竭 • 野生生物栖息地变化和破坏 • 物种灭绝和生物多样性丧失	**高风险问题** • 有害废物的堆放场所 • 工业水污染 • 职业性接触化学物质 • 石油钻探 • 同温层臭氧耗竭 • 核电站事故 • 工业泄漏事故带来的污染物 • 放射性废物 • 来自工厂的空气污染 • 地下油罐泄漏
中等风险生态问题 • 酸物质的沉积 • 杀虫剂 • 可通过空气传播的有毒化学物质 • 地表水体中所含有的有毒化学物质、营养物质以及沉积物质	**中等风险生态问题** • 近海水域污染 • 固体废物和垃圾 • 对农业工作者造成危害的杀虫剂 • 来自污水处理厂的水体污染
低风险生态问题 • 石油钻探 • 地下水污染 • 放射性同位素 • 酸物质径流流入地表水体中 • 热污染	**低风险生态问题** • 来自汽车的空气污染 • 食品中残留的杀虫剂 • 全球气候变化 • 饮用水污染

图 8-7 根据美国环境保护局的顾问科学家们的研究（左栏），对最严重的生态和卫生问题进行的比较风险分析。各类风险并不是按照严重性来排列的。本图的右栏显示了美国公民对他们所认为的最严重的生态和卫生风险所进行的排列。你认为为什么风险专家和社会大众对风险的认识会有如此大的差别呢？（数据来自科学顾问委员会，《降低风险》，华盛顿特区：环境保护局，1990 年）

统的任何组成部分都是由人来制造、组装、测试、认证、并进行维护的，而人是会犯错误的，而且（4）用于监控和控制复杂系统的计算机软件程序也会含有人为的错误或被人为的计算机病毒侵入而导致功能紊乱。

风险分析存在哪些限制？

对风险分析进行评估涉及到一些关键问题：

● 风险评估的数据和模型的可靠性有多大？

● 允许某一水平的化学物质危害进入环境中会使哪些人受益？会使哪些人受害？哪些人拥有决定权？

● 风险评估应该强调短期风险还是应该更着重强调长期风险？哪些人拥有决定权？

● 风险分析的主要目的应该是确定风险的可接受水平（目前的方法）还是应该确定如何将危害减少到最小（一种预防性的方法）？

● 某一特定的风险分析工作应该由什么人来进行？哪些人应该对其结果进行审查？是政府部门？还是独立的科学家小组？或者是社会大众？

● 是否应该考虑各种不同风险的累计效应？还是应该将其各自分开考虑，就像通常所做的那样？假设 1 种杀虫剂具有每年使 100 万人中的 1 个人因癌症而死亡的风险，这是目前的 EPA 限制。但是，

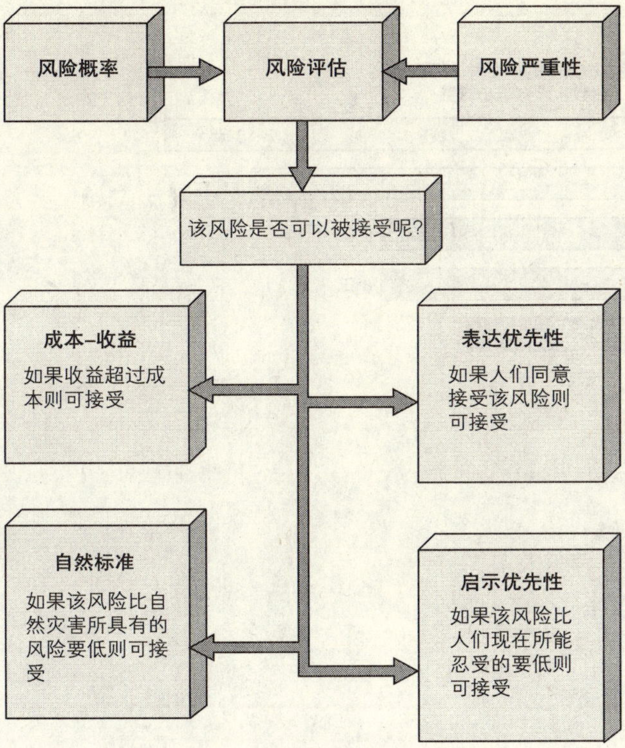

图8-8 在进行了风险评估之后确定某一风险的可接受程度的方法。成本-收益分析是最广泛采用的方法

累计起来看的话，40种杀虫剂就会具有杀死100万人中的40个或者400个人的风险。这样的结果能够让人接受吗？谁能接受呢？

● 每种风险的分布程度有多广泛？

● 工作人员是否应该承受比社会大众更大的风险水平吗（几乎总是这样）？在这方面，工作人员及其家庭应该具有哪些发言权呢？根据政府的估测，在美国，工作人员因接触有毒化学物质而导致死亡的人数为每年50000至70000人（其中至少有一半是因癌症而致死的），还有35万人会因此而染病。发展中国家的状况更严重，每年因工死亡的人数超过了100万。这是为了工作所必须付出的代价吗？

● 多大的风险程度是可以接受的？哪些人可以接受？根据美国科学院的研究，在美国，因癌症死亡的52.1万人中有2%—4%是由于接触有毒化学物质而导致的；这导致了每年有10400—20800人因癌症而过早死亡。

一些支持者认为风险分析是一种有用的方法，可以（1）对有效的科学信息进行组织和分析；（2）确定重大危害；（3）可以将研究重点放在获得较多研究的领域；（4）帮助决策者来确定如何分配降低风险所需的资金，以及（5）鼓励人们对卫生和环境的目的和优先作出更加明智决策。

但是，一些批评者指出，风险分析的结果是非常不确定的。例如，最近进行的一项研究表明即使在极其简单的风险分析中也存在着极大的不确定性。11个欧洲国家组织了11个由各自最优秀的科学家和工程学家（其中一些来自私人企业）组成的团队来对来自一颗仅蕴涵了一种有害化学物质（氨）的小行星的危害和风险进行了评估。这11个团队都是由世界级的专家所组成的，他们分析了这个简单的系统，在一些基本观点上无法达成共识，对其危害所进行的评估也相差十万八千里。

风险分析所具有的内在不确定性与探测汽车以每小时160km（100英里）的速度超速驾驶的雷达系统有些相似，这一雷达系统只能显示出该车的速度介于每小时0.16km（0.1英里）和16万km（10万英里）之间。这种内在的不确定性正是监督者通常只能将人们接触有毒物质的水平除以100至1000来为社会大众提供安全的最低标准的原因。

一些批评者认为，我们所应采用的主要决策工具并不是为了确定最大风险值，相反，这些决策工具的目的应该是找出危害最小的替代品，“哪种替代品能够为人类和地球带来较大的收益，并将所造成的危害减至最小?”

应该如何进行风险管理？

风险管理包括用来确定是否应该以及如何将特定的社会风险降低到某一水平以及付出的代价所要采取的行政、政治和经济活动。

风险管理包括对以下因素进行确定：

● 对每一个风险所进行的风险分析的可靠性；

● 应该赋予哪种风险最大的优先考虑等级；

● 多高的风险水平是可以接受的（图8-8）；

● 将每一项风险降低到可接受的水平需要付出什么样的代价；

● 获得最大利益所能付出的最大资金量是多少；

● 如何对风险管理方案进行监督、如何执行以及如何向社会大众传达。

这一过程中的每一步都需要进行价值判断，并权衡各种因素以在相互冲突的政治、经济、卫生和环境利益之间达成一些合理的妥协。

我们的风险意识有多强？

多高的风险水平是可以接受的？研究表明如果某种化学物质或活动所具有的死亡概率低于10万分之一，则大多数人都不会引起充分的注意来改变自身的行为方式。

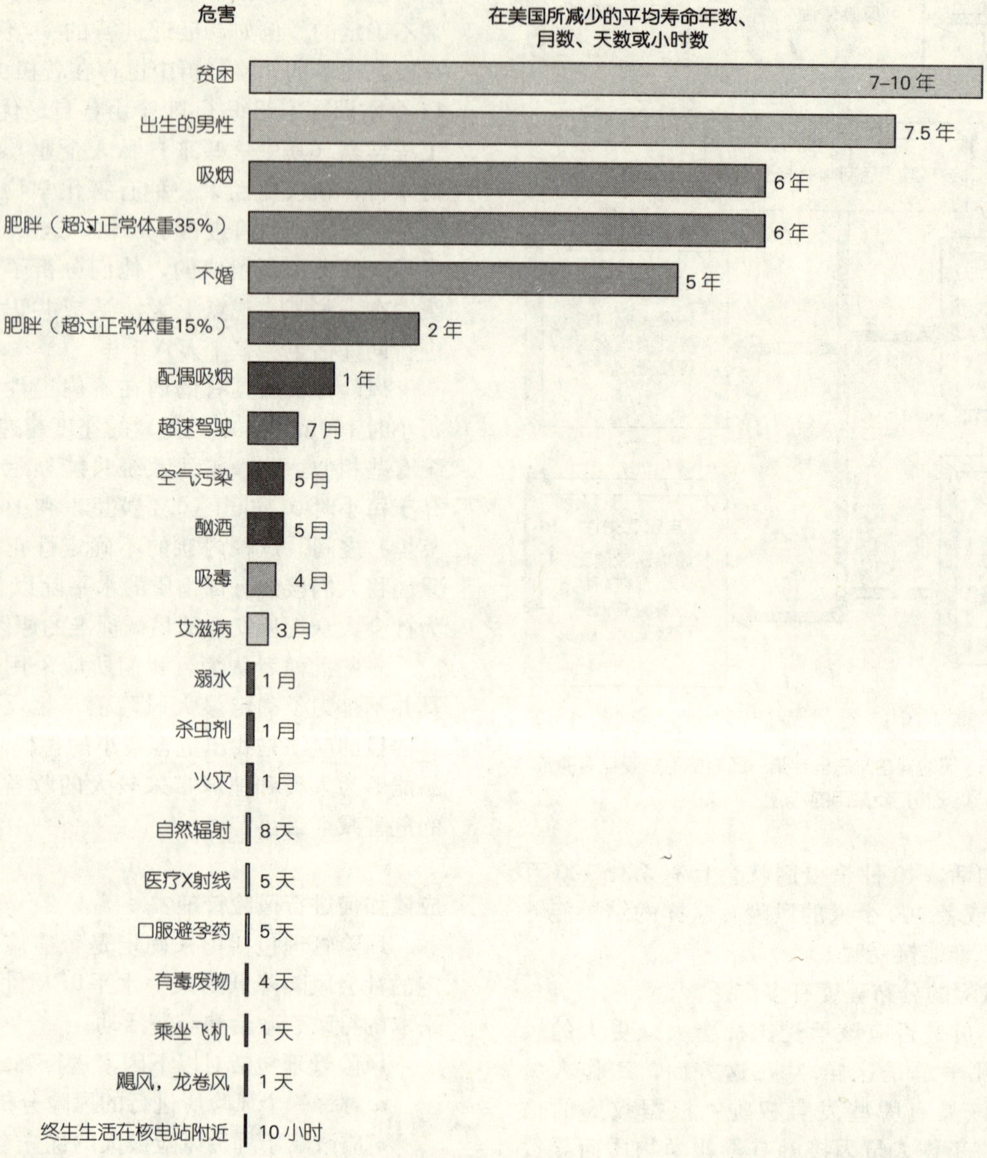

图 8－9　对人们所面对的各种风险所进行的比较，以对平均寿命的减少量来表达。紧接在贫困之后，人类所面对的最大风险来自对生活方式的自发性选择。这些仅是概括性的相对估计。每个人对这些风险的反应会各有不同，取决于以下各种因素：（1）基因变异；（2）家族病史；（3）情绪状况；（4）压力，以及（5）社会关系和社会支持（数据来自 Bernard L. Cohen）

但是，大多数人对来自周围环境的危害所进行的相对风险评估都很差（图 8－7 和图 8－9）。而且，很多人都否认来自他们所喜爱的自发活动所具有的较高的死亡或伤害风险，或对这些风险表示不屑一顾，如（1）摩托车驾驶（死亡率为 50 分之一）；（2）抽烟（每天一包烟的低于 65 岁的吸烟者的死亡率为 300 分之一）；（3）悬挂式滑翔（死亡率为 1250 分之一），以及（4）汽车驾驶（不系安全带的死亡率为 2500 分之一，系安全带的死亡率为 5000 分之一）。

同样这些人中的一部分会对以下情况的死亡可能性感到惊恐，（1）商务飞行的坠机死亡概率（460 万分之一）；（2）火车相撞的死亡概率（2000 万分之一）；（3）被蛇咬而死的概率（3600 万分之一）；（4）遭鲨鱼攻击的死亡概率（3 亿分之一），或者（5）EPA 所允许的饮用水中所含的痕量的三氯乙烯（TCE）所导致的死亡概率（20 亿分之一）。

大量的有关人们被各种危害杀死或伤害的新闻扭曲了我们对风险的正常感觉。但是，每年中最重要的好消息是地球上99.1%的人依然生存着。在过去的50年中，尽管在食品生产和加工过程中使用的人工合成化学物质的数量大量增加，但美国（和大多数发达国家）人的总体健康水平和平均寿命却增长了。

我们的风险意识以及对已经意识到的风险所作出的反应通常与专家们所认定的风险程度无关（图8-7和图8-9）。在以下几种情况下，社会大众通常都会认为某项技术或产品所具有的风险程度比专家们所说的要高：

● 是一种新事物，或者比社会大众所熟悉的事物要复杂。例如，基因工程（第219页）和核电，就像人们反对大型水坝或火力发电站一样。

● 被自然而然地视为具有危害性。例如，核电站或食品添加剂，就像人们反对超速驾驶或吸烟一样。

● 被视为不必要的，而不是有益的或必要的。例如，烟雾剂喷射器中的氯氟化碳（CFC）推进剂，或者用于增加吸引力的食品添加剂，就像人们反对汽车和阿司匹林一样。

● 其使用曾经在短期内发生过一次大规模的、被大众广泛了解的导致很多人死亡的大灾难事故，而不是在一个较长的时间跨度内导致同样数量甚至更多人死亡。例如，严重的核电站事故（第136页），一次工业爆炸，一次飞机坠毁，就像人们反对以煤为燃料的火力发电厂（图4-47，第135页）、汽车或吸烟一样。

● 其使用涉及到对风险的不公平分配。当政府部门决定在居民的社区内或社区附近安置有害废物填埋站或焚烧炉时，居民们会非常愤怒，即使这一决定是经过风险分析的。这通常被视为政策，而不是科学。居民们是不会对该设施可能造成的致癌死亡率不会超过10万分之一的预测感到满意的。在该设施附近生活意味着这些居民因该设施而致癌死亡的概率会增加很多，而不仅是那些居住得较远的99999位居民。

● 自始至终，受影响的民众都不能参与到政策的制订过程中。

● 其使用并未对其他替代方法进行真诚的寻找和评估。那些认为自己和自己家人的生命受到威胁的人们想要了解都存在着哪些替代方法以及哪些替代方法能将对他们和对地球的危害降低到最小。

对风险的性质进行更好的教育和传达有助于使社会大众对各种风险的意识更接近于专业人士所作出的评估。但是，这种教育方法不能排除感情、文化和伦理因素，这些是决策者在确定某一特定风险的可接受程度并对可能的替代方法进行评估时所必须考虑的。

个人、公司和各种机构所承担的检验任务应该是为了表明各种污染防治方法已经在进行更少的选择之前进行了充分的检验、评估和使用。

——Joel Hirschorn

复习问题

1. 说出本章中黑体印刷字的概念。
2. 什么是风险和概率？区分风险评估和风险管理。
3. 哪种人类活动每年导致的死亡人数最大？说出6种有助于降低吸烟的危害的方法。
4. 说出两种（a）文化危害；（b）化学危害；（c）物理危害和（d）生物危害。
5. 什么是毒性？区分某一具有潜在危害性的物质的剂量和对它的反应。说出确定一种化学物质是否有毒的5种因素。
6. 什么是毒药？什么是LD_{50}？说出三种用于确定毒性的方法，并说出每种方法所存在的限制。描述一下实验室实验是如何用于确定毒性的。什么是剂量反应曲线？区分线性剂量反应曲线和门槛剂量反应曲线。
7. 区分有毒化学物质和危险化学物质。区分有机体突变诱导物、致畸剂和致癌物质，并分别举出一例。
8. 区分免疫系统、神经系统和内分泌系统，并分别举出可以伤害每一系统的某种物质的例子。为什么人们对接触被称为"活性荷尔蒙试剂"（HAAs）的低水平的人工合成化学物质存在着顾虑？
9. 在美国所使用的75000种商用化学物质中有多大比例进行了筛测以（a）对其毒性进行评估；（b）确定它们是不是致癌物质、致畸剂或是有机体突变诱导物质，以及（c）确定它们是否会对神经系统、内分泌系统或免疫系统造成危害？
10. 说出造成对大多数商用化学物质缺乏了解的三

种原因。什么是预防原则？如何利用它来保护社会大众免遭化学物质的危害？

11. 区分非传染性和传染性疾病，并分别举出两个例子。区分细菌性和病毒性疾病，并分别举出两个例子。在发展中国家，每年有多少儿童因可预防的传染性疾病而死亡？8 种最能致死的传染性疾病是什么？按每年因其而死亡的人数的多少来排列。说出导致近些年来结核病增多的 5 种原因。
12. 传染性细菌是如何对抗生素具有抵抗力的？说出导致某一无法用大多数抗生素来进行控制的传染性疾病增多的 5 种因素。
13. （a）治疗细菌性疾病和（b）治疗病毒性疾病的最佳方法各是什么？
14. 区分人类免疫缺陷病毒（HIV）和获得性免疫缺陷综合征，即艾滋病（AIDS）。说出 HIV 进行传染的四种途径。全世界有多少人感染了（a）HIV 病毒；（b）死于艾滋病？在过去的一年中，有多少人感染了 HIV 病毒？有多少人因艾滋病而死亡？说出防止这种病毒性传染病蔓延的方法。
15. 疟疾的病原是什么？每年有多少人死于疟疾？说出防止这种原生动物性传染病蔓延的 6 种方法。
16. 说出防止或减缓全世界传染性疾病发病率的 10 种方法。说出提高发展中国家卫生保健水平的 6 种主要方法。
17. 什么是风险分析？风险分析有哪些主要限制？
18. 说出 5 种对降低人类寿命具有最大危害的风险。说出降低你自己过早死亡和遇到严重的卫生健康问题的 8 种方法。你如何对来自技术系统的风险进行评估？
19. 什么是风险管理？风险管理者所要回答的 6 个问题是什么？每年全球人口的百分之几会死亡？说出人们认为某些风险比专家所说的要严重的 7 种原因。

批判性思考

1. 你是否认为化学物质应该按照其对人类神经系统、免疫系统和内分泌系统的危害程度来进行控制？采取这种方法所需的费用是否高于其潜在的益处？为什么？
2. 我们是否应该对所有有害化学物质进行零污染控制？为什么？
3. 你是否认为工作场所的健康和安全标准应该得到加强，即使当某些公司将这些管理行为转移给较低标准的国家部门而导致事业问题？为什么？
4. 对一些说法进行评估：

   a. 我们不应该对接触到有毒化学物质做太多工作，因为当剂量过大时，几乎任何化学物质都具有危害性。

   b. 我们不应该过度担心接触到化学物质，因为通过基因调整我们可以形成对该化学物质的免疫力。

   c. 我们不应该过度担心接触到化学物质，因为我们可以利用基因工程来降低或清除其危害性。
5. 你认为我们应该进行哪三项重要工作来阻止基因抗药性传染性细菌的生长？
6. 人类年龄结构的变化是如何增加传染性疾病的传播的？传染性疾病的传播又是如何影响人类的年龄结构的？
7. 你如何回到第 248 页中所列出的有关风险分析的问题，以及第 249 页所列出的有关风险管理的问题？对你的回答进行解释。
8. 你所要面对的来自你的生活方式、你的生活地区以及你的谋生手段的 5 种最主要的风险是什么？其中哪些是自发的，那些是自然而然的？说出可以降低这些风险的 5 种主要方法。实际上，你正打算采取其中的哪些方法？

国际互联网学习资源及深入阅读和研究的资源

本书包含了很多有助学习和进行深入阅读和研究的方法。登陆到：http://www.brookscole.com/product/0534385354s，并点击“一章接一章”链接。选择第 8 章，并选择如下资源：

●“闪卡”可以测试你对本章中的术语和应该记住的概念的掌握。

●“测试指南”以一种多项选择的形式来对你进行实践测试。

●“学生信息渠道指导”将你引入“关键问题思考方案”，使用“信息渠道学院版”作为一种研究工具。

●“参考书目”列出了本章撰写过程中所参考的主要书籍和文章。

●“超链接内容”将你引入到与本章的各个部分相关的大量新闻、研究和图像的网站。

信息渠道学院版

以信息渠道学院版来提高你的技巧，这是一个在线文章搜索数据库，来自 700 多种期刊。登陆到：http://www.infotrac-college.com，或者通过本书的网站进行连接。看一看下面的文章：

Gregory，R. 2000. Using stateholder values to make smarter environmental decisions. *Environment*，vol. 42，no. 5，pp. 34—41. （Keywords：risk assessment）

Hunter，B. T. 2000. New alternatives in safety tests：tesing product safety without using animals. *Consumer's Research Magazine*，vol. 83，no. 5，pp. 26—30（Keywords：toxicology，technique）

第 9 章 气候变化、臭氧耗竭与空气污染

我们已经开始了有史以来最大规模的生态试验——将整个地球大气层中某种重要气体的浓度增加 1 倍——但我们实在无法知道将会有什么后果发生。

——Paul A. Colinvaux

9.1 大气层、天气与气候

什么是对流层？暴风雨的孕育之地

人类生活在一个被称为大气层的空气海洋的底部。这个围绕在地球周围的支持生命生存的气体海洋可以被分成若干球形层（图 9-1）。每个球形层的温度都会有很大的变化，这是由其吸收太阳能量的不同所导致的。

大气层的最内层就是对流层，它含有地球上全部空气质量的 75%—80%，但它在赤道上空的厚度仅为超过海平面 17km（11 英里），在两极的厚度则为 8km（5 英里）。如果将地球比做一个苹果的话，这一层含有供人类呼吸的气体的底层大气还没有苹果皮厚。这一层薄薄的、充满上升和下降气流和风流的湍流层就是地球暴风雨的孕育之地。

在几十亿年的化学演化和生物进化过程中，地球大气层的组成也发生了相应的变化。现在，你每次呼吸所吸入的空气体积中有大约 99%都是由两种气体组成的：氮气（78%）和氧气（21%）。其余的 1%则由以下气体组成：（1）水蒸气（在严寒的极地地区为 0.01%，在潮湿的热带地区则为 4%）；（2）不足 1%的氩气（Ar）；（3）0.037%的二氧化碳（CO_2），以及（4）痕量的其他气体。

什么是同温层？地球的遮光层

大气层的第二圈气层就是同温层，其范围为高出地表约 17—48km（11—30 英里）（图 9-1）。虽然同温层所含的物质的量要少于对流层，但其组成却很相似，主要区别有两点：（1）水蒸气的量仅约为对流层的 1/1000 和（2）臭氧的浓度要高得多。

同温层中的氧分子与来自太阳的紫外线（UV）发生作用时就产生了臭氧。这层臭氧构成了地球的“遮光层”，将来自太阳的有害紫外线的 95%屏蔽掉，使它无法到达地表。这层紫外线屏蔽层（1）使人类

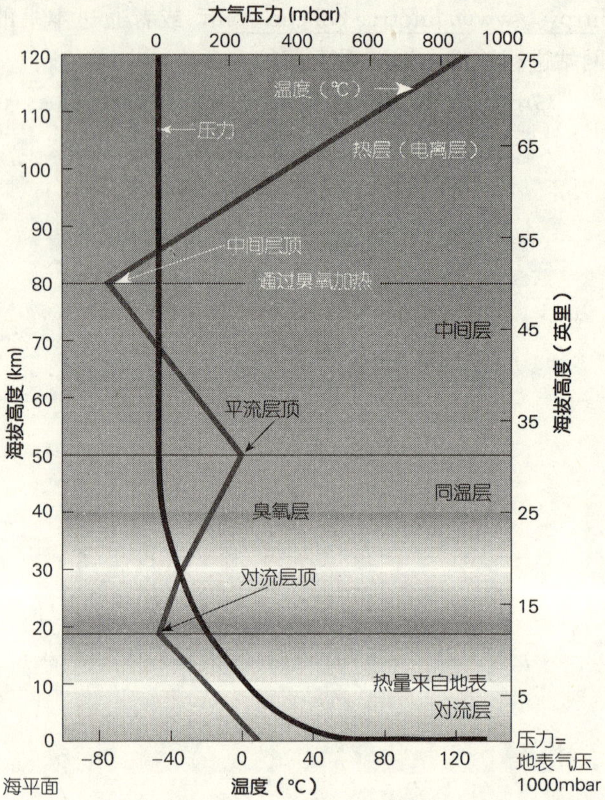

图 9-1 目前，地球的大气层是由几层气层构成的。随着海拔高度（浅色线）的变化，各层的平均温度也有所不同。来自太阳的紫外线大多数都被臭氧（O_3）吸收了，这些臭氧主要聚集在同温层中 17—26km（10—16 英里）海拔处的臭氧层中

和其他生物可以在地球上生存；（2）保护人类免遭太阳曝晒、皮肤癌和眼癌、白内障以及免疫系统等的损伤；（3）防止对流层中的氧气被转化成为一种有害的大气污染物臭氧。

有大量证据表明有些人类活动正在（1）造成同温层中有益的臭氧的量的减少；（2）增加了对流层中有害的臭氧的量。

天气与气候有什么区别？

在任何时候，在地球上任何地点，对流层都有自己的物理特征。例如：（1）温度；（2）压力；（3）湿度；（4）降水；（5）光照；（6）云层，以及（7）风向和风速。对流层在某一特定的时间和地点所形成的这些短期特征被称为天气。气候则是指某一地区的总体大气或天气状况的特征，包括季节性变化和长期的极端天气状况（例如飓风或长期的干旱或

降雨)。

影响气候的因素有哪些?

图 9-2 显示了气候的主要影响因素，图 9-3 是地球主要气候区域的概略图。平均温度和平均降水量是决定某个地区气候特征的 2 个主要因素。温度和降水量的特征会导致不同的气候特征（图 9-3），而它们则主要是由地球的空气环流图和水环流图所决定的。

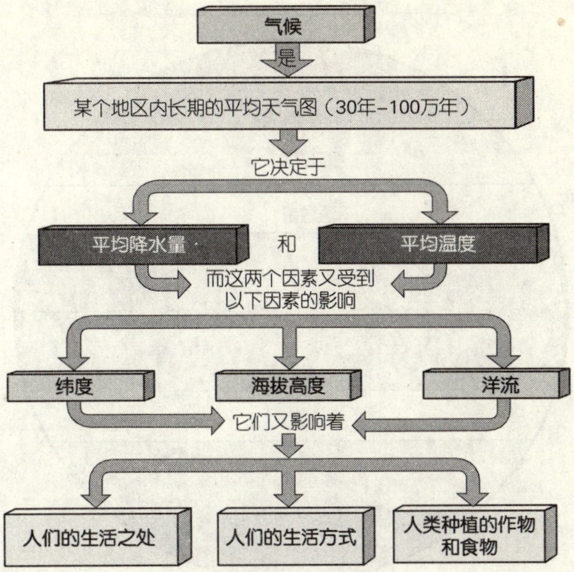

图 9-2　气候及其影响（数据来自美国国家海洋与大气管理局）

全球空气环流如何影响区域气候特征?

全球空气环流图是由以下因素决定的：

● 由于赤道处的空气（太阳光线全年都可以直接照射到）比两极（太阳光线以一定的角度照射，所以能够照射到一个范围大得多的区域）的空气能够获得更多的热量，所以地表温度是不平均的。这

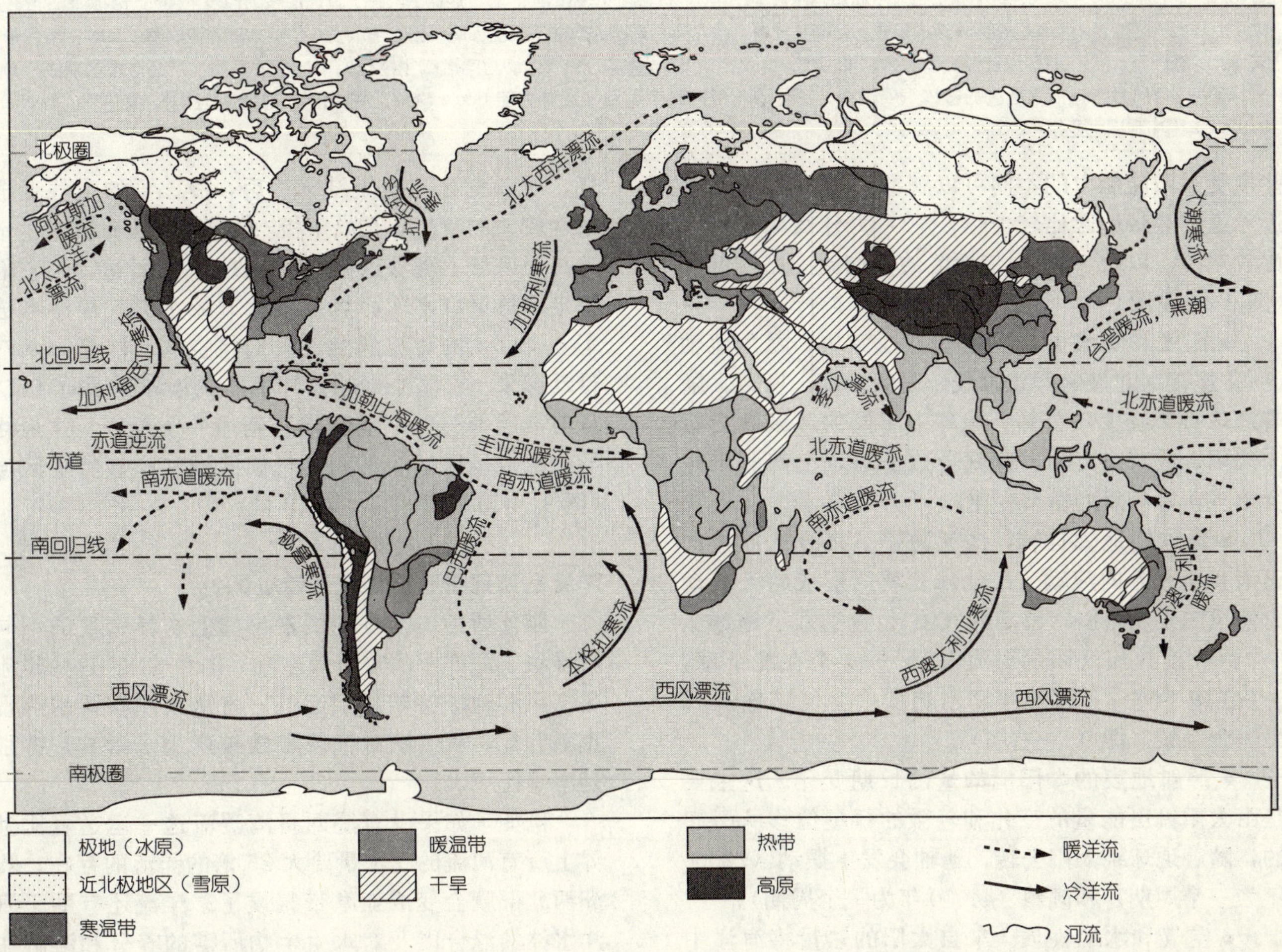

图 9-3　全球气候区域概略图，它标明了对洋流和漂流的主要贡献。气候的巨大变化主要是由温度（会发生季节性变化）及降水的数量和分布情况所决定的

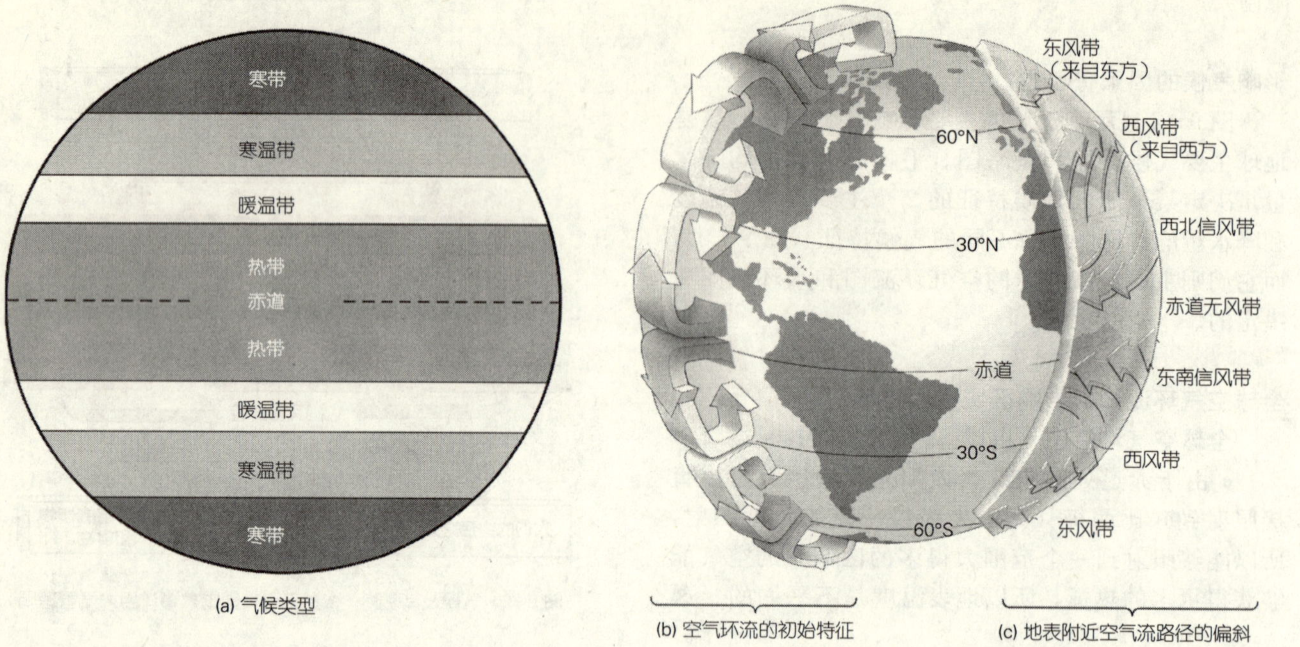

图 9-4 地表盛行风的形成，打乱了空气流从赤道向两极运动再吹回赤道的总体运动。随着地球的自转，其赤道气团地表下部部分的旋转速度较快，而两极气团地表下部部分的旋转速度较慢。这种状况将来自北部和南部的气团吹向西部或东部，形成了 6 个巨大的对流涡胞，其中空气会形成向上的旋拧流，然后又在不同的纬度地区向下吹向地表。这些对流涡胞中的空气运动方向形成了盛行风带，将空气和水汽在地表区域进行分配。这些盛行风会影响不同地区的总体气候类型，并驱动洋流环流的运动（数据来自 Cecie Starr，《生物学：概念与应用》，第四版，Pacific Grove，美国加利福尼亚州：Brooks / Cole，2000 年）

些接受太阳能能力的不同可以解释：(1) 为什么接近赤道的热带地区比较炎热；(2) 为什么两极地区比较寒冷，以及 (3) 温带地区的平均温度比较温和（图 9-4 左图）。

• 温度和降水量会发生季节性变化，因为地轴（一条连接南北极的假想轴线）是倾斜的。所以，随着地球每年绕太阳公转，地球上不同的区域就会指向太阳，或背离太阳。这就导致了地球上南北半球会出现正好相反的季节变化。

• 地球绕地轴自转，这就防止了气流从赤道向正南和正北方向流动。由地球自转所形成的大气动力使风向发生偏斜（移动的气团）。这造成了地球上 6 个巨大旋拧流气团的对流涡胞——3 个在北半球，3 个在南半球——将热量和水流从一个区域输送到另一个区域（图 9-4 右图）。

• 照射地表的太阳能的量的长期变化。这主要是由太阳输出能量的变化和轻微的行星位移所引起的，随着地球绕太阳公转，地轴会发生摆动（22000 年为一个周期）和倾斜（44000 年为一个周期）。

• 空气和水的性质。来自太阳的热量将海洋中的海水予以蒸发，并将热量从海洋中传递到大气中，特别是靠近炎热的赤道地区。随着这些湿度很高的空气的上升，它们的温度会降低，并释放出所携带的水汽，由于冷空气携带的水蒸气的量要小于热空气，所以就会产生凝结。然后，冷、干的空气变成浓度较大的空气，开始下沉（沉降），从而形成了一片高压区域。随着这些气团在地球表面运动，它们带走了热量和水气，然后再次开始上升。最终形成了 6 个巨大的对流涡胞，它们将空气、热量和水汽带动起来，在整个地球大气中形成竖向和横向环流，从对流层中的一个地区转移到另一个地区。这最终导致形成了地球上不同的气候区域和植被特征区域（图 9-5 和图 2-33，第 52 页）。

洋流是如何影响区域气候特征的?

刚才所指出的各种因素再加上水体密度的不同就导致了海洋中的暖流和寒流（图 9-3）。这些洋流是由风和地球旋转所引起的，将从太阳获得的热量重新分配，从而就对气候和植被产生了影响，特别是海岸区域。

例如，如果没有墨西哥湾暖流这一运送着比世界上所有河流的总水量要大 25 倍的洋流的存在，欧洲西北部就会变成亚寒带气候了。洋流还有助于海洋水体的混合以及对水生生物所需的养分和溶解在水中的氧的重新分配。

大气的化学组成如何影响气候?

少量的某些气体在决定地球的平均温度及其气

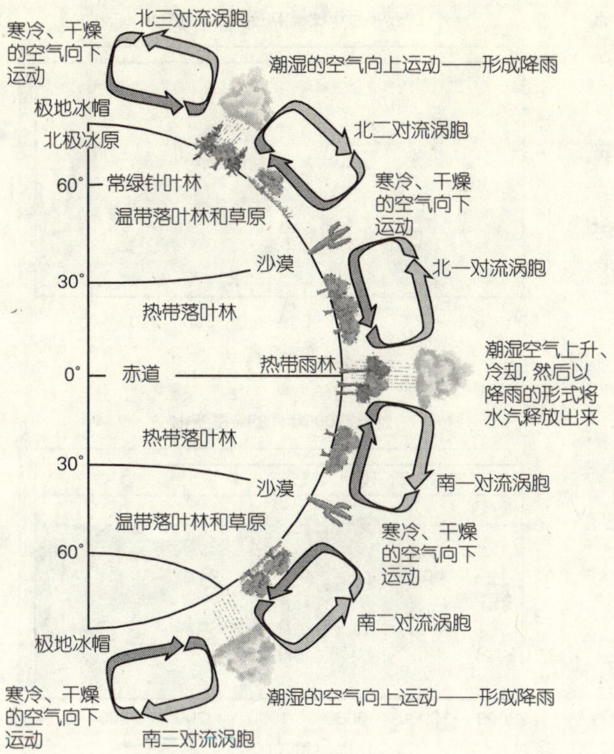

图 9-5 全球空气环流和生物群系模型。热量和水汽被竖向气流分配到整个地球表面，这些气流在不同的纬度地区形成了 6 个巨大的对流涡胞（被称为哈德利涡胞）。这些对流涡胞中的气流方向和气团的上升和下降运动决定了地球的基本气候区域。热量和水汽在地球表面上的不均匀分布造成了森林、草场和沙漠等而形成地球的各种生物群系

候特征方面具有关键作用。这些气体包括：（1）水蒸气（H_2O）；（2）二氧化碳（CO_2）；（3）甲烷（CH_4）；（4）一氧化二氮（N_2O）；（5）合成含氯氟烃(CFCs)；（6）合成全氟化碳（PFCs），以及（7）合成三氟甲基五氟化硫（SF_5CF_3）。

这些气体被统称为温室气体，其作用就像是温室的玻璃：它们可以使来自太阳的阳光、红外线和少量的紫外线（UV）（图 2-6，第 23 页）透射入对流层。地球表面吸收了大量太阳能量，然后将其衰减成波长较长的红外线（热量），这些热量会上升进入对流层中（图 2-12，第 29 页）。

一部分热量会散失到外太空，另一些则被温室气体的分子吸收，然后作为长波的红外线发射到对流层中，使空气升温。地球的对流层和地表的这一自然升温作用被称为温室效应*（图 9-6）。

对流层所获得的热量主要取决于温室气体的浓度及其在大气层中停留的时间长短。大气中浓度最大的两种温室气体是：（1）水蒸气，由地球上的水循环所控制（图 2-28，第 45 页）和（2）二氧化碳，由地球上的碳循环所控制(图2-29，第46页)。进

* 从科学角度来讲，认为地球的大气层俘获热量，或将其吸收的热量再次辐射回地表的说法是不对的。温室气体分子吸收了各种波长的红外线，然后将其转化成不同（较长）波长的红外线。由于最初吸收的红外线不复存在了，所以就不应该说它们被俘获了或被再次辐射了。

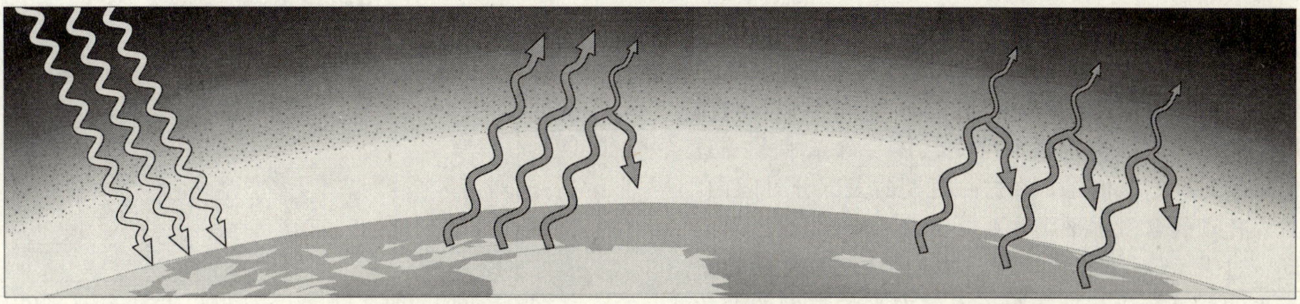

(a) 阳光穿透底层大气，使地表升温

(b) 地表吸收了大量的太阳辐射，并使其衰减成波长较长的红外线（热量），这些红外线又上升到较低层大气中。这些热量中的一部分散失到外太空中，另外一部分则被温室气体分子吸收，并作为红外线发射出去，这些热量又重新使较低层大气增温

(c) 随着温室气体的浓度增高，气体分子吸收和发射出更多的红外线，这些红外线将更多的热量传递给较低层大气

图 9-6 温室效应。如果没有这种由自然力引起的大气升温效应的话，地球就会变成一个寒冷的、几乎没有生命存在的星球。根据被广泛接受的温室理论，当温室气体在大气中的浓度增高时，对流层的平均温度也会相应升高（数据来自 Cecie Starrr，《生物学：概念与应用》，第四版，Pacific Grove，美国加利福尼亚：Brooks/Cole，2000 年）

入大气中的这些气体来自：（1）自然来源和（2）人类活动；合成 CFCs，PFCs 和 SF_5CF_3 等除外，这些气体只能由人类活动产生。

瑞典化学家 Svante Arrhenius 在 1896 年第一个认识到这种对流层的自然增温效应。之后，这便在实验室中被大量实验所证实，也被对不同海拔高度的大气温度的测量所证实；在大气科学领域，这是被最广泛接受的理论之一。实际上，没有目前的这些温室气体的话（特别是水蒸气），地球就会变得非常寒冷，很难有生命存在。

9.2 全球气候变暖：这个威胁有多大呢？

地球的温度和气候在过去的时间里是如何变化的？

气候变化并不是什么新的情况，也不是什么不寻常的情况。在地球 47 亿年的历史中，地表的平均温度和气候一直在发生变化，有时趋缓（经历几百年至几百万年的时间），有时趋急（仅经历几十年的时间）。

图 9-7 显示了在过去的 4 个时间跨度内地表附近的全球大气平均温度是如何变化的：（1）90 万年；（2）22000 年；（3）1000 年，以及（4）130 年。

在过去的 90 万年的岁月里，地表附近的平均大气温度经历了长期的地球冷却和地球升温过程（图 9-7，上图）。在每一次冷却过程中，厚厚的冰川都会覆盖地表的大部分地区约 10 万年之久。每次冷却后都会有较暖的间冰期持续大约 10000 至 12500 年的时间，其间，大部分冰都会融化。在过去 10000 年的时间里，人类很幸运地生存在间冰期之间，与过去的许多剧烈的气候变化期相比，此时的地球气候和地表附近的大气平均温度都很稳定。

通过对封闭在不同深度的古代冰川冰中气泡内气体的分析可以了解到，在过去的 16 万年中，对流层中的水蒸气（决定性的温室气体）含量水平一直保持相对稳定。但是，在这一时期的大部分时间内，二氧化碳的含量水平则在百万分之 190—290 之间波动。过去 16 万年的时间内，对流层中二氧化碳含量水平的估算变化与地表附近大气的平均温度的变化状况有着非常密切的联系（图 9-8）。

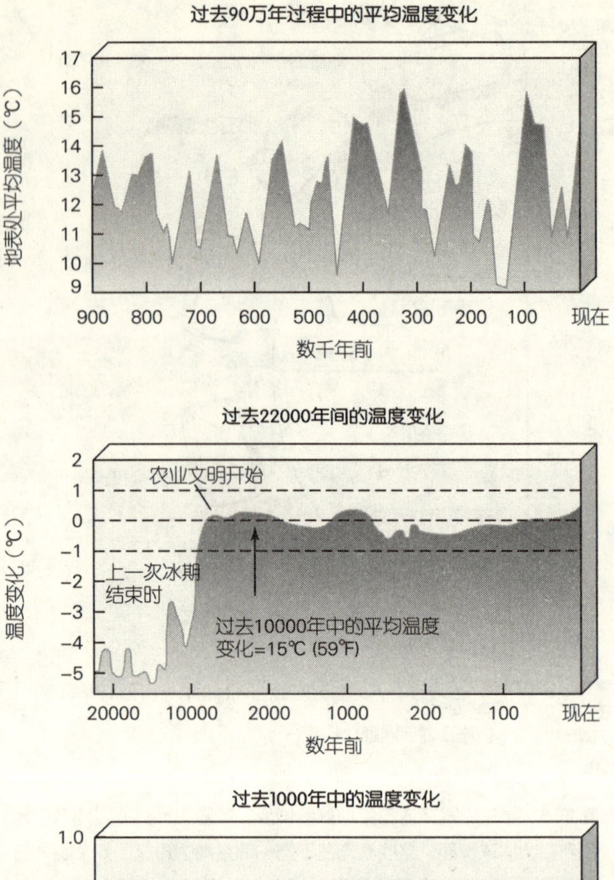

图 9-7 在过去的不同时期内，对地表附近大气平均温度的变化进行的估计。对历史上的温度变化估计是通过对以下数据的分析而得出的：（1）海洋沉积物中的浮游生物和同位素；（2）古代冰川的冰核；（3）在地表钻探深洞来测量不同深度处的温度；（4）湖底和池沼底部的花粉；（5）树木的年轮；（6）历史记录，以及（7）温度测量记录（1860 年以来）（数据来自 Goddard 空间研究所，跨国气候变化委员会，美国国家科学院，美国航空航天局，美国大气研究中心，美国海洋和大气管理局）

人类活动是否影响了地球的气候状况？

自从 1750 年工业革命开始之后（特别是 1950 年以来）：（1）化石燃料的消耗量急剧增加，它们向对流层中释放出大量的二氧化碳 CO_2 和甲烷 CH_4 等温室气体；（2）大量砍伐森林以及清除和焚烧草地以种植粮食作物，向大气层中释放出大量的二氧化

碳 CO_2 和一氧化二氮 N_2O，以及（3）大量种植水稻和大量使用无机化肥，向对流层中释放出大量的一氧化二氮 N_2O。

图 9-9 显示了从 1860 年以来，大气层中的温室气体，如二氧化碳 CO_2、甲烷 CH_4 和一氧化二氮 N_2O 的浓度急剧增高，特别是从 1950 年以来，增高幅度特别大。根据各种证据所显示的大气层中二氧化碳 CO_2 浓度和大气温度的变化（图 9-7），人们作出假设，人类活动所释放出的二氧化碳和其他温室气体（图 9-9）会增加全球的自然温室效应，并提高地表附近的大气平均温度。这种地球自然温室效应的增加被称为全球气候变暖，它与臭氧层耗竭问题是有区别的（表 9-1）。

对冰核样品、地表钻凿的数百个洞孔中不同深度的温度测量数据以及大气温度的测量数据的分析显示出：

- 对流层中的二氧化碳 CO_2 浓度比过去 42 万年中任何时候都要高，而且还在继续增高。

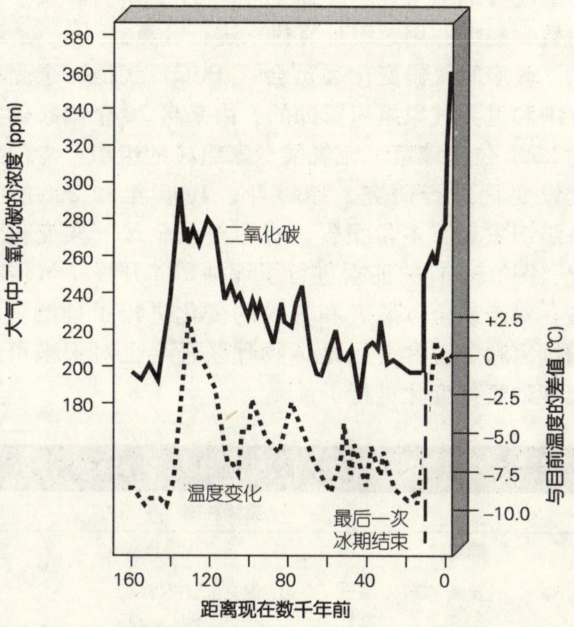

图 9-8　对过去 16 万年的过程中地表附近大气的平均温度和对流层中二氧化碳的含量水平二者的长期变化作出的估测。这些二氧化碳水平的数据是通过将金属管深深插入南极冰川中，去除冰块，对过去封闭在不同深度的冰层中的气泡中所含的气体进行分析而得来的。这张估测图中所显示的以冰核数据为基础的，对流层中的二氧化碳含量水平和大气温度之间的关系显示出，这两个变量之间存在着某种联系，虽然到目前为止，还未发现任何确定性的因果关系。1999 年，全世界最深的冰核样品显示出，在最近 46 万年的时间内，大气温度和二氧化碳和甲烷等温室气体含量水平之间也存在着类似的关系（数据来自政府间气候变化委员会和美国国家大气研究中心）

- 在近 1000 年的时间内，20 世纪是温度最高的一个世纪（图 9-7）。
- 自 1860 年以来，地表附近对流层的大气平均温度升高了 0.6 ℃—0.7 ℃（1.1 ℉—1.3 ℉），1946 年以后增长幅度尤其大（图 9-7 底图）。
- 1860 年以来，15 个温度最高的年份都在近 20 年的时间段内，5 个最热的年份则全部发生在 1990 年代（按温度高低的顺序分别为 1998 年、1997 年、1995 年、1990 年和 1999 年）。

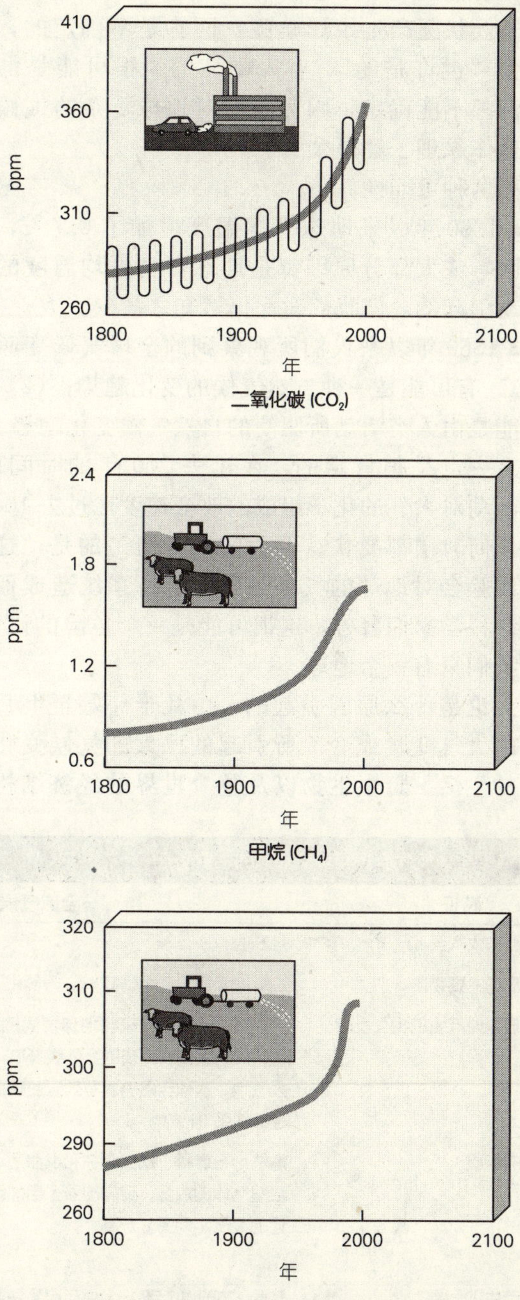

图 9-9　1860—1999 年间，大气层中二氧化碳、甲烷和一氧化二氮等温室气体的平均浓度的增高状况（数据来自政府间气候变化委员会，美国国家大气研究中心，和世界资源研究所）

人们所观察到的最近几十年中对流层大气温度升高的迹象还有：（1）地球两极地区的温度升高，冰帽融化，浮冰增多；（2）阿尔卑斯山、安第斯山脉、喜马拉雅山脉和华盛顿喀斯喀特（Cascades）山脉北部雪线有所消退；（3）一些喜温暖气候的鱼类和树木向北迁徙，以及（4）热带地区温度升高的海域内珊瑚礁开始消失。

这些数据是否暗示着，自1850年，特别是1950年以来，人类对化石燃料的消耗、各种农业活动以及森林砍伐活动等的急剧增加对地球持续变化的温度和气候状况产生了影响呢？回答是不确定的，有人认为"也许是的"，有人则认为"很可能是的"，但我们都不能确定，因为我们对地球复杂的气候系统的运作原理了解得太少了。

有两种可能性。

- 1860年以来地球平均温度增加了0.7℃，某些原因，或大部分原因都是地球自身平均温度的正常波动引起的，但我们对此仍然知之甚少。
- 1860年以来人们所观察到的全球气候变暖现象（1）有可能是一种自然气候的变化趋势；（2）也有可能是由人类活动所驱使的自然气候变化趋势。

有一点是很肯定的，在过去200年的时间内，人类活动对大气的化学组成的改变速度比过去10000年内任何时候都要快。但我们尚不清楚的是，这一全球试验会对地球的气候和生命维持系统造成何种影响。科学家们警告，这很可能是一个危险的试验，因为我们只有一个地球。

无论是什么原因引起的，由几十年甚至上百年时间的大气变暖或变冷所引起的巨大的气候变化对人类的生活、野生生物以及整个世界的经济结构都会产生重大影响。

如果温室气体含量水平继续增高，将会产生什么样的后果？

在21世纪，全球二氧化碳 CO_2、甲烷 CH_4 和一氧化二氮 N_2O 气体的排放量还将有所增加（图9-10），这会增加地球的自然温室效应。这将导致3个重要的问题：

- 全球平均温度和气候在未来的什么时间、什么地方、以多大的程度发生变化？
- 预计的自然气候变化或被人类活动所影响的气候变化会对人类自身、其他物种以及世界各地的经济状况产生什么样的有益和有害影响？
- 我们应该如何减缓迅速变化的气候状况或如何适应它所造成的有害后果呢，无论是自然原因、人为因素，还是两者共同作用？

对未来的气候变化，科学界有何共识？

为了预测温室气体的增加（图9-10）对全球平均温度和地球气候造成的影响，科学家们研发了一些数学模型并用超级计算机来进行计算。

政府间气候变化委员会（IPCC）就是一个受联合国和世界气象组织资助的、由来自70个国家的大约2500位全球第一流气候专家组成的组织，专门对气候变化进行研究。1990年、1995年和2000年，该组织发表了多份报告，对历史上全球气候变化情况（图9-7）的证据进行了评估，并开发了气候模型，对未来全球温度和气候的变化进行了预测。美国国家科学院和美国地球物理联合会也对未来可能出现的气候变化进行了预测。

表9-1　全球气候变暖和臭氧耗竭的主要特征

特征	全球气候变暖	臭氧耗竭
所涉及的大气层	对流层	同温层
所涉及的主要物质	二氧化碳 CO_2，甲烷 CH_4，一氧化二氮 N_2O（温室气体）	臭氧（O_3），氧气（O_2），氯氟化碳（CFCs）
与太阳辐射产生的相互反应	温室气体分子吸收来自地球表面的红外线（IR），发生摇摆，然后将波长较长的红外线（IR）释放到较低的对流层大气中。这种自然的温室效应使较低的对流层大气层保持温暖（图9-6）	来自太阳的紫外线（UV）中有95%都被同温层中的臭氧分子 O_3 所吸收，无法达到地面（图9-6）
问题的实质	燃烧化石燃料、砍伐森林和农业活动等增加了对流层中的温室气体的浓度，它们加强了自然温室效应，并使地表附近的大气平均温度升高	氯氟化碳（CFCs）和其他消耗臭氧的化学物质是由人类活动所产生的，并释放到对流层中，它们又到同温层中，从而导致了臭氧 O_3 浓度的降低。这会导致更多的有害紫外线到达地球表面
可能产生的后果	气候、农业生产率、水供应以及海平面高度都会受到影响	增加了皮肤癌、白内障的患病率，并增加了免疫系统的压力和损伤，并对农作物和浮游植物造成伤害
可能的解决方法	降低化石燃料的使用和森林砍伐率	禁止使用氯氟化碳CFCs和其他消耗臭氧的化学物质，并寻找出其他无害的替代品

IPCC 在 1995 年发表的报告指出：

● "各种证据表明在过去的 50 年间，人类活动对气候变化产生了可以察觉地出的影响。"

● 2000—2100 年间，地表平均温度可能会上升 1 ℃—3.5 ℃（1.8 ℉—6.3 ℉）。

IPCC 在 2000 年发表的报告指出：

● "有更强的证据"表明人类活动对气候产生了影响，而且"很可能由人类活动产生的温室气体对过去 50 年内已经发现的全球气候变暖有显著的加剧作用。"

● 2000—2100 年间，地表的平均温度很可能会上升 1.4 ℃—5.8 ℃（2.5 ℉—10.4 ℉）（图 9-11）。该报告所说的"很可能"意思是 66%—99% 的可能性。

● 这个预测的新的温度增加幅度要比 1995 年的大一些，主要是因为最近的气候模型是在假设发达国家和发展中国家（特别是中国和印度）将在 21 世纪降低从燃煤发电站和工厂中产生的二氧化硫 SO_2 的量的基础上做出该预测的。大气中所含的二氧化硫 SO_2 及其所形成的各种气悬体（微小的液滴和固体颗粒）形成一种薄雾，对底层大气具有降温作用。所以，降低这些化学物质在大气中的含量水平可以降低它们对人类健康、农作物生长和森林生长（第 9.9 节，第 285 页）的危害，但同时会提高自然温室效应。

但是，IPCC 组织内和组织外的一小部分大气科学家认为：

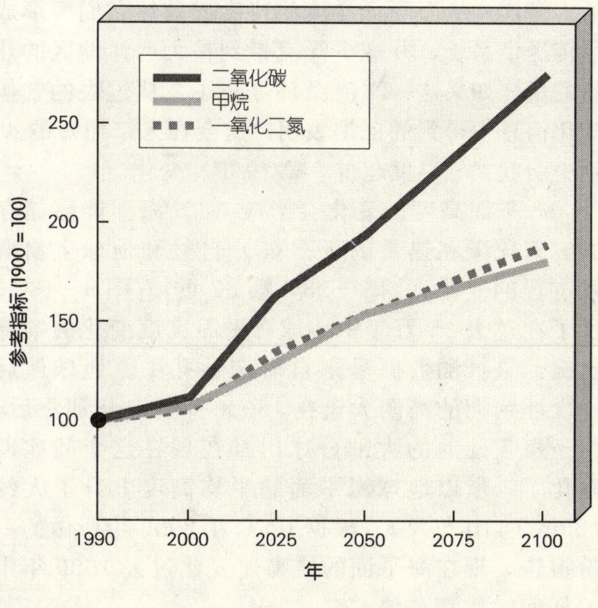

图 9-10　1990—2100 年间，3 种人类活动所产生的主要温室气体的预测排放状况（数据来自联合国粮农组织，1997 年）

● 我们对可以改变这一评估（或高或低）的自然气候变量的了解仍然不足，就像第 9.3 节所讨论的。

● 对气候变化进行预测的计算机模型正在进行改进，但仍然不是非常可靠。

IPCC 和其他一些具有共同认识的气候科学家：

● 认为我们需要（1）对气候系统如何运作所进行的研究进行更大限度的支持，以及（2）提高气候模型的水平以缩小不确定因素在温度变化预测中的含量（图 9-11）。

● 指出现在最重要的问题不仅仅是一个温度升高的问题，而是它会以多快的速度升高。他们提出警告，地表温度每 100 年即使升高或降低 1 ℃（1.8 ℉）都可能（1）比近 10000 年中所发生的任何温度变化都要快，自从农业活动产生以来（图 9-7），以及（2）严重破坏地球的生态系统和人类社会（第 9.4 节，第 264 页）。

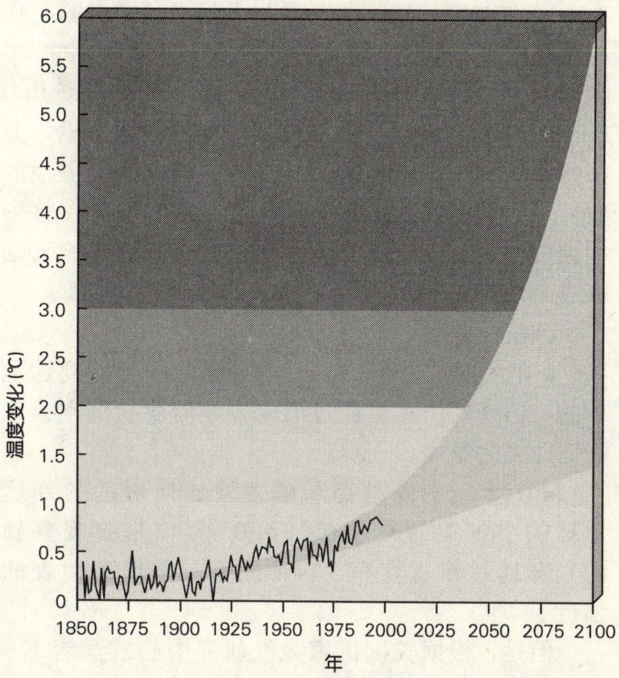

图 9-11　1860—1999 年间人们所测量到的地表附近大气平均温度的变化状况与 21 世纪人们对温度升高所作出的预测进行的比较。目前的模型预测，在 21 世纪，地表附近的大气平均温度会升高 1.4 ℃—5.8 ℃（2.5 ℉—10.4 ℉）。由于目前的气候模型中包含着一些不确定因素，这里所预测的全球气候变暖状况也许会由于某些原因而过高或过低（数据来自美国国家科学院，美国国家大气研究中心，和政府间气候变化委员会）

9.3 影响地球平均温度变化的因素

地球会继续变暖吗?

地表附近的平均温度在过去 20 年的时间里已经有了显著的升高（图 9－11）。这一趋势还会继续吗?

答案是：我们不知道。科学家们已经确定了很多会加速或阻碍地表附近平均温度变化的自然和人为因素。这些因素都会对温度升高或降低多少或多快，以及在各个地区会产生什么样的后果产生影响。

太阳的能量输出的变化会如何影响地球温度?

太阳能量的输出会因以 11 年和 22 年为周期的太阳黑子活动和以 80 年或更长的时间为周期的其他一些活动而发生约 0.1%的变化。太阳能量输出的这些或高或低的变化会短时间地为地球升温或降温，从而影响气候模型所作出的预测。

大气学家们还不能确定与太阳能量输出的变化相关联的机理，这些能量输出导致了 1900—1990 年间 50%以上的大气升温。但是，根据大气学家 Paal Beckke 和 Henrik Svensmark 所作出的一项假设，太阳外部磁场的变化会通过改变到达地球的宇宙线的数量来影响地球的大气温度。这些宇宙线可以将一些大气中呈电中性的气体分子转化成能够影响云的形成的带电离子。

该假设认为:

- 由太阳的外部磁场磁力降低而引起的到达地球的宇宙线的增加会通过形成较厚的伞状低空云来降低地表的温度。
- 由太阳的外部磁场磁力增加而引起的到达地球的宇宙线的减少（如 1901 年以来曾观察到的）会通过形成较高、较薄的云层来增高地表的温度。

但是，根据美国国家大气研究中心的学者 Kevan Treberth 的研究:

- 有很好的证据表明，在最近几十年间，全球很多地方具有降温作用的低空云的数量已经有所增加，这与宇宙线假设所认为的太阳外部磁场磁力的增加会导致地表增温正好相反。
- 大气中的气悬体污染物对云的形成和性质所造成的影响很可能比宇宙线所造成的影响要强至少 10 倍。

地球的反射率的变化会对大气温度产生什么样的影响?

地表不同部分的反照率即反射光线的能力是不同的。地球的反照率不是固定不变的，它是随地表的自然因素和人为因素共同作用的结果而变化的。例如，当极地冰帽在冰河期扩张时反照率就会升高，当冰帽融化将反射能力较低的大陆和海面暴露出来时，反照率就会下降。由卫星测绘的全球反照率变化状况及对其作出的预测都被融合到了用于作出图 9－11 预测图的气候模型中。

海洋会对地球的气候产生什么影响?

目前，海洋对地表的平均温度有调节作用，它可以自然地清除人类排入大气的二氧化碳的量的 29%，从而构成了地球碳循环的一部分（图 2－29，第 46 页）。我们不知道海洋还能不能吸收更多的二氧化碳了。

海洋还可以通过吸收来自大气层的热量，并将一部分热量传递到深海中暂时储存起来，从而影响地球的气候。人们认为海洋吸收的热量对延缓地球大气变暖有部分作用。但是，在未来的几十年中，这些储存在海洋中的热量也许会被释放回大气中，从而会加剧全球变暖的趋势。

人们还担心，全球气候变暖会破坏洋流（图 9－3）。连接在一起的深海洋流和海洋表面洋流构成了一个巨大的传送带，将热量从一个地方送到另一个地方，将二氧化碳和热量储存在深海中（图 9－12）。人们担心来自两极融化的冰会使大量淡水涌入海洋，从而降低洋流的速度或破坏它们所形成的传送带系统，并减少洋流带到被大西洋地区的热量的量。如果这一洋流循环停止了，从过去的气候变化信息中得到的证据表明，这会在未来短短的 40 年中引起大气温度超过 5 ℃（9 ℉）变化。

海平面高度的变化会影响（1）海洋能够储存的二氧化碳和热量的量；（2）自然和地球生物群系位置的变化（图 2－33，第 52 页）。图 9－13 显示了在过去 25 万年中地球海平面高度变化的推算状况，该推测数据是来自海床钻孔中。地球最后一次冰河期的高潮大概在 18000 年前。从那之后，由于覆盖陆地的大部分冰川都在现在这个间冰期融化了，所以地球海平面的平均高度上升了大约 125m（410 英尺）。根据 IPCC 在 2000 年所做的一份报告，现在海平面的增高速度比过去 1000 年中的任何时候都要快。

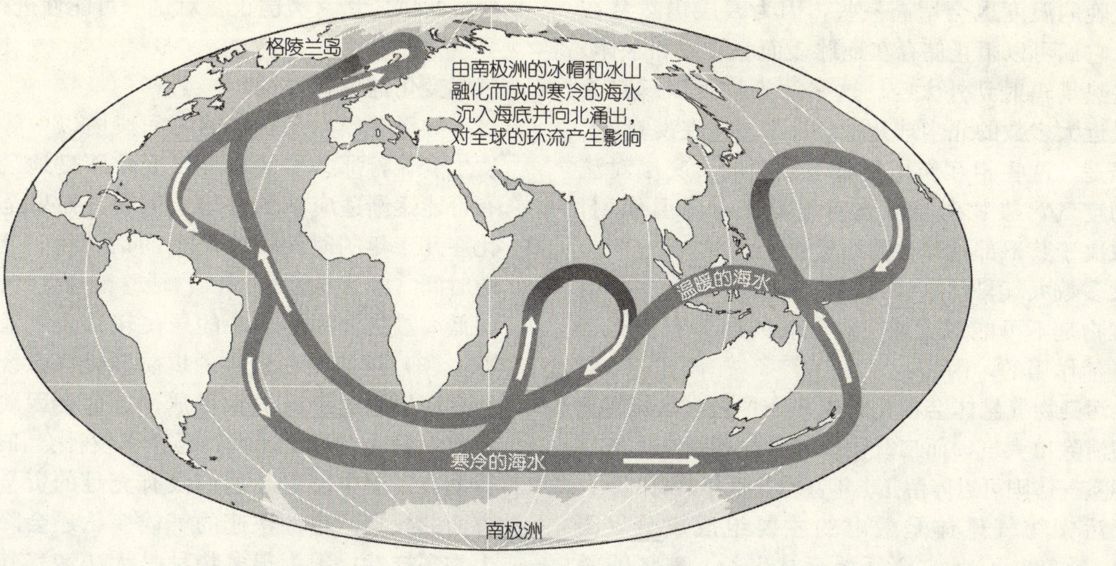

图 9-12 海水循环圈可以将二氧化碳储存在深海中，并将热量输送到欧洲。当北大西洋中的海水的密度足够大时（因为其海水中的盐分含量较高，温度较低），就会沉到海底，并在温度较高的太平洋中涌出（有助于为全球的那部分降温）。之后，较浅的回流洋流在风力的帮助下将温度较高、含盐量较低——从而密度也较小——的海水带回大西洋，然后又被降温并沉入海底，形成了完整的循环过程。如果这个热量传送带或循环圈因北大西洋海水的密度的降低而停止了运动（很可能是由全球气候变暖而导致的变化），在短短的几十年中，地球表面就会发生剧烈的气候变化。对过去气候变化的模型研究和分析（图 9-7）显示出，这条海洋热量传动带会再次重生，但那是在数百年或数千年之后的事了

人们担心由自然因素或人为因素所加速的全球气候变暖的趋势会加快冰川的融化速度，并在 21 世纪稍微增高海平面的高度，而如果格陵兰岛的冰盖大量融化的话，海平面的高度会增高得更多。海平面的高度即使发生微小的升高，很多海岸湿地、低地岛屿和人口密集的海岸城市都会发生洪灾。

水蒸气和云层会对气候产生什么影响？

较高的温度会增加地表水的蒸发量，形成较多的云层。这些云层会（1）通过从对流层中吸收热量或将热量释放入对流层中来形成一种升温效应，或者（2）通过将太阳光线反射到外太空中来形成一种降温效应。

这两种相互对立的效应所产生的最终净结果取决于（1）是白天还是黑夜，以及（2）云层的类型（薄或厚）和云层的高度（高或低）。科学家们并不知道这些因素中哪些会产生决定性的后果，或者云层的类型和高度在世界不同地方的类型和高度会有什么样的不同，这都是全球气候变暖所引起的。云层的效应已被包含在最近的气候模型之中了，但是它们对气候究竟会产生什么样的影响，这仍然是很不确定的。

空气污染会对气候产生什么样的影响？

预测中的全球气候变暖的趋势会被由人类活动和火山喷发而释放到空气中或在空气中形成的各种空气污染物的气悬体（微小的液滴和固体颗粒）抵消掉一部分。人们现在认为空气中较高的气悬体含量水平可以吸附足够的水分子来形成凝结核，从而形成更多的云。

这些云中的一部分具有较高的反照度，它们可以在白天将更大量的太阳光线反射到外太空中。这有助于抵消越来越大量的温室气体所造成的升温效应。

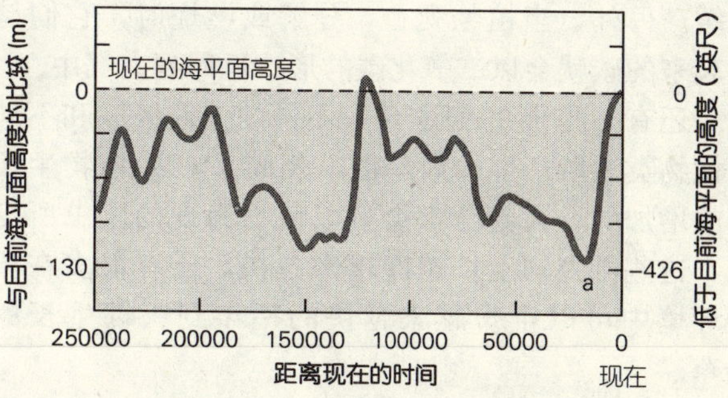

图 9-13 在过去 25 万年中平均海平面高度的变化状况，以采自海床钻孔中岩芯的数据为基础绘制。冰河期（冰河纪）的开始与结束会导致海平面的上升和下降。18000 年前是最后一次冰河期的顶峰时期，之后冰川就开始融化并消退，地球的平均海平面高度上升了大约 125m（410 英尺），使地球的海岸区域发生了巨大的变化。［数据来自 Tom Garrison，《海洋学：海洋科学之约》（Oceanography：An Invitation to Marine Science），第三版，Pacific Grove，美国加利福尼亚州：Brooks /Cole，1998 年］

夜晚的温度也会增高一些，因为云层仍然悬在空中，它们可以阻止储存在地球表面（陆地和水体）的一些热量辐射到外太空。这些污染物可以解释为什么最近大多数的北半球升温现象都发生在夜晚。

但是，这些相互作用是非常复杂的。底层对流层中的空气污染物对空气既有增温又有降温作用，这都取决于其下部地球表面的反射能力。

大多数大气科学家认为，在未来的50年中，空气污染物是不可能对全球气候变暖的趋势有什么较大的抵消作用的，因为：

- 污染物气悬体会在几周或几个月之内就落回地面或被清除出大气，而二氧化碳和其他残留在大气层中的温室气体则可以停留几十年甚至几百年的时间。
- 污染物气悬体是酸雨的主要组成成分（图9-24，第280页），它会延缓森林生长、破坏或杀死树木。这就会降低生长中树木吸收人类排放到大气中二氧化碳的能力，并加速大气变暖的速度。
- 排放入大气中的污染物气悬体的量已经在减少（第9.10节，第286页），因为它们每年都会使大量的人致病或致死，并破坏粮食作物、树木和其他形式的植物的生长（第9.9节，第285页）。

二氧化碳的排放量增加会对光合作用和甲烷气体的排放量有何影响？

一些研究已经表明，大气中更多量的二氧化碳会增加水源和其他土壤养分充足的区域中植物的光合作用。这可以将更多的二氧化碳从大气中清除出去，并有助于延缓大气变暖的趋势。

但是，随着植物生长成熟，它们吸收二氧化碳的量也会随之减少，它们产生的这种效应也会随之减缓。另外，当植物死亡，分解或燃烧时，它们储存起来的碳就会以二氧化碳的形式返回到大气中。

还有一些研究表明（1）不同的气候区域和不同的植物类型所产生的效应也不相同；（2）植物生长量的增加的一大部分都会被以植物为食的昆虫所抵消，这些昆虫的生长速度越来越快，还有很多在温暖环境中可以生长越来越快的一年到头都生长的杂草。

大气升温会因甲烷（一种强力的温室气体）排放量的增加而加剧，这些甲烷主要来自：

- 池沼和湿地。
- 北极永久冻土带下面封闭着的被称为甲烷水化物的冰状化合物和北冰洋海床上的沉积物。如果以下情况发生的话，大量甲烷会被释放到大气中：（1）北极冻土带中永久冻土带融化，北冰洋开始变暖；（2）海床上的甲烷水化物被人类开采来增加天然气的供应量（美国正在对这一可能性进行研究）。

气候变化速度有多快？

如果气候在几百年的时间段内以中等速度逐渐发生变化，那些生活在气候变化不良地区的人们就有可能逐渐适应新的环境。但是，如果全球温度变化在几十年的时间段内发生的话，我们就没有充分的时间（和资金）来：（1）转移粮食生产区域；（2）将低海拔的海岸区域中的居民转移到其他安全的地方；（3）建造精心设计的堤防和堤坝系统来保护生活在海岸附近地区的大量居民。这会因缺乏食物而导致大量人口过早死亡，还会引发社会和经济混乱，特别在发展中国家，他们没有充足的资金来进行这方面的投资。这种快速的气候变化还会降低地球的生物多样性，因为很多物种是无法转移其栖息地和适应新的栖息地的。

最近通过对冰核和深海沉积物进行的分析表明，125000年前开始的间冰期温度的升高（图9-7）仅仅在10年或20年的时间中就会变化10℃（18℉），而每次这种变暖和变冷的时间都会持续1000年甚至更长的时间。如果这些发现都是正确的，而且人们现在所处的间冰期同样如此的话，温室气体的浓度增加很少的量都会引发地表附近大气平均温度上下变动的迅速变化。

在气候模型中所有这些不确定因素和本节所讨论的各种因素相互作用下，气候学家预测，未来50—100年间大气变暖和海平面高度升高的状况可能比现在的气候模型所作出的如图9-11的预测结果要轻微一半（最佳结果）或严重一倍（最差结果）。无论哪种情况发生，气候变化及其影响都很可能是无规律的，而且极可能是不可预测的。

9.4 全球气候变暖之后可能产生的后果

如果地球的温度上升了几度，我们为什么要担心呢？

什么是最严重的问题呢？我们为什么要担心地表平均温度可能上升的几度呢？现在5月和7月的温度已经相差很多了，甚至昨天的温度和今天的温度也会相差很多。

关键问题是，我们所讨论的不是本地天气正常的涨落变化，而是预测全球气候变化——几十年、几百年甚至上千年的平均天气。

大气变暖可能产生哪些后果呢？

地球气候变暖之后，会产生大量有害或有益的影响（图9-14），取决于你生活在什么地方。如果地表温度升高，气候模型所作出的预测显示：

● 有些地方会变得更热，而有些地方则会变得更冷。

● 有些地区会变得更干燥，而有些地区则会变得更湿润。

● 土壤温度升高，特别是高纬度地区，会加速植物的分解速度，并使其释放出更多的二氧化碳。

● 变得更加湿润的地区会有更强的降雨，从而增加了土壤侵蚀的程度和发生洪水的可能性。

● 温度升高最大的地方是地球的两极，很可能会造成更多的冰川和浮冰融化。这就会（1）降低地球反射太阳光线的能力（降低反照度）；（2）加剧全球气候变暖；（3）降低供北极地区的物种生存和部分时间在北极地区生存的物种所需要的冻土带的数量。

● 地球平均温度每升高 1 ℃（1.8 ℉），中纬度地区的气候带就会向地球的两极地区移动 100—150km（60—90英里），或海拔高度升高 150m（500英尺）。气候带的这种变动会改变农作物的种植地区，并影响目前至少三分之一的森林的生长位置。美国中西部的农作物种植区会向北扩张到加拿大境内，会被加拿大境内土层较薄的、较贫瘠的土壤状况所阻挡。但是，农作物种植区会扩张到亚洲北部较肥沃的土壤地区，这有助于提高全球粮食产量。

● 目前的模型无法预测某些地区更高的粮食产量是否能够补偿其他地区粮食产量的降低（例如大米产量将下降 20%—40%）。但是，人们一致认为世界上一部分最贫困的国家的粮食产量将有所下降，特别是非洲国家。

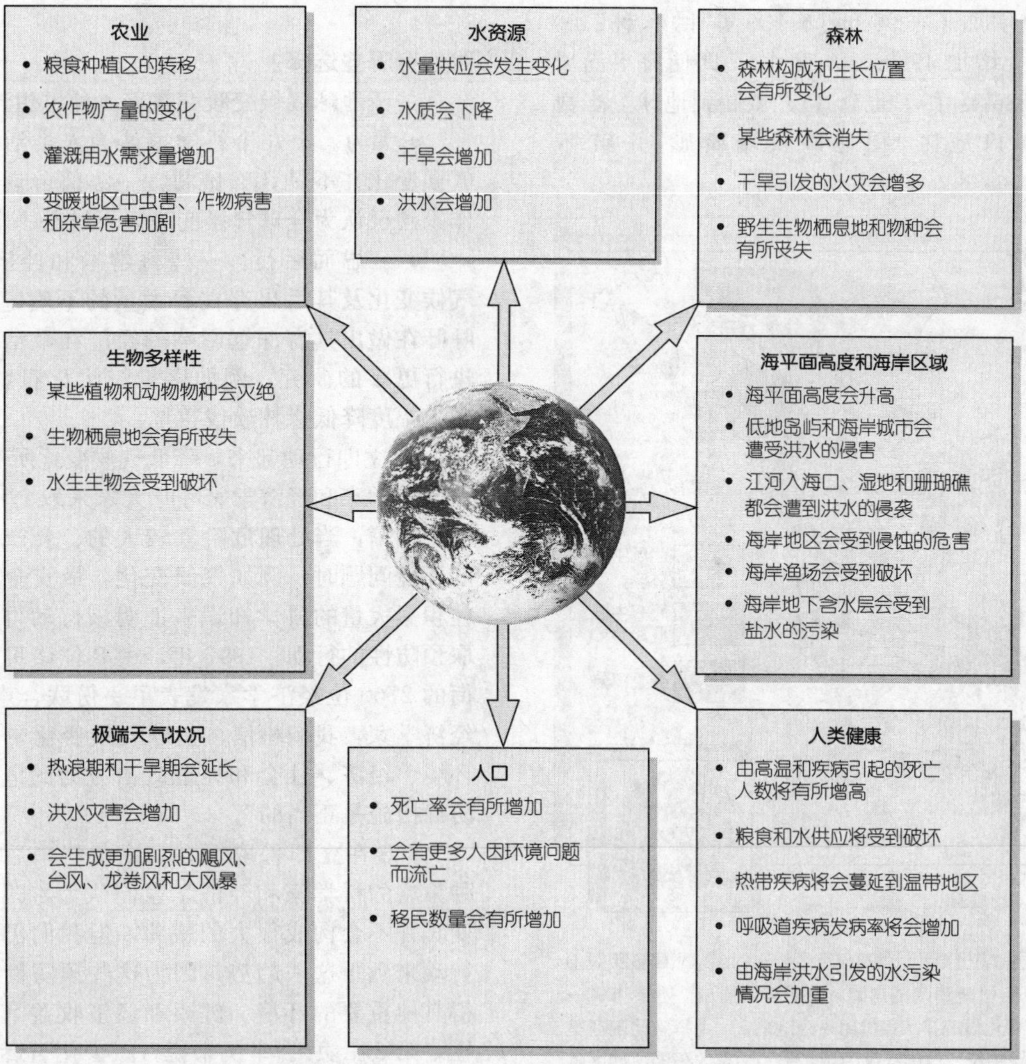

图 9－14 全球大气变暖之后会产生的一些可能后果。目前的地球气候模型无法作出可靠的预测来表明这些后果会影响哪些地区，影响将持续多长的时间

●由风做传媒的树木物种无法迁徙到足够远的地方来适应气候变化，它们会遭到灭绝的厄运（图9-15）。贫瘠的土壤也会限制树木物种向北转移的速度。

●由气候变化和变得更加干燥的地区内的野火所引起的森林树木顶枯病会释放出大量的二氧化碳气体。这会加快大气变暖的速度，并影响木材产量、野生生物栖息地、休闲娱乐活动以及住宅和其他人类建筑物。

●洋流也会发生变化（图9-12）。洋流的变化会引起北欧和日本等地的温度急剧下降，这些地区的气候原本比较温暖，因为暖流（例如墨西哥湾暖流和台湾暖流，图9-3）会带给它们很多热量。

●地球海平面的高度也会升高，主要是因为当水体受热时其体积会发生轻微膨胀。在20世纪，地球平均海平面高度增加了10—25cm（4—10英寸），在21世纪会增加15—95cm（6—36英寸），到2100年，最少也会增加49cm（19英寸）。即使海平面增加约95cm（36英寸），也会（1）威胁到地球上半数的江河入海口地区、湿地以及珊瑚礁，并破坏海洋渔场；（2）引起严重的海岸侵蚀（特别是美国东海岸）；（3）淹没海岸区域，并将全球30个最大的城市中的3亿人口置于海洋的威胁之下；（4）淹没孟加拉国、印度和中国的部分低地耕地和三角洲地区，那里是全世界大米的重要产地；（5）淹没太平洋和加勒比海中的一些低矮的小岛。如果两极地区的变暖会引起大量陆地冰盖的融化，则海平面还会升高更多。

●所有这些巨大的负担都将落到发展中国家的身上，它们缺乏经济和技术能力来适应这些恶劣的气候变化。

这些大趋势中有一些已经开始发生了。但是，目前的气候模型对于哪些特定的区域或地区会产生这些影响以及将持续多长的时间尚无定论。

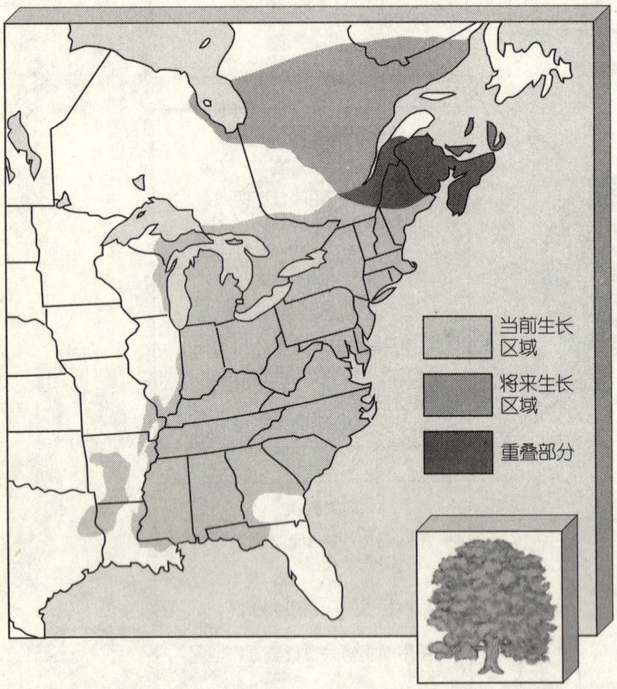

图9-15　根据考古证据和计算机模型所得出的全球气候变暖对山毛榉的地理分布可能造成的影响。根据某项预测，如果1990—2050年间，二氧化碳的排放量增加一倍的话，山毛榉（目前在美国东部地区广泛生长）仅能在缅因州北部和加拿大东南部地区的狭小范围内生存。这仅是会受到全球气候变暖而引起的、地理分布会发生重大变化的诸多树种中的一个例子（数据来自Margaret B. Davis和Catherine Zabinski，明尼苏达大学）

9.5　解决途径：对付气候变化的威胁

我们有哪些选择？

关于地球气候变暖存在着4种思想流派：

●无为。十几个科学家认为人类活动所引起的气候变化并不是什么威胁，一小部分通俗评论家和作家甚至认为全球气候变暖只不过是一个骗局。

●三思而后行。一些科学家和经济学家指出，气候变化及其后果存在着大量的不确定因素。他们呼吁在做出具有深远影响的经济和政治决策之前要进行更多的研究，例如逐步淘汰化石燃料的使用，和大幅度降低森林砍伐数量。

●立即行动起来，降低气候变化所产生的威胁。一些科学家和经济学家呼吁大家采取一种预防策略。他们相信，当处理危险性较大的、会产生深远影响的环境问题时，例如气候变化，最安全的方法就是在积累大量的科学知识来证明该行动可靠之前就采取预防性的行动。1997年，由8位诺贝尔获奖者领衔的2700位经济学家发表了一份联合声明："作为经济学家，我们相信，全球气候变化带来了巨大的环境、经济、社会和地理政治方面的危机，采取预防性措施是正当的"。

●现在立即采取行动，以免将来后悔。支持这种策略的科学家和经济学家们认为，即使全球气候变暖并不会构成很大的威胁，但我们仍然应该采取行动来延缓这一趋势，因为这些预防性行动将会获得其他重要的环境、健康和经济收益（解决途径专栏，第267页）。举例来说，减少化石燃料特别是煤的燃烧量，将大幅度降低空气污染这一危害和导致大量人口过早死亡，降低粮食和木材产量，以及破坏生物多样性的杀手的严重程度。

以高能效挽救地球

解决途径专栏

根据能源专家 Amory Lovins 的研究，降低全球气候变暖的速度的主要方法就是我们应该已经采取的各项措施，即使没有全球气候变暖的威胁人类仍然应该实施这些措施。

根据 Amory Lovins 的研究，利用现有技术来提高能效（第 4.2 节，第 105 页）是未来 20 年中最快捷、最廉价和最有保证的大幅度降低二氧化碳和其他空气污染物的方法。他估计能效的提高还可以每年降低全球能源成本达 10000 亿美元之巨——相当于全世界每年的总军费预算——在美国可达 3000 亿美元。

以更高效的方式来利用能源还可以：(1) 降低污染；(2) 保护生物多样性；(3) 解决各国政府之间对于如何分配和强制实施二氧化碳降低的量的争议；(4) 使全球化石燃料的供应可以维持更长的时间；(5) 降低为争夺日益减少的石油供应而引发的国际争端，并 (6) 可以争取更多的时间来逐步向可再生能源过渡。越来越多的公司企业已经领会了其中的要义，并开始通过降低其二氧化碳排放量和在国际市场上出售自己的排放量配额来获得收益。

批判性思考

1. 你是否认为无论对全球气候变暖的威胁会产生什么样的影响，我们都应该尽力提高能效？为什么？
2. 你为什么认为人们一直都没有强调提高能效的方法？为什么？

那些支持无为原则和三思而后行的人指出，有 50%的可能性我们过高的估计了温室气体增加所造成的危害性。但是，那些呼吁立即行动的人则认为还有 50%的可能性是我们低估了这种危害。

我们如何降低人类活动对气候变化所造成的危害？

图 9－16 列出了分析家对降低由增加温室气体排放量所造成的气候变化的速度所提出的各种预防性和清除性解决途径。在未来的 20—30 年中逐步采取这些措施也可以同时降低全球气候变暖、空气污染、森林砍伐以及生物多样性丧失的所受到威胁的程度。

根据一些得到广泛宣传的经济模型的分析，降低二氧化碳排放量所需的成本非常高昂。一些经济学家批评说，这样的模型是不实际的，其结果太令人沮丧了，因为它们 (1) 并没有将实行图 9－16（解决途径专栏，本页上部）中所列出的各种措施所获得的收益包含在内，而且 (2) 当降低温室气体排放量可以获益时，这些模型低估了市场的快速反应能力。

大量经济研究表明，实施图 9－16 中所列出的各项措施可以：(1) 促进全球经济的增长；(2) 创造很多工作机会（特别是在失业和未充分就业人口数量都非常巨大的发展中国家）；(3) 比解决这些问题的负面效应所需的成本要少得多。换句话说，可以通过一种使地球上大多数行业收益的方式来保护地球的气候、空气和生物多样性。

我们如何利用政府法规来降低和制止温室气体排放？

各国政府可以在未来的 10 年中大幅度降低二氧化碳的排放量，主要是通过实施以下政策来实现的：

- 逐步取消政府对煤和石油的补助（全球总金额达到每年 3000 亿美元，美国每年为 210 亿美元）。
- 政府继续对天然气提供补贴，这有助于在 40—50 年的时间内向一个高能效和利用可再生能源的社会过渡。天然气在燃烧时所释放出的二氧化碳的量仅是煤的二分之一（图 4－36，第 128 页），其他空气污染物的排放量也要小得多。
- 增大降低甲烷排放量的力度，每单位分子的甲烷所吸收和释放的热量是二氧化碳的 20 倍。降低甲烷输入量的方法包括捕获和燃烧垃圾掩埋而释放出的甲烷气体（图 11－9，第 344 页），并降低储存罐、输送管线及其他天然气处理设施的泄漏量。
- 达成全球和各国政府自己的温室气体排放量限制标准，并鼓励各个工业企业和各国政府通过在市场上出售和购买温室气体排放量限额来促进他们达到该标准。这个方法还会促进各个公司开发新技术来降低温室气体的排放量并提高效益。
- 逐步实施：(1) 以输出量为基础的碳税制度，对燃烧化石燃料（特别是煤和汽油）所释放出的每个单位的二氧化碳收税，或者 (2) 实施以输入量为基础的能源税制度，对燃烧的每个单位的化石燃料收税（特别是煤和汽油）。哥斯达黎加已经通过了一项征收 15%的碳税的法案，并利用税收所得的三分之一来资助农民的树木种植计划。
- 降低所得税、劳动税和利润税来弥补碳排放或化石燃料使用的消费税的增加（解决途径专栏，第 363 页）。

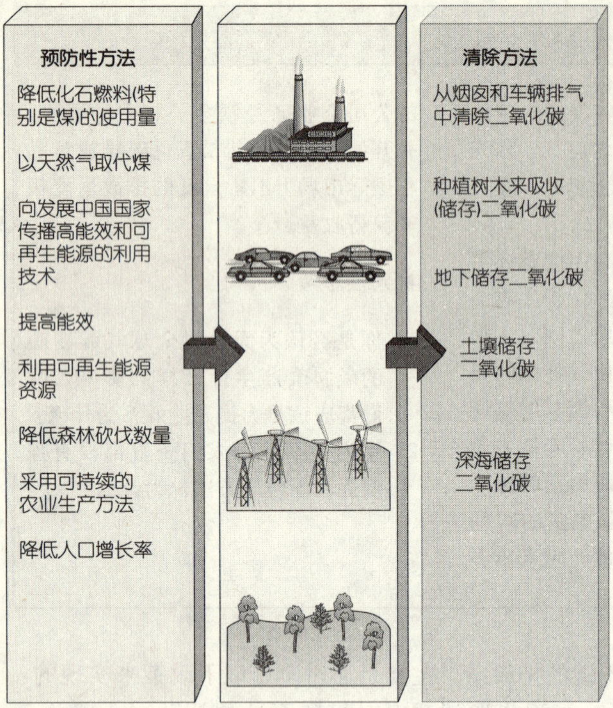

图 9-16　解决途径：21 世纪延缓全球大气变暖速度的各种方法

● 提高政府对高能效和可再生资源技术的补贴来加速向其他能源选择的过渡。

● 对高能效和可再生技术从发达国家向发展中国家传播提供资助。提高目前对每一种国际货币交易所征收的税收，将税率设定在四分之一便士，从而对这种技术传播进行资助。这一措施可以获得每年 2000 亿至 3000 亿美元的税收。

● 增加核能的使用（第 4.7 节，第 132 页），因为它所释放出的二氧化碳量仅为燃煤发电所生产出的二氧化碳的六分之一（图 4-36，第 128 页）。其他一些分析家却反对这种措施，因为（1）核电站事故存在着释放出高放射性物质的危险（第 136 页）；（2）成本很高（第 137 页），以及（3）将放射性核废料安全储存几千年尚存在问题（第 135 页）。

● 利用政府法规和补贴来降低森林砍伐数量（第 234 页），并鼓励可持续农业的推广（图 7-24，第 235 页）。

● 推行国家性政策并资助国际协作来降低人口增长率（第 89 页）。如果我们可以将人均二氧化碳排放量降低一半，但世界人口却增长一倍的话，我们的努力就会化作泡影。

我们怎么清除大气层中的二氧化碳气体？

科学家正在对各种从大气层中或烟囱中清除二氧化碳并将其进行储存（掩蔽）的方法进行评估，包括（1）利用未成熟的树木；（2）利用植物来将其储存在土壤中；（3）很深的地下水库中，以及（4）深海中。

将二氧化碳从大气层中临时清除出去的一种方法就是在相当于澳大利亚国土面积那么大的区域中种植树木。但是，研究表明，全球树木重植计划（需要全世界每一个人都参与种植树木，而且每年平均种植 1000 棵树）仅能补偿我们目前燃烧化石燃料 3 年所释放出的二氧化碳的量。

任何地下或深海储藏方法都需要在二氧化碳清除技术和运输技术（假设通过管道运输）上投放大量资金。另外，将大量二氧化碳投放到海洋中，也会扰乱全球碳循环过程，并给某些深海生物造成不可预测的影响。另外一个问题就是，目前的方法只能清除掉人类所排放的二氧化碳量的 30%，而且利用这些技术也会增加电能的生产成本。

技术措施能否挽救我们？

一些科学家提出了各种降低全球气候变暖的威胁的技术措施，包括（1）向海洋中添加铁以促进海洋藻类的生长（可以通过光合作用清除更多的二氧化碳）；（2）在太空中安设巨大的叶片状太阳反光镜，或者将这样的反光镜安装在 5 万个绕地球旋转的卫星上来降低到达地面的太阳光的量；（3）向大气层中释放数万亿个充入了廉价的氦气的反射气球，以及（4）向同温层中释放可以反射阳光的硫酸盐颗粒，或向同温层中发射二氧化硫炮弹来为地球表面降温（这可以使天空变白，并增加同温层中臭氧的消耗量）。

这些成本高昂的技术方法有很多可能都不可行，而且大多数可能会产生不可预见的短期和长期环境危害。而且，一旦实施了这些措施，那些起作用的措施要停止的话，二氧化碳的排放量水平就会再次升高。很多科学家认为与其将大量资金投放到这些技术方法上，还不如用于提高能效和利用其他不排放二氧化碳的可再生能源要更有效也更廉价一些（解决途径专栏，第 267 页；第 4.3 节，第 112 页）。

人们已经采取了哪些措施来降低温室气体的排放量？

1992 年在巴西里约热内卢召开的地球峰会中，106 个国家共同签署了《气候变化协议》，协议规定发达国家到 2000 年要将二氧化碳和其他温室气体降低到 1990 年的水平。但是，该协议并不强制各国达到这个目标，而且，大多数国家也没有做到。

在 1997 年 12 月，来自 161 个国家的 2200 多位代表在日本的京都召开大会，共同协商签署了一份

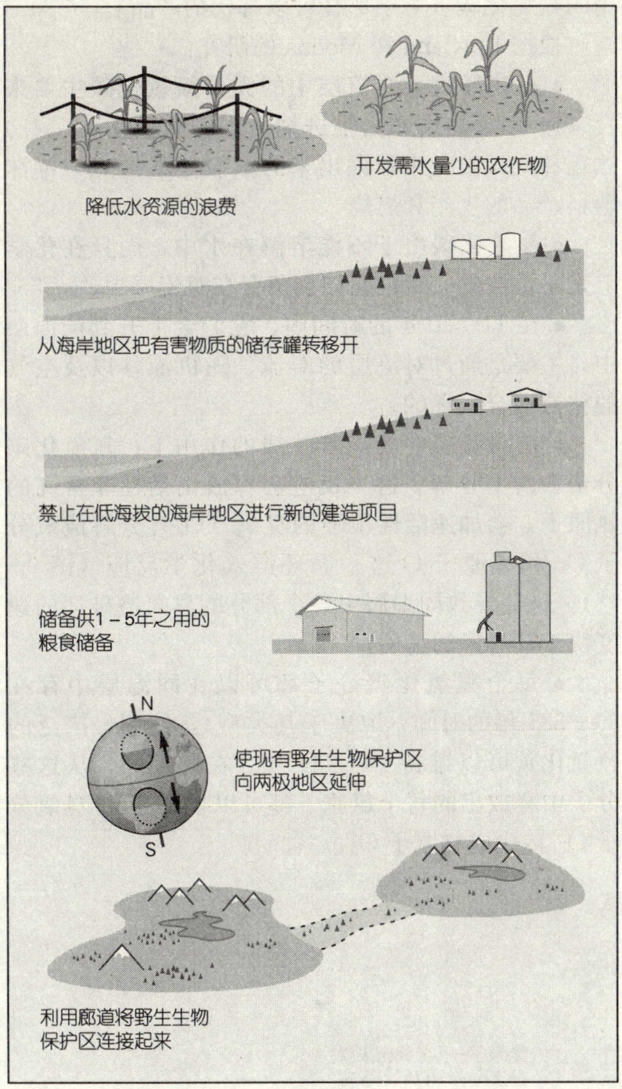

图 9－17 解决途径：应对由大气温度上升而引起的气候变化所造成的长期效应的方法

新条约来降低全球气候变暖的速度。最终的条约（1）要求 38 个发达国家将自己的温室气体排放量在 2008—2012 年降低到比 1990 年低 5.2% 的水平；（2）不要求发展中国家降低温室气体的排放量，并（3）允许进行温室气体排放定额的贸易。

一些分析家称赞京都协议虽然是一小步，但却是处理全球变暖问题的重要一步，而且希望在将来的谈判回合中，该协议中的各种条件能够得到强化。但是，根据计算机模型的计算，《京都议定书》所提出的降低温室气体排放量 5.1% 的目标只能将所预测的到 2060 年大气温度上升 0.7 ℃—1.7 ℃（1 ℉—3 ℉）的目标完成 0.06 ℃（0.1 ℉）。

直到 2001 年，美国国会一直都没有批准该条约，主要是因为：（1）该条约没有要求发展中国家也降低温室气体排放量，以及（2）由煤业、石油业、钢铁业、化工业和汽车业共同形成的联盟一直进行游说，反对该条约，他们认为该条约将会对美国经济和工人造成灾难性影响。

在 2000 年，一些重要的石油和汽车生产商退出了全球气候联盟，他们反对该协议的签署和大多数降低有可能的全球气候变暖所采取的行动。这些公司的首席执行官（CEO）（1）表示全球气候变暖是一种潜在的威胁，应该得到解决；（2）赞同大多数经济学家的看法，处理这个问题会刺激美国经济的发展，并创造大量新的工作机会。

我们应该如何应对全球气候变暖？

根据最新的全球气候模型，必须立刻将目前全球二氧化碳排放量降低 60% 才能将空气中 CO_2 的浓度控制在当前的水平。但出于政治和经济原因，这种变化是绝对不可能做到的，因为这需要在工业加工、能源、运输方式以及个人的生活方式等方面进行迅速、广泛的变革。

如果没有紧迫感，气候专家所提出的各种减慢大气变暖（图 9－16）的方法中有很多不是无法做到就是作得太慢。最终，越来越多的分析家都建议我们还应该开始准备应对有可能产生的长期大气温度变暖和气候变化所造成的危害。图 9－17 列出了一些方法。附录 4 中列出了我们可以采取的一些行动来降低全球气候变暖所造成的威胁。

9.6 同温层中的臭氧耗竭

臭氧层耗竭会产生什么样的威胁？

同温层的底层存在着一层臭氧层（图 9－1），将来自太阳的有害紫外线辐射中的 95% 屏蔽掉。对安装在气球、飞机和卫星上的设备进行的观测清晰地表明南极和北极地区上空的同温层中的臭氧浓度发生了季节性的耗竭（变薄）。同样的测量结果也显示出，除了在热带地区上空，地球的其他地方都出现了臭氧层总体变薄的状况。

以这些测量数据和化学模型为基础，这一领域的研究者们一致认为同温层中的臭氧层耗竭（变薄）是一个严重的长期威胁，（1）对人类；（2）对很多其他动物，以及（3）依靠太阳光线的、支持地球食物链和食物网的初级生产者们（大多数植物）。

是什么导致臭氧层耗竭的？从梦幻化学物质到恶梦化学物质

这种情况开始于美国通用汽车公司的化学家 Thomas Midgley，Jr. 在 1930 年发现了第一个氟氯化碳（CFC）时，之后化学家们就创造出了相似的化合物，并丰富了一系列被大量采用的氟氯化碳化合物。两种最广泛使用的是氟氯化碳 11（CFC-11）（三氟氯烷，CCl_3F）和氟氯化碳 12（CFC-12）（二氟二氯甲烷，CCl_2F_2），它们在贸易中被称为氟利昂。

这些化学上稳定的（不活泼的）、无气味的、不可燃的、无毒的而且无腐蚀性的化合物看起来简直就是梦幻化学物质。由于制造成本低廉，它们很快就普及开来，（1）作为空调器和冰箱的制冷剂（代替了有毒的二氧化硫和氨水）；（2）气雾喷雾器的推进剂；（3）电子设备的清洁剂，例如计算机芯片；（4）医院设备的消毒剂；（5）谷仓和船舱的熏剂，以及（6）用于保温隔热和包装用的泡沫塑料中的气泡。从 1960 年到 1990 年代初期，氟氯化碳的产量急剧增加。

但是，氟氯化碳实在无法承担梦幻化学品的美名。1974 年，美国加州大学欧文（Irvine）分校的两位化学家，Sherwood Rowland 和 Mario Molina，进行了计算，结果显示氟氯化碳正在降低同温层中臭氧的平均浓度。这不仅震动了科学界，也使年交易额达到 280 亿美元的氟氯化碳工业界感到震惊，因为这两位科学家开始呼吁立即停止生产喷雾器所使用的氟氯化碳（对于那些可以替代的产品）。

根据 Rowland 和 Molina 的研究：

• 正在释放入对流层中的大量氟氯化碳主要来自（1）喷雾器中作为推进剂使用的氟氯化碳；（2）冰箱和空调设备中泄漏出来的氟氯化碳；（3）泡沫塑料产品的生产和燃烧。

• 氟氯化碳由于不能溶解在水中，而且在化学上是不活泼的，所以它们会留存在对流层中。

• 在 11—20 年的时间内，它们会上升到同温层中，主要是通过对流层的对流、随机漂移以及空气的湍流混合实现的。

• 在同温层中高能紫外线的作用下，氟氯化碳分子会发生分解。这一反应会释放出活性非常高的氯原子，会加速活性很强的臭氧（O_3）分解成氧分子 O_2 和氧原子 O 这一循环链式化学反应（图 9-18）。这会导致同温层中各个部分的臭氧遭破坏的速度快于其形成的速度。

• 每个氟氯化碳分子都可以在同温层中存在 65—385 年的时间（取决于其类型），使用最广泛的氟氯化碳可以维持 75—111 年。在此期间，从这些分子中释放出的每个氯原子都可以将 10 万个臭氧分子 O_3 转化成氧原子 O_2。

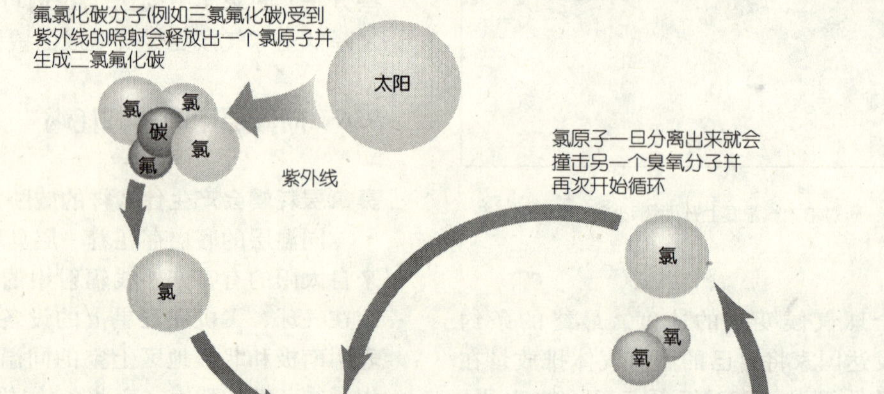

图 9-18 氟氯化碳和其他含氯化合物如何破坏同温层中的臭氧的简图。请注意，氯原子随着与臭氧分子进行反应，会不断生成。所以，它们成为了一种催化剂，一种可以不消耗自身来加速化学反应速度的化学物质。同温层中含溴化合物所释放出来的溴原子也会通过相似的反应机理对臭氧形成破坏

根据 Rowland 和 Molina 的计算以及之后的模型和对同温层大气中氟氯化碳含量的测量结果，这些梦幻化学物质分子已经转变成了全球臭氧杀手的恶梦化学物质。

氟氯化碳工业界［以杜邦（DuPont）公司为首］是一个强有力的、资金雄厚的对手，如果停止氟氯化碳生产，他们会损失巨大，而且还会有大量工人失业，他们反对 Rowland 和 Molina 所进行的计算和得出的结论。但是，这两位科学家坚持自己的观点，并进行了深入研究，还将自己的计算结果向其他科学家、各个部门的官员以及各个媒体进行解释。直到 1988 年——Rowland 和 Molina 的研究后 14 年——杜邦公司的官员才承认氟氯化碳正在消耗地球的臭氧层，并同意一旦找到替代产品就立刻停止生产氟氯化碳。1995 年，Rowland 和 Molina 因其杰出的贡献获得了诺贝尔化学奖。

还有其他化学物质也在破坏同温层中的臭氧层吗?

其他破坏臭氧层的化合物（ODCs）还包括：

- Halons 和 HBFCs，用于灭火器。
- 溴化甲烷（CH_3Br），一种广泛使用的熏剂。
- 四氯化碳（CCl_4），一种廉价、毒性很大的溶剂。
- 三氯乙烷，或称甲基氯仿（$C_2H_3Cl_3$），用作衣物和金属的清洁剂，以及 160 多种消费品的发生剂，例如修正液、干洗剂、喷雾粘合剂和其他一些气雾剂。
- 氯化氢，由美国太空船释放到同温层中的。

海洋和偶尔喷发的火山也会向大气的对流层中释放含氯化合物。但是，这些含氯化合物中的大多数都不能进入同温层，因为它们很容易溶解在水中，并被雨水清除出对流层。测量数据和模型显示 1976 年以来同温层中臭氧层损失的 75%—85% 都是由 1950 年代以来人类活动释放到大气层中的破坏臭氧层的化合物（ODCs）所引起的。

什么是地球两极处的臭氧层季节性稀薄?

1984 年，一些研究者对卫星数据进行了分析，发现南极上空的同温层上层中 40%—50% 的臭氧在南极的春季和初夏季节（9 月至 12 月）会变得稀薄，此时阳光在黑暗的南极的冬季过去后返照大地。之后，这种南极上空夏季发生的臭氧层季节性稀薄（被人们错误的称为“臭氧层空洞”）一直在扩张。1999 年是南极上空的臭氧层季节性稀薄面积最大的一年，其面积相当于美国国土面积的 3 倍。

观测数据显示氟氯化碳是最主要的诱因。当南极地区阳光和春季回归的 2—3 个月后（10 月），南极上空大面积的臭氧层稀薄就向北移动，并在澳大利亚、新西兰、南美洲和非洲南部停留几周的时间。这会增加这些地区具有生物伤害性的紫外线 B 的量 3%—10%，有些年甚至可以达到 20%。

1988 年，科学家们发现在北极地区的春天和初夏季节（2 月至 6 月），北极上空的臭氧层也会出现同样的稀薄现象，但是没有南极地区那么严重，其季节性臭氧稀薄程度大约为 11%—38%（南极上空的稀薄程度一般为 50%）。但是，1997 年和 1999 年，北极上空的臭氧层平均稀薄程度大约为 60%。当北极上空的这些气团在每年春天散失时，大量的消耗臭氧的气流向南移动，并在欧洲、北美洲和亚洲部分地区的上空停留。根据美国航空航天局（NASA）在 1998 年研发的一个模型得出的数据，南极和北极地区上空的臭氧稀薄现象将在 2010—2019 年间达到最严重的程度。

我们为什么要担心臭氧层耗竭? 紫外线辐射地区的生命

我们为什么要关心臭氧耗竭呢? 从人类的观点来看，同温层中的臭氧变稀薄，更多的对生物有害的紫外线 A 和紫外线 B 辐射会达到地球表面。这会给人类（1）带来曝晒的危害；（2）造成更多的白内障病例（眼睛晶状体变得晦暗，降低人的视力，如果不矫正的话还会致盲），以及（3）更多的皮肤癌病例（联系专栏，第 272 页）。

根据联合国环境计划估计，全球臭氧 10% 的年损失量（在几年中就很可能变成现实）所引起的到达地球表面的紫外线 B 的增多会导致（1）全球每年增加 30 万例鳞状上皮细胞癌和基细胞癌；（2）每年增加 4500—9000 例具有潜在致命性的恶性黑素瘤，以及（3）每年增加新的 150 万例白内障（其数量将达到全球 2500 万—3500 万致盲病例中的一半）。

紫外线辐射还会造成：

- 免疫系统受抑制，会使人体更易于受到传染病和某些癌症的侵害。
- 对流层中对眼睛有害的光化学烟雾（图9-21，第 277 页）和有害的酸性沉积物（图 9-24，第 280 页）都会有所增加。
- 降低重要的农作物的产量，例如玉米、大米、棉花、大豆、蚕豆、豌豆、高粱和小麦，在 21 世纪中叶以前美国的损失将达到每年 25 亿美元。

联系专栏

你最可能患上的几种癌症

研究显示，长期暴露在紫外线 B 的电离辐射之下是患上鳞状上皮细胞癌和基细胞皮肤癌的最主要原因。这两种癌症占所有皮肤癌病例的 95%。一般来讲，癌症会在长期暴露在紫外线 B 的辐射下 15—40 年的时间后才会发作。

高加索地区受到严重辐射的儿童和少年患上这两种癌症的概率增加了一倍。如果发现得早，这两种癌症中有 90%—95%是可以治愈的，但是有可能留下疤痕。这两种癌症的致死率仅为 1%—2%，但这仍然造成美国每年 2300 人死亡。

另一种皮肤癌，恶性黑素瘤，会在人体表面皮肤上的色素沉着区如色痣区发作。几个月之内，这种癌症就会扩散到其他器官。在患病 5 年内其致死率可以达到四分之一（主要是年龄不到 40 岁的人），即使进行手术、化疗和放射性治疗也于事无补。这种癌症每年会杀死约 10 万人（包括 7300 位美国人），主要是高加索地区的人们。如果发现得早的话，这种癌症是可以治愈的，但最近的研究表明，一些恶性黑素瘤的治愈者在 15 年后还会复发。

最近获得的一些证据显示，由阳光照射引起的恶性黑素瘤中有 90%都是来自紫外线 A，另外 10%来自紫外线 B。有些太阳镜并不能遮挡紫外线 A，以及主要由紫外线 A 发射的红褐暗箱光线。

有证据显示，年龄小于 20 岁的、曾经 3 次或更多次被太阳灼伤的人患上恶性黑素瘤的概率是从未受到过严重灼伤的人的 5 倍。那些患上恶性黑素瘤的人中约有 10%都会具有使其特别容易患上疾病的遗传基因。

保护自己的最佳方法就是避开阳光照射（特别是在上午 10 点到下午 3 点之间），并避开受阳光曝晒的房间。当你站在太阳下时，你应该穿上：(1) 编织紧密的保护性服装；(2) 戴上宽边帽，以及 (3) 戴上防紫外线 A 和紫外线 B 的太阳镜（一般的太阳镜实际上会伤害你的眼睛，因为它会扩张你的瞳孔，从而使更多的紫外线辐射照射视网膜）。

由于紫外线可以穿透云层，所以阴天的天空也不能保护你免遭紫外线的辐射；躲在阴影里也不能完全保护你，因为紫外线可以被砂子、雪、水面或天井地面反射。服用抗生素的人和服用避孕药的妇女更容易受到紫外线的伤害。

涂抹可以抵抗紫外线 A 和紫外线 B 的具有保护系数 15 或更高的防晒霜（如果你皮肤颜色较浅，保护系数可以达到 25）。应该在所有暴露在阳光下的皮肤上涂抹防晒霜，并在游泳后或出汗后再次涂抹防晒霜。大多数人都没有意识到防晒霜的保护系数是由 1 盎司的防晒霜产品所决定的，比大多数人涂抹在身上的量要多得多。很多人都错误地认为防晒霜可以使他们较长时间暴露在阳光下，这会增加他们患上皮肤癌的概率。

1 岁至 18 岁每次暴露在阳光下的时候都涂抹保护系数为 15 的防晒霜的儿童患上皮肤癌的概率会降低 80%。1 周岁以下年龄的婴儿完全不应该暴露在阳光照射下，而且直到 6 个月时才可以涂抹防晒霜。

你应该熟悉自己皮肤上的痣的位置，并每个月检查一次皮肤状况。皮肤癌的症状包括：(1) 皮肤上的痣或疣的大小、形状或颜色有所变化（这是恶性黑素瘤的主要症状，必须尽快治疗）；(2) 皮肤上突然出现暗色斑点；(3) 出现持续流浓、出血和结痂的痛点，但总是不会愈合。注意癌症的前期发展（红褐色斑点，带有鳞状硬痂）。如果你发现了以上任何症状，立即去看医生。

批判性思考

你会采取哪些措施来降低暴露在阳光下所引起的皮肤癌的概率？解释一下，为什么你采取或不采取这些预防措施。

● 很多对紫外线 B 敏感的树种的生产率会降低。这会降低二氧化碳的吸收量并加剧全球气候变暖的速度。

● 加剧各种物质的分解和衰变，例如颜料、塑料和一些室外使用的物质。这种损害会造成每年几十亿美元的损失。

● 会降低生存在地球表面的各种浮游生物的生产率，这会 (1) 扰乱水生食物网；(2) 降低供人类食用的海产品的生产量，以及 (3) 很可能由于海洋所吸收的二氧化碳的量的降低而加速全球气候变暖的速度。

人类可以通过以下方法来进行变革以适应紫外线 B 辐射的加强：(1) 避开太阳直射；(2) 用衣物来遮挡皮肤，以及 (3) 佩戴太阳镜（联系专栏，本页上部）。但是，维持人类生存的、对紫外线敏感的植物和动物和其他形式的生物无法适应这一变化，除非经过长期的生物进化。

个体作为专栏

雷·特纳（Ray Turner）和他的冰箱

雷·特纳是美国加利福尼亚休斯（Hughes）飞机制造厂的航空航天部的经理，他用他的冰箱进行了一项重要的、低技术水平的、拯救臭氧的发明。他对环境的关心促使他去寻找一种廉价又简单的替代物来取代作为清洁剂使用的氟氯化碳，用于清除他的工厂中生产的电路板中的氧化层。

他从观察自己的冰箱开始的。他将各种物质的液滴滴在一枚被腐蚀过的便士硬币上，然后观察哪一种可以清除氧化层。然后他又用钎焊枪来观察焊料是否可以粘到便士硬币的表面上，如果可以的话，就意味着氧化层已经被清除掉了。

首先，他尝试了醋。没有成功。然后他又试用了一些柠檬皮粉，也失败了。接下来，他又用了一滴柠檬汁，然后观察焊料是否可以粘到硬币表面。然后，就像他们说的那样，他创造了历史。

现在，休斯飞机制造厂采用廉价的从柑橘类植物中提取出的溶剂来清洁电路板，这种溶剂完全不含氟氯化碳。这种新的清洁技术降低了休斯公司75%的电路板的缺陷。特纳也获得了一笔丰厚的奖金。现在，其他公司，例如美国电报电话公司（AT&T），也开始利用从甜瓜、桃子和李子中提取出来的酸性物质来清洁计算机电路板和芯片。也许你也可以从你的冰箱中、从杂货店中或药房中、甚至从你自家的后院中找到一种解决环境问题的方法。

9.7 解决途径：保护臭氧层

我们如何保护臭氧层？

该领域的研究者们一直认为，我们应该立即停止生产所有破坏臭氧层的化学物质。有一些好消息，大多数氟氯化碳产品都可以找到替代品，其他一些也正在研发过程中（个体作为专栏，本页上部）。

技术措施能够拯救我们吗？

如果技术提高迅速，我们是否可以继续使用氟氯化碳呢？从大气层中清除臭氧的一个计划就是向南极上空的同温层中发射一片20—30个足球场那么长的、以无线电控制的飞艇。该飞艇上悬挂的一幅巨大的带电屏幕可以向同温层中释放负电子来与消耗臭氧的氯原子Cl起反应而清除它们。但是，大气化学家Ralph Ciecerone认为，这一计划不可行，因为同温层中的其他化学物质捕获电子的速度比氯原子要快。这个计划还会对大气化学结构造成不可预料的副作用。

其他人也建议利用数万束激光在氟氯化碳到达同温层之前就使它们分解掉。但是，这样作需要极大量的能量，而且还需要进行几十年的研究来完善所需的激光类型。另外，我们不能预测这些强力的激光会对气候、鸟类和飞机造成什么影响。

人们正在采取什么行动来降低臭氧耗竭？一些有希望的进展

1987年，来自36个国家的代表在加拿大的蒙特利尔举行会议并签署了一项条约，被称为《蒙特利尔条约》，该条约规定在1989—2000年之间将排放入大气层中的氟氯化碳（但没有规定其他臭氧消耗物）的量降低35%。在1989年听到了更多关于南极上空臭氧的季节性变稀薄的更坏消息之后，来自93个国家的代表于1990年在英国伦敦、于1992年在丹麦的哥本哈根举行会议，并签署了一项新的协约来促进一些关键的臭氧消耗物的禁用进程。

到目前为止，具有里程碑意义的是由170多个国家达成并签署的国际协约，对严重的全球环境问题进行全球协作。但是，根据1998年世界气象组织（WMO）的350位科学家所作的研究，臭氧层将：

- 在未来几十年的时间内继续消耗，因为ODCs释放到大气层中后会有11—20年的时间延迟才会到达同温层，而且会在同温层中停留几十年的时间。
- 到2050年恢复到1980年的水平，并在2100年恢复到1950年的水平（图9-19），假设各国都遵守国际协定的话，而且不会有重大的火山喷发发生（这会暂时消耗同温层臭氧）。没有1992年达成的国际协议，臭氧耗竭就会成为一个严重得多的威胁（图9-19）。

1998年国际气象组织的研究显示了一条令人烦扰的消息，同温层中的臭氧耗竭正在使对流层的温度降低。据估计，这会抵消由温室气体引起的全球气候变暖的30%。所以，恢复臭氧水平可以加速全球今后变暖的趋势。

臭氧条约为全球协作和共同行动来避免潜在的全球性灾难开创了一个重大的先例。各国政府和各大公司都同意共同行动来解决这个问题，因为：

● 大量有说服力的科学证据显示这是个严重的问题。

● 氟氯化碳主要是由少数一些跨国公司生产出来的。

● 氟氯化碳贸易下降已成定局，这可以将私人企业的经济和创造性资源释放出来，寻找更具有经济效益的替代性化学产品。

在应对大气变暖方面采取国际协作就要困难得多了，因为：

● 我们尚缺乏清晰的、有说服力的证据表明这确实是个严重的问题。

● 温室气体是由数百个不同规模、具有强大政治影响力的工业企业（例如煤炭、石油、化工、汽车制造以及钢铁等产业）所排放出的。

● 降低温室气体排放量会引发大多数工业企业界中影响深远的变革以及几十亿消费者生活方式的变化。

所以，降低并适应全球气候变暖的状况是一个困难的政治和科学挑战。但是，这些可以在未来的几十年时间内实现（图 9－16 和 9－17）。而且，大量经济研究显示，解决这一挑战将（1）节省大量的资金；（2）创造很多工作机会，以及（3）对很多世界上的大企业来讲，与什么都不作或等待相比，这样可以创造更多的效益。

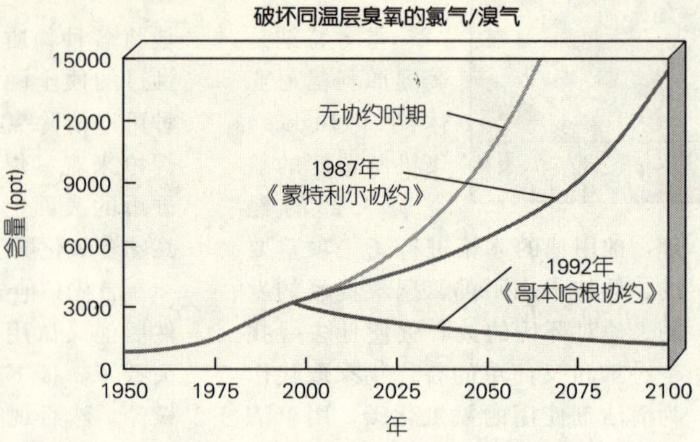

图 9－19　同温层中消耗臭氧的化学物质的浓度预测图。在三种状况下：（1）无为；（2）1987 年《蒙特利尔协约》，以及（3）1992 年《哥本哈根协约》

9.8　室外与室内空气污染的类型和来源

空气污染的主要类型和来源是什么？

空气污染是指：在大气中出现足够多的、持续的一种或多种化学物质，会导致对人类和其他生命形式以及物质有危害。表 9－2 列出了在室外（环境）空气中所发现的主要污染物种类。这些空气污染物既来自自然来源，也来自人类（人为）活动。空气污染的大多数自然来源都是分散式的，除了那

表 9－2　主要空气污染物的种类

种　类	例　子
氧化碳	一氧化碳（CO），二氧化碳（CO_2）
氧化硫	二氧化硫（SO_2），三氧化硫（SO_3）
氧化氮	一氧化氮（NO），二氧化氮（NO_2），一氧化二氮（N_2O），（一氧化氮和二氧化氮通常合称为氮氧化物 NO_x）
挥发性有机化合物（VOCs）	甲烷（NH_4），丙烷（C_3H_8），氟氯化碳（CFCs）
悬浮颗粒物质（SPM）	固体颗粒（尘埃、烟灰、石棉、铅、硝酸盐和硫酸盐），液滴［硫酸、PCBs，二氧（杂）芑、杀虫剂］
光化学氧化物	臭氧（O_3），过氧化硝酸盐（PANs），过氧化氢（H_2O_2），乙醛
放射性物质	氡 222，碘 131，锶 90，钚 239
有害空气污染物（HAPs），会引起健康危害，例如癌症、出生缺陷以及神经系统问题	四氯化碳（CCl_4），氯甲烷（CH_3Cl），氯仿（$CHCl_3$），苯（C_6H_6），二溴化乙烯（$C_2H_2Br_2$），甲醛（CH_2O_2）

些来自火山喷发和森林大火的污染物，这些天然污染物很难达到危害人类的水平。城市区域中进入大气的大多数室外污染物都是来自发电站和工厂（固定来源）中以及机动车（移动来源）中的化石燃料的燃烧。

科学家们将空气污染物分为两个类别，初级空气污染物和次级空气污染物。初级空气污染物是指那些以具有潜在危害性的形式直接释放到对流层中的污染物。虽然存在于对流层中，这些初级空气污染物中有一些可以与其他物质反应，或与空气中的基本组成成分发生反应，从而形成新的污染物，这些新形成的污染物被称为次级空气污染物（图 9-20）。

城市中的汽车和工厂的密度大，所以空气污染物的含量水平一般都比乡村地区要高。但是，盛行风可以将长期存在于城市区域中和工业区域中的初级空气污染物和次级空气污染物带到乡村地区和其他处在盛行风下风位置的城市区域。

室内污染物主要来自（1）受污染的室外空气渗入室内；（2）建筑物内使用的或产生出的各种化学物质，如第 282 页所详细讨论的。危机分析专家们将室内和室外空气污染物列为高危险度的人类健康问题（图 8-7 左栏，第 248 页）。

根据世界卫生组织的统计（WHO），11 亿多人——每 6 个人中就有 1 个——生活在空气状况不卫生的城市区域中。其中大多数都生活在人口密度很高的发展中国家的城市中，这些城市没有空气污染控制法规，或者有法规也执行不力。

在美国（和世界上大多数国家），由政府强制执行的标准设定了 6 种室外常见的空气污染物的大气浓度标准（表 9-3）。

什么是光化学烟雾？空气褐烟

任何由光所激发的化学反应都被称为光化学反应。所谓的光化学烟雾是指一种在太阳光线作用下所形成的初级污染物和次级污染物的混合物（图 9-21）。最终形成的超过 100 种化学物质的混合物主要是由臭氧组成的，臭氧是一种活性很高的气体，对大多数有机生物都会造成伤害。

白天的温度越高，臭氧和其他光化学烟雾的水

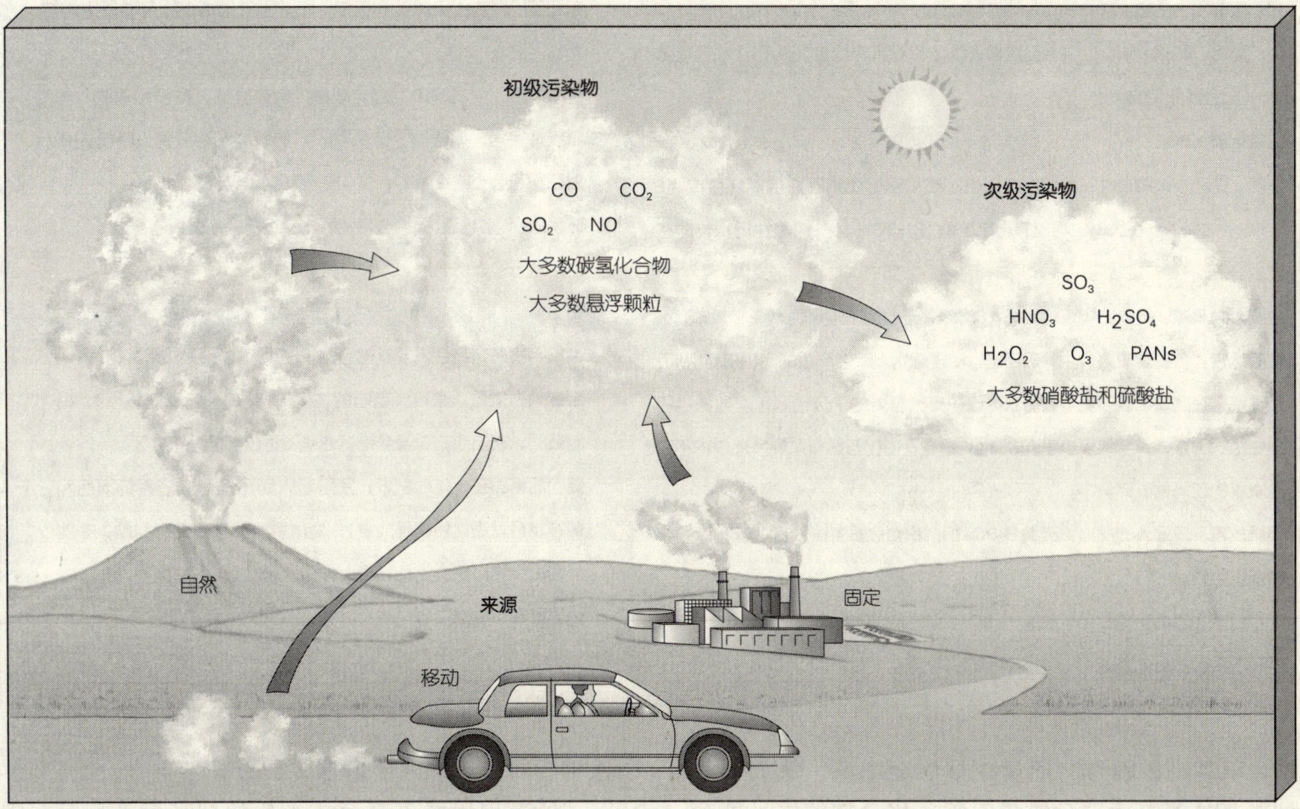

图 9-20 空气污染物的来源和类型。人类所造成的空气污染物可能来自移动来源（如汽车）和固定来源（如工厂和发电站）。一些初级空气污染物会与空气中的其他污染物或其他化学物质发生反应，从而形成次级空气污染物

表 9-3　美国的一般空气污染标准

一氧化碳（CO）

性质：无色、无味的气体，对呼吸空气的动物有毒；当含碳燃料燃烧不完全时生成（$C + O_2 \rightarrow 2CO$）。

主要人为来源：吸烟（聚焦专栏，第 239 页），化石燃料燃烧不完全时。大约 77%（城市中的 95%）来自机动车的尾气排放。

健康危害：会与血液中的血红细胞血色素发生反应，降低血液向身体细胞和组织运送氧气的能力。这会削弱人脑的意识和思考能力；使人的反应变得迟缓；会导致头痛、昏睡、头晕和恶心等症状；会引发心脏疾病和心绞痛；会破坏胎儿和小孩的成长；会加重慢性支气管炎、肺气肿和贫血等症状。还会导致虚脱、昏迷、不能恢复的脑细胞损伤，甚至死亡。

二氧化氮（NO_2）

性质：红褐色刺激性气体，可以使光化学烟雾带有褐色；在大气中可以被转化成硝酸（HNO_3），酸性沉积物的一种重要成分。

主要人为来源：机动车燃烧的化石燃料（49%），发电站和工厂燃烧的化石燃料（49%）。

健康危害：刺激、损伤肺部；加重哮喘和慢性支气管炎；增加呼吸道疾病的患病率，例如流感和感冒（特别是年幼的孩子和年老的老人）。

环境危害：降低人的视力；硝酸 HNO_3 的酸性沉淀物会损害树木、土壤以及湖泊中的水生生物。

财产危害：硝酸 HNO_3 会腐蚀建筑物、雕像和纪念碑的金属和石头；二氧化氮 NO_2 会损伤织物纤维。

二氧化硫（SO_2）

性质：无色、有刺激性；主要由含硫化石燃料例如煤和石油的燃烧生成（$S + O_2 \rightarrow SO_2$）；在大气中可以转化成硫酸（H_2SO_4），一种酸性沉积物的主要成分。

主要人为来源：发电站中煤的燃烧（88%），工业加工中煤的燃烧（10%）。

健康危害：会使健康人产生呼吸问题；使哮喘病人产生严重的飞机航行限制；慢性暴露在二氧化硫环境中会导致类似于支气管炎的永久性病患。根据世界卫生组织的数据，全球至少有 6.25 亿人暴露在由化石燃料燃烧所造成的不安全水平的二氧化硫环境中。

环境危害：减弱人的视力；硫酸 H_2SO_4 的沉积物会损害树木、土壤和湖泊中的水生生物。

财产危害：二氧化硫 SO_2 和硫酸 H_2SO_4 会腐蚀建筑物、雕像和纪念碑上的金属和石头；二氧化硫 SO_2 还会损害涂料、纸张和皮革。

悬浮颗粒（SPM）

性质：足够小和足够轻的各种颗粒和液滴（气悬体）可以短期（大颗粒）或长期（小颗粒）悬浮在大气中；我们将这些颗粒视为烟雾、尘埃和薄雾；其他一些则是不可见的。

主要人为来源：发电站和工厂中燃烧煤（40%），机动车中燃烧柴油和其他燃料（17%），农业生产（犁地、烧地），未铺装的道路和构筑物。

健康危害：刺激鼻子和喉咙，造成肺部损伤，引发支气管炎；加剧支气管炎和哮喘；导致早死；有毒颗粒［例如铅、镉、PCBs 和二氧（杂）芑］会造成基因变异、生殖问题或癌症。

环境危害：减弱人的视力；硫酸 H_2SO_4 的酸性沉积物会损害树木、土壤和湖泊中的水生生物。

财产危害：腐蚀金属；使建筑物、衣物、织物纤维和涂料变脏和褪色。

臭氧（O_3）

性质：高度活性、刺激性气体，带有令人生厌的气味，在对流层中形成，是光化学烟雾的主要成分（图 9-21）。

主要人为来源：可以与挥发性的有机化合物（VOCs，主要是汽车和工厂释放出来的）和二氧化氮发生化学反应，形成光化学烟雾（图 9-21）。

健康危害：引发呼吸问题；咳嗽；刺激眼睛、鼻子和喉咙；加重慢性疾病，如哮喘、支气管炎、肺气肿和心脏病；降低人体对感冒和肺炎的抵抗力；会加速肺部组织老化。

环境危害：臭氧会损害植物和树木；烟雾会减弱人的视力。

财产危害：损伤橡胶、织物纤维和涂料。

铅

性质：固态有毒金属及其化合物，在大气中呈颗粒状。

主要人为来源：涂料（老旧的住宅），熔炉（金属冶炼厂），铅制造厂，蓄电池，以及含铅汽油（发达国家已经淘汰了）。

健康危害：在人体内积累；会引起大脑和其他神经系统损伤和精神发育迟缓（特别是儿童）；消化系统和其他健康问题；一些含铅化学物质在试验动物身上会引起癌症。

环境危害：会损害野生生物。

平也就越高。因为交通量在早晨会增高，氮氧化物 NO_x 的水平和未完全燃烧的碳氢化合物的水平就会相应随之上升，并随着阳光的出现开始进行化学反应，形成光化学烟雾。在阳光灿烂的日子里，光化学烟雾（主要是臭氧）在下午的前期会达到最高的水平，对人眼和呼吸道造成刺激（图 9-22）。

所有现代城市都存在光化学烟雾污染，但在阳光充足、温暖、空气干燥、而且汽车比较多的城市更严重。例如美国加利福尼亚州的洛杉矶市；美国科罗拉多州的丹佛市；美国犹他州的盐湖城；澳大

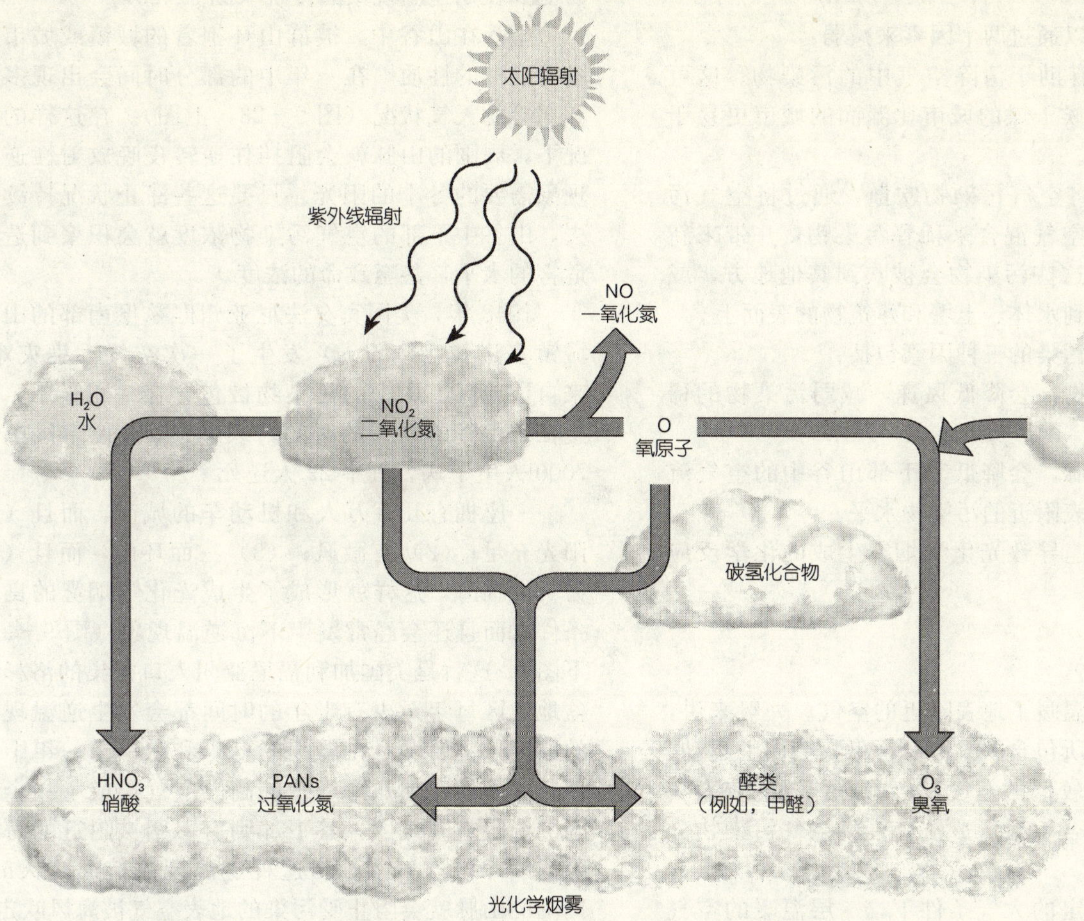

图 9-21 光化学烟雾的形成简图。烟雾的严重性一般都是与地表附近的空气中的臭氧浓度有关

利亚的悉尼市；墨西哥的墨西哥城；巴西的圣保罗和阿根廷的布宜诺斯艾利斯。

什么是工业烟雾？空气灰烟

50年之前，一些城市，如英国的伦敦和美国的

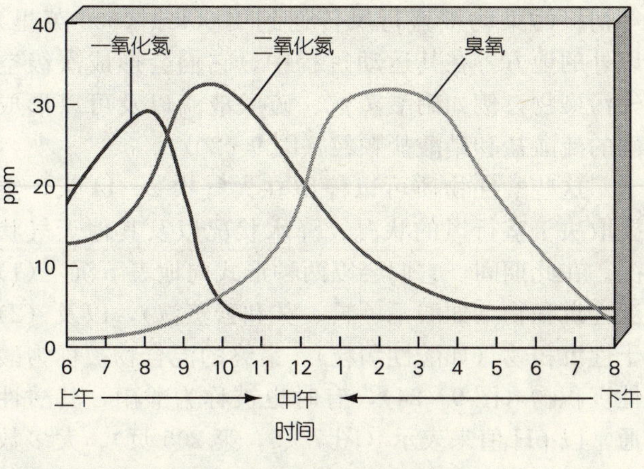

图 9-22 一座城市中，例如美国加利福尼亚的洛杉矶，每天导致光化学烟雾生成的空气污染物浓度变化的典型模式

芝加哥和匹兹堡在发电站和工厂中燃烧了大量的重油和煤（含有硫杂质；图 4-40，第 131 页）用于建筑物采暖。在冬季，这些城市中的人们都暴露在工业烟雾之中，这些烟雾主要是由下列一些物质组成的：（1）二氧化硫；（2）悬浮的硫酸液滴（由二氧化硫形成，图 9-20），以及（3）各种悬浮固体颗粒和液滴（称为气悬体）。

城市中的工业烟雾在现在的大多数发达国家中已经不是什么问题了，因为煤和重油只允许在受到良好的污染控制的大型锅炉或带有高高的烟囱的锅炉中燃烧（可以将污染物输送到下风向地区）。但是，工业烟雾在中国、印度、乌克兰和一些东欧国家的工业化城市区域中却是个大问题，这些国家燃烧大量的煤，但缺乏充分的污染物控制。

哪些因素会影响光化学烟雾和工业烟雾的形成？

一个地区内烟雾生成的频率和严重程度取决于：（1）本地的气候和地形状况；（2）人口密度；（3）工业企业的数量，以及（4）工业、采暖和交通所用

的燃料。

空气污染可以通过两个因素来减弱：

- 雨和雪，有助于清除空气中的污染物。这可以解释为什么气候干燥的城市比湿润的城市更易于生成光化学烟雾。
- 风，可以将空气污染物吹散，通过将空气污染物与较洁净的空气混合来稀释污染物，并带来新鲜空气。但是，这些污染物会被吹到其他地方，或者从空气中沉积到水体、土壤和建筑物的表面上。

会增加空气污染的三种因素包括：

- 城市建筑物，会降低风速，减弱污染物的稀释和清除。
- 山峰和山脉，会降低其下部山谷中的空气流通速度，增加地表附近的污染物水平。
- 高温，加速导致光化学烟雾生成的化学反应速度。

什么是逆温现象？

白天，阳光温暖了地表附近的空气。一般来讲，这些热空气及其所包含的大部分污染物会向上运动，并与其上部温度较低的空气混合。这种温度较高和较低的空气相混合就会形成湍流，将空气污染物分散到各个地方。

但是，在特定的大气条件下，一层温暖的空气可以停留在距离地面更近的一层温度较低的空气上方，这种状况就被称为逆温现象。因为温度较低的空气的密度比其上部的温度较高的空气的密度要高，所以地表附近的空气不会上升并与其上部的空气相混合。污染物可以在这层地表附近由温度较低的空气构成的滞止空气层中聚集。

逆温现象存在着两种类型。一种被称为下沉逆温现象，当大量的温暖空气在较高的高度处向某地区移动，并从地表附近温度较低的气团上方流过时，就会发生这种现象。这使一座城市上空的空气保持滞止，并阻止竖向空气混合和空气污染物的扩散。一般来讲，这些条件不会持续很久，但有时温暖的空气气团可以停留在其下部温度较低的气团的上空几天，并使空气污染物积聚到有害的水平。

第二种类型被称为放射性逆温现象，一般随着地表附近的空气在夜晚冷却得比其上部的空气要快。随着太阳的升起，并温暖了地表，放射性逆温就会在中午时分消失，并将夜里积聚起来的空气污染物发散开来。

但是，在某种条件下，放射性或下沉逆温现象会持续几天的时间，并使空气污染物积聚到危险的浓度。具有两种地形状况和天气条件的地区特别容易受到长期逆温现象的侵扰（图 9－23）。

坐落在山谷中，被群山环抱着的城镇或城市就具有这样的性质，在一年中的部分时间会出现多云和寒冷的天气状况（图 9－23，上图）。在这样的情况下，周围的山脉就会阻挡住逆转夜晚放射性逆温现象需要的冬季的阳光。只要这些滞止状况持续下去，山谷中下部的空气污染物浓度就会积聚到造成危害的水平，甚至致命的浓度。

1948 年，美国宾夕法尼亚州匹兹堡南部的山谷城镇多诺拉（Donora）发生了一次空气污染灾难。来自该地区工厂中的污染物被包含在一团雾中，滞止在该山谷中 5 天的时间。该市 14000 位市民中约 7000 人生了病，其中 22 人还死了。

一座拥有几百万人和机动车的城市，而且（1）阳光充足；（2）有微风；（3）三面环山，而且（4）另一面临海，这样就形成了生成光化学烟雾的良好条件，而且还会经常发生下沉逆温现象（图 9－23，下图）。这就是美国加利福尼亚州人口密集的洛杉矶盆地地区每年至少有半年的时间都会发生逆温现象的原因，主要发生在温暖的夏季和秋季。一年中大部分时间处在加州海岸上的高温空气形成了一个下降的温暖空气气团，其下部则有一团被附近的海洋降温的冷空气气团。当这种逆温现象持续 1 天时，周围的山脉就会阻止受污染的地表空气被海风吹走。

什么是酸性沉积物？

发达国家中大多数烧煤发电站、矿石冶炼厂和其他工厂都采用高高的烟囱来将二氧化硫、悬浮颗粒以及氧化氮排放到逆温层上部的大气中（图 9－23，上部），然后空气污染物就会发生混合、稀释、并被风吹走。所以，高高的烟囱降低了本地空气污染，但增加了下风向地区的空气污染程度。

释放到逆温层上部大气中的二氧化硫和氧化氮等初级污染物被盛行风传送到 1000km（600 英里）以外的地方。在其运动过程中，它们会形成次级空气污染物，例如硝酸蒸汽、硫酸液滴以及可以形成酸的硫酸盐和硝酸盐颗粒（图 9－20）。

这些酸性物质可以停留在大气中 2—14 天，主要取决于盛行风的状况、降水状况以及其他天气状况。在此期间，它们会以两种形式向地表下沉：（1）湿性沉积物（如酸雨、雪、雾和云蒸汽），以及（2）干性沉积物（如酸性颗粒）。最终的混合物被称为酸性沉积物（图 9－24），有时也被称为酸雨，其酸性通常以 pH 值来表示（图 7－5，第 205 页）。大多数干性沉积物会在 2—3 天内在距离地面很近的污染源附近生成，而大多数湿性沉积物则会在 4—14 天内

在较

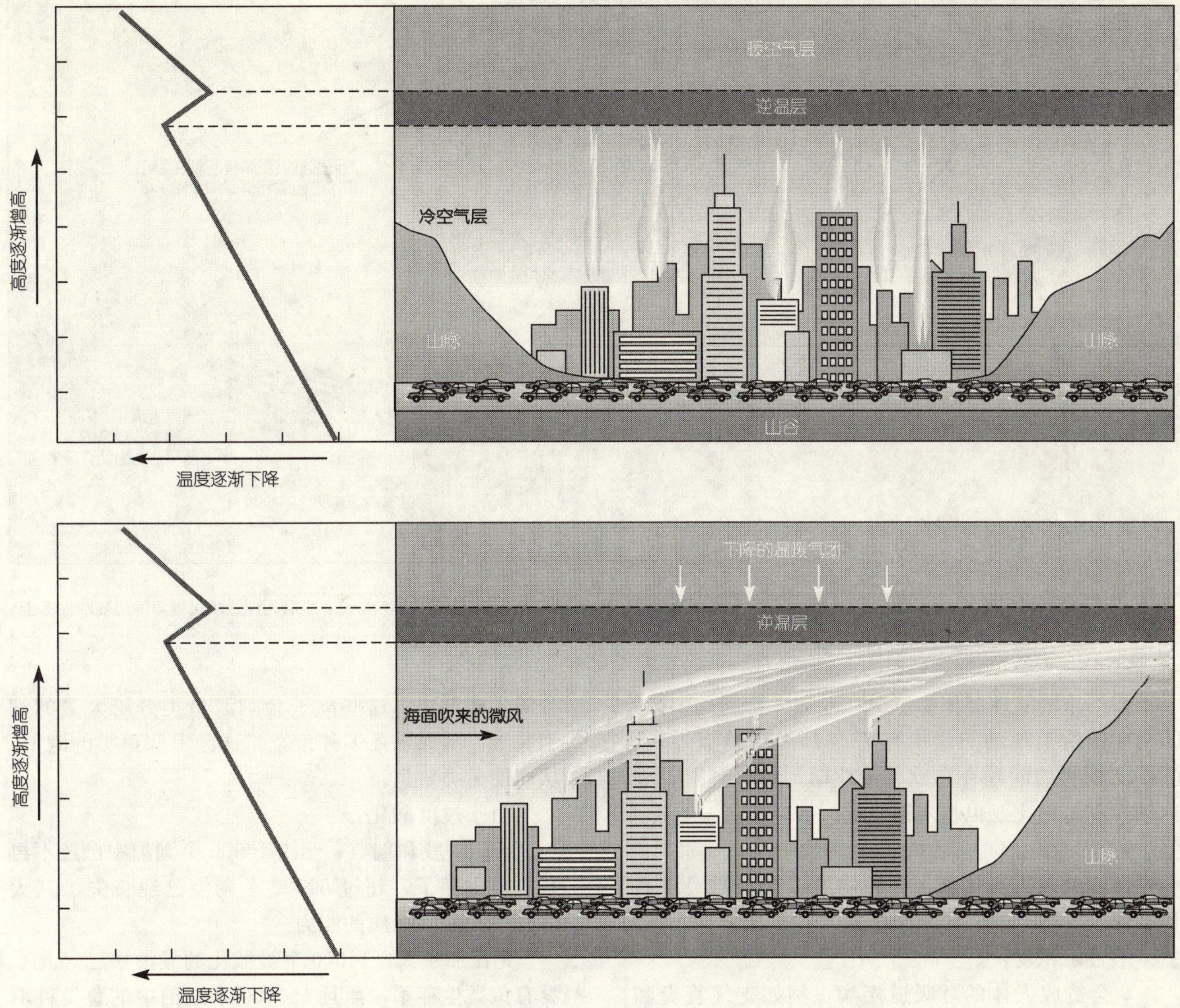

图 9-23 地形和天气条件可以使一层温暖的空气层停留在地表附近一层温度较低的空气层的上部，从而使放射性逆温现象发生得更频繁、时间更长。在这些情况下，地表附近空气中的污染物浓度会积聚到造成危害的水平。本图上部的数字显示了空气污染物如何在四周环山的山谷地表附近空气中积聚的程度。本图下部的数字则显示了某个阳光灿烂、有小风、三面环山一面临海的地区中发生辐射性逆温现象的多么频繁和时间很长（如美国加利福尼亚州的洛杉矶）。下降的温暖空气层（底部）阻止了上升气流的消失，并将来自地表附近温度较低的空气层中的空气污染物扩散和稀释掉。由于地形状况的原因，美国的洛杉矶和墨西哥的墨西哥城都会频繁地发生逆温现象，其中很多都会持续整个夏季

远的下风向区域中生成。

哪些地区最容易受到酸性沉积物的影响？

美国东部地区和世界其他地方的酸性沉积物是个区域问题（图 9-25）。大多数这样的地区都处在燃煤发电站、冶炼厂、工厂/或者是拥有大量人口和汽车的城市地区的下风向地区。

在某些区域，土壤中含有可以中和或缓冲某些酸性输入物的基本化合物。对酸性沉积物最敏感的区域是（1）含有稀疏的、酸性土壤，但没有那些自然缓冲物（图 9-25），以及（2）土壤的缓冲能力已经被几十年的酸性沉积物消耗光了。

从一个国家中的很多发电站、工厂、冶炼厂和汽车等排放出来的可以形成许多酸性物质的化学物质会被盛行风输出到其他国家。例如，研究表明：

- 挪威、瑞士、奥地利、瑞典、荷兰和芬兰等国的酸性沉积物是从西欧（特别是英国和德国）和东欧的工业化地区吹过去的。
- 加拿大东南部（图 9-25）的二氧化硫和其他一些污染物都可以追溯到美国的俄亥俄山谷。

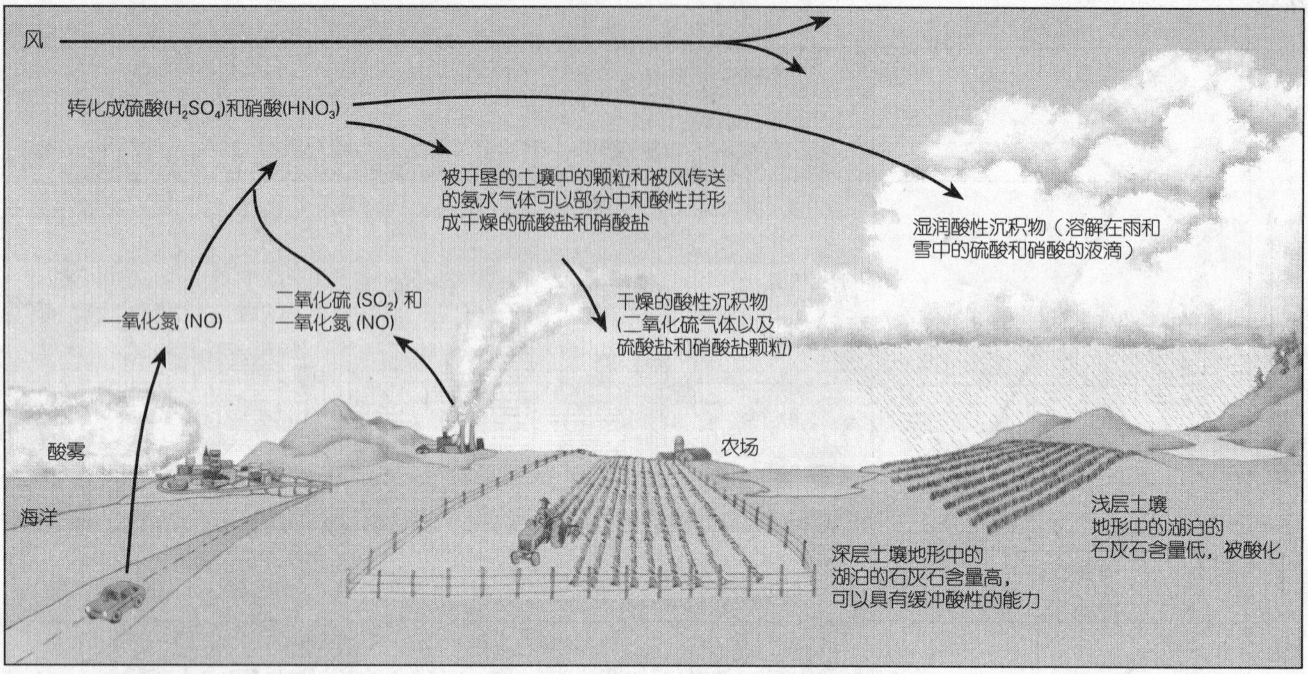

图 9－24　酸性沉积物包括 pH 值低于 5.6 的雨、雪、尘埃或气体（图 7－5，第 205 页），通常被称为酸雨。土壤和湖泊减缓或清除过度酸性的能力各不相同

最严重的酸性沉积物情况在亚洲，特别是中国，因为中国所消耗的能量中有 73％都来自燃烧煤炭。酸性沉积物的问题在东欧、俄罗斯、尼日利亚、委内瑞拉和哥伦比亚也越来越严重。

酸性沉积物对人类健康、各种物质以及世界经济有什么影响?

酸性沉积物：

● 会造成人体的呼吸道疾病，例如支气管炎和哮喘，就像在第 9.9 节（第 285 页）所讨论的。

● 会使铅和铜等有毒金属物质从供水管线中渗入饮用水中。

● 会损坏雕像、建筑物、金属和汽车的喷漆等。

● 降低大气的能见度（主要是由硫酸盐颗粒造成的）。

● 使渔场、森林和牧场的生产率降低，从而降低其经济效益并导致失业。

酸性沉积物对水生生态系统有什么影响?

酸性沉积物会产生很多有害的生态影响，会使大多数水生生态系统的 pH 值降低到 6 甚至 5 的水平。这些危害包括：

● 当 pH 值降低到 4.5 以下时，基本上所有鱼类种群都会消失。

● 附着在附近土壤中的矿物质上的铝离子 Al^{3+} 会渗入湖泊中，这些离子会刺激鱼类分泌大量的细胞黏液，从而杀死多种鱼类。这会阻塞鱼类的鳃部，从而使鱼类窒息。

由于过度酸化：

● 在挪威和瑞典，至少 16000 个湖泊中已经不再有鱼类生存了，超过 52000 个湖泊已经丧失了其大部分中和酸性物质的能力。

● 在加拿大，14000 个被酸化的湖泊中已经几乎没有鱼类生存了，而且 150000 个湖泊中的鱼类种群正在衰退，这些都是由酸性增强导致的。

● 在美国，大约 9000 个湖泊（主要在东北部和中西部的北部）受到过度酸化的威胁，其中三分之一受到严重威胁。

酸性沉积物对植物和土壤的化学组成会产生什么影响?

酸性沉积物（通常会与其他空气污染物如臭氧一起）会危害森林和农作物，特别是当土壤的 pH 值低于 5.1 时。酸性沉积物对树木和其他植物的危害包括：

● 直接破坏树叶和针叶。

● 使土壤中的基本植物养分如钙盐和镁盐流失掉，这会降低植物的生产率以及土壤缓冲或中和酸性物质的能力。

● 会使附着在不可溶解于水中的土壤化合物中

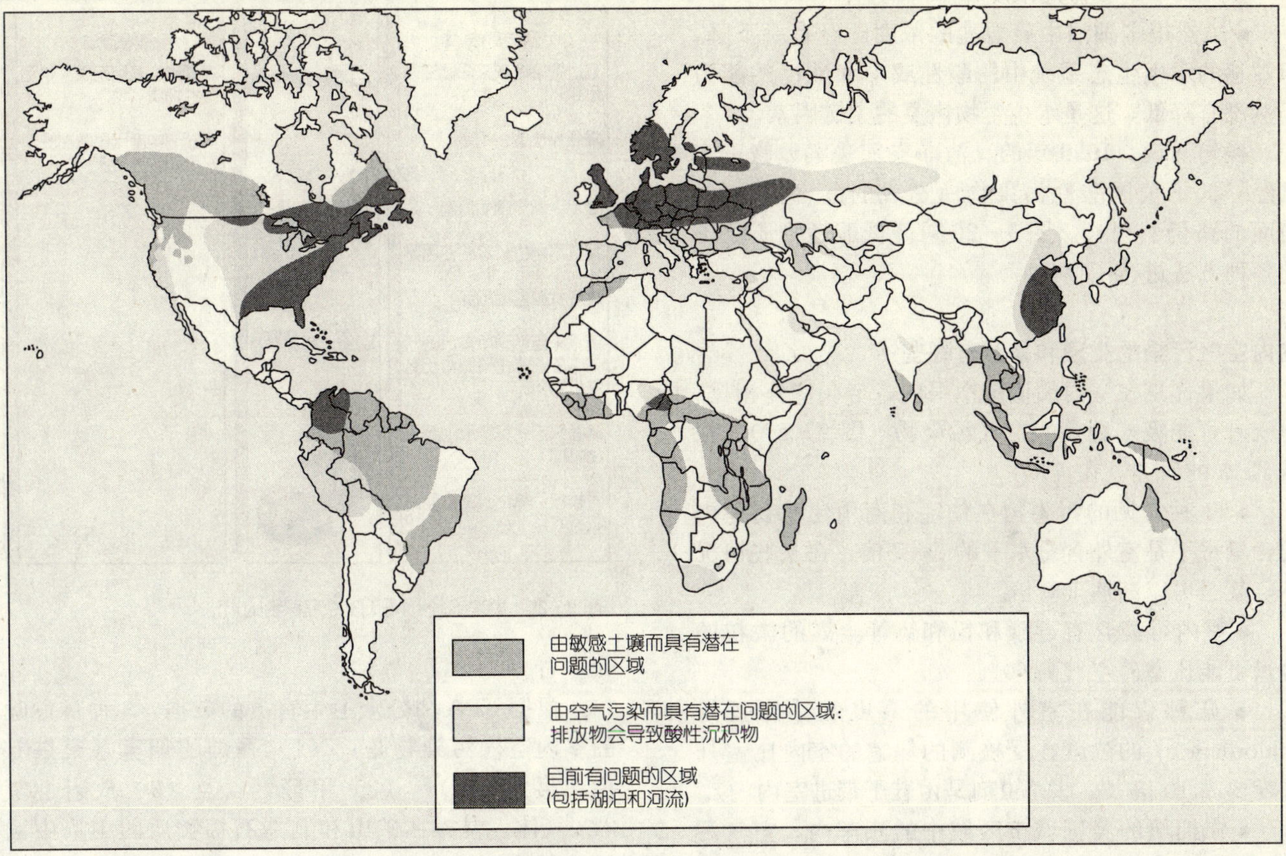

图 9-25　目前酸性沉积物已经成为一个问题的区域，和可能成为一个问题的区域。这些区域：(1) 空气污染的输入量很大（主要来自发电站、工厂和矿物熔炉），或者 (2) 是一些敏感区域，其土壤和岩床无法中和（缓冲）酸性化合物（数据来自世界资源研究所和美国环境保护局）

的铝离子 Al^{3+} 流失掉，这会阻碍植物对土壤养分和水的吸收和利用。

● 溶解掉不可溶解于水中的土壤化合物，并使铅、镉和汞等可以被植物吸收的金属离子流失掉，它们对植物和动物都具有较高的毒性。

● 会促进喜酸的苔藓的生长，这些苔藓会杀死树木。

● 使树木和其他植物更容易受到其他类型的危害，例如：(1) 严寒；(2) 病害；(3) 虫害；(4) 干旱，以及 (5) 有害苔藓。

生长在山顶处的森林是受到酸性沉积物危害最严重的陆地区域：因为 (1) 没有较强的缓冲能力，它们的土壤会变得贫瘠；(2) 山顶区域的树木（特别是针叶林，例如红杉和香液冷杉，其树叶是全年生长的）会持续地受到酸性较强的酸雾和云层的危害。

酸性沉积物在美国有多严重?

从 1980 年开始，联邦政府开始对全国酸性降水评估计划（NAPAP）进行资助，对全国的酸性沉积物立法和控制计划进行评估。在其 1998 年向美国国会提交的一份报告中，它们报告了很多好消息和坏消息。好消息包括：

● 自 1990 年对《洁净空气法案》进行修改之后，二氧化硫 SO_2 和氮氧化物 NO_x 排放量已经有所降低。

● 在中西部和东北部地区酸性物质和硫酸盐浓度已经有所下降。

● 在受监测的湖泊和河流中，硫酸盐的溶解浓度已经有所下降（酸化现象的主要诱因）。

● 因二氧化硫排放量的降低而导致的对人类健康和视力的有益影响会超过遵守 1990 年《洁净空气法案》修正案所付出的代价（但该报告并没有进行成本-利益计算）。

还有一些坏消息：

● 硫和氮的化合物所形成的沉积物已经对高敏感性的美国森林生态系统造成了负面影响。

● 由酸性沉积物质所造成的负面影响会在长期、慢性的暴露在酸性物质侵害下扩散到其他森林生态系统。

● 大气中硝酸盐的浓度并未降低。

● 虽然很多湖泊中硫酸盐的浓度已经有所下降，但敏感的水生生态系统中的酸性或中和酸性的能力仍然没有降低，这是水生生物恢复的关键因素。

换句话说，1990 年的《洁净空气法案》修正案已经降低了美国酸性污染物所造成的危害。但是，前面的路仍然很长。图 9-26 对降低酸性物质危害的各种方法进行了概括。

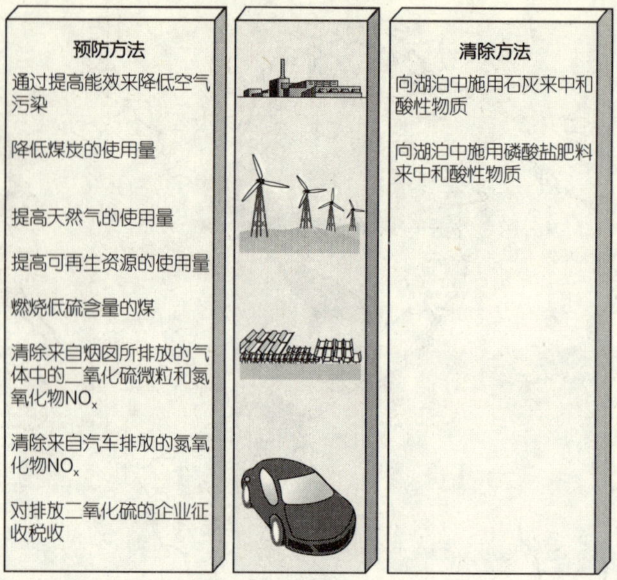

图 9-26 解决途径：降低酸性沉积物的方法

室内空气污染的类型和来源有哪些？

如果你是在室内阅读这本书的，与在室外相比，你就有可能吸入更多的空气污染物（图 9-27）。根据 EPA 的研究，在美国：

● 11 种常见的污染物在住宅和商用建筑物室内的含量水平是室外含量水平的 2—5 倍，在某些情况下，甚至可以高达 100 倍。

● 室内可能含有毒素和铅和镉等金属的微粒的含量可能比室外空气高 60%。

● 几种仅能在室外使用的杀虫剂［如氯丹（chlordane）］的浓度在受检测的住宅的室内比室外浓度要高 10 倍（一些杀虫剂是由鞋子带进室内的）。

● 在拥堵的美国城市区域中的汽车内，空气污染水平可以高出汽车外的 18 倍。

暴露在这些化学污染物中会对健康造成危害，因为人们一般会在室内度过其 70%—98%的时间。1990 年，EPA 将室内空气污染物列为 18 种致癌威胁中最高的一种，并被危机分析学家们列为影响人类健康的高危险性健康问题（图 8-7 左栏，第 248 页）。根据 EPA 的数据，美国每年有 3000 多例癌症病例都是由暴露在室内空气污染物中所引起的。受危害最大的是：（1）吸烟者；（2）婴儿和 5 岁以下的儿童；（3）老年人；（4）病人；（5）孕妇；（6）患有呼吸道疾病或心脏病的人，以及（7）工厂里的工人。

丹麦和美国的 EPA 所进行的研究将建筑物中的空气污染物与头昏、头痛、咳嗽、打喷嚏、恶心、眼睛灼痛、慢性疲劳以及类感冒症状等联系在一起，这些被称为建筑物综合征。一般来讲，新建造的建筑物比旧建筑物更容易使人染上建筑物综合征，因为空气交换比较缓慢（为了节约能量），而且从新铺的地毯和家具中会释放出各种化学物质。根据 EPA 的研究，美国的 400 万座商业建筑物中至少有 17% 都可以使人患上建筑物综合征（包括 EPA 的总部大厦）。美国的室内空气污染物所造成的旷工、生产效率的降低以及健康危害的价值大约在每年 1000 亿美元左右。

根据 EPA 和公众卫生官员的数据，3 种最危险的室内空气污染物是：（1）香烟的烟雾（聚焦专栏，第 239 页）；（2）甲醛，以及（3）放射性氡 222 气体。暴露在矿山和制造石棉物质的工厂中的石棉纤维环境下的工人们也会遇到严重的室内空气污染问题，特别是发展中国家。对实验室动物进行的大量研究也表明纤维玻璃所含的微小纤维是室内空气中一种广泛的、具有潜在危险性的强力致癌物质。

会给大多数人造成麻烦的化学物质就是甲醛，它是一种无色、有极强刺激性的气体，被广泛地用于制造各种常见的物质。美国全国有 2000 万人都有由日常暴露在由普通的化学物质释放（发散）出来的低水平的甲醛而导致的慢性呼吸道问题、头昏、皮疹、头痛、喉痛、鼻窦和眼睛刺激、喘息和恶心。这些物质包括：（1）建筑材料（例如胶合板、碎木胶合板、镶板和用于制造地板和橱柜的高光洁度木板）；（2）家具；（3）窗帘；（4）室内装饰材料；（5）地毯和壁纸所用的粘合剂；（6）聚氨酯-甲醛保温材料；（7）指甲硬化剂，以及（8）免烫衣物的无皱面料（图 9-27）。据 EPA 估算，在人工建造的住宅中生活超过 10 年的人中每 5000 人中就有 1 人会因暴露在甲醛环境的侵害之中而诱发癌症。

在发展中国家，木材、粪便、谷物残渣以及开放燃烧或用于做饭或采暖的无遮挡的炉子中燃烧的煤都会使居民们（特别是女性和年轻的儿童）暴露在很高水平的空气污染颗粒中。

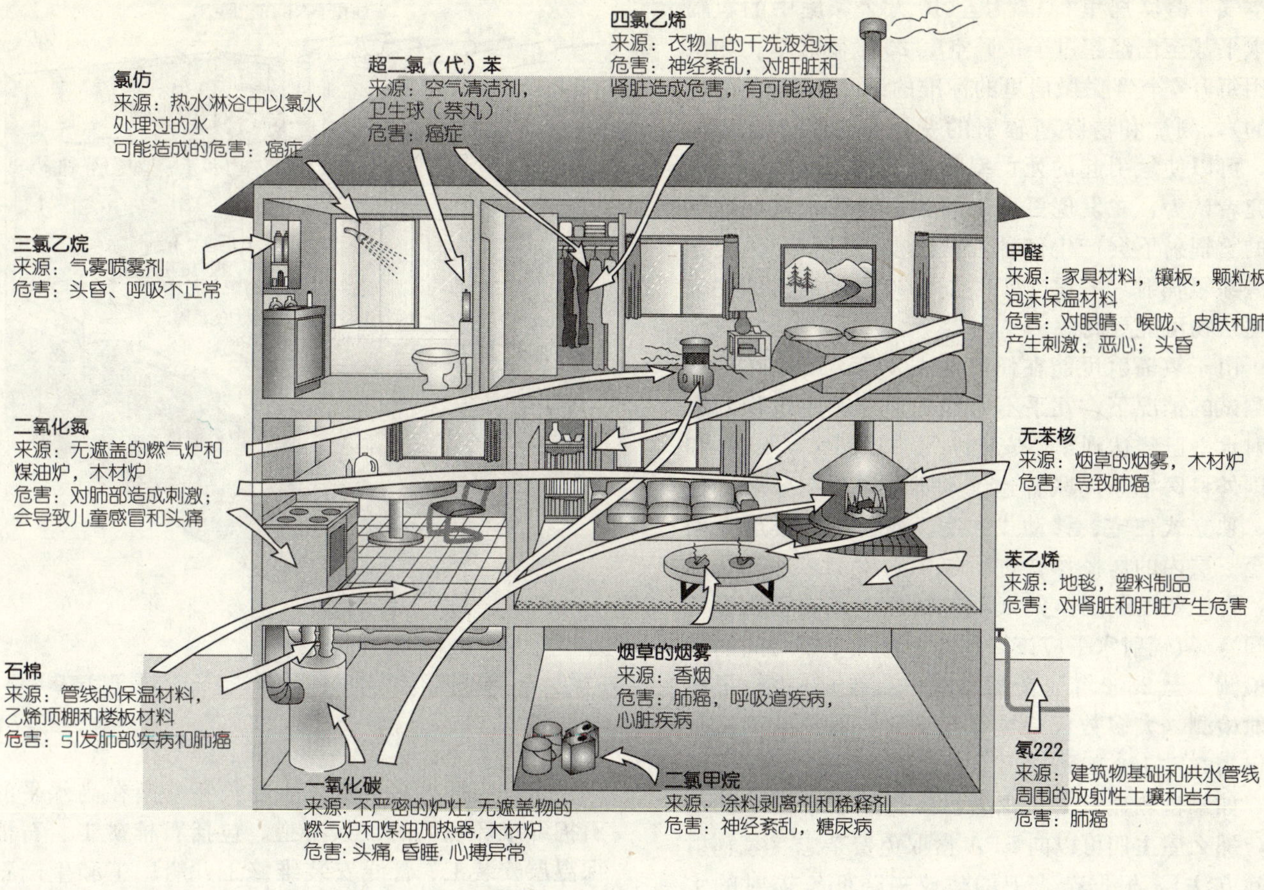

图 9-27 一些重要的室内空气污染物（数据来自美国环境保护局）

案例研究：你的住宅中是否也受到了氡气的污染？

氡 222 是一种天然的放射性气体，无色、无味、无气味。它是由铀 238 的放射性衰变产生的。在大多数土壤和岩石中都会含有少量的铀 238，但是这种同位素在地下的铀矿、磷酸盐矿、花岗岩和页岩中的浓度更大。

当这些沉积物中的氡气通过土壤渗出地表并释放到室外时，它们就会很快传播到大气中，并衰减成无害的水平。氡气可以通过以下方式进入这些沉积物上部的建筑物中：（1）建筑物基础和墙壁中的缝隙；（2）井底水窝水泵和下水管道附近的裂口，以及（3）中空的混凝土块（图 9-28），并积聚到较高的水平，特别是在住宅和建筑物的底层通风不畅的空间中。

氡 222 气体会很快衰变成其他放射性元素的固体颗粒，如果被人体吸入的话，会使肺部组织受到大量阿尔法粒子的电离辐射。这会对肺部组织造成损害，并在人一生 70 年的时间内导致肺癌的发生。一个人患上由氡引起的肺癌的概率主要取决于：（1）你的房间中所含的氡的量；（2）你在自己的房间中停留的时间，以及（3）你是否吸烟或曾经吸烟。

1998 年，美国国家科学院进行了估算，按照 70 年的寿命来计算，长期暴露在低水平的氡环境或氡与吸烟共同作用的环境中使美国每年患肺癌致死的人数达到 15000—22000 人（或全部患肺癌人数的 12%）。这使氡成为仅次于吸烟的第二大肺癌致病因素（聚焦专栏，第 239 页）。这些死亡病例主要集中在吸烟者或曾经吸烟的人的身上，非吸烟者中的死亡人数为 2100—2900 人。

这些估算是以以下假设为基础作出的：（1）氡辐射量并不存在一个安全门槛值（图 8-3 左图，第 241 页），而且（2）可以对暴露在矿山中的高水平氡辐射下的铀矿工人患上肺癌的概率进行外推，从而对暴露在室内低水平的氡辐射下因患肺癌而死亡的人数进行估算。一些科学家对这些假设提出质疑，他们认为这种假设导致估算结果过高。他们还指出，一些关于氡辐射导致肺癌的流行病学研究出现了相互矛盾的结果。

EPA 对室内氡辐射进行的调查显示出，在美国 400 万至 500 万家庭中，氡辐射的年均水平超过了每升空气 4 微微居里*，5 万至 10 万个家庭中的氡辐射水平甚至已经超过了每升空气 20 微微居里。如果采用每升空气 4 微微居里的标准的话（如 EPA 所建议的），测试和清除氡辐射的费用将达到 500 亿美元，可以使氡引起的死亡率降低 15%—20%。一些研究者认为，在发现更可靠的数据表明暴露在低水平的氡辐射下会产生何种威胁之前，仅用 5 亿美元来清除氡辐射水平超过每升空气 20 微微居里的住宅和建筑物可能更高效一些。

由于氡辐射可能在任何地方发生，所以在不进行测试的情况下，几乎不可能知道哪座建筑物的氡辐射水平已经达到了不安全水平。1988 年，EPA 和美国外科医生总局联合建议，所有居住在分散式住宅、独立式住宅、移动式住宅、或公寓大楼最下面一至三层内的居民尽快进行氡辐射检测。理想状况下，在主要的起居空间（不包括地下室或管线设备空间），氡辐射水平应该得到 2 个月至 1 年时间的持续检测。至 2000 年，美国家庭中只有 6%进行了氡辐射检测（大多数仅持续 2 至 7 天，每户的测试费用仅为 20—100 美元）。

如果检测显示出氡辐射已经达到了不安全的水平，那么屋主们可以向 EPA 索取免费杂志《氡辐射清除方法》，根据杂志上的建议来降低氡辐射的水平。EPA 指出，降低氡辐射水平会增加屋主 350—500 美元的新居成本，在一座已建住宅中清除氡辐射的费用大概为 800—2500 美元。

案例研究：我们如何对付石棉？

石棉是几种不同纤维形式的硅酸盐矿物质的总称。几十年来，石棉被广泛地用于建筑材料和大型的输水管线，因为它们强度较大，灵活性较高，而且成本低廉。除非进行完全密封，否则的话，石棉很容易变成细小的纤维尘埃悬浮在空气中，并被人们吸入肺中，它们可以在肺中停留很多年。

长期暴露在石棉纤维的污染之下会导致：(1) 石棉沉着病（即石棉肺，是一种慢性的、有时是致命的疾病，导致呼吸非常困难，早在 1924 年便被确定为危害石棉工人的一种物质）；(2) 肺癌，以及 (3) 间皮瘤（一种肺部内层的致命癌症）。流行病学研究显示，暴露在石棉纤维危害中的吸烟者患上肺癌致死的概率比暴露在同样的石棉纤维环境中的非吸烟者要高很多。

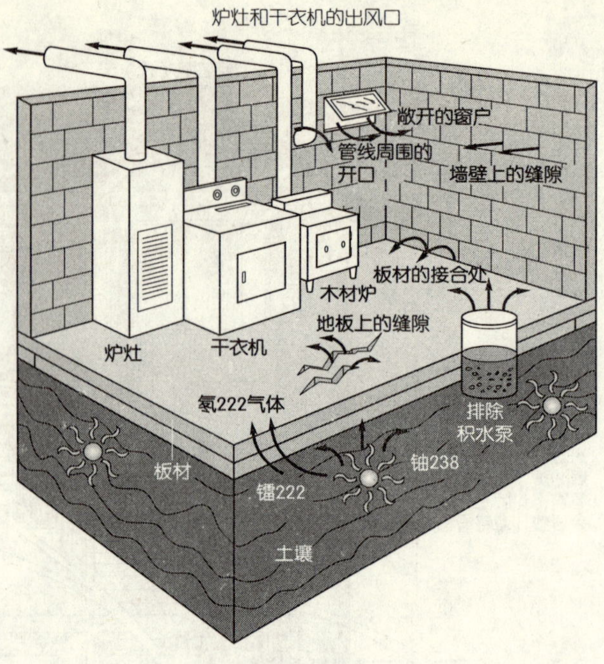

图 9-28 室内氡 222 气体的来源和传播途径（数据来自美国环境保护局）

这些疾病大多数都发生在长年暴露在高水平的石棉纤维环境下的工人身上。包括石棉矿工、石棉保温层安装工、管线安装维修工、船厂工和生产石棉制品的工人。呼吸了石棉粉尘的人会通过衣服和头发将石棉粉尘带回家里，其家人患上癌症的概率也会比想像的要高，例如生活在缺乏石棉排放控制的石棉工厂旁边的家庭。

卫生部的官员称，1967—2000 年间，美国由石棉纤维导致的癌症过早死亡的石棉工人数量达到 172000 人，是 20 世纪最大的职业健康危害。2000—2025 年间，美国还会有 119000 名石棉工人过早的死于癌症，主要是那些在工作条件得到改善之前仍然暴露在不安全工作状况中的工人。

根据卫生专家的研究，现在来自石棉的主要健康威胁发生在石棉矿山和发展中国家的工人身上（特别是俄罗斯、中国、巴西、印度和泰国），这些国家将石棉作为一种廉价的建筑材料，其使用越来越广泛。专家指出，由暴露在石棉污染下而导致的死亡病例中有 90%都是可以通过以下方法避免的：(1) 佩戴恰当的面具；(2) 对石棉进行湿处理以控制石棉灰尘，以及 (3) 在完成石棉处理工作之前和之后都更换衣服。

* 微微居里是指 1 万亿分之一居里，1 居里是指 1 克镭元素所发射出的放射性物质的量。

9.9 空气污染对有机生物和无机物质的影响

空气污染如何危害人类健康?

你的呼吸系统具有很多保护你免受空气污染危害的机制。包括：

- 鼻孔中的鼻毛，可过滤掉较大的颗粒。
- 上呼吸道内层黏液，可捕获较小的（但不是最小的）颗粒并溶解掉一些气体污染物。
- 打喷嚏和咳嗽，当污染物刺激你的呼吸系统时，可以将受污染的空气和黏液排出体外。
- 上百万根微小的、表面带有黏液的发状物质，被称为纤毛，它们生长在上呼吸道的内侧。它们持续的前后摆动，将黏液及其捕获的污染物运送到喉咙处（然后你可以将它们咽下或排出）。

长年吸烟或暴露在空气污染物中会增加这些自然抵抗机能的负荷并使它们受到损害。这会导致呼吸道疾病，例如：(1) 肺癌；(2) 哮喘（一种典型的过敏性反应，会导致支气管壁肌肉突然性痉挛，从而造成急性气短）；(3) 慢性支气管炎（一种顽固的炎症，对支气管和细支气管内层细胞造成损伤，会导致黏液滞留、疼痛性咳嗽及气短），以及 (4) 肺气肿（对肺气囊和肺泡造成无法恢复的损伤，会导致气泡不正常扩张、肺部缺乏弹性以及急性气短。老年人、婴儿、孕妇以及患有心脏疾病、哮喘或其他呼吸道疾病者特别容易受到空气污染的危害。

空气污染使多少人过早死去?

很难通过风险分析的方法来对由空气污染所造成的或加剧的呼吸道或心脏疾病所导致的过早死亡人数进行估计，因为人们在其一生中会暴露在太多不同的污染物中了。

在美国，对室外空气污染所导致的年死亡人数的估计大约为 65000—200000（主要是暴露在非常微小的颗粒污染环境中所引发的）。如果把室内空气污染也包含在内的话，美国由空气污染所造成的年死亡人数将会达到 150000—350000——相当于每天有 1—2 架满载 400 名乘客的大型喷气式客机失事且无一生还的死亡人数。

另外，还有数百万人患病或失去工作。2000 年由各州和地方政府的清洁空气部门的官员所作的一项研究估计，美国每年有超过 125000 人（其中 120000 人都生活在城市区域中）因呼吸从公共汽车、卡车和其他柴油机所排放出来的柴油烟尘而患上癌症。根据 EPA 和美国肺脏研究协会的研究，美国的空气污染每年所造成的健康危害和工作效率损失至少价值 1500 亿美元，其中 1000 亿美元的损失是由室内空气污染所引起的。

澳大利亚联邦科学委员会在 1999 年所进行的一项研究表明，全球范围内，每年至少有 300 万人因空气污染所造成的危害而过早死亡——平均每天死亡 8200 人。其中 280 万个死亡病例都是由室内空气污染所引起的，另外 20 万是由室外空气污染造成的。

生活在发展中国家的大城市中的大部分儿童所呼吸的空气质量相当于每天吸 2—3 包香烟。据世界卫生组织估计，全世界发展中国家每年有大约 70 万过早死亡病例是可以避免的，如果 3 种污染物——悬浮颗粒物、一氧化碳和铅——可以被降低到安全水平的话。

空气污染是如何损害植物的?

树木暴露在各种不可见的空气污染物中几十年的时间，大量树木会突然开始死亡，因为土壤养分都流失掉了，树木对虫害、病害、真菌和干旱的抵抗能力下降了。这种现象被称为“Waldsterben”（森林死亡），整片整片的云杉林、冷杉林、和山毛榉树林都变成了遍布残剩树桩的草地和山坡。据估计，空气污染是欧洲森林生产率降低 16% 的主要因素，每年所造成的损失约为 300 亿美元。

美国同样也有森林毁灭的事情发生。受危害最严重的区域是海拔较高处的云杉林，主要分布在从缅因州到乔治亚州的阿巴拉契亚山脉的山岭上，包括谢楠多厄（Shenandoah）和大雾山（Great Smoky）山脉国家公园。

空气污染，主要是臭氧，也对一些农作物产生危害，特别是玉米、小麦和大豆，这 3 种是美国最主要的粮食作物，使美国粮食产量降低了 5%—10%。在美，由空气污染所造成的农业损失大概为每年 20 亿—60 亿美元，仅在加利福尼亚州的损失就达到 10 亿美元。酸度很高的酸性沉积物（pH 值较低）对植物和水生生物的危害已经在第 280—281 页讨论过了。

空气污染物对无机物有什么危害?

每年，空气污染物对我们所使用的各种物质造成的损害高达几十亿美元（表 9-4）。清除建筑物、汽车和衣物上的煤烟和沙砾等放射性微尘所需的费用极其高昂。空气污染物会损害汽车和住宅上的外部涂料，它们还会破坏屋顶的建筑材料。遍布世界各地的无法替代的大理石雕像、历史性建筑物和玻

表 9-4　空气污染物对无机物的损害

物质	危害	主要空气污染物
石头和混凝土	表面腐蚀，褪色，污浊	二氧化硫，硫酸，硝酸，污染物颗粒
金属	腐蚀，失去光泽，强度降低	二氧化硫，硫酸，硝酸，污染物颗粒，硫化氢
陶瓷和玻璃制品	表面腐蚀	氟化氢，污染物颗粒
涂料	表面腐蚀，褪色，污浊	二氧化硫，硫化氢，臭氧，污染物颗粒
纸张	脆化，褪色	二氧化硫
橡胶	爆裂，强度降低	臭氧
皮革	表面老化，强度降低	二氧化硫
纺织品	老化，褪色，污浊	二氧化硫，二氧化氮，臭氧，污染物颗粒

璃窗面都受到了空气污染物的侵蚀、破坏，并发生褪色。据 EPA 估计，美国国内的建筑物每年遭到酸性沉积物的破坏，其价值大约为 50 亿美元。

9.10　解决途径：预防和降低空气污染

美国如何以法律手段来降低空气污染程度？

美国国会在 1970 年、1977 年和 1990 年通过了《洁净空气法案》。这些法律采取了一种强制与控制的方法，由联邦政府制定空气污染规范，由各个州和主要城市来强制执行。

国会授意 EPA 为 6 种室外空气污染物建立了全国环境空气质量标准（NAAQS）（表 9-3）。EPA 通过由危机评估方法（第 8.5 节，第 245 页）中得出的标准来为这些化学物质制定标准，为室外空气设定了最高允许水平。每个标准都为某一种室外（环境）空气污染物设定了最高的允许水平，以一定时期的平均值为基础。EPA 还为 100 多种已知的能够导致或怀疑可以导致癌症或其他有害健康影响的不同有毒空气污染物制定了全国排放标准。

有一些好消息。据 EPA 的数据：

- 1970—1998 年，美国全国 6 种标准空气污染物的总排放量降低了 31%，而美国的人口也增加了 31%，国民生产总值增加了 114%，汽车行驶里程增加了 127%。
- 从 1978—1998 年，对流层中 6 种标准空气污染物的平均浓度中，(1) 铅降低了 97%；(2) 一氧化碳降低了 60%；(3) 二氧化硫降低了 58%；(4) 地表附近的臭氧降低了 30%；(5) 悬浮颗粒物（直径小于 10μm）降低了 25% 和 (6) 二氧化氮降低了 2%。
- 据估计，1970—1990 年间由实施空气污染法规所获得的收益大约相当于 6 万 8000 亿美元，而用于实施所有联邦、各州以及地方空气污染法规所花费的资金则为 4 亿 3600 万美元（以 1990 年的货币购买力计算）。所以，1970—1990 年实施《洁净空气法规》所获得的净经济收益约为 6 万 4000 亿美元。在这 20 年的过程中，该法规的实施避免了大约 160 万人过早死亡，也避免了 3 亿人患上呼吸道疾病。
- 从 1990 年至 2010 年，1990 年的《洁净空气法规》修正案所创造的卫生和环境收益比预计的各个工业企业和消费者的税务执行费用要高出 4 倍。到 2010 年，1990 年的修正案每年应该可以避免 23000 名美国人过早死亡，也避免了 170 万人免遭哮喘病的侵害。
- 2000 年，美国的一家地区法院决定实施 1998 年通过的法规，要求分布在 10 个州的 32 家老旧的燃煤发电站必须遵守与新建的燃煤发电站同样的空气污染排放标准。根据 EPA 的数据，这一决定的效果相当于从公路上清除 2600 万辆汽车，并将更洁净、更安全的空气带给美国东半部地区 1.38 亿人。

还有一些坏消息。

- 从 1970 到 1998 年，氮氧化物（NO_x）的排放量增加了 11%。
- 虽然空气质量得到了持续改善，但 1999 年，仍然有 620 万人居住在 130 个 6 种标准污染物的一种或几种不达标的地区。

美国的空气污染法规如何改善？

1990 年的《洁净空气法规》向着正确的方向迈出了重要的一步，但是，很多环境学家指出该法规还存在着以下不足之处：

- 继续更多地依赖污染清除措施而不是将重点放在预防措施上。在美国，在所有空气污染物中含量水平降低得最多（从 1970—1997 年降低了 97%）的是在汽油中被大量禁用的铅。
- 没有提高汽车和轻型卡车的燃料效率标准。

据环境专家估计，与其他任何方法相比，这可以更快更有效地降低空气污染水平，降低二氧化碳水平，并节约消费者大量的金钱。

● 没有对用于一些设备的低效的二冲程汽油机所排放的污染气体进行严格限制，这些设备包括剪草机、树叶吹风机、小型机械锯以及用于为喷气式雪橇、外装电动机和私人船只提供电力的个人船用发动机。加利福尼亚空气资源委员会最近作出的研究表明：(1) 一般的喷气式雪橇使用1小时所释放出的空气污染物比美国一般的汽车一年所释放出的污染物的量还要大；(2) 1架100马力的船用发动机运行7个小时所释放出的空气污染物比1辆行驶了16万km（10万英里）的新车还要多。

● 在降低二氧化碳和其他温室气体方面的规定太少（第9.5节，第266页）。

一些受到实施该法案影响的公司的官员们强烈地反对修正空气污染法案。他们宣称，进行这些修正所需成本巨大，对经济增长会产生危害，而且还会导致失业率上升。

而该法案的支持者们则认为，历史已经表明，在美国所有工业界实施各种空气污染控制标准是利大于弊的。另外，实施这些标准有助于通过刺激各大公司开发新技术来降低空气污染排放量，从而刺激经济增长和就业率。很多技术都可以在国际市场上出售。

我们应该利用市场力量来降低污染水平吗？

为了降低二氧化硫气体排放量，1990年的《洁净空气法案》允许进行排放量交易，允许分布在21个州（主要集中在中西部和东部地区）内的110家污染最为严重的发电站购买和出售二氧化硫气体排放权。

每年，每座发电站都可以获得一定量的污染排放指标和权力来排放一定量的二氧化硫气体。如果一个公用事业公司排放的污染物的量低于它所获得的指标，那么它在将来就可以获得更多指标。它们可以用这些指标：(1) 避免降低该公司其他设备的二氧化硫排放量；(2) 将这些指标储存起来以备将来扩张之用，或者 (3) 将这些指标出售给其他公用事业公司、私人个体或者环境组织。这一系统的支持者们认为这样可以使市场来决定以最廉价、最高效的方法来达到目的，而不是让政府来强制执行污染物控制法令。

一些环境学家认为，只要可以降低二氧化硫的排放量，这种市场方法就是一种对目前实行的控制性方法的改善。通过限制排放量定额的总量并逐渐降低每年的定额总量来实现空气污染控制的目标，而这些在1990年的《洁净空气法案》中并未做出任何规定。

一些环境学家则认为市场化的污染权：

● 可以使一些老旧、污染状况恶劣的公用事业公司通过购买污染物排放量配额来继续维持运作，并继续排放超过规定水平的二氧化硫。

● 可能出现欺骗现象，因为空气质量法规是以污染物排放量的自我检测为基础的，而污染监控系统目前还不完善，不准确。

有一些好消息。1994—1997年间，污染物交易体系降低了美国全国二氧化硫排放量的30%。所付出的代价还不到工业界所预期的十分之一，因为这个以市场为基础的体系刺激了各大公司以更高效的方法来降低污染物的排放量。

1997年，EPA提出了一项志愿性污染物排放交易计划，主要包含东部22个州和哥伦比亚特区的氮氧化物 NO_x 排放物。该交易体系还可以应用到污染物颗粒的排放和挥发性有机化合物的排放上。

我们如何降低室外空气污染程度？

图9-29总结了降低从固定来源（如燃煤的发电厂和工厂）中排放出来的硫氧化物、氮氧化物和污染物颗粒的各种方法。直到最近，控制污染的方法一直集中在通过采用高大的烟囱和添加附加设备在污染物生成之后对其进行疏散和稀释（图9-30）。但是，根据1990年《洁净空气法案》修正案对含硫污染物的规定，更多的公用事业公司正在采用低硫含量的煤来降低二氧化硫的排放量。环境学家们呼吁对空气污染物的排放征税，并加强预防措施。

图9-31列出了降低来自机动车排放的污染物的各种方法，这些污染物是产生光化学烟雾的主要罪魁（图9-21）。表4-1（第123页）对利用其他汽车燃料来降低空气污染的各种选择进行了评估。

大量降低空气污染的一种重要方法就是禁止老旧的、高污染物排放量的汽车行驶。根据EPA的估计，美国公路上行驶的汽车中的10%所排放出的污染物的量占污染物总量的50%—70%。但问题是无法负担购买新车的人仍然会继续使用老车。向那些使用老车的人提供补助可以促使他们放弃使用老车，这可以大大节省卫生和空气污染控制成本。

加利福尼亚州的南岸空气质量管理局地区委员会实行了一个大规模而具有争议性的计划，该计划预计将在2009年将洛杉矶地区的臭氧、光化学烟雾和其他主要空气污染物的量降低80%。该计划将 (1) 在未来的20年中大幅度降低汽油发动机的使用，将汽车、卡车、公共汽车、小型机械锯、外装电动机和剪草机等设备利用电力或其他燃料来提供动力；（2）大幅度增加停车费，并向拥有1辆以上汽车的家庭征收高税；（3）要求加气站对气泵安装碳氢化合物蒸气恢复系统，并同时销售其他燃料（表4-1，第123页）；（4）严格控制产生大量碳氢化合物和其他空气污染物的工厂，或重新安排其厂址，并（5）以其他产品取代可以释放出碳氢化合物的消费品，或禁止该消费品的使用，包括气雾推进剂、涂料、家用清洁剂以及烧烤器启动液。

有一些好消息。从1960年代开始，日本东京市（目前人口约2800万）已经实行了一项严格的空气污染控制计划，大幅度降低了二氧化硫、一氧化碳和臭氧的水平。在过去的30年中，西欧国家的主要大城市中的室外空气质量也有所改善。

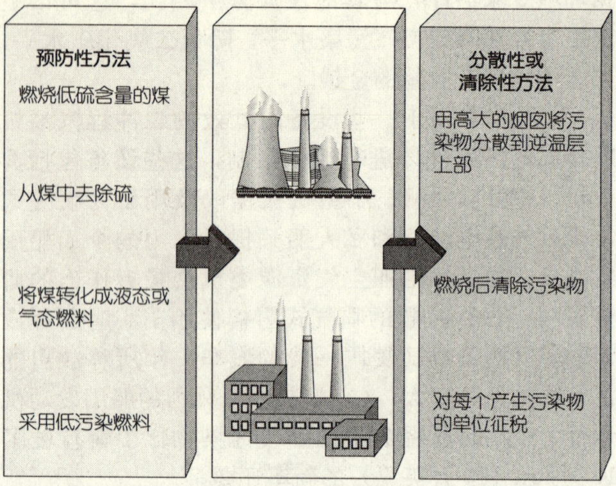

图9-29 解决途径：降低来自固定来源的硫氧化物、氮氧化物和污染物颗粒的各种方法，这些固定来源包括燃煤发电站和工厂

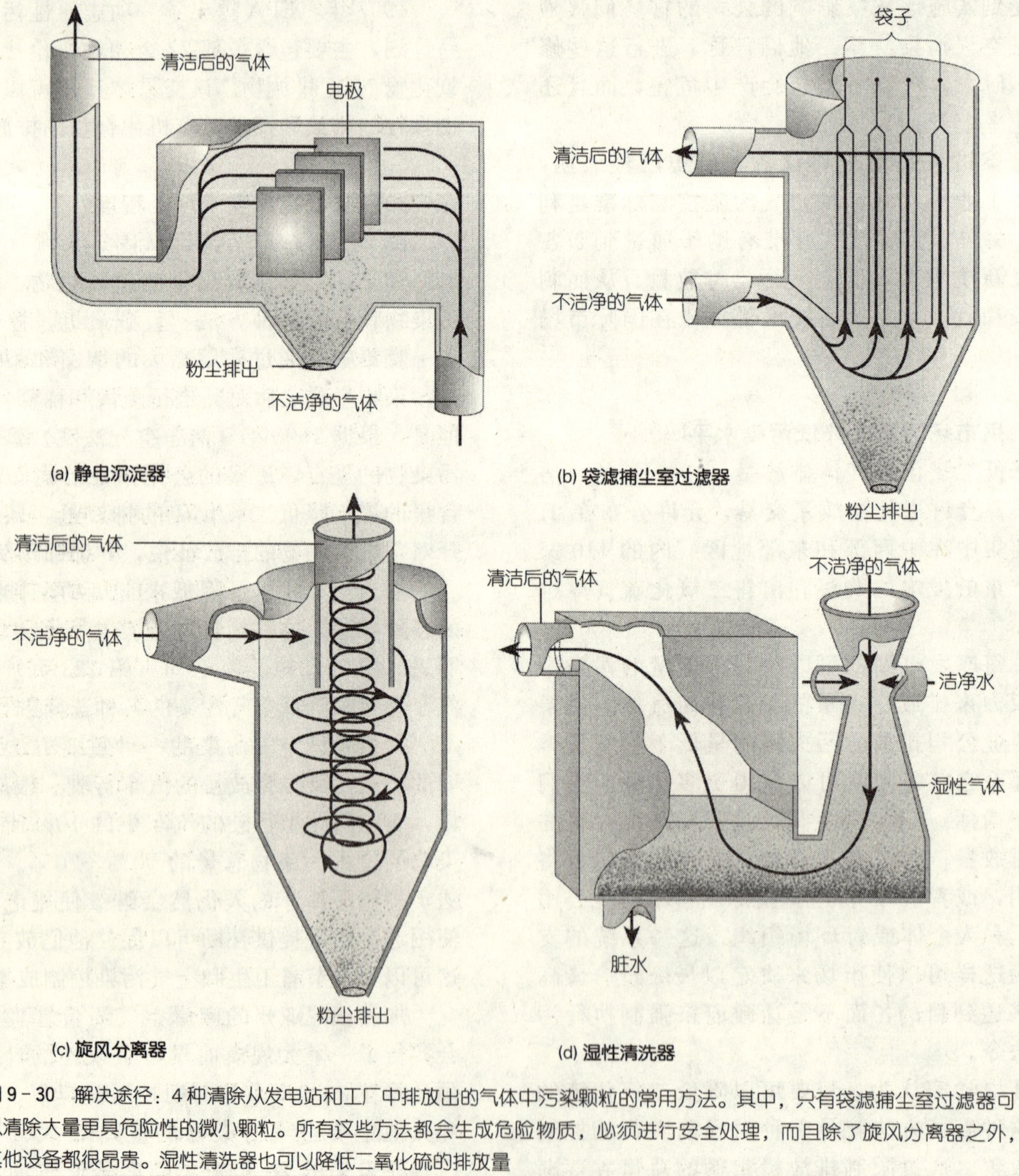

图9-30 解决途径：4种清除从发电站和工厂中排放出的气体中污染颗粒的常用方法。其中，只有袋滤捕尘室过滤器可以清除大量更具危险性的微小颗粒。所有这些方法都会生成危险物质，必须进行安全处理，而且除了旋风分离器之外，其他设备都很昂贵。湿性清洗器也可以降低二氧化硫的排放量

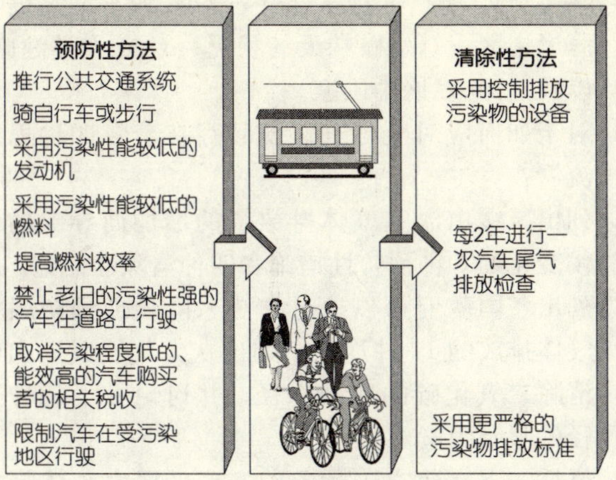

图 9-31　解决途径：降低来自汽车发动机排放的空气污染物的各种方法

还有一些坏消息，发展中国家城市化速度最快的地区中室外空气质量仍然没有得到改善，有些地方甚至恶化。

我们如何降低室内空气污染水平？

在美国，室内空气污染比室外空气污染对人们造成的危害要大得多。EPA 每年用于处理室外空气污染的费用为 5 亿美元，而用于处理室内空气污染的费用却仅为 1300 万美元。

降低室内空气污染并不一定需要对美国 1 亿多家庭和建筑物实行室内空气质量标准或进行监测。相反，空气污染专家建议，室内空气污染可以通过几种方法来降低（图 9-32）。另一种降低高层建筑物的室内空气污染水平的方法就是利用屋顶温室，建筑物内的空气可以通过这种温室进行循环。附录 4 中列出了一些你个人可以采取的降低室内空气污染的方法。

在发展中国家，由开放燃烧、燃烧木材、木炭或煤（以及由此产生的高水平的呼吸道疾病）的炉灶所发生的泄漏和炉灶本身的低效所造成的室内空气污染，可以通过一些政府行为来降低：(1) 为大众提供可以更高效地（同时也可以降低森林砍伐量）燃烧生物燃料并可以将燃气排除室外的简单炉灶；(2) 为大众提供简单的太阳能炉灶（图 4-21，第 116 页）。

我们如何保护大气层？采取一种综合方法

环境学家们相信，保护大气层从而保护人类和其他生物的健康必须采取一种综合策略，将各种方法结合在一起。他们提出建议，在未来 40—50 年中应该采取如下一些措施：

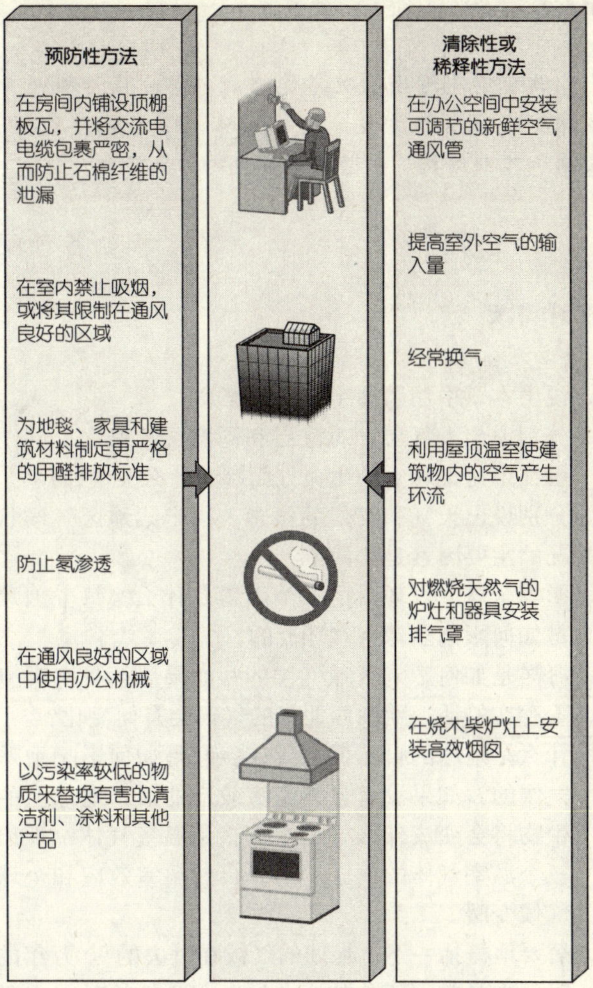

图 9-32　解决途径：预防和降低室内空气污染的方法

- 更加强调污染预防的重要性；
- 提高能效；
- 降低化石燃料的使用（特别是煤和石油）；
- 提高可再生能源的使用量；
- 减缓人口增长速度；
- 将空气污染、水污染、能源、土地使用、人口控制、经济和贸易政策结合在一起；
- 对某一地区或该地区的空气环境实施整体空气质量控制；
- 对生产空气污染物的企业或个人收税，并将税收所得用于降低所得税和财产税；
- 在发展中国家推广廉价且高效的炉灶和太阳能炉灶；
- 向发展中国家传播最新的高能效、可再生能源、污染预防和污染控制技术。

实施这些措施尚存在争议，而且成本也较高。但是，支持者们认为如果不采取这种综合性措施，代价会高昂得多，包括资金、贫困人口的健康、过早死亡以及生态损害都会很大。

> 改变空气污染状况不能零打碎敲，从清除性方法转变成预防性方法。这将意味着重新调整能源、交通和工业结构，向着预防为主的方向努力。
>
> ——Hilary F. French

复习问题

1. 说出本章中用黑体字表示的概念。
2. 分别说出大气层、对流层和同温层的概念。同温层在维持地球上的生命方面起着什么关键作用？
3. 分别说出天气和气候的概念。决定某地区气候状况的主要因素是哪两个？
4. 影响全球空气环流的5个因素是什么？每个因素是如何影响全球空气环流的？
5. 海洋是如何影响区域气候的？如果墨西哥湾暖流不存在的话，欧洲西北部的气候会有何变化？
6. 什么是地球的自然温室效应？它是如何影响地球气候的？如果没有自然温室效应的话，地球上的生物将会变成什么样子？什么是温室气体？举出三个温室气体的例子。区分自然温室效应和全球气候变暖。
7. 简要地概括一下，地球的气候在过去的90万年的时间内是如何变化的？在过去153年的时间内又是如何变化的？分别说出冰河期和间冰期的概念。
8. 举出三种可以增加排放入对流层中的温室气体的量的人类活动，再举出3种可以加剧地球的自然温室效应的人类活动。列出8种证明全球气候正在变暖的信息，并对此给出两种可能的解释。
9. 概括一下科学界对未来的气候变化所达成的共识，再概括一下少数气候科学家所持的反对意见。
10. 解释一下以下各种因素如何加剧或减缓全球气候变暖的趋势：(a) 太阳能量输出的变化；(b) 地球反射率（反照率）的变化；(c) 海洋；(d) 水蒸气和云层；(e) 空气污染，以及 (f) 二氧化碳含量水平的增高对植物光合作用的影响，以及甲烷含量水平的提高。气候变化的速度有多快？目前对气候所作的各种预测的偏差幅度有多大？
11. 解释一下大气温度变暖会对以下各种问题产生什么影响：(a) 食品生产；(b) 水供应；(c) 森林生长；(d) 生物多样性；(e) 海平面高度和海岸地区；(f) 极端天气状况；(g) 人类健康，以及 (h) 发展中国家。
12. 对于如何应对全球气候变暖存在着哪四种思想流派？
13. 列出减缓由温室气体排放量的增加而导致的气候变化的6种预防性措施和四种清除性措施。
14. 列出各国政府可以通过立法来降低或预防温室气体排放的11种途径。列出从大气层或烟囱中清除二氧化碳的四种途径，并讨论一下每种途径的限制因素。
15. 概括一下在建立国际条约来降低温室气体排放量方面都取得了哪些进展。
16. 列出我们可以应对或适应全球气候变暖造成的危害的7种途径。
17. 什么是同温层臭氧耗竭？这个问题有多严重？哪些类型的化学物质导致了臭氧耗竭？这些化学物质是如何消耗臭氧的？
18. 臭氧耗竭对以下方面会产生什么主要有害影响：(a) 人类健康；(b) 农作物产量；(c) 森林生产率；(d) 塑料和涂料等无机物质，以及 (e) 浮游生物的生产率？
19. 分辨鳞状上皮细胞皮肤癌、基细胞皮肤癌、和恶性黑素瘤。列出你可以降低自身患上癌症概率的各种方法。
20. 概括一下在降低臭氧耗竭所产生的威胁方面都取得了哪些进展？解释一下这些努力的重要性。
21. 列出有助于各国政府达成一项国际条约来逐渐淘汰会消耗臭氧的化学物质的三种因素。举出使各国达成一项降低温室气体排放量的国际条约非常困难的三个原因。
22. 区别空气污染、初级空气污染和次级空气污染。列出美国（和大多数发达国家）控制排放的6种标准空气污染物。概括一下每种污染物的主要人为来源和健康危害。
23. 什么是光化学烟雾？它们是怎么形成的？什么是工业烟雾？它们又是如何生成的？
24. 说出两种可以降低空气污染的因素，说出三种可以增加空气污染的因素。什么是逆温现象？它会造成什么有害效应？区分下沉逆温现象和放射性逆温现象。对于长期发生每种逆温现象，哪些类型的地区最容易受到危害？
25. 什么是酸性沉积物？其主要成分是什么？它们是如何形成的？区分湿性酸性沉积物和干性酸性沉积物。哪些地区会受到酸性沉积物的影响？哪两种类型的地区对酸性沉积物最敏感？

26. 酸性沉积物对以下各方面的主要危害是什么：(a) 人类健康；(b) 无机物质；(c) 土壤；(d) 水生生物，以及 (e) 树木和其他植物？概括一下美国在酸性沉积物方面的各种好消息和坏消息。
27. 列出预防酸性沉积物的 7 种方法。
28. 室内空气污染有多严重？其污染物来源是什么？什么是建筑物综合征？根据 EPA 的数据，美国的三种最危险的室内空气污染物是什么？在大多数发展中国家，最危险的室内空气污染物是什么？
29. 概括一下由以下物质引起的室内污染问题：(a) 甲醛；(b) 放射性氡气和 (c) 石棉纤维。
30. 说出你的身体抵抗空气污染的四种防御性机制。每年由暴露在空气污染中而导致的过早死亡人数在以下范围内各为多少：(a) 美国；(b) 全世界。
31. 概括一下空气污染物对以下物质产生的有害影响：(a) 树木；(b) 农作物和 (c) 无机物质。
32. 什么是《洁净空气法案》？概括一下该法案在降低美国的室外空气污染方面都有哪些好消息和坏消息？根据环境学家的研究，目前美国实行的《洁净空气法案》存在着哪四个方面的不足？
33. 什么是污染物排放交易政策？采用这一政策来降低空气污染水平有哪些优缺点？
34. 说出应对来自以下来源的空气污染的各种预防性和清除性方法：(a) 来自固定来源的硫氧化物、氮氧化物和颗粒污染物；(b) 汽车尾气排放；(c) 发达国家的室内空气污染，以及 (d) 发展中国家的室内空气污染。
35. 应对空气污染的综合性策略包括哪 10 个组成部分？

批判性思考

1. 为了准备 1992 年在巴西里约热内卢召开的联合国人居环境大会，乔治·布什总统的首席经济顾问在美国弗吉尼亚州的威廉斯堡市对来自全世界各个国家的代表发表了一场演说。他告诉大家，不用担心全球气候变暖，因为科学家们预言的全球平均温度升高比他从华盛顿特区到威廉斯堡市所经历的气温升高要小得多。在他的论证方式上存在着什么样的基本缺陷？
2. 清除森林，并将它们转变成草地和农业用地会对以下各方面产生什么样的影响：(a) 地球的反射率（反照率）和 (b) 地表平均温度？解释一下原因。
3. 在如何应对全球气候变暖可能产生的危害方面存在着四个思想流派（第 266 页），你赞同哪个流派的观点？为什么？
4. 解释一下你为什么赞同或不赞同以下各种观点：(a) 图 9-16（第 268 页）所列出的降低温室气体排入大气的排放量的各种方法和 (b) 图 9-17（第 269 页）所列出的应对全球气候变暖所产生的危害的各种途径。如果不采取这些措施，你的生活将受到什么样的危害？
5. 你所采取的哪种消费模式或其他生活方式直接增加了温室气体排入大气的排放量？为了减缓全球气候变暖的趋势和降低其他形式的空气污染物，你会放弃哪种生活方式？
6. 你的哪些生活方式会增加你患上皮肤癌的概率？
7. 确定 (a) 加剧空气污染和 (b) 有助于降低空气污染的本地气候和地形因素。
8. 是否应该禁止使用所有高大的烟囱呢？为什么？
9. 对图 9-27 所列出部分或全部室内空气污染物在你的学校中、工作环境中、和家里的含量水平进行评估。
10. 每年由政府举办的市场化的空气污染物排放量定额拍卖活动是否可以作为一种主要的控制和降低空气污染程度的方法呢？为什么？你会对这种方法增加哪些条件呢？

国际互联网学习资源及深入阅读和研究的资源

本书包含了很多有助学习和进行深入阅读和研究的网站资源。登陆到：http://www.hrookscole.com/product/0534385354s，并点击“一章接一章”链接，选择第 9 章，并选择如下资源：

- “闪卡”可以测试你对本章中的术语和应该记住的概念的掌握。
- “测试指南”以一种多项选择的形式来对你进行实践测试。
- “学生信息渠道指导”将你引入“关键问题思考方案”，使用“信息渠道学院版”作为一种研究工具。
- “参考书目”列出了本章撰写过程中所参考的主要书籍和文章。
- “超链接内容”将你引入到与本章的各个部分相关的大量新闻、研究和图像的网站。

信息渠道学院版

以信息渠道学院版来提高你的技巧，这是一个在线文章搜索数据库，来自 700 多种期刊。登陆到：http：//www. infotrac-college. com，或者通过本书的网站进行连接。看一看下面的文章：

Shaver，G. R.，et al. 2000. Global Warming and Terrestrial Ecosystems：A Conceptual Framework for Analysis. *BioScience*，vol. 50，no. 10，pp. 871－82（keywords：global warming，research）.

Jaret，P. 2000. Experts Are Turning Up Some Surprising Sources of Indoor Air Pollution. *National Wildlife*，February-March，2000（keywords：indoor air quality）.

第 10 章　水资源与水污染

我们这颗液体行星就像是一颗镶嵌在黑暗空间中的柔软的蓝宝石，不断地放射着光芒。在太阳系中，这样的行星是独一无二的。这全是因为有水的存在。

——John Todd

10.1　水的重要性及其独特的性质

水为什么具有如此重要的作用？

我们人类生存在一颗充满水的行星上，星球的表面上覆盖着一层水——大部分是盐水——覆盖着地表约71％的面积（图 2-38，第 56 页）。所有有机生物主要都是由水组成的；一棵树的体内含有其总重量约 60％的水，人类和其他大多数动物的体重中有大约 50％—65％都是由水占据的。

人类每天仅需要 12 杯水就可以维持生存，但生产食物、建造构筑物以及满足人类生活的其他需求则需要大量的水。水在以下各方面也扮演着关键性的角色：(1) 浸蚀地表；(2) 调节气候，以及 (3) 稀释污染物。

水有哪些重要性质？

水是一种不平凡的物质，它有很多独特的属性：

● 水分子之间的相互吸引力（被称为氢键）非常强。水分子之间的这种吸引力是决定水的独特性质的主要因素。

● 水可以在很大的温度范围内以液态存在，因为水分子之间有很强的吸引力。水的沸点高达100℃（212 ℉），凝固点则为0℃（32 ℉），这意味着水在地球上大部分气候区域中都可以以液态的形式存在。

● 液态水的温度变化非常缓慢，因为在温度变化不大的情况下，水可以储存大量的热量。这种高热容 (1) 有助于保护有机生物免遭温度波动的侵害；(2) 可以调节地球的气候；(3) 可以使水成为汽车发动机、发电站和有热量生成的工业加工过程所需的理想的冷却剂。

● 将水汽化需要大量的热，因为水分子之间存在着很强的吸引力。随着水从液态转变成气态，它会吸收大量的热，而当水蒸气转化成液态水时，又会将这些热量释放出来。这是在地球上分配热量的一个基本因素，从而在决定各个不同地区的气候特征方面扮演着重要角色（图 9-5，第 257 页）。这种性质也使水的蒸发过程成为一种有效的冷却手段，这就是为什么当你出汗或洗完澡会感觉冷的缘故，因为有水分从你的皮肤上蒸发掉了。

● 液态水可以溶解很多种化合物。这使水：(1) 可以将溶解的养分输入到有机生物的身体组织内；(2) 可以将这些身体组织内的废物冲洗干净；(3) 可以作为一种多用途的清洁剂；(4) 可以清除和稀释水溶性的生活垃圾。水作为一种理想的溶剂也同时意味着它很容易受到水溶性污染物的污染。

● 水分子可以分解（电离）成氢离子（H^+）和氢氧根离子（OH^-），它们可以维持水分子中的酸碱性平衡，可以以水溶液的 pH 值来计量（图 7-5，第 205 页）。

● 水可以阻挡住紫外线辐射（图 2-6，第 23 页），从而保护一些水生生物的生存。

● 水分子之间的强吸引力使水体表面可以收缩（强表面张力），并可以粘附在固体的表面（强湿性）。这些粘力将表面层的水分子拉聚在一起，其力量之强甚至可以支撑体积较小的昆虫。强表面张力和强湿性这两种性质使水可以从植物的根部一直运送到叶片（毛细作用）。

● 与大多数液体不同，当凝结时，水的体积会膨胀。这意味着冰的密度（单位体积内物质的质量）比液态水要低。所以，冰可以漂浮在水面上。如果没有这个性质的话，寒冷地区的湖泊和溪流都会冻成冰块，而大多数水生生物也会消失。由于凝结时水会膨胀，所以水还可以：(1) 爆裂管道；(2) 使发动机组出现裂痕（这就是为什么要使用防冻剂的原因）；(3) 冻裂街道的路面，还会 (4) 使岩石发生破裂（从而形成土壤）。

水是生物圈的血液。它将人类与其他生命联系成一体，将整个地球连成一体。尽管水很重要，但它却是地球上最缺乏管理的资源之一。我们不仅浪费着水，还污染着水。我们对水的使用费用征收得也很低，从而促进了更大量的浪费和污染这种不可替代的可再生资源。

10.2　水资源的供应、更新与使用

淡水资源有多少？

在地球上丰富的水资源中，仅有非常小的一部分是人类可以利用的淡水（图 10-1）。从体积上来

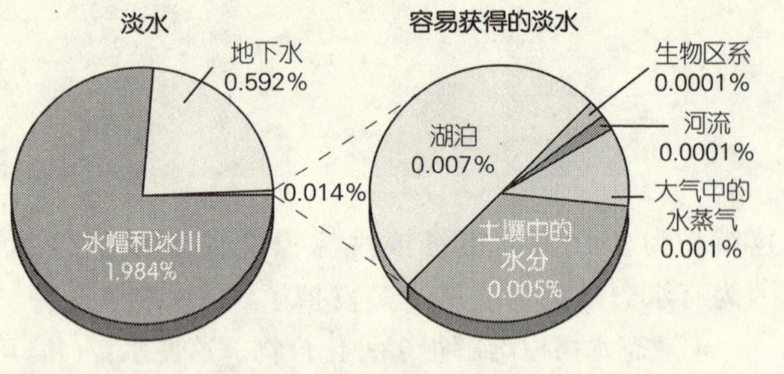

图 10-1　地球上的水资源预算。按照体积计算，全世界水资源中仅有很小的一部分是可供人类使用的淡水

讲，地球上约 97.4%的水都存在于海洋中，由于咸度太高而无法饮用、灌溉或用于工业生产（除了作为冷却剂使用）。

剩余的 2.6%的淡水中有大部分都被冰封在极地的冰帽中或冰川中，或存在于很深的地层中，再或者咸度太高而无法使用。

所以，地球上全部水体中仅有占体积 0.014%的水是可以很容易被人类使用的，包括土壤中的水分、可用的地下水、水蒸气和湖泊及河流中的水（图 10-1）。如果全球总水量为 100 l（26 加仑）的话，可供人类利用的淡水资源仅为 0.014 l（2.5 茶匙）。

幸运的是，淡水资源的数量还是很丰富的。而且，这些水在以太阳为动力的水循环系统中继续地被人们采集、净化、回收、并分配使用（图 2-28，第 45 页），只要我们不：（1）以可逐渐退化和衰退的垃圾和废物来污染它们，或（2）以快于其再生速度的速度开采地下水使用。不幸的是，我们恰恰正在以这两种方式破坏着淡水资源。

按照年平均降水量的不同，全世界所有国家可以被划分为水源丰富的地区和水源缺乏的地区。例如，加拿大的人口仅占全世界的 0.5%，但其淡水资源却占了全球的 20%，而拥有全球人口 21%的中国的淡水资源却仅为全世界的 7%。

随着人口、灌溉需求、以及工业化程度的增加，水源缺乏地区的淡水短缺问题还会加剧国家间和各国国内的紧张局势。全球气候变暖的趋势会加速水体的蒸发，改变降水模式，还会以不可预测的途径来破坏水源供应。一些地区的降水量会增加，而其他一些地区却会减少。河流的流量也会发生变化。季风和飓风会加强，海平面平均高度也会随着海洋以及部分冰帽和山上冰川的融化而造成的膨胀而增高。最基本的问题是，科学家们无法准确地预测出这些变化将在何时、何地发生，以及其变化程度如何。

什么是地表水？

我们最先采集利用的淡水都是降水带来的（图 10-2）。未渗透入地下或被蒸发到大气层中（包括植物的蒸腾作用）的降水被称为地表径流，它们会流入溪流、湖泊、湿地和水库中。

全球年平均径流量中约有三分之二都由于季节性洪水而流失掉了，它们无法被人类利用。剩余的三分之一被称为可靠径流，基本上可以被认为是一种稳定的淡水来源，年复一年，循环始终。

流域也被称为排水区域，水体从该区域内流入溪流、湖泊、水库、湿地、或其他蓄水区域。

什么是地下水？

一些降水渗透到地面以下并通过土壤和岩石的

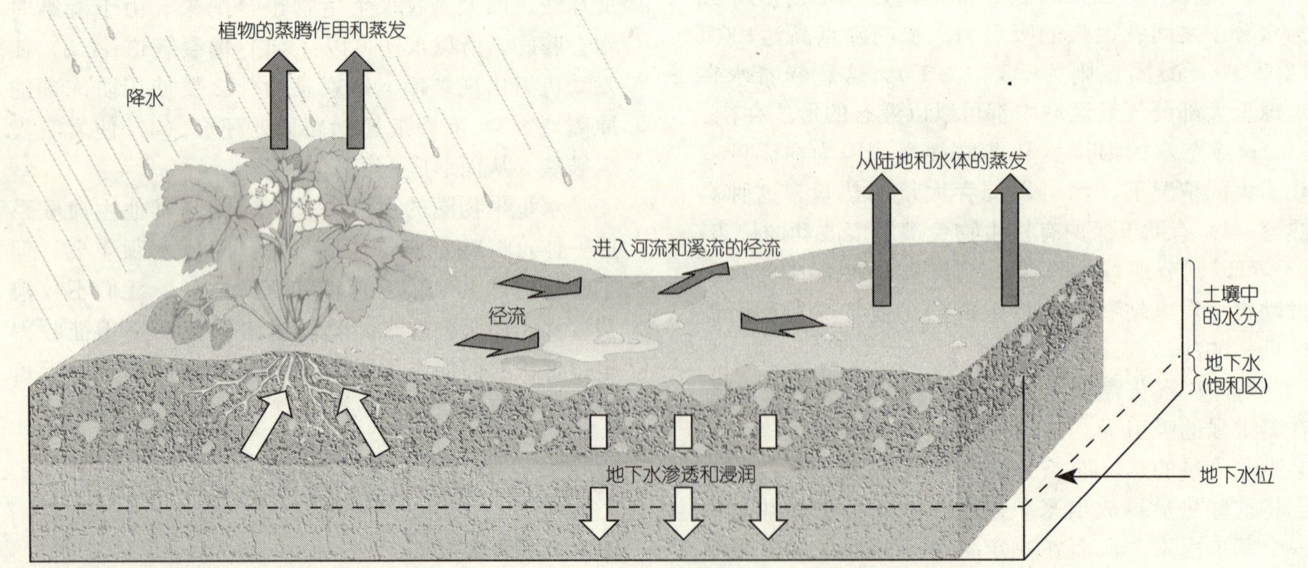

图 10-2　地区降水的主要流经路径和目的地：流入地表水体的地表径流，地下水渗透，和进入大气层的蒸发和蒸腾作用

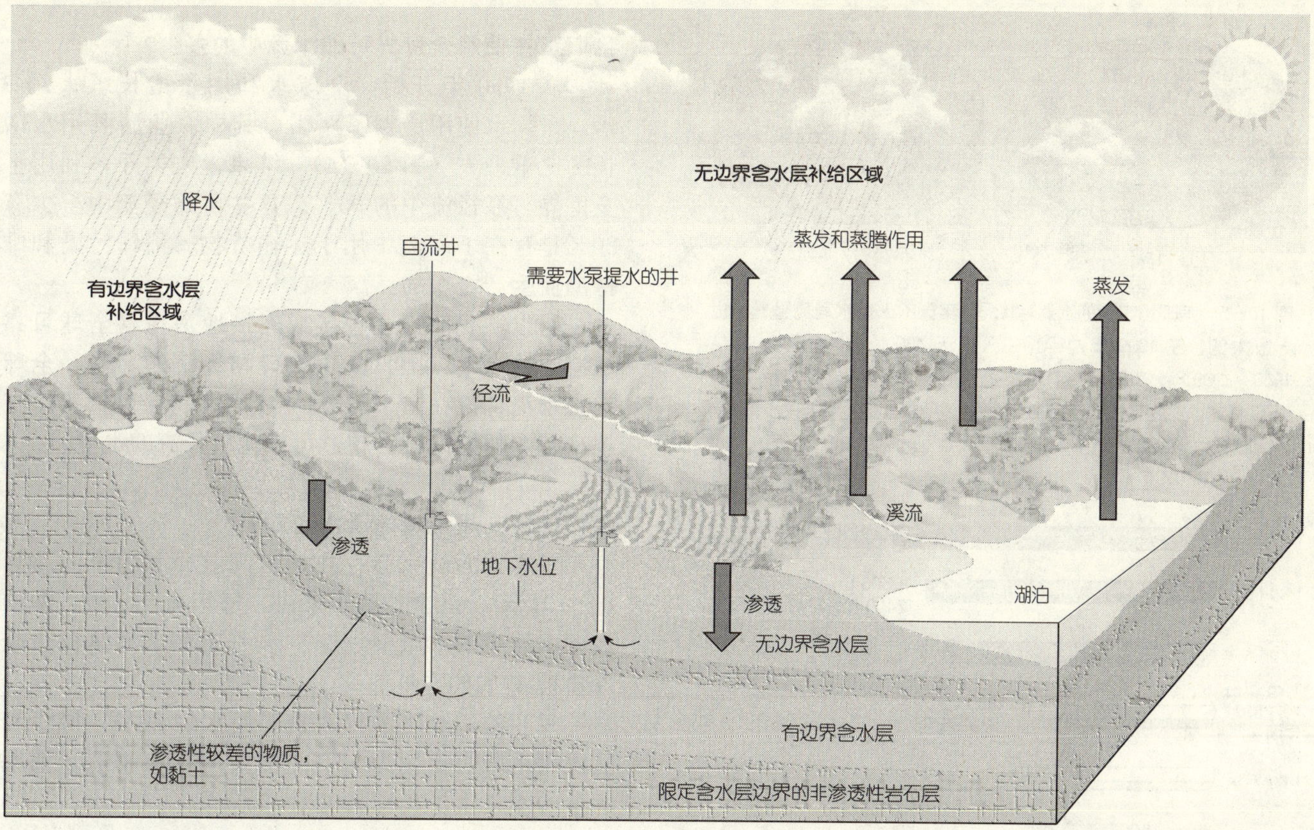

图 10-3 地下水体系。无边界含水层是一种有地下水位高度的含水层。有边界含水层是由渗透性较差的岩床在其上部和下部形成的边界所限定的含水层。这种类型含水层中的地下水是被一定的压力所限定的

缝隙（孔隙、裂缝、裂痕和其他空间）向下渗透（图 10-3）。留存在这些缝隙中的水被称为地下水。

由于靠近地表，所以这些缝隙中含有的水分很少。但是，在某个深度之下，缝隙中则充满了水分，这个区域被称为饱和区（图 10-2）。地下水位是指饱和区的顶部。它会随着旱季的到来而降低，当雨季时又会升高。

多孔的、充满了水的沙层、砾石层、或岩床层被称为含水层（图 10-3）。水体向下或向侧面渗透入含水层中所通过的任何土地区域都被称为补给区域。含水层由经过土壤和岩石层向下渗透的降水进行自然补充，这一过程被成为自然补给，但也有一些含水层是通过侧面补给来补给水分的。含水层就像是巨大的、被拉长了的海绵，里面充满了地下水。

地下水从补给区域流入含水层，然后再流出到泄流区域中（井、泉、湖泊、间歇泉、溪流或海洋），它们都是地球水循环的一部分（图 2-28，第 45 页）。一般来讲，地下水会从高海拔和高压地区流向低海拔和低压地区。这种运动非常缓慢，一般每年只移动 1m 左右（大约 3 英尺），每天几乎不到 0.3m（1 英尺）。

一些含水层获得的补给水分很少，从人类的时间跨度来讲，它们都是不可再生的资源。它们通常都处在很深的地下，形成于数万年之前。从这些含水层中采集地下水被称为地下水开采，如果持续开采，这些古老的地下水都会被开采尽的。

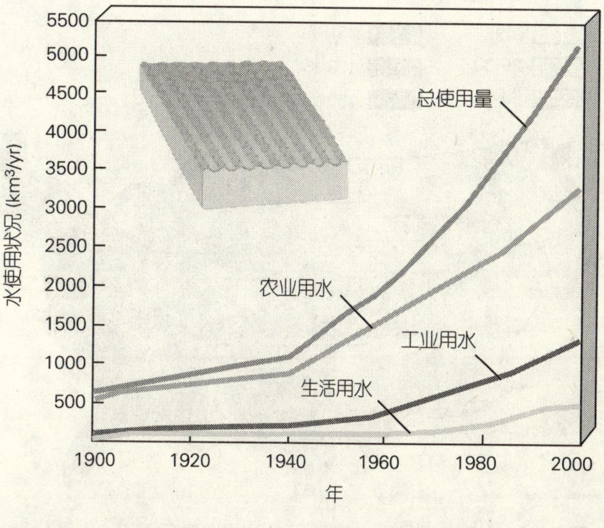

图 10-4 全球水利用状况，1900—2000 年。在 2000—2054 年之间，全球人口将会增加大约 30 亿（数据来自 21 世纪全球水使用委员会）

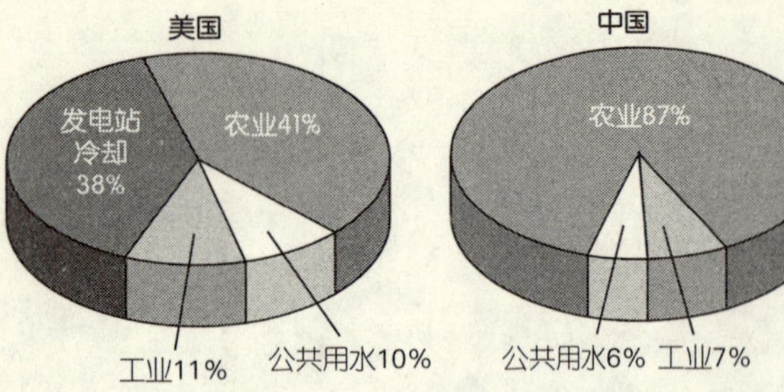

图 10－5　美国和中国的水消耗状况。美国的人均水消耗量是全世界最大的，在 1999 年为平均每人每天 4800L（1280 加仑）。从 1980—1999 年，美国的水消耗总量下降了 10%，虽然同期人口增长了 17%，主要是因为灌溉效率的提高所致（数据来自世界观察研究所和世界资源研究所）

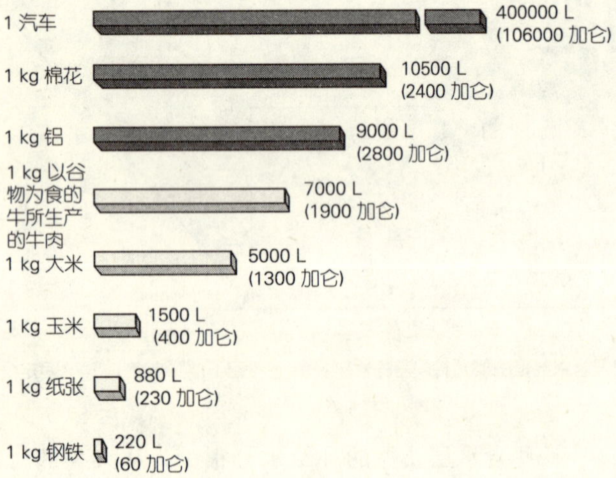

图 10－6　生产一些普通的农业和制造业产品所需的水资源的数量（数据来自美国地质勘查处）

我们正在使用全世界可靠水源中的多少？

从 1990 年开始，全球水利用量增长了大约 9 倍，人均水使用量翻了两番，其中农业灌溉用水增长的比重最大（图 10－4）。结果，人类开采利用了全世界可靠径流中的 35%。这些可靠径流中至少有 20%是存在于河流中用于运输货物、稀释污染和维持渔业生产之用的。

所以，我们正在直接或间接地消耗着全球可靠径流中的一半以上。由于人口和经济的增长，全球地表水消耗量在未来的 20 年中至少将会翻一番，在越来越多的地区将会超过可靠地表径流的水量。

我们如何利用地球的淡水资源？

对水源的利用会存在地区间差异和国家间差异（图 10－5）。从全球范围来讲，每年来自河流、湖泊和含水层中的水源中约有 70%都是用于灌溉仅占全球耕地 17%的土地。

每年的工业用水仅占全部用水的 20%，城市和居民用水所占比例为 10%。农业生产和制造业消耗大量的水来生产日用品（图 10－6）。

案例研究：美国的淡水资源使用状况

虽然美国的淡水资源非常丰富，但其中有很多都出现在不适当的时间和不适当的地点，或者被农业生产和工业活动所污染。东部各州的降水量很充分，而西部地区则很少（图 10－7 左图）。

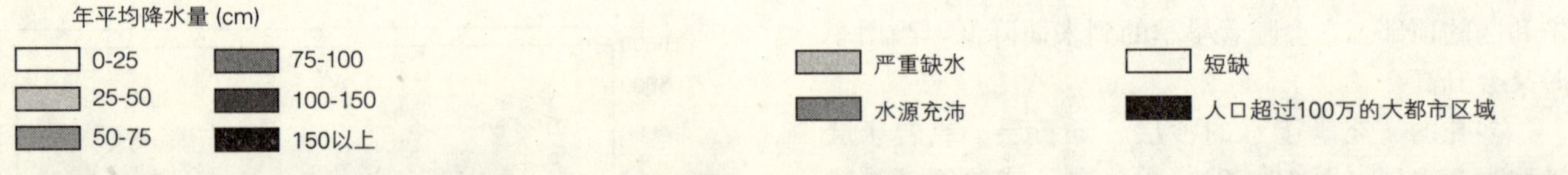

图 10－7　美国大陆地区内的年平均降水量和主要河流（左图）和水缺乏地区，以及附近人口超过 100 万的大都市区域（右图）状况（数据来自美国水资源委员会和美国地质勘查处）

在东部地区，淡水消耗量最大的是能源生产活动、制冷和制造业。而在西部地区淡水消耗量最大的是农业灌溉（占全部淡水使用量的85%）。

在美国东部的很多地区最严重的水问题是：（1）洪水；（2）临时性城市供水短缺，以及（3）水污染。例如，美国纽约长岛的300万居民的淡水需求中的大部分都是来自地下含水层，而这一水源正在受到严重污染。

美国西部地区干旱和半干旱地区的主要水问题是径流短缺，主要是由：（1）降水量少（图10－7左图）；（2）蒸发量大，以及（3）长期连续干旱。很多地区的地下水位正在迅速下降，因为农业用水和城市生活用水对含水层的消耗速度要快于补给速度。

在美国，很多大城市中心区（特别是西部和中西部地区）都位于水源不充分的地区（图10－7右图）。水问题专家预计各州内部和各州之间的水供应冲突随着更多的工业和人口向西部流动以及与农业生产者进行稀少的水资源的竞争而加剧。这些水资源短缺问题在某些地区会继续恶化，由于温室效应的加剧会导致气候变暖。

10.3 水资源问题：水量过少和水量过多

造成水资源短缺的问题有哪些？

根据水问题专家 Malin Falkenmark 的研究，造成水资源短缺的原因主要有4个：（1）气候干燥（图9－3，第255页）；（2）干旱（持续21天以上降水量低于一般时期70%，而蒸发量则高于通常状况）；（3）干燥（土壤干燥，主要是由森林砍伐和过度放牧而造成的），以及（4）水资源压力（由人口增长而造成的人均水资源量降低）。

图10－8显示出世界主要河流所遭受的水资源压力程度，以人们可获得的用水量之间的比较为基础。当一个国家的人均可靠径流量的体积低于每年1700m^3（60000立方英尺）时，这个国家就被认为受到水资源压力。

根据世界水资源研究所（WRI）在2000年所作的一项研究，全世界有25亿人生活在遭受中等或高等程度的水资源压力的河流流域地区。如果目前的水消耗模式持续下去的话，世界水资源研究所预计到2025年，至少35亿人将生活在50个国家中受到水资源压力的河流流域地区。

从1970年代开始，由长期干旱所导致的水资源短缺每年已经造成24000人死亡，并使几百万人沦为环境难民。在水资源短缺的发展中国家的农村地区，很多妇女和小孩每天不得不步行很长的距离来获取用水，背负沉重的水罐和水壶，而获得的用水量却很少，有时甚至是受到污染的水。

案例研究：中东地区的水资源冲突状况

很多环境、政治和经济分析家都认为获取水资

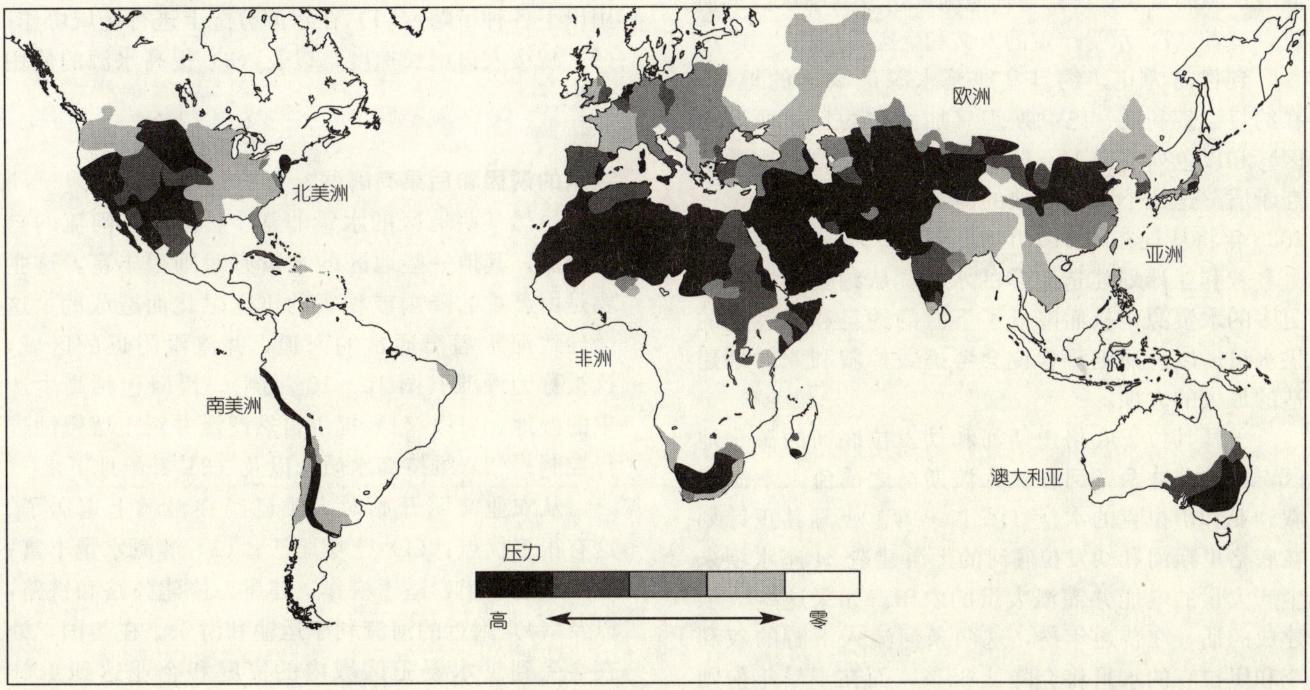

图10－8 全世界主要河流流域所受到的水资源压力，以人们所可以获得的用水量之间的比较为基础（数据来自21世纪世界水源使用委员会）

源，已经成为了水源短缺国家的一个关键性的外交政策和环境安全问题，在将来的10—20年内将变得越发重要。全世界214条主要河流中有150条被两个国家所分享（其中57条在非洲），而另外50条则被3—10个国家分享。全世界人口中的40%已经因水源问题发生了冲突，特别是在中东地区。

如果在中东地区再发生一场战争的话，那么引起战争的原因会是水资源，而不是石油。这一干旱地区中大部分水源都来自三条主要的河流：尼罗河、约旦河，以及底格里斯河和幼发拉底河（图10-9）。这一干旱地区中的大部分地区内的水源都已经很短缺了。

埃塞俄比亚控制着补充尼罗河水量86%的源头地区，该国计划分流这一流域中更多的水资源；苏丹也有类似的计划。这会增加水源已经短缺的埃及的供水压力，除了埃及中部尼罗河流域地区的灌溉农田和尼罗河三角洲地区之外，埃及的领土大部分都是沙漠地区。从2000—2025年，埃及的人口预计将会从680万增加到970万，极大地增加对现在已经很稀少的水资源的需求量。

埃及有这样几个选择：(1) 与苏丹和埃塞俄比亚开战，以获得更多的水资源；(2) 降低人口增长量；(3) 提高灌溉效率；(4) 花费20亿美元建造世界最长的混凝土运河，从纳赛尔湖（因建造阿斯旺大水坝而形成的水库）抽取水资源，并在中部的沙漠地区开垦更多的已灌溉农田；(5) 进口更多的粮食来降低对灌溉水源的需求；(6) 与其他国家达成共享水源的协议，或者 (7) 承受严重的人文和生态后果。

到目前为止，约旦盆地是水源最缺乏的地区，在约旦、叙利亚、巴勒斯坦（加沙和约旦河西岸地区）和以色列（图10-9）之间存在着激烈的水源争夺矛盾。这几个水源短缺的国家的总人口从2000—2025年将从现在的310万增加到510万。

叙利亚计划建造更多的水坝，从约旦河中获得更多的水资源，从而降低了下游的约旦和以色列的供水量。以色列则警告说会考虑毁掉叙利亚计划建造的最大的大坝。

土耳其位于底格里斯河和幼发拉底河的源头地区，控制着这两条河在流入波斯湾之前流入下游的叙利亚和伊拉克的水量（图10-9）。土耳其正计划在底格里斯河和幼发拉底河的上游建造24座水坝来生产大量的电能并灌溉大量的农田。如果这些大坝建成的话，在普通年份，这两条河流入下游的叙利亚和伊拉克的水量将会降低35%，而在干旱年份则会降低更多。叙利亚也正在计划在幼发拉底河上建造一座大坝，来分流来自土耳其的水量，这将使伊拉克获得的水量更少，甚至会在叙利亚和伊拉克之间引发战争。

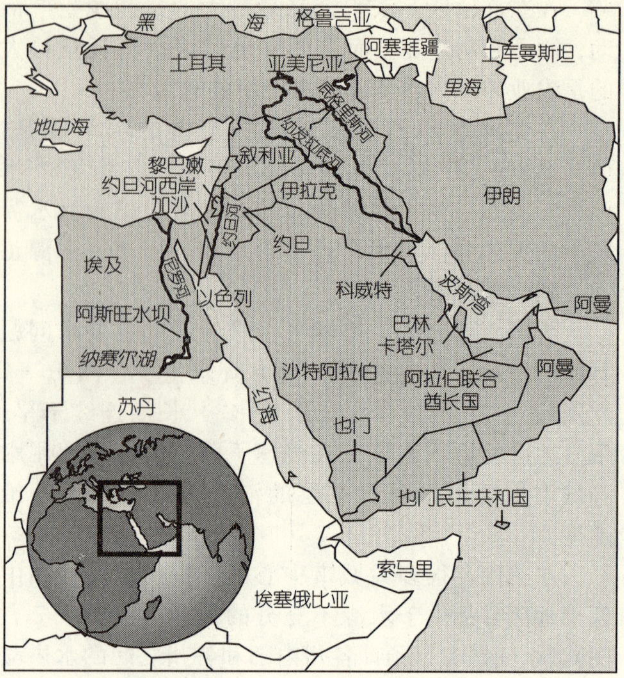

图 10-9 中东地区各国的人口增长速度在全世界也算是很高的。由于气候干燥，粮食的生产主要依靠灌溉。该地区各国之间现在对于获得水资源的矛盾的严重性很快就会超过长期存在的宗教和种族冲突，并有可能超出石油供应所引发的矛盾

很明显，水源的分配问题是该地区和平谈判中非常关键的一点。解决这些水源问题将需要综合运用以下各种策略：(1) 在水源分配上进行区域协作；(2) 减缓人口增长速度，以及 (3) 提高水源的使用效率。

洪水的诱因和后果有哪些？

虽然某些地区的水量非常少，但由于河流的自然泛滥，其他一些地区的水量有时则很丰富，这主要是由严重的降雨或积雪的迅速融化而造成的。这会导致河水溢出通常的河道，并淹没附近的区域，这被称为漫滩（图10-10左侧）。漫滩包括高生产率的湿地，可以 (1) 提供自然泛滥并对土壤侵蚀进行控制；(2) 维持高水质，以及 (3) 补给地下水。

从农业文明开始时人类已经在漫滩上定居了。这有很多优点：(1) 土壤肥沃；(2) 灌溉水量丰富；(3) 土地平坦，适于耕作、建屋、修建公路和铁路，以及 (4) 附近的河流利于运输和游乐。在美国，处在会受到洪水侵犯区域内的家庭和企业达到1000万，其价值超过10000亿美元。

洪水是一种自然现象，它具有一些益处。洪水

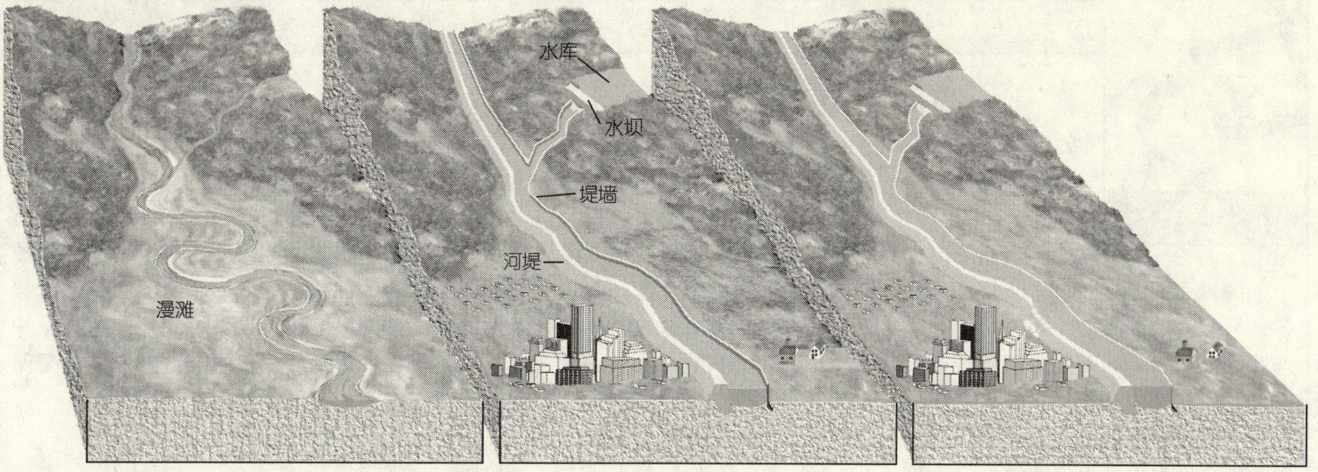

图 10-10　天然漫滩区域内的土地（左侧）通常在持续降雨后会出现洪水漫灌。洪水消退后会留下淤泥沉积，形成营养丰富的土壤。为了降低洪水的危害（从而让人们可以在漫滩区域中生活），人们必须（1）建造水坝，形成水库，按需要储存和释放河水；（2）使河道变窄、变直（渠道化），以及（3）修建河堤和堤墙（中间）。这些措施会给居住在高危险性漫滩区域中的居民造成一种安全假象。从长远来讲，这些措施会大幅度增加洪水的危害，因为所有这些都会被长时间的降雨所淹没（右侧），就像 1993 年夏季美国中西部地区所发生的灾害那样

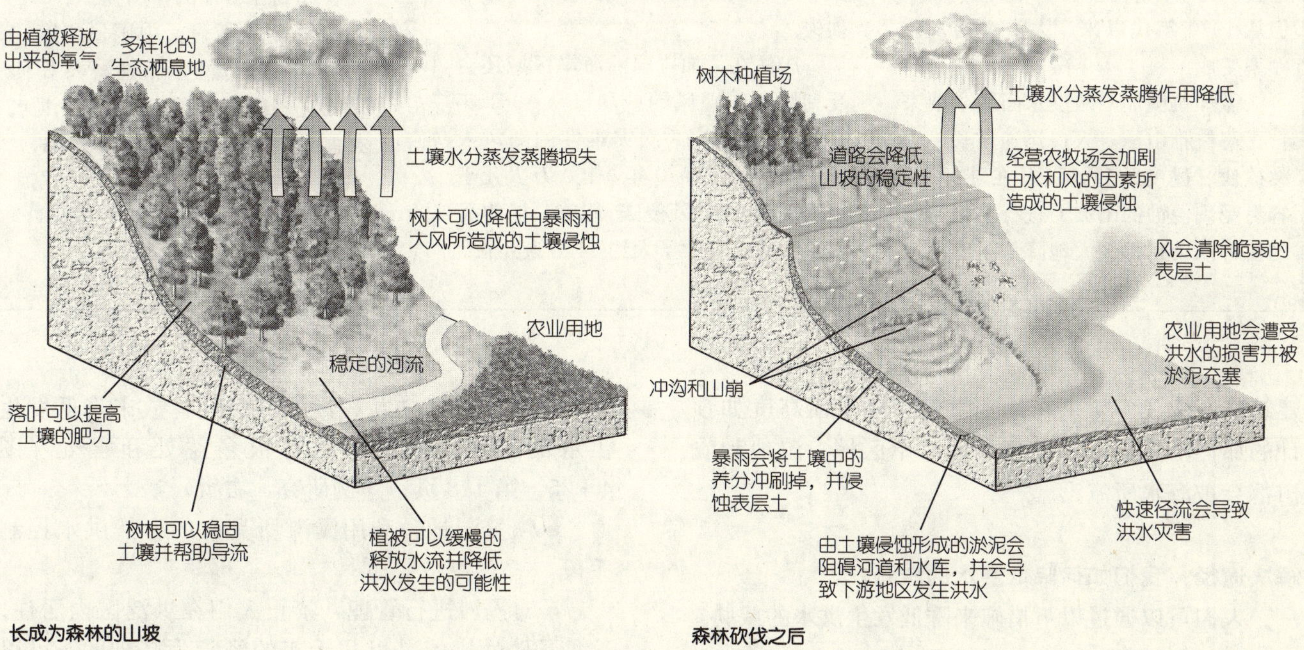

图 10-11　森林砍伐前后的山坡状况比较。当山坡上的森林因获取木材和燃料木材、放牧或不可持续的农业方式而被砍伐掉之后，降水会（1）沿裸露的山坡冲刷下来；（2）侵蚀珍贵的表层土，以及（3）造成下游地区的洪水。中国有一句流传了 3000 年的谚语："护山护水"

（1）形成了全世界生产率最高的农业用地，因为这些土地定期被洪水所留下的养分丰富的淤泥所覆盖；（2）可以补给地下水，以及（3）可以补充湿地损失。

但是，每年洪水也会杀死数千人，并造成数千亿美元的财产损失。洪水与干旱一样，通常被视为自然灾害，但从 1960 年代开始，人类活动使因洪水而造成的死亡人数和财产损失大幅度增加。人类活动加剧洪水灾害的途径主要有 3 种：（1）清除可以吸收水分的植被，特别是山坡上的植被（图 10-11）；（2）排干可以吸收洪水和降低洪水危害程度的湿地，以及（3）在漫滩上居住（联系专栏，第 300 页）。

在发达国家，人们有意地居住在漫滩上，然后再建造水坝、大堤和其他设施来保护自己免遭洪水的侵害。在很多发展中国家，贫穷的人们没有选择，他们只能居住在受洪水侵犯的区域内（联系专栏，第 300 页）。

城市化也会加剧洪水的危害，因为吸水植被、土壤以及湿地都被不能吸水的高速公路、停车场和

联系专栏

居住在孟加拉国的危险洪泛平原上

孟加拉国是全世界（1）人口密度最高的国家之一，1280万人口聚居在相当于美国威斯康星州的面积上，以及（2）最贫穷的国家之一，人均国民生产总值大约为350美元，相当于每天96美分。

孟加拉国人民依靠每年夏季季风季节都会发生中等程度的洪水的土地来（1）种植大米；（2）每年通过获得从喜马拉雅山上侵蚀下来的土壤来维持三角洲盆地内土壤的肥力。

但是，严重的洪水是灾难性的。过去，每50年就会发生一次大洪水，但从1970年代以来，大洪水的发生频率变成了每4年1次。

孟加拉国加剧的洪水问题主要来自喜马拉雅山麓。人口迅速增长、森林砍伐、过度放牧，以及在陡峭的、容易受到侵蚀的山坡上进行不可持续的耕种活动，都极大地降低了土壤吸收水分的能力。雨季的降水无法被吸收和缓慢释放，它们只有沿着裸露的喜马拉雅山麓奔腾而下，带走了大量重要的表层土（图10-11）。

这种径流与超出平常降雨量水平的季风期降雨结合在一起，大大地增加了喜马拉雅山脉的河流和下游孟加拉国地区的洪水威胁。举例来讲，1998年的灾难性大洪水（1）淹没了孟加拉国国土面积的三分之二，长达9个月之久；（2）荡平了200万户居民的住宅；（3）造成至少2000人死亡；（4）导致3000万人无家可归；（5）毁掉了孟加拉国超过四分之一的粮食，导致数千人因饥饿而死亡，以及（6）造成至少34亿美元的经济损失。

居住在孟加拉国的海岸区域还会受到暴雨和飓风的威胁。从1961年开始，已经有17次灾难性的飓风人侵孟加拉国。1970年，100万人死于一次狂暴的飓风侵袭，1991年的另一次海啸还导致了大约14万人死亡。

为了生存，孟加拉国贫穷的国民将海岸地区的红树林砍伐掉来获取燃料木柴、进行农业生产以及建造水产养殖场来养殖虾。这又导致了更严重的洪水灾害，因为这些海岸湿地保护着孟加拉国的低地海岸地区免遭海啸和飓风的侵害。仍然受到红树林保护而免遭飓风危害的区域面积比未受保护的地区要小得多。

批判性思考

1. 孟加拉国的人口正在迅速增加，预计在2000—2025年，将从1280万增加到1770万。降低人口增长速度可以为降低贫困和大洪水的灾害起到什么样的作用呢？
2. 上游地区的不丹、中国、印度和尼泊尔所进行的重新造林将如何降低这些国家和孟加拉国的洪水灾害呢？

建筑物所取代。如果在下个世纪，海平面高度如预计的那样增高的话，很多低地海岸区域、湿地和农田都会被海水所淹没。

解决途径：我们如何降低洪水的威胁？

人们可以通过以下措施来降低发生洪水的威胁：

● 挖直和深挖河道（渠道化，图10-10中间）。渠道化可以降低上游地区发生洪水的威胁，但水流速会增加，这样会（1）增加上游河岸的侵蚀程度以及下游地区发生洪水的威胁和河道沉积的程度；（2）清除河岸上的植被，增加水流速度，从而降低水生生物栖息地所受到的危害。

● 建造河堤（图10-10中间）。河堤可以控制并提高水流速，但（1）会增加危害下游地区安全的水量；（2）不能保护非正常高度的水位和强烈的洪水的侵害，1993年密西西比河上三分之二的河堤都被冲毁就是一个例子。

● 建造水坝。在河道上建造控制洪水用的水坝可以通过在水库中蓄积河水并缓慢释放来降低发生洪水的威胁。建造水坝有很多益处和害处（图4-25，第118页；案例研究，右页）。

● 恢复湿地，利用漫滩所具有的自然洪水控制手段。

● 对漫滩进行管理，禁止人们在洪泛区内居住。这种预防性措施是以几千年的经验为基础的，可以总结为："最后赢的总是河流（海洋）。"

10.4 解决途径：增加水资源供应量

我们如何增加淡水供应量？

可以通过以下5种方法来增加某一地区的淡水供应量：（1）建造水坝和水库来储存径流；（2）从其他地区引入地表水；（3）开采地下水；（4）将盐水转化成淡水（脱盐），以及（5）提高水的利用效率。

在发达国家，人们趋向于居住在气候宜人的地区，并从其他流域引入水源。在发展中国家，大多数人（特别是农村的贫困人口）不得不居住在水源附近，并尽可能多地获取和利用他们所能获得的降水。

建造大坝和大型水库的优缺点有哪些？

大型水坝和水库具有很多优点和缺点（图4-25，第118页）。修建大坝和水库的主要目的是为了获取和储存径流并按需要释放，用于（1）控制洪水；（2）水力发电，以及（3）为农业灌溉和城市生活提供水源。水库还可以提供游泳、钓鱼和划船等休闲娱乐活动。

到目前为止，全世界的水坝使每年可供人们使用的径流量增加了三分之一左右。但是，在一条河上修建一系列水坝，特别是在干旱地区，会降低下游地区的水流量，并阻碍水流流入海洋，影响到全球水循环过程。根据21世纪世界水资源委员会的资料，全世界主要河流的一半在一年中的部分时间水流量都会变得很小，或者受到了严重污染。除了会威胁到全球5亿人口的供水，这种以工程手段管理河流的方法通常都会对河流所具有的重要的生态贡献造成损害（图10-12）。

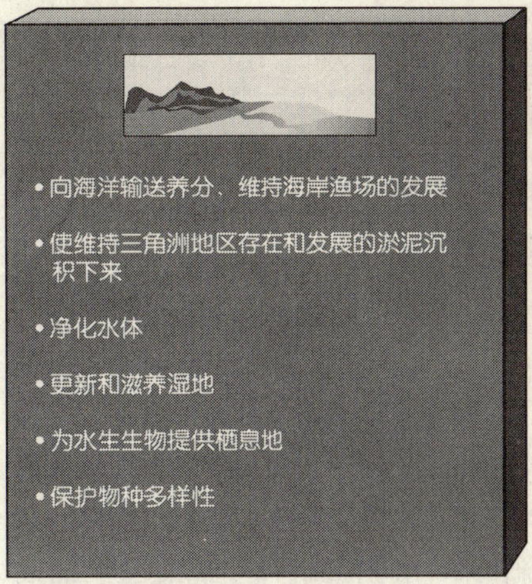

图10-12 河流所具有的一些生态贡献。目前，在对大坝和水库的费用和收益进行评估时，对这些生态贡献考虑得很少，甚至被忽略掉了。根据环境经济学家的说法，即使对这些生态贡献进行最粗糙的评估也会有助于维护它们的存在

案例研究：中国的三峡大坝

竣工之后，坐落在中国长江上游河段的三峡大坝将会成为全世界最大的水力发电大坝和水库。根据中国的官方数据，这座超级大坝的输电量将达到20座大型烧煤火力发电站或核电站的总发电量，它将

● 为中国工业企业和1.5亿人口提供电力。

● 有助于中国降低对煤炭的依赖，燃烧煤炭会造成严重的空气污染，释放出大量温室气体二氧化碳到大气中。

● 抑制长江的洪水威胁，在过去的100年间，长江流域的大洪水已经导致50万人以上死亡。仅在1998年，长江流域的大洪水就：（1）导致4000人死亡；（2）使2.23亿人被迫迁移；（3）淹没了大片的农田；（4）造成360亿美元的经济损失——超过了预计20年至2010年完成的长江大坝计划所需的170亿—300亿美元的总投资。根据中国官方的数据，居住在长江流域的4亿人口所获得的益处远大于从将会被淹没的地区迁出的190万人口的损失，该地区将在大坝后面形成一个长达596km（370英里）的大水库。

● 可以降低洪水和土壤侵蚀而造成的河道淤积的威胁。1998年，长江流域已经禁止进行林木采伐活动；中国政府将花费20亿美元在长江流域重新植成森林。

一些批评家指出，长江三峡大坝和大水库计划存在着很多弊端：

● 大水库的形成将淹没大片生产率较高的农田和景观用地，而且需要迁移190万人口。

● 该地区的整体生态体系将受到巨大变化。

● 水污染程度将会加剧，因为江流速度会减缓。

● 如果水库被淤泥淤积或漫溢（特别是如果水库一直保持在较高的水位，如预计的那样，来生产电能），50万人将暴露在严重的洪水威胁之下。

● 每年沉淀在大坝下游的营养丰富的沉积物将会减少。

● 下游地区的水流速会减缓，将会导致盐水侵入长江入海口处的饮用水供应区。

大规模调水工程具有哪些优缺点？加利福尼亚的经验：

隧道、输水管线和地下水管都可以将水量丰富地区的大坝和水库储存的径流水资源转移到水量缺乏的地区。虽然这些调水手段可以使人获益，但也会造成一些环境问题（案例研究，第302页）。实际上，全世界大多数的大坝建设项目和大型调水工程都阐释了一个重要的生态原则：你不可能只做一件事。

案例研究

咸海调水灾难

咸海的萎缩（图 10－13）是一个大型调水计划所导致的结果，该地区位于前苏联境内，是中亚的一个最干旱的气候区域。从 1960 年以来，大量的灌溉用水从内陆湖咸海以及它的两条汇水河流中分流出来，用于灌溉棉花、蔬菜、水果和大米等作物，形成了全世界最大的灌溉区之一。该灌溉渠是全世界最长的，长达 1300km（800 英里）。

这一分流计划（以及干旱状况）导致了地区性的生态、经济和卫生灾难，被前苏联的一位官员称为：“比切尔诺贝利核电站事故严重 10 倍的灾难。”（第 136 页）。

从 1960 年开始，两条汇水河流中越来越多的水被分流到灌溉区中，使（1）咸海的盐度增至原来的 3 倍；（2）咸海的表面积萎缩了 54％（图 10－13）；（3）咸海的湖水体积减少了 75％；（4）两条汇水河流几乎断流，而且（5）$36000km^2$（14000 平方英里）的前湖底面积成为了人为沙漠区域，被闪闪发光的白盐覆盖。这一过程仍在持续，在未来的 10—20 年时间内，曾经烟波浩森的咸海将会萎缩成 3 个小型的盐水湖。

该地区 24 种本地鱼类物种中的 20 种已经灭绝。这对该地区的渔业生产造成了灾难性的影响，养殖业曾经为该地区创造了 6 万多个工作机会。湖岸上曾经有的渔村和渔船现在残存在白盐沙漠中，早已被废弃。

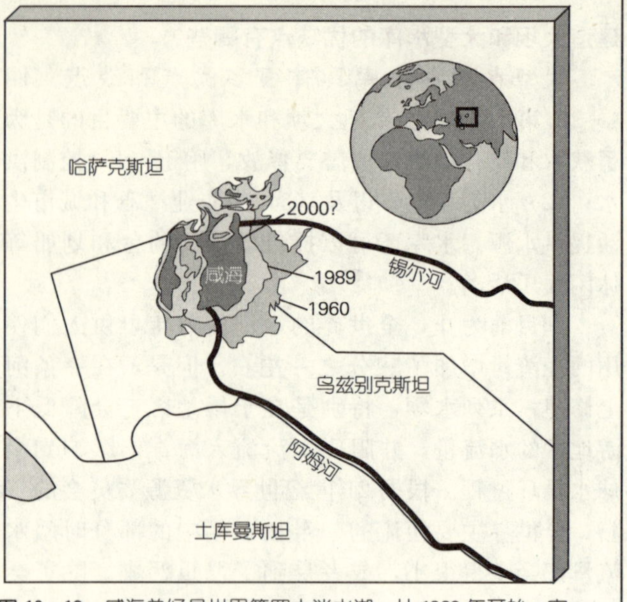

图 10－13　咸海曾经是世界第四大淡水湖，从 1960 年开始，它一直在萎缩和盐化，因为大多数来自汇水河流的淡水都被分流，用于灌溉棉花和粮食作物。随着咸海的萎缩，留下的是一片白盐沙漠，还有经济损失、越来越严重的卫生问题，以及严重的生态危害

全世界最大的流域调水工程就是美国加利福尼亚调水计划。在加利福尼亚，最基本的水问题就是该州 75％的人口居住在萨克拉门托以南的地区，而 75％的降雨则发生在萨克拉门托以北的地区。

加利福尼亚调水计划利用了大量的水坝、泵站和水管来将水源丰富的北加州地区的水源调配到干旱和半干旱的农业地区，主要在南加州地区（图 10－14）。

几十年来，北加州和南加州在如何分配该计划所调配的水源问题上存在着长期不和。南加州认为他们需要从北加州调配更多的水源来供应洛杉矶、圣迭戈和其他城市发展区域的需求以及种植更多的粮食作物。农业用水占加州总耗水量的 74％，大部分都是用于灌溉非常耗水的粮食作物。

北加州地区的反对者们则认为，将更多的水输送到南加州会（1）减少萨克拉门托河的水量；（2）威胁到北加州地区的渔业生产，以及（3）降低

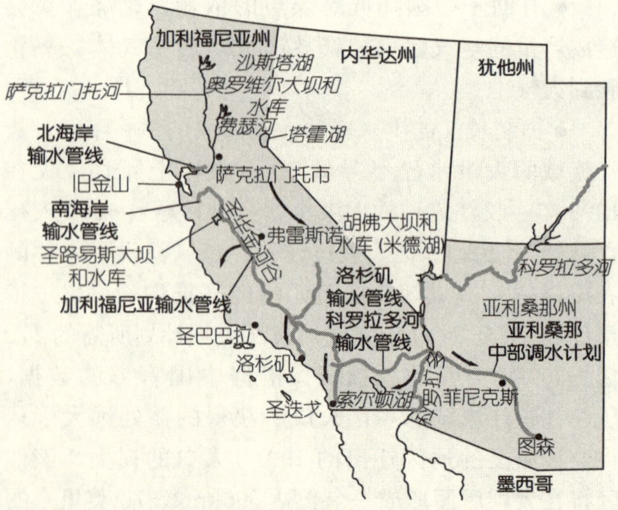

图 10－14　加利福尼亚调水计划和亚利桑那中部调水计划都是采用大规模调水计划从水量丰富地区调水到其他区域。箭头的方向表示水流的总体方向

湿地萎缩了85%，来自农业用化学药品造成了严重的水污染，这一切都严重影响了水禽的生存，使其数量大量减少。该地区一半左右鸟类和哺乳动物也已消失无踪。

风吹起裸露着的湖床上的盐屑，将它们吹送到300km（190英里）之外的地方。盐屑四处散播，野生动物、粮食作物和其他植被被杀死，水体受到污染。

为了提高一些作物的产量，农民们增加了除草剂、杀虫剂、化肥和灌溉水的使用量。这些化学物质有很多都渗入了地下，在地下水体中聚积到危险的程度，而这些地下水又是该地区大多数饮用水的来源。水流速度减缓，这也增加了盐分、杀虫剂和其他有毒化学物质的浓度，使地表水无法饮用。

咸海盆地地区土壤的盐化问题（图7-8，第207页）是全世界最严重的。由于农作物在种植下一季之前必须对根部的盐化区域进行冲刷，所以农民们必须获取更多的水来进行灌溉，这使原本的盐化问题进一步恶化。这些更多的灌溉水输入会（1）增加水源的使用量；（2）导致咸海的进一步萎缩，并增加被风吹散到农田上的盐屑的量；（3）将更多的盐分从灌溉用水中渗入土壤中。最终，这会导致该地区大部分农业生产的崩溃。

咸海的大部分地区被转化成白盐沙漠还会影响该地区的气候。原本巨大的咸海可以形成气候缓冲，调节夏季的炎热和冬季的严寒。现在，降水减少，夏季变得更加炎热和干旱，冬季也变得更加寒冷，适于粮食作物生长的季节也变短了。再加上该地区三分之一的农田都产生了严重的盐化，从而使农作物的产量下降了20%—50%。

可以用更多的水来冲刷和降低该地区严重的盐化问题。但是，俄罗斯科学家们估计，这将意味着放弃该地区一半左右的农田，这对于该地区已经严重的经济状况来讲是不可行的。

风将化肥和杀虫剂的残渣从受到毒害的农田中卷起，将盐屑从萎缩咸海的裸露的湖床中吹散开来。毒屑、盐分和被污染的水体给居住在咸海区域中的5800万人口造成了严重的健康问题，该地区的人口预计到2025年将会增加到8300万。这些问题包括高得反常的（1）婴儿死亡率；（2）结核病；（3）贫血；（4）呼吸道疾病（全世界最高发病率的地区之一）；（5）眼疾（由盐屑造成的）；（6）喉癌；（7）肾脏和肝脏疾病（特别是癌症）；（8）关节炎；（9）伤寒，以及（10）肝炎。

咸海能否获救，该地区严重的生态和人类健康问题能否缓解？从1999—2002年，联合国和世界银行计划耗资6亿美元来（1）净化饮用水；（2）升级灌溉和排水系统来提高灌溉效率，冲洗农田中的盐屑，提高粮食生产率，以及（3）构筑湿地和人工湖来帮助恢复水生植物、野生生物以及渔业生产。但是，这需要几十年的时间，而且无法阻止咸海萎缩成若干个小型的咸水湖。

批判性思考

从咸海悲剧中我们可以学到哪些生态和经济教训呢？

清理旧金山海岸污染物的冲刷能力。他们还认为，很多输送到南加州地区的水都被浪费掉了，而提高10%的灌溉效率就可以为南加州地区的生活和工业用水提供充足的水源。但是，如果北加州地区和科罗拉多河盆地的水源供应会因为全球气候变暖而大幅度减少的话，这个大型调水计划所能输送的水量就会大幅度降低。

抽取更多的地下水并不可行，因为加州大部分地区的地下水抽取速度已经超过了补给速度。对于大多数分析家来讲，更迅速和更廉价的解决途径是：（1）提高灌溉效率（第307页）；（2）允许农民将自己从河流中获取水资源的权利进行出售。

案例研究：詹姆斯湾水域调水计划

加拿大的詹姆斯湾水域调水计划是另一个重大的调水计划。该计划耗资600亿美元，耗时50年，利用流入魁北克的詹姆斯和哈得孙湾的河流来生产电能，供加拿大和美国使用（图10-15）。

这一超级计划完成之后将会（1）建造600座大坝和大堤来调整和改变覆盖该流域的19条大河的水流，其面积相当于纽约州的3倍；（2）淹没一片相当于华盛顿州或德国的面积的北方针叶林和冻土地带；（3）迁移数千名本地居住的克里人和因纽特人，他们已经在詹姆斯湾区域生活了长达5000年之久，以捕猎、捕鱼和诱捕野兽为生。

20年之后，耗资160亿美元的第一阶段已经完成。更大规模的第二阶段则从1994年开始被无限期延后，因为（1）电力生产过度；（2）克里人（他们的祖先捕猎的地方将会被淹没）以及加拿大和美国的环境学家提出反对，以及（3）纽约州放弃了购买第二阶段生产出的电能的两个合同。

图 10-15　如果完成后，魁北克北部的詹姆斯湾调水计划将对 19 条大河的水流进行调整，甚至改变其流向，还会淹没相当于华盛顿州面积的一片区域来进行水力发电，以供魁北克和美国消费，特别是纽约州。这个长达 50 年的计划的第一阶段已经完成。1994 年，第二阶段被无限期延后，因为（1）电力生产已经过量；（2）环境学家和土著克里人反对该计划，他们的祖先进行狩猎的地方将被淹没

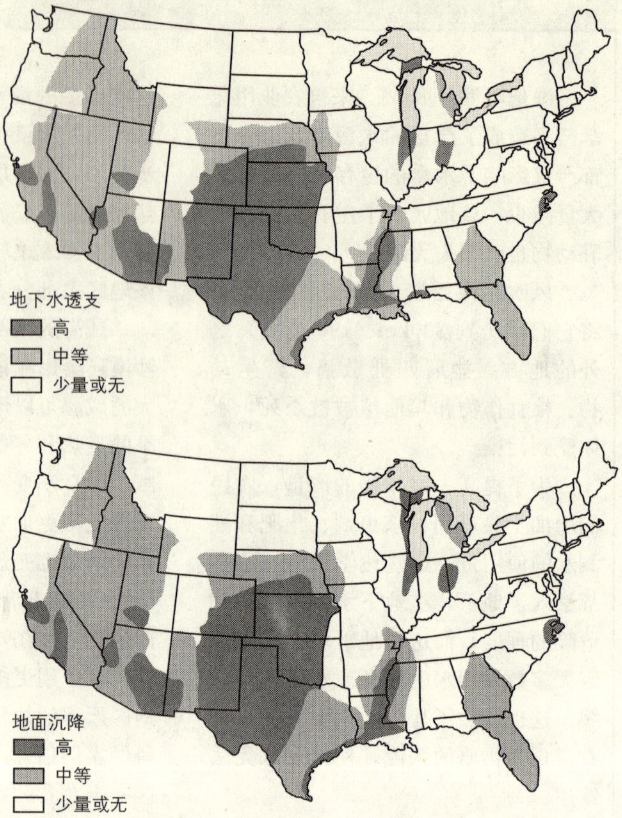

图 10-16　含水层枯竭和地下水污染最严重的地区（上图）和美国大陆地区的地面沉降（下图）。含水层枯竭在夏威夷和波多黎各（图中未标出）也很严重（数据来自美国水资源委员会和美国地质勘测局）

抽取地下水有哪些优缺点？

与从河流中提取更多的水相比，从含水层中抽取地下水具有若干优点。地下水（1）可以每年根据需要从地下抽取；（2）不会因蒸发作用而损失掉，而且（3）通常比提取地表水所需的费用要低。

地下含水层供应全球三分之一的人口的饮用水需求。仅在亚洲，10 亿多人口的饮用水都来自地下含水层。在美国，大约 51％的饮用水（在乡村地区占 96％，在城市地区占 20％）和 43％的灌溉用水都采自地下含水层。

但是，过度开采地下水也会导致或加剧一些问题：（1）降低地下水位；（2）使地下水枯竭（图 10-16上图）；（3）地下水沉降（当地下水位降低时，地面标高会降低，图 10-16 下图）；（4）盐水侵入地下含水层；（5）地下水中的化学污染物会侵入水井，以及（6）由于地下水流入河流的水流速降低，也会导致河流的流速降低。地下水也会受到农业或工业活动、化粪池和其他来源的污染物的污染，在第 316 页有所讨论。目前，美国的地下水开采速度是补给速度的 4 倍。最严重的地下水透支发生在以下地区：（1）巨大的奥加拉拉（Ogallala）含水层的部分地区，从南达科他州延伸到得克萨斯州的中部地区（案例研究，右页），以及（2）干旱的美国西南部的部分地区（图 10-16 上图），特别是加利福尼亚中部峡谷地带，该地区供应着美国全国蔬菜和水果产量的一半。

含水层枯竭在其他一些地方也是个严重的问题：（1）沙特阿拉伯；（2）中国的中部和北部地区；（3）印度的西北部和南部地区（该地区以不可持续的地下水开采方式生产着印度全国四分之一的粮食）；（4）非洲北部地区（特别是利比亚和突尼斯）；（5）欧洲南部地区；（6）中东地区，以及（7）墨西哥、泰国和巴基斯坦的部分地区。

当海岸附近的含水层中的淡水的开采速度超过补给速度时，盐水就会侵入含水层（图 10-18）。这会造成沿海岸地区很多城市的饮用水污染。

开采地下水：正在萎缩的奥加拉拉含水层

案例研究

奥加拉拉是全世界已知的最大的地下含水层（图10－17），大量的地下水正在从该含水层中开采出来。这些开采出来的地下水将大面积干旱的高原草原地区转变成为美国最大面积的、生产率最高的农业生产区之一。

该地区以灌溉农业为主，其生产的农产品的量占美国全国总量的20%（包括40%的牛肉产品），每年的总经济价值大约为320亿美元。这为该地区的很多农场主和商人带来了巨大的收益，但在某些地区，隐藏在背后的环境和经济代价却正在加速含水层的枯竭。

虽然这个含水层非常巨大，但它是一个不可再生的含水层（形成于15000—30000年之前最后的冰期消退时），其补给速度非常低。在某些地区，地下水正在以自然补给速度8—10倍的速度被开采出来。

美国最北部的几个州（怀俄明州、北达科他州、南达科他州和科罗拉多州的部分地区）仍然有充足的地下水供应。但是，南部各州的部分地区的地下水供应正在迅速枯竭，这一地区的含水层比较薄（图10－17），其枯竭速度相当于得克萨斯高原含水层枯竭速度的三分之二。

水资源专家们估计，如果按照目前的开采速度计算的话，到2020年，含水层最初水量的四分之一将会被开采殆尽，而在含水层较浅的地区，枯竭速度还会快得多。而含水层的补给则需要数千年的时间。

政府为了提高农业产量而进行的资助也加速了奥加拉拉含水层的枯竭速度，主要通过以下途径：（1）鼓励在盆地中较低的地区种植需水量大的棉花作物；（2）提供农业灾害补偿，以及（3）以地下水枯竭津贴的方式提供免税政策，地下水使用量越大，免税额越大。

这个基本上不可再生的水资源的枯竭可以被延缓，如果农业生产者们（1）采用更高效的灌溉方式（图10－19，第307页）；（2）种植需水量较少的作物，或者（3）减少灌溉土地的面积。

以该含水层为水源的城市也可以推行一些政策和采用一些技术来降低其水源的利用量和浪费量。从该含水层受益的人们可以通过安装节水水箱和淋浴喷头，并将自己的草地改种可以在干旱和少水条件下生存的植物来减缓含水层的枯竭。

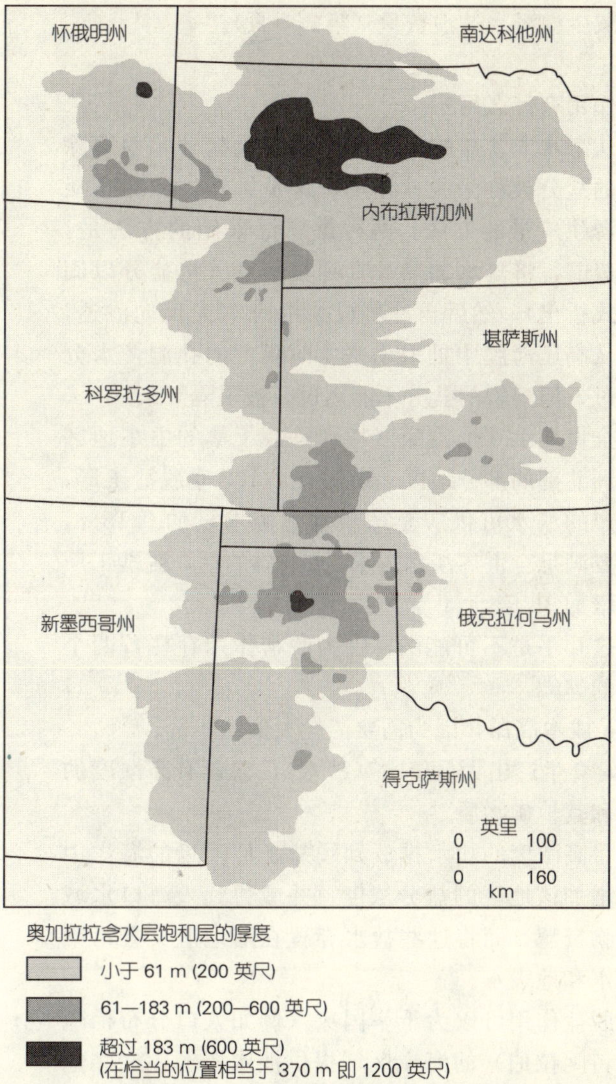

图 10－17 奥加拉拉含水层是全世界已知最大的含水层。如果该含水层中的水都暴露在地面以上 0.5m（1.5 英尺）高的话，其面积将可以覆盖美国全国 50 个州。从该含水层中抽取出来的水主要用于种植粮食作物、饲养牛、并为城市和工业企业提供用水。该含水层的补给速度非常缓慢，它正在逐渐枯竭（特别是在含水层南端较薄的得克萨斯州、新墨西哥州、俄克拉何马州和堪萨斯州的部分地区）（数据来自美国地质勘测局）

批判性思考

1. 向从奥加拉拉含水层开采地下水来种植需要大量灌溉水的作物的农业生产者和饲养牲畜的牧场主们提供政府补助具有哪些优缺点？你会从这些补助中获得哪些益处呢？
2. 政府应该降低这些补助的数额吗？应该鼓励农场主们更高效地利用灌溉水或种植需水量低的作物，来取消这些补助或取代原本的补助吗？为什么？

防止或延缓地下水枯竭的方法有：（1）控制人口增长速度；（2）不在干旱地区种植需水量大的作物，例如棉花和甘蔗；（3）在干旱地区种植需水量小的作物；（4）开发需水量小和耐热的作物品种；（5）减少灌溉水的浪费量（第 307 页）。

脱盐作用有什么用？

从海水或含盐的地下水（含少量盐分）中清除溶解的盐分被称为脱盐作用，这是另外一种提高淡水资源供应量的方法。两种最广泛采用的方法是：（1）蒸馏，将盐水加热，直到其蒸发（将盐分以固体形式析出），然后再冷凝成淡水；（2）反向渗透，盐水从高压薄膜中抽取出来，薄膜上的孔洞使水分子通过，但溶解的盐分不能通过，被阻隔开来。

全世界 120 个国家（特别是在干旱的中东地区和非洲北部的部分地区）中约有 11100 座脱盐工厂，所生产的淡水可供应全球淡水总需求量的 0.15%。如果要满足全世界淡水需求量的 5%的话，脱盐工厂必须增加 33 倍。

这几乎是不可能的，因为脱盐作用存在着两个重大的弊端：

- 成本高昂，因为需要消耗大量的能量。
- 会生产出大量废水（盐水），它含有高浓度的盐分和其他矿物质。

将高浓度的盐水排放到脱盐工厂附近的海洋中将会增加该地区的盐分浓度，并威胁到入海口水域的食物资源，而将这些盐水弃置在陆地上又会污染地下水和地表水。

脱盐作用可以为干旱国家（例如人口分布稀疏的沙特阿拉伯）的海岸区域提供淡水资源，这些地区无论以任何形式获得淡水资源的成本都很高昂。科学家们正在开发新型的薄膜，用于反向渗透，可以更高效地、在较低的压力条件下将水从盐分中分离出来。如果成功的话，这将有助于降低以脱盐作用来生产饮用水的成本。但是，以脱盐作用生产出来的淡水的成本也许根本无法低到可以用于灌溉传统的农作物或满足全世界对淡水资源的需求，除非（1）可以开发出廉价的太阳能蒸馏工厂，或（2）有人可以研究出如何处理生产出的盐分残渣。

人工降雨和迁移冰山的方法是否可以增加水资源供应量呢？

几十年来，几个国家，特别是美国，一直在试验以化学物质微粒（例如碘化银）来进行人工降雨。

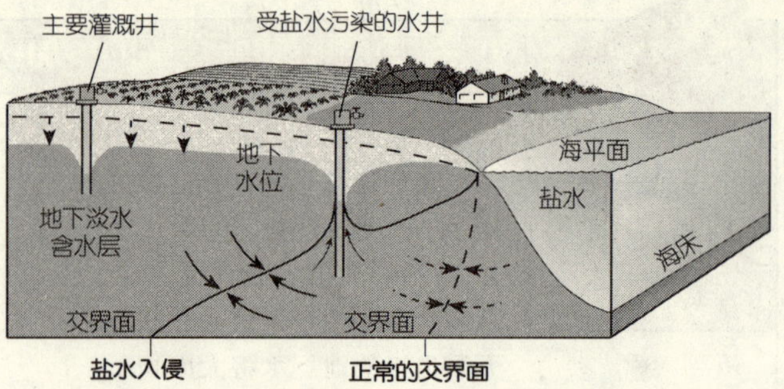

图 10－18　海岸区域附近的盐水入侵。当地下水位下降时，淡水和地下盐水的交界面（虚线）就会向陆地移动（实线），这会导致海岸地区的饮用水不再适于饮用

这些微粒可以形成水的凝结核，从而可以在干旱地区形成更多的降雨，在山区形成更多的降雪。

但是，人工降雨的方法（1）在非常干旱的地区没有作用，而这些地区是最需要降水的，因为这些地区几乎不会产生任何雨云；（2）会使大量用于人工降雨的化学物质渗入土壤中和水系统中，有可能对人类健康、野生生物和农业生产造成影响。

人工降雨所遇到的另一个障碍就是对于云中所含的水分的法律所有权的争议。在 1977 年美国西部的干旱时期，爱达荷州的首席检察官控告比邻的华盛顿州的官员“迅速驱动云的流动”，并威胁要向联邦法院上诉。

还有人建议将大型冰山迁移到干旱的海岸地区（例如沙特阿拉伯和加利福尼亚州的南部地区），然后再将淡水从融解的冰山上提取出来。但是，所需的技术目前无法提供，而且代价也十分高昂，特别是对于水资源短缺的发展中国家来讲。

10.5　解决途径：减少水资源浪费量

降低水资源浪费量有哪些益处？

世界资源研究所的 Mohamed El-Ashry 估计，全世界用水量中有 65%—70%都通过蒸发、泄漏和其他途径损失掉了。美国是全世界最大的耗水国家，情况略好一点儿，但仍然约有开采量的 50%都损失掉了。El-Ashry 认为，在经济上和技术上都可以将这一损失降低到 15%，从而可以在可预见的未来满足全世界大部分的水资源需求量。

这就涉及大幅度提高以少量水干多种工作的水资源节水技术和生产实践活动。这将会（1）降低污水处理厂的负担；（2）降低建造昂贵的水坝和调水计划的费用，这些水坝和调水计划会破坏野生生物栖息地和迁移居民；(3) 降低地下含水层的枯竭速度；(4) 节省能源和金钱。

我们为什么会浪费这么多水呢？

根据水资源专家的说法，水资源浪费有两大原因：

- 政府对供水计划进行资助，这会人为地降低水价，但却缺乏提高用水效率方面的资助政策。根据Sandra Postel 的研究，“通过向用水提供大量的资助，政府发出了一种错误的信息，使人们误以为水资源是很丰富的，而且可以负担浪费的量——虽然事实上河流正在枯竭，含水层正在枯竭，渔场正在崩溃，而物种正在灭绝。”但是，农场主、企业主和其他从政府对用水补贴中获益的人则认为他们(1) 提高了干旱和半干旱地区的居住条件和农业生产率；(2) 刺激了本地经济的增长；(3) 有助于降低食品和制造产品的价格。
- 流域管理混乱。举例来讲，美国伊利诺伊州的芝加哥大都市区中的 6 个县的 349 条供水系统分布在 2000 个政府单位中。

解决途径：我们如何降低灌溉水的浪费量？

从全球角度来讲，灌溉用水中仅有 40%能够真正灌溉到作物本身。大多数灌溉系统分配的水体都来自地下水井或地表水源，这些水靠重力作用在划分混乱的沟渠中流淌，从而使作物可以吸收水分（图 10－19 左侧）。这种漫灌式的灌溉方式 (1) 输送的水量远大于作物生长所需的水量；(2) 一般来讲，仅能使 60%的水量到达作物本身，其他部分则因蒸发、渗透和径流而损失掉了。

水资源浪费可以通过采用更高效的灌溉系统来降低，例如：

- 中心转轴式低压喷灌器（图 10－19 右侧），一般可以使灌溉水量中的 80%到达作物，比传统的依靠重力的灌溉系统节水 25%。
- 低能量精密喷灌器（LEPA）。这种中心转轴式灌溉方式可以使灌溉水量中的 90%—95%到达作物，通过将灌溉水喷洒在距离地面较近的地方，以比中央转轴式低压系统更大的液滴的形式来喷洒。该装置的能耗比低压喷洒装置要低 20%—30%，一般耗水量也比传统的依靠重力灌溉的系统要少 37%。
- 在传统的依靠重力的灌溉系统上加装振荡或时间控制阀（图 10－19 左侧）。这些阀门可以将灌溉水以脉冲的方式送入灌溉槽中。它可以提高灌溉效率达 80%，还可以降低水资源浪费量达 25%。
- 利用土壤湿度探测器，仅在需要时对作物进行灌溉。例如，得克萨斯州的一些农场主将一根价值 1 美元的石膏管埋在作物的根部附近，其尺寸相当于一块蔗糖。嵌在石膏中的电线连接到一块小型的便携式电表上，可以显示出土壤的湿度。农场主

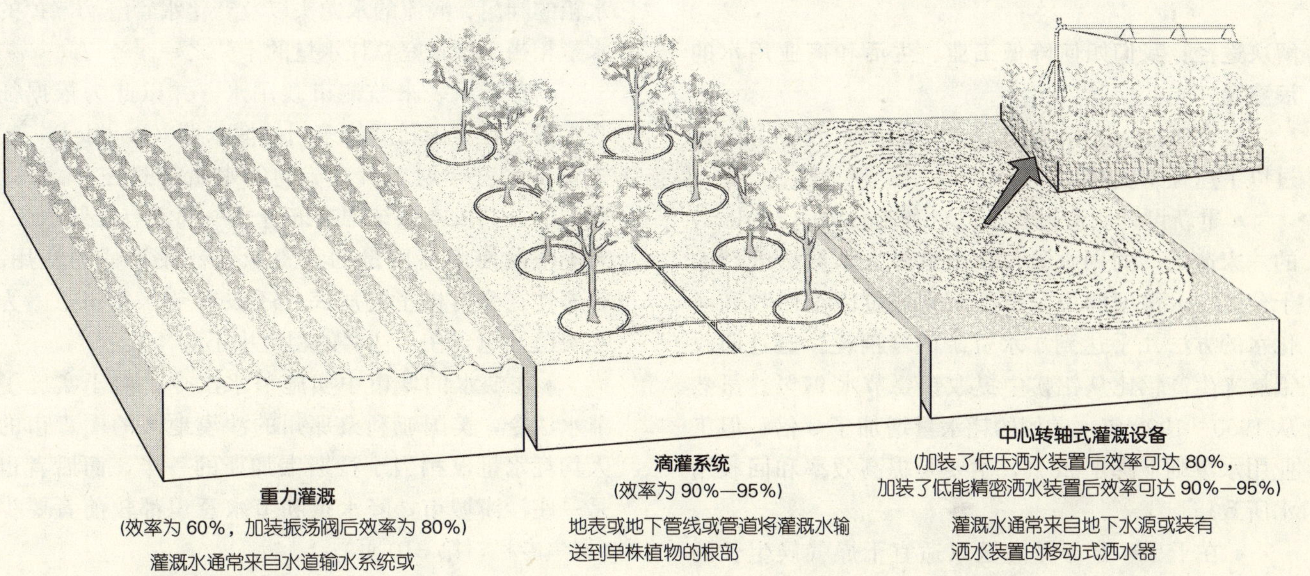

图 10－19　主要灌溉系统。由于初期投资较大，中心转轴式灌溉系统和滴灌系统仅在全世界 1%的农田中使用。但是，这种情况也会发生变化，因为新型的低造价滴灌系统（解决途径专栏，第 309 页）正在开发中

们利用这种技术可以在不影响农作物产量的情况下降低灌溉水量达33%—66%。

● 滴灌系统（图10-19中间，以及解决途径专栏，右页），可以将灌溉效率提高到90%—95%，将水资源浪费量降低37%—70%。

图10-20中列出了降低灌溉水浪费量的其他方法。从1950年开始，缺水的以色列已经开始采用多种技术来大力降低灌溉水的浪费量，降低量达到84%，灌溉的土地也增加了44%。以色列现在将市政废水的65%进行处理，并重新利用，用于粮食作物的生产，并计划到2025年将这个比例提高到80%。以色列政府还（1）逐步取消大部分政府津贴，以提高灌溉水的价格，成为全世界水价最高的国家；（2）进口大多数需水量大的小麦和肉类；（3）集中力量发展水果、蔬菜和花卉等需水量少的植物。

世界上很多贫苦的农民根本无法负担采用大多数提高灌溉效率的现代技术的费用。这些农民只能采用小型的、低成本的传统技术来提高灌溉效率，例如：（1）踏板式水泵，促进灌溉水在沟渠中的流动（在孟加拉国得到广泛采用）；（2）以动物拉动的灌溉泵；（3）带孔水桶，用于滴灌；（4）从水坝、池塘中收集雨水，利用水桶挑运灌溉水进行灌溉；（5）以梯田（图7-9a，第209页）的形式在陡坡上种植作物以降低水损失，以及（6）开垦季节性水涝的湿地、三角洲地区和河谷的底部地区。

解决途径：我们如何降低工业、生活和商业用水的浪费量？

提高工业、生活和商业方面的用水效率可以通过以下途径来实现：

● 重新设计制造过程。以色列哈代拉（Hadera）的一家造纸厂的用水量仅是全世界大多数造纸厂的十分之一，德国的一家造纸厂则通过完全回收和净化水的方法几乎达到了水资源的零消耗。通过回收铝屑来生产铝比从铝矿中提取铝要节水97%。虽然从1950—1998年，美国的耗水量增加了3倍，但工业用水量则下降了20%，主要是提高效率和回收用水所致。

● 在干旱、半干旱地区以适宜干燥气候生长的植被来取代草地。这种景观种植方法被称为"适于旱地区景观种植法（xeriscaping）"，可降低30%—85%的耗水量，还可以大幅度降低劳动力、化肥、燃料的需求量，以及降低污染径流、空气污染和庭

• 在向灌溉渠供水的渠道两侧加筑边堤
• 利用激光技术来平整土地
• 在夜晚进行灌溉，以降低水资源的蒸发量
• 利用土壤和卫星传感器和计算机系统来对土壤湿度进行监测，并仅在需要的时候进行灌溉
• 采用多农业种植方式
• 进行有机耕作
• 采用抗旱和耐盐的作物品种，种植用水效率高的农作物
• 以经过处理的城市生活用水进行灌溉
• 进口需水量大的粮食作物和肉类

图10-20　降低灌溉用水浪费量的途径

院废物的生产量。

● 采用滴灌技术来灌溉花园和住宅及商业企业周围的植被。

● 修补输水管线、管道、厕所水箱和水龙头上的滴漏缺陷。在发展中国家的很多城市中，滴漏浪费掉的水量相当于总供水量的一半，在美国和英国，滴漏浪费的水量占到公共供水量的20%—35%。在缺水的埃及开罗，由于水管漏水，人们常常在水深没踝的大街上涉水过街。对于一个普通的美国家庭来讲，厕所水箱的阀门、滴流的水龙头以及老化水管等滴漏掉的水量相当于该家庭总耗水量的十分之一。

● 安装水表来监测市政用水，并以此为依据征收水费。在美国科罗拉多州的博尔德（Boulder），实施安装水表计划之后，节约的水量超过三分之一。美国的公共供水系统中有五分之一都没有安装水表，对不限量使用高质量的水资源仅征收很低的费用。很多住在公寓楼里的居民几乎没有节水意识，因为水费已经包含在了住房的租金中了。

● 在缺水的城市中实施节水法令。由于实施了节水法令，美国亚利桑那州的沙漠地区的图森市的人均耗水量仅相当于拉斯韦加斯的一半，而后者也是一座沙漠城市，降水量和节水意识都较前者要少（聚焦专栏，第310页）。

● 要求或鼓励使用节水厕所水箱和淋浴喷头。从1994年开始，美国市场上出售的所有厕所水箱每次冲洗的水量都不得超过6L（1.6加仑），墨西哥和加拿大的安大略省也颁布了类似的法令。价

滴灌的前景

解决途径专栏

二战后发展起来的廉价的、耐用的、灵活性大的塑料管线为新型的微灌技术铺平了道路，这种技术被称为滴灌（图 10－19 中间）。它是由一套带孔的塑料管构成，安装在地表处或地下。水管上的小孔或小型发射器将水滴缓慢而稳定地传送到植物的根部。

这种技术是 1960 年代以色列最先开发出来的，现在该国一半以上的农民都在使用，它具有很多优点，包括：

- 适应性强。由管道组成的系统可以很容易地与农田中的农作物耕种模式相适应，或可以保留在原地，还可以移动到不同的地方。
- 高效，灌溉水的 90%—95%都可以到达植物的根部。
- 运作费用较低，因为低压泵的能耗可以节省 37%—70%的能量，而且运送洒水装置所需的劳动力较少。
- 可以精确控制化肥溶液的施用量，这可以降低化肥的使用量和浪费量、盐化作用以及有化肥物质径流而造成的水污染。
- 平均每滴水可以增加粮食产量 20%—90%。
- 粮食作物可以生长得更健康，产量也可以更高，因为不会灌溉过量，也不会灌溉不足。

虽然具有如此多的优点，但滴灌仅在全世界灌溉区域的 1%内得到采用。主要是因为对于大多数贫穷的农民来讲，滴灌的费用还是过于昂贵了，对于低价值量的中耕作物来讲也不值得。但是，滴灌技术对于利润较高的水果、蔬菜、果园农作物和家庭花园来讲，在经济上还是可行的。

有一些好消息，新型的滴灌系统每公顷的资本成本仅为传统滴灌系统的十分之一。再加上其他的一些低成本的滴灌系统，这样就可以带来一场可持续灌溉农业的革命，这将（1）提高粮食产量；（2）降低水资源的消耗量和浪费量；（3）减轻一些与农业活动相关的环境问题（图 7－15，第 219 页）。

批判性思考

政府是否应该提供资助以鼓励农民采用滴灌技术，这种补贴将以节水量为基础？为什么？

值 20 美元的低流速淋浴喷头每年可以节省 34—56 美元加热水的费用。美国布朗大学环境研究专业的学生们进行的一项调查显示该校每年可以通过在学生宿舍中安装低流速的淋浴喷头而节省 44000 美元的费用。美国加利福尼亚州的一家供水企业通过向消费者提供返款来鼓励他们采用节水厕所水箱和淋浴喷头，在一年内就将人均用水量降低了 40%。

- 用前开式的洗衣机代替上开式洗衣机。这种洗衣机（1）耗水量降低 40%—75%；（2）由于不会搅动，所以可以延长衣物的使用寿命；（3）能耗较小；（4）节省金钱。
- 对浴缸、淋浴、浴室的下水槽和衣物清洗设备中排出的灰水污水进行回收利用，用于灌溉草地和非食用植物，以及养鱼。一个普通家庭用水量的 50%—75%都可以作为灰水进行回收利用的。在美国，加利福尼亚州已经成为以立法形式要求回收灰水灌溉庭院的第一个州。以色列废水约 65%都被回收利用。
- 安装或出租可以净化和完全回收住宅、公寓楼和办公建筑中排出的废水的设备。在日本的东京，三菱公司 60 层的办公大楼中的全部用水都通过一套自动循环系统来进行回收利用。
- 收集和利用雨水来冲洗厕所、灌溉庭院、浇灌草地以及用于灭火。在日本的东京，579 座大楼的顶部都安装了大型的水罐来收集雨水。
- 通过附录 4 中所列出的各种途径来降低个人耗水量和浪费量。

美国加利福尼亚州北部地区 20 年的干旱经验显示出住宅用水的耗水量可以降低 50%，公园维护耗水量可以降低 60%，在不影响经济发展的条件下，商业用水可以降低 20%。减少用水量和废水量还可以节省资金。从 1987—1998 年，美国马萨诸塞州的波士顿市通过以下方法将总耗水量降低了 24%：（1）修补滴漏的管线；（2）安装节水装置；（3）向公众宣传节水方法。这些措施使该市避免了从两条大河中分流水源，分流所需的资金将超出节水计划费用的 2—3 倍。

提高生活和工业用水的水价（如以色列）也是降低水资源浪费的一种途径。你也许会认为收取更高的水费会损害穷人的利益。但是，正相反，这通常会降低穷人的用水成本，因为他们大多数人都是以每升超出 10—12 倍的价格向私人供水公司购买水，而不像城市市民那样从公共供水系统中获得较洁净的水。

内华达州拉斯韦加斯的缺水状况

聚焦专栏

美国内华达州的拉斯韦加斯市坐落在莫哈韦沙漠中，是一座人工修建的水上仙境，其间遍布大树、绿地、高尔夫球场、瀑布和游泳池。拉斯韦加斯是美国发展最迅速的城市，从1985—1998年，其人口从55万增加到120万。据估计，该市的人均用水量超过了全世界所有其他城市。

坐落在索诺拉沙漠中的图森市的年降雨量仅为30cm（12英寸），而拉斯韦加斯的年降雨量却仅为10cm（4英寸）。图森市现在成为了一个节水的模范城市，从1976年开始实施了一项严格的节水计划，包括对某些居民提高500%的水价。

相反，拉斯韦加斯最近才开始鼓励节水，主要通过以下手段：（1）大幅度提高水价（但仍然低于图森市水价的一半）；（2）鼓励以岩石和可以抗旱的本地植物来取代草地。

水资源专家们预计，即使最近实施的这些节水计划能够成功，该市到2007年仍然会面临缺水的困境。

批判性思考

1. 如果被选举为拉斯韦加斯的市长来管理该市，为了提高节水效率，你会推行哪3件事情呢？推行这项计划具有哪些政治意义呢？
2. 如果2007年的缺水状况限制了该市的人口增长，你认为这是好事还是坏事？为什么？

10.6 水污染的类型、影响及污染源

水污染的主要类型和影响是什么？

水污染是指水质发生任何化学、生物或物理变化，对有生命生物会造成危害，或使水体不能进行所期望的利用。表10-1列出了水污染的主要等级，以及其主要的人类诱因和危害。

我们如何测量水质？

人们利用各种方法来确定水质。就传染源来讲，水质的最佳指标是100ml（0.1夸脱）水样中所含的大肠杆菌的群体数量。世界卫生组织建议饮用水的标准应该为100ml水中大肠杆菌的含量为零，美国环境保护局（EPA）建议游泳用水的标准为100ml水中大肠杆菌的含量不能超过200个群体。

由需氧废物和植物养分而导致的水污染可以通过测量融解氧的含量来确定。水中所含的需氧废物的量可以通过测量生物需氧量（BOD）来确定：生物需氧量是指在20℃（68℉）的条件下，在5天的时间内，在一定体积的水中需氧分解者分解有机物质所需的溶解氧的量。

可以造成水污染的大多数无机和有机化学物质的浓度主要是以化学分析的方法来确定的。有生命有机物也可以作为监测水污染的指示物种。例如，虑食蚌是以海岸水域的沉积物为食的，可以通过分析其身体组织来确定各种工业化学物质、有毒金属（例如水银和铅）以及杀虫剂的浓度。水生植物，例如香蒲，也可以用于分析确定该区域受到燃料、溶解物质和其他有机化学物质污染的状况。

什么是水污染的点状和非点状污染源？

点状污染源可以在特定的地点通过管线、沟渠或排水管道将污染物排放到地表水体中。例如：（1）工厂；（2）污水处理厂（可以清除某些污染物，但不是全部）；（3）正在开采的或已经废弃的地下矿井，以及（4）油轮。由于点状污染源存在于一些特定地点，所以它们一般比较容易确定、监测和控制。在发达国家，很多工厂排放物都受到严格控制，而在发展中国家，这些排放物则很大部分都是不受控制的。

非点状污染源是指无法追踪到任何一个特定排放地点的污染源。它们通常会覆盖大面积的区域或空域，通过径流、地下水流或空中沉降来污染水体。例如，酸性沉积物（图9-24，第280页）和从农田、牲畜饲养场、伐木场、城市街道、草地、高尔夫球场和停车场中流入地表水体中的化学物质。

来自农业活动的非点状污染包括沉积物、无机化肥、粪便、溶解在灌溉水中的盐分和杀虫剂等。在美国，这些污染占流入河流的总污染量的64%，占流入湖泊的总污染量的57%。在控制非点状污染源方面，人们取得的进展非常小，因为确定和控制如此众多的分散性污染源是很困难的，而且代价高昂。

表 10-1 水污染物的主要类型

传染源

例如：细菌、病毒、原生动物、寄生虫。

主要人类来源：人类和动物废物。

危害：细菌性疾病（例如霍乱和痢疾）、病毒性疾病（例如传染性肝炎）、寄生性疾病（例如贾第鞭毛虫病和血吸虫病）。

需氧废物

例如：可以被有氧（需氧）细菌分解的动物粪便和植物碎屑中的有机废物。

主要人类来源：污水管道、动物饲养场、造纸厂、食品加工厂。

危害：大量分解这些废物的细菌可以通过消耗水中所含的氧来降低水质。这会导致鱼类和其他需要氧气的水生生命死亡。

无机化学物质

例如：水溶性（1）酸；（2）有毒金属化合物，例如铅（Pb）、砷（As）和硒（Se）；（3）盐类，例如海水中的氯化钠和土壤内的氟化物中所含的盐分。

主要人类来源：地表径流，工业排出物，家用清洁剂。

危害：会（1）使淡水不适于饮用或灌溉；（2）导致皮肤癌，造成脊椎和颈椎损伤（F^-）；（3）损害神经系统、肝脏和肾脏（Pb 和 As）；（4）危害鱼类和其他水生生物的健康；（5）降低粮食产量；（6）加速暴露在水中的金属的腐蚀。

有机化学物质

例如：石油、汽油、塑料、杀虫剂、清洁剂、洗涤剂。

主要人类来源：工业废液、生活清洁剂、来自农场和庭院的地表径流。

危害：会（1）导致神经系统损伤（某些杀虫剂）、生殖系统紊乱（某些溶剂）和致癌（汽油、石油和某些溶剂），危害人类健康；（2）危害鱼类和野生生物的健康。

植物养分

例如：硝酸盐、磷酸盐和铵离子等的水溶性化合物。

主要人类来源：污水管道、粪便，来自农业生产和城市生活的径流污水。

危害：会导致藻类和其他水生植物的过量生长，从而导致水中的鱼类死亡、水质降低、水中的溶解氧的量降低。含有过量的硝酸盐的饮用水会降低血液承载氧分的能力，还会杀死未出生的婴儿（蓝婴症）。

沉积物

例如：土壤和淤泥。

主要人类来源：土壤侵蚀。

危害：会（1）使水变浑浊，减弱光合作用；（2）破坏水生食物网；（3）传播杀虫剂、细菌和其他有害物质；（4）破坏鱼类的生育和繁衍场所；（5）淤塞湖泊、人工水库、河道和港口。

放射性物质

例如：碘、氡、铀、铯、钍的放射性同位素。

主要人类来源：核电站、采矿场、铀和其他矿物的加工厂、核武器制造厂以及天然来源。

危害：基因变异、流产、出生缺陷以及某些癌症。

热（热污染）

例如：过量的热。

主要人类来源：发电厂和某些工厂的冷却用水（图 4-44，第 133 页）。美国每年开采的所有水资源中有一半左右都用于发电厂的冷却。

危害：降低溶解氧的含量、使水生生物更容易受到疾病、寄生虫和有毒化学物质的侵害。当发电站第一次投付使用或关闭进行修理时，适应了某个特定温度环境的鱼类和其他生物（图 2-16，第 32 页）会被水温的突然变化杀死，这被称为热冲击。

水是否可以安全饮用？

发展中国家中大约四分之一的人口都无法获得清洁的饮用水。在中国，大约 7 亿人口所饮用的水都是受到污染的，中国的 27 座大城市中仅有 6 座可以供应满足政府要求标准的饮用水。受到污染的饮用水是造成 1970 年以来中国肝病发病率和癌症死亡率增长 1 倍的关键因素。在俄罗斯，从水龙头中流出的水有一半都是不适合饮用的，含水层中水体的三分之一也受到污染而无法饮用。非洲有大约 2.9 亿人口——大约相当于美国的人口总量——无法获得安全的饮用水。

据联合国估计，利用 8—10 年的时间为全世界 14 亿——全世界每四个人中就有一个——无法获得清洁的饮用水的人提供低廉、安全的饮用水每年需要花费大约 250 亿美元的费用。这笔费用可以避免每年由不安全的饮用水而导致的 500 万人死亡（包括 200 万名年龄不到 5 岁的儿童）和 34 亿人患病。目前，全世界每年用于供应清洁的饮用水方面的费用仅为 80 亿美元。

10.7 淡水河流、湖泊和含水层中淡水资源的污染

河流的水污染问题有哪些？

流动的溪流，大型的被称为河流，可以利用稀释和细菌降解而很快地从需氧废物和过量的热量的污染中恢复过来。这种自然恢复过程可以一直维持，只要（1）河流中的污染物没有过量；（2）河流的流速没有因为干旱、筑坝或分流用于农业和工业用途而减慢。但是，这种自然稀释和生物降解过程不能清除必须缓慢分解和无法分解的污染物。

在一条流动的河中，细菌分解掉可降解的废物，这样会消耗水中的溶解氧的量，从而减少或清除需要大量氧分的水生生物的数量，直到河流再次变得澄清。氧分垂度曲线（图 10－21）的高度和宽度表示一条河流进行恢复所需的时间和距离，取决于流入该河流中的可降解的废物的量，以及该河流的(1) 水量；(2) 流速；(3) 水温，以及 (4) pH 值（图 7－5，第 205 页）。当从工厂和发电厂中排出的热水流入河流时，也可以得到相似的氧分垂度曲线。

要求各个城市从河流的下游而不是上游（现在正是如此）获取饮用水可以大幅度提高水质。每座城市不得不清洁各自排出的废物而不能任其漂流到下游地区。但是，上游地区已经获得了比较清洁的用水的采水者，不需要负担较高的清洁费用，所以他们反对这种预防性政策。

我们在降低河流污染方面取得了哪些进展？

有一些好消息。1970 年代通过的各种水污染控制法已经大幅度提高了美国和其他发达国家的废水处理厂的数量和质量。所颁布的各项法令还要求各工业企业降低或清除向地表水体中排放污染物的点状污染源。这些努力使美国大多数河流中致病源和需氧废物的污染程度一直没有增长。如果考虑这些法令颁布以来的经济活动和人口因素的话，这可以说是一个振奋人心的成功。

美国俄亥俄州的凯霍加（Cuyahoga）河的清理是一次成功的经验，该河污染程度恶劣，在 1959 年和 1969 年，该河两次着火，火焰顺流到俄亥俄州的克利夫兰市。这条燃烧的河的形象被广泛宣传，这使得该市、俄亥俄州和联邦政府决定进行立法来限制排放入该河的工业废物和排水系统，并拨款来改进污水处理设备。现在，这条河已经恢复如初，并被乘船者和垂钓者广泛利用。

英国也成功地进行了一次河道清理。在 1950 年代，泰晤士河几乎成为一条流动的厌氧排水沟。但是，经过 40 多年的努力，花费了英国纳税人和私人业主数亿美元的费用之后，泰晤士河奇迹般地恢复了往日的风采。商业捕鱼再次兴盛，很多水禽和涉禽物种又回到它们以前的繁衍之地。

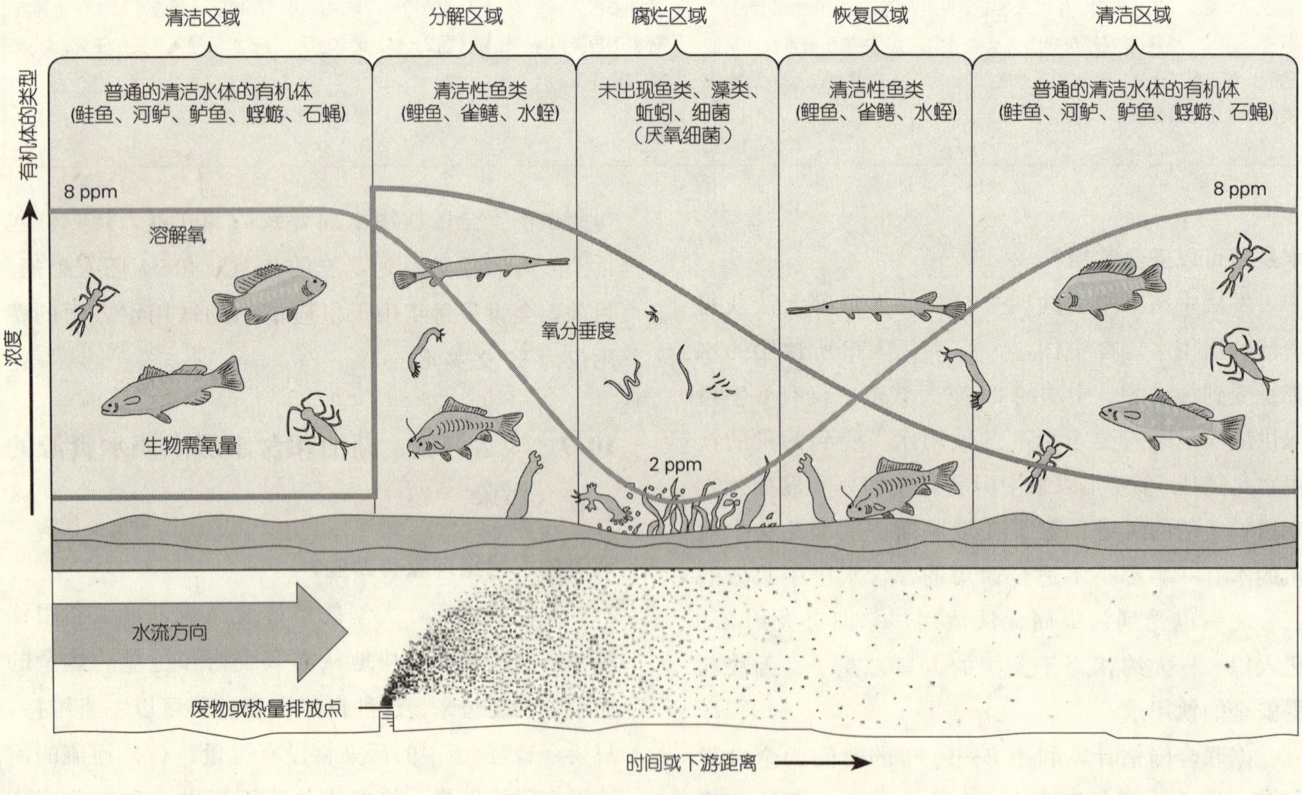

图 10－21　可降解的需氧废物和热量的稀释和分解状况显示出氧分垂度曲线和需氧量曲线。取决于流速和污染物的数量，如果时间充足而且污染物不过量的话，河流可以自行恢复

河流污染有哪些坏消息？

尽管在大多数发达国家，在提高河流的水质方面都取得了一定的进展，但大量鱼类死亡和饮水污染仍在发生。主要是由以下原因引起的：(1) 工厂或矿厂偶然地或有意地排放有毒无机和有机化学物质；(2) 污水处理厂发生故障；(3) 来自农田或动物饲养场的杀虫剂和养分（被侵蚀的土壤、化肥和动物废物）的非点状径流（个体作为专栏，第316页）。

有数据显示，由排污管道和工厂废物造成的河流污染在大多数发展中国家都是一个严重的问题，而且正在恶化，而这些国家的污水处理厂从实际效果上来讲几乎没有什么作用。前苏联和东欧一些国家境内的大量河流都已经受到了严重污染。目前，印度境内超过三分之二的水资源都受到了工业废物和废水的污染。在中国境内78条受监控的河流中，有54条都受到了未受处理的污水和工业废物的严重污染。中国境内的河流中约有20%的污染状况十分严重，无法用于灌溉，其中又有80%的水质极差，已经不能支持鱼类的生存。在拉丁美洲和非洲，大多数流经城市或工厂区域的河流都受到了严重污染。

湖泊污染有哪些问题？

在湖泊、水库和池塘中，稀释的效果往往要比河流差一些，因为：

- 湖泊和水库通常都会形成层状结构（图2-43，第59页），不容易形成竖向混合。
- 它们几乎不流动。例如，湖泊和大型人工水库中的涌动和水体变化所需的时间从一年到100年不等，而河流则仅需几天到几周的时间。
- 池塘中的水量较小。

与河流相比，湖泊、水库和池塘更容易受到来自植物养分、油类、杀虫剂和有毒物质（例如铅、汞和硒）的侵害。这些污染物会毁坏底层生物和鱼类，以及以水生生物为食的鸟类。

很多有毒化学物质和酸（图9-24，第280页）还会从大气层中进入湖泊和水库中。某些化学物质如DDT（图6-10，第190页）的浓度、PCB、一些放射性同位素以及一些汞化合物，随着它们在湖泊中的食物网中被传送，还会被生物扩大。

湖泊还会从周围的盆地中接收养分和淤泥，这是自然侵蚀和径流的结果。湖泊的这种天然营养丰富现象被称为富营养作用。随着时间的推移，一些湖泊变得更加富营养化（图2-44下图，第59页），而其他湖泊则不会，因为周围流域状况有所不同。

城市或农业生产区域附近的人类活动会大幅度提高植物养分向湖泊的排放速度，最终会形成一种被称为耕作性富营养化的现象。这种变化主要是由含硝酸盐和磷酸盐的废液导致的，这些废液主要来自：(1) 污水处理厂；(2) 化肥和动物废物的径流，以及 (3) 富含养分的表层土的加速侵蚀（图10-22）。这会破坏 (1) 氮（图2-30，第48页）和磷循环（图2-31，第49页），以及 (2) 这些水体中的有机生物的分布状况和类型。

在炎热天气或干旱季节，这种养分过量现象会促使某些有机生物大量繁殖，例如藻类、藻青菌、水葫芦和浮萍等。当大量藻类死亡沉入湖底，被有氧细菌分解掉时，水中大量的溶解氧（在湖岸附近的表层区域和底层区域）会被消耗掉。这种氧分的消耗会导致鱼类和其他有氧水生动物的死亡。如果过量的养分继续流入湖泊中，厌氧细菌会充满整个湖泊，并产生气态的分解产物，例如带有异味的、毒性很强的硫化氢气体和可燃的沼气。

在美国，10万个中等以上规模的湖泊中的三分之一和主要人口聚居中心附近的大型湖泊中的85%都受到某种程度的耕作性富营养化的侵害。中国的所有湖泊中有四分之一都已经处于富营养化状态。

防止或减轻耕作性富营养化的途径包括：(1) 采用高级的污水处理技术（第10.9节，第322页）；(2) 禁止或限制磷酸盐在生活清洁剂和其他清洁产品中的使用；(3) 进行土壤保护和土地使用控制，以降低养分的流失。

主要的清理方法包括：(1) 清除过量的杂草；(2) 用除草剂和除藻剂来控制某些植物的生长；(3) 向湖泊和水库中导入空气，以避免氧气的过量消耗（这种方法比较昂贵，而且能耗大）。从长远来看，一般来讲，与清理措施相比，污染预防是一种比较有效、而且通常比较廉价的途径。

案例研究：北美洲五大湖的化学污染和基因污染

北美洲相连的五大湖含有美国地表淡水总量的至少95%，占全世界地表淡水总量的20%。五大湖盆地地区居住着3800万居民——占加拿大人口总量的约30%，占美国人口总量的14%。

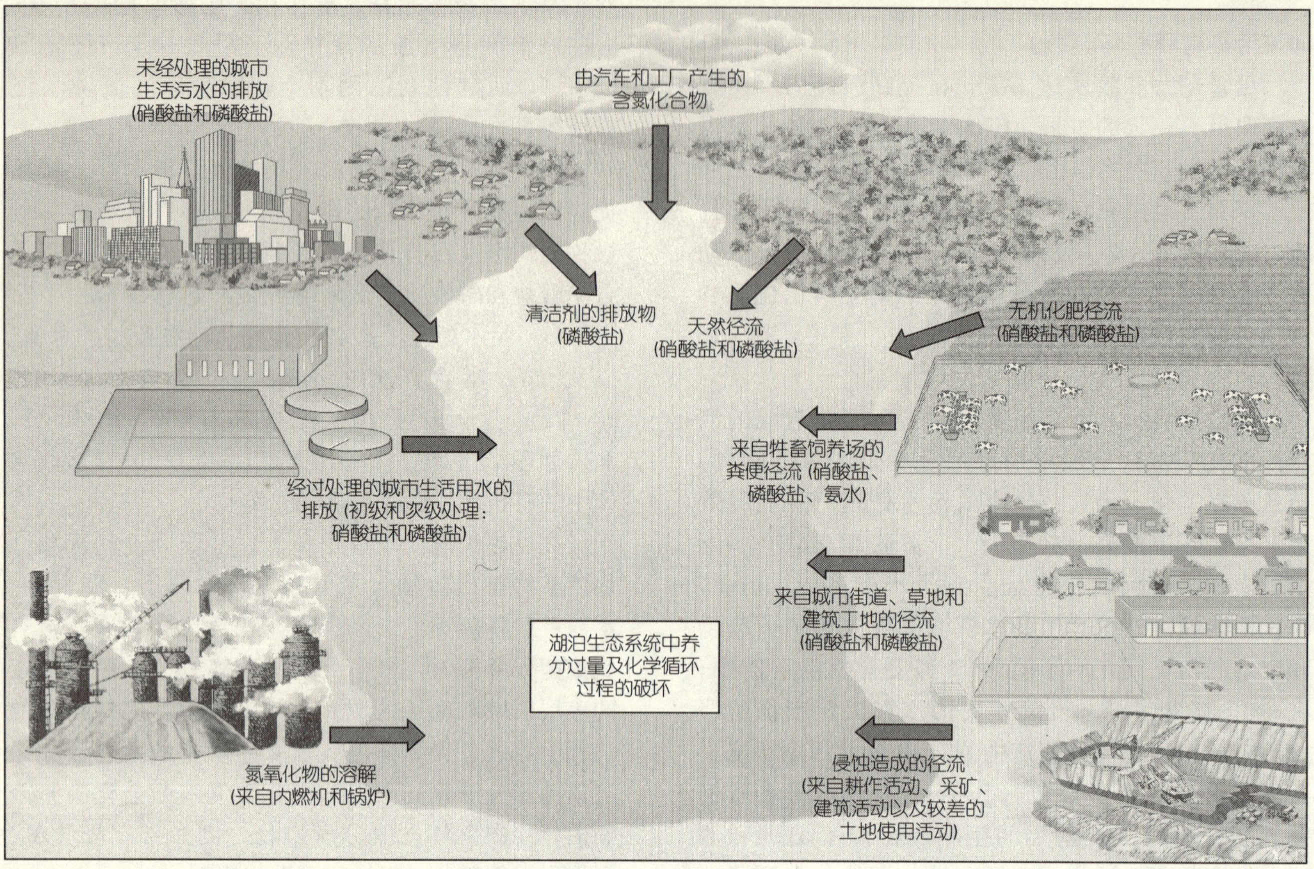

图 10-22 导致湖泊耕作性富营养化的过量养分的主要来源。来自各种来源的养分的数量各不相同，取决于发生在每个空域和水域内的人类活动的类型和数量。当大量藻类和植物（越来越多的养分输入会加速这一过程）死亡并被需氧细菌分解时，水中的溶解氧的含量水平会降低。降低水中的溶解氧的含量水平会导致鱼类和其他水生生物死亡，还会降低湖泊的景观和休闲娱乐的价值

五大湖的面积虽然很大，但它们很容易受到来自点状和非点状污染源的污染物的污染，因为每年流入五大湖的水量中只有不足1%最终流入圣劳伦斯河。除了地表径流，五大湖还会获得大量来自大气的酸、杀虫剂和其他有毒化学物质（通常是从几百或几千公里外的地方被风吹来的）。

到1960年代，五大湖的很大部分都受到了严重的耕作性富营养化的侵害，大量的鱼类死亡，细菌和各种有毒工业废物造成了严重的污染。污染对伊利湖的影响尤其严重，因为它是五大湖中最浅的一个，而且其沿岸的居民和工业活动的密度也最大。很多湖滨浴场不得不关闭，到1970年，该湖已经丧失了几乎所有的本地鱼类物种（图10-23左图）。

有一些好消息。从1972年开始，加拿大和美国联合展开了一项耗资200亿美元的五大湖污染控制计划。该计划（1）大幅度降低了湖中的磷酸盐、大肠杆菌和很多种有毒工业化学物质的浓度；（2）抑制了藻类的生长；（3）增加了溶解氧的含量以及体育和商业捕鱼的产量（图10-23右图），以及（4）使大多数湖滨浴场重新开放。

这些成绩的取得主要是因为（1）建设了新型的或高级的污水处理厂；（2）对工业废物进行了较好的处理；（3）禁止在清洁剂、家用清洁产品和净水器中使用磷酸盐。

还有一些坏消息：

- 五大湖沿岸适于游泳或提供饮用水的区域仍然不足3%。
- 来自城市蔓延导致杀虫剂和化肥所形成的非点状地表径流已经超过了工业污染物而成为对湖泊最严重的威胁因素。
- 43个有毒热点地区的污染状况仍然很严重。
- 杀虫剂、来自火力发电站的水银以及来自遥远的墨西哥和俄罗斯的其他有毒化学物质形成的大气沉积物构成了五大湖有毒化合物流入总量的50%。

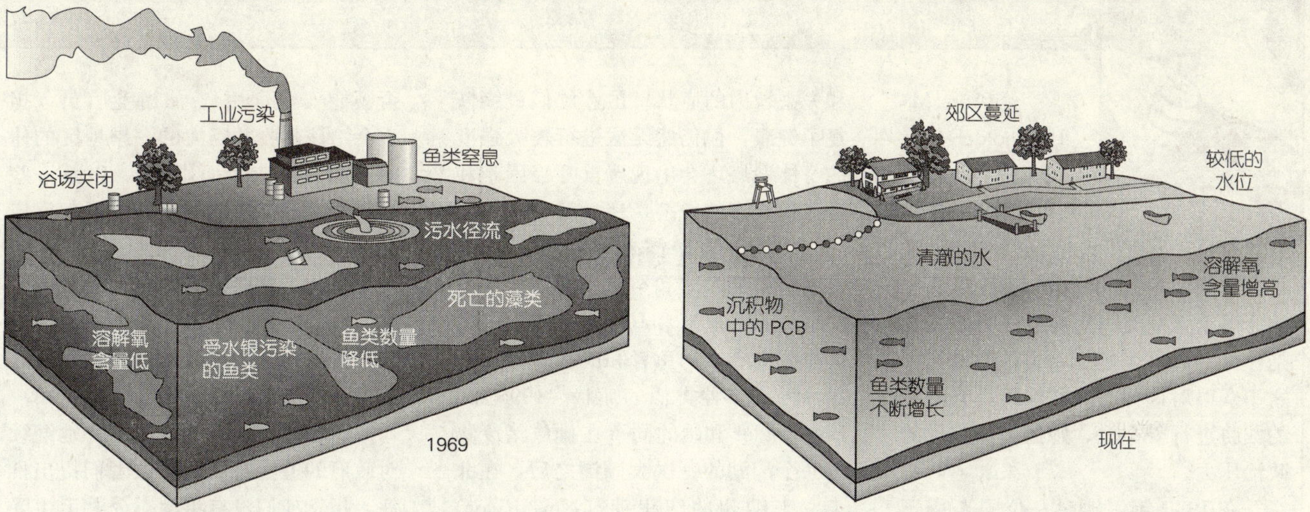

图 10-23　1969 年开始实施的伊利湖清理计划的进展状况简图

● PCB 等有毒化学物质已经（1）深入食物链和食物网中；（2）污染了很多种类的体育运动性鱼类；（3）以五大湖中的鱼类为食的鸟类、水獭和其他动物的数量消失殆尽。

● 威斯康星州的生物学家们所进行的一项调查表明，从五大湖中捕捞到的鱼类中，每 4 条就有 1 条是不能供人类消费的。

在 1991 年，美国政府通过了一项法案，要求加快五大湖的清理速度，特别是 43 个有毒热点地区，还要求立即降低该地区的空气污染物的排放量。但是，由于缺乏联邦和州政府提供的资金，这些法案的最终目的很难达到。

一些环境学家呼吁禁止（1）在五大湖沿岸的造纸厂和纸浆厂中使用氯作为漂白剂；（2）在该地区新建任何焚烧设备；（3）向五大湖中排放可以危害人类和其他野生生物健康的 70 种有毒化学物质。这些工厂的官员们则强烈反对这些禁令。

五大湖地区的渔场也受到由非本地物种的入侵而造成的基因污染的威胁。在 1986 年，一种非本地物种斑马牡蛎的幼虫被停泊在密歇根州的底特律市的一艘来自欧洲的货船把作为压舱的水排放到了五大湖中。由于尚未发现天敌物种，所以这种拇指甲大小的牡蛎（1）取代了其他牡蛎物种的位置；（2）将其他五大湖物种赖以生存的食物供给消耗殆尽；（3）填塞了灌溉用的管道；（4）堵塞了发电站和市政用水的供给管线；（5）污染了湖岸地区；（6）在船体上、码头的墩子上、管道上、岩石上和几乎所有暴露出来的水体表面处大量繁衍；（7）造成五大湖盆地地区的经济损失达到每年 7 亿美元（在未来几年内，年经济损失将会达到 50 亿美元）。

但是，对很多水生植物来讲，斑马牡蛎的到来却是一个好消息。通过消耗藻类和其他微生物，斑马牡蛎可以提高水的洁净度。水越清澈，透过阳光的能力就越强，光合作用的能力也就越强。这可以使某些本地植物繁茂生长，也使伊利湖（其他几个湖大概也是如此）的植物光合能力恢复到接近于 100 年前的水平。由于某些植物可以提供食物，增加溶解氧的含量，所以它们的恢复会使某些水生动物受益（包括斑马牡蛎）。

但是，坏消息似乎更多。在 1991 年，更大量的、更具破坏性的物种——斑马牡蛎——侵入了五大湖，有可能是被一艘俄罗斯货船的压舱水带入的。与斑马牡蛎相比，它们可以在更深的湖水中生存，并能忍受更严酷的水温环境。人们担心这种生物最终会全面占领切萨皮克湾区域以及佛罗里达州的部分水道。

至 1999 年，一种欧洲的鱼种——圆虾虎鱼——侵入了五大湖。它带来一些好消息，这种小型的肉食动物贪婪地捕食斑马牡蛎。但也有坏消息，这种生活在湖底区域的鱼类还会吞食与它们生存在同一水域的任何鱼类的卵和幼仔。其中包括一些享有盛誉的休闲娱乐鱼类，例如河鲈、大眼鰤鲇和小嘴鲈鱼。

个体作为专栏

追踪来自地狱的 Pfiesteria 细胞

JoAnn M. Burkholder 是美国北卡罗来纳州立大学的水生生物和海洋科学教授。她知道（1）一种新认定的能够杀死鱼类的使人生病的微生物是什么；（2）当她想将自己的研究公之于众以对这种对人类健康具有潜在的威胁进行警觉时，她经历了怎样的政治压力。

在 1986 年，她对一位同事用于实验的鱼类神秘死亡的事件进行了调查，并发现罪魁祸首是一种新型的微生物，它们非常微小，几十只聚在一起也不过才有针尖那么大。她和共同发现这种微生物的同事将其命名为“Pfiesteria piscida”，但一些生物学家却称其为来自地狱的细胞。

她和她的同事发现，这种复杂的微小微生物在一生中至少可以变换 24 种伪装。当缺乏食物时，这种微生物可以伪装成一种植物或静静地潜伏数年之久。在某种条件下，这些微生物可以从以藻类为食转变为以鱼类为食的腰鞭毛虫，它们还可以释放出神经毒素，（1）使河流和入海口区域中的鱼类昏厥；（2）通常需要 10 分钟至几小时的时间来杀死鱼类。

它们释放出的神经毒素还可以在水面上方形成气雾体。在 1993 年，Burkholder 和她的首席研究助理都因吸入了大量遭 Pfiesteria 攻击而死的鱼类所释放出的有毒气体而导致了恶心、红眼病、抽筋、身体虚弱、缓慢愈合溃疡、呼吸困难，以及严重失忆和失去智力的症状。虽然她们最终恢复了健康，但仍然无法进行较大强度的身体锻炼，会出现严重呼吸困难和呼吸道疾病的侵害。

之后，当暴露在受到 Pfiesteria 毒素污染的水体和空气中时，北卡罗来纳、弗吉尼亚和马里兰等州的 100 多位研究者、钓鱼者和滑水者都出现了一种或多种类似的症状。1995 年，Burkholder 和她的同事在排放猪废物的一个潟湖的一次大倾泻之后，在北卡罗来纳州的纽里弗（New River）又发现了第二种以鱼类为食的 Pfiesteria。这些单细胞的生物生活在从切萨皮克湾到佛罗里达和亚拉巴马州的格尔夫（Gulf）海岸地区的水域中，每年造成的渔业和旅游业损失超过 6000 万美元。

通过实验室研究和现场研究，Burkholder 找到了证据，证明这种 Pfiesteria 的出现和大量繁殖与河流和入海口水域中的氮（以硝酸盐的形式）和磷（以磷酸盐的形式）的含量水平过高有关。从施用化肥的农田、工业开发活动和牲畜饲养场（特别是养猪和养鸡场）中排放出的径流中发现了高含量的硝酸盐和磷酸盐养分，都被排放进流入河流和海岸入海口中。

1991 年，Burkholder 将她的发现公之于众，并敦促北卡罗来纳州政府进行立法来限制养猪业，并制定更严格的法律来减少这些和其他一些污染物排入该州的河流的量。养猪业主、开发商、农业投资者、渔业官员（担心从受影响地区捕获的鱼类和贝类是否还能安全食用）、旅游业官员（担心会给该州收益巨大的海岸地区的休闲旅游业造成负面影响），以及一些州政府的官员对她的政治提议却反应消极。

有些人怀疑她的性格和研究能力有问题，还控告她以初步的研究结论来推行值得怀疑的政策。她甚至还收到过一些匿名死亡恐吓信。

Burkholder 并没有退缩，她继续对政府的卫生官员和立法者们提出批评，指责他们没有将她对公共卫生受到的威胁的担忧提起足够的重视。在全州和全国公众的关注下，该州现在已经开始支持对这一问题进行研究，并从 1997 年开始，延缓新养猪场的建设，同时寻找处理猪废物的更佳途径。

其他一些科学家所进行的研究也证明了 Pfiesteria* 的大量出现与河流中营养物质过量有关。从 1997 年开始，大量的联邦和州的环境、卫生和农业机构都建立了合作关系，对该生物出现的诱因和对人类和其他生物的健康威胁进行研究。

* 关于她所进行的研究和为警告公众和政府官员重视这种微生物造成的威胁所进行的政治斗争的详细情况，请参见 Rodney Barker 著，《水变成血：终极生物学威胁》（And the Waters Turned to Blood: The Ultimate Biological Threat）（纽约：Simon & Schuster，1997 年）

为什么地下水污染是一个严重的问题？

根据很多科学家的研究，地下水的看不见的污染是对人类健康的一个严重的威胁，地下水是饮用水和灌溉水的一个主要的来源。欧洲的饮用水约有 75%来自地下水，美国为 51%，亚洲为 32%，拉丁美洲为 29%。

研究表明，地下水的污染来自众多来源，随着人类将越来越多的废物倾倒进（1）潟湖；（2）化粪池；（3）垃圾填埋处；（4）堆积起来；（5）深入井中，或者将汽油、石油、溶剂和金属有害废物埋置在地下，这些物质在 20—40 年后就会腐蚀和泄漏（图 10-24）。

虽然专家们将地下水污染列为危害程度较低的

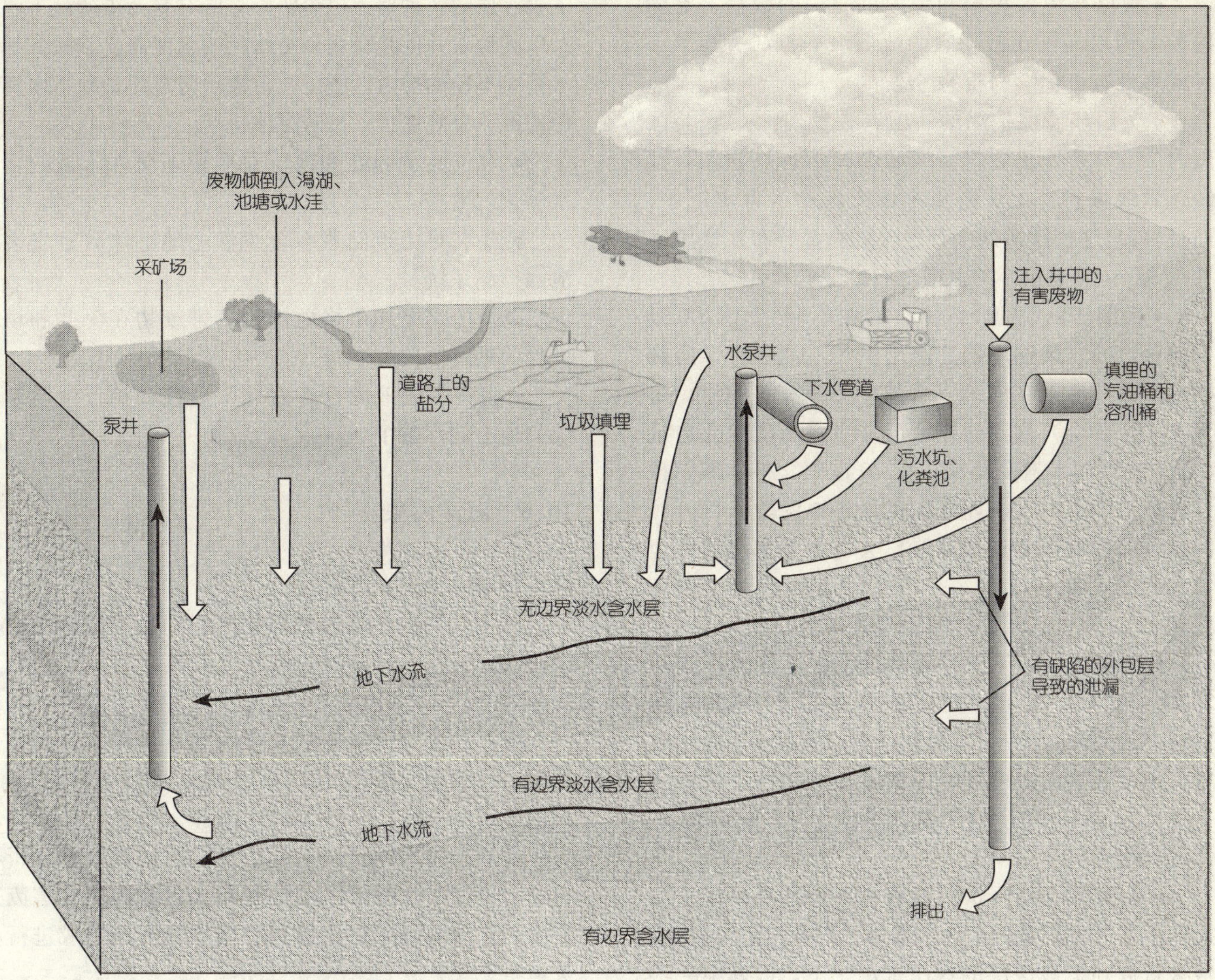

图 10-24　美国地下水污染物的主要来源

生态问题，但是他们将饮用水（很多都来自地下水）中的污染物问题视为一种很严重的健康威胁（图8-7左栏，第248页）。人类健康威胁主要来自受污染的地下水，这些污染源包括：（1）石化产品（例如汽油和石油）；（2）有机溶剂（例如三氯乙烯或TCE）；（3）杀虫剂；（4）砷（As）；（5）铅（Pb）和（6）氟化物（F^-；见表10-1）。

当地下水受到污染时，其自身是无法像地表流动的水体那样（图10-21）清除掉那些可降解的废物的，因为（1）其流动速度缓慢（一般每天0.3m即1英尺），那些污染物无法被稀释或被有效地分散掉；（2）水体中含有较少量的分解细菌；（3）水温较低，降低了分解废物的化学反应速度。这意味着地下水需要数百年至数千年的时间才能将可降解的废物清除掉，从人类的时间尺度来讲，不可降解的废物（例如有毒的铅、砷和氟化物）是永久性存在于水体中。

地下水污染程度有多严重?

对于这个问题，我们只能回答："不知道"，因为几乎没有哪个国家斥巨资对含水层进行定位、勘查和测试。但是，从世界各地的科学家们进行的一些研究可以窥出一点端倪：

- 美国大约25%的可用地下水都被污染了（在某些地区甚至高达75%）。例如，在新泽西州，每个主要的含水层都受到了污染。
- 美国环境保护局已经对38个州中被74种杀虫剂污染的地下水资源进行了登记，这些地下水资源主要分布在农业区域中。在加利福尼亚州，100多万人口的饮用水资源已经受到了杀虫剂的污染。西欧、南亚和拉丁美洲的农业区域中的地下水资源也遭到了杀虫剂的污染。

● 根据环境保护局和美国勘测局的数据，美国国内大约45%的市政用水的地下水来源都遭到了一种或多种有机化学物质的污染。

● 美国环境保护局的一项调查发现：(1) 美国国内26000多处工业排污池和潟湖中有三分之一都缺乏管线保护，无法避免有毒废液渗入含水层中，而且 (2) 这些排污处中有三分之一都分布在饮用水井1.6km（1英里）的范围之内。

● 美国环境保护局估计，在美国，至少有100万个储存汽油、柴油燃料、家用供暖汽油和有毒溶剂的地下储存罐正在向地下水体中泄漏有害物质。每天4L（1加仑）汽油这样缓慢的泄漏速度也会造成5万人的饮用水遭受污染。在20世纪，科学家们预计，近几十年中人们埋藏在世界各地的数以百万计的这种储存罐都会造成泄漏，会对地下水源造成侵蚀和污染，并会成为一个严重的全球性卫生健康问题。

● 确定某个地下储存罐的泄漏程度的成本高达25000—250000美元，而清除污染的费用将高达10000—250000美元。如果化学物质渗透到了含水层中，那么几乎无法再进行任何有效的清除。替换一个发生泄漏的储存罐的费用需要再增加10000—60000美元。

● 美国国内大约60%的有害废液都是以排入深层地下井的方式来处理的（图10-24）。虽然这些废液被排放到了最深层的饮用水源之下，但其中一些排泄管线会发生泄漏，在得克萨斯州、佛罗里达州、俄克拉何马州和俄亥俄州的部分地区，一些废液已经渗透到了作为饮用水源的含水层中。

● 当在砷含量较高的天然土壤中钻井时，有毒的砷就会引起地下水污染（例如印度的西孟加拉邦和孟加拉国的部分地区，3000万至8000万人的饮用水源的砷含量高达世界卫生组织公布的标准的5—100倍）。

● 在海岸地区，过度抽取含水层中的地下水也会导致由盐水入侵而造成的饮用水污染（图10-18，第306页）。

解决途径：我们如何保护地下水？

受污染的地下含水层几乎是无法清理干净的，因为 (1) 其数量巨大；(2) 无法到达，以及 (3) 流动缓慢。将受污染的地下水抽取到地表，进行清洁，然后再将其返注到地下含水层中，这样做需要极其高昂的成本。而且，最近所进行的抽取和处理受污染的地下含水层的各种努力也表明，将所有受污染的地下水抽取到地表并使其净化到可饮用的程度需要50—1000年持续不断的努力。所以，污染预防是保护地下水资源的惟一有效途径。预防方法包括：

● 对垃圾填埋处和地下储藏罐埋藏处附近的含水层进行监控。

● 要求对用于储藏有害废液的地下储藏罐安装泄漏检测系统。

● 禁止或更加严格地控制有害废物在深井和填埋处的处理。

● 将有害废液储存在安装了监控和校正泄漏系统的地上储存罐中。

10.8 海洋污染

海洋可以承受多少污染？

对于人类生产的大量废物来讲，海洋是最终的排污池，就像一句非洲的谚语所说的：“水流万条，终归大海。”

海洋具有稀释、分散和降解大量原污水、污水污泥、石油和一些类型的可降解的工业废物的能力，特别是深海海域。一些形式的海洋生物也已证明具有比最初所预期的更强的适应性。这使得一些分析家提出建议，认为将污水污泥和大多数其他有害废物倾倒入深海海域中比将它们填埋到陆地上或进行焚烧要更安全。

其他一些分析家则反对这种观点，他们指出，我们人类对深海的了解比对外太空的了解还要少。他们还指出，将废物倾倒入海洋中还将对急需的污染预防措施的实施有所延迟，并会加剧海洋这种地球的生命维持系统的衰败。

污染物是如何影响海岸区域的？

海岸区域——特别是湿地和江河入海口地区、珊瑚礁以及红树林沼泽地区——承受着倾倒入海洋中的大量污染物的冲击（图10-25）。这并不令人惊奇，因为 (1) 全世界大约40%的人口都生活在距离海岸线100km（160英里）的区域内；(2) 全世界15个最大的大都市区域中有14个都分布在海岸区域内，每个区域的人口都超过1000万；(3) 海岸地区的人口增长速度比全球人口平均增长速度要快。

在大多数发展中国家的海岸区域（以及一些发达国家的海岸区域），市政污水和工业废物都在未被处理的情况下就倾倒进海洋中。来自地中海沿岸的

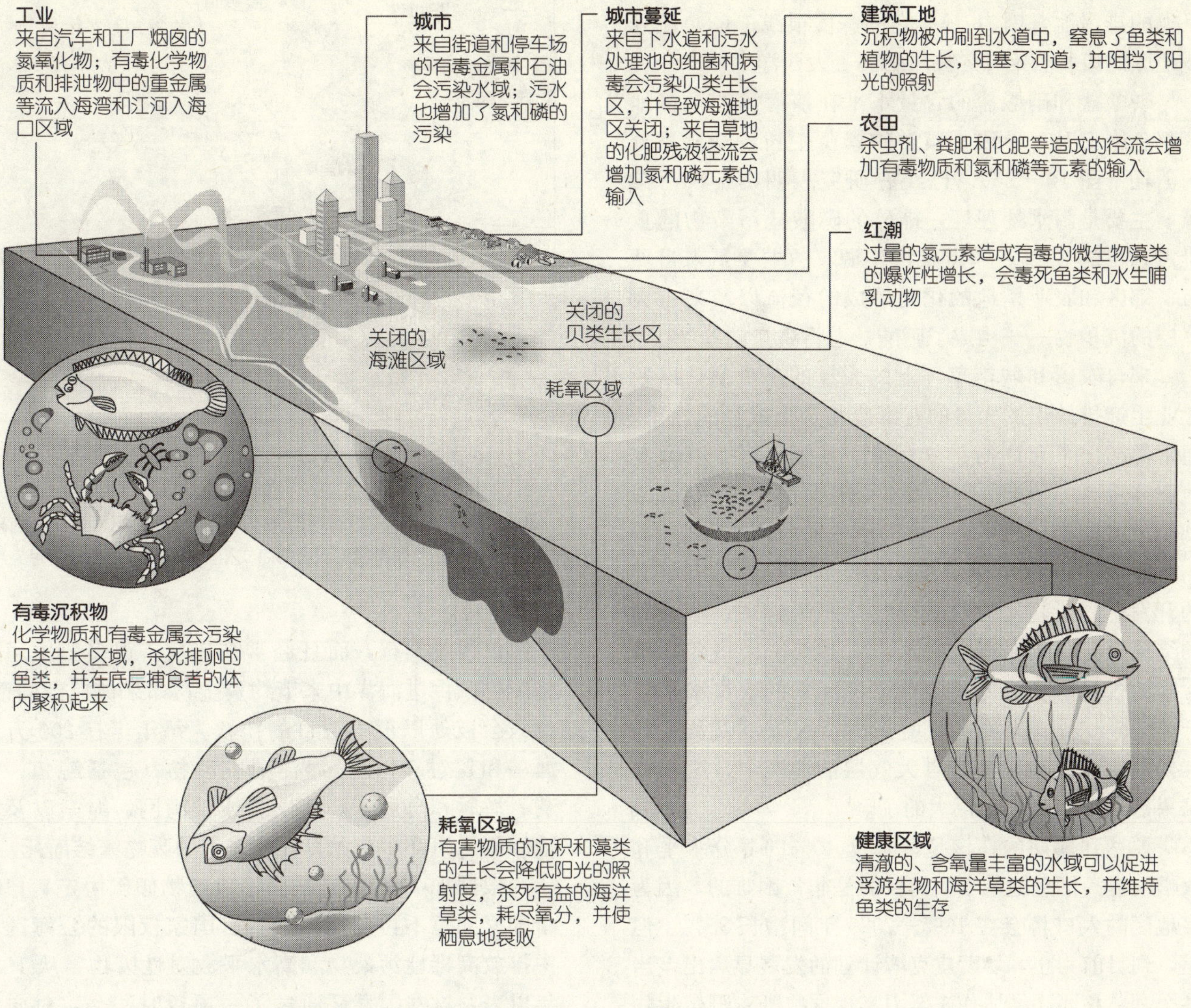

图 10-25　居住区、工厂和农场是如何对海岸水域和海湾造成污染的

大城市中的85%的污水都在未经处理的情况下就排放到海洋中了，这一地区的人口在旅游旺季达到2亿。这会导致大范围得海岸污染和贝类污染。

美国大多数的海港和海湾都遭到了市政污水、工业废物和石油的严重污染。每年，美国大陆48州的海岸区域中至少有三分之一都因污染和栖息地破坏而停止贝类捕捞。

流入海岸水域内的污水径流和农业废物，以及来自大气层的酸性沉积物（图9-24，第280页）会带来大量的硝酸盐（NO_3^-）和磷酸盐（PO_4^{3-}）等植物养分，这会导致有害藻类的爆炸性增长。

这些藻类的繁盛生长——被称为红潮、棕潮或绿潮，取决于颜色的不同——会（1）释放出以水和空气为媒介传播的有毒物质，会危害捕鱼业的发展；（2）会杀死某些以鱼类为食的鸟类；（3）会降低旅游的收入，并（4）会毒害海产品。当海藻死亡和降解时，海岸区域会消耗掉大量的氧分，各种水生物种也会随之死亡。

每年在全世界海洋区域中会形成61个大型耗氧区域（有时被不准确地称为死亡区域），例如墨西哥湾，以及波罗的海和黑海等内陆海域，主要是由过量的化肥输入造成的。在这些区域内，大量的水生生物死亡或转移到其他地方。

案例研究：切萨皮克湾

切萨皮克湾是美国最大的入海口区域，但由于人类活动而遇到了麻烦。从1940—1999年间，生活在切萨皮克湾地区的人口数量从370万人增加到了1570万，在几年之内，该地区的人口将达到1800万。

该入海口地区从分布在一个面积巨大的流域地区内的点式和非点式来源接受各种废物，该流域地区涵盖了9条大河和141条较小的溪流和小溪，分布在6个州内（图10－26)。切萨皮克湾成为了一个巨大的排污池，因为（1）它的深度很浅；（2）流入该地区的废物仅有1%被冲刷到了大西洋中。

磷酸盐和硝酸盐的含量水平在该海湾的很多地区都急剧上升，导致了藻类的繁茂生长，以及氧分的消耗（图10－26)。已经有研究表明，点状污染源，主要是污水处理厂，排放的磷酸盐污染物的重量占总量的60%。非点状污染源——主要是来自城市、郊区和农业用地的化肥形成的径流以及来自大气层的沉积物——构成了硝酸盐总污染量的60%。

来自农田和城市草坪上的大量的杀虫剂，以及工业生产排放出的大量的有毒废物会形成径流污染，通常都超出了允许的排放标准。牡蛎、蟹类以及其他一些重要的鱼类品种的商业捕捞量自1960年以来都因过度捕捞、污染和病害等因素而急剧下降。

在1980年代，切萨皮克湾计划是美国最有雄心的开发计划，其目的是进行整体海岸管理。该计划的结果也是令人振奋人心的。从1985—1993年，磷元素的含量水平降低了16%，氮元素的含量水平降低了7%，在该流域人口增长的情况下，以及大约40%的氮元素输入都来自大气层的情况下，这样的结果已经可以说是很巨大的了。

要达到预期的在该地区降低40%的养分水平和大幅度提高栖息地的水质的目的是非常困难的，因为该地区的人口将会在1995—2020年间增长25%。但是，到目前为止，切萨皮克湾计划的发展显示出，当各个利益集团团结协作来努力实现这些既对野生生物又对人类有益的目标时，该计划可以取得哪些成绩。

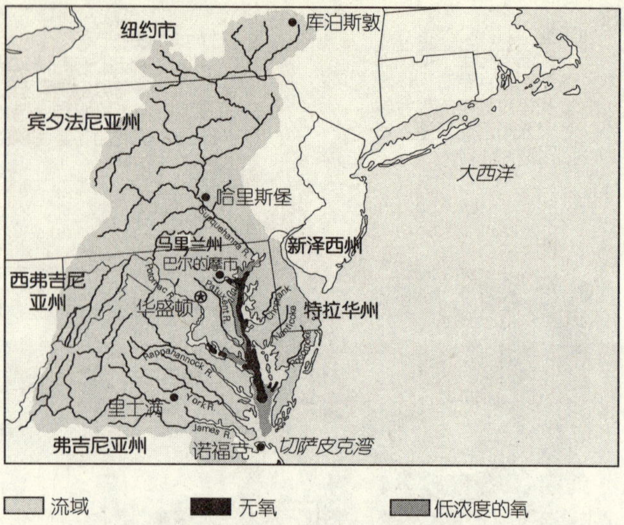

图10－26　切萨皮克湾是美国最大的江河入海口区域，已经因来自6个州和空气污染物沉积物的点式和非点式污染源造成的污染严重地衰败了

人类将哪些污染物倾倒进海洋中？

倾倒在美国海岸地区的工业废物已经被禁止了，虽然这种情况在其他发达国家和一些发展中国家中仍有发生。但是，驳船和货船仍然在合法地在大西洋、太平洋和海湾地区的110个地方向大海中倾倒大量的疏浚残渣（从海港和河流的底部挖出各种物质以维护河道的畅通，这些物质一般都会含有有毒金属)。

另外，很多国家都在向海洋中倾倒大量的污水污泥，一种由有毒化学物质、传染性细菌和从污水处理厂中排出的废液中所含的附着固态物质所构成的混合物。从1992年开始，美国已经禁止这种排放行为了。

拥有全世界至少80%的商业船舰的50个国家已经达成了协议，不再向海洋中倾倒废水和垃圾，但该协议很难实行，而且经常被违反。很多船主通过将废物倾倒进海洋中来节约资金，如果被抓到的话，也只会被处以很小数目的罚款。每年，有200万只海鸟和超过10万只海洋哺乳动物（包括鲸鱼、海豹、海豚和海狮等）因误食或被渔网、绳索以及其他倾倒入海洋中或抛弃在海滩上的废物缠结而死。

根据1972年制定的《伦敦废物倾倒协定》，100个国家同意不再向超出其各自国家权限的公海区域中排放高毒性污染物和高水平放射性废物。从1983年以来，这些国家又通过了一项暂时法令，对向海洋中倾倒低水平放射性废物进行限制，该法令在1994年成为了一项永久性禁令。但是，法国、英国、俄罗斯、中国和比利时可以在法律上免受该法令的约束。在1992年，有消息称，几十年来，前苏联一直在向北冰洋及其汇流河流中倾倒大量高水平和低水平的放射性废物。

石油对海洋生物会产生什么样的影响？

原油（从地下采掘出来的石油）和提炼后的石油（燃料石油、汽油和其他经过加工的石油产品，图4－35，第128页）被偶然地或有意地从很多来源排放到环境中。

油轮泄漏事件和海岸附近的石油钻井设备的井喷事件（当高压石油从海床上的一个钻孔中泄漏出来时就会发生）总是很容易吸引大众的关注，因为这些事件都比较显著。但是，更多的石油是通过以下途径泄漏的：（1）在常规的海岸石油钻井的操作过程中；（2）清洗油轮和排放含有石油的水体，以及（3）从输油管线和储油罐中泄漏出来。

在某些地方还会发生自然的石油渗漏，会将大量石油排放到海洋中，但大多数海洋石油污染都是来自陆地上的人类活动。排放到海洋的石油中几乎一半（一些专家估计有90%）都是来自城市、工业和人们更换自己的汽车汽油而倾倒、喷洒或泄漏到陆地上的废油。从世界范围来讲，排放到海洋的石油中有10%都是来自大气层中，大部分都是由燃烧石油而排放出的烟造成的。

石油对海洋系统的影响取决于很多因素：（1）石油的类型（原油还是提炼的石油）；（2）排放量；（3）排放地点与海岸处的距离；（4）时间长度；（5）天气状况；（6）平均水温，以及（7）洋流状况。

石油中所含的挥发性有机碳氢化合物可以迅速杀死大量水生生物，特别是这些生物的幼虫更容易受到危害。其他一些化学物质还会形成焦油状的液滴漂浮在海面上，覆盖在鸟类（特别是潜水鸟）的羽毛上和海洋哺乳动物的皮毛上。这会损害这些生物的自然隔热保温能力和漂浮能力，导致很多生物溺死或因体温丧失而死亡。沉淀到海床上或冲刷到江河入海口处的重油成分可以使生活在底层海洋区域中的生物窒息而死，例如蟹类、牡蛎、蚌类和蛤类，还会使它们不能适于人类食用。有些石油喷泻物还会杀死珊瑚礁。

研究显示，大多数（但不是全部）类型的海洋生物可以在3年之中从暴露在大量原油而导致的危害中恢复过来。但是，从暴露在提炼后的石油中恢复过来，特别是在江河入海口区域中，将需要10年甚至更长的时间。寒冷水域中和较浅的封闭港湾和海湾中的石油所造成的危害一般会持续更长的时间。

冲上海滩的浮油会给海岸地区的居民带来严重的经济影响，使他们丧失捕鱼业和旅游业方面的收入。大约1年以后，被石油污染的海滩地区会被强大的海浪和水流冲刷干净，但受到遮蔽的海滩地区仍然会持续污染若干年的时间。江河入海口地区和盐沼所遭受的破坏是最严重的，持续时间也最长。虽然石油泄漏的危害已经成为一种地方化的问题了，但专家们却将其列为低水平的生态危机问题（图8-7左栏，第248页）。

如何清理石油泄漏？

如果石油泄漏的面积不是很大，那么就通过机械、化学、燃烧和自然方法等来进行部分清除。机械方法包括：（1）利用漂浮的横索来限制泄漏的石油，或避免石油到达敏感地区；（2）利用刮船来将一部分泄漏的石油清理到清理船上，以及（3）利用吸收垫或由羽毛或皮毛填充的网枕来将水深太浅而使刮船无法达到的海滩上或水域中的石油清理掉。

化学方法包括：（1）利用凝结剂将漂浮的石油凝结在一起，以利于较容易地收集或沉到海底，在海底通常危害较小，以及（2）利用分散剂来将浮油分解掉。但是，这些化学试剂也会对一些类型的生物造成危害。利用火烧可以燃烧掉漂浮的石油，但原油却很难燃烧，而且这种方法还会造成空气污染。风和浪的自然运动可以及时地将石油与海水混合在一起或使其乳化（就像乳化后的沙拉酱），然后细菌可以将其中的一部分石油生物分解掉。

这些方法只能清除一部分石油，但对大面积的泄漏就无能为力了。科学家们估计，一次大规模泄漏事件泄漏的石油中只有不超过12%—15%的部分能够被恢复。这就是为什么从长远来讲预防是最有效和成本最低的方法。

解决途径：我们如何保护海岸水域？

保护海洋的关键是减少来自陆地和汇流入海洋的河流的污染量。所有的保护方法必须与对污染的预防和控制方法结合在一起，因为，在全世界范围内，流入海洋的污染物中有大约33%都来自空气排放物，而这些排放物都是来自陆地上的。

分析家们已经提出了一些建议来避免或减少海岸水域过量的污染：

预防

- 在海岸城市地区将污水管线和雨水管线分开布置。否则，过量的雨水会导致运送污水和雨水的管线超载，从而向海岸水域释放未经处理的污水。
- 阻止或禁止向海洋中倾倒污泥和有害的疏浚废物。
- 保护敏感的或具有生态价值的海岸区域免遭开发活动、石油钻探和石油运输的危害。
- 对海岸地区的开发活动进行立法管理。
- 要求所有油轮都必须安装双层船体。
- 对使用过的石油进行回收。

清理

- 提高对石油泄漏事件的清除能力。
- 要求对海岸地区的污水至少进行次级处理，或利用湿地（第326页）、太阳能池沼（solar aquatic，第325页）或其他处理方法进行污水处理。

10.9 解决途径：预防和减少表层水域的污染

对于来自非点状污染源的水体污染我们能做些什么呢？

控制来自非点状污染源的水体污染（主要来自农业活动）的方法包括：

● 通过采用缓释化肥或对坡度较陡的土地不施用化肥来减少流入水域中的含有化肥的径流量和渗入地下含水层中的化肥量。

● 通过种植介于中耕作物和大豆之间的作物或其他固氮作物来减少对化肥的需求量。

● 在耕种的土地和附近的水域之间种植植被来形成缓冲带。

● 仅在需要时才使用化肥，从而减少含有杀虫剂的径流量，并利用生物控制手段或害虫综合控制手段（第232—233页）来减少杀虫剂径流量。

● 通过以下措施来控制来自动物饲养场的粪便径流和渗透：（1）提高粪便控制效率；（2）种植植物缓冲带，并（3）不在距离水体表面较近的坡度较陡的地区安排牲畜饲养场，不在洪泛区内安排牲畜养殖场（案例研究，本页下侧）。

● 通过在重要的流域地区内重新种植森林来降低土壤侵蚀和洪水的威胁。

对于来自点状污染源的水体污染我们可以做些什么呢？法律手段

根据全球水政策计划的领导者 Sandra Postel 的研究，大多数发展中国家的城市在未经处理的情况下将其所生产的污水中的80%—90%直接排放到河流和溪流中，这些河流和溪流则又成为饮用水、洗浴用水和洗衣用水的水源。

在拉丁美洲，城市污水中仅有不足2%是经过处理的。在中国，仅有4.5%的市政污水和17%的工业污水是经过处理的。

在发达国家，来自点状污染源的大部分污水都被净化到了不同的程度。1972年的《联邦水污染控制法案》（1977年进行修正后称为《洁净水资源法案》）和1987年的《水质法案》形成了美国对全国表层水体控制活动的基础。

在1995年，美国环境保护局实施了一项排放物交易政策，该政策利用市场力量来减少污染（就像对付二氧化硫造成的空气污染所采用的方法那样，第287页）。该政策允许某一水污染源，例如工厂或污水处理厂，可以向其他无法以较低的成本来降低自身污水排放量的企业出售剩余的排放配额。

案例研究

北卡罗来纳州东北部的飓风、养猪场和水污染

北卡罗来纳州是美国第二大生猪饲养州，其饲养总量达到了1000万头，仅次于艾奥瓦州。该州拥有2400多座养猪场，每年产值达到19亿美元，其中有90%的养猪场都坐落在该州的东部地区。该地区也是一个巨大的家禽产地。

1999年，3次飓风在2个月内给北卡罗来纳州的东部地区带来了3英尺的降雨，最严重的一次来自9月份的Floyd飓风。飓风造成的洪水：

● 使至少24座市政污水处理厂的电力供应中断，导致了大量未经处理的污水流入海岸河流中。

● 影响了50多处猪和家禽的废物排放潟湖，毁掉了5处潟湖，使大量的动物废物排入附近的溪流、河流、居住区和供水设施中，形成了被生物学家JoAnn M. Burkholder（个体作为专栏，第316页）曾在1991年就警告过的可能威胁。

● 需要众多的养猪场和家禽饲养场的场主将来自数百个潟湖的大量被稀释的动物废物排到附近地区，从而维持这些潟湖免遭承载过量或被毁坏的命运。

● 导致了该地区内2000个其他动物废物排放潟湖发生结构性破坏，这会使这些潟湖将来很容易受到洪水的危害。

● 污染了大量住宅和水井，破坏了供水主干线，并使供水管线遭到细菌、病毒和寄生虫的威胁。在遭遇了Floyd飓风之后，并没有发生大规模的卫生灾害，因为国民警卫队利用直升机和卡车将洁净的淡水运送到了受灾的几个县。

暴风雨夹杂着未经处理的人类和动物污水、垃圾场中的垃圾、发生泄漏的地下汽油储藏罐和油桶，以及含有来自农田的杀虫剂的沉积物流入河流中，最终汇流入帕姆利科（Pamlico Sound）湾这一美国第二大的江河入海口地区。这些污水和污物在该地区存在了大约1年的时间，因为该海湾只有3个小型的出口流入大西洋。

批判性思考

北卡罗来纳州政府可以做哪三件事来减少由将来的飓风和大暴雨所导致的洪水而形成的水污染和其他有害影响的程度？

有一些好消息。1972年的《洁净水法案》导致了1972年至1998年之间美国水质的提高：(1) 美国全国受检测的可进行捕鱼和游泳活动的河流和湖泊的比例从36%上升到62%；(2) 农业活动产生的径流所造成的表层土流失每年减少了大约11亿t (10亿t)；(3) 可享受到污水处理服务的美国人口比例从32%增加到74%；(4) 年湿地流失率降低了83%。

还有一些坏消息：(1) 美国境内约44%的湖泊，38%的河流（1984年为26%，有所增加），和32%的江河入海口地区仍然不适合进行捕鱼、游泳和其他休闲娱乐活动；(2) 养猪场、家禽饲养场和养牛场所形成的径流污染了美国70%的河流；(3) 从1400多条水道中捕捞到的鱼都不能食用，因为受到了高水平的杀虫剂和其他有毒物质的污染；(4) 全美580万km（360万英里）长的河道中只有不足2%能够被视为高质量的水体；(5) 全美40%的地表水和地下水都不能供人类饮用。

一些环境学家提出呼吁，希望通过以下措施来加强《洁净水法案》的实施力度：(1) 增加资金，加强对非点状污染源的控制权力；(2) 提高对州政府推行的计划的监测力度，保证污染指标不会过期；(3) 强化各种预防和控制有毒水污染物的计划的力度；(4) 提供更多的资金和权力，保证制订的整个流域和空域计划能够保护地下水和地表水免遭污染；(5) 允许拥有良好环境记录的各州在松散的联邦控制之下自行实施部分洁净水计划；(6) 将公民的权力扩大到可以提起诉讼的程度，以保证水污染法案的实施。

很多人反对这些建议，他们认为《洁净水法案》已经很严格了，而且代价高昂。农民和开发商们(1) 将该法案视为对其作为土地拥有者所具有的对湿地进行填埋的权力的限制，而且 (2) 认为他们应该因联邦湿地保护法案的实施而造成的地产价值的损失而得到赔偿。州政府和地方政府的官员们希望能够在试验和满足水质标准方面再慎重一些。他们辩称，在很多社区中都不必对联邦政府所要求的全部水体污染物进行测试，而且这样做的成本也太高。

对于来自点状污染源的水污染我们可以做些什么呢？技术手段

就像人口、城市化和工业化发展一样，需要处理的废水的量也在迅速增长。在土壤适宜的乡村和郊区地带，从每座住宅中排出的污水一般都排放到化粪池中（图10-27）。美国所有住宅中有25%都是以化粪池的方式来排放污水的，每3—5年应该由

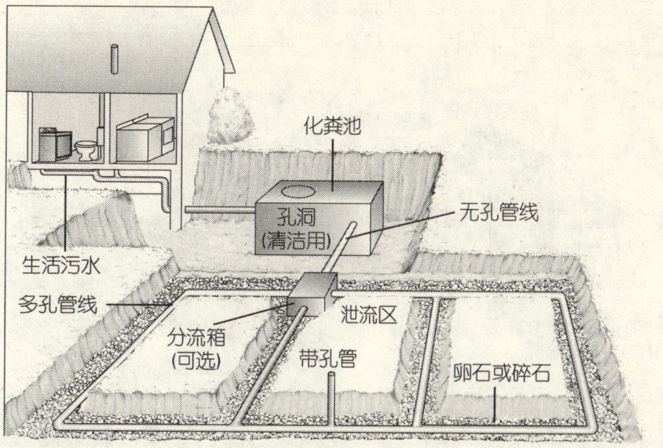

图10-27 用于处理乡村和郊区的生活污水和废水的化粪池系统。该系统可以过滤掉油脂和较大的固体颗粒，将剩余的废水排放到一片面积较大的排泄区中。随着这些废水向地下渗透，土壤就将一些潜在的污染物过滤掉，土壤中的细菌又可以将一些可生物降解的物质分解掉。为了达到高效，化粪池系统必须 (1) 恰当地安排在拥有充分的泄水能力的地区；(2) 相互之间不能距离过近，也不能距离水井过近，而且 (3) 当沉淀池注满时要进行清理

专门的人员来进行一次清理，以保证不会对地下水造成污染。

在城市中，大多数来自住宅、商业企业、工厂和暴风雨所形成的径流的溶解在水中的污物经过一套下水道系统流到污水处理厂中。一些城市为雨水单独铺设了排流管，但是在1200座美国城市中，污水管和雨水管是一体的，因为这样成本较低。当雨水导致这种一体式的排水系统承载过量时，未经处理的污水就会直接溢流到地表水域中。

当污水进入污水处理厂时，它们可以经历最多3级的净化。初级污水净化是一种机械处理方法，利用网屏来过滤掉一些碎屑，如小树枝、石头和破布等，并可以使悬浮的固体颗粒沉淀下来，就像在沉降池中处理污泥那样（图10-28）。改良后的初级处理工艺采用经过化学处理的聚合物来更彻底地清除掉悬浮的固体颗粒。初级处理工艺自身就可以清除掉污水中大约60%的悬浮固体颗粒和大约30%的需氧有机废物，但却无法清除掉磷酸盐、硝酸盐、盐分、放射性同位素和杀虫剂。

次级污水净化是一种生物净化方法，利用需氧细菌来清除掉大约90%的可生物降解的、需氧的有机废物（图10-28）。某些污水处理厂利用滴滤方法进行污水净化，随着污水透过一层覆盖了细菌和原生动物的由碎石构成的床层，需氧细菌就会将污水降解掉。还有一些污水处理厂采用一种活性污泥处理方法，污水被抽取到一个巨大水池中，并与富含细菌的污泥和气泡混合几个小时，通过微生物来帮助降解污物。处理后的水体进入一个沉淀池中，大

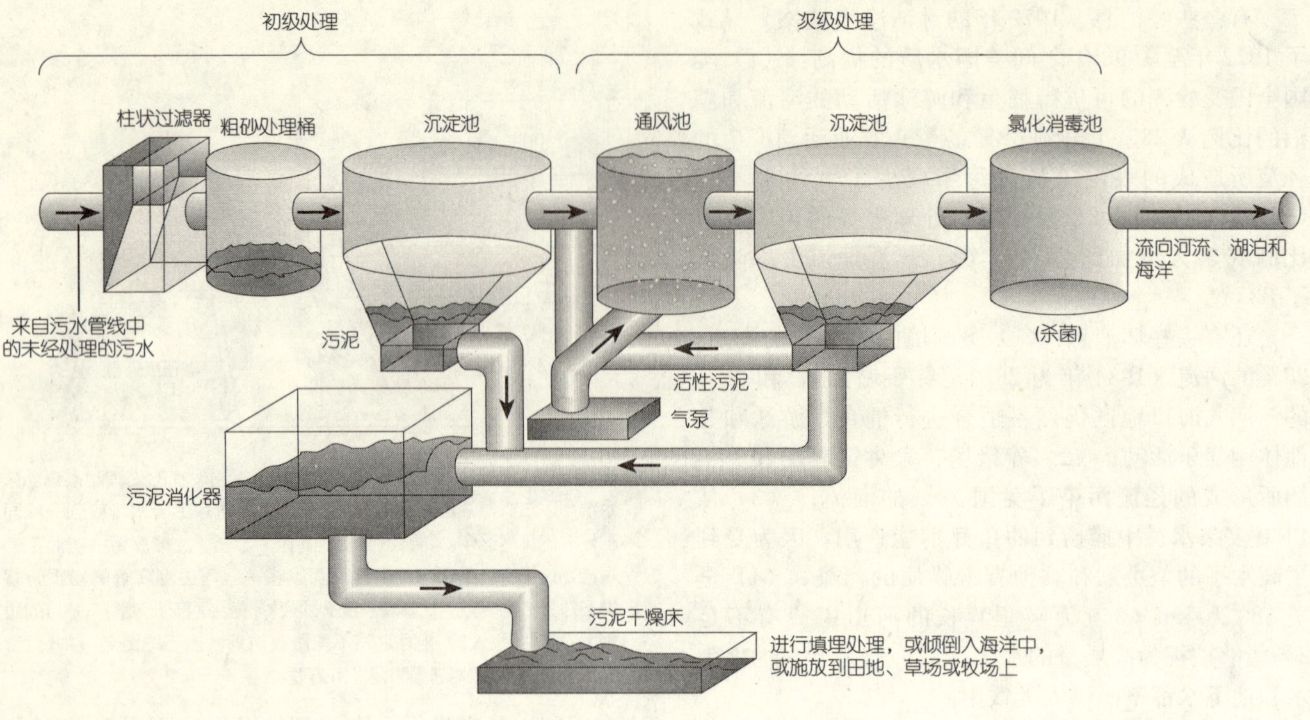

图 10-28　初级和次级污水处理过程

部分悬浮的固体颗粒和微生物都会以污泥的形式沉淀下来。经过初级和次级处理过程后产生的污泥在一个无氧消化池中被分解掉，并（1）被焚烧；（2）倾倒入海洋中或填埋到地下，或者（3）作为化肥施放到土地中。

综合进行初级和次级处理（图 10-28）可以清除掉大约（1）97%的重量比的悬浮固体颗粒；（2）95%—97%的需氧有机污物；（3）70%的毒性最强的金属化合物和非持久性合成有机化学物质；（4）70%的磷元素（主要是磷酸盐）；（5）50%的氮元素（主要是硝酸盐），和（6）5%的可溶性盐分。但这样仍然几乎无法清除长期存在的放射性同位素或持久性有机物质，如杀虫剂等。

随着《洁净水法案》的颁布实施，大部分美国城市都开始采用初级和次级污水处理的综合方法（图 10-28）。但是，政府所进行的一些研究发现，（1）这些污水处理厂中至少有三分之二都违反了污水处理的有关规定；（2）有 500 座城市无法满足联邦政府所颁布的污水处理标准，而且（3）东海岸地区有 34 座城市仅仅屏蔽掉了较大的漂浮物，然后就排放到了海岸水域中。

高级污水处理是采用一系列专门的化学和物理方法来清除掉经过初级和次级污水处理之后仍然残留在水中的某些污染物。高级污水处理很少被采用，因为这样的污水处理厂的建造成本一般是次级处理厂的 2 倍，运行成本是次级处理厂的 4 倍。

在污水进行了初级、次级或高级处理之后，在排放掉之前，还要经过漂白（清除水体中所含的染色物质）和消毒（杀死致病细菌和一部分病毒）处理。一般是采用氯化处理的方法。但是，氯气会与水中的有机物质发生反应，形成少量的含氯的碳氢化合物，其中一些在动物试验中证实可以导致癌症，还会对人类的神经系统、免疫系统和内分泌系统造成损害（联系专栏，第 243 页）。其他消毒方法，如臭氧和紫外线等，正在被越来越广泛地采用，但是其成本要高于氯化处理，而且持续时间也较短。

我们应该如何处理污水污泥？

污水处理会生产出一种有毒的、黏腻的污泥。在美国，大约（1）这种污泥重量比的 9%都被转化成混合肥料，用作土壤调节剂；（2）36%施用到农田、森林、高尔夫球场、墓地、公用场地、高速公路中央隔离带，或者经过降解作为化肥使用。剩余的 55%（1）进行传统的填埋处理（会对地下水造成污染），或者（2）焚烧掉（会对空气造成污染，生成有毒化学物质和有毒烟灰，通常进行填埋处理，美国环境保护局的专家们认为这样最终会渗漏到环境中）。

站在环境的立场上，在不种植粮食作物的土地上将污水污泥中所含的植物养分进行回收利用，这种方式比较理想。只要不存在有害的细菌和有毒的化学物质，或它们已被清除掉，污泥也可以作为化

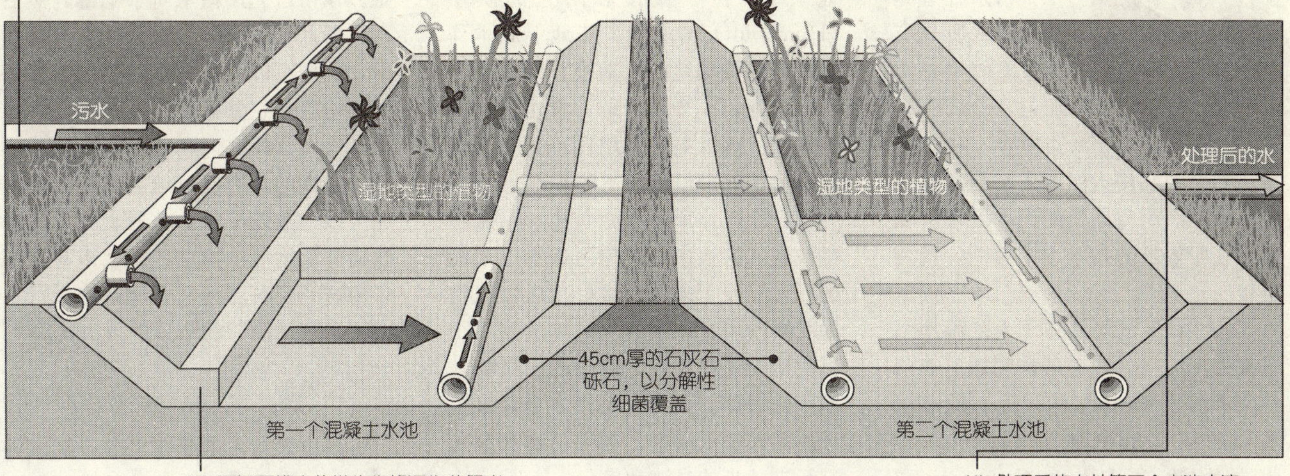

图 10-29 污水花园。这种小型的、以重力为动力的人造湿地系统可以处理发展中国家中来自旅馆、宾馆和家庭的污水，该系统是由位于亚利桑那州的生物圈 2 号的制造者们制造的（案例研究，第 378 页）。这种污水处理系统的人均占用面积仅为 1.9—3.8m²（20—30 平方英尺）

肥施用到种植粮食作物或饲养牲畜的土地中。但是，清除细菌（一般来说是通过加热的方式）、有毒金属和有机化学物质的成本都较高，在美国几乎不进行这样的处理。

我们如何通过与自然协作来处理污水？

一些社区和个人正在寻找以一种与自然协作的更好途径来净化污水。生态学家 John Todd 设计、建造并运行了一些革新性的生态污水处理系统，被称为活性机器（living machines）。这些机器看起来很像水生植物园，是通过温室或室外采集的太阳能来提供电力的，取决于气候状况的变化。

当污水进入一间被动式太阳能温室或拥有很多纵列的室外大型开放池时，生态净化过程就开始了，这些开放池中充满了一系列越来越复杂的有机生物。在第一套池子中，藻类和微生物将有机废物分解成可以被水生植物吸收的养分，例如水葫芦、香蒲和芦苇等。

在经过这些自然净化的池子之后，藻类和有机废物随着水流过一个布置有沙子、砂砾和芦苇类植物的人工池子后被过滤出去。其中一些植物还能够吸收（隔离）诸如铅和水银这类的有毒物质，并且能够分泌出杀死病菌的天然的抗菌化合物。

接着，水流进池塘里的工程生态系统中。在这里，螺和浮游生物吸收掉微生物，自身转而作为饵被小龙虾、罗非鱼和其他的鱼类所吞食。10 天以后，干净的水流进下一个人工湿地里等待最后的过滤和净化。

水可以通过紫外线照射或使水流通过臭氧发生器来净化到可以饮用的程度，一般来说，最终会在一个美丽的池塘或湿地中消失无踪。这些活性机器系统的最主要副产品是装饰性的植物、树木和可以捕捞出售的钓饵鱼。其运行费用大约与一个常规的污水处理厂的运行费用相当。

一些社区利用几乎纯自然的湿地来进行污水处理，还有一些社区则建造人工湿地来处理污水（解决途径专栏，第 326 页）。Mark Nelson 开发了一种小型的、技术含量低的、廉价的人工湿地系统来处理发展中国家的旅馆、宾馆和家庭的原污水（图10-29）。这种污水园系统可以清除掉污水中所含的 99.9% 的粪便大肠杆菌和 80% 以上的硝酸盐和磷酸盐，这些污物在大多数发展中国家通常都在未经处理的情况下被倾倒进海洋中或地上的浅坑中。经过这种系统处理后的水体可以用于灌溉花园、田地，或用于冲洗厕所马桶，从而达到节水的目的。

利用湿地处理污水

解决途径专栏

污水处理是湿地体系所具有的重要的生态贡献之一。目前，美国有 150 多座城市和城镇利用天然或人工湿地来处理污水，因为与昂贵的污水处理厂相比，它所要求的技术水平较低，费用也较低。

一些社区已经建造了人工湿地系统来处理污水，如美国加利福尼亚州的阿卡塔（Arcata）市，他们的湿地系统的建设是由洪堡（Humboldt）州立大学的 Robert Gearheart 和 George Allen 教授领导的。

在这座 17000 人的小镇中，有大约 63ha（155 英亩）的面积建造了湿地系统，位于城镇和附近的洪堡（Humboldt）湾之间。陆地上原本作为垃圾倾倒场地的土地被开发成沼泽地，成为了一个廉价的、自然的污水处理厂。该计划的费用还不到一个传统的污水处理厂的成本的一半。

它的工作原理是：首先，污水被排放到沉淀池中，固体污染物以淤泥的形式沉淀下来，经过处理后可以作为肥料使用。剩余的水被排放到一个氧化池中，在这里，剩余的污染物被细菌分解掉。大约一个月之后，水被释放到人工沼泽中，利用植物和细菌进行进一步的过滤和净化。

经过这样的处理后，虽然水可以直接排放到海湾中，但该州的法律规定，这些水必须首先用氯水进行消毒。该市首先用氯水对水消毒，然后再进行脱氯处理，最后才排入海湾中，这样可以为牡蛎养殖场创造良好的环境，使它繁盛发展。

这些沼泽和潟湖还具有奥特朋协会所描述的鸟类栖息地的作用，同时还可以为数以千计的水獭、海鸟和海洋哺乳动物提供栖息地。该市甚至每年为这一套自然污水处理系统举行一次“自豪冲刷”的节日进行庆祝。

批判性思考

说出建造人工湿地来进行污水处理所具有的一些可能的弊端。对于污水处理来讲，建造人工湿地是利大于弊还是弊大于利？为什么？

饮用水是如何净化的？

城市居民的饮用水的净化过程与污水处理过程非常相似。取决于地表水的区域通常将水储存在一个水库中，经过几天的时间就可以提高溶解氧的含量，使悬浮颗粒沉淀下来，从而提高水体的清澈度和味道。之后，水被抽取到一个净化厂中，在这里进行处理，以达到政府的饮用水标准。一般来说，水是通过沙子过滤器和活性碳来进行消毒。在那些地下水资源非常洁净的地区就不需要进行水处理了。

饮用水的水质是如何保护的？

全世界大约有 54 个国家，主要是北美洲和欧洲的国家，都制定了安全的饮用水标准。1974 年颁布的《美国安全饮用水法案》要求美国环境保护局对所有会对人类健康造成不利影响的污染物建立国家的饮用水标准，被称为最大污染水平。

私人拥有的水井不包括在国家饮用水标准的限制范围之内，主要是因为对每口水井进行例行测试的费用非常昂贵（至少为 1000 美元），而且一些屋主反对这种强制性的测试和法令。

很难对美国每年因饮用受到污染的水而致病或致死的人数进行估计。人们提出了各种估计：(1) 根据自然资源保护委员会 1994 年进行的研究，每年有 700 万人致病和 1200 人死亡；(2) 根据疾病控制和预防中心在 1997 年完成的一项报告，每年有 100 万人致病和大约 900 人死亡；(3) 根据环境保护局在 1999 年进行的一项研究，每年有 239000 人致病和 50 人死亡。

环境学家们呼吁通过以下措施来加强《美国安全饮用水法案》的效力：(1) 通过将 5 万个污水处理系统中的至少一半整合在一起来提高污水处理的效果，这些污水处理系统中的每一个所能服务的人口数都低于 3300 人；(2) 对于违犯饮用水标准的行为强化和强制进行公共通告，并 (3) 禁止在新生产的管线、水龙头和供水设备中使用铅（现行法律允许含有 10% 的铅元素的供水设备作为无铅产品出售）。根据自然保护委员会（NRDC）的估算，这些提高质量的举措的成本大约为每个家庭每年 30 美元。

但是，议会正受到来自水污染工业企业的压力，他们要求减弱《安全饮用水法案》的效力，主要是通过以下途径：(1) 取消对饮用水进行的全国性测试；(2) 取消媒体对紧急用水发生污染进行曝光的要求，取消水务官员将这些违犯法案的行为通告给社会大众的要求；(3) 允许各州赋予饮用水系统一种能够允许某些污染物违犯饮用水法案的永久性权力，如果饮用水供应者宣称他们无法承担遵守犯案所需付出的代价的话，以及（4）取消对于饮用水系统采用经济的、可行的技术来清除致癌污染物的要求。

瓶装水是否可行？

虽然仍然存在这一些问题，但专家们称：美国拥有一定量的全世界最洁净的饮用水。但是，仍然有一半左右的美国人担心饮用来自供水系统的水会导致疾病，很多人都在饮用瓶装的饮用水或安装昂贵的水净化系统。研究表明，这些人中很多都会受到污染物的侵害，还有一些人最终饮用的水比从公共供水系统中获得的水的洁净程度更差。

据估计，美国市场上出售的瓶装水中有大约三分之一都受到细菌的污染。为了安全起见，消费者应该购买被国际瓶装水协会（IBWA）* 认可的销售商的产品，并严格遵守测试要求。一些生产商每年付出2500美元的费用来获得由国家卫生基金组织确认的更加严格的卫生标准，该基金会是一个独立机构，可以对200种化学物质和生物污染物进行测试。

卫生官员建议，消费者在饮用昂贵的瓶装水和购买价格不斐的水净化器之前，应该请本地的卫生机构或私人实验室（而不是那些想要向你推销水净化器的商家）进行一下测试，从而确定：（1）水中含有哪些污染物，必须进行净化，以及（2）推荐一种或几种清除这些污染物的净化措施。一些独立专家认为，除非一些测试可以证明，否则的话，对于大多数居住在城市和郊区的、由大型市政供水系统提供饮用水源的美国人来讲，家用污水处理系统的价格是非常昂贵的，而且维护费用也很高昂。

消费者应该仔细地了解一下出售饮用水净化设备的公司的情况，而且不要轻信商家所宣称的他们的产品已经得到了国家环保局的批准。虽然国家环保局确实对这些产品进行注册，但它既不对任何产品进行测试，也不进行批准。

10.10 解决途径：实现一个更加可持续的水资源的未来

我们如何以更加可持续的方式来利用和管理水资源？

可持续的水资源利用方式是以一种常识性的原则为基础的，正如古代印加人的一句谚语所讲的："青蛙永远不会喝光自己生活的水塘中的水。"图10-30列出了实施这一原则的一些途径。

进行这样一场蓝色革命所面临的挑战就是要实施一系列综合性的战略措施，这些措施是建立在以下各方面的基础上的：（1）以更加高效的方式来灌溉农田；（2）在工业生产和日常生活中采用各种节水技术，以及（3）提高并整合各流域和地下水资源的管理。

完成这样一场水资源利用和管理的革命是非常困难的，而且充满争议。但是，水资源专家们认为，如果不实施这些措施，那么最终会导致：（1）各种经济和卫生问题；（2）加剧环境破坏和生物多样性的丧失程度；（3）对水资源的争夺加剧，甚至会引发武装冲突；（4）使更多人沦为环境难民，以及（5）对全球军事、经济和环境安全造成威胁。

我们如何才能降低水资源的污染程度？一种综合性方法

根据环境学家的说法，处理水资源污染问题的一种可持续的方法需要人们将工作的重点从污染治理转移到污染预防上来，可以通过以下方法实现：（1）减少污染物的毒性或污染物的排放量（例如，以水性物质来代替有机溶剂性的墨水）；（2）对废水进行重新利用，而不是将它们排放掉（例如，将处

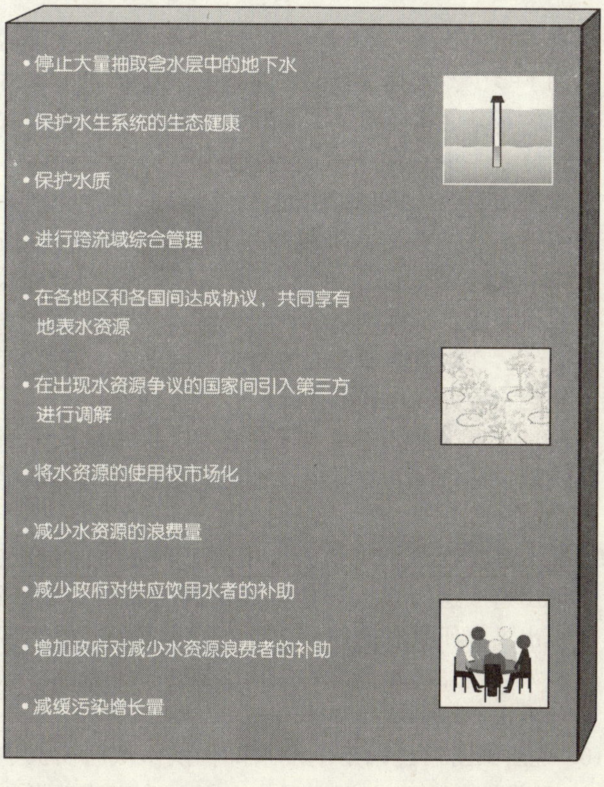

图10-30 实现更加可持续地利用地球上的水资源的一些方法

* 在饮用水的包装瓶上检查一下是否印有IBWA的批准印记，或者直接与国际瓶装水协会（美国弗吉尼亚州亚历山德里亚市亨利北大街113号，邮编：VA22314；电话号码：703—683—5213）联系，检查一下该销售商是否在其成员名单中。

理过的污水用于灌溉活动)，以及（3）对污染物（例如，对受到污染的溶剂进行清理和回收利用）进行回收利用，而不是将它们排放掉。

为了实现这种转变，我们必须承认，环境——空气、水、土壤和生命——是一个相互联系的整体。如果没有一种综合性的方法来处理各种形式的污染，环境学家们宣称，我们还将继续将环境问题从环境的一个部分转移到另一个部分。附录4中列出了你可以采取的一些有助于降低水资源污染的措施。

直到水井枯干时，我们才会懂得水的价值。

——本杰明·富兰克林

复习问题

1. 说出本章中以黑体字表明的概念。
2. 列出水所具有的9种独特的性质，并解释每种性质的重要性。
3. 人类所能够利用的水资源的量占地球上水资源总量的百分之多少？全球气候变暖会对地球的水循环产生什么样的影响？
4. 区分地表径流、可靠径流、流域、地下水、饱和区、地下水位、含水层、补水区和自然补给的概念。解释一下为什么某些地区的含水层会被提取殆尽。
5. 自1900年以来，人类的耗水总量和人均耗水量增加了多少？人类消耗的可靠地表径流量占全球总量的百分之多少？人类每年所提取的水资源中有百分之多少是用于（a）灌溉；（b）工业生产，以及（c）居民和城市用水？
6. 以下地区主要的水资源用途和用水问题是什么？（a）美国东部地区；（b）美国西部地区。
7. 说出导致水资源缺乏的四个原因。全世界有多少人生活在水资源缺乏的国家中？有多少人在2025年也将要面临这样的境况？
8. 解释一下为什么中东地区存在着一种由水资源引发战争的危险，并说出三种避免这样的情况发生的途径。
9. 什么是洪泛区？洪泛区具有哪三种主要的贡献？说出造成这么多人居住在洪泛区内的四个原因？说出洪水所具有的四种主要益处和害处。说出四种人类增加洪水危害的活动。描述一下孟加拉国的洪水问题的本质和诱因。
10. 说出试图通过以下手段来降低洪水威胁所具有的优缺点：（a）河流渠化；（b）人工建造防洪堤和围堤；（c）修建大坝，以及（d）进行洪泛区管理。
11. 列出增加某一地区的淡水供应量的5种方法。
12. 说出建造大型水坝和水库来供应淡水所具有的优缺点。说出中国修建三峡大坝所具有的优缺点。列出河流所具有的7种生态贡献。
13. 列出将水从一个流域转移到另一个流域来供应淡水所具有的优缺点。列出以下事件的优缺点：（a）中亚地区的咸海调水工程；（b）美国加利福尼亚州调水工程，以及（c）加拿大的詹姆斯湾工程。
14. 列出通过开采地下水来增加水资源供应量的方法所具有的优缺点。概括一下从美国的奥加拉拉（Ogallala）含水层中开采地下水所产生的问题。说出防止或减缓地下水耗竭的四种方法。
15. 什么是海水入侵？它会造成什么样的危害？说出防止或减缓海水入侵的5种方法。
16. 说出通过以下途径来增加淡水供应量所具有的优缺点：（a）海水脱盐淡化；（b）人工降雨，以及（c）拖曳冰山到缺水的地区。
17. 全世界水资源消耗总量中由百分之多少被浪费掉了？列出保护水资源的5种益处。列出造成水浪费的两种主要原因。
18. 说出降低以下活动的水浪费的措施：（a）灌溉；（b）工业、生活和商业用水。列出滴灌灌溉所具有的6种益处，并解释一下该方法是如何有助于推进实现一场提高水资源利用效率的革命的。解释一下为什么提高水价可以从经济上使很多地区的城市贫民受益。
19. 什么是水污染？阐述一下，为什么大肠杆菌含量这一生物性需氧量的指标，和各种生物指标可以用于确定水质。水污染物的9种类型是什么？每种类型的主要来源和影响各是什么？
20. 区分点状和非点状水污染有什么不同？并对每种类型各举两例。哪种类型较容易控制？为什么？
21. 生活在发展中国家中的人们有百分之多少都缺乏洁净的饮用水？
22. 河流的主要水污染问题是什么？解释一下为什么河流可以处理一定量的可生物降解的污水，并解释一下这种方法所存在的限制。
23. 总结概述一下关于防止或控制河流污染方面的各种好消息和坏消息。
24. 湖泊的主要水污染问题是什么？说出污染稀释的方法在湖泊中总不如在河流中高效的三个原因。
25. 区分富营养化和耕作性富营养化的不同。耕作性富营养化的主要诱因是什么？各列出三种方法：(a) 防止耕作性富营养化；(b) 清除耕作性富营养化。

26. 概述一下关于降低五大湖地区的水污染的好消息和坏消息。
27. 说出造成地下水污染的5种主要来源。说出造成地下水污染如此严重的三个原因？
28. 举出表明地下水污染的严重程度的三个例子。列出防止地下水污染的四种方法。
29. 列出海洋污染的主要问题。为什么其中大多数问题都可以在沿海岸地区内发现？
30. 概述一下美国切萨皮克湾地区的主要污染问题，以及在处理这些问题上所取得的进展。
31. 区分疏浚挖出泥石和污水污泥造成的海洋污染的不同。区分原油和提炼石油的不同，并概述一下石油对海洋系统的主要污染影响。世界海洋中石油污染的三个主要产生来源是什么？列出清除石油污染的5种方法。
32. 列出6种有助于防止和减少滨海水域的污染程度的措施。
33. 列出有助于防止来自非点状污染源所造成的水污染的6种措施。
34. 阐释一下，美国和其他大多数发达国家是如何通过立法的手段来减少来自点状污染源的污染的，并概述一下有关这些努力的好消息和坏消息。说出环境学家所认为的加强美国的水污染控制法律的力度的6种途径，并列出存在反对意见的两种原因。
35. 区分化粪池、初级污水处理、次级污水处理以及高级污水处理的不同。列出处理各种污水处理方法所产生的污泥的方法。每种方法各具有哪些优缺点？
36. 描述一下污水如何可以通过与自然协作的方式来进行处理：(a) 约翰·托德的活性机器 (living machines)，和 (b) 人造湿地的方法。
37. 饮用水是如何净化的？美国如何保护饮用水的水质？这些措施都取得了多大的成功？列出环境学家们所认为的、应该加强美国的《安全饮用水法案》的力度的三种途径，并列出反对者们所认为的应该削弱该法案的四种方法。列出饮用瓶装水的优缺点。
38. 列出以更加可持续的方式来利用地球上的水资源的11种方式，以及不实施这些措施所造成的5种危害。
39. 列出工作重点从清除转移到预防水污染上的三种途径。

批判性思考

1. 人类活动是如何加剧了长期干旱的危害的？我们如何减小这些危害？
2. 人类活动是如何加剧洪水和洪水的危害的？如何减小这些危害？
3. 你是否认为中国正在长江上建设的三峡大坝和水库是利大于弊的？为什么？是否存在其他的选择呢？
4. 在水资源供应问题上，人口增长具有什么样的影响？
5. 是否应该大幅度提高各种用水的水价来包含更多的环境成本并鼓励进行水资源保护呢？为什么？这对以下各个方面会产生什么有利和有害影响呢：(a) 商业和就业；(b) 你的生活方式和，如果有的话，你的孩子或孙子孙女们的生活；(c) 穷困人口们的生活，以及 (d) 环境？
6. 列出5种保护个人用水的主要方法（见附录4）。这些方法中（如果有的话）有哪些是你正在采用的？哪些是你打算采用的？
7. 为什么水污染并不总能以水的稀释的方法来解决？举出一些例子并说出这种解决方法适用和不适用的条件？
8. 河流自身如何清除需氧废物？这种自然清洁系统在什么条件下不能实现？
9. 表10-1中列出的各种污染物种有哪8种最容易从以下来源生成：(a) 点状污染源，和 (b) 非点状污染源？
10. 是否应该禁止所有向海洋中倾倒废物和未经处理的污水的行为？为什么？如果应该禁止的话，你会将废物倾倒到其他什么地方？你能允许哪些例外存在呢？为什么？你如何保证这些规章的实施？
11. 祝贺你。你刚才已经在管理世界的水资源了。你将要开始作哪三件最重要的事呢？
12. 再次祝贺你。你刚才已经在进行大幅度降低全世界的水污染的行动了。你将要开始作哪三件最重要的事呢？

国际互联网学习资源及深入阅读和研究的资源

本书包含了很多有助学习和进行深入阅读和研究的网站资源。登陆到：http://www. hrookscole. com/product/0534385354s，并点击“一章接一章”链接。选择第10章，并选择如下资源：

●“闪卡”可以测试你对本章中的术语和应该记住的概念的掌握。

●“测试指南”以一种多项选择的形式来对你进行实践测试。

●“学生信息渠道指导”将你引入“关键问题思考方案”，使用“信息渠道学院版”作为一种研究工具。

●“参考书目”列出了本章撰写过程中所参考的主要书籍和文章。

●“超链接内容”将你引入到与本章的各个部分相关的大量新闻、研究和图像的网站。

信息渠道学院版

以信息渠道学院版来提高你的技巧，这是一个在线文章搜索数据库，来自700多种期刊。登陆到：http://www.infotrac-college.com，或者通过本书的网站进行连接。看一看下面的文章：

Barlow，M. 1999. We Are Running Out of Water. *The Ecologist*，vol. 29，no. 3，pp. 182—83（keywords：water，shortage）.

Kreeger，K. 2000. Down on the Fish Farm：Developing Effluent Standards for Aquaculture. *BioScience*，vol. 50，no. 11，pp. 949—53（keywords：aquaculture，effluent）.

第 11 章　固体废物与有害废物

固体废物是我们人类太愚蠢而不懂得去利用的惟一的原材料。

——Archur C. Clarke

11.1　资源浪费

什么是固体废物？它的生产量是多少？

美国人口仅占全世界的 4.5%，但它生产的固体废物的量竟然占全世界总量的 33%。固体废物是指：任何非液态和气态的人类不需要或排放出来的物质。固体废物中有大约 98.5%都是来自：(1) 矿物开采；(2) 石油和天然气生产；(3) 农业生产（图 7－15，第 219 页），以及（4）为消费者生产商品和提供服务的工业生产活动（图 11－1）。

美国生产的其余 1.5%的固体废物都是来自城市区域或城区附近的家庭和商业活动的市政固体废物（MSW）。这些市政废物通常被称为垃圾，美国每年生产的垃圾的量大约为 2 亿 t（4400 亿磅）——几乎是 1970 年的 2 倍。如果以垃圾车一辆接一辆地运送的话，这些垃圾车足可以环绕地球 8 圈。

这些垃圾平均下来，美国每个公民的垃圾生产量平均为 730kg（1600 磅），这使美国成为全世界人均垃圾生产量最大的国家，相当于发展中国家人均垃圾生产量的很多倍。图 11－2 显示出美国在 1999 年内市政固体垃圾生产量的状况。

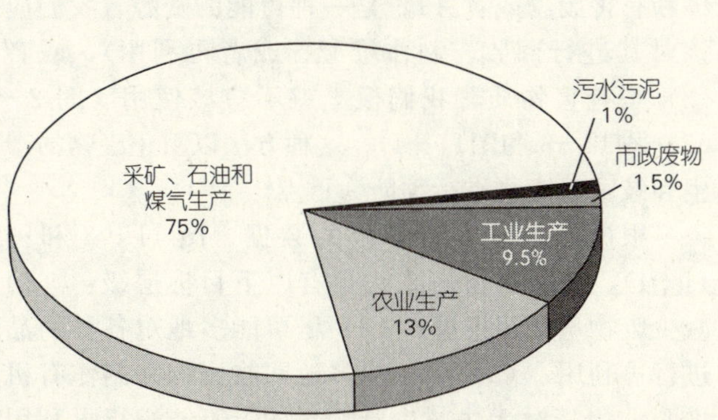

图 11－1　美国每年生产的 110 亿公吨（t）（120 亿 t）的固体废物的来源。采矿、农业生产和工业活动生产出的固体废物的量是家庭生活固体废物的 55 倍（数据来自美国环境保护局和美国矿务局）

生活在一个高垃圾生产量的社会意味着什么？

下面列出了美国消费者们丢弃的一些垃圾的类型：

- 铝制品的量足够每 3 个月就重新制造一批美国全国的商用飞机。
- 每年废弃的轮胎的量足够环绕地球 3 圈。
- 每年丢弃大约 180 亿片可处理的尿布，如果首尾相接的话，可以从地球连到月亮，足够往返 7 次。
- 每年丢弃大约 20 亿个可处理的剃须刀，1900 万台计算机，以及 800 万台电视机。
- 每年丢弃大约 860 万公吨（170 亿磅）聚苯乙烯花生，用于在船只航行过程中保护物品。
- 每年丢弃的地毯可以覆盖 $7800km^2$（3000 平方英里）的面积。
- 每年丢弃大约 17 亿 t（37000 亿磅）的固体建材——平均每人 6t（13200 磅）。
- 每小时丢弃不能退还的塑料瓶 250 万个。
- 每年丢弃大约 670000t（15 亿磅）仍可食用的食物。
- 每年丢弃的办公用纸足够建造一道 3.5m（11 英尺）高的墙，从纽约一直通到加利福尼亚州的旧金山。
- 每年 1860 亿封垃圾邮件（平均每人 675 封），其中大约 45%都未经开封便被扔进了垃圾箱。

这些仅仅是图 11－1 所列出的所有市政垃圾的 1.5%中的一部分而已。

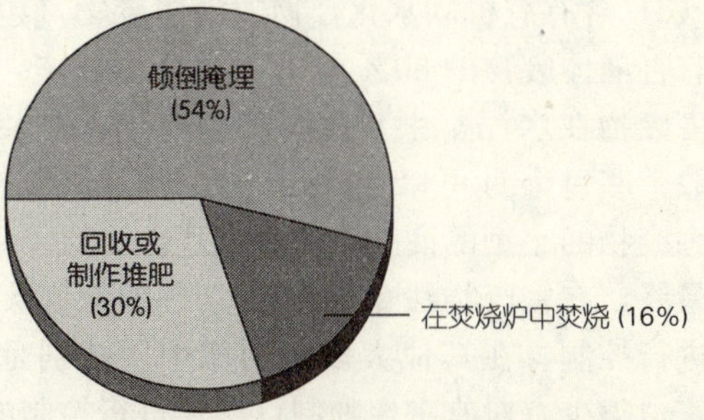

图 11－2　美国 1999 年所生产的市政固体废物的状况。1999 年的废物回收率是 1970 年的 6 倍多。处理这些废物的费用达到 400 亿美元，而且预计到 2005 年处理费用将高达 750 亿美元（数据来自环境保护局）

表 11-1 普通的有毒和有害的生活废物

清洁用品	蚂蚁和啮齿动物杀虫剂
消毒剂	跳蚤杀虫剂
下水道、马桶和窗户清洁剂	**汽车用品**
烤箱清洁剂	汽油
漂白剂和氨水	废机油
清洁性溶剂和污渍清洁剂	防冻剂
化粪池清洁剂	电池酸液
涂料和建材	溶剂
橡胶和油质涂料	刹车液和传动液
涂料的稀释剂、溶剂和清除剂	防锈剂和除锈剂
防污剂、清漆和油漆	**普通产品**
木材防腐剂	干电池（水银和镉）
蚀刻和除锈用的酸	艺术颜料和墨水
屋顶沥青和柏油	胶水和粘合剂
园艺用品和杀虫剂	
杀虫剂喷剂和杀虫粉	
除草剂	

资料来源：数据来自科学顾问委员会编著，《降低风险》（Reducing Risks）（华盛顿特区：环境保护局，1990 年）。每一类中的信息并非按危险程度排列。

什么是有害废物？其生产量有多大？

在美国，有害废物在法律上被定义为具有以下任何特征的固体或液体物质：（1）含有一种或多种超过规定含量（包括多种溶剂、杀虫剂和涂料清除剂）的39种有毒的、致癌的、诱使有机体突变的、或诱使有机体产生畸形的化合物（第 8.3 节，第 241 页）；（2）易燃物（汽油、涂料和溶剂）；（3）容易发生反应而爆炸或不稳定而发生爆炸，或释放除有毒气体（酸性气体、碱基或盐基、氨水、氯水漂白剂），或（4）可以腐蚀金属容器的物质，例如金属桶、鼓形桶和酒桶（工业清洁剂以及烤箱和下水道清洁剂）。

这种对有害废物的狭隘的官方定义（经议会通过）并没有包含以下物质：（1）放射性废物；（2）家庭排放的有害或有毒物质（表 11-1）；（3）采矿废物；（4）石油和燃气开采废物（一般都被排放到地表水体中或倾倒入不规则的坑洞和填埋场中）；（5）含有有机碳水化合物的液体废物（包含了全部有害液体废物的 80%）；（6）水泥窑粉尘，当液态有害废物在水泥窑中焚烧时就会产生，以及（7）来自数千座每个月可以生产出不到 100kg（220 磅）的有害废物的小型的商业企业和工厂。

最终，有害废物法令对全国 95%的有害废物都没有进行控制。在其他大多数国家中，特别是发展中国家，很少有对有害废物制订法律进行控制的。

在所有有害废物类型中，美国环境保护局估计，美国每年所生产的有害废物的总量至少为 55 亿 t（120 万亿磅）——平均每人 20t（44000 磅）。这占全球有害废物排放总量的 75%。

11.2 减少废物及污染量

我们有哪些选择？

有两种处理固体和有害废物的途径：（1）进行废物管理，和（2）污染（废物）预防。废物管理是一种高废物量的方法（图 2-54，第 72 页），将废物视为经济增长的一种不可避免的产物。这种方法试图对最终产生的废物进行管理，主要通过可以减小环境危害的各种方法来实现，主要包括（1）掩埋；（2）焚烧，或者（3）运送到其他州或国家。实际上，这种方法只是把有害废物从地球环境中的一个地方转移到另一个地方。

对污染和废物进行预防是一种低废物量的方法，认为不存在“毁灭”废物的方法，并认为大多数固体和有害废物或者（1）是一种可能的资源（我们应该对其进行回收、制作堆肥、或者再利用），或者（2）是有害物质，我们根本就不应该使用（图 2-55、图 11-3 和图11-4）。这种方法以阻止废物的产生和鼓励对废物进行预防为重点。

根据美国国家科学院的数据（图 11-3 和图 11-4），低废物量的方法具有以下目标层级：（1）减少废物量和污染量；（2）尽可能多地对各种物品进行再利用；（3）尽可能多地回收废物并制作有机堆肥；（4）对无法减少废物量的、不能进行再利用的、或不能制作有机堆肥的废物进行化学或生物处理，或进行焚烧，以及（5）在达到了上面 4 项目标后，将那些遗留下来的废物在当前的技术水平下进行填埋或进行地上室内处理。

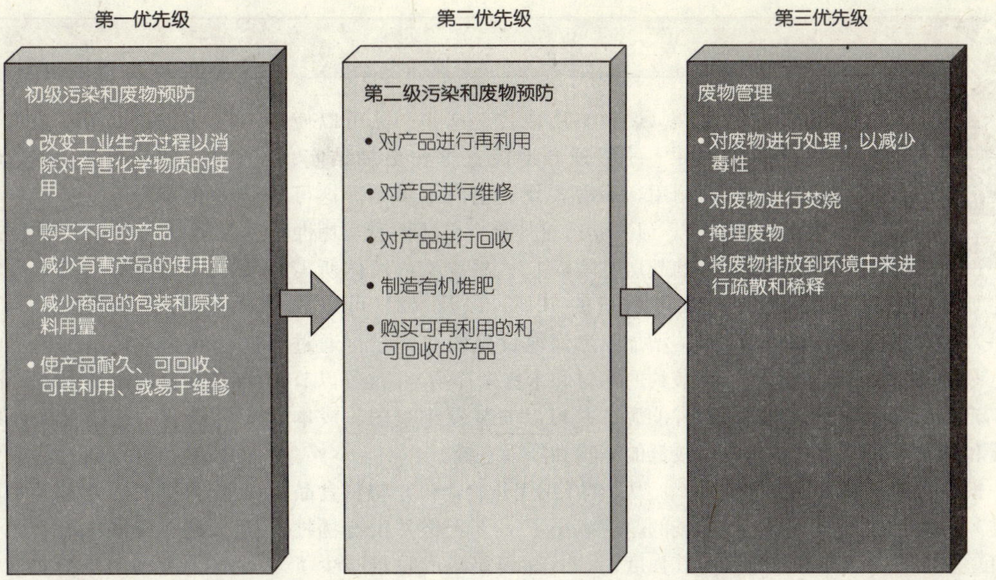

图 11-3　解决途径：杰出的科学家们所提出的处理物质利用和固体废物的优先性顺序。时至今日，这些优先性顺序的建议在美国（以及其他大多数国家）一直没有被采纳。相反，大多数国家都在污染管理（掩埋或焚烧）方面投入大量的努力（美国环境保护局和美国国家科学院）

科学家们估计在低废物量的社会中，60%—80%的固体和有害废物都可以通过减少生产量、再利用、回收（包括制作有机堆肥），以及对生产流程和生产厂房进行重新设计的途径来消除掉。目前，图 11-3 和图 11-4 中所显示的处理固体和有害废物的优先性顺序在美国（以及大多数其他国家）是颠倒过来的。

解决途径：我们如何减少废物和污染量？

减小资源消耗量、废物生产量和污染量（图 2-55，第 73 页）的方法包括：

● 减少消费量。在购买任何商品之前问一问自己：是否真的需要这些商品？能不能购买二手产品？能否借到或租到？

● 通过对商场工序和产品进行再设计来减少单

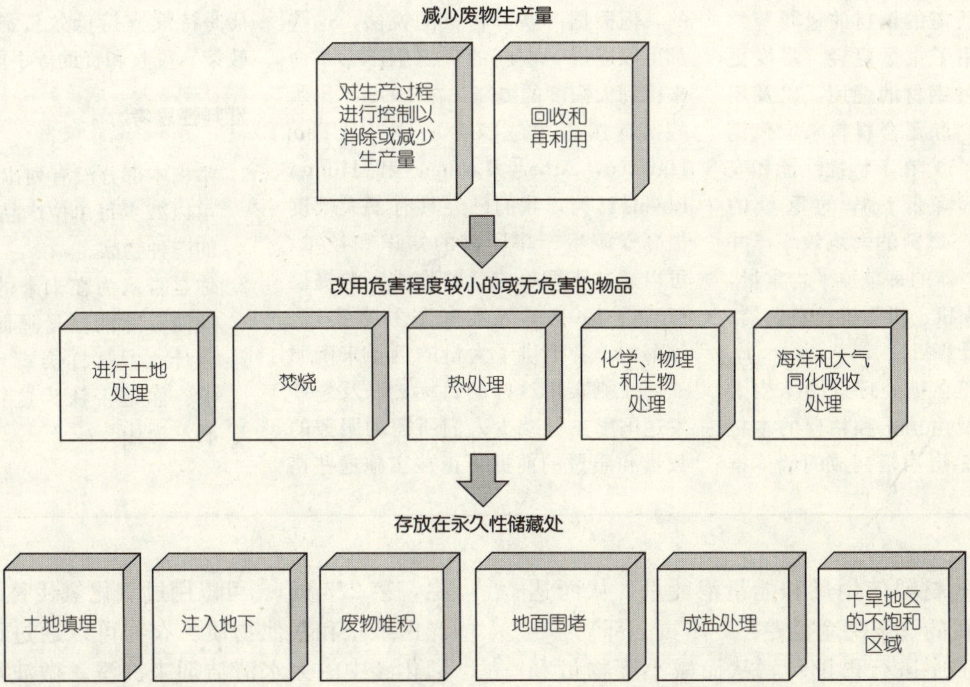

图 11-4　解决途径：杰出的科学家们对处理有害废物提出的优先级建议。到目前为止，这些建议尚未被美国（和大多数其他国家）所采纳（美国国家科学院）

解决途径专栏

以少致多：提高资源的生产率

在过去的几十年中，一次设计革命促使商业生产减小了每单位商品和服务的材料和能源消耗量。这主要是通过以下途径实现的：(1) 寻找材料消耗量较小的物质来生产产品；(2) 对产品进行重新设计，或者提高产品性能，从而可以消耗较少的物质和能源。

现在，一根包含 65g（3 盎司）硅石（二氧化硅）的光缆纤维就可以传送比同等长度的含有 0.9T（公吨）(1t) 铜的缆线多得多的电子信息。无线通讯使用量的增加也大幅度地降低了各种缆线的使用量。

纸张产品，例如产品推介宣传单、电话本、技术参考手册，以及零件簿等，都可以通过光盘或国际互联网站点来获得，这样可以节省数百万元的资金和大量的纸张。美国所有电话号码本都可以存储在 3 张光盘中，一张 DVD 光盘则可以容纳全世界所有的电话号码信息。

与 1960 年代相比，今天建造同样一座摩天大楼所需的钢材的量要节约 35%，因为采用了重量更轻、强度更高的钢材。这种钢材的使用，以及用重量较轻的塑料和复合材料来取代钢材的方法可以 (1) 在不牺牲性能和安全性的条件下降低汽车的重量的 25%；(2) 提高燃料的燃烧效率，并 (3) 减少各种电器的每单位平均重量，例如炉具、洗衣机、烘干机、空调器、电视机，以及计算机。

传统木材正在被处理过的结构梁和结合构件以及由预压和粘合的木材废料或粘合的多层木板制成的墙体框架（墙柱）所取代。这些产品可以使住宅的屋顶和地板支撑物更加结实、耐用，不需要设置室内承重墙。这可以 (1) 创造更加具有灵活性和实用性的起居空间；(2) 减少室内墙体所需的木材量的 70%，以及 (3) 可以成倍增加隔热保温设施的空间量（通过节约的木材和木料来补偿），这可以节省能源，并可以安装较小型的、成本较低的采暖和降温系统。

从 1970 年代开始，(1) 塑料食品袋的厚度减小了 70%，但并没有牺牲其强度；(2) 塑料奶罐的重量减少了 40%；(3) 铝制饮料罐的含铝量减少了三分之二；(4) 钢制罐头盒的重量减小了 60%；(5) 可处理的尿布所含纸浆的量减少了 50%；(6) 塑料冷冻食品袋的重量减少了 89%。

由于人口增长和人均消费量的增加，美国市政固体废物的总量持续增长。但是，材料使用率的提高（非物质化）和对废物的回收以及制成有机堆肥已经促使 1990 年以来的废物量增长率降低了很多。

这些资源效率的提高是非常重要的，但根据一些分析家的说法，这些都可以通过一次新的资源生产率革命来得到大幅度的提高。在 1999 年出版的《自然资本主义》一书中，Paul Hawken，Amory Lovins，和 Hunter Lovins 认为，我们已经具有了大幅度提高资源生产率所需的知识和技术，可以通过使每单位量的物质资源提供 175%—190% 的性能和服务来实现。该书的作者提供了大量的例子来阐明如何才能实现这样的目标，以及一些发达国家在不减少人们所需的服务的数量和质量的前提下正在实施这些措施。根据这些分析家的说法，通过以少致多的原则来实现这样一场资源生产率的革命可以：

- 大幅度降低维持地球经济的地球的自然资本（图 1-2，第 3 页）的消耗量和衰退程度。
- 为取得这种进步的公司或国家赋予在全球市场中较大的竞争优势。
- 有助于降低失业率和贫困人口的数量，可以通过使雇佣更多的员工可获得更高的效益的手段来促使其实现。这在发展中国家尤其重要，这些地区的劳动力资源非常丰富，而且经济资源的利用率也不高。
- 实际上要比看起来容易一些，因为目前对物质和能源的利用来促进经济发展所采取的方式是非常低效的，几乎等于扔钱。根据 1989 年美国国家科学院的一份报告，发展美国经济所需的巨大的物质流中仅有 6% 能够最终成为产品输出。另外，美国经济所需的能量流中有 43% 都被不必要地浪费掉了（图 4-5，第 105 页）。

对于这些分析家们来说，实现这样一场经济和生态革命的惟一巨大障碍是持续支持低效资源利用的法律、政策、税收和资助等手段。

批判性思考

1. 举出本部分没有列出的日常生活中可以减少每单位产品的物质消耗量的三种物品。
2. 你是否认为在未来的 20 年中有可能使资源消耗量降低 75%—90%？为什么？这样会产生什么不良影响？你是否认为这样做会弊大于利？为什么？

位产品和服务的材料使用量和能量消耗量，从而达到以少致多的目的（解决途径专栏，本页上部）。

- 对生产工序进行再设计，从而减小废物量和污染量。大多数有毒的有机溶剂都可以在工厂里被回收或以水性的或柑橘性溶剂来替代（个体作为专栏，第 273 页）。可以用过氧化氢代替有毒的氯气来漂白纸张和其他物质。衣物可以通过溶解在液态二氧化碳中的无水清洁剂来清洗。微波烘干可以以不含有毒的有机溶剂的干洗剂来代替，例如全氯乙烯 (PERC)。

● 开发易于维修、再利用、再生产、制作有机堆肥、或回收的产品。欧洲的几家汽车生产商将他们的汽车组成零件中的 80%（在美国为 75%）设计成可以很容易地进行拆卸和再利用和回收的部件。施乐公司最新出品的复印机中的每一个部件都可以再利用或回收使用，而且易于进行再生产，最终可以节约 10 亿美元的生产成本。

● 将产品设计得更耐用。现在生产的汽车轮胎的平均寿命为 97000km（60000 英里），但是研究者们认为至少可以提高到 160000km（100000 英里）。

● 取消或减少不必要的包装。对于产品包装，环境学家们认为设计者、生产者和消费者都应该问几个关键的问题：是否必要？是否可以采用较少的材料？是否可以进行再利用？生产材料是可再生资源还是不可再生资源？其中是否包含了最大可行数量的消费者丢弃后（消费后）仍可回收的材料？焚烧时是否会产生有害的空气污染物或有毒的烟灰？是否可以掩埋或降解而不产生会造成地下水污染的化学物质？现在，货物可以用装满压缩空气和 100% 可回收的聚乙烯材料的较薄的塑料袋来取代塑料花生材料来进行保护。使用后，这些袋子可以收缩并回收，或者，利用恰当的设备就可以再次充气使用。

● 推行垃圾税来减少废物的生产量，并利用所得的税收收入来补偿所得税和财富税的减少额（解决途径专栏，第 363 页），很多欧洲国家已经采取了这样的措施。利用废物偿付系统来减少固体废物的生产量，并通过将垃圾收集费用与一个家庭所生产的可以进行处理的废物的数量联系在一起的方法来鼓励回收。

一些公司和城市正在消灭几乎所有它们生产出来的废物，它们走在了前列。澳大利亚的堪培拉市制订了在 2010 年消灭全部废物的目标，荷兰也制订了降低 70%—90% 的废物生产量的目标。你的社区和国家正在作什么呢？

11.3 解决途径：以更加洁净的生产和销售服务来取代实物生产

什么是生态工业革命？它有哪些益处？

一些分析家呼吁我们在未来的 50 年中实现一场生态工业革命，作为一种促进实现工业、经济和环境达到可持续发展的途径。这一新产生的更清洁生产或工业生态的概念，其目标是对所有工业产品和工序进行重新设计，并将其融合到（1）一种基本的循环式物流的封闭系统（图 2-55，第 73 页）之中，或者（2）一套可以使一个生产者所产生的废物成为另一个生产者的原材料的网络系统之中，各个生产商可以从消费者手中回收产品包装和旧货，从而实现废物的再利用、回收、维修或再生产。

实际上，各个生产商将会模仿自然化学循环过程（第 2.6 节，第 45 页），并在一个类似于自然生态系统的食物网的复杂的资源交换网络中相互作用。这种工业生态系统的概念原型来自丹麦的凯隆堡(Kalundborg)，它那里的（1）一家烧煤的火力发电站；（2）一家炼油厂；（3）一家硫酸生产厂；（4）一家石膏灰胶纸夹板生产厂；（5）一家药厂；（6）一家水泥生产厂；（7）几家本地农牧场；（8）几家园艺温室；（9）一家养鱼场，和（10）附近的居民相互协作，通过交换和将各自生产的废物转化成其他方面的资源来节约资金。

从 1993 年开始，哈利法克斯（Halifax）［诺沃·斯科舍（Nova Scotia）］和 20 多座美国城市——包括巴尔的摩（马里兰州），罗切斯特（纽约），查塔努加（田纳西州），以及得克萨斯州——墨西哥边境附近的布朗维尔/马塔莫罗斯（Brownsville/Matamoros）地区——宣布要建立类似于丹麦的凯隆堡的生态工业园。

这些重要的生物模仿形式消除了大多数废物，还通过以下途径创造出经济效益：

● 降低污染控制的成本，同时遵守各项污染法令。

● 通过降低工人暴露在有毒和有害物质的时间和量来提高工人们的健康和安全状况（从而降低公司购买健康保健保险的成本）。

● 减小未来对有害和有毒废物的法律义务。

● 刺激各家企业开发可以在全球范围销售的、对环境有益的新的生产工序和产品。

● 为企业在消费者中赋予一个更好的形象，以结果为基础，而不是以公共关系的促销活动为基础。

在 1975 年，在 100 个工厂中生产 6 万种不同产品的明尼苏达矿业与生产公司（3M 公司）开始了一项污染预防偿付（3P）计划。该计划主要是通过雇员来推动的，（1）对生产设备和生产工序进行了再设计；（2）减少了有害原材料的使用量；（3）确定了有害化学物质的输出物（并对其进行回收或作为原材料销售给其他公司），并（4）开始生产污染性更小的产品。

至 1998 年，3M 公司（1）废物总生产量减少了三分之一；（2）生产每单位产品的空气污染物排放量减少了 70%；（3）节省了 7 亿 5 千万美元用于处理废物的成本。在 1990 年代，越来越多的公司采纳了相似的污染预防计划，将其生产工序转化成基本封闭回路式的生产系统。

什么是服务流经济？它具有哪些优点？

在1980年代中期，德国化学家 Michael Braungart 和瑞典的工业分析家 Walter Stahel 各自独立地提出了一项新的经济模式，该模式涉及到在未来的几十年中将我们目前所采用的物流经济模式（图 2-54，第 72 页）转化为一种服务流经济模式。人们不再是草率地购买大多数产品，而是租用或租赁产品所提供的服务性能。

就租金来讲（通常是按月收取），商业将提供支持和维持消费者所需的服务性能的所有物质材料和产品，并在使用寿命终结时回收所有材料，这被 Stahel 称为“摇篮-摇篮”式流程。

在这种服务流或产品服务经济体系中，厂商生产的一个产品仍然作为一种财产而存在，它可以产生更多的效益，如果它（1）消耗最小数量的物质材料；（2）使用寿命尽可能延长；（3）易于维护、修理、再生产、再利用或回收；（4）为消费者们提供他们所需的服务而不是向他们推销不断更新的各种过时产品的新版本。

服务流经济还可以增加就业，因为与开采原材料并用它们来生产通常被更新版本的产品而淘汰掉的产品相比，它需要更多的劳动者对设备进行维护和再生产。

这种经济模式的转变正在进行：

- 从 1992 年开始，施乐公司就已经开始出租它们大部分的复印机，作为它提供文件服务的一部分，而不是出售复印机。该公司免费为顾客替换或升级复印机的油墨块和按模数设计的复印机的其他部件。当服务合同到期时，该公司将复印机收回进行再利用和再生产，并制订了一个不需要填埋和焚烧废物的目标。为了节约资金，复印机按照订单来生产，并设计成可以使用回收来的纸张，而且零部件更少，更节能，更安静，排热更少，排放臭氧更少，复印所需化学物质也尽可能的少。
- Ray Anderson 是一家大型地毯生产厂的首席执行官，他计划不再出售地毯，而是出租（个体作为专栏，本页下部）。
- 几年来，被称为“chauffagistes”的 160 家公司一直为法国大都市区的 1000 万座建筑物提供热能。这些公司与消费者签订合同来提供一种供热服务，以商定的价格在特定的时段内为他们的建筑空间维持一个特定的温度。

个体作为专栏

Ray Anderson（雷·安德森）

Ray Anderson（雷·安德森）是总部设在亚特兰大市的一家地毯生产厂 Interface 的首席执行官。该公司在 6 个国家设有 26 家工厂，客户遍及 110 个国家，年销售额超过 10 亿美元。

在读了 Paul Hawken 的《商业生态学》（The Ecology of Commerce）一书之后，Ray 改变了他看待世界和自己的企业的方法。在 1994 年，他宣布了一系列计划，要开发全国第一家完全可持续型绿色企业。

在制订了以下目标的基础上，他已经实施了数百个计划：（1）零废物；（2）大幅度降低能耗；（3）最终通过依靠可再生的太阳能来达到零化石燃料消耗量的目标。至 1999 年，该公司已经将资源浪费量降低了 30%，并减少了价值 1 亿美元的能源废物。建在加利福尼亚的一家工厂正在以太阳能为能源来生产全世界第一条太阳能造地毯。

为了实现零废物排放量的目标，Anderson 计划停止出售地毯，而改为租赁地毯，作为一种控制回收的方式。租金是按月收取的，该公司将以月为基础，为顾客铺设、清洁和检查地毯的状况，在一天的期限内为顾客维修破损的地毯，并将破损的地毯进行回收利用，融合进新地毯中。如 Anderson 所说，“我们想要回收昨天的地毯，不会将任何碎料填埋掉，不向生态环境中释放任何污染物——整个系统都是由太阳能提供能量。”

杜邦公司（DuPont）和其他几家化学品生产商已经开发了一些工序来清除地毯中的尼龙和塑料聚氯乙烯纤维，并对其进行回收来生产低质量用途的产品（开放式回收）。

Interface 走得更远，它们开发了一种新的聚合物材料，被称为 Solenium，（1）破损后可以完全回收来制造新地毯（一种更令人满意的封闭回路式回收）；（2）不会发霉；（3）具有很强的抗污力，以及（4）易于用水清洁。与制造普通地毯相比，这种新材料的工艺流程更简单，而且所产生的废物量也减少了 99.7%，而且其使用寿命也是传统地毯的 5 倍。

该公司还计划安装和出租一种活地板系统，可以铺在它们公司生产的地毯下面，并打算将这种地毯与其他服务公司的降温和采暖服务结合在一起。

Anderson 只是越来越多的商业领导者中的一个，他们投身于寻找一种在经济上和生态上更加可持续的途径来进行商业活动，但同时仍然可以为投资者们赚取利润。自从开始推行他的与地球为善的政策以来，该公司股票价格和盈利额都增加了，他说他正在推动一场冲击波。

● Carrier是居于世界领先地位的空调设备生产商，现在开始了出租业务，为消费者提供降温服务。它还与其他服务供应商组成团队，为消费者安装超级窗户和更高效的采光设备，并提供其他一些提高能效的升级服务，从而降低消费者的降温需求。该公司尽可能少地安装空调设备，甚至完全不安装空调，同样可以盈利。

● Dow和其他几家化学品生产商正在推动一场租赁有机溶剂（主要是用于清除物品表面的油脂）、显影剂以及染料和颜料的商业运动。在这场化学品服务商业活动中，该公司（1）送货上门；（2）帮助顾客安装恢复系统；（3）回收恢复后的化学品，并（4）按顾客需求送新产品上门。

11.4 再利用

可再灌装容器有哪些优点？

再利用是一种减少废物生产量的形式，（1）可以增加资源供应量；（2）可以避免将高品质的物质资源转化为低品质的废物（图2-54，第72页），以及（3）与回收方式相比，甚至可以减少更多的能耗和污染量。

可再灌装玻璃饮料瓶和由聚乙烯对苯二酸盐塑料制成的可填充软饮料瓶是两个再利用的例子。与抛弃型和回收型饮料罐和饮料瓶不同，再灌装饮料瓶的回收和重灌可以创造很多本地就业机会。而且，加拿大的可口可乐公司和百事可乐公司进行的研究表明，它们分装在0.5L（16盎司）可再灌装瓶中的软饮料的成本比抛弃式饮料瓶中的饮料成本要低三分之一。

丹麦已经禁止使用不可再利用的饮料瓶。为了鼓励使用可再灌装玻璃饮料瓶，厄瓜多尔建立了一个可归还的饮料瓶押金制度，费用大约为饮料价格的一半。在芬兰，95%的软饮料、啤酒、白酒和酒精的包装瓶都是可再灌装式的。在德国，73%都是可再灌装式的。

在1964年时，美国89%的软饮料和50%的啤酒都是用可再灌装式的玻璃瓶承装出售的。但现在，这些可再灌装式的玻璃瓶仅占全部啤酒和软饮料市场的7%，美国国内仅有10个州在使用可再灌装式的玻璃饮料瓶。大多数本地饮料瓶生产厂的消失不仅导致了事业压力，还造成了人们的收入和税收的降低。有些人呼吁在美国恢复使用饮料瓶回收利用系统；但还有些人认为，饮料瓶的回收和再利用是不实际的，因为所需的系统设备都已经拆除了。你怎么认为？

可再利用的用品还包括：

● 金属或塑料的餐盒。

● 以塑料容器来承装餐盒用品和存放剩菜，取代一次性的塑料包装纸和铝页。

● 衣物销售袋（解决途径专栏，本页下部）。

● 以由回收利用的塑料废物制成的航运货盘来取代一次性的木制货盘（美国每年要耗费4000万个）。1991年，日本丰田公司全部换用了可再利用的航运集装箱。同样，施乐公司也通过相同的措施每年节约成本200万—500万美元。

解决途径专栏

我们应该使用哪些购物袋呢？

当要你在塑料袋和纸袋之间选择购物袋时，你会选择哪一种呢？答案是：两个都不选。这两种购物袋都具有环境危害，如果问哪一种的危害更大一些，谁也无法给出清晰的答案。

一方面，塑料袋被填埋后降解速度缓慢，而且如果被野生动物误食的话还会造成危害，而且塑料袋的生产过程中也会污染环境。另一方面，大多数超市中使用的棕色纸袋生产时需要消耗木材，还会污染空气和水。总体而言，与并非大部分以回收纸张制造的纸袋相比，白色和透明的聚乙烯塑料袋生产时消耗的能量较少，对环境的危害也较小。

你在购买商品时可以携带也可再利用的帆布或以线绳编织而成的购物袋，从而避免不得不选择塑料袋或纸袋之一的情况，并节约和对你获得的纸袋或塑料袋进行再利用。只要使用5次可再利用的购物袋就可以抵消制造该纸袋所造成的环境危害。为了鼓励人们携带自己的可再利用购物袋，荷兰的商场实行对纸袋和塑料袋收费的措施。

批判性思考

1. 以同样的原理来思考以下你应该尽可能地使用哪种杯子（塑料杯、纸杯、还是可再利用杯）。你如何解决在快餐店或工作场所购买咖啡或其他饮料时可能出现的问题呢？
2. 你是否认为应该对商场中使用的纸袋和塑料袋收费呢？是否应该出售可再利用购物袋以鼓励其使用呢？为什么？你将如何在主要商场中实施这样的政策来为所有消费者提供一个更加经济节俭的平台呢？

• 工具库［如美国加利福尼亚州的伯克利和马里兰州的塔克玛·帕克（Takoma Park）］可以为人们提供各种能量和手工工具。

• 电子纸张是一种灵活的、不需电缆的计算机屏幕，是由施乐公司开发的，它（1）看起来就像一张纸；（2）不需要能量来存储或观看、书写、或绘图，而且（3）可以电子书写和擦除至少 100 万次，这使它相当于 100 万张纸。

11.5 回收

回收有哪两种类型？

回收对人类和环境有很多益处（图 11-5）。对于玻璃、金属、纸张和塑料来讲，存在着两种回收方式：

• 基本回收，或封闭回路式回收，消费者所丢弃的废物（消费后废物）可以被回收来生产新的同类制品（例如利用废弃新闻纸来制造新的新闻纸，利用丢弃的铝罐来生产新的铝罐）。这样可以减小污染和对原始资源的消耗，并可节约能源。

• 次级回收，或开放回路式回收，将废物转化为另一种产品，通常是品质较低的产品。

基本回收可以降低一个产品所需的原始材料达 20%—90%，而次级回收最多只能降低大约 25% 左右。

环境学家呼吁我们不要被贴着纸袋和塑料袋或其他可回收材料制成的产品的标签所误导。几乎任何物质都是可回收的。关键是（1）该物品是否真的被回收，以及（2）我们是否通过购买以最大可能含量的后消费回收材料制造的产品来完成回收循环。

案例研究：美国对市政固体废物的回收

可以进行回收的材料应该：（1）很容易从其他废物中挑拣出来；（2）以一种比较统一的形式大量存在，以及（3）有价值。1999 年，美国全国产生的市政固体废物中有大约 30% 都被回收或进行了有机堆肥的处理（解决途径专栏，第 340 页），这在所有工业国家中所占的比例是最大的。在美国，有超过 8800 个路边市政回收项目为全国人口的 51% 提供着服务。

这些回收项目：（1）回收了汽车消耗掉的钢材总量的 98%；（2）汽车消耗掉的电池总量的 96%；（3）易拉罐所使用的铝材的 74%（案例研究，第 341 页）；（4）铝材消耗总量的 70%；（5）废纸和废弃的纸板总量的 43%；（6）站场废物的 40%，以及（7）玻璃容器的 27%。最近在美国的若干个社区内

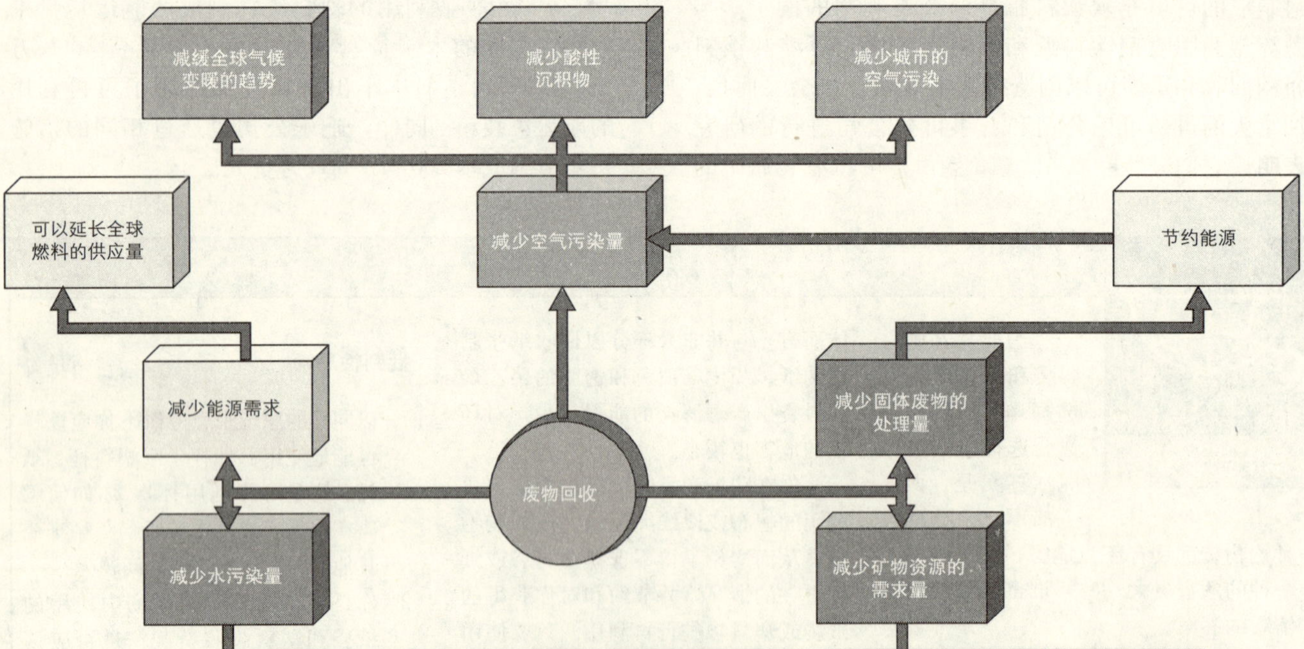

图 11-5　废物回收所具有的对人类和环境有益的方面。虽然具有这许多益处，但废物回收仍然是一种后果式的方法，在废物产生之后才进行处理，而不是一种减少资源总流量的预防性方法

进行的实验研究表明，实现60%—80%的回收率和有机堆肥制造率是完全可能的。

有一些研究表明，鼓励人们进行废物回收的最有效的方法之一就是推行一项“为丢弃垃圾而付款”的计划，该计划以一个家庭所产生的需要处理的垃圾的总量为基础来收取垃圾收集费；那些被归类为可回收的废物则可以免除该费用。目前，北美洲有超过2800个社区都建立了这样的系统。在美国，至少有11个城市的废物回收率达到了45%—60%。

固体混合废物的集中回收是不是一种可行的方法?

大规模的废物回收可以通过收集城市中的混合固体废物并将其运送到集中式的物质回收设施内进行处理来实现。在那里，机器可以将废物粉碎，然后进行自动分离，从而对一些有价值的物质进行回收，并作为原材料出售给一些生产商（图11-6）。剩余的纸张、塑料制品，以及其他可燃废物则可被回收或燃烧，从而生产出蒸汽或电能来为回收厂提供能源，或者可以出售给附近的工业企业或家庭使用。焚烧炉中产生的烟灰则可以进行填埋。

目前，美国境内共有超过225座固体混合废物回收厂。但是，这些回收厂（1）建造、运营和维护的费用十分高昂（这也是导致一些回收厂被关闭的原因）；（2）如果操作不当的话，还会释放出有毒的空气污染物，而且（3）会产生出一种有毒的烟灰，必须进行安全处理。固体混合废物回收厂还需要大量的废物输入量才能维持其资金上的成功运作。所以，这些废物回收厂的厂主们有一种增加物质和能源吞吐量以生产更大量的废物的既得利益，这与那些杰出科学家们认为我们应该作的事情恰好相反（图11-3）。

将固体废物进行分离回收是不是一种可行的方法?

很多处理固体废物方面的专家都认为，对于家庭和商业企业来讲，在经济上和环境上，将废物按照可回收的和可再利用的种类进行分离可以取得更好的效果（例如，玻璃、纸张、金属、某种塑料制品，以及可以制造有机堆肥的物质）。然后，利用不同类别的市政垃圾收集车、私人搬运工，或者垃圾回收志愿者组织来对其进行分类回收，并将其出售

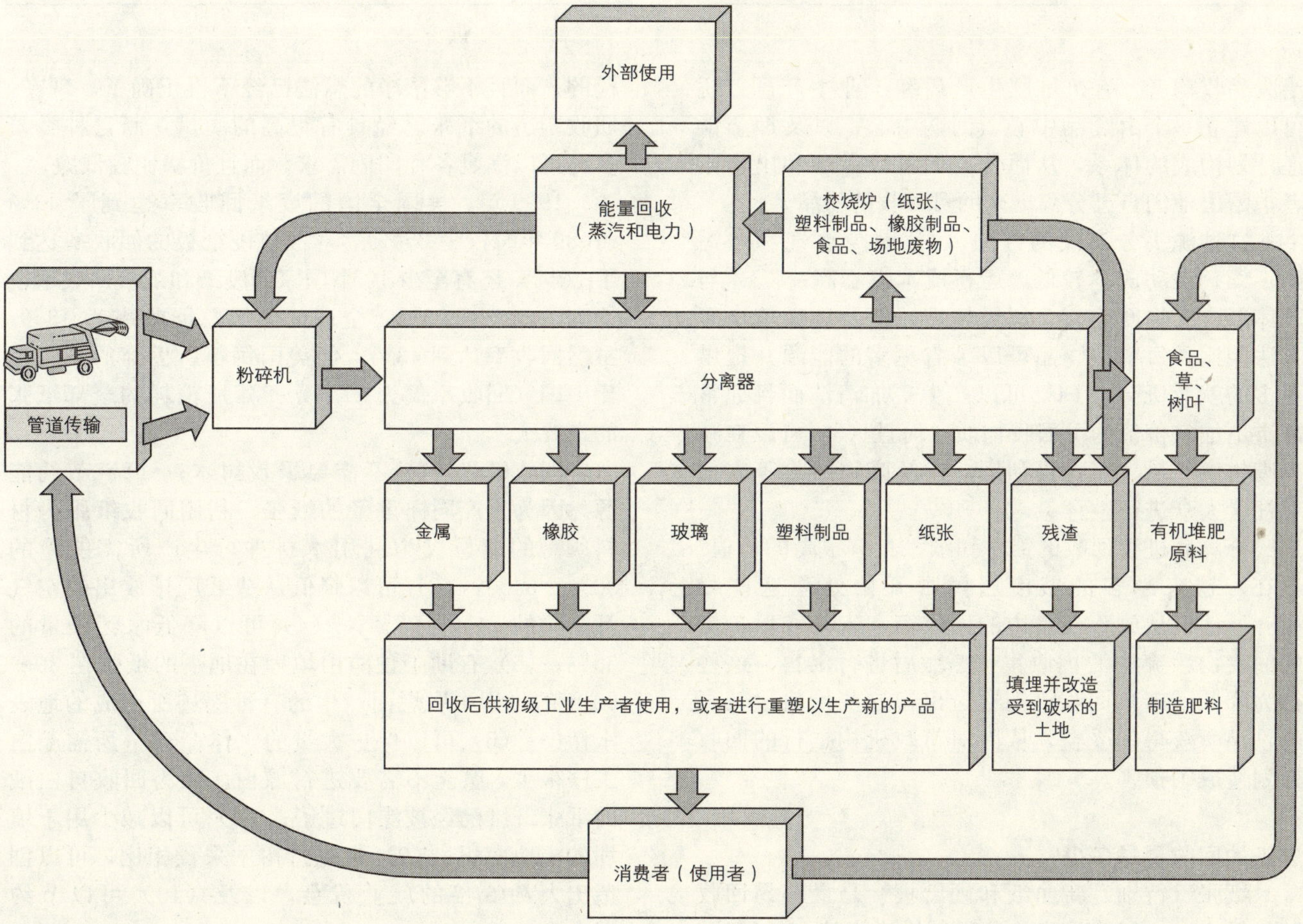

图11-6 用于对混合废物进行分类回收以及燃烧来生产能源的废物回收设备的概括性简图。由于为了实现经济性，这些处理厂需要大量的废物输入，所以它们并不鼓励废物的再利用和减少废物产生量的行为

解决途径专栏

通过制造有机堆肥来回收可生物降解的废物

可生物降解的有机废物，如纸张、食品残渣，以及草地废物等，可以制成有机堆肥来生产植物养分，具有较高的价值，最终又可以被土壤回收、吸收。在美国，可生物降解的废物在重量上构成了市政固体废物总量的35%，它们都可以被制成有机堆肥。

但是，在美国，全部市政固体废物中仅有5%被真正制成了有机堆肥（在法国为17%，在瑞士为10%）。奥地利、比利时、丹麦、德国、卢森堡，以及瑞士的一些城市有机堆肥的制造率达到了其全部可生物降解的废物总量的85%。

个人也可以在后院的池子里或室内容器中制造有机堆肥。还可以在社区内的集中式设施内收集和制造有机堆肥，欧洲的很多国家就是采取的这样的方法。

制成的有机堆肥可以作为土壤的有机废料或调节剂、作为表层土、或者作为垃圾填埋后的覆土来使用。有机堆肥还可以用来恢复山坡上、高速公路两侧、露天矿场、过度放牧区域，以及受侵蚀的田地中的土壤。

要获得成功，则必须推行大规模的有机堆肥生产计划，（1）克服选址问题（没有什么人愿意居住在大型的有机堆肥场或堆肥厂附近）；（2）对气味进行控制，而且（3）清除掉可能污染堆肥的有毒物质，并对其进行处理，使其不能用于制造农用或草场用的肥料。

有3种控制或减少大型堆肥厂所产生的气味的方法：（1）将处理设备封闭起来，并对室内空气进行过滤（但是居住在大型有机堆肥厂附近的居民仍然抱怨释放出来的气味难以接受）；（2）在现有垃圾填埋场或其他独立的场所处建立市政堆肥处理设施，以及（3）在密闭的金属容器内对可生物降解的废物进行分解，这样，容器中的空气就可以循环流通，从而可以对进行处理所需的氧气的量和温度进行精确控制（这是一种在荷兰成功应用了20年的技术）。

批判性思考

在你所居住的社区内，你如何来提高可生物降解的废物的有机堆肥制造率？

给废品收购者、有机堆肥生产厂和工业生产厂。还可以建立一个由废品中心、回购中心，以及押金偿还计划构成的体系，从而使人们可以运送和出售或者捐赠出他们自己分离出来的可回收的物品。

这种源头分离式的方法（1）减少空气和水污染；（2）启动成本较低，运行成本也不高；（3）与固体混合废物回收厂、垃圾填埋，以及垃圾焚烧等方法相比，每单位物品可以节省更多的能源并提供更多的就业机会；（4）可以产生更加清洁而且通常来讲更加有价值的可回收物质，而且（5）可以在减少废物生产量、废物再利用，以及废物回收等方面对社会大众进行教育。

分离后进行回收的铝材和纸张具有很高的价值。现在，越来越多的城市居民都开始处理这些物质——他们从放置在路边的回收箱和未采取保护措施的废物丢弃中心内收集——然后进行出售。这些行为降低了市政回收机构通过出售这些价值量较高的物品所获得的受益，从而对市政机构推行的回收计划造成了损害。

废纸的回收量是多少？

纸张（特别是新闻纸和硬纸板）是最容易回收的物质之一。回收纸张的过程包括清除其上的墨迹、胶水和表层涂料，并将其制成纸浆，可以再次供制造新闻纸之用。认为回收制成的纸张是脆弱的、粗糙的、而且不够洁净的想法已经不再正确了。现在，回收制造的纸张已经具有很高的质量，而且种类繁多，可以满足各种印刷需求，而且价格比较低廉。

1999年，美国全国的废纸回收率达到了43%（1989年时仅为25%），对波纹硬纸板的回收率达到了70%。还有至少10个国家的废纸和纸板回收率也达到了50%—96%，全球的废纸总回收率为43%。虽然回收率达到43%，但美国每年所丢弃的纸张也比中国（回收率仅为27%）一年所消耗的全部纸张的量要大。

回收纸张（1）不需要采伐树木；（2）节约能源，因为生产同样重量的纸张，利用回收纸张为材料所需的能量仅为利用木材进行生产所需能量的30%—64%；（3）可以降低从造纸厂排放出的空气污染物的74%—95%；（4）可以降低水污染量的35%；（5）有助于预防由填埋在地下的纸张在30—60年的过程中腐烂而产生的有毒墨迹所造成的地表水污染；（6）可以保护大量的水体；（7）所需漂白工序很少，甚至不需要进行漂白，因为回收自白纸的纸张纤维已经被漂白过了；（8）可以减少用于填埋的土地面积；（9）与进行树木采伐相比，可以创造出大约6倍的就业机会，以及（10）可以节约资金。

用于漂白纸张的氯水和氯化物（1）会对加工设备造成侵蚀；（2）对工人有害；（3）很难回收和再

案例研究

回收铝材

在美国，60%的铝材是直接采自铝矿场的。其余的40%则来自对铝制品的回收，与开采和加工铝矿相比，这样可以减少95%的空气污染，减少97%的水污染，还可以节约95%的能耗。

1999年，美国全国生产的铝制易拉罐中有74%都得到了回收。尽管取得了这样的进展，1999年美国全国生产的1050亿个铝罐中仍然有大约26%都被丢弃掉了。如果首尾相接地排列起来，这些铝罐可以环绕地球120多圈。

对铝罐进行回收具有非常重要的意义，但是，很多环境学家都认为这些铝罐其实本身就是不必要的产品，它们完全可以被其他能效更高的、污染性更小的可再灌装的玻璃瓶或PET塑料瓶所取代——实现从回收到再利用的转变可以创造本地就业机会，还可以促进本地经济的发展。实现这一转变的方法之一就是对不可再灌装的容器课以重税，而对可再利用的饮料瓶实行免税政策，全世界至少有9个国家都采取了这样的政策。

批判性思考

你是否支持对不可再灌装的容器征收重税，而对可再利用的容器免税？为什么？

利用，而且（4）当释放到环境中时是绝对有害的。现在，越来越多的造纸厂（大多数在欧洲国家）正在以氧基漂白剂来替代氯基漂白剂，例如过氧化氢（H_2O_2）。这些加工工艺（1）可以清除几乎全部空气污染物（包括毒性很强的含氯二恶英，第348页）；（2）节约水资源和能源；（3）可以对水实行多次再利用；（4）可以减少对排放出来的污水的处理程序，以及（5）可以节约资金。

购买利用回收纸张制成的纸产品可以减少森林砍伐量和能耗，还可以减小污染，但并不一定能够减少固体废物的产生量。只有由消费后废物——在消费者与填埋场或焚烧炉之间拦截下来的废物——才能减少固体废物的产生量。大多数回收纸张都是由消费前废物制成的：从造纸厂和印刷厂回收的碎片和碎屑。由于纸张生产商一直都在回收这些碎屑，所以这对解决填埋问题没有多少帮助。现在，这些纸张被赋予了"回收纸张"的标签，作为一种市场营销的策略，传达出一种错误的信息，使社会大众误以为购买这样的纸张产品（通常价格较贵）是有助于减少固体废物的产生量的。大多数这种所谓的"回收纸张"仅含有不足50%的回收纤维，而来自消费后废物的纤维量不足10%。环境学家们建议各国政府应该要求纸张及纸产品生产商在其产品上标明消费后回收物质的含量，以及这些产品是否使用了氯水或未使用任何含氯物质进行漂白。

回收塑料制品是否可行？

目前，按照重量计算，美国全国回收的塑料废物和塑料容器的比例仅为7%和10%，主要原因是：

- 塑料制品很难与其他废物分离开来，因为（1）它们总是与多种不同形式的树脂制品混杂在一起，而且很难分辨出来；（2）有时会含有某些复合材料，或者由多层不同种类的塑料层压层板制成，而且（3）含有稳定剂和其他化学物质，在回收前必须清除掉。
- 回收个体塑料树脂废物并不能产生出较大量的有用物质，因为每个产品所使用的树脂的量很小。
- 石油的价格非常低廉，塑料原脂（除了主要用于塑料饮料瓶的PET）的价格仅为回收树脂的40%。

所以，强令塑料制品必须含有一定数量的回收树脂是不大可能产生什么效果的，而且还有可能阻碍一些广泛应用的能够减少资源消耗量的物质的使用，例如塑料袋、塑料瓶和其他容器。

环境学家们承认塑料制品具有一些益处：（1）耐用（在汽车和机器零件中、地毯、玩具、家具、可再利用的浴缸和容器，以及可再灌装的瓶子等）；（2）重量较轻；（3）不易破裂（与玻璃制品相比），而且（4）塑料容器在某些情况下可以再利用。

另一方面，

- 塑料产品工业是产生有害废物最严重的工业之一。
- 在填埋场中，作为装订物、着色剂，以及热稳定剂使用的有毒镉化物和铅化物有可能从塑料制品中释放到地下水和地表水中。
- 大多数塑料制品是不能降解的，或者需要200—400年的时间才能降解。
- 某些广泛使用的塑料制品——特别是大量使用的而且通常是不必要的单用途塑料袋和一次性饮料瓶和食品盒——的数量可以大量减少，或者以其他危害较小的、浪费率较低的产品来代替。

我们为什么不进行更多的再利用和回收呢？

阻碍回收和再利用的因素有三个：（1）消费品的市场价格无法体现原材料的环境和健康成本；（2）开采资源进行生产的工业活动所获得的减免税和政府补

利与弊专栏

回收利用是否具有经济意义？

答案既是肯定的又是否定的，取决于从不同的侧面来看经济和环境成本，以及废品回收所带来的益处。有些批评家认为：(1) 废品回收几乎已经成为了一种信仰，无论会耗费多少社区成本都不应该受到批评；(2) 如果与填埋或焚烧相比，废品回收的成本会更高的话，它实际上也就没有什么意义了（在某些地方会出现这样的情况）；(3) 通常并不需要节约很多垃圾填埋所需的土地，因为在美国，可用于废品填埋的土地还很多，而且 (4) 对于回收那些有价值的和易于回收的物品（例如铝材、纸张和钢材）是有意义的，但对于价格低廉的或非常丰富的资源（如由硅石制成的玻璃物品）以及大多数塑料物品（回收成本很高）就没有什么意义了。

但是，支持进行废品回收的人们则认为：

- 废品回收计划不应该以与传统的填埋和焚烧的方法处理废品是否能够低偿自身的价值来衡量。
- 废品回收的初级收益并不在于能够减少垃圾填埋所需的土地和焚烧设备，而在于能够为人类和环境提供更重要的收益（图 11-5）。
- 研究显示，废品回收所具有的经济、健康和环境收益要远远高于它的成本（图 11-5）。
- 具有如下性质的回收计划具有较高的回收率，而且可以创造收益：(1) 较高回收率的；(2) 一套简单的回收系统而不是一套较昂贵的回收系统，而且 (3) 未丢弃垃圾而偿付费用。

批判性思考

你是否认为仅在能够获得资金收益时才应该建立废品回收计划？为什么？

贴要多于利用回收和再利用材料进行生产的工业，以及 (3) 缺乏大规模的、稳定的回收材料市场。最近，有一些批评家认为进行回收所需的成本比它创造的价值本身还要高（利与弊专栏，第 342 页）。

一些分析家建议所有这些障碍都可以通过以下途径来克服：

- 对开采原生的自然资源征收重税，并逐步取消为开采原生自然资源所提供的补贴。
- 降低或取消对以消费后废品获得的回收材料所征收的税收。
- 为废品的再利用和消费后废品的回收活动提供补贴。
- 大幅度推广和建立“为丢弃废物偿付费用”的计划。
- 鼓励或要求政府购买以回收材料制成的产品以提高需求和降低价格。
- 将固体废物进行填埋和焚烧视为最后的处理手段，仅用于处理那些不能进行再利用、不能制造有机堆肥、或不能回收的废物（图 11-3）。
- 要求在产品上标明消费前和消费后回收物质的构成。

11.6 废物的消毒、焚烧、填埋与输出

有害废物如何消毒？

丹麦的有害废物消毒计划是全世界最全面、最有效的。丹麦的每个市政府都建设了至少一套回收民用涂料、溶剂和其他有害废物的设备。来自工厂的有害和有毒废物被送到分布在全国的 21 个中转站。这些废品之后又被运送到一个大型的处理厂中，将其中约 75%的废物进行消毒处理，剩余的残渣则填埋在一个经过精心设计和监控的填埋场中。

一些人将对有害废物进行生物处理，或称为生物救治，视为未来处理某些类型的有毒和有害废物的大趋势。在此过程中，微生物（通常是天然细菌或经过基因工程处理的细菌）和各种生化酶会用于消灭有毒或有害物质，或将这些物质转化为无害的化合物。这种方法通过模拟自然过程的方法，利用分解者生物来回收废物，但是却通过改变调节温度、酸碱度 pH、湿度、供氧量和养分供给量来加速反应过程。被污染的土壤和水则进行就地处理，排除了垃圾的清理和运输的需求。

生物救治是一种很有效的方法，可以处理大量的有机废物，包括杀虫剂、汽油、柴油、多氯化二苯（PCBs），以及有机溶剂。但是，对于以下物质则效果不明显：(1) 有毒金属；(2) 高浓度的化学废物，或者 (3) 全部氧化了的一些复杂的有毒化学物质组成的混合物。

另一种处理有害废物的生物方法被称为植物救治，它利用天然的或经过基因工程处理的植物来将污染物过滤掉或清除掉，同样也是一种模拟自然过程的处理手段。利用经过挑选的植物可以清除土壤和水中的化学污染物，如杀虫剂、有机溶剂、放射性金属，以及铅、汞等有毒金属。

举例来说，速生的白杨树可以种植在有污染的工厂或其他地方。这些树木可以像稻草那样吸收来自土壤和地下水的污染，或者将化学物质安全地储存在树木的纤维组织中，或者通过新陈代谢作用来

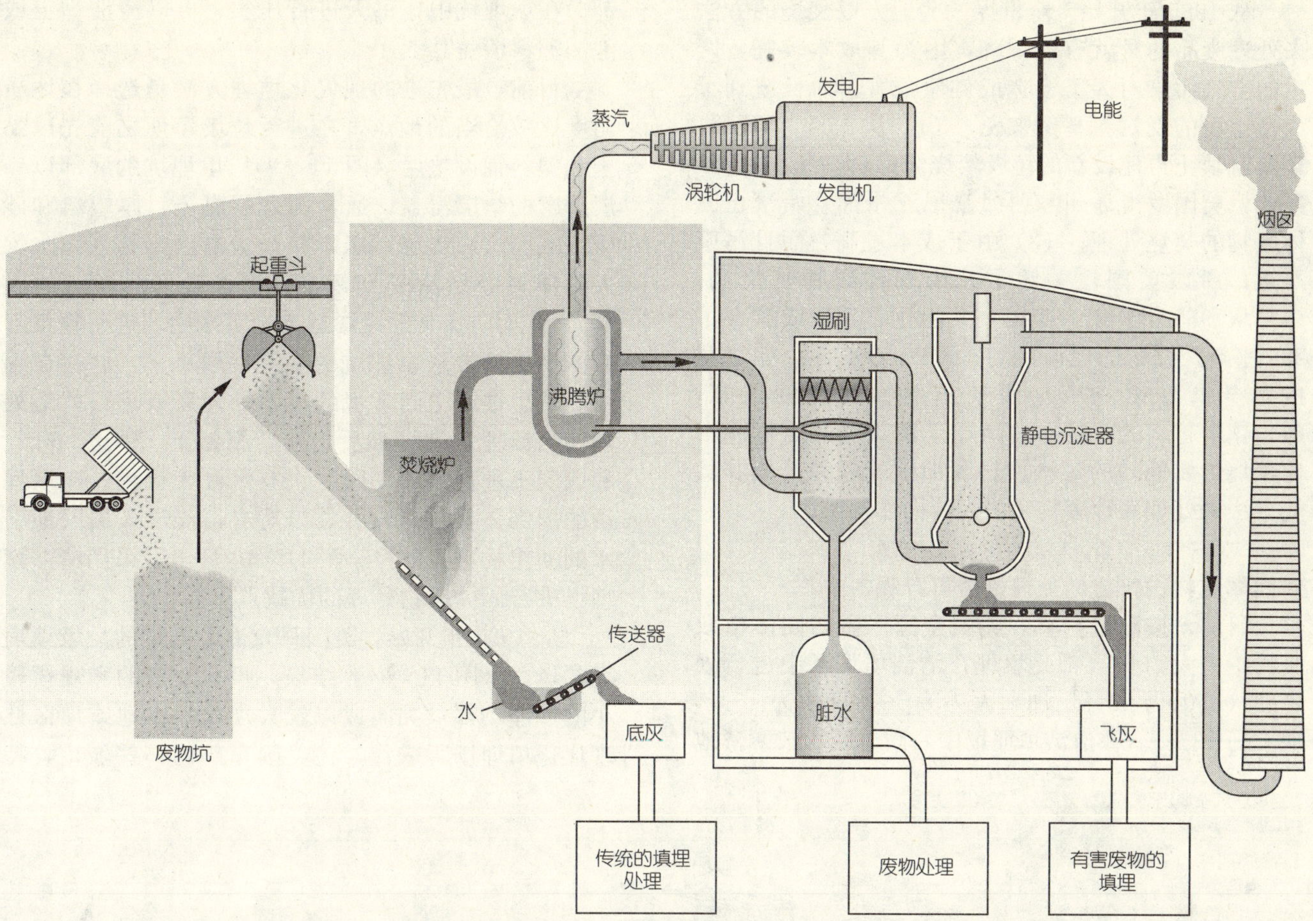

图 11-7 具有污染控制功能的将废物转化成能源的焚烧炉的示意图，可以将混合的固体废物进行燃烧，然后利用其中的某些能量来生产蒸汽，这些蒸汽又可用于采暖或发电（来自美国能源保护协会出版的《让我们减少废物产生量并对废物进行回收》(Let's Reduce and Recycle)，作者进行了修改）

将这些化学物质转化成无害的化合物，再释放到大气中。实地试验表明某些种类的向日葵可以在 24 小时内清除土壤和水中 95%的铅和其他有毒污染物。植物还可以清除结合自然的污水处理系统中的污染物（图 10-29，第 325 页）。

植物救治（1）成本不高；（2）不需要能产生空气污染的重机械设备，而且（3）可以减少需要填埋的物质的量。另一方面，（1）它的处理过程通常比较缓慢（有时可能需要若干个生长季节才能清理某个受污染的场所）；（2）只有在植物根系能够伸达的深度才能产生效力，而且（3）在某些条件下，一些动物也可能以含有污染物的树叶为食。

对固体和有害的废物进行焚烧是否可行？

在美国，全国产生的固体市政废物中大概有 16%的混合垃圾都是在全国 170 个集中焚烧站中进行焚烧的（图 11-7）。大约 80%的有害废物是在全国 172 个商业焚烧站、水泥焚烧窑和轻型焚烧窑中进行焚烧的，其余 20%则是在工厂的沸腾炉和其他类型的工业锅炉中进行焚烧的。从 2002 年开始，美国境内用于焚烧有害废物的设备必须满足更加严格的空气污染标准，以减少有害空气污染物的排放量，如二恶英（第 348 页）、铅（第 347 页），以及水银和其他标准空气污染物（表 9-3，第 276 页）。图 11-8列出了利用焚烧炉来焚烧固体和有害废物的优缺点。

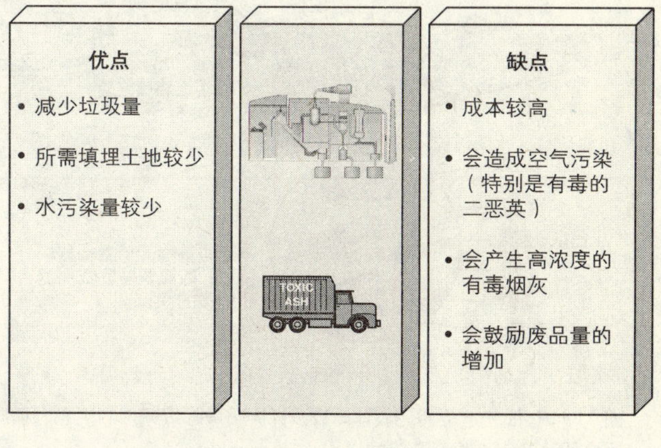

图 11-8 利用焚烧炉来焚烧固体和有害废物所具有的优缺点

从 1985 年开始，全世界一些地方以焚烧的方法来处理废品的量就有所下降，因为其成本较高，产生的空气污染对人类会造成健康危害，而且遭到了大量市民的反对。举例来说，（1）从 1985 年开始，瑞典就禁止再建设新的垃圾焚烧炉；（2）从 1992 年开始，美国罗得岛州和西弗吉尼亚州都开始禁止固体废物的焚烧处理；（3）由于成本过高，而且污染严重，所以美国也关闭了几个固体废物焚烧场；（4）从1985 年开始，美国一共阻止、延缓或放弃了 280 座新焚烧场的建设计划；（5）1999 年，菲律宾成为全世界第一个全面禁止废物焚烧的国家；（6）越来越多的医院通过高压灭菌炉（其运行成本比焚烧炉要低）的蒸汽加热和加压处理和其他非焚烧方法来处理医疗废物和消灭传染性物质。

对固体废物进行土地处理是否可行呢？

目前，按重量计算，美国全国产生的固体市政废物中有大约 54%都是填埋在清洁填埋场中进行处理的（英国为 90%，加拿大为 80%，日本为 15%，瑞士为 12%）。在清洁填埋场中，固体废物被薄薄地铺撒在填埋坑中，每天进行压实，再以清洁黏土或泡沫塑料覆盖其上。

目前，最先进的现代化填埋方法是选择在地质角度比较恰当的地点，在进行垃圾填埋之前先以黏土和塑料铺设垫层（图 11－9）。填埋坑的底部以一层致密的垫层覆盖，通常由几层黏土、厚塑料和砂土组成。这一垫层可以承接垃圾的沥出物（雨水渗入固体垃圾层后受到污染，再渗透到填埋坑的底部），从而防止其继续渗透入地下水中。这些收集起来的沥出液被从填埋坑的底部抽取出来，储存在罐中，然后被运送到常规的污水处理厂或进行就地处理。当填埋坑被填满后，就会用黏土、砂土、砾石和表层土进行覆盖，以防止有水渗入坑中。在填埋坑的周围还会打几口井，以对有可能渗入周围地下水的沥出物进行监控。图 11－10 列出了采用清洁填埋场进行固体废物处理的优缺点。

从 1997 年开始，美国只允许最先进的垃圾填埋场的运行（图 11－9）。结果，很多较旧的和规模较小的填埋场都被关闭或以较大规模的本地或地区性现代化填埋场所取代。在美国东部的一些城市，特

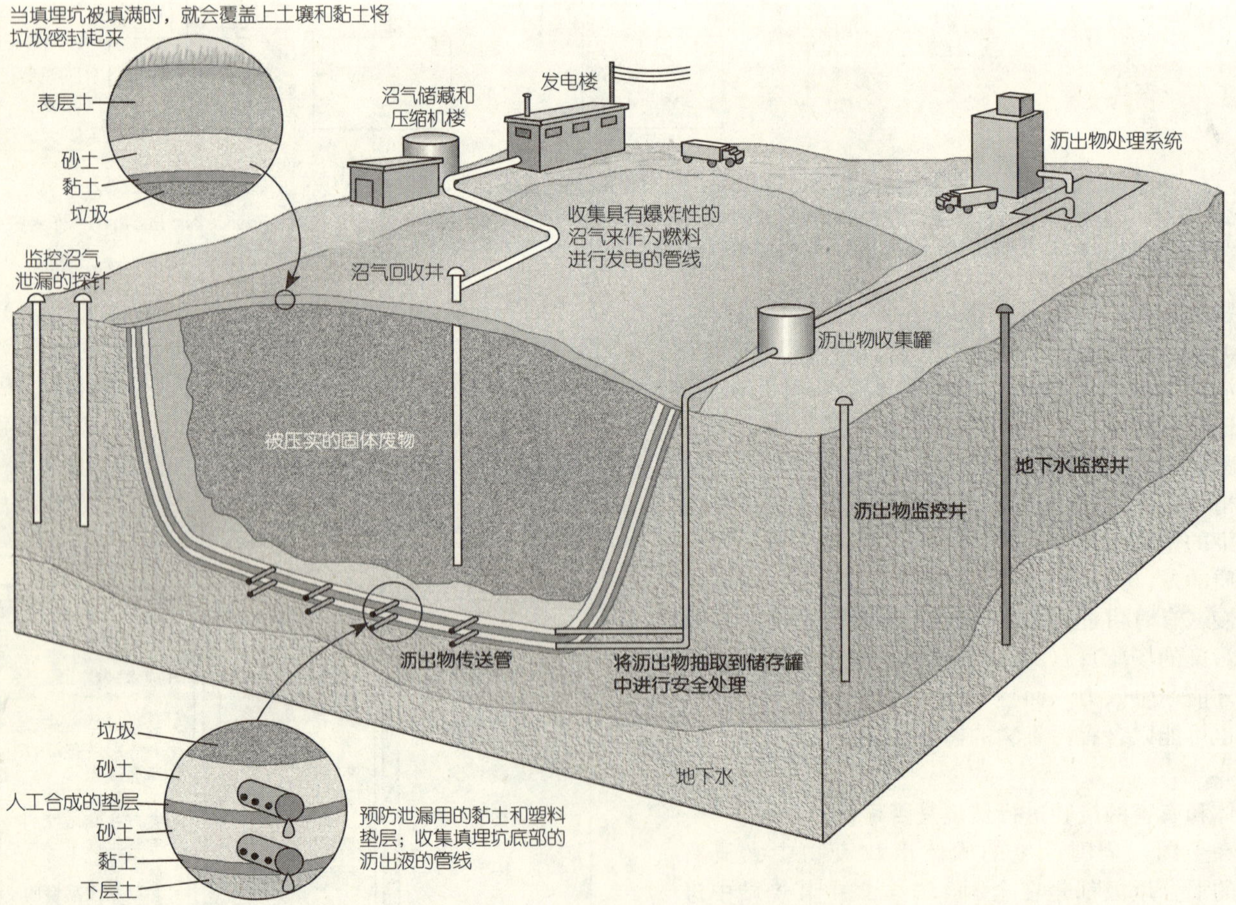

图 11－9 最先进的清洁填埋场被设计用来清除或减少困扰老旧填埋场的各种环境问题。但是，即使这些最先进的填埋场最终也会发生泄漏，将污染和清洁成本都传递给后代

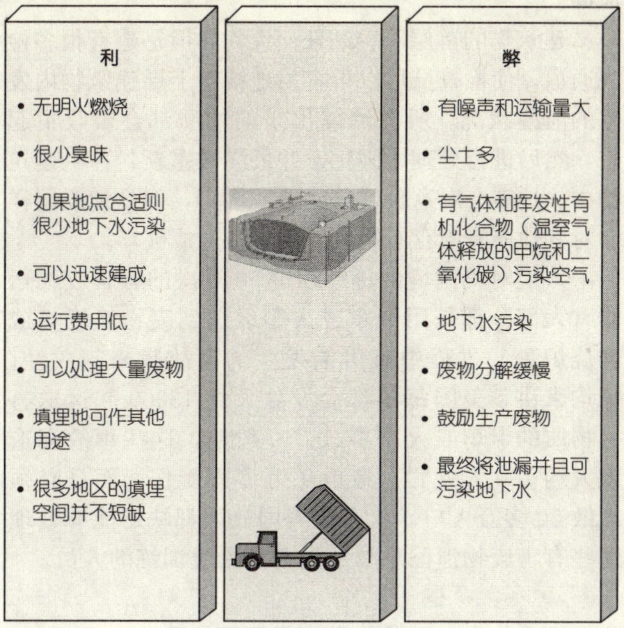

图 11－10　使用卫生的填埋场处理固体废物的利与弊

别是费城和纽约，正在遇到就近寻觅填埋场的困难。但是，在美国的大部分地区都不缺乏进行填埋的场所。

这些新式的填埋场都装设了通风管系统以收集填埋场内埋在地下的废物分解（无氧分解）时排出的气体（主要由两种温室气体，即沼气和二氧化碳组成）。沼气被滤出并在小型的燃气轮机中进行燃烧以生产出蒸汽或电力以供周围的设备之用，或出售给其他市政公用设施。

但是，以数千计的老旧的或废弃的垃圾填埋场并没有安装这样的系统，而且会排放出沼气和二氧化碳，这是两种非常强力的温室气体，可持续排放数十年之久。从未铺设垫层的和垫层老化的填埋场中渗漏出的受到污染的沥出液会渗入地下水和地表水中，这也是一个严重的问题。在美国，经过调查的所有老旧填埋场中有大约 86％都存在地下水污染的问题，所有接受过超级资助的有害废物填埋场（第 350 页）中有五分之一的前身都是市政垃圾填埋场，对其进行清洁处理需要花费数十亿美元的资金。

现代化双垫层填埋场（图 11－10）可以延缓有毒的沥出液渗入填埋场下部的地下水体内，但依然无法防止渗漏的发生。这些填埋场的设计使用年限为 10—40 年，目前，美国环境保护局的法令规定填埋场的拥有者必须在其关闭后至少 30 年内对其进行维护和监控。但是，这些填埋场还是可能在这一期限后发生泄漏，将环境危机和清洁成本转移给后代。

G. Fred Lee 是一位经验丰富的垃圾填埋方面的顾问，他认为解决沥出液渗漏问题的最佳途径是向填埋场中持续注入清洁水，然后进行收集，再将收集到的沥出液输送到经过仔细设计和监控的设备内进行处理。他还认为，在经过了 10—20 年的清洗后，填埋场中所残留的地下水污染物就会很少了。这种使场地变湿的方法还会加速废物的分解，从而可以恢复老旧填埋场的使用。

对有害废物进行土地处理是否可行呢？

在美国，对有害废物进行土地处理主要是在（1）较深的地下井中；（2）表层水塘中，如池塘、水坑或潟湖中；（3）最先进的填埋场中，以及（4）地上的储存设备中。

在深井处理中，有害废液（例如洗涤剂、金属、氰化物，以及腐蚀液）通过管线被加压抽取到干燥的、多孔的地质构造或供应饮用水和灌溉水的含水层以下很深的岩石层中（图10－24，第 317 页）。从理论上讲，这些废液被输送到多孔的岩石层中，这样就被基本上不可渗透的岩石层与其上部的地下水层隔绝开来。图 11－11 列出了对废液进行深井处理的优缺点。很多科学家都认为目前对深井处理法制订的法规还不够充分，有待改进。

表层水塘是开挖出的洼地，例如池塘、水坑或潟湖，液体有害废物可以排放或储存于其中（图 10－24，第 317 页）。随着水分被蒸发掉，废物就会沉淀、浓缩下来。图 11－12 列出了这种废物处理法的优缺点。美国环境保护协会所进行的研究发现在美国，所有储存废物的水塘中有 70％都未铺设垫层，90％的水塘都会对地下水产生威胁。根据美国环境保护协会的研究，任何形式的垫层最终都会发生泄漏，并最终污染地下水。

液态和固态有害废物还可以用桶或其他容器来承装，然后将其填埋到经过精心设计和监测的安全的有害废物填埋场中（图 11－13）。瑞典在这方面做得比较好，他们将浓缩后的有害废物填埋在用钢筋

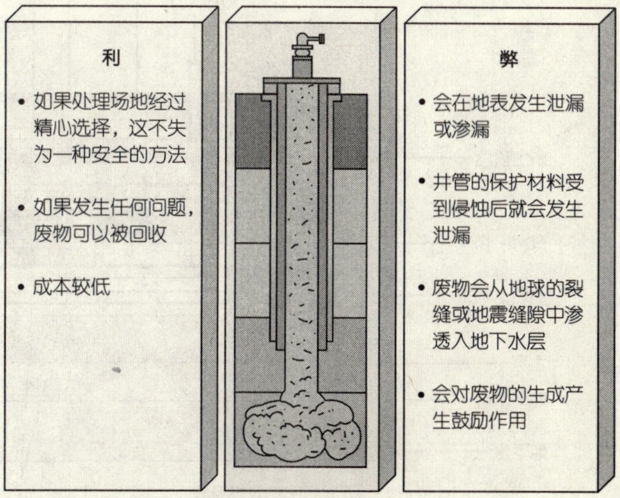

图 11－11　将液体有害废物注入地下深井中进行处理所具有的利与弊

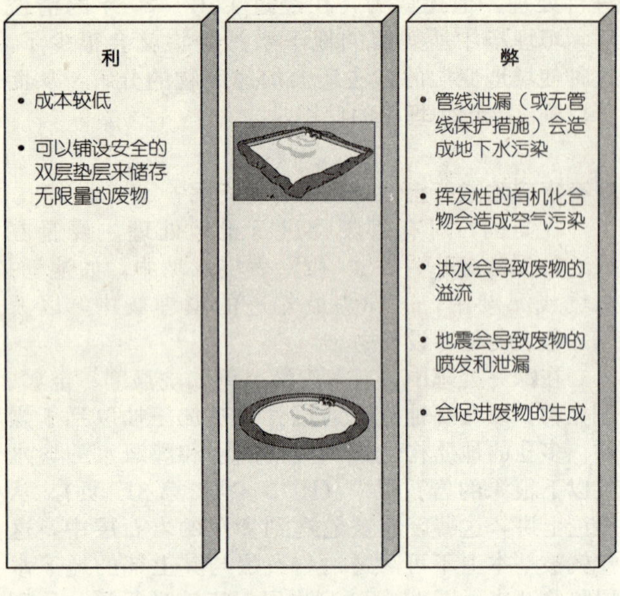

图 11-12 以地表水塘来储存液态有害废物所具有的利与弊

混凝土浇注的地下室里。相反，在英国，大多数有害废物都被与生活垃圾混合在一起，然后被填埋在遍布全英国的数百个普通填埋场中。

通过精心的设计和维护，填埋场可以变得很安全，而且可以高效地储存有害废物。但是，(1) 这种方法比较昂贵；(2) 具有钻洞习性的动物会在黏土层顶部打洞；(3) 防护垫层最终会被破坏，从而导致泄漏，而且 (4) 这种方法并不鼓励有害废物量的减少。

有害废物还可以封存在经过精心设计的地上建筑物中（图 11-14）。这些两层高的建筑物 (1) 是以钢筋混凝土浇注而成的，以防止暴风雨和台风的侵害，并有助于容纳泄漏的液体；(2) 利用风扇和过滤器来形成一种负气压，从而避免有毒气体的泄漏。

建筑物的首层不容纳任何废物，但是建有很多检视通道，使检查员可以很容易地检查上层建筑物内发生的泄漏状况。所有渗漏出来的物质都会被收集起来，然后进行处理、固化，并最终被重新封存入建筑物中。地震会对这种建筑物造成损害，但是地震同样会对其他所有封存有害废物的方法造成破坏。

人们对美国境内每年超过 50 万次的有害废物运输（大部分都是用卡车或火车运送到废物填埋场或焚烧炉处）过程中有可能发生的事故越来越关注。平均来讲，美国每年都会发生大约 13000 起运送有害物质的卡车或火车事故。一般地，这些事故会造成大约 100 人死亡，造成 1 万多人受伤，而且必须疏散 50 多万人口。大多数美国社区都缺乏能够处理这些有害废物泄漏事故的设备和受过训练的人员。

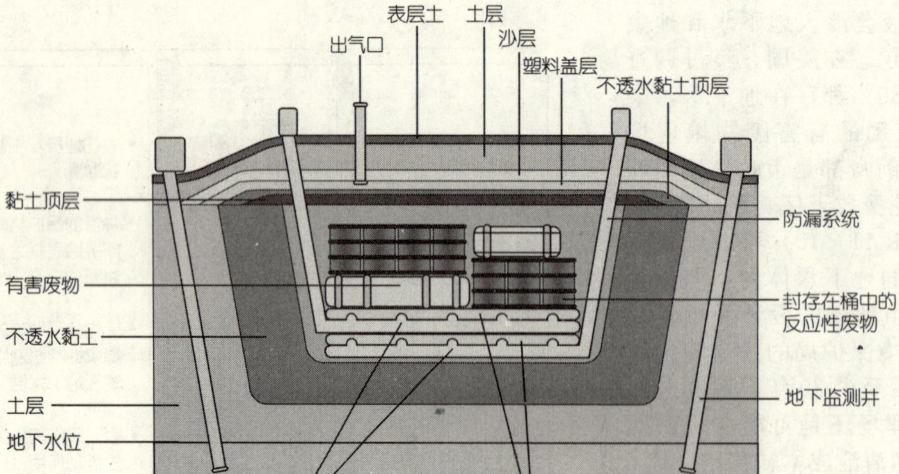

图 11-13 安全的有害废物填埋场

将有害废物出口到其他国家是否可行呢？

在美国和其他一些工业化国家，一些有害废物的生产者通过合法的（或非法的）航运手段将有害废物出口到其他国家，特别是发展中国家。

废物处理公司会对收集有害废物索取高额的费用。如果这些公司可以以较低的费用来对这些废物进行处理（合法地或非法地），那么他们就可以赚取巨额的收入。

1989 年，一些国家举行会晤，并签署了《巴塞尔有害废物协定》。该协定规定，有害废物的出口国必须获得进口国的允许才能起运，但并不禁止对这些废物进行交易。至 1994 年，已经有超过 100 个发展中国家单方面禁止有害废物的进口活动。

1994 年，巴塞尔协定进一步禁止发达国家向发展中国家出口任何有害废物。如果被大多数国家批准和执行，对有害废物出口的禁止就可以产生作用。但是，这仍然无法阻止有害废物的非法贸易，因为可能的经济收益实在太大了。对于大多数环境学家来讲，惟一能够真正解决有害废物问题的途径就是在第一现场尽可能少地生产这些有害废物（图

11-4，第 333 页）。

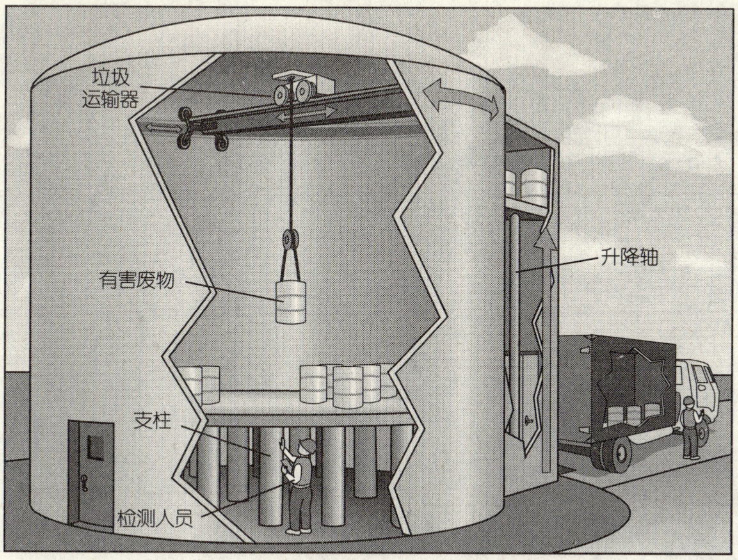

图 11-14　地面上有害废物封存设施有助于保持废物免于对地下水的污染。到目前为止，这种设施仍然很少被采用，而且进展缓慢。一些科学家和工程师认为通过精心的设计，这种设施可以成为一种比焚烧炉、深井填埋、地面池塘处理以及安全填埋等更安全的处理有害废物的方法

11.7　案例研究：铅与二恶英

如何减少铅对我们的危害？

每年，美国有 12000—16000 个 9 岁以下的儿童接受急性铅中毒的治疗，其中有大约 200 名儿童死亡。在有幸治愈的儿童中还有大约 30%会致瘫、偏瘫、致盲或出现智力发育迟缓。

铅还会造成比诱发急性铅中毒的危害小得多的伤害，特别是对儿童和未出世的胎儿。研究表明，血铅含量相当低的 6 岁以下和未出世的胎儿特别容易患上（1）神经系统损伤；（2）智商较低（低 4—7 点）；（3）精神集中时间较短；（4）多动症；（5）听力损伤，以及（6）各种行为紊乱。

有一个好消息，从 1976—1995 年，美国 1—5 岁儿童中血铅含量水平超过目前血铅含量标准的百分率从 85%下降到 4.4%，从而避免了至少 900 万儿童发生铅中毒。最主要的原因是政府制订了法规，（1）从 1976 年开始禁止使用含铅汽油（在 1986 年之前逐渐淘汰含铅汽油），以及（2）从 1970 年开始禁止使用铅基涂料（但直到 1978 年才杜绝了铅基涂料的非法使用）。

还有一个坏消息，虽然平均血铅含量有了令人鼓舞的降低，美国疾病控制与预防中心仍然估计至少有 89 万美国儿童仍然受到大量铅污染源的危害而处于不安全的含铅水平（图 11-15）。但是，1993 年由美国国家科学院进行的一些研究和大量其他研究表明美国儿童的血铅含量并不安全。这就意味着美国有数百万儿童（全世界大约有 1 亿 3 千万至 2 亿儿童）会受到降低智力和其他铅中毒的危害。

卫生学家们提出了很多帮助儿童预防铅中毒的途径：

● 在 1 岁前对所有儿童进行血铅含量测试。

● 禁止对固体和有害废物进行焚烧处理，或者大幅度提高针对老旧的和新建的垃圾焚烧场所制订的污染控制标准的严厉程度。

● 在未来的 10 年中在全世界范围内逐渐淘汰含铅汽油的使用。

● 对曾经使用过铅基涂料的老旧住宅和建筑物进行测试，同时检测铅尘的含量水平，并清除这些危害。根据美国政府所进行的估计，美国建于 1950—1978 年间的住宅中有 83%（公共住宅单元中有 86%）都使用了铅基涂料。

● 禁止销售任何含铅的水管和设备，并禁止在食品包装盒中使用铅。

● 用 10 年的时间清除水管和其他市政供水系统中的含铅物。

● 彻底清洗新鲜的水果和蔬菜，并注意洗手，以清除残留的铅尘微粒。

● 对所有用于承装食物的瓷器进行铅釉检测。

● 禁止进口含铅的聚氯乙烯（PVC）小型百叶窗。

在美国采取所有这些措施将需要大约 500 亿美元的投入。但是，卫生官员表示，如果不这样做，就会有数百万儿童继续受到铅中毒和精神损伤的危害。2000 年，克林顿总统推行了一项政策，目的是在 2010 年之前清除儿童铅中毒的发生。

虽然铅在美国造成的危害已经有所降低，但发展中国家却不是这样。世界卫生组织估计（1）全世界有大约 1 亿 3 千万至 2 亿人面临着铅中毒的危害，而且（2）在发展中国家有大约 1500 万—1800 万儿童正受到由铅中毒引起的永久性脑损伤的危害，其中 90%的铅都是来自含铅汽油。

印度、孟加拉国、中国、埃及、俄罗斯和一些非洲国家的人的血铅含量特别高。例如，最近有一些研究表明印度新德里市和中国上海市的儿童中分

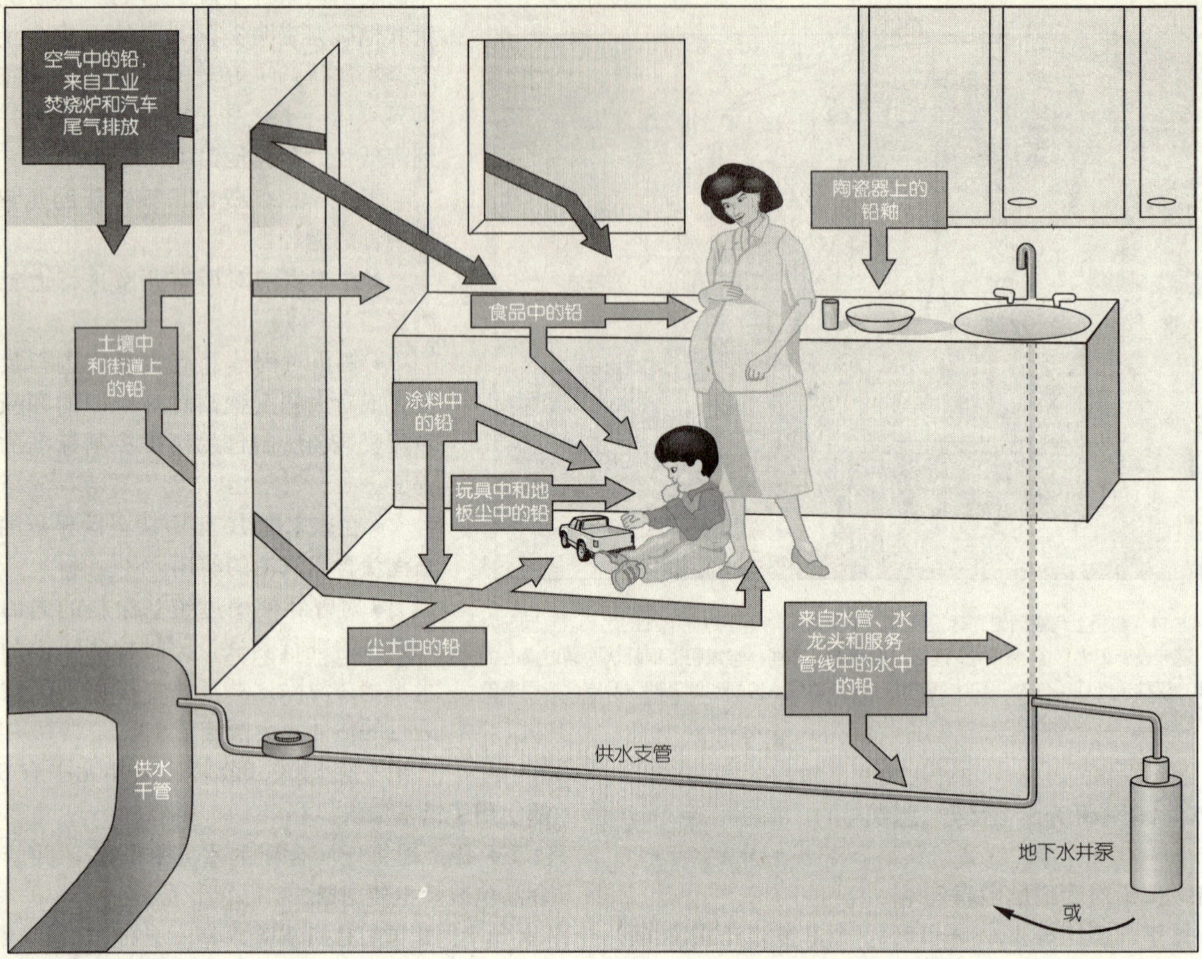

图 11-15　危害儿童和胎儿的铅污染源

别有 64%和 65%—100%的血铅含量水平都处于不安全状态。

二恶英的危害有多大?

二恶英是超过 75 种不同氯代烃化合物的统称，主要是由包含氯和碳氢化合物（以及有毒的呋喃）的高温化学反应所产生的不希望的副产品。含氯化合物在高温条件下就会产生二恶英和相关的被称为呋喃的化合物。全世界产生的全部二恶英和呋喃中有大约 70%都是由焚烧市政和医学垃圾产生而释放到大气中的。其他产生二恶英的途径还包括：(1) 住宅中的燃烧木柴壁炉；(2) 烧煤火力发电站、金属熔融工厂以及提炼厂；(3) 木浆厂和造纸厂，以及 (4) 市政污水处理场中排放出来的污泥。

TCDD 是二恶英的一种，它的危害最大，人们对它的研究也最广泛。二恶英是很稳定的化学物质，可以在环境中持续存在几十年，特别是在土壤中和人类的脂肪组织中。人们对二恶英对人体的危害越来越关注。例如：

● 2000 年，由美国环境保护局资助的一项耗资 400 亿美元，耗费长达 6 年时间，由全世界 100 多位科学家完成的报告草案表明：(1) TCDD 应该被确定为一种致癌物质，其他二恶英应该被确定为有致癌危害的物质，特别是对那些大量食用高脂肪的肉类和奶制品的人危害更大；(2) 对于普通大众来说，暴露在低浓度水平的二恶英环境下受到危害最大的是人体的生殖系统、内分泌系统，以及免疫系统（联系专栏，第 243 页）；(3) 很低浓度水平的二恶英释放到环境中也会对某些野生生物产生严重的危害。一个独立科学家小组对美国环境保护局发布的该项报告的草案进行了审阅，他们对其中的大部分发现表示认同，但他们最终认为该项报告草案夸大了二恶英的致癌能力。

● 1988 年由德国的一个科学家小组进行的一项研究表明，在工业国家中，二恶英可能是导致 12%的致癌病例的原因。如果这一估测是正确的话，二恶英就会成为美国每年 12 万人导致癌症的主凶。一些卫生学家对 2000 年美国环境保护局发布的报告草案的结果进行了推演，估算出美国平均每年有 365 个因癌症而致死的病例都是由二恶英导致的。

● 2000 年，由一位名叫 Kyle Steenland 的学者与美国国家职业安全与卫生研究所联合进行的研究发现：(1) 长期接触高浓度二恶英的化工工人患上各种癌症而致死的概率比常人高 60%，而且 (2) 对于社会大众来说，长期暴露在低浓度二恶英环境下并不会出现较高的致癌危险。

一些生产化工产品的工业企业认为长期暴露在低浓度二恶英环境下的危险程度被过度夸大了。而一些环境学家则认为，解决这些环境问题需要几十年的时间，同时，我们应该实施更加严格的法规来降低二恶英的排放，以此作为一种预防性措施来推行。

根据这些科学家的提议，大幅度降低美国境内（和其他地区）二恶英排放量的最佳途径是：(1) 禁止使用氯代烃类化合物，它们在焚烧炉、铁矿烧结厂和水泥窑中燃烧后会释放出二恶英；(2) 采用无氯方法来漂白纸张（一些欧洲国家正是这么做的)。

11.8 美国的有害废物法令

《资源保护与恢复法案》是什么？

1976 年，美国国会通过了《资源保护与恢复法案 (RCRA)》，并于 1984 年对其进行了修改。该法案规定：(1) 美国环境保护局应对各种有害废物进行确认，并制订各自的管理标准，由各州来实施；(2) 每个月如果储存、处理或清除的有害废物的量超过 100kg（220 磅），则需要阐明这些有害废物将如何进行管理，并需要获得批准；(3) 允许有害废物的所有者采用一套“从摇篮到坟墓”式的系统来对从产生地到经过批准的垃圾处理设备的整个过程中的垃圾进行追踪。

《超级资金法案》是什么？

1980 年，美国国会通过了《综合环境反应、补偿与责任法案》，一般被称为《超级资金法案》计划。通过对化工原材料征税，该法案（以及之后的修正案）会为以下行为提供资助：(1) 确定被抛弃的有害废物的堆放地点（聚焦专栏，本页下部）以及发生泄漏的地下有毒化学物质埋藏地点；(2) 对这些地点附近的地下水进行保护，有必要的话，对地下水进行清洁处理；(3) 对有害废物的堆放场地进行清洁处理，以及 (4) 如果发现责任者，则可以要求其对清洁工作给予资金补偿。

为了使纳税人免于承担大部分费用，清洁工作是以“谁污染，谁买单”的原则为基础的。美国环境保护局仅负担以下行为的费用：(1) 查找每处垃圾堆放场地的责任人；(2) 责令这些责任人为清洁工作“买单”，以及 (3) 如果责任人拒绝付款，则可以对其进行起诉。如果环境保护局无法找到责任人的话，则可以动用超级资金来进行清洁工作。到目前为止，超级资金所负担的清洁费用仅占 25%。

聚焦专栏

利用蜜蜂来查探有毒污染物

蜜蜂正被用于探察万亿分之几浓度水平的有毒或放射性化学物质的探察工作。大批蜜蜂从蜂巢中出动，它们会采集对各自目的地区域内的空气造成污染的水分、花蜜、花粉、悬浮颗粒物、挥发性有机化合物，以及放射性物质。

蜜蜂将采集到的污染物带回蜂巢。它们会用健壮的翅膀扇动空气，从而对蜂巢内的温度进行调节。同时，它们采集来的各种污染物也会随之弥漫在蜂巢内的空气中。

科学家们将便携式的蜂巢安放在已知的或可疑的有害废物污染源附近，每个蜂巢内大约有 7000 至 15000 只蜜蜂。每个蜂巢的侧部都安装了一根小铜管，将蜂巢内的空气导出。再利用便携式的设备对导出的空气内所含有的有毒和放射性物质进行分析。

为了探察出蜜蜂采集食物的地点，植物学家利用显微镜对花粉末进行观察分析，并辨别出这些花粉来自什么植物。这些数据将与每个蜂巢周围半径 1.6km（1 英里）范围内的植物资料联系在一起。这样，科学家们就可以确定一大片地区内的有毒物质浓度和热点地区的位置了。

与在矿山、有害废物堆放处，以及其他有毒和放射性污染物来源地附近安放大量的空气污染监控器相比，这种方法的成本要低得多。到 2000 年，这些生物指示性物种已经帮助科学家们在全美境内确定并追踪到大约 30 多处有毒污染物和放射性物质来源地。

批判性思考

由于蜜蜂可以采集它们目的地附近区域内任何有毒污染物，那么在投放市场之前，是否应该对所有蜂巢中采集的蜂蜜进行检测呢？为什么？

解决途径专栏

如何改进超级资金法案?

从超级资金法案颁布伊始，那些污染物的排放者及其保险公司就积极活动，力图废除“谁污染，谁买单”的核心原则，而试图使之转变为“社会大众买单”。

他们采取的这一策略确实产生了作用，它包括三个方面：(1) 拒绝承担责任（拒责），而使美国环境保护局承担高额的诉讼费长达几年时间；(2) 对本地政府和小型企业提起诉讼，以使其对清洁行为负责，既是一种拖延战术，又使本地政府和小型企业站到了超级资金法案严格的责任认定的对立面，称为该法案的反对者，以及 (3) 组成一个公关联盟，宣称有毒废物的堆放所产生的威胁很小，与其所具有的威胁程度相比，对其进行清洁所付出的代价也过高，而且，超级资金法案本身就有欠公平，还会导致浪费，且效果不佳。

超级资金法案的严格性以及某些责任认定对某些人来说似乎是不公平的，但是，该法案的起草者们却认为其他任何形式的问责草案都不会产生效力。如果环境保护局不得不确定并对每一个垃圾堆放场所的责任人施加强力手段的话，那么它就会纠缠在各种法律诉讼之中，而清洁活动的进程就会进一步减缓。管理费用也会随之大幅度上涨，使该计划最终沦为污染制造者们所期望的“社会大众买单”的状况。

环境保护局还指出，超级资金法案所采取的严格的“谁污染，谁买单”的原则已经有效地遏止了非法垃圾堆放行为——这对将来来说，是一种有效的污染预防手段。这一计划还强令那些害怕承担将来的污染责任的污染生产者们宣布降低垃圾产生量，并以高出其生产量很多的幅度对废物进行回收和再利用。

该法案还受到来自以下方面的批评：(1) 环境保护局制订的清洁标准过于严苛，导致清洁活动进度缓慢，而且费用高昂；(2) 缺乏由清洁法案所涉及的区域的地方政府和居民对制订清洁决定的参与。批评者们认为，清洁名单所列出的地区已经进行了 30 年的时间，以及 3000 多亿美元的资金，但名单上的地区仅完成了一半。根据环境保护局的说法，是刚刚所述的延迟战术导致了清洁活动的延迟以及高额的资金投入。

该法案的批评者和拥护者都在寻找改进该法案的途径。提出的建议包括：

- 通过由保险业者建立一个为期 10 年的 80 亿美元的环境保险解决基金来减少法律诉讼并加快清洁活动的进展。那些被认定为对自己在 1986 年之前所处理的废物负有责任的公司可以动用这笔基金，而不是寻求各自的保险公司的帮助。
- 使无责任的个人、小型企业，以及市政设施免受超级资金法案的追究。
- 使超级资金法案名单中所涉及到的地区的地方政府和居民自始至终地参与到清洁决议的制订工作中来。

大多数专家都同意超级资金法案所阐述的对大多数危险地区进行永久性清洁这一最终目的应该得到维护。但是，很多人认为应该将全国优先清洁名单中的地区分为三类：(1) 需要立即、彻底清洁的地区；(2) 可能具有严重危害，但距离居民聚居区或受到危害的生态系统较远的地区（这些地区会进行紧急清洁，然后以障碍物和标识进行隔离，等时机成熟再进行彻底清洁），以及 (3) 仅需要进行维护（封盖和限制）和监控的危险程度较低的地区。

批判性思考

你是否支持超级资金法案最初所采取的“谁污染，谁买单”的原则？为什么？利用图书馆和国际互联网来查找一些有关最近对超级资金法案进行修改的信息。如果找到了一些信息，那么对这些修改进行一下评估，你会支持哪些修改？为什么？

从 1981 年开始，已经有大约 1900 个地点被收录在美国的《全国优先名单》中以待清洁，因为它们对附近的居民产生了危害，或者存在潜在危害。几乎所有地点都被进行了紧急清理，一半以上地点的垃圾都被封存起来，并进行了稳定处理，以防发生泄漏。在 1981 年至 2000 年间，750 个地区得到了清洁处理，并从名单上除名，投入的全部费用超过了 3000 亿美元。名单上其余 1229 处地点也在清理过程中。现在，人们正在探索如何在不削弱其效力的前提下努力改进《超级资金法案》（解决途径专栏，本页上部）。

据前技术评估与废物管理研究所的美国官方估计，超级资金名单最终会包含至少 1 万个优先地区，所需清洁费用大约为 1 万亿美元，还不包括司法费用。其他一些评估则认为在未来 30 年内，仅会有大约 2000 处地点被包含在名单之中，而且所需的清洁费用应该在 2000 亿—3000 亿美元之间。

所有这些预估的费用额仅包含了对这些地区进行清洁以防止将来产生的危害的费用，而与之相关的卫生和生态费用则没有包含在内。一些环境学家和经济学家认为这是非常具有说服力的证据，这表明预防污染所需的费用要远远低于污染后的清洁费用。

什么是棕色地区?

棕色地区是指已经被抛弃的工业和商业地区，大多数情况下都是受到污染的。例如，废弃的工厂、废弃的堆场、老旧的垃圾填埋场，以及隔离的加油站等。美国境内大约有45万处这样的地区，其中很多是在经济衰落了的内城区。

很多棕色地区是可以清洁并进行开发的。但是，清洁和开发行为却受到了城市规划师、开发商，以及各大贷款银行的阻碍，因为会涉及到由以前的污染所导致的已有的或被认为的污染状况所引发的法律责任和法律诉讼事宜。为了清除这些障碍：

- 1996年，美国国会修改了法律，对向棕色地区的评估和开发进行贷款的银行的责任进行了限制。
- 保险公司也推行了新的政策，以保护开发商在清理棕色地区时免受法律起诉。
- 美国几乎有半数的州都通过了有关棕色地区的法律，以减弱清理用于商业或工业建设的棕色地区的限制，但并不包括用于居住用途的开发。
- 自1995年以来，环境保护局已经清理了超级资金数据库中所包含的3万多处对人类健康无害的棕色地区，这样就缓解了开发商的资金压力，避免了他们为了得到环境保护局的批准而作的官样文章。
- 根据30年来对超级资金名单中所涉及的地区的评估和清理工作的经验，一些新技术正在被用于棕色地区的评估和清理工作，成本更低、速度更快、而且更可靠。

最终，大量的棕色地区正在进行再开发，成为城市复兴计划的一部分。例如，康涅狄格州布里奇波特（Bridgeport）市的一处废弃的工业用地已经被建设为一座5500座的棒球场，最终会成为一座体育馆和一座室内溜冰场。该市利用从联邦政府的棕色地区开发计划中获得的一粒种子吸引了开发商的投资。开发商又投资了1100万美元进行清理和建设，该市和该州的财政也投入了300万美元的建设资金。

11.9 解决途径：实现一个低废物量的社会

草根运动扮演着什么角色?

自下向上式的变化

在美国，公民们团结合作，避免了数百座用于处理有害废物或放射性废物的焚烧炉、填埋场或垃圾处理厂的建造。

这些社区的大多数公民都承认垃圾焚烧炉和垃圾填埋场对社区居民形成的平均健康危害并不高。但是，他们还懂得这些垃圾处理设施附近居民受到的健康危害会高得多。正是这些公民的健康、生活以及财产价值正在受到威胁，而不是其他人。

工业企业和垃圾工业的官员们指出，我们必须行动起来，一起对付有毒废物和有害废物，为社会大众提供某些产品和服务。他们声称，如果当地居民采取一种“各家自扫门前雪”（NIMBY）的态度，认为只要不危害自家就不管不问，那么最终总会有人受害。

很多人并不接受这种观点。对于他们来说，对付有毒和有害废物的最佳途径就是减少其产生量，这与美国国家科学院的说法是一致的（图11-4，第333页）。对于这些有害物质，他们的观点是使其“不影响任何人”（NIABY），或者“从地球上消灭掉”（NOPE）。

国际社会应该做些什么?

从1989年至1994年，国际社会制订了一份公约来限制有害废物从一个国家转移到另一个国家（第346页）。2000年，来自全世界122个国家的代表共同议定了一份国际公约，以控制12种稳定的有机污染物（POPs）的传播，只要有50个国家签署，该条约就会正式生效。

这12种被广泛使用的有毒化学物质是不水溶的，但是可以溶解于脂肪组织中。这就使它们可以在人体和其他居于食物网上层的生物体内的脂肪组织中沉积下来，其浓度会达到周围普通环境中有害物浓度的数百万倍（图6-10，第190页）。这些有害物质还可以通过风力或水流传播到很远的地方。

这12种有害化学物质被称为“12脏物”，包括DDT和8种其他稳定的含氯杀虫剂、PCB、二恶英，以及呋喃。该条约的目的是为了（1）禁止或逐步淘汰这些化学物质的使用；（2）对大量堆放在仓库或堆场中的这些有害物质进行消毒或隔离。该条约允许大约25个国家继续使用DDT来对付疟疾，直到研制出更安全的替代产品为止。发达国家每年将向发展中国家提供大约1.5亿美元的资金以帮助它们推行这12种有害化学物质的替代品。

人类如何才能向一个低废物量的社会过渡?

物理学家阿尔伯特·爱因斯坦曾经说过：“聪明人解决问题，智者避免问题的发生。”为了防止污染和减少废物产生量，很多环境学家呼吁社会大众来努力了解和采纳4个关键性原则：（1）世间万物都是普遍联系着的；（2）生产出的垃圾是无法“彻底清除”的；（3）稀释法并不是总能解决污染问题的，以及（4）处理垃圾和污染的最佳和最经济的途径就是减少它们的产生量，并对大部分使用过的物品进行再利用或回收（图 11-3 和图 11-4）。

更加洁净的产品（第 335 页）、资源效率的提高（解决途径专栏，第 334 页），以及服务流商业（第 336 页）的出现都是可以被人们感觉得到的变化。一些生态工业园也正在建造和规划。

这些具有革命性的行动虽然进展缓慢，但是随着它们所体现出的经济、生态和卫生益处越来越被投资者、企业领导者、政府官员以及社会大众所了解，它们会发展得越来越快。附录 4 中列出了你个人也可以采取一些减少固体废物和有害废物的产生量并对这些革命性行为贡献力量的做法。

几乎所有环境和社会危害都是由不经济地、浪费性地消耗人类和自然资源所导致的。

——Paul Hawken

复习问题

1. 说出本章中以黑体字印刷的概念的定义。
2. 区分固体废物和市政固体废物的概念。美国境内的固体废物的主要来源是什么？美国境内的市政固体废物是如何处理的？说出美国境内被丢弃的 5 种固体废物。
3. 什么是有害废物？有害废物法对美国境内有害废物总量的百分之多少具有控制作用？
4. 区分固体废物和有害废物管理的高废物率方法和低废物率方法。根据美国国家科学院的资料，按照重要性程度说出固体和有害废物管理的 5 个目标。根据科学家们的研究，固体和有害废物总量中有百分之几可以通过减少废物产生量、再利用以及回收（包括制造有机堆肥）的综合方法来清除？
5. 列出 7 种减少废物和污染的途径。什么是资源生产率？列出 5 种确实有效地提高了资源生产率的方法。有些专家认为我们可以将资源生产率提高多少？列出大幅度提高资源生产率的四个益处。
6. 什么是更清洁产品？描述一下丹麦所采用的资源交换体系，以及美国的明尼苏达采矿和制造（3M）公司所采用的污染预防计划。更清洁产品具有哪 5 种经济益处？
7. 什么是服务流经济？这种经济形式具有哪四种经济益处？举出服务经济的四种操作方法。描述一下 Ray Anderson 是如何建立地板瓷砖服务经济企业的。
8. 什么是再利用？采用这种方法来减少废物产生量具有哪三种益处？举出 5 个对废物进行再利用的例子。
9. 区分初级回收（封闭式回路）和次级回收（开放式回路）。什么是有机堆肥？它是如何作为一种处理固体废物的方法得到应用的？美国境内所产生的全部市政固体废物中有百分之多少被回收并制成有机堆肥？专家们认为废物回收和制成有机堆肥的比例应该达到多少？什么是“为丢弃垃圾付费”垃圾回收计划？它是如何鼓励人们进行回收的？
10. 区分混合固体废物的集中式回收和固体废物的消费者分类回收方法，并列出每种回收方法的优缺点。
11. 对以下物品的回收过程进行概括：（1）铝；（2）废纸，以及（3）塑料制品。列出回收纸张的 9 种益处。区分消费前和消费后废纸。列出四种使用塑料制品的优点和缺点。
12. 列出对废物进行回收所具有的优缺点。阻碍废物回收和再利用的三个因素是什么？列出鼓励人们更多地进行回收和再利用地 7 种方法。
13. 描述一下丹麦所采用的有害废物消毒计划。什么是生物救治？什么是植物救治？
14. 一座大规模焚烧炉和卫生填埋场的主要组成部分有哪些？列出以下方法来处理固体和有害废物所具有的优缺点：（1）以焚烧炉来焚烧；（2）以卫生填埋场来填埋。
15. 列出以下途径来封存有害废物所具有的优缺点：（1）地下深井封存；（2）地表水塘填埋；（3）安全填埋场填埋；（4）地上建筑物封存，以及（5）将固体和有害废物出口到其他地区或国家。描述一下国际上正在使用的针对将有害废物从一个国家出口到另一个国家的有关政策。
16. 描述一下人体暴露在铅环境下所受到的危害，并列出减少这种危害的 8 种途径。
17. 什么是二恶英？它们是如何产生的？它们会造成什么危害？我们如何才能减少暴露在这种有害的化学物质下的危害？
18. 《资源保护与恢复法案》是如何被用于处理美国的有害废物问题的？
19. 什么是《超级资金法案》？它的效力和弱点是什么？列出三种改进该法案的途径？
20. 什么是棕色地区？人们采取了哪些行动来重新开发美国境内的棕色地区？
21. 描述一下国际上对于控制 12 种稳定的有机污染

物所作出的努力。

22. 列出可以作为指导人类社会向着一个低废物社会过渡的四条原则。

批判性思考

1. 利用一周的时间，保存一本应丢弃的固体废物表格。这些废物中包含了百分之多少的物质可以进行回收、再利用，或者焚烧以产生能源？这些物品中有百分之多少是你在一开始就不必使用的？与你班上的同学们比较一下这次活动的结果。
2. 解释一下为什么你会支持或反对以下这些要求：（1）所有饮料瓶都必须是可再利用的；（2）所有家庭和企业都必须将可回收的物品分开丢弃，以利于收集；（3）垃圾回收系统应该采用“谁丢弃垃圾谁买单”的原则，以及（4）消费者应该为盛装商品的塑料袋或纸袋付费，以鼓励可再利用式的购物袋的使用。
3. 如果有的话，以更清洁的产品（第335页）为基础的生态工业革命会带来哪些短期和长期不利呢？你是否认为在未来的20—30年内，你所居住的国家能够逐渐推行这样一场革命？为什么？推行这样一场革命所需的三个最重要的策略是什么？
4. 解释一下为什么参与了交换和化学循环体系（第335页）的某些企业可以生产大量的废物来作为资源在其他地区使用，而不是对它们的生产工艺进行重新设计从而减少废物的产生量？
5. 如果有的话，过渡到服务流经济形式（第336页）会具有哪些短期和长期不利呢？你是否认为在未来的20—30年内，你所居住的国家能够逐渐转变到服务流经济形式吗？为什么？实现这种转变所需的三个最重要的策略是什么？
6. 你是否反对在你所居住的社区内建造一个有害废物填埋场、垃圾处理场、深层注射处理井，或垃圾焚烧厂呢？为什么？如果你反对建造这样的垃圾处理设备，那么你认为你所居住的社区和你所居住的州中产生的有害废物应该如何处理呢？
7. 在以下处理有害废物的各项建议中你赞同哪些，反对哪些？为什么？
   （1）减少有害废物的产生量，并鼓励通过向有害垃圾的生产者征税来鼓励废物的回收和再利用。
   （2）禁止对有害废物进行任何形式的土地填埋或焚烧处理，以鼓励对其进行回收、再利用和处理，并鼓励保护空气、水和土壤免遭污染。
   （3）向工业企业提供低息贷款、实行减税政策，以及其他财政支持，从而鼓励它们减少废物的产生量、对废物进行回收、再利用、处理，以及销毁这些废物。
   （4）禁止将有害废物从一个国家向另一个国家转运。
8. 你都生产了哪些有害和固体废物？你可以采取哪些具体行动来减少废物的生产量、对废物进行再利用和回收（见附件4）？你计划真正采取哪些行动？
9. 祝贺你！你已经开始在对未来的20—30年内在全球范围内推行更清洁的产品、资源生产率，以及服务流经济革命进行管理了。列出你的策略中5个最重要的组成部分。

国际互联网学习资源及深入阅读和研究的资源

本书包含了很多有助学习和进行深入阅读和研究的网站资源。登陆到：http：//www. hrookscole. com/product/0534385354s，并点击“一章接一章”链接。选择第11章，并选择如下资源：

- “闪卡”可以测试你对本章中的术语和应该记住的概念的掌握。
- “测试指南”以一种多项选择的形式来对你进行实践测试。
- “学生信息渠道指导”将你引入“关键问题思考方案”，使用“信息渠道学院版”作为一种研究工具。
- “参考书目”列出了本章撰写过程中所参考的主要书籍和文章。
- “超链接内容”将你引入到与本章的各个部分相关的大量新闻、研究和图像的网站。

信息渠道学院版

以信息渠道学院版来提高你的技巧，这是一个在线文章搜索数据库，来自700多种期刊。登陆到：http:/www. infotrac-college. com，或者通过本书的网站进行连接。看一看下面的文章：

Gardner，G.，and P. Sampat. 1999. Making Things Last：Reinventing Our Material Culture. *The Futurist*，vol. 33，no. 5. pp. 24—28（keywords：recycling，economics）.

O'Neill，K. 2000. Managing Hazardous Waste：The Global Challenge. *Environment*，vol. 42，no. 3，pp. 43—44（keywords：Basel Convention）.

第 12 章　环境经济学、环境政治学和世界观

在 21 世纪过渡到一个环境可持续的经济形式，这意味着人类将经历历史上最伟大的一次投资机遇。

——Lester R. Brown & Christopher Flavin

12.1　经济体系与环境问题

是什么支持和推动着经济？

经济是一套对商品和服务进行生产、分配和消费的体系，满足着人们的各种需要和需求。在一个经济体系中，个人、企业和政府共同作出经济决策，这些决策决定（1）生产什么商品或提供什么服务；（2）如何进行生产；（3）生产的量为多少，以及（4）如何对商品和服务进行分配。

在一套经济体系中用于生产商品或提供服务的各种资源（或资本）被称为经济资源。它们可以分为 4 个种类：

- 自然资源：由地球的自然运行过程所生产的商品或提供的服务，它们支撑着所有的经济和全部生活（图 1-2，第 3 页）。很多自然资源是无法替代的，例如，空气、水、肥沃的土壤、生物多样性，以及它们所创造的自然收益。1997 年，生态经济学家 Robert Costanza 和其他一些学者作出一个保守的估计，全球所有的自然资源的年平均价值约为 17 万亿—54万亿美元，更精确的估算至少为 36 万亿美元（考虑通货膨胀因素，对 1999 年的美元价值进行了调整）。这个数字与每年全球总经济产出值的 40 万亿美元几乎相等。
- 人力资源（Human resources）：是指人们提供劳动力、进行创新、创造文化，以及进行组织活动的体能和智能。
- 财经资源：用于支持人类使用自然资源和人本资源以创造财富和提供服务的现金、投资以及货币制度等。
- 人造资源：利用人力资源和财经资源、以自然资源为原料生产出的各种产品。这类资源包括：用于生产商品和提供服务所需的生产工具、机器、各种设备、工厂，以及交通和物流分配设施。

在自然资源和人力资源之间还存在着一种耕作资源，例如林场、水产养殖场、农田，以及牲畜饲养场等。但是，它们所提供的仅是它们所消耗的自然资源的一部分而已，而且还依赖自然资本进行发展和维持。

经济体系的主要类型有哪些？

经济体系主要包括两种类型：支配式和市场式。在纯支配式经济体系中，政府制订全部经济决策，决定商品和服务的种类和数量，如何进行生产，以及为谁生产。

市场经济体系又可以分为两种类型：纯自由市场经济体系和资本主义市场经济体系。纯自由市场经济体系到目前为止仅作为一种理论构架而存在，其中：

- 所有经济决定都是由市场决定的，经济商品的购买者（需求者）和销售者（提供者）可以自由地发生相互作用，没有任何政府或来自其他方面的干涉。
- 所有的购买和销售行为都是以纯粹的竞争行为为基础的，其中不存在销售方或购买方能够控制或操纵市场的现象。
- 所有购买者和销售者都可以随意进入市场，并可以获得有关经济商品的利和弊的充足信息，从而可以作出明智的决定。
- 价格反应出对社会和环境造成的全部有害成本（全部成本的标价）。

资本主义市场经济体系是真实存在的，它是为了颠覆真正自由的市场经济体系的很多理论条件而建立起来的。世界上的资本主义市场经济体系的基本运行规则包括：

- 消灭一切竞争行为并获取全球范围内对产品的市场价格的垄断性控制。《经济学家》杂志最近报道，5 家公司控制着（1）全球耐久消费品、汽车、航天、航空运输、电子元件、电子商品，以及钢材市场的 50%的市场份额；（2）全球计算机、石油以及媒体市场份额的 40%。
- 进行各种游说活动，（1）获取政府对某种产品给予资助、减税或其他调控，从而使其比其他产品具有更多的市场优势，以及（2）如果其对手进行了不良投资，则说服政府剥夺其参与市场竞争的权力。
- 进行各种游说活动，以降低该企业的税收。从 1950 年代至 1995 年，美国公司所缴纳的税收从联邦政府税务收入的 39%下降到 15%。同期，联邦税务收入中个人所得税所占比例从 61%增加到 81%。从 1957 年至 1987 年，美国公司企业所缴纳

的地方不动产税收的比例从45%下降到约16%。

● 隐瞒其生产的产品所具有的危害，并拒绝消费者获得相关信息，使其无法作出明智的产品选择。

● 通过将来自生产和销售各种商品和服务的有害成本转嫁到社会大众、环境以及在某种情况下转移到后代身上而获得利益最大化。

● 企业将对以下方面不具有法律责任：（1）对某一特定地区或国家；（2）提供任何特定的商品和服务，或者（3）提供工作机会、安全的工作环境以及进行环境保护。

● 一个公司的最主要责任就是为公司的拥有者或股东创造尽可能多的收益，因为他们的资本用于支持公司的运作。

企业的股东或拥有者并不一定要遵守这些规则。例如，很多公司志愿为它们所在的社区和国家提供各种福利，并认为他们具有提供工作机会和安全的工作环境的责任，并为提升环境质量作出努力。但是，如果公司的首席执行官对这些事务投入过多的资金，那么他们就可能被解聘，并因没有实现收益最大化而被股东们起诉。

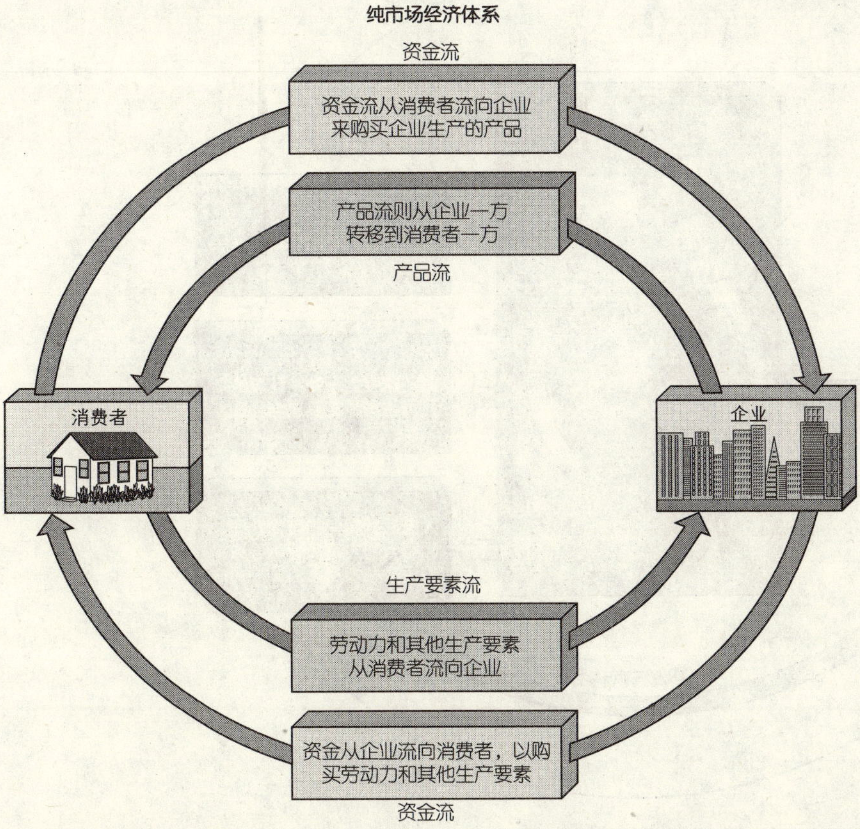

图12-1 经济活动的传统观点。在市场经济体系中，经济商品和资金流在消费者和企业之间是封闭式循环的。消费者购买企业生产的各种商品，而企业则以资金来购买生产要素（自然资源、人力资源、财经资源，以及人造资源）。很多经济学著作中都对这样的市场经济体系进行了描述，就像我们这里所讲的，就好像它们自身具有一种完整性，从而可以独立于任何经济体系和生命形式生存所需的自然资源之外。本图所描述的模式强化了任何经济形式的无限增长都是可持续的概念

现实世界中存在着哪些经济体系？

在现实世界中，所有国家都具有混合经济体系，即处于指令性经济体系和资本主义市场经济体系之间的某种形式，它与纯自由市场经济和纯指令性经济体系都不类似。一些国家的经济体系，如朝鲜，属于指令性经济体系；还有一些国家的经济体系，如美国和加拿大，则属于资本主义市场经济体系。而其他大多数国家则实行介于这两种经济体系之间的混合式经济体系。

为什么政府要干预市场经济的运作？

传统上讲，政府一直对经济进行干预，以阻止或减缓资本主义经济体系达成某些目的，主要通过以下措施：

● 阻止单一的销售者或购买者（垄断）或单一的销售者或购买者集团（垄断组织）独占市场，从而控制商品的供求量以及商品价格，为经济活动搭建一个公平的平台。政府的这种行为遇到了越来越大的困难，因为当前的全球资本主义市场经济被一小部分财经投机者和大量拥有足够的财经和政治影响力的跨国企业控制着产品的价格水平。

● 通过对任何市场经济体系中都会存在的经济繁荣和衰退的循环周期进行控制来保持经济的稳定性。同样，跨国企业也在使政府所扮演的这个角色变得越来越困难。

● 提供一些基本服务，如国家安全、教育和医疗卫生保障。但是，跨国企业正在迅速地控制全球的医疗卫生保障和教育服务。

● 为那些由于健康、年龄和其他原因而无法工作的人提供经济安全系统，以满足他们的基本需求。

● 保护公民免遭欺诈、侵犯、偷盗以及人身攻击的伤害。

● 保障工作者和消费者的健康和安全。

● 对因洪水、地震、飓风以及其他自然灾害造成的财产损失进行补偿。

● 保护大气、开放海洋以及

臭氧层等公共财产资源不受侵害。

- 避免或保护自然资源不受污染或不发生耗竭。
- 对公共土地资源进行管理（第 5.2 节，第 144 页）。

传统的经济学家和生态经济学家对以市场为基础的经济体系有哪些不同的观点？

传统经济学家常将以市场为基础的经济体系视为一个封闭的体系，其中经济商品和资金在消费者和基本独立于地球的生命维持系统或自然系统之外的企业之间循环流动（图 12－1，第 355 页）。他们（1）认为经济是整个一套体系，而自然经济则仅是一种次系统，而且（2）虽然认为地球的自然资源是很重要的，但并不是至关重要的，因为人类有能力找到取代稀缺资源及其生态贡献的替代品。最终，这些经济学家并不认为自然资源的耗竭和衰退会限制未来经济的发展。

生态经济学家则坚信这种传统的经济观点是落后的。他们认为所有经济体系都是人类的次系统，都是由地球的各种自然资源所支撑着的（物质与生态贡献，图 1－2，第 3 页），这些资源中大多数都是无法取代的（图 12－2）。

生态经济学家们将经济体系分为两类：（1）不可持续的经济发展，以及（2）具有环境可持续性的经济发展（图 12－3）。传统经济学家们认为由于人类具有非凡的创造力，所以经济增长就不存在任何限制。生态经济学家们则坚信这种增长最终是不能持续的，因为它会造成经济体系赖以生存的自然资源的耗竭和衰退。

生态经济学家们倡导一种具有环境可持续性的经济发展，包括在不造成自然资源耗竭或衰退的条件下提高商品和服务的质量，不牺牲当代人和后代人的权利。

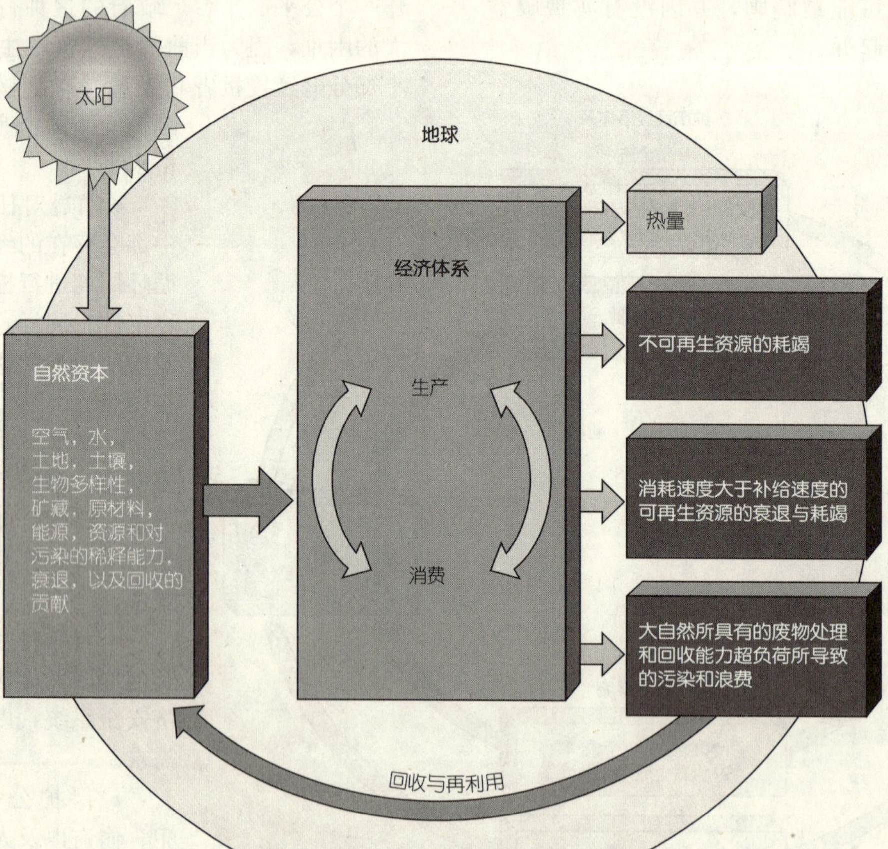

图 12－2 经济活动的生态观点。生态经济学家将所有经济体系都视为人类次系统，其生存和发展要依赖太阳和地球的自然资源所提供的资源和贡献。一个致力于以经济增长来满足人们不断增长的需求的消费型社会认为人类的技术和智慧可以使我们找到克服各种资源限制的替代品以及将污染和环境衰退维持在一个可接受的程度的方法。而对于生态经济学家来讲，这样的社会是不可持续的，因为它对自然资源造成了巨大的消耗和衰退，其中很多都是不可替代的

特征	不可持续的经济增长	具有环境可持续性的经济发展
强调生产	数量	质量
自然资源	不重要	非常重要
资源生产率	效率不高（高浪费率）	高效（低浪费率）
资源生产量	高	低
受重视的资源类型	不可再生	可再生
资源结果	被丢弃的物质	回收、再利用、或制作混合堆肥的物质
污染控制	清洁（减小输出量）	预防（减小输入量）
指导原则	风险-收益分析	预防和防范

图 12-3 不可持续的经济增长与具有环境可持续性的经济发展之间的比较

国民生产总值（GNP）和国内生产总值（GDP）对于衡量经济和环境健康以及人类幸福水平是否有用呢?

国民生产总值（GNP），国内生产总值（GDP），以及人均国民生产总值和人均国内生产总值这几个指标（第 4 页），为比较各国的经济产出提供了一套标准化的衡量方法。数十年前建立了这套指标体系的经济学家们从未期望它们成为衡量经济健康、环境健康或人类幸福水平的指标。但是，大多数国家的政府和企业领导者们却正是这么做的。

为什么 GNP 和 GDP 指标不能作为衡量经济健康、环境健康和人类幸福水平的合格指标？因为：

- GNP 和 GDP 指标隐藏了生产商品和提供服务所带来的有害的环境和社会影响。污染、犯罪、疾病以及死亡在 GDP 和 GNP 指标中都被作为正面因素计算。所以，当一个国家的癌症发病率、犯罪率、空气和水污染都增长时，GNP 指标也会随之上涨，因为处理这些问题都会投入大量资金。换句话说，这些有害影响被计算成了有利影响，而不是作为应被减去的成本来计算的。
- GNP 和 GDP 指标并未包含支持所有经济体系生存发展的自然资源或资产的耗竭和衰退。如果一个国家的矿物资源开采殆尽、土壤侵蚀殆尽、森林砍伐殆尽、湿地和入海口生态体系破坏殆尽、野生生物和鱼类生态破坏殆尽，那么它就面临着生态破产的危险。但与此同时，该国的 GNP 和 GDP 指标却会迅速增加，至少持续增长一段时期，直到它所亏欠的生态债务必须进行偿还时，该国的环境资源及其所支撑的经济收入才开始下降。换句话说，GNP 和 GDP 指标将自然资本的消耗和衰退作为一种收益而不是成本来计算。这就好像是汽车的仪表板只显示出汽车的行驶速度，但却不告诉我们油缸里还剩多少油。
- GNP 和 GDP 不能显示满足人们基本需求的很多非货币性收益。GDP 和 GNP 指标不包含无资金流动的业务所带来的收益，例如（1）义务工作所投入的劳动力；（2）人们给予自己亲友的健康护理和儿童保育；（3）自己种植、自己食用的食物，以及(4) 为自己的家庭进行的食品制作、清洁以及维修等工作。
- GNP 和 GDP 指标隐藏了大量浪费掉的自然资源和人力资源，因为这两个指标仅计算花费掉的金钱而不计算获得的价值。根据 Paul Hawken 和 Amory Lovins 的研究，美国每年所消费的 9 万亿美元中有至少 2 万亿都被浪费掉了，因为这些钱没有为消费者创造任何价值。另外，每年还有大约 2000 亿美元也因没有如其他一些发达国家，例如日本，那样高效地利用能源而浪费掉了。
- GNP 和 GDP 指标并未显示出任何有关收入分配和经济公平的信息。这两个指标没有揭示出一个国家内的资源、收入、或者经济增长所造成的有害影响（污染、废物堆积以及土地衰退）是如何在国民内部分配的。联合国儿童基金组织提议，将世界各国按照其国民中 40%的最低收入者的平均或中等收入水平来进行排列，而不是按照传统的人均国民生产总值或人均国内生产总值来排列。

解决途径：环境会计学是否会产生有利影响?

生态经济学家们相信，GNP 和 GDP 指标应该以广泛采用的、公众化的环境指标来进行补充，这样可以描绘出一副更现实的环境健康、人类幸福和经济健康的画卷。

这些指标将通过以下措施来获得：（1）将那些会降低生活质量和造成自然资源消耗的因素从GDP和GNP指标体系中减去，以及（2）将那些能够提高环境质量和人类福利水平但目前被排除在指标体系之外的因素添加到GNP和GDP指标体系的计算中。

经济学家Herman E. Daly，John B. Cobb，Jr.，以及Clifford W. Cobb联合开发了一套可持续的经济福利指标系统（ISEW），并以美国为例进行了实施。这套全面的人类幸福指标体系对以下各方面进行了衡量：（1）以收入分配不平等因素对人均国民生产总值进行了调整；（2）不可再生资源的消耗；（3）湿地的丧失；（4）由土壤侵蚀和城市化导致的耕地的丧失；（5）空气和水污染导致的成本增加，以及（6）对由臭氧耗竭和全球气候变暖所造成的长期环境影响进行估测。从1950—1976年，该指标上升了42%，而之后，从1977—1990年，该指标却下降了14%。

另一套更新的指标体系被称为真实进步指数（GPI）。该指标是由重定义进步组织（一个非赢利性组织）开发的，从以下各方面对经济输出进行了评估：（1）将不能提高环境质量和人类福利水平的花费从GDP指标中减除；（2）将目前并未包含在GDP指标体系内的、但会提高环境质量和人类福利水平的因素增加进来。图12-4对美国1950—1998年间的GDP总值和人均值以及GPI总值和人均值进行了比较，并显示出，从1980年开始，GPI总值和人均值都呈持续降低的状况。

这些环境指标体系还远算不上完善，而且还包含了很多粗略的估算。但是，如果没有这些指标体系的存在，（1）我们就无法知道人类、环境以及整个地球的自然资源都受到了什么样的影响；（2）我们就无法获得一套有效的方法来衡量哪些政策是行之有效的。实际上，我们正在利用不完善的雷达系统来引导各国和全球经济以越来越快的速度驶出变幻莫测的经济和环境水域。

什么是内部成本和外部成本？

所有经济商品和服务都具有内部成本和外部成本。例如，消费者购买汽车时付出的价格就反映了包含在其中的工厂、原材料、劳动力、市场营销、运输以及汽车公司和经销商的利润等成本。汽车售出后，购买者又必须购买汽油、进行维护以及进行维修等。所有这些直接的和间接的成本最终都由销售商和消费者付出，这就是内部成本。

任何经济商品或服务的生产、分销以及使用都包含外部成本，或称为未包含在市场价格中的收益。例如，如果汽车的销售商建造了一座令人愉悦的展览厅，这对于不付出任何成本就可以享受到的人们来讲就是外部收益。

另一方面，开采和加工原材料来生产汽车并为其提供动力还会（1）消耗不可再生能源和矿物资源；（2）产生固态和有害废物；（3）破坏土壤；（4）污染空气和水；（5）造成全球气候变化，以及（6）降低生物多样性。这些有害影响都属于外部成本，最终都转嫁到了社会大众、环境在某些地区还会转嫁到后代身上。

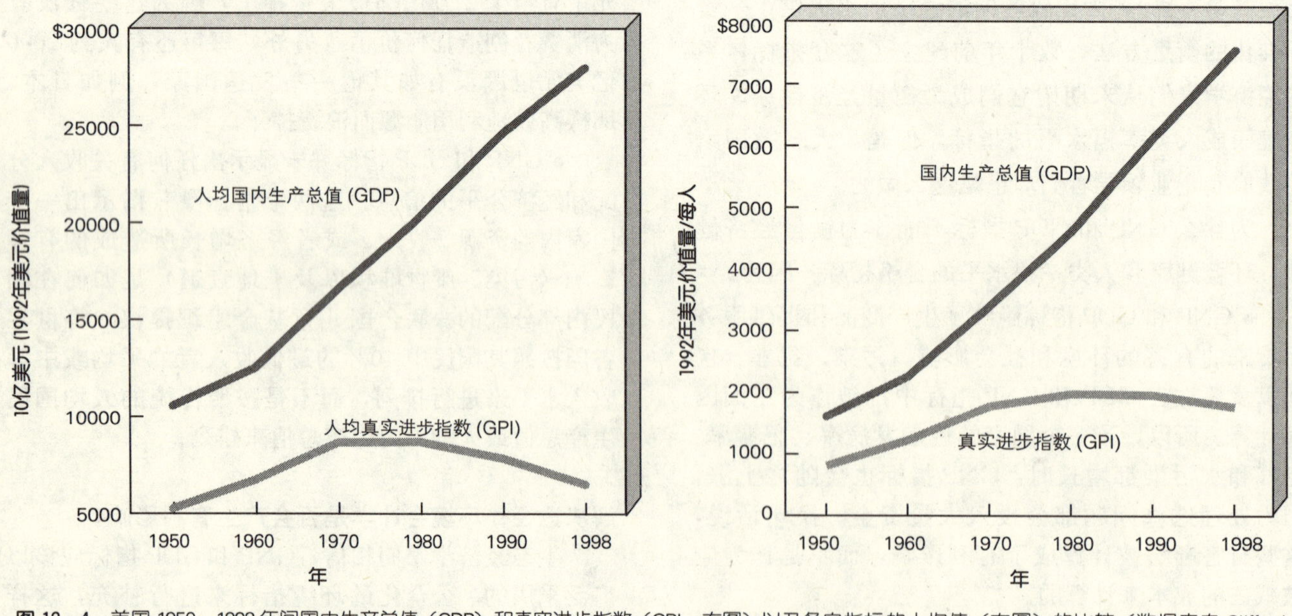

图12-4 美国1950—1998年间国内生产总值（GDP）和真实进步指数（GPI，右图）以及各自指标的人均值（左图）的比较（数据来自Clifford Cobb，Mary Sue Goodman和Mathis Wackernagel的研究）

由于这些有害成本并未包含在市场价格中，所以人们就没把它们与汽车的所有权联系起来。而且，每个人都会或早或晚地来付出这笔成本，用以下这些形式：（1）健康不佳；（2）较高的医疗卫生成本和健康保险成本，以及（3）为污染控制付出更高的税收。在目前被资本主义市场经济系统（第 354 页）所推行的“将真正的成本隐藏起来”的价格体系中，价格就是消费者所付出的，而成本则成为社会现在和未来所付出的。

12.2　解决途径：运用经济学来提高环境质量

我们是否应该向全成本价格体系过渡呢？

对于大多数经济学家来讲，解决商品和服务的有害成本问题的途径就是将这些成本包含在商品和服务的市场价格之中。这个过程被称为外部成本内部化，是纯自由市场经济体系（第 354 页）的目标之一，但却是资本主义市场经济体系所反对的（第 354 页）。

只有当政府颁布法令来进行干预时外部成本内部化才可能实现。只要各个企业仍然可以从政府政策中获得开采和使用原始资源的资助和税收优惠待遇，而且不需为其生产的污染物付出任何税务补偿，那么就不会有企业自愿降低短期效益，即使这样做对环境更负责任。设想一下，如果你拥有一家公司，并懂得让你的雇员们暴露在有害的工作环境下，以及将环境污染到无法自净的程度都是不对的。假设你自愿提高雇员的工作安全条件，并安装污染控制设备，但是你的竞争对手们却不这样做。那么你的产品与你的对手生产的同类产品相比就必须付出更高的成本，而你就会丧失竞争优势。你的效益将会下降；最终你会破产，而且不得不解雇你的员工。

解决有害外部成本的一个途径就是促使政府调节税收，制订法律和各种法规，提供资助，或利用其他措施来鼓励或迫使生产者们将全部或大部分外部成本包含在经济商品和服务的市场价格之中。这样市场价格就会成为这些商品和服务的全成本价格：内部成本加上短期和长期的外部成本。

这种方法必须要求政府采取行动来强制实施，否则，不会有生产者愿意提高自身的成本，除非它们的竞争对手也不得不提高成本。将污染和环境衰退的外部成本内部化将会（1）使预防污染比清理污染变得更加有利可图，以及（2）使降低废品产生量、废品回收以及再利用比对废物进行填埋或焚烧处理更加有利可图。

有个坏消息，当外部成本被内部化之后，大多是商品和服务的市场价格都会上涨。但是，好消息是，人们所付出的总体价格将会基本保持不变，因为隐藏在每种产品之后的外部成本都会包含在市场价格之中。而且，全成本价格还为消费者提供了做出与各自的生活方式对地球的生命维持体系和人类健康所造成的影响有关的正确的经济决定所必需的各种信息。

但是，由于外部成本被内部化了，所以经济学家们和环境学家们警告说，各国政府需要（1）降低收入、薪水及其他税收，以及（2）撤销以前被用于隐藏和偿付这些外部成本的资助。否则，消费者必将面对上涨的市场价格而得不到减税报偿——这从政治上是不可接受的，最终只能导致失败。

还有一些好消息，一些商品和服务的成本将会降低，因为内部化的外部成本会鼓励生产者（1）通过探索具有更高资源效率和更低污染量的途径进行生产，从而降低成本，以及（2）提供更多的对环境有益的（即绿色的）产品。工作机会在具有环境危害的企业中将会减少，但是，至少在具有环境益处的企业中就业机会是会持平或者有所增加的。如果向全成本价格体系过渡所需的时间要持续几十年，那么大多数目前具有环境危害性的企业都会有充足的时间调整为具有收益能力的、具有环境益处的企业。

全成本价格体系看起来非常有效。可为什么尚未得到广泛采用呢？原因有几个：

- 很多有害和浪费性商品的生产者不得不付出很高的代价，以至于它们无法继续生存。
- 大量政府资助扰乱了市场，并将生产和利用商品和服务所包含的很多具有环境危害性和社会危害性的成本隐藏了起来。
- 生产者将不得不放弃政府资助和减税政策，而这些曾经帮助它们将生产商品和服务的有害的环境成本隐藏了起来，并扰乱了市场秩序。Norman Myers 和其他一些分析家所进行的研究表明，世界各国的政府每年花费大约 15000 亿美元——相当于全球总军费的 2 倍——对以下各种行为进行资助：（1）森林砍伐；（2）过度捕鱼；（3）过度放牧；（4）不可持续的农业生产；（5）不可再生的化石燃料和核能的使用；（6）地下水耗竭，以及（7）其他具有环境危害性的活动。
- 有害的、但是人们渴望获得的商品和服务的价格会有所上涨。
- 很难确定很多具有环境危害性和健康危害性的成本。

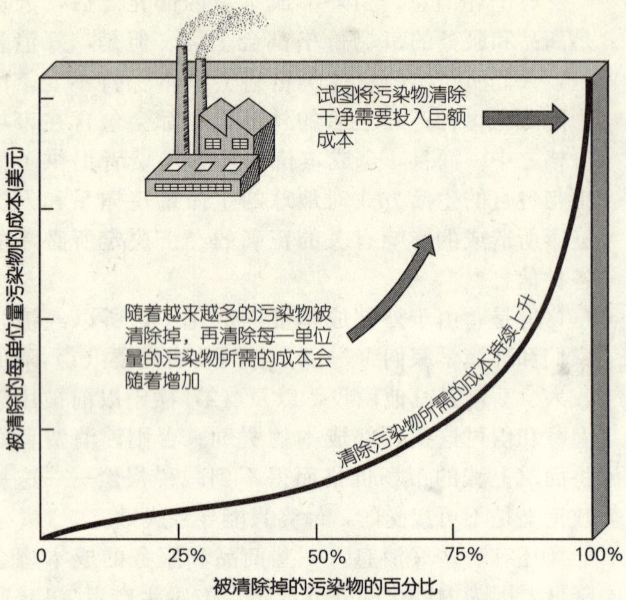

图 12－5　清除每增加一单位量的污染所需投入的成本会呈增长趋势。清除一定量的污染物是可以承受的，但是，在某一点，污染控制所需的成本将会大于污染对社会造成的危害成本

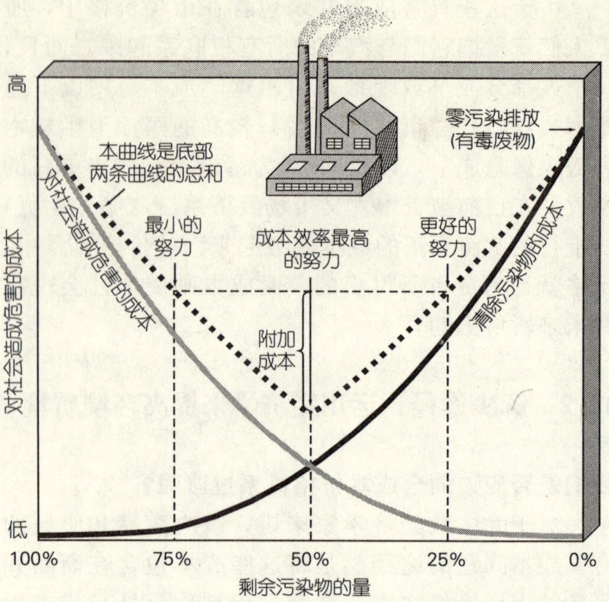

图 12－6　确定最佳污染水平。本图揭示了最佳污染水平存在于50%处，但是实际污染水平会因污染物的种类而异

● 很多企业股东、政治领袖以及消费者尚未意识到他们正在以未与市场价格联系起来的方式偿付这些成本。

尽管困难重重，但是，支持者们仍然相信将具有环境危害性和健康危害性包含在内的全成本价格体系应该在未来的 20 年内逐渐推行。他们认为尽自己最大的努力对外部成本进行估算并将外部成本内部化比继续当前的价格体系要强得多，现在的价格体系显示的关于商品和服务所造成的环境和健康的信息太少，或者具有误导性。关键问题是，表达事实的全成本价格体系是否比目前的隐藏真实成本的价格体系更差呢。你是怎么认为的？

我们准备好为控制污染买单了吗？

清除某些正在被排放到环境中的污染性气体和废液的成本随着每清除掉一种额外的污染物而增加。如图 12－5 所示，一座烟囱或废水排放器所排出的污染物中有很大一部分都可以以较低的成本清除掉。

但是，随着越来越多的污染物被清除掉，清除剩余的每一个单位量的污染物的成本会迅速增加。超过了某个特定的界限，清除成本将超过这些污染物造成的损害。这个无亏损点就是污染控制的水准线，污染物对社会造成的危害成本与清除它们所需投入的成本相等。超出这一点的污染控制成本将大于清除后的价值，超过该点水平的污染是我们可以避免的。

为了找到无亏损点，经济学家们绘制了两条曲线：(1)清除污染的预估经济成本曲线，以及(2) 污染给社会造成的有害外部成本预估曲线。然后，经济学家们将这两条曲线叠加在一起得到了第三条曲线，显示出总成本。第三条曲线的最低点就是无亏损点，或者称为最佳污染水平（图 12－6）。

从图上来看，确定最佳污染水平是非常清晰而简单的，但是这种以图来确定的方法却存在着很多问题。

● 生态经济学家、卫生专家以及企业的领导者们通常反对这种对污染所造成的有害成本的估算，而且这些成本也很难估算（第 8.3 节，第 241 页）。

● 一些批评者提出一些关于环境公平性的问题，他们质疑哪些人从确定最佳污染水平中获益，而哪些人又受到损害。所确定的污染水平也许对整个国家或地区是最佳选择，但对于居住在污染性发电场或工厂附近或下风口或下游地区的人们来说却会暴露在高水平的污染之下。

● 确定某些事务的经济价值是非常困难的，而且存在很多争议，例如人口伤亡、森林砍伐、湿地干枯，以及生态贡献的丧失等。另一方面，不确定这些事务的经济价值又意味着在确定最佳污染水平的过程中将这些因素排除在外。

表 12-1　解决污染和资源浪费的经济手段

解决途径	将外部成本内部化	创新	国际竞争	管理成本	增加政府税收
法规	部分地	能够鼓励	减少*	高	无
政府资金	无	能够鼓励	增加	低	无
取消有害资助	是	能够鼓励	减少*	低	是
可交易的权利	是	鼓励	减少*	低	是
绿色税收	是	鼓励	减少*	低	是
使用者费用	是	能够鼓励	减少*	低	是
污染预防契约	是	鼓励	减少*	低	无

* 开发成本效率更高的和生产率更高的技术除外。

一些分析家指出，我们不应该受到显示急剧增长的污染控制成本的曲线的不恰当影响（图 12-5），因为这些曲线都是以采用某种形式的污染控制手段为基础得来的。推行一些更加严格的法规以及提高污染控制的成本可以刺激各个企业去探索更加廉价的方式来进行污染控制或者重新设计生产工艺以大幅度降低或清除污染。

例如，1970 年代，美国化学工业界曾经预言道，控制苯气排放需要每座工厂投入大约 35 万美元的资金。但是，在这个预言作出之后不久，这些化工企业开发了一种新工艺，可以用其他化学物质来取代苯，而且几乎彻底避免了用于控制苯的成本投入。

哪些人应该为控制污染买单？

承担控制污染所需的资金有两种方式：

- 消费者或使用者承担。政府颁布的法令要求各个企业承担各种用于清除污染的设备和工艺所需的成本，而这些企业则又将这些成本转嫁给了购买它们生产的产品的消费者。
- 纳税人承担。政府通过税收手段来承担污染控制的成本。例如：（1）政府承担煤矿工人因患黑肺病所需的各种花费，以及（2）政府承担清除受污染的各种公共用地、军事基地以及政府经营的生产核武器的工厂所需的费用。

那些支持消费者承担污染控制费用的人认为，使用那些会导致污染和环境衰退的物品的人应该承担控制费用，作为该商品市场价格的一部分。这是一种将污染和环境衰退的有害外部成本内部化的手段，它与全成本价格体系靠得比较近。

支持纳税人承担控制成本的企业股东们认为，当政府对法规进行修订，并要求进行更加严格的污染控制时，整个社会（纳税人）都有责任承担这些行为所涉及到的各项成本。此时，纳税人通过提高纳税额来间接承担污染和环境衰退造成的成本，但是并不将这些成本与他们所购买的商品或服务的价格联系在一起。

我们是否应该主要依赖法规和市场力量来进行控制呢？

大多数经济学家都认为，政府应该进行干预，以控制或预防污染和减少资源浪费量。政府的干预行为可以采取制订法规、利用市场力量、或者综合运用各种措施的形式来实施。减少污染和资源浪费量的各种法规性和市场性手段都具有各自的优点和缺点（表 12-1）。

制订法规是一种命令和控制相结合的手段，这需要通过并强制执行各项法律，这些法律需要（1）制订污染标准；（2）控制有害活动；（3）禁止向环境中排放有毒化学物质，以及（4）对某些不可替代的或恢复缓慢的资源进行保护，禁止其被不可持续地消耗掉。

环境法规可以提高或降低各企业需承担的成本，还可以组织或鼓励寻找解决环境问题的方法，这些都取决于法规的制订方式。环境学家和企业领导者都认为，具有革新性的、友好的法规可以鼓励各个企业（1）探索预防污染和提高资源生产率（可以降低成本）的创造性方法；（2）开发创新性的产品和生产工艺（可以提高效益和竞争力）。

革新性的、友好的法规程序：

- 强调控制污染和减少废物产生量。

● 需要工业利益方和环境利益方共同协作，制订现实可行的标准和时间表。

● 制订目标，但不限制各企业实现这些目标的手段和途径。

● 制订足够严格的标准，以促进真正具有创新性的活动。

● 制订明确的时间表，为各企业提供充足的时间进行革新。

● 利用市场力量鼓励各企业遵守各项法规并进行革新，例如征收废气排放和资源使用费，以及将污染和资源使用许可权贸易化等手段。

市场力有助于提高环境质量和降低资源浪费量，主要是通过鼓励外部成本内部化来实现的，包括(1)采用经济刺激手段（奖励），或(2)设置经济障碍（惩罚）。这是以现今社会所采用的混合式经济体系的一条基本原则为基础的：我们所奖励的（主要是通过政府资助和减税政策来实现）就是我们需要的，我们不鼓励的（主要是通过法规和征税来实现）就是我们不需要的。

逐步推行鼓励具有环境益处的行为的各种政府资助和减税政策，并逐步取消鼓励具有环境危害性行为的各种政府资助和减税政策便是将这一原则付诸实施的手段。问题是增加这些政府资助和减税政策（或逐步取消鼓励或为公众承担污染或环境危害以及资源消耗的费用的有害资助）会涉及一些通常被有实力的经济利益集团所成功抵制的政策决定。

另一种市场手段是，政府授予可交易的污染和资源消耗权。例如，政府可以制订某种污染物的排放量或某种资源的消耗量的总体限制标准，例如渔场，并颁发许可权在各生产者和使用者之间进行分配或拍卖。未全部使用许可权的拥有者可以(1)利用这些许可权作为信誉来为将来的扩展打基础；(2)将这些许可权使用在其企业的其他部分，或者(3)可以向其他企业出售这些许可权。在国家间同样可以建立可交易的许可权体系，这有助于保护生物多样性和减少温室气体和其他具有区域性（或全球性）危害效应的污染物的排放。

一些环境学家和经济学家支持建立可交易的污染许可权体系，作为一种对现行法规性手段的改进。还有一些环境学家则反对这种允许各企业购买或交易污染物的许可权的方法，因为(1)这会使比较富有的企业继续其污染行为（从而将小企业排挤到市场之外）；(2)会使污染物聚集在污染最严重的工厂（从而危害其下风位或下游地区的居民的健康）；(3)会刺激各企业的欺诈行为，因为大多数污染控制法规都是以污染物输出的自检报告为基础的，政府的监督和强制执行仍然不足，以及(4)缺乏配套的刺激手段来降低污染物的排放量，除非该体系对每年污染物的减少量进行规定（事实上几乎从未这么做过）。

另一种以市场为基础的方法是征收绿色税收或排放费，以促进很多生产和消费行为所具有的有害环境成本的内部化。可以对每一单位量的某些物质征税，包括(1)排放到空气和水中的污染物；(2)有害废物或核废料；(3)被消耗的原始资源，以及(4)被消耗的化石燃料。经济学家指出，这种绿色税收政策是有效的，条件是(1)它们可以减少或取代所得税或其他税收手段；(2)穷人和中产阶级可以获得一套安全体系，可以减少消费税的衰退性质，例如食品、燃料以及住宅等生活必需品。换句话说，为了取得政治上的可接受性，环境税必须被视为一种税收转移政策，而不是一种税收负担手段（解决途径专栏，右页）。

环境管理是如何发生变化的？

图12-7显示了环境管理发展的几个阶段，其长

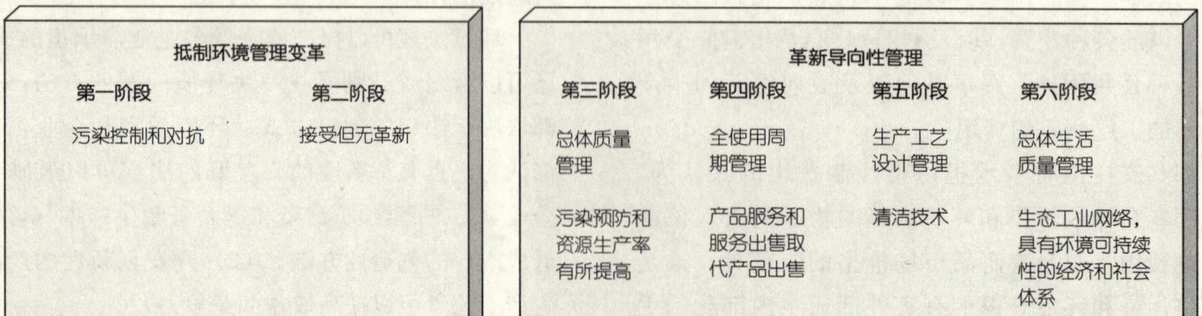

图12-7　环境管理的几个发展时期

解决途径专栏

将收入税和盈利税转变为污染税和废物税

一个具有更加可持续性的经济体系具有若干更重要的目标：（1）降低劳动税、所得税和财富税；（2）增加物质和能量资源的物料税。目前大多数国家所推行的税务体系都鼓励企业通过以制成的人造资本（机器）和物料（能源和材料）来替代人工资本（人工成本）来提高生产率。

几乎所有政治和经济派别的拥护者都认为这样的税收体系是落后的。它（1）不鼓励人们创造和追求更多的（工作机会和收入）；（2）却鼓励人们试图减少的（污染和资源消耗），而且（3）会导致自然资本和人工资本的大量浪费。这样的税收体系之所以能够维持下来，主要是因为政治惰性和能从现有体制中获利的各个企业的政治力量的抵抗所致。

对污染全面征税将使全球年均总收入增加1万亿美元，这足以补偿所得税和利润税降低15%所造成的损失。将更多的所得税和利润税转变为污染税和废物税可以（1）减少自然资本的耗竭和衰退；（2）通过责令污染的制造者和资源的消耗者和破坏者进行补偿来提高环境质量（全成本价格体系）；（3）通过鼓励预防污染、减小废物量及创造性地解决环境问题（为了避免缴纳污染税）来刺激资源生产率的提升（解决途径专栏，第334页）；（4）对回收和再利用行为进行奖励，而不是消耗不可再生资源；（5）利用市场力量而不是法规来保护环境；（6）降低失业率，以及（7）可以降低受到强烈反对的、而且通常具有负面效应的所得税、收入税和销售税。

这种税收政策必须在未来的15—20年的时期内逐步推行。这样可以给各个企业提供充足的时间为将来制订计划，并将现存已折旧的资本投资在使用寿命内进行逐步处理。

德国、瑞典、英国、挪威、丹麦、意大利、法国以及荷兰都在小规模、试验性地推行这种税收政策。如果欧洲各国和世界其他国家在未来的20年内继续推行这种税收体系过渡的话，其劳动力成本将会降低，而且其资源生产率也会提高。为了维持在世界市场的竞争力，美国和其他国家也不得不进行税收改革。

批判性思考

对你和你所生活的国家来讲，推行这样的税收改革具有哪些弊端呢？你是否支持这样的税收改革呢？为什么？

期目标是为了建立具有环境可持续性的经济和社会。

1970—1985年之间的这段时间被视为管理变化的抵制期。在1970年代，政府的环境管理者推行了一种对抗性的方法，企业对此非常反感，并非常积极地抵制这些环境法规，而政府的管理者们则认为他们不得不向各个心存抵制的企业制订各种方法来清除其排放的污染物。在这个变革抵制阶段，大多数企业通过以下方法来对抗环境法规：（1）雇佣第三方环境顾问，他们通常支持尽端污染控制方法；（2）雇佣律师来反对或寻找法律漏洞，以及（3）游说官员们抛弃或弱化环境法律和法规。

至1985年，企业的管理者们接受了环境法规，并继续主要依靠污染控制手段。但是，他们在探索革新性污染和资源消耗问题的手段上却很少重视，因为他们认为这样的成本过高。

1990年代，越来越多的企业管理者认识到，改善环境可以创造经济和竞争机会，而不仅仅是一项高额的成本投入。这便拉开了管理革新时代的序幕，原本的环境和商业空想计划将在接下来的40—50年中得以实现（图12-7）。

越来越多的企业开始采纳整体质量管理策略，其重点为预防污染，最近，重点又转移到大幅度提高资源生产率上来（解决途径专栏，第334页）。

一小部分企业正在推行全生命周期管理策略，将某一产品的环境服务性置身于其整个使用周期内来考量。产品出售或被租用后，这些公司仍对产品的维护负责，并对其进行维修、升级、回收或再生产（第335页及个体作为专栏，第336页）。一些公司正在将其业务重点从传统的出售产品（例如采暖和空调设备）转移到出售服务（例如提供供暖和降温服务）上来（第336页）。

一些公司正通过采取工艺设计管理策略进行革新，以通过对现有的生产工艺进行整体重新设计或开发新工艺来达到清洁生产的目的，其根本目标是：（1）清除或大幅度降低污染量和资源浪费量，以及（2）降低生产成本、废物管理成本、产品可靠性成本，以及污染税务缴纳成本。

在全生命周期质量管理策略的最后阶段，很多企业正在筹划组成或参与到生态工业网络（第335页）中来，这些企业可以利用这个网络来交换资源和废物，它与自然界的食物网有所不同。在此阶段，社会大众会受到一种环境可持续性观点的推动，该观点提出提高每个人的生活品质但不破坏维持着整个世界的自然经济体系。

12.3 减少贫困以提高环境质量和人类社会的福利

贫困与环境问题之间有什么样的关系呢？

贫困通常被定义为，缺乏满足一个人生存的基本经济需求的能力。目前，在发展中国家中有大约14亿人口的年平均收入不足370美元，几乎相当于全世界每4个人就有一个贫困人口。这个标准是世界银行制订的，相当于每天收入1美元。

贫困会造成很多卫生健康和环境危害。（1）会导致早夭和可预防性卫生健康问题的发生；（2）会提高出生率，因为贫困者总是会生育更多的孩子来获取食物或工作来为自己养老，而且（3）通常会促使贫穷者为了生存以不可持续的方式消耗具有可再生潜力的资源。

经济增长有没有减少贫困呢？

大多数经济学家都认为持续增长的经济水平是解决贫困的最佳途径，因为经济增长（1）可以创造更多的就业机会；（2）可以使更多创造出的财富分发到劳动者的手里，而且（3）可以创造更多的税收收入，从而可以用于帮助贫困者自救。

但是，从1960年以来，以收入进行衡量的经济增长所带来的大部分益处都流入了富有阶层而不是贫困阶层。以实际总收入和实际人均国民生产总值（排除通货膨胀因素；图12-8）来衡量，这使得全球五分之一最富有的人更加富有，而全球五分之一最贫困的人更加贫困。以人均国民生产总值计，介于其间的人们的收入只有轻微的提高或降低。自1980年以来，这种贫富差距越来越悬殊（图1-7，第6页）。

我们如何降低贫困？

分析家们指出，大多数发展中国家的政府必须改变政策才能降低贫困。例如：（1）将更多的国家财政预算投入农村和城市贫困人口的就业方面；（2）赋予农村、农民和城市贫困人口公共土地使用权以及他们所种植的粮食作物和树木的所有权。

分析家们还呼吁发达国家和发展中国家的富人们帮助降低贫困。他们提出了一些建议：

- 取消发展中国家欠发达国家和国际信贷机构的25000亿美元债务的至少60%，取消债务最繁重的贫困国家所欠的全部2130亿美元的债务。目前，发展中国家每年要向发达国家偿还大约3000亿美元的利息。2000年，美国政府宣布，它将取消世界最贫困国家所欠的债务，只要这些借款是用于满足最基本的生活需求。
- 发达国家增加对发展中国家的非军事性政府资助和私人资助，并使这些资助直接到达穷人的手中，帮助他们建立自给自足的生活。
- 将大部分国际大规模援助转变为小规模援助，从而使当地的贫困社区受益。
- 鼓励银行和其他组织向贫困者提供小额贷款，以提高其收入（解决途径专栏，右页）。
- 要求国际信贷机构利用标准的环境和社会影响分析手段对所有开发计划进行评估。
- 认真监督所有开发计划，如果环境保卫措施没有到位，则停止向其提供资金支持。

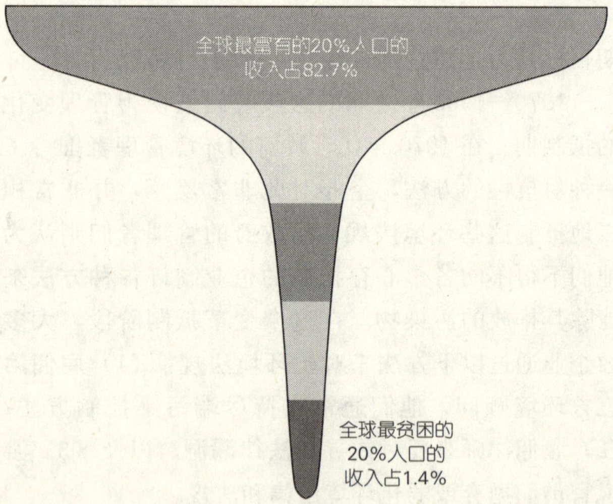

图12-8　全球收入分配的统计数据表明大多数国家的收入都在向上层聚拢，1991年，全球最富有的20%人口的收入超过了其余80%人口收入的总和（1991年之后这些数据不再有效）。本图中每一个横向带状部分表示全球人口的五分之一。这种全球收入向上层聚拢的现象从1960年之后便呈加剧趋势，特别是1980年之后更加明显。这一趋势会造成环境的衰退，主要因为（1）全球最富有的20%人口的人均消耗量有所增加，以及（2）迫使全球最贫困的20%人口以超过资源自身恢复速度的速度消耗可再生资源（数据来自联合国开发计划署）

向贫困人口提供小额贷款

解决途径专栏

世界上大多数的贫困人口都非常渴望多挣钱，非常渴望能够使生活变得自给自足，非常渴望能够改善自己的生活状况。但是，他们几乎没有或只有很少的财产能够作为贷款抵押和担保来获得贷款。所以，他们无法向传统的银行和信贷机构贷款购买农作物种子和肥料用于农业生产或购买生产工具和生产材料来经营小型企业。

在过去的 25 年间，一种被称为小额贷款的创造性方法帮助贫困人口解决了贷款问题，其效果越来越明显。例如，从经济学家 Muhammad Yunus 在 1976 年首次推行之后，孟加拉国的 Grammeen（Village）银行就以小额贷款的方式向 35000 个村庄中最贫困的无地农村妇女提供了总额超过 20 亿美元的贷款。贷款额从 50 美元至 500 美元不等，平均约 100 美元。这些贷款中有大约 94%都是贷给自己经营小型企业的妇女，例如裁缝、纺织、图书装订、坚果烘干，以及日用品售卖等。

为了刺激她们还贷并向她们提供支持，Grammeen 银行将这些小额贷款者分成 5 人一组的“团结”组。如果小组中的任何人无法支付每周需偿还的贷款，则该组的其他成员就必须代她偿还。

Grammeen 银行的经验表明，小额贷款既是成功的又能够盈利。例如，在全部还款中只有 3%是延期偿付的，贷款的偿还率达到了令人吃惊的 98%，而传统的商业银行的贷款偿还率仅为 30%。

这些贷款者中有大约一半以上都在 5 年内收入达到贫困线以上，而且这些家庭的家庭暴力、离婚率及出生率都有所下降。Grammeen 银行推行的小额贷款被主要用于：(1) 建立托儿所、医疗诊所、植树造林、提供饮用水、扫盲以及团体保险计划等；(2) 将太阳能和风能微型发电系统推广到了农村地区。

Grammeen 模式引发了 52 个国家相继推出小额贷款计划，惠及 3600 万人（包括贷款人亲属）。

批判性思考

你认为为什么国际开发机构和信贷机构提供的小额贷款项目没有产生成效，例如世界银行和国际货币基金组织？如何改变这种状况呢？

- 帮助发展中国家提高资源生产率（解决途径专栏，第 334 页），以此作为提高收入和降低污染和资源浪费量的一种手段。根据 Monsanto 公司的首席执行官 Robert B. Shapiro 先生的研究，“如果正在出现的新经济体系仍然不得不重新经历工业革命所经历的所有浪费、能源消耗以及污染的话，那这种新经济就没有前途了。”
- 推行一些政策，鼓励发达国家和发展中国家减缓人口增长速度并维持稳定的人口水平。

根据联合国开发计划署（UNDP）的研究，全世界用于提供基本服务的费用达到 4000 万亿美元，例如教育、卫生、营养供给、计划生育、生殖卫生维护、维持淡水卫生，以及其他卫生需求。联合国开发计划署还指出，这些费用仅为全球总收入的 0.1%，“刚刚超过收入计算误差值的范围。”

12.4 向具有环境可持续发展的经济体系过渡

我们如何从“与地球协作”中获得收益？绿色商务

Paul Hawken 和其他几位企业领导者以及一些经济学家们为在未来几十年内从环境不可持续的经济体系向具有环境可持续性的经济体系过渡提出了如下一些原则：

- 对具有环境益处的行为进行奖励（资助）。
- 阻止（通过税收和拒绝提供资助等手段）具有环境危害性的行为的发生。
- 利用环境和社会指数来衡量环境及经济可持续性和人类社会福利水平的高低（图 12-4）。
- 推行全成本价格体系，将商品和服务的外部成本包含在市场价格之中。
- 以物质和能源消耗税来取代所得税和利润税（解决途径专栏，第 363 页）。
- 大幅度提高资源生产率（解决途径专栏，第 334 页）。
- 出售服务取代出售产品（第 336 页）。
- 以低于自身恢复速度的速度来利用可再生资源（土壤、水、森林、草地和野生生物）。
- 以低于替代品的开发速度和推行速度的速度来利用不可再生资源。
- 以低于大自然的自滤和自洁速度的速度向环境中排放污染物。

联系专栏

就业与环境

环境保护是一项能够创造新的就业机会的朝阳产业。根据世界观察研究所的估测，全球生态技术产业的年销售额大约为6000亿美元——相当于全球汽车工业的销售额——该产业的就业人数达到了1100万。

2000年，美国的环境产业的就业人数为140万，年利税为1850亿美元。据推测，从2000—2005年，环境产业的就业人数还将增加50万。

如果各国政府更加重视提高资源生产率（解决途径专栏，第334页）和以污染税和浪费税来取代所得税和收入税（解决途径专栏，第363页），那么与环境相关的产业就业人数还会有大幅度提高。德国、荷兰及其他一些欧洲国家已经开始进行这种转变。

美国环境保护局所进行的研究表明，环境法规所创造的就业机会要远远高于它造成的就业损失。实际上，美国清洁空气和清洁水法案已经创造了30多万个污染控制就业机会。

通过减少物质和能量资源浪费量和利用太阳能、风能、进行回收、再利用、再加工，以及采用更加清洁的生产工艺的手段来提高资源生产率都是劳动力密集型的产业，与传统的资源密集型产业相比，可以创造更多的就业机会。植树造林、生态恢复、可持续农业以及综合害虫治理等也属于劳动力密集型产业。

在美国：

- 铝材回收产业的就业人数相当于铝制品制造产业的2倍。
- 世界观察研究所估测，增强美国所有住宅的防破损能力以提高能源效率可以创造大约30万个就业机会，每个就业机会可以持续20年。
- 再生产是一种每年可以创造530亿美元的产业，创造的直接就业机会大约为48万。
- 国会进行的一项研究表明，在太阳能方面每年投入1150亿美元并提高能源效率会（1）丧失石油、燃气、煤炭和发电等行业总共100万个就业机会，但却可以创造（2）200万个其他行业新的就业机会。

- 强调污染预防和减少污染物生成量。
- 保护生物多样性。
- 减少贫困。
- 降低人口增长速度。

Paul Hawken有一条关于经济的简单的黄金定律："还世界以本初之面貌，量需为求，与生物及环境无伤，并积极调整。"

我们能否过渡到一个具有更强的环境可持续性的经济体系？

即使人们都渴望一个具有环境可持续性的经济体系，但我们能否实现呢？一些环境学家、经济学家和企业的领导者（个体作为专栏，第336页）认为，不仅可能实现，而且非常紧迫，我们可以在未来的40—50年内实现。

Paul Hawken认为，这种新的经济思维和行动方式承认大多数企业的领导者都不是恶魔，也不是消耗地球资源的怪物。相反，他们被困在了一种只求企业拥有者和投资人的短期利益而无视所产生的短期和长期的环境和社会影响的经济体系之中（以最高的盈利和薪水以及最好的升职机会作为奖励）。

Paul Hawken认为，在全球实现具有环境可持续性的经济体系可以将企业的领导者、工人和投资者们从这种伦理性困境中解救出来。在这样的经济体系中，他们将获得补偿，并因承担了社会和生态责任、提升环境质量以及仍然能够为企业的拥有者和投资者创造收益而受到尊重。这种经济转变还可以创造就业机会（联系专栏，本页上部）。

实现这种经济转变的关键问题并不是经济体系本身，而是政策问题。这涉及到说服更多的企业领导者、政府官员、以及选民来变革当前政府所奉行的经济奖励和惩罚体系，这是很困难的。

有三条大好消息：

- 向具有环境可持续性的经济体系过渡可以称为一项具有极大收益性的事业，能够创造大量就业机会、大幅度提高环境质量、并大幅度降低贫困（见本章开始部分的引述）。
- 我们已经拥有了实现这种经济转变所需的大部分技术。
- 各国政府不需要投入更多的资金。这种经济体系的转变可以保持收支平衡，只要政府（1）将具有环境危害的资助转移给具有环境益处的生产企业，并（2）以污染税和资源浪费税来取代收入税和所得税（解决途径专栏，第363页）。

将降低能源浪费量所节约的资金进行再投资又可以创造 200 万个就业机会。

在欧洲：

- 生产、安装和维护太阳能电池系统可以创造大约 7 万—29.4 万个新的就业机会，取决于这种电池的全球销售状况。
- 2000—2010 年全球预计增加的风能利用可以创造 19 万—32 万个就业机会。

从全球角度讲，现有就业机会以每年 10%的速度丧失掉，或被其他就业机会和新产生的就业机会所取代。这种经济重组对于那些失业者来说是一场灾难，他们缺乏寻找新的就业机会的技术和能力。但是，对于那些拥有技术和受过再培训的人来说就是一种机会。

在未来几十年内过渡到一个具有环境可持续性的经济体系将会创造大量新的就业机会。但是，一些无法采取清洁的生产工艺的产业，如采矿、伐木、化石燃料开采和加工，以及各种制造业，和一些依赖这些产业的地区和社区将会丧失很多就业机会。

很多分析家提出了很多建议来缓解这种就业过渡，包括（1）向企业提供免税政策，鼓励它们维持或增加就业人数，而不是以机器来替代人工；（2）利用一些刺激性手段来鼓励在受到严重冲击的地区建立新的朝阳产业；（3）帮助这些地区增加其经济多样性，以及（4）为失业者提供收入和再培训资助（建立一个工人超级基金）。

批判性思考

1. 你所在国家的政府或地方政府采取了哪些主要手段来刺激环境就业的增长？它们又采取了哪些手段来阻碍环境就业的增长呢？

2. 你是否认为政府应该在增加环境就业方面扮演重要角色？或者应该主要由私人企业来承担这样的责任？为什么？

有远见的投资者、公司管理者（个体作为专栏，第 336 页）、以及政治领导者们都认识到，管理良好的具有环境益处的企业随着环境革命的推进将会益发兴盛。他们同时还认识到，环境革命就是一场经济革命。

12.5 政治与环境政策

什么是民主政治？民主政府如何运作？

政治就是某些个体或某些群体力图影响或控制地方政府、州政府、国家政府，甚至国际社会所制订的政策和实施的行为的过程。政治是关于哪些人拥有分配资源、哪些人能够在什么时间、如何获得哪些物质的行为。

民主政治就是由社会大众通过选举产生的官员和代表组成的政府。在民主宪政体系中，宪法（1）规定了政府的权力基础；（2）通过规定自由选举来限制政府的权限，以及（3）保证公众意志可以获得自由表达。

在民主宪政体系中，政治机构的设置可以进行渐进式的变化，以保证经济和政治稳定。例如，在美国，迅猛的、不稳定的变革被分散在三个统治机构——立法、行政和司法——之中的权力所构成的检查和平衡体系所限制，同时也构成了联邦政府、州政府和地方政府的平衡与制约。

当制订法律、制订预算以及制订各种法规时，选举产生的或指派的政府官员必须处理来自各个相互竞争的特殊利益集团的压力。每个利益集团都会支持通过对己方有利的法律和法规，同时力图弱化或废除对其不利的法律和法规。

一些特殊利益集团（例如公司、企业）是盈利性组织，还有一些则是非赢利性组织或非政府组织（NGOs）。例如，非政府组织就是教育机构、工会以及主流的和民众自发的环境组织。

民主政府所制订的大多数政治决策都是在相互竞争的精英集团或政治掮客的争论、融合和妥协中产生的。由相互竞争的精英集团构成的政府的主要目的就是通过进行渐进式的或渐增式的变革来维持经济和政治体系的整体稳定（现状）。

哪些因素制约了民主政府处理环境问题的能力？

精心建构的稳定的民主政体是人们所向往的，但它在处理环境问题上却具有若干相互关联的不利方面。

- 在民主政体中，政策重点放在了对相互隔离的短期环境问题作出反应，而不是对未来可能发生的环境问题进行预防。但是，很多重要的环境问题，如气候变化、生物多样性丧失和长期存在的有害废物等，却（1）具有长期影响；（2）是相互关联的，而且（3）需要以预防为基础进行整体解决。

● 由于每几年就会进行一次选举，所以大多数政客都以短期个体问题为侧重点，而不是考虑寻找更复杂的、更耗时的解决长期问题的整体途径。

● 无论他们喜欢与否，大多数选举产生的官员都必须花费大量时间来为连任筹集资金。所以，对于未来的或长期的环境稳定性来讲并不存在强有力的政治支持者。

在制订环境政策时哪些原则可以被视为指导原则？

分析家建议，对现有的或建议的环境政策进行评估的立法者和个人应该将以下原则视为指导员则：

● 谦虚原则：承认并接受人类管理自然的能力是有限的这一事实，因为我们对自然和人类自身行动所产生的影响的了解总是有限的。

● 可逆性原则：尽量不进行不可逆转的行为，在将来发现错误时仍然存在改正的余地。例如，生态学家认为，目前的大规模毁坏森林、湿地、野生物种以及其他地球生物多样性的组成部分的行动都是不明智的，因为从人类的时间范畴来衡量，这些破坏都是不可逆转的。

● 谨慎原则：在对我们尚不了解的和可能对当前或未来社会造成严重危害的问题作出决策时都要小心谨慎、三思而行。此时，安全总强过遗憾。

● 预防原则：无论何时，尽可能作出能够预防问题的发生或防止问题恶化的决策。

● 综合原则：制订解决环境和其他问题的综合性方案。

● 生态设计原则：制订法律和法规，使这些法规能够通过良好的生态设计手段来实施。

● 环境公正原则：制订合理的环境政策，以杜绝任何个人或集团承受来自工业、市政和商业行为的不合理的责任，并防止任何个人或集团逃脱法律、法规和政策的制裁。美国环境保护局对环境公正的定义是："对于环境法律、法规、政策的制订、实施以及强制执行，无论种族、肤色、民族或收入，全社会所有公众都应受到公平的对待并能够真正拥有参与权。"

个人如何对环境政策产生影响？

本书的一个重要主题就是个体作为。历史告诉我们，巨大的变革通常都是由下向上发起的，个体集合成整体，促使变革发生。没有数以百万计的个体公众和集团的政治行动，我们今天所呼吸的空气，所饮用的水的受污染程度会更高，地球的生物多样性会遭受更严重的破坏。

在民主宪政体系中，个体能够影响甚至改变政府的政策，主要通过以下途径：

● 参与竞选（特别是地方政府的官员）。

● 争取被指定为地方规划或区划委员会以及环境委员会的成员，帮助选举产生的官员进行研究并提出建议。

● 参与本地的规划委员会、区划委员会、环境委员会以及公共集会，发表自己的意见。

● 积极参与选举和选举计票工作。

● 向选举候选人提供资金和时间的援助。

● 以书信、传真、电子邮件、电话、或直接见面的方式与被选举出来的代表进行联系，请求他们通过或反对某些法律的通过、制订某些政策、并为某些计划建立基金。

● 组建或加入非政府组织，游说选举产生的官员和立法官员，请他们支持某些观点。

● 以教育和宣传的方式来说服官员们和社会大众接受某种观点。

● 揭露政府的欺诈、浪费和非法行为（揭发不法行为）。

什么是环境领导权？

区分领导者、统治者和管理者的区别是非常重要的。

● 领导者是其他人自愿服从的人，由于他或她具有睿智、可信性以及领导才能。

● 统治者是拥有足够强大的力量以迫使其他人都服从他的意愿的人。

● 管理者是懂得如何组织和实施行动的人，他注重细节，并承担责任。一些领导者和统治者也同时是优秀的管理者，反之亦然。

个人对某些环境（或其他）问题也可以拥有领导权：

● 范例领导，利用某人的生活方式来向其他人揭示变革是可能的也是有益的。

● 在现有经济和政治体系内发挥作用，从而实现环境改良。社会大众可以通过参与竞选活动、投票支持某些候选者，以及与被选举官员保持联

个体作为专栏

环境职业

在美国（以及其他发达国家），经济学家认为绿色职业市场是经济体系中发展最快的部分之一。

很多雇主都在积极寻找受过环境教育的毕业生。他们对具有技术和工程背景以及双专业（例如商务和生态）和双辅修专业的毕业生特别感兴趣。

环境职业的就业机会存在于很多领域：环境工程（目前发展最快的就业领域），可持续林学和牧场管理，公园与游乐，空气和水体质量控制，固体废物和有害废物管理，回收，城市和乡村土地使用规划，计算机模拟，生态恢复，以及土壤、水体、渔业和野生生物保护和管理。

教育、环境规划、环境管理、环境卫生、毒物学、地质学、生态学、生物保护学、化学、气候学、人口动力学及控制（人口统计学）、法律、风险分析、风险管理、会计学、环境新闻业、设计和建筑、能源保护和分析、可再生能源技术、水文学、顾问、公共关系、行动主义与游说活动、经济学、外交、市场开发与市场营销、出版业（环境杂志和图书），以及法律实施（污染探测和强制实施机构）等领域中都存在着大量就业机会。

批判性思考

你是否考虑过从事环境职业？为什么？

系来影响政治精英的决策。他们还可以通过在现有体系内从事环境工作来发挥作用（个体作为专栏，本页上部）。

- 向现行制度和社会的基本价值体系发起挑战。
- 提出解决环境问题的建议并积极推动其实施。领导权不仅仅是控制某些事情；它更应该是提出解决问题的更佳方案，建立各种目标，并使社会大众团结协作，共同实现这些目标。

案例研究：美国的环境政策

美国联邦政府的主要功能就是制订和实施解决各种问题的政策。这种政策一般包括各个方面：（1）由立法机构通过的各项法令；（2）执行机构推行的各项法规，以及（3）以资金来支持法令和法规的实施。图 12-9 是一幅支持或反对某项环境政策的个体或团体如何与美国政府的这三种职能机构相互作用的简图。

在美国，制定联邦环境政策（或其他政策）要经历几个阶段：

- 说服立法者环境问题已经出现，而且政府应该承担解决问题的责任。
- 尽力影响相关法律的制订和通过。大多数环境法案都要经过众议院和参议院中 10 个委员会的审议。有效的建议通常会被这种分散式的程序和反对者集团对立法者的游说所弱化。即使如此，从 1970 年代以来，美国仍然通过了大量环境法案（附录 3）。
- 拥有足够数额的资金来推行或强制实施这些法令。实际上，制订和采纳一项预算案是执行机构和立法机构最重要也最具争议性的工作。制订预算案必须回答两个关键问题：（1）应该为哪些计划提供资金？以及（2）解决该问题需要多少资金？
- 政府的相关部门或机构制定法规来实施相关法律。一些集团试图影响法规的制订和实施，有时甚至在法庭上向最终制订的法规发起挑战。
- 推行或强制实施通过的法规。法规的反对者和受影响的利益集团会向法院提起诉讼，指责执行机构没有履行责任或执法过严。

根据社会学家的说法，民主政体中公共政策的制订通常要经历一个政策生命周期，它包括 4 个阶段：（1）承认；（2）制订；（3）实施，以及（4）控制。图 12-10 显示了大多数发达国家的几个主要环境问题在政策生命周期中所处的一般位置。

在承认和制定阶段，在应该进行哪些工作方面存在着很多争议，但是这些争执通常会在实施和控制阶段加剧。有时，现行的环境法律和法规会（1）过于严苛；（2）不够公平，或者（3）被视为对某些企业施加的经济威胁。随着反对这些法律和法规的人们组织起来，要求弱化或废除这些法律和法规，一种对抗环境法规的后冲力量就形成了。

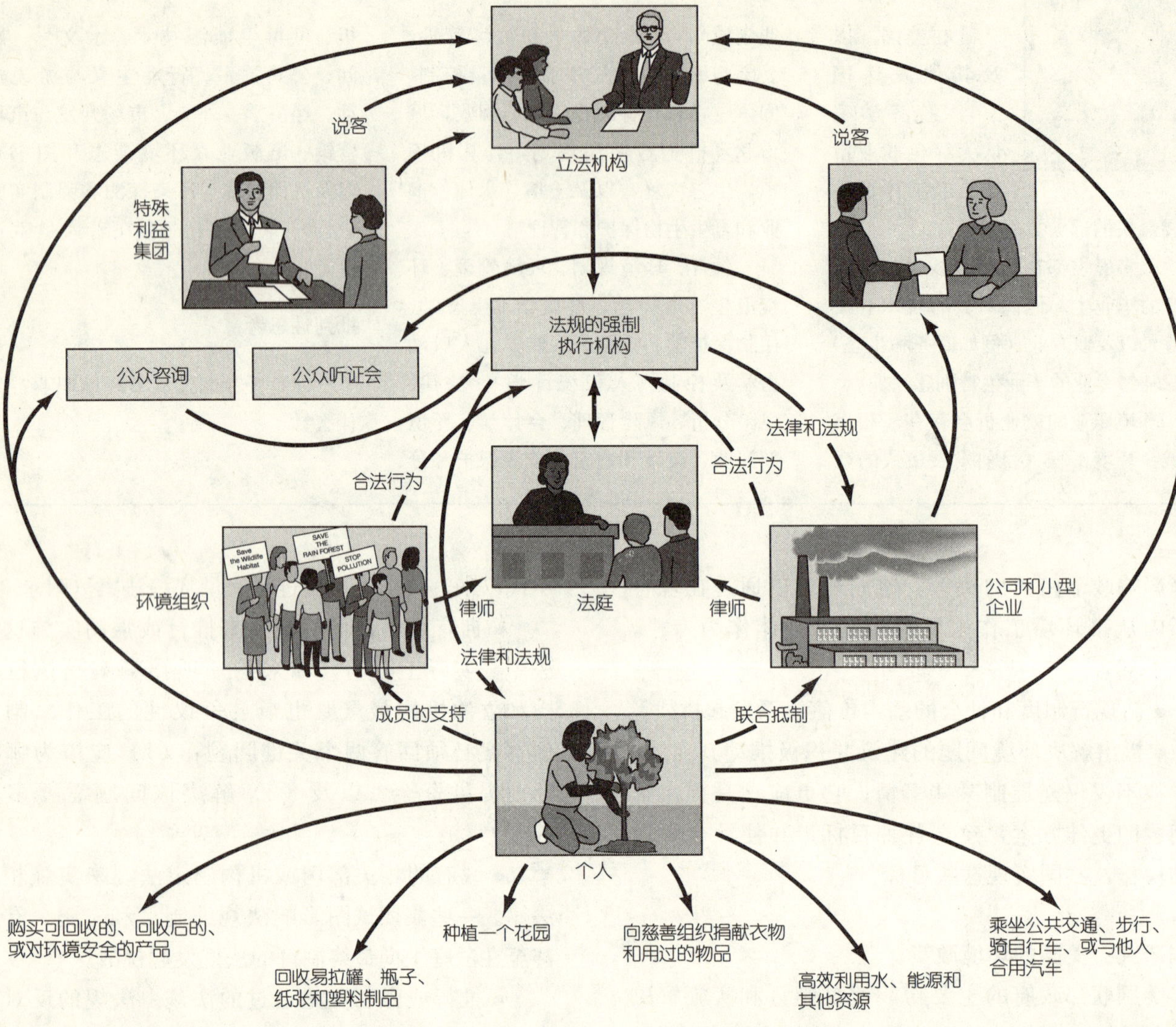

图 12-9 支持或反对某些法律和法规的个人或利益集团与美国政府的立法、执行和司法机构之间的相互作用简图。本图的底部还显示了个人如何通过其自己的生活方式来进行环境变革的途径

我们如何使政府更加重视公众对环境的关心？

美国的联邦、州和地方层面的环境法律和法规的本质和效力主要都是由被选出的官员来决定的。根据大多数政治分析家的说法，筹集选举资金是导致被选官员无法更加重视普通公民的环境和其他要求的最大障碍。

筹得选举资金最多的候选人一般能够赢得联邦、州和地方政府中 90％的职位。除非他们自己很富有，而且愿意用自己的钱来进行选举，候选者们将只能从富有的私人或企业获得竞选资金。

大多数分析家和大约 80％参与投票的公众都认为，美国的政治体系是以金钱而不是选民为基础的——而选民的选票才是那么多美国选民不厌其烦地参加投票的原因之一。例如，参加美国联邦政府选举的选民的投票率从 1900 年的 74％降低到 2000 年的 49％。即使这些参加投票的选民也只是认为他们只是两害相权取其轻罢了。很多分析家将对选举资金的筹集方式进行重大改革视为使政府对普通民众的环境问题和其他问题提高重视程度的关键途径（解决途径专栏，第 372 页）。

主流环境组织的角色是什么？

在美国，有 800 多万公众都参加到 3 万多个关

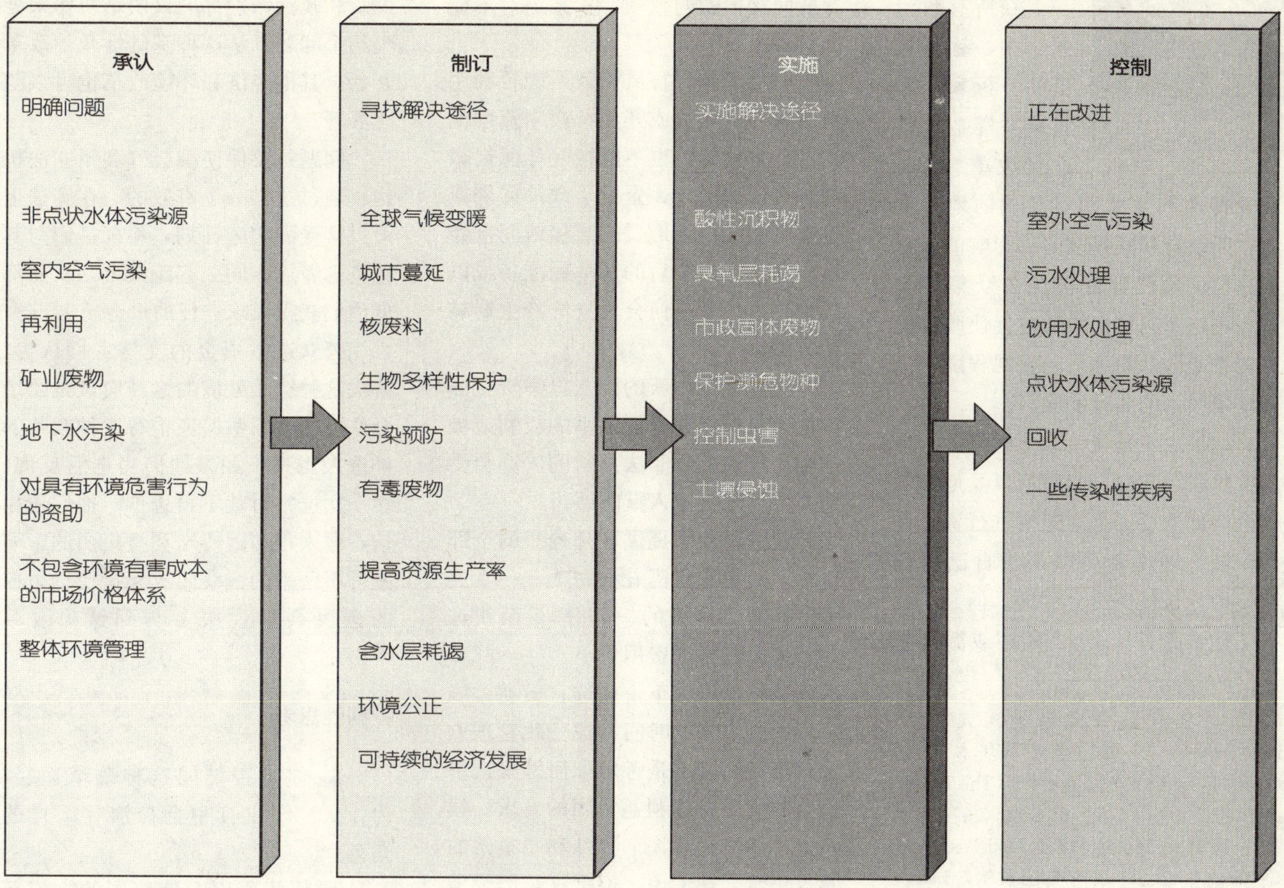

图 12－10　若干主要环境问题在一些最发达国家的政策生命周期中所处的位置

于环境问题的国际性、国家的、州的或地方性非政府组织中。

其中一些环境组织拥有数百万美元的资金，成为主流环境组织，由高层管理者们领导，成员包括职业律师、科学家和经济学家。主流环境组织主要活跃在国家层面，也包括州的层面；有时，这些组织会结成同盟共同处理一些问题。一些主流环境组织，例如赛拉俱乐部，也会向地方性活动者和地方性计划提供大笔的资助金。

主流组织都在政策体系的范围内活动。这些非政府组织有很多已经成为说服国会通过或强化环境法令（附录 3）以及对抗试图削弱或废除这些法律的集团的主要力量。但是，这些组织必须提防以下事项：（1）防止自己的努力被自己试图改革的政治体系所扼杀，以及（2）在首都和州首府城市这种相对隔绝的环境中防止与普通公众和自然失去联系。

一些企业与环境组织形成协作关系，而不是对抗关系，共同探索解决环境问题的途径。例如，环境保护基金组织与以下企业协作：（1）麦当劳，对其包装系统进行重新设计，以取代原本的聚乙烯泡沫蛤蜊汉堡盛装盒；（2）通用汽车公司，消灭道路上行驶的高污染汽车，以及（3）很多其他企业，促进回收纸张材料的使用。一些环境组织还将他们的某些资源从组织游行示威和对某些企业提出起诉上转移到出版一些解决环境问题的革新性途径上来。

还有 3000 多个国际非政府组织也在进行与环境问题有关的活动。这些国际网络（1）可以监督政府、企业和国际机构的环境活动，并（2）促进环境组织和政府采取行动来提高环境性能。

美国和全球环境运动的基础正是由数以千计的

竞选资金改革*

解决途径专栏

在所有政治派别中，越来越多的分析家开始将选举资金募集途径改革*视为减少特殊利益集团对美国的地方政府、州政府和联邦政府的影响的最重要途径。他们呼吁美国公众集中力量，将这个问题作为通过促使政府提高对普通公众的意见的重视程度来提升环境质量的关键手段。

建议之一是让公众（纳税人）单独提供联邦政府、州政府以及地方政府的全部选举资金，但要进行资金额的限制。候选者可以使用自己的资金，因为这是宪法允许的。但是，他们不能接受其他个人、集团或派别直接或间接捐赠的款项，这是绝对不能允许的。

一旦当选，官员们就不能再利用免费邮件、雇员或其他特权来资助他们的选举团体，也不能接受任何捐赠或来自任何个人、企业、政治派别或利益集团的任何形式的直接或间接经济资助来为其今后的选举做准备或以任何理由用于任何会对立法产生影响的方面。

违反了这个新的公众选举资金法案的人将被剥夺参加选举的权利或被撤职。任何提供非法捐赠的人都会受到高额罚款甚至入狱的惩罚。

让纳税人来提供联邦选举的全部选举资金每年仅需花费每人 5—10 美元（作为所得税的一部分），而州选举和地方选举的费用更小。

通过这种改革，被选官员就可以利用节省下来的时间考虑行政管理方面的事宜，而不是考虑如何筹集选举资金和满足特殊利益集团的要求。候选人不必再是富人。特殊利益集团的意见仍然会被考虑，但是这是因为他们的意见有意义，而不是因为他们的捐款多。

改革的支持者们认为，所有普通民众和政治派别都应该团结协作来处理这个问题。从这种基础性政治改革开始，其他经济和环境改革也可以随之展开。

问题是要促使国会（和州立法机构）通过这样一个有效的、在宪法上可以接受的实施计划，将议员们与其他竞选者放在同一起跑线上，从而降低他们获得谋求连任的机会。

公众选举资金的支持者们认为，解决这种尴尬处境的途径应该是团结合作，选举那些保证推行这种改革的候选人当选，如果他们当选后反悔，在下次选举时就不再选他。他们还相信，原来很多因特殊利益集团的影响变得不公平的选举而放弃行使选举权的选民会被说服参与到这项改革中来。

批判性思考

1. 你是否赞同这种改革途径？为什么？你在其中会扮演什么样的角色？

2. 哪些原因会使美国的主流环境组织不支持这项改革？他们是否应该支持这项改革呢？

* 关于这个问题的深入分析，请见 Moti Nissani 著，《生态学基本问题》(Brass-Tacks Ecology)，《号手》（The Trumpeter）杂志，第 14 卷，第 3 期（1997 年夏季），第 143—148 页，以及 Moti Nissani 著《平衡的生活：冷战与美国政治，1945—1991》（Lives in the Balance: The Cold War and American Politics, 1945—1991），第 10 章，卡森城（Carson City），内华达州：Dowser，1992）。

民间组织构成的，这些组织以提高环境质量为己任，一般都进行地方性活动。他们通常能够表达公众的呼声，而这些呼声在州政府和国家政府的环境政策讨论过程中通常是听不到的。根据政治分析家 Konrad von Moltke 的说法："如果没有公众组织，世界上就不会有任何一个政府能够为维护环境做任何事。"民间环境组织在美国的学校中也非常活跃（个体作为专栏，第 374 页）。

环境组织取得了怎样的成绩？

反对者有时也会将美国（或其他地方）的环境运动描述为一场有良好组织的、资金充足的基础运动，以改变人们的思想和行为。实际上，所谓的环境运动从来就没有成为一场真正的运动。

相反，这场"运动"实际上是一些缺乏总体方向和协作的各种行动的总和。在过去的 30 年中，很多组织（1）提高了社会大众和一些企业领导者对环境问题的认识程度；（2）在美国和其他发达国家通过一系列环境和资源使用法律（附录 3）方面获得了社会大众的支持，并（3）帮助很多人解决了大量地方性环境问题。

民意调查表明，美国有四分之三的民众都是环境法律和法规的强有力支持者，他们不想看到这些法规受到削弱。但是，调查还显示，不到 5%的民众将环境问题视为国家最亟待解决的问题之一。最终，人们对环境的关心通常无法反映到选民的选票箱中。正如一位政治学家所言："对环境问题的关注就像一片沼泽，宽达 1 英里，但深度只有几英寸。"

从某一方面讲，环境组织和对环境问题关注的多样性也是一种力量，因为这可以为这个不可预知的世界中存在的各种复杂的环境问题提供多样的解决和分析途径。另一方面，这也是一个弱点，因为它没有导致大部分社会大众对环境的深层次的投入和关注。

这种多样性还可以放任一些有良好组织的、资金雄厚的反环境运动的发展，它们会形成一系列破坏社会大众对环境问题的理解和支持。实际上，1980年以来，美国主流环境组织花费了大量的时间和金钱来防止环境法律受到削弱和废除。

还有一个问题，环境学家们一直致力于向社会大众通告坏消息。但是，历史告诉大家，坏消息的信使是不会受到大家喜欢的，而反环境学家们则利用这些来破坏大家对环境的关注。

历史还告诉大家，社会大众所获得的推进改革的动力主要是来自一种对世界将会变成什么样子的令人鼓舞的、积极的观点，这可以给人以希望。到目前为止，环境学家们各自的观点和目标仍然五花八门，没有团结协作，形成一种或一系列广泛的、具有说服力的、连贯的、积极的观点来作为一种实现一个对人类和其他物种更加可持续的未来的行动纲领。这种观点或一些列观点应该（1）认识到人类与地球上其他支持我们的生活方式和经济发展的生物相比拥有的巨大的、而且不断发展的力量，而且（2）激励自己紧紧抓住人类生存目的和应该如何生活这些基本问题不放。

美国反环境运动的目的有哪些？

尽管得到了社会大众的认可，但仍然有很多环境建议遭到了强烈的反对，反对者主要来自：

- 一些公司的领导者、拥有经济和政治权力的人，他们将环境法律和法规视为对其所拥有的财富和地位的一种威胁。
- 一些公民将环境法律和法规视为对其私人财产权和工作机会的威胁。
- 一些人对受到世界广泛认可的基本观点持反对态度（第375页）。
- 一些州政府和地方政府的官员厌倦了不得不在缺乏联邦资金支持（无资助政令）的状态下实施联邦环境法律和法规的做法，还有一些人对某些联邦环境法规也持反对态度。

1980年以来，美国的一些企业、个人和基层群众组织形成了一股强大的力量，他们（1）试图削弱或废除现存的环境法律；（2）试图改变公共土地的使用方法（第146页），而且（3）毁坏环境运动的名声和取得的效果。这些反环境运动所采取的策略列在了本书的网站上。

为什么大多数环境问题都存在争议？

正如本书整篇所陈述的，对于大多数环境问题都存在着争议。导致争议的一个关键原因就是，这些问题都是非常重要的政治、经济、社会和伦理问题，它们永远不会自动消失，必须解决。

一个问题是各种环境问题的焦点都转变为更加复杂和具有争议的环境问题，这些环境问题（1）更加难以了解和解决，而且（2）会产生长期的危害而不易在短期内被察觉到。例如（1）全球气候变化；（2）臭氧层耗竭；（3）生物多样性保护；（4）非点状水体污染源（例如来自农田和草场的径流），以及（5）不可见的地下水的保护（图12-10）。向社会大众解释这些复杂的环境问题并获取他们对这些通常是具有争议的、长期的解决途径的支持是非常困难的。

反对者对环境运动所持观点的极端化和扭曲通常也会将问题引入僵局。还有一些对双方观点都支持的人也试图从中调解，想说服各方（1）听取对方的意见；（2）尽量使双方能够相互妥协，并（3）使双方共同协作来寻求解决问题的途径。

12.6 全球环境政策

我们应该把国家安全和全球安全的概念扩大化吗？

各个国家考虑军事安全和经济安全是很正当的。但是，生态学家指出，如果没有充足的土壤、水、洁净的空气，以及生物多样性，任何国家都难以维持其物质和经济安全。所有经济体系都是由自然资源支持着的（图12-2），很多环境问题是没有政治界线的。所以，军事和经济安全也依赖于国家和全球的环境安全。

这种观点的支持者们呼吁全世界所有国家都将环境安全视为其外交和政府政策在各个层面上的一个工作重点。各国政府都组建一个由环境、经济和军事安全专家组成的顾问委员会。任何重大决策都应该综合考虑这三个方面的安全。

个体作为专栏

校园中的环境行动

自1988年以来，美国的大学和中学校园内掀起了一股关注环境问题的热潮。1989年学生环境行动联盟（SEAC）以及之后在美国北卡罗来纳大学教堂山分校（UNC）举行的第一次全国学生环境大会成为了这一热潮的强大推动力。

学生环境行动联盟组织在全美700多所校园中发展积极，全国野生生物联盟的校园生态计划（1989年开始）也在全美600多所校园中建立了自己的组织*。大多数学生环境组织都与学校的教职工和行政领导合作，提升自己校园和本地社区的环境质量。

这些组织中有很多都将重点放在对各自校园或学校的环境进行评估上**；然后他们再以收集到的数据为基础提出各种改革建议，从而使自己的校园具有更高的生态持续性，通常在这些过程中都能够节约资金。另外，学习过对环境问题进行研究及制订解决环境问题的方案的学生可以在以后的生活中运用这些技能。

这些评估工作最终会导致大量的改进。例如，Morris A. Pierce是纽约罗切斯特大学的一位毕业生，他开发的一项能源管理计划被学校理事会所采纳。在该方案中，校方在未来20年中利用3300万美元的投资就能够节省6000万美元的开支。这些学生还引导全美80%的大学和学院开发回收计划。

缅因州Bowdin学院的化学教授Dana Mayo和他的学生Caroline Foote合作开发了微型实验概念，目的是在实验过程中降低化学物质的使用量。这不但减少了有毒废物的产生量，还为化学系节省了34000多美元的经费。目前，全美化学系的学生中有超过50%都采用了这种微型技术，其他国家的大学中也在推行类似的计划。俄亥俄州Oberlin学院的学生们设计了一座新的用于可持续环境研究的大楼。

1997年由国家野生生物基金会校园生态计划组织完成的一份报告显示，23项由学生进行的研究或由学生提议的研究项目为参与的学校和学院共节约资金1630万美元。根据该报告，在全美3700所大学和学院中推行类似的计划可以（1）提高环境质量和改进环境教育；（2）节约资金达126亿美元的资金。这种以学生为主体的环境行动和研究活动正在42个其他国家的学校中展开。

---

* 详见《Ecodemia：世纪之交的校园环境义务》（Ecodemia：Campus Environmental Stewardship at the Turn of the 21st Century）（华盛顿：国家野生生物基金会，1995年出版），以及《校园环境年鉴》（Campus Environmental Yearbook），每年由国家野生生物联盟出版。

** 进行评估的细节详见April Smith和学生环境行动联盟著《校园生态：环境质量评估与变革策略制订导则》（Campus Ecology：A Guide to Assessing Environmental Quality and Creating Strategies for Change）（加利福尼亚州洛杉矶市：Living Planet出版社，1993年出版），及Jane Heinze-Fry著《绿色生命，绿色校园》（Green Lives，Green Campuses），可以从本书的网站上免费获得。

在建立国际环境合作和制订国际环境政策方面都取得了哪些进展？

从1972年在瑞典的斯德哥尔摩召开人居环境大会之后，在解决全球性环境问题方面取得了一些进展。今天，有115个国家都建立了自己的环境保护机构，各国之间一共签署了大约240个国际环境条约和协议。它们涉及濒危物种保护、臭氧耗竭、海洋污染、气候变化、臭氧层耗竭、生物多样性保护，以及有害废物的出口等问题。1972年的联合国大会还建立了联合国环境计划署（UNEP）来磋商环境条约并对其进行监督和实施。

1992年6月，第二次联合国人居环境大会在巴西的里约热内卢召开，该次会议也被称为里约热内卢地球峰会。100多个国家的元首，1000多位各国官员，以及来自178个国家的1400多个非政府组织的代表参加了这次峰会，共同制订解决环境问题的方案。

本次大会的最终官方成果包括：（1）签署了《地球宪章》，这是一份阐述环境政策的广泛指导原则的非正式文件，要求签约各国要为实现可持续发展和消除贫困而努力；（2）《21世纪议程》，这是一份非正式的详细行动计划，指导各国在21世纪为实现可持续发展和保护全球环境而努力；（3）《森林协议》，这是一份阐述森林管理和保护的广泛指导原则的非正式文件；（4）《气候变化协定》，该协定要求各国尽最大努力减少自己的温室气体排放量；（5）《保护生物多样性协定》，该协定呼吁各国制订对生物多样性进行保护和可持续利用的策略，以及（6）建立了联合国可持续发展委员会，由各国的高层政府代表组成，它的责任是执行和监督这些协议的实施。

大多数环境学家对本次峰会感到失望，因为这些成果缺乏充足的动力和资金来支持。根据联合国的分析，至2000年，1992年里约热内卢地球峰会上所讨论的主要环境问题几乎都没有取得什么进展。

但是，在国际协作方面仍然存在着取得重大进展的希望，因为：

- 这次大会为各国政府讨论和寻找解决环境问题的途径提供了一个论坛。这导致了各国对一些重大原则达成了共识，只要各国公众和非政府组织能够施加足够的政治压力，这些协定还是有可能得到实施和改进的。
- 与这次官方大会同时召开了全球论坛，它将来自全世界178个国家1400多个非政府组织的20000多位公民和行动者召集到了一起，其数量超过了参加地球峰会的政府代表至少1倍。这些非政府组织（1）在幕后对政府制订政策产生影响；（2）制订自己的纲领和协约来实现环境可持续性；（3）相互学习，并且（4）建立了一系列全新的全球网络、联盟，以及计划。从长远来看，这些新建立的网络和联盟会在以下方面扮演重要角色：（1）对1992年地球峰会达成的共识和制订的计划进行监督、提供支持、并协助实施；（2）为2002年第三次联合国人居环境大会拟订议程。

在未来几十年中，我们能否制订更具有环境可持续性的政治和经济体系？

环境学家呼吁各种政治派别和生活方式的人们共同协作，建立一种积极的观点，向一个具有更强的环境可持续性的社会过渡。

这包括两个主要目标：（1）鼓励各国在地方政府的层面上积极进行创造性的试验，巴西的库里蒂巴就是很好的例子（解决途径专栏，第97页），从中取得的经验可以在未来几十年中进行推广；（2）鼓励公众、企业领导者和政府官员相互协作，共同努力探索和实施解决地方、国家和全球环境、经济、社会问题的革新性途径。

身为企业领导的Paul Hawken曾言道，实现这种变革意味着："看得更远更宽广。意味着从现在做起。意味着选举那些真正愿意做些事情的人和那些能够张望一个更美好的世界的人当选官员。意味着向各个企业传达你的观点。意味着永远不要忘记在民主资本主义体系中现金收银机就是每天的投票机。"

12.7 环境世界观：价值与文化的冲突

我们应该如何生活？

在我们现在的环境问题的严重程度以及我们应该如何应对存在着很多相互冲突的观点。这些冲突主要来自不同的环境世界观：（1）人类如何思考以及世界如何运转；（2）人类认为自身在整个世界所扮演的角色应该是怎样的，以及（3）人们所认为正确的和错误的环境行为（环境道德）。

持不同环境世界观的人们可以从相同的数据中以同样的逻辑思维得出完全不同的结论，因为他们的起点假设和价值体系是不同的。

世界上存在着很多不同的环境世界观，图12-11进行了概括。大部分根据它们是否是以个人为中心的（原子论）和以地球为中心（整体论）这两种类型。原子论环境世界观趋向于以人类自身为中心（人类中心论）或以生命为中心（生物中心论，焦点为个体物种或个体生物）。整体论环境世界观或生态中心论世界观则是以生态系统为中心，或以生物圈（生命维持系统）为中心。

人类中心论环境世界观主要包括哪几种？

当今工业消费社会中的大多数公众都持地球整体管理世界观的观点，这种观点在最近50年中得到越来越广泛的认可。根据这种人类中心论环境世界观的观点，人类作为地球上最重要的统治性物种，能够也应该主要以自身利益为出发点，对地球进行管理。其他物种和自然的组成部分都被视为仅具有以其被人类所利用的方式为基础的工具性价值。

这种环境世界观的基本环境信仰为：

- 人类是地球上最重要的物种，人类凌驾于自然之上，并且对自然进行管理。当人们在谈论"我们的"星球、"我们的"地球，或"拯救地球"时，这种观点就蕴含在其中。
- 地球资源取之不尽。地球所蕴藏的资源是人类取之不尽的，可以为我们提供科学和技术的支持。如果人类耗尽了某一种资源，我们还可以找到替代品。为了解决污染问题，我们可以推进技术进步对

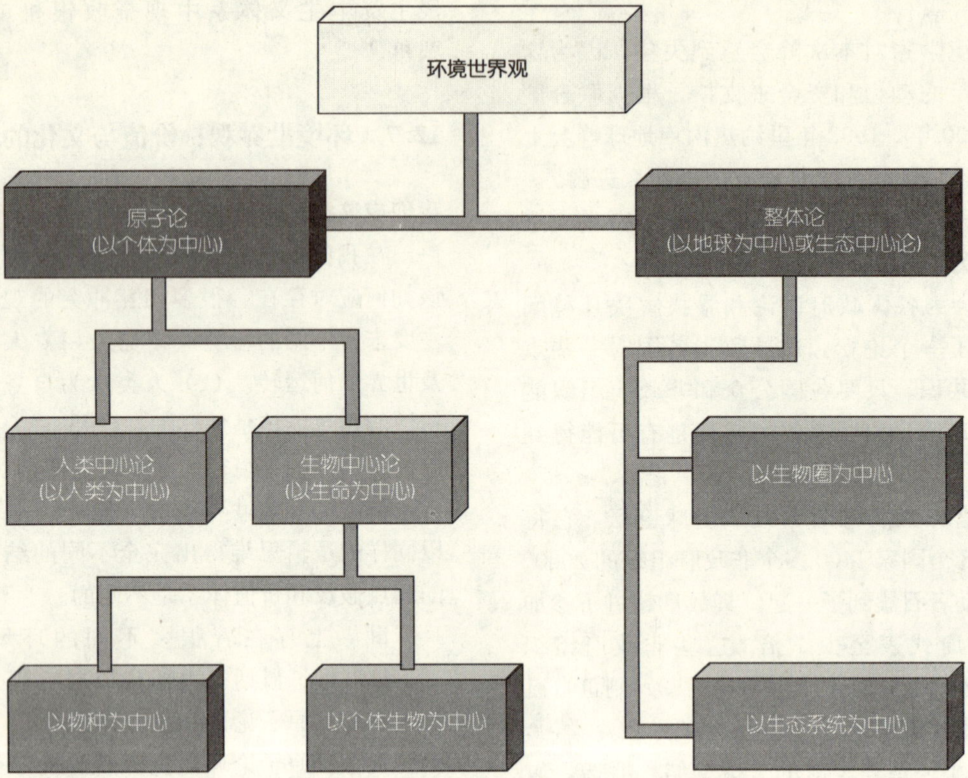

图 12-11 环境世界观概览（由 Jane Heinze-Fry 绘制）

其进行清洁、将污染物释放到外层空间中、或者依靠人类自身的力量将其转移到宇宙空间中。如果我们造成了某些物种的灭绝，我们还可以利用基因工程技术来创造新的、更完善的物种。

● 任何经济发展都是好的，全球经济增长的潜力是无限的。

● 人类的成功取决于人类自身如何以自己的利益为基础，对地球的环境支持体系进行理解、控制和管理。

这种世界观的全部或大部分观点都得到了广泛支持，因为从工业革命以来，它被视为人类生活质量提高的最主要驱动力量。

这种环境世界观还存在着一些变体：

● 无问题学派。当人类取得了更大的经济进步、社会发展、进行更先进的管理、并开发更新的技术时，世界上就不存在任何环境、污染或资源问题。

● 自由市场学派。以人类自身利益为基础，管理地球的最佳途径就是建立一个政府干涉和管理程度最小的全球自由市场经济体系。该学说的支持者们试图将全部公共资产和资源都转化为私人资产和资源，并建立完全自由市场竞争的全球经济体系（第 354 页），以此来决定其他事务。

● 反应式全球管理学派。人类社会存在着严重的环境问题，但是，我们可以通过综合利用市场竞争、开发新技术以及某种程度的政府参与的手段来维持自身的生存和发展，这些手段（1）可以促进具有环境可持续性的经济发展模式（图 12-3 右栏）；（2）提升环境质量和私人财产权，以及（3）对公共财产和公共资源进行保护和管理。持这种观点的人们信奉开明式利己主义的实用性原则：更好的照看地球就是更好的照看人类自己。

● 地球太空船学派。地球被视为一座巨大的太空船：一架复杂的机器，我们可以了解它、控制它、改变它、并管理它，从而避免环境超负荷的发生，并为人类社会的每一分子提供良好的生活条件。这种观点发端于从太空中拍摄的显示出地球是一个“漂泊”在宇宙中的有限星球或孤岛的照片（图 1-1）。这种强大的影像结果令很多人将地球视为人类惟一的家园，我们应该善待它。

● 服务性学派。从伦理上来讲，人类负有照看、管理或服务地球的责任。这种观点认为，人类能够也应该用爱、关心、知识和技术来将地球建设成为一个自己和其他物种生存的更美丽的家园。

我们能够管理地球吗?

有些人认为所有以人类为中心的世界观最终都会失败，因为它们都错误地假设人类已经掌握了（或者能够掌握）足够的知识，能够成为地球的有效管理者或服务者。

这些人声称，缺乏规则管理的全球自由市场体系最终不会起作用，因为（1）那是以维持全部生命系统和经济体系的自然资本（图1-2，第3页及图12-2，第356页）的不断流失为基础的，而且（2）它关注的焦点是短期经济利益而无视长期的有害环境影响和社会影响。

地球仅是宇宙中的一个孤岛或一艘“太空船”的影像在提高全球环境意识方面扮演了重要角色。但是，批评者却声称，将地球视为一艘人类可以管理的太空船是对益发变得复杂和不断变化着的地球的过度简化和误导，正如生物圈2号实验失败所证明的（案例研究，第378页）。举例来说，这些批评者指出，人类甚至不知道地球上究竟有多少种物种存在，更不用说它们所扮演的角色以及它们之间是如何相互影响和如何与非生物环境相互影响的。我们只能对一抔土壤、一块草地、一片森林、一片池塘、或地球的任何一小部分具有粗略的了解罢了。

如生物学家David Ehrenfeld所言：“人类尚不曾有任何一次能够证明自己成功的对地球进行管理,甚至在理论上也缺乏对地球的足够了解来对其进行管理。”环境教育家David Orr曾经言道，人类正在失去而不是获得创造性地适应地球持续变化的环境条件所需的知识和智慧：“总而言之，我认为人类正在变得越来越无知，因为我们正在丧失如何在地球上可持续地栖居的文化知识，同时却在将通过数百万年的进化积累下来的遗传知识消耗殆尽。”

即使人类拥有了充分的知识和智慧来管理地球这艘“太空船”，一些批评家仍然认为必须抛弃个体自由才能取得成功。地球这艘太空船上的生命生存在一个全球管理或世界政府的综合体系之下，很像是太空舱中的飞行员。飞行员同样没有个体自由；基本上他们的全部行动都是由中心指令（地球发出的控制指令）所控制的。

生物中心论和生态中心论有哪些主要观点?

人类中心论世界观的批评者们认为，这种世界观应该进行扩展，以承认所有生命形式所具有的内在价值。根据这种观点，所有物种都是生命社区的一个组成部分，与人类拥有同等的生存权利。换句话说，任何物种都拥有与其自身潜力或对人类的用途无关的固有价值。

大多数持生命中心论（生物中心论）世界观的人都认为，人类具有以下伦理责任：（1）避免导致某一物种的过早灭绝，以及（2）积极预防因人类活动而导致某种物种走向灭绝。

有些人认为，任何一个生命个体而不仅仅是物种，都具有生存的内在权利。有些人仅把这种观点施用到动物物种身上，还有一些人则仅将这种观点施用到具有感知能力的动物物种身上。

但是，大多数人都将对某一物种的保护置于对该物种的个体进行保护之上。因为当某一物种的某一生物个体死亡时，其他个体会取代它的位置，但是当某一物种在生物上灭绝之后，它的遗传序列就中止了。

试图确定是否全部物种或仅是某些物种应该避免因人类活动而导致过早灭绝是一个非常困难而且充满争议的问题。很难确定最终答案，而且在伦理上也无法达成一致。

有些人认为我们必须超越这种以物种和生命个体为焦点的生物中心论世界观。他们相信，人类具有避免地球的生态系统、生物多样性以及生命维持系统（生物圈）遭到破坏的伦理责任，为了自己，为了后代（联系专栏，第380页），也为了同样以其自身的固有和工具性价值为基础的其他生命形式。换句话说，这些人拥有某种地球中心论、或生态中心论环境世界观，他们为了地球上全部生命形式的生存而投身于保护地球的生物多样性及生命维持系统的正常运作。

根据生态中心论世界观的观点，人类是维持全部生命生存的生物社区和生态演替过程的一个组成部分，而不是凌驾于其上的统治者。1948年，Aldo Leopold对这种观点进行了总结：“人类全部伦理规范都是建立在一个前提之下，即：个体是整体内相互依存的各个部分的一个成员。”

还有很多以生命为中心的和以地球为中心的环境世界观，其中有些观点相互重叠。有一种生态中心论环境世界观持一种环境智慧世界观的观点。该观点主要以以下信仰基础，与构成全球整体管理世界观的观点相冲突：

- 人类是自然的一部分，自然并不仅仅为了人类而存在。人类需要地球，但地球并不需要人类。每一物种都具有生存的固有权利。

生物圈2号：一个谦卑的教训

案例研究

1991年，8位科学家（4男4女）被封闭在生物圈2号这个耗资2亿美元建造的为实验生命自维持系统而设计的设备中。该计划得到了私人风险投资资本的资助，其目的为：(1) 为设计安放在太空中或月球上或其他行星上的自维持空间站提供信息和经验，以及 (2) 提高人类对地球生物圈——生物圈1号——的理解。

生物圈2号占地1.3ha（3.2英亩），是一个密封的体系，坐落在美国亚利桑那州图森市附近的沙漠中。其中包含了若干个生态系统，全部是人工建造的，包括热带雨林、湖泊、一片沙漠、溪流、淡水和咸水湿地，以及一片带有珊瑚礁的微型海洋。

该系统是为了模拟地球的养分循环系统而设计的。从海洋和其他水系统中被蒸发的水分受到冷凝而形成热带雨林上空的降雨。然后，这些水分渗透进土壤中，在被过滤到沼泽和海洋中，形成淡水，为该系统内的全部生物服务，然后再次被蒸发，从而完成循环过程。

生物圈2号中包含了4000多种植物、动物和微生物物种，它们都是经过挑选来维持该生态体系的运作的。该系统中还设计了住宅为其中的成员服务，居住者可以通过种植大量的有机农场、养殖山羊和鸡，以及在池塘和水桶中养鱼来获得食物。能源则是通过太阳能和外部的天然气发电站提供。

该系统中的试验者要被隔离2年的时间，他们 (1) 自己生产食物；(2) 呼吸经过植物过滤的空气，并 (3) 饮用经过系统内的自然养分循环系统净化的水。从一开始，他们就遇到了很多未曾料想到的问题。

生物圈2号中的生命维持系统变得支离破碎。其中45T（50t）的氧气不翼而飞。因此，必须从系统外部另外添注氧气以保证系统内的试验者们免遭窒息而死的厄运。

氮和碳元素循环系统也不能正常运作。系统内的二氧化氮含量水平增高到足以危及试验者生命的程度，会造成脑部损伤，所以不得不通过外部干涉来进行控制。二氧化碳含量也飙升至足以致人死命的地步，还刺激了野草的疯长，夺取了粮食作物的养分。养分从土壤中流失掉了，并导致了水系统的污染。

• 地球资源并不是取之不尽的。地球的资源是有限的，不应该浪费，应该高效、可持续地加以利用，为了人类自身，也为了其他物种。

• 某些技术和经济发展模式是具有环境益处的，应该鼓励，而有些则具有环境害处，应该禁止。

• 我们的成功取决于：(1) 学习地球是如何维持自己的，以及是如何适应持续变化的环境条件的，以及 (2) 将这些来自自然的科学经验（环境智慧）融合在人类思考和行动的方法之中（解决途径专栏，第71页）。

我们如何评估可持续性建议？

可持续性已经成为一个专门用语，不同的人对它的含义有着不同的理解。Lester Brown对可持续性建议应用了这样一个简单的评测：“该政策或活动是否可以降低碳的排放量？它是否能够减少有毒废物的产生量？它是否能够减缓人口增长？它是否能够提高地球上的森林覆盖率？它是否能够减少危害臭氧层的氟氯化碳（CFC）气体的排放量？它是否能够减少污染量？它是否能够降低放射性废物的产生量？它是否能够减少土壤侵蚀？它是否能够保护地球的生物多样性？”

还有一些问题也可以帮助我们对可持续性建议进行评估。它是否消耗地球的自然资本？它是否能够使我们的大部分能源来自太阳能而不是贮存在化石燃料中的远古时期的太阳能？它是否能够促进商品和服务的全成本价格体系的形成（第359页）？它是否减少了文化多样性？它是否能够降低贫困、饥饿和疾病？它是否能够促进个体和社区的自我维持能力？它是否能够预防污染？它是否能够减少资源浪费？它是否能够节约能源？它是否能够将大多数资源效率高的、具有环境益处的技术向发展中国家传播？它是否能够维持地方社区的富裕？它的真实成本是多少？谁承担这些成本？它是否能够提升全体社会大众的环境和经济公正？

解决途径：与地球协作的伦理原则是什么？

伦理学家和哲学家已经建立了众多为更加可持续地或正确地生存服务的伦理原则。这些原则可以应用于任何人，无论他们所持的观点是以人类为中心的服务性环境世界观还是生物中心论或生态中心论环境世界观。

生物圈2号体系的化学循环系统的破裂以及从系统外部漏进的物质导致了该系统中各种生命物种数量的减少。在第一次微风过后，热带鸟类消失了。一种亚利桑那蚂蚁侵入了封闭的系统中，并大量繁衍，几乎杀死了系统内所有其他软体昆虫，就连像蛇这样的大型动物也不得不四处躲避，以免被活活吃掉。在大部分物种灭绝之后，该系统又被蟑螂和树螽所控制。

生物圈内25种小动物物种中，总共有19种灭绝了。在2年期到达之前，所有为植物传播花粉的昆虫都灭绝了，因此大多数植物物种都遭遇灭绝的厄运。在系统内的食物供给系统受损而减少供应之后，据报道有一些生物圈2号中人员私自从外面带进食物。

尽管遇到了很多问题，但在这2年的实验期内，该系统产生的全部废物和废液都得到了回收，试验者们也能够自己生产他们所需的80%的食物。

这个谦卑的实验说明：(1) 人类对维持地球上生命的自然资本的成分、相互作用以及过程的了解是多么的少（图1-2，第3页），以及（2）有些资源是无法用金钱买到的，还有一些是没有科学技术能够创造的。

科学家 Joel Cohen 和 David Tilman 对该计划进行了评估，得出的结论为：“没有人懂得如何创造那些自然生态系统免费提供给人类的维持人类生存的生命维持系统。”

换句话说，花费2亿美元也无法维持一套供8个人生存的生命维持系统的。地球——生物圈1号——却每天维持着61亿人口和数百万种其他物种的生存，没有任何人类成本投入。如果我们必须在生物圈2号中为此承担每人每年1250万美元的成本，那么地球上61亿人口所需的总成本将会达到全球总产值的1900倍。

美国哥伦比亚大学正在利用全世界最大的 Lamont-Doherty 地球天文台进行气候和生态研究。

批判性思考

一些分析家声称，生物圈2号遇到的大部分问题都来自设计不足，一支更完善的科学家和工程师队伍是可以取得最终成功的。你是否同意这个观点？为什么？

生物圈与生态系统

● 人类应该努力了解地球并与自然的其他组成部分协作，以维护自然资本、生物多样性，以及地球的生命维持系统的适应能力。

● 当人类改变自然时，应该以低于地球的自然变化的速度和小于其空间变化范围的尺度来进行。

● 当人类改变自然以满足自身需要和需求时，应该对将要采取的行动进行谨慎的评估，并选择短期和长期环境危害都最小的方式来进行。

物种与文化

● 人类应该尽可能地保护地球的基因多样性，因为这是未来发展、物种形成以及基因工程所需的全部原材料。

● 人类有权保护自己免遭某些物种的个体的侵袭，并利用某些物种的个体来满足自身需求，但是人类应该尽力不引发任何野生物种的过早灭绝。

● 保护物种和物种个体的最佳途径就是保护它们的栖息地不受侵害，并帮助它们恢复栖息地的正常环境。

● 人类不应因自身活动而导致任何人类文化的消亡。

个体责任

● 人类不应该导致任何以饲养或捕猎或科学实验以及其他用途为目的的动物物种遭受侵害和痛苦。

● 人类应该尽力保持地球的原貌，或使它变得更好。

● 人类不应该以超过自身需求的量消耗地球的资源。

● 人类应该与自然协作，以弥补人类造成的生态创伤。

解决途径：我们如何实施地球教育？

大多数环境学家都相信，学习如何以更加可持续的方式来生存，需要建立一个环境或地球教育的基础，这需要采取一种多学科交叉的、综合性学习方式。

这种方式的支持者认为，该教育方式最重要的目标是：

● 尊重和敬重所有生命形式。

● 尽可能地理解地球的运作方式、地球是如何维持自身生存发展的，并运用这些知识（解决途径专栏，第71页）来指导我们的生活、社区和社会。

联系专栏　我们为什么应该关心后代?

有些人认为我们惟一的伦理责任就是对当代人负责。他们会问："后代为我们做了什么?"或者会认为我们不能充分了解后代所处的地球状况，从而也无法关心他们。

根据生物学家 David W. Ehrenfeld 的观点，充分关心后代，为了他们而不破坏地球的生命维持系统是非常重要的，因为这会留给后代处理他们可能面对的各种问题的充分选择。他指出，如果我们的祖先给我们留下的生态衰退状况就像我们将要给后代留下的一样，那么我们现在对快乐的选择——甚至对生存的选择——都会变得很有限。

对于这个问题："后代为我们做了什么?"Ehrenfeld 做出了这样的回答："他们给了我们一个善待地球这个生态家园的理由，从而，我们和他们的生活才会变得富足。"

根据这种观点，随着我们对地球自然资源的消耗，我们（1）正在借用地球和后代的资源；（2）具有一种伦理责任，要将地球保持好，或为后代建设得更好。就我们对后代的责任来讲，一些分析家相信，我们应该考虑 18 世纪的美洲土著人易洛魁族人联邦所赋予我们的智慧：在商讨每一件事时，我们都要考虑作出的决定对今后 7 代人会造成什么影响。

批判性思考

你对后代负有哪些环境责任？你对今后哪几代人负有责任？真实对待你的感情？

- 尽可能理解地球各成员之间的联系和相互作用。包括：（1）自然的组成部分；（2）人与自然其他成员之间的关系；（3）不同文化和信仰的人群之间的相互关系；（4）各代人之间的相互关系；（5）我们所面对的各种问题之间的关系，以及（6）这些问题的解决途径之间的关系。
- 运用批判性思维方式将自己变为智慧的探询者而不是信息的承载者。
- 了解和评估一个人的世界观并将其看成是自己毕生的追求（个体作为专栏，右页）。
- 学习对个人的生活方式和职业对地球的今天和未来所产生的有益和有害影响进行评估。
- 运用批判性思维方式来对那些鼓励人们购买更多的产品的广告进行评估。如幽默作家 Will Rogers 所言："太多的人用尚未赚到的钱来购买他们不需要的东西，来向自己不喜欢的人展示自己。"
- 形成一种希望将世界变得更美好的氛围，并向着这个目标努力。如 David Orr 所言，教育应该帮助学生们"从'我知道'向'我关注'再向'我将做些什么'飞跃。"

根据环境教育学家 Mitchell Thomashow 的观点，环境教育的基本问题有 4 个：

- 我所消费的产品从何而来？
- 我对自己所生活的地区了解些什么？
- 我是如何与地球何其他生物产生联系的？
- 作为一个人，我具有哪些目标和责任？

我们回答这些问题的方式决定了我们的生态身份。

除了正式教育，一些分析家还认为我们需要直接体验自然界以帮助我们学习"更轻柔地在地球上行走"（联系专栏，第 382 页）。

我们如何生活得更简单一些?

很多分析家呼吁我们学习如何生活得更简单一些。虽然几乎所有主要宗教和哲学都将通过物质手段来获取快乐视为不智，但是现代社会的各种广告仍然诱使人们不断追求物欲。

发达国家中的一些富有的人正在接受一种自愿简单的生活方式，通过学习如何生活得简单来以少致多，来从中享受到快乐。自愿简单是以圣雄甘地（Mahatma Gandhi）的"足够原则"为基础的："地球所提供的足以满足每个人的需求，但是无法满足每个人的贪婪……当我们索取的超出需要的，我们就从其他人那里索取，向未来借用，或者毁坏环境或其他物种。"

应用这个原则意味着每个人都要问问自己："多少才够呢?"这并不容易，因为富裕社会的人们习惯于要求得越来越多，他们通常认为这些需求都是必须的。

自愿简单需要在购买物品之前问问自己如下几个问题：（1）我真地需要它吗？（2）我能否以购买二手货（或再利用）来代替？（3）我能否借用、租赁、租借或与他人分享这个产品？（4）我能自己制作吗？

头脑地震：评价一个人的环境世界观

个体作为专栏

对一个人的环境世界观提出质疑或进行变革可能是非常困难和具有危险性的。那会导致一场文化上的头脑地震，涉及对一个人的很多基本信仰进行检验。但是，一旦人们改变了世界观，那么再以以前的方式行动就不再有意义了。如果有足够多的人进行了这种变革，那么曾经被视为不可能的巨大的文化变革就会迅速发生了。

大多数环境学家都呼吁我们思考一下自己的基本环境信仰是什么，以及为什么我们会产生这样的信仰。他们相信，对我们的信仰进行评估并开始接受对其进行变革的可能性应该是我们一生中最重要的活动之一。

正如本书所强调的，大多数环境问题都存在着很多争议和不确定性。一条肯定正确的或错误的道路是很难发现的，而且通常会受到一个人所持的环境世界观的强烈影响。在大约 200 年前，一位哲学家乔治·黑格尔 (Georg Hegel) 曾经指出，对与错之间的冲突不是悲剧，对与对之间的冲突才是悲剧。

批判性思考

你目前所持的环境世界观的基本信仰是什么？

作出购买一些东西的决定又会引发其他一些问题：(1) 该产品是否是以一种具有环境可持续性的方式生产的？(2) 制造产品的工人们是否得到了公平的工资待遇？他们的工作条件安全、卫生吗？(3) 该产品是否被设计得能够使用尽可能长的时间？(4) 该产品是否易于维修、提高质量、再利用以及回收？

那些拥有超出自身需求的财富的人们的自愿简单的生活方式不应该与那些穷人们的被迫简单的生活方式混淆，这些穷人们没有充足的财富来满足自身对食物、衣物、住所、洁净的水和空气，以及良好的卫生条件的需求。

在耗费了一生的时间对全世界人类文明的发展和衰败进行研究之后，历史学家 Arnold Toynbee 将衡量一个文明发展的真正标准总结为进步式简化法则："只有在一个文明将越来越多的能量和注意力从生活的物质层面转移到非物质层面并发展其文化、怜悯力、社区感以及民主力量时，真正的发展才会实现。"

美国是否正在开始一种文化转变？

Paul Ray 是一位著名的研究者，他一直在收集和分析有关美国的文化模式和信仰的调查数据。通过调查，他确定美国拥有 3 个主要文化派别。

- 现代主义者（包括美国大约 47% 的成年人），他们积极追求物质主义和获得金钱和财产的动力，对理想主义和关心他人持讽刺态度。
- 传统主义者（包括美国大约 29% 的成年人），他们趋向于宗教上的保守主义、原教旨主义和强烈的民族主义思想，他们力图返归传统的生活方式。他们信奉互助，相互关心，并积极创造更好的社会。
- 文化创新主义者（包括美国大约 24% 的成年人），他们具有强烈的家庭、社区和环境责任感，以及国际主义和平等主义思想，提倡个人发展和精神进步，关心人类的各种关系，并对社会作出贡献。他们思想乐观，对变革、不同的信仰和观点持开明的态度。但是，他们拒绝享乐主义、物质主义和现代主义的玩世不恭，以及宗教权利的偏狭。

Harwood 小组进行的一项全国民意调查显示，大多数美国人都认为物质主义，贪婪的欲望，以及自私自利正在控制美国人的生活，并将越来越多以家庭、责任和社区为中心的有意义的价值标准排挤掉。它和其他一些调查都显示出文化创新主义思想是美国文化变革的先锋力量。他们正在塑造一种全新的环境和精神世界观，并制订了新的日程来解决美国所面对的各种环境和社会问题。

这些调查还显示出，现代主义者的环境影响正在削弱，而且正在向文化创新主义的环境观点转化。这种转化的证据可以在一些调查中找到：(1) 美国 87% 的成年人都相信人类应该将地球视为一个生命系统；(2) 83% 的成年人认为我们应该重建我们的邻里和小型社区；(3) 82% 的成年人认为我们应该成为自然的服务者，并保护它；(4) 75% 的成年人认为人类是自然的一部分，而不是它的统治者；(5) 68% 的成年人希望返归一个弱化消费和财富的简单生活方式；(6) 63% 的成年人相信，政府应该关闭那些造成空气污染的企业。

这些调查显示出一场价值体系的变革，从全球整体环境管理世界观（第 375 页）的某些观点向地球智慧环境世界观（第 377 页）的某些观点转变。这种价值体系转变的真正测试是：(1) 它是否伴随着人类行为的转变；(2) 是否存在现有的或新的政治力量来将这些民众团结为一股有效的政治力量，从而推进政治变革。

联系专栏

向地球学习

正规的地球教育是非常重要的，但是，很多地球思想者都认为这还不够。他们呼吁我们抓住时机摆脱我们用于将自己与大自然隔离开来而且无法对自然进行直接体验的各种文化和技术机构所构成的束缚。

他们建议，我们应该站在星空下，坐在森林中，感受海洋的宏伟壮大和力量，或者体验河流、湖泊和大自然的其他部分，从而重新梳理自己的感受，点燃一种对大自然的敬畏、崇敬和谦卑之心。

我们可以捧起一抔土，尽力感受其中蕴含的大量微观世界的生物，它们维持着我们的生存。我们可以凝望一棵树、一座山、一块岩石、或一只蜜蜂，尽力感受在地球的生命维持及循环过程的各个相互依存的组成部分中，它们如何成为我们的一部分，我们又是如何成为它们的一部分的。

地球思想家 Michael J. Cohen 建议，我们可以以此来认识自己的真实身份：

> 我是对自然界的水、空气、食物、爱、温暖、美好、自由、感触、生命、社区、场所，以及精神的渴望……我有两个母亲：我的生母和我的大地之母——地球。地球是我生命的孕育之所。

神学家 Thomas Berry 曾经言道：

> 我们需要在户外流连，我们需要留心云，我们需要感受雨，我们需要在草地上穿行。自然之野拓展了人的灵魂……没有哪个生命能够独自生存。世间万物都是由其自身之外的事物孕育的。

很多心理学家都相信，有意或无意地，我们都在花费生命中大量的时间来寻找自己的“根”：在令人困惑的、令人恐惧的变化之海中寻找锚固之所。哲学家 Simone Weil 曾言：“找到自己的根也许是人类灵魂最重要的、但最没有被意识到的需求。”

地球哲学家认为，为了找到自己的根，我们每个人都需要找到一种场所感：一条溪流、一座山、一座庭院、邻里社区中的一块土地，或者地球上任何一片我们曾经经历过、深情地体验过和爱过的土地。它可以是我们生活的场所，或者曾经在内心世界里拜访过的场所。当我们成为场所的一部分时，它就会变成我们的一部分。我们会看护它免受侵害，帮助它治愈创伤。

David Orr 曾经说过：“我们能够在不消耗作为留给后代的遗产的世界生机的条件下很好地生存。但是，我们必须从我们能够看到的、感触到的和感受到的先例中汲取灵感来投入行动。”

对于很多地球思想家来讲，深情地感受我们与地球的连通性会使我们认识到治愈地球的创伤就是治愈人类的精神创伤，它们合而为一。他们呼吁我们探询并引入被 Aldo Leopold 称为“燃烧在心灵中的绿色之火”，并以此为力量，尊重地球，并与地球相互协作。

批判性思考

有些分析家认为，通过体验地球，并形成一种与地球的各种生命形式和演替过程的情感联系来学习地球的智慧是不科学的，是一种以不现实的自然观为基础的、带有神秘色彩的欺世之论。他们认为，增进对地球运作方式的科学了解并提高技术水平是实现可持续性的惟一途径。你是否同意他们的观点？为什么？

我们如何才能摆脱对责任的谴责、内疚和拒绝？

根据很多心理学家的观点，当我们第一次遇到一个环境问题时，我们最初的反应通常是责备某些人或某些事：贪婪的工厂主、冷漠的政客、环境主义者，以及被误导的世界观。这全是这些恶人的错，我们是受害者。

这会导致失望、拒绝和麻木，因为我们会感到无力制止或影响这些力量。还会存在很多复杂的、相互关联的环境问题，以及关于其严重程度和可能的解决途径的相互冲突的观点。最终，我们会感到被压倒了，并怀疑是否有出路存在——这是另一种会导致拒绝和麻木的情绪。

通过进一步的检查会认识到，我们所有人都在直接或间接地制造环境问题。如 Pogo 所言：“我们已经遇到了对手，那就是我们自己。”我们不想对所有我们没采取的行动而感到内疚或不安，所以我们就不去想它们——这是另一种拒绝或麻木的途径。

我们如何才能从谴责、恐惧和内疚中摆脱出来，采取更加负责的环境行动呢？分析家提出了如下一些建议：

- 确定并避免一些普遍的思维陷阱，它们会导致拒绝、冷漠和麻木。这些思维陷阱包括：(1) 阴郁—衰败的悲观主义（没有希望）；(2) 盲目的技术乐观主义（科学和技术设备会拯救人类）；(3) 宿命论（人类无法控制自己的行为和未来）；(4) 以偏概全（如果我不能迅速改变整个世界，我就不会进行任何变革）；(5) 分析式瘫痪（在行动开始前寻找完美的世界观、哲学思想、解决途径，以及科学信息），以及 (6) 迷信简单、容易的解决途径。

● 认识到，没有人能够做到，甚至接近做到，人们提出的各种建议（或者我们知道自己应该做的事）来与地球协作。尽力确定你的哪些活动会对环境造成最大影响或者会在环境中沉积下来。关注你能够强烈感受到的和你能够做些什么事的事物。为自己所做的善行感到欣慰，并继续你的努力，将地球变成一个更好的场所（附录4）。

● 让能够为你提供动力的希望稍微超前于你的失望感。在与自然协作过程中，我们应该以历史学家 Arnold Toynbee 的观点为指导："如果你能够促进世界哪怕再微小的进步，你所作的也非常伟大，你的生命也就有了价值。"乔治·肖伯纳（George Bernard Shaw）也曾提醒我们："冷漠就是不人道的本质。"

● 不要利用内疚和恐惧来调动其他人与地球协作，调动他们相互协作。我们需要教养、安心、理解，以及彼此之间的关心。

● 认识到不存在任何解决人类所面对的环境问题的惟一正确的或最佳途径。实际上，大自然给我们的最重要的教训之一（来自进化）就是保护多样性或者维护解决不同问题的各种灵活的和具有适应性的方法就是人类适应地球不可预测的、持续变化的各种条件的最佳途径。

● 期待本不可期待的，努力思虑两全。未来总会带给我们一些无法预测的惊喜。这就是预防原则的功效。

● 享受生活，保持快乐。我们每天都应该笑，都应该享受自然、享受美好、享受友谊、享受爱情。

环境革命的主要组成部分有哪些？

很多环境学家呼吁公众发起的环境革命包含以下部分：

● 效率革命，包括不浪费物质和能量资源，依靠地球的自然收益而不消耗其自然资本。分析家指出，人类已经掌握了一定的知识和技术，可以通过增加现在使用的每单位量的物质资源 75%—90% 的功效来提高资源生产率（解决途径专栏，第 334 页）。

● 污染预防革命，通过以下手段来减少污染和环境衰退：（1）降低物质和能量资源的浪费量；（2）采用更清洁的生产工艺（第 335 页）避免高毒性的物质排放到环境中，可以通过回收或对其在工厂中进行再利用来实现，以及（3）努力寻找低危害性或易于生物降解的物质来替代它们，或者干脆停止其生产。

● 充足量革命，这场革命是为了满足地球上所有人的基本需求，同一问人类究竟需要多少物质财富才能实现合理的、有意义的生活。

● 人口革命，其基础为，将人口的增长量和增长率与地球所拥有的维持人类和其他物种的生存而不严重破坏环境的能力相平衡。

● 经济革命，我们利用经济体系来奖励那些具有环境益处的行为，并防止那些具有环境危害的行为的发生（第 365 页）。

这场文化变革的反对者们喜欢将环境学家视为阴郁、衰败和绝望的信使。但是，环境主义所传达的真正信息既不是阴郁也不是衰败、恐惧或灾难，而是对未来的希望和积极的态度。那是一个令人兴奋的发起挑战的信息，与风险并存，伴随在我们探询以一种更好的、更加负责任的方式来生存在地球上。

将地球的生命维持过程视为一张美丽的、充满了各种相互关系的网——一个充满了各种模式、节奏和联系的万花筒，其高度复杂性和多样性提醒我们合作、分享、诚实、谦卑和爱应该成为人类相互之间以及与地球之间的行为的指导原则。

环境伦理规范的最主要构成元素就是对地球及其上所有生物的关爱，以无私取代自利，以一种尽可能减少环境足迹的方式来生活。

——Robert Cahn

复习问题

1. 说出本章中黑体字表示的概念。
2. 说出一个经济体系中所使用的自然资源、人力资源、财经资源和人造资源的定义。
3. 说出纯支配式经济体系、纯自由市场经济体系、资本主义市场经济体系，以及混合经济体系的概念。列出政府应该对经济体系进行干预的 10 个理由。
4. 解释一下传统经济学家和生态经济学家对以市场为基础的经济体系存在怎样不同的观点。区分经济增长和具有环境可持续性的经济发展的区别。具有环境可持续性的经济发展具有哪两个特征？
5. 列出 5 个理由说明为什么国民生产总值（GNP）和国内生产总值（GDP）不能作为衡量经济健康、环境健康或人类社会福利水平的指标。介绍两种能够衡量这些水平的环境指标体系。

6. 区分内部成本和外部成本的概念，并各举一例。什么是全成本价格体系？采用这套体系将外部环境成本内部化存在哪些优缺点？举出全成本价格体系未能得到广泛采用的6个原因。
7. 生态经济学家如何确定某种化学物质的最佳污染水平？采用这种方法具有哪些优缺点呢？
8. 区分污染控制成本的消费者或使用者负担途径和纳税人负担途径。
9. 利用法规来提升环境质量存在哪些优缺点呢？具有革新性的、友好的法规具有哪6个特征呢？
10. 阐述两种可以被用于提升环境质量和减少资源浪费量的经济刺激手段（奖励），并列出每种手段的优缺点。阐述两种可以被用于提升环境质量和减少资源浪费量的经济抑制手段（惩罚），并列出每种手段的优缺点。
11. 利用可交易的污染和资源消耗许可权的方法来减少污染和资源浪费量具有哪些优缺点？
12. 列出环境管理所经历的6个阶段或6个时期？
13. 什么是贫困？它对人类卫生和环境会造成哪些影响？
14. 列出发展中国家政府减少贫困的两种途径。列出发达国家政府可以帮助发展中国家减少贫困的8种途径。什么是小额贷款？它们是如何被用于减少贫困的？
15. 列出在未来几十年内向一个具有更强的环境可持续性的经济体系过渡的12条原则。列出在未来几十年内向一个具有更强的环境可持续性的经济体系过渡的三条重要消息，并解释一下为什么环境革命也是一场经济革命。
16. 什么是政治？什么是民主政体？
17. 列出妨碍民主政体处理环境问题的三个因素。
18. 列出在制订环境政策决策时可以作为指导原则的7个原则。什么是环境公正？
19. 列出个人可以影响地方政府、州政府和联邦政府的环境政策的9种途径。
20. 区分领导者、统治者和管理者。描述一下4种类型的环境领导权。
21. 描述一下美国联邦政府制订环境政策的5个阶段。描述一下一个政策生命周期所包含的四个阶段。
22. 描述并评估一下仅利用公众基金来支持美国的选举的可行性。
23. 描述一下主流和民间环境组织所扮演的关键角色。描述一下在中学和高校中进行的具有环境益处的活动。
24. 描述一下在过去30年中环境组织所取得的三个主要成就。促进环境改善的各个环境组织的主要力量和弱点有哪些？描述一下反环境运动？
25. 区分环境安全、经济安全和军事安全，并解释一下将环境安全性视为政府的一个重要优先政策的重要性。
26. 什么是环境世界观？地球整体管理环境世界观的5个主要观点是什么？描述一下（1）无问题学派；（2）自由市场学派；（3）地球反应管理学派；（4）地球太空船学派，以及（5）地球整体管理环境世界观学派的几个服务性学派变体。
27. 为什么很多环境学家都认为地球整体管理世界观学派的观点不会起作用？描述一下生物圈2号试验以及从中得到的教训。
28. 列出两个关心后代的原因。
29. 地球智慧环境世界观的5个主要观点是什么？
30. 描述一下对可持续性建议进行评估的各种途径。
31. 列出以更加可持续的方式生存的11个伦理指导原则。
32. 列出地球教育的8个指导原则，以及确定某人的生态身份需要回答的4个问题。解释一下为什么有些人相信从直接经验中学习关于地球的更多知识是非常重要的。
33. 什么是自愿简单生活方式？
34. 区分美国主要文化派别的现代主义者、传统主义者以及文化创新主义者。描述一下美国文化价值体系将要发生变革的证据。
35. 摆脱谴责、内疚和拒绝并承担更大的环境责任的7种途径是什么？描述一下会导致对环境（和其他）问题拒绝、冷漠和麻木情绪的6种思维陷阱。
36. 大多数环境学家认为在未来50年中即将发生的环境革命的5个组成部分是什么？

批判性思考

1. 假设在未来20年内，目前各种商品和服务所含的有害环境成本和健康成本已经被内化，从而使其市场价格能够反应其总体成本。这对以下方面会产生哪些有害和有利影响：（1）你的生活方式，以及（2）你的孩子。
2. 你是否认为应该为我们排放到环境中的各种化学

物质建立最佳含量水平或零排放量标准？为什么？

3. 你是否赞同或不同意本书第364—365页中分析家们提出的大幅度降低贫困的各种建议？为什么？
4. 你是否赞同或不同意本书第365—366页中提出的建立一个具有环境可持续性的经济体系所需的各项指导原则？为什么？
5. 列出你所使用的所有商品，然后确定哪些是满足你的基本需求的，哪些是满足你其他要求的。确定如下经济需求：(1) 你情愿放弃的；(2) 你认为应该放弃但不情愿放弃的，以及 (3) 你希望在未来放弃的。将这个分析的结果与你个人对环境产生的影响联系起来。与你的同学们比较一下这个测试的结果。
6. 你们国家的政府体系中在以下方面存在哪些最强的力量和最大的弱点：(1) 保护环境；(2) 保证全体公众的环境公正。你在该体系中能推进哪三个主要变化？
7. 解释一下为什么你赞同或不赞同本书第368页所列出的制订环境政策决定所需的7条指导原则。
8. 以公众基金来支持全部选举活动存在哪些优缺点呢？解释一下为什么你支持或反对这个主意。
9. 本章总结了很多不同的环境世界观。浏览一下这些世界观所持的观点，并确定你赞同的观点，描述一下你所持的环境世界观。你的哪些观点被添加了进去或进行了调整？
10. 你是否认为你是一位现代主义者、传统主义者或文化创新主义者（第381页）？与你的同学比较一下。
11. 你是否将要或正在以自愿简单原则指导自己的生活方式？如何做呢？
12. 你不赞同本书第378—379页所列出的各个伦理指导原则中的哪条？为什么？你是否能提出任何指导人类与地球协作的其他指导原则？

国际互联网学习资源及深入阅读和研究的资源

本书包含了很多有助学习和进行深入阅读和研究的网站资源。登陆到：http：//www. brookscole. com/product/0534385354s，并点击“一章接一章”链接。选择第12章，并选择如下资源：

- “闪卡”可以测试你对本章中的术语和应该记住的概念的掌握。
- “测试指南”以一种多项选择的形式来对你进行实践测试。
- “学生信息渠道指导”将你引入“关键问题思考方案”，使用“信息渠道学院版”作为一种研究工具。
- “参考书目”列出了本章撰写过程中所参考的主要书籍和文章。
- “超链接内容”将你引入到与本章的各个部分相关的大量新闻、研究和图像的网站。

信息渠道学院版

以信息渠道学院版来提高你的技巧，这是一个在线文章搜索数据库，来自700多种期刊。登陆到：http：//www. infotrac-college. com，或者通过本书的网站进行连接。看一看下面的文章：

Barrett，G. W.，and A. Farina. 2000. Integrating ecology and economics. *Bioscience*，vol. 50，no. 4，pp. 312—313.（Keywords：economics，ecology）Dasqupta，P.，S. Levin，S. Lubchenco. 2000. Economic pathways to ecological sustainability. *Bioscience*，vol. 50，no. 4，pp. 339—346.（Keywords：ecological sustainability）

附　　录

附录 1　度量单位

length：长度

metric：公制

1 千米（公里）＝1000 米

1 米 ＝ 100 厘米

1 米 ＝ 1000 毫米

1 厘米 ＝ 0.01 米

1 毫米 ＝ 0.001 米

English：英制

1 英尺＝12 英寸

1 码＝3 英尺

1 英里＝5280 英尺

1 海里＝1.15 英里

metric-english：公制-英制换算

1 公里＝0.621 英里

1 米＝38.4 英寸

1 英寸＝2.54 厘米

1 英尺＝0.305 米

1 码＝0.914 米

1 海里＝1.85 公里

area：面积

metric：公制

1 平方公里＝1000000 平方米

1 平方米＝1000000 平方毫米

1 公顷＝10000 平方米

1 公顷＝0.01 平方公里

English：英制

1 平方英尺＝144 平方英寸

1 平方码＝9 平方英尺

1 平方英里＝27880000 平方英尺

1 英亩＝43560 平方英尺

metric-english：公制-英制换算

1 公顷＝2.471 英亩

1 平方公里＝0.386 平方英里

1 平方米＝1.196 平方码

1 平方米＝10.76 平方英尺

1 平方厘米＝0.155 平方英寸

volume：体积

公制

1 立方公里＝1000000000 立方米

1 立方米＝1000000 立方厘米

1 升＝1000 毫升＝1000 立方厘米

1 毫升＝0.001 升

1 毫升＝1 立方厘米

英制

1 加仑＝4 夸脱

1 夸脱＝2 品脱

metric-english：公制-英制换算

1 升＝0.265 加仑

1 升＝1.06 夸脱

1 升＝0.0353 立方英尺

1 立方米＝35.3 立方英尺

1 立方米＝1.30 立方码

1 立方公里＝0.24 立方英里

1 桶＝159 升

1 桶＝42 美制加仑

mass：质量

公制

1 千克＝1000 克

1 克＝1000 毫克

1 克＝1000000 微克

1 毫克＝0.001 克

1 微克＝0.000001 克

1 公吨＝1000 千克

英制

1 吨＝2000 磅

1 磅＝16 盎司

metric-english：公制-英制换算

1 公吨＝2200 磅＝1.1 吨

1 千克＝2.20 磅

1 磅＝454 克

1 克＝0.035 盎司

energy and power：能量

公制

1 千焦＝1000 焦耳

1 千卡＝1000 卡路里

1 卡路里＝4.184 焦耳

metric-english：公制-英制换算

1 千焦＝0.949 英制热量单位

1 千焦＝0.000278 千瓦时

1 千卡＝3.97 英制热量单位

1 千卡＝0.00116 千瓦时
1 千瓦时＝860 千卡
1 千瓦时＝3400 英制热量单位
1 quad ＝1050000000000000 千焦
1 quad ＝2930000000000 千瓦时

temperature conversions：温度转换

华氏—摄氏＝（华氏度－32）/1.80

摄氏—华氏＝（摄氏度×1.80）＋32

附录 2　美国历史上的重大环境事件

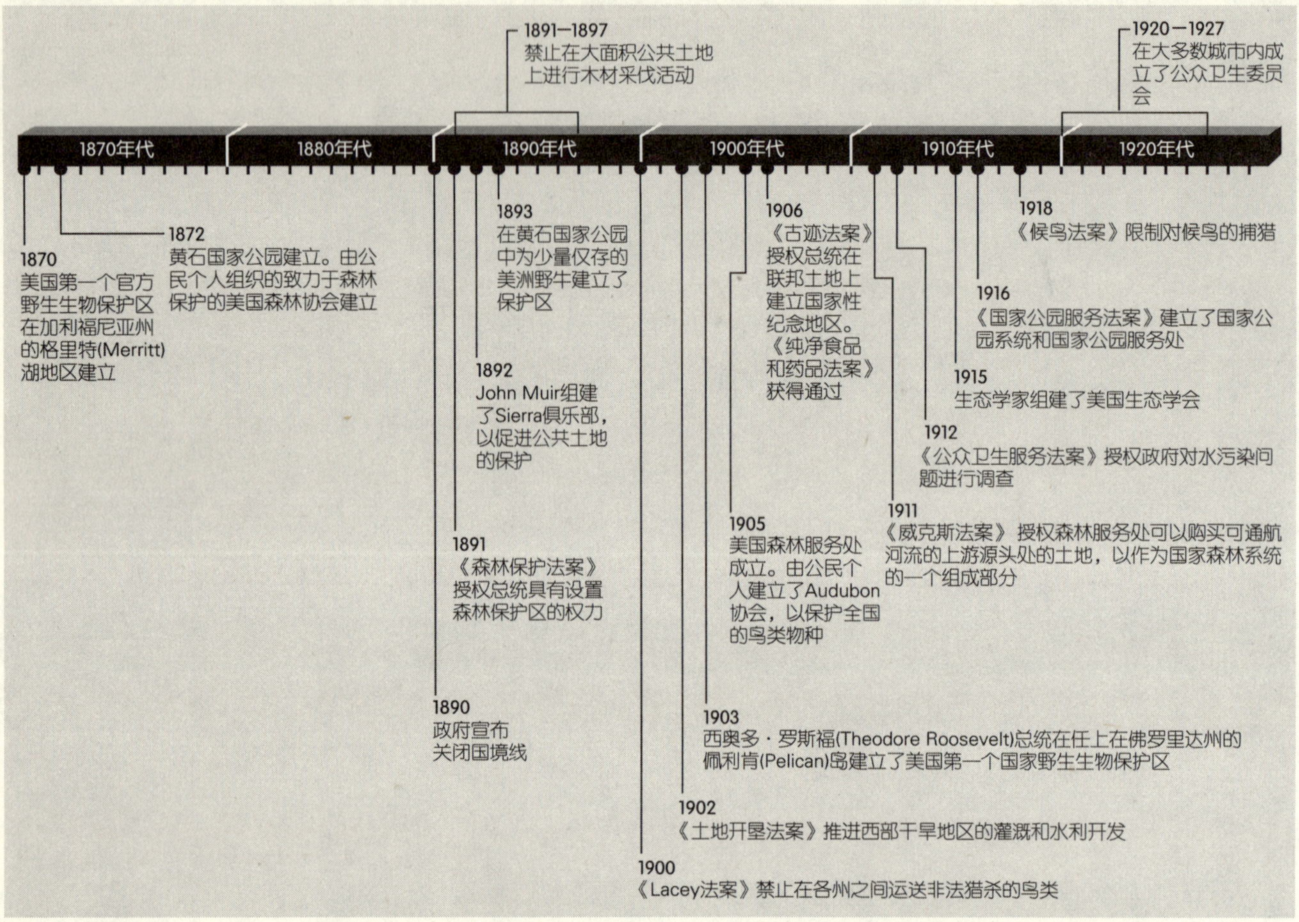

1870—1930年

图 1　联邦政府在资源保护、公众卫生以及建立重点的私人环境组织方面所扮演的角色越发重要的一些例子，1870—1930 年

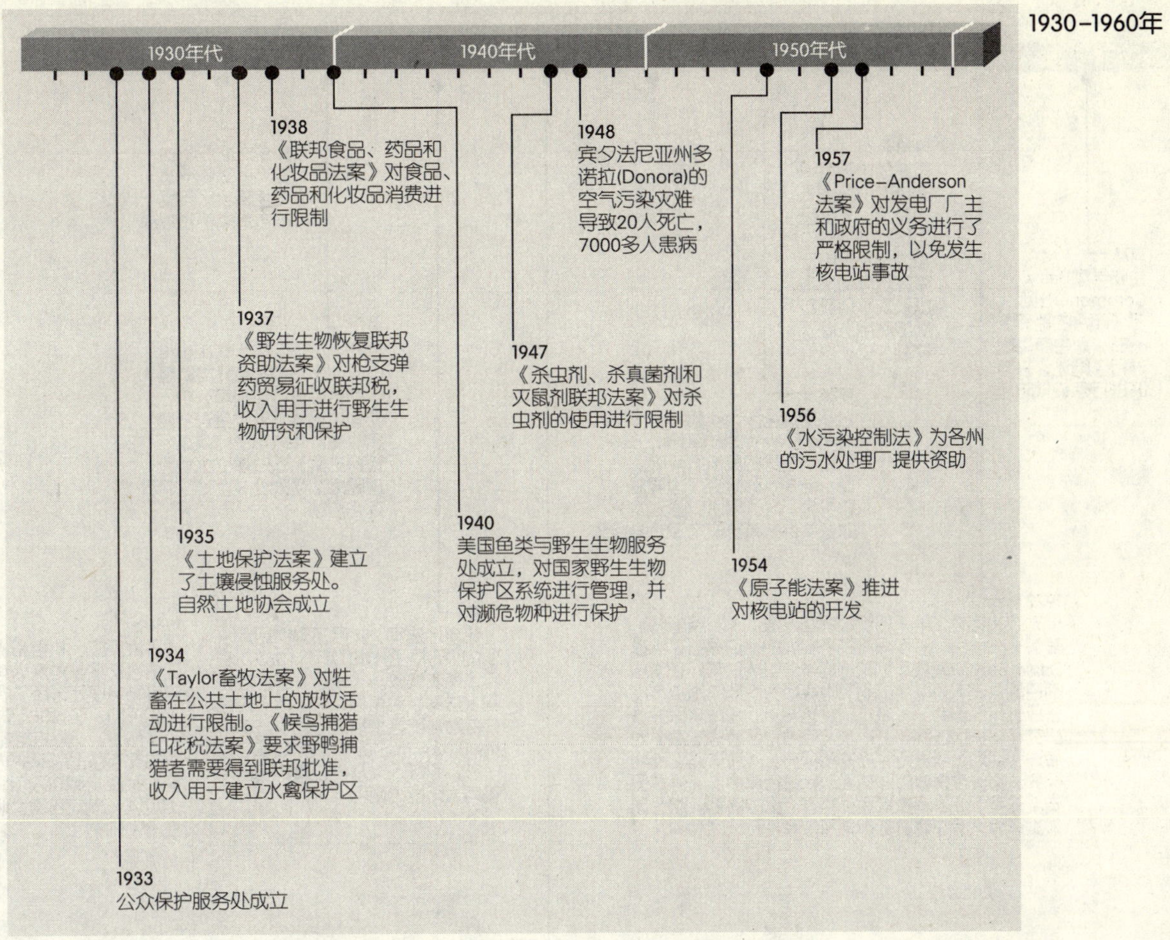

图 2　1930—1960 年间的一些重要的保护和环境事件

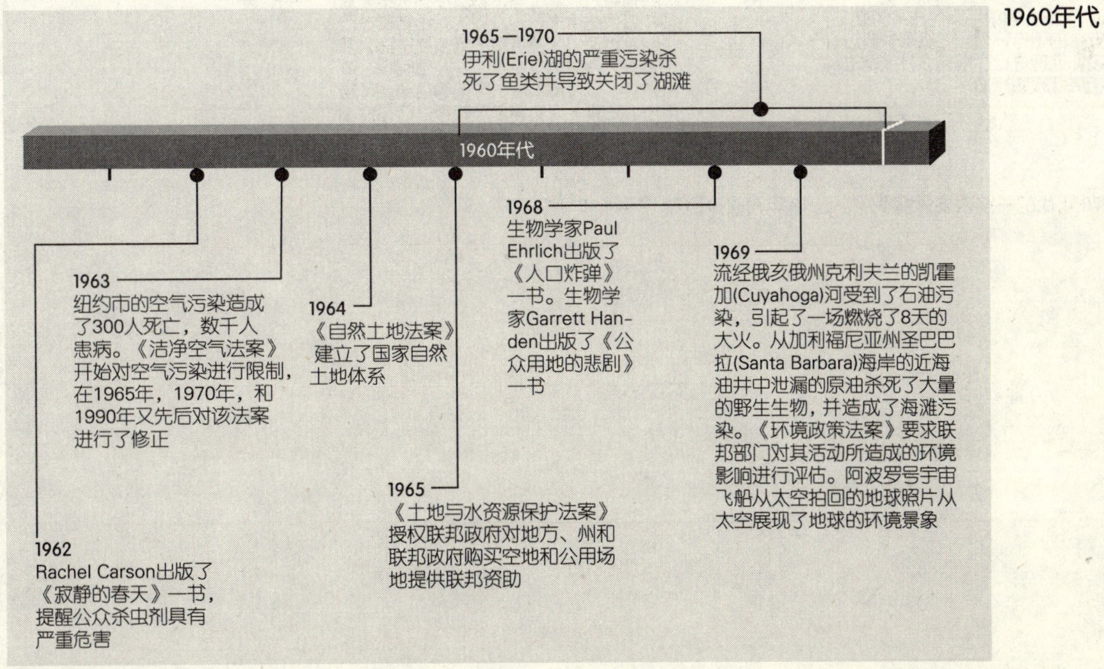

图 3　1960 年代的一些重要环境事件

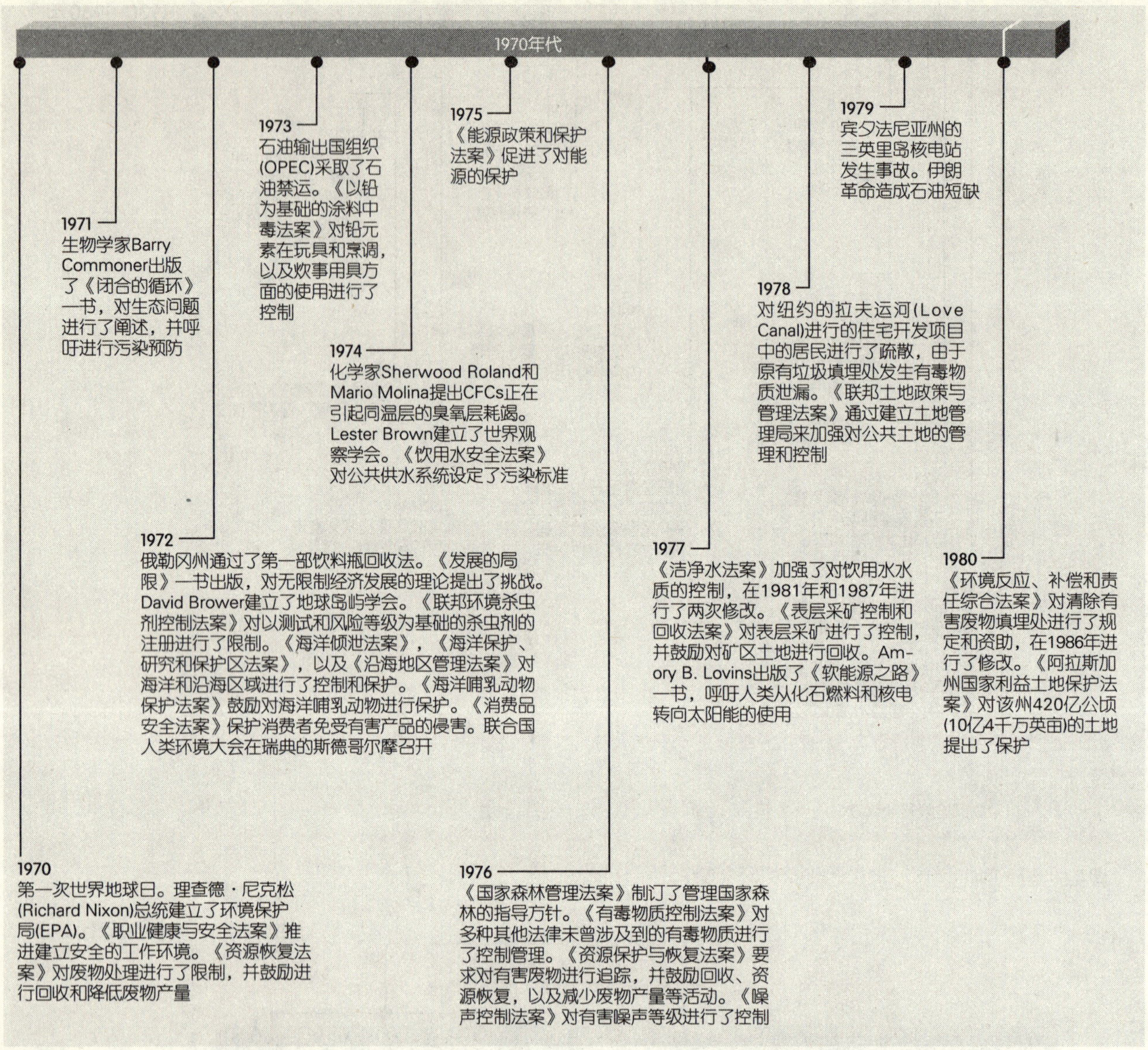

1970年

图 4 1970 年代的一些重要环境事件，这 10 年有时被称为“环境 10 年”

1980年代

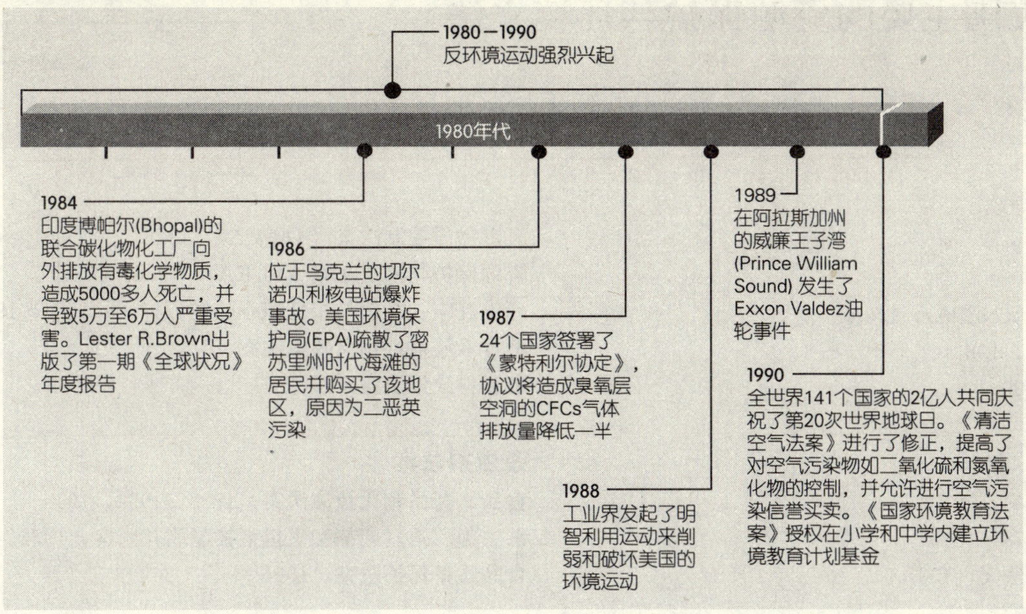

图5 1980年代的一些重要环境事件

1990年代

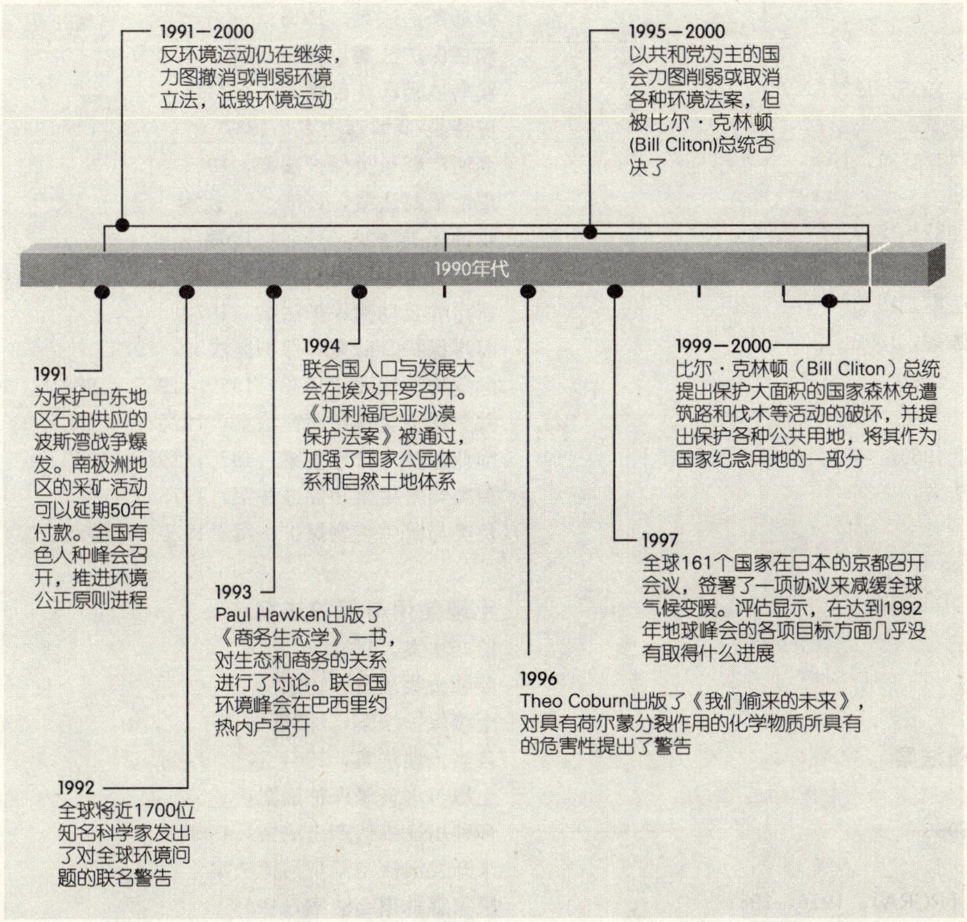

图6 1990年代的一些重要环境事件

附录3　美国主要的资源保护与环境立法

总体法案

国家环境政策法案（NEPA），1969

国际环境保护法案，1983

环境教育法案，1990

能源法案

能源政策与保护法案，1975

国家能源法案，1978，1980

国家电气能源保护法案，1987

能源政策法案，1992

水质法案

水质法案，1965

水资源规划法案，1965

联邦水污染控制法案，1965，1972

海洋倾泄法案，1972

安全饮用水法案，1974，1984，1996

水资源开发法案，1986

清洁水法案，1977，1981，1987

禁止海洋倾泄法案，1988

五大湖区域关键计划法案，1990

石油泄漏预防与责任法案，1990

空气质量法案

洁净空气法案，1963，1965，1970，1977，1990

石棉危害与紧急反应法案，1986

污染预防法案，1990

噪声控制法案

噪声控制法案，1965

安静社区法案，1978

资源与固体废物管理法案

矿业开采法案，1872

固体废物处理法案，1965

资源恢复法案，1970

资源保护与恢复法案（RCRA），1976，1989

海运塑料污染研究与控制法案，1987

减少废物法案，1990

有毒物质法案

有害物质运输法案，1975

有毒物质控制法案（TOSCA），1976

资源保护与恢复法案（RCRA），1976，1984

环境反应、补偿与责任综合法案，1980，1986，1990

低等级放射性物质政策法案，1980

核废料政策法案，1982

杀虫剂法案

食品、药品和化妆品法案，1938，1954，1958

杀虫剂、杀真菌剂和灭鼠剂控制联邦法案，1972，1988

食品质量保护法案，1996

野生生物保护法案

蕾希法案，1900

候鸟条约法案，1918

候鸟保护法案，1929

候鸟捕猎印花税法案，1934

皮特曼-罗博森法案，1937

溯河产卵鱼类保护法案，1965

皮毛密封法案，1966

物种保护法案，1966，1969

国家野生生物保护区体系法案，1966，1976，1978

海洋哺乳动物保护法案，1972

海洋保护、研究和保护区法案，1972

濒危物种法案，1973，1982，1985，1988

鲸类保护与保护研究法案，1976

渔业保护与管理法案，1976，1978，1982

鱼类与野生生物促进法案，1978

鱼类与野生生物保护法案，1980（非游戏法案）

土地使用与保护法案

田产法案，1862

泰勒放牧法案，1934

土壤保护法案，1935

自然土地法案，1964

土地与水资源保护法案，1965

多种用途维持产出法案，1968

未开发河流与景观河流法案，1968

国家森林道路法案，1968

国家海岸区域管理法案，1972，1980

森林保护与管理法案，1974，1976

森林与牧场可再生资源法案，1974，1978

联邦土地政策与管理法案，1976

国家森林管理法案，1976

土壤与水资源保护法案，1977
表层采矿控制与开垦法案，1977
南极保护法案，1978
公共牧场促进法案，1978
美国濒危自然土地法案，1978
阿拉斯加国家利益土地保护法案，1980
沿海屏障资源法案，1982
食品安全法案，1985
湿地资源紧急法案，1986
沿海开发法案，1990
加利福尼亚沙漠保护法案，1994

附录 4　个体作为：你能做些什么？

这里列出了每个人自己可以做的一些事情，都是以众多环境学家的建议为基础构成的。这并不意味着你必须做这些事，但列出了一些你可以考虑进行的事情。你可以以（1）从中选择你愿意做的事开始；（2）你认为会产生最佳效果的事开始，以及（3）与你的信仰契合的事开始。每年检查一下这里列出的各个条目，争取能自己再增加一些新条目。

保护生物多样性与保护土壤

- 按时种植树木，并注意照料它们。
- 降低木材的和纸制品的使用量，对纸制品进行回收，购买回收利用的纸制品。
- 不要购买由热带硬木制成的家具、门、地板、窗框、窗扇，或其他制品，如柚木或桃花心木。购买那些有地球之友赋予的好木印签的木制品。
- 不要购买由砍伐仅存的热带地区或其他地区的原生林木材制成的木材或纸制品。
- 不要购买皮毛、象牙制品，由爬行动物的皮制成的其他制品，龟甲制品，以及由濒危物种或危险物种的动物材料制成的产品。
- 在建造房屋时，尽可能地保护所有树木。要求承包商（1）尽可能少地侵扰土壤；（2）建起障碍物来阻挡建造过程中会流失掉的土壤，以及（3）对表层土进行保存，将其填回原处，而不是将其倒掉或出售掉。
- 在非园艺土地上混合种植符合该地区气候条件的野生花卉、药草（用于烹饪和驱散害虫）、低矮的地衣植物、小型灌木以及其他形式的植被。
- 建造一个混合堆肥箱，以之制造庭院和花园植物所需的土壤调节剂。

促进可持续农业，降低杀虫剂使用量

- 减少食品浪费。
- 尽量消费食物链下层的食品，降低或取消肉类消费以减少其环境影响。
- 如果你养了狗或猫，不要喂食它们罐装的肉类食品。尽量选择进行了谷类平衡的宠物食品。
- 通过要求食品店储备以有机方式制成的新鲜农产品和肉类产品来减少农业杀虫剂的使用量。
- 利用有机农业技术和滴灌技术来灌溉自己的农作物，种植自己需要的食物。
- 将自己的食物废物制成有机堆肥。
- 使自己具有全球眼光，但尽量吃食本地产品。无论何时，尽可能吃食本地生产的食品和应季食品。直接从本地农民那里购买食品可以节省开支。
- 昆虫都是有害的这一看法是错误的。要认识到对害虫开展的化学战同时也消灭了很多有益的昆虫。
- 不要执拗于外表美观的水果和蔬菜。这些食品更容易含有高等级的杀虫剂残留物。
- 仅在急需时才在你的住宅中或附近喷洒杀虫剂，而且尽可能少量喷洒。
- 不要执拗于使自己的草坪完美无暇。在美国，大约 40%的草坪都要喷洒杀虫剂。这些化学物质会引起(1) 头痛；(2) 眩晕；(3) 恶心；(4) 眼疾，以及 (5) 过敏的人（包括在喷洒过杀虫剂的草坪和公园中玩耍的儿童）会产生更加急性的反应。

利用天然化学物质或自然方法来控制普通的害虫和杂草

- 通常，你可以通过以下方法在 4 天之内驱散蚂蚁：(1) 在它们的行动线路上喷洒一些驱散剂，诸如红椒或辣椒、碾碎了的薄荷叶，或者硼酸；(2) 用醋来清洗厨房的工作台面（但是，硼酸是有毒的，应该将其放置在儿童和宠物无法接触到的地方）。
- 采用以下方法来驱蚊：(1) 在窗外或门外种植罗勒植物（紫苏类芳香植物）；(2) 在暴露出来的皮肤表面涂抹一些醋、罗勒油、酸橙汁，或者艾属植物油。你还可以在蚊子较多的季节中通过避免使用有香气的香皂或喷香水、古龙水以及其他有香气的产品来减少对蚊子的吸引。研究者发现，在美国，每年用于灭蚊的电子微波灭虫器所消耗的 3000 万美元中大部分都是浪费。该方法平均每晚杀死的蚊子总量中仅有 3%是会叮咬人类的雌蚊子。
- 采用以下方法来消灭蟑螂：(1) 在水槽下、冰箱后、橱柜中、碗柜里，以及其他黑暗、温暖的地方喷洒硼酸（但不要在儿童和宠物可以到达的地方喷洒），或者 (2) 引进香蕉蜘蛛。
- 通过以下方法来为蟑螂设下陷阱：(1) 在一个瓶子或大罐子里放生马铃薯、过期的啤酒、香蕉皮，或其他食物碎屑（特别是水果屑），使罐子大部分充满；(2) 用凡士林油涂抹罐子的内颈；(3) 安设一条可以通到罐中的通道。
- 通过在门道附近和庭院中种植甜罗勒和艾菊（一种常见的草药）来驱蝇。
- 在黄色（苍蝇最喜欢的颜色）的纸条上涂抹蜂蜜，将纸条悬挂在房间中央的顶棚上，以这种无毒的捕蝇纸来捕蝇。
- 通过以下方法来为宠物驱除跳蚤：(1) 用绿色的或驱蚤香皂为宠物洁身；(2) 喂食宠物酿造用发酵粉或维生素 B；(3) 采用以桉树、鼠尾草、烟草、苦艾，或香根草制成的驱蚤粉；(4) 用植物香精油混合溶液来为宠物沐浴洗身，如香茅、雪松木、桉树、飞蓬、檫木、天竺葵、丁香或薄荷等。
- 通过以下方法来为跳蚤设下陷阱：(1) 用黄绿色光线来将它们吸引到有黏性的表面上；(2) 在晚上入睡前关掉所有灯，在一浅盆水的水面上打一束亮光，每天清晨起来换水，继续此

法一个月（跳蚤容易被热和光吸引，但它们不会游泳）。

- 用以下各种药物来喷洒地毯，为自己的家驱除跳蚤：(1) 以干燥粉来干燥地毯，如 Dri-Die，Perma-Guard，或 SG—67；(2) 用硅藻土（或硅藻粉）来杀死跳蚤。硅藻粉可以在销售用于游泳池过滤的商店中买到散装的。但它含有细微的硅酸盐颗粒，在喷洒时你得戴上防尘面具。
- 通过调高除草剂的切割高度来控制草地中的杂草，这可以使草生长到 8—10cm（3—4 英寸）高度。这可以使草的根系生长得比较强壮，从而阻碍杂草的生长；较高的草也为蜘蛛和其他以害虫为食的昆虫提供了栖息之所。

节约能源与降低室外空气污染

- 减少化石燃料的使用量。选择一辆 1L汽油至少可以跑 15km（每加仑 35 英里）路程的汽车，和别人合用一辆车，或尽可能地使用公共交通工具，步行，或骑自行车。这会减少二氧化碳和其他空气污染物的排放量，节约能源和花费，还可以增进你的身体健康。
- 通过种植和保护树木来吸收二氧化碳。
- 对新房或老房子进行严格的隔热保暖工作，进行防漏和安装门窗的挡风条等工作，以减少空气的渗透量和热损失量，并安装高效能窗户。
- 尽可能利用自然资源来进行采暖和降温，特别是太阳能、风能、地热能以及树木。
- 购买能效最高的住宅、电灯、汽车和电器用具。以全部使用寿命来对其进行评估。
- 将热水器的自动调节温度设定在 43—49℃（110—120℉），并对热水管进行保温处理。
- 通过以下方法来降低空调器的制冷负荷：(1) 提高设定温度；(2) 安装节能照明设施；(3) 安装地扇和吊扇；(4) 利用房间中的所有窗户和吊扇来引入室外空气（特别是在夜里，当温度降低时）。

减少对室内污染物的接触

- 测试室内的氡含量，并采取必要的措施。
- 安装空气式热交换器，或经常开窗换气。
- 在冬季采暖期开始时，当房间封闭时测试室内的甲醛含量。在室内安设一个测试实验室，可以写信向消费者产品安全委员会进行咨询，他们的地址是：华盛顿特区，20207，或打电话咨询，他们的电话是：301-492-6800。
- 不要购买含有甲醛的家具和其他产品。采用低甲醛或无甲醛释放的建筑材料。
- 通过种植各种家居植物来降低室内的甲醛和其他有毒气体的水平。如吊兰或吊挂植物（可以去除空气中一氧化碳含量的 96%）；芦荟（可以去除空气中甲醛含量的 90%）；香蕉（可以去除空气中甲醛含量的 89%）；象耳植物（可以清除甲醛 86%）；榕属植物（ficus）（垂枝无花果，清除甲醛 47%）；golden porthos（清除甲醛和苯 67%，清除一氧化碳 75%）；东方万年青（Chinese evergreen）（清除甲苯 92%，苯 81%）；英国常春藤（苯 90%）；静谧百合（苯 80%，三氯乙烯 50%）；Janet Craig（谷类植物，苯 79%）。[毒素清洁数据显示的是某种植物在 3.4m³（12 立方英尺）的空间内，24 小时内清除的毒素百分比。] 植物应该种植在混合了木炭颗粒的土壤中（可以吸收空气中的有机污染物）。
- 不选择地毯，而采用木地板或油布地板铺地。新型的人工合成地毯会从 100 多种挥发性有机化合物中释放出水汽。新旧地毯都是微生物（其中很多都是高度的过敏元）、灰尘以及由鞋子带入室内的微量的铅和杀虫剂的贮存之所。
- 在进屋前要脱鞋。这会减少灰尘、铅和杀虫剂等物质的带入量。
- 如果建于 1980 年之前，则需要测试室内或工作场所的石棉纤维水平，以及任何石棉材料的碎屑的水平。不要购买建于 1980 年以前的房屋，除非已经进行过室内空气石棉和铅含量测试。想要获得受到认证的每次收费为 25—50 美元的石棉实验室的信息，请拨打 EPA 的有毒物质控制热线：202-554-1404。
- 不要在房间内或与住宅相连的车库内储存汽油、溶剂或其他具有挥发性的有害化学物质。
- 不要使用气雾剂和商业性房间除臭剂或空气清新剂。
- 如果你吸烟的话，应尽量在室外吸，或在一间封闭的、可以与室外通风的房间内吸。
- 保证燃烧木材的炉子、壁炉以及煤油加热器或汽油加热器的安装都很恰当，而且通风良好，并时常进行维护。在所有休息区域内安装一氧化碳探测器。

节水

- 安装节水马桶，每次冲水的耗水量不多于 6L（1.6 加仑）。
- 仅在必须时再冲水。考虑在浴室的墙壁上安装在极度干旱地区使用的设施："如果水是黄的，就让它黄吧；如果里面是棕灰的，就冲一冲。"
- 在浴室安装节水莲蓬头，在所有用水设施上安装水流控制器。如果你的莲蓬头可以在 15 秒钟内注满一个 3.8L 容量的水壶，那么就就需要换一个更高效的设施了。
- 经常检查厕所的供水设施和水管是否漏水，并及时进行修理。在你能察觉到漏水时，厕所马桶一般每天都已经漏掉了 940L（250 加仑）水了。在水箱内加入一种水溶性的植物染料，但不要冲掉，测试一下马桶的水箱是否漏水。如果在几分钟内马桶里的水会显现出颜色，则说明存在漏水情况。
- 在刷牙时、刮胡须时或洗脸时，关掉水槽的水龙头。
- 每次用洗衣机洗衣服时最好把衣物加满；如果不得不洗少量的衣物，则尽可能地使用最低水量设置。
- 在购买洗衣机时，选择一种用水量最少，而且可以调节水量以适应洗涤不同量的衣物。前开式洗衣机比同样容量的上开式洗衣机用水量少，而且比较节能。

- 仅用自动洗碗机洗涤足量的餐具。而且，选择短循环模式，并让餐具自然风干以节省能源和电费。
- 当用手洗大量餐具时，不要一直开着水龙头。用一只洗碟盆盛满水，或将水槽注满水来进行清洗，一个用于洗涤，一个用于漂洗。
- 在冰箱内存放一瓶或几瓶水，不要每次渴的时候都从热水龙头里接水，直到热水变凉之后再饮用。
- 不要使用垃圾处理系统，这很浪费水。相反，考虑将你的食品垃圾进行有机堆肥处理。
- 用一桶肥皂水来洗车，仅用水管进行漂洗。如果你选择商业洗车的方法，则挑选一家可以进行水回收的服务处。
- 用扫帚来清扫步道和车道（既不耗费能源，又没有噪声，而且是一种无污染的树叶清理器），而不用水管来冲洗。
- 在清早或傍晚灌溉草坪和花园，以减少水分的蒸发损失，而不是在正午的阳光曝晒下或刮风时灌溉。
- 采用滴灌的方法灌溉花园和花圃，并安设护根覆盖物。更好的方法是，种植本地植物，可以适应本地的年平均降水量，从而节约灌溉用水。

减小水污染

- 采用粪肥或有机堆肥而不是商业无机肥来给花园或苗圃施肥。
- 采用生物方法或综合害虫控制方法来控制花园、庭院以及室内的害虫。
- 采用低磷酸盐含量、无磷酸盐或可生物降解的餐具洗涤液、洗衣粉和香波进行洗涤。
- 不要在马桶里添加水体清新剂。
- 不要向下水道内或地板上倾倒杀虫剂、涂料、溶液、油料、防冻剂或其他含有有害化学物质的产品。如果不小心倾倒了，请咨询本地的卫生咨询服务处来进行处理。
- 如果你是从私井中取水，或者怀疑市政供水受到了污染，则请一家获得了EPA认证的实验室来检测一下其中的铅、硝酸盐、三卤甲烷、氡、挥发性有机化合物和杀虫剂的含量。
- 如果你家有私人化粪池，请每3—5年清理一次。

减少固体废物和有害废物的产生量

- 问一问自己是否真的需要某件商品，从而减少购买量。
- 购买那些可以再次使用的、可以进行回收的、或者可以制造有机混合堆肥的商品，而且保证对其进行再使用、回收以及用其制造混合堆肥。
- 购买那些用可以再次使用的玻璃瓶盛装的饮料，而不是那些罐装或一次性包装的饮料。
- 使用可以再次使用的塑料餐盒或金属餐盒，使用不带一次性塑料衬垫的金属或塑料垃圾桶。
- 用可以再次使用的容器盛装三明治，或在冰箱内储存食物，而不用铝制金属片或塑料制品包裹。
- 使用可充电电池，当其使用寿命结束时，对其进行回收。
- 用可再次使用的篮子、帆布袋或绳织袋、或者小手推车来盛装购买的商品和其他用品。
- 选择海绵或可洗的餐巾布、洗碗布、手绢，而不是纸制的。
- 当可以选择其他可再次使用的或可再次盛装的用具时，不要选择一次性的纸制或塑料餐盘、杯子和餐具，以及其他可任意使用的用具。
- 购买回收用品，特别是那些由初级回收用品制成的商品，使用后尽量进行再次回收。如果你不购买可回收制品，你也不可能进行回收。
- 减少你收到的垃圾信件的数量。你可以联络邮政选择服务处，他们可以为你提供免费帮助，他们的地址是：直接市场联络处，1142 大街西街，邮政信箱 3681，纽约，NY 10163-3861（212-768-7277），你可以要求他们不要将你的信箱地址出售给大型的邮件清单公司。对于你收到的垃圾邮件，尽可能的回收其中的纸张。
- 尽可能购买浓缩的商品。
- 选择包装量最小的商品——或者，更好的是，根本没有包装的商品（裸体商品）。
- 不要购买充有氦气的气球，它们最后只能被丢弃。呼吁选举产生的官员和学校的行政人员禁止释放气球，除非用于大气研究和检测。
- 说服本地官员制订社区的有机混合堆肥计划。
- 仅在绝对需要时再使用杀虫剂或其他有害化学药物，而且尽可能少量的施用。
- 不要用以下方法来处理有害化学物质：(1) 从马桶中冲掉；(2) 将其倾倒入下水道中；(3) 将其填埋；(4) 将其丢弃到垃圾桶中，或者 (5) 将其倾倒入雨水管排水系统中。咨询一下本地的卫生部门或环境机构如何安全地进行处理。

术语表

A

abiotic 非生命的、非生物的 无生命的。与“生命的、生物的”（biotic）进行一下比较。

acclimation 顺应环境 调整以适应缓慢改变的新环境。与“门槛效应”（threshold effect）进行一下比较。

acid 酸 见“酸性溶液”（acid solution）。

acid deposition 酸性沉积物 从大气中沉积到地球表面的酸或者酸性化合物。最常见的酸性沉积物是“酸雨”，酸雨专指潮湿的酸或者酸性化合物小液滴。

acid rain 酸雨 见“酸性沉积物”（acid deposition）。

acid solution 酸性溶液 任何含氢离子（H^-）的量多于氢氧根离子（OH^-）的溶液；任何 pH 值小于 7 的溶液。与“碱性溶液”（basic solution）、“中性溶液”（neutral solution）进行一下比较。

active solar heating system 主动式太阳能采暖系统 一种利用太阳能集热器来收集和存储太阳能，用于加热空间和水的系统。通过热泵将液体或气体压入集热器，将集热器中收集的热量传送到一套储藏系统中，例如隔热的水罐或岩床。然后，这些热能通过热泵或热扇分配到住宅内。与“被动式太阳能采暖系统”（passive solar heating system）进行一下比较。

adaptation 适应性 在某种特定环境条件下，为了达到生存和繁衍的目的，某一生命体所具有的所有通过基因进行控制的结构、生理，以及行为特征。它通常是由一种良性基因突变造成的。见“生物进化”（biological evolution）、“差异性繁衍”（differential reproduction）、“基因变异”（mutation）、“自然选择”（natural selection）。

adaptive radiation 适应性辐射 环境发生变化后的一段时期内，通常是物种大量灭绝之后，大量新生物种发生进化，弥补了物种缺失和新的物种空缺。

adaptive trait 适应特征 见“适应性”（adaption）。

advanced sewage treatment 高级污水处理 一种特殊的化学和物理处理过程，可以在进行过初级和次级污水处理后残留在水体中的某些污染物的量再次减低。这种污水处理方法通常比较昂贵。另见“初级污水处理”（primary sewage treatment）、“次级污水处理”（secondary sewage treatment）。

aerobic respiration 有氧呼吸 这是一种复杂的生物过程，在大多数生命体内都会发生，在这一过程中，有机营养分子，如葡萄糖，与氧气结合，并生成二氧化碳、水和能量。与“光合作用”（photosynthesis）进行一下比较。

age structure 年龄结构 某一人群中每个年龄的人口占总人口（或该性别的总人口）的比例。

agroforestry 农林混植 将树木和农作物混合种植。

air pollution 空气污染 空气中某种或多种化学物质的浓度达到一定的高度，从而会对人类、其他动物、植物，或非生命物质造成伤害。过量的热和噪声也是空气污染的表现形式。形成污染的化学物质或物理条件被称为空气污染物。见“初级污染物”（primary pollutant）、“次级污染物”（secondary pollutant）。

alien species 入侵物种 见“非本地物种”（nonnative species）。

allele 等位基因 某一特定基因中存在的具有微小差异的分子形式。

alley cropping 行列混植 农作物成行种植，两侧成行种植乔木或灌木。

alpha particle 阿尔法粒子 一种带正电的粒子，含有两个中子和两个质子，从某些放射性同位素的核子中放射出来。另见“贝塔粒子”（beta particle）、“伽马射线”（gamma rays）。

altitude 海拔高度 高出海平面的高度。与“纬度”（latitude）进行一下比较。

anaerobic respiration 厌氧呼吸 细胞的一种呼吸作用，葡萄糖（或其他一些营养物质）可以在无氧环境下分解，某些分解生物可以从中获取所需的能量。与“有氧呼吸”（aerobic respiration）进行一下比较。

ancient forest 古生林 见“老生林”（old-growth forest）。

animal manure 动物肥料 动物的粪便，可以作为有机肥料使用。与“绿肥”（green manure）进行一下比较。

annual 一年生植物 在一个生长季节内生长、结子、死亡的植物。与“多年生植物”（perennial）进行一下比较。

anthropocentric 以人类为中心的 人类中心的。与“生物中心的”（biocentric）进行一下比较。

aquaculture 水产业 在淡水水塘、灌溉池塘，以及湖泊或水笼及圈围的海边泻湖及入海口处养殖和捕捞鱼类及其他贝类来获益的产业。见“鱼类养殖”（fish farming）、“鱼类放养”（fish ranching）。

aquatic 水生的 依靠水生存的。与“陆生的”（terrestrial）进行一下比较。

aquatic life zone 水生生物带 生物圈中的海水或淡水部分。包括淡水水生生物带（例如湖泊和河流）和海洋或海水水生生物带（例如河流入海口、海岸线、珊瑚礁，以及深海海域）。

aquifer 含水层 多孔的、浸满水的沙层、砾石层，或河床，能够提供具有极大经济价值的水量。

arable land 耕地 可以进行耕作来种植农作物的土地。

arid 干旱的 干的。沙漠或其他降水极少的地区。

asexual reproduction 无性生殖 母细胞分裂出两个与母细胞相同的子细胞。这种生殖方式普遍存在于单细胞生物中。与“有性生殖”（sexual reproduction）相对。

atmosphere 大气圈 包裹在地球周围的全部气体。见“平流层”（stratosphere）、“对流层”（troposphere）。

atom 原子 由亚原子粒子构成的微小粒子，是构成所有化学物质的基本元素，从而也是构成所有物质的基本元素；它是某一化学元素能够存在并保持自身特征的最基本元素。与“离子”（ion）、“分子”（molecule）进行一下比较。

atomic number 原子量 某一原子中所含的中子的数量。与“质量数”（mass number）进行一下比较。

autotrophy 自养作用 见“生产者”（producer）。

B

background extinction 背景灭绝 由地区环境条件的变化引发的各类物种的普遍灭绝。与“大量性灭绝”（mass extinction）进行一下比较。

bacteria 细菌 原核的单细胞生物。某些细菌能够传播疾病。大多数细菌能够对物质进行降解，将活着的或死亡的生物体内的组织分解成较简单的非生物营养化合物，并从中获取所需的能量。

barrier islands 堰洲岛 由沉积物构成的狭长、低矮的岛屿，通常与海岸线平行。

basic solution 碱性溶液 含有的氢氧根离子的量大于氢离子的量的水溶液；pH 值大于 7 的水溶液。与“酸性溶液”（acid solution）、“中性溶液”（neutral solution）进行一下比较。

beta particle 贝塔粒子　从放射性同位素的核子中激发出的移动迅速的电子。另见“阿尔法粒子”（alpha particle）、“伽马射线”（gamma rays）。

bioaccumulation 生物体内积累　生物体的某些器官或组织中某种化学物质的浓度持续累积达到高于通常预期的水平。与“生物放大作用”（biomagnification）进行一下比较。

biocentric 以生物为中心的　将重点放在物种和生物个体上的一种世界观。与“以人类为中心的”（anthropocentric）进行一下比较。

biodegradable 可生物降解的　能够被生物分解的。

biodegradable pollutant 可生物降解的污染物　能够被细菌或其他生物分解成较简单的物质（单质或化合物）的污染物。纸张和大多数有机废物，如动物粪便，都是可生物降解的，但是以现代填埋方式处理的废物可能需要几十年的时间才能降解。与“可降解的污染物”（degradable pollutant）、“不可降解的污染物”（nondegradable pollutant）、“可缓慢降解的污染物”（slowly degradable pollutant）进行一下对比。

biodiversity 生物多样性　包括不同物种的多样化程度（物种多样性），某一物种中的个体的基因可变性（基因多样性），生态系统的多样化程度（生态多样性），以及生物物种和生物群落为了生存所需的各种功能活动，如能量流动和物质循环活动（功能多样性）。

biofuels 生物燃料　由植物物质（生物质）生成的气态或液态的燃料（例如乙醇）。

biogeochemical cycle 生物地球化学循环　将各种化学形式的营养物质从非生物环境中传送到生物体内，再使其返归于非生物环境中的自然过程。例如，碳、氧、氮、磷、硫等物质的循环，以及水循环。

biological amplification 生物扩大作用　见“生物放大作用”（biomagnification）。

biological community 生物群落　见“群落”（community）。

biological diversity 生物的多样性　见“生物多样性”（biodiversity）。

biological evolution 生物进化　某一物种的群体在持续的繁衍过程中产生的基因构成上的变化。如果持续足够长的时间，则可以产生一个新的物种。请注意，发生进化的是该物种的整个群体，而不是其中的某些个体。另见“适应性”（adaptation）、“差异性繁殖”（differential reproduction）、“自然选择”（natural selection）、“进化论”（theory of evolution）。

biological oxygen demand (BOD) 生物需氧量　在某一特定的时间内，有氧分解生物对一定量的某一温度的水体中所含的有机物质进行分解所需的溶解氧的量。

biological pest control 生物性病虫害控制手段　一种通过自然天敌、寄生虫或致病性细菌及病毒（病原体）等手段来控制病虫害的方法。

biomagnification 生物放大作用　DDT、PCBs 及其他可缓慢降解或可溶解于脂肪的化学物质的浓度在较高营养等级或食物链的较高层级的有机生命体体内持续增加的一种作用。与“生物体内累积”（bioaccumulation）进行一下比较。

biomass 生物质　包括由植物或其他能够进行光合作用的生命体产生的有机物质；食物链或食物网中的所有层级所能够支持的全部有机生命体的净重量；某一生态系统中的所有植物和动物所包含的全部有机物质的重量；可用作燃料的植物物质或动物废物。

biome 生物群系　某种生物所栖息的陆地生命区域，特别是植物。例如，各种类型的沙漠、草地，以及森林。

biosphere 生物圈　地球上所有有生命存在的区域。它包括大气圈的一部分（对流层）、水圈（大部分地表水体以及地下水体），以及岩石圈（大部分的土壤和地表岩石层、海底和其他水体的底层沉积层）。也被称为“生态圈”。

biotic 生物的　构成生态系统中生物体部分的全部生命体。与“非生物的”（abiotic）进行一下比较。

biotic potential 生物潜能　在无任何限制条件的前提下，某种物种的数量能够增长的最快速度。见“环境阻力”（environmental resistance）。

birth rate 出生率　见“毛出生率”（crude birth rate）。

bitumen 沥青　从沥青砂中提炼出来的黏着的、黑色的、含硫量高的一种重油物质，可以用于生产合成燃料。见“沥青砂”（tar sand）。

breeder nuclear fission reactor 增值核裂变反应堆　通过将不可发生核裂变的铀 238 转变为可发生核裂变的钚 239 的反应方式使生产出的核燃料大于消耗的核燃料的核裂变反应堆。

broadleaf deciduous plants 阔叶落叶植物　通过落叶来度过干旱、寒冷的季节，并进行休眠的植物，如橡树和枫树。与“阔叶常绿植物”（broadleaf evergreen plants）、“针叶常绿植物”（coniferous evergreen plants）进行一下比较。

broadleaf evergreen plants 阔叶常绿植物　在全年的大部分时间都能够保持其阔叶不落的植物。例如热带雨林中树冠较高的某些树种。与“阔叶落叶植物”（broadleaf deciduous plants）、“针叶常绿植物”（coniferous evergreen plants）进行一下比较。

C

cancer 癌症　包括 120 多种不同的疾病种类，每种破坏一种人体细胞。每种癌症疾病都会生成一种肿瘤，癌变细胞大量增殖，难以控制，并入侵周边的人体组织。

capitalism 资本主义　见“资本主义市场经济体系”（capitalist market economic system）。与“纯需求经济体系”（pure command economic system）、“纯自由市场经济体系”（pure free-market economic system）进行一下对比。

capitalist market economic system 资本主义市场经济体系　以控制商品和服务的价格、控制全球自由贸易，并为支撑企业运营的资本拥有者和股票持有者获得最大收益为基础建立的经济体系。与“纯需求经济体系”（pure command economic system）、“纯自由市场经济体系”（pure free-market economic system）进行一下对比。

carbon cycle 碳循环　碳以不同的化学形式在自然环境与有机生命体之间进行循环运动的过程。

carcinogen 致癌物质　能够直接导致或促进癌细胞发展的化学物质、离子射线、以及各种病毒。见“癌症”（cancer）、“有机体突变诱导物”（mutagen）、“致畸剂”（teratogen）。

carnivore 食肉动物　以其他动物为食的动物。与“食草动物”（herbivore）、“杂食动物”（omnivore）进行一下比较。

carrying capacity (K) 承载力　某一栖息地在一定时间内能够支持的某种物种的最大生存数量。

cell 细胞　有机体的最小存在单位。每个细胞都被外侧的细胞膜或“墙体”所包裹，细胞体内含有基因物质（DNA）和其他能够维持其生命功能的部分。有些有机体仅拥有一个细胞，例如病毒，但是人类所熟知的大多数有机体都含有若干个细胞。见“真核细胞”（eukaryotic cell）、“原核细胞”（prokaryotic cell）。

centrally planned economy 中央计划经济　见“纯需求经济体系”（pure command economic system）。

CFCs 氟氯化碳　见“氯氟化碳”（chlorofluorocarbons）。

chain reaction 连锁反应　在一定量可核裂变的同位素中发生的多次核裂变反应，能够在很短的时间内释放出大量的能量。

chemical 化学物质　自然界中存在的或通过人工合成的数百万中单质或化合物中的一种。见“化合物”（compound）、“单质”（element）。

chemical change 化学变化　在化学元素之间发生的反应，参与反应的各种单质和化合物的化学构成会发生变化。与“核变化”

(nuclear change)、"物理变化"(physical change)进行一下对比。

chemical evolution 化学进化 包括，地球自身及地壳核大气圈的形成，生物所需的各种生物分子的进化，以及产生第一代生物细胞所需进行的化学反应的各种系统的进化过程。这些进化过程大约发生在生物进化开始前的10亿年左右。与"生物进化"(biological evolution)进行一下比较。

chemical formula 化学分子式 表示某一化合物的基本结构所含的原子（或离子）的数量的简明方式。例如，H_2O（水）、NaCl（氯化钠）和 $C_6H_{12}O_6$（葡萄糖）。

chemical reaction 化学反应 见"化学变化"(chemical change)。

chemosynthesis 化学合成 某些有机生命体（大部分是具有特殊能力的细菌）从其生存的环境中提取无机化合物，并在没有阳光参与的条件下将其转化成有机的营养物质的过程。与"光合作用"(photosynthesis)进行一下比较。

chlorinated hydrocarbon 氯代烃类 由碳原子、氢原子和氯原子组成的化合物。例如DDT和PCBs。

chlorofluorocarbons (CFCs) 氯氟化碳 由碳原子、氯原子和氟原子组成的化合物。例如，氟利昂12（CCl_2F_2），它被用于冰箱和空调的制冷剂，还被用于制造塑料，例如泡沫聚苯乙烯。当它们缓慢地进入同温层时，气态的氯氟化碳会与臭氧分子进行反应，从而消耗臭氧层。氯氟化碳分子的使用已经逐渐被淘汰了。

chromosome 染色体 植物和动物细胞内存在的一组由各种基因和相关联的蛋白质组成的物质，它承载着某些基因信息。见"基因"(genes)。

city 城市 大量不同职业的人口所居住的特定区域，这些人依靠来自其他地区的资源来生存，并满足他们的大部分需求和需要。与"乡村"(village)进行一下对比。见"乡村地区"(rural area)、"城市地区"(urban area)。

clear-cutting 皆伐 一种一次性砍伐某一林区内的全部树木的采伐方式。与"树种保留采伐"(seed-tree cutting)、"选择性采伐"(selective cutting)、"择伐式采伐"(shelterwood cutting)、"带状采伐"(strip cutting)进行一下对比。

climate 气候 某一地区上空对流层所具有的物理属性，它是以对较长时间（至少30年）内该地区的天气分析为基础得出的。决定某一地区气候的两个主要因素是气温和降水，前者会发生季节性变化，后者则包括降水的量和分布状况。与"天气"(weather)进行一下比较。

climax community 顶级群落 见"成熟群落"(mature community)。

coal 煤 由有机化合物与占30%—98%的重量比例的碳所组成的固体可燃混合物，同时混有不同量的水分和少量的含硫和磷的化合物。当植物残骸在数百万年的时间内受到高温和高压的作用时就会分几个阶段形成煤。

coal gasification 煤气 由固态的煤经人工合成的天然气(SNG)。

coal liquefaction 液化煤气 由固态的煤转化成的液态含碳化合物，如人工合成的汽油或甲醇。

coastal wetland 海岸湿地 沿海岸的土地，从河流的入海口出向内陆伸展，一年中部分时间或一整年都被海水覆盖。例如，沼泽、海湾、潟湖、潮汐滩涂和红树林湿地。与"内陆湿地"(inland wetland)进行一下比较。

coastal zone 海岸地区 温暖、营养丰富、海水较浅的海洋部分，从陆地的高潮位延伸到大陆架边缘的类大陆架部分。与"远海"(open sea)进行一下对比。

coevolution 共同进化 包含两种或两种以上物种相互作用并互相施加进化压力的进化过程，它会导致每种物种产生不同的适应性。见"进化"(evolution)、"自然选择"(natural selection)。

cogeneration 共同生成 从同一燃料产生出两种不同形式的能量，如高温的热量或蒸汽和电能共同生成。

commensalism 共栖 不同物种的生命体之间进行相互作用，其中一种从相互作用中获益，而另一种并不会获益也不会受害。与"互利共生"(mutualism)进行一下比较。

commercial extinction 商业性灭绝 某一野生物种的数量减少到一定程度，以至于它在商业上不再具有任何捕杀价值。

commercial inorganic fertilizer 商业无机肥料 以商业为目的生产出的植物养分，如氮肥、磷肥和钾肥，为了恢复土壤肥力，增加作物产量。与"有机肥料"(organic fertilizer)进行一下对比。

common-property resource 公共资源 通常人们可以免费使用的资源；每个资源的使用者都会减少有效资源的供应量或降低有效资源的水平。大部分资源都是可再生的，是社会大众所共有的。例如，洁净水、不属于某一国家的海洋中的部分鱼类、候鸟、低层大气中的气体，以及上层大气（同温层）中的臭氧物质。见"公共资源的悲剧"(tragedy of the commons)。

community 群落 在某一时间内，生存在某一地区内并相互影响着的所有物种的个体总和。

community development 群落发展 见"生态演进"(ecological succession)。

competition 竞争 同一生态系统中的同一物种的两个或两个以上的生物体（物种内竞争）或两个或两个以上不同物种的生物体（物种间竞争）对同一种稀缺资源的争夺。

competitive exclusion principle 竞争性排斥原则 当某一栖息地内的某种资源无法同时满足两个物种的生存需求时，这两个物种不可能占据同一个基本栖息场所。见"生态场所"(ecological niche)、"基本场所"(fundamental niche)、"现实场所"(realized niche)。

compost 混合肥料 未完全分解的有机植物或动物物质，可用作土壤调节剂或肥料。

compound 化合物 两种或两种以上的单质所含有的原子或电性相异的离子被化学键所吸引而形成的物质。与"单质"(element)进行一下比较。

concentration 浓度 特定体积或重量的空气、水、土壤或其他媒质中所含的某种化学物质的量。

condensation nuclei 凝结核 水蒸气可以附着其上的小颗粒。

coniferous evergreen plants 针叶常绿植物 可以全年不落叶的、生有狭长、尖利的叶片（针状）的针叶植物（如云杉、松树、杉树）。与"阔叶落叶植物"(broadleaf deciduous plants)、"阔叶常绿植物"(broadleaf evergreen plants)进行一下比较。

coniferous trees 针叶树木 生有针状叶的树木，大多数是常绿的，树叶呈针状或磷状。这些树木的木材在商业上称为软木。与"落叶植物"(deciduous plants)进行一下比较。

consensus science 主流科学 被某一领域的专家们所广泛接受的科学数据、科学模型、科学理论，以及科学定律等。这些科学结论都是非常可靠的。与"前沿科学"(frontier science)进行一下比较。

conservation 保护 人类对自然资源进行明智而小心的利用。持有这种观点的人们被称为"保护主义者"(conservationists)。

conservation biologist 保护主义生物学家 调查人类行为对地球上的生物多样性产生的影响并研究保护计划的生物学家。与"保护主义者"(conservationist)、"生态学家"(ecologist)、"环境保护主义者"(environmentalist)、"环境科学家"(environmental scientist)、"保存主义者"(preservationist)、"恢复主义者"(restorationist)进行一下比较。

conservation biology 保护主义生物学 以拯救地球的生物多样性、维持各种基因、物种、生物群落，以及生态系统为目的而产生的交叉学科。其的目标包括，调查人类活动对生物多样性所产生的影响，并研究出实践方法来保护地球的生物多样性和生态完整性。

conservationist 保护主义者 关注能够以某种方式来利用自然区域和野生生物，从而为现在和将来的人类和其他生命造福的人。与“保护性生物学家”（conservation biologist）、“生态学家”（ecologist）、“环境保护主义者”（environmentalist）、“环境科学家”（environmental scientist）、“保存主义者”（preservationist）、“恢复主义者”（restorationist）进行一下比较。

conservation-tillage farming 耕地保护性耕作 一种对土地伤害最小（低耕耕作）甚至完全无伤害（无耕耕作）的农作物种植方式，从而可以减轻对土壤的侵蚀，降低劳动力成本、并节约能源。与“传统耕作方式”（conventional-tillage farming）进行一下比较。

consumer 消费者 自身无法合成所需的有机养分，从其他生产者或消费者的组织中获取有机养分的生物；一般可以分为初级消费者（食草动物）、次级消费者（食肉动物）、三级消费者（更高等的动物）、杂食动物，以及食腐动物（分解者和食碎屑动物）。在经济学中则指使用经济产品的人。

contour farming 梯田耕种 沿坡度变化的山坡开垦土地、种植作物的行为，区别于成行种植，以利于保持水分，降低水土流失。

conventional-tillage farming 传统耕作方式 以翻犁土地、碾碎表层土、平整土地的方式来进行作物种植的方式。与“耕地保护性耕作”（conservation-tillage farming）进行一下比较。

coral reef 珊瑚礁 由大量包含了数以10亿计的微小珊瑚虫构成的物质，这些珊瑚虫分泌出一种类似于石头的物质（碳酸钙）将自己围裹起来，从而达到保护的作用。珊瑚虫死后，它们的外壳就形成一层层的结构，最终形成礁石状。珊瑚礁一般形成于热带和亚热带海洋的海岸水域。

core 地核 地球的核心部分。它由一个固态的内核和一个液态的外核构成。与“地壳”（crust）、“地幔”（mantle）进行一下比较。

critical mass 临界物质量 维持一次核裂变连锁反应所需的裂变核的量。

crop rotation 轮作 在同一片土地上每年种植不同的作物以减轻土壤中养分的流失的耕作方法。第一年种植某些作物，如玉米、烟草和棉花，它们会消耗掉土壤中大量的氮。下一年则种植豆类，如大豆，能够增加土壤中的氮含量。

crude birth rate 毛出生率 某一地区在一年的中点时间，每一千人中出生并存活的婴儿的数量。与“毛死亡率”（crude death rate）进行一下比较。

crude death rate 毛死亡率 某一地区在一年的中点时间，每一千人中死亡的人口数量。与“毛出生率”（crude birth rate）进行一下比较。

crude oil 原油 主要由碳水化合物和少量的含氧、硫和氮的化合物构成的黏稠的液体。它由地下沉积层中提取出来，送入炼油厂，然后被制成民用燃料、柴油、汽油、沥青，以及其他物质。

crust 地壳 地球外层的固态区域。它由洋底壳和大陆壳组成。与“地核”（core）、“地幔”（mantle）进行一下比较。

cultural eutrophication 耕作性富营养化 由人类活动导致的水生生态系统中的营养物质过剩（大部分为硝酸盐和磷酸盐），这些人类活动包括，农业活动、城市化，以及工厂和污水处理厂中排出的废水。见“富营养化”（eutrophication）。

D

DDT 滴滴涕 二氯二苯三氯乙烷，一种含氯的碳氢化合物，大量用于制造杀虫剂，但现在在某些国家已经被禁止使用。

death rate 死亡率 见“毛死亡率”（crude death rate）。

debt-for-nature swap 债务换自然 债务国与债权国达成的一项协议，该协议规定，债务国以一部分资金投入到提升自然资源的管理或对某些区域进行保护的行动中，从而可以获得债权国减免其一部分债务。

deciduous plants 落叶植物 一些可以通过落叶的方式来度过干旱和寒冷季节的树木和其他植物，例如橡树和枫树。与“针叶树”（coniferous trees）、“肉质植物”（succulent plants）进行一下比较。

decomposer 分解者 一些可以消化其他生物尸体和活着的生物的遗弃物的生物，它们可以将这些物质中复杂的有机分子分解成较简单的无机化合物，并吸收其中可溶解的养分。生产者将大部分这些化学物质返归到土壤和水体中进行再利用。分解者包括各种细菌和真菌。与“消费者”（consumer）、“食腐者”（detritivore）、“生产者”（producer）进行一下比较。

deforestation 森林砍伐 大量砍伐某一林地中的树木而不进行再植。

degradable pollutant 可降解污染物 本身具有污染危害的化学物质，但经过自然的物理、化学、和生物过程可以被完全分解或危害性降低到一个可接受的程度。与“可生物降解的污染物”（biodegradable pollutant）、“不可降解的污染物”（nondegradable pollutant）、“可缓慢降解的污染物”（slowly degradable pollutant）进行一下对比。

degree of urbanization 城市化程度 全世界或某一国家中，居住在人口超过2500人（在某些国家这一数字可能会高一些）的城镇地区中的人口占总人口的百分比。与“城市生长”（urban growth）进行一下比较。

democracy 民主 人民通过他们选出的官员和代表来组成政府管理国家的形式。在宪政民主国家，宪法构成了政府权威的基础，并通过自由选举和自由表达民意的方式来对政府的权力进行约束。

demographic transition 人口过渡 一种认为世界各国随着其进入工业化过程，其人口死亡率将会有所下降，人口出生率也会随之降低的假设。

depletion time 耗尽时间 以某一消耗速度将已知的或预计的不可再生资源总量的一部分，一般是80%，消耗尽所需的时间。寻找和开采剩余的20%的资源所需付出的成本通常大于获得的价值。

desalination 脱盐作用 通过去处盐水或咸水（含盐量较少的水体）中不可溶解的盐分来对其进行净化的过程。

desert 沙漠 一种蒸发量大于降水量、且年平均降水量少于25厘米（10英寸）的生态群系。沙漠区域中除了极少量的低矮的植物外几乎没有其他植物生存。与“森林”（forest）、“草地”（grassland）进行一下比较。

desertification 沙漠化 牧场、以降雨来灌溉的农田，或人工灌溉的农田转化成沙漠的过程，农作物产量一般会降到原本的10%或稍微多一点儿。沙漠化通常是由过度放牧、土壤侵蚀、长期干旱，以及气候变化所引发的。

detritivore 食腐动物 以腐败的生物体、死亡生物体的残骸，或活着的生物体的遗弃物为食的生物消费者。最主要的两种食腐动物是食腐生物和分解者。

detritus 生物残骸 死亡生物的残骸和活着的生物体的遗弃物。

detritus feeder 食腐动物 从死亡的生物体的残骸和遗弃物以及有机废物中吸取养分的生物体。例如，蚯蚓、白蚁、螃蟹。与“分解者”（decomposer）进行一下比较。

developed country 发达国家 高度工业化的国家，人均国民生产总值较高的国家。与“发展中国家”（developing country）进行一下比较。

developing country 发展中国家 低度或中度工业化的国家，人均国民生产总值处在较低或中等水平。发展中国家大部分位于非洲、亚洲和拉丁美洲。与“发达国家”（developed country）进行一下比较。

dieback 衰落 当某一物种的数量超过其栖息地的承载力时，该物种的数量就会发生锐减。见“承载力”（carrying capacity）。

differential reproduction 差异性繁殖 具有适应性基因特征的生物个体繁衍出后代的数量要超过不具有该特征的生物个体的现

象。见“自然选择”（natural selection）。

dioxins 二恶英 在进行有氯和碳氢化合物参与的化学反应过程中产生的75种不同的含氯碳氢化合物副产品，它们通常都是人们不想制造出来的，一般会在高温条件下生成。

dissolved oxygen（DO）content 溶解氧的量 在特定温度和压力下，溶解在一定量的水中的氧气的量，通常以百万分之一为浓度单位。

DNA 脱氧核糖核酸 存在于生物体的细胞内，携带生命体基因信息的大分子。

domesticated species 驯养物种 被人类驯养或通过杂交的手段而发生基因变异的野生物种，被人类用于生产食物（牛、羊和肉用动物）、作为宠物（狗和猫），或用于娱乐（动物园里的动物和植物园里的植物）。

dose 剂量 一个生命体通过摄取、吸入，或经由皮肤吸收入体内的具有潜在危害性的物质的量。与“反应”（response）进行一下比较。见“剂量反应曲线”（dose-response curve）、“中值致命剂量”（median lethal dose）。

dose-response curve 剂量反应曲线 显示各种不同剂量的有毒物质作用于一批受测生物体时所产生的反应的数据图表。见“剂量”（dose）、“中值致命剂量”（median lethal dose）、“反应”（response）。

doubling time 翻倍时间 某一事物的量增加一倍所需的时间（通常以年为单位）。它通常可以通过将年增长百分率除以70来获得。

drainage basin 流域盆地 见“流域”（watershed）。

dredge spoils 清淤废物 从港口和河流中清除出来的废物，以保证船只顺利航行。这些废物通常都是被水体中的有毒物质高度污染了的。见“清淤”（dredging）。

dredging 清淤 一种在进行表层采矿时利用体料斗和索斗铲将水中的砂子、碎石，以及其他表层沉积物挖掘出来的活动。这种方法还被用于清除河流和港口处的沉积物，以保证船只通行。见“清淤废物”（dredge spoils）。

drift-net fishing 漂网捕捞 利用漂浮在水中的大网进行捕捞的方法。

drought 干旱 由于降水量低于一般水平或温度高于一般温度而增大了蒸发量而导致某一地区缺乏足够的水体。

dust dome 尘幔 由围绕在城市区域周围的热气生成的幔帐，它会聚集污染物，特别是悬浮的颗粒。另见“城市热岛”（urban heat island）。

dust plume 尘烟 被风吹动的尘幔将污染尘散布到城市上空，甚至可以顺风散播几百公里。

E

early successional plant species 早期演替植物物种 在早期的若干连续的地质阶段生存的植物物种，它们（1）贴地生长；（2）在恶劣的条件下也能够迅速繁殖；（3）生命周期较短。与“晚期演替植物物种”（late successional plant species）、“中期演替植物物种”（midsuccessional plant species）进行一下对比。

earth capital 地球资本 见“自然资源”（natural resources）。

earth resources 地球资源 见“自然资源”（natural resources）。

earth-sustaining economy 地球维系型经济 见“低产量经济”（low-throughput economy）。与“高产量经济”（high-throughput economy）进行一下对比。

ecological diversity 生态多样性 包括森林、沙漠、草地、海洋、河流、湖泊，以及其他生物群落，它们相互影响着，并与周边的非生物环境相互影响着。见“生物多样性”（biodiversity）。与“基因多样性”（genetic diversity）、“物种多样性”（speicies diversity）进行一下比较。

ecological efficiency 生态效率 在食物链或食物网中，从一个营养层级向另一个营养层级输送的营养物质占全部营养物质的百分比。

ecological footprint 生态足迹 一种对以下各种生态影响进行测算的方法：（1）食物、木材及其他资源的消耗量；（2）建筑物、道路、垃圾堆场及其他消耗土地资源的人类活动，以及（3）被砍伐的森林，这些森林可以吸收化石燃料燃烧后所排放出的二氧化碳气体。

ecologically sustainable development 生态可持续发展 一种全球（或某一地区的）人口数量和全球（或某一地区的）资源消耗都能够限制在一个恰当的水平，不超出地球（或该地区）的承载力和现存自然资本之外，从而实现可持续发展。与“经济发展”（economic development）、“经济增长”（economic growth）、“环境可持续发展”（environmentally sustainable development）、“可持续经济发展”（sustainable economic development）进行一下比较。

ecological niche 生态场所 某一生态系统中的全部生命存在方式或某一物种在其中所扮演的角色。它涉及该形态系统中某一物种为了生存和繁衍所需的全部物理、化学和生态环境条件。见“基本场所”（fundamental niche）、“现实场所”（realized niche）。

ecological resource 生态资源 某一生命体维持普通的生存、生长和繁衍所需的全部资源。例如，栖息地、食物、水以及遮蔽所。与“经济资源”（economic resource）进行一下比较。

ecological restoration 生态恢复 人为地将某一受到破坏的生态栖息地或生态系统的生态结构和生态功能恢复到尽可能好的水平。

ecological succession 生态演进 某一地区的植物和动物群落在一段时间内被其他不同的、通常更为复杂的物种群落所代替的过程。见“初级演进”（primary succession）、“次级演进”（secondary succession）。

ecologist 生态学家 以生命体与其所生存的环境之间的相互关系为研究对象的生物学家。与“保护性生物学家”（conservation biologist）、“保护主义者”（conservationist）、“环境保护主义者”（environmentalist）、“环境学家”（environmental scientist）、“保存主义者”（preservationist）、“恢复主义者”（restorationist）进行一下比较。

ecology 生态学 以生命体之间或生命体与非生物环境及能量之间的相互关系为对象所进行的研究；以大自然的结构和功能为对象进行的研究。

economic decision 经济决定 决定（1）提供哪些产品和服务；（2）如何进行生产；（3）生产的量为多少；（4）如何进行分配。

economic depletion 经济耗尽 消耗掉预计全部不可再生资源的80%。对剩余的20%的资源进行勘测、提取和处理所需投入的成本要高于获得的收益；也指某种可再生资源的消耗，例如，渔业资源和树木资源。

economic development 经济发展 通过经济增长实现的人们生活水平的提高。与“生态可持续发展”（ecologically sustainable development）、“经济增长”（economic growth）、“可持续发展”（sustainable development）进行一下比较。

economic growth 经济增长 某一经济体系所生产的全部产品和提供的全部服务的真实价值的增长；国民生产总值的真实增长。与“经济发展”（economic development）、“环境可持续性经济发展”（environmentally sustainable economic development）、“可持续性经济发展”（sustainable economic development）进行一下比较。

economic resource 经济资源 人类为满足自身需求和需要而从环境（地球的生命维持系统）中获取的所有物质。例如，食物、水、遮蔽所、人类生产的产品、交通设施、通讯设施，以及娱乐设施。它们包括自然资源、人文资源、金融资源，以及产品资源等。与“生态资源”（ecological resource）进行一下比较。

economic resources 全部经济资源 在某一经济体系中，为了生产物质产品和提供服务所需的自然资源、人文资源、金融资源，以及产品资源的总和。见“自然资源”(natural resources)。

economic system 经济体系 一部分人群用于选择以下活动所采取的方式：(1) 生产怎样的产品，提供怎样的服务；(2) 如何进行生产；(3) 生产的量为多少，以及(4) 如何进行分配。见“混合经济体系”(mixed economic system)、“纯需求经济体系”(pure command economic system)、“纯自由市场经济体系”(pure free-market economic system)。

economy 经济体系 经济产品的生产、分配和消费的体系。

ecosphere 生态圈 见“生物圈”(biosphere)。

ecosystem 生态系统 相互影响着的不同物种以及与构成非生物环境的化学和物理因素相互影响着的不同的物种群落。

ecosystem services 生态系统服务性 制成地球上全部生物生存的全部自然服务性和自然资本，它对人类的生活质量和世界各国经济体系的效能都是非常重要的。见“自然资源”(natural resources)。

electromagnetic radiation 电磁辐射 以电磁波的形式传播的动能。例如，无线电波、可见光、紫外线、X射线，以及伽马射线。与“离子射线”(ionizing radiation)、“非离子射线”(nonionizing radiation)进行一下比较。

electron (e) 电子 在原子核外围绕转的微粒。每个电子都带有一个电量的负电，质量非常微小，几乎可以忽略不计。与“中子”(neutron)、“质子”(proton)进行一下比较。

element 化学元素 带有不同原子个数，构成所有物质的基本化学物质，如氢、铁、钠、碳、氮和氧。自然界中存在有92种化学元素。人类在实验室中合成出23种化学元素。两种或两种以上的化学元素可以结合成化合物，世界上大多数物质都是化合物。与“化合物”(compound)进行一下比较。

endangered species 濒危物种 在全部或大部分自然栖息地中，某一野生物种的个体数量减少到濒临灭绝的程度。与“危险物种”(threatened species)进行一下比较。

endemic species 地方物种 仅在某一特定区域内存在的物种。这些物种特别容易遭到灭绝。

energy 能量 进行机械运动、物理运动、化学运动，或电子运动，或者在两个不同温度的物体之间引发热交换运动的能力。

energy efficiency 能效 在能量转化系统或能量转化过程中，做工的以及未被转化成低效能的能量，通常是无效的热能，占总输入能量的百分比。见“能量质量”(energy quality)、“净能量”(net energy)。与“物质效率”(material efficiency)进行一下比较。

energy productivity 能量生产率 见“能效”(energy efficiency)。

energy quality 能量质量 某种能量所具有的做工的能力。高温热能、化石燃料中的化学能，以及核能都是高浓度的高质量能量。低质量能量是分散性的或稀释性的，做工效率很低，例如低温热能。见“高质量能量”(high-quality energy)、“低质量能量”(low-quality energy)。

environment 环境 所有在其整个生命过程中影响某一生命体或其他生物系统的外部条件和因素，包括有生命的或无生命的(化学因素和能量因素)。

environmental degradation 环境退化 某一具有可再生潜力的资源所遭受的消耗或破坏，例如土壤、草地、森林，或野生生物，其消耗速度大于自然恢复速度。如果持续这种消耗方式，该资源就可能丧失再生能力(从人类的时间跨度来讲)或者完全消失(灭绝)。另见“可持续产出”(sustainable yield)。

environmental ethics 环境伦理 人类自身对环境行为的对与错所下的判断。

environmentalist 环境保护主义者 关注人类活动对环境质量所产生的影响的人们，他们认为某些人类活动会对地球的生命维持系统产生破坏。他们认为处理某些环境问题应该以科学信息和科学理念为基础，而有些则应以社会和环境伦理为基础(环境世界观)。与“保护性生物学家”(conservation biologist)、“保护主义者”(conservationist)、“生态学家”(ecologist)、“环境科学家”(environmental scientist)、“保存主义者”(preservationist)、“恢复主义者”(restorationist)进行一下比较。

environmental justice 环境公正 无论种族、肤色、民族或收入水平，所有人类都应该公平的参与到环境法律、环境规则和环境政策的制订、实施以及强化等有意义的行动中来。

environmentally sustainable development 环境可持续发展 具有如下特征的一种发展方式：(1) 鼓励各种具有环境可持续性的经济发展，满足人类和其他物种当前和后代的基本需求，不侵犯后代满足其自身需求的权利；(2) 不鼓励具有环境危害性和不可持续性的经济发展。它是环境可持续社会的经济组成部分。与“经济发展”(economic development)、“经济增长”(economic growth)、“可持续经济发展”(sustainable economic development)进行一下比较。

environmentally sustainable society 环境可持续社会 满足人类的基本需求而不耗尽或破坏自然资源从而牺牲当代或后代人类和其他物种满足其自身需求的权利。

environmental movement 环境运动 某一社会的普通公民所进行的要求领导者们制订法律和政策来进行如下行动的运动：(1) 降低污染；(2) 清洁受污染的环境；(3) 保护环境免遭破坏。

environmental resistance 环境阻力 限制生物数量增长的所有因素。见“生物潜力”(biotic potential)、“限制因素”(limiting factor)。

environmental revolution 环境革命 包括停止人口增长、改变生活方式、改变政治和经济体系，以及人们对待环境的方式等文化变革，从而使人类可以为了自己和其他物种来保护地球。这场革命涉及到从大自然中学习如何与人类之外的自然界协作来维持地球的生存和发展。见“环境智慧世界观”(environmental wisdom worldview)。与“农业革命”(agricultural revolution)、“狩猎-采集”(hunter-gatherers)进行比较。

environmental science 环境科学 以人类及其他生物之间及其与非生物环境(物质和能量)之间的相互关系为研究对象的科学。它是一门自然科学，也是一门社会科学，更是一门综合性很强的交叉学科，涉及物理学、化学、生物学(特别是生态学)、地质学、地理学、资源技术与工程学、资源保护和管理学、人口学(对人口变化进行研究的学科)、经济学、政治学、社会学、心理学，以及伦理学。换句话说，它是研究人类如何与大自然和谐相处的科学——一种对联系和关系的研究。

environmental scientist 环境科学家 利用来自自然科学和社会科学的信息来研究一下人类活动的科学家：(1) 理解地球如何运作；(2) 学习人类如何与地球和谐相处；(3) 研究解决环境问题的途径。与“保护性生物学家”(conservation biologist)、“保护主义者”(conservationist)、“生态学家”(ecologist)、“保存主义者”(preservationist)、“恢复主义者”(restorationist)进行一下比较。

environmental wisdom worldview 环境智慧世界观 这种世界观认为：(1) 自然是为地球上所有生命而存在的，不仅仅是为了人类而存在，人类也不是地球上其他一切的统治者；(2) 地球上的资源不是取之不尽，用之不竭的，也不仅仅是为人类自己享用的；(3) 有些经济增长方式是有益的，而有些则是有害的，我们的目的应该是建立起能够鼓励可持续的经济和政治体系，而防止或禁止各种对地球生态有害的经济和政治体制；(4) 人类的成功有赖于学习如何与其他物种、如何与大自然的其他组成部分和谐相处，而不是处于自己目的来统治地球。与“地球管理世界观”(planetary management)、“太空船-地球世界观”

(spaceship-earth worldview) 进行一下比较。

environmental worldview 环境世界观 人类认为地球如何运作，人类认为自身所起的作用是什么，人类认为哪些环境行为是正确的、哪些是错误的（环境伦理）。

EPA 环境保护局 美国环境保护局，其责任为管理联邦政府对控制空气和水污染、各种辐射和杀虫剂造成的危害、进行各种环境研究、处理有害废物，以及固体废物的处理等工作的联邦政府机构。

epidemiology 流行病学 对某些特定人群中所传播的疾病的症状及由有毒物质引起的伤害进行研究的学科，其目的是找出这些人致病的原因以及为何其他人不受感染。

erosion 侵蚀 松散或坚实的土壤被溶解、松解，或被从一个地方转移到另一个地方并沉积下来的过程。见“风化”(weathering)。

estuary 河流入海口 在河流入海的地方部分被海岸线包围的场所，河流的淡水中携带了大量肥沃的淤泥，与海水相混合。

eukaryotic cell 真核细胞 含有一个细胞核的细胞，细胞核周围被携带基因信息的物质所包围，最外层由细胞膜包裹。细胞膜内还包裹着其他几种细胞物质。与“原核细胞”(prokaryotic cell) 进行一下比较。

eutrophication 富营养化 当湖泊、河流入海口，或流速缓慢的溪流获得了由自然侵蚀和径流带来的大量养分，主要是硝酸盐和磷酸盐，所产生的物理、化学和生物变化。见“耕作性富营养化”(cultural eutrophication)。

eutrophic lake 富营养化湖泊 含有大量或过量植物养分的湖泊，主要是硝酸盐和磷酸盐。与“中营养化湖泊”(mesotrophic lake)、“贫营养化湖泊”(oligotrophic lake) 进行一下对比。

evaporation 蒸发 从液体变成气体的过程。

even-aged management 等树龄管理 一种在某一区域内维持所有树木在同一树龄和生长尺度的种植方法，一般所种植的为同一树种，并在恰当时候进行一次性砍伐。与“非等树龄管理”(uneven-aged management) 进行一下比较。

evergreen plants 常绿植物 整年都可以保持一部分树叶或针叶生长而不落叶的植物。例如，蕨类植物和针叶树，包括杉树、云杉、松树、红杉、美洲杉树等。与“落叶植物”(deciduous plants)、“肉质植物”(succulent plants) 进行一下比较。

evolution 革命 见“生物革命”(biological evolution)。

exhaustible resource 可耗尽资源 见“不可再生资源”(nonrenewable resource)。

exotic species 外来物种 见“非本地物种”(nonnative species)。

experiment 实验 科学家研究某一已知条件下产生某种现象的活动。有些实验是在实验室内进行的，而有些则是在自然条件下进行的。实验所得的科学数据或结论必须经过仿佛观察和测算来证实和确认，最好是能够通过若干不同的调查人进行评估。

exponential growth 指数级增长 在某一时间段内，某一数量以一个固定的百分比为速率进行增长；在绘制成数量一时间图表时，这种增长方式呈现出一种字母 J 形的增长曲线。与“线性增长”(linear growth) 进行一下比较。

external benefit 外部收益 生产或使用某一经济产品所产生的社会效益，未包含在该产品的市场价格中。与“外部成本”(external cost)、“全成本”(full cost) 进行一下比较。

external cost 外部成本 生产或使用某一经济产品所产生的社会危害，未包含在该产品的市场价格中。与“外部收益”(external benefit)、“全成本”(full cost) 进行一下比较。

externalities 外部因素 某一经济产品所具有的社会效益（好的）和社会危害（坏的），未包含在该产品的市场价格中。见“外部收益”(external benefit)、“外部成本”(external cost)。与“全成本”(full cost)、“内部成本”(internal cost) 进行一下比较。

extinction 灭绝 某一物种从地球上全部消失。当某一物种无法适应新的环境条件，同时无法成功繁衍后代时，该物种就会灭绝，或者进化成另一个或多个新的物种。与“物种形成”(speciation) 进行一下比较。另见“濒危物种”(endangered species)、“危险物种”(threatened species)。

F

family planning **计划生育** 为家庭提供各种信息、医疗服务和避孕措施，帮助他们选择生育后代的数量和时间间隔。

famine 饥荒 某一地区内由于食物短缺而造成的大范围的营养不良和饥饿，一般都是由干旱、战争、洪水、地震，或其他灾难引起的食品生产和分配短缺引发的。

feedlot 养殖场 用于养殖家畜的室内或室外场所。与“牧场”(rangeland) 进行一下比较。

fermentation 发酵 见“厌氧呼吸”(anaerobic respiration)。

fertilizer 肥料 为土壤增加有机和无机的植物养分，提高土壤养育农作物、树木和其他植物的能力的物质。见“商业无机肥料”(commercial inorganic fertilizer)、“有机肥料”(organic fertilizer)。

financial resources 金融资源 为了维持自然资源和人类资源的利用，为人类提供经济产品和各种服务所使用的现金、各种投资形式，以及货币制度等。与“人类资源”(human resources)、“产品资源”(manufactured resources)、“自然资源”(natural resources) 进行一下比较。

first law of energy 能量第一定律 见“热力学第一定律”(the first law of thermodynamics)。

first law of thermodynamics 热力学第一定律 在任何物理和化学变化过程中，没有能量生成，也没有能量消失，能量只会从一种形式转化成另一种形式；你不可能从输入的一定量的能量中获得更多能量；就能量的量而言，你无法不输入任何能量就获得产出（天下没有免费的午餐）。这条定律并不适用于核反应，在核反应过程中，很微量的物质可以产生巨大的能量。另见“热力学第二定律”(the second law of thermodynamics)。

fishery 水产养殖 在某一海域或内陆湖泊中养殖某些具有商业价值的鱼类的活动。

fish farming 渔类养殖 一种在圈定的池塘或其他环境中养殖鱼类的水产业，当养殖的鱼类生长到一定尺寸就可以进行捕捞。另见“鱼类放养”(fish ranching)。

fish ranching 鱼类放养 水产养殖的一种，将某种鱼类的幼苗圈养在池塘中若干年，例如大马哈鱼，然后将其放归海洋，待其生长成熟后会回游到淡水区域进行繁殖，此时再对其进行捕捞。另见“渔类养殖”(fish farming)。

floodplain 漫滩 河道旁边的平坦河谷地带。从法律上讲，漫滩是指存在被河水淹没威胁的所有低洼地带，包括某些海岸地区。

flyway 候鸟迁徙路径 一般来讲，每年中的固定季节，一些水禽都会沿固定路径从一地迁徙到另一地。

food chain 食物链 某一种生物体捕食或分解处在其下层的生物体，由此构成的一系列等级关系。与“食物网”(food web) 进行一下比较。

food web 食物网 由众多相互关联的食物链和捕食关系构成的复杂的网状关系。与“食物链”(food chain) 进行一下比较。

forest 森林 年平均降水量充足（至少 76 厘米，或 30 英寸），足以维持各种树种和其他植物生存的生态群系。与“沙漠”(desert)、“草地”(grassland) 进行一下比较。

fossil fuel 化石燃料 在高温、高压的条件下，经过数百万年的时间，在地壳中发生部分或全部分解的植物和动物残骸生成的产物，其产物包括原油、煤、天然气或重油。见“煤”(coal)、“原油”(crude oil)、“天然气”(natural gas)。

free-access resources 免费资源 见“公共资源”(common-property resource)。

Freons 氟利昂 见“氯氟化碳”（chlorofluorocarbons）。

freshwater life zones 淡水生命区域 陆地上所集聚或流动的水体中所含可溶性盐分的浓度低于 1% 的水生生态系统。例如，(1) 静水淡水系统，如湖泊、池塘、内陆湿地等；(2) 流动淡水系统，如溪流和河流。与“生态群系”（biome）进行一下比较。

frontier science 前沿科学 尚未被广泛证实和接受的初级科学数据、假设和模型。与“主流科学”（consensus science）进行一下比较。

full cost 全成本 将某一产品的内部成本和估算的短期及长期外部成本全部计算按市场价格计算在内的成本总和。与“外部成本”（external cost）、“内部成本”（internal cost）进行一下比较。

functional diversity 功能多样性 物种和生物群落维持生存所需的各种生物和化学过程或功能，例如能量流和物质循环过程。见“生物多样性”（biodiversity）、“生态多样性”（ecological diversity）、“基因多样性”（genetic diversity）、“物种多样性”（species diversity）。

fundamental niche 基本生态场所 在不存在其他物种竞争的条件下，某一物种能够利用的所有物理、化学和生物因素。见“生态场所”（ecological niche）。与“现实场所”（realized niche）进行一下比较。

fungi 真菌 真核细菌，大多数是多细胞生物，例如蘑菇、霉菌和发酵菌。作为分解者，它们可以通过分泌某些生物酶来加速有机物质的分解，从而获得维持自己生存所需的养分。

fungicide 杀真菌剂 能够杀死真菌的化学物质。

G

gamma rays 伽马射线 由某些放射性同位素释放出来的电离的电磁射线，它们带有较高的能量。它们很容易穿透人体组织。另见“阿尔法粒子”（alpha particles）、“贝塔粒子”（beta particles）。

GDP 国内生产总值 见“国内生产总值”（gross domestic product）。

gene mutation 基因突变 见“变异”（mutation）。

gene pool 基因库 某一物种的所有个体所含有的基因总和。

generalist species 通适物种 具有广泛的生态场所适应性的物种。它们可以在多种不同的场所生存，以多种食物为食，能够忍受多种环境条件。例如，苍蝇、蟑螂、仓鼠、家鼠以及人类。与“专才物种”（specialist species）进行一下比较。

genes 基因 被编码的信息，承载着该物种的特征，在繁衍过程中由母题遗传给后代。基因由染色体中的脱氧核糖核酸分子片断组成。

gene splicing 基因拼接 见“基因工程”（genetic engineering）。

genetic adaptation 基因适应性 某一物种的个体所携带的基因发生变化，从而使该物种在环境条件发生变化的条件下能够繁衍并获得竞争优势。见“差异性繁殖”（differential reproduction）、“进化”（evolution）、“变异”（mutation）、“自然选择”（natural selection）。

genetically modified organism（GMO）转基因生物 通过基因工程改变了基因构成的生命体。

genetic diversity 基因多样性 某一物种的个体在基因构成上的可变性。见“生物多样性”（biodiversity）。与“生态多样性”（ecological diversity）、“物种多样性”（species diversity）进行一下比较。

genetic engineering 基因工程 将某一外来基因植入某一生物体内使其获得某种有益的基因特征。与“自然选择”（natural selection）进行一下比较。

geographic isolation 地理隔绝 在很长的一段时间内，将一定量的某一物种的个体封闭在某一不同环境中。

geothermal energy 地热能量 来自地下的热能，包括 (1) 干蒸汽（无液滴的蒸汽）；(2) 湿蒸汽（蒸汽和水分的混合物）；(3) 断裂或多孔的岩层中所含的热水。

global warming 全球气候变暖 地球大气层变暖，它是由某种或某几种温室气体浓度的增加而导致的。见“温室效应”（greenhouse effect）、“温室气体”（greenhouse gases）。

GNP 国民生产总值 见“国民生产总值”（national product）。

grassland 草地 年平均降水量处在中等水平的生态群系（25－76 厘米，或 10—30 英寸），足以维持草种和其他一些小型植物的生长，当无法支持大型乔木的生长。与“沙漠”（desert）、“森林”（forest）进行一下比较。

greenhouse effect 温室效应 在接近地表的大气层（对流层）中释放出热量的一种自然效应。低层大气（对流层）中所含的水蒸气、二氧化碳气体、臭氧，以及其他几种气体可以吸收一些地球表面向外辐射的红外线（热量）。这会导致这些气体的分子结构不稳定，并将吸收的能量转化成波长较长的红外线（热量）储存在对流层中。如果大气层中这些温室气体的浓度增高，它们就不能被其他自然反应过程所去除，低层大气的平均温度就会逐渐升高。由于这些温室气体释放入大气层中的能量的波长与其吸收的能量的波长不相等，从科学上来讲，不应该说温室气体吸收了来自地表的热量并将它们再次辐射到大气层中。

greenhouse gases 温室气体 地球的低层大气（对流层）中所含的一些能够导致温室效应的气体。例如，二氧化碳、氯氟化碳、臭氧、甲烷、水蒸气，以及一氧化二氮。

green manure 绿色肥料 在生长中被采伐的或仍然活着的绿色植物，它们被犁入土壤中，以提高土壤中有机物质和腐殖质的含量，从而有助于农作物的生长。与“动物肥料”（animal manure）进行一下比较。

green revolution 绿色革命 一个被广泛应用的术语，是指引人科学养殖或科学地选择出的各种谷物作物（大米、小麦、玉米），施用了足够量的化肥和水分，能够大幅度提高产量。

gross domestic product（GDP）国内生产总值 一个国家内部一年中所生产的全部商品和提供的服务按照当前的货币价值进行计算得出的市场价值的总和。与“国民生产总值”（gross national product）、“全球生产总值”（gross world product）进行一下比较。

gross national product（GNP）国民生产总值 一个经济实体一年中所生产的全部商品和提供的服务按照当前的货币价值进行计算得出的市场价值的总和。与“国内生产总值”（gross domestic product）、“全球生产总值”（gross world product）进行一下比较。

gross primary productivity（GPP）初级总生产率 一个生态系统中的全部生产者在一定时间内获取和储存一定量的化学能量的速率。与“初级净生产率”（net primary productivity）进行一下比较。

gross world product（GWP）全球生产总值 每年全球所生产的商品和提供的服务以当前货币计算所得出的市场价值的总和。与“国内生产总值”（gross domestic product）、“国民生产总值”（gross national product）进行一下比较。

groundwater 地下水 渗透入土壤中并被储藏起来的水体，它们在地下缓慢流动并被缓慢地更新，土壤中的这层被称为含水层；地下水蕴藏在饱和的土壤区域，在地下水位以下。与“径流”（runoff）、“表层水”（surface water）进行一下比较。

gully reclamation 河谷开垦 在河谷滩涂上种植生长迅速的植物，将这些土地从受侵蚀的状态中恢复过来，修建小型大的堤坝来保持淤泥，逐步填土阻断河道，并新修河道来输导河水。

H

habitat 栖息地 某一生物个体或某一物种的若干个体所生存的场所。与“生态场所”（ecological niche）进行一下比较。

habitat fragmentation 栖息地断裂 某个栖息地被分裂成若干个较小的片区，通常是人类活动所导致的结果。

hazard 危险 会导致伤害、疾病、经济损失，或环境损害的事物。另见"风险"（risk）。

hazardous chemical 危险性化学物质 会导致伤害的化学物质，因为它们（1）可燃或会爆炸；（2）会刺激或伤害皮肤或肺（例如强酸或强碱性物质），或者（3）会导致免疫系统的过敏反应（过敏原）。见"有毒化学物质"（toxic chemical）。

hazardous waste 有害废物 任何具有以下属性的固体、液体或罐装气体：（1）易燃的；（2）对皮肤组织或金属有腐蚀作用；（3）不稳定，会爆炸或释放出有毒烟雾，或者（4）会渗出一种或多种有毒物质。另见"有毒废物"（toxic waste）。

heat 热量 某一物体内所含的原子、离子或分子进行无规则运动所具有的全部动能，不包括该物体自身所作的整体运动。当两个物体之间存在温度差时，这种动能就会从一个物体转移到另一个物体。热量总是自发地从高温物体转移到低温物体。这也是热力学第二定律所阐述的内容。与"温度"（temperature）进行一下比较。

herbicide 除草剂 能够杀死植物或遏止其生长的化学物质。

herbivore 食草动物 以植物为食的动物。例如，鹿、羊、蝗虫以及浮游动物。与"食肉动物"（carnivore）、"杂食动物"（omnivore）进行一下比较。

heterotroph 异养生物 见"消费者"（consumer）。

high-input agriculture 高投入农业 见"工业化农业"（industrialized agriculture）。

high-quality energy 高质量能量 浓度较高，具有较大能力做有用功的能量。例如，高温热能和电能、煤、石油、汽油、日光，以及铀 235 的原子核。与"低质量能量"（low-quality energy）进行一下对比。

high-quality matter 高质量物质 含有高浓度的有用资源的物质。与"低质量物质"（low-quality matter）进行一下比较。

high-throughput economy 高产出经济体系 指大多数工业化国家现在所处的阶段，经济的持续增长是由最高效地利用物质和能量资源来维持的，但并不重视如何防止污染、如何进行回收、如何进行再利用、如何减少不必要的废物产量、以及如何进行其他形式的资源保护。与"低产出经济体系"（low-throughput economy）、"物质循环型经济体系"（matter-recycling economy）进行一下比较。

high-throughput society 高产出社会 见"高产出经济体系"（high-throughput economy）。

high-waste society 高废物产出社会 见"高产出经济体系"（high-throughput economy）。

host 宿主 寄生生物所寄居的植物或动物。

human resources 人类资源 人类用于生产、分配和销售经济产品所需的体力和脑力能力。与"金融资源"（financial resources）、"产品资源"（manufactured resources）、"自然资源"（natural resources）进行一下比较。

humus 腐殖质 表层土种所含的可微溶的、未被消化或被部分消化的有机物质的残骸。这种物质有助于保持土壤的水分和水溶性养分，这些水分和养分又可以被植物的根系吸收。

hunter-gatherers 以狩猎一采集为生者 以采集可食的野生植物和捕猎野生动物和鱼类来生存的人。与"环境革命"（environmental revolution）、"绿色革命"（green revolution）进行一下比较。

hydrocarbon 碳氢化合物 由氢原子和碳原子组成的有机化合物。最简单的碳氢化合物是甲烷（CH_4），它是天然气的主要成分。

hydroelectric power plant 水力发电场 依靠水体的落差或流动来带动涡轮发电的设施。

hydrologic cycle 水循环 将地球环境中的水体聚集、净化并分配给生物，然后再返归到自然环境中的整个生物地球化学循环过程。

hydropower 水力发出的电力 由水体的落差或流动所产生的电能。见"水力发电场"（hydroelectric power plant）。

hydrosphere 水圈 包括地球上的：（1）液体水（海洋、湖泊、其他表面水体，以及地下水）；（2）冰冻水体（极地冰盖、漂浮冰盖，以及土壤中被称为永久冻结带的冰），以及（3）大气中所含的少量的水蒸气。另见"水循环"（hydrologic cycle）。

I

identified resources 已探明资源 某种矿物质的储藏位置、储量以及质量已经被探查清楚，或者根据直接的地质迹象已被测明的资源。与"未探明资源"（undiscovered resources）进行一下比较。

igneous rock 火成岩 当熔融的岩石物质（岩浆）从地球内部涌出，然后冷却、凝结，岩石便形成了。与"变质岩"（metamorphic rock）、"沉积岩"（sedimentary rock）进行一下比较。见"岩石循环"（rock cycle）。

immature community 未成熟群落 处在生态演进早期的群落。通常，这样的群落所含的物种数量较少，生态场所也不多，通常也无法像其他较复杂、较成熟的生态系统那样高效地获得和利用能量。与"成熟群落"（mature community）进行一下比较。

immigrant species 移入物种 前移人或被人类有意或无意地带入另一生态系统中的物种。有些移人物种是有益的，而有些则会侵害甚至取代一些当地物种。与"指示物种"（indicator species）、"关键物种"（keystone species）、"本地物种"（native species）进行一下比较。

immigration 移民 一些人进入另一个国家或地区以获得该国或该地区的永久居住权。

indicator species 指示物种 某些物种可以起到对该群落或生态系统正在发生的退化过程进行早期预警的作用，这种物种就被称为指示物种。与"移入物种"（immigrant species）、"关键物种"（keystone species）、"本地物种"（native species）进行一下比较。

industrialized agriculture 工业化农业 投入大量由化石燃料所获得的能量（特别是石油和天然气）以及水、肥料和杀虫剂来获得农作物和牲畜的高产，供应国内市场和国外市场。与"生存型耕作"（subsistence farming）进行一下比较。

industrial smog 工业粉尘 一种主要由二氧化硫、由二氧化硫生成的硫磺酸悬浮液滴，以及其他一些固体悬浮颗粒构成的空气污染物。与"光化学烟雾"（photochemical smog）进行一下比较。

infant mortality rate 婴儿死亡率 每年每一千名未满 1 岁的婴儿中死亡的个数。

infiltration 渗透 水体穿过土壤向下移动。

inland wetland 内陆湿地 远离海滨、部分时间或一直被淡水覆盖土地，例如沼泽、湿沼、或泥沼。与"海滨湿地"（coastal wetland）进行一下比较。

inorganic compounds 无机化合物 除有机化合物之外的所有化合物。见"有机化合物"（organic compounds）。

inorganic fertilizer 无机肥料 见"商业无机肥料"（commercial inorganic fertilizer）。

input pollution control 污染输入控制 见"污染预防"（pollution prevention）。

insecticide 杀虫剂 可以杀死昆虫的化学物质。

instrumental value 利用价值 基于某一生物、物种、生态系统，或整个地球的生物多样性的有用性而具有的价值。与"固有价值"（intrinsic value）进行一下比较。

integrated pest management（IPM）综合害虫管理 综合、合理地运用生物、化学，以及耕作方法来控制害虫数量，从而控制农作物或牲畜的经济损失的方法。

intercropping 间混作 在同一块田地中同时种植两种或两种以上不同的作物。例如，含糖量较高的谷物会消耗土壤中的氮，而含蛋白质的量较高的豆类则会增加土壤中的氮，这两种作物就可以进行间混作。与“单作”（monoculture）、“多作”（polyculture）、“多种混作”（polyvarietal cultivation）进行一下比较。

internal cost 内部成本 由生产者和购买者直接支付的某一商品的成本。与“外部成本”（external cost）进行一下比较。

interplanting 间作 在同一块田地中同时种植多种作物。见“农林学”（agroforestry）、“间混作”（intercropping）、“多作”（polyculture）、“多种混作”（polyvarietal cultivation）。

interspecific competition 物种间竞争 在某一生态系统中，两种或两种以上的物种对有限资源的竞争行为。见“竞争”（competition）、“竞争性排斥原则”（competitive exclusion principle）、“物种内竞争”（intraspecific competition）。

intraspecific competition 物种内竞争 在某一生态系统中，同一物种中的两个或两个以上的个体对有限资源的竞争行为。见“竞争”（competition）、“物种间竞争”（interspecific competition）。

intrinsic rate of increase (r) 固有增长率 在无资源限制的条件下，某一生物种群的数量能够持续增长的速率。与“环境阻力”（environmental resistance）进行一下比较。

intrinsic value 固有价值 某一生物、物种、生态系统，或地球的生物多样性基于其本身的存在而具有的价值，无论其对人类是否有用。与“利用价值”（instrumental value）进行一下比较。

inversion 逆转 见“逆温”（temperature inversion）。

invertebrates 无脊椎动物 无脊椎骨的动物。与“脊椎动物”（vertebrates）进行一下比较。

ion 离子 带有一个或多个正电或负电的原子或原子组。与“原子”（atom）、“分子”（molecule）进行一下比较。

ionizing radiation 离子辐射 由放射性同位素释放出的高速运动的阿尔法粒子或贝塔粒子，以及高能量的射线（伽马射线）。当击中原子时，它们具有足够的能量可以将一个或多个电子从原子中击出，在生物组织中形成带电离子，会与活着的生物组织发生反应，甚至产生伤害。与“非离子射线”（nonionizing radiation）进行一下比较。

isotopes 同位素 原子核中含有相同的质子数但含有不同的中子数的两种或多种形式的化学物质。

J-shaped curve J 形曲线 与字母 J 形状相似的曲线；可以表示长期指数级增长形成的曲线。

kerogen 油母岩质 存在于油页岩中、由碳氢化合物组成的固态、蜡状混合物。当岩石被加热到很高的温度时，油母岩质就会蒸发出来。对蒸汽进行冷凝、净化，然后送到炼油厂里进行加工，就可以生产出汽油、民用燃油，以及其他一些石油产品。另见“油页岩”（oil shale）、“页岩油”（shale oil）。

keystone species 关键物种 在某一生态系统中，某一物种所扮演的角色能够影响其他物种的生存，这样的物种就被称为关键物种。与“移入物种”（immigrant species）、“指示物种”（indicator species）、“本地物种”（native species）进行一下比较。

kinetic energy 动能 由于物体自身所具有的质量和速度或速率而具有的能量。与“势能”（potential energy）进行一下比较。

L

lake 湖泊 自然形成的大面积静止的淡水水体，主要由来自降水、地表径流或地下水汇入地面的凹陷处而形成，这些凹陷则是由以下多种情况形成的：（1）冰河作用；（2）地球运动；（3）火山活动，或者（4）陨石坠落。见“富营养化湖泊”（eutrophic lake）、“中营养化湖泊”（mesotrophic lake）、“贫营养化湖泊”（oligotrophic lake）。

landfill 垃圾填埋 见“卫生垃圾填埋”（sanitary landfill）。

land-use planning 土地利用规划 确定某一地区内的每一块土地当前和未来的最佳使用性质的过程。

late successional plant species 晚期演替植物物种 主要是乔木物种，它们可以忍受庇荫的条件，并形成较稳定而复杂的森林群落。与“中期演替植物物种”（midsuccessional plant species）进行一下比较。

latitude 纬度 与赤道的距离。与“海拔高度”（altitude）进行一下比较。

law of conservation of energy 能量守恒定律 见“热力学第一定律”（first law of thermodynamics）。

law of conservation of matter 物质守恒定律 在任何物理和化学变化过程中，物质不会被创造也不会被毁灭，它只会从一种形式转变成另一种形式；在任何物理和化学变化过程中，原有原子被重新组合成另一种空间排列方式（物理变化）或结合方式（化学变化）。

law of tolerance 忍耐定律 在某一生态系统中，某种物种的存在、发展，以及分布状况是由某一种或多种物理和化学因素的水平是否处在该物种能够忍耐的范围之内来决定的。见“门槛效应”（threshold effect）。

LD_{50} 见“中值致命剂量”（median lethal dose）。

LDC 见“发展中国家”（developing country）。

leaching 滤除 土壤表层中所含的各种化学物质被溶解在水中并被转移到土壤底层甚至是地下水中的过程。

less developed country (LDC) 不发达国家 见“发展中国家”（developing country）。

life cycle cost 全生命周期成本 某一经济产品的初始成本与全生命周期内的使用成本之和。与“全成本”（full cost）进行一下比较。

life expectancy 平均寿命 新生婴儿尚可期望生存的年数。

limiting factor 限制因素 限制某一物种的个体在某一生态系统中生长、发展、或分布的单一因素。见“限制因素原则”（limiting factor principle）。

limiting factor principle 限制因素原则 过多或过少量任何一种非生物因素能够限制或阻止某一物种的个体在某一生态系统中的增长，即使所以其他因素都处在或接近该物种所能忍耐的最大程度。

linear growth 线性增长 在每一时间单位内增长与量相同的一种增长方式。与“指数级增长”（exponential growth）进行一下比较。

liquefied natural gas (LNG) 液化天然气 将天然气降温到一个很低的温度使其液化所生成的产物。

liquefied petroleum gas (LPG) 液化石油气 由从天然气中分离出来的液化丙烷气和液化丁烷气组成的混合物，可作燃料。

lithosphere 岩石圈 地球的外壳，由地壳和处在岩流圈外层的地幔的最外层坚硬部分组成；存在于地球板块中。见“地壳”（crust）、“地幔”（mantle）。

loams 肥土 混有黏土、砂土、泥沙和腐殖质的土壤。对于大多数农作物的生长很有利。

logistic growth 对数增长 当基数很小时呈指数级增长，当基数接近承载力时则会持续减少的一种增长方式。

low-input agriculture 低投入农业 见“可持续农业”（sustainable agriculture）。

low-quality energy 低质量能量 缺乏组织或组织松散的能量，缺乏作有用工的能力。例如低温热能。与“高质量能量”（high-quality matter）进行一下比较。

low-quality matter 低质量物质 缺乏组织的、稀松的、组织松散的或所含有用资源的浓度较低的物质。与“高质量物质”（high-quality matte）进行一下比较。

low-throughput economy 低产出经济体系 通过以下方式与大自然协作的经济体系：（1）对废弃的物质进行循环或再利用；（2）防止污染；（3）通过减少不必要的废物量来保护物质和能量资源；（4）不破坏可再

生资源；（5）生产的产品都是易于循环、再利用和维修的；（6）将人口数量控制在环境承载力之内；（7）保护生物多样性和生态完整性。见“环境世界观”（environmental worldview）。与“高产出经济体系”（high-throughput economy）、“物质循环型经济体系”（matter-recycling economy）进行一下比较。

low-waste society 低浪费社会 见“低产出经济体系”（low-throughput economy）。

LPG 见“液化石油气”（liquefied petroleum gas）。

M

macroevolution 宏观进化 物种的长期、大规模、进化性变化。与“微观进化”（microevolution）进行一下比较。

magma 岩浆 地球内部熔融的岩石。

malnutrition 营养不良 由饮食导致的营养缺乏，无法提供生物体维持良好健康所需的充足的蛋白质、基本量的脂肪、维生素、矿物质以及其他养分。与“营养过剩”（overnutrition）、“营养不足”（undernutrition）进行一下比较。

mangrove swamps 红树林沼泽 生长在热带气候地区的海滨地区的一种沼泽。这些沼泽中长满了红树林，红树林是指大约55种能够部分淹没在咸水中仍可生存的乔木和灌木。

mantle 地幔 处在地核与地壳之间的区域。与“地核”（crust）、“地壳”（mantle）进行一下比较。见“岩石圈”（lithosphere）。

manufactured resources 人造资源 由自然资源经人工加工而成的、用于生产和分配商品、提供各种服务的物品。包括：工具、机械、设备、工厂以及交通和分销设施。与“金融资源”（financial resource）、“人类资源”（human resource）、“自然资源”（natural resource）进行一下比较。

manure 粪肥 见“动物肥料”（animal manure）、“绿色肥料”（green manure）。

mass 质量 物体所含的物质的量。

mass extinction 大规模灭绝 与常规灭绝（背景灭绝）相比，大规模灭绝通常是由一次灾难性的、大规模的、通常是全球性的事件所引发的众多物种在短时间内的灭绝。与“背景灭绝”（background extinction）进行一下比较。

mass number 质量数 一个原子的原子核中所含的质子与中子数之和。它可以表示该原子的大约质量。与“原子量”（atomic number）进行一下比较。

mass transit 大运量交通 公共汽车、铁路、电车以及其他能够运载大量旅客的交通方式。

material efficiency 材料效率 生产每一个单位的商品或服务所需的材料的量。也被称为“资源生产率”（resource productivity）。与“能量效率”（energy efficiency）进行一下比较。

matter 物质 具有质量（一个物体所具有的物质数量）、占有空间的任何事物都可以称为物质。在地球上，只要有重力存在的地方，我们就以该物体的重量来确定其质量。

matter quality 物质质量 以有效性和浓度为基础，计算一种物质资源的有用程度的概念。见“高质量物质”（high-quality matter）、“低质量物质”（low-quality matter）。

matter-recycling economy 物质循环型经济体系 最大限度地对可循环利用的资源进行循环使用的经济体系。其目的是为了能够在不耗尽物质资源、不生产过量的污染、不造成环境破坏的条件下推动经济增长。与“高产出经济体系”（high-throughput economy）、“低产出经济体系”（low-throughput economy）进行一下比较。

mature community 成熟群落 处在生态演替的高级阶段，发展稳定，能够自我维持的生物群落；成熟群落通常拥有非常多样的物种和生态场所；与简单的、未成熟的群落相比，成熟群落能够以更高的效率获得和利用能量和一些关键性化学物质。与“未成熟群落”（immature community）进行一下比较。

maximum sustainable yield 最大可持续产出量 见“可持续产出”（sustainable yield）。

MDC 见“发达国家”（developed country）。

median lethal dose (LD_{50}) 中值致命剂量 在某一时间段内，杀死一半受测生物数量时，每一单位受测生物的体重所摄入的有毒物质的量。

megacity 千万人口城市 人口超过1000万的城市。

meltdown 熔毁 核反应堆的核心部分被熔化、销毁。

mesotrophic lake 中营养化湖泊 所含植物养分的量为中等水平的湖泊。与“富营养化湖泊”（eutrophic lake）、“贫营养化湖泊”（oligotrophic lake）进行一下比较。

metabolism 新陈代谢 活着的细胞或生物从环境中获得和输送物质和能量来满足自己生存、生长和繁衍的需求的能力。

metamorphic rock 变质岩 当已存的岩石受到高温（会导致其部分熔化）、高压、化学活性流体，或者这些因素共同作用时就会生成变质岩。与“火成岩”（igneous rock）、“沉积岩”（sedimentary rock）进行一下比较。见“岩石循环”（rock cycle）。

metastasis 病毒转移 恶性（癌症）细胞从受侵害区域扩散到人体的其他区域。

metropolitan area 大都市区 见“城市区域”（urban area）。

microevolution 微观进化 部分生物体所经历的小规模基因变化。与“宏观进化”（macroevolution）进行一下比较。

microorganisms 微生物 体形微小的生物，只有通过显微镜才能观察到，如细菌。

micropower systems 微型能量系统 能够产生1—10000千万电量的小规模分散型能量单元。例如（1）微小涡轮机；（2）燃料电池；（3）家用太阳能板和太阳能屋面系统。

midsuccessional plant species 中期演替植物物种 不如早期演替植物物种强壮的植物，如草和灌木。与“早期演替植物物种”（early successional plant species）、“晚期演替植物物种”（late successional plant species）进行一下比较。

mineral 矿物质 任何存在于地壳中的无机物质都属于矿物质，例如固体水晶。见“矿物资源”（mineral resource）。

mineral resource 矿物资源 存在于地壳内或地壳上的、自然存在的、某种形式的固态、液态或气态的物质，其储量足以使在当前或未来的生产条件下对其进行开采，并将其转化成有用的材料是有利可图的。矿物资源被分为金属矿物资源（例如铁矿和锡矿）和非金属矿物资源（例如化石燃料、砂子和盐）。

minimum-tillage farming 最小耕作种植 将“耕地保护性耕作”（conservation-tillage farming）。

mixed economic system 混合经济体系 介于纯市场经济体系和纯需求经济体系之间的一种经济体系。几乎所有国家的经济体系都属于混合经济体系，只是某些倾向于纯市场经济体系，而另一些倾向于纯需求经济体系。与“资本主义市场经济体系”（capitalist market economic system）、“纯需求经济体系”（pure command economic system）、“纯自由市场经济体系”（pure free-market economic system）进行一下比较。

mixture 混合物 由一种或多种单质和化合物组成的物质。

model 模型 能够大致代表所研究的事物的性质或对所研究的事物进行的模拟。

molecule 分子 两个或多个同一化学元素（例如氧气）或不同化学元素（例如水）的原子由化学键结合在一起组成的物质。与“原子”（atom）、“离子”（ion）进行一下比较。

monoculture 单作 在一块田地中只种植一种作物的耕作方式。与“多作”（polyculture）、“多种耕作”（polyvarietal cultivation）进行一下比较。

more developed country (MDC) 较发达国家 见“发达国家”（developed country）。

multiple use 多种用途 对某一生态系统进行多种利用，例如，森林可以采伐木材，可以为野生生物提供栖息地，可以保护流域水土，还可以进行休闲娱乐活动。与“可持续产出”（sustainable yield）进行一下比较。

municipal solid waste 市政固体废物 由城市区域内或城市区域附近的居民或商业设施排放出的固体废物。见“固体废物”（solid waste）。

mutagen 诱导有机体突变物 能够导致生物染色体内脱氧核糖核酸分子发生遗传性变化（变异）的化学物质或某种形式的离子射线。见“致癌物质”（carcinogen）、“致畸剂”（teratogen）。

mutation 变异 构成基因的脱氧核糖核酸分子内发生的随机变化，能够导致后代在解剖肌理、生理和行为上的变化。见“诱导有机体突变物”（mutagen）。

mutualism 互利共生 两种相互影响的物种都能够受益的活动。与“共栖”（commensalisms）进行一下比较。

N

native species 本地物种 在某一生态系统中正常生存、发展的物种。与“移入物种”（immigrant species）、“指示物种”（indicator species）、“关键物种”（keystone species）进行一下比较。

natural capital 自然资本 见“自然资源”（natural resources）。

natural gas 天然气 由重量比 50%—90% 的甲烷气体和少量较重的碳氢化合物气体，如丙烷和丁烷气体，组成的、存储在地下的气体沉积物。

natural greenhouse effect 自然温室效应 由于某些被称为温室气体的物质而导致的热量在对流层中的聚集现象。如果没有这种现象，地球会变得和火星一样冷，生命将无法存在。大量证据表明，人类活动大大增加了温室气体的量，从而增加了温室效应。

natural law 自然法则 见“科学定律”（scientific law）。

natural radioactive decay 自然放射性衰变 不稳定的原子核以某一固定的速率自发地放射出微粒（一般是阿尔法粒子或贝塔粒子）或能量（伽马射线）的核变化。

natural rate of extinction 自然灭绝率 见“背景灭绝”（background extinction）。

natural recharge 自然补水 通过降水来为含水层补充水分，降水可以穿过土壤和岩石渗透到地下。见“补水区域”（recharge area）。

natural resources 自然资源 维持人类和其他物种生存的自然物质和各种自然过程。与“金融资源”（financial resource）、“人类资源”（human resource）、“产品资源”（manufactured resource）进行一下比较。

natural selection 自然选择 一种持续的演替过程，在该过程中某一适应环境的基因（或一组基因）能够持续几代繁殖，而其他基因则不具有这样的能力。自然选择的结果就是某一拥有大量个体的种群能够更好地适应某种环境条件。见“适应性”（adaptation）、“生物进化”（biological evolution）、“差异性繁殖”（differential reproduction）、“变异”（mutation）。

nematocide 杀线虫剂 能够杀死线虫（蛔虫）的化学物质。

net economic welfare (NEW) 净经济福利 对某一国家一年中人民生活质量的变化进行的测算。它是通过从该国的国民生产总值中减去会降低人民生活质量的各种产品和服务的价值得出的。

net energy 净能量 从某一能源或能量系统中能够获得的有用能量减去以下各种能量所得的值，这些能量包括（1）已被使用的能量（第一能量定律）；（2）自动浪费的能量（第二能量定律），以及（3）在勘探、处理、浓缩和运送过程中浪费掉的不必要的能量。

net primary productivity (NPP) 初级净生产率 某一生态系统中的所有植物生产有用的化学能量的净速率；也等于该生态系统中的所有植物生产有用的化学能量的速率（初级生产率）与这些植物通过细胞的呼吸所用来消耗部分有用的化学能量的速率的差值。与“初级毛生产率”（gross primary productivity）。

neutral solution 中性溶液 含有氢离子和氢氧根离子的量相等的水溶液；pH 值等于 7 的水溶液。与“酸性溶液”（acid solution）、“碱性溶液”（basic solution）进行一下比较。

neutron (n) 中子 存在于所有原子核中的一种基本粒子（除了氢－1）。它的质量约等于一个质量单位，不带电。与“电子”（electron）、“质子”（proton）进行一下比较。

niche 场所 见“生态场所”（ecological niche）。

nitrogen cycle 氮循环 氮以不同的形式从自然环境转移到生物体内，再从生物体内转移回自然环境中的循环运动。

noise pollution 噪声污染 所有人们不希望听到的、令人烦扰的，或者有害的声音，（1）会对人类的听觉造成伤害和影响；（2）会导致人们精神紧张；（3）会使人无法集中精力，降低工作效率；（4）还可能造成事故。

nondegradable pollutant 不可降解污染物 不能被自然过程分解的物质。例如有毒的铅和汞。与“可生物降解污染物”（biodegradable pollutant）、“可降解污染物”（degradable pollutant）、“可缓慢降解污染物”（slowly degradable pollutant）。

nonionizing radiation 非离子射线 不具有足够的能量，不能引起生物体内组织中的原子产生电离的放射性能量形式，例如电磁波、微波、红外线，以及普通的光线。与“离子辐射”（ionizing readiation）进行一下比较。

nonnative species 非本地物种 移入某一生态环境的物种，或被人类活动无意或有意地引入某一生态环境中的物种。与“本地物种”（native species）进行一下比较。

nonpersistent pollutant 非持久污染物 见“可降解污染物”（degradable pollutant）。

nonpoint source 非点状污染源 向外界排出污染物的大面积的，或者分散的土地，如农田、街道、草地等。与“点状污染源”（point source）进行一下比较。

nonrenewable resource 不可再生资源 在地壳中的很多地方存在，但总量有限的资源，只能通过数千万年的地质、物理和化学进化过程才能再生的资源。例如，铜、铝、煤和石油。我们将这种资源划归有限资源的范畴，因为人类正在以一种大大快于其生成速度的方式提取、使用这些资源。与“可再生资源”（renewable resource）进行一下比较。

nontransmissible disease 非传染性疾病 不是由生物引发的，也不会在人际传播的疾病。例如大多数癌症、糖尿病、心血管疾病，以及营养不良。与“传染性疾病”（transmissible disease）进行一下比较。

no-till farming 非耕耕作 见“保护性耕作”（conservation-tillage farming）。

nuclear change 核变化 某些同位素的原子核自发发生变化，或者受外界压迫而产生变化，生成一种或多种不同的同位素的过程。核变化的三种主要类型是：天然放射性、核裂变与核聚变。与“化学变化”（chemical change）、“物理变化”（physical change）进行一下比较。

nuclear energy 核能 当原子核发生核反应时所释放出的能量，例如放射性物质的自发性能量释放、核裂变与核聚变。

nuclear fission 核裂变 当受到中子的轰击时，质量数较大的某些元素（例如铀 235 和钚 239）的同位素的原子核分裂成较轻的原子的核变化过程。这个过程可以释放出更多的中子和巨大的能量。与“核聚变”（nuclear fussion）进行一下比较。

nuclear fusion 核聚变 在极度高温作用下，质量数较轻的两种同位素（例如氢 2 和氢 3）的原子核生成一种较重的原子核（例如氦 4）的核变化过程。这个过程可以释放出巨大的能量。与“核裂变”（nuclear fission）进行一下比较。

nucleus 原子核 原子的核心部分，体积极小，它构成了原子的大部分质量。核子含有一个或多个带有正电的质子和一个或多个不带电的中子（除了氢-1 原子之外，该原子的原子核中只含有一个质子，不含中子）。

nutrient 养分 生物体生存、生长和繁殖所必需的任何形式的食物和元素。

nutrient cycle 养分循环 见“生物地质化学循环”（biogeochemical cycle）。

O

oil 石油 见“原油”（crude oil）。

oil shale 油页岩 含有不同数量的油母岩质的、细致的岩石，油母岩质是一种固态的、蜡状的碳氢化合物。将岩石进行高温加热可以将其中的油母岩质蒸发出来，所得的蒸汽可以通过冷凝生成一种可以缓慢流动的重油，被称为页岩油。见“油母岩质”（kerogen）、“页岩油”（shale oil）。

old-growth forest 早生林 原始的、生长年龄很长的次生林，林中的树种通常是生长了数百、甚至数千年。例如，生长于美国西部的花旗松林、西芹叶钩吻林、巨型美洲杉林、以及海岸红杉林。于“次生林”（second-growth forest）、“林场”（tree farm）进行一下比较。

oligotrophic lake 贫营养化湖泊 植物养分含量非常少的湖泊。与“富营养化湖泊”（eutrophic lake）、“中营养化湖泊”（mesotrophic lake）。

omnivore 杂食动物 以植物和动物作为食物来源的动物。例如，猪、老鼠、蟑螂和人类。与“肉食动物”（carnivore）、“草食动物”（herbivore）进行一下比较。

open sea 远海 大陆架以外的海域。与“海岸区域”（coastal zone）进行一下比较。

ore 矿石 在某一时间内，具有经济价值，可以合法开采的、能够提炼出金属的物质。矿石一般由两部分组成：含有所需金属的矿物质，以及无用的矿石物质（矿脉石）。

organic compounds 有机化合物 由相互连接的碳原子及一种或多种其他元素（如氢、氧、氮、硫、磷、氯和氟）组成的化合物。所有其他化合物都称为无机化合物。

organic farming 有机养殖 利用有机肥料（粪肥，豆类残渣，混合堆肥）和自然害虫控制方法（捕食害虫的昆虫，防止虫害侵害的植物，以及农作物论所法等环境控制方法）种植农作物或养殖牲畜的方法，不采用商业无机肥和人工合成的杀虫剂和除草剂。见“可持续农业”（inorganic compounds）。

organic fertilizer 有机肥料 适用于农作物的有机物质，例如动物粪肥、绿色粪肥，以及混合堆肥。与“商业无机肥料”（commercial inorganic fertilizer）进行一下比较。

organism 生物体 任何形式的生命体。

other resources 其他资源 已被人类认知的，但尚未被发现的、未归入资源储备的资源形式。

output pollution control 污染产出控制 见“污染清除”（pollution cleanup）。

overburden 覆盖层 覆盖在矿物沉积物上层的土壤或岩石。在进行表层采矿过程中会被清除。

overfishing 过度捕捞 人类过量捕捞某种鱼类，特别是未成熟的幼体，使得该鱼类的数量无法维持基本的繁殖要求，最终数量减少到无经济价值的程度。

overgrazing 过度放牧 当某一牧场区域内放养的牲畜数量过多、时间过长，超出了该区域的承载力，从而使该区域的植物遭到破坏。

overnutrition 营养过剩 消费者摄入的食物中所含卡路里、饱和脂肪（动物脂肪）、盐分、糖分，以及加工过的食物过多，而所含蔬菜和水果太少，这种饮食结构容易导致糖尿病、高血压、心脏病和其他一些健康危害。与“营养不良”（malnutrition）、“营养不足”（undernutrition）进行一下比较。

oxygen-demanding wastes 需氧废物 当水中存在充足的溶解氧时可以被需氧细菌（消耗氧气的）生物降解的有机物质。另见“生物氧需求”（biological oxygen demand）。

ozone depletion 臭氧消耗 同温层中的臭氧浓度降低。见“臭氧层”（ozone layer）。

ozone layer 臭氧层 同温层中的气态臭氧层，可以保护地球上的生物免受来自太阳辐射的紫外线的伤害。

P

parasite 寄生虫 长期生活在某一植物或动物体上，并依靠该植物或动物为食的消费者生物，该植物或动物体被称为宿主。寄生虫从宿主身上摄取营养，并逐渐损害宿主的健康；寄生虫有可能杀死宿主，也可能不杀死宿主。见“寄生状态”（parasitism）。

parasitism 寄生状态 寄生虫与宿主之间的寄存关系。见“宿主”（host）、“寄生虫”（parasite）。

parts per billion (ppb) 10 亿分之 每 10 亿个单位的某种物质的气体、液体或固体中含有的某化学物质的量。

parts per million (ppm) 百万分之 每百万个单位的某种物质的气体、液体或固体中含有的某化学物质的量。

parts per trillion (ppt) 万亿分之 每万亿个单位的某种物质的气体、液体或固体中含有的某化学物质的量。

passive solar heating system 被动式太阳能集热系统 利用某种装置直接采集太阳能量，将其转化成低温热能用于空间采暖或烧热水，但不用于推动机械设备。与“主动式太阳能集热系统”（active solar heating system）进行一下比较。

pathogen 病原体 能够引发疾病的生物体。

per capita GNP 人均国民生产总值 某一国家一年的国民生产总值除以总人口所得的值。见“国民生产总值”（gross national product）、“实人均国民生产总值”（real per capita GNP）。

percolation 渗透 某种液体穿过某种多孔的物质，如土壤。

perennial 多年生植物 能够生存两年以上的植物。见“一年生植物”（annual）。

permafrost 永久冻结带 长年冻结的土层，是由土壤中所含的水体结冰造成的。一般存在于北极冻原地区。

perpetual resource 永久资源 见“可再生资源”（renewable resource）。

persistence 污染顽固度 某种污染物存留在气体、水体、土壤，或生物体内的时间长度。

persistent pollutant 顽固污染物 见“可缓慢降解污染物”（slowly degradable pollutant）。

pest 害虫 对人类活动产生直接或间接干扰的生物。

pesticide 杀虫剂 用于杀死或阻止任何人类厌恶的生物的化学物质。见“杀真菌剂”（fungicide）、“除草剂”（herbicide）、“杀昆虫剂”（insecticide）。

pesticide treadmill 杀虫剂减效 使用杀虫剂的成本增高，但杀虫剂的效果却降低的状况，主要是由于害虫产生了基因抵抗性。

petrochemicals 石化产品 通过提炼（蒸馏）原油而得的化学物质。它们是制造大多数工业化学物质、化肥、杀虫剂、塑料制品、合成纤维、染料、药品，以及很多其他产品的原材料。

petroleum 石油 见“原油”（crude oil）。

pH pH 值 以 0 至 14 为区间，显示某种物质的相对酸性和碱性的数值，中性为 7。酸性溶液的 pH 值小于 7，碱性溶液的 pH 值大于 7。

phosphorus cycle 磷循环 磷以不同的化学形式从自然环境转移到生物体内，再从生物体内返归到自然环境中的循环运动。

photochemical smog 光化学烟雾 在低层大气中，碳氢化合物与二氧化氮在阳光照射下生成的各种空气污染物的混合物。特别有害的光化学烟雾包括，臭氧、硝酸过氧化钠，以及各种醛类。与“工业粉尘”（industrial smog）进行一下比较。

photosynthesis 光合作用 在绿色植物的细胞内进行的复杂的变化过程。太阳辐射出来的能量被用于使二氧化碳和水发生反应，生成氧气和碳水化合物（例如葡萄糖）和其他养分分子。与“有氧呼吸”（aerobic respiration）、“化学合成”（chemosynthesis）进行一下比较。

photovoltaic cell (solar cell) 光电池（太阳能电池） 能够将太阳辐射的能量直接转化成电能的装置。

physical change 物理变化 改变某种单质或化合物的一种或多种物理性质，但不改变其化学结构的变化过程。例如，改变某一物体的体积和形状（捣碎冰块、将铝切成片状），将某一物体从一种物理状态转变成另一种物理状态（使水沸腾或使水结冰）。与“化学变化”（chemical change）、“核变化”（nuclear change）进行一下比较。

phytoplankton 浮游植物 在水生生态系统中，能够漂浮在水体中的、微小的植物，主要是海藻和细菌。与“浮游生物”（plankton）、“浮游动物”（zooplankton）进行一下比较。

pioneer community 先锋群落 存在于经历初级生态演替的区域中的、首次结合在一起的植物、动物和分解者。见“未成熟群落”（immature community）、“成熟群落”（mature community）。

pioneer species 先锋物种 正在占领某一区域，处在生态演替的初级阶段，非常顽强的物种，通常是微生物、苔藓和地衣植物。见“生态演替”（ecological succession）、“先锋群落”（pioneer community）。

planetary management worldview 地球管理世界观 认为：（1）人类是地球上最重要的物种；（2）资源是取之不尽、用之不竭的，而且全部是供人类享用的；（3）任何经济增长都是有益的，越多越好，经济增长是永无止境的；（4）人类自身的成功取决于人类能够理解、控制和管理好地球的生命位置系统，为人类自己所用。见“太空船－地球世界观”（spaceship-earth worldview）。与“环境智慧世界观”（environmental wisdom worldview）进行一下比较。

plankton 浮游生物 水生生态系统中的微小的植物（浮游植物）和动物（浮游动物）。

plantation agriculture 种植园农业 在热带地区的发展中国家中种植某种作物，如香蕉、咖啡和可可，主要是为了向发达国家出口。

point source 点状污染源 向环境中排放污染物的、单一的、易于发现的污染源。例如：（1）发电场或工厂的烟囱；（2）肉类加工厂的排水管；（3）住宅的烟囱；（4）汽车的尾气管。与“非点状污染源”（nonpoint source）进行一下比较。

poison 毒药 在14天的时间内，一剂便可杀死一半数量（通常是60—200只）的受测生物体（通常是田鼠或家鼠）的化学物质。见“中值致命剂量”（median lethal dose）。

politics 政治 个人和团体试图影响或控制政府的政策和法案，从而影响本地、该州、该国甚至国际事务。

pollutant 污染物 能够对人类和其他生物的健康、生存和活动产生不利影响的某种化学物质或某种形式的能量。见“污染”（pollution）。

pollution 污染 空气、水体、土壤或食物产生的某种不利的物理、化学或生物变化，会对人类和其他生物的健康、生存和活动产生不利影响。

pollution cleanup 污染清除 在污染产生或已经进入环境之后采用某种设施或措施来清除或降低污染物的水平的活动。例如，汽车尾气控制设备，污水处理厂。与“污染预防”（pollution prevention）进行一下比较。

pollution prevention 污染预防 利用某种设施或措施来防止污染物的生成或进入环境中，或者大幅度降低进入环境中的污染物的量。与“污染清除”（pollution cleanup）进行一下比较。

polyculture 多作 一种将大量在不同时节成熟的不同作物种植在一起的复杂的间混作方式。另见“间混作”（intercropping）。与“单作”（monoculture）、“多种耕作”（polyvarietal cultivation）进行一下比较。

polyvarietal cultivation 多种耕作 在同一块田地中种植某一种作物的几种不同变种的耕作方式。与“间混作”（intercropping）、“单作”（monoculture）、“多作”（polyculture）进行一下比较。

population 物种数量 在某一地区内生存的某种物种的全部个体数量。

population change 物种数量变化 某一物种数量发生的增加或减少。它等于（出生量＋移入量）－（死亡量＋移出量）。

population density 物种密度 某一特定地区内的生物体的数量。

population dispersion 群体离散 某一群体的生物体遍布于其栖息地的各处的一种整体状态。

population distribution 群体分布 在某一地理区域内某一群体的离散程度的变化。例如，某国在城市地区的人口密度较高，而在乡村地区的人口密度则较低。

population dynamics 种群动态 能够改变某一物种的数量、年龄及性别构成的主要的生物和非生物因素。

population size 数量规模 构成某一种群的基因库的生物体的数量。

porosity 多孔性 在岩石和土壤中孔隙所占的体积百分比，无论这些孔隙是独立的或是相连的。与“土壤渗透性”（soil permeability）进行一下比较。

potential energy 势能 由于某一物体所处的位置或该物体的组成部分所处的位置而具有的能量。与“动能”（kinetic energy）进行一下比较。

potentially renewable resource 潜在可再生资源 见“可再生资源”（renewable resource）。

poverty 贫困 缺乏满足自身对食物、衣物、和遮蔽所等基本需求的能力。

ppb 见“十亿分之”（parts per billion）。

ppm 见“百万分之”（parts per million）。

ppt 见“万亿分之”（parts per trillion）。

precautionary principle 预防原则 当某种化学物质或技术存在科学上无法确定的某种潜在危害时，决策者应该避免其对人类和环境产生危害。见“污染预防”（pollution prevention）。

precipitation 降水 水以降雨、雨加雪、冰雹或雪的形式从大气层中降落到地面或水体中。

predation 捕食 某一物种的某一生物体（捕食者）捕获并以另一物种的某一生物体（被捕食者）的部分或全部身体为食的过程。

predator 捕食者 捕捉或以其他物种的某一生物体（被捕食者）的全部或部分身体为食的生物体。

predator-prey relationship 捕食－被捕食关系 某一生物体（捕食者）以另一生物体（被捕食者）为食，这两个生物体之间的关系即为捕食-被捕食关系。

preservationist 保护主义者 致力于对未遭破坏的自然地区进行保护，以避免其遭到人类活动危害的人。与“保护生物学家”（conservation biologist）、“保存主义者”（conservationist）、“生态学家”（ecologist）、“环境保护主义者”（environmentalist）、“环境科学家”（environmental scientist）、“恢复主义者”（restorationist）进行一下比较。

prey 被捕食者 被另一生物体（捕食者）捕获、并当作食物的生物。

primary consumer 初级消费者 以植物的全部或部分为食（草食动物）或以其他生产者为食的生物。与“食腐动物”（detritivore）、“杂食动物”（omnivore）、“次级消费者”（secondary consumer）进行一下比较。

primary pollutant 初级污染物 由自然事件或人类活动引发的、直接释放到空气中的、达到某种足以造成伤害的浓度的化学物质。与“次级污染物”（secondary pollutant）进行一下比较。

primary productivity 初级生产力 见“初级毛生产力”（gross primary productivity）、“初级净生产力”（net primary productivity）。

primary sewage treatment 初级污水处理 对污水进行的机械处理，体积较大的固体物质被滤网过滤掉，悬浮颗粒在沉积池中沉淀成淤泥。与“高级污水处理”（advanced sewage treatment）、“次级污水处理”（secondary sewage treatment）进行一下比较。

primary succession 初级演替 某些群落在未被任何其他生物群落栖息过的区域内进行连续进化的过程。与“次级演替”（secondary succession）进行一下比较。

probability 概率 表示某事将要发生的可能程度的一种数学状态。

producer 生产者 利用太阳能（绿色植物）或化学能（某些细菌）将周围简单的无机化合物转化成其所需的有机化合物养分的生物体。与“消费者”（consumer）、“分解者”（decomposer）进行一下比较。

prokaryotic cell 原核细胞 没有明显的细胞核的细胞。细胞中的其他物质也不被细胞膜包裹。与“真核细胞”（eukaryotic cell）进行一下比较。

proton (p) 质子 存在于所有原子的原子核中的带有正电的微粒。每个质子的相对质量为1，并带一个单位的正电。与“电子”（electron）、“中子”（proton）进行一下比较。

pure capitalism 纯粹资本主义 见“纯自由市场经济体系”（pure free-market economic system）。

pure command economic system 纯需求经济体系 所有经济决定都由政府或其他中央机构作出的经济体系。与“资本主义市场经济体系”（capitalist market economic system）、“混合经济体系”（mixed economic system）、“纯自由市场经济体系”（pure free-market economic system）进行一下比较。

pure free-market economic system 纯自由市场经济体系 所有经济决定都由市场决定，商品的买方和卖方产生自由作用，没有政府或其他机构的介入。与“资本主义市场经济体系”（capitalist market economic system）、“混合经济体系”（mixed economic system）、“纯需求经济体系”（pure command economic system）进行一下比较。

pyramid of energy flow 能量流金字塔 表达能量在食物链或食物网中从每一营养等级向另一营养等级流动的图表。每一次能量流动过程中，进入某一营养等级的有用能量中只有一小部分（大约10%）能够流入下一能量等级。

R

radiation 辐射 快速运动的粒子（粒子辐射）或能量波（电磁辐射）。见“阿尔法粒子”（alpha particle）、“贝塔粒子”（beta particle）、“伽马射线”（gamma rays）。

radiation temperature inversion 辐射逆温 由于近地表的空气比其上层的空气降温较快，导致温暖气体浮于温度较低的气体之上的温度逆转现象，一般发生在夜晚。随着太阳升起，地表温度升高，这种温度逆转一般会在中午消失，同时疏散整夜堆积起来的污染物。见“逆温”（temperature inversion）。与“沉降逆温”（subsidence temperature inversion）进行一下比较。

radioactive decay 放射性衰变 某种放射性同位素通过反射出能量转变成另一种放射性同位素。

radioactive isotope 放射性同位素 见“放射性同位元素”（radioisotope）。

radioactive waste 放射性废物 核电场、核研究、核制药、核武器制造或其他发生核反应的过程所产生的废物。见“放射能”（radioactivity）。

radioactivity 放射 不稳定原子的原子核以某一固定速率自发放射出大量物质、能量，或物质和能量的核变化。放射的三种主要方式为 伽马射线、快速运动的阿尔法粒子，以及贝塔粒子。

radioisotope 放射性同位元素 能够自发进行一种或多种放射（阿尔法粒子、贝塔粒子、伽马射线）的某种原子的同位素。

rangeland 牧场 能够提供草料和植物（草、类草植物以及灌木）供放牧动物之用而不需特意看管的土地。与“饲养场”（feedlot）进行一下比较。

range of tolerance 忍耐限度 某一物种的生物群为了生存、繁衍和正常活动所必需维持的某一化学和物理条件的范畴。见“耐性定律”（law of tolerance）。

real GDP 真实国内生产总值去除通货膨胀因素之后的国内生产总值。

real GNP 真实国民生产总值 去除通货膨胀因素之后的国民生产总值。与“人均国民生产总值”（per capita GNP）、“国民生产总值”（gross national product）、“真实人均国民生产总值”（real per capita GNP）进行一下比较。

realized niche 现实场所 某一物种所真正使用的基本生态场所。见“生态场所”（ecological niche）、“基本生态场所”（fundamental niche）。

real per capita GDP 真实人均国内生产总值 去除通货膨胀因素之后的人均国内生产总值。

real per capita GNP 真实人均国民生产总值 去除通货膨胀因素之后的人均国民生产总值。

recharge area 补给区域 任何允许水体通过并进入其含水层的土地。见“含水层”（aquifer）、“自然补给”（natural recharge）。

recycling 循环 对某种资源进行收集和再利用，并生产出新产品的过程。例如，对铝罐进行收集，将其熔化，并利用产生的铝材制造新的铝罐或其他铝制品。与“再利用”（reuse）进行一下比较。

reforestation 森林再植 对被砍伐的森林和其他植物进行更新；这一过程可以通过周围树木种子的自然传播实现，也可以通过认为种植或播种来实现。

reliable runoff 可靠径流 一般认为可以视为稳定水源的地表径流。

renewable resource 可再生资源 能够通过自然过程迅速再生（几小时至几十年）的资源。例如，森林中的树木、草地上的草、野生动物、湖泊和河流中的淡水、大部分地下水、新鲜空气，以及肥沃的土地。如果这种资源的消耗速度超过其再生速度的话，它就会被耗尽或转变成不可再生资源。与“不可再生资源”（nonrenewable resource）进行一下比较。另见“环境衰退”（environmental degradation）。

replacement-level fertility 替代水平人口生育率 一对夫妇为了替代自己所必须生育的后代的数量。某一国家或全世界的平均水平为略大于2（美国为2.1，在发展中国家为2.5），因为有些儿童在未成年时就会夭折。另见“总生育率”（total fertility rate）。

reproduction 繁殖 由一个或多个父辈生物生育后代的行为。

productive isolation 生育性隔离 某一物种的具有生殖能力的个体被长期进行地理上的隔离。

reproductive potential 生育潜力 见“生物潜力”（biotic potential）。

reserves 资源储备 已被探知的、以当前的采矿技术能够提炼出可用的矿物，并具有经济价值的资源。见“已探知资源”（identified resources）、“未发现资源”（undiscovered resources）。

resource 资源 从生物或非生物环境中获得的、能够满足人类需求和需要的任何物质都是资源。同样也可以适用于其他物种。与“生态资源”（ecological resource）、“经济资源”（economic resource）进行一下比较。

resource partitioning 资源分隔 将某一生态系统中的资源进行分隔，使具有相似需求（生态场所重叠）的物种能够在不同的时间、以不同的方式，或在不同的地点分享相同的稀缺资源。见“生态场所”（ecological niche）、“基本生态场所”（fundamental niche）、“现实场所”（realized niche）。

resource productivity 资源生产率 见“物质效率”（material efficiency）。

respiration 呼吸 见“有氧呼吸”（aerobic respiration）。

response 反应 由有害物质或辐射引起的生物体的健康危害的程度。见“剂量”（dose）、“剂量反应曲线”（dose-response curve）、“中值致命剂量”（median lethal dose）。

restorationist 恢复主义者 致力于部分或全部恢复受到人类活动侵害的自然区域的科学家或其他人。与“保护生物学家”（conservation biologist）、“保护主义者”（conservationist）、“生态学家”（ecologist）、“环境科学家”（environmental scientist）、“保存主义者”（preservationist）进行一下比较。

reuse 再利用 以相同的形式反复利用某一产品。例如，对玻璃饮料瓶进行回收、清洗和重装填。与“循环”（recycling）进行一下比较。

riparian zones 河滨地带 河流两侧狭长的植物带。它们是野生生物重要的栖息地和资源地。

risk 风险 有意或偶然地暴露在某种危险之下而发生人们不愿看到的伤害的可能性。见“风险分析”（risk analysis）、“风险评估”（risk assessment）、“风险-收益分析”（risk-benefit analysis）、“风险管理”（risk management）。

risk analysis 风险分析 确定危害、对风险的实质和严重性进行评估（风险评估）、运用所得的信息来作出选择或作出决定，从而减小或消除风险的程度（风险管理），并将有关信息通报给决策者和社会大众（风险通报）。

risk assessment 风险评估 由于使用了某种产品或技术造成对人类健康和环境健康具有潜在危害，风险评估便是对此进行数据收集、作出假设、并对短期和长期危害作出预估的行为。见“风险”（risk）、“风险-收益分析”（risk-benefit analysis）。

risk-benefit analysis 风险-收益分析 对使用某一产品或技术所可能造成的长期和短期风险和收益进行评估。见“风险”（risk）。

risk communication 风险通报 将与某些风险有关的信息通报给决策者和社会大众。见“风险”（risk）、“风险分析”（risk analysis）、“风险-收益分析”（risk-benefit analysis）。

risk management 风险管理 运用风险评估和其他渠道所得的信息来作出选择并作出决定，来减小或消除风险。见“风险”（risk）、“风险分析”（risk analysis）、“风险-收益分析”（risk-benefit analysis）、“风险通报”（risk communication）。

rock 岩石 构成地壳的任何巨大的、天然的、连续的物质都可以称为岩石。见“矿物”（mineral）。

rock cycle 岩石圈 地球上所有循环中最庞大的、最漫长的循环过程，包含了生成和改变地壳中的岩石和土壤的各种生态、物理和化学过程，经历了数百万年的时间。

rodenticide 灭啮齿动物剂 任何能够杀死啮齿类动物的化学物质。

rule of 70 百分之七十定律 翻倍时间（年）＝增长率的 70%。见“翻倍时间”（doubling time）、“指数级增长”（exponential growth）。

runoff 径流 由降水和冰川融水构成的淡水在地表汇入河流、湖泊、湿地和水库。见“地表径流”（surface runoff）、“地表水”（surface water）。与“地下水”（undergroundwater）进行一下比较。

rural area 乡村地区 在美国指人口数量低于 2500 的地理区域。不同国家的标准不同。与“城市地区”（urban area）进行一下比较。

S

salinity 盐度 溶解在一定量的水中的不同的盐的量。

salinization 盐化 盐分在土壤中沉积，最终会导致土壤无法种植植物。

saltwater intrusion 盐水侵入 由于土地中的地下含水层中的淡水的流失速度高于补充速度，从而导致沿海或内陆的某些地区有盐水侵入地下淡水层。

sanitary landfill 卫生型垃圾填埋场 在某些地点，废品每天被碾压成较薄的几层、被压实，并覆盖上清新的黏土或塑料泡沫层。

scavenger 清道夫 以其他生物的尸体为食的生物。例如，秃鹰、苍蝇和乌鸦。与“食腐动物”（detritivore）进行一下比较。

science 科学 人类努力探询大自然的秩序，并运用所掌握的知识对未来大自然中可能发生的事进行预测。见“主流科学”（consensus science）、“前沿科学”（frontier science）、“科学数据”（scientific data）、“科学假设”（scientific hypothesis）、“科学定律”（scientific law）、“科学方法”（scientific methods）、“科学模型”（scientific model）、“科学理论”（scientific theory）。

scientific data 科学数据 通过观察和观测所得的事实。与“模型”（model）、“科学假设”（scientific hypothesis）、“科学定律”（scientific law）、“科学方法”（scientific methods）、“科学理论”（scientific theory）进行一下比较。

scientific hypothesis 科学假设 对某条科学定律或某些科学观测结果作出的有根据的推测。与“模型”（model）、“科学数据”（scientific data）、“科学定律”（scientific law）、“科学方法”（scientific methods）、“科学理论”（scientific theory）进行一下比较。

scientific law 科学定律 科学家发现在自然界中以同一方式重复发生的、尚无例外的现象，对此作出的描述即为科学定律。见“热力学第一定律”（first law of thermodynamics）、“物质守恒定律”（law of conservation of matter）、“热力学第二定律”（second law of thermodynamics）。与“科学数据”（scientific data）、“科学假设”（scientific hypothesis）、“科学方法”（scientific methods）、“科学模型”（scientific model）、“科学理论”（scientific theory）进行一下比较。

scientific methods 科学方法 科学家们收集数据、推导和检测科学假设、科学模型、科学理论和科学定律的方法。见“模型”（model）、“科学数据”（scientific data）、“科学假设”（scientific hypothesis）、“科学定律”（scientific law）、“科学理论”（scientific theory）。

scientific model 科学模型 对各种复杂的过程和系统进行的模拟。有很多数学模型都是利用计算机来生成和进行检测的。

scientific theory 科学理论 一种经过检测、并被广泛接受的科学假设。与“科学数据”（scientific data）、“科学假设”（scientific hypothesis）、“科学定律”（scientific law）、“科学方法”（scientific methods）、“科学模型”（scientific model）进行一下比较。

secondary consumer 次级消费者 仅以初级消费者为食的生物。大多数次级消费者都是动物，但有些是植物。与“食腐动物”（detritivore）、“杂食动物”（omnivore）、“初级消费者”（primary consumer）进行一下比较。

secondary pollutant 次级污染物 大气中的初级污染物与普通空气或空气中的其它污染物进行反应所生成的有害化学物质。与“初级污染物”（primary pollutant）进行一下比较。

secondary sewage treatment 次级污水处理 大多数污水处理系统中都存在这一过程，它是污水处理的第二个阶段，有氧细菌将污水中所含的可降解的需氧有机废物的 90%分解掉。通常，这一过程是通过将污水和细菌导入到同一个滴滤池中或导入活性淤泥中完成的。与“高级污水处理”（advanced sewage treatment）、“初级污水处理”（primary sewage treatment）进行一下比较。

secondary succession 次级演替 某一地区的生态群落中的植物被清除或被破坏，当土壤未受破坏的演替阶段。与“初级演替”（primary succession）进行一下比较。

second-growth forest 此生林 由次级生态演替所生成的林地。与“老生林”（old-growth forest)、“林场”（tree farm）进行一下比较。

second law of energy 第二能量定律 见“热力学第二定律”（second law of thermodynamics）。

second law of thermodynamics 热力学第二定律 热能在任何作工过程中，某些初始的能量输入总会转化成低质量的、更加离散的、可用性较低的能量，这些能量通常是低温热能，会散发入环境中；这一定律是不可打破的，甚至能量质量的转变过程也是无法打破的。见“热力学第一定律”（first law of thermodynamics）。

sedimentary rock 沉积岩 由腐蚀的物质沉积而成，或由坚实的壳体，或者由死亡生物体的骸骨和其他残骸形成的岩石。与“火成岩”（igneous rock）、“变质岩”（metamorphic rock）进行一下比较。见“岩石圈”（rock cycle）。

seed-tree cutting 树种存留采伐 一次性砍伐林中的几乎所有树木，仅留下少量树木播种，进行林场再生。与“皆伐”（clear-cutting）、“选择性砍伐”（selective cutting）、“择伐式采伐”（shelterwood cutting）”、“带状采伐”（strip cutting）进行一下比较。

selective cutting 选择性采伐 在不等龄生长的树林中采伐那些中等树龄、成熟的或者生病的树木，而不是单棵采伐或小片采伐。这种方式有利于年轻的树木生长，并可以保持树林中的树木的树龄不等。与“皆伐”（clear-cutting）、“树种存留采伐”（seed-tree cutting）、“择伐式采伐”（shelterwood cutting）、“带状采伐”（strip cutting）进行一下比较。

septic tank 化粪池 在乡村或郊区，人们用于处理生活污水的一种埋置在地下的处理池。池中的细菌可以分解有机废物，淤泥则沉淀在池底。浮在上层的污水通过污水管排入土壤中。

sexual reproduction 有性生殖 生物体通过来自父体和母体的性细胞的结合或接合体（如卵子和精子）来进行生殖。由此生成的后代具有来自父母两方的特征。与“无性生殖”（asexual reproduction）进行一下比较。

shale oil 页岩油 当油页岩中的油母岩质被高温蒸发再进行冷凝之后就可得到一种流动缓慢的、深棕色的重油，这就是页岩油。页岩油经过提炼可以制成汽油、民用燃料油，以及其他一些石油产品。见“油母岩质”（kerogen）、“油页岩”（oil shale）。

shelterbelt 防风林带 见“防风林”（windbreak）。

shelterwood cutting 择伐式采伐 通过一系列采伐活动先采伐成熟的、具有市场价值的树木，使新树可以在老树的荫庇下生长，然后再对老树进行采伐。一般来讲，这种采伐方式每十年只采伐两至三次。与“皆伐”（clear-cutting）、“树种存留采伐”（seed-tree cutting）、“选择性采伐”（selective cutting）、“带状采伐”（strip cutting）进行一下比较。

shifting cultivation 移动式耕作 将某一片树林全面清除，特别是在热带地区，然后种植作物，几年后（一般为 2－5 年），当土壤中的养分都消耗殆尽，或者附近树林中的其他植物侵入该土地时便停止种植。然后，再寻找另一片树林，重复这一过程。被遗弃的土地在 10－30 年内无法再种植作物。另见“砍烧式耕作”（slash-and-burn cultivation）。

slash-and-burn cultivation 砍烧式耕作 砍光某一树林中的所有树木和植物，将砍伐后的植物丢弃在土地上，待其自然干燥，再进行焚烧。焚烧后生成的灰烬作为土壤的肥料直接施用在土地上，大多数热带地区的土地都是缺少肥力的。在树桩之间的空地上种植作物。但同样地，当土地由于肥力消耗殆尽或者周围树林中的植物入侵时，也要在若干年（一般为 2－5 年）之后被遗弃。另见“移动式耕作”（shifting cultivation）。

slowly degradable pollutant 可缓慢降解的污染物 通过自然的物理、化学和生物过程，能够被缓慢分解为较简单的化学物质，或者其产生的污染可以被减小到一个可接受的程度的污染物。与“可生物降解的污染物”（biodegradable pollutant）、“可降解的污染物”（degradable pollutant）、“不可降解的污染物”（nondegradable pollutant）。

sludge 淤泥 由有毒化学物质、传染物，以及从污水处理厂中排出的固体沉淀物混合而成的黏稠的物质。

smart growth 精明增长 一种城市规划方式，认为城市的增长是不可避免的，但是通过区域法规和一系列手段来（1）防止城市蔓延；（2）将增长引导向城市的某一部分；（3）保护生态敏感地区和重要的滨水廊道；（4）开发具有较强环境可持续性的地区和跟适宜人类生活的地区。

smelting 熔炼 将矿石中所含的人类需要的金属分离出来的过程。

smog 烟雾 最初是指烟和尘雾的混合物，现在则用来描述大气中的其他污染物所构成的混合物。见“工业粉尘”（industrial smog）、“光化学烟雾”（photochemical smog）。

soil 土壤 由无机物（黏土、沙土、卵石以及砂子）、腐烂的有机物、水、空气，以及生物体组成的混合物。

soil conservation 土壤保持 用来降低土壤侵蚀、防止土壤中养分的流失，以及恢复由于侵蚀、过滤和过度种植造成的养分流失。

soil erosion 土壤侵蚀 土壤的组成成分被从一个地方转移到另一个地方，特别是表层土，通常是由于风、水流，或者两者结合的原因造成的。人类砍伐清除植物的活动会大幅度加剧土壤侵蚀的速度。

soil horizons 土层 构成成熟土壤的水平层。每一土层都具有特殊的质地和结构，不同的土壤质地和结构也不同。

soil permeability 土壤渗透性 水和空气从上层土层移动到下层土层的速率。与“多孔性”（porosity）进行一下比较。

soil profile 土壤剖面 某块土地中土壤的横剖面。

soil structure 土壤结构 土壤中的颗粒的排布方式。另见“土壤渗透性”（soil permeability）、“土壤质地”（soil texture）。

soil texture 土壤质地 一块土样中所含的不同类型和尺寸的矿物质颗粒物的相对数量。

solar capital 太阳能资本 地球上能够接收到的太阳能量。与“自然资源”（natural resources）进行一下比较。

solar cell 太阳能电池 见“太阳能光电池”（photovoltaic cell）。

solar collector 太阳能集热器 采集太阳辐射能量并将其转化成热能的设备。见“主动式太阳能采暖系统”（active solar heating system）、“被动式太阳能采暖系统”（passive solar heating system）。

solar energy 太阳能 直接来自太阳的辐射热能，以及大量由此生成的间接形式的能量。由太阳热能产生的间接太阳能包括，风能、落水及流水能量（水能），以及生物能（太阳能转化成化学能储存在树木和其他植物的有机体内）。

solid waste 固体废物 任何人类不需要的，或丢弃的、非液态、非气态的物质。见“市政固体废物”（municipal solid waste）。

spaceship-earth worldview 太空船－地球世界观 将地球视为一艘太空船 认为地球是一台机器，可以被人类利用高科技手段来理解、控制，并任意改造。见“地球管理世界观”（planetary management worldview）。与“环境智慧世界观”（environmental wisdom worldview）进行一下比较。

specialist species 专才物种 生态场所较小的物种。它们可能（1）只能在某一种栖息地中生存；（2）对气候和其他环境条件的适应性较差，或者（3）仅以一种或少数几种食物为食。与“通才物种”（generalist species）进行一下比较。

speciation 物种形成 由于对环境条件的变化作出的反应不同，从而由一个物种衍生出两个不同的物种；这一过程通常需要数千年的时间。与“灭绝”（extinction）进行一下比较。

species 物种 在外表、行为、化学组成和化学过程，以及基因结构方面都相似的一组生物构成的群体即为物种。进行有性生殖的生物只有在能够相互进行交配并生育出具有生殖能力的后代时才被归入同一物种。

species diversity 物种多样性 某一地区所拥有的不同物种的数量及其相对丰富程度。见“生物多样性”（biodiversity)。与“生态多样性”（ecological dieversity)、“基因多样性”（genetic diversity）进行一下比较。

spoils 渣滓 当从地表清除某物或进行采矿、挖掘、采石，或发掘活动时产生的无用的岩石或其他废物。

S-shaped curve S形曲线 当人口数量超出环境承载力并停止增长时，呈指数级增长的J形曲线会变得较平稳，此时就形成S形曲线。

stewardship 服务性 一种世界观，认为由于人类具有最高的智慧和能力，或者由于宗教信仰而导致人类应该具有一种道德责任来管理和看顾地球上的各种植物和动物的责任。与“环境智慧世界观”（environmental wisdom worldview)、“地球管理世界观”（planetary management worldview)。

stratosphere 平流层 地球大气的第二层，高出地面17—48公里（11－30英里）。平流层中含有少量气态臭氧，它将来自太阳的有害紫外线的99％屏蔽掉。与“对流层”（troposphere）进行一下比较。

strip cropping 等高条播 成行间隔种植农作物，例如干草和具有固氮能力的豆类，以降低土壤中养分的流失。

strip cutting 带状采伐 属于皆伐的一种，沿某一地块的等高线进行皆伐，采伐带较窄，足以在数年内完成自然再生。再生后，再对另一带状地带进行采伐。如此反复。与“皆伐”（clear-cutting)、“树种存留采伐”（seed-tree cutting)、“选择性采伐”（selective cutting)、“择伐式采伐”（shelterwood cutting）进行一下比较。

strip mining 带状采矿 一种表层采矿方式，利用推土机、铲土机和碾压机将某一块土地进行带状清除，以利于采矿作业。见“表层采矿”（surface mining)。与“地下采矿”（subsurface mining）进行一下比较。

subatomic particles 亚原子微粒 极其微小的粒子，例如电子、质子、中子，它们构成原子的内部结构。

subsidence 沉降 地壳的表层发生的缓慢或快速的下沉，非倾斜性的。

subsidence temperature inversion 沉降逆温 当大团暖空气在高海拔处运动到某一地区上空时，会飘过该地区地表附近的冷空气，从而形成温度逆转。这会导致城市上空的空气停滞，阻止空气污染物的纵向混合和扩散。见“逆温”（temperature inversion)。与“辐射逆温”（radiation temperature inversion）进行一下比较。

subsistence farming 生存耕作 人们通过自己的体力劳动和驱赶牲畜来生产食物，补充太阳能量，满足自己和家人的生存要求；年景好时，粮食可能剩余、出售，并储存下来以供来年之用。与“工业化农业”（industrialized agriculture）进行一下比较。

subsurface mining 地下采矿 从地下较深的低层中采掘某种金属或燃料资源，例如煤。与“地表采矿”（surface mining）进行一下比较。

succession 演替 见“生态演替”（ecological succession)。

succulent plants 肉质植物 能够在干旱的气候条件下生存的植物，例如沙漠中的仙人掌，它们没有叶片，从而可以减少珍贵的水分的蒸发量。它们通过分布在绿色的茎部和枝杈中的肥厚、肉质丰满的组织存储水分，并利用太阳光来生产食物。与“落叶植物”（deciduous plants)、“常绿植物”（evergreen plants）进行一下比较。

superinsulated house 强力隔热住宅 经过强力隔热和气密处理的住宅。一般来讲，这种住宅都采用主动式和被动式太阳能集热器来烧热水，并采用空气型热交换器来防止潮气和空气污染物在室内聚集。

surface mining 地表采矿 清除土壤、底层土和其他土层，然后对在地表附近发现的矿物沉积物进行开采的采矿方式。与“地下采矿”（subsurface mining）进行一下比较。

surface runoff 地表径流 从地表流走，汇入地表水体中的水流。

surface water 地表水 无法渗入地下或通过蒸发或蒸腾作用返归到大气层中的降水。见“径流”（runoff)。与“地下水”（groundwater)进行一下比较。

sustainability 可持续性 某一系统能够维持某一段时间的能力。

sustainable agriculture 可持续农业 以有机肥料、土壤保持、水分保持、害虫生态控制，以及对不可再生的化石燃料的最少量应用为基础的作物种植和牲畜养殖方法。

sustainable development 可持续发展 见“可持续经济发展”（sustainable economic development)、“生态可持续发展”（ecologically sustainable development)。

sustainable economic development 可持续经济发展 提高产品和服务的质量而不将自然资源的质量耗尽或损害到一个不可持续的程度，让当代人和后代能够公平享用（量的增长）。与“经济增长”（economic growth)、“经济发展”（economic development)、“生态可持续发展”（ecologically sustainable development）进行一下比较。

sustainable living 可持续生活 以低于再生速度的速度来使用具有可再生潜力的资源，不要以超过自然承载力的方式来使自然环境获得再生。

sustainable society 可持续社会 这样的社会会对其经济和人口进行管理，不会对环境造成不可挽回的损害，不会超过地球的承载力，会消化环境危害，会更新地球资源，会在一定时间内维持人类和其他生命形式的生存，通常是几百年至几千年。在此期间，它能够在不耗尽自然资本、不危害当代及后代人类及其他物种的繁荣的基础上满足人们的需求。

sustainable yield (sustained yield) 可持续产出 在世界范围内或某一地区内，在不降低其有效供应量的条件下，对某一可再生资源进行利用的最快速度。另见“环境衰退”（environmental degradation)。

synfuels 合成燃料 由固体的煤或非天然气、非原油资源人工合成的气体或液体的燃料。

synthetic natural gas (SNG) 合成天然气 由固体的煤制成的、主要由甲烷构成的气态燃料。

T

tailings 残渣 当从金属矿物中分离出矿物质废料时，分离出的岩石和其他废料。

tar sand 沥青砂 由黏土、沙子、水和不同量的焦油状重油（沥青）组成的混合沉积物。沥青砂加热可以得到沥青。沥青经过提纯和提升就可以得到人造原油。见“沥青”（bitumen)。

temperature 温度 在某一时刻，对某一物质所含的原子、离子或分子的平均运动速度进行的度量。与“热量”（heat）进行一下比较。

temperature inversion 逆温 密度较大、温度较低的空气滞留在密度较小、温度较高的气体之上。这会阻止上升气流的形成。如果出现长期的温度逆转，空气中的污染物会累积到一个足以造成危害的程度。见“辐射逆温”（radiation temperature inversion)、“沉降逆温”（subsidence temperature inversion)。

teratogen 致畸剂 能够导致生育畸形的化学物质、离子物质或病毒。见“致癌物质”（carcinogen)、“诱导有机体突变物”（mutagen)。

terracing 梯田种植 将一道长而陡的斜坡改造成一系列宽而平的台地，两片台地之间有纵向的短坡，沿等高线分布，以保持水土，降低土壤侵蚀，再在这样的土地上种植作物。

terrestrial 陆生的 生长在陆地上的。与

“水生的”（aquatic）进行一下比较。

tertiary (higher-level) consumers 三级消费者（高级消费者） 以食肉动物为食的动物。它们处在食物链或食物网的高层。例如，鹰、狮子、鲈鱼和鲨鱼。与“食腐动物”（detritivore）、“初级消费者”（primary consumer）、“次级消费者”（secondary consumer）进行一下比较。

tertiary sewage treatment 三级污水处理 见“高级污水处理”（advanced sewage treatment）。

theory of evolution 进化论 一种被广泛接受的科学观点，认为所有生命形式都是由早期生命形式发展来的。虽然该理论与很多宗教所持的创造论相悖，该理论仍然是众多生物学家解释生命如何在过去的36—38亿年的时间内发生变化以及为什么今天能够产生如此的多样性的原因的工具。

thermal inversion 热逆转 见“逆温”（temperature inversion）。

threatened species 危险物种 某一物种的数量在其自然领地内仍然较多，当很可能由于一次数量的减少而称为濒危物种。与“濒危物种”（endangered species）进行一下比较。

threshold effect 门槛效应 环境条件发生了微小但有害的，甚至是致命的变化，从而超出了某一生物或某一物种的忍耐限度。见“忍耐定律”（law of tolerance）。

throughput 通过率 物质、能量或信息通过某一系统的速率。

tolerance limits 忍耐限度 某一物种生存环境的最低和最高物理条件（例如温度），以及化学物质的浓度，超出这些限制，该物种将无法生存。见“忍耐定律”（law of tolerance）。

total fertility rate (TFR) 总生育率 以某一年龄的特定年龄生育率为基础，一个女性在一生当中能够生出并存活的孩子的平均数量。换句话说，它是育龄女性能够生育的孩子的平均数量。

toxic chemical 有毒化学物质 以某一浓度，较小剂量即对人体有害，或者较小剂量就能够杀死50%受测生物个体的化学物质。大多数有毒化学物质都是神经毒素，会损害神经细胞。见“致癌物质”（carcinogen）、“有害化学物质”（hazardous chemical）、“诱导有机体突变物”（mutagen）、“致畸剂”（teratogen）。

toxicity 毒性 对某一物质有害程度的度量。

toxicology 毒物学 对化学物质对人体造成的危害进行的研究。

toxic waste 有毒废物 能够导致生物体死亡或严重伤害（如烧伤、呼吸道疾病、癌症，或者基因变异）的有害物质。见“有害物质”（hazardous waste）。

traditional intensive agriculture 传统强耕型农业 一个家庭生产出足够自己生存所需的食物，一般还可能有所节余在市场上出售。这种农业生产类型所投入的劳动力，肥料，以及水都比传统生存型农业要多。见“传统生存型农业”（traditional subsistence agriculture）。

traditional subsistence agriculture 传统生存型农业 一个家庭生产出仅够自己生存所需的粮食作物和牲畜，只有在年景较好的时候才能有所节余，拿到市场上出售或为年景不好的时候囤积准备。与“传统强耕型农业”（traditional intensive agriculture）进行一下比较。

tragedy of the commons 公共资源的悲剧 某种人们可以免费获得的，具有可再生潜力的资源被消耗殆尽或者遭到破坏。例如，远海海域中生存的一些具有商业价值的鱼类被捕捞殆尽。见“公共资源”（common-property resource）。

transmissible disease 传染性疾病 一种由生物（例如细菌，病毒，以及寄生虫等）引发的，能够在人与人之间通过空气，水，食物，或者体液（在某种情况下也可能是昆虫或其他生物）传染的疾病。与“非传染性疾病”（nontransmissible disease）进行一下比较。

transpiration 蒸腾作用 水体经历的若干个过程，包括（1）被植物的根系吸收；（2）运送到植物的全身；（3）通过植物体内的孔隙（气孔）传送到叶片及各个部分；（4）以水蒸气的形式蒸发到空气中。

tree farm 林场 等树龄种植某一种或某几种树木的林地。当林场中的树木成熟时，通常采用皆伐的方法来进行采伐，然后再全部重植。通常，这样的林场都是为了获得燃料木材，建筑木材，或者纸浆木材而种植的速生树种。见“等树龄管理”（even-aged management）。与“老生林”（old-growth forest），“次生林”（second-growth forest），“非等树龄管理”（uneven-aged management）进行一下比较。

tree plantation 林地种植 见“林场”（tree farm）。

trophic level 营养等级 处在从能量的最初等级（例如，太阳光）向下的同一等级中的所有生物。例如，在某一食物链或食物网中所有生产者都属于第一营养等级，所有食草动物都属于第二营养等级。

troposphere 对流层 大气的最内层部分。该层包含了地球全部大气的大约75%的量，覆盖了从地面一直到海拔17公里的范围。与“同温层”（stratosphere）进行一下比较。

true cost 真实价值 见“全价值”（full cost）。

U

undergrazing 放牧不足 草地植物和草场由于长期（至少5年）缺乏放牧而导致初级净生产率降低。与“放牧过度”（overgrazing）进行一下比较。

undernutrition 营养不足 长期不能摄入充足的食物来满足一个人每日最基本的生存需求，从而造成某些伤害。与“营养不良”（malnutrition），“营养过剩”（overnutrition）进行一下比较。

undiscovered resources 未探明资源 某种矿物资源的潜在储备，由于人类目前的地质和理论知识而被认为是存在的，虽然现在并不能确定其位置，质量和数量。与“已探明资源”（identified resources），“资源储备”（reserves）进行一下比较。

uneven-aged management 非等龄管理 一种森林管理方法，不同树龄，不同树种的树木被维持在各自不同的树龄阶段和生长尺寸，以使其能够连续地自然生长。与“等龄管理”（even-aged management）。

upwelling 上涌 富含养分的底层海水向表面运动。上涌会发生在远海地区，但通常都是发生在某些陡峭的海岸地区，因为这里的海水表层被海岸线推开并被温度较低的，富含养分的底层海水所取代。

urban area 城市地区 超过2500人口的地理地区。这里所指的最低人口在不同国家的标准不同，有些国家为1万至5万。

urban growth 城市增长 城市人口的增长率。与“城市化水平”（degree of urbanization）进行一下比较。

urban heat island 城市热岛 热空气在城市上空聚集。这种现象是由高密度聚集的汽车、建筑物、工厂，以及其他人类活动所引起的。另见“尘幕”（dust dome）。

urbanization 城市化 见“城市化水平”（degree of urbanization）。

urban sprawl 城市蔓延 城市和城镇的边沿地区的低密度扩张。见“精明增长”（smart growth）。

V

vertebrates 脊椎动物 长有脊椎的动物。与“无脊椎动物”（invertebrates）进行一下比较。

village 乡村 由习俗，文化，以及家族纽带联结在一起的农村居民，通常以采食本地的资源来生产食物，燃料和其他基本用品来生存。与“城市”（city）进行一下比较。见“乡村地区”（rural area）、“城市地区”（urban area）。

vulnerable species 易受侵害物种 见“危险物种”（threatened species）。

W

water cycle 水循环 见“水文循环”

(hydrological cycle)。

waterlogging 水浸 由非灌溉用水或降水过度造成的土壤中浸满水分的现象，从而造成地下水位接近地表。

water pollution 水污染 地表水或地下水体所发生的任何能够危害生物健康或使水体无法利用的物理或化学变化。

watershed 流域 向某条主要河流输送水体，沉积物，以及其他溶解物质的地面区域。

water table 地下水位 地壳中的所有岩石和土壤都浸满水分，水体所浸润的最高高度面即为地下水位。

weather 天气 某一地区的对流层大气在某一时段内所发生的温度，大气压力，湿度，降水，日照，云，风向和风速，以及其他条件的短期变化。与“气候”(climate) 进行一下比较。

weathering 风化 暴露在地表的岩石经过物理和化学变化转变成较小的颗粒或可溶物质，有可能被从一个地方转移到另一个地方，成为沉积物。见“侵蚀”(erosion)。

wetland 湿地 一年中的部分或全部时间都被盐水或淡水覆盖的地面部分，但不包括河流，湖泊和海洋。见“海滨湿地”(coastal wetland)，“内陆湿地”(inland wetland)。

wilderness 荒地 土地及其上的生物群落未受到人类活动的严重侵害，人类仅作为短暂的参观者经过这里。

wildlife 野生生物 包括所有自由的，未被人类驯化的物种。有时这个词仅用来形容自由的，未被人类驯化的动物物种。

wildlife management 野生生物管理 对野生生物的数量（特别是竞赛物种）及其栖息地进行人为控制，其目的为：(1) 使人类受益；(2) 使其他某些物种受益，以及 (3) 对危险物种和濒危物种进行保护。

wildlife resources 野生生物资源 对人类来讲，具有实际的或潜在的经济价值的野生物种。

wild species 野生物种 生存在自然环境中的物种。

windbreak 防风林 成排种植的树林，其目的是遮挡部分风力，降低土壤侵蚀。

wind farm 风力发电场 安装在风力较强的地方的一组小型或中型的风力涡轮机，能够将风能转化为电能。

worldview 世界观 人类对世界的运行方式以及自身在其中的作用的看法。见“环境智慧世界观”(environmental wisdom worldview)，“地球管理世界观”(planetary management worldview)，“太空船-地球世界观”(spaceship-earth worldview)。

Z

zero population growth (”(ZPG) 零人口增长 某一地区人口的出生率（以及移入率）与死亡率（以及移出率）相等，从而使该地区的人口不再增长。

zone of saturation 饱和区 某一地区内的所有岩石和土壤中的孔隙都被水体浸满的现象。见“地下水位”(water table)。

zoning 分区规划 对各个地块的土地的使用性质作出的规定。

zooplankton 浮游动物 浮游的动物。它们是以浮游植物为食的浮游草食动物（浮游植物）。与“浮游植物”(phytoplankton) 进行一下比较。

索　引

B

C

D

G

I

L

M

N

O

P

Q

T

U

V

W

X

Y

Z

译后记

由G·泰勒·米勒撰著的《营造可持续地球家园的整体设计》（原著第五版）经过长达四年的精心翻译，终于面世。本书的英文版由 Thomson Learning 出版社于 2002 年出版并屡获国外专业刊物的好评，现在国内读者终于可以一睹为快了。

本书非常系统而完整地阐述了可持续发展这个已成为国际社会密切关注的问题所涉及的各个层面。全书以 12 个章节讨论了 12 个主题，从人类宏观的整体生存环境到微观的生物群落，揭示了可持续发展这一概念所涵盖的深层意义，以深入浅出的文字阐释各种现象背后隐藏的内在规律及可能的应对之策，并以多种方式拓展每一主题的内涵，引导读者以本书为基础，继续获取更丰富的知识和信息，进行更深入的批判和思考，从而使读者能够真正地参与到书中来。随着著者精心的安排，自然而然地将书中所阐述的内容与现实生活结合在一起，将理论与实际紧密联系起来，达到事半功倍的效果。

我国近年来出现了很多有关可持续发展问题的著作和译著，其中不乏较优秀者，但他们大多是从某一个或几个方面来阐述问题，从限于各自专业的角度来探讨可持续发展这一人类社会日益普遍关注的议题，这就难免缺乏一种全方位的战略性思考。而与之相比，本书的系统性和综合性就显得尤为珍贵，对可持续发展这一大课题研究的启发也就更有意义。首先，本书从一个宏观的角度对可持续发展这一全球议题的内涵进行了剖析，并将其分解成若干个最具影响的主题，然后就各个主题展开阐述和讨论，使读者从一开始就能够对可持续发展作为人类社会发展和进步的最重要的影响因素之一的轮廓有了一个整体的认识，并能够清晰地了解各个主题在其中所处的位置，不再囿于某一个或某几个专业角度的探讨，将可持续发展问题提到了战略高度。

其次，本书在对每一个主题进行讨论时，除了以清晰的脉络和翔实的资料进行阐述之外，更重要的是详细阐明了当前国际社会所遇到的主要问题以及可能存在的解决途径，并对各种解决途径进行了评估，使读者能够很容易地理解各种解决途径所存在的利与弊以及未来的发展趋势，从而具有了很强的批判性和前瞻性。

再次，著者在书中的每一个主题的讨论中都提出了一系列问题，激发读者进行主动思考，很多都具有极强的批判性和启发性，使读者不再是被动地接受书中的知识和观点，而是在吸收营养的同时能够为我所用，掌握一种分析问题和研究问题的方法，从而形成自己的观点，并能够通过实践来进行检验。

最后，非常可贵的是，著者在每一个主题中都穿插了很多普通读者能够身体力行的措施和方法来鼓励人们采取积极的行动，来改善身边的环境。可持续发展不再是距离人们日常生活很远的高深的技术研究，也不再是仅限于节约用水和不乱丢垃圾式的浅层参与，而让读者认识到个体作为一个非常重要的参与元素能够为改善环境和实现可持续发展的社会运作方式做出比想像中多得多的贡献。

本书的前言及第一至七章由李天骄翻译，第八至第十二章及其他部分由蒋丕彦翻译。中国科学院的董务民教授以 80 岁高龄对本书进行了认真、细致的审核，尤其对许多专业术语进行了校正，使本书的翻译质量得到较大提高，也使我们受益匪浅，在此对他表示深深的敬意和忠心的感谢。同时，还要感谢北京大学环境学院汪芳副教授在本书的翻译过程中给予译者的帮助，感谢中国建筑工业出版社董苏华编审在本书的翻译过程中耐心而细致的督促与检查。还要感谢家人在翻译过程中对译者的支持和鼓励。没有他们，本书的翻译工作不可能顺利完成。

译者水平有限，在翻译过程中难免有所疏漏，欢迎同行和读者的指正。

李天骄　蒋丕彦

2007 年 2 月